Biophysik für Mediziner

Biophysik für Mediziner

Herausgeber

Sándor Damjanovich, Judit Fidy, János Szöllősi

Medicina • Budapest, 2008

ISBN 978 963 226 140 9

MEDICINA

Verantwortliche Leiterin: die Direktorin der Medicina AG

Technische Redaktion: Ildikó Adorján
Umschlaggestaltung: Frau Tamás Bede
Umfang: 41,5 (A/5) Bogen
Identifikationsnummer: 3083

Vorwort zur zweiten ungarischen Auflage

Dieses Buch, das der Leser jetzt in der Hand hält, ist nicht ganz ohne Vorgeschichte entstanden. Die erste Auflage erschien im Jahr 2000, der inhaltliche Teil wurde 1999 abgeschlossen. In der derzeitigen Form und mit diesem Inhalt ist das Buch im Wesentlichen den gemeinsamen Anstrengungen der Mitarbeiter von drei ungarischen biophysikalischen Instituten zu verdanken, was ein sehr seltenes Unternehmen ist. Die Zusammenarbeit der biophysikalischen Institute der Semmelweis Universität Budapest, der Universitäten von Debrecen und Pécs ermöglichte das Entstehen eines Buches, das zumindest an diesen drei Universitäten gern gelehrt wird. Es wurde auch schon mit der Übersetzung des Buches ins Englische und ins Deutsche begonnen.

Die Biophysik hat bei der Ausbildung von Medizinern nichts an Wert eingebüßt, sondern ist im Gegenteil noch wichtiger geworden. Das ist nicht nur durch die Einführung neuer Untersuchungsmethoden, neuer Theorien begründet, sondern auch dem rasanten Prozess zu verdanken, der die Zeitspanne zwischen den neuesten Entdeckungen, Theorien und ihrer Einführung in die breite Praxis stark verkürzt hat. Natürlich ist ein Lehrbuch keine Monographie und kann so nicht Alles enthalten, was die Wissenschaften Biophysik/ medizinische Physik vertreten, wir hoffen aber, dass wir den angehenden Medizinern und den an Biologie Interessierten eine Grundlage und Hilfe bieten, die Lebensprozesse in ihrer Gesamtheit zu verstehen. Die physikalischen Prozesse, die sich im lebenden Organismus abspielen, lassen sich nicht von den parallel oder gemeinsam ablaufenden biochemischen und molekularbiologischen Prozessen trennen. Diese aus didaktischen Gründen oft separat diskutierten Prozesse sind Teile eines Ganzen und sichern gemeinsam die komplizierte Funktion der Lebensprozesse. Die elektrischen Vorgänge im Gehirn, in den Muskeln oder auch in den zirkulierenden Leukozyten haben eine biochemische und eine physikalische Komponente, die gemeinsam sogar in der einzelnen Zelle die Phänomene erzeugen, ohne die man nicht von einer lebenden Zelle sprechen kann. Die wissenschaftlichen Ergebnisse der neuesten Nanotechnologien zeigen, dass wenn es gelingt, einen gegebenen Problemkreis der Phänomene von vielen Seiten her zu verstehen, die Anwendung von molekularen Wechselwirkungen auf einem Niveau möglich wird, an das wir früher nicht zu denken wagten. Das Arsenal der Medizin und der Biologie, erweitert mit dem Wissen der Physik, ist so nicht nur für die Forscher von großer Bedeutung, sondern dringt durch die Untersuchungen in nie gekannter Tiefe auch in unseren Alltag ein.

Dieses Buch soll dem Leser eine Hilfe sein, sich von diesen modernen Wissenschaften soviel Grundkenntnisse anzueignen, dass er darauf sowohl bezüglich der Methoden, als auch der biologischen Phänomene, die mit diesen Methoden verfolgt werden können, selbständig weiter detaillierte Kenntnisse aufbauen kann.

Auf dem Niveau der Zellbiologie eröffnet sich uns eine neue Welt, die auch eine neue Interpretation der Krankheiten ermöglicht. Die moderne Datenverarbeitung ermöglicht es, außerordentlich komplizierte Prozesse und Phänomene in bisher unvorstellbarer Tiefe zu erforschen. Es sei nur die Aufarbeitung des humanen genetischen Codes erwähnt. Die Labortechniken können zwar große Datenmengen auf hohem Niveau liefern, um aber alle Daten der Medizin ausnutzen zu können, muss man sich über ihre Bedeutung im Klaren sein. Die Erkenntnisse der Physik haben auch Anteil an der Erarbeitung der modernen molekularbiologischen Verfahren, es wird aber immer offensichtlicher, wie unendlich wichtig die sinnvolle Ausnutzung der Daten für die Therapie ist. Die Physik unserer Tage ist zu einem integrierten Teil der biologischen Forschungen geworden.

Auch die Erkenntnisse der Medizin verfügen über eine Halbzeit. Darunter verstehen wir die Zeitspanne, in der die Hälfte des Wissens veraltet. Die Halbzeit der physikalischen und chemischen Gesetzmäßigkeiten ist länger. Auf sie kann man weiter bauen.

Die vorliegende Auflage konzentriert die besten Traditionen der ungarischen Biophysik. Die vorherige Auflage hat die Erfahrungen und Traditionen von zwei Instituten – den Biophysikalischen Instituten in Debrecen und Pécs – zusammengefasst, während dieses Buch mit kritischer Überarbeitung und Ergänzung der vorherigen Auflage aus der Arbeit von drei Instituten entstanden ist. Viele Kollegen aus dem Biophysikalischen Institut der Semmelweis Universität haben sich der Arbeit angeschlossen, aber besonders hervorzuheben ist die enthusiastische, sorgfältige Arbeit auf hohem fachlichem Niveau von Levente Herényi und Károly Módos als Autoren und Herausgeber. In den Biophysikalischen Instituten von Debrecen und Pécs haben im Wesentlichen dieselben Mitarbeiter zur Fertigstellung des Buches beigetragen, die daran schon früher teilgenommen hatten.

Auch in dieser Auflage des Buches möchten wir der Direktorin des Medicina-Verlages, Frau Frigyes Farkasvölgyi, und allen ihren Mitarbeitern für ihren wertvollen Beitrag danken, mit dem sie das Erscheinen des Buches gefördert haben.

Den Lesern wären wir sehr verbunden, wenn sie uns auf eventuell schwer verständliche oder von ihnen als Irrtum angesehene Teile aufmerksam machen würden.

Prof. Dr. Sándor Damjanovich
Mitglied der Ungarischen
Akademie der Wissenschaften
Debrecen, Juli 2005

Autorenverzeichnis

Zoltán Csernátony
Gabriella Csík
Sándor Damjanovich
István Derka
Andrea Fekete
Judit Fidy
Rezső Gáspár
Pál Gróf
Levente Herényi
András Kaposi
Miklós Kellermayer
Katalin Kis-Petik
Zoltán Krasznai
Zsuzsa Lakos
János Matkó
László Mátyus
Károly Módos
Miklós Nyitrai
Szabolcs Osváth
László Smeller
Béla Somogyi
István Sugár
Gábor Szabó
János Szöllősi
Ferenc Tölgyesi
György Vereb
István Voszka

Inhaltsverzeichnis

I. Die wichtigsten Struktureigenschaften der „lebenden" Materie und ihre Rolle bei den biologischen Funktionen

Bevor wir uns dem eigentlichen Studium der „lebenden" Materie zuwenden, fassen wir die meist schon gelernten Grundkenntnisse zusammen, die sowohl für die Struktur der „lebenden" als auch die der leblosen Materie gelten. Diese Kenntnisse wurden durch die Untersuchung von Stoffen mit einfacherem Aufbau gewonnen. Von diesen müssen wir auch dann ausgehen, wenn wir uns ein Bild von der außerordentlich komplizierten Welt der Lebewesen machen wollen. Zur Bestätigung, dass diese Feststellung nicht neu ist, können wir z.B. die damit übereinstimmende Schrift des Professors für Augenheilkunde Emil Grósz (31 Jahre lang der Leiter der Augenklinik von Budapest) aus dem Jahre 1902 nachlesen (s. Zitat I.1).

I/1 Der Aufbau des Atoms

Demokrit und Dalton

I/1.1 Meilensteine auf dem Weg zu unserem heutigen Atombild

I/1.1.1 Atom, Elektron, Atomkern

Der erste wichtige Gedanke zum Aufbau der Materie, und zwar ihrem **atomaren Aufbau**, tauchte um 400 v. Chr. auf und diese Vorstellung geht auf den griechischen Philosophen Demokrit (ca. 460-370 v. Chr.) zurück. Danach gab es mehr als 2000 Jahre lang keinen wesentlichen Fortschritt auf diesem Gebiet.

1803 stellte der englische Physiker und Chemiker John Dalton (1766-1844) seine Atomtheorie basierend auf den Gewichtsverhältnissen chemischer Reaktionen auf. Diese besagt im Wesentlichen, dass jedes chemische Element aus den gleichen Atomen aufgebaut ist. Darüber hinaus besteht die kleinste Einheit der verschiedenen Stoffe (mit einem heutigen Wort die anorganischen Moleküle) nur aus einigen Atomen. Fast 100 Jahre später (1897) entdeckte der englische Ingenieur, Mathematiker und Physiker Joseph John Thomson (1856–1940) das **Elektron** (Physiknobelpreis 1906). Aus Experimenten mit verschiedenen Kathodenstrahlröhren schloss er, dass der Kathodenstrahl immer aus den gleichen Teilchen besteht, egal welches Element er als Kathode oder Füllgas benutzte. So **soll** also **dieses Teilchen ein Bestandteil des Atoms bei jedem Element sein**. Nicht viel später wurde auch die Ladung des Elektrons e, dann seine Masse m bestimmt. Es stellte sich heraus, dass die Masse mehr als drei Größenordnungen kleiner ist als die Masse des leichtesten Atoms, des Wasserstoffatoms. Thomson schlug ein kugelförmiges Atommodell vor. Es sollte aus einer positiv geladenen, homogenen Flüssigkeit und darin eingebetteten sehr kleinen negativ geladenen Elektronen bestehen („Rosinenkuchen"-Modell).

Zitat I.1: „Der Physikunterricht während des Studiums der Medizinkandidaten erfüllt eine zweifache Aufgabe: einerseits soll er den zukünftigen Arzt, dessen Aufgabe es sein wird, sich in der Welt der so komplizierten Phänomene des menschlichen Lebens eine wissenschaftliche Meinung zu bilden, **auf dieses wissenschaftliche Denken in der Welt der viel einfacheren Probleme *der unbelebten Welt* vorbereiten,** indem er die auf Beobachtungen und Experimenten basierende Denkweise lehrt und an eine vorsichtige Kritik der einerseits aus den Erfahrungen, andererseits aus der Theorie gezogenen Schlussfolgerungen gewöhnt. ..."

Emil Grósz (1865-1941): Die neue Ordnung der Ärztebildung (1902)

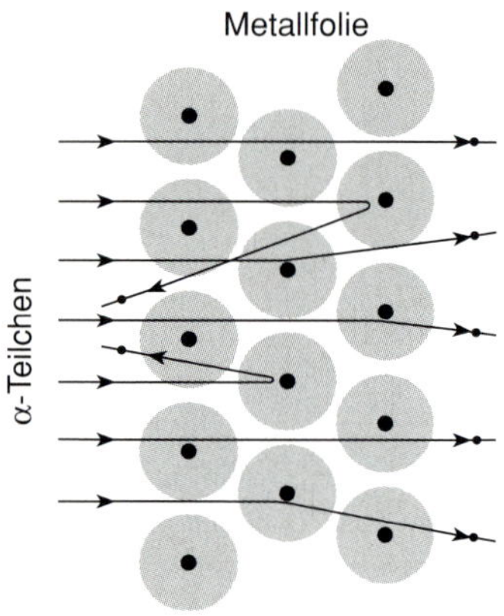

Abb. I.1. Der Streuversuch von Rutherford
Beim Beschuss mit α-Teilchen treffen diese selten auf Atomkerne

Dieses Bild widerlegten die Versuche von Ernest Rutherford (1871-1937) (in Neu-Seeland geborener, hauptsächlich in England wirkender Physiker) und Mitarbeitern aus den Jahren 1909 und 1911. Zur Erforschung des Atombaus beschossen sie dünne Metallfolien mit α-Teilchen, d.h. zweifach positiv geladenen Heliumkernen. Sie fanden, dass während der überwiegende Teil der α-Teilchen beim Durchtritt durch die Folie nur geringfügig abgelenkt wird, ein sehr geringer Teil von ihnen praktisch zurückschnellt. Daraus folgerten sie, dass statt der bisher angenommenen homogenen Massenverteilung der Materie der größte Teil der Atommasse in einem zum Gesamtvolumen der einzelnen Atome sehr kleinen, positiv geladenen Kern konzentriert ist und der überwiegende Teil des Atoms „leer" sei (Abb. I.1). **Rutherford stellte sich das Atom einem winzigen Sonnensystem ähnlich vor:** in der Mitte befindet sich der **Atomkern**, um ihn kreisen die Elektronen wie Planeten.

Beim rutherfordschen Atommodell ergab sich aber ein grundlegendes Problem, denn ein solches Atom kann nicht stabil sein. Die kreisenden Elektronen haben nämlich eine zentripetale Beschleunigung, die beschleunigten Ladungen verhalten sich wie die schwingenden Ladungen in der Antenne eines Radiosenders, sie sollten also laut der klassischen Physik elektromagnetische Wellen ausstrahlen. Das geht mit einem Energieverlust einher, deshalb müssten die negativen Elektronen in sehr kurzer Zeit in den positiven Atomkern stürzen.

Franck und Hertz

I/1.1.2 Direkter Nachweis der Quantennatur der Energie

1914 konstruierten die deutschen Physiker James Franck (1882-1964) und Gustav Ludwig Hertz (1887-1975) eine mit Quecksilberdampf gefüllte spezielle Elektronenröhre und untersuchten an dieser die Zusammenstöße der Elektronen mit den Quecksilberatomen (s. „*Franck–Hertz-Versuch*").

Nach dem Franck–Hertz-Versuch ist ein „allein stehendes" Quecksilberatom nicht fähig, jede beliebige – von den Elektronen gelieferte – Energie

Franck–Hertz-Versuch

Abb. 1 zeigt die Messanordnung. Die Messzelle ist eine mit dünnem Quecksilbergas gefüllte Elektronenröhre, in welcher sich zwischen Kathode und Anode ein Drahtnetz befindet, das wir als Gitter bezeichnen. Die Kathode wird mit durchlaufendem elektrischem Strom zum Glühen gebracht. Aufgrund der hohen Temperatur erhöht sich die Energie vieler Elektronen so stark, dass sie aus der Kathode in das Gas austreten (thermische Emission, s. I/3.1.2/b).

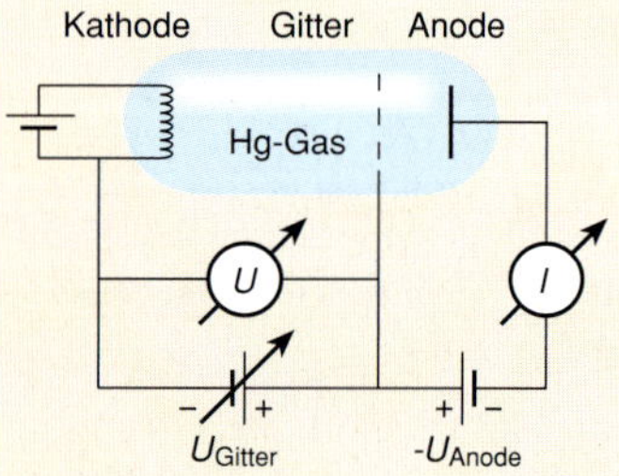

Abb. 1.

Die austretenden Elektronen werden durch die positive Gitterspannung U_{Gitter} zwischen Kathode und Gitter beschleunigt. Nach dem Trägheitsgesetz fliegt der überwiegende Teil von ihnen durch das Gitter weiter. Mit einer schwachen negativen Anodenspannung $-U_{Anode}$ zwischen Gitter und Anode wird ein Gegenfeld angelegt, wodurch die Elektronen nach Durchfliegen des Gitters langsamer werden, also zwischen Gitter und Anode einen Teil ihrer Bewegungsenergie verlieren. Die Anode können nur die Elektronen erreichen, deren kinetische Energie E_k die zur Überwindung des Gegenfeldes notwendige Arbeit eU_{Anode} deckt, d.h. für die $E_k \geq eU_{Anode}$ erfüllt ist.

Gemessen wurde bei steigender Spannung U_{Gitter} und konstanter schwacher Spannung $-U_{Anode}$ der Anodenstrom I. Abb. 2 zeigt den Verlauf der gemessenen Funktion. Bei steigender Beschleunigungsspannung U_{Gitter} steigt anfangs der Strom I auch monoton an. Bei einem kritischen Spannungswert $U^\star$ beginnt aber der Strom abzufallen, um nach Erreichen eines lokalen Minimums wieder anzusteigen. Bei ganzzahligen Vielfachen von $U^\star$ sind ähnliche Stromgänge zu sehen.

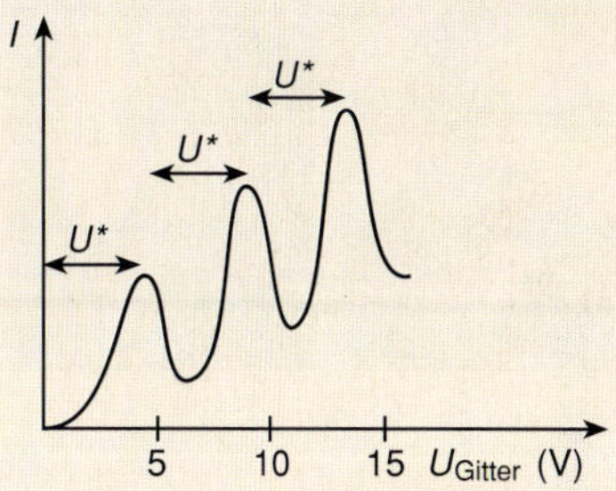

Abb. 2.

Dieser merkwürdige Stromgang lässt sich folgendermaßen erklären: ein durch die Spannung U_{Gitter} beschleunigtes Elektron kann auf dem Weg zum positiven Gitter oft mit Quecksilberatomen zusammenstoßen. Solange jedoch die Spannung geringer ist als ein kritischer Wert ($U_{Gitter} < U^\star$), sind diese Stöße elastisch und das Elektron prallt von den Hg-Atomen mit 400000mal größerer Masse – wie ein Ball von einer starren Wand – ohne Geschwindigkeitsverlust ab. So können bei steigender Spannung U_{Gitter} trotz der schwachen Gegenspannung $-U_{Anode}$ immer mehr Elektronen zur Anode gelangen, der Anodenstrom I nimmt also zu.

Erreicht die Spannung U_{Gitter} einen kritischen Wert ($U_{Gitter} = U^\star$) und verfügen die beschleunigten Elektronen über ausreichend Energie ($eU^\star$), so kann der Stoß unelastisch werden. Dabei übergibt das Elektron seine Energie einem Hg Atom. Die Elektronen, die ihre Energie verloren haben, sind nicht mehr in der Lage, durch das Gegenfeld $-U_{Anode}$ zur Anode zu gelangen, der Anodenstrom beginnt also abzufallen.

Erhöht man die Gitterspannung U_{Gitter} weiter, so erlangen die Elektronen die abgebbare Energieportion $eU^\star$ schon weit vor dem Gitter und verlieren diese bei einem unelastischen Stoß auch sofort. Danach werden sie aber sofort wieder beschleunigt und nach Aufnahme ausreichender Energie erreichen sie trotz des Gegenfeldes $-U_{Anode}$ die Anode. Der Strom wird also wieder ansteigen. Bei ganzzahligen Vielfachen von $U^\star$ können die Elektronen zwischen Kathode und Gitter mehrmals die zum Abgeben notwendige Energieportion sammeln.

aufzunehmen, **seine Energie kann sich** also nicht kontinuierlich, sondern **nur in bestimmten Portionen, Quanten ändern**. Davon stammt später die Bezeichnung Quantenmechanik. (Was sich genau hinter der „Energie des Atoms" verbirgt, konnte man nicht wissen, aber von der kinetischen Energie des Atoms als Ganzem wird in diesem Fall abgesehen.)

Zuvor hatten schon mehrere Beobachtungen (wie z.B. das Linienspektrum der Atome) darauf hingewiesen, dass die Energieänderungen in gewissen Fällen gequantelt sein sollten, d.h. sich die Energie eines Systems nur in bestimmten Portionen ändern kann. Den direkten Nachweis dieser Hypothese erbrachte aber erst der Franck-Hertz-Versuch (Physiknobelpreis 1925).

Obwohl auch **die Tatsache der** scharf getrennten **atomaren Energiezustände dem rutherfordschen Atommodell widerspricht**, hatte der dänische Physiker Niels Bohr (1885-1962) ein Jahr vor den obigen Versuchen (1913) die diskreten Energiezustände der Atome mit den Vorstellungen von Rutherford erfolgreich kombiniert. Damit fand er eine Erklärung für das Linienspektrum des Wasserstoffatoms (Physiknobelpreis 1922). (Die Arbeit von Bohr erwies sich aus heutiger Sicht als Sackgasse, war aber wegen ihrer Wirkung auf seine Zeitgenossen doch sehr bedeutend, sodass wir sie nicht unerwähnt lassen können.)

Bohr postulierte, dass die Elektronen des Atoms nur auf gewissen ausgewählten Bahnen um den Atomkern kreisen können. Diese können wir auch

J. J. Thomson und Rutherford

Bohr und De Broglie

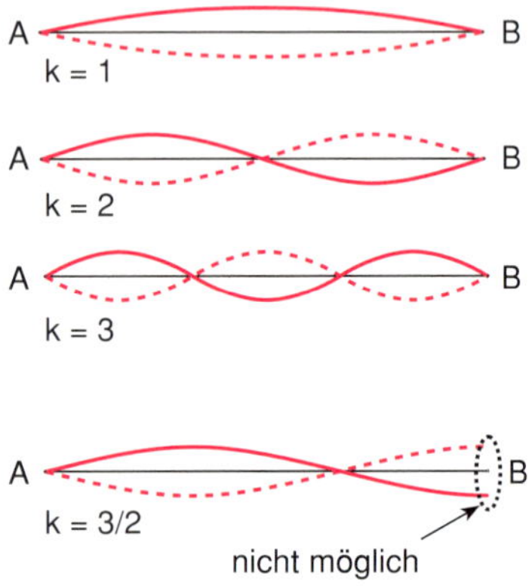

Abb. I.2. Stehende Wellen an einem gespannten Seil

Darstellung einiger möglicher Schwingungszustände, k=1, 2, 3.

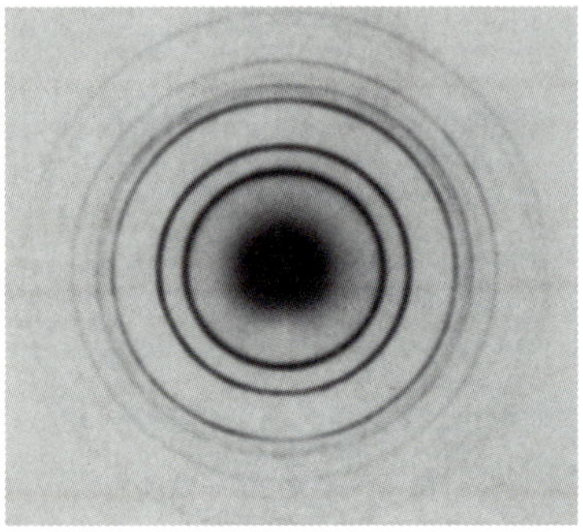

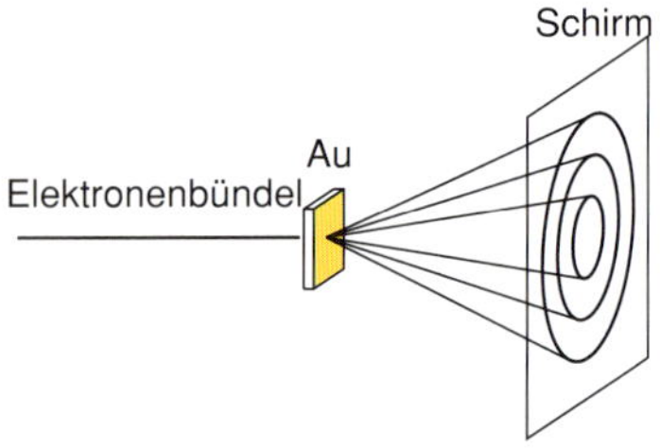

Abb. I.3. Beugung stark beschleunigter Elektronen durch Goldfolie (Beugungsbild und Versuchsanordnung).

Eindeutiger Beweis der Welleneigenschaft der Elektronen

nummerieren (1, 2, ..., j, ...). Auf diesen Bahnen kreisende Elektronen strahlen nicht, ihre Energie ist also konstant (E_1, E_2, ..., E_j, ...) (das steht auch weiterhin im Gegensatz zu den klassischen Kenntnissen). Des Weiteren vermutete er, dass die Atome nur dann strahlen (d.h. elektromagnetische Strahlung, z.B. Licht aussenden), wenn das Elektron von einer Bahn auf die andere springt (was im Rahmen der klassischen Physik gleichfalls unmöglich ist, wenn sich das Elektron nicht zwischen zwei erlaubten Bahnen befinden kann). Nehmen wir die grundlegende Hypothese von den stationären Bahnen jedoch an und postulieren wir weiterhin, dass die Frequenz des ausgestrahlten Lichtes f beim sprunghaften Übergang des Elektrons von einer Bahn m mit einer Energie von E_m auf die Bahn i mit einer Energie von $E_i < E_m$ eindeutig von der Beziehung

$$hf = E_m - E_i \tag{I.1}$$

bestimmt ist, so erhalten wir Ergebnisse, die mit den Erfahrungen übereinstimmen. In Gl. (I.1) ist h das von Planck eingeführte **Wirkungsquantum**, das heute als **Planck-Konstante** bezeichnet wird, Maßeinheit ist Js.

I/1.1.3 Die Wellennatur des Elektrons

Das Quantenverhalten – d.h. die nicht-kontinuierliche Änderung einer physikalischen Größe – ist tatsächlich schon lange bekannt. Außer dem atomaren Aufbau der Materie können wir als Beispiel nehmen, dass an einem gespannten Seil nur solche stehenden Wellen angeregt werden können, bei denen die Seillänge l ein ganzzahliges Vielfaches der halben Wellenlänge ($\lambda_k/2$) beträgt (Abb. I.2), d.h.

$$l = k\frac{\lambda_k}{2}, \quad (k = 1, 2, \ldots), \tag{I.2}$$

weil die beiden Enden des Seils fixiert sind und sich deshalb immer im Ruhezustand befinden. So kann Gl. (I.2) auch als eine Art von „Quantenbedingung" aufgefasst werden. Bei einem Rückblick in die Vergangenheit kann man also sehen, dass die **kontinuierlichen und die diskreten Veränderungen** im Falle von unterschiedlichen Systemen **gut nebeneinander existieren** konnten, das Vorhandensein einer Dualität machte bei makroskopischen Systemen keine Probleme.

Der französische Physiker Louis Victor de Broglie (1892–1978) stellte 1923 seine Theorie von den Welleneigenschaften der diskreten Atomzustände des Elektrons gerade anhand des Seilbeispiels auf (Physiknobelpreis 1929). Seine Überlegungen beruhten auf schon früher erworbenen Kenntnissen der Lichtnatur, wonach die Vorstellung der Lichtwellen und der Lichtteilchen (Photonen) die Möglichkeit der nebeneinander existierenden, mehrseitigen Annäherung gibt (s. II/2.1.8). Der Impuls p des Elektrons lässt sich (bei Kenntnis der Masse m und der Geschwindigkeit v) bestimmen: $p=mv$. De Broglie ordnete dem Elektron mit dem Impuls p die Wellenlänge

$$\lambda = \frac{h}{p} \tag{I.3}$$

zu, wo λ die Wellenlänge der sog. **Materiewelle,** h die Planck-Konstante sind.

Die gleiche Spur verfolgte der österreichische Physiker Erwin Schrödinger (1887-1961). 1926 beschrieb er das **Ausbreitungsgesetz der hypothetischen Elektronenwelle** (Schrödinger-Gleichung, Wellengleichung). Die von ihm benutzte Wellenfunktion $\psi(x,t)$ beschreibt die zeit- und raumabhängige „Amplitude" der Elektronenwelle. Schrödinger kümmerte sich nicht darum, ob diese Annahme einen physikalischen Sinn hat. Er stellte sich das Elektron als eine ausgedehnte, kontinuierliche Ladungswolke vor, die in jedem Punkt des Raumes über eine eindeutige, zu ψ^2 proportionale Ladungsdichte verfügt. Aus den spezialen Lösungen seiner Gleichung stellte sich heraus, dass um den Atomkern stehende Elektronenwellen entstehen können und die von der Theorie vorhergesagten Energien bzw. Energieunterschiede mit den spektroskopischen Messungen gut übereinstimmen (Physiknobelpreis 1933).

Davisson und Germer

Die tatsächliche Existenz der sowohl von de Broglie als auch in der Schrödinger-Gleichung angenommenen Elektronenwelle wurde 1927 experimentell nachgewiesen. Zuerst **erzeugten** die amerikanischen Physiker Clinton Joseph Davisson (1881-1958) und Lester Halbert Germer (1896–1968) dann ein Jahr später der englische Physiker Georg Paget Thomson (1892–1975) **mit** hochbeschleunigten **Elektronen** an dünnen Metallfolien bzw. Einkristallen **Interferenzen**, was ein eindeutiger Beweis ihrer Welleneigenschaften ist (Abb. I.3) (s. auch II/2.1.4). Für den Nachweis der Wellennatur der Elektronen wurden Davisson und G.P. Thomson 1937 mit dem Nobelpreis für Physik ausgezeichnet. Es ist vielleicht interessant zu erwähnen, dass G.P. Thomson der Sohn des J.J. Thomson war, der 40 Jahre zuvor das Elektron als Teilchen entdeckt hatte.

Zitat I.2: „Der Kentaur ist für ein Pferd zu sehr Mensch, für einen Menschen zu sehr Pferd. Er ähnelt wahrlich nur dem Kentaur. Aber schließlich können wir sagen, wie er ist. Das Elektron ist für eine Kugel zu sehr Welle, für eine Welle zu sehr Kugel. Es ähnelt wahrlich nur dem Elektron. Es scheint aber unmöglich zu sagen, wie das Elektron ist. Es ist nicht das Problem, dass das Elektron keiner der schon früher erkannten Sachen ähnlich wäre, sondern dass seine Existenz eine logische Unmöglichkeit zu sein scheint."

Frigyes Károlyházi: Igaz varázslat (Gondolat, 1976)

Wir haben erwähnt, dass die Tatsache von kontinuierlichen und diskreten Veränderungen zuvor keine Schwierigkeiten bei einer anschaulichen Vorstellung von den einzelnen Erscheinungen gemacht hat. In der Quantenmechanik betreffen die zwei gegensätzlichen Behauptungen aber ein und dasselbe Objekt, und zwar das Elektron: einerseits ist es unteilbar und ein Teilchen von mikroskopischer Ausdehnung, andererseits ist es eine Welle, die auch makroskopisch voneinander entfernte Einzelheiten „zur Kenntnis nimmt". Dieses „Bild" scheint mit unserer bisherigen Begriffswelt unvereinbar, deshalb ist es kaum wahrscheinlich, dass man es sich im klassischen Sinn unserer Wahrnehmung anschaulich vorstellen könnte (s. Zitat I.2). Es lässt sich nur mit mathematischen Mitteln beschreiben.

Interferenzerscheinungen wurden nicht nur mit Elektronen, sondern mit verschiedenen anderen Teilchen, z.B. Neutronen, aber auch ganzen Atomen nachgewiesen. **Die Doppelnatur (Dualität) ist also ein allgemeines Merkmal der Materie**.

I/I.2 Die mathematische Beschreibung des Verhaltens von Elektronen

Im vorigen Abschnitt haben wir dargestellt, wie schwer es ist, sich die Erscheinungen der Elektronen vorzustellen. Im Folgenden wollen wir einen kurzen Überblick geben, wie sich dieses besondere Verhalten doch beschreiben lässt.

I/1.2.1 Das Ausbreitungsgesetz des freien Elektrons

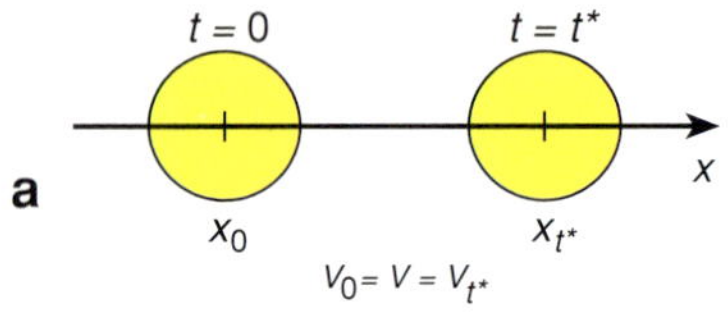

Bewegungszustand in der klassischen Mechanik

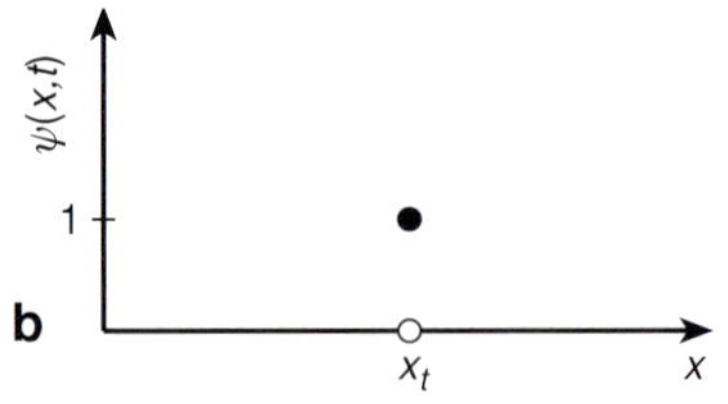

Die Angabe des Orts mit einer „erzwungenen" Funktion

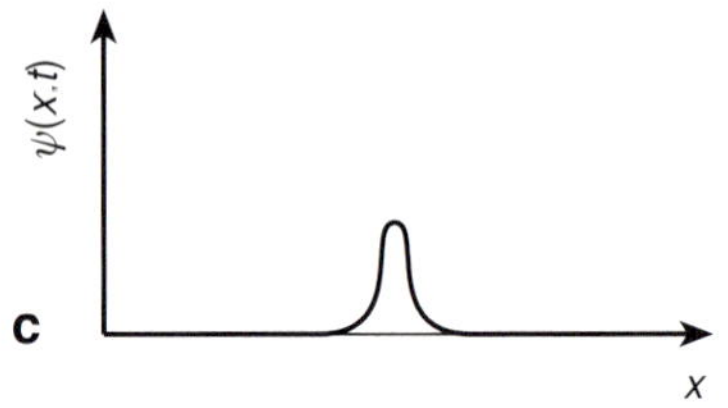

Die „Angabe" des Orts mit einer Funktion

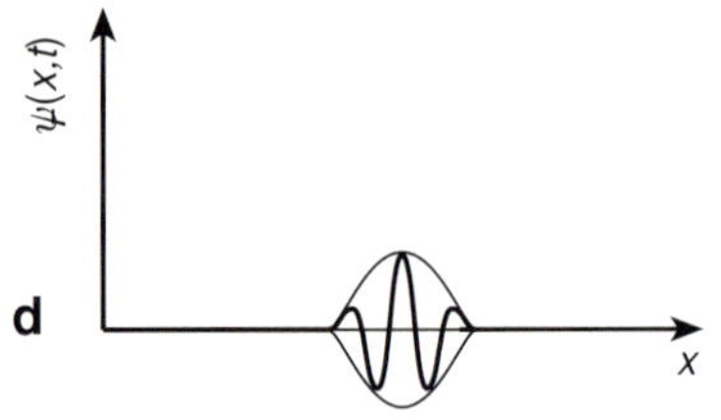

Die gemeinsame „Angabe" von Ort und Geschwindigkeit, die Wellenfunktion des Elektrons $\psi(x,t)$. (Die Umhüllende ist natürlich kein Teil der Funktion ψ.)

Abb. I.4. Eine mögliche Gedankenreihe vom klassischen mechanischen „Bewegungszustand" bis zur quantenmechanischen Wellenfunktion (auch Zustandsfunktion genannt)

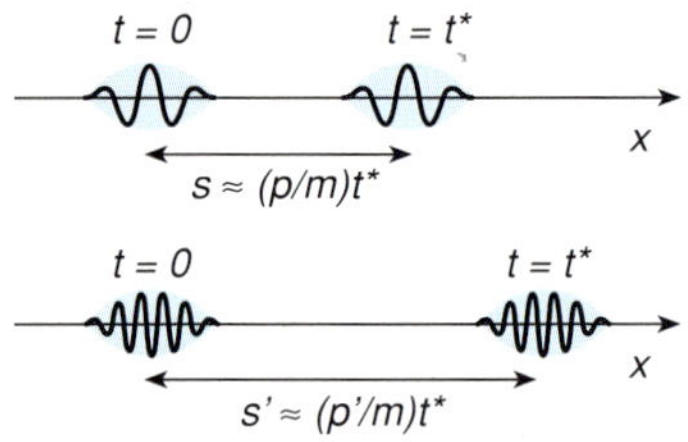

Abb. I.5. Langsamere bzw. schnellere „Ausbreitung" des Elektrons.
Laut Gl. (I.5) gehören zu einer kürzeren Wellenlänge λ ein größerer Impuls und somit auch eine höhere Geschwindigkeit.

Frei ist ein Elektron z. B. dann, wenn es aus der Kathode einer Elektronenröhre austritt. Gehen wir davon aus, dass nach dem ersten newtonschen Axiom **in einem kräftefreien Raum** jeder Körper in seinem Bewegungszustand verharrt. Das heißt, dass sich die Geschwindigkeit des Körpers nicht ändert. Nehmen wir nun der Einfachheit halber an, dass sich der Körper bei unseren Untersuchungen entlang der x-Achse unseres Koordinatensystems bewegt und keine Kräfte auf ihn einwirken. Kennen wir nun die Ortskoordinate x und die Geschwindigkeitskoordinate v (den Zustand bzw. Bewegungszustand des Körpers) im Moment t=0, dann können wir diese Zustandsgrößen in jedem späteren Zeitmoment $t^\star$ bestimmen. In der klassischen Mechanik können wir z.B. die Lage einer Kugel mit der Koordinate des Massenmittelpunktes angeben (Abb. I.4a). So können wir aus dem Wertepaar der Anfangsbedingung x_0,v_0 nach der Zeit $t^\star$ das Wertepaar x_1,v_1 gewinnen, wobei

$$x_{t^\star} = x_0 + vt^\star, \quad \text{und} \quad v_0 = v_{t^\star} = v. \tag{I.4}$$

Aufgrund dieses Zusammenhanges können wir in der klassischen Mechanik also in jedem Moment bestimmen, an welchem Ort x_1 sich der Körper befindet und wie groß seine Geschwindigkeit v_1 ist.

Gehen wir jetzt in Gedanken eine andere Annäherung durch. In diesem Fall geben wir **den Zustand des Elektrons** in einem gegebenen Moment nicht mit dem klassischen Wertepaar x,v an, sondern mit **einer solchen $\psi(x,t)$ Funktion**, in der sowohl die Ortsinformationen als auch die Geschwindigkeitsinformationen zum Ausdruck kommen. Wir können es mit einer so einfachen Funktion versuchen, bei der alle Werte Null sind, mit Ausnahme des Ortes x_t, wo sagen wir $\psi(x_t,t)$=1 ist (Abb. I.4b) Das lässt sich aber mathematisch schwer behandeln und verrät nichts über die Geschwindigkeit. Deshalb sei $\psi(x,t)$ so gewählt, dass es nicht nur in einem Punkt von Null verschieden sei, sondern sich an beiden Seiten allmählich an die x-Achse anschmiegt (Abb.I.4.c). Danach **„ist" das Elektron dort, wo $\psi(x,t)$1** ist, und **die „Form" der $\psi(x,t)$ Funktion gibt seine Geschwindigkeit**, genauer gesagt seinen Impuls p=mv (m Masse des Elektrons) an.

Auf der Abb. I.4c sieht $\psi(x,t)$ wie ein Wellenberg aus. Verallgemeinern wir weiter, so können wir zu der in Abb. I.4d dargestellten Funktion gelangen, die wir auch als **Wellenpaket** bezeichnen können. Hier wird der Begriff Wellenlänge schon sinnvoll sein. So gibt $\psi(x,t)$ den Impuls p bzw. die Geschwindigkeit v=p/m in Übereinstimmung mit unseren Kenntnissen von der Materiewelle nach de Broglie mit Hilfe der Wellenlänge an, d.h.

$$p = \frac{h}{\lambda} \quad \text{wo } h \text{ die Planck-Konstante ist.} \tag{I.5}$$

Die $\psi(x,t)$ Funktion aus Abb. I.4d ist schon geeignet, Lage und Impuls des Elektrons gleichzeitig zu charakterisieren, wenn auch dieses Bild im Verhältnis zu unserer klassischen Anschauung eine etwas merkwürdige Weise ist. Da $\psi(x,t)$ den Zustand des Elektrons charakterisiert, nennen wir die Funktion **Zustandsfunktion oder Wellenfunktion**.

Im Verlaufe der Zeit muss sich das Gebiet, wo $\psi(x,t)$ von Null verschieden ist – das also den „Ort" des Elektrons angibt -, weiterbewegen, denn wenn ein Körper der Masse m einen Impuls p besitzt, dann ändert er seine Lage mit der Geschwindigkeit $v=p/m$ (Abb. I.5). Die „Lageveränderung" $s \approx vt$.

Wäre das dann auch das Ausbreitungsgesetz des Elektrons im kräftefreien Raum? Nein, denn wir haben einen wesentlichen Punkt nicht in Betracht gezogen und zwar den folgenden: das Prinzip, dass sich der Ort nicht mit einem einzigen Zahlenwert bestimmen lässt (denn $\psi(x,t) \neq 0$ ist nicht nur in einem einzigen Punkt erfüllt) gilt auch für den Impuls. Eine eindeutige Wellenlänge lässt sich nämlich nur einer streng periodischen Funktion zuordnen. Die Periodizität bedeutet, dass die Werte der Funktion $y(x)$ bei einer Periodizitätslänge von λ für jeden Wert x gleich sind: $y(x)=y(x+\lambda)$ (Abb. I.6).

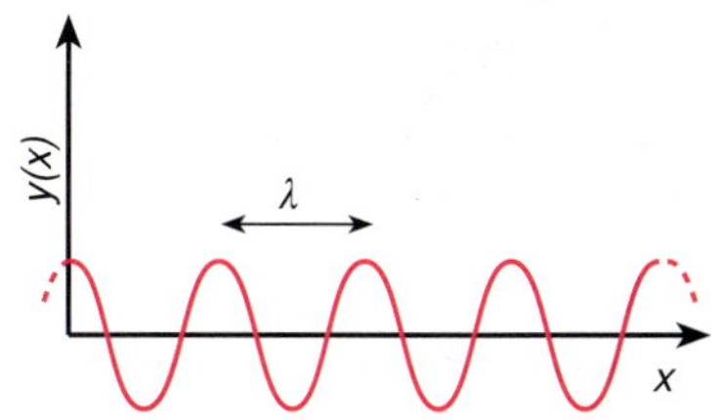

Abb. I.6. Eine eindeutige Wellenlänge kann nur bei einer „echten" periodischen Funktion angegeben werden

In Wirklichkeit ist aber $\psi(x,t)$ keine periodische Funktion, sie kann deshalb auch nicht mit einer eindeutigen Wellenlänge beschrieben werden. In diesem Fall können wir tentativ eine „größte" bzw. „kleinste" Wellenlänge (λ_1,λ_2) angeben. Innerhalb dieses Wellenlängenbereichs kann dann (mit mehr oder weniger gleichem „Recht") die Wellengruppe mit jedem λWert beschrieben werden. So können wir anhand von Gl. (I.5) den „kleinsten" bzw. „größten" Impuls (p_1,p_2) und auch die zugehörigen Geschwindigkeiten $(v_1=p_1/m,\ v_2=p_2/m)$ angeben. Weil so die Geschwindigkeit der Wellengruppe in guter Näherung mit jedem der Werte im Bereich von v_1 bis v_2 beschrieben werden kann, lässt sich auch nicht entscheiden, ob die Wellengruppe in der Zeit $t^\star$ den Weg s_1, s_2 oder einen zwischen diesen Werten liegenden Weg „zurücklegt". Der Widerspruch lässt sich nur auflösen, indem wir sagen, dass die „Fortbewegung" weder s_1 noch s_2 noch irgendein mittlerer Wert ist, sondern jeder dieser Werte. Daraus folgt, dass sich **$\psi(x,t)$ während der Elektronenbewegung verbreitert**. Da die Geschwindigkeit und deshalb auch die mittlere Wellenlänge $(\lambda=h/(mv))$ unverändert sind, kann sich $\lambda(x,t)$ nur so verbreitern, dass an der Kurve neue Wellenberge und Wellentäler erscheinen. Darin besteht also die Neuheit dieses Gesetzes. So kann man die Bewegung des freien Elektrons in guter Näherung beschreiben, z.B. in dem Raum zwischen Kathode und Schirm einer Kathodenstrahlröhre.

G.P. Thomson

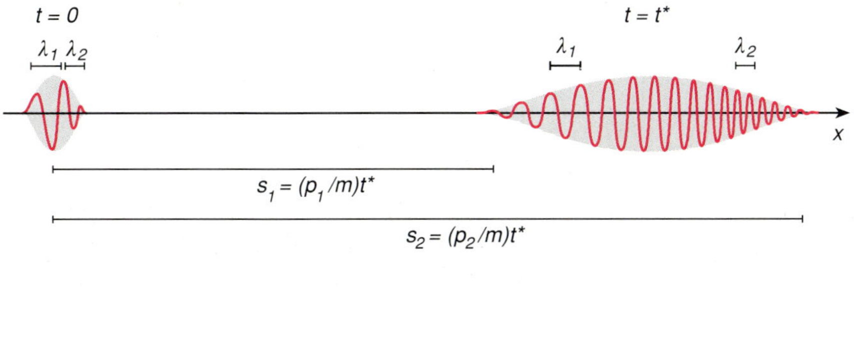

Abb. I.7. Das Ausbreitungsgesetz des „Elektrons": während des Fortpflanzens verbreitert sich $\psi(x)$
Im kräftefreien Fall ist die Geschwindigkeit des Wellenpakets und damit auch die ungefähre Wellenlänge unverändert: die „voraneilende" Hälfte kann eher mit λ_2, die „zurückbleibende" eher mit λ_1 charakterisiert werden.

Schrödinger und Heisenberg

I/1.2.2 Die heisenbergsche Unbestimmtheitsrelation (Unschärferelation)

Wir konnten sehen, dass $\psi(x,t)$ eine **an sich bestimmte,** eindeutige Funktion ist. Ein Teil der in ihr enthaltenen Informationen aber – die sich z.B. auf Lage und Impuls des „Elektrons" beziehen – ist unbestimmt.

Für den Ort lässt sich die ungefähre Unschärfe Δx unmittelbar aus dem Grafikon $\psi(x,t)$ ablesen. Δx ist die räumliche Ausdehnung der Wellengleichung in dem Bereich, in dem $\psi(x,t)$ schon merklich von der x-Achse abweicht (in den Abb. I.6 und I.7 der graue Bereich entlang der x-Achse).

Beim Impuls müssten wir zur Schätzung der ungefähren Unschärfe Δp die Unschärfe $1/\lambda$ nach Gl. (I.5) schätzen (s. „*Über die vermeidbaren Fehler einer Messmethode, die Natur der Unschärfe der Wellenzahl 1/λ*").

Über die vermeidbaren Fehler einer Messmethode, die Natur der Unschärfe der Wellenzahl 1/λ

Zuerst überlegen wir, wie wir die Herzfrequenz f („den Puls") messen. Am einfachsten, indem wir (von 0 beginnend) die Zahl n der Herzschläge in einer bestimmten Messzeit t (z.B. in einer Minute) zählen. Da es keine „gebrochenen Herzschläge" gibt, wird der Quotient n/t immer kleiner sein als der exakte Wert von T, er gibt also eine Unterschätzung der gesuchten Frequenz. Zählen wir jedoch eins weiter, so ist der Quotient $(n+1)/t$ immer größer als der exakte Wert, er überschätzt also. Die wirkliche Herzfrequenz soll irgendwo zwischen den beiden Werten liegen, deshalb ist der unvermeidbare Fehler unserer Messmethode:

$$\Delta f = \Delta \frac{1}{T} \approx \frac{n+1}{t} - \frac{n}{t} = \frac{1}{t}$$

Es ist zu sehen, dass der unvermeidbare Messfehler umso geringer wird, je größer wir die Messdauer t wählen.

Gedankenversuch

Stellen wir uns vor, dass wir am Ufer eines Sees die Frequenz des Wellenganges bestimmen wollen. Wir zählen deshalb die Wellen, die in einer Minute das Ufer erreichen. (Um das Wort „erreichen" exakter zu definieren, werden wir das Geräusch des Anschlagens der Wellen am Ufer zählen.) Da wir keine Uhr bei uns haben, benutzen wir das Signal der Sturmwarnung als Zeitmesser (31-mal Blinken sind eine Minute). Sagen wir, dass in dieser Zeit 25 Wellen das Ufer erreicht haben, aber unmittelbar nach dem 31. Blinken hat noch eine Welle am Ufer angeschlagen. (Aufgrund unserer Bedingung können wir nur ganze Wellen und keine gebrochenen Wellen unterscheiden.) Wir können also sagen, dass die Frequenz des Wellenganges zwischen 25/Minute und 26/Minute liegen soll, deshalb ist der unvermeidbare Fehler unserer Messmethode $\Delta f \approx 1$/Minute.

Analysiert man die Messung der Wellenzahl (d. h. die reziproke Wellenlänge $1/\lambda$) in einem ähnlichen Gedankenversuch, so kommt man zu einem ähnlichen Ergebnis. Benutzen wir auch bei der Messung der Wellenzahl ein Messprinzip, das wir schon bei der Bestimmung des Herzzyklus analysiert haben. Nehmen wir also eine Messstrecke der Länge L und bestimmen wir die Zahl der Wellenberge n, die innerhalb der Messstrecke liegen, wenn ein Wellenberg eben an dem Anfangspunkt der Messstrecke liegt. Analog zur Bestimmung des Herzzyklus ergibt dann n/L einen unteren und $(n+1)/L$ einen oberen Grenzwert für die Wellenzahl $1/\lambda$. Der unvermeidbare Messfehler dieser Messmethode (d. h. der sog. systematische Fehler der Methode) ist also:

$$\Delta \frac{1}{\lambda} \approx \frac{n+1}{L} - \frac{n}{L} = \frac{1}{L}.$$

So kommen wir nach dieser Analyse zu der Schlussfolgerung: **mit zunehmender Messlänge nimmt der unvermeidbare Messfehler ab.** Dieses Beispiel führt zu ▶

einer grundlegenden Erkenntnis. Da die Messlänge die Länge des Wellenzuges in keinem Fall überschreiten kann, ist die erreichbare Genauigkeit der Wellenzahlmessung durch die Länge des Wellenzuges, also durch die Natur der physikalischen Größe (Wellenzahl) limitiert. Es ist nämlich klar, dass sich *die Wellenzahl eines Wellenzuges mit einem beliebig kleinen Messfehler nur an einer beliebig langen Messstrecke, also an einem beliebig langen Wellenzug bestimmen lässt.* Diese Feststellung wird oft in einer abgekürzten Form zitiert: die Länge des Wellenzuges limitiert wegen der Natur dieser Größe den unvermeidbaren Messfehler. Verallgemeinernd können wir sagen, dass wenn ein unvermeidbarer Messfehler aus der Natur der physikalischen Größe stammt, so bezeichnet man ihn als **Unschärfe.**

Die Unschärfe von $1/\lambda$ ist davon bestimmt, einen wie langen Wellengang L wir beim Schätzen in Betracht ziehen. Wir wissen aber aus der Wellenfunktion $\psi(x,t)$, dass die räumliche Ausbreitung Δx immer ein endlicher Wert ist, auch wenn sie makroskopische Werte annehmen kann. Sie kann also den Wert L nie überschreiten, daher ist $L \leq \Delta x$. Deshalb kann der Fehler $1/\lambda$ auch nicht beliebig klein sein. Danach können wir schreiben:

$$\Delta \frac{1}{\lambda} \approx \frac{1}{L} \geq \frac{1}{\Delta x} \qquad (1.6)$$

Multiplizieren wir mit der Planck-Konstante h und ordnen dann unter Berücksichtigung von Gl. (I.5) ($p=h/\lambda$), so erhalten wir

$$\Delta x \cdot \Delta p \geq h. \qquad (I.7)$$

Diese Beziehung ist die Unschärferelation von Heisenberg (Werner Heisenberg, 1901-1976, deutscher Physiker, Physiknobelpreis 1932). Sie besagt, dass das Produkt der Fehler von Orts- und Impulskoordinate beliebig größer sein kann als die Planck-Konstante, aber nie kleiner als diese. Das bedeutet, **je genauer der Ort x des Elektrons bestimmt ist, desto weniger ist sein Impuls p bestimmt und umgekehrt.** Gl. (I.7) lässt sich auch mit vielen anderen Gedankenversuchen und auch auf exaktere Weise begründen.

Es gibt aber auch andere Produkte aus zwei physikalischen Größen, deren Maßeinheit Js ist, also mit der Maßeinheit der Planck-Konstante übereinstimmt. Führt man nun eine Dimensionsanalyse aufgrund der SI Maßeinheiten für px und Et durch, so erhält man:

$$\left[(\mathrm{m})(\mathrm{kg})\left(\frac{\mathrm{m}}{\mathrm{s}}\right)\right]=\left[(\mathrm{m})\left(\frac{\mathrm{kgm}}{s^2}\right)(\mathrm{s})\right]=[(\mathrm{m})(\mathrm{N})(\mathrm{s})]=[(\mathrm{J})(\mathrm{s})] \qquad (I.8)$$

Dementsprechend kann also auch für Energie und Zeit eine Unschärferelation postuliert werden:

$$\Delta E \cdot \Delta t \geq h. \qquad (I.9)$$

Gl. (I.7) und (I.9) werden wir später noch mehrmals anwenden, letztere z.B. bei der Bestimmung der Spektrallinienbreite (s. II/2.2.8).

I/1.2.3 Das gebundene Elektron, atomare Zustände

Bisher haben wir nur die Bewegung des freien Elektrons im kräftefreien Raum untersucht. Es stellt sich nun die Frage, wie man die Wirkung einer Kraft in Betracht ziehen kann.

Wir wissen aus Erfahrung, dass sich die aus der Kathode einer Kathodenstrahlröhre, einer Fernsehbildröhre austretenden, beschleunigten (freien) Elektronen durch ein elektrisches oder magnetisches Feld aus ihrer ursprünglichen Richtung ablenken lassen. Allgemein können wir sagen, dass das eingeschaltete Feld das Elektron in der Richtung der Wirkungskraft beschleunigt. Das bedeutet nach unseren neuen Begriffen, dass **das Kraftfeld die Wellenfunktion des Elektrons in seine eigene Richtung lenkt**. Infolge der Unbestimmtheit des Impulses bleibt dabei der Teil gültig, der sich auf die Verbreiterung des Ausbreitungsgesetzes bezieht.

Befindet sich das Elektron in der Atomhülle, so reicht seine Energie nicht aus, die Umgebung des Atomkerns zu verlassen. In diesem Fall befindet sich das Elektron in **gebundenem Zustand**.

Vorerst befassen wir uns nur mit einem sehr vereinfachten Modell des **Wasserstoffatoms**. Statt der wirklichen, komplizierten dreidimensionalen Bewegung untersuchen wir nur die Bewegung entlang der *x*-Achse. Das Proton behandeln wir als klassischen Massenpunkt, es hat also im Gegensatz zum Elektron eine scharf definierte Lage ($x=0$) und ein klassisches (Coulomb) Kraftfeld. Diese Näherung ist aufgrund des vorher Gesagten überraschend aber trotzdem erlaubt, denn die Masse des Protons ist ungefähr zweitausendmal größer als die Masse des Elektrons, deshalb ist die Unbestimmtheit seiner Lage auch ungefähr soviel kleiner. (Von dem oft kritisierten Rutherford-Modell haben wir also soviel behalten, dass der kleine Atomkern nur eine Aufgabe hat: er hält mit seiner positiven Ladung das leichte Elektron in seiner Umgebung.)

Der Zustand des Elektrons ist in diesem Fall dadurch gekennzeichnet, dass ein dynamisches Gleichgewicht zwischen der Wirkung des Kernkraftfeldes, das die Wellenfunktion zum Kern lenkt und konzentriert, und der Verbreiterung der Wellenfunktion erhalten bleibt. Bei zu schmalem $\psi(x,t)$ würde die Verbreiterung, bei zu breitem $\psi(x,t)$ die konzentrierende Wirkung des Kraftfeldes dominieren. Als Ergebnis könnten in der Zeit beständige, stationäre – also schon zeitunabhängige, in Bezug auf die Atomkernlage symmetrische, am ehesten an die in Abb. I.2 dargestellten stehenden Wellen des gespannten Seils erinnernde – Funktionsformen $\psi(t)$ entstehen (Abb. I.8). So entfaltet sich vor uns die Welt der diskreten, voneinander scharf differenzierten, einzeln gut bestimmten atomaren Elektronenzustände.

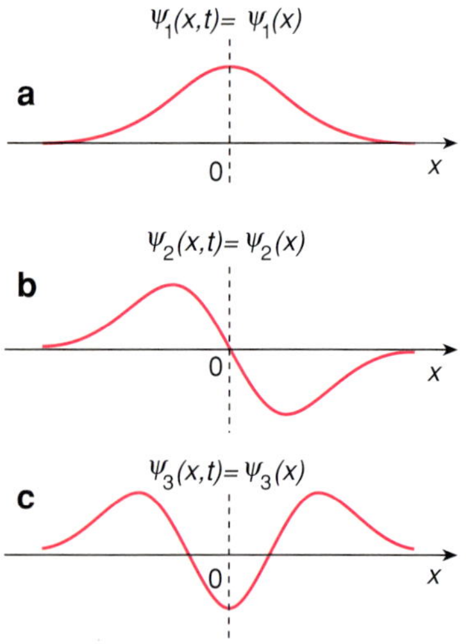

Abb. I.8. Einige mögliche Wellenfunktionen des gebundenen Elektrons („Eindimensionales Wasserstoffatom")

I/1.3 Die Ergebnisse der Quantenmechanik im Falle des einfachsten Atoms

Aus den Kurven der Abb. I.8 lassen sich viele interessante Informationen ablesen. Sie ermöglichen den Vergleich der theoretischen Beschreibung mit den Versuchsergebnissen. Das werden wir im Folgenden am einfachsten Atom, dem Wasserstoffatom darstellen. Wir zeigen, dass wir so z.B. eine Antwort auf die folgenden Fragen erhalten:

1. Wie groß ist das Wasserstoffatom?
2. Wie hoch kann die Energie des gebundenen Elektrons sein?

I/1.3.1 Diskrete atomare Energiezustände, Hauptquantenzahlen

Zur Beschreibung des gebundenen Elektrons im Wasserstoffatom beginnen wir unsere Untersuchungen mit der einfachsten Wellenfunktion $\psi_1(x)$ (s. Abb. I.8a).

Müssten wir die räumliche Lage der Wellenfunktion mit einem einzigen Parameter kennzeichnen, so könnten wir die Ortskoordinate des Protons angeben (x=0). In Bezug auf den gegebenen Zustand ist es aber viel wichtiger die Unbestimmtheit der Elektronenlage zu kennen, d.h. die ungefähre Breite der Wellenfunktion, welche die Ausdehnung, d. h. die Größe des Atoms bestimmt. Kennzeichnen wir diesen bisher noch unbekannten Wert mit Δx.

Um die Größe von Δx zu schätzen, brauchen wir die Näherungswerte der kinetischen und der potenziellen Energie ($E^\star_{kin}$, $E^\star_{pot}$). Wir gehen davon aus, **dass die Gesamtenergie** ($E^\star_{kin} + E^\star_{pot}$) **in der Nähe des „echten" Wertes Δx als minimal zu erwarten ist**. Es ist nämlich anzunehmen, dass für $\psi_1(x)$ bei diesem Δx sowohl die weitere Verbreiterung als auch die Zusammenziehung mit einem spontanen Energieanstieg einhergehen würde (s. *„Die Schätzung der Gesamtenergie"*).

Die Schätzung der Gesamtenergie

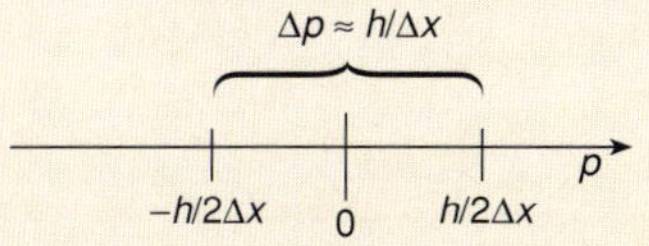

Abb. 1. Der Impuls des gebundenen Zustands und seine Unschärfe

Zur **Abschätzung der kinetischen Energie** $E^\star_{kin}$ werden wir den Impuls des Elektrons analysieren. Die kinetische Energie lässt sich mit dem Impuls und der Masse des Elektrons ausdrücken $E_{kin} = (1/2)mv^2 = p^2/2m$.

Sollten wir **den Impuls** mit einem einzigen Parameter beschreiben, so wäre unser erster Gedanke die Null, weil die Wellenfunktion $\psi(x)$ zeitunabhängig ist. Wir müssen das aber gleichzeitig mit der früheren Gl. (I.5) ($p = h/\lambda$) in Einklang bringen, wobei wir λ mit dem oben eingeführten Δx in Beziehung setzen. Δx entspricht nämlich der an $\psi_1(x)$ angepassten „mittleren" halben Wellenlänge. So ist $\lambda \approx 2\Delta x$, also $p \approx h/2\Delta x$. Der Widerspruch lässt sich unter Berücksichtigung der Unschärfe des Impulses lösen. $\Delta p \approx h/\Delta x$ bedeutet jetzt, dass der Impuls selbst jeden Wert zwischen $h/2\Delta x$ und $-h/2\Delta x$ annehmen kann und das Mittel dieser Werte tatsächlich Null ergibt (s. Abb. 1). Wir sehen also, dass die **Wellenfunktion $\psi_1(x)$ in der Zeit konstant ist, trotzdem aber Informationen über die Impulswerte enthält**.

Diese besondere Eigenschaft des gebundenen Zustandes lässt sich über die kinetische Energie vielleicht noch besser bemerken. Wir wissen, dass die kinetische Energie nie negativ sein kann. Dem Impuls $p = mv$ und dem Impuls $p = -mv$ kann also gleichermaßen $E_{kin} = p^2/2m$ zugeordnet werden. Ist also der Impuls zwischen den Werten $h/2\Delta x$ und $-h/2\Delta x$ unbestimmt, so kann demzufolge die kinetische Energie mit jedem der Werte zwischen 0 und $(h/2\Delta x)^2/2m = (1/2m)(h/2\Delta x)^2$ gleichermaßen beschrieben werden. Der **ungefähre (mittlere) Wert der kinetischen Energie** ist also die arithmetische Mitte der beiden Randwerte, d.h. $E^\star_{kin} = (h/2\Delta x)^2/4m = (1/4m)(h/2\Delta x)^2$.

Beim Abschätzen **der mittleren potenziellen Energie** müssen wir auch mehrere Aspekte in Betracht ziehen. In dem klassischen Coulumb Kraftfeld des Protons lässt sich die potenzielle Energie als Funktion der vom Proton gemessenen Entfernung x in der Form $E_{pot} = -ke^2/|x|$ aufschreiben, wobei k der Proportionalitätsfaktor aus dem Coulomb Gesetz und e die Elementarladung sind. **Fern vom Proton ändert sich diese Größe nur geringfügig**, in unmittelbarer Nähe des Protons nimmt sie dagegen rapide ab (Abb. 2). (Δx können wir mit Hilfe der am ▶

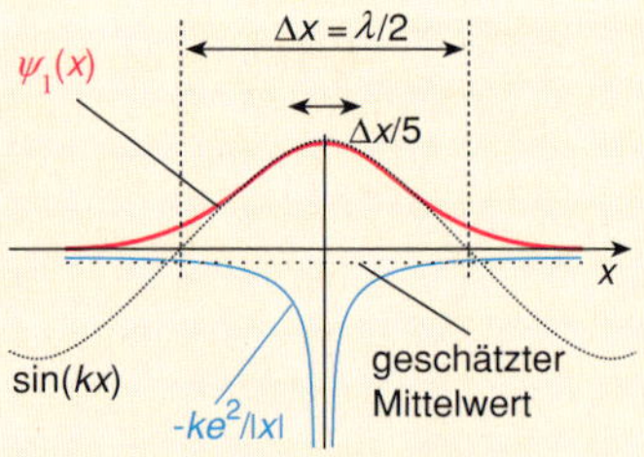

Abb. 2. Schätzen der mittleren potenziellen Energie

besten anliegenden Sinusfunktion (sin(kx)) angeben. Dem Mittel der potenziellen Energie können wir uns mit dem Wert ($E_{pot}(\Delta x/2)$ nähern, den wir an der Stelle $\Delta x/2$ der Funktion der potenziellen Energie aufnehmen.) Das ist der Punkt, wo wir nicht außer Acht lassen können, dass der reale Raum dreidimensional ist. Stellen wir uns das Atom nach dem klassischen Bild als Kugel mit dem Radius $\Delta x/2$ vor, so müssen wir untersuchen, wie weit die Punkte des Kugelinneren vom Mittelpunkt entfernt sind. Innerhalb 1/5 des Kugelradius, wo sich die potenzielle Energie schon deutlich ändern würde, befindet sich nur weniger als 1% des Kugelvolumens. Es ist also zu sehen, dass bei der Berechnung der mittleren potenziellen Energie **abnehmende x-Werte rapide weniger ins Gewicht fallen**.

So können wir die mittlere potenzielle Energie im absoluten Wert etwas unterschätzt als $E_{pot}{}^{\star} = -\, ke^2/(\Delta x/2)$ nehmen (s. Abb. 2) und dann ist die Gesamtenergie:

$$E = E_{\text{kin}} + E_{\text{pot}} = \frac{1}{4m}\left(\frac{h}{2\Delta x}\right)^2 - \frac{2ke^2}{\Delta x}\,.$$

Bevor wir das Minimum suchen, blicken wir zurück und sehen uns an, wie sich der Ausdruck verändert, wenn wir nicht nur die zu $\psi_1(x)$ gehörende Energie, sondern auch die zu den übrigen Zuständen gehörenden Werte ($\psi_2(x)$, $\psi_3(x)$ ... $\psi_n(x)$) erhalten wollen. Die Abweichung zeigt sich darin, dass bei den Wellenfunktionen mit unterschiedlichen Indexen auch die Relation von λ und Δx verschieden ist und sich deshalb auch der Impuls ändert:

falls $\psi_1(x)$ ist, sind $\Delta x_1 \approx (\lambda_1/2)$; $p_1 \approx h/2\Delta x_1$,

falls $\psi_2(x)$ ist, sind $\Delta x_2 \approx 2(\lambda_2/2)$; $p_2 \approx 2h/2\Delta x_2$,

falls $\psi_3(x)$ ist, sind $\Delta x_3 \approx 3(\lambda_3/2)$; $p_3 \approx 3h/2\Delta x_3$,

...,

falls $\psi_n(x)$ ist, sind $\Delta x_n \approx n(\lambda_n/2)$, $p_n \approx nh/2\Delta x_n$

I.1 Erinnerung: Minimumstelle und Minimumwert einer Funktion zweiten Grades

Gl. (I.11) lässt sich durch Substituieren von $x=1/\Delta x_n$ und einfachere Bezeichnung der Multiplikatoren von x

in der folgenden Form aufschreiben: $a = \dfrac{n^2h^2}{16m}$ $\quad b = ke^2$

$y = ax^2 - 2bx = a(x^2 - 2ba^{-1}x)$,

zum ganzen Quadrat umgeformt: $y = a(x - ba^{-1})^2 + (-b^2a^{-1})$,

Dementsprechend ist die Minimumstelle ba^{-1} und der Minimalwert von $y = -b^2a^{-1}$, falls $a > 0$ ist. (Bei $a < 0$ erhält die Parabel ein Maximum.)

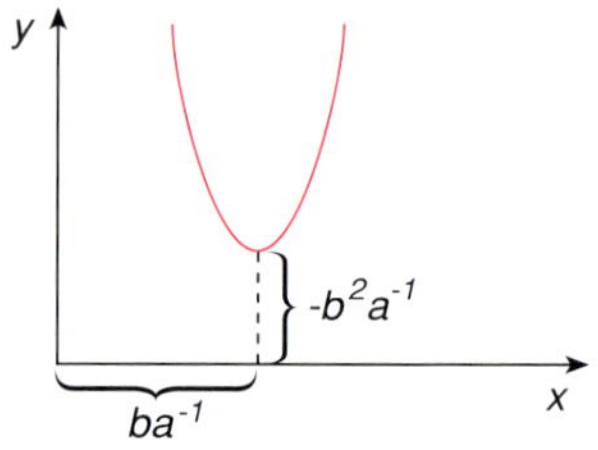

In unserer Näherung beträgt also die Gesamtenergie im n-ten Zustand:

$$E_n = \frac{1}{4m}\left(\frac{nh}{2\Delta x_n}\right)^2 - \frac{2ke^2}{\Delta x_n}\,. \qquad \text{(I.10)}$$

Nach Ausführung der Operationen:

$$E_n = \frac{n^2h^2}{16m}\,\frac{1}{\Delta x_n^2} - 2ke^2\,\frac{1}{\Delta x_n} \qquad \text{(I.11)}$$

Aus dieser Formel lassen sich Lage und Wert des Minimums einfach ablesen (s. Erinnerung I.1):

$$\Delta x_n = \frac{n^2h^2}{ke^2 16m} \qquad \text{(I.12)}$$

$$E_n = -k^2e^4\,\frac{16m}{n^2h^2} \qquad \text{(I.13)}$$

Gl. (I.13) weicht von den bedeutend komplizierteren exakten Rechnungen nur durch den numerischen Faktor ab (statt 16 wäre $2\pi^2 \approx 19{,}74$ der exakte Wert). So haben wir anhand unserer Näherung eine Antwort auf unsere Fragen erhalten:

1. Die „Größe" des Wasserstoffatoms im Grundzustand (n=1) ist laut Gl. (I.12):

$$\Delta x_1 = \frac{h^2}{ke^2 16m} = 1{,}3 \cdot 10^{-10}\ \mathrm{m},$$

Der Atomdurchmesser Δx_1 beträgt also rund 0,1 nm, was mit den tabellierten experimentellen Ergebnissen des Atomdurchmessers in ertragbarer Übereinstimmung ist.

2. In Gl. (I.13) bzw. in Abb. I.9. haben wir nun die diskreten Energiewerte vor uns, die im Linienspektrum des Wasserstoffs zu sehen sind und die den Physikern Anfang des 20. Jahrhunderts so viel Kopfzerbrechen verursacht haben. In Gl. (I.13) ist n die einzige unabhängige Variable, die als **Hauptquantenzahl** bezeichnet wird. Im Fall von $\boldsymbol{n=1}$ ist die Energie am tiefsten, $E_1 = -1{,}77 \cdot 10^{-18}$ J, ungefähr -11,1 eV (der genaue Wert wäre -13,6 eV). Soviel Energie ist notwendig, um das Elektron aus dem Atomverband auszulösen, so groß ist also die Ionisationsenergie des Wasserstoffatoms. Die Werte $\boldsymbol{n = 2,3,...}$ kennzeichnen die **angeregten Zustände**. Mit zunehmendem n wird der Energieunterschied zwischen den benachbarten Zuständen immer geringer: gemäß Gl. (I.13) ist $E_n = E_1/n^2$ (Abb. 1.9).

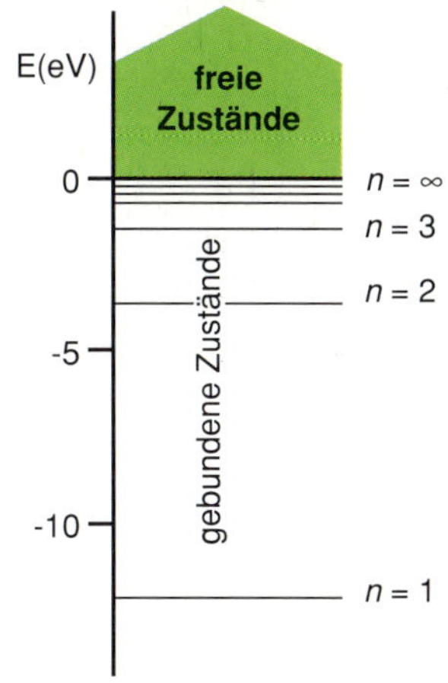

Abb. I.9. Mögliche Energiewerte des Elektrons eines Wasserstoffatoms. Der Energiewert kann sich im gebundenen Zustand nur diskret, im freien Zustand dagegen kontinuierlich ändern.

Mit Zunahme von n liegen die Energiewerte der einzelnen Zustände immer näher beieinander.

Im Sinne der Unschärferelation (I.9) sind die Energiewerte vollkommen bestimmt, denn die Zeit ist wegen der stationären (zeitunabhängigen) Natur der Zustände vollkommen unbestimmt.

I/1.3.2 Wirkung des äußeren elektrischen Feldes auf das gebundene Elektron, Tunneleffekt

Zuerst untersuchen wir den Fall, bei dem sich das Wasserstoffatom im Grundzustand **in einem schwachen elektrischen Feld** befindet. Der Einfachheit halber bleiben wir bei dem eindimensionalen Fall und das äußere Feld sei homogen. Hierbei ist das Potenzial $V_K(x)$ die lineare Funktion der Position (z. B. $V_K(x) = -Ex$, E elektrische Feldstärke). **Durch das äußere Feld** wird die ursprüngliche „Potenzialgrube" $-ke^2/|x|$ um das Proton etwas deformiert ($E_{pot}(x) = V_K(x)e - ke^2/|x|$; Abb. I.10). Die **Wellenfunktion des Elektrons** $\psi_1(x,t)$, **folgt der kleinen Deformation von** $\boldsymbol{E_{pot}(x)}$, weshalb sie für eine kurze Zeit wieder zeitabhängig wird und sich auf der Abb. bei dem angewandten Potenzial nach rechts verschiebt. Dadurch **polarisiert** sich **das Atom**, es wird zu einem winzigen Dipol im klassischen Sinne. Verschwindet das äußere Feld, so verschwindet auch die Deformation und der ursprüngliche Zustand stellt sich wieder her (s. „*Das Prinzip der Superposition*").

Wenn wir das äußere Feld wesentlich erhöhen ($E_2 >> E_1$), dann **kann das Elektron keinen Gleichgewichtszustand erreichen**, denn die Wellenkurve erstreckt sich nach rechts vom Kern über das rücklenkende Potenzial hinaus. Aus diesem Grund treibt das äußere Feld bei Anwendung des Superpositionsprinzips die vom Kern entfernten Elementarfunktionen noch weiter. So „zieht" das Kraftfeld den rechten Teil der Wellenfunktion kontinuierlich weg. Zum Schluss werden die Elektronen frei, das Atom wird ioni-

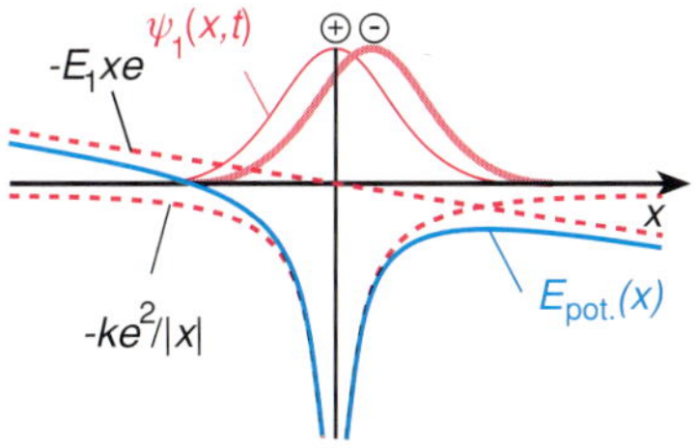

Abb. I.10. In einem schwachen elektrischen Feld verschiebt sich die Wellenfunktion des Elektrons, das Atom polarisiert sich. (Die Summe der potenziellen Energiewerte (gestrichelte Linien) ergibt die deformierte „Potenzialgrube" (blaue Linie) $E_{pot.}(x) = -E_1xe - ke^2/|x|$)

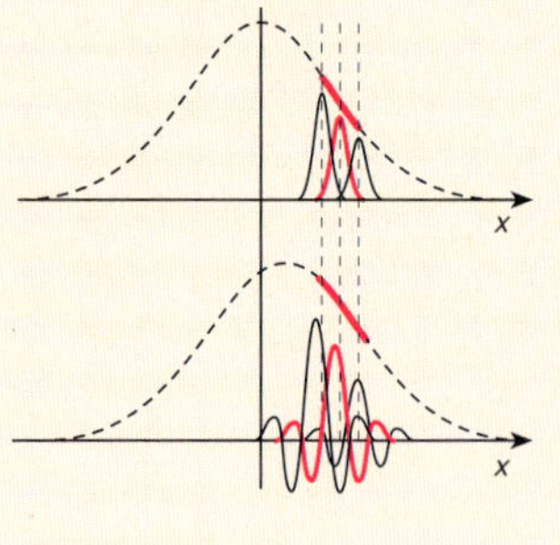

Das Prinzip der Superposition

Bei Erscheinen oder Verschwinden des neuen Zustands gilt das aus der klassischen Wellenmechanik bekannte huygenssche Prinzip. Die ursprüngliche Wellenfunktion $\psi_1(x,t)$ wird in elementare Funktionen zerlegt. Unter Berücksichtigung der ablenkenden Wirkung des Kraftfeldes ergibt die Summe (Superposition) der sich ausbreitenden elementaren Funktionen die neue Wellenfunktion. (Die dicken Linien stellen die einander entsprechenden Abschnitte der ursprünglichen und der neuen Wellenfunktion dar. Im Endergebnis verschiebt sich die neue Wellenfunktion bei kleiner Deformation in Relation zu der ursprünglichen, ändert sich aber ansonsten kaum).

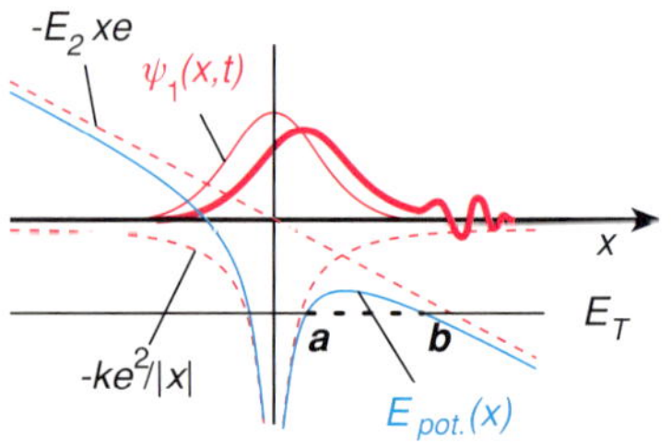

Abb. I.11. Graphische Demonstration des Tunneleffektes. Beim Einschalten eines ausreichend großen äußeren Feldes (E_2) hört der gebundene Zustand kontinuierlich auf, das Elektron wird frei. (Den Bereich (a, b) könnte ein klassisches Teilchen nie überwinden.)

siert (Abb. I.11). Auf der Abbildung haben wir neben der Potenzialfunktion $E_{pot}(x)$ auch die Gesamtenergie E_T dargestellt. Es wird also rechts vom Kern entlang der x-Achse **einen solchen Bereich *a,b* geben, wo die Gesamtenergie kleiner ist als die potenzielle Energie** ($E_T < E_{pot}(x)$), d.h. wäre das Elektron ein klassischer Massenpunkt, dann müsste seine kinetische Energie hier negativ sein, was unmöglich ist. Das ist also wieder ein Phänomen, das aufgrund der klassischen Physik vollkommen unverständlich ist. Auf der Abb. I.11 bohrt sich die Linie, welche die Gesamtenergie E_T beschreibt, wie ein „Tunnel" durch den Potenzialberg $E_{pot}(x)$, woher die Bezeichnung des Phänomens stammt. Damit lässt sich z. B. die sog. kalte Emission der Metalle erklären, bei der die Elektronen das Metall durch die Wirkung des elektrischen Feldes sogar bei Zimmertemperatur verlassen. Tunnelphänomene kann aber auch ein elektrisches Feld molekularen Ursprungs hervorrufen. So werden viele chemische Reaktionen verständlich, bei denen zum Entstehen gewisser Übergangszustände die Energie selbst zusammen mit der kinetischen Energie der reagierenden Moleküle nicht ausreicht.

I/1.3.3 Die kovalente chemische Bindung

Das Wesen der kovalenten Bindung demonstrieren wir an einem Beispiel (s. „*Die Natur der chemischen Bindung im einfachsten Molekül (H_2^+)*").

Die Natur der chemischen Bindung im einfachsten Molekül (H_2^+)

Stellen wir uns den Fall vor, **dass in der Nähe eines im Grundzustand befindlichen Wasserstoffatoms ein Proton „auftaucht"**. Dann steht das Elektron des ursprünglichen Hydrogenatoms im Kraftfeld von zwei Protonen. Sind die Protonen nicht besonders weit voneinander entfernt, so wirkt auf das Elektron ein Kraftfeld, das auch der Symmetrie wegen einen tiefgehenden Unterschied zum Kraftfeld nur eines Protons aufweist. Die Wellenfunktion ψ_m des molekularen Elektrons wird sich also von der Wellenfunktion ψ_a eines Wasserstoff-Elektrons deutlich unterscheiden (s. Abb.). Der wesentlichste Unterschied besteht darin, dass ψ_m in der Mitte zwischen zwei Protonen beträchtliche Werte annimmt (s. Abb., wo ψ_{a1} und ψ_{a2} die atomaren Wellenfunktionen am Ort ▶

von Proton 1 und 2 sind). Um die energetischen Gründe dieses Verhaltens zu erklären, diskutieren wir zuerst das Verhalten der kinetischen Energie bei einem festen Abstand der Protonen *d*.

Den mittleren Wert der kinetischen Energie geben wir auch jetzt mit Hilfe der Wellenlänge der am besten anliegenden Sinusfunktion an. Im Fall der neuen Wellenfunktion ψ_m nimmt die Wellenlänge zu, die kinetische Energie nimmt also ab. Die potenzielle Energie ist aber in dem Feldteil zwischen den beiden Protonen, wo die Wirkung beider Protonen zur Geltung kommt, zwangsweise geringer. **So ist die Energie der neuen Wellenfunktion ψ_m eindeutig geringer als die ursprüngliche von ψ_{a1}.** Die Energie des Elektrons mit der Wellenfunktion ψ_m hängt aber von der Entfernung *d* der zwei Protonen ab. Wäre *d* zu klein, dann könnte das Elektron die abstoßende Wirkung der Protonen mit gleicher Ladung nicht mehr kompensieren und deshalb würde sich die Energie des ganzen Systems sicher erhöhen. Wäre *d* zu groß, dann würden die besser separierten (eher an die atomaren Wellenfunktionen erinnernden) Teile der Wellenfunktion mit zwei Maxima schon zu einer Sinusfunktion mit geringerer Wellenlänge führen (die kinetische Energie wäre also größer) und auch die potenzielle Gesamtenergie zwischen den beiden Protonen würde nicht ausreichend abnehmen. Der Zustand mit minimaler Energie bestimmt den Gleichgewichtsabstand der Protonen in dem H_2^+ Molekül.

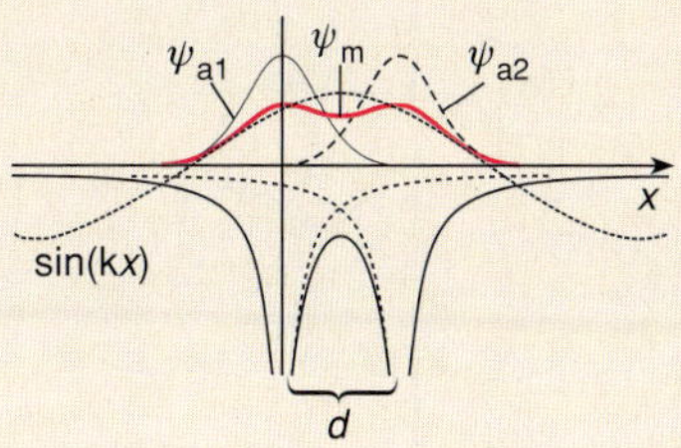

Entstehen der kovalenten Bindung
ψ_{a1} und ψ_{a2} sind die möglichen atomaren Wellenfunktionen, ψ_m ist die (molekulare) Wellenfunktion, welche die Bindung verwirklicht. (In der Abbildung ist auch die Sinuskurve dargestellt, welche ψ_m am besten angepasst ist.)

Dieses Beispiel veranschaulicht allgemein gültig das Entstehen der kovalenten chemischen Bindung. **Die Bindung erfolgt also durch den Elektronenzustand mit geminderter kinetischer Energie, der zu beiden Kernen gleichermaßen gehört.**

I/1.4 Weitere Quanteneigenschaften der atomaren Elektronenzustände

I/1.4.1 Nebenquantenzahl und magnetische Quantenzahl

Es ist zu sehen, dass zwischen den eindimensionalen atomaren Wellengleichungen $\psi_n(x)$ der Abb. I.8 und den Energien E_n der Gl. (I.13) ein gegenseitiger eindeutiger Zusammenhang besteht. Deshalb **charakterisiert die Hauptquantenzahl *n*** in einer Dimension nicht nur die Energie, sondern **auch eindeutig den Zustand**. Das ist aber in **zwei Dimensionen** schon anders, wie wir das in Abb. I.12 beobachten konnten. Im Fall von $n = 1$ realisiert sich aufgrund der Symmetrie (bei der Drehung um 90° erhalten wir dieselbe Funktion) auch weiterhin nur ein Zustand. Bei $n = 2$ sind es aber schon zwei Zustände, so **reicht die Hauptquantenzahl alleine nicht mehr aus, um die Zustände eindeutig zu charakterisieren. Bei drei Dimensionen sind dazu drei Quantenzahlen erforderlich.** Die zwei neuen Quantenzahlen werden in Verbindung mit dem Bahndrehimpuls stehen, denn in der Mechanik ist neben

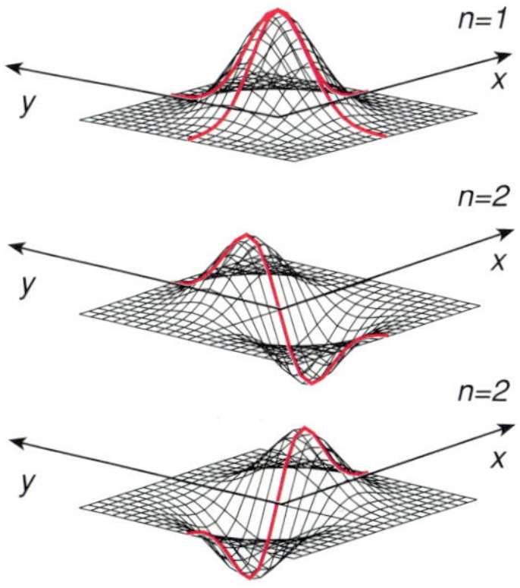

Abb. I.12. Zweidimensionale Wellenfunktionen. Die Hauptquantenzahl *n* reicht zur Differenzierung der Zustände nicht mehr aus.

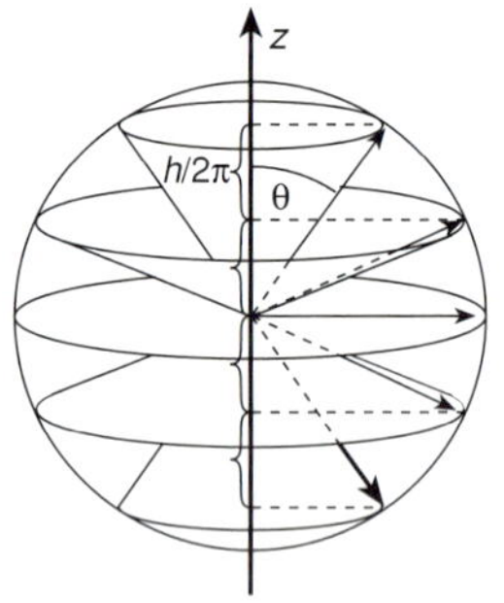

Abb. I.13. Der Drehimpuls ist nicht nur in der Größe, sondern auch in der Richtung gequantelt. Es sind die möglichen Richtungen von $\vec{L}$ für den Fall $l = 2$ dargestellt, der Kugelradius ist gleich $|\vec{L}|$

der Energie und dem Impuls der Bahndrehimpuls die dritte Erhaltungsgröße (s. Erhaltungssätze). Da der Drehimpuls $\vec{L}$ eine Vektorgröße ist, bezieht sich die eine Quantenzahl auf die Länge, die andere auf die Richtung. In gebundenem Zustand ist auch der Drehimpuls gequantelt (Abb. I.13):

$$|\vec{L}| = L = \frac{h}{2\pi}\sqrt{l(l+1)} \quad (l = 0, 1, 2, \ldots, \text{n-1}), \tag{I.14}$$

$$L\cos\theta = L_z = \frac{h}{2\pi} m_l \quad (m_l = 0, \pm 1, \pm 2, \ldots, \pm l) \tag{I.15}$$

In der obigen Beziehung ist l die **Nebenquantenzahl**, m_l die **magnetische Quantenzahl**. Die letztere Bezeichnung stammt daher, dass sich zu dem Drehimpuls auch ein (die Größe und Richtung des magnetischen Dipols kennzeichnendes) sog. magnetisches Moment gesellt, weswegen im **magnetischen Feld** zu den Zuständen mit gleichen n aber unterschiedlichen m_l Werten **unterschiedliche Energie** gehört (s. X/4).

Es ist bemerkenswert, dass die beiden anderen Komponenten von $\vec{L}$ (L_x, L_y) unbestimmt sind, der Drehimpuls also über die in Abb. I.13 dargestellten Kegelflächen hinwegfegt.

I/1.4.2 Der Spin des Elektrons und das dazugehörige magnetische Moment

Stern und Gerlach

Dass der Drehimpuls der Elektronen in den Atomen nach der Richtung gequantelt ist, haben zwei deutsche Physiker, Otto Stern (1888-1969) und Walther Gerlach (1889-1979) 1922 auch experimentell nachgewiesen (s. „*Stern–Gerlach-Versuch*"). Führen wir denselben Versuch mit Wasserstoffatomen durch, so erhalten wir ein überraschendes Ergebnis. **Im Grundzustand ist der Drehimpuls des Elektrons des Wasserstoffatoms Null** (denn die Nebenquantenzahl $l = 0$ und so ist nach Gl. (I.14) $L = 0$). **Deshalb erwarten wir, dass** auch das magnetische Moment Null ist, also ein solches Bündel **im inhomogenen magnetischen Feld nicht abgelenkt wird**. **Demgegenüber** zeigt die Erfahrung, dass sich **das Bündel in zwei Teile aufspaltet**. Dieses Ergebnis lässt sich nur unter der Annahme erklären, dass das Elektron außer dem bisher bekannten mit dem Drehimpuls gekoppelten magnetischen Moment auch ein eigenes magnetisches Moment hat, das zwei Richtungen haben kann.

Einstein und de Haas

Das sich zu diesem sog. magnetischen Eigenimpuls auch ein Eigendrehimpuls gesellt, bewies auf Einsteins Vorschlag hin der holländische Physiker Johannes Wander de Haas (1878-1960) (s. „*Einstein–de-Haas-Effekt*"). Diesen Eigendrehimpuls bezeichnen wir als Spin ($\vec{S}$). Auch hier können die den Quantenbedingungen (I.14), (I.15) entsprechenden Gleichungen mit dem Unterschied angegeben werden, dass die Spinquantenzahl nur ½ sein kann:

$$|\vec{S}| = S = \frac{h}{2\pi}\sqrt{s(s+1)} \quad (s = 1/2), \tag{I.16}$$

Stern–Gerlach-Versuch

Der Stern–Gerlach-Versuch beruht auf der Wirkung, die ein magnetisches Feld auf ein Teilchen mit einem frei drehbaren magnetischen Moment m ausübt. Im Magnetfeld tritt einerseits ein Drehmoment auf, das m in die Richtung der magnetischen Feldstärke H dreht, und andererseits wirkt eine Kraft F auf das Teilchen, die vom räumlichen Verlauf von H abhängt. Im Stern–Gerlach-Versuch wird im Hochvakuum ein sehr fein gebündelter Strahl aus Atomen durch ein inhomogenes Magnetfeld geschickt, in dem sich die magnetische Feldstärke hauptsächlich in Richtung von H ändert. Diese Richtung steht senkrecht zum Strahlenbündel. Beim Durchschreiten des Magnetfeldes spaltete sich das Strahlenbündel aus Silberatomen in zwei gut separierte Bündel auf, während keine Aufspaltung auftrat, wenn die Atome des Strahlenbündels kein magnetisches Moment hatten. Die Aufspaltung ist ein direkter Beweis dafür, dass die Richtung des magnetischen Moments gequantelt ist, weil sonst eine kontinuierliche Ausbreitung des Bündels auftreten würde.

Einstein–de-Haas-Effekt

Im Innern einer Spule hängt ein kleiner Eisenstab an einem dünnen Torsionsfaden. Bei schnellem Einschalten des Stromes wird der Eisenstab magnetisiert. Das bedeutet, dass sich die atomaren magnetischen Momente in eine Richtung einstellen. Gleichzeitig dreht sich der Eisenstab. Das Phänomen lässt sich damit erklären, dass sich zusammen mit den magnetischen Momenten auch die atomaren Drehimpulse in eine Richtung ordnen, ihre Vektorsumme zunimmt. Der resultierende Drehimpuls des Systems kann sich aber nicht ändern, da kein äußeres Drehmoment auf das System einwirkt.
Auch mit der quantitativen Auswertung des Versuches kann bewiesen werden, dass die Veränderung durch die Spins verursacht wird.

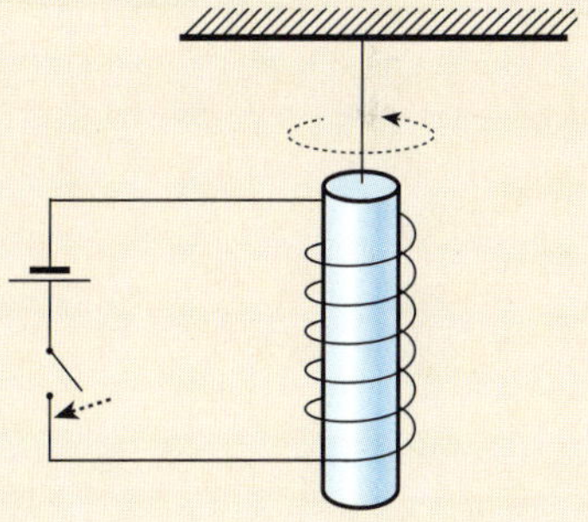

$$S\cos\theta = S_z = \frac{h}{2\pi} m_s \quad (m_s = \pm s) \qquad (I.17)$$

Da der Wert s gegeben ist (bei Elektronen $1/2$), versteht man unter der **Spinquantenzahl** eher m_s.

I/1.4.3 Der Aufbau des Periodensystems: Pauli-Prinzip, Elektronenbahn, Elektronenschale, hundsche Regeln

Die Natur der gebundenen Zustände der Elektronen in einem Atom kann mit vier Quantenzahlen (n, l, m_l, m_s) eindeutig charakterisiert werden. 1925 erkannte der österreichische Physiker Wolfgang Pauli (1900-1958), dass sich in einem Mehrelektronensystem jedes einzelne Elektron in einem anderen Quantenzustand befindet. Anders formuliert kann jeder Quantenzustand nur mit einem Elektron besetzt sein. Dementsprechend können sich innerhalb eines Atoms keine zwei gebundenen Elektronen befinden, die in allen vier Quantenzahlen übereinstimmen (**Pauli-Prinzip**, Physiknobelpreis 1945). Unter Berücksichtigung dieses Prinzips erhalten auch die aus dem Bohr-Modell überlieferten klassischen Ausdrücke einen klaren Sinn. Die bis heute benutzte Bezeichnung **Elektronenbahn** bedeutet die durch die Quan-

Pauli und Hund

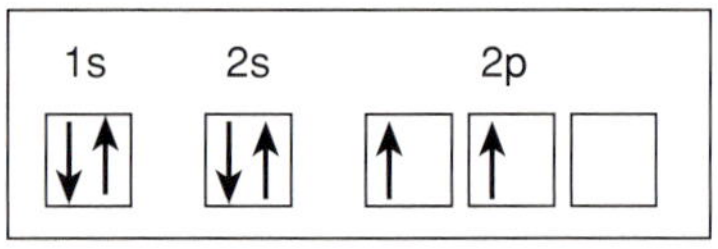

Abb. I.14. Einfache Demonstration der Elektronenkonfiguration des Kohlenstoffatoms
Die Elektronenbahnen sind als Quadrate dargestellt. Neben der Hauptquantenzahl n sind die Nebenquantenzahlen l mit den üblichen Buchstaben gekennzeichnet (laut Konvention ist $l = 0 \rightarrow s$ bzw. $l = 1 \rightarrow p$). Von den p Bahnen, die sich durch die möglichen Werte von m_l (-1, 0, 1) unterscheiden, sind nur zwei (einfach) besetzt. Der Spinzustand der Elektronen ist mit Pfeilen gekennzeichnet.

tenzahlen n, l und m_l determinierten Zustände, in denen sich nach dem Pauli-Prinzip maximal zwei Elektronen „aufhalten" können, entsprechend den zwei möglichen Spinzuständen.

Aufgrund des Pauli-Prinzips können wir uns den Aufbau der Atome mit höherer Ordnungszahl nach dem Muster des Wasserstoffatoms vorstellen. Die „Positionierung" der neuen Elektronen ist also eine solche, als ob wir die für ein einziges Elektron möglichen angeregten Zustände auffüllen würden. Die durch die Kernladung bestimmte Anzahl von Elektronen ist bestrebt die Zustände einzunehmen, zu denen die niedrigste Gesamtenergie gehört. So kann sich die Besetzung der Elektronenbahnen nach Gl. (I.13) von der Bahn mit der kleinsten Quantenzahl ausgehend mit maximal zwei Elektronen pro Bahn realisieren. Die Bahnen mit gleicher Hauptquantenzahl bilden eine **Elektronenschale**, innerhalb dieser bilden die Bahnen mit gleichen Nebenquantenzahlen **Unterschalen**. Die zu derselben Unterschale gehörenden Elektronen bezeichnen wir als **äquivalente Elektronen**. Bei jedem äquivalenten Elektron ist die gleiche Energie erforderlich, um es aus dem neutralen Atom zu entfernen. Die **Konfiguration** des Atoms beschreiben wir damit, dass wir die Zahl der (teilweise oder vollständig) besetzten Teilschalen und die Zahl der äquivalenten Elektronen angeben.

Bei Atomen mit höherer Ordnungszahl kommt bei der Besetzung der Bahnen neben dem Pauli-Prinzip auch ein anderes Ordnungsprinzip zur Geltung, das der deutsche Physiker Friedrich Hermann Hund (1896-1997) 1925 erstmals beobachtete (**hundsche Regel**). Bei gegebener Elektronenkonfiguration verfügt der Zustand über die niedrigste Energie, zu dem der größte Spinwert gehört. Ein Beispiel ist in Abb. I.14 dargestellt. Es veranschaulicht, wie die Besetzung der Bahnen im Grundzustand des Kohlenstoffatoms bei der Elektronenkonfiguration $1s^2 2s^2 3p^2$ vonstatten geht.

Die chemischen Eigenschaften der Elemente bestimmen in der Regel die Elektronen im Zustand s bzw. p der Schalen mit der höchsten Hauptquantenzahl, die sog. **Valenzelektronen** (Außenelektronen). Diese Teilschalen können insgesamt 8 Elektronen enthalten. Die Elemente, bei denen diese Außenschalen voll besetzt sind, sind chemisch besonders stabil (Edelgase). Hierbei ist erwähnenswert, dass die negativen Ionen der inneren Schalen die Anziehungskraft des positiven Atomkerns teilweise neutralisieren, abschirmen, was gleichfalls die minimale Gesamtenergie und so die Reihenfolge bei der Besetzung der möglichen Zustände beeinflusst.

I/1.5 Die Struktur des Atomkerns

Während die Quantenmechanik die Physik der Elektronenhülle der Atome fast vollständig geklärt hat, kann man das von der Kernphysik bis zum heutigen Tage nicht sagen. Die Kernphysik befindet sich noch in einem Stadium, in dem sie sich mit den Erscheinungen befasst, ohne diese in eine umfassende Theorie einbauen zu können.

I/1.5.1 Charakteristische Daten des Atomkerns

Rutherford hat die Dimensionen des Atomkerns aus den Messergebnissen seines Streuversuches (s. I/1.1.1) ermittelt. Dementsprechend ist der Kernradius kleiner als 10^{-14} m. Aus späteren Messungen stellte sich heraus, dass der Kern noch kleiner ist, sein Radius liegt in der Größenordnung von 10^{-15} m). Der Radius des Kerns ist also mit 5 Größenordnungen kleiner, als der Radius des Atoms (~10^{-10} m). Die Masse der Atomkerne kann heute mit Hilfe von Massenspektrometern (Abb. I.15) mit hoher Genauigkeit gemessen werden. Die Kernmasse wird üblicherweise in relativen Einheiten angegeben. Die atomare Masseneinheit (u) ist als der 12te Teil der Masse eines Kohlenstoffatoms (genauer des Isotops ^{12}C, s. später) festgelegt. Nach neuesten Messungen ist 1 u = $1{,}6605 \cdot 10^{-27}$ kg.

Jeder Atomkern besteht aus zwei Bestandteilen mit fast gleicher Masse: den positiv geladenen **Protonen** und den neutralen **Neutronen**. Die Protonen und die Neutronen bezeichnet man zusammen als **Nukleonen**. Die Ladung der Protonen ist genauso groß wie die der Elektronen, aber mit entgegengesetztem Vorzeichen ($1{,}6 \cdot 10^{-19}$C). Die Protonenzahl des Kerns gibt die Ordnungszahl Z des Atoms. (In einem nach außen neutralen Atom stimmt die Zahl der Elektronen mit der Ordnungszahl überein.) Die Summe der Neutronen N und der Protonen Z ergibt die Massenzahl A des Atoms: $A = Z + N$. Die Protonenmasse $m_p = 1{,}6726 \cdot 10^{-27}$ kg, die Neutronenmasse ist etwas größer $m_n = 1{,}6749 \cdot 10^{-27}$. Beide Werte sind also fast gleich der atomaren Masseneinheit von 1 u.

Die Protonenmasse macht fast das 2000fache der Elektronenmasse aus, deshalb ist die Atommasse fast gleich der Atomkernmasse. Es scheint natürlich, dass zwischen Kernmasse M_K und Atommasse M_A folgende Beziehung besteht:

$$M_K = M_A - Zm_e \qquad \text{(I.18)}$$

wobei $m_e = 5{,}486 \cdot 10^{-4}$u $= 9{,}31 \cdot 10^{-31}$kg die Elektronenmasse ist.

Die Sammelbezeichnung für Atomkerne gleicher Zusammensetzung ist **Nuklid**. In einem Stoff aus gegebenen Nukliden sind die Ordnungszahl und die Massenzahl jeden Atomkerns gleich. Die Atome mit gleicher Ordnungszahl aber unterschiedlicher Massenzahl bezeichnen wir als **Isotope** des Elementes. (Isotope sind also Atome mit gleicher Protonenzahl aber unterschiedlicher Neutronenzahl.) Atomkerne mit gleicher Masse, aber unterschiedlicher Ordnungszahl bezeichnen wir als **isobare Atomkerne**, die Atomkerne mit gleicher Neutronenzahl als **isotone Atomkerne**.

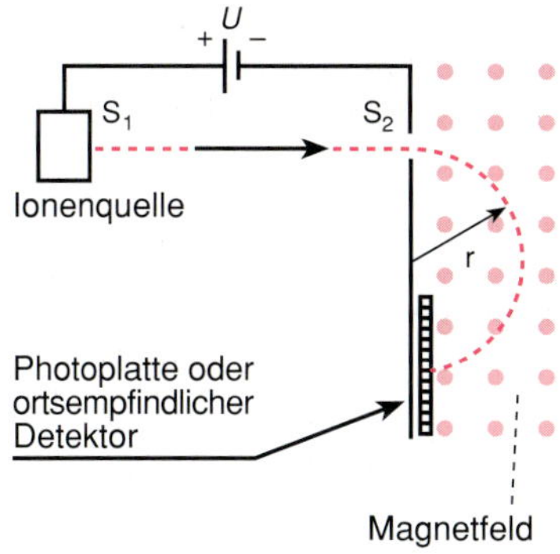

Abb. I.15. Massenspektrometer
Die Ionen des Zielelements können in der Ionenquelle z. B. durch Elektronenbeschuss erzeugt werden. Die Ionen gelangen durch den Spalt S_1 in ein elektrisches Beschleunigungsfeld, in dem sie durch die Beschleunigungsspannung U eine hohe kinetische Energie erlangen.

$$Uq = \frac{1}{2} mv^2$$

Das beschleunigte Elektronenbündel tritt durch den Spalt S_2 in ein Magnetfeld, dessen Induktionslinien senkrecht zur Geschwindigkeit (Zeichnungsebene) stehen. Im Magnetfeld zwingt die Lorentz-Kraft die Ionen auf eine Kreisbahn ($F_{zentripetal} = mv^2/r$):

$$\frac{mv^2}{r} = qvB$$

Aus den beiden Gleichungen ergibt sich für die Masse:

$$m = \frac{r^2B^2q}{2U}$$

Aus dem Radius der Kreisbahn (den Einschlagstellen der Ionen auf die Photoplatte) lässt sich bei bekannter magnetischer Induktion B, Ladung der Teilchen q und Beschleunigungsspannung U die Ionenmasse berechnen. Durch Subtraktion der Elektronenmasse des Ions erhält man die Masse des Atomkerns.

I/1.5.2 Kernkraft, Massendefekt, Bindungsenergie der Atomkerne

Nach den elektrostatischen Gesetzen stoßen gleiche Ladungen einander ab. So dürfte der Atomkern durch die elektrostatische Wechselwirkung der Protonen eigentlich gar nicht existieren. Die Gravitation ist zwar von der Ladung unabhängig, die Gravitationskräfte zwischen den Elementarteilchen sind aber zu schwach, um die abstoßende Wirkung der Coulomb-Kräfte zu kompensieren. Unter den Nukleonen muss es also eine dritte Kraft (natürlich Anziehungskraft) geben, welche die Bausteine des Kerns in einer hochstabilen Struktur zusammenhält. Diese Kraft bezeichnet man als **Kernkraft**, die Wechselwirkung als **starke Wechselwirkung**.

Beim Studium dieser besonderen Wechselwirkung konnte man bemerken, dass die Masse $M(A,Z)$ eines Kerns aus Z Protonen und $N = A - Z$ Neutronen kleiner ist, als die Summe der Masse der Nukleonen im freien Zustand. Die Differenz ΔM bezeichnen wir als **Massendefekt**:

$$\Delta M = [Zm_p + (A - Z)m_n] - M(A,Z). \qquad (I.19)$$

Das Phänomen des Massendefektes können wir aufgrund der Masse-Energie-Äquivalenz nach Einstein ($E = mc^2$) erklären. Diese Beziehung beschreibt die Erkenntnis, dass die als Masse m erscheinende „Anwesenheit" der Materie in der Natur der Existenz der Energie mc^2 entspricht, damit gleichwertig ist. (Dieser wichtige Gedanke kommt später auch bei anderen Themen vor: vgl. II/3.2.3, VIII/4.4.2).

Durch die Kernkräfte als Anziehungskräfte nimmt die potenzielle Energie der Nukleonen bei ihrem Eintritt in den Atomkern stark ab. Das erklärt, warum die Energie des Atomkerns bedeutend geringer ist, als die Summe der Nukleonenenergien, wenn sich die Nukleonen in freiem Zustand (in großer Entfernung voneinander) befinden. Die Differenz zwischen diesen beiden Energien ΔE bezeichnen wir als **Kernbindungsenergie**. Man könnte einen Kern nur dann in seine Bausteine (Nukleonen) aufspalten, wenn man ihm die der Bindungsenergie entsprechende Energie zuführt. (Das beschreibt das Bild, dass die Energie der gebundenen Nukleonen negativ ist.) Der Massendefekt ist gerade mit dieser Energiedifferenz gleichwertig: $\Delta E = \Delta Mc^2$. Diese Energie verlässt den Kern bei seiner Entstehung als hochenergetisches Photon oder als anderes Teilchen.

Sehr genaue massenspektroskopische Messungen bewiesen, dass mit zunehmender Massenzahl auch die Bindungsenergie zunimmt. Die Natur der Bindung eines Atomkerns lässt sich eher mit der **spezifischen Kernbindungsenergie** ($\Delta E/A$, auf einen Nukleon fallende Bindungsenergie) charakterisieren, weil sich die spezifische Bindungsenergie in sehr engen Grenzen bewegt, wenn man von ein-zwei Ausnahmen absieht (Abb. I.16). Das bedeutet, dass jedes einzelne Nukleon unabhängig von den anderen mit annähernd gleicher Energie (6,5-8,5 MeV) gebunden ist. Daraus lässt sich aber auf die Natur der Kräfte schließen, die zwischen den Nukleonen wirken: diese Kräfte müssen einen sehr kleinen Wirkungsradius haben und nur auf die unmittelbar benachbarten Nukleonen eine bedeutende Wirkung ausüben.

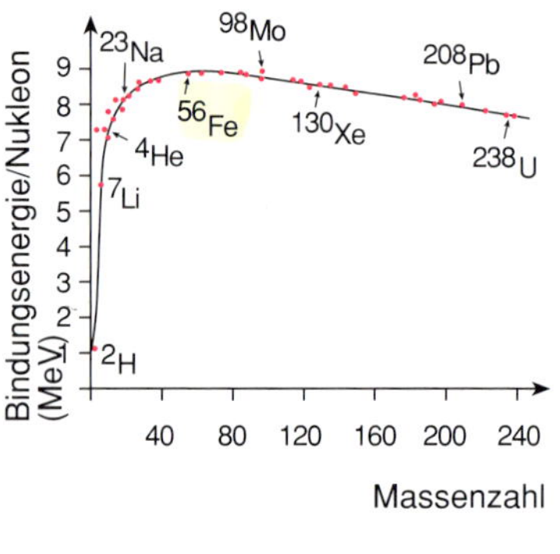

Abb. I.16. Bindungsenergie pro Nukleon ($\Delta E/A$) als Funktion der Massenzahl A. Die spezifische Bindungsenergie nimmt in Richtung der Kerne mit der Massenzahl A = 55-60 hin zu, von welcher Seite man sich ihnen auch nähert.

Aufgrund der Abb. I.16 ist auch verständlich, dass sowohl die Spaltung der schweren Kerne (A~200) in zwei leichtere Fragmente als auch die Fusion der leichten Kerne (A~1-5) zu einem schweren Kern energetisch günstig ist. (Die höhere Bindungsenergie bedeutet für die Nukleonen eine tiefere Energie, was mit dem Prinzip in Einklang steht, dass die gebundenen Systeme in der

Regel ein Energieminimum anstreben.) In Atomreaktoren wird zur Energiegewinnung die Atomspaltung ausgenutzt, da sich dieser Prozess kontrolliert realisieren lässt.

Die Kernkräfte sind hypothetisch von der Ladung unabhängig und für jedes Nukleonenpaar gleich groß. Die Größe der Kernkräfte übertrifft unbedingt die Größe der Coulomb-Kräfte innerhalb des Kernes. Im entgegengesetzten Fall würde die Abstoßungskraft zwischen den Protonen den Kern instabil machen. Eine übermäßige Anwesenheit von Coulomb-Kräften würde auch so noch zur Instabilität führen. Darauf weist die Tatsache hin, dass in den schweren Kernen nicht nur in absoluten Zahlen, sondern auch im Verhältnis zu den Protonen relativ mehr Neutronen zu finden sind.

I/1.5.3 Kernmodell, gequantelte Energiezustände der Nukleonen

Elsasser und Weizsäcker

Wie schon in der Einleitung erwähnt ist es noch nicht gelungen, für die Erscheinungen des Atomkerns eine umfassende Theorie auszuarbeiten. Die zwei bekanntesten der wichtigeren Modelle sind das **Schalenmodell** und das **Tröpfchenmodell**. Das erstere beruht auf mikroskopischen, das letztere auf makroskopischen Analogien.

Der Energiezustand der gebundenen Nukleonen ist ähnlich den atomaren Elektronenzuständen gequantelt. Der deutsch-amerikanische Physiker Walter Maurice Elsasser (1904-1991) schuf das erste „Modell der unbabhängigen Teilchen". Danach entsteht im Innern des Atomkerns ein gemeinsames Potenzialfeld aller Nukleonen (Abb. I.17), in dem sich dann jeder einzelne Nukleon unabhängig von den anderen bewegt. Unter dieser Bedingung ist die für den Nukleon aufgeschriebene Schrödinger-Gleichung lösbar. Die Lösungen lassen sich dann mit ähnlichen Quantenzahlen wie die Atomschalen beschreiben (Energie, Drehimpuls, magnetisches Moment, Spin). (Die Spinquantenzahlen können auch im Fall der Nukleonen $1/2$ sein.) Da das Pauli-Prinzip auch für die **Nukleonen** gilt, **ordnen sie sich in Schalen.** So entstand das Schalenmodell, das später von mehreren Forschern weiterentwickelt wurde. Jede Schale füllt sich mit einer bestimmten Anzahl von Protonen bzw. Neutronen, dann beginnt der Aufbau einer neuen Schale. Die Stabilität der Kerne mit vollbesetzten Schalen ist sehr groß (ähnlich der Atomschalenstabilität der Edelgase).

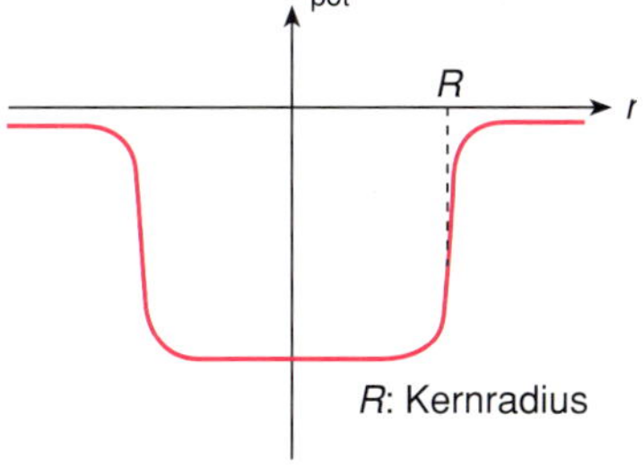

Abb. I.17. Das Potenzialfeld des Atomkerns. Das Potenzial steigt im Abstand, der dem Atomradius entspricht, steil an (steilwandige Pontenzialgrube).

Für die Erklärung mehrerer experimenteller Fakten hat sich aber das Schalenmodell als ungeeignet erwiesen. Ein Großteil der Erfahrungen bezüglich der Bindungsenergie, der Masse und der Stabilität der Kerne wurde nur mit Hilfe des Tröpfchenmodells verständlich. Die Einführung dieses Modells ermöglichten die vielen ähnlichen Züge von **Atomkernen und Flüssigkeitstropfen.** Beide sind in guter Näherung kugelförmig, die Dichte ist bei beiden unabhängig von ihrer Größe, die Bausteine stehen praktisch nur mit den unmittelbaren Nachbarn in Wechselwirkung. Gestützt auf diese und weitere hypothetische Analogien gelang es dem deutschen Physiker Carl Friedrich von Weizsäcker

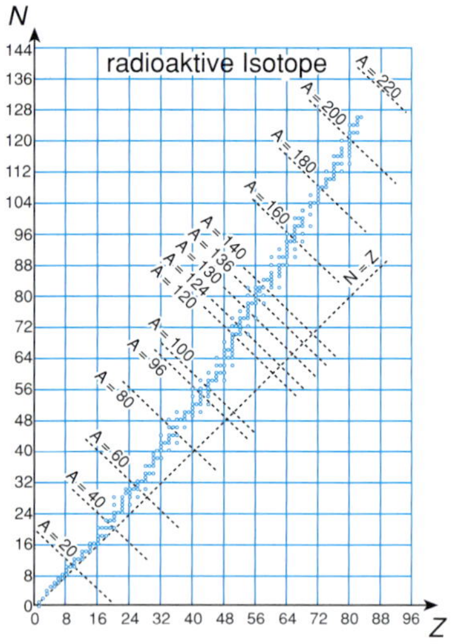

Abb. I.18. Verhältnis von Neutronenzahl N und Ordnungszahl Z im Atomkern. Die von den stabilen Isotopen bestimmte sog. Stabilitätslinie weicht in der N, Z Ebene von der Geraden $N = Z$ zu den höheren Neutronenzahlen hin ab.

(1912-) mit Hilfe des Modells eine mathematische Formulierung aufzustellen, welche die Bindungsenergie der Kerne, bzw. ihre Stabilität gegenüber dem Zerfall oder der Spaltung in guter Übereinstimmung mit den Erfahrungen beschreibt.

Obwohl sich die Größe des Atomkerns nicht genau definieren lässt, können wir den Radius des Atomkerns aufgrund der Bedingung $r^3 \sim A$ mit ausreichender Genauigkeit mit der folgenden Beziehung beschreiben:

$$r = r_0 \sqrt[3]{A} \qquad \text{(I.20)}$$

($r_0 = 2 \cdot 10^{-15}$ m, eine vom Kern unabhängige Variante). Die Dimension der Atomkerne nimmt, ähnlich wie bei Wassertropfen, proportional zur dritten Wurzel der Masse zu. Die Dichte des Atomkerns ist sehr groß (in der Größenordnung von 10^{17}kg/m^3), denn die Masse ist in einem sehr kleinen Volumen konzentriert. Im Vergleich dazu würde der Radius der Erde von mehr als 6000 km bei dieser Dichte kaum 200 m erreichen.

Nach den Begriffen des Tröpfchenmodells ist die Bindungsenergie von mehreren Faktoren bestimmt. Die wichtigsten von ihnen sind:

Volumenenergie (Wirkung der Kernkräfte), die mit dem Erscheinen neuer Nukleonen, also proportional zum Volumen zunimmt (positive Wirkung),

Oberflächenenergie, die damit in Verbindung steht, dass die Nukleonen an der Kernoberfläche nicht in jeder Richtung von anderen Nukleonen umgeben sind, so nehmen sie an der Bindung weniger teil (negative Wirkung), die Wirkung nimmt proportional zur Oberfläche zu,

Coulomb-Energie, die von der Abstoßung der Protonen herrührt (negative Wirkung).

Bei kleinen Massenzahlen ist die Oberflächenenergie relativ groß im Verhältnis zur Volumenenergie. Mit steigender Massenzahl bzw. zunehmendem Kernradius (s. Gl. (I.20)) wird die Relation geringer, denn auch das Verhältnis Oberfläche/Volumen ($r^2/r^3 = 1/r$) wird immer kleiner. So wird die spezifische Bindungsenergie eine Zeit lang zunehmen. Bei den schweren Kernen wird aber auch die Coulomb-Energie ins Gewicht fallen, was zur leichten Abnahme der spezifischen Bindungsenergie führt (Abb. I.16).

Nach dem obigen Gedankengang lässt sich auch die Entwicklung der Relation Neutronenzahl-Protonenzahl (N,Z) in den Atomkernen interpretieren, was in Abb. I.18 dargestellt ist. Die relative Zahl der Neutronen (N/Z) nimmt deshalb mit der Massenzahl zu, weil die Neutronen zwar an der starken Wechselwirkung genauso teilnehmen wie die Protonen, ihrer Neutralität wegen aber nicht zur elektrischen Abstoßung beitragen, also die Coulomb-Energie nicht steigern.

I/1.5.4 Die Stabilität des Atomkerns

Viele Elemente haben mehrere natürliche Isotope, von denen nicht jedes stabil ist. Wenn in einem Atomkern die Massenzahl zu groß oder das Verhältnis

Neutronen/Protonen nicht entsprechend ist, dann ist der Atomkern instabil und wird unter Emission von radioaktiven Strahlen früher oder später zerfallen. Diese Atomarten nennen wir radioaktive Isotope. Wieso wird ein gegebener Nuklid radioaktiv? Bei Elementen mit niedriger Ordnungszahl besagt die allgemeine Regel, dass die Nuklide am stabilsten sind, bei denen die Zahl der Protonen und der Neutronen gleich ist. Wie wir in Abb. I.18 sehen konnten, nimmt mit steigender Massenzahl in der Regel auch der Quotient N/Z zu. Über der Massenzahl $A > 230$ sind die Elemente nicht mehr stabil, alle Isotope sind radioaktiv. Bei den schwereren Nukliden nähert sich der Quotient N/Z dem Wert 1,5. Es ist eine allgemeine Regel, dass die Zerfallsprozesse in die Richtung gehen, dass der Quotient N/Z kleiner werde, obwohl er bei einigen Schritten der Zerfallsprozesse sogar größer werden kann. Aus dem Schalenmodell des Atomkerns lassen sich Stabilitätsregeln aufstellen, mit deren Hilfe wir die Richtung der Zerfallsprozesse mit großer Sicherheit voraussagen können (s. Bemerkung I.1 und II/3.2.1). Endlich sei bemerkt, dass nur ein einziger stabiler Nuklid existiert, bei dem die Protonenzahl größer ist als die Neutronenzahl: He (Massenzahl 3, Ordnungszahl 2).

Bemerkung I.1

Stabilitäts-Regeln:

- Es gibt mehr stabile Atomkerne mit gerader Ordnungszahl als mit ungerader Ordnungszahl
- Es gibt mehr stabile Atomkerne mit gerader Neutronenzahl als mit ungerader Neutronenzahl
- Es gibt mehr stabile Atomkerne mit gerader Massenzahl als mit ungerader Massenzahl.

In der Regel haben die stabilen Atomkerne mit gerader Massenzahl eine gerade Ordnungszahl, es gibt aber einige Ausnahmen, wie ^{2}H, ^{6}Li, ^{10}B, ^{14}N ($Z = 1, 3, 5, 7$).

I/2 Atomare Wechselwirkungen

Mit Ausnahme der Edelgase bilden die Atome der Elemente Moleküle, in denen die Atome durch chemische Bindungen zusammengehalten sind. Innerhalb des Moleküls nimmt jedes Atom eine mehr oder weniger stabile Position ein. Diese ist dadurch garantiert, dass die potenzielle Energie des Systems E_{pot} bei gewissen Gleichgewichtsabständen ein Minimum zeigt. Weicht der Abstand r_{ij} der benachbarten Atome in irgendeiner Richtung von den Gleichgewichtsabständen r_{0ij} ab, so nimmt die potenzielle Energie zu. In Abb. I.19 ist das am einfachsten Molekül aus zwei Atomen dargestellt. Der Gleichgewichtsabstand ist der **Bindungsabstand** r_0, der zugehörige (negative) Energiewert die **Bindungsenergie** E_B. Eine so große (positive) Energie ist notwendig, um die Bindung aufzuheben. In der Abbildung haben wir auch dargestellt, dass der erwünschte Verlauf der potenziellen Energie das Ergebnis einer abstoßenden und einer anziehenden Wechselwirkung ist. Bei größeren Abständen dominiert die anziehende, bei kleineren Abständen die abstoßende Wechselwirkung. Das lässt sich z.B. mit der folgenden allgemeinen Formel ausdrücken:

$$E_{pot} = E_{anziehend} + E_{abstoßend} = -\frac{A}{r^n} + \frac{B}{r^m} \qquad \text{(I.21)}$$

wobei A und B die charakteristischen Konstanten der zwei Wechselwirkungen sind und $n < m$. Die Differenz der Exponenten führt zum Entstehen des Energieminimums.

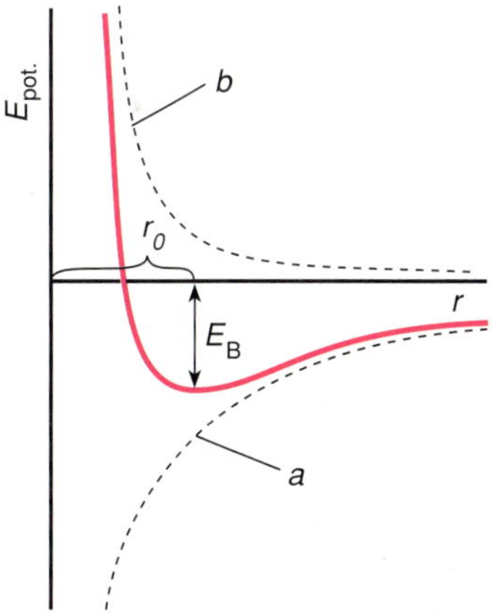

Abb. I.19. Die potenzielle Energie E_{pot} als Funktion des Atomabstandes r in einem System aus zwei in Wechselwirkung stehenden Atomen. Die potenzielle Energie ist im Vergleich mit einem Fall ohne Wechselwirkungen dargestellt ($E_{pot} = 0$, wenn $r = \infty$). r_0 ist der Bindungsabstand, E_B die Bindungsenergie. Die gestrichelten Linien stellen die zum Gleichgewicht führenden anziehenden (a) und abstoßenden (b) Wechselwirkungen dar.

I/2.1 Bindungstypen

Die **Einordnung der Bindungstypen** ist keine eindeutige Aufgabe. Einerseits ist das tiefere Verständnis der Eigenschaften der einzelnen Bindungstypen bis heute noch nicht abgeschlossen. Andererseits sind unterschiedliche Gesichtspunkte bei der Einordnung nach den Wechselwirkungen, die zu den Bindungen führen, möglich. Es ist z. B. üblich, zwischen Atomen auftretende **intramolekulare** und zwischen Molekülen oder Atomgruppen auftretende **intermolekulare** Wechselwirkungen zu unterscheiden. Aufgrund der „Bindungsstärke" E_B werden **starke** und **schwache** bzw. **primäre** und **sekundäre** Bindungen unterschieden. Die Mehrzahl dieser Begriffe ist aber nicht eindeutig definiert, wie das auch im Weiteren zu sehen ist.

I/2.1.1 Kovalente Bindung

Ein Beispiel für diesen Bindungstyp haben wir schon bei der Behandlung des Elektronenzustands im H_2^+ Molekül in I/1.3.3 gegeben. Die dort vorgestellte Wellenfunktion ψ_m nimmt um beide Protonen bzw. zwischen ihnen relativ hohe Werte an. Es kommt also zu einem gemeinsamen Elektronenzustand, der sich auf beide Atomkerne ausbreitet. Bei der Beschreibung des Zustandes haben wir auch gesagt, dass die Entstehung des für Moleküle charakteristischen atomaren Gleichgewichtsabstands nach dem Mechanismus der Abb. I.19 vorstellbar ist. Was wir am Beispiel des H_2^+ gelernt haben, ist im Allgemeinen charakteristisch für die kovalente Bindung: die **im Molekül verbundenen Atome werden durch die Elektronen mit gemeinsamen Elektronenbahnen „zusammengehalten"**. Die räumliche Struktur der Mehratommoleküle (der Gleichgewichtsabstand r_{0ij} der einzelnen Bindungen, die relative Richtung der Bindungen zueinander, die Bindungswinkel) sind durch die räumliche Symmetrie der atomaren Elektronenzustände der gemeinsamen Molekülbahnen bestimmt. In der Verbindung der Atome zu einem Molekül wirken die an den Atomkern am lockersten gebundenen Elektronen der Außenschale (Valenzelektronen, s. I/1.4.3) am stärksten aufeinander und aus ihnen entstehen die Molekülbahnen (vgl. Bindeelektronen). Diese Atombindung kommt in reiner Form nur in den Molekülen vor, bei denen die „Schwerpunkte" der positiven und negativen Ladungen zusammenfallen. (Deshalb wird auch die Bezeichnung unpolare oder homöopolare Bindung benutzt.) Wenn diese Bedingung nicht erfüllt ist, dann spielt neben den gemeinsamen Elektronenpaaren auch die **elektrostatische Wechselwirkung** eine Rolle. Nur wenige atomare Verbindungen können als reine kovalente Bindungstypen beschrieben werden, aber z.B. den Aufbau der H_2, Cl_2, O_2 Moleküle kann man als solche betrachten.

Mit kovalenter Bindung sind z.B. auch Cl und H in der Salzsäure verbunden. Das HCl Molekül verhält sich aber wie ein elektrischer Dipol. Beim Zustandekommen der Bindung kommt das Wasserstoffelektron dem Cl näher und so verschiebt sich der „Schwerpunkt" der positiven und negativen Ladungen zueinander. **Die Mehrzahl der kovalenten chemischen Verbin-**

> Bemerkung I.2
> Das Modell eines elektrischen Dipols besteht aus zwei gleichgroßen ungleichnamigen Punktladungen. Die Größe des Dipolmoments ist durch die Gleichung $p = Qd$ definiert, wobei Q die positive Punktladung und d der Abstand der Ladungen ist (Maßeinheit: Cm).
> In einem neutralen Molekül sind die positiven und negativen Ladungen nicht gleichmäßig verteilt. Das Molekül zeigt also auch in seiner Umgebung ein elektrisches Feld. Dies ähnelt einem Dipolfeld, wenigstens in einer entsprechenden Entfernung vom Molekül.

dungen besteht aus polaren Molekülen mit elektrischem Dipolmoment (p, s. Bemerkung I.2). Die Bindungen dieser Moleküle werden deshalb auch als polare oder heteropolare Bindungen bezeichnet (s. I/2.1.2).

Auch die Atome der Metalle sind durch gemeinsame Elektronen verbunden. Die **Metallbindung** lässt sich aber nicht auf Wechselwirkungen zwischen zwei Atomen zurückführen. Metalle sind Mehratomsysteme. Die Metallionen im Kristallgitter werden von der „Wolke" der delokalisierten Valenzelektronen zusammengehalten, die über das ganze System ausgebreitete Elektronenbahnen haben (s. I/3.3.1).

Die kovalenten Bindungen haben eine Bindungsenergie von mehreren eV. Das bedeutet eine starke Bindung (1 eV = $1{,}6 \cdot 10^{-19}$ J), die beim Aufbau der Moleküle aus Atomen bestimmend ist. Da sich die Bindung primär nicht auf die elektrostatische Wechselwirkung gründet, wird sie auch dadurch nicht wesentlich beeinflusst, wenn in der Umgebung polare Komponenten vorhanden sind (sie ist ihnen gegenüber unempfindlich).

I/2.1.2 Bindungsarten mit elektrostatischer Wechselwirkung

Der polare Charakter bei der Mehrzahl der kovalent gebundenen Moleküle stammt daher, dass die verschiedenen Atome die auf der Molekülbahn befindlichen Elektronenpaare verschieden stark anziehen. Zur quantitativen Charakterisierung dieser Anziehung hat der amerikanische Physiker Carl Linus Pauling (1901-1994, Chemienobelpreis 1954) den Begriff der **Elektronegativität** eingeführt. Diese Größe ist mit guter Näherung proportional zur Summe der absoluten Energiewerte, die bei der Herstellung von positiven bzw. negativen Ionen aus einem neutralen Atom erforderlich sind (Ionisationsenergie bzw. Elektroaffinität). Wir können die klassischen Bindungsarten auch nach ihrer Elektronegativität klassifizieren (Abb. I.20).

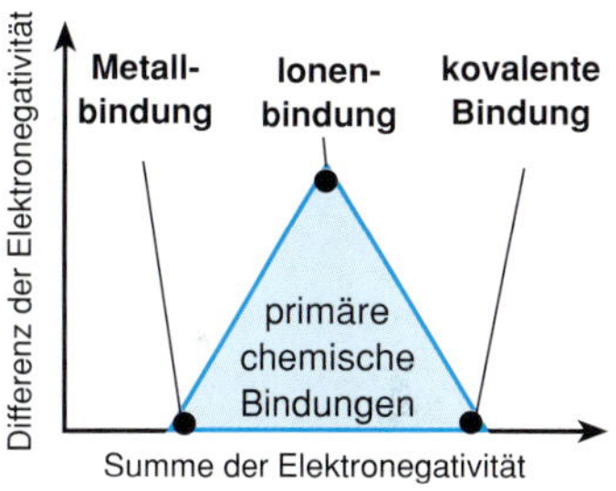

Abb. I.20. Beziehung zwischen Elektronegativität und Bindungstyp

Reine kovalente, Metall- und Ionenbindungen sind als die drei idealen Grenzfälle anzusehen. In den verschiedenen chemischen Verbindungen gibt es in der Regel Übergänge zwischen diesen Typen.

Der klassische Fall der elektrostatischen Wechselwirkung ist die **Ionenbindung**. Sie stammt zum entscheidenden Teil von den Coulomb-Kräften zwischen den Punktladungen (Ionen). Diese Bindung kann auch als ein **Grenzfall der heteropolaren Bindung** angesehen werden. Es muss aber bemerkt werden, dass laut quantenmechanischer Berechnungen die Ladungsverschiebung selbst bei den Molekülen vom Typ LiF, NaCl nicht den Grad erreicht, den das klassische Modell der Ionenbindung voraussetzt (die Übergabe einer ganzen Elektronenladung). Eine Ionenbindung **kommt zwischen Atomen zustande, deren Elektronegativität sehr unterschiedlich ist.** (Im Falle von LiF ist das 4 – 1 = 3, bei NaCl 3 – 0,9 = 2,1.) Im Gegensatz zur Metallbindung ist die Ionenbindung auch für die Zweiatomrelation definiert, aber die Moleküle aus Ionen sind nur selten paarweise verbunden. In der Regel handelt es sich um eine Bindungsart, in der Mehratome im Kristallgitter verbunden sind (Ionenkristall), sie können aber auch eine Rolle beim komplexen Aufbau von Molekülen spielen (s. „*Die Ionenbindung des NaCl Moleküls*").

Pauling

Die Ionenbindung des NaCl Moleküls

Die Elektronenkonfiguration des Na ist $1s^22s^22p^63s$. Das Abspalten des 3s Elektrons würde zu einem vollbesetzten Zustand (n=2) der Elektronenkonfiguration führen. Dem Partneratom Cl ($1s^22s^22p^5$) fehlt gerade 1 Elektron, um das n=2 Niveau voll zu besetzen. Die Ionisation des 3s Elektrons von Na erfordert eine Energie von 5,1 eV, während die Aufnahme eines Elektrons in das Cl Atom zur Energieabgabe von 3,7 eV führt. Aus den neutralen Na und Cl Atomen können also Na^+ und Cl^- Ionen entstehen, wenn die elektrostatische Wechselwirkung zwischen den Ionen eine Bindungsenergie von wenigstens 1,4 eV ergibt. Diese elektrostatische Wechselwirkungsenergie beträgt in einem NaCl Molekül 4,2 eV bei einem Na^+-Cl^- Abstand von 0,24 nm. Da diese Bindungsenergie der Ionen größer ist, als die Summe der Ionisationsenergien, ist der „Molekül" Zustand des NaCl in Ionenbindung energetisch günstiger als das Gemisch neutraler Na und Cl Atome.

Es ist sehr wichtig zu bemerken, dass das anziehende Glied bei der potenziellen Energie E_{pot}, die für die Bindung charakteristisch ist, infolge der Coulomb-Wechselwirkung proportional zum Reziprok des Abstandes zwischen den Ladungen ist ($n = 1$ in Gl. (I.21)). Deshalb nimmt die Stärke der Anziehung mit wachsendem Abstand relativ langsam ab (viel langsamer als bei höheren n Werten). **Die Wechselwirkung hat also eine sehr große Reichweite**. Die Anwesenheit anderer Komponenten mit elektrischer Ladung kann die elektrostatische Wechselwirkung beeinflussen, deshalb dissoziieren die Moleküle mit dieser Bindung (in einem entsprechenden Medium) sehr leicht (z.B. NaCl in Wasser). Die Bindungsenergie der Ionenbindung beträgt einige eV, wir rechnen sie also zu den **starken** Bindungen.

Zu den elektrostatischen Wechselwirkungen zählen wir auch die Fälle, bei denen nicht eine punktförmige Ladung, sondern eine permanente **dipolförmige Ladungsverteilung** zwischen einzelnen Teilen von Atomgruppen, Molekülen, Makromolekülen auftritt (Abb. I.21). Im Falle des Dipolcharakters können wir die Energie der möglichen anziehenden Wechselwirkungen ($E_{anziehend} = -A/r^n$, s. Gl. (I.21)) in Kenntnis der Feldstärke des vom Dipolmoment p und den benachbarten Partnern erzeugten elektrischen Feldes E nach der folgenden allgemeinen Formel bestimmen:

$$E_{anziehend} = \boldsymbol{p}\ \boldsymbol{E}. \qquad (I.22)$$

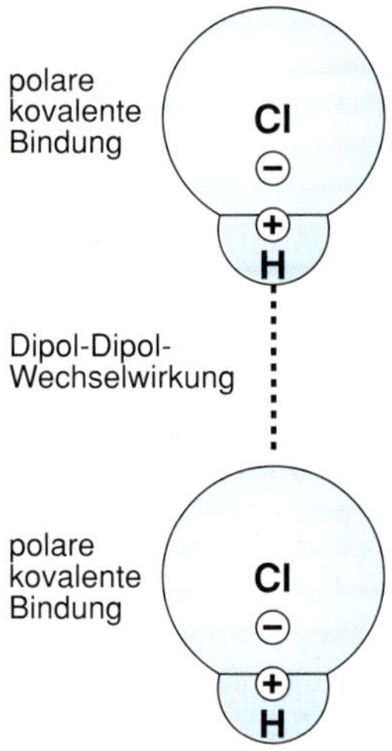

Abb. I.21. Gemeinsames Vorkommen von intramolekularer und intermolekularer Wechselwirkung

(Das abstoßende Glied $E_{abstoßend}$ der Wechselwirkung in Gl. (I.21) und in Abb. I.19 dient im Sinne des Ausschließungsprinzips von Pauli der Abstoßung der Elektronenwolken der Partner.) In Gl. (I.22) drückt die konkrete Funktionsform von E die Natur der als Dipol in Wechselwirkung stehenden Partner (Ionen, Dipol, induzierter Dipol) aus. Die konkreten Beziehungen lassen sich bei Partnern in gebundener Lage und Orientierung aufgrund der klassischen elektrostatischen Kenntnisse relativ einfach aufschreiben. Diese können wir mit entsprechender Bildung von Mittelwerten so ergänzen, dass wir bei der Wechselwirkung auch die Wärmebewegung der Partner in Betracht ziehen. So lässt sich eine Reihe der Beziehungen und eine breite Skala der Wechselwirkungsenergien gewinnen (Tabelle I.1). (In der Tabelle ist auch die Dispersionswechselwirkung aufgeführt, die wir im nächsten Abschnitt eingehend behandeln.)

Tabelle I.1. Charakteristika der elektrostatischen Wechselwirkungen

Wechselwirkung	Distanzabhängigkeit der potenziellen Energie	mittlere Wechselwirkungsenergie (eV)
Ion-Ion	$1/r$	2-3
Ion–Dipol	$1/r^2$	0,1-0,2
Dipol-Dipol (fixierte Orientierung)	$1/r^3$	0,02
Dipol-Dipol (bei Wärmebewegung)	$1/r^6$	0,003
Dispersion	$1/r^6$	0,02

Die elektrostatischen Wechselwirkungen sind also in ihrer Gesamtheit sowohl im intra- als auch im intermolekularen Sinne beim Aufbau der Materie von Bedeutung.

I/2.1.3 Van der Waals Wechselwirkungen

Zwischen zwei neutralen Molekülen kann auch dann eine Wechselwirkung bestehen, wenn keines von beiden polar ist, also kein permanentes Dipolmoment hat. In diesem Teil befassen wir uns nur mit solchen Wechselwirkungen und nur diese nennen wir van der Waals Wechselwirkungen (Jan Diderik van der Waals, holländischer Physiker (1837 -1923), Physiknobelpreis 1910) (s. „*Die Entstehung der van der Waals (oder Dispersions-) Wechselwirkung*"). (Hier müssen wir auch bemerken, dass der Ausdruck „van der Waals Wechselwirkung" in vielen Fällen in weiterem Sinne gebräuchlich ist. Einige Autoren verstehen darunter nicht nur den Effekt zwischen den apolaren Molekülen (Molekülteilen), sondern alle Wechselwirkungen mit dem Charakter eines (permanenten) Dipols. Diese Effekte haben wir im vorherigen Abschnitt bei den elektrostatischen Wechselwirkungen behandelt.)

Van der Waals und Fritz London

Die Entstehung der van der Waals (oder Dispersions-) Wechselwirkung

Wir haben schon gesehen, wie sich zwei nahe Wasserstoffatome zu einem Wasserstoffmolekül verbinden (s. I.1.3.3, I.2.1). Jetzt suchen wir zum besseren Verständnis der Dispersions-Wechselwirkung eine Antwort auf die Frage, wie so eine Anziehung zwischen zwei relativ entfernten Wasserstoffatomen zustande kommen kann. Auf der Abb. a sind die vereinfachten (nach Abb. I.8a konstruierten) Wellenfunktionen $\psi_A(x)$, $\psi_B(x)$ von zwei im Grundzustand befindlichen Wasserstoffatomen (A und B) dargestellt. Die beiden Protonen befinden sich links (A) bzw. rechts (B) vom Nullpunkt. Nach Verdopplung der x-Achse und Drehung um 90° (in der x_A, x_B Ebene) zeigt die Abb. b dasselbe mit dem Unterschied, dass der graue „Fleck" auch die gemeinsame (kollektive) Wellenfunktion $\psi(x_A,x_B)$ veranschaulicht. In erster Näherung sind die beiden Atome unabhängig (zwischen ihnen besteht keine Wechselwirkung). Aus diesem Grund sind die beiden Darstellungsformen gleichwertig, $\psi_A(x)$und $\psi_B(x)$ drücken gemeinsam dasselbe aus wie $\psi(x_A,x_B)$.

▶

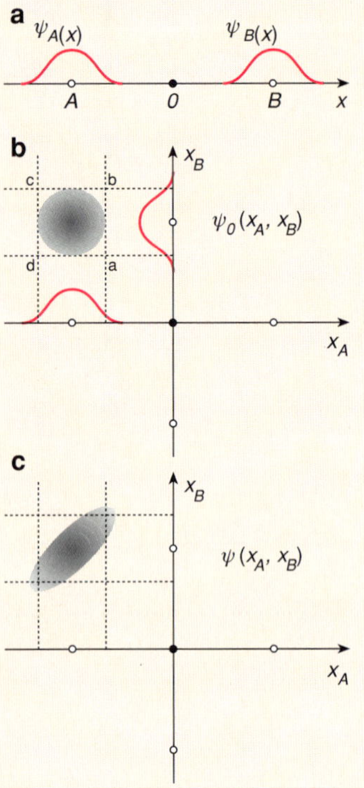

Die Wechselwirkung der Elektronen mit den Teilchen eines Fremdatoms können wir aber in der Regel nicht außer Acht lassen. Es ist leicht einzusehen, dass z. B. der Punkt „a" auf Abb. b in der Ebene x_A,x_B einer solchen klassischen Elektronenanordnung entsprechen würde, in der sich die beiden Elektronen an den Seiten der eigenen Protonen zum Nullpunkt hin befinden. Es stehen sich gleiche Ladungen gegenüber, die potenzielle Energie des Systems ist also größer, als sie ohne „fremde" Wechselwirkungen wäre. Ähnlich ist die Lage im Punkt „c", wo sich wegen der entfernten Elektronen zwei Protonen gegenüberstehen. Im Verhältnis zu dem Fall ohne Wechselwirkung realisiert sich ein Energieabfall auch in den Punkten „b" und „d", denn dort stehen sich die entgegengesetzten Ladungen der beiden Atome gegenüber. Abb. c zeigt eine solche neue kollektive Wellenfunktion $\psi(x_A,x_B)$, welche die Lage mit verminderter Energie der Lage mit erhöhter Energie bevorzugt. So ist die gesamte (beide Atome beinhaltende) Energie geringer, als sie ohne Wechselwirkung wäre. Mit abnehmendem Protonenabstand wird dieser Effekt stärker, deshalb sind die beiden Protonen bestrebt einander näher zu kommen.

Entstehen der kollektiven Wellenfunktion bei zwei entfernten Wasserstoffatomen.

Nach dem einfachsten qualitativen Bild stammt die van der Waals Wechselwirkung von der Anziehungskraft zwischen einem Dipol, der in einem apolaren Molekül oder Atomkollektiv vorübergehend entstanden ist, und dem dadurch in einem anderen apolaren Molekül induzierten Dipol. Diese Kraft wird auch als Dispersionskraft oder (nach dem deutsch-amerikanischen Physiker Fritz London (1900-1954)) als London-Kraft bezeichnet.

Zu dieser anziehenden Wechselwirkung gesellt sich eine abstoßende Kraft, die ausschließt, dass sich die Partner infolge der Anziehungskraft zu nahe kommen (in eine Nähe kommen, bei der die Elektronenbahnen einander decken). Eine theoretische Beschreibung des Potenzials aus diesen Wechselwirkungen führt auch zu einem Potenzialverlauf, wie wir ihn schon in Abb. I.19 gesehen haben.

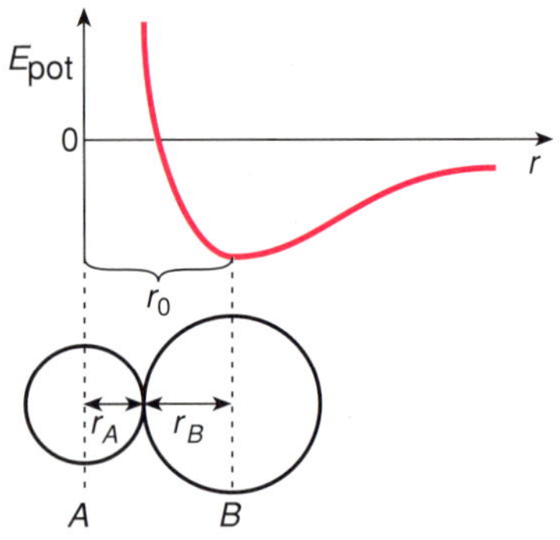

Abb. I.22. Graphische Demonstration der van der Waals Radien zweier Atome (*A* und *B*)

Der dem Energieminimum entsprechende Abstand ist die Summe der sog. **van der Waals Radien**, die auch als ein Maß für die Atomgröße gebräuchlich sind (Abb. I.22). (Modellieren wir die Atome, die keine primäre chemische Bindung miteinander eingehen, als starre Kugeln und berühren sich zwei benachbarte Kugeln gerade, so ist der Abstand zwischen den Atomen genau gleich der Summe der van der Waals Radien.)

(Ähnlich der Definition des van der Waals Radius ist die Bindungsdistanz bei Atomen mit primärer Bindung gleich der Summe der kovalenten Radien bzw. Ionenradien.) Die van der Waals Radien einiger Atome sind zusammen mit den kovalenten Radien und den Ionenradien in Tabelle I.2 dargestellt.

Tabelle I.2. Größen einiger Atome

Element	Ordnungszahl	Van der Waals Radius (nm)	Kovalenter Radius (nm)	Ionenradius (nm)	Ion
H	1	0,120	0,037	–	H^+
C	6	0,170	0,077	0,029	C^+
N	7	0,155	0,075	0,025	N^+
O	8	0,152	0,073	0,140	O^{2-}
F	9	0,147	0,071	0,117	F^-
P	15	0,180	0,106	0,058	P^{3+}
S	16	0,180	0,102	0,184	S^{2-}

Nach der Definition ist wahrzunehmen, dass diese Daten nicht eindeutig charakteristisch für die einzelnen Atome sind, denn sie hängen auch von den konkreten atomaren Bindungen ab. Deshalb sind in den Tabellen der verschiedenen Monographien geringe Unterschiede zu finden.

Die van der Waals (Dispersions-) Wechselwirkung ist eine schwache intermolekulare Bindung (s. Tabelle I.1). Sie spielt deshalb beim Aufbau der Struktureinheiten in der Welt der Lebewesen (makromolekulare Konformationen, molekulare Komplexe) bzw. der Sicherstellung der Strukturbedingungen biochemischer Reaktionen eine allgemeine und wichtige Rolle

I/2.1.4 Die Wasserstoffbrückenbindung

Bei der Wasserstoffbrückenbindung verbindet das Wasserstoffatom zwei stark elektronegative Atome (Protonendonor und Protonenakzeptor bzw. Pfeileratome). Die Bindungsstärke hat üblicherweise einen mittleren Wert von 0,2 eV. Das ist ungefähr eine Größenordnung kleiner als die Stärke der kovalenten Bindung und ungefähr eine Größenordnung stärker als die Wechselwirkungsenergie der Dipole. Wasserstoffbrücken entstehen hauptsächlich zwischen F, O, N Atomen. Der Abstand der zwei Pfeileratome und der genaue Wert der Bindungsenergie hängen von der Art der Pfeileratome ab. Der Abstand nimmt Werte im Bereich von 0,23 und 0,35 nm an und ist in einzelnen konkreten Fällen geringer als die Summe der van der Waals Radien, die zu den beiden Pfeileratomen gehören (s. Beispiele I.1). Die Werte der Bindungslängen weisen darauf hin, dass bei der Bildung der Brückenbindung **mehrere Wechselwirkungen** eine Rolle spielen können. Das sind zum Teil klassische, zum Teil quantenmechanische Wechselwirkungen. Zu den Letzteren gehören z.B. die im vorigen Abschnitt behandelten Dispersionswechselwirkungen (s. „*Eine Interpretation der Wasserstoffbrückenbindung*").

Beispiele I.1

a.) Ein interessantes Phänomen ist der Fall der C-H Brückenbindung, die bei den C-Atomen der aromatischen Ringe beobachtet wurden. Diese sind die schwächsten Wasserstoffbrückenbindungen, dabei ist jedoch der Abstand der Pfeileratome der kleinste, 0,23 – 0,25 nm.

b.) Es ist auch zu bemerken, dass elektronegative Elemente mit höherer Ordnungszahl als Fluor, z. B. Schwefel (gleiche Elektronegativität wie Kohlenstoff), nicht mehr an der Bildung von Wasserstoffbrückenbildungen teilnehmen. Das lässt sich damit erklären, dass sich die negative Ladung infolge des beträchtlich größeren Atomvolumens auf einer größeren Fläche verteilt und so in der Regel keine effektive Wirkung auf das Wasserstoffatom ausübt.

Eine Interpretation der Wasserstoffbrückenbindung

Eine Erklärung für das wichtigste Element der *Wasserstoffbrückenbindung,* als einer komplexen Wechselwirkung, bekommen wir mit der Untersuchung des Energiezustandes eines Wasserstoff-Atomkernes (d.h. eines Protons). Bisher haben wir das Proton (den Atomkern eines Wasserstoffatoms) in klassischer Weise behandelt (s. I/1.2.3) und seinen Beitrag zur kinetischen Energie des Atoms vernachlässigt. Sein Wert ist zwar in der Regel bedeutend geringer als der des Elektrons (deshalb konnte er vernachlässigt werden), er kann aber mäßig groß werden, wenn die Unbestimmtheit des Protonenortes abnimmt. (Das lässt sich unmittelbar aus der Beziehung ablesen, die wir beim Elektron zur Schätzung der Bewegungsenergie benutzt haben ($(1/4m)(h/2\Delta x)^2$ s. I/3.1.1). Hier ist m die Protonenmasse, die ungefähr 2000mal größer ist als die Elektronenmasse, Δx ist die Unschärfe des Protonenortes.)

Die erwähnte Abnahme von Δx erfolgt auch, wenn ein Wasserstoffatom in ein Molekül eingebaut wird. (Bei den übrigen chemischen Elementen kommt diese Wirkung nicht zur Geltung, da ihre Atomkerne eine noch größere Masse haben als das Wasserstoffatom.) Dieser Effekt wäre an sich uninteressant, wenn in die Nähe des eingebauten Wasserstoff-Atoms (Protons) nicht solche fremden Moleküle kämen, die eine starke Anziehungskraft ausüben. Die Unschärfe des Protonenortes nimmt in diesem Fall zu („man kann nicht einmal mehr wissen, zu welchem Molekül es gehört"), seine Bewegungsenergie wird geringer, der Energieüberschuss entfernt sich in irgendeiner Form und aus den zwei Molekülen wird ein locker gebundenes System. (Natürlich müsste man bei einer genaueren Analyse auch die Deformation der Elektronenzustände in Betracht ziehen.)

Die Wasserstoffbrückenbindungen haben eine sehr wichtige Funktion bei der Bildung von geordneten Struktureinheiten der biologischen Makromoleküle. Durch die besondere Struktur des Wassers und die vielseitigen, speziellen Wechselwirkungen der Wassermoleküle spielen sie eine entscheidende Rolle in der Struktur der ganzen belebten Materie.

I/2.1.5 Die hydrophobe Wechselwirkung

Es ist ein wichtiges Merkmal der biologischen Systeme, dass sich ein bedeutender Teil ihrer Prozesse in wässrigem Medium abspielt. Die Struktureigenschaften des Wassers diskutieren wir in I/4.1 eingehender, hier benutzen wir nur die Kenntnisse, dass das Wasser aus polaren Molekülen besteht und diese untereinander Wasserstoffbrückenbindungen eingehen können. Ein Wassermolekül kann theoretisch gleichzeitig vier Wasserstoffbrückenbindungen eingehen: zwei als Protonendonor, zwei als Protonenakzeptor.

Geben wir polare, hydrophile Moleküle in Wasser, so vermischen sie sich, verteilen sich im Medium, treten mit dem Wasser in elektrostatische Wechselwirkung bzw. stellen mit den Wassermolekülen auch Wasserstoffbrückenbindungen her, wenn sie dazu fähig sind. Im Falle von **apolaren hydrophoben Molekülen** können wir eine ganz andere Erscheinung beobachten. Die hydrophoben Moleküle **sind bestrebt, sich umeinander zu gruppieren**, Aggregate zu bilden, das Wasser aus ihrer Umgebung zu verdrängen. Diese Erscheinung können wir mit Hilfe der **hydrophoben**

Wechselwirkung interpretieren. Diese Wechselwirkung spielt eine sehr wichtige Rolle bei den biologischen Systemen, z. B. bei der Bildung der Membranstrukturen oder der räumlichen Anordnung der Eiweißmoleküle.

Laut I/2.1.3 können zwischen apolaren, hydrophoben Molekülen nur **schwache van der Waals Wechselwirkungen** auftreten. Das erklärt an sich noch nicht das Entstehen der gegebenen Strukturen, denn bei Zimmertemperatur ($T \approx 293$ K) überschreitet die thermische Energie ($kT \approx 0{,}025$ eV, k Boltzmann-Konstante) die Energie der van der Waals Wechselwirkung (~0,02eV, s. Tab. I.1), deshalb würde die **Wärmebewegung das System zerstören** (s. auch III/2.1).

Der Schlüssel zur Lösung liegt in den Wassermolekülen. Um das zu verstehen, betrachten wir eine Wasser-Luft Grenzschicht (z.B. ein Glas Wasser). Da eine Bildung von Wasserstoffbrücken nur in Richtung der anderen Wassermoleküle möglich ist, sind die Wassermoleküle in unmittelbarer Nähe der Oberfläche geordneter als im Innern der Flüssigkeit. Kommt nun ein apolares Molekül in ein wässriges Medium, so werden ähnlicherweise in seiner Umgebung die Wassermoleküle geordneter. Dabei entsteht **um das apolare Molekül** eine solche Grenzfläche, in der sich auch infolge der Ordnung der **Wassermoleküle** fast jede Wasserstoffbrückenbindung realisiert, die theoretisch möglich ist. Dieser Zustand ist **viel geordneter**, als das Wasser in der Regel **im Innern einer Flüssigkeit** ist, da dort nur ungefähr 75% der möglichen Wasserstoffbrücken entstehen.

Aus thermodynamischen Studien wissen wir (s. III/3.3.3), dass die Gleichgewichtsbestrebungen in Mehrteilchensystemen in Richtung der Entropiezunahme ($\Delta S \geq 0$) weisen, d. h. in Richtung der größten „Unordnung". Dieses physikalische Grundprinzip kommt auch dann zur Geltung, wenn die Wassermoleküle den Ordnungsgrad so senken wollen, dass sie die hydrophoben Moleküle verdrängen und so das Ausmaß der geordneten Grenzfläche um die hydrophoben Moleküle (bzw. Molekülteile) verringern. Dieses Bestreben kommt in der Konzentration der hydrophoben Eiweißteile bzw. dann zur Geltung, wenn sich in Membranen die polaren Gruppen der Moleküle zum Wasser und die apolaren Gruppen zum Membraninnern hinwenden.

I/3 Vielteilchensysteme, Ordnung und Unordnung

Bisher wurden der Aufbau der einzelnen Atome bzw. die Gesetzmäßigkeiten ihrer Wechselwirkungen behandelt. Im Folgenden befassen wir uns mit den Eigenschaften der (makroskopischen) Systeme, die aus einer Vielzahl von Teilchen (Atomen, Molekülen) bestehen. Die Zahl der Teilchen N fällt typisch in die Größenordnung der Avogadro-Zahl ($6 \cdot 10^{23}$).

I/3.1 Boltzmann-Verteilung

Ludwig Eduard Boltzmann 1844–1906, österreichischer Physiker

In den ersten Abschnitten (I/1.4.3, I/1.5.3) konnten wir schon feststellen, dass auch die Atome und die Atomkerne nach gewissen allgemeinen Gesetzen, (Energieminimum-Prinzip, Pauli-Prinzip) aufgebaut sind. In den Vielteilchensystemen kommt ein neues **universales Prinzip** zur Geltung. Seine Natur wird an der Boltzmann-Verteilung veranschaulicht.

I/3.1.1 Die Verteilung der Teilchenzustände

Beispiel I.2

Der Einfachheit halber bestehe unser System aus 6 Teilchen und habe insgesamt 10 Energieeinheiten (e). Die Zeilen 1 – 4 der Tabelle geben die Besetzungszahlen an, d. h. die Zahl der Teilchen mit einer bestimmten Energie. Die vier Zeilen sind Beispiele für je einen Makrozustand.

	1e	**2e**	
3e	**4e**	**5e**	
1.	5	0	0
0	1		
2.	4	1	0

Im Makrozustand 1 kann jedes der 6 Teilchen 5 e Energie haben, so wird dieser Makrozustand durch 6 Mikrozustände realisiert. Die Gesamtenergie können wir in jeder Zeile kontrollieren, z. B. in der 2. Zeile: 4·**1e** + 1·**2e** + 1·**4e** = 10**e**.

Aufgrund unserer früheren thermodynamischen Kenntnisse wissen wir, dass im thermischen Gleichgewicht (konstante Temperatur) die Gesamtenergie E eines Systems so unter den Teilchen, genauer gesagt unter den einzelnen Bewegungsarten, Freiheitsgraden verteilt ist, dass auf jeden Freiheitsgrad im Mittel $1/2\ kT$ Energie entfällt (Gleichverteilungssatz der Energie, k Boltzmann-Konstante, T absolute Temperatur). Dabei ist es wichtig zu betonen, dass die vorgeschriebene Energiemenge als Mittelwert zu verstehen ist. Wir können also nichts über die Energie der einzelnen Teilchen bzw. Bewegungsarten aussagen. Die Lage ist dadurch weiter kompliziert, dass zwar die Gesamtenergie des Systems konstant ist (E = konstant), die Teilchen aber untereinander ständig Energie austauschen. So gibt es ohne Energieverlust eine ununterbrochene Neuverteilung nicht nur zwischen den einzelnen Teilchen sondern auch zwischen den einzelnen Bewegungsarten. Was bedeutet dann in der Überschrift der Ausdruck „Teilchenzustände"? (s. Bemerkung I.3)

Aus der Bemerkung geht auch hervor, dass wir den Zustand des Systems aus energetischer Sicht auf zwei grundsätzlich verschiedene Weisen beschreiben können. Einerseits können wir die momentane Energie aller einzelnen Teilchen angeben, das bezeichnen wir als **Mikrozustand** des Systems (s. auch III/3.3.4). Andererseits können wir die Energieverteilung angeben, d.h. wir geben nur an, wie viele Teilchen (n_0, n_1, n_2 ...) in einem gegebenen Zeitpunkt über die Energie ε_0, ε_1, ε_2 usw. verfügen. **Eine Reihe der Besetzungszahlen** n_i, $\{n_0, n_1, ...\} = \{n_i\}$ **definiert den Makrozustand des Systems** (s. Beispiel I.2). Ein Makrozustand wird in der Regel durch zahlreiche Mikrozustände realisiert. Eine Besetzungszahl n_i kann selbst über einen längeren Zeitraum im Großen und Ganzen unverändert bleiben, während sich die einzelnen Teilchen ständig gegeneinander austauschen. Obwohl sich natürlich auch der momentane Makrozustand des Systems mit der Zeit ändern kann, gibt es im thermischen Gleichgewicht eine wahrscheinlichste Reihe von Besetzungszahlen $\{n_i\}$. Das bedeutet, dass sich das System fast immer in diesem Makrozustand befindet.

Nehmen wir an, dass die Teilchen voneinander unabhängig sind. (Wir sehen also davon ab, dass in einem realen System ein Teil der Gesamtenergie von den Wechselwirkungen zwischen den Teilchen stammt.) In diesem Fall ist die Gesamtenergie des Systems immer die Summe der Energien der einzelnen Teilchen:

$$E = \sum_i n_i \varepsilon_i \tag{I.23}$$

In Ermangelung einer besseren Voraussetzung nehmen wir auch an, dass die Mikrozustände gleich wahrscheinlich sind. Unter diesen Bedingungen können die Besetzungszahlen folgendermaßen angegeben werden:

$$n_i = \frac{N e^{-\frac{\varepsilon_i}{kT}}}{\sum_i e^{-\frac{\varepsilon_i}{kT}}} \tag{I.24}$$

wobei N die Gesamtzahl der Teilchen ist:

$$N = \sum_i n_i$$

Gl. (I.24) wird als Boltzmann-Verteilung bezeichnet. Eine einfachere Form des Gesetzes, die in der Praxis weiter verbreitete mögliche Beschreibung, ist die Angabe des Quotienten n_i/n_0, die aus Gl. (I.24) leicht abzuleiten ist:

$$\frac{n_i}{n_0} = \frac{N e^{-\frac{\varepsilon_i}{kT}} \sum_j e^{-\frac{\varepsilon_j}{kT}}}{\sum_j e^{-\frac{\varepsilon_j}{kT}} N e^{-\frac{\varepsilon_0}{kT}}} \qquad n_i = n_0 e^{-\frac{\varepsilon_i - \varepsilon_0}{kT}} \tag{I.25}$$

wobei n_0 die Besetzung mit dem niedrigsten Energiezustand ε_0 ist. In dieser Beziehung sind die Besetzungszahlen der Energieniveaus im Vergleich zur Besetzungszahl n_0 des niedrigsten Energiezustandes ε_0 gegeben. In den meisten Fällen können wir ε_0 willkürlich als Nullpunkt der Energieskala wählen ($\varepsilon_0 = 0$), da die Messungen in der Regel Daten für die Energieunterschiede bringen. In Abb. I.23 ist die Boltzmann-Verteilung bei drei verschiedenen Temperaturen den zwei Beschreibungsarten entsprechend graphisch dargestellt. Von der Abbildung lässt sich auch die anschauliche Bedeutung des Gesetzes ablesen. Die relative Besetzung eines Zustandes hängt nur von der in kT Einheiten gemessenen Energie ab. Bei niedriger Temperatur T_1 sind (aufgrund der schnell abklingenden exponentiellen Funktion) nur die niedrigsten Energiezustände merklich besetzt. Bei hoher Temperatur T_d sind auch die höheren Energiezustände merklich besetzt (die exponentielle Funktion klingt bei höheren Temperaturen nämlich weniger schnell ab). Es sei bemerkt, dass man den Quotienten $p_i = n_i/N$ aus Gl. (I.24) leicht ausdrücken kann. Dieser Quotient ergibt die Wahrscheinlichkeit für die Realisierung des Energiezustandes ε_i im System.

Bemerkung I.3

Erfolgt der Energieaustausch zwischen den Teilchen z. B. in einem Stoßvorgang, dann ist es um so wahrscheinlicher, dass ein Teilchen beim folgenden Stoßvorgang Energie verliert, je größer seine Energie ist. Je geringer seine Energie ist, desto wahrscheinlicher gewinnt er welche. Der Zustand der einzelnen Teilchen ändert sich also auch im thermischen Gleichgewicht ständig, obwohl der makroskopische Zustand des Systems zeitunabhängig (d. h. stationär) ist.

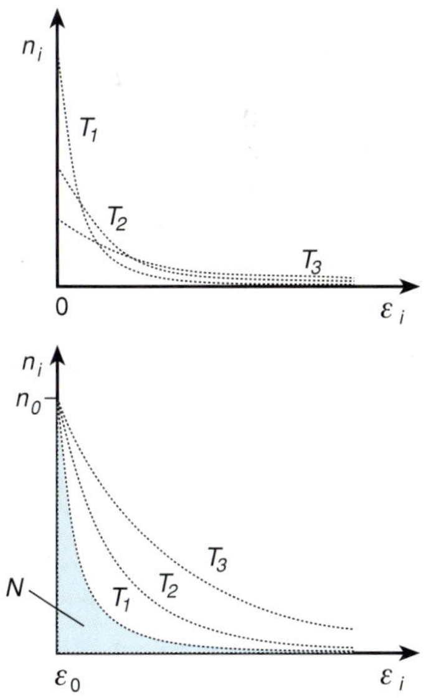

Abb. I.23. Graphische Darstellung der Boltzmann-Verteilung bei verschiedenen Temperaturen ($T_3 > T_2 > T_1$) laut Gl. (I.24) bzw. (I.25). Zwischen den beiden Darstellungsformen besteht der wesentliche Unterschied, dass das obere Diagramm auch veranschaulicht, dass die Fläche unter der Kurve, d.h. die Teilchenzahl N konstant ist.

I/3.1.2 Bei welchen Erscheinungen kommt die Boltzmann-Verteilung zur Geltung?

In diesem Abschnitt demonstrieren wir an einigen sehr unterschiedlichen Erscheinungen, wie die universelle Boltzmann-Verteilung zur Geltung kommt.

a) Die barometrische Höhenformel

Es ist eine bekannte Tatsache, dass die Erdatmosphäre mit der Höhe dünner wird. Wodurch ist dieses Phänomen reguliert? Nehmen wir an, unser System ist eine wind- und störungsfreie Gassäule im thermischen Gleichgewicht, die Temperatur ist also überall gleich. (Vergessen wir, dass diese Bedingung in großer Höhe sicher nicht erfüllt ist.) Hierfür gilt Gl. (I.25). Weil mit steigender Höhe die Energie der möglichen Zustände zunimmt, sinkt dementsprechend die Besetzung der Zustände.

Wie dicht oder dünn das Gas ist, beschreiben wir mit der Zahl der Moleküle im Einheitsvolumen ($n = N/V$), d. h. mit der Konzentration. Es ist zweckmäßig, statt der Besetzungszahlen ihren Quotienten n_i/n_0 zu benutzen, denn dieser stimmt mit dem Verhältnis der unmittelbar messbaren Konzentration überein. Zur weiteren Vereinfachung schreiben wir die Energie der möglichen Zustände nur für eine einzige Molekülart (sagen wir O_2) mit der Masse m auf: $\varepsilon = \varepsilon_{\text{kin}} + \varepsilon_{\text{pot}}$. Wie hängt diese Größe von der Höhe ab? Wie wir es später noch sehen werden (s. I/3.2.2), hängt die Verteilung der Bewegungsenergie nicht von der Höhe ab (T ist gleich). Wir können also ihren Beitrag höhenunabhängig durch den mittleren oder erwarteten Wert der Bewegungsenergie $\langle\varepsilon_{\text{kin}}\rangle$ ersetzen. Die potenzielle Energie können wir mit der bekannten Beziehung $\varepsilon_{\text{pot}} = mgh$ angeben (g Erdbeschleunigung). Danach bekommen wir durch Einsetzen in Gl. (I.25):

$$\frac{n(h)}{n(0)} = e^{-\frac{(mgh+\langle\varepsilon_{\text{kin.}}\rangle)-(mg0+\langle\varepsilon_{\text{kin.}}\rangle)}{kT}} = e^{-\frac{mgh}{kT}}\,. \qquad \text{(I.26)}$$

Der Quotient $n(h)/n(0)$ gibt also an, wie hoch die Konzentration der Teilchen mit der Masse m in der Höhe h gemessen von der Referenzhöhe 0 (z. B. dem Meeresspiegel) im Vergleich zur gemessenen Konzentration $n(0)$ in Referenzhöhe ist, wenn sich das System bei der Temperatur T im thermischen Gleichgewicht befindet. Zu demselben Ergebnis können wir auch auf einem anderen Weg kommen, den wir unten besprechen (s. „*Makroskopische Näherung der barometrischen Höhenformel*").

b) Die thermische Elektronenemission der Metalle (Elektronenaustritt durch Wärmewirkung)

Die delokalisierten Elektronen auf gemeinsamen Bahnen verhalten sich in den Metallen in vieler Beziehung wie die Gase. Diese „Elektronenatmosphäre" ist ähnlich den Luftschichten der Erde exponentiell geschichtet (s. den vorherigen Punkt a). Das Wort Schichtung benutzen wir hier aber nicht im geometrischen sondern im energetischen Sinn. Um einen Zustand außerhalb

Makroskopische Näherung der barometrischen Höhenformel

Nehmen wir an, dass wir noch nichts von der Boltzmann-Verteilung gehört haben und nur soviel wissen, dass die idealisierte Gassäule im Gleichgewicht ist.

Der Einfachheit halber definieren wir die Gleichgewichtsbedingung mit Hilfe des Druckes für die Höhen $h_2 > h_1$: in der Höhe h_1 ist der Druck wegen des zusätzlichen Druckes aus dem Gewicht der Luftsäule mit der Höhe $\Delta h = h_2 - h_1$ größer als in der Höhe h_2. Der zusätzliche Druck ist also gerade gleich dem hydrostatischen Druck $\rho g \Delta h$. ρ ist die Dichte des Gases, g die Erdbeschleunigung. Beide Größen hängen tatsächlich von der Höhe ab, aber in unterschiedlichem Maß. So können wir sie nur dann als konstant ansehen, wenn Δh ausreichend klein ist.

Die Gleichgewichtsbedingung ist also für kleine Δh: $\Delta p = -\rho g \Delta h$, wobei das negative Vorzeichen die gegensätzliche Änderung von p und h ausdrückt. Nutzen wir auch noch aus, dass sich Dichte und Druck proportional zueinander verhalten ($\rho = \text{konst.}p$), dann lässt sich die Gleichgewichtsgleichung in der folgenden Form aufschreiben:

$$\frac{\Delta \rho}{\Delta h} = -\text{konst.}\rho g$$

Wie wir später sehen werden (s. II/1.1.3) ist die Lösung solcher Gleichungen (eine Größe und ihre Änderung sind proportional) immer eine exponentielle Funktion:

$$\rho(h) = \rho(0)e^{-\text{konst.}gh}$$

Die hier behandelten Größen sind alle makroskopisch: $\rho(h)$, $\rho(0)$ sind die Dichte in den Höhen h bzw. 0, g ist die Erdbeschleunigung, wir kennen nur den Wert der anderen Konstanten nicht.

Unter Ausnutzung des allgemeinen Gasgesetzes ($pV = NkT$) bzw. ($p = NkT/V$) und der Definition der Dichte ($\rho = mN/V$, wobei m die Masse eines einzigen Moleküls ist) können wir auch die fehlende Konstante bestimmen $\rho = \text{konst.}p$:

$$mN/V = \text{konst.}\ NkT/V \quad \text{also} \quad \text{konst.} = m/kT$$

So kann die obige Beziehung in die folgende Form gebracht werden:

$$\frac{\rho(h)}{\rho(0)} = e^{-\frac{mgh}{kT}}$$

Da die Dichte und die Konzentration proportional zueinander sind, haben die letzte Beziehung und Gl. (I.26) dieselbe Bedeutung.

des Metalls zu erreichen, ist eine ziemlich große Energie, die Austrittsarbeit W_a erforderlich. Diese ist nötig, um ein Elektron aus dem positiv geladenen Metallgitter auszulösen. Je wärmer das Metall ist, desto „höher" reicht die „Elektronenatmosphäre", umso mehr Elektronen können sich aus dem Metall entfernen. Ihre Zahl beschreibt gleichfalls die Boltzmann-Verteilung.

Die Frage ist nun, wie viele Teilchen über die Energie $\varepsilon_l = W_a$ oder mehr Energie verfügen. Kennzeichnen wir ihre Zahl mit N_l. Für die Antwort auf unsere Frage müssen wir die Besetzungszahlen n_i addieren, für die $\varepsilon_i \geq W_a$ ist. Dazu äquivalent ist, wenn wir bei ε_l beginnend das Gebiet unter der Verteilungskurve bestimmen. Das ist keine schwere Aufgabe wenn wir wissen, dass die exponentielle Funktion auch die Eigenschaft hat, dass der Funktionswert an einer gegebenen Stelle proportional zu dem von dort gemessenen Gebiet unter der Kurve ist (s. Abb. I.23), so ist $n_0/N = n_l/N_l$. Laut Gl. (I.25) ist

$$n_i = n_0 e^{-\frac{\varepsilon_i}{kT}}, \text{ und } N_i = N e^{-\frac{W_a}{kT}}. \quad \text{(I.27)}$$

Die Folgen der thermischen Elektronenemission bzw. die praktische Realisierung von Gl. (I.27) können wir z.B. bei der Kathodenstrahlröhre (s. VII/1.5.1), der Röntgenröhre (s. II/3.1), aber auch beim Photomultiplier (s. VIII/3.2) sehen.

c) Konzentrationselemente, Nernst-Gleichung

Herrscht zwischen zwei Punkten A und B die elektrische Spannung U, so bedeutet sie für die Teilchen mit einer Elektronenladung e einen Unterschied in der potenziellen Energie: $\varepsilon_{\text{pot}}=eU$. Im thermischen Gleichgewicht kann der Quotient der Besetzungszahlen an zwei Orten bzw. die Konzentration der geladenen Teilchen gleichfalls mit der Boltzmann-Verteilung beschrieben werden:

$$\frac{n_A}{n_B} = e^{-\frac{qU}{kT}} \qquad \text{(I.28)}$$

Das Umgekehrte ist auch wahr: unterscheidet sich die Konzentration der Elektronen oder anderer geladener Teilchen an zwei Stellen (n_A und n_B), so herrscht zwischen den beiden Stellen eine messbare elektrische Spannung:

$$U = \frac{kT}{q} \ln \frac{n_A}{n_B}. \qquad \text{(I.29)}$$

Dieses Gesetz ist analog der aus der Chemie bekannten Nernst-Gleichung, die der deutsche Chemiker und Physiker Walter Hermann Nernst (1864 – 1941, Chemienobelpreis 1920) aufgestellt hat. Diese Beziehung beschreibt z. B. die Spannung, die infolge des Konzentrationsunterschiedes der K^+ Ionen zwischen der Nervenzelle und ihrer Umgebung auftritt. Die kurze Entladung dieses „Konzentrationselementes" verläuft als Nervenimpuls entlang der Zellmembran, worauf wir später noch zurückkommen (s. III/4.2.2 und III/4.4).

d) Gleichgewicht und Geschwindigkeit chemischer Reaktionen

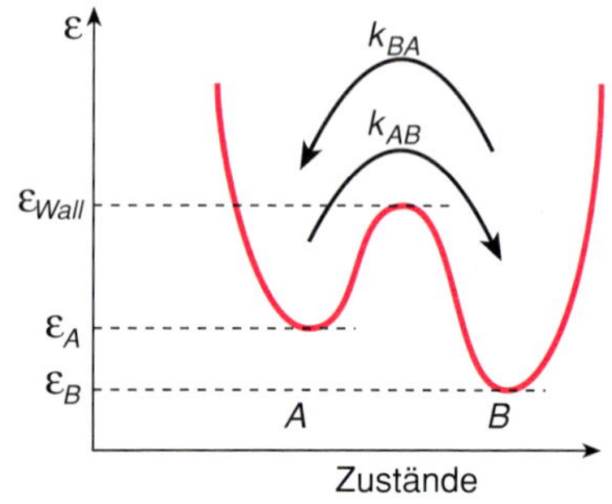

Abb. I.24. Energieverhältnisse der einfachsten chemischen Reaktionen

Jede chemische Reaktion bedeutet den Übergang eines oder mehrerer Atome aus einem Bindungszustand in einen anderen. Im einfachsten Fall kommt das Molekül aus dem Zustand A in den Zustand B. In der Regel ist auch der umgekehrte Übergang möglich: A - B. Im Gleichgewicht ändern in beiden Richtungen gleich viele Moleküle ihren Zustand. In den zwei Zuständen unterscheidet sich in der Regel die Energie der Moleküle: ε_A bzw. ε_B (Abb. I.24). Die Verteilung zwischen den zwei Zuständen im Gleichgewicht beschreibt die folgende Beziehung:

$$\frac{n_A}{n_B} = e^{-\frac{\varepsilon_A - \varepsilon_B}{kT}}. \qquad \text{(I.30)}$$

Das ist nichts anderes, als die als Massenwirkungsgesetz bekannte Beziehung. Der Quotient $n_A/n_B = K$ ist die Gleichgewichtskonstante, ihren negativen Zehnerlogarithmus bezeichnet man als pK Wert der Reaktion. Man sieht, dass diese Größe auch von der Temperatur abhängt.

Wie schnell eine solche Reaktion verläuft, hängt nicht nur von dem Energieunterschied des Anfangs- und Endzustandes ab. Während des Übergangs muss sie nämlich meistens einen Zwischenzustand durchlaufen, dessen Energie höher ist, als die Energie jener beiden Zustände. So ist zur Umbildung eine gewisse Aktivierungsenergie $\Delta\varepsilon_{\text{Barriere},\,A} = \varepsilon_{\text{Barriere}} - \varepsilon_A$, *nötig,* welche auch von der Höhe der Energiebarriere $\varepsilon_{\text{Barriere}}$ zwischen Anfangs- und Endzustand abhängt (Abb. I.24). (Natürlich ist im Falle des umgekehrten Vorgangs ($B \to A$) die Aktivierungsenergie $\Delta\varepsilon_{\text{Barriere, B}} = \varepsilon_{\text{Barriere}} - \varepsilon_B$.) Damit die Reaktion vor sich gehen kann, muss das System die „Höhe" $\Delta\varepsilon$ überwinden. Das gelingt aber nur einem Bruchteil der Teilchen, deren Anteil mit steigender Temperatur proportional zu $e^{-\Delta\varepsilon/kT}$ zunimmt. Da die Zahl der Teilchen, welche die Energiebarriere überwinden, die Reaktionsgeschwindigkeit bestimmt, nimmt die Reaktionsgeschwindigkeit im gleichen Verhältnis zu. Für die Geschwindigkeitskonstanten gelten also die Beziehungen:

$$k_{AB} = \text{konst.}\, e^{-\frac{\Delta\varepsilon_{\text{Barriere},A}}{kT}} \quad \text{bzw.} \quad k_{BA} = \text{konst.}\, e^{-\frac{\Delta\varepsilon_{\text{Barriere},B}}{kT}}. \tag{I.31}$$

Ihr Quotient beschreibt die Gleichgewichtskonstante:

$$\frac{k_{BA}}{k_{AB}} = \frac{e^{-\frac{\Delta\varepsilon_{\text{Barriere},A}}{kT}}}{e^{-\frac{\Delta\varepsilon_{\text{Barriere},B}}{kT}}} = e^{-\frac{\varepsilon_{\text{Barriere}}-\varepsilon_B}{kT}+\frac{\varepsilon_{\text{Barriere}}-\varepsilon_A}{kT}} = e^{-\frac{\varepsilon_A-\varepsilon_B}{kT}} = K \tag{I.32}$$

Katalysatoren (bei biochemischen Reaktionen Enzyme) können die Reaktionsgeschwindigkeit um mehrere Größenordnungen erhöhen. Das erreichen sie nicht durch Verschiebung der Energieniveaus von Anfangs- und Endzustand, sondern durch die Herabsetzung der Aktivierungsschwelle. Diese Gedanken stammen zum größten Teil von dem schwedischen Physikochemiker Svante August Arrhenius (1859-1927, Chemienobelpreis 1903). In der nach ihm benannten Darstellungsweise benutzen wir die nach der Boltzmann-Verteilung angenommene Temperaturabhängigkeit der Werte der Gleichgewichtskonstanten (bzw. der Geschwindigkeitskonstanten), um die Energieunterschiede (bzw. die Aktivierungsenergie) experimentell zu bestimmen (Abb. I.25).

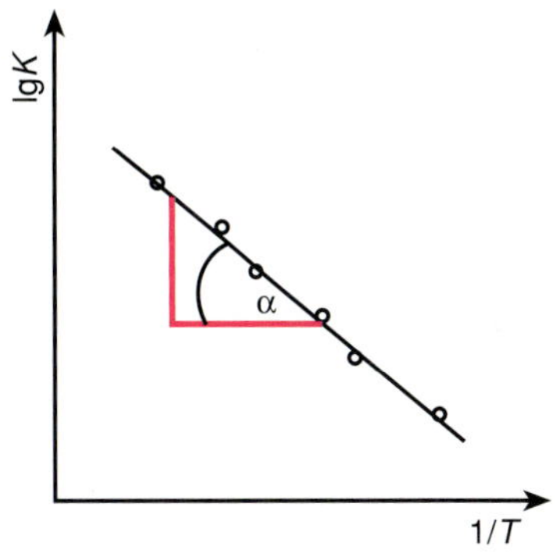

Abb. I.25. Beispiel für die Arrheniusgleichung: Logarithmus der Gleichgewichtskonstante als Funktion des Kehrwertes der Temperatur.

$$\lg K = -\lg e \cdot \frac{\varepsilon_A - \varepsilon_B}{k}\,\frac{1}{T}$$

Aus der Steigung (tgα) der den Messdaten angepassten Geraden lässt sich die Energiedifferenz der Zustände bestimmen:

$$\operatorname{tg}\alpha = -\lg e \cdot (\varepsilon_A - \varepsilon_B)/k$$

I/3.2 Gase

Nach den Erfahrungen und den experimentellen Ergebnissen sind die Eigenschaften der verschiedenen Gase sehr ähnlich. Diese Ähnlichkeit ermöglicht es, das Verhalten der Gase mit den Gasgesetzen einheitlich zu beschreiben.

I/3.2.1 Ideale Gase

Das Modell des idealen Gases können wir uns so vorstellen, dass in einem Gefäß eine **große Zahl N von kugelförmigen Teilchen mit gleicher Masse ungeordnete Bewegungen ausführt**, wobei die Teilchen miteinander und mit der Wand elastisch zusammenstoßen. Jede weitere Wechselwirkung, sowie das Gesamtvolumen der Teilchen im Verhältnis zum Gefäßvolumen sind so klein, dass sie vernachlässigt werden können. (Im Grenzfall berücksichtigen wir das Teilchenvolumen überhaupt nicht, wir sprechen hier von punktförmigen Teilchen, die nicht mehr aneinander, sondern nur an die Gefäßwand stoßen.) Bei Systemen, die sich mit ihrer Umgebung im thermischen Gleichgewicht befinden, füllen die Teilchen das Gefäßvolumen gleichmäßig und bewegen sich unabhängig voneinander (in alle Richtungen des Raumes). Die Gesamtenergie des Gases (innere Energie, E_{innere}) gibt die Summe der kinetischen Energien der Teilchen.

Ein einzelnes Teilchen hat die kinetische Energie $\varepsilon_{kin} = (1/2)mv^2$, wobei m die Masse des Teilchens und v seine Geschwindigkeit sind. Der Mittelwert kann nach dem in I/3.1.1 erwähnten Gleichverteilungssatz bestimmt werden. Das nur Translationsbewegungen ausführende Teilchen hat 3 Freiheitsgrade, die mittlere Energie eines Freiheitsgrades ist

$$\frac{1}{2}kT = \frac{1}{2}m\overline{v_x^2} = \frac{1}{2}m\overline{v_y^2} = \frac{1}{2}m\overline{v_z^2} \qquad \text{(I.33)}$$

(Die Bildung des Mittelwertes ist durch den Hochstrich gekennzeichnet, sie ist nach Heben ins Quadrat durchzuführen.) Da $v_x{}^2+v_y{}^2+v_z{}^2 = v^2$, ist im Falle von einem Teilchen bzw. N Teilchen

$$\frac{1}{2}m\overline{v^2} = \frac{3}{2}kT \qquad E_{innere} = \frac{3}{2}NkT \qquad \text{(I.34)}$$

Diese Beziehungen können wir auch als eine Art der Definition der **Temperatur** betrachten.

In dem Modell stammt der **Gasdruck** von den Kraftstößen der Teilchen an die Gefäßwand. Der Druck ist also gleich dem Mittelwert der Impulsveränderungen auf die Flächeneinheit in der Zeiteinheit.

Zwischen den charakteristischen Parametern des idealen Gaszustandes schafft die Zustandsgleichung den folgenden Zusammenhang:

$$pV = NkT \qquad \text{(I.35)}$$

wobei N, V, p, T die thermodynamischen Parameter des Zustands sind: Teilchenzahl, Volumen, Druck und Temperatur; k Boltzmann-Konstante.

Im idealen Gas vernachlässigen wir alle Wechselwirkungen außer den elastischen Zusammenstößen, deshalb haben diese Systeme den höchsten Grad von Unordnung.

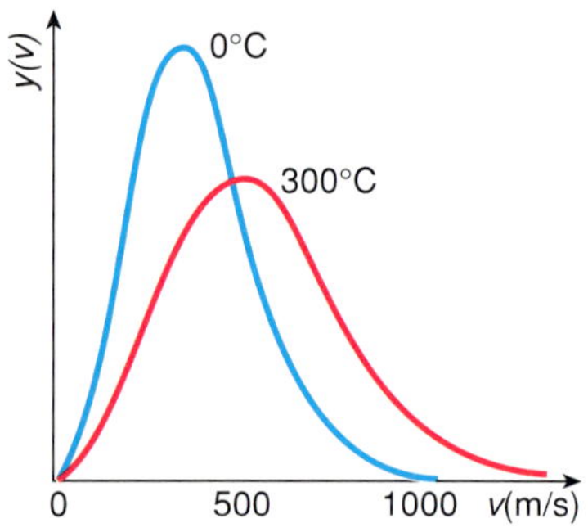

Abb. I.26. Verteilung der absoluten Werte der Geschwindigkeit von Sauerstoffmolekülen (Maxwell-Geschwindigkeitsverteilung)

Die Fläche unter der Kurve $y(v)\Delta v$ ergibt den Anteil der Moleküle mit der Geschwindigkeit zwischen v und $v + \Delta v$.

I/3.2.2 Die Konsequenzen der Boltzmann-Verteilung in idealen Gasen: die Maxwell-Geschwindigkeitsverteilung

Die Unordnung bedeutet aber auch im idealen Gas kein vollkommenes „Chaos", denn gewisse Regeln gelten auch hier. In diesem Abschnitt demonstrieren wir, dass durch die Gültigkeit der Boltzmann-Verteilung nicht nur der Mittelwert der Geschwindigkeitsquadrate der Teilchen, sondern statistisch gesehen auch die Geschwindigkeit der einzelnen Teilchen (genauer ihr absoluter Wert) bestimmt ist (s. „*Die Verteilung der Molekülgeschwindigkeit*").

Die Verteilung der Molekülgeschwindigkeit

Der Einfachheit halber vernachlässigen wir die Zusammenstöße der Elektronen und gehen von der barometrischen Höhenformel (Gl. (I.26)) aus, nach welcher die Konzentration der Moleküle mit der Höhe exponentiell abnimmt. Wir können uns das in dem vereinfachten System so vorstellen, dass sich aufwärts von der Referenzhöhe (0 Niveau) ein Teil der Moleküle zu langsam bewegt, um die Höhe h zu erreichen (denken wir an den Wurf nach oben). Bezeichnen wir die senkrechte Geschwindigkeit, die im idealen Gas zum Erreichen der Höhe h von der Referenzhöhe gerade notwendig ist, mit u. Dann ist die kinetische Energie:

$$\frac{1}{2}mu^2 = mgh$$

In diesem Fall stimmt die Zahl der Moleküle, die in der Zeiteinheit das Nullniveau mit der Geschwindigkeit $v_z > u$ durchfliegen, mit der Zahl der Moleküle überein, die in der Höhe h eine Geschwindigkeit von $v_z > 0$ haben. Schreiben wir das für die Molekülkonzentration auf:

$$n_{v_z>u}(0) = n_{v_z>0}(h)$$

Benutzen wir Gl. (I.26) nur auf die Moleküle mit der (aufwärts) Geschwindigkeit $v_z > 0$ und nutzen die vorherigen Zusammenhänge aus:

$$\frac{n_{v_z>0}(h)}{n_{v_z>0}(0)} = e^{-\frac{mgh}{kT}} = \frac{n_{v_z>u}(0)}{n_{v_z>0}(0)} = e^{-\frac{mu^2}{2kT}}. \tag{1}$$

Der Ausdruck ergibt die Konzentration der Moleküle, die sich mit einer größeren senkrechten Geschwindigkeitskomponente als u ($v_z > u$) bewegen, im Verhältnis zur Konzentration aller Moleküle mit aufwärts gerichteter Bewegung.

Weil die Referenzhöhe ($h = 0$) nicht ausgezeichnet ist, verteilt sich die Geschwindigkeit (und so auch die kinetische Energie) in jeder Höhe h auf dieselbe Weise. Mit etwas mehr mathematischen Kenntnissen ist auch einzusehen, dass die Verteilung $y(v_z)$ der Geschwindigkeitskomponenten v_z von einer mit (1) übereinstimmenden Beziehung beschrieben ist:

$$y(v_z) = \text{konst.}\, e^{-\frac{v_z^2}{2kT/m}} \tag{2}$$

wobei $y(v_2)\Delta v_2$ den Anteil der Moleküle mit einer senkrechten Geschwindigkeitskomponenten zwischen v_z und $v_z+\Delta v_z$ angibt. Der Ausdruck (2) bedeutet, dass $\boldsymbol{v_z}$ **eine Variable mit Gauß-Verteilung** ist. **Der erwartete Wert der Verteilung ist 0, die Streuung** $\sqrt{\frac{kT}{m}}$ Daraus können wir auch die absolute Verteilung von v bestimmen. So kommen wir zu der Maxwell-Geschwindigkeitsverteilung. Dazu müssen wir den Satz der mathematischen Statistik ausnutzen, dass die Quadratwurzel der Quadratsumme von unabhängigen Variablen mit (Standard) Gauß-Verteilung eine Variable mit χ^2 Verteilung ergibt. Weil

$$v = \sqrt{v_x^2 + v_y^2 + v_z^2}$$

und die Komponenten unabhängig und Gauß-verteilt sind, kann der Satz angewendet werden. So ist die Maxwell-Geschwindigkeitsverteilung eine Spezialform der χ^2 Verteilung.

Das zeigt gerade die Abb. I.26, auf der die Verteilung der absoluten Werte der Geschwindigkeit v, die sog. Maxwell-Geschwindigkeitsverteilung bei zwei Temperaturen graphisch dargestellt ist. Man sieht, dass mit steigender Temperatur das Mittel des absoluten Geschwindigkeitswertes (entsprechend dem Gleichverteilungssatz) zunimmt und sich die Verteilungsfunktion verbreitert. Daraus können wir schließen, dass auch die Systeme mit höchstem Grad von Unordnung gewisse statistische Regeln erfüllen.

I/3.2.3 Reale Gase

Ohne besondere Vorstudien können wir uns denken, dass die Umwandlung von Gasen zu Flüssigkeiten durch die Anziehungskräfte zwischen den Teilchen herrührt. Das Volumen der Flüssigkeit bedeutet dabei in erster Linie die Raumausfüllung durch die inkompressiblen (nicht punktförmigen) Teilchen mit eigenem Volumen. Da wir beim Modell des idealen Gases gerade von diesen beiden Tatsachen abgesehen haben (von der Ausdehnung der Moleküle und von ihrer gegenseitigen Wechselwirkung), können wir auch nicht erwarten, dass wir im Rahmen des idealen Gasmodells eine Erklärung für die Gas-Flüssigkeit Umwandlung erhalten. In der Nähe dieser Umwandlung ist das Gas sicher nicht ideal und sein Verhalten wird nicht durch die Zustandsgleichung (I.35) ($pV=NkT$) beschrieben.

Um also eine reellere Beschreibung geben zu können, müssen wir von dem Volumen, in dem sich die Moleküle frei bewegen (d. h. von dem Gefäßvolumen V) das **eigene Volumen der Teilchen** abziehen. Außerdem müssen wir auch berücksichtigen, dass das reale Gas einen etwas geringeren Druck auf die Wände ausübt als das ideale Gas, denn wenn sich ein Molekül der Wand nähert, also an den Rand des Vielteilchensystems gelangt, wird seine Bewegung durch die Anziehung der anderen Moleküle etwas gebremst. Wenn das eigene Volumen eines Teilchens b ist, dann steht den Gasteilchen nur das Volumen $V - Nb$ zur Bewegung im Gefäß zur Verfügung. Mit Berücksichtigung dieser Korrektion erhielten wir für den Druck $p = NkT(V\text{-}Nb)$. Der Druck ist jedoch wegen der erwähnten Anziehungskraft kleiner als dieser Wert. Das Ausmaß der Minderung hängt erstens von der Anziehungskraft ab, welche die übrigen Teilchen auf das einzige sich der Wand nähernde Molekül ausüben und zweitens von der Zahl der Moleküle, die in der Zeiteinheit an die Wand stoßen. Beide Größen sind proportional zur Zahl der Moleküle im Einheitsvolumen, d. h. zur Teilchenkonzentration $n = N/V$. So nimmt der Druck p auf die Wand um ein Glied ab, das proportional zu n^2 ist:

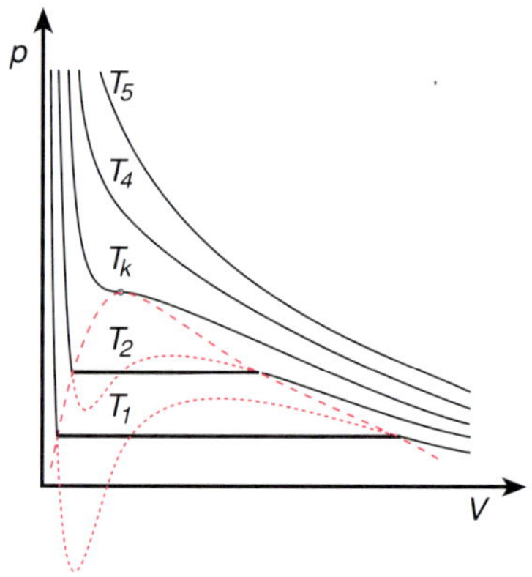

Abb. I.27. Diagramm der van der Waals-Isothermen ($p(V)$; $T_1<T_2<T_k<T_4<T_5$). Es wurden auch die Maxwell-Geraden eingetragen, bei denen Sieden oder Verdampfen im Gleichgewicht abläuft. Diese Geraden schneiden aus den Isothermen unter der kritischen Temperatur T_k (gepunktete Linien) oben und unten gleiche Flächen aus. Innerhalb der gestrichelten Linie sind beide Phasen (Flüssigkeit und gesättigter Dampf) gemeinsam vorhanden.

$$p = \frac{NkT}{V - Nb} - an^2, \qquad \text{(I.36)}$$

wobei a eine stoffabhängige Konstante ist, welche die Größe der intermolekularen Kräfte kennzeichnet.

Aus Gl. (I.36) erhalten wir die **van der Waals Zustandsgleichung** der realen Gase:

$$\left(p + a\,\frac{N^2}{V^2}\right)(V - Nb) = NkT. \qquad \text{(I.37)}$$

Ihre Isothermen ($p(V)$ Diagramm) sind in Abb. I.27 dargestellt. Bei ausreichend hohen Temperaturen nähert sich die Form der Isothermen der Hyperbel $p \sim 1/V$. Bei diesen **hohen Temperaturen** kann man das Gas auch unter sehr hohem Druck nicht verflüssigen, es verhält sich also **wie das ideale Gas**. Bei steigendem Druck wird es nur immer dichter. So verhalten sich

z. B. Luft und Wasserstoff bei Zimmertemperatur: selbst in einer Flasche mit 50 bar Druck (d.h. dem fünfzigfachen des normalen Luftdrucks) bleiben sie gasförmig, im Gegensatz zum Propan und Butan, die in der Flasche hörbar plätschern.

Um ein Gas zu verflüssigen, muss es unter die kritische Temperatur T_k abgekühlt werden. Unter dieser Temperatur beschreiben die Isothermen nach Beziehung (I.37) eine „Berg-Tal" Kurve mit einem Minimum und einem Maximum.

Während der Kondensation erscheinen aber die Täler und Berge der Isothermen nicht: der Übergang spielt sich entlang einer Geraden konstanten Druckes (der sog. Maxwell-Geraden) ab. Diese Gerade ist so gelegt, dass die von der Geraden gemessenen Flächen der Berge und Täler gleich sind. Der konstante Druck ist gleich dem Druck des gesättigten Gases bei der gegebenen Temperatur. So verlaufen die Prozesse, wenn die Zustandsveränderung des Systems so langsam ist, dass es sich dabei stets im Gleichgewicht befindet.

Die van der Waals Gleichung beschreibt das Verhalten der Gase genauer als die Zustandsgleichung der idealen Gase (I.35) ($pV=NkT$). Um die Genauigkeit zu erhöhen, müssen wir aber auf die universelle, stoffunabhängige Gültigkeit der Gleichung verzichten. Natürlich gibt es auch bessere Näherungen als die van der Waals Gleichung, diese sind aber bedeutend komplizierter.

I/3.3 Festkörper

Die in Abschnitt I/2 behandelten Bindungstypen spielen bei der Ausbildung von Festkörperstrukturen dieselbe Rolle, wie beim Entstehen von Molekülen. Ein Festkörper verhält sich in vieler Beziehung so wie ein Riesenmolekül. In diesem Abschnitt befassen wir uns nur mit den kristallinen Stoffen, deren wichtigste Eigenschaft die periodische Ordnung der Bausteine (Atome, Moleküle) ist. (Die amorphen, glasförmigen Festkörper sind eher als sehr schwer fließende, sehr viskose Flüssigkeiten anzusehen.)

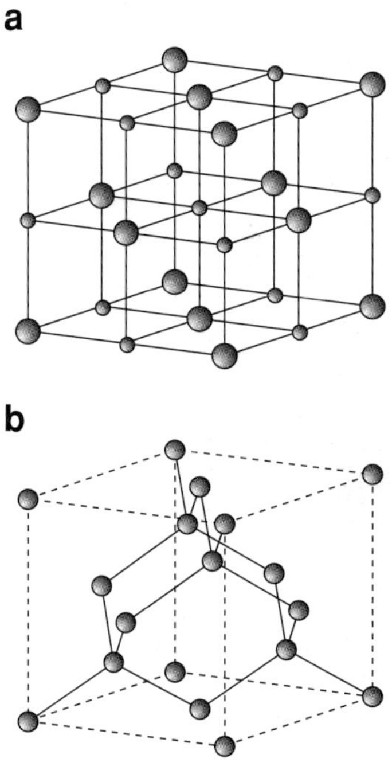

Abb. I.28. Eine Elementarzelle der Kristallstruktur (a) NaCl, (b) Si. Die volle Gitterstruktur ergibt sich aus der vielfachen Wiederholung (Verschiebung) der Elementarzelle in alle drei Richtungen.

I/3.3.1 Der kristalline Zustand

Ist das ideale Gas das Modell der Stoffe im ungeordnetsten Zustand, in dem keinerlei Wechselwirkung zwischen den Molekülen besteht, so ist der mit verschiedenen Bindungsarten zusammengehaltene ideale Kristall der strukturelle Gegenpol des idealen Gases, das Modell des höchsten Ordnungsgrades des Stoffes. Ein idealer Kristall baut sich durch die unendliche Wiederholung identischer Struktureinheiten im dreidimensionalen Raum auf. Die geometrischen Eigenschaften bzw. die Symmetrie des Kristalls **wird mit dem Raumgitter gekennzeichnet**. (Die Kristallstruktur erhalten wir, wenn wir in jedem Punkt des Gitters den entsprechenden „Baustein" positionieren.) Das Gitter ist aus lückenlos aneinander gelagerten Grundeinheiten, den **Elementarzellen auf-**

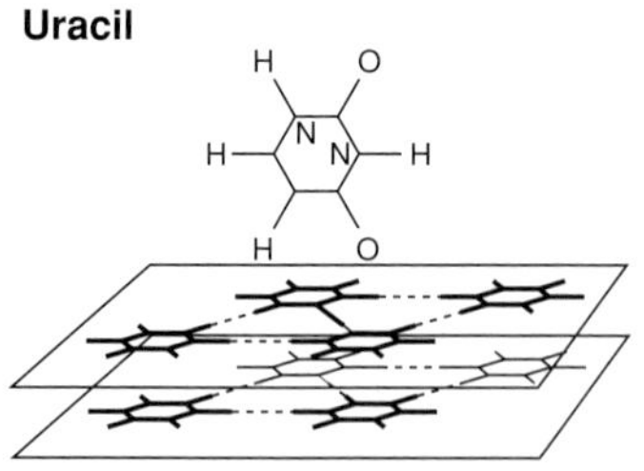

Abb. I.29. Aus den Nukleotidbasen des Uracil aufgebaute Kristallstruktur. Die Moleküle sind in ihrer Ebene mit den Nachbarn durch Wasserstoffbrücken verbunden. Zwischen den Molekülen der übereinanderliegenden Ebenen beruht die Verbindung auf der elektrostatischen Wechselwirkung der Ladungsverteilung der Molekülbahnen. Diese entstehen aus den delokalisierten π Elektronen der aromatischen Ringe, die sich aus der Ebene senkrecht zu ihr ausbreiten.

Beim Aufbau der Nukleinsäuren bestehen dieselben Wechselwirkungen zwischen den Nukleotidbasen, ergänzt durch die Wirkung der kovalent gebundenen Zuckerphosphatkette (s. I/4.2).
Der Abstand der aufbauenden Moleküle ähnelt den charakteristischen Werten der Molekülkristalle, die relative Orientierung ist dagegen verschieden.

gebaut. Es ist nachweisbar, dass insgesamt 14 verschiedene Gittertypen existieren. Zwei häufige Beispiele sind in Abb. I.28 dargestellt.

Die Kristalle können in vier Gruppen eingeordnet werden, je nachdem, welche Wechselwirkungen die Strukturelemente zusammenhalten. So unterscheiden wir kovalente, Ionen-, Metallkristalle sowie Kristalle mit sekundären Bindungen (s. I/2). Dementsprechend sprechen wir von Atom-, Ionen-, Metall- und Molekulargittern. In Abb. I.28 sind je eine Elementarzelle des NaCl mit Ionenbindungen, sowie des Si mit kovalenten Bindungen zwischen den benachbarten Atomen dargestellt. In den Kristallen mit Metallbindung sind die sich wiederholenden Einheiten positive Ionen (Atomkerne und Elektronen der Innenbahnen), die von der „Wolke" der fast freien, auf den ganzen Kristall ausgebreiteten delokalisierten Valenzelektronen zusammengehalten werden (s. I/2.1). Es ist zu bemerken, dass dieses Bild in erster Linie für die Alkalimetalle (z.B. Natrium, Kalium) gilt, bei denen die Wechselwirkung zwischen den Metallionen und den leitenden Elektronen den Großteil der Bindungsenergie gibt. Bei den Übergangsmetallen (z.B. Eisen, Wolfram) tragen die Elektronen der Innenschalen der Ionen deutlich zur Entstehung der Bindung bei.

Außer den Kristallen mit kovalenter, Ionen- oder Metallbindung können sich auch Moleküle in Kristallstruktur ordnen. In diesem Fall bilden die Moleküle die elementaren Bausteine des Kristallgitters und der Aufbau des Gitters ist durch schwächere intermolekulare Wechselwirkungen geregelt. Ein gutes Beispiel für das Molekülgitter ist das kristalline Uracil (Abb. I.29), aber hier können wir auch die Eiskristalle erwähnen, die von Wasserstoffbrückenbindungen zusammengehalten werden (s. I/4.1.3).

Im Gegensatz zum idealen Kristall dehnt sich die kristalline Ordnung in der Praxis in der Regel nur auf mikroskopische Entfernungen aus. Baut sich ein Stoff aus einer Vielzahl von Elementarzellen auf, innerhalb derer eine Kristallordnung gleichen Typs besteht, die sich aber in Größe, Gestalt und Orientierung unterscheiden, so spricht man von mikrokristallinen Stoffen. In diesem Fall sind die Körner (d. h. die Bereiche der Kristallordnung) durch Korngrenzen (d. h. ungeordnete Grenzflächen) voneinander getrennt. Weil die Elementarzellen sehr klein sind, können die Körner auch so noch eine riesige Anzahl an geordneten Gitterbausteinen enthalten (z.B. bei der linearen Größe von 10 μm ungefähr 10^{14}). Füllt die ideale Kristallordnung das ganze Volumen des Materials kontinuierlich aus, so spricht man von einem **Einkristall**. Der Zustand des Einkristalls kann nur mit besonderen technischen Lösungen durch Kristallzüchtung erreicht werden. Solche Einkristalle sind z.B. die Szintillations-Detektorkristalle der Nuklearmedizin oder die Siliziumkristalle der Halbleitertechnik (s. I/3.3.4 und VIII/3.2).

Die Kristalle sind infolge ihres Aufbaus **anisotrop**, d.h. es gibt in ihnen **ausgezeichnete Richtungen**. Das kann sich z. B. darin bemerkbar machen, dass sich das Licht innerhalb des Kristalls in den verschiedenen Richtungen nicht mit derselben Geschwindigkeit ausbreitet.

I/3.3.2 Energiebänder

Die Elektronenzustände der Atome in einem Kristall unterscheiden sich deutlich von den diskreten Zuständen der isolierten Atome eines idealen Gases. (Die mögliche Energie eines einzelnen Wasserstoffatoms war in Abb. I.9. dargestellt. Für andere Atome bekommt man aber auch ein ähnliches Schema.) Solange in einem „System" aus gleichen Atomen zwischen den Atomen keine Wechselwirkung besteht, ist jedes Atom in demselben Quantenzustand zu finden, hat also dieselben diskreten atomaren Energieniveaus. Das widerspricht nicht dem Pauli-Prinzip, weil N unabhängige Atome quantenmechanisch nicht als ein System anzusehen sind. Sobald aber die Atome einander näher kommen, um ein Kristall zu bilden, und die Wellenfunktionen der atomaren Elektronen beginnen, einander zu überlappen, **gilt das Pauli-Prinzip**. Zur Vermeidung der gleichen Quantenzustände in einem Kristall mit N Atomen „spaltet sich" jeder Elektronenzustand des isolierten Atoms in N Zustände auf, deren Energien nahe beieinander liegen. (Die Spaltung ist als Funktion des Atomabstands r wegen der Abstoßung der Kerne nicht symmetrisch. Weil N eine sehr große Zahl ist (in der Größenordnung der Avogadro-Zahl), bildet die Vielzahl der nahen Zustände, die aus einem atomaren Energieniveau stammen, ein kontinuierliches Energieband (Abb. I.30).

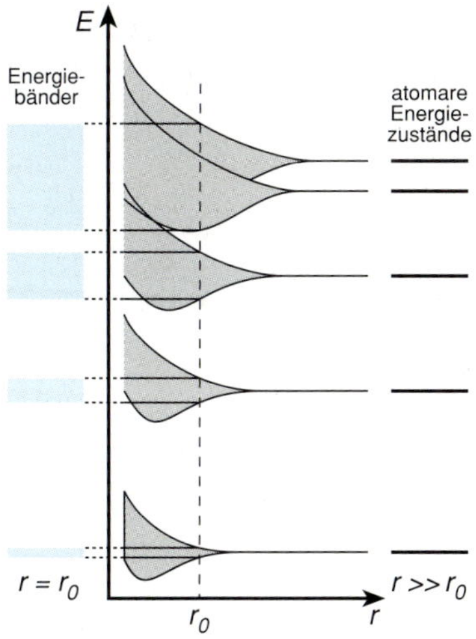

Abb. I.30. Die Energiebänder der Kristalle. Mit abnehmendem Atomabstand r spalten sich die atomaren Energiezustände und es entstehen Energiebänder (r_0 ist der Atomabstand im Gleichgewicht).

Da die Wechselwirkung in den Außenschalen, bei den Valenzelektronen am stärksten ist, kommt es hier auch zur größten Spaltung. Dieses Band wird als **Valenzband** bezeichnet (Abb. I.31). Die Energiebänder der inneren Elektronen werden zum Kern hin immer schmaler (weil die Energie der inneren Elektronenbahnen durch die Wechselwirkung zwischen den Atomen immer weniger modifiziert wird). Den Teil zwischen den Energiebändern, in dem es keine erlaubten Energiezustände gibt, bezeichnet man als **verbotene Zone** oder **Bandlücke** (Abb. I.30). Zwei Energiebänder können sich auch so stark verbreitern, dass die verbotene Zone zwischen ihnen vollkommen verschwindet. In diesem Fall bilden die zwei Bänder ein gemeinsames breites Band (s. oberster Teil der Abb. I.30)

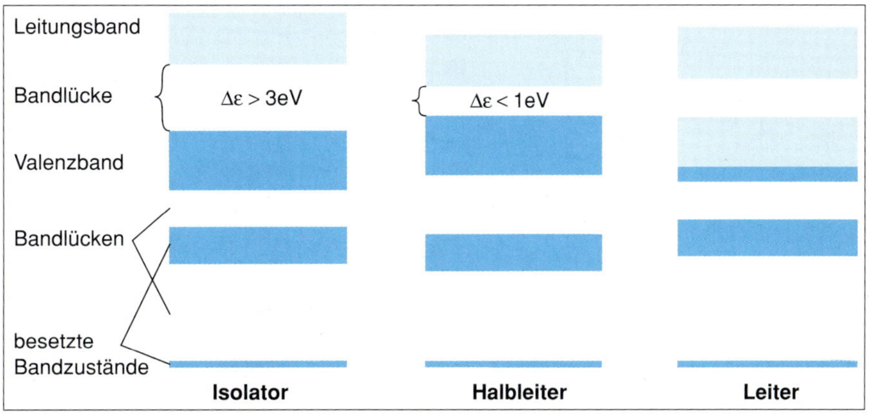

Abb. I.31. Energiebändermodell: Isolatoren, Halbleiter, Leiter. Besetzte Energiezustände sind dunkelblau, leere Energiezustände sind hellblau markiert. Die Stellen zwischen den farbigen Rechtecken sind verbotene Zonen (Bandlücken). (Bei Zimmertemperatur entsprechen 3 eV ca. 120 kT, 1 eV entspricht 40 kT.)

Aus unseren bisherigen Erfahrungen wissen wir auch, dass sehr viele Eigenschaften der Stoffe von den möglichen Energieübergängen der am lockersten gebundenen Valenzelektronen bestimmt sind. Auch bei den kristallinen Stoffen sind in erster Linie die Besetzung des Valenzbandes bzw. die Möglichkeit der Übergänge aus dem Valenzband bestimmend.

Findet sich innerhalb des Valenzbandes in jedem Energiezustand ein Elektron, ist also das Band „voll besetzt", dann ist eine Energieaufnahme nur möglich, wenn die minimale Energiedosis zur Verfügung steht, die der Breite $\Delta\varepsilon$ der nächsten verbotenen Zone entspricht. Bei der Anregung mit dieser Energie kann ein Elektron in ein leeres Energieband über der verbotenen Zone gelangen. Weil in der Nähe eines solchen Elektronenzustands innerhalb des Bandes sehr viele erlaubte, aber unbesetzte Energiezustände zu finden sind, kann das Elektron mit Aufnahme von beliebiger geringer Energie aus einem äußeren elektrischen Feld in Bewegung kommen. Im Kristall kann ein „elektrischer Strom" fließen. Deshalb bezeichnet man ein leeres Band mit erlaubten Zuständen **Leitungsband** (Abb. I.31).

Die Leitung kann auch im Valenzband erfolgen, wenn sich in der Nähe eines Elektronenzustands innerhalb des Bandes viele erlaubte, aber unbesetzte Energiezustände befinden, was nur bei „teilweise besetztem" Valenzband möglich ist.

I/3.3.3 Von der Breite der verbotenen Zone bestimmte Eigenschaften; Isolatoren, Halbleiter, Leiter

In diesem Abschnitt befassen wir uns nur mit der verbotenen Zone zwischen dem Valenzband und dem Leitungsband, denn diese ist für die elektrischen und optischen Eigenschaften der kristallinen Stoffe von Bedeutung. Am Ende des vorigen Abschnitts konnten wir sehen, dass die elektrische Leitung bei vollbesetztem Valenzband nur dann erfolgen kann, wenn die Elektronen durch irgendeine Anregung wenigstens soviel Energie aufnehmen können, wie der Breite der verbotenen Zone $\Delta\varepsilon$ entspricht. Weil eine der einfachsten Formen der Energieübertragung die thermische Anregung ist, lohnt es sich, die Größe der Anregungsenergie $\Delta\varepsilon$ analog der Boltzmann-Verteilung (s. I/3.1.1, I/3.1.2) mit der thermischen Energie kT zu vergleichen.

Ist das Valenzband voll besetzt und $\Delta\varepsilon >> kT$, d. h. **die verbotene Zone** ausreichend „**breit**", dann können aus thermischen Gründen praktisch keine Elektronen in das Leitungsband gelangen. **Diese Stoffe** sind **Isolatoren** (s. Abb. I.31). Ist dagegen $\Delta\varepsilon$ **nur ein bis zwei Größenordnungen größer als** kT, dann ist die **verbotene Zone** schon ausreichend „**schmal**" dazu, dass die Zahl der in das Leitungsband gelangten Elektronen die Bedingungen der elektrischen Leitung erfüllt. **Diese Stoffe** sind **strukturelle oder Eigenhalbleiter** (s. Abb. I.31). Wir können also sagen, dass die Bandstruktur der Isolatoren und der reinen Halbleiter sehr ähnlich ist. Der Unterschied der elektrischen Eigenschaften stammt nur von der unterschiedlichen Breite der verbotenen Zone (s. *„Die Bedeutung der „breiten" bzw. „schmalen" verbotenen Zone* $\Delta\varepsilon$ *in der Praxis"*).

Wir können also sagen, dass **ein Material bei Zimmertemperatur ein Isolator ist, wenn** $\Delta\varepsilon$ **einige eV beträgt und** (gleichfalls bei Zimmertemperatur) **ein Eigenhalbleiter ist, wenn** $\Delta\varepsilon$ **nur einige Zehntel eV beträgt.**

Obwohl es die Gültigkeit der letzteren Feststellung nicht betrifft, ist zu bemerken, dass dieser (bei der thermischen Emission der Metalle bewährte) Gedankengang hier nicht ganz zutrifft. Wenn die spezifische Leitfähigkeit σ der Halbleiter nur proportional der Zahl der thermisch angeregten Elektronen wäre, die durch die verbotene Zone gelangen, so ergäbe das die folgende Formel:

$$\sigma = \text{konst.}\; e^{-\frac{\Delta\varepsilon}{kT}}\,. \tag{I.38}$$

Die Leitfähigkeit wird aber nicht nur von den Elektronen **bestimmt**, die im Leitungsband beweglich geworden sind, sondern auch von den im Valenzband zurückgelassenen Defektelektronen, d. h. **Löchern** (s. *„Ladungsträger in Halbleitern"*).

Danach erhalten wir für die spezifische Leitfähigkeit (statt Gl. (I.38)) das folgende Ergebnis (s. auch Bemerkung I.4):

$$\sigma = \text{konst.}\; e^{-\frac{\Delta\varepsilon}{2kT}}\,. \tag{I.39}$$

Am Schluss von I/3.3.2 haben wir schon erwähnt, dass **auch im Valenzband Leitung erfolgen kann, wenn dieses nicht voll besetzt ist** (s. Abb. I.31).Diese Stoffe sind die **guten Leiter**. In diesem Fall kann, genauso wie bei den ins Leitungsband geratenen Elektronen, ein Elektronenfluss beginnen, indem aus dem äußeren elektrischen Feld beliebig kleine Energie aufgenommen wird. Dazu müssen die Elektronen jetzt aber nicht die verbotene

Bemerkung I.4

Spezifische Leitfähigkeit (σ) von Halbleitern als Funktion der Temperatur

Wie wir gelernt haben, nimmt die Zahl der Ladungsträger mit steigender Temperatur zu. Die Realität ist aber komplizierter, weil auch der Proportionalitätsfaktor (d. h. die Beweglichkeit) eine milde Temperaturabhängigkeit hat. Die exakte Temperaturabhängigkeit der spezifischen Leitfähigkeit von reinen Halbleitern lässt sich also nicht mit einer einfachen Formel angeben. Bei der Temperaturabhängigkeit der Leitfähigkeit spielt das exponentielle Glied die dominierende Rolle, weil sich die übrigen Faktoren als Funktion der Temperatur bedeutend langsamer ändern.

Die Bedeutung der „breiten" bzw. „schmalen" verbotenen Zone $\Delta\varepsilon$ *in der Praxis*

Unter Ausnutzung unseres Gedankenganges zur thermischen Emission der Metalle (s. I/3.1.2*b*) können wir mit Hilfe der Boltzmann-Verteilung den durchschnittlichen Anteil der Elektronen berechnen, die bei gegebener Temperatur fähig sind, durch die verbotene Zone zu gelangen:

$$\frac{n}{n_0} = e^{-\frac{\Delta\varepsilon}{kT}}\,.$$

T (°C)	$\Delta\varepsilon$ (eV)
0	1,3
20	1,4
50	1,5
100	1,8
200	2,2
500	3,6
1000	6,0

Nach der Beziehung kommt im Mittel kein einziges der Elektronen in Avogadro-Zahl durch die verbotene Zone, wenn $\Delta\varepsilon/kT \approx 55$ ist. Auf dieser Basis wurde die Tabelle zusammengestellt. Sie zeigt, wie breit bei gegebener Temperatur die (den Bedingungen entsprechende) verbotene Zone ist.

Für Zimmertemperatur ist der charakteristische Wert kT (T=293 K=20°C) $\approx$ 0,025 eV. Aus der obigen Beziehung lässt sich berechnen, dass bei dieser Temperatur und bei einer 1 eV breiten verbotenen Zone (d. h. $\Delta\varepsilon/kT \approx 40$ und wieder Elektronen in Avogadro-Zahl genommen) sogar viele Millionen Elektronen durch die verbotene Zone gelangen können. Ihre Zahl nimmt mit steigender Temperatur rapide zu.

Zone überwinden. Die teilweise Besetzung kann auf verschiedene Weise erfolgen: z. B. so, dass die Außenschalen der in Wechselwirkung tretenden Atome auch ursprünglich nicht voll besetzt waren (z. B. bei Li), oder so, dass sich bei der Verbreiterung der Elektronenzustände ein vollbesetztes und ein leeres Band überlappen (s. Abb. I.30) (z. B. bei Be). Natürlich können sich auch ein teilweise besetztes und ein leeres Band überlappen (z. B. bei Na).

Die spezifische Leitfähigkeit der Leiter ändert sich in Abhängigkeit von der Temperatur genau umgekehrt wie bei den Halbleitern. Mit steigender Temperatur nehmen sowohl die Schwingungen der Gitterpunkte als auch die Zahl der Kristallfehler zu (s. I/3.3.5). Diese Erscheinungen hemmen die Bewegung der Elektronen in Richtung des elektrischen Feldes, so nimmt die Leitfähigkeit mit steigender Temperatur ab.

Nachdem wir uns einen Überblick über die Stoffe mit unterschiedlichen Mechanismen der elektrischen Leitung verschafft haben, können wir uns anhand des „Bändermodells" auch leicht ein Bild von den **optischen Eigenschaften** dieser Stoffe machen. Die Durchlassung oder Absorption der elektromagnetischen Strahlung mit gegebener Photonenenergie hängt davon ab, ob es der gegebenen Energie gegenüber einen Elektronenübergang gibt. Weil der sichtbare Bereich der elektromagnetischen Strahlung ungefähr zwischen 1,5 eV und 3 eV liegt (s. II/2.1.8, Abb. II.28), sind die Isolatoren mit einer verbotenen Zone von mehr als 3 eV **durchsichtig** (Abb. I.31). Die Leiter mit einem teilweise besetzten Valenzband können von 0 eV bis zum Bandrand kontinuierlich angeregt werden, sie sind also **undurchsichtig**.

Ladungsträger in Halbleitern

Die Löcher sind für die anderen Valenzelektronen geöffnete energetische Möglichkeiten, welche die Valenzelektronen durch Energieaufnahme aus einem äußeren elektrischen Feld besetzen können. Dadurch bewegt sich das Loch (als ein Quasiteilchen, auch Defektelektron genannt) in einem elektrischen Feld in entgegengesetzter Richtung wie die Elektronen. Die Löcher verhalten sich also innerhalb der Energiezustände des Valenzbandes wie bewegliche positive Ladungsträger. Sie werden gewöhnlich auch als ***p***- (positive) **Ladungsträger** bezeichnet, als Gegenpaar der Leitungselektronen, der ***n***- (negativen) **Ladungsträger**.

Gelangt so ein Elektron in das Leitungsband, so erfolgt in Wirklichkeit eine Elektron-Loch-Paarbildung (Elektronen im Leitungsband und Löcher im Valenzband). Die Wahrscheinlichkeit, dass in der Zeiteinheit ein solches Paar entsteht, ist proportional zu $e^{-\Delta\varepsilon/kT}$ (s. Abschnittsende I/3.1.1). Obwohl die Elektronen und die Löcher aufgrund der Bänderstruktur energetisch getrennt sind, bedeutet das nicht, dass sie auch räumlich weit voneinander entfernt sind. So können sie sich zufällig wieder treffen und die freigesetzte Energie dem Gitter übergeben. Das ist die Rekombination. Die Wahrscheinlichkeit, dass in der Zeiteinheit ein Elektron und ein Loch aufeinander treffen und rekombinieren, ist proportional zum Produkt $n_p n_n$ (da jedes Elektron mit jedem Loch rekombinieren kann). Im Gleichgewicht ist die Wahrscheinlichkeit der Paarbildung und der Rekombination gleich, so ist:

$$n_p n_n = \text{konst.}\, e^{-\frac{\Delta\varepsilon}{kT}}.$$

Da bei reinen Halbleitern die Konzentration der positiven und der negativen Ladungsträger gleich ist ($n_p = n_n$), kann dieselbe Beziehung für n_n^2 aufgeschrieben werden. Nach dem Ziehen der Quadratwurzel ist:

$$n_n = \text{konst.}\, e^{-\frac{\Delta\varepsilon}{2kT}}.$$

I/3.3.4 Erzeugung von „Halbleitereigenschaften" mit Fremdatomen

Für die praktische Anwendung sind nicht die Eigenhalbleiter, sondern die **sog. dotierten Halbleiter von großer Bedeutung**. Bei der Entwicklung der Elektronik war es ein Schritt von grundsätzlicher Wichtigkeit als man erkannte, dass der Einbau einer geringen Zahl von Fremdatomen (Dotierung) in ein Kristallgitter mit voll besetztem Valenzband zu solchen **neuen Elektronenzuständen** führen kann, die dem erzeugten „neuen Stoff" **Halbleitercharakter mit sehr schmaler verbotener Zone** verleihen. Die Idee und die Ausarbeitung des Funktionsprinzips der daraus entwickelten elektronischen Einheit, des Transistors, sind mit den Namen der amerikanischen Physiker William Bradford Shockley (1910-1989), John Bardeen (1908-1991) und Walter Houser Brattain (1902-1987) verbunden (Physiknobelpreis 1956).

Mit entsprechender Dotierung lässt sich erreichen, dass z.B. ein Si Einkristall schon bei Zimmertemperatur eine große Zahl sowohl von *p*- als auch *n*-Ladungsträgern hat. Die Kristallstruktur des vierwertigen Si ist in Abb. I.28b dargestellt. Jedes Atom ist mit seinen vier unmittelbaren Nachbarn kovalent verbunden. Die voneinander isoliert befindlichen Fremdatome sind anstelle der Si Atome und nicht im Zwischengitterraum eingebaut. Ist das Fremdatom fünfwertig (Elektronendonor, z.B. P), so gelangt nach den vier kovalenten Bindungen das fünfte Restelektron in den locker gebundenen Elektronenzustand in der verbotenen Zone, das sog. Donatorniveau. Die lockere Bindung bedeutet, dass der Energiezustand dem Leitungsband nah ist, deshalb kann das Elektron mit geringer Energieaufnahme in das Leitungsband gelangen und an der Leitung teilnehmen (*n*- Halbleiter) (s. Abb.I.32). Da die Fremdatome weit voneinander entfernt sind, gibt es zwischen ihnen keine Wechselwirkung und deshalb schließt das Pauli-Prinzip die Möglichkeit der gleichen Elektronenzustände nicht aus.

Ist das Fremdatom dreiwertig (Elektronenakzeptor, z.B. Al), dann kann das nicht gepaarte Valenzelektron eines benachbarten Si Atoms einen Elektronenaufnahme-Zustand, ein sog. Akzeptorniveau erzeugen, welches die Valenzelektronen des Si Gitters mit geringer Energieaufnahme besetzen können. Geschieht dieses, so kann die Stelle des Valenzelektrons als Defektelektron oder Loch zur elektrischen Leitung beitragen (*p*-Halbleiter) (s. Abb. I.32). Außer den *n*- oder *p*- Majoritätsträgern werden in Abhängigkeit von der Breite der ursprünglichen verbotenen Zone des Gitters bzw. von der Temperatur auch eine gewisse Zahl Minoritätsträger mit entgegengesetzer Ladung im Material existieren. Während vergleichsweise die Breite der verbotenen Zone im reinen Si Kristall 1,1 eV beträgt, sind bei Dotierung mit P bzw. Al nur ~0,05-0,06 eV für die „Anregungsenergie" zur Leitung der mehrheitlichen Ladungsträger erforderlich.

Aus den *p*- und *n*-dotierten Halbleitern lassen sich sehr kleine elektronische Bausteine, licht- und temperaturempfindliche Widerstände, Gleichrichter (Dioden), Verstärker (Transistoren) herstellen. Des Weiteren können durch ihre „Zusammenschaltung" komplizierte Funktionseinheiten mit elektroni-

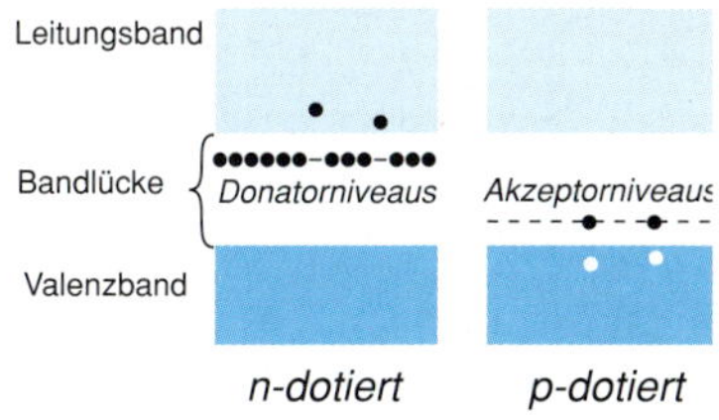

Abb. I.32. Energiebändermodell dotierter Halbleiter
Die schwarzen Punkte veranschaulichen Elektronen, die weißen Punkte Defektelektronen, d. h. Löcher. Die Linien kennzeichnen die Menge der Donator-bzw. Akzeptorniveaus. (Bei 0 K sind die Donatorniveaus voll besetzt, die Akzeptorniveaus leer.)

schen Aufgaben, integrierte Stromkreise (IC) in mikroskopischer Größe hergestellt werden (s. VII/1.3). Dieser neue Zweig der technischen Entwicklung, die Mikroelektronik, wurde zum Teil durch die Erkennung der Grundprinzipien, aber zumindestens in demselben Maß durch die Ausarbeitung entsprechender Dotierungsverfahren möglich. (Zur Herstellung eines *n*- oder *p*-dotierten Si Halbleiters sind Technologien notwendig, die garantieren, dass im Mittel 10^{10} Gitterpunkte ausschließlich von Si Atomen besetzt sind, und erst danach soll ein Fremdatom folgen.)

I/3.3.5 Kristallbaufehler

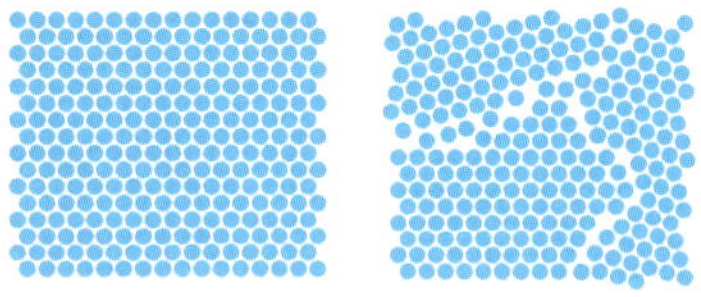

Abb. I.33. Der ideale Kristall und Kristallfehler entlang der Korngrenzen

In Abschnitt I/3.3.1 wurde schon erwähnt, dass sich die Kristallordnung in vielen Fällen nur auf mikroskopische Dimensionen ausdehnt. Daraus folgt, dass entlang der Korngrenzen sicher unregelmäßige „fehlerhafte" Stellen vorhanden sind (s. Abb. I.33). Es ist auch leicht vorstellbar, dass beim Wachsen des Kristalls zufällig Fremdatome in das Gitter gelangen. In Kenntnis der Boltzmann-Verteilung wissen wir auch, dass eine fehlerlose kristalline Ordnung theoretisch nur bei der Temperatur von 0 K möglich ist. Wir können also feststellen, dass **die Gitterfehler die natürlichen Merkmale der Kristalle** sind.

Bei den Gitterfehlern sind die sog. **Punktfehler** am einfachsten zu behandeln. Ihre Zusammenfassung ist in Abb. I.34 dargestellt. Durch Diffusion oder äußere Einwirkung (Deformierung, Wärmebehandlung) können aus den Punktfehlern entlang von Linien, Kanten, Flächen (z. B. Korngrenzen) neue Gitterfehler entstehen. Der „einfachste" Punktfehler ist ein fehlendes Teilchen im Gitter. Diese **Leerstelle** (auch **Fehlstelle** oder **Vakanz)** wird auch (nach dem deutschen Physiker Walter Schottky (1886-1976)) Schottky-Defekt genannt. Besetzt ein Teilchen neben besetzten Gitterpunkten als Überschuss einen dem lokalen Energieminimum entsprechenden Platz zwischen den Gitterpunkten, dann bezeichnet man das als **Zwischengitterplatz.** Dieses Teilchen kann den Gitterteilchen gleichen aber auch verschieden von ihnen sein.

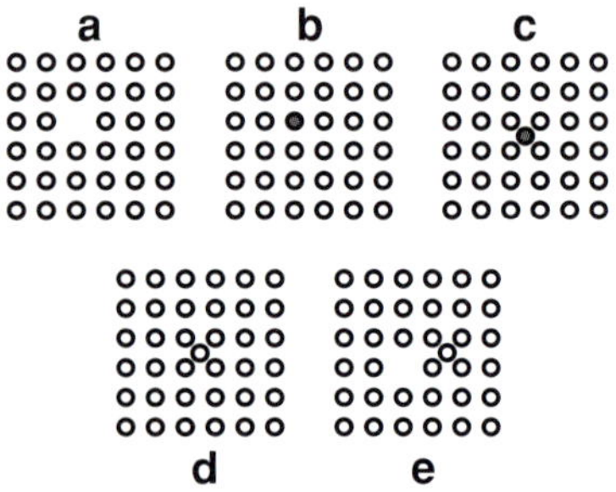

Abb. I.34. Punktfehler
a) Leerstelle, Vakanz, *Schottky-Defekt*
b) Fremdkörper im Gitterpunkt, *Dotierung*
c) Fremdkörper auf einem Zwischengitterplatz
d) gleiches Teilchen auf einem Zwischengitterplatz, *Interstitium*
e) gemeinsames Vorkommen von a) und d) *Frenkel-Defekt*

Ein Zwischengitterplatz kann auch entstehen, wenn kein „überschüssiges" Teilchen existiert, also die Zahl der Gitterpunkte und der Teilchen übereinstimmt. In diesem Fall entsteht am Platz des Teilchens, das einen Zwischengitterplatz besetzt hat, eine Leerstelle. Diese Verbindung von Leerstelle-Zwischengitterplatz wird (nach dem russischen Physiker Jakov Iljitsch Frenkel (1894-1952)) Frenkel-Defekt genannt. (Es sei erwähnt, dass der im vorigen Abschnitt behandelten Dotierung ein Gitterfehler mit einem Fremdatom im Gitterpunkt und nicht auf dem Zwischengitterplatz entspricht.)

Im Einkristall lässt sich die Zahl der Schottky- bzw. Frenkel-Defekte bei gegebener Temperatur mit Hilfe der Boltzmann-Verteilung schätzen:

$$n_S \cong N e^{-\varepsilon_S/kT}, \qquad n_F \cong (NN')^{1/2} e^{-\varepsilon_F/2kT}, \tag{I.40}$$

wobei N die Zahl der Teilchen auf Gitterpunkten ist, N' die Zahl der Zwischengitterplätze, ε_S die für die Entstehung eines einzigen Schottky-Defektes notwendige Energie (also die Energie, die dazu gebraucht wird, damit ein Teilchen von seinem Platz im Gitterpunkt des Kristallinnern an die Kristalloberfläche gelangt), ε_F die für die Entstehung eines einzigen Frenkel-Defektes notwendige Energie (also die Energie, die dazu gebraucht wird, damit ein Teilchen von seinem Platz im Gitterpunkt auf einen Zwischengitterplatz gelangt). (Die Entstehung des Frenkel-Defekts ähnelt der Entstehung eines Elektronen-Loch Paares, was die obige Beziehung auch widerspiegelt (vgl. I.39).) Die Plätze der Punktfehler sind nicht gebunden, sie können im Kristall diffundieren.

I/3.4 Flüssigkeiten, Flüssigkristalle

I./3.4.1 Der Flüssigkeitszustand

Erwärmt man einen Kristall, einen Festkörper, so nimmt die Zahl der Gitterfehler langsam zu. Deshalb werden die Bereiche der regelmäßig, in wiederholter Ordnung lokalisierten Teilchen immer kleiner. Schmilzt der Kristall und geht der Stoff in die flüssige Phase über, so hört die frühere Ortsgebundenheit der Teilchen auf, obwohl die Wechselwirkungen zwischen ihnen noch bedeutend bleiben. **So lässt sich über dem Schmelzpunkt, aber bei nicht allzu hohen Temperaturen, die kristalline Ordnung auch weiter erkennen, wenn auch nur in kleineren Bereichen**. Während den kristallinen Zustand eine langreichweitige Ordnung (Langstrecken-Ordnung) kennzeichnet, die sich auf das Vielfache der Wiederholungsabstände ausdehnt, **herrscht in den Flüssigkeiten eine kurzreichweitige Ordnung** (von einigen bis einigen Hundert Bindungslängen). Steigt die Temperatur weiter, so nimmt die Größe der geordneten Bereiche zum Gaszustand hin weiter ab.

In den Flüssigkeiten sind die geordneten Bereiche nicht langlebig. Infolge der Wärmebewegung zerfallen sie ständig und bilden sich etwas anders wieder neu. Die Flüssigkeiten sind umso flüssiger, ihre Viskosität ist um so geringer, je weniger stabil die kleinen geordneten Bereiche sind. (Die Flüssigkeiten mit hoher Viskosität, die mechanisch gesehen Festkörper sind, nennt man Glas (s. I/3.3).) Mit dem Aufhören der strengen Ordnung verschwindet auch die für Kristalle noch charakteristische Anisotropie. So **sind die Flüssigkeiten isotrop, d. h. es gibt keine ausgezeichnete Richtung**. Das zeigt sich z.B. darin, dass die Messergebnisse richtungsunabhängig sind.

Flüssigkeiten lassen sich leicht deformieren, sie nehmen die Form ihres Gefäßes an. Diese Eigenschaft zeigt, dass ihre mittlere Bindungsenergie im Verhältnis zu der der kristallinen Festkörper deutlich geringer ist.

I/3.4.2 Flüssigkristalle: anisotrope Flüssigkeiten

a

b

c

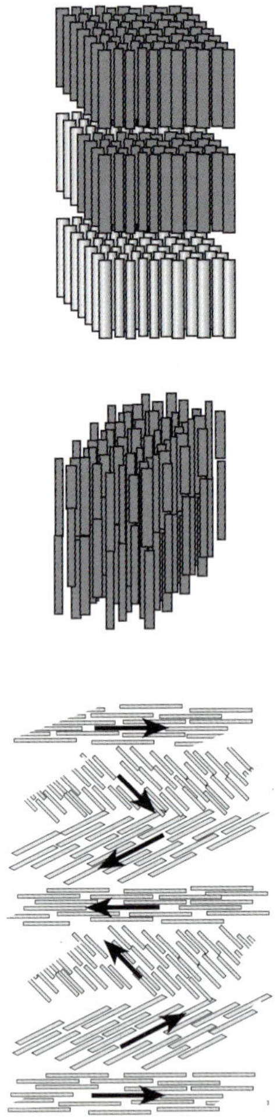

Abb. I.35. Phasen der Flüssigkristalle
a) smektische
b) nematische
c) cholesterische

Auf den ersten Blick erscheint die Bezeichnung **Flüssigkristall** wie ein Ding der Unmöglichkeit. Die Widersprüchlichkeit der Terminologie lässt sich mit einem Fremdwort umgeben, deshalb ist auch die Bezeichnung **mesomorpher** Zustand gebräuchlich. Die Grundeinheiten dieser Stoffe sind Moleküle, zwischen denen im Mittel schwächere Wechselwirkungen auftreten als zwischen den Bausteinen der Festkörper. So können wir sie auch als einen Spezialfall der Molekularkristalle betrachten. Die **Moleküle** der Flüssigkristalle sind nicht kugelsymmetrisch, eher **faden-, stäbchen- oder scheibenförmig**. Diese Moleküle können speziell geordnete Strukturen ausbilden, in denen sich zwei Typen der Ordnung unterscheiden lassen.

Translationsordnung: die Massenmittelpunkte der Moleküle bilden Ebenen. In diesen sind die Moleküle in regelmäßig wiederholten Abständen periodisch lokalisiert.

Orientationsordnung: die Molekülachsen stehen in der gleichen Richtung.

Danach unterscheiden wir drei Strukturen, die man als Phasen bezeichnet. Am geordnetsten ist die **smektische** Phase. (Diese Bezeichnung kommt von dem griechischen Wort *smegma* = Seife.) Hierbei sind beide Ordnungen zu beobachten. Die Massenmittelpunkte der Moleküle sind in bestimmten Ebenen lokalisiert, und die Molekülachsen stehen in der gleichen Richtung. Diese kann senkrecht zur Ebene der Massenmittelpunkte stehen, aber auch einen Winkel mit ihr bilden (Abb. I.35a)

Die **nematische** Phase ist weniger geordnet. (Der Name kommt von dem griechischen Wort *nema* = Faden.) Hier ist nur eine Orientationsordnung zu sehen, d. h. die Molekülachsen zeigen in eine Richtung aber ihre Massenmittelpunkte bilden keine Ebenen (Abb. I.35b).

Die **cholesterische** Phase hat ein gleiches Ordnungsniveau wie die nematische. (Der Name kommt daher, dass dieser Zustand erstmals beim Cholesterin beobachtet wurde.) In den einzelnen Ebenen finden wir eine Ordnung, die der nematischen Phase entspricht. Die Molekülachsen in den übereinander liegenden Schichten sind aber in einem bestimmten Winkel gegeneinander gedreht. Betrachtet man viele übereinander liegende Ebenen, so kann man sehen, dass sich die Molekülachsen entlang einer Schraubenlinie befinden, deshalb wird diese Phase auch als **geschraubte nematische Phase** bezeichnet (Abb. I.35c).

Wir können die Flüssigkristalle auch danach einteilen, welche Parameter am ehesten ihre Ordnung beeinflussen. So unterscheiden wir thermotrope und lyotrope Flüssigkristalle.

Die Ordnung der thermotropen Flüssigkristalle hängt in erster Linie von der Temperatur ab. Bei gewissen cholesterischen Flüssigkristallen kann man z.B. sehen, dass die Farbe einer Schicht dieses Stoffes stark temperaturabhängig ist (s. „*Kontaktthermographie*"). Bei Temperaturänderungen ändert sich nämlich lokal die „Windungshöhe der Schraubenlinien" des cholesterischen Flüssigkristalls, d. h. der Abstand der Schichten, die einer gewissen

Kontaktthermographie

Die Farbänderung cholesterischer Filme beim Kontakt mit Körperflächen eignet sich zur Temperaturmessung. Die Methode kann in der Diagnostik zum Nachweis von Bereichen mit erhöhter (z. B. Entzündungen, Tumore) oder mit erniedrigter Temperatur (z. B. Durchblutungs- oder Innervationsstörungen) dienen.

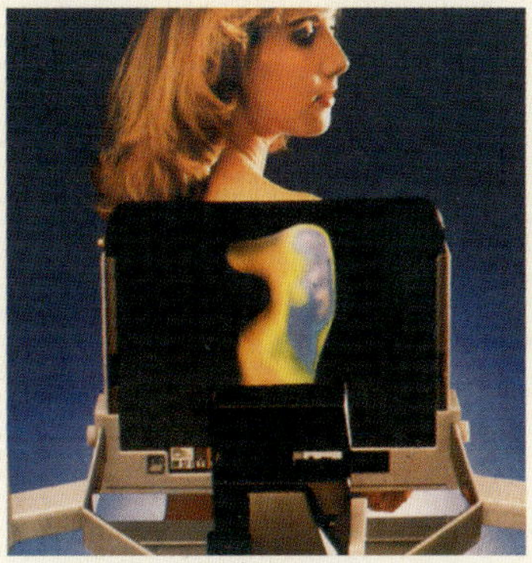

Orientationsrichtung entsprechen. In den sich periodisch wiederholenden Schichten kommt es zur Diffraktion des weißen Lichtes (s. II/2.1.5). Die Bedingung der Auslöschung durch die Interferenz als Funktion des Schichtabstands ist immer nur bei einer gewissen Wellenlänge erfüllt. Diese Komponente wird im reflektierten Licht fehlen. So wird das reflektierte Licht die Komplementärfarbe der ausgelöschten Wellenlängenkomponente haben. Diese und ähnliche Erscheinungen sind die sog. **thermo-optischen Erscheinungen.**

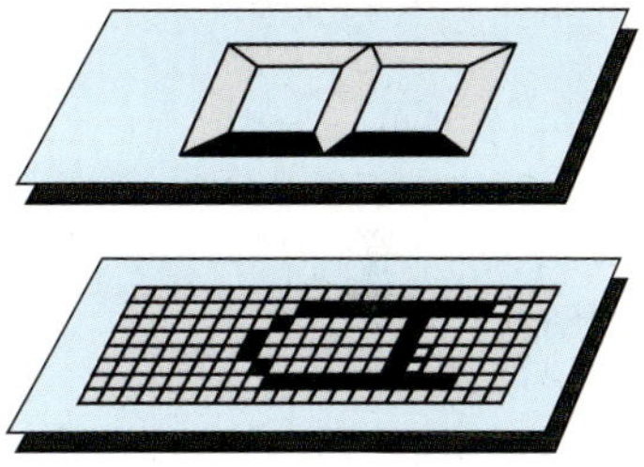

Abb. I. 36. Flüssigkristallanzeiger

Eine andere für die Praxis nützliche Erscheinung ist in den nematischen Flüssigkristallen dann zu beobachten, wenn die Moleküle ein elektrisches Dipolmoment haben. In diesen Flüssigkristallen kann die Orientierung der Moleküle durch ein elektrisches Kraftfeld verändert werden, was analog der vorigen Bezeichnung zu den **elektro-optischen Erscheinungen** gehört. Die Änderung der Molekülrichtung kann z. B. zur Änderung der Lichtdurchlässigkeit führen. So können aus diesen Stoffen mit Hilfe von entsprechend platzierten und geformten Elektroden Anzeigeeinheiten hergestellt werden, mit denen man z. B. vor einem hellen Hintergrund dunkle Zahlen oder komplizierte Zeichen darstellen kann (s. Abb. I.36 und VIII/1.5.2).

Die Ordnung der lyotropen Flüssigkristalle ist entscheidend vom Konzentrationsverhältnis der Komponenten bestimmt (lyo-, durch Flüssigkeit oder Lösemittel). Die Struktur der lyotropen Flüssigkristalle entsteht aus **amphiphilen** („zwei Arten bevorzugend") Molekülen in Wasser oder einem anderen Lösungsmittel. Amphiphil nennen wir die Moleküle, die aus einem gut getrennten polaren und apolaren Teil bestehen. Dazu gehören auch die Phospholipide der Zellmembran. In Abb. I.37 sind als Beispiele zwei mögliche, in der Praxis bedeutende Strukturformen des lyotropen Flüssigkristallsystems aus Phospholipiden und Wasser dargestellt: die für die Zellmembran auch charakteristische Lamellarstruktur (s. I/5.1.1) und die aus zwei Lipidschichten bestehende Kugel, das sog. **Liposom** (s. I/5.1.2).

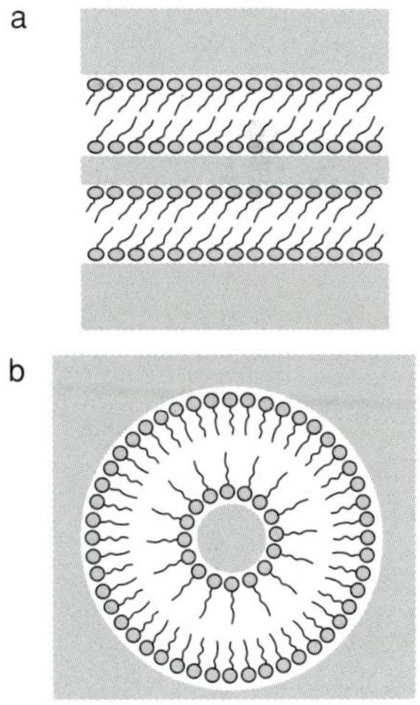

Abb. I.37. Die wichtigsten Strukturformen der lyotropen Flüssigkristalle:
a. Lamellarstruktur,
b. Liposom.
Die Kreise stellen die polare (hydrophile) Kopfgruppe, die angeschlossenen geschwungenen Linien die apolaren (hydrophoben) Fettsäureketten dar.

Die entstehende Struktur hängt außer vom Konzentrationsverhältnis der Komponenten noch von zahlreichen anderen Faktoren ab. Das sind die Qualität der Komponenten, die Temperatur, der Druck, der pH-Wert und die Quantität und Qualität der übrigen Ionen in der Umgebung.

I/4 Die Struktureinheiten der lebenden Materie

I/4.1 Das Wasser

Zwei Drittel der Erdoberfläche sind vom „**gewöhnlichsten Stoff**", dem Wasser bedeckt. Auch in den lebenden Organismen kommt das Wasser in der größten Menge vor (s. Tab. I.3). Die für den Stoffwechsel notwendigen Vorgänge, wie Diffusion, Osmose und verschiedene Prozesse des Stofftransportes spielen sich in überwiegender Mehrzahl in wässrigem Milieu ab. Die Wassermoleküle spielen aber auch in geordneter Form, an makromolekulare Komplexe gebunden eine außerordentlich wichtige, strukturstabilisierende Rolle. **Die Untrennbarkeit von Leben und Wasser beruht auf den besonderen Eigenschaften des Wassers.** Die **wichtigste** dieser Eigen-

Tabelle I.3. Ungefährer Wassergehalt einiger Lebewesen und von Geweben und Organen des Menschen in Gewichtsprozent

Lebewesen	**%**	**Humane Gewebe, Organe**	**%**
Meduse	98	Lunge	83
Speiseschnecke	84	Blut	82
Forelle	84	Muskel	79
Hai	81	Milz	79
Frosch	80	Niere	79
Menschlicher Embryo	95	Gehirn	73
		Leber	71
Erwachsener Mensch	55	Haut	65
		Fett	50
		Knochen	32

Tabelle I.4. Vergleich einiger physikalischer Eigenschaften von einigen Flüssigkeiten bei 0°C

Flüssigkeit	**Spezifische Wärmekapazität** (kJ/kg)	**Oberflächenspannung** (mN/m)	**Schmelzenthalpie** (kJ/kg)	**Verdampfungswärme** (kJ/kg)
Wasser	**4,18**	**72,90**	**333,70**	**2256,37**
Methanol	2,41	22,70	83,74	1109,56
Äthanol	2,39	22,40	106,77	906,07
Aceton	2,16	23,70	82,07	524,63
Benzol	1,74	28,50	127,28	395,67
Chloroform	0,94	27,10	74,95	247,03

schaften ist vielleicht, dass **das Wasser in einem breiten Temperaturbereich flüssig ist**. Im Vergleich zur Mehrzahl der Flüssigkeiten sind spezifische Wärmekapazität, Oberflächenspannung, Schmelzenthalpie und Verdampfungsenthalpie des Wassers anomal hohe Werte (s. Tab. I.4).

I/4.1.1 Die Struktur der Wassermoleküle

Die Formel H_2O bedeutet, dass die 6 Elektronen ($2s^22p^4$) der zweiten Elektronenschale des Sauerstoffatoms mit den 1s Elektronen von 2 Wasserstoffatomen eine stabile 8-er Konfiguration bilden. Das einfache Strukturmodell des Moleküls ist in Abb. I.38 dargestellt. Die H-Atome „tauchen" so in das O-Atom ein, dass der „Radius" des ganzen Moleküls kaum größer ist als der Radius des O-Atoms. Der H-O-H Bindungswinkel beträgt im Wassermolekül ungefähr 105°. Diese Struktur (die dementsprechende räumliche Anordnung der Elektronenbahnen) hat zur Folge, dass die positiven und negativen Ladungsmittelpunkte nicht zusammenfallen. Die Größe der Verschiebung ist erheblich, deshalb haben die **Wassermoleküle ein hohes permanentes Dipolmoment**.

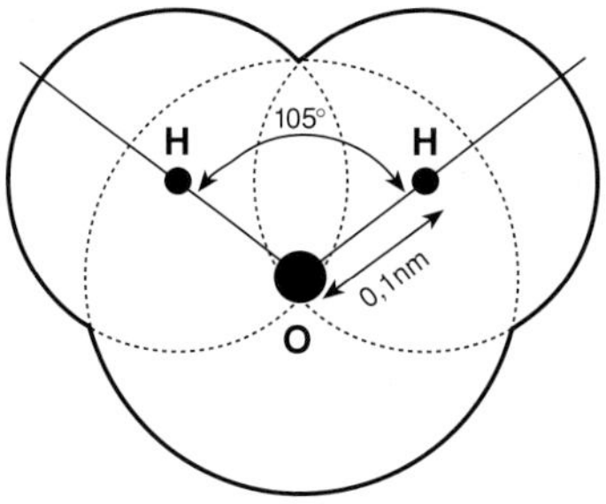

Abb. I.38. Das einfache Strukturmodell des Wassermoleküls. Die „Umrisse" des Moleküls wurden nach Tab. I.2 in I/2.1.3 gezeichnet. Der van der Waals Radius des Wasserstoffs beträgt 0,120 nm, der des Sauerstoffs 0,152 nm. Die Summe der kovalenten Radien (0,037 nm und 0,073 nm) ergibt den ungefähren Bindungsabstand (0,11 nm). Der H-0-H Bindungswinkel ist ca. 105°.

Aufgrund des Dipolcharakters des Wassers können wir auch ein Modell für die elektrolytischen Dissoziationserscheinungen beim Lösen von Elektrolyten in Wasser aufstellen (Abb. I.39). Die Elektrolytlösung kann auch so interpretiert werden, dass die Dipol-Wassermoleküle mit den Kationen und Anionen des Elektrolyts in Wechselwirkung treten (Hydratation). Diese Wechselwirkung deckt den Energiebedarf des Lösens und der elektrolytischen Dissoziation. Will man auch die Volumenänderung beim Lösen interpretieren, so ist auch zu berücksichtigen, dass als Ergebnis der Wechselwirkung von Ionen und Wassermolekülen eine mehr oder weniger große Ordnung der Lösung eintreten wird. Fallweise kann das Volumen der Lösung überraschend geringer sein, als die Summe der Volumen von Wasser und gelöstem Stoff. Ja es kann sogar vorkommen, dass das Volumen der Elektrolytlösung noch geringer ist als das ursprüngliche Volumen des Lösungsmittels Wasser. Dabei wurde aber ohne jeden Zweifel eine Komponente mit Volumen zum Wasser gegeben. In diesem Fall kann durch die Wechselwirkungen ein so geordneter Zustand entstehen, dass die Volumenabnahme die Volumenzunahme durch den zugegebenen Stoff übertrifft.

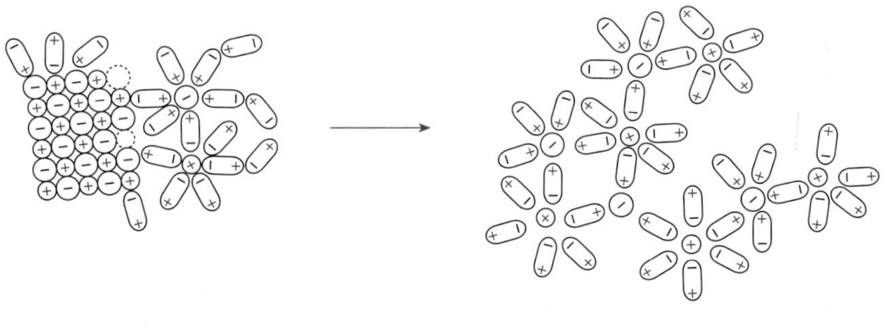

Abb. I.39. Lösen eines Elektrolyts

Tabelle I.5. Ausschnitt aus dem Periodensystem in der Umgebung von Sauerstoff

	IV.A.	V.A.	VI.A.	VII.A.
2	6 C	7 N	**8** **O**	9 F
3			16 S	
4			34 Se	
5			52 Te	

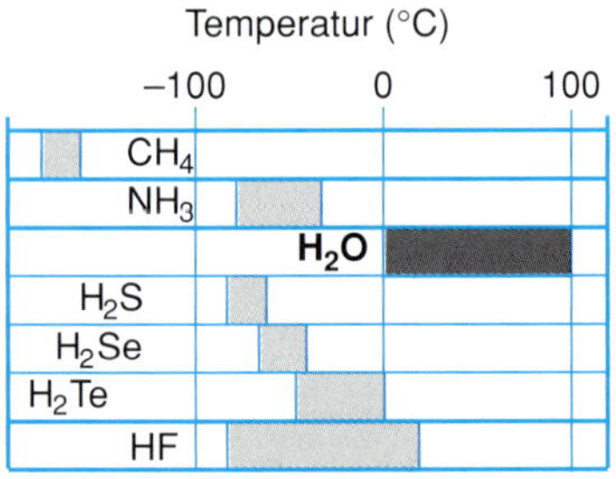

Abb. I.40. Die Temperaturbereiche, die zum flüssigen Zustand der Wasserstoff-Verbindungen der Elemente aus Tab. I.5 gehören

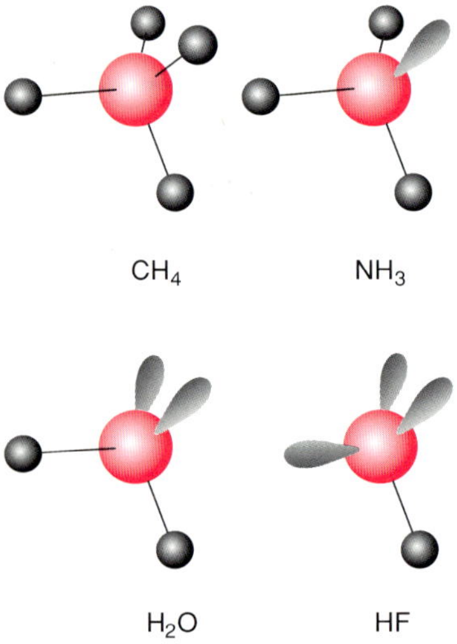

Abb. I.41. „Ähnlich" dem Wasser 10 Elektronen enthaltende Verbindungen

I/4.1.2 Die Wasserstoffbrückenbindungen bei Wassermolekülen

Tabelle I.5 zeigt einen besonderen Teil des Periodensystems, die Umgebung von Sauerstoff. In der zugehörigen Abb. I.40 sind die Wasserstoffverbindungen dieser Elemente bzw. ihre Temperaturbereiche im flüssigen Zustand (zwischen Schmelz- und Siedepunkt) dargestellt. Auch hier ist die Besonderheit des Wassers gut zu sehen. Das feste Wasser (Eis) beginnt im Vergleich zu den anderen Verbindungen bei einer auffallend höheren Temperatur zu schmelzen und analog beginnt auch das flüssige Wasser bei der höchsten Temperatur zu sieden. Gemäß Tab. I.4 ist der Energiebedarf beim Schmelzen von Eis sehr hoch und noch höher ist er beim Verdampfen des Wassers. **Diese anomalen Eigenschaften des Wassers lassen sich nicht allein mit den Parametern der besonderen Molekülstruktur erklären. Zu ihrer Interpretation müssen wir auch die Bindungen der Moleküle untereinander analysieren.**

Wie wir aus der Chemie wissen, haben die Methanmoleküle (CH_4) eine Tetraederstruktur. Das lässt sich damit erklären, dass die C-H Bindungen eine geometrische Anordnung anstreben, bei der die bindenden Elektronenpaare möglichst entfernt voneinander sind.

Ein gemeinsames Merkmal der Moleküle der übrigen Verbindungen aus Abb. I.40 (NH_3, H_2O, HF) ist, dass jedes ähnlich dem Methan 10 Elektronen enthält (außer der ersten vollbesetzten Atomschale 8). So kann jedes Molekül eine stabile Elektronenstruktur ausbilden und zwischen den Elektronen gilt auch das Abstoßungsgesetz. Demzufolge ist auch die Form der Moleküle der Form des Methans sehr ähnlich. Die Abweichung von der idealen Tetraederstruktur ergibt sich nur daraus, dass der Raumbedarf der nicht-bindenden Elektronenpaare größer ist, was die Bindungswinkel geringfügig beeinflusst. Auch die Größe der Atome ist fast gleich, die kovalenten Radien der zentralen Atome fallen in den Bereich zwischen 0,071-0,077 nm (s. Tab. I.2).

Ein weiteres gemeinsames Merkmal der Moleküle in Abb. I.41 ist, dass alle außer dem apolaren Methan zu Wasserstoffbrückenbindungen fähig sind. Hier besteht aber ein wichtiger Unterschied zwischen ihnen und zwar, ob ein Molekül eher als Donor oder als Akzeptor an der Wasserstoffbrückenbindung teilnimmt. Das Verhältnis Donor/Akzeptor beträgt charakteristisch bei Ammoniak 3:1, bei Wasser 2:2, bei HF 1:3. Im Fall von Ammoniak und HF können also zwischen N gleichen Molekülen maximal N Wasserstoffbrücken entstehen, während es bei Wasser $2N$ wären. Demzufolge können bei Ammoniak und HF nur kürzere oder längere Ketten entstehen, während sich durch die **Wasserstoffbrücken im Wasser auch eine räumliche Netzstruktur** (Gitter) **bilden kann.**

Wie wir später sehen werden, ist das die Struktur, die für fast alle Anomalien eine Erklärung liefert. Von den drei Aggregatzuständen des Wassers kommt aus biologischer Sicht der flüssigen Phase die größte Bedeutung zu. Trotzdem gehen wir zum besseren Verständnis der Struktur von der festen Phase aus.

In Abb. I.42 a ist die Lokalisation der Wassermoleküle im **festen Aggregatzustand** dargestellt. Die benachbarten Moleküle sind durch Wasserstoffbrückenbindungen miteinander verbunden: kennzeichnend ist eine **lange** (über viele Bindungslängen gültige) **Ordnung**. Die sehr festen Eiskristalle zeigen infolge der Tetraeder-Raumstruktur der in vier Richtungen weisenden Wasserstoffbrücken eine ähnliche Ordnung wie die Diamanten (Abb. I.42b). Dieses Gitter ist eine viel lockere Struktur als das enge Aneinanderliegen, deshalb finden wir zwischen den Gitterpunkten viel freien Raum. Das gibt eine Erklärung dafür, warum Eis eine geringere Dichte hat als Wasser (statt der rund 1000 kg/m^3 nur 920 kg/m^3). Die Eiskristalle sind aus einem gewissen Gesichtswinkel sechseckig (Abb. I.42c), obwohl die Spitzen der Sechsecke nicht in einer Ebene liegen. Das erklärt die regelmäßige sechseckige Symmetrie der in der Wolke auskristallisierten Schneeflocken, die wir unter der Lupe, manchmal sogar mit freiem Auge bewundern können (Abb. I.42d).

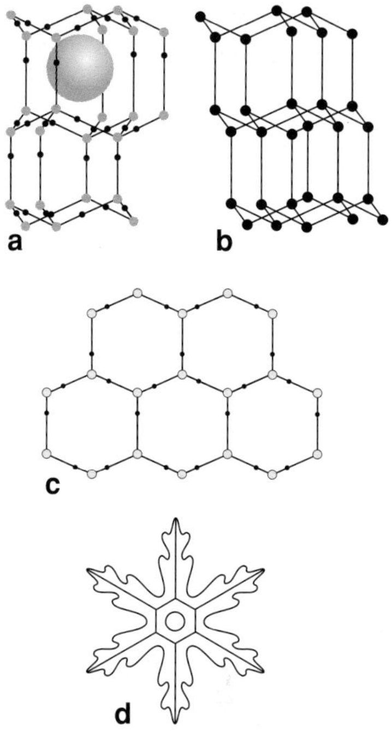

Abb. I.42.
a. Die Kristallstruktur von Wasser im festen Zustand ähnelt der Kristallstruktur von Diamanten (b). Die Tetraeder- bzw. Sechseckstruktur ist gut zu erkennen. Die graue Kugel repräsentiert den leeren Raum.
c. Aus gewisser Sicht (hier z. B. Aufsicht) ist die hexagonale Struktur noch auffälliger.
d. Die hexagonale Symmetrie der Schneeflocke

Um die Struktur des **flüssigen** Wassers zu beschreiben, gibt es mehrere Modelle. Die Mehrzahl geht von der sechseckigen Struktur des Eises aus und analysiert die Unterschiede zwischen der festen und der flüssigen Phase. Von den Unterschieden ist hervorzuheben, dass aus der weitreichenden Ordnung des Kristallzustandes eine kurze wird, d. h. die Ausdehnung der für die Ordnung verantwortlichen Mikrokristalle ist nicht größer als 1 nm. Die Struktur lässt sich auch so charakterisieren, dass die ursprünglich regelmäßigen Ketten des Eises von Bereichen mit vielen Kristallfehlern unterbrochen sind. Im Vergleich zur festen Phase finden wir in der Flüssigkeit auch Zwischengittermoleküle, d. h. einige Moleküle sind in dem Raum platziert, den die Moleküle des Sechsecks umschließen. Weil beim Schmelzen nicht sofort eine enge Stapelung erfolgt, lässt sich die Erscheinung, dass die Dichte des Wassers bei 4° C am größten ist, mit den allmählich eintretenden Zwischengittermolekülen gut interpretieren.

Die Moleküle des flüssigen Wassers sind gleichfalls mit Wasserstoffbrückenbindungen verbunden (Abb. I.43). Die Mehrzahl der verbundenen Moleküle ordnet sich ähnlich der Eisstruktur in Tetraedern. Es kommt aber auch sehr häufig vor, dass einem Molekül mehrere Nachbarn fehlen. Die Bereiche zwischen den größeren Molekülgruppen sind von einzelnen bzw. von zu zweit oder dritt, eventuell in Sechserringen verbundenen Molekülen zufällig ausgefüllt. Die Struktur des Wassers dürfen wir uns aber nicht statisch vorstellen. Schon über 0° C zerfällt eine Bindung 10^{10}-mal in der Sekunde und entsteht neu, so befinden sich auch die Molekülgruppen in ständiger Veränderung. Die mittlere Zahl der Bindungen bei den verschiedenen Temperaturen ist durch die Boltzmann-Verteilung gegeben. Auf ein Molekül kommen noch bei 100° C im Mittel 1,2 Wasserstoffbrückenbindungen (statt der maximal möglichen 2). Die Mehrzahl der Moleküle ist also auch bei dieser Temperatur noch in geordneten Gruppen zu finden.

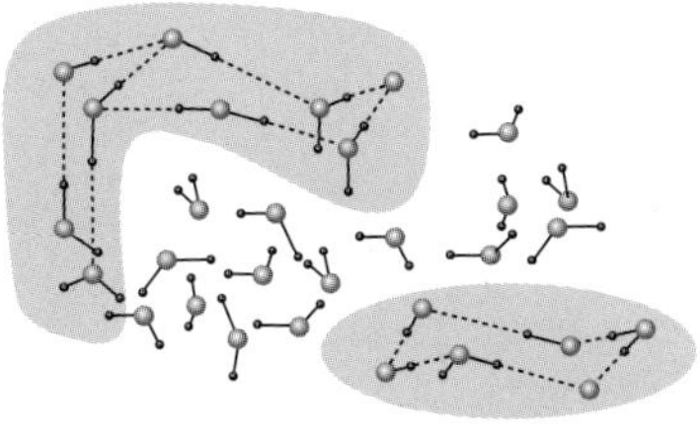

Abb. I.43. Die Struktur von flüssigem Wasser, in den markierten Bereichen sind die Wassermoleküle durch Wasserstoffbrücken verbunden

I/4.1.3 Die Rolle des Wassers in lebenden Strukturen

Die besonderen physikalischen Eigenschaften (z. B. die große Wärmekapazität) des (flüssigen) Wassers als Medium spielen bei den Erscheinungen der belebten Natur eine sehr bedeutende Rolle. Der Wassergehalt der Zellen, Gewebe ist aber auch auf dem molekularen Niveau der biochemischen Prozesse bestimmend.

Die makromolekularen Systeme, z. B. die Eiweißmoleküle bilden im wässrigen Medium eine Struktur, bei der die hydrophoben Gruppen ins Innere des Moleküls gerichtet sind. An der Oberfläche ist das Eiweißmolekül durch die Wirkung der **hydrophilen Gruppen** von einer **Hydrathülle** umgeben, dem sog. **gebundenen Wasser**. Nach den neuesten Untersuchungen kann die mittlere Dicke der Hydrathülle 0,4-0,5 nm betragen. Die Masse der Hydrathülle kann bis zu 30% der Masse des Eiweißmoleküls ausmachen. Bei der Eiweißstruktur spielen nicht nur die an der Oberfläche gebundene Wasserschicht, sondern auch die im Innern der Struktur an die Seitenketten gebundenen Wassermoleküle eine bedeutende Rolle. Das bezieht sich besonders auf die Moleküle, die z. B. zu den Strukturbedingungen der Reaktionszentren in den Enzymen beitragen oder über die Wasserstoffbrückenbindung die Struktur der Grenzflächen, welche die Untereinheiten verbinden, oder der „Kanäle", welche die Bewegung der Substrate innerhalb des Moleküls unterstützen, bilden. Die Konformation der Nukleinsäuren hängt gleichfalls stark von der Anwesenheit der gebundenen

Transportmechanismen im Wasser

Die von Wasserstoffbrücken zusammengehaltene Struktur des flüssigen Wassers hat spezielle Transportmechanismen zur Folge, die zu physikalischen Parametern mit Extremwerten führen. Untersuchen wir also den Mechanismus der „Bewegungen" von Protonen und Elektronen durch die Kette der Wassermoleküle.

Bei der Gewinnung der experimentellen Daten spielte die Methode von Manfred Eigen (1927-) und Mitarbeitern eine große Rolle. Diese Methode entwickelten sie zur Untersuchung der extrem schnellen chemischen Reaktionen nach der Störung des chemischen Gleichgewichtes mit sehr kurzen Energieimpulsen (Chemienobelpreis 1967).

Im Teil a der Abb. ist der Transportmechanismus der Protonen dargestellt. Die Wasserstoffbrückenbindungen sind mit gepunkteten Linien dargestellt. Man sieht, dass sich das Proton im Modellversuch dem linken oberen Wassermolekül der ausgezeichneten Kette nähert und sich an das Wassermolekül anschließt. Mit ihm bildet das Wassermolekül eine kovalente Bindung und der zuvor mit kovalenter Bindung an Sauerstoff gebundene Wasserstoff bewegt sich weiter, verdrängt vom benachbarten Sauerstoff den mit einer Wasserstoffbrücke gebundenen Wasserstoff und bildet eine neue kovalente Bindung. Nach diesem Mechanismus löst der Eintritt eines einzigen Protons eine ganze Reaktionskette aus, wonach am Ende der Kette, auf der Abb. unten, ein Wasserstoffion austreten kann.

So wird die außerordentlich schnelle Bewegung der Wasserstoffionen im Wasser verständlich. Diese bedeutet nicht das schnelle Wandern der Wasserstoffatome, sondern den Ablauf der Kettenreaktion mit schnellen Bindungsumordnungen.

Nach einem ähnlichen Mechanismus verläuft auch der Elektronentransport. In Teil b der Abb. ist dargestellt, wie das zweiwertige gelöste Fe^{2+} mit

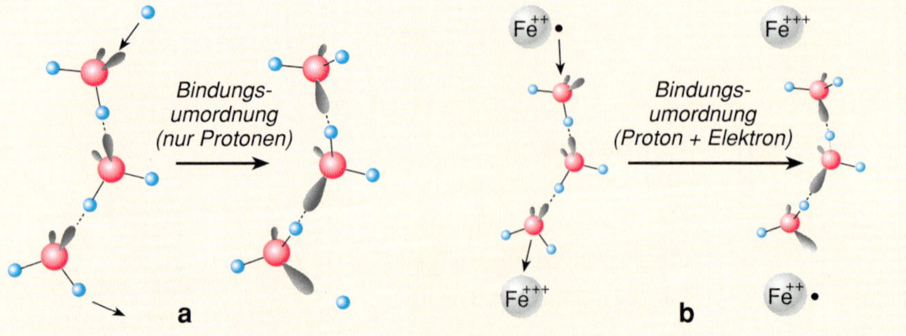

Der besondere Mechanismus des Protonen- (a) und Elektronentransportes (b) in Wasser.

Zwischenschaltung des Wassers ein Elektron an ein Fe^{3+}-Ion abgibt, während es selbst zu Fe^{3+} oxydiert. (Diese Erscheinung kann mit radioaktiven Fe-Ionen auch experimentell nachgewiesen werden.) In diesem Fall bewegen sich bei der Umordnung entlang der Kette nicht nur Protonen, sondern Protonen und Elektronen gemeinsam. (Die Erscheinung ähnelt sehr der elektrischen Leitung in Metallen, wobei die Geschwindigkeit des elektrischen Signals ein Vielfaches der Geschwindigkeit von Elektronenbewegungen beträgt.)

Solche Protonenbewegungen spielen sich auch in den Eiweißen oder noch allgemeiner in der Hydrathülle der Makromoleküle ab. Diese schnellen Ladungsbewegungen in wechselnden elektrischen Feldern tragen deutlich zum flexiblen Verhalten der Makromoleküle bei.

Probleme des „Einfrierens" von lebender Materie

Gefriert bei niedrigen Temperaturen das Wasser in biologischen Systemen, Zellen oder Organen, so nimmt seine Dichte ab, d. h. sein Volumen nimmt zu. Die Volumenzunahme durch lokale Kristallbildung kann die Struktur der lebenden Materie zerstören. Je langsamer der Prozess des Gefrierens vor sich geht, d. h. je mehr Zeit die Eiskristalle zum Entstehen und Wachsen haben, desto größer ist die Schädigung der Struktur.

Halten wir bei niedrigen Temperaturen wässrige Lösungen oder auch Zellen unter niedrigem Druck, so geht das Eis ohne zu schmelzen in den Gaszustand über, es sublimiert. Bei diesem Verfahren werden die biologischen Objekte so schnell abgekühlt, dass keine Zeit für die Entstehung von strukturschädigenden Eiskristallen ist. Eine der gebräuchlichsten Formen der biologischen Konservierungsmethoden ist dieses Gefriertrocknen, da die Lebensprozesse aufhören, die Struktur des Systems aber nicht zu sehr geschädigt wird und sich die Funktion über lange Zeit wiederherstellen lässt. Zellklone in Gewebekulturen können auf diese Art nicht eingefroren werden. Erfolgt aber das Gefrieren in einer entsprechend zusammengesetzten Schutzlösung, in kleinen Volumen und ausreichend schnell, dann kann ein gewisser Prozentsatz der Zellen wieder zum Leben erweckt werden. Dieser kann ausreichen, um die Zelllinie weiter zu züchten. Säugetierkörper lassen sich aber mit den heutigen Techniken nicht so abkühlen, dass sie mit der Hoffnung auf eine Wiederbelebung längere Zeit gelagert werden könnten.

Wassermoleküle ab. Bei der B-Struktur der Nukleinsäuren (s. I/4.2.2) sind z. B. pro Basispaar ~10 Wassermoleküle in genau definierter Bindung zu finden. An die Lipidkomponenten der Zellmembran sind gleichfalls Wassermoleküle in einer Schichtdicke von 3-4 Molekülen gebunden. Diese gebundene Wasserschicht bildet eine sehr eng gepackte geordnete Struktur, deren Dichte größer ist als die der Flüssigkeitsphase. Aus biologischer Sicht spielt sie neben der Stabilisierung der Membranstruktur bei allen Bindungen der Membranoberfläche, bei der Diffusion und dem Transport von Ionen eine sehr wichtige Rolle.

I/4.2 Nukleinsäuren

Die Desoxyribonukleinsäure (engl. **d**esoxyribo**n**ucleic **a**cid, DNA) und die Ribonukleinsäure (engl. **r**ibo**n**ucleic **a**cid, RNA) sind lineare Polymere, die grundlegenden Komponenten aller Zellen. Ihre Funktion ist die Speicherung

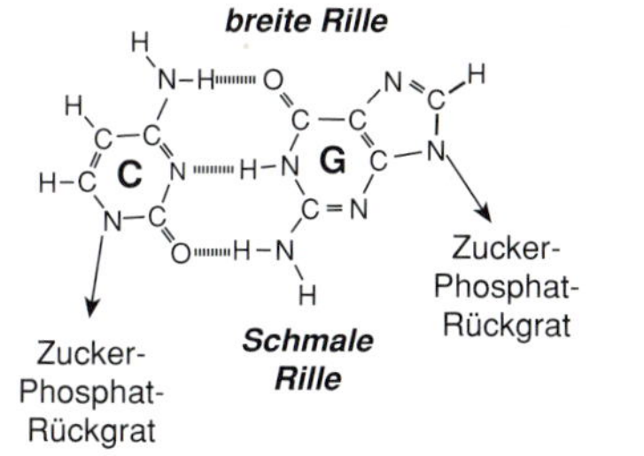

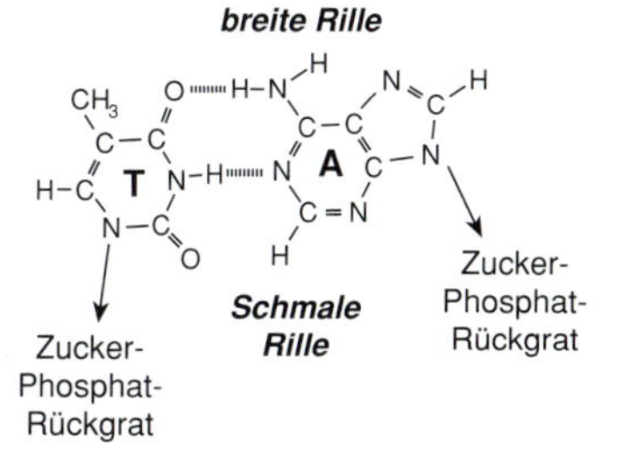

Abb. I.44. Die Basenstruktur der Nukleotide und die Wasserstoffbrückenbindungen zwischen ihnen Die Basen sind planare aromatische Verbindungen, Pyrimidin- oder Purinderivate. Zur ersten Gruppe gehören Thymin (T), Cytosin (C) und Uracil (U), zur letzteren Adenin (A) und Guanin (G).

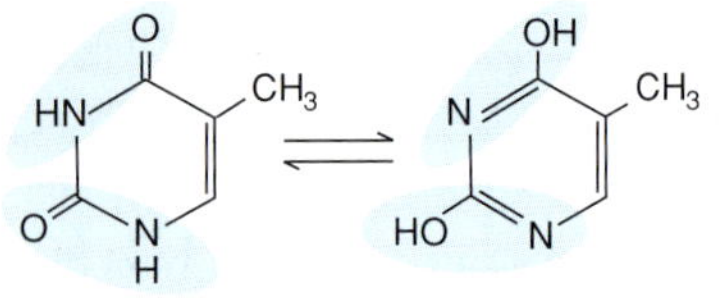

Abb. I.45. Die Enol-Oxo-Tautomerie des Thymin
Bei physiologischen (neutralen) pH-Werten ist die Oxoform der Basen stabiler, die Rate der Enolform beträgt ca. 0,01%. Hinsichtlich der Funktion ist dabei die mögliche Tautomerisation von großer Bedeutung, weil sie die Möglichkeiten der Wasserstoffbrücken modifiziert, was zu Replikationsfehlern führen kann.

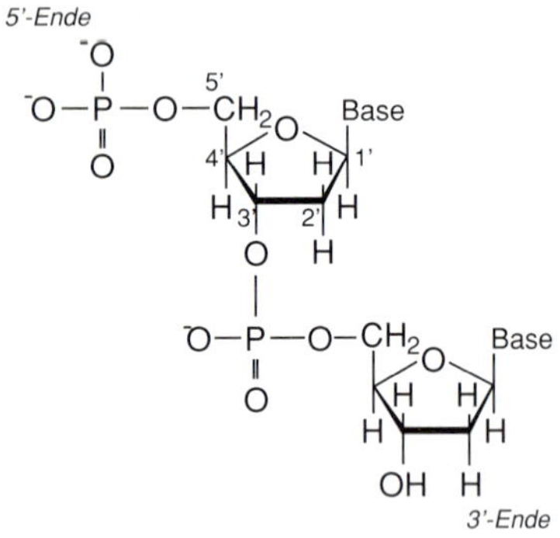

Abb. I.46. Aufbau der Zucker-Phosphat-Kette, des Skeletts der Polynukleotidkette

und Übermittlung genetischer Informationen. Um die Struktur der Nukleinsäuren und ihre zahlreichen Varianten zu verstehen, betrachten wir zuerst die Bausteine und ihre Struktur.

I/4.2.1 Die Bausteine der Nukleinsäuren und ihre Primärstruktur

Die Bausteine der Nukleinsäuren sind die Desoxyribonukleotide bzw. Ribonukleotide, d. h. die Ester der Nukleoside mit Phosphorsäure. Jedes Nukleosid enthält eine nitrogenhaltige heterozyklische Base sowie eine Pentose (Desoxyribose oder Ribose). Die Basen der Nukleoside sind Pyrimidin- oder Purinabkömmlinge (Abb. I.44). Zur ersten Gruppe gehören Thymin, Cytosin und Uracil, zur letzteren Adenin und Guanin. Die Basen zeigen eine Enol-Oxo-Tautomerie, ein Beispiel ist in Abb. I.45 dargestellt.

In der Polynukleotidkette sind die Ribose- bzw. Desoxyriboseeinheiten durch Phosphorsäurediester-Bindungen miteinander verbunden. Diese Bindungen entstehen zwischen der 3′-OH-Gruppe des einen Zuckers und der 5′-OH-Gruppe des anderen Zuckers (Abb. I.46). Das Skelett der Polynukleotidkette besteht also aus der Wiederholung von Zucker-Phosphat-Einheiten. Das veränderliche Element der Struktur ist die Reihenfolge der benachbarten Nukleotidbasen. Diese Reihenfolge der Basen bestimmt die Primärstruktur der Nukleinsäuren.

Die Zuckerkomponente ist der flexibelste Baustein der Nukleinsäuren. Seine Struktur und Konformationen, welche die Sekundärstruktur der Nukleinsäure beeinflussen, sind in Abb. I.47 dargestellt.

Die freie Rotation der Ribofuranose und des Basenringes um die sog. Glycosidbindung zwischen Zuckerteil und Base ist aus sterischen Gründen gehemmt. So realisieren sich nach der Position der Ringe zueinander zwei – *syn*- oder *anti*- – Konformationen (Abb. I.48).

I/4.2.2 Die Sekundärstruktur der Nukleinsäuren

Anfang der 1950er Jahre wurde die Doppelhelix-Struktur der DNA entdeckt. Die präzise Analyse der Nukleinsäuren wurde durch die Einführung der Papierchromatographie möglich. So wurde entdeckt, dass sich in einem DNA-Molekül immer die gleiche Menge von A und T bzw. G und C befindet. 1953 wurden die Ergebnisse von Röntgenstrukturanalysen publiziert (Franklin,

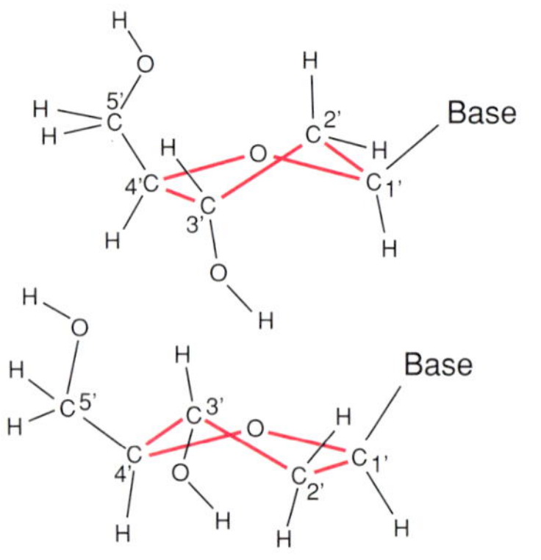

Abb. I.47. Struktur und Konformation der Zuckerkomponente der DNA
Die Zuckerkomponente ist das flexibelste Bauelement der Nukleinsäuren. Im Polymer kommen zwei bestimmende Konformationen des fünfgliedrigen Ringes vor. Im Ribofuranosering befinden sich drei Kohlenstoffatome und das Sauerstoffatom in einer Ebene, das vierte Kohlenstoffatom hebt sich von dieser Ebene ab. So entsteht die sog. „Briefumschlag"-Konformation. Bei der C2′-Endoform hebt sich das C2′-Atom, bei der C3′-Endoform das C3′-Atom in Richtung der Basen aus der Ringebene ab. Die Anwesenheit der C2′-Endo- und der C3′-Endokonformation beeinflusst grundlegend die Bildung der höheren Strukturordnung.

Wilkins). Diese wiesen eindeutig die Helixstruktur der DNA nach. Aus dem Durchmesser der Helix und der Dichte der DNA konnte man folgern, dass die Helix aus zwei Polynukleotidketten besteht, wobei der Abstand zwischen den Ketten von einer Purin und einer Pyrimidinbase ausgefüllt sein kann. Aufgrund dieser Kenntnisse konnten Watson und Crick noch im selben Jahr das klassische Doppelhelix-Modell zur Beschreibung der DNA-Struktur aufstellen (Medizinnobelpreis 1962).

Danach bilden zwei selbständige DNA Ketten eine rechtsgängige Helix, in der die beiden Ketten eine antiparallele Orientierung haben, d. h. die eine hat die Richtung 5′-3′, die andere 3′-5′ (Abb. I.46). Die durch Phosphorsäurediester-Bindungen verbundene Desoxyribosekette verläuft entlang des äußeren Teils der Doppelspirale, die Basen befinden sich dagegen senkrecht zur Spiralachse nach innen gerichtet. Durch die Anwesenheit der Phosphatgruppen ist die Moleküloberfläche negativ geladen. Beim Entstehen der Spiralstruktur spielt die Geometrie des Phosphorsäure-Zucker-Gerüstes eine entscheidende Rolle. In beiden Ketten steht dem Adenin immer Thymin, dem Guanin immer Cytosin gegenüber. Die Komplementarität ist einerseits von der Raumausfüllung der Basen, andererseits von der Möglichkeit zu Wasserstoffbrückenbindungen bestimmt (Abb. I. 44). Gegenüber einer Purinbase befindet sich also immer ein Pyrimidin und umgekehrt. Zwischen den Adenin- und Thyminbasen besteht die Möglichkeit von zwei, zwischen Cytosin und Guanin von drei Wasserstoffbrücken, wenn es sich bei der oben erwähnten Enol-Oxo-Tautomerie um die Oxo-Form handelt (Abb. I.45). Die so entstehenden Wasserstoffbrücken spielen eine grundlegende Rolle bei der Stabilisierung der Doppelspiralstruktur. Die Doppelspirale ist nicht nur durch Wasserstoffbrücken, sondern auch durch elektrostatische sowie van der Waals Wechselwirkungen zwischen den delokalisierten Elektronen der übereinander befindlichen Basen stabilisiert. Im Weiteren bezeichnen wir die Gesamtheit dieser Wechselwirkungen als *Stacking*. Die Gesamtenergie der Wasserstoffbrückenbindungen hängt bei einem DNA-Molekül in erster Linie von dem Verhältnis AT/GC ab, während die Stacking-Gesamtenergie von der Basensequenz bestimmt ist. Neben den Wechselwirkungen zwischen den übereinander befindlichen Basen ist auch die Dipol-Dipol-Wechselwirkung zwischen den gegenüberliegenden Basen zu beachten. Infolge des Dipolmomentes der Basen treten zwischen Adenin und Thymin abstoßende, zwischen Guanin und Cytosin anziehende Kräfte auf. Demzufolge sind die an den Basenpaaren A-T reichen DNA-Abschnitte weniger stabil, sie sind leichter zu denaturieren.

An der Oberfläche der DNA-Spiralen entstehen durch die Lokalisation der Glycosidbindungen der gegenüberliegenden Ketten zwei charakteristische Rillen, die sog. breite und die schmale Rille. Die Basenpaare zeigen eine charakteristische Orientierung zur breiten und schmalen Rille (Abb. I.44 und I.49). Die hydrophilen Keto- und Aminogruppen stehen in Richtung der Rillen, was ihre Wechselwirkung mit den Molekülen des Lösemittels bzw. den entsprechenden Liganden ermöglicht. Die Mechanismen der Ligan-

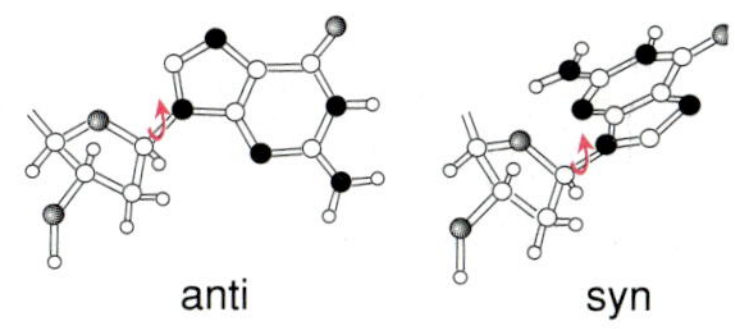

Abb. I.48. Die Position von Zucker und Basenring zueinander
Bei der *syn*-Konformation befinden sich Base und Zucker an der gleichen Seite der Bindung, bei der *anti*-Konformation befinden sie sich auf entgegengesetzten Seiten. Sowohl bei den einsträngigen, als auch bei den zweisträngigen Polynukleotidketten kommt hauptsächlich die *anti*-Konformation vor, während die *syn*-Konformation z. B. in der Z-DNA erscheint.

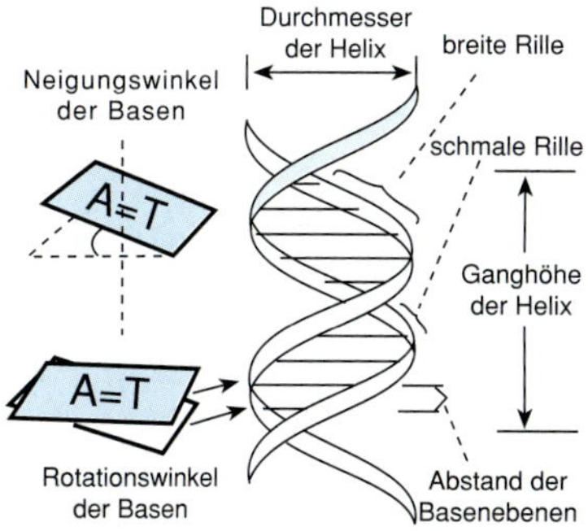

Abb. I.49. Parameter der Sekundärstruktur der DNA-Doppelhelix

Tabelle I.6. Charakteristische Parameter der DNA-Helix Konformationen

Prameter	A-DNA	B-DNA	Z-DNA
Windung der Helix	rechtsgängig	rechtsgängig	linksgängig
Basenpaar/Windung	11	10 (10,5)	12
Abstand der Basenebenen (nm)	0,25	0,34	0,37
Ganghöhe der Helix (nm)	2,8	3,4	4,5
Neigungswinkel der Basenebenen (°)	20	-6	7
Drehwinkel der Basen (°)	33	36	-30
Durchmesser der Helix (nm)	2,3	2	1,8

denerkennung beruht auch in vielen Fällen auf der Lokalisation der hydrophilen Gruppen.

Die Helixstruktur der DNA-Moleküle wurde schon mit frühen Röntgenstrukturanalysen nachgewiesen. Beim Vergleich der verschiedenen natürlichen und synthetischen DNA-Strukturen hat sich auch herausgestellt, dass die DNA zwar immer eine Helixstruktur aufweist, aber Spiralen mit verschiedener Symmetrie und Konformation vorkommen können, z.B. in Abhängigkeit vom Ionenmilieu, von den Basensequenzen. Die bisher bekannten Formen können in drei Gruppen eingeteilt werden, die man heute als A-, B- und Z-DNA identifiziert.

Die Sekundärstruktur der Polynukleotide ist vom Konformationszustand des Zuckers und der Position der Basen zum Zucker nach der Drehung der Glycosidbindungen bestimmt. Die Parameter der Sekundärstruktur sind in Abb. I.49 dargestellt. Die charakteristischen Werte der einzelnen Sekundärstrukturen fasst Tab. I.6 zusammen.

A- und B-DNA bilden eine rechtsgängige Spirale. B-DNA ist die häufigste Form, seine Struktur entspricht dem von Watson-Crick beschriebenen Modell. Mit abnehmendem Feuchtigkeitsgehalt verschiebt sich die Struktur zur A-Form. Gewisse Sequenzen der DNA, wie die Homopurin-Homopyrimidin-Abschnitte begünstigen aber auch unter natürlichen Kautelen die A-Konformation. Auch die Doppelhelix-Abschnitte der RNA zeigen eine A-Struktur.

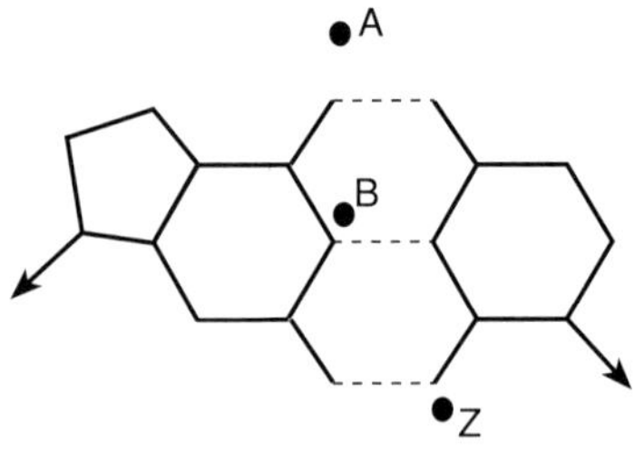

Abb. I.50. Die Position der Helixachse in Relation zu den Basenebenen bei den verschiedenen Konformationen der Doppelhelix

Der wichtigste, strukturbestimmende Unterschied zwischen A- und B-DNA besteht darin, dass die Pentosekonformation in der A-DNA eine C3′-endo und in der B-DNA eine C2′-endo ist. Diese Konformation beeinflusst die Geometrie der Zucker-Phosphat-Kette und so den Abstand der Basen, den Winkel zwischen Basen und Helixachse (Abb. I.49). Bei der B-DNA liegt die Helixachse senkrecht zur Ebene der Basen und durchsticht diese in der Nähe des Nl Atoms der Purinbase (Abb. I.50). Die Achse der A-DNA verläuft außerhalb der Basen in der breiten Rille. Bei der B-DNA sind die beiden Rillen scharf getrennt, die breite Rille ist 1,2 nm, die schmale 0,6 nm breit. Bei der A-DNA sind die beiden Rillen weniger ausgeprägt als bei der B-DNA, sie sind flacher und fast gleich breit.

Tabelle I.7. Konformationen der Polynukleotid-Untereinheiten, welche die Struktur der Doppelhelix beeinflussen

	Nukleotide	A-DNA	B-DNA	Z-DNA
Konformation der Bindung zwischen Zucker und Base	A, T, C	anti	anti	anti
	G	anti	anti	syn
Konformation der Desoxyribose	A, T, C	C3'-endo	C2'-endo	C2'-endo
	G	C3'-endo	C2'-endo	C3'-endo

Die Entdeckung, dass die Purin-Pyrimidin Sequenzen auch eine linksgängige Helix bilden können, war von großer wissenschaftlicher Bedeutung. Die Existenz solcher linksgängiger Z-DNA wurde in mehreren DNA von Bakterien nachgewiesen und auch zahlreiche humane DNA-Abschnitte sind in der Lage, diese Struktur zu bilden. Zur Bildung von Z-DNA kann z. B. auch eine hohe Salzkonzentration führen (z. B. 3 M NaCl). Eiweiße, die sich spezifisch an die Z-DNA binden und diese stabilisieren, sind in zahlreichen Zellen anzutreffen, was die biologische Bedeutung dieser Struktur bekräftigt.

Gemeinsame Züge der Z-DNA und der B-DNA sind die Doppelstränge, der antiparallele Verlauf der Stränge und die Verbindung der Basen mit Wasserstoffbrücken nach dem Watson-Crick-Modell. Demgegenüber ist bei der Z-DNA das Zucker-Phosphat-Gerüst zickzackförmig, der Durchmesser der Helix geringer und die Steigung größer als bei der B-DNA. Die breite Rille ist fast vollständig verschwunden, die vorhandene schmale und tiefe Rille kann als Analogie der schmalen Rille betrachtet werden. Die konkreten Strukturparameter sind in Tab. I.6 und I.7 zusammengefasst. Die Hauptursache der Strukturabweichungen liegt darin, dass sich bei der Z-DNA die Konformationen C3'-endo und C2'-endo des Zuckers sowie die *anti*- und *syn*-Konformationen der Glycosidbindung abwechseln, wobei die C3'-endo Konformation immer mit der *syn*-Konformation gepaart ist und umgekehrt. Infolgedessen ändern sich auch die Position der Basenpaare zur Helixachse (Abb. I.50) und die Stacking-Wechselwirkungen zwischen den Basen.

Wo innerhalb einer Kette abwechselnd B- und Z-Abschnitte vorkommen, ermöglicht ein Bereich von 3-4 unpaarigen Basen in der Übergangsregion den Wechsel der beiden Abschnitte.

I/4.2.3 Die Merkmale der RNA-Sekundärstruktur

RNA kommt zwar in Doppelstrang-Helixform in einigen Viren vor, charakteristisch ist sie aber ein linearer Polymereinzelstrang, der dabei eine charakteristische Sekundärstruktur haben kann. Innerhalb des Einzelstranges können sich komplementäre Basensequenzen befinden. Beim Zurückbiegen der Kette kann durch die Verbindung der komplementären Abschnitte eine antiparallele

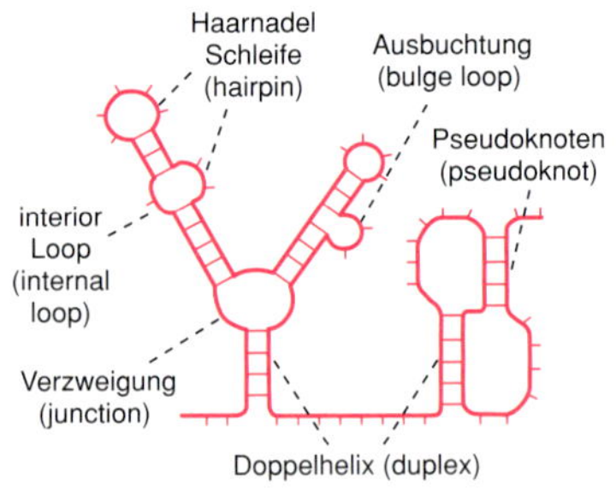

Abb. I.51. Typische Strukturelemente der Sekundärstruktur der RNA

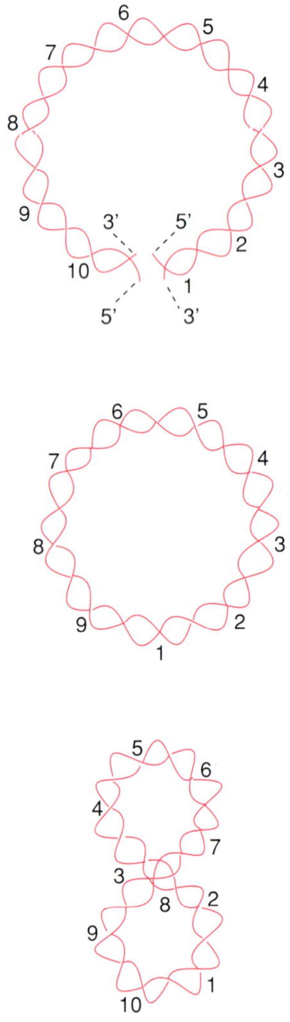

Abb. I.52. Entstehung und Struktur der negativen Superhelix

Doppelstrang-Helixstruktur entstehen. Zwischen den Doppelstrang Abschnitten bildet der Polymereinzelstrang immer eine Schleife. Die so entstehenden typischen Strukturvarianten – die auch bei der Funktion der RNA eine wichtige Rolle spielen können – sind in Abb. I.51 dargestellt.

I/4.2.4 Die Tertiärstruktur der DNA, Superhelizität

Zum besseren Verständnis führen wir einen Gedankenversuch durch. Nehmen wir eine aus n Basenpaaren bestehende regelmäßige Doppelhelix mit B-Konformation. Auf eine volle Windung kommen 10,5 Basenpaare, die Windungszahl beträgt dann $n/10{,}5$. Fassen wir nun ein Ende der Helix und beginnen, die Fäden auseinanderzudrehen. Damit verformen wir die Helix, denn die Zahl der Basen in einer Windung ändert sich. Sind die Enden unserer Doppelhelix frei, so kann das Drehen der ganzen Helix die Änderung der Windungszahl kompensieren und den ursprünglichen Zustand wiederherstellen. Sind aber die Kettenenden fixiert, z. B. indem wir die Kette zu einem Ring schließen, dann kommt es zu Spannungen in der Kette. Um das zu kompensieren, kann sich eine Doppelhelix mit fixierten Enden um einen zylindrischen Körper oder um die eigene Achse winden. Diese Struktur wird als Superhelix bezeichnet. Die um einen Zylinder gewundene Doppelhelix ist z. B. ein gutes Modell für die Struktur der Chromatinsubstanz in eukaryontischen Zellen. Hier kann sich die DNA um Kernprotein winden. Eine um die eigene Achse gewundene superhelikale zirkuläre DNA kommt z. B. in prokaryontischen Zellen, Plasmiden oder vorübergehend bei der Replikation, Transkription vor.

Den beschriebenen Gedankenversuch können wir auch in der umgekehrten Richtung durchführen. Die Superhelix kann also die gleiche oder die entgegengesetzte Wendelrichtung wie die Doppelhelix haben (Abb. I.52). Die sog. negative Superhelix ist „unterwunden", weil in ihr die Windungszahl der Helix geringer ist als die der relaxierten Form. In der positiven Superhelix sehen wir genau das Gegenteil, die Zahl der Windungen über der gleichen Basenzahl nimmt zu, die Struktur wird also „überdreht". Die Strukturen, die sich nur in der Struktur der Superhelix unterscheiden, bezeichnet man als **topologische Isomere**.

Durch die positive Superhelix wird die Helix noch geschlossener, dichter gepackt. Die so entstandene Struktur ist gegenüber Säuren und Erwärmung viel widerstandsfähiger. Man nimmt an, dass sie eine Rolle beim Schutz des Genoms gegen Denaturierung spielt, für ihr natürliches Vorkommen wurden aber bisher nur wenige Beispiele gefunden.

Negative Superhelix wurde in allen bisher untersuchten Genomen gefunden. Die Entspiralisierung lockert die Struktur der Doppelhelix auf, was sogar über einige Basen weit zur Lösung von Basenpaaren führen kann. Diese Strukturänderungen kurzer Abschnitte sollen bei der Replikation und Transkription von großer Bedeutung sein.

Energetisch ist der relaxierte Zustand der günstigste. Die Entstehung der superhelikalen Struktur geht immer mit einer Energiezufuhr einher, so ist die superhelikale Struktur praktisch ein Energiespeicher.

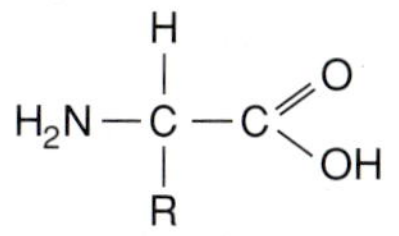

Abb. I.53. Aufbau der Aminosäuren

I/4.3 Eiweiße

Die zweite große und gleichfalls sehr wichtige Gruppe der Makromoleküle sind die Eiweiße. Während die DNA-Moleküle die Informationen weitergeben und die Zellfunktion regulieren, bilden die Eiweiße einerseits die zur Funktion notwendigen Strukturen, andererseits „führen sie die Befehle aus", sorgen für den Stoffwechsel und die Lebensfunktionen der Zellen. Sie spielen bei allen wesentlichen Funktionen der Lebewesen bzw. ihrer Zellen, Gewebe eine besondere Rolle.

Es gibt sog. Strukturelweiße (z. B. die Moleküle der Kollagenfasern), die bei der Ausbildung der Struktur eine bedeutende Rolle spielen. Die Enzyme nehmen an den Stoffwechselprozessen teil und ermöglichen die chemischen Vorgänge, welche die Lebensgrundlage bilden. Die Hormone auf Eiweißbasis spielen eine entscheidende Rolle bei der Steuerung und Regelung. Die Wechselwirkung der Eiweiße bewirkt auch die Muskelbewegung (die Grundlage der tierischen und menschlichen Bewegungen sind Actin – Myosin und ihre Wechselwirkungen, Strukturveränderungen).

Eiweiße sind auch Vermittler bei der Funktion des Immunsystems (z. B. Immunglobuline, die das Antigen erkennen). Desgleichen spielen sie eine wichtige Rolle in der Membran, wo sie den Transport durch die Membran unterstützen (z. B. die verschiedenen Ionenkanäle bildenden Eiweiße). Die Reihe der Beispiele ließe sich aber noch weiter fortsetzen. In diesem Abschnitt geben wir einen Überblick über unsere derzeitigen allgemeinen Kenntnisse ihrer Struktur.

I/4.3.1 Die Primärstruktur der Eiweiße, Aminosäuren

Wie jedes Makromolekül sind auch die Eiweiße aus Elementareinheiten, d. h. aus Monomeren aufgebaut. Die gemeinsame Eigenschaft der Monomere ist, dass Amino- (NH_2) und Carboxylgruppen (COOH) an ein sog α-Kohlenstoffatom gebunden sind (Abb. I.53). Nach ihrem Molekulargerüst wurden diese Moleküle Aminosäuren benannt. Die einzelnen Monomere unterscheiden sich durch ihre sog. Seitenketten, an das α-Kohlenstoffatom gebundene unterschiedliche Gruppen (auf der Abb. mit R gekennzeichnet). Im Falle der einfachsten Aminosäure, dem Glycin ist das z. B. ein Wasserstoffatom.

An jede Valenz des α-Kohlenstoffatoms sind unterschiedliche Atome oder Atomgruppen gebunden (mit Ausnahme des Glycins). So sind die Eigenschaften asymmetrisch, d. h. es existieren zwei spiegelbildliche Isomere, die durch Drehen nicht in die gleiche Position gebracht werden können (Abb. I.54). In der Natur, in den Eiweißen kommt von den beiden Formen aus derzeit noch unerklärlichen Gründen nur die L-Form vor.

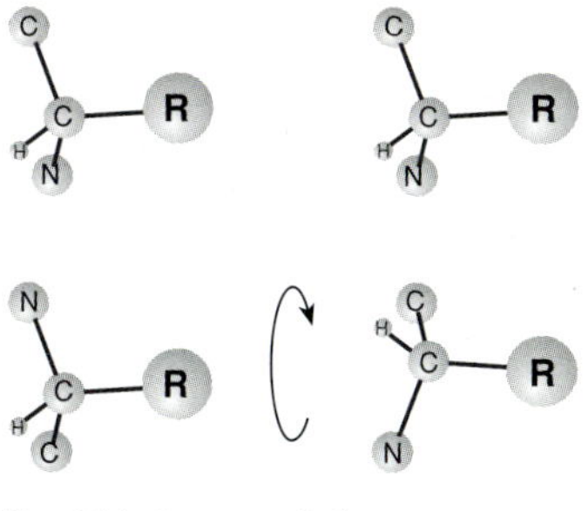

Ab.. I.54. Asymmetrisches Kohlenstoffatom und optische Isomerie. Die obere Abbildung stellt eine L-Konformation, die untere eine D-Konformation dar. Es ist zu sehen, dass die beiden Isomere durch Drehen nicht in die gleiche Position gebracht werden können.

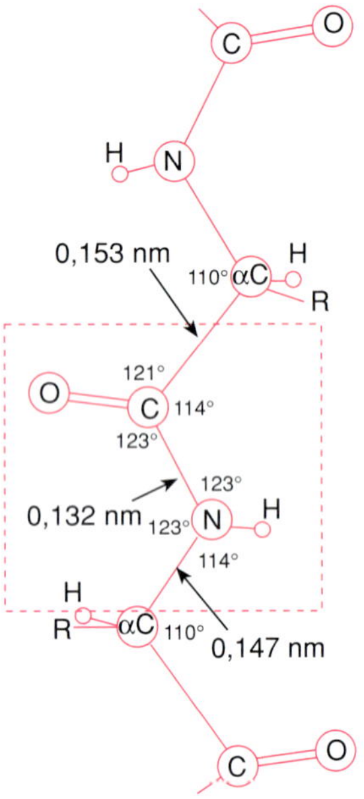

Abb. I.55. Die Peptidbindung

> *Die Vielfalt der Polypeptidkette*
>
> Die 20 Aminosäuren ermöglichen eine sehr große Zahl von Strukturen. Baut sich ein Molekül aus 50 Monomeren auf, dann beträgt die Zahl der möglichen Varianten nach den Regeln der Kombinatorik 20^{50}. Der folgende Vergleich hilft vielleicht zu verstehen, wie groß diese Zahl ist. Das Alter des Universums beträgt rund 12 Milliarden Jahre, das sind ~ $4 \cdot 10^{17}$ Sekunden. Vergleichen wir diesen Wert mit $20^{50} \sim 10^{65}$, so können wir feststellen, dass sich auch dann nur ein kleiner Teil der möglichen Variationen realisieren kann, wenn jede Sekunde eine Mutation erfolgt. Es sind also noch immer sehr viele Eiweißfrequenzen unentdeckt und warten auf ihr Auftauchen. Natürlich trägt ein bedeutender Teil von ihnen wahrscheinlich keine Informationen. Andererseits ist eine gegebene Funktion im Fall von vielen möglichen Strukturen ähnlich oder gleich. Diese latenten Mutationen erscheinen nur in den DNA-Sequenzen, nicht aber in den beobachtbaren Eigenschaften der Lebewesen.

Nach unseren heutigen Kenntnissen nehmen an den Polymerketten der Eiweiße 20 Aminosäuren teil, was eine Vielzahl von Variationen auch bei kleiner Monomerzahl ermöglicht. Die Monomere verbinden sich während der Wasserabgabe mit kovalenten Bindungen, sog. Peptidbindungen:

$$R_1 - NH_2 + R_2 - COOH \rightarrow R_1 - HN - CO - R_2 + H_2O$$

Die aufeinander folgenden Aminosäuren bilden die Polypeptidkette. Die Größe reicht von einigen Aminosäuren bis zu Eiweißmolekülen von mehreren hundert Monomeren. Die C- und N-Atome der Peptidbindung sowie die angeschlossenen H- und O-Atome befinden sich in einer Ebene (Abb. I.55). Diese Anordnung spielt eine wichtige Rolle beim Entstehen der räumlichen Struktur.

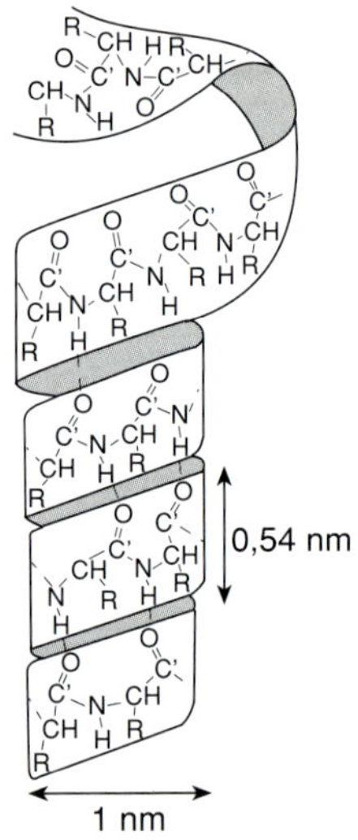

Abb. I.56. Schema der α-Helix-Form

I/4.3.2 Die Sekundärstruktur der Eiweiße

Die von der Abfolge der Aminosäuren bestimmte Struktur der Polypeptidketten bezeichnet man als Primärstruktur. Sie entsteht während der Eiweißsynthese an der Oberfläche der Ribosomen und ist von den Genen bestimmt. Die Eiweiße wurden in der zweiten Hälfte des 19. Jahrhunderts identifiziert. Sie sind aber keine einfachen Aminosäurenketten. Erst in der Mitte des 20. Jahrhunderts wurde geklärt, dass diese Ketten eine komplizierte räumliche Struktur, makromolekulare Konformation bilden, die eine wichtige Bedingung ihrer Funktionsfähigkeit ist (z. B. Bildung der aktiven Zentren von Enzymen). Die Eigenschaften und die Entstehung der Eiweißkonformationen sind bis zum heutigen Tag Objekte intensiver Forschungen.

Als erstes gelang es, die Struktur des Myoglobins zu bestimmen. An kristallisierten Präparaten wurde mit Röntgendiffraktion nachgewiesen, dass ein bedeutender Anteil der Kette eine sog. α-Helix-Form annimmt, d. h. sich um einen fiktiven Zylinder windet (Abb. I.56). Auf der Abb. I.56 ist eine

Helixstruktur dargestellt; die Helix ist rechtsgängig, die Ganghöhe beträgt 0,54 nm. Zwei aufeinander folgende Monomere sind im Winkel von 100° gedreht. Aus diesen Daten lässt sich berechnen, dass die Anzahl der Monomere 3,6 pro Windung ist. Eine Aminosäure steht dann nach 5 Windungen in derselben Position innerhalb der Kette. Zur Stabilisierung der Struktur tragen Wasserstoffbrücken bei, die parallel zur Helixachse verlaufen und sich zwischen einer Aminosäure und dem in der Kette folgenden vierten Monomer bilden. (Auf der Abb. sind die Wasserstoffbrücken mit gepunkteten Linien dargestellt.)

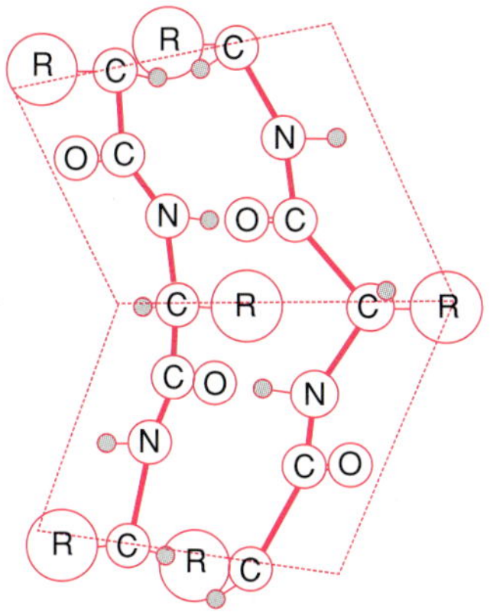

Abb. I.57. Schema der β-Form (antiparallele Faltblatt-Struktur)

Wie auch die Abb. I.56 veranschaulicht, ist es für gewisse (in der Regel mehrere) Abschnitte der Polypeptidkette charakteristisch, dass diese sekundären Struktureinheiten durch ungeordnete oder anders geordnete Bereiche voneinander getrennt sind. Beim Myoglobin sind rund 75% der Monomere in α-Helixstruktur angeordnet. Demzufolge gelten die obigen Strukturmerkmale nur für den inneren Kern des geordneten Bereichs.

Eine weitere wichtige Strukturform ist das β-Faltblatt (Abb. I.57). Diese Struktur entsteht durch zwei parallel verlaufende Ketten oder Kettenteile. Die Position der Ketten zueinander kann parallel oder antiparallel sein. Die β-Faltblattstruktur entsteht oft dadurch, dass sich die Polypeptidkette in antiparalleler Form zurück wendet. In diesem Fall zeigt auch der rückläufige Abschnitt charakteristische Strukturmerkmale (β-Faltung). Eine antiparallele geordnete Verbindung vom β-Typ kann auch zwischen zwei Eiweißen zustande kommen. Diese Verbindung spielt eine sehr große Rolle bei den Aggregationserscheinungen der Eiweiße. Solche Wechselwirkungen erzeugen auch die Amyloid-Plaques, deren Auftreten mit mehreren Erkrankungen des Nervensystems, so z. B. der Alzheimer-Krankheit in Verbindung gebracht wird. Deshalb wird diese Ordnungsform besonders beforscht (Abb. I.58).

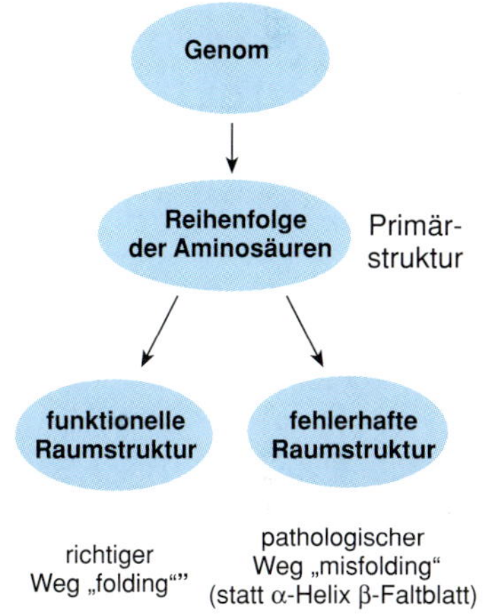

Abb. I.58. Richtiger und falscher Weg bei der Entstehung der Raumstruktur

In Abb. I.59 ist die räumliche Struktur des Enzyms Katalase dargestellt. Man sieht, dass an gewissen Teilen des Moleküls sowohl die α-Helix- als auch die β-Faltblatt-Struktur erscheint. Diese Sekundärstrukturen sind durch einfache Polypeptidkettenabschnitte verbunden. Aus der Abb. geht auch hervor, dass die Aufdeckung der Sekundärstrukturen nicht ausreicht, um die räumliche Struktur eines Eiweißes zu klären und so seine Funktion zu verstehen.

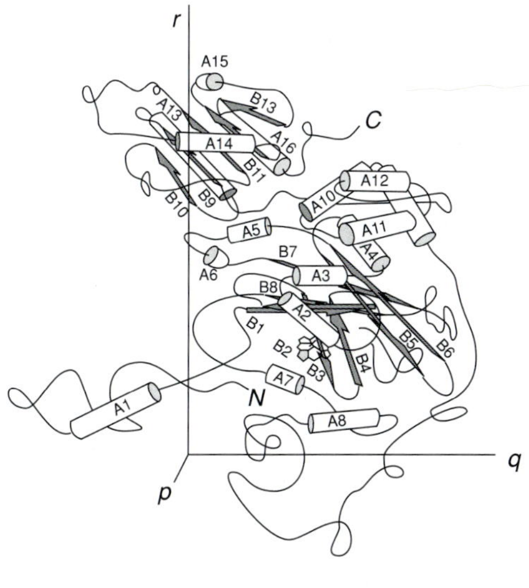

Abb. I.59. Die Raumstruktur des Enzyms Katalase. Die Zylinder markieren die α-Helix-Form, die Pfeile die β-Faltblatt-Form. An den übrigen Stellen sind Kettenabschnitte ohne Sekundärstruktur zu sehen.

I/4.3.3 Die Tertiärstruktur und ihre Entstehung

Während und unmittelbar nach der Synthese bildet das Eiweißmolekül die Sekundärstruktur. Diese ist aber nicht gleich der funktionstüchtigen (nativen) Raumstruktur. Der Entstehungsmechanismus der Raumstruktur (englisch „folding") und die Faktoren, von denen er abhängt, sind bis heute noch nicht restlos geklärt und gehören zu den am stärksten beforschten Bereichen, bestimmt doch die Raumstruktur nach der heute schon routinemäßigen Eiweißsynthese die Funktionsfähigkeit der synthetischen Polymere.

Die Untersuchung gewisser Eiweiße weist darauf hin, dass die endgültige Form in drei Schritten entsteht. Zuerst bildet sich durch schnelles Falten eine annähernde Form. In der zweiten langsamen Phase erfolgt eine Umordnung und endlich gewinnt das Molekül in einem gleichfalls schnellen Prozess seine endgültige Form.

Zur Bestimmung der Primärstruktur gibt es heute schon automatische Apparaturen (sog. Sequenatoren), aber die Analyse der Sekundär- bzw. Tertiärstrukturen erfordert komplizierte, sehr zeitraubende und teure Verfahren (z. B. Röntgendiffraktion und NMR-Spektroskopie, Grundlagen der Funktion und Anwendung behandeln wir später; s. X/4, X/6). Heute kennen wir schon die Struktur von mehr als tausend wasserlöslichen Eiweißen bis in ihre atomaren Details. Diese Daten sind für alle zugänglich und über das Internet kostenlos zu benutzen.

Aufgrund der experimentellen Ergebnisse besteht die Möglichkeit, die Raumstruktur von neuen synthetischen Eiweißen, die nach den strukturellen Beziehungen bzw. Sequenzähnlichkeiten von Modifikationen bekannter Eiweiße hergestellt wurden, mit elektronischen Rechenverfahren zu bestimmen bzw. zu schätzen. Die Berechnungen basieren bei der Strukturbestimmung auf dem Prinzip des Energieminimums und bei der Strukturhomologie auf statistischen Methoden.

I/4.3.4 Die Wechselwirkungen bei der Ausbildung der Raumstruktur

An der Ausbildung der Tertiärstruktur nehmen Wasserstoffbrücken, polare und hydrophobe Wechselwirkungen teil. Außer ihnen erscheint auch eine kovalente Bindung, die zwischen zwei Aminosäuren mit SH-Gruppe (z.B. Cystein) entsteht. Diese sog. Disulfidbrücken tragen durch ihre beachtliche Bindungsenergie in hohem Maße zur Stabilität der entstehenden Raumstruktur bei (Abb. I.60). Auch bei der irreversiblen Denaturierung spielen die dabei entstehenden neuen Disulfidbrücken der Eiweiße, die im nativen Zustand über freie SH-Gruppen verfügen, eine wichtige Rolle.

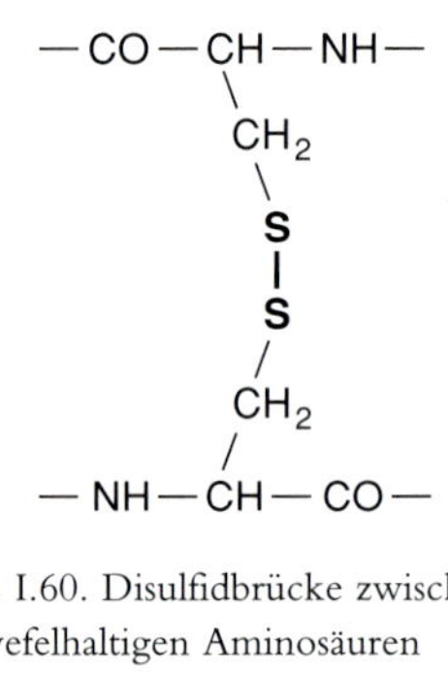

Abb. I.60. Disulfidbrücke zwischen zwei schwefelhaltigen Aminosäuren

Bei der Bildung von Wasserstoffbrücken sind die wichtigsten Gruppen die an der Peptidbindung beteiligten C=O und N-H Gruppen. Erstere dienen als Akzeptoren, letztere als Donoren der Wechselwirkung. Auf ihre Bedeutung weist die Tatsache hin, dass in der Regel 90% der Gruppen an der Entstehung solcher Bindungen teilhaben. Bei neutralen pH-Werten verhalten sich Asparagin und Glutamin als Akzeptoren, Lysin und Arginin als Donoren. Serin und Tyrosin können beides sein, nehmen aber an der Bildung von Wasserstoffbrücken hauptsächlich als Donoren teil. Hier ist auch die Rolle des Wassers bei der Stabilisierung der Eiweißstrukturen zu erwähnen. Die Wassermoleküle lagern sich von außen an die Eiweißmoleküle, bilden eine Hydrathülle und nehmen so an der Stabilisierung der Struktur teil. Eine wichtige Rolle kommt aber auch den Molekülen im Innern der Eiweißmoleküle zu. Das Wasser kann sowohl als Donor als auch als Akzeptor dienen (s. I/1.4.1). Ein oder mehrere Wassermoleküle können auch über zwei Wasserstoffbrücken voneinander entferntere Gruppen verbinden, die sonst zu einer solchen Verbindung infolge der großen Entfernung nicht fähig wären. Dieses Phänomen kann auch bei kleinen Eiweißmolekülen auftreten.

Elektrostatische Wechselwirkungen können zwischen den Seitenketten mit Ladungen auftreten. Seitenketten mit positiver Ladung haben z. B. die Aminosäuren mit Aminogruppen (Arginin, Lysin), Seitenketten mit negativer Ladung die Aminosäuren mit Carboxylgruppe (Asparaginsäure, Glutaminsäure).

Bei der Entstehung und Stabilisierung der Tertiärstruktur spielen auch die hydrophoben Wechselwirkungen eine wichtige Rolle. In der Vorphase der Faltung sind sie die Hauptantriebskraft, da die Entwicklung der übrigen Wechselwirkungen durch die relativ großen intramolekularen Distanzen stark eingeschränkt ist. Später treten jedoch die beschriebenen anderen Wechselwirkungen in den Vordergrund und sichern die Stabilität der Struktur.

I/4.3.5 Quartärstruktur

Bei den Eiweißen wird neben den obigen Strukturen gewöhnlich noch ein Organisationsniveau erwähnt. Das ergibt sich daraus, dass es Eiweiße gibt, die nicht aus einer Aminosäurenkette, sondern aus zwei oder mehreren sog. Untereinheiten bestehen. Diese Struktur bezeichnet man als Quartärstruktur. So eine Struktur kennzeichnet z. B. das bekannte Hämoglobin, dessen Eiweißteil aus vier Untereinheiten aufgebaut ist (Abb. I.61). Beim Zusammenhalt der Untereinheiten spielen gleichfalls die schwachen Wechselwirkungen bzw. die Wasserstoffbrückenbindungen der Wassermoleküle eine große Rolle. Die Wechselwirkungen an den Grenzflächen können eine Schlüsselrolle beim allosterischen Verhalten der Eiweiße aus mehreren Untereinheiten haben, wie z. B. bei der Ligand-Bindungsreaktion des Hämoglobins.

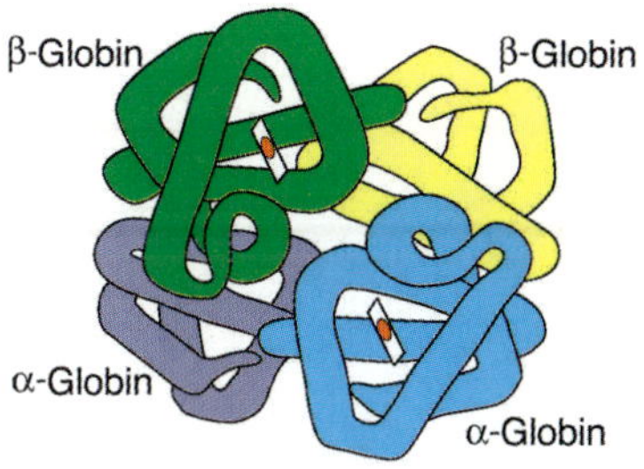

Abb. I.61. Schema der Struktur einer Hämoglobin-Untereinheit

I/4.4 Ordnung und Unordnung in makromolekularen Systemen

Im vorigen Abschnitt über die Struktur der makromolekularen Systeme konnten wir sehen, dass diese Strukturen in ihrer nativen Form von sehr verschiedenen Wechselwirkungen gemeinsam stabilisiert werden. Untersuchen wir ein einzelnes Nukleinsäurenteil (z. B. im Chromatin) oder Eiweiß (z. B. ein funktionierendes Enzym, ein Signaltransportsystem in der Membran) aus der Sicht der Bindungsstärke, so lässt sich eine hierarchische Ordnung erkennen. Es lohnt sich, die einzelnen Bindungstypen von den stärksten kovalenten Bindungen zu den schwächeren hin näher zu untersuchen. Welche Rolle spielen sie beim Erhalten der nativen Struktur und besteht die Möglichkeit ihres Aufbrechens bei Körpertemperatur durch thermische Fluktuation (Boltzmann-Verteilung).

Kovalente Bindungen. Die Bindungsenergie haben wir mit einem Bereich von 2-10 eV gekennzeichnet. Nach der Boltzmann-Verteilung (s. I/3.1.1) kann man in erster Näherung sagen, wieviel Prozent der kovalenten Bindungen bei Körpertemperatur aufgebrochen sein können (kT=0,026eV). Bei einem Wert der Bindungsenergie von ~5 eV beträgt z.B. der Quotient aus n_a aufgebrochenen und n_i intakten Bindungen ~e^{-200}, also mit guter Näherung 0%. Das sind die Bindungen, welche die Polymerketten der Makromoleküle zusammenhalten, die chemische Struktur der Grundmoleküle gestalten, die kleineren Moleküle der Stoffwechselprozesse (ATP, NADH usw.) stabilisieren. Es beruhigt zu wissen, dass diese Bindungen bei Körpertemperatur intakt sind. Energiedosen in der Größenordnung der Bindungsenergie oder darüber hinausgehende (z. B. Photonen aus UV-Licht, Röntgenstrahlen, γ-Strahlen oder Energiefreisetzung bei Enzymreaktionen) können lokal, in der Umgebung einer Bindung absorbiert zu deren Aufspaltung führen (s. DNA-Kettenbrüche bei γ-Bestrahlung oder Kopieren des genetischen Codes von DNA).

Wasserstoffbrückenbindungen. Die Bindungsenergie beträgt hier – mit Hinsicht auf den möglichen breiteren Bereich – 0,05-0,3 eV. Nehmen wir als Beispiel einen im Vergleich zur Bindungsenergie der Wassermoleküle etwas geringeren Wert von 0,1 eV. Hier beträgt der Quotient aus den Bindungen n_a und n_i bei Körpertemperatur – in erster Näherung - ~2,5%. (Die beiden Grenzwerte wären 16% bzw. 0,005%, wir dürfen aber nicht vergessen, dass wir die Annäherung an einem sehr vereinfachten Modell durchgeführt haben.) Das kann schon ein sehr deutlicher Quotient in der konkreten makromolekularen Struktur sein. Aufgrund der Näherung können wir z.B. das Aufbrechen der die Doppelhelix der DNA zusammenhaltenden Wasserstoffbrücken schätzen. In der Nukleinsäure von Bakteriophagen T7 halten die Wasserstoffbrücken ~ 40000 Basenpaare zusammen, d. h. die Struktur ist durch rund 100000 Wasserstoffbrückenbindungen stabilisiert. Nach dem oben Beschriebenen sind davon in jedem Augenblick rund 2000 im gelösten Zustand. Natürlich ist ihr Ort nicht fixiert, in der obigen Näherung kommen Aufbrechen und Neubildung wahllos vor. In Wirklichkeit verändern aber die hochwertigere Struktur der Nukleinsäuren und ihre Wechselwirkung mit Eiweißen lokal die Bindungsstärke der Wasserstoffbrücken und das kann an gezielten Stellen (gleichzeitig über mehrere Wasserstoffbrücken) zur dauernden Aufspaltung führen – d. h. z. B. zur Öffnung der Doppelkette. Solche Erscheinungen können z. B. bei den Anfangsschritten der Überschreibung des genetischen Codes eine Rolle spielen.

Die hydrophobe Wechselwirkung hat im Vergleich zu den Wechselwirkungen der Wasserstoffbrückenbindung einen kleineren Energiebereich. Sie gehört also zu den schwächeren molekularen Wechselwirkungen mit einer bedeutenden Zahl von Lösungen.

Schwache Dipolwechselwirkungen, Dispersionswechselwirkung. Ist die Bindungsenergie noch geringer als in der letzten Kategorie, vergleichbar mit der thermischen Energie, dann werden kontinuierliches Aufbrechen und Neuaufbau der Bindungen noch bedeutender. Besonders diese schwächste Form der Bindungsfamilie hat eine große Bedeutung bei der makromolekularen strukturellen Eigenschaft, die als Konformationsdynamik erwähnt wird.

Konformationsdynamik

Martin Karplus (1986) hielt es als Erster bei seiner eingehenden Analyse der Messdaten der Röntgendiffraktion kristalliner Myoglobinmoleküle für wichtig, dass bei der in atomarer Auflösung bestimmten Molekularstruktur der Ort der oberflächlichen Atome nur mit ziemlich großer Unsicherheit (10% des Bindungsabstands) bestimmt werden konnte und diese Unsicherheit zum Innern des Moleküls hin abnahm. In Kenntnis des atomaren Bindungsabstands versuchte er, aufgrund der Struktur die Bindung des O_2-Moleküls an das Fe-Ion der Hämgruppe im Innern des Moleküls zu modellieren. Er stellte fest, dass in der aus den Messdaten berechneten Struktur ohne Ligand „kein Platz" für das O_2-Molekül ist. Aufgrund eines statischen Bildes wäre also die bekannte Sauerstofftransport-Funktion des Myoglobins nicht möglich. Nach diesen Erkenntnissen postulierte er, dass sich in den erwähnten Messdaten die ständige Bewegung der Atome des Moleküls widerspiegelt. Ihre Amplitude ist an der Oberfläche am größten. Die Richtigkeit der Beobachtungen von Karplus wurde seither in zahlreicher Form bewiesen. Wir können also prinzipiell feststellen, dass in der Struktur der Makromoleküle kontinuierlich Konformationsübergänge – strukturelle Fluktuationen – verlaufen. Diese unterstützen den Transport der Liganden in die aktiven Zentren oder durch die Zellmembran und ohne sie wären die biochemischen Prozesse nicht möglich. Diese Erkenntnis revolutionierte unser Bild von der Struktur der Makromoleküle und ihrer Verknüpfung mit der biologischen Funktion. Heute kann man mit elektronischer Datenverarbeitung die Konformationsfluktuationen aufgrund der Struktur bestimmen. Es wird immer offensichtlicher, dass es bei der Planung eines pharmazeutischen Wirkstoffs von grundlegender Wichtigkeit ist zu kontrollieren, wie sich die molekularen Wechselwirkungen, auf denen die Wirkung beruht, infolge der Konformationsbewegungen ändern. Die Strukturdynamik ist sowohl für die Molekularmedizin als auch für die Pharmazie von zunehmend bemerkbarer Bedeutung.

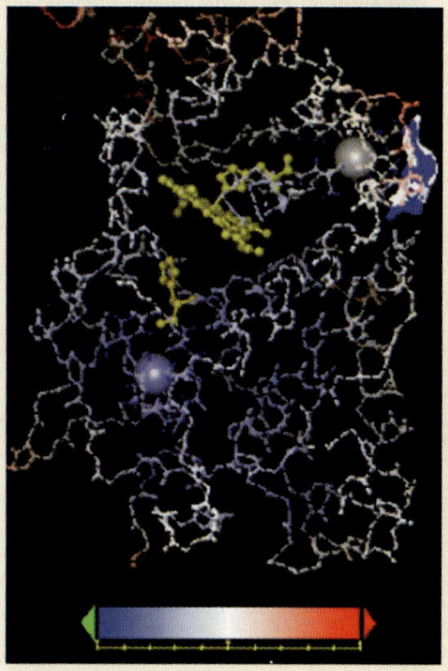

Raumstruktur des Eiweißes der Meerrettich-Peroxydase.
Die Farbskala veranschaulicht die Unterschiede in der Konformationsfluktuation der Polypeptidkette in der Umgebung der zwei im Molekül gebundenen Ca-Ionen. Der Farbkode entspricht der Fluktuationsamplitude.

I/5 Supramolekulare Organisation in der lebenden Materie

Im vorigen Teil haben wir uns mit einigen Beziehungen der Molekülstruktur befasst, die für die Lebensfunktionen der Lebewesen wichtig sind. Diese Moleküle bauen mit vielen anderen Molekülen eine der wichtigsten Struktureinheiten der belebten Natur, die Zelle, auf. In Abb. I.62 ist der schematische Aufbau einer tierischen Zelle dargestellt. Die Zelle ist aber nicht einfach nur eine Anhäufung von Molekülen. Die komplizierten Lebensfunktionen erfordern komplizierte und sehr gut organisierte Strukturen. Diese supramolekulare Organisation ist für die Zellen allgemein charakteristisch. Die Lipidmoleküle bilden abwechslungsreiche und praktisch die ganze Zelle ausfüllende Membranstrukturen. So eine Membran trennt die Zelle von der Umwelt und verbindet sie mit ihr. Sie realisiert so die selektive Kommunikation und den Stoffwechsel zwischen Zelle und Umgebung. Membranstrukturen gliedern den Innenraum der Zelle in kleinere Teile (Kernmembran, endoplasmatisches Retikulum, Mitochondrium usw.) Im Zellkern ist DNA auch nicht nur einfach vorhanden, sondern es bildet im Interesse der geregelten Funktion mit anderen Molekülen, besonders mit Eiweißen, komplizierte Gebilde. Andere Bauelemente bauen das Gerüst der Zelle auf. In diesem Abschnitt besprechen wir einige grundlegende Bauelemente, Strukturen der Zelle.

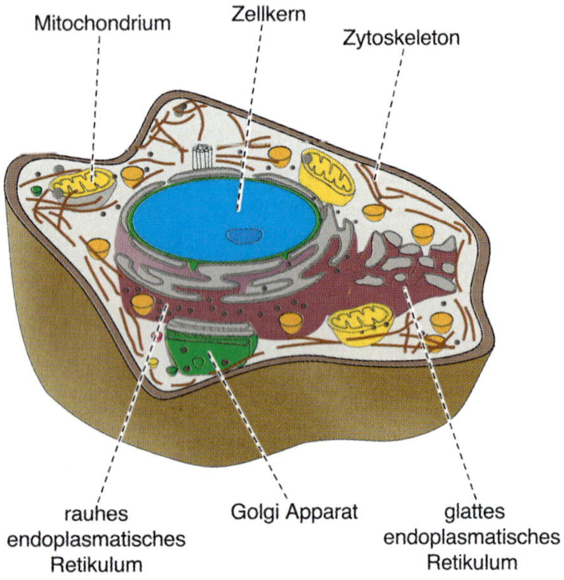

Abb. I.62. Schema einer Tierzelle. Natürlich gibt es Unterschiede zwischen den Zellen mit unterschiedlicher Funktion, aber die wichtigsten Zellorganellen sind in jeder Zelle zu finden.

I/5.1 Biologische Membranen

I/5.1.1 Die Lipiddoppelschicht

Jede biologische Membran – die Zellmembran und die Membranen innerhalb der Zelle inbegriffen – ist eine Struktur aus Lipiden und Eiweißen, die nicht durch kovalente Bindungen zusammengehalten ist. In der Mehrzahl der Fälle besteht die Trockenmasse der Membran zu 40–60% aus Lipiden, zu 30–50% aus Eiweiß und zu 10% aus Kohlenhydraten. Die Lipide der Zellmembran sind amphipathische Moleküle, d. h. sie enthalten sowohl hydrophile als auch hydrophobe Anteile. Den apolaren Teil der meisten Phospholipide bilden zwei Fettsäure-Seitenketten mit je 14–22 Kohlenstoffatomen, die mit dem Glycerin verestert sind. An das dritte Kohlenstoffatom des Glycerins ist über eine negativ geladene Phosphatgruppe eine kürzere, einige Kohlenstoffatome enthaltende, über weitere Ladungen verfügende polare Atomgruppe gebunden. Diese letztere polare „Kopfgruppe" kann z. B. Äthanolamin, Serin oder Cholin sein; die entsprechenden Lipide sind: Phosphatidyläthanolamine, Phosphatidylserine und Phosphatidylcholine (Abb. I.63). Diese polaren Gruppen haben in der Regel keine Nettoladung, eine Ausnahme macht die Kopfgruppe des Phosphatidylserin, die eine negative Einheitsladung trägt. In den Membranen kommen auch in großer Zahl solche Phospholipide vor, die statt des Glyceringerüstes einen Aminoalkohol enthalten (Sphingolipide: z. B. Sphingomyelin).

Amphipathische Moleküle neigen in wässrigem Milieu zur spontanen Aggregation. Die Aggregate werden von der hydrophoben Wechselwirkung zusammengehalten. Durch die Anordnung der hydrophoben Teile nebeneinander wird in dem polaren Milieu die energetisch ungünstige Exponiertheit der apolaren Teile gemindert. Eine sehr effektive Maskierung der apolaren Seitenketten ist die Bildung von sog. Mizellen (Abb. I.64). Daneben bilden die Lipide leicht auch sog. Doppelschichten, in denen sich die polaren Kopfgruppen der wässrigen Phase (Zytoplasma bzw. extrazellulärer Raum) und die Fettsäure-Seitenketten dem Innern der Doppelschicht zuwenden. Diese Doppelschicht hat eine Dicke von rund 5 nm.

Im Gegensatz zu der spontan entstandenen Lipiddoppelschicht der amphiphilen Moleküle ist die Lipiddoppelschicht der Zellmembran asymmetrisch. Die Phosphatidyläthanolamine sowie die Phosphatidylserine mit negativer Nettoladung kommen fast ausschließlich in der dem Zytoplasma benachbarten Schicht vor, die cholinhaltigen Lipide befinden sich in erster Linie in der äußeren Schicht. Die Lipide mit Oligosachariden (Glycolipide) kommen in der Schicht neben dem Zytoplasma überhaupt nicht vor. Ihre polare Kopfgruppe enthält eine schwankende Zahl von Zuckerringen (Galactose, Glycose, N-Acetylgalactosamin) und Sialsäure mit negativer Ladung (N-Acetylneuraminsäure). Die asymmetrische Lipidzusammensetzung bildet sich während der Membransynthese am endoplasmatischen Retikulum. Die Asymmetrie zeigt sich unter anderem darin, dass sich eines der Inositollipide (Inosit-4,5-Diphosphat), das an der transmembranen Signalübertragung teilnimmt, in erster Linie auf der zytoplasmatischen Seite der Lipiddoppelschicht befindet.

Die Stärke der Wechselwirkungen zwischen den hydrophoben Seitenketten der Membranlipide hängt von der Zusammensetzung der Lipide ab. Wenn die Intensität der Wärmebewegung die Ordnung durch die Anziehungskräfte der schwachen Wechselwirkungen nicht kompensiert, so nimmt der Ordnungsgrad der hydrophoben Teile zu und unter einer charakteristischen Temperatur, „der Phasenumwandlungstemperatur", entsteht eine rigide, gelartige Struktur. Über der Temperatur des Phasenübergangs sind die Lipidmoleküle mobil und können verschiedene Bewegungsformen haben (Abb. I.65).

Die Lipidkomponenten der biologischen Membranen enthalten in der Regel eine Seitenkette aus gesättigter Fettsäure und eine weitere aus ungesättigten Fettsäuren mit einer oder mehreren Doppelbindungen. Die Seitenketten aus gesättigten Fettsäuren sind flexibler als die Seitenketten mit

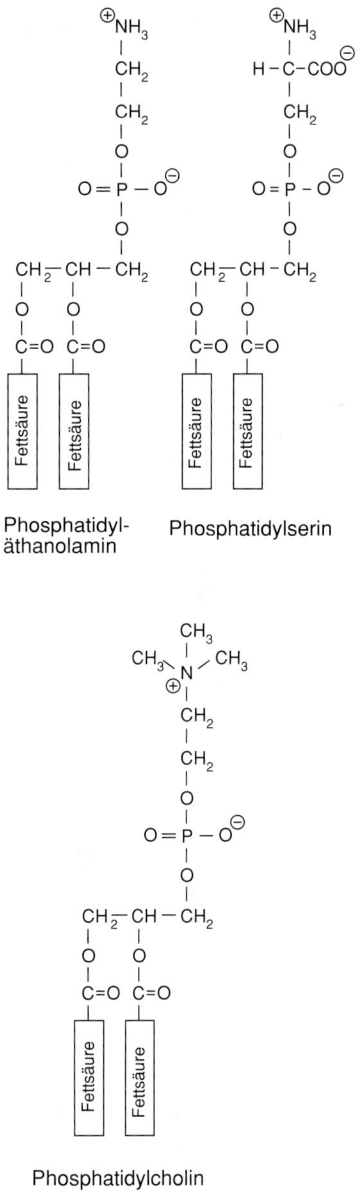

Abb. I.63. Einige wichtige Phospholipide, die am Membranaufbau beteiligt sind

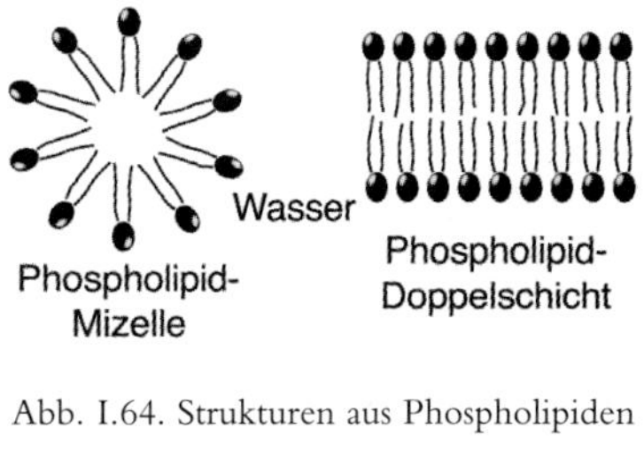

Abb. I.64. Strukturen aus Phospholipiden

Cholesterin in der Membran

Es scheint natürlich, dass eine Membran bei gegebener Temperatur umso weniger viskos ist, je niedriger die Temperatur des Phasenübergangs ist. Das hat die Praxis in vielen Fällen auch bewiesen, der Zusammenhang ist aber trotzdem nicht allgemein gültig. Eine Ausnahme macht z. B. das Cholesterin, dessen hydrophober Teil aus einem rigiden Sterangerüst aus planaren Ringen und einer kürzeren Kohlenhydratkette besteht (s. Abb.). Zwischen dem planaren Teil und der Lipidfettsäure-Seitenkette der einen Seite ist die Wechselwirkung stark, die Kohlenhydratkette kann aber wegen der rigiden planaren Struktur nur mit den hydrophoben Teilen des Lipids der anderen Seite in Wechselwirkung treten. Deshalb hemmt das Cholesterin lokal die (Um-)Ordnung der Lipidschicht und verhindert so den Phasenübergang Flüssigkeit → Gel bei sinkender Temperatur. Dabei stärken die starken Wechselwirkungen der rigiden planaren Teile und die Wasserstoffbrückenbindungen mit den polaren Kopfgruppen der benachbarten Lipidmoleküle die mechanische Stabilität der Membran. Gleichzeitig mindern sie die Fluidität der Membran in der „Tiefe" der Steroidringe.

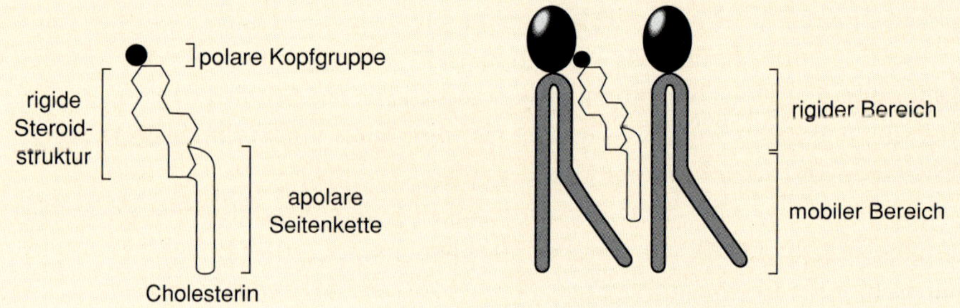

Struktur und Position des Cholesterins in der Plasmamembran

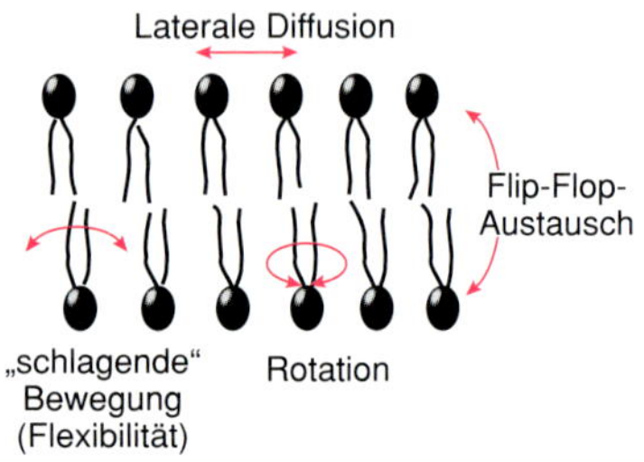

Abb. I.65 Verschiedene Bewegungsformen der Lipidmoleküle der Zellmembran

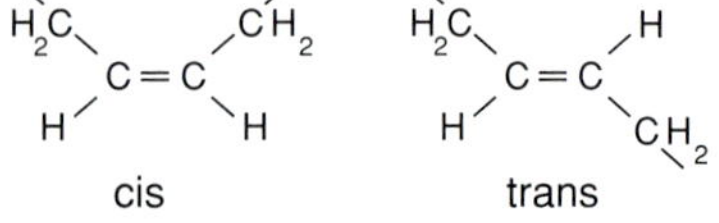

Abb. I.66. Cis-trans-Isomerie

Doppelbindungen, deshalb ist in den Membranen mit ungesättigten Fettsäuren die Wechselwirkung zwischen den hydrophoben Molekülteilen schwächer. Zwischen den Seitenketten ist nämlich die mittlere Distanz infolge der „Kinke" (vom engl. kink: Knick) durch die *cis*-Doppelbindungen größer (Abb. I.66). Diese Tatsache ergibt, dass die Temperatur des Phasenübergangs abnimmt, wenn der ungesättigte Charakter zunimmt. Ähnlich nimmt die Temperatur des Phasenübergangs „Gel-Flüssigkeit" ab, wenn die Länge der Fettsäure-Seitenketten abnimmt. Zwischen den kürzeren Kohlenstoffketten ist nämlich die Wechselwirkung schwächer.

Bei physiologischen Temperaturen befinden sich die biologischen Membranen in der „flüssigen" Phase, was die in Abb. I.65 dargestellten Bewegungsformen der Lipidmoleküle ermöglicht. Der sog. Flip-flop-Austausch zwischen den beiden Schichten der Doppelschicht ist eine seltenere Erscheinung, als die Ortsveränderung der Lipide (laterale Diffusion, s. III/2.2.3) in dieselbe Lipidschicht, oder die Rotation der Lipidmoleküle um ihre Achse. Die Größe der lateralen Diffusion wird gewöhnlich mit der lateralen Diffusionskonstante charakterisiert. Ihr Wert liegt bei biologischen Membranen in der Größenordnung 10^{-8}–10^{-9} cm^2/s. Je größer die Beweglichkeit der Lipide ist, desto weniger ist die (Rotations- oder Translations-) Bewegung in der Lipidphase gehemmt und desto geringer ist die Viskosität der Membran bzw. desto größer ist die Fluidität (die ein zum Kehrwert der dynamischen Viskosität proportionaler phänomenologischer Parameter ist).

Informationen über den Ordnungsgrad, die Fluidität der Lipiddoppelschicht kann man u. U. durch Untersuchung der Emissionsanisotropie von lipidlöslichen fluoreszierenden Molekülen (Fluoreszenz-Lipidproben – z. B. mit Fluoreszenzmarkern konjugierte Lipide) erhalten (s. X/1.1.3). Die laterale Mobilität kann gleichfalls mit Fluoreszenz-Lipidproben (FRAP-Technik Fluorescence Recovery After Photo-bleaching — Fluoreszenz Zunahme nach Photoausbleichen) untersucht werden.

I/5.1.2 Membraneiweiße

Die Struktur der Membran bestimmen die Lipide, die unterschiedlichen Funktionen der biologischen Membranen garantieren jedoch die Eiweißkomponenten. Zahlreiche Eiweiße nehmen an der Transmembran-Signalübertragung und den Transportvorgängen durch die Zellmembran teil. Bei den an die Membran gebundenen Enzymen sind die räumliche Trennung der Reaktionen, die Reihenfolge der einzelnen Schritte durch die Position der Eiweiße in der Membran bestimmt.

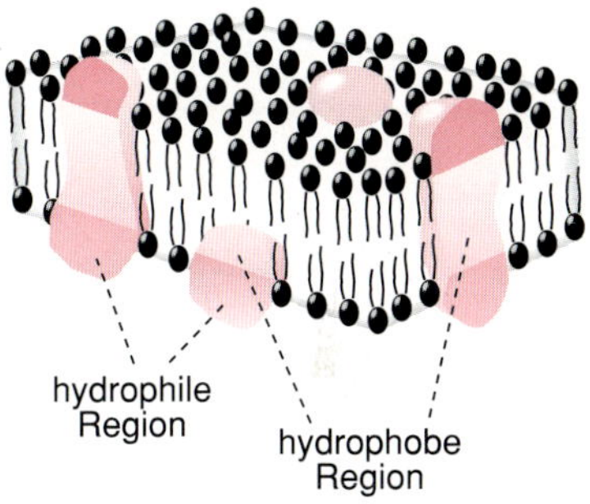

Abb. I.67. Transmembrane, Endo- und Ektoproteine

Die Eiweiße der biologischen Membranen sind danach klassifiziert, welche Wechselwirkungen die Verbindung zwischen Membran und Eiweiß aufrecht halten (Abb. I.67, Abb. I.68). Die integrierten Membraneiweiße stehen in Wechselwirkung mit dem hydrophoben „Kern" der Lipiddoppelschicht der Zellmembran. Die integrierten Eiweiße, welche die ganze Lipiddoppelschicht überbrücken, bezeichnet man als Transmembran-Eiweiße. Diese Eiweiße enthalten auf beiden Seiten der Membran hydrophile Bereiche, ihre hydrophoben Bereiche stehen mit dem apolaren Teil der Lipiddoppelschicht in Verbindung. Die integrierten Eiweiße sind in Wasser nicht löslich, sie können nur mit Detergenzien aus der Zellmembran entfernt werden.

Die peripheren (oder „extrinsic") Eiweiße stehen in keiner direkten Verbindung mit den hydrophoben Bereichen der Membran. Ihre Verbindung mit der Membran ist in der Regel durch Wechselwirkung mit den integrierten Eiweißen gesichert oder sie stehen mit den polaren Kopfgruppen der Phospholipide in elektrostatischer Verbindung. Die meisten dieser Eiweiße lassen sich durch Veränderung der Ionenstärke oder durch Verbindungen, die zweiwertige Kationen binden, aus der Zellmembran entfernen.

An einige Membraneiweiße binden sich auf der extrazellulären Seite Oligosacharide. Diese Moleküle bezeichnet man als Glycoproteine. Es gibt auch Membraneiweiße, die mit kovalenten Bindungen an Membranlipide gebunden sind. Eine erst kürzlich entdeckte Eiweißgruppe bezeichnet man nach dem Lipid, welches das Eiweiß an der Membran verankert, Glycosil-Phosphatidyl-Inositol (GPI) gebundenes Eiweiß (s. Abb. I.68).

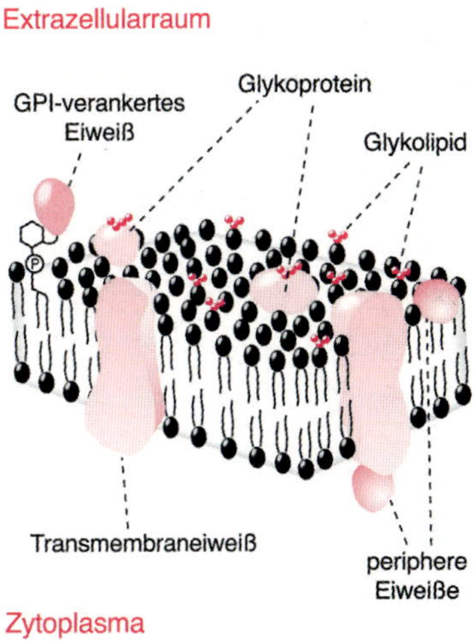

Abb. I.68. Lokalisation der integrierten und peripheren Eiweiße in der Membran

Die Untersuchung der Eiweiße der Zytoplasmamembran ist äußerst schwierig, weil in den meisten Zellen der Säugetiere zahlreiche Membranarten existieren. Eine Ausnahme machen hier die roten Blutkörperchen, deren einzige Membran die Zytoplasmamembran ist. Das erklärt, warum die Plasmamembran der humanen Erythrozyten die am besten studierte Membranart ist.

Isolierung von Membraneiweißen

Die integrierten Membraneiweiße lassen sich nur nach Auflösung der Membranstruktur isolieren. Dazu benutzt man üblicherweise Detergenzien, die es ermöglichen, die ansonsten in polaren Lösungsmitteln nicht löslichen Membraneiweiße in die Lösung zu bringen. Die strukturellen Merkmale der Detergenzien ähneln den Eigenschaften der Lipide. An einen polaren „Kopf" (dieser kann ionisch sein, wie beim Natrium-Dodecil-Sulphat –SDS – oder nur polar, wie beim Triton X-100) ist eine längere hydrophobe Kette gebunden. Aufgrund ihrer amphipathischen Eigenschaften bilden die Detergenzien in wässrigem Milieu sog. Mizellen und die polaren Teile der Detergenzmoleküle befinden sich an der äußeren Fläche dieser kugelförmigen Gebilde. Bei entsprechender Konzentration der Detergenzien lösen sie die strukturelle Einheit der Membran auf und überführen die Strukturelemente in Eiweiß-Lipid-Detergenz-Komplexe, Mizellen. Im günstigen Fall sind die nativen Merkmale der solubilisierten Eiweiße höchstens reversibel geschädigt und ihre Funktionen können untersucht werden, nachdem die Eiweiße nach entsprechender Separation bzw. Reinigungsmanipulationen in künstliche Membranen (rekonstruierte Systeme) eingebaut wurden.

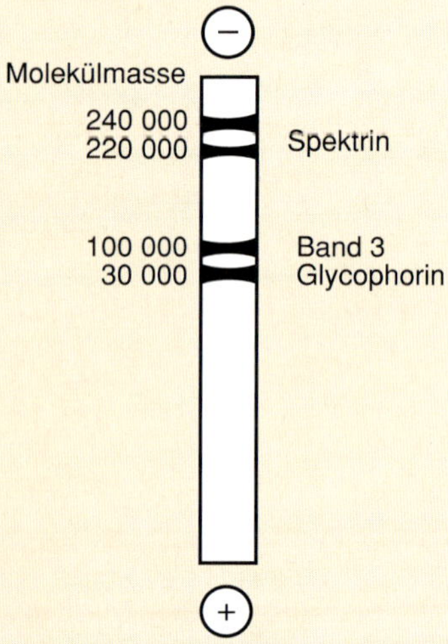

Abb. 1. Gelelektrophorese der Eiweißkomponenten, die in der Erythrozytenmembran in größerer Menge vorkommen

Spezielle Membraneiweiße

Größe, Molekülmasse der Membraneiweiße werden mit der Polyacrylamid-Gelelektrophorese bestimmt. Benutzt man als Detergent SDS, so lassen sich die Eiweiße nach ihrer Molekülmasse trennen. (Die Gelelektrophoretogramme enthalten in der Regel sehr viele Komponenten. In Abb. 1 sind einige der Eiweißkomponenten, die in den humanen Erythrozyten in größter Menge vorkommen, mit Molgewicht und Bezeichnung dargestellt.

Die Asymmetrie zwischen den beiden Seiten der Membran kommt nicht nur in der Verteilung der Lipide sondern auch der Eiweiße zum Ausdruck. Das Spektrin (Molekülmasse 220-240 kD) ist ein an der Zytoplasmaseite der Membran schwach gebundenes fibrillares Eiweiß, welches über das Eiweiß Ankirin (Molekülmasse 210 kD) mit dem an den Transportvorgängen beteiligten Band 3 in Wechselwirkung steht. Auf die schwache Wechselwirkung weist hin, dass die netzartige Spektrinstruktur (Abb. 2) von Lösungen mit sehr geringer Ionenstärke von der Membran abgelöst wird. In letzter Zeit wurden in speziellen Gewebezellen mehrere spektrinartige Eiweiße nachgewiesen. Über die Funktion des Glycophorins (Molekülmasse 30 kD) wissen wir heute noch sehr wenig. Vom Band-3 (Molekülmasse 100 kD) hat sich erwiesen, dass es ein Transmembraneiweiß ist, in der Regel ist es in Dimerform zu finden und es spielt im für die Funktion der Erythrozyten notwendigen Anionentausch HCO_3^-/Cl^- eine Rolle. Es ist vorstellbar, dass dieses Eiweiß z.B. in der Dimerform durch die Lipiddoppelschicht der Membran einen Kanal formt, der den passiven Durchtritt der entsprechend großen hydrophilen Ionen ermöglicht.

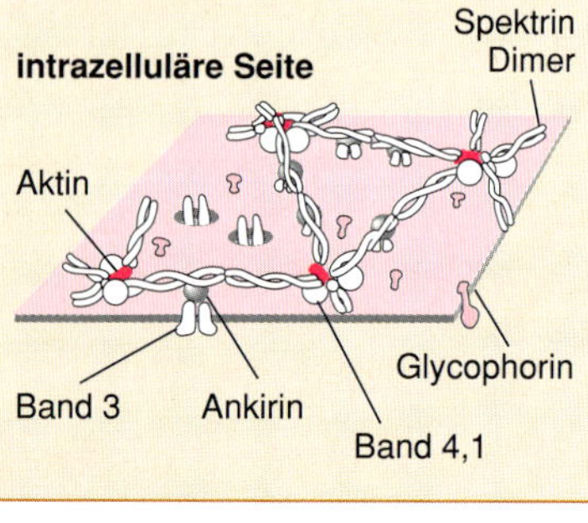

Die Untersuchung der Asymmetrie ist durch die Lyse der Erythrozyten in hypotonischem Milieu möglich. Nach dem Entfernen des Zytoplasmas bleiben im Präparat „Geisterzellen" (ghost-Zellen) mit durchlöcherter Membran und ohne Zytoplasma zurück. Durch entsprechende Behandlung können aus den ghost-Zellen Membranfragmente gewonnen werden, die sich wieder schließen. Dieser Schluss kann so gelenkt werden, dass die ursprünglich innere Schicht der Membran die äußere Schicht der so entstandenen Vesikel (gewendete oder „inside-out" Vesikel) bildet.

Abb. 2. Lokalisation der Eiweiße in der Erythrozytenmembran, von der intrazellulären Seite gesehen

Lokalisation der Membraneiweiße in der Membran

Das lässt sich mit der sog. vektorialen Markierung von Eiweißen untersuchen. Zur Markierung werden fluoreszierende oder radioaktive Atomgruppen enthaltende Reagenzien benutzt, die mit den Funktionsgruppen der Eiweiße eine kovalente Bindung eingehen. Ist die Membran für das Reagens nicht permeabel, dann kann man nach der Markierung mit Untersuchung der solubilisierten Membraneiweiße entscheiden, welche der markierten Eiweißkomponenten vom Zytoplasma oder vom extrazellulären Raum bzw. aus beiden Richtungen zu erreichen sind. Eine ähnliche Möglichkeit bieten die proteolytischen Enzyme. Setzt man die Innen- bzw. Außenseite der Zellmembran diesen Enzymen aus, dann kann man durch Elektrophorese der solubilisierten Probe entscheiden, welches Eiweiß an der entsprechenden Seite (außen oder innen) verdaut werden kann.

Eine erst kürzlich erkannte Form der Lipid- und Proteinorganisation ist das Lipid-„Floß" oder mit der internationalen Bezeichnung Lipid „raft". Diese Flöße sind Detergenzien gegenüber resistent (DIG = Detergent insolubles Glycolipid). Ihre Hauptbausteine sind Sphingolipide und Cholesterin. In ihnen sind sowohl an Glycosil-Phosphatidil-Inositol Molekülen verankerte, nicht durch die Membran reichende (sog. GPI verankerte) Eiweiße als auch die Membran in voller Dicke durchdringende integrale Eiweiße zu finden. Diese Flöße bringen gewisse Membraneiweiße vom Ort ihrer Synthese in die Plasmamembran und sichern dort ihre laterale Ordnung, fallweise ihre Kompartimentalisierung. Die Existenz der Lipidflöße wurde nicht nur mit biochemischen Analysen sondern auch durch Untersuchungen an lebenden Zellen nachgewiesen. Die Strukturintegrität der Lipidflöße lässt sich mit selektiver Komplexierung (und nachfolgender Umordnung) der Cholesterinkomponente (mit Hilfe des Antibiotikums Filipin) oder durch Extraktion des Cholesterins aus der Membran (mit Methyl-β-Ciclodextrin) messbar ändern. Der direkte Nachweis der Lipidflöße und die genaue Messung ihrer Größe gehören noch zu den offenen Fragen der Biophysik. Die Lipidflöße können die spezifischen Eiweiße der polarisierten Zellen in der apikalen und basalen Membran gezielt vom Syntheseort abtransportieren.

Liposomen

Neben den biologischen Membranen sind die künstlichen Modellmembranen von praktischer Bedeutung. Diese kann man herstellen, um die biologischen Membranen zu modellieren oder um mit ihrer Hilfe einige Moleküle zu den entsprechenden Geweben, Zellen des Organismus zu transportieren.

Die wichtigsten der Modellmembranen sind die *Liposomen*. Das sind Kügelchen aus einer oder mehreren Lipiddoppelschichten. Die Lipide können nach Belieben, dem Zweck entsprechend gewählt werden, die entscheidende Rolle spielen aber – analog zu den biologischen Membranen – auch hier in der Regel die Phospholipide (Phosphatidylcholine, Phosphatidylserine und Phosphatidyläthanolamine). In gewissen Fällen werden auch solche künstlich hergestellten Lipide benutzt, die in biologischen Membranen nicht zu finden sind. Das sind die positiv geladenen Lipide, welche Bausteine der Liposomen sind, die hauptsächlich zur Genübertragung dienen. Bei der Wahl des Lipids ist zu beachten, dass die Zusammensetzung des Liposoms und der Membran der Zielzelle möglichst ähnlich sei.

Die Liposomen können nach verschiedenen Gesichtspunkten eingeteilt werden. Nach der Zahl der Lipiddoppelschichten der Liposomen unterscheidet man multilamellare und unilamellare Vesikel. Die *multilamellaren Vesikel (MLV)* bestehen aus mehreren Lipiddoppelschichten. Ihre Zahl kann auch innerhalb eines Präparates sehr unterschiedlich sein. Das hat die praktische Bedeutung, dass die Zeit, in welcher der Wirkstoff aus dem Liposom freigesetzt wird, in umgekehrtem Verhältnis zur Zahl der Lipiddoppelschichten des Liposoms steht. Ist also die Zahl der Schichten in den einzelnen Liposomen verschieden, so kann eine verzögerte Freisetzung des Wirkstoffs erreicht werden. Die unilamellaren Vesikel aus einer einzigen Doppelschicht werden gewöhnlich nach ihrem Durchmesser weiter in zwei Gruppen eingeteilt: die kleinen (*small unilamel-*

▶

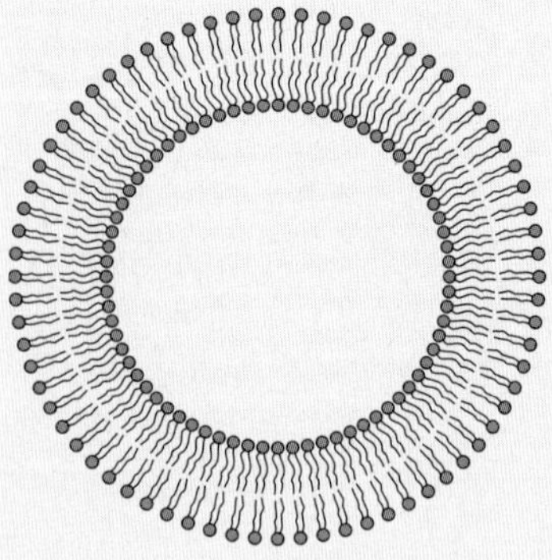

Abb. 1. Unilamellares Liposom

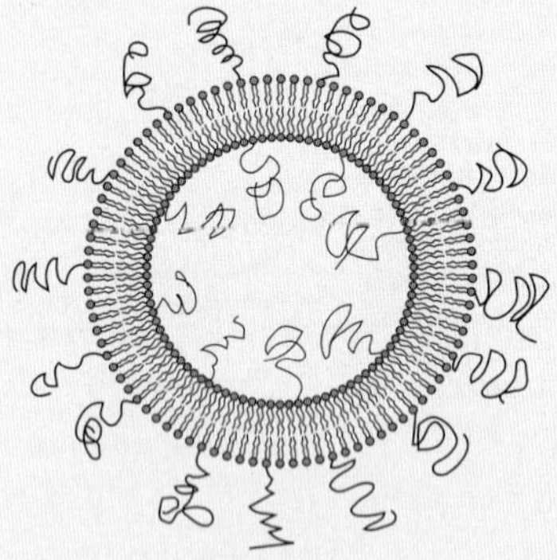

Abb. 2. „Stealth" Liposom

lar vesicle – SUV) haben einen Durchmesser unter 100 nm, die großen (*large unilamellar vesicle – LUV*) über 100 nm (Abb. 1).

Man kann die Liposomen auch danach einteilen, welche Moleküle mit der äußeren Lipidschicht verbunden sind. Hier unterscheidet man konventionelle (C) Liposomen, an deren Oberfläche keine speziellen Moleküle zu finden sind. Diese erkennt das Immunsystem als Fremdmaterial und sie werden zum größten Teil von Makrophagen einverleibt. An der Oberfläche der langlebigen (stabilisierten *„heimlichen (stealth)" – S*) *Liposomen* befinden sich Polymerketten (z. B. Polyäthylenglycol – PEG, Glucoronsäure, Sialsäure usw.). Diese verstecken praktisch die Liposomen vor den Immunzellen. Diese Liposomen werden von den Makrophagen in bedeutend geringerem Maße einverleibt als die konventionellen Liposomen und haben so bedeutend größere Chancen, an andere Gebiete des Organismus zu gelangen (Abb. 2). Die *Immunliposome* binden an ihrer Oberfläche spezifische Antikörper. Diese treten mit hohem Wirkungsgrad mit den Zellen in Wechselwirkung, die über die entsprechenden Antikörper-Bindungsplätze verfügen. So lassen sich mit der Auswahl der entsprechenden Antikörper an den Zielzellen mit den gegebenen Bindungsplätzen spezifische Bindungen erreichen.

Die Anwendung der Liposomen in der medizinischen Praxis beruht darauf, dass sich in diese „Hülle" verschiedene diagnostische Präparate (z. B. Röntgenkontrastmittel, Radiopharmaka), Medikamente, Nukleinsäurenfragmente, Eiweiße usw. einschließen lassen. Mit dieser Methode kann der Wirkungsgrad des Transportes der eingeschlossenen Moleküle zum Zielorgan oder zu den Zielzellen deutlich verbessert werden. Das hat auch den Vorteil, dass so weniger Wirkstoff in andere Gewebe, Organe gelangt, wo er unerwünschte Nebenwirkungen hervorrufen könnte. So ist es zweckmäßig, hauptsächlich die Medikamente in Liposomen einzuschließen, die ansonsten schwere Nebenwirkungen haben (z. B. Antibiotika, Steroide, Chemotherapeutika). Ein wichtiger Aspekt kann auch sowohl bei diagnostischer als auch bei therapeutischer Anwendung die Verlängerung der Halbwertszeit sein. Dadurch bleibt z. B. die therapeutisch notwendige Konzentration im Blut länger erhalten. Zur Übertragung von Genen benutzt man Liposome, die Kationenlipide enthalten. Die Übertragung hat einen höheren Wirkungsgrad als bei anderen Methoden, ist aber ziemlich teuer.

Man kann auch Liposomen mit gewisser spezieller Zusammensetzung und so mit speziellen Eigenschaften herstellen. Das sind z. B. *wärmeempfindliche Liposomen*, die bei Erreichen einer gewissen kritischen Temperatur ihre Stabilität verlieren und die eingeschlossenen Wirkstoffe freilassen. Das kann spontan erfolgen, z. B. in Entzündungsherden mit höherer Temperatur oder gezielt durch lokale Hyperthermie. Es ist zweckmäßig, die Zusammensetzung solcher Liposomen so zu wählen, dass die kritische Temperatur nur einige Grad höher sei als die Körpertemperatur. Aus den *pH-empfindlichen Liposomen* wird das eingeschlossene Molekül dann freigesetzt, wenn der pH-Wert der Umgebung sinkt. Das kann z. B. auch für Entzündungsherde charakteristisch sein. Die *lichtempfindlichen Liposomen* enthalten Lipide, welche bei Licht polymerisieren, wodurch die Permeabilität der Membran zunimmt. Das notwendige Licht kann mit optischen Fasern zum Zielorgan geleitet werden.

Die praktische Bedeutung der Liposomen wurde in den vergangenen Jahrzehnten immer offensichtlicher, ihre Anwendung dehnte sich auf immer breitere Gebiete aus. Verschiedene in Liposomen eingeschlossene Wirkstoffe sind weltweit als Medikamente zugelassen, einige auch schon in Ungarn. Weitere Präparate werden derzeit klinisch erprobt. Es ist zu erwarten, dass sich diese Tendenz in den nächsten Jahren fortsetzt.

I/5.2 Die Organisation des genetischen Materials im Zellkern

Die DNA ist in jeder Hinsicht das größte Molekül in der Zelle. Gleichzeitig ist sie in der geringsten Anzahl vorhanden. In einer normalen menschlichen Zelle gibt es nur 46 Fäden (alle 46 Chromosomen enthalten je einen Faden). Die Größe ist im Beispiel I.3 gut veranschaulicht.

Dieses große Molekül muss so in den Zellkern gepackt sein, dass es seine grundlegende Aufgabe erfüllen kann. In den zwei grundlegenden Zuständen der Zelle hat es je verschiedene Aufgaben. Im Ruhezustand der Zelle, d. h. in der sich nicht teilenden Zelle, muss es einerseits geordnet platziert sein, andererseits die Umschreibung der zur Zellfunktion notwendigen Informationen sichern. Im zweiten wichtigen Zustand der Zelle, bei der Zellteilung, muss eine andere Bedingung erfüllt sein. Dieses große Molekül muss in einen so kompakten Zustand gebracht werden, dass sich die verdoppelte Erbsubstanz ungehindert und regelmäßig in die zwei Tochterzellen verteilen kann.

Der Zellkern enthält neben der DNA noch ungefähr doppelt soviel Eiweiße. Ein bedeutender Teil dieser Eiweiße gehört in die Gruppe der basischen Histone. Ihr basisches Verhalten verdanken sie dem hohen Arginin- und Lysingehalt. Beide Aminosäuren enthalten basische Seitenketten, die das basische Merkmal prägen. Eine andere charakteristische Eiweißart, die in den Kernen einiger Zelltypen vorkommt, sind die (hauptsächlich durch ihren Argininגehalt) gleichfalls basischen Protamine mit hohem Cysteingehalt. Neben den basischen Eiweißen befinden sich im Zellkern noch ungefähr in der gleichen Zahl Eiweiße, die keine Histone sind. Diese Eiweiße spielen eine wichtige Rolle bei der Organisation der Struktur und der Bewahrung der Funktionsfähigkeit des genetischen Materials im Zellkern. DNA und Eiweiße bilden im Zellkern einen komplizierten Komplex, den man mit Chromatinsubstanz bezeichnet.

In einer durchschnittlichen, sich nicht teilenden Zelle ist die DNA unter dem Lichtmikroskop kaum zu sehen, weil sie sich zum Teil in nicht-kondensiertem Zustand befindet. Einige Teile befinden sich in vollkommen ausgedrehtem Zustand, das ist das sog. Euchromatin. Andere Teile befinden sich in relativ kondensiertem Zustand, das sind die Heterochromatin genannten Abschnitte der vollen DNA-Kette, in denen die mRNA-Synthese erfolgt. Jede Zelle trägt alle genetischen Informationen in sich, über die das Individuum verfügt, aber in den spezialisierten Zellen ist nur ein Teil der Informationen notwendig. Diese Abschnitte erscheinen im Euchromatinbereich. Natürlich sind in den einzelnen Zuständen der Zellfunktion nicht immer alle Funktionen notwendig, welche die gegebene Zelle charakterisieren, deshalb muss auch in diesen Abschnitten die Funktion der einzelnen Gene geregelt werden.

Auf den elektronenmikroskopischen Aufnahmen sind an den DNA-Ketten kleine Perlen zu sehen, die als Nukleosomen bezeichnet werden. In Abb. I.69 ist dargestellt, dass das Nukleosom ein Komplex aus einem DNA Abschnitt

Beispiel I.3

Die Dimension der DNA

Das Humangenom baut sich aus rund 3 Milliarden Basenpaaren auf. Seine volle Länge beträgt ca. 2 m. Das bedeutet 23 Moleküle (das Humangenom besteht aus 23 Chromosenpaaren). Die Länge eines Moleküls beträgt also ca. 10 cm. Diese Moleküle müssen in den Zellkern von rund 5-10 µm gepackt werden. Um die Aufgabe zu verstehen, betrachten wir, was diese Dimensionen bedeuten. Wäre der Zellkern ein Tennisball, so würde die Länge eines DNS-Fadens rund 1 km sein. Der Durchmesser dieses Fadens beträgt nur einige Mikrometer. Diesen Spinnenfaden müsste man so in den Tennisball packen, dass er dabei auch noch seine Funktion erfüllen kann, sich bei der Zellteilung problemlos zu verdoppeln und in die Tochterzellen zu trennen.

Abb. I.69. Der Aufbau des Nukleosoms

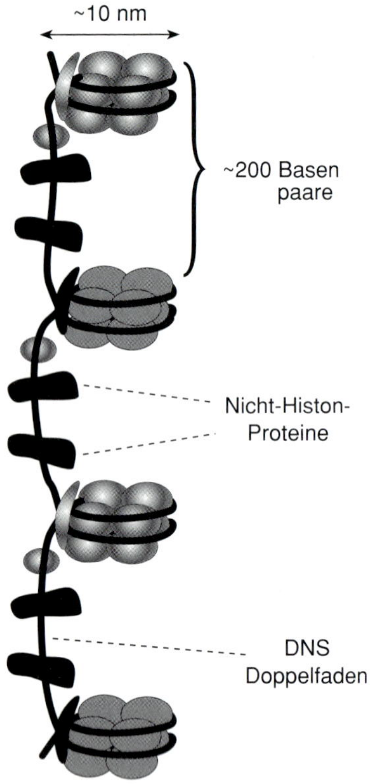

Abb. I.70. Die Chromatinstruktur mit Nukleosomen

Abb. I.71. Spiralisieren der Chromatinsubstanz in eine Struktur höherer Ordnung. Die Scheiben symbolisieren die Nukleosomen.

und Histonen ist. Das Nukleosom der Abb. I.69 besteht aus einem Kern aus vier Paaren verschiedener Histone, dem um sie geschlungenen DNA-Faden und einem abschließenden fünften Eiweiß. Da die Histone basische Eiweiße sind, binden sie sich mit elektrostatischer Wechselwirkung an die Phosphatgruppen der DNA.

Um eine noch bessere Packung zu erreichen, schlingen sich die Nukleosomen und die sie verbindenden DNA-Abschnitte in dichtere Strukturen (Abb. I.70). Dieser ungefähr 10 nm dicke Faden wird durch weitere Spiralisierungen noch dichter gepackt und so entsteht eine rund 30 nm dicke kürzere Struktur (Abb. I.71). Der heterochromatische Teil ist noch dichter gepackt, aber sein Aufbau ist noch nicht ganz geklärt.

Eine solche Anordnung der Chromatinsubstanz hemmt natürlich die Übertragung der genetischen Informationen in die mRNA. Deshalb werden im ersten Schritt der Synthese an dem Punkt, an dem die Synthese beginnt, die Histoneiweiße vom DNA-Faden entfernt. Die Bereiche, die kondensiert bleiben, sind inaktiv, nehmen also an der Funktion der gegebenen Zelle nicht teil. Das bedeutet auch, dass in den verschiedenen Zellarten eine sehr genau geregelte Funktion notwendig ist, da wie schon erwähnt unterschiedliche DNA-Teile aktiv sind.

Diese Anordnung ist aber nicht geeignet, dass die DNA-Substanz der sich teilenden Zellen in den Tochterzellen in geregelter Form, praktisch fehlerfrei verdoppelt und geteilt erscheine. Während der Mytose erscheint die Struktur, die man allgemein als Chromosomen bezeichnet. In diesem Zustand ist die Chromatinsubstanz in vollkommen kompakter Form angeordnet. Die Kondensation ist so stark, dass sie nach entsprechender Färbung auch unter dem gewöhnlichen Lichtmikroskop gut zu sehen ist. So kann natürlich kein einziges Gen seine Aufgabe erfüllen, aber das ist auch nicht notwendig. Dieser kompakte Zustand ermöglicht die Bewegung und die regelmäßige Verteilung der DNA in den beiden Zellen.

Die grundlegend unterschiedliche Struktur bedeutet eine viel dichtere Packung. Die Chromosomen sind rund 10000-mal kürzer als der vorherige Zustand. Beim Entstehen dieses Zustandes spielen auch die Wechselwirkungen der Eiweiße untereinander bzw. zwischen Eiweißen und DNA eine wichtige Rolle. Über diese Struktur wissen wir derzeit noch weniger als über das Chromatin in der sich nicht teilenden Zelle. Nach Untersuchungen der Spermien scheint der anderen Gruppe der basischen Eiweiße, den Protaminen eine wichtige Rolle zuzukommen. Diese sind stärker basisch als die Histone, so können sie stärkere Wechselwirkungen mit der Phosphatgruppe der DNA eingehen. Die stärkere Wechselwirkung ergibt eine größere Stabilität des Komplexes, was für die Beständigkeit der Struktur wichtig ist. Ein anderes Merkmal ist, dass sie reich an Cystein sind (in gewissen Fällen > 20%). Diese Aminosäuren dienen der Ausbildung von Disulfidbrücken zwischen bzw. innerhalb von Eiweißen. Die vielen Disulfidbindungen können durch ihren kovalenten Charakter beim Entstehen der Chromosomenstruktur und dem Erhalt ihrer strengen Ordnung gleichfalls eine wichtige Rolle spielen.

I/5.3 Das Zytoskelett

Es ist ein besonderes Merkmal der lebenden Zelle, dass die am Aufbau beteiligten Moleküle in charakteristischen supramolekularen Strukturen organisiert sind. Solche supramolekularen Assoziationen sind z. B. das Zytoskelettsystem aus Eiweißteilen bzw. die Kernmatrix, das Membrangerüst aus Eiweißen und Lipiden (Membranskelett), das Chromatin aus DNA und Eiweißen (Chromosomen). Die Zelle tritt während ihres Lebens und der Ausübung ihrer verschiedenen Funktionen immer mit supramolekularen Assoziationen in Verbindung. Wir könnten es auch so formulieren, dass die Existenz der Zelle mit diesen Systemen untrennbar verbunden ist. Die verschiedenen biologischen supramolekularen Systeme verfügen über besondere physikalische, physikochemische Eigenschaften. Des Weiteren hat ihre Existenz bestimmte physikalische, physikochemische Wirkungen auf die lebende Zelle. In diesem Abschnitt beschreiben wir die allgemein charakteristischen physikalischen Eigenschaften der biologischen supramolekularen Systeme, die in ihnen ablaufenden physikochemischen Prozesse anhand des vielleicht am besten charakterisierten Zytoskeletts der Eukariontenzellen. Dabei verweisen wir auf die spezifischen Abschnitte des Lehrbuches.

Die biologischen supramolekularen Systeme bestehen aus gut definierbaren **biomolekularen Bausteinen**. Innerhalb des Zytoskeletts unterscheidet man dünne Filamente, intermediäre Filamente und Mikrotubuli. Die dünnen Filamente sind aus Aktineiweiß, die intermediären Filamente aus gewebespezifischen Eiweißuntereinheiten und die Mikrotubuli aus Tubulineiweiß aufgebaut. Die intrazelluläre Position der dünnen Filamente und der Mikrotubuli sind in Abb. I.72 dargestellt.

Die spezifischen Bausteine des Zytoskeletts und im Allgemeinen der supramolekularen biologischen Systeme bilden **polymere** Filamente. Die polymeren Filamente bestehen aus globulären Eiweißuntereinheiten. Je ein Filament ist aus vielen (poly) ähnlichen Untereinheiten (gr. méros: Teil) aufgebaut; daraus ergibt sich die Bezeichnung Monomere für bestimmte Typen der Untereinheiten. Die Teile der Zytoskelett-Filamente sind von nicht-kovalenten, sekundären Bindungskräften zusammengehalten. In dieser Eigenschaft unterscheiden sich die Zytoskelett-Polymere von den biologischen Grundmolekülen (Eiweißen, Nukleinsäuren, Polysachariden, Lipiden), in denen die einzelnen Untereinheiten durch energiereiche kovalente Bindungen gekoppelt sind. Der Entstehungsprozess der polymeren Filamente ist die **Polymerisation**. Während der Polymerisation reihen sich die spezifischen Untereinheiten nacheinander auf, wodurch das Filamentum länger wird. Der entgegengesetzte Prozess ist die **Depolymerisation**, die mit Verkürzung der Filamente einhergeht. Da die Untereinheiten durch sekundäre Bindungskräfte mit relativ niedriger Energie verbunden sind, **ist das Zytoskelettsystem dynamisch.** Das bedeutet, dass das Zytoskelett in ständiger Bewegung, Veränderung ist, die Polymerisations- und Depolymerisationsprozesse kontinuierlich ablaufen. Die aktuelle Geschwindigkeit der gegensätzlichen Prozesse wird empfindlich von

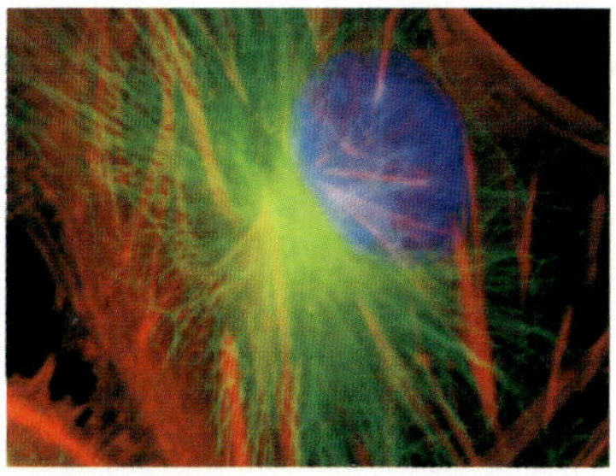

Abb. I.72. Fluoreszenzmikroskopisches Bild von dünnen (Aktin-) Filamenten (rot), Mikrotubuli (grün) und Zellkernen (blau) einer Epithelzellenkultur. Aufnahme von Steve Rogers (Imaging Technology Group, University of Illinois at Urbana-Champagne)

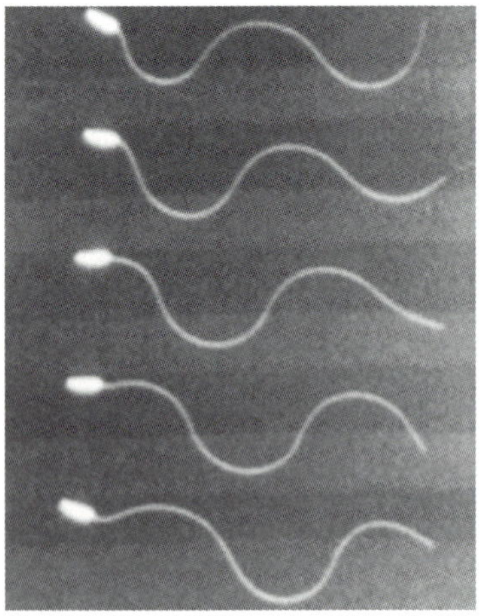

Abb. I.73. Fortbewegung eines Spermatozyten durch peitschenartiges Schlagen mit dem Flagellum

Umweltfaktoren beeinflusst. Das sind z. B. die Konzentration der freien Untereinheiten, die Existenz von assoziierten Eiweißen und noch viele andere – darunter auch bis heute noch nicht genau bekannte – Umstände. Haben Polymerisation und Depolymerisation die gleiche Geschwindigkeit, so kann sich ein dynamisches Gleichgewicht einstellen.

Die Bausteine des Zytoskeletts sind wie erwähnt durch **sekundäre Bindungskräfte** miteinander verbunden. An die Filamente des Zytoskeletts können sich zahlreiche Eiweiße binden. Diese werden in der Regel als **„assoziierte Eiweiße"** danach bezeichnet, an welches Filamentsystem sie gebunden sind (z. B. Aktin-assoziierte Eiweiße). Die assoziierten Eiweiße sind gleichfalls mit sekundären Bindungskräften gebunden und bilden so einen Teil des dynamischen Systems. Die Bedeutung der assoziierten Eiweiße lässt sich praktisch nicht überschätzen. Ganz allgemein kann man sagen, dass die assoziierten Eiweiße die variable Funktionalität des Zytoskeletts und der anderen supramolekularen Systeme dadurch bestimmen, dass sie Bindungsstellen für die Zellbausteine sichern, die Polymerisationsdynamik und –mechanik der Filamente beeinflussen (s. unten) bzw. spezialisierte Aufgaben entlang der Filamente ausführen (z. B. Motoreiweiße, s. V/1.2). Charakter und Größe der sekundären Bindungskräfte des Zytoskeletts sind von den Bindungsflächen der beteiligten Moleküle und dadurch von der Molekülstruktur bestimmt. Weil die Eiweiße des Zytoskeletts eine komplizierte Struktur haben, sind Zahl, Charakter, Kraft der an der Assoziation beteiligten Wechselwirkungen selten genau bekannt. Mit Hilfe zahlreicher verschiedener assoziierter Eiweiße können spezielle biologische Strukturen entstehen. Dazu gehört z. B. das Flagellum aus Mikrotubuli und assoziierten Eiweißen, das den Spermatozyten (Abb. I.73) einen besonderen Bewegungsmechanismus verleiht oder der Spindelapparat, der die verdoppelten Chromosomen bei der Zellteilung trennt (Abb. I.74).

Die assoziierten Eiweiße können die Funktion, Dynamik, Eigenschaften des Zytoskeletts eindrucksvoll beeinflussen. Einzelne Bakterien, z. B. Listeria oder Shigella, können mit Hilfe gewisser assoziierter Eiweiße das dünne Filamentsystem täuschen, um die eigene intrazelluläre Bewegung zu unterstützen (Abb. I.75).

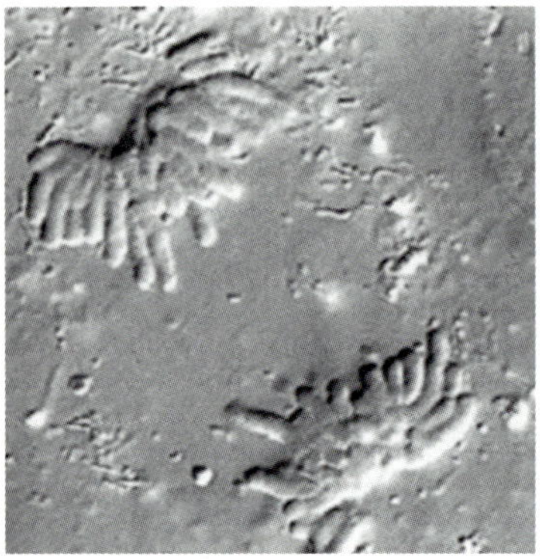

Abb. I.74. Interferenzmikroskopische Aufnahme einer Zelle in der Anaphase der mitotischen Zellteilung

Das Zytoskelett verfügt über **besondere mechanische Eigenschaften**. Man kann sich die polymeren Filamente vereinfacht als Stäbe vorstellen, zu deren Biegung, Streckung mechanische Kraft erforderlich ist. Diese Vereinfachung ermöglicht es, die Filamente als einfache mechanische Objekte zu beschreiben. Ein wichtiger Parameter der polymeren Filamente ist ihre Steifigkeit. Je steifer ein Filament ist, desto mehr Kraft ist zur Biegung je Einheit erforderlich. In Abhängigkeit von der Steifigkeit unterscheidet man **biegsame** (z. B. die einstrangige DNA), **halbsteife** (semiflexible, z. B. Aktinfilamente) und **steife** (z. B. Mikrotubuli) Filamente. Das Zytoskelett ist auch fähig, die Polymerisationsdynamik zur Kraftausübung zu benutzen. Das bedeutet, dass ein Polymerisationsfilament Organellen vor sich herschieben kann. Tatsächlich lässt sich auch die Bewegung intrazellulärer Parasiten (s. Abb. I.75) auf diesen Mechanismus zurückführen. Der Mechanismus der Kraftausübung mit Hilfe der Polymerisation wird später diskutiert (s. V/1.1.2).

Die Existenz des Zytoskeletts als ein außerordentlich dynamisches System mit besonderen mechanischen Eigenschaften hat auch physikalische, physikochemische Auswirkungen auf die Zelle. Die polymeren Filamente und die angeschlossenen Moleküle sind eine gewaltige Eiweißkonzentration, die zur hohen **lokalen Viskosität** führt. Diese begrenzt die lokale Geschwindigkeit der intrazellulären Transportvorgänge. Gleichzeitig sichern die Filamente des Zytoskeletts **Transportwege** für die Zelle. Entlang der Filamente bewegen sich besondere, sog. Motoreiweiße, die intrazelluläre Organellen, Transportbläschen mit sich führen. Das Zytoskelett sichert dabei für die übrigen Moleküle räumlich organisierte Bindungsstellen. Von immer mehr enzymatischen Kaskadensystemen (z. B. den glycolytischen Enzymen) stellt sich heraus, dass sie mit dem Zytoskelett verbunden sind. Die räumlich in Reihe geschalteten Enzyme lenken die sequenziell in Reihe geschalteten biochemischen Reaktionen in einen virtuellen Kanal („**channeling**").

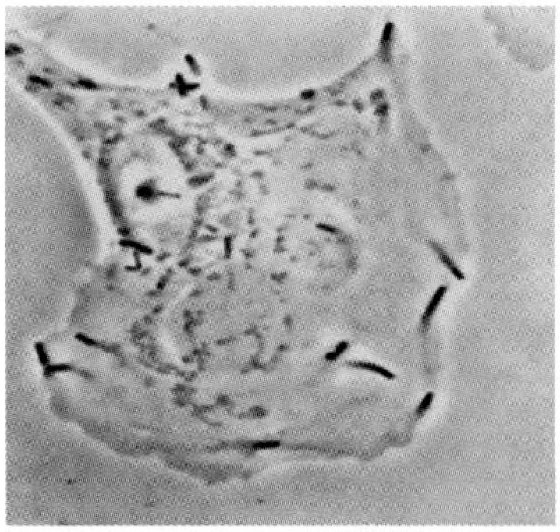

Abb. I.75. Bewegung des intrazellulären Parasiten Listeria monocytogenes in einer Epithelzelle. Die stäbchenförmigen dunklen Gebilde sind die Bakterien, die sich mit Hilfe geordneter Aktinfilamentbündel fortbewegen. Aufnahme von Julie Theriot.

II. Strahlungen und ihre Wechselwirkungen mit der „lebenden" Materie

Das Wort „Strahlung" hat im alltäglichen Leben sehr vielseitige Bedeutungen. Tagtäglich benutzt man Begriffe wie Sonnenstrahlung, radioaktive Strahlung, Ausstrahlung von Schallwellen, Radiowellen. Das Wort wird aber oft auch im übertragenen Sinne gebraucht, so spricht man z.B. auch von der persönlichen Ausstrahlung eines Menschen. Auch ohne besondere Vorstudien ist klar, dass es die verschiedensten Strahlungsarten gibt. Aber selbst wenn man von der Bedeutung im übertragenen Sinne absieht, ist es in vielen Fällen sehr schwer, eine Antwort auf die einfachsten Fragen in Bezug auf die Strahlung zu finden: was strahlen eigentlich die strahlenden Körper ab; worin ähneln sich die einzelnen Strahlungen, worin unterscheiden sie sich; wie entstehen sie; wo treten sie auf; wie erkennen wir sie; wie sollten wir sie klassifizieren? Und was aus Sicht des Mediziners am interessantesten ist: wie wirken sie auf den menschlichen Organismus; sind sie beim Aufstellen der Diagnosen bzw. bei Prophylaxe und Therapie von Krankheiten zu gebrauchen?

II/1 Allgemeine Züge der verschiedenen Strahlungsarten

Die verschiedenen Strahlungen haben auch gemeinsame Eigenschaften. Diese fassen wir in diesem allgemeinen Teil zusammen. Die wichtigste gemeinsame Eigenschaft ist, dass **jede Strahlung Energie transportiert.** Mit der Definition und Messung der diesbezüglichen Größen befasst sich die Radiometrie.

II/1.1 Grundlagen der Radiometrie

II/1.1.1 Strahlungsleistung, Spezifische Ausstrahlung, Bestrahlungsstärke, Stärke des Energieflusses, Strahlungsflussdichte oder Intensität

Gehen wir davon aus, dass die Strahlung meist von einer Strahlungsquelle, einem strahlenden Körper, stammt und dann nach mehr oder weniger langer Ausbreitung den bestrahlten Körper erreicht (Abb. II.1). Dementsprechend sind sich die physikalischen Größen, welche den Energietransport beschreiben, sehr ähnlich. Die Unterschiede stammen in erster Linie davon, ob sie auf die Strahlungsquelle, auf den bestrahlten Körper oder auf das dazwischen liegende Strahlungsfeld bezogen werden.

Beginnen wir die Reihe mit der Strahlenquelle (Abb. II.1a). Die einfachste Strahlenquelle ist **ein punktförmiger und isotroper Strahler**, d.h. seine Abmessungen können im Verhältnis zu den gemessenen Längen vernachlässigt werden und er strahlt gleichmäßig in alle Richtungen (Abb. II/2a). Letz-

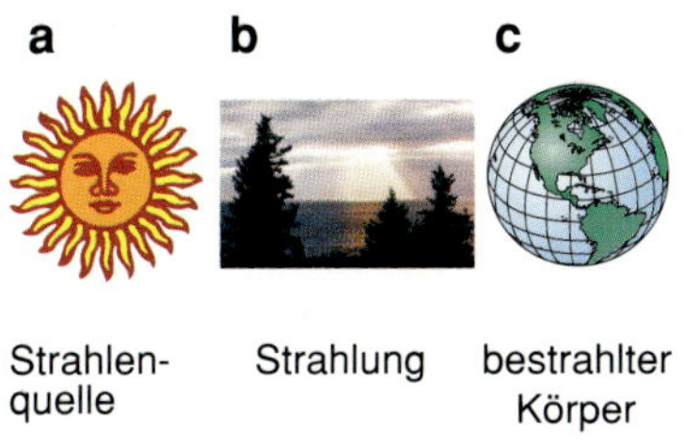

Abb. II.1 Die „Teilnehmer" der Strahlungsvorgänge

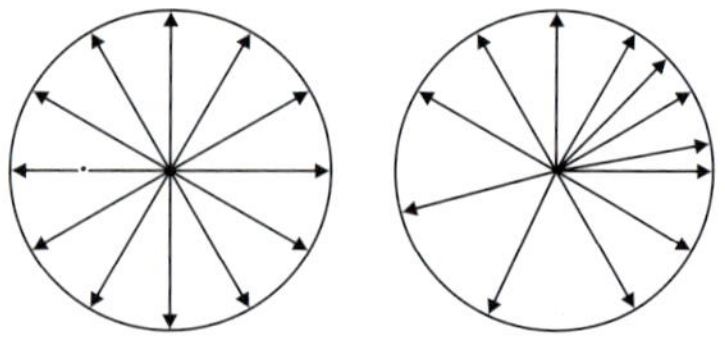

a b

Abb. II.2. Zweidimensionale Darstellung des Energieflusses aus einer punktförmigen Strahlenquelle: **a.** isotroper Strahler, **b.** anisotroper Strahler. In der (dreidimensionalen) Wirklichkeit erfolgt die Ausstrahlung nicht im Winkel von 2π Radiant (360°), sondern im Raumwinkel von 4π Steradiant. (So wie 2π der Umfang des Kreises mit dem Einheitsradius ist, so ist 4π die Oberfläche der Kugel mit dem Einheitsradius.) Im Fall a) und b) treten gleich viele Stromlinien aus der Strahlenquelle aus, deshalb strahlen sie gleich „stark".

teres können wir auch so ausdrücken, dass die Strahlung richtungsunabhängig im gesamten räumlichen Winkel von 4π Steradiant erfolgt (s. Erklärung „Der Raumwinkel").

In diesem Fall können wir die „Stärke" der Strahlenquelle so beschreiben, dass wir einfach die gesamte abgegebene Leistung, die sog. **Strahlungsleistung** (auch **Strahlungsfluss** genannt) angeben:

$$P = \frac{\Delta E}{\Delta t}, \qquad \text{(II.1)}$$

die numerisch mit der während einer Zeiteinheit Δt ausgestrahlten Energie ΔE (Maßeinheit J/s=W) übereinstimmt. Die Energie, welche die Strahlenquelle verlässt, ausströmt und sich ausbreitet, können wir mit Strahllinien veranschaulichen (Abb. II.2). Die Zahl der austretenden Strahllinien zeigt, wie „stark" die Strahlenquelle strahlt. Bei einem isotropen Strahler sind die Strahllinien gleichmäßig verteilt (Abb. II.2a). Bei einem anisotropen Strahler wird die Zahl der Strahllinien in dem Raumwinkel größer, in dem die Strahlung „stärker" ist (Abb. II.2b). Natürlich gibt die Strahlungsleistung einer anisotropen punktförmigen Strahlungsquelle überhaupt keine Auskunft über die Richtungsabhängigkeit der Strahlung. (Dazu müssten wir eine neue Größe einführen, die also angeben würde, wie groß die **Strahlungsleistung** im **räumlichen Einheitswinkel** in der **gegebenen Richtung** ist.)

Nach den punktförmigen Strahlenquellen kommen wir nun zur einfachsten **nicht punktförmigen** Strahlungsquelle. Sie ist eine ebene Schicht, deren Strahlungsraum nur in der Nähe einer ihrer Oberflächen zu charakterisieren ist. (Wegen dieser Beschränkung kann die Schicht als „unendlich" ausgedehnt betrachtet werden (Abb. II.3a).) Ein Flächenelement ΔA von einer Oberfläche kann nur in die Richtungen einer Hemisphäre, also in den Raumwinkel 2π strahlen (Abb. II.3a). Diese Strahlung ist ab ovo anisotrop, weil der Normalvektor der Ebene (also der auf die Ebene senkrechte Einheitsvektor) eine ausgezeichnete Richtung ist. Die Anisotropie stammt davon, dass eine ebene Fläche nicht senkrecht zum Normalvektor (also parallel zur Ebene) strahlen kann. Um diese Tatsache zu verstehen, sollen wir nur daran denken, dass die Strahlungsleistung von der „Größe" von ΔA abhängen soll und die „virtuelle Größe" von ΔA jedoch gleich Null ist, wenn die Strahlungsrichtung parallel zur Oberfläche verläuft.

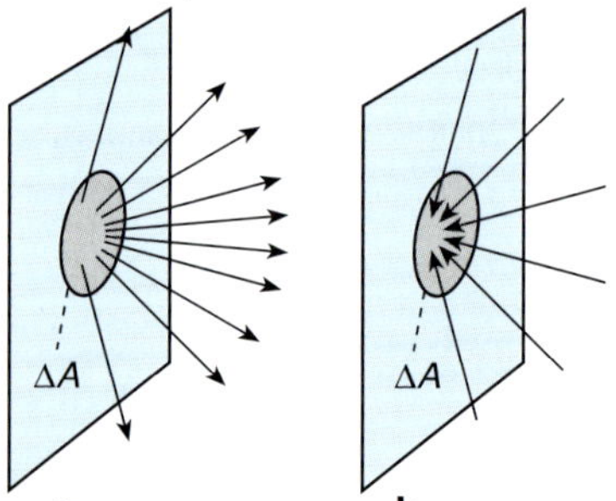

a b

Abb. II.3. Schemazeichnung zu den Definitionen: **a.** Spezifische Ausstrahlung (M), **b.** Bestrahlungsstärke (E)

Es gibt eine große Anzahl von Erscheinungen, bei denen die Richtung der Ausstrahlung (also die Richtung der Strahlenemission) keine ausgezeichnete Rolle spielt. In solchen Fällen ist es ausreichend, wenn die Ausstrahlung ei-

Der Raumwinkel

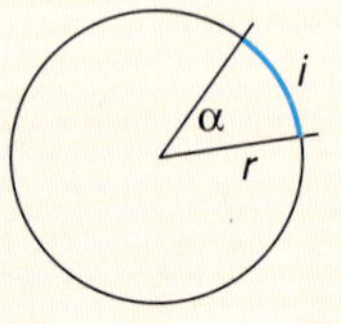

$$\alpha = \frac{i}{r}$$

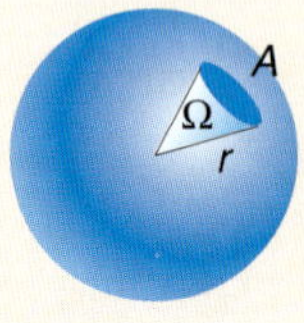

$$\Omega = \frac{A}{r^2}$$

Der Steradiant ist die „Maßeinheit" des Raumwinkels Ω: so wie der Radiant den Quotienten eines Kreisbogens und des Kreisradius angibt, so definiert der Steradiant den Quotienten einer Fläche, die ein zentraler Kegel aus der Kugeloberfläche schneidet, und des Quadrates des Kugelradius.

nes Flächenelementes nur durch die **spezifische Ausstrahlung** charakterisiert wird. Sie ist durch die Beziehung

$$M = \frac{\Delta P}{\Delta A} \tag{II.2}$$

definiert. In Gl. (II.2) ist ΔP die sog. hemisphärische Strahlungsleistung, also die Strahlungsleistung, die in den Raumwinkel 2π abgestrahlt wird (Abb. II.3a). (Die Maßeinheit von M ist W/m^2.)

Zur Beschreibung der Strahlungsleistung bezüglich **eines bestrahlten Körpers** benutzt man die **Bestrahlungsstärke**. Sie ist durch die Beziehung

$$E = \frac{\Delta P}{\Delta A} \tag{II.3}$$

definiert. In Gl. (II.3) ist ΔP die Strahlungsleistung, die aus allen Richtungen des Halbraumes (also aus dem Raumwinkel 2π) auf das Flächenelement ΔA fällt (Abb. II.3b). (Die Maßeinheit von E ist W/m^2.) Leider stimmt das internationale Standardsymbol der Bestrahlungsstärke (E) mit dem üblichen Symbol der Energie überein.

Zur Charakterisierung der **Strahlung** (Abb. II.1b), d.h. des Energiestromes können wir den **Strahlungsfluss** (**Energiestromstärke)** benutzen:

$$I_E = \frac{\Delta E}{\Delta t}. \tag{II.4}$$

Diese Definition unterscheidet sich scheinbar nicht von Gl. (II.1). Der Unterschied besteht tatsächlich nur darin, dass P die Strahlenquelle beschreibt, I_E dagegen die Größe der Strahlung (s. Abb. II.1a und II.1b). Sobald sich die Strahlung nicht nur in einem engen Raumteil (z.B. entlang einer Linie) ausbreitet, reicht diese globale Beschreibung nicht aus. Deshalb beschreibt man die Strahlung selbst eher mit der **Strahlungsflussdichte**, anders bezeichnet mit der **Strahlungsintensität** (Abb. II.4):

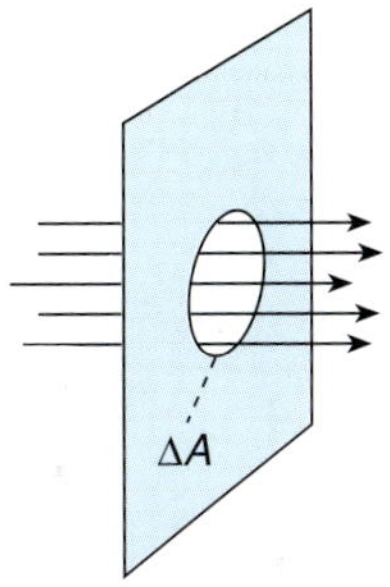

Abb. II.4. Schemazeichnung zur Definition der Strahlungsflussdichte oder Strahlungsintensität (J_E)

$$J_E = \frac{\Delta I_E}{\Delta A}. \tag{II.5}$$

Diese Größe drückt aus, wieviel Energie in einer Zeiteinheit eine **senkrecht zur Strahlung** stehende Flächeneinheit durchfließt (auch hier ist die Maßeinheit W/m^2). Nach der Darstellung ist die Intensität der Strahlung dort am größten, wo die Strahllinien dicht verlaufen.

Es ist zu sehen, dass die Definitionen (II.2), (II.3) und (II.5) sehr ähnlich sind, auf ihre Unterscheidung ist deshalb besonders zu achten.

II/1.1.2 Einfache Gesetze; die Rolle von Symmetrie, Entfernungen und Winkeln

Auch im täglichen Leben stellt sich oft die Frage, wieviel „Strahlung" eine Fläche trifft, die sich in gegebener Entfernung von einer Strahlungsquelle befindet. Wir können z.B. überlegen, ob wir an unserem Schreibtisch ausrei-

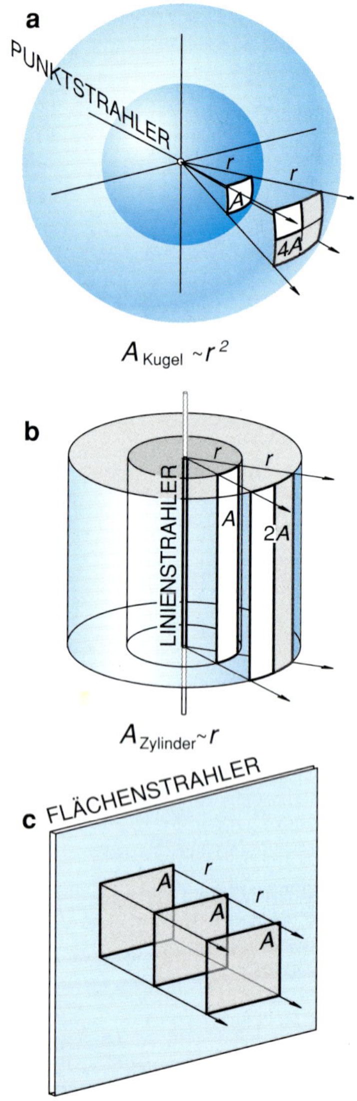

Abb. II.5. Bestimmung der Bestrahlungsstärke ($E = P/A$), **a.** bei Kugelsymmetrie, **b.** bei Zylindersymmetrie und **c.** bei Ebenensymmetrie.

chend Licht zum Lesen haben, in welcher Entfernung wir uns vor unser Heimsolarium setzen oder wo wir die Lautsprecher im Zimmer aufstellen sollen. Wir könnten die Reihe mit dem Problem der Winzer fortsetzen, die sich überlegen müssen, an welchem Hang sie die neuen Weinsorten anpflanzen sollen, so dass diese noch ausreichend „Sonne" erhalten. Aber auch bei der Arbeit mit Isotopen ist es nicht gleichgültig, welcher Abstand zu der Isotopenquelle eingehalten werden sollte.

Im vorigen Teil haben wir die Bestrahlungsstärke eingeführt. Sofern die Strahlenquelle als ein isotroper Punktstrahler angesehen werden kann (in guter Näherung eine Glühbirne ohne Lampenschirm), so verteilt sich die Strahlungsleistung P mit der Entfernung von der Quelle auf einer immer größeren Kugelfläche gleichmäßig, deshalb ist $J_E = P/4r^2\pi$, wobei r der Kugelradius ist. Platzieren wir also senkrecht zur Strahlungsrichtung eine kleine Fläche im Abstand r zur Quelle, so wird die Bestrahlungsstärke gerade so groß sein wie die Strahlungsintensität J_E. **Im Falle der Kugelsymmetrie** ist also

$$E \sim \frac{1}{r^2}, \qquad \text{(II.6)}$$

d.h. die **Bestrahlungsstärke ist umgekehrt proportional zum Quadrat der Entfernung** von der Punktquelle (Abb. II.5a).

Ist die Strahlenquelle linienförmig und in radialer Richtung isotrop (in guter Näherung Leuchtröhren) und entfernt man sich von der Strahlenquelle in senkrechter Richtung, dann verteilt sich die Strahlungsleistung P auf einer immer größeren Zylinderfläche gleichmäßig. Deshalb ist $J_E = P/2r\pi l$, wobei r der Radius, l die Länge des Zylinders sind. So gilt für die **Zylindersymmetrie** im Falle einer zur Strahlungsrichtung senkrecht stehenden Fläche

$$E \sim \frac{1}{r}, \qquad \text{(II.7)}$$

d.h. die **Bestrahlungsstärke ist umgekehrt proportional zur Entfernung** (Abb. II.5b).

Ist die Strahlenquelle eine große ebene Fläche und entfernt man sich von ihr in senkrechter Richtung, so ändert sich auf einer senkrecht zur Strahlenrichtung stehenden Fläche die Bestrahlungsstärke nicht (wenigstens solange die Entfernung kleiner ist, als die lineare Größe der Fläche).

Natürlich nahmen wir in den bisher skizzierten Fällen immer an, dass die Strahlungsenergie im Medium zwischen der Strahlungsquelle und dem bestrahlten Körper nicht „verschwindet", (d. h. sie geht in keine andere Energieform über oder wird nicht durch die Wechselwirkung mit dem Medium von der ursprünglichen Richtung abgelenkt.)

Wir können noch ein einfaches Gesetz in Bezug auf die Bestrahlungsstärke formulieren: Wie sollen wir bei der Berechnung von E den Fall in Betracht ziehen, wenn die untersuchte Fläche nicht senkrecht zur gegebenen Strahlungsrichtung steht (Abb. II.6)? Sei die Bestrahlungsstärke bei senkrechter Fläche E_{max}. Umschließt der Normalvektor ($\overline{n}$) der bestrahlten Fläche mit der Strahlungsrichtung den Winkel α, dann ist

$$E = E_{max}\cos\alpha. \qquad \text{(II.8)}$$

II/1.1.3 Die Schwächung der Strahlungsintensität beim Durchgang durch ein Medium

Im vorigen Abschnitt haben wir betont, dass die obigen Gesetze nur in dem Fall gelten, wenn wir annehmen, dass in dem Medium zwischen Strahlungsquelle und bestrahltem Körper keine Energie „verschwindet", es also keinen Energieverlust gibt. In den meisten Fällen müssen wir aber mit Erscheinungen rechnen, welche den Energietransport in der gegebenen Richtung (z. B. in der Messrichtung) beeinflussen. So treten in Abhängigkeit von der Strahlung und dem Medium verschieden starke **Energieabsorption**, **Reflexion** und **Streuung** auf, deshalb sollten wir uns auch mit ihren allgemeinen Gesetzmäßigkeiten befassen.

Gehen wir davon aus, dass irgendeine Strahlungsintensität in irgendeinem Medium abnimmt, aber vorerst sehen wir davon ab, welche der möglichen Wechselwirkungen den Energieverlust verursacht. Der Einfachheit halber wählen wir eine von parallelen Ebenen begrenzte Schicht mit der Dicke x und lassen die Strahlen senkrecht auftreffen (Abb. II.7a).

Sei J_{Eein} die in die Schicht eintretende und J_{Eaus} die aus der Schicht austretende Intensität. Es scheint eine vernünftige Annahme zu sein, dass die **austretende Intensität** sicher **von der Qualität und Quantität des Mediums** sowie **von der Größe der eintretenden Intensität abhängt.** Die Quantität des Mediums können wir hier mit der Schichtdicke x beschreiben. Für die Qualität des Mediums benutzen wir den vorerst nicht viel aussagenden Schwächungskoeffizienten μ. Die Frage ist, wie die **austretende Intensität** J_{Eaus} bei einer Schicht mit gegebenem Schwächungskoeffizienten μ von **der Schichtdicke** x **und der eintretenden Intensität** J_{Eein} **abhängt.**

Zur Beantwortung dieser Frage sollen wir die unbekannte Funktion $J_{Eaus}(x, J_{Eein})$ bestimmen (in der natürlich auch μ ein Parameter ist). Dazu dringen wir in Gedanken in das Innere des Mediums und sehen uns an, wie groß die Änderung der Strahlungsintensität ΔJ_E bei sehr kleinen Δx Werten ist (Abb. II.7b). Benutzen wir die einfachste Annahme und zwar, dass bei dieser kleinen Distanz die Proportionalität gelten soll, d. h.:

$$\Delta J_E \sim \Delta x \quad \text{und} \quad \Delta J_E \sim J_E, \tag{II.9}$$

wobei J_E jetzt die Intensität vor dem Intervall Δx ist. Mit Benutzung des Schwächungskoeffizienten μ können wir die folgende Gleichung aufschreiben:

$$\Delta J_E = -\mu \Delta x J_E, \tag{II.10}$$

wobei das negative Vorzeichen die Abnahme der Intensität ausdrückt.

Die Beziehung (II.10) ist eine solche Gleichung (s. *„Die Ableitung des Schwächungsgesetzes")*, deren Lösung die gesuchte Funktion $J_{Eaus}(x, J_{Eein})$ gibt, sofern wir die offensichtliche Bedingung nutzen, dass sich die Intensität bei $x = 0$ nicht ändert, also $J_{Eaus} = J_{Eein}$ ist.

Danach können wir jetzt schon die Schwächung der Strahlungsintensität als Funktion der Schichtdicke aufschreiben **(Schwächungsgesetz):**

$$J_{Eaus} = J_{Eein}(1/e)^{\mu x} = J_{Eein}e^{-\mu x} \tag{II.11}$$

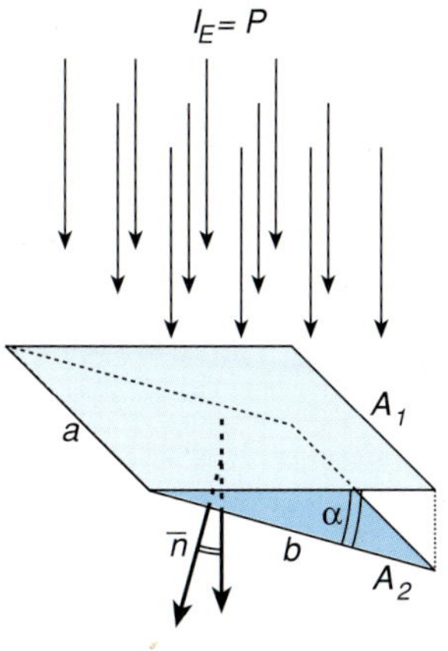

Abb. II.6. Bestimmung der Bestrahlungsstärke bei schräg einfallender Strahlung

$E = P/A_2$, $\quad E_{max} = P/A_1$
$A_2 = ab$, $\quad A_1 = ab\cos\alpha$
$E/E_{max} = A_1/A_2 = \cos\alpha$.
$E = E_{max}\cos\alpha$

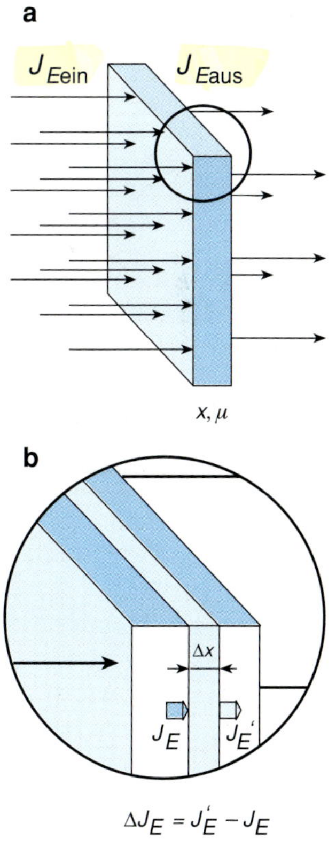

Abb. II.7. Die Schwächung der Strahlungsintensität. (Die Änderung der Stromlinienzahl im Fall von J_E bzw. J_E' ist durch die Farbabstufung gekennzeichnet.)

Die Ableitung des Schwächungsgesetzes

$$\Delta J_E = -\mu \Delta x J_E \qquad (1)$$

Eine mathematisch äquivalente Gleichung haben wir schon in Abschnitt I/3.1.2 diskutiert. Auch in Gl. (1) sind eine Größe und ihre Änderung proportional zueinander. Ganz allgemein:

$$\frac{\Delta f(x)}{\Delta x} = -\text{konst.}\, f(x)\ .$$

Weil diese Gleichungsart noch oft in diesem Lehrbuch vorkommen wird, zeigen wir hier auch den Weg zu ihrer Lösung.

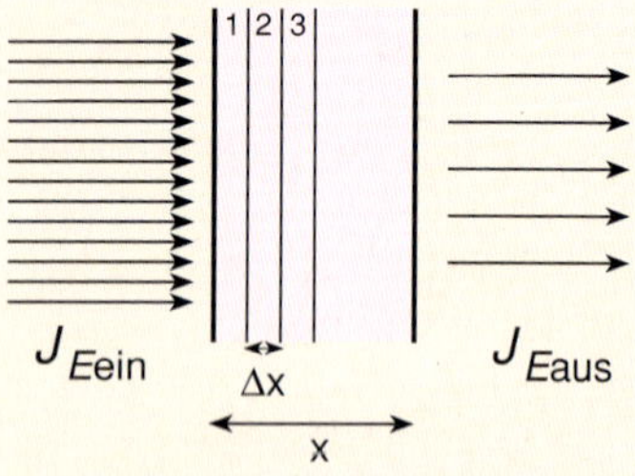

Abb. 1. Die Abschwächung der Intensität (vereinfachte Variation, mit Darstellung der „Unterschichten")

In Gedanken teilen wir die ursprüngliche Schicht mit der Dicke x in „Unterschichten" mit der Dicke Δx und benutzen Gl. (1) (Abb. 1). Sei $J_{\text{Eein}} \equiv J_{\text{E0}}$ die in die erste „Unterschicht" eintretende Intensität und J_{E1} die aus ihr austretende Intensität. Diese Intensität tritt in die zweite Schicht und J_{E2} tritt aus ihr aus usw. So gilt für die erste „Unterschicht":

$$J_{E1} - J_{E0} = -\mu \Delta x J_{E0}\text{, also}$$

$$J_{E1} - J_{E0} = -\mu \Delta x J_{E0} = J_{E0}(1 - \mu \Delta x);$$

für die zweite und dritte:

$$J_{E2} = J_{E1}(1 - \mu \Delta x) \quad \text{und} \quad J_{E3} = J_{E2}(1 - \mu \Delta x).$$

Nach Substitution von J_{E2} und J_{E1}:

$$J_{E3} = J_{E0}(1 - \mu \Delta x)^3.$$

Setzen wir die Reihe fort...
dann erhalten wir nach der letzten, sagen wir k-ten Schicht:

$$J_{\text{Eaus}} = J_{\text{Eein}}(1 - \mu \Delta x)^k. \qquad (2)$$

Das Produkt $\mu \Delta x$ gibt an, der wievielte Teil der Strahlungsintensität nach dem Durchdringen einer „Unterschicht" „verschwindet". Bezeichnen wir diese Größe (das Maß der Abschwächung) im Folgenden mit $1/n$ ($\mu \Delta x = 1/n$). Der Quotient $x/\Delta x$ gibt die Zahl der „Unterschichten", k an, was wir gleichfalls mit n ausdrücken können: $k = n\mu x$.
Setzen wir nun diese Größen ($\mu \Delta x$; k) in die Beziehung (2), dann erhalten wir nach geringer Umformung:

$$J_{\text{Eaus}} = J_{\text{Eein}}\left(1 - \frac{1}{n}\right)^{n\mu x} = J_{\text{Eein}}\left[\left(1 - \frac{1}{n}\right)^{n}\right]^{\mu x}. \qquad (3)$$

Bei gegebenem n ist der Ausdruck $[1-(1/n)^n] = a_n$ eine gegebene Zahl, die weder von μ, noch von x, noch von J_{Eein} abhängt. Ist z. B. $n = 2$, so ist $a_2 = (1/2)^2 = 0{,}25$, ist $n = 3$, so ist $a_3 = (2/3)^3 \approx 0{,}296$ usw.
Danach ist:

$$J_{\text{Eaus}} = J_{\text{Eein}}(a_n)^{\mu x}. \qquad (4)$$

Erinnern wir uns, dass wir beim Aufschreiben der Anfangsbeziehung (1) angenommen haben, dass Δx klein ist und deshalb n groß sein soll. Untersuchen wir deshalb, wie sich der Wert a_n mit zunehmendem n ändert.
Setzen wir die Zahlenreihe a_n fort:

$n = 100 \qquad a_{100} \approx 0{,}366$

$n = 1000 \qquad a_{1000} \approx 0{,}3677$

$n = \infty \qquad a_{\infty} \approx 0{,}367879$

▶

Laut Abb. 2 (und das ist auch beweisbar) nähert sich a_n einer gut definierten Zahl, die wir aus praktischen Gründen als $a_\infty \equiv 1/e$ bezeichnen (gestrichelte Linie der Abb.2).

So kommen wir endlich zu der Beziehung:

$$J_{\text{Eaus}} = J_{\text{Eein}} e^{-\mu x}.$$

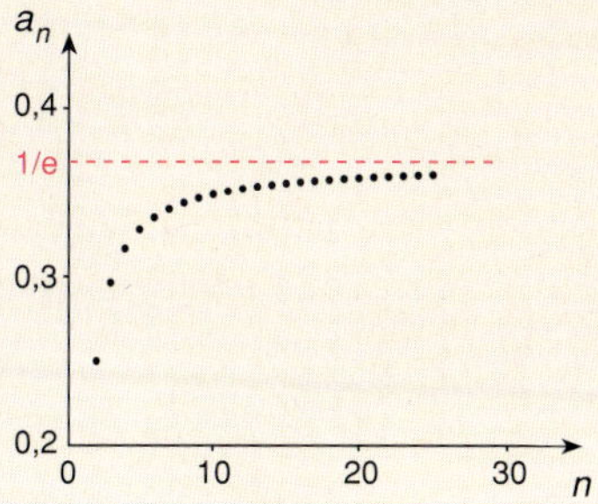

Abb. 2. Die Änderung von a_n bei zunehmendem n

Leonhard Euler (1707-1783) schweizer Mathematiker und Physiker

Dieses Gesetz beschreibt in guter Übereinstimmung mit der Erfahrung, dass die **Strahlungsintensität** beim Durchdringen einer Schicht **proportional zur eintretenden Intensität zunimmt** und **exponentiell zur Schichtdicke abnimmt** (Abb. II.8). **Die Gültigkeit des Gesetzes hängt von der Strahlung und der Wechselwirkung des Mediums ab. Wir können aber sagen, dass es in der Mehrzahl der Fälle eine sehr gute Näherung gibt.** Die Ausnahmen werden wir bei der späteren Behandlung stets erwähnen.

Gl. (II.11) ist eine solche Exponentialfunktion, deren Basis die (nach Leonhard Euler benannte) eulersche Zahl ($e \approx 2{,}7182...$, irrationale Zahl) bildet. Das ist auch die Basis des natürlichen Logarithmus (logarithmus naturalis, ln). Aus der Beziehung geht auch die genaue Bedeutung des für das Medium charakteristischen Schwächungskoeffizienten μ hervor. Der Exponent kann nämlich nur eine reine Zahl sein (ohne Maßeinheit). Hat also x die Dimension einer Länge (SI Maßeinheit: m), dann kann μ nur die Dimension 1/Länge haben (SI Maßeinheit: 1/m). Ist des weiteren $x = 1/\mu$, dann ist der Exponent gerade gleich -1, woraus folgt, dass in diesem Fall $J_{\text{Eaus}} = J_{\text{Eein}}/e$ ist. Danach **ist der Schwächungskoeffizient gleich dem reziproken Wert der Schichtdicke, welche die Intensität auf den e-ten Teil verringert**.

Weil die Exponentialfunktionen mit unterschiedlicher Basis ineinander umgewandelt werden können, lässt sich die Beziehung (II.11) auch folgendermaßen aufschreiben (s. Abb. II.8):

$$J_{\text{Eaus}} = J_{\text{Eein}} 2^{-x/D}. \qquad \text{(II.12)}$$

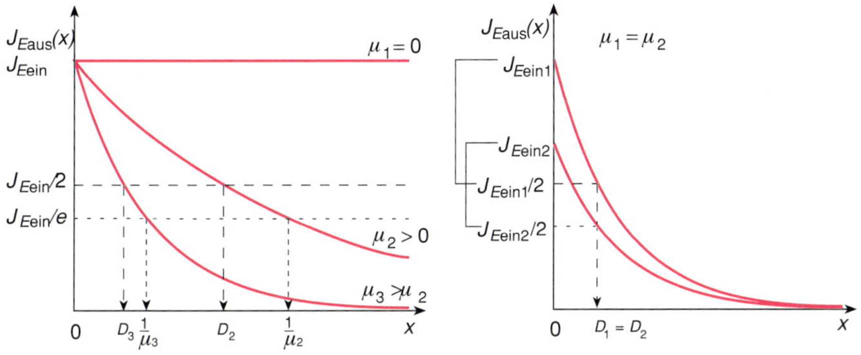

Abb. II.8. Die Änderung der Strahlungsintensität in verschiedenen Fällen. Darstellung der auf den e-ten Teil verringernden ($1/\mu$) und der halbierenden (D) Schichtdicke. Ist $J_{\text{Eaus}} = J_{\text{Eein}}/2$, dann ist nach Gl. (II.11):

$$J_{\text{Eein}}/2 = J_{\text{Eein}} e^{-\mu D}$$
$$\ln(1/2) = \ln e^{-\mu D}$$
$$-\ln 2 = \mu D$$
$$(\ln 2)/D = \mu$$

Hier ist die Basis der Exponentialfunktion 2 und statt des Schwächungskoeffizienten μ ist ein anderer Koeffizient D in der Funktion. Dessen Bedeutung können wir nach dem vorherigen Muster jetzt schon einfach angeben: D hat die Dimension der Länge, denn x/D kann nur so dimensionslos sein. Ist weiterhin $x = D$, dann ist der Exponent wieder gleich -1, was bedeutet, dass $J_{Eaus} = J_{Eein}/2$ ist. Deshalb bezeichnet man **D als Halbwertsdicke, denn bei dieser Schichtdicke verringert sich die Intensität gerade auf die Hälfte**. Der Zusammenhang zwischen μ und D lässt sich z. B. aus Gl. (II.11) nach der Definition von D aufschreiben (s. Text der Abb. II.8):

$$\mu = \frac{\ln 2}{D} \,. \qquad \text{(II.13)}$$

II/1.2 Die Klassifizierung der Strahlungen

Unseren Zwecken entspricht am ehesten die Klassifizierung der Strahlungen nach ihrer physikalischen Natur, wir haben aber dabei auch medizinische Aspekte in Betracht gezogen. So unterscheiden wir elektromagnetische Strahlungen (z. B. Licht und γ-Strahlen), mechanische Strahlungen (z. B. Schallwellen und natürlich auch Ultraschall) und Teilchenstrahlungen (z. B. α-Strahlen oder β-Strahlen). Nach medizinischen Aspekten mussten die elektromagnetischen Strahlungen in zwei Gruppen eingeteilt werden (elektromagnetische Strahlungen 1, 2). Nach dieser Einteilung behandeln wir zuerst die **nichtionisierenden Strahlungen** (elektromagnetische Strahlungen 1: Licht; mechanische Strahlungen: Schall, Ultraschall) und dann die **ionisierenden Strahlungen** (elektromagnetische Strahlungen 2: Röntgenstrahlen, γ-Strahlen; Teilchenstrahlungen: α-Strahlen, β-Strahlen).

II/2 Nichtionisierende Strahlungen

II/2.1 Das Licht

Es gibt ein schwerwiegendes Argument dafür, dass für Lebewesen das Licht die wichtigste Strahlung ist: im ewigen Kreislauf des Lebens folgen einander auf- und abbauende Prozesse, deren primäre Energiequelle das Licht ist. Diese Strahlung ist auch für das menschliche Leben sehr wichtig. Es reicht zu erwähnen, dass wir einen Großteil der Informationen aus unserer Umwelt visuell erhalten, also über das Licht. Die außerordentliche Bedeutung des Lichtes kannten auch schon unsere Vorfahren (s. Zitat II.1).

Zitat II.1

Am Morgen aber bist du aufgegangen im Horizont und leuchtest als Sonne am Tage; du vertreibst die Finsternis und schenkst deine Strahlen.

Entnommen aus: El-Mahdy, Christine: Tutanchamun

Aus unseren früheren Studien wissen wir, dass das Licht eine **sichtbare elektromagnetische Strahlung** ist. Diese Bestimmung ist hinreichend präzis, sagt an sich aber nur wenig aus. Die Vielzahl der Probleme beginnt damit, dass Licht einerseits eine objektive Substanz ist, also unabhängig von uns Menschen existiert, andererseits aber in dem Sinne subjektiv ist, dass wir es über unsere Augen wahrnehmen: das bedeutet für Farbenblinde, schlecht Sehende eine ganz andere Wahrnehmung als für Menschen mit gesunden Augen. In diesem Teil befassen wir uns in erster Linie mit der objektiven Näherung. Die subjektiven Elemente behandeln wir im Kapitel IV „Biophysik der Sinnesorgane". Auf die Anwendung der Optik in der Medizin kommen wir in den Teilen „Mikroskopische Methoden" (VI/2) und „Endoskopie" (VIII/2.1) zurück. Um weitere aufkommende Probleme zu vermeiden, beginnen wir die Behandlung ohne die Natur des Lichtes zu untersuchen. Wir studieren nur die einfachsten Erscheinungen. Mit ständiger Verfeinerung der verschiedenen Näherungen kommen wir schließlich zur elektromagnetischen Lichttheorie zurück (d. h. zur sichtbaren elektromagnetischen Strahlung), was wir dann mit der Quantennatur des Lichtes ergänzen.

II/2.1.1 Das fermatsche Prinzip als Grundprinzip der geometrischen Optik

Sieht man auf einfallende Sonnenstrahlen in einem dunstigen, dunklen Wald (Abb. II.9), so kann man darauf schließen, dass sich **das Licht in einem homogenen Medium geradlinig ausbreitet**. Indem wir den Durchmesser eines parallelen Lichtbündels mindern, können wir einen Lichtstrahl erhalten, der sich als geometrische Gerade darstellen lässt. Als **Lichtstrahl** bezeichnen wir also ein sehr dünnes paralleles Lichtbündel.

Abb. II.9. Das Lichtbündel, ein Beweis für die geradlinige Ausbreitung.

Mit dem Lichtstrahlmodell lässt sich ein breites Spektrum der optischen Erscheinungen durch Lösung einfacher geometrischer Aufgaben beschreiben. Die geometrische Optik gibt bei geradliniger Ausbreitung eine Antwort auf die Frage, wie das Licht an der Grenzfläche zweier Medien reflektiert und gebrochen wird.

Schon der berühmte griechische Mathematiker Euklid stellte um 300 v. Chr. das **Reflexionsgesetz** auf (Abb. II.10a).

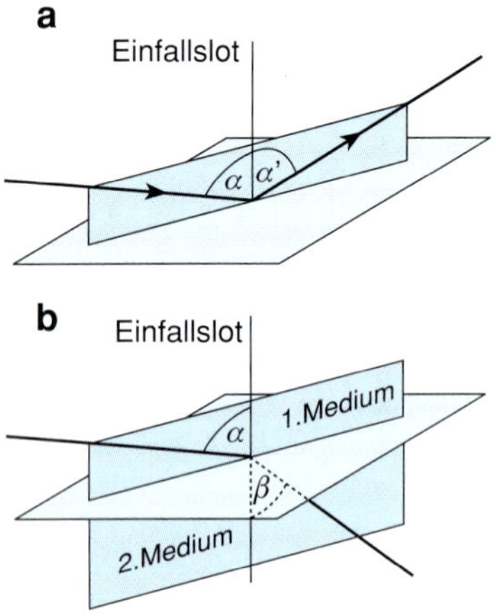

Abb. II.10. **a.** Reflexionsgesetz, **b.** Brechungsgesetz

a) Der einfallende Lichtstrahl, das Einfallslot und der reflektierte Lichtstrahl liegen in einer Ebene.
b) Der Reflexionswinkel α' ist gleich dem Einfallswinkel α.

Die quantitative Formulierung **des Brechungsgesetzes** (Abb. II.10b) ist mit den Namen des niederländischen Astronomen und Mathematikers Willebrord van Roijen Snellius (1591-1626) und des französischen Philosophen, Mathematikers und Naturwissenschaftlers René Descartes (1596-1650) verbunden.

a) Der einfallende Lichtstrahl, das Einfallslot und der gebrochene Lichtstrahl liegen in einer Ebene.
b) Der Quotient der Sinuswerte von Einfallswinkel α und Brechungswinkel β ist gleich dem Quotienten der Strahlungsgeschwindigkeiten c_1 und c_2 in den beiden Medien und gleich der relativen Brechzahl n_{21} (s. auch Bemerkung II.0):

$$\frac{\sin\alpha}{\sin\beta} = \frac{c_1}{c_2} = n_{21}\,. \qquad \text{(II.14)}$$

Bemerkung II.0

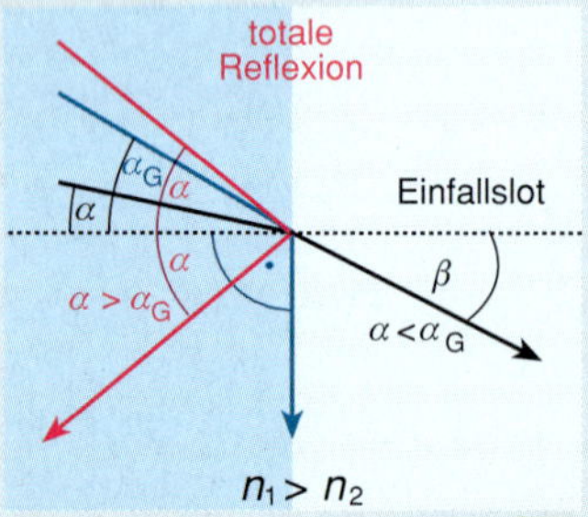

Der Lichtstrahl wird dann total reflektiert, wenn beim Einfall auf die Grenzfläche aus einem optisch dichteren Medium der Einfallswinkel größer ist als der Grenzwinkel α_G ($\alpha > \alpha_G$).

Ein Zeitgenosse von Snellius und Descartes, der französische Mathematiker und Physiker Pierre Fermat (1601-1665) führte diese Gesetze auf ein einziges Prinzip, das „**Prinzips des schnellsten Weges**", zurück. Der Grundgedanke dieses **fermatschen Prinzips** (1662) ist der folgende: von den geometrisch möglichen (benachbarten) Wegen wählt das Licht in der Realität nicht den geometrisch kürzesten sondern den schnellsten Weg. Daraus folgt selbstverständlich die geradlinige Ausbreitung in einem homogenen Medium (sowie das Prinzip der Umkehrbarkeit des Lichtweges). Dieses Gesetz ist deshalb sehr ansprechend, weil es sich außer der Einfachheit der Natur auf keine tiefere metaphysische Basis stützt aber sich aus ihm doch alle Gesetzmäßigkeiten der geometrischen Optik ableiten lassen (s. *„Die Ableitung des Reflexionsgesetzes und des Brechungsgesetzes aus dem fermatschen Prinzip")*.

Während das „Prinzip des kürzesten Weges" bei der Lichtreflexion schon der griechische Mathematiker und Physiker Heron von Alexandria (2. Jh. vor Chr.) kannte, ist die Anwendung des „Prinzips der kürzesten Zeit" die Originalidee von Fermat (s. Zitat II.2).

Die Ableitung des Reflexionsgesetzes und des Brechungsgesetzes aus dem fermatschen Prinzip

Betrachten wir die erwähnten beiden Gesetze paradigmatisch. Das Licht bleibt bei der Reflexion stets in dem gleichen Medium. So ist die Ausbreitungsgeschwindigkeit c konstant und das „Prinzip der minimalen Zeit t" kann durch „das Prinzip des kürzesten Weges $s = ct$" ersetzt werden. Die Abb. 1 zeigt zwei mögliche Wege von Punkt A zu Punkt B über je einen Punkt (O bzw. O') der Gerade T. Der Punkt B' ist das Spiegelbild des Punktes B bezüglich der Spiegelachse T. Die Gerade AB' schneidet T im Punkt O. Für jeden anderen Punkt O'auf der Geraden T gilt die Dreiecksungleichung: AO'+ O'B > AB'= AO + OB'. Wegen der Spiegelung gilt auch AO'+ O'B > AO + OB. Da die drei gekennzeichneten Winkel gleich sind (Scheitelwinkel, Spiegelung), ist $\alpha = \alpha$'.

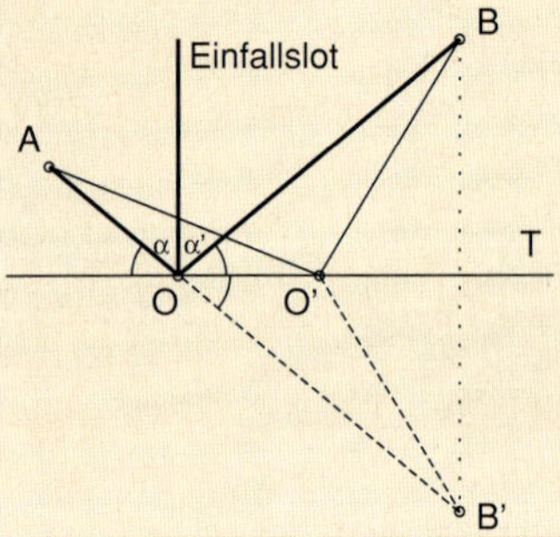

Abb. 1. Das Reflexionsgesetz nach dem fermatschen Prinzip

Nach dem „Prinzip des kürzesten Weges" breitet sich das Licht auf dem kürzesten Weg AOB aus und jeder andere Weg AO′B ist länger. Daraus folgt aber das Reflexionsgesetz (s. Abb. 1). (In der ursprünglichen Formulierung haben wir den Begriff „benachbart" deshalb in Klammern dazugesetzt, weil AOB nur der kürzeste der benachbarten Wege ist. Es ist offensichtlich, dass ansonsten der direkte gerade Weg von A nach B der kürzeste Weg ist.)

Die Lichtbrechung im Spiegel des fermatschen Prinzips veranschaulicht die Abb. 2. Auch hier muss man von Punkt A nach Punkt B kommen, aber jetzt ist die Ausbreitungsgeschwindigkeit c_1 des Lichtes im Medium 1 (z. B. Luft) größer als die Ausbreitungsgeschwindigkeit c_2 im Medium 2 (z. B. Wasser oder Glas). Wir werden nachweisen, dass das Licht statt des kürzesten geraden Weges AB = AOB jetzt einem solchen Weg ADB folgt, zu dem die kürzeste Zeit notwendig ist.

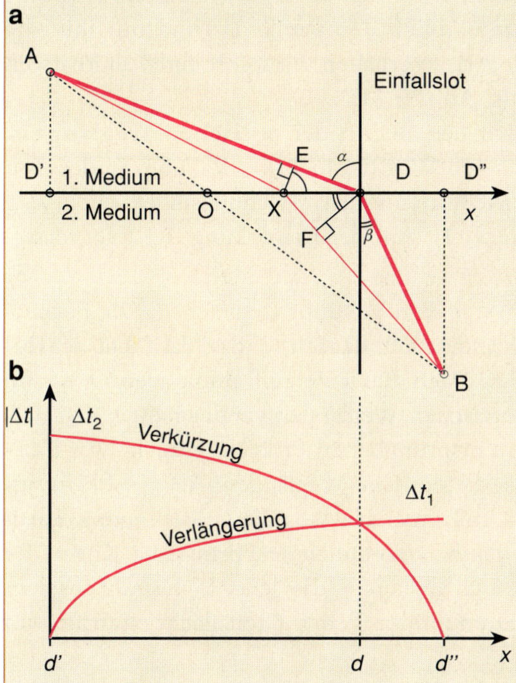

Abb. 2. Das Brechungsgesetz im Spiegel des fermatschen Prinzips

Sei D ein beliebiger Punkt der x-Achse (Grenzfläche zwischen den Medien) und seien die Punkte D' und D" die Projektion von A und B auf die x-Achse. Bezeichnen wir die wagerechten Koordinaten von D, D' und D" mit *d*, *d'* und *d"*. Sei X der von D um den kleinen Abstand Δx nach D' verschobene Punkt auf der x-Achse. Ist der Punkt X ausreichend nahe bei D, dann nähern sich die Dreiecke AXE und BFD solchen „entarteten Dreiecken", die zwei Winkel von ≈ 90° und einen Winkel von ≈ 0° haben. In diesem Fall ist AX = AE und BF=BD. Des Weiteren sind die mit einem Bogen markierten Winkel gleich, während die mit zwei Bögen markierten Winkel in guter Näherung gleich sind, (da in dem entarteten Dreieck BFD der Winkel zwischen BD und BF fast 0° ist). Die rechten Winkel bei E und F sind durch kleine Quadrate gekennzeichnet). Ist XD = Δx, folgen aus den rechtwinkligen Dreiecken XDE und XDF die Gleichungen: ED = $\Delta x \sin\alpha$ und XF = $\Delta x \sin\beta$.

Um den wirklichen (die Bedingung erfüllenden) Platz von Punkt D zu suchen, wählen wir zwei benachbarte Wege ADB und AXB und vergleichen sie. Aus Abb. 2a lässt sich ablesen, dass der Weg AD um ED länger ist als der Weg AX (im Medium 1), aber der Weg DB ist um XF kürzer als XB (im Medium 2). Diese Feststellung stimmt, solange Δx ausreichend klein ist und sich der Punkt D zwischen den Punkten D' und D" befindet. Gehen wir mit dem nahen XD Punktepaar entlang der *x*-Achse von D' nach D" und verfolgen wir, wie sich die Verlängerung ED und die Verkürzung XF ändern. Wir vergleichen aber nicht die Weglängen, sondern die dazugehörigen Zeiten $\Delta t_1 = ED/c_1$ und $\Delta t_2 = XF/c_2$ (Abb. 2b). Wir sehen, dass die Verkürzung zwischen *d'* und *d"* eine Zeitlang größer ist, als die Verlängerung, während sich diese Tendenz an einer gegebenen Stelle *d* aber umkehrt. Wo diese Umkehrung erfolgt, also wo $\Delta t_1 = \Delta t_2$ ist, dort ist der wirkliche Punkt D. Drücken wir die Entfernungen ED, XF mit Δx aus (s. Abb. 2a):

$$\Delta x(\sin\alpha)/c_1 = \Delta x(\sin\beta)/c_2, \qquad \text{d.h.}$$

$$\frac{\sin\alpha}{\sin\beta} = \frac{c_1}{c_2},$$

wir erhalten also wieder das Snellius–Decartes-Gesetz aus der Beziehung (II.14).

> Zitat II. 2
> Der Lohn meiner Bemühungen war so sonderbar, so unerwartet und beglückend, wie nur irgend möglich. Nachdem ich mich nämlich durch die Gleichungen, Multiplikationen, Antithesen und die übrigen Operationen meiner Methode durchgearbeitet hatte und endlich zum Abschluß meines Problems gelangt war, ... fand ich, daß mein Prinzip der Lichtbrechung zu genau derselben Proportion führte, die auch Herr Descartes aufgestellt hatte. Dieses völlig unvorhergesehene Ergebnis hat mich derart überrascht, dass ich vor Verwunderung kaum zu mir kam. Ich habe meine algebraischen Operationen auf verschiedene Weisen wiederholt. Das Ergebnis war jedesmal dasselbe, obwohl mein Beweis auf der Annahme beruht, das Licht pflanze sich in dichteren Medien langsamer fort als in dünneren, was ich für einzig vernünftig und notwendig halte, im Gegensatz zu Herrn Descartes, der das Gegenteil behauptet.
>
> Oeuvres de Fermat: Brief an C. de la Chambre (1. Januar 1662)

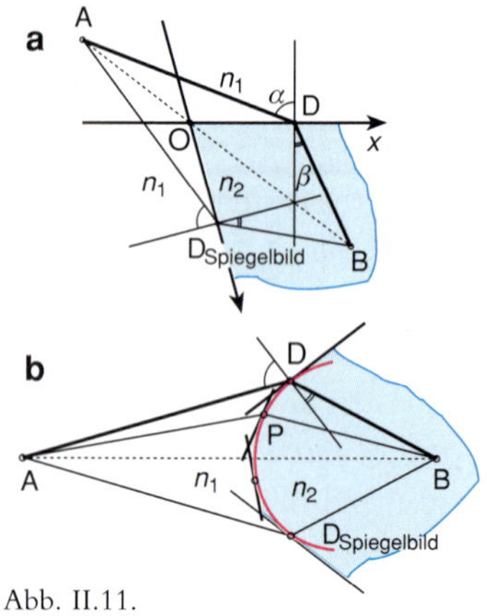

Abb. II.11.
a. Mit der Spiegelung des Punktes *D* ($D_{Spiegelbild}$) gewinnt man einen neuen schnellsten Weg. **b.** Die Punkte *P*, durch die der Weg von *A* nach *B* genauso lange dauert wie auf der Strecke *ADB*, liegen auf einer gut definierten, komplizierten Kurve (rote Linie). n_1 (im weißen Bereich) und n_2 (im blauen Bereich) kennzeichnen die Brechzahl der beiden Medien.

II/2.1.2 Die optische Abbildung, die Anwendung des fermatschen Prinzips auf gekrümmte Flächen

Von optischer Abbildung sprechen wir, wenn sich ausreichend viele Lichtstrahlen, die von einem Punkt ausgehen, wieder in einem Punkt vereinen. Wir konnten sehen (s. Abb. 2a in *„Die Ableitung des Reflexionsgesetzes und des Brechungsgesetzes aus dem fermatschen Prinzip"*), dass aus einem gegebenen Punkt A nur ein schnellster Weg nach B führt, wenn die zwei Medien durch eine ebene Grenzfläche getrennt sind. Es stellt sich mit Recht die Frage, mit welcher Grenzfläche zu erreichen ist, dass mehrere Wege dem Minimalprinzip entsprechen. Nach Abb. 2b können wir einen anderen schnellsten Weg einfach konstruieren. Spiegeln wir nämlich den Punkt D (und mit ihm die anderen Objekte) auf die Gerade AB, so erhalten wir sofort einen alternativen schnellsten Weg von A nach B (s. Abb. II.11a).

Als nächsten Schritt führen wir den Begriff der **optischen Weglänge** s_0 ein. Dieser gibt an, einen wie langen Weg das Licht im Vakuum in der Zeit zurückgelegt hätte, in der es im Medium mit dem Brechungsindex n den Weg s zurückgelegt hat (s. Bemerkung II.1). Aus der Bemerkung II.1 folgt, dass

$$ns = s_0. \qquad \text{(II.15)}$$

So können wir jedes Medium mit dem Vakuum vergleichen. Die Formulierung des fermatschen Prinzips ändert sich danach so, dass das Licht der minimalen optischen Weglänge folgt. Nach dieser Vereinfachung werden wir im Folgenden statt der Zeiten die optischen Weglängen vergleichen.

Kommen wir nun zu unserem ursprünglichen Problem zurück. Wir müssen den Lichtweg so ändern, dass die optische Weglänge n_1AP + n_2PB für jeden Punkt P der Fläche gleich (minimal) sei. Aus dieser Bedingung erhält man für die Grenzfläche eine ziemlich komplizierte Form (rote Kurve der Abb. II.11b). So lässt sich theoretisch erreichen, dass jeder Lichtstrahl aus dem Punkt A, der auf einen beliebigen Punkt P der Grenzfläche auftrifft, am Punkt B ankommt.

Die Herstellung einer solchen Fläche ist nicht einfach. Deshalb benutzen wir statt der idealen, komplizierten Fläche eine einfache **Kugelfläche**, deren **Krümmung jedoch nur in der Nähe der AB Achse entsprechend ist** (den Kugelradius bezeichnen wir mit r). Wegen dieser Näherung können wir nur die Lichtstrahlen in einen Punkt sammeln, die nahe genug zur Achse verlaufen. Bei den entfernteren gelingt das immer weniger. Diese achsennahen Lichtstrahlen bezeichnet man auch als **paraxiale Strahlen**. Sehen wir uns also an, wie wir unter diesen Bedingungen, d. h. bei einer kugelförmigen Grenzfläche und paraxialen Strahlen, das **Abbildungsgesetz** angeben können (s. *„Das Abbildungsgesetz (bei zwei durch eine Kugelfläche getrennten Medien und paraxialen Strahlen)"*).

$$\frac{n_1}{s} + \frac{n_2}{s'} = \frac{(n_2 - n_1)}{r}. \qquad \text{(II.16)}$$

Obwohl wir s und s' nicht entlang der Achse OO' gemessen haben, ist es in dieser Näherung kein Fehler, wenn wir diese Werte mit der Gegenstands- bzw. Bildweite gleichsetzen ($s \approx g$, $s' \approx b$). (Weil der Punkt P nicht ausgezeichnet ist, gilt die Beziehung nicht nur für den Lichtstrahl durch den Punkt P, sondern für alle paraxialen Strahlen.)

Das Abbildungsgesetz (bei zwei durch eine Kugelfläche getrennten Medien und paraxialen Strahlen)

Zuerst brauchen wir eine geometrische Beziehung, mit der sich die Wegunterschiede bzw. die Unterschiede der optischen Weglänge leicht vergleichen lassen. Die allgemein formulierte Frage ist, **wieviel länger die Hypotenuse eines rechtwinkligen Dreiecks ist als die längere Kathete**, wenn wir annehmen, dass der Längenunterschied gering ist. Die Antwort ist aus Abb. 1 abzulesen (Hypotenuse s, längere Kathete d, Δ ist klein, d. h. $h << s$). Nach dem Satz des Pythagoras ist $s^2 - d^2 = h^2$, oder äquivalent dazu $(s - d)(s + d) = h^2$. Nach der Abbildung ist $\Delta = s - d$ und wegen der Bedingung $s \approx d$ ist $s + d \approx 2s$. So erhalten wir:

$$\Delta \approx \frac{h^2}{2s}. \tag{1}$$

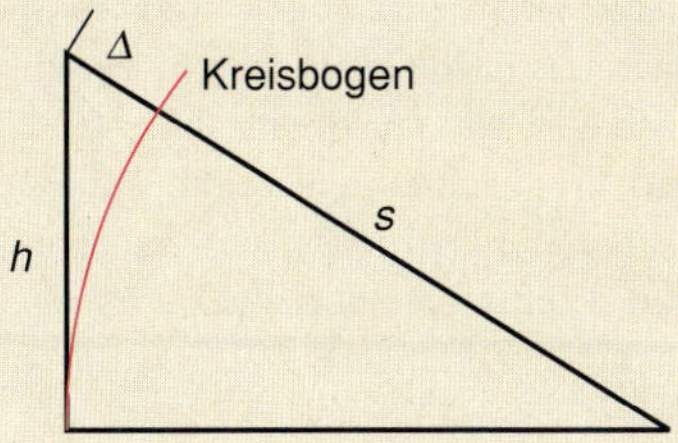

Abb. 1. Bestimmung von $\Delta = s - d$, wenn $h << s$, d.h. $s \approx d$

Diese Näherung können wir benutzen, solange h viel kleiner ist als s, d. h. gerade in den Fällen von paraxialen Strahlen.

Danach betrachten wir Abb. 2. C ist der Mittelpunkt der Kugelfläche mit dem Radius r und der Punkt O' soll das Bild des Punktes O sein. Der Punkt P der Kugelfläche befindet sich nahe der Achse OO', der Punkt V ist der Schnittpunkt dieser Achse mit der Kugelfläche. Also sind OPO' und OVO' paraxiale Strahlen. Die Strecke PQ steht senkrecht zur Achse OO' und ihre Länge ist h.

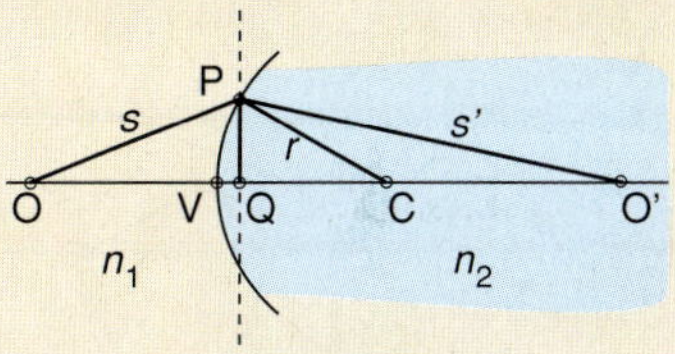

Abb. 2. Abbildung bei einer Kugelgrenzfläche zwischen zwei Medien

Schneiden wir jetzt in Gedanken die Kugelfläche mit einer Ebene, die auf OO' senkrecht steht und durch PQ geht (gestrichelte Linie) ab. Dann wäre die für das Zurücklegen der Strecke OP benötigte Zeit länger als die für die Strecke OQ, und genauso wäre die Zeit für PO' länger als für QO'. Das Medium muss aber gerade darum gekrümmt sein, damit dieser Zeitüberschuss durch den Zeitverlust beim Zurücklegen der Strecke VQ kompensiert wird. Der Überschuss der optischen Weglänge ist (im Vergleich zu OQO') nach Gl. (1) entlang des Weges OPO'

$$\frac{n_1 h^2}{2s} + \frac{n_2 h^2}{2s'}. \tag{2}$$

Das muss gleich der Zunahme der optischen Weglänge auf dem Weg VQ sein, weil VQ mit der Brechzahl n_2 an Stelle von n_1 zu multiplizieren ist. Weil in dem Dreieck QCP $r = PC = VC$ ist, ist nach Gl. (1) $\Delta = VQ = h^2/2r$. Die Zunahme der optischen Weglänge ist also:

$$\frac{(n_2 - n_1)h^2}{2r}. \tag{3}$$

Die Ausdrücke (2) und (3) sind gleich und so erhalten wir die folgende Gleichung:

$$\frac{n_1 h^2}{2s} + \frac{n_2 h^2}{2s'} = \frac{(n_2 - n_1)h^2}{2r}. \tag{4}$$

Dividieren wir beide Seiten durch $h^2/2$, so erhalten wir das gesuchte, für paraxiale Strahlen gültige Abbildungsgesetz, falls zwei Medien durch eine Kugelfläche getrennt sind.

Den rechten Ausdruck der Beziehung bezeichnet man als **Brechkraft** D (auch Brechwert) der gegebenen Fläche (die natürlich auch vom Medium abhängt),

$$D = \frac{(n_2 - n_1)}{r}. \tag{II.17}$$

Die übliche Maßeinheit für D ist m^{-1}. In der Praxis wird diese Maßeinheit als **Dioptrie** (1 dpt = 1 m^{-1}) bezeichnet.

Bemerkung II.1

Es ist leicht einzusehen, dass wenn sich das Licht sagen wir in einem Medium mit der Brechzahl $n = 1{,}2$ im Vergleich zum Vakuum 1,2mal langsamer ausbreitet, dass es dann im Vakuum in derselben Zeit einen 1,2mal längeren Weg zurücklegen würde. Da $n = c_0/c = c_0t/ct = s_0/s$ ist, deshalb ist $ns = s_0$. (Der Index 0 bezeichnet die Werte im Vakuum.)

Es lohnt sich zu betrachten, was die negative Brechkraft bedeutet und wie sie verwirklicht werden kann (Abb. II.12). In diesem Fall muss nach der Beziehung (II.16) (sofern s positiv ist) s' negativ sein. Das heißt, dass die vom Gegenstandspunkt O ausgehenden Lichtstrahlen im Medium 2 nicht in einem Bildpunkt zusammentreffen, sondern divergieren und nur ihre Verlängerung (zurück ins Medium 1) zu einem gemeinsamen Schnittpunkt O′ führt. Da dieser virtuelle Bildpunkt auf derselben Seite der Grenzfläche zu finden ist wie der Gegenstandspunkt, ist s' negativ. Da der Lichtweg umkehrbar ist, können wir auch sagen, dass der virtuelle Gegenstandspunkt O′ das Bild O ergibt.

Zum Schluss sehen wir uns an, was wir bei mehreren hintereinander liegenden Grenzflächen erhalten. Benutzen wir unsere früheren Ergebnisse und wenden wir das Abbildungsgesetz (II.16) auf zwei nahe Kugelflächen an. Der Einfachheit halber soll die Krümmung der zweiten Fläche negativ sein ($-r_2$) und die Brechzahl des dritten Mediums soll mit der Brechzahl des ersten Mediums übereinstimmen ($n_3 = n_1$). So kommen wir zu einem bekannten Gerät, der auf beiden Seiten konvexen, sog. bikonvexen Linse (Abb. II.13).

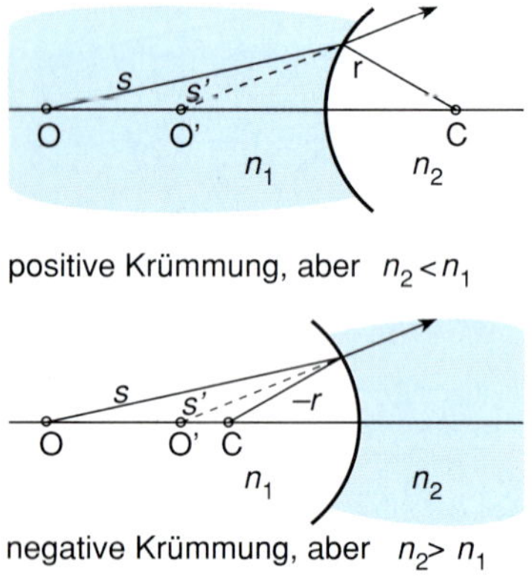

Abb. II.12. Eine negative Brechkraft kann auf zwei Weisen verwirklicht werden

Das Abbildungsgesetz auf die 1. Fläche:

$$\frac{n_1}{s} + \frac{n_2}{s'} = \frac{(n_2 - n_1)}{r_1} \quad (=D_1). \tag{II.18}$$

Das Abbildungsgesetz auf die 2. Fläche, wenn wir O′ als virtuellen Gegenstandspunkt betrachten (negativ s'):

$$\frac{-n_2}{s'} + \frac{-n_1}{s''} = \frac{n_1 - n_2}{-r_2} \quad (=D_2). \tag{II.19}$$

Die Summe der beiden Gleichungen (II.18, II.19) ergibt das **Abbildungsgesetz für** dünne (von Kugelflächen begrenzte) **Linsen**:

$$\frac{n_1}{s} + \frac{n_1}{s''} = (n_2 - n_1)\left(\frac{1}{r_1} + \frac{1}{r_2}\right). \tag{II.20}$$

Vergleichen wir diese Beziehung mit Gl. (II.16) und (II.17), so können wir sagen, dass der rechte Ausdruck gleich der Brechkraft D_{Linse} ist. Danach ergibt **die Summe der Brechkräfte der beiden Kugelflächen die gemeinsame Brechkraft der Kugelflächen**:

$$D_{\text{Linse}} = D_1 + D_2\,. \tag{II.21}$$

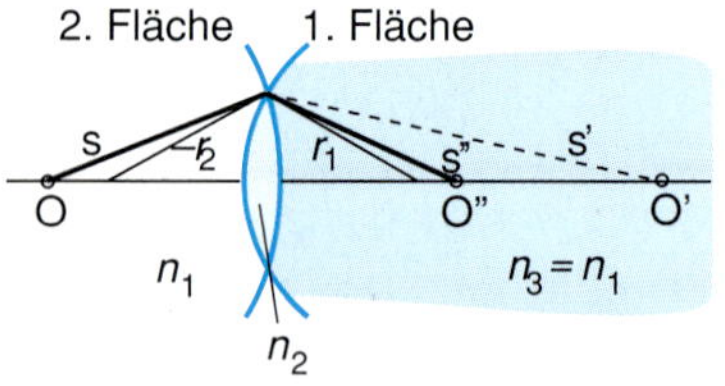

Abb. II.13. Die bikonvexe Linse, als Abbildungssystem, begrenzt von zwei Kugelflächen.
Gäbe es nur die 1. Fläche, würde das Bild des Punktes O in O' entstehen. Das sieht die 2. Fläche als virtuelles Objekt und erzeugt den Bildpunkt O" (im Medium mit der Brechzahl $n_3 = n_1$). Die beiden Flächen bilden also zusammen den Punkt O in O" ab.

In diesem Fall summieren sich also die Dioptrien. Wie wir später sehen werden, ist das auch die Grundlage der Abbildung im Auge und der Korrekturen der Sehschärfe (s. IV/2.2.1 und IV/2.2.2).

Das obige Abbildungsgesetz lässt sich auch in einer anderen Form schreiben. Dazu dividieren wir beide Seiten der Gl. (II.20) durch n_1:

$$\frac{1}{s} + \frac{1}{s''} = \left(\frac{n_2}{n_1} - 1\right)\left(\frac{1}{r_1} + \frac{1}{r_2}\right).$$

Bei paraxialen Strahlen sind $s \approx g$ *und* $s'' \approx b$, wobei g die Gegenstandsweite, b die Bildweite sind, und so kommen wir zu der aus unseren früheren Studien bekannten Form des Gesetzes:

$$\frac{1}{g}+\frac{1}{b}=\frac{1}{f}. \qquad \text{(II.22)}$$

Hier ist f die Brennweite der Linse, die laut Definition mit der Bildweite übereinstimmt, die zu einer unendlichen Gegenstandsweite gehört. Ist also $1/g \approx 1/s \approx 0$, so ist $b \approx f$. Das steht auch in Übereinstimmung damit, dass bei Messung der Brennweite in Metern der Reziprokwert der Brennweite die Brechkraft der Linse in Dioptrien angibt. Dieser Wert hängt nur von der relativen Brechzahl zwischen Linsenmaterial und Umgebung ($n_2/n_1 = n$), sowie den Krümmungsradien der beiden Kugelflächen (r_1,r_2) ab:

$$D_{\text{Linse}}=\frac{1}{f}=(n-1)\left(\frac{1}{r_1}+\frac{1}{r_2}\right). \qquad \text{(II.23)}$$

Snellius und Descartes

Fermat

II/2.1.3 Die Grundlagen der physikalischen Optik oder Wellenoptik

Die **geometrische Optik** hilft uns, die Bildentstehung im Auge und die Funktion sehr vieler optischer Instrumente zu verstehen (IV/2.2 und VI/2). Sie kann **aber keine Erklärung** für die anscheinend sehr einfache Frage geben, **warum wir nicht jeden beliebig kleinen Gegenstand unter dem Mikroskop sehen können, wo wir doch die Vergrößerung theoretisch unbeschränkt steigern können**. (Mit dem Problem befassen wir uns eingehend in Teil VI/2.2.2) Mit der geometrischen Optik können wir auch nicht erklären, warum wir einen Ölfleck auf dem Wasser bunt sehen.

Der Grund ist einfach: jede Näherung, so auch die geometrische Optik, hat einen Geltungsbereich. Mit unseren Fragen sind wir an seine Grenzen gestoßen, bzw. befinden uns außerhalb dieses Geltungsbereiches. Zur Beantwortung solcher Fragen brauchen wir eine bessere Näherung als das Modell des Lichtstrahls.

Die erste Vorstellung vom Licht als eine Art Welle formulierte der niederländische Physiker Christian Huygens (1629-1695) (s. Zitat II.3). Die vollständige mathematische Beschreibung des Phänomens gelang aber erst mehr als hundert Jahre später dem französischen Physiker Jean Augustin Fresnel (1788-1827). Deshalb wurde das Grundprinzip der Wellenoptik nach diesen zwei Wissenschaftlern benannt (Huygens–Fresnel-Prinzip). In dieser Näherung untersuchen wir auch nicht die Natur des Lichtes, wir setzen nur soviel voraus, dass es sich wie eine Welle verhält.

Nach **dem Huygens-Prinzip gehen von jedem einzelnen Punkt einer Wellenfläche Elementarwellen aus und die neue Wellenfläche ist die gemeinsame Einhüllende dieser Elementarwellen** (s. Abb. II.14). **Fresnel ergänzte** dieses Prinzip damit, dass beim Entstehen der neuen Einhüllenden auch das Prinzip der Superposition zur Geltung kommt. Das ist nichts anderes, als die quantitative Formulierung der Erfahrungstatsache, dass zwei Wellen einander bei ihrem Aufeinandertreffen ungestört durchlaufen. Danach ist die resultierende Auslenkung an einem gegebenen Ort zu einem gegebenen Zeitpunkt einfach die Summe der Auslenkungen der beiden Wel-

Zitat II.3

Wenn man ferner die außerordentliche Geschwindigkeit, mit welcher das Licht sich nach allen Richtungen hin ausbreitet, beachtet und erwägt, daß, wenn es von verschiedenen, ja selbst von entgegengesetzten Stellen herkommt, die Strahlen sich einander durchdringen, ohne sich zu behindern, so begreift man wohl, daß, wenn wir einen leuchtenden Gegenstand sehen, dies nicht durch die Übertragung einer Materie geschehen kann, welche von diesem Objekt bis zu uns gelangt, wie etwa ein Geschoß oder ein Pfeil die Luft durchfliegt; denn dies widerstreitet doch zu sehr diesen beiden Eigenschaften des Lichtes und besonders der letzteren. Es muß sich demnach auf eine andere Weise ausbreiten, und gerade die Kenntnis, welche wir von der Fortpflanzung des Schalles in der Luft besitzen, kann uns dazu führen, sie zu verstehen.

Huygens: Traité de la lumière, Einleitung

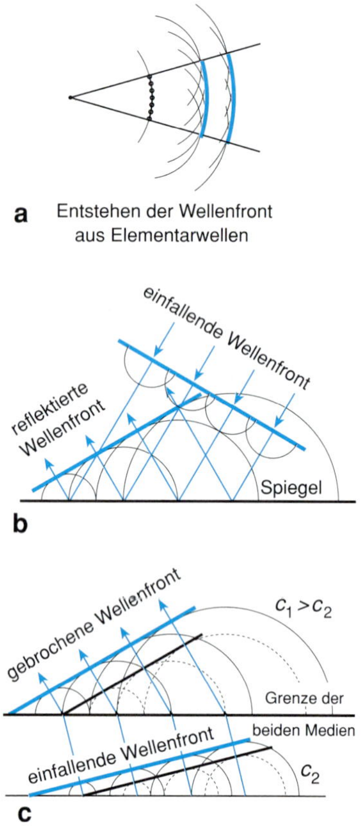

Abb. II.14. Übliche Erklärung von **a.** Lichtausbreitung, **b.** Lichtreflexion und **c.** Lichtbrechung nach dem Huygens-Prinzip.

Man sieht, dass die vom fermatschen Prinzip vollkommen abweichende Idee gleichfalls zum Verständnis der optischen Grundlagen führt. Darüber hinausgehend erklärt sie auch eine solche Erscheinung, über die das fermatsche Prinzip nichts aussagen kann. Dieses Phänomen ist die Doppelbrechung, die erstmals 1669 von dem dänischen Arzt und Physiker Erasmus Bartholinus (1625-1698) beschrieben wurde, und zwar, dass die Gegenstände doppelt zu sehen sind, wenn man sie durch einen isländischen Kalkspatkristall betrachtet. (Die nähere Erklärung diskutieren wir in II/2.1.7.)

len mit Vorzeichen. (Ähnlich dazu, wie wir die reale Bewegung eines Ruderbootes auf einem Fluss als Resultierende von zwei gleichzeitigen Bewegungen (durch den Fluss und das Rudern) auffassen können.)

Ganz allgemein formuliert können wir dann von Wellen sprechen, wenn sich in einem Medium eine Störung ausbreitet, das Medium aber nicht dauerhaft umgeordnet wird. Im Falle des Lichtes bezeichnen wir das angenommene Übermittlungsmedium als „Äther" und in diesem Sinne spricht Huygens von „Störungen des Äthers". Der englische Arzt und Physiker Thomas Young (1773-1829) war der Erste, der aufgrund seiner experimentellen Erfahrungen feststellte, dass das Licht aus periodischen Wellenzugen besteht. Dieser Wellenbegriff bedeutet schon die Fortpflanzung eines **Schwingungszustandes** oder mit anderen Worten die **Fortpflanzung seiner Phase**. Die Phase einer periodischen Bewegung wird mit dem Phasenwinkel φ gekennzeichnet. Dieser gibt an, in welchem Teil der ganzen Periode von 2π sich die Schwingung gerade befindet (s. Beispiel II.1).

Bei der einfachsten Schwingung ist die Auslenkung der Schwingung y eine Sinusfunktion der Phase und die Phase eine lineare Funktion der Zeit, also:

$$y = A\sin(\varphi), \quad \varphi = \omega t + \varphi_0. \tag{II.24}$$

So erhalten wir die schon von früher bekannte Beziehung $y = A\sin(\omega t + \varphi_0)$. Hier ist A die Amplitude der Schwingung, $\omega = 2\pi/T$ die Kreisfrequenz der Schwingung, was ausdrückt, dass eine volle Periode (2π) der Schwingung gerade die Schwingungsdauer T braucht (oder $\omega = 2\pi f$, wobei $f = 1/T$ die Frequenz ist), φ_0 ist der sog. Nullphasenwinkel oder die Phasenkonstante.

Pflanzt sich die Phase im Raum fort, so hängt φ nicht nur von der Zeit sondern auch vom Ort ab (im einfachsten Fall ist auch diese Beziehung linear), d. h.:

$$\varphi = \omega t + kx + \varphi_0. \tag{II.25}$$

Hier ist $k = 2\pi/\lambda$ die sog. Wellenzahl, die ausdrückt, dass sich z. B. der Wellenberg oder das Wellental während der vollen Periode von 2π (in der Zeit T) gerade um eine Periodenlänge oder Wellenlänge λ fortgepflanzt hat. (Die Wellenzahl ist auch als räumliche Äquivalente der Kreisfrequenz anzusehen (s. Bemerkung II.2).)

Die Wellenbewegung ist also eine in Zeit und Raum periodische Erscheinung. Das bedeutet, dass wir nur die zeitliche Periodizität, also die Schwingung wahrnehmen, wenn wir nur an einem gegebenen Ort untersuchen (x = konstant), während wir nur die räumliche Periodizität beobachten können, wenn wir in einem gegebenen Zeitpunkt untersuchen (z. B. eine Momentaufnahme anfertigen, t = konstant).

Beispiel II.1

Das Fortschreiten jeder periodischen Bewegung bzw. Änderung lässt sich allgemein mit der Phase beschreiben. Wir sprechen z. B. bei den Lichtverhältnissen des Mondes von Neumond, erstem Viertel, Vollmond und letztem Viertel.

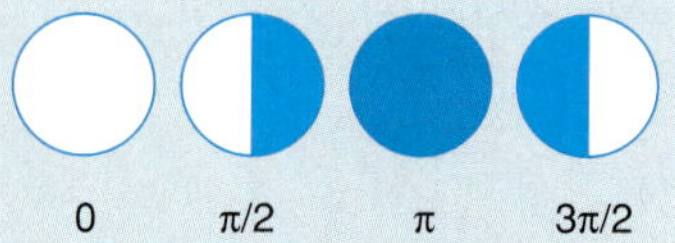

Bei harmonischen (Sinus-)Wellen erhalten wir die Fortpflanzungsgeschwindigkeit oder **Phasengeschwindigkeit** c, wenn wir z. B. den Weg eines Wellenberges durch die dazu benötigte Zeit dividieren. Das können wir am einfachsten so durchführen, dass wir als Weglänge die Wellenlänge, als (zugehörige) Zeit die Schwingungsdauer T nehmen:

$$c = \frac{\lambda}{T} \quad \text{bzw.} \quad c = \lambda f. \tag{II.26}$$

Bisher haben wir nur davon gesprochen, dass sich in der Welle die Phase ausbreitet. Wir wissen jedoch, dass jeder schwingende Körper Energie speichert. Die Energie eines an einer Feder aufgehängten schwingenden Körpers ist z. B. $E = DA^2/2$, wobei A die Amplitude der Schwingung, D die Federkonstante ist. Davon benutzen wir im Folgenden nur, dass die Energie proportional zum Quadrat der Amplitude ist: $E \sim A^2$. So wie sich **in einer Welle** die Phase, d. h. der Schwingungszustand fortpflanzt, so nimmt sie auch die Schwingungsenergie mit sich, **mit der Ausbreitung des Wellenzustands breitet sich also auch Energie aus**. Das ist es, was wir als Strahlungsenergie bzw. Lichtintensität wahrnehmen und worauf unser Auge empfindlich ist. So gilt die obige Proportionalität auch für die Lichtintensität:

$$J_E \sim A^2. \tag{II.27}$$

Bemerkung II.2

Die Kreisfrequenz und die Wellenzahl werden benutzt, um die Zeit bzw. den Ort in einen Winkel umzurechnen, denn im Argument des Sinus kann nur ein Winkel stehen. Das Problem lässt sich mit der Wahl von neuen Zeit- und Längeneinheiten lösen: die neue Zeiteinheit ist die Periodendauer T, die neue Längeneinheit ist die Wellenlänge λ. In diesen neuen Einheiten ist die Messzahl der Zeit t/T, die Messzahl der Länge x/λ. Diese sollen mit 2π multipliziert werden, um den Winkel in der „natürlichen" Einheit zu erhalten (Radiant und nicht Grad).

II/2.1.4 Lichtinterferenz

Im Allgemeinen fassen wir die Erscheinungen unter dem Namen Interferenz zusammen, die dann auftreten, wenn **zwei oder mehrere Wellen zusammentreffen**. Zur Interferenz sind nur Wellen fähig. Als es Young als Erstem 1801 gelang, mit Licht Interferenzerscheinungen zu produzieren, war das ein eindeutiger Beweis für die Wellennatur des Lichtes.

Lichtinterferenz können wir am „einfachsten" studieren, wenn wir das Licht von zwei „entsprechenden" Lichtquellen in „entsprechender" geometrischer Anordnung auf einen Schirm projizieren. (Was die „entsprechende" Lichtquelle und die „entsprechende" geometrische Anordnung bedeuten, darauf kommen wir später noch zurück.) Aufgrund unserer allgemeinen Vorstellung von der Strahlung (II.1.1.1) könnten wir erwarten, dass sich die Lichtintensität (J_{E1} und J_{E2}), die aus zwei Quellen an einem gegebenen Ort ankommt, auf der beleuchteten Fläche überall summiert, d. h. $J_{E1} + J_{E2} = J_{E\text{Resultierende}}$. Statt dessen sehen wir gerade, dass das in der Regel nicht gilt, es wird also z. B. auf dem Schirm Stellen geben, auf die sicher Licht von beiden Lichtquellen fällt, die aber trotzdem als dunkle Flecken erscheinen (s. auch *„Ähnlichkeit der Interferenz von Wasserwellen und Licht"*). Die Tatsache der Lichtinterferenz kann allgemein mit der folgenden Beziehung angegeben werden:

$$J_{E1} + J_{E2} \neq J_{E\text{Resultierende}}. \tag{II.28}$$

Huygens und Fresnel

Young

Eine den Wasserwellen ähnliche Lichtinterferenz konnte jahrhundertelang deshalb nicht beobachtet werden, weil sich in einer gewöhnlichen Lichtquelle die Akte der elementaren Lichtemission (was dem Einfallen der Kiesel

Ähnlichkeit der Interferenz von Wasserwellen und Licht

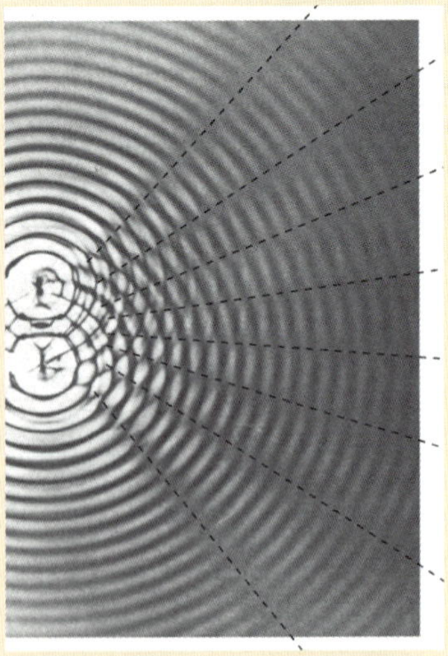

Zum Verständnis der Interferenz von Licht benutzen wir die Interferenz der Wasserwellen. Die Abbildung beantwortet auch die Frage, wann die Wellenquelle „entsprechend" ist. Auf einer Wasserfläche können wir z. B. dadurch zwei Wellen anregen, dass wir in konstanten Zeitabständen gleichzeitig auf zwei „Quellenpunkte" je einen Kiesel werfen. Hört die Synchronisierung auf, fallen die Kiesel also nicht immer in den gleichen Zeitabständen auf die gleiche Stelle, dann kommen die Wellen an einer gegebenen Stelle in ein gewisses Durcheinander und die Wechselwirkung der Wellen ergibt kein schönes regelmäßiges Muster. Bei Wasserwellen ist die Interferenz leichter verständlich, weil wir ja die Wellen direkt sehen. Trifft ein Wellenberg immer auf ein gleich großes Wellental, so neutralisieren sie sich durch die Superposition vollständig, mit anderen Worten, sie löschen sich gegenseitig aus. Die gut sichtbaren Auslöschungsstellen haben wir auf der Abbildung mit gestrichelten Linien verbunden. Hätten wir den Versuch mit Lichtwellen durchgeführt, dann wären dort, wo diese Linien auf den Bildschirm treffen, schwarze Flecken.

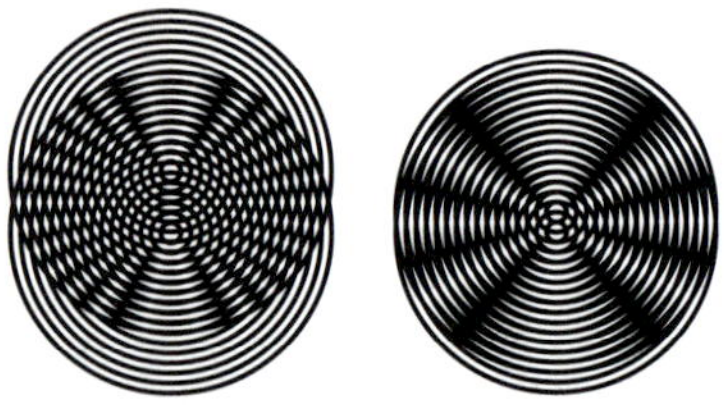

a **b**

Abb. II.15. Interferenz
a. Entfernte ($d = 6\lambda$) und **b.** nahe ($d = 2\lambda$) (isotrope) Quellen (d ist der Abstand zwischen den beiden Quellen). Die konzentrischen (schwarzen) Kreise stellen die von einer Quelle ausgehenden Wellenberge dar. Die dunkelsten Teile entstehen beim Treffen von Wellenbergen mit Wellentälern. Je geringer der Abstand der Quellen ist, desto entfernter sind diese Stellen voneinander.

ins Wasser entspricht) in Raum und Zeit ungeordnet, zufällig abspielen. Eine solche Lichtquelle produziert sog. **inkohärentes** Licht, das sich zur Darstellung von wahrnehmbarer Interferenz nicht eignet. Beobachtbare Lichtinterferenz kann man also nur mit **kohärenten** Lichtwellen hervorrufen. Ganz allgemein sagen wir, dass zwei Lichtwellen kohärent sind, wenn ihr **Phasenunterschied konstant** ist oder sich regelmäßig ändert. Mit traditionellen Lichtquellen lässt sich das erreichen, indem man nur eine Lichtquelle benutzt und das aus einer sehr kleinen Fläche austretende Licht teilt. Damit wird die räumliche und zeitliche Inkohärenz zwischen enge Grenzen gezwängt.

Die geometrische Bedingung der Wahrnehmbarkeit (die „entsprechende" geometrische Anordnung) ist anhand der Abb. II.15 leicht verständlich. Beschreiben wir den Abstand zwischen den beiden Quellen mit d. Sind die beiden Quellen (im Vergleich zur Wellenlänge) weit genug voneinander entfernt, d. h. ist $d >> \lambda$, dann könnten die Orte der Auslöschung (bzw. der maximalen Verstärkung) nur bei kurzen, in grober Näherung mit λ vergleichbaren Abständen wahrnehmbar sein. Das ermöglicht aber im Falle des Lichtes nicht die Wahrnehmbarkeit, denn die Wellenlänge des Lichtes ist um ein Vielfaches kleiner als die der Wasserwellen. (Die theoretisch existierenden dunklen-hellen Stellen ändern sich in kürzeren Abständen als die Auflösung des menschlichen Auges, so nehmen wir nur ihr Mittel, also eine gleichmäßige Beleuchtung wahr.)

Wir können feststellen, dass die Welleneigenschaft nicht wahrnehmbar ist, solange die Größe d der optischen Einrichtung viel größer ist als die Wellenlänge. Die Wellenoptik müssen wir also nur bei mit λ vergleichbaren oder kleineren Abständen benutzen. Bei größeren Abständen gibt die geometrische Optik eine fehlerfreie Beschreibung. Das ist die Grenze, die wir schon in II/2.1.3 erwähnt haben. So können wir auch sagen, dass die **geometrische Optik dem Grenzfall $\lambda > 0$ der physikalischen Optik** (oder Wellenoptik) **entspricht**.

II/2.1.5 Lichtbeugung, Diffraktion

Dieses Phänomen ist eine Erscheinungsform der Lichtinterferenz. Ihr Wesen besteht darin, dass die Richtung eines Lichtbündels durch kleine Hindernisse so modifiziert wird, dass am Beobachtungsort (z. B. auf einem Schirm) statt eines einfachen Schattenbildes auch dort eine Beleuchtung wahrzunehmen ist, wo man sie nach der geradlinigen Ausbreitung des Lichtes nicht erwarten würde. Young hatte in seinem erwähnten Versuch gerade diese **Lichtbeugung durch zwei Spalte** realisiert (Abb. II.16). Der Einfachheit halber benutzte er einfarbiges (monochromatisches) Licht. So konnte er theoretisch die Interferenz von harmonischen (Sinus-) Wellen mit einer einzigen Wellenlänge bzw. Frequenz studieren. Als Ergebnis der Lichtbeugung beobachtete er ein (aus dunklen-hellen Streifen bestehendes) Interferenzbild, wie es in Abb.II.16 dargestellt ist. Diese Verteilung der Intensität bzw. der Beleuchtungsstärke ist aufgrund des schon Gelernten relativ einfach zu verstehen.

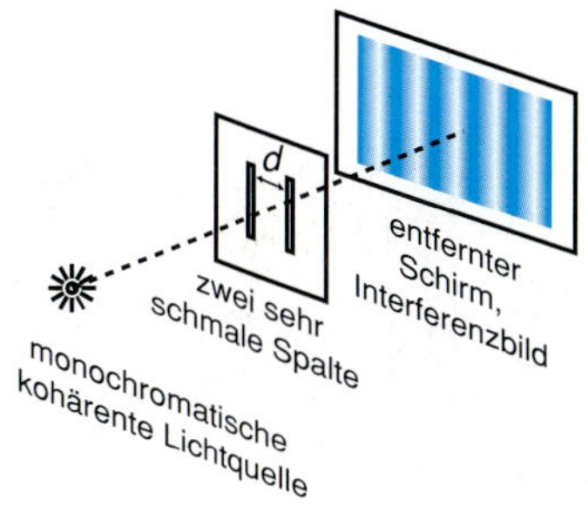

Abb. II.16. Young-Versuch mit zwei Spalten

Die dunklen und hellen Streifen auf dem Schirm sind gleich breit und haben keine scharfen Grenzen.
Die Bestrahlungsstärke ändert sich zwischen den dunkelsten und hellsten Stellen kontinuierlich

Aus einer kohärenten Lichtquelle erreicht die Welle die von der Quelle in gleichem Abstand befindlichen Spalte in der gleichen Phase. So **gehen** nach dem Huygens-Prinzip **von beiden Spalten Elementarwellen in der gleichen Phase aus**, die sich **in den verschiedenen Punkten des Schirmes in Abhängigkeit vom zurückgelegten Weg in verschiedenen Phasen treffen**. Wie schon in II.2.1.3 dargelegt wurde, kann eine Welle an einem gegebenen Ort der Ausbreitung als einfache Schwingung aufgefasst werden. Die Aufgabe besteht also darin, die von den Elementarwellen ausgelösten Schwingungen am Schirm von Ort zu Ort zu addieren. Weil monochromatisches Licht benutzt wurde, haben die Schwingungen die gleiche Frequenz. Weil die Spalte gleichförmig sind, werden auch die Elementarwellen die gleichen Amplituden haben. So hängt die Amplitude der resultierenden Schwingung am Bildschirm nur von der Amplitude A der Elementarwellen und dem konstanten Phasenunterschied $\Delta\varphi$ an dem gegebenen Ort ab.

Benutzen wir die ursprüngliche Definition der Sinusfunktion und zwar, dass sie mit der zweiten Koordinate des gedrehten Einheitsvektors (d. h. seiner Projektion auf die y-Achse) angegeben werden kann (Abb. II.17). So können wir in Gedanken jeder harmonischen Schwingung einen sich gleichmäßig drehenden Vektor zuordnen. Die Vektorlänge ist gleich der Schwingungsamplitude, der Winkel zwischen Vektor und waagerechter Achse ergibt die Schwingungsphase und die Drehgeschwindigkeit ist gleich der Kreisfrequenz der Schwingung ($\omega = 2\pi/T$, wobei T die Periode ist). Mit Hilfe dieser Vektoren lassen sich die Schwingungen leicht addieren (s. Abb. II.17):

$$A_{\text{Resultierende}} = 2A\cos(\Delta\varphi/2). \qquad \text{(II.29)}$$

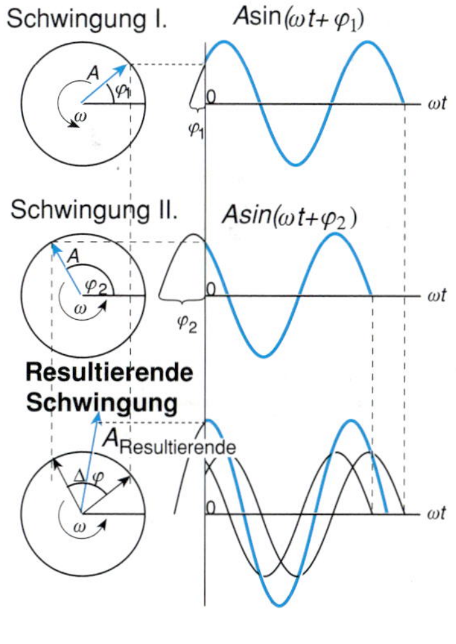

Abb. II.17. Summe zweier harmonischer Schwingungen mit gleicher Frequenz und Amplitude, aber unterschiedlicher Phase (dargestellt als rotierende Vektoren und als Funktionen)
Schwingung I + Schwingung II = **Resultierende Schwingung**
Die Amplitude der resultierenden Schwingung $A_{\text{Resultierende}}$ hängt nur von den Amplituden der Komponenten und ihrem Phasenunterschied ab.

Unser Auge nimmt die Phasenverhältnisse jedoch nicht direkt wahr und die Schwingungsfrequenz bestimmt nur die Farbe des Lichtes. So brauchen wir außer der resultierenden Amplitude nichts weiter, um die Verteilung der Bestrahlungsstärke in mathematischer Form zu erhalten. Nach Gl. (II.27) ist nämlich das Quadrat der Amplitude proportional zur Intensität und wegen der senkrechten (bzw. nahezu senkrechten) Einfallswinkel bestimmt nur die Amplitude die Bestrahlungsstärke auf dem Schirm:

$$J_E \sim A^2_{\mathrm{Resultierende}} = 4A^2\cos^2(\Delta\varphi/2). \qquad \text{(II.30)}$$

Nach kleineren Umformungen erhalten wir:

$$A^2_{\mathrm{Resultierende}} = 2A^2[2\cos^2(\Delta\varphi/2) + \sin^2(\Delta\varphi/2) - \sin^2(\Delta\varphi/2) = = 2A^2[1 + \cos(\Delta\varphi)]. \qquad \text{(II.31)}$$

Dieser Ausdruck ist schon übersichtlicher als Gl. (II.30), weil hier die Abhängigkeit vom Phasenunterschied direkt dargestellt ist (s. auch Bemerkung II.3).

Wir müssen nur noch feststellen, wie groß der Phasenunterschied an den einzelnen Punkten des Schirmes ist. Durch die senkrechten Spalte und die nahezu rechtwinkligen Einfallswinkel stellt sich auf dem Schirm nur in waagerechter Richtung eine Änderung des Gangunterschiedes Δs dar, deren Ursache der Phasenunterschied $\Delta\varphi$ ist. Das ist in Abb. II.18 dargestellt, wo d der Abstand zwischen den beiden Spalten, L der Abstand zwischen den Spalten und dem Schirm ist. In diesem Fall kann der Ort eines beliebigen Punktes P auf dem Schirm vom Punkt Q aus mit einem einzigen Winkel angegeben werden, und zwar mit dem Winkel α der Abweichung von der auf den Schirm senkrechten Geraden QP_0. Sind die beiden Spalte im Vergleich zu ihrem Abstand vom Schirm nah genug beieinander, ist also $L >> d$, dann sind die mit zwei Bogen markierten Winkel der Abbildung in guter Näherung gleich (also gleich α). Danach lässt sich der Gangunterschied zu jedem Punkt P des Schirmes einfach bestimmen:

$$\Delta s = d \sin\alpha. \qquad \text{(II.32)}$$

Der Ort des Punktes P kann auch mit dem Abstand von der Schirmmitte P_0 angegeben werden: $\Delta x = L \mathrm{tg}\alpha$. Vergleicht man das mit GL(II.32), so ist zu sehen, dass bei kleinen Winkeln α (solange $\sin\alpha \approx \mathrm{tg}\alpha$ ist) Δx und Δs proportional sind:

$$\Delta x \approx \Delta s \frac{L}{d}. \qquad \text{(II.33)}$$

Bei der Bestimmung des jeweiligen Phasenunterschiedes muss man in Betracht ziehen, dass $\Delta\varphi$ und Δs auch proportional sind und der Phasenunterschied 2π gerade dem Gangunterschied λ entspricht. So gehört zu dem Gangunterschied Δs **der Phasenunterschied**

$$\Delta\varphi = \Delta s \frac{2\pi}{\lambda}, \quad \text{oder} \quad \Delta\varphi = 2\pi \frac{\Delta s}{\lambda}. \qquad \text{(II.34)}$$

Man kann aber auch so formulieren, dass der Phasenunterschied der Winkel ist, der das Verhältnis von Gangunterschied und Wellenlänge ausdrückt. Die Ergebnisse sind in Abb. II.19 zusammengefasst.

Bemerkung II.3
Gl. (II.31) können wir auch mit Hilfe des Cosinussatzes erhalten, denn $A_{\mathrm{Resultierende}}$ ist in einem Rhombus mit der Seite A und den Winkeln $\Delta\varphi$ bzw. $\pi - \Delta\varphi$ die dem Winkel $\pi - \Delta\varphi$ gegenüberliegende Diagonale. So ist:

$$A^2_{\mathrm{Resultierende}} = A^2 + A^2 - 2\,A\,A\cos(\pi - \Delta\varphi)$$
$$= A^2 + A^2 + 2\,A\,A\cos(\Delta\varphi)$$
$$= 2A^2[1 + \cos(\Delta\varphi)]$$

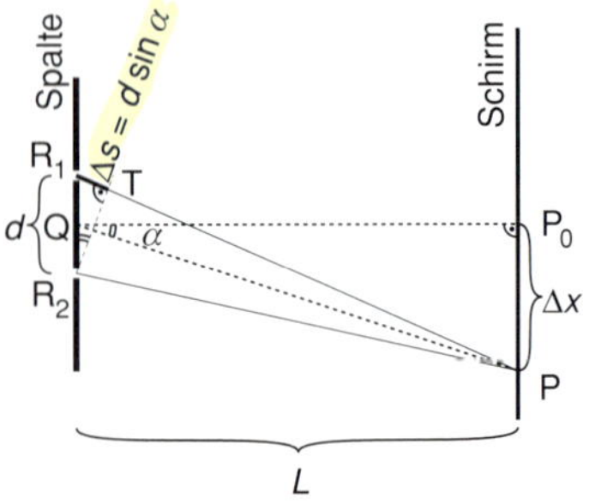

Abb. II.18. Draufsicht des Young-Versuchs
Bei der Berechnung nutzen wir nur, dass $L>>d$, d. h. die beiden Spalte im Vergleich zum Abstand vom Schirm dicht beieinander liegen. In diesem Fall können wir die Näherung aus II/2.1.1 anwenden, bei der R_2TP einem solchen „entarteten (gleichschenkligen) Dreieck" zu ähneln beginnt, das zwei Winkel von 90° und einen Winkel von 0° hat.

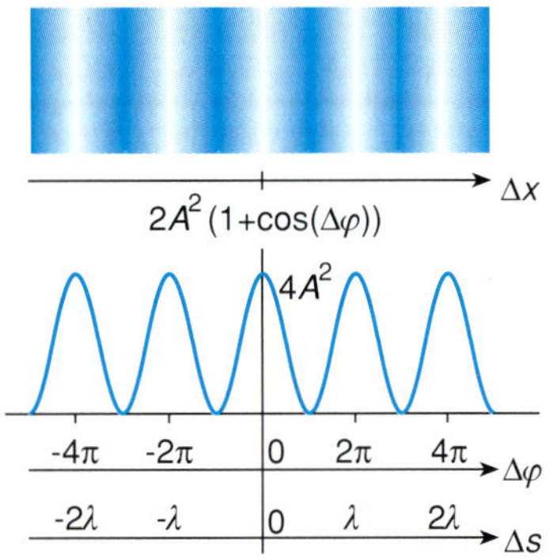

Abb. II.19. Berechnete und beobachtete Intensitätsverteilung bei Lichtbeugung an zwei sehr schmalen Spalten.
Aus der untersten Skala ist zu sehen, dass bei kürzeren Wellenlängen des beleuchtenden Lichtes die Maxima näher beieinander liegen.

II/2.1.6 Die Grundlagen der Diffraktionsmethoden

In diesem Teil diskutieren wir was sich ändert, wenn die Lichtbeugung nicht nur an zwei Spalten erfolgt, sondern an 3, 4 oder sehr vielen n parallelen engen Spalten, die sich in gleicher Entfernung d voneinander befinden, mit einem anderen Wort an einem **optischen Gitter** (s. „*Diffraktion am optischen Gitter*"). (Dass die Spalte sehr eng sind, ist auch im Folgenden sehr wichtig zu betonen.)

Beim optischen Gitter entstehen an den Orten, die der Bedingung $\Delta\varphi = k2\pi$, $k = 0, 1, 2,\dots$ entsprechen, **sehr scharfe Intensitätsmaxima** (s. Abb. II.20). Das sind die sog. **Beugungsordnungen**, denen verschiedene k-Werte zugeordnet werden können. So kann man von der nullten Ordnung ($k = 0$), der ersten Ordnung ($k = 1$) usw. sprechen. Weil der Phasenunterschied auch negativ sein kann, kann k auch negative Werte annehmen.

Die Ordnungen können wir auch beschreiben, indem wir den Gangunterschied zwischen den benachbarten Spalten nach der Beziehung (II.34) angeben. So ist in der 0., 1., 2. usw. Ordnung $\Delta s = k\lambda$, wobei $k = 0, 1, 2,\dots$ ist. Daraus geht auch hervor, wie sich das Beugungsbild des optischen Gitters ändert, wenn wir die Wellenlänge des Lichtes, d. h. seine Farbe ändern. Bei den zwei Spalten haben wir schon erwähnt (s. Abb. II.19), dass bei Licht mit kür-

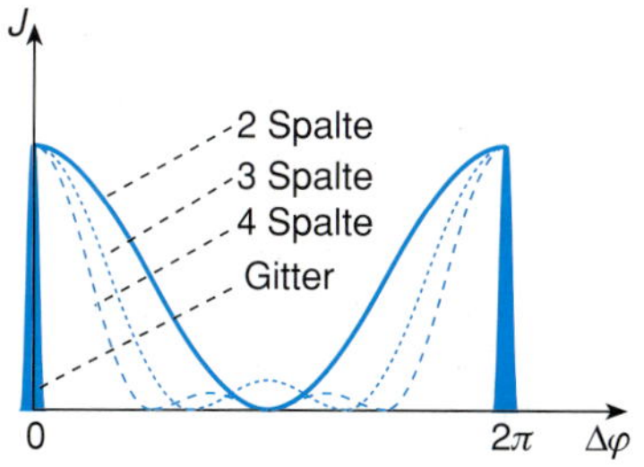

Abb. 20. Die relative Intensitätsverteilung zwischen zwei maximalen Verstärkungen bei 2, 3, 4 und sehr vielen Spalten (optisches Gitter) von einfarbigem (monochromatischem) Licht.

Diffraktion am optischen Gitter

Die Diffraktion veranschaulichen wir in der Vektordarstellung, indem wir statt der zwei Vektoren der Länge A, die den Winkel $\Delta\varphi$ umschließen, weitere um $\Delta\varphi$ gedrehte Vektoren der Länge A in die Abbildung einzeichnen. Jeder Vektor entspricht dem Beitrag der Elementarwelle, die aus einem neuen Spalt auf einen gegebenen Punkt des Schirmes auftrifft. Der letzte Vektor umschließt mit dem ersten den Winkel $(n - 1)\ \Delta\varphi$, n gibt die Zahl der Spalte an.

Die erste wesentliche Änderung bei der Wirkung von mehreren Spalten ist, dass der Phasenunterschied $\Delta\varphi$ der ersten vollkommenen Auslöschung (wenn also der resultierende Vektor 0 ist) mit zunehmender Spaltzahl immer kleiner wird, da er bei n Spalten $2\pi/n$ beträgt. Die zweite wichtige Änderung ist dabei, dass an den Orten der maximalen Verstärkung, an denen jeder Vektor die gleiche Richtung hat ($\Delta\varphi = k2\pi$, $k = 0, 1, 2,\dots$) die Intensität durch die Einfügung neuer Spalte rapide zunimmt, denn $A^2_{\text{Resultierende}} = n^2A^2$.

Was geschieht aber zwischen zwei Beugungsmaxima? Im Falle von zwei Spalten haben wir gesehen, dass der Übergang kontinuierlich ist (Abb. II.19). Bei drei Spalten beobachten wir an den Orten, die den totalen Auslöschungsorten bei zwei Spalten entsprechen ($\Delta\varphi = 2\pi/2 = \pi$), zwar keine totale Auslöschung, aber die Intensität beträgt nur 1/9 des Maximalwertes. Das ist leicht einzusehen, denn die beiden entgegengesetzt gerichteten Vektoren neutralisieren sich gerade, deshalb ist $A_{\text{Resultierende}} = A$ oder $A^2_{\text{Resultierende}} = A^2$. Bei maximaler Verstärkung ist dagegen $A_{\text{Resultierende}} = 3A$ und so $A^2_{\text{Resultierende}} = 9A^2$.

Bei ausreichend vielen Spalten, d. h. bei einem optischen Gitter ($n \to \infty$), können wir ganz allgemein sagen: solange die Vektoren innerhalb des Kreises grob gesehen gleichmäßig verteilt in alle Richtungen zeigen, ist $A_{\text{Resultierende}} \approx 0$ und wesentliche Beiträge sind nur an den Stellen der maximalen Verstärkung zu erwarten, weil die volle Auslöschung schon bei $2\pi/n$ erfolgt.

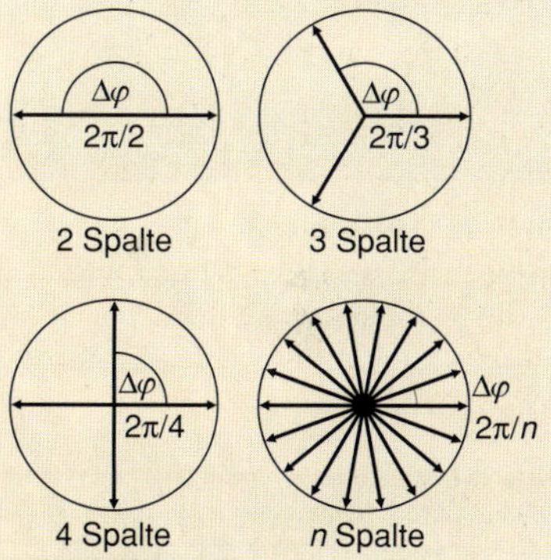

$A_{\text{Resultierende}} = 0$

Der Phasenunterschied der ersten vollen Auslöschung (Resultierende ist 0) bei 2,3,4 und vielen (n) Spalten (bzw. bei einen optischen Gitter) ($\Delta\varphi = 2\pi/n$)

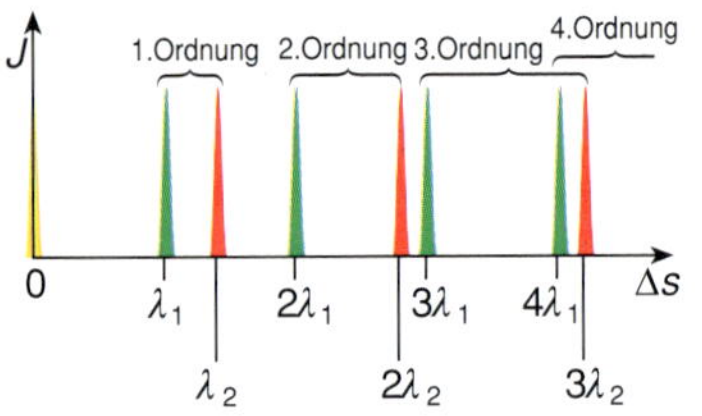

Abb. 21. Diffraktionsbild des optischen Gitters bei aus zwei Komponenten ($\lambda_1 < \lambda_2$) bestehendem Licht. In den höheren Ordnungen sind Überlappungen unvermeidbar.

zerer Wellenlänge die Maxima näher zueinander rücken. Dasselbe gilt auch jetzt für die scharfen Maxima. Benutzt man zur **Beleuchtung zusammengesetztes Licht, so erscheinen seine Elemente im Beugungsbild räumlich getrennt** (jede Ordnung, mit Ausnahme der 0. Ordnung). Das ist in Abb. II.21 veranschaulicht, auf der ein Fall mit Licht aus zwei Komponenten gleicher Intensität (mit der Wellenlänge λ_1 bzw. λ_2) dargestellt ist. Diese Art der Trennung in die Elemente erfolgt natürlich auch dann, wenn das Licht aus bedeutend komplizierteren Komponenten mit unterschiedlicher Intensität besteht. Auf diese Weise erhalten wir (innerhalb einer Ordnung) **die Spektralverteilung des auf das Gitter fallenden Lichts** (s. VI/3).

Das **Beugungsbild können wir auch benutzen, um** anders nicht messbare **mikroskopische Abstände zu berechnen**. Aus Gl. (II.33) lässt sich nämlich die Gitterkonstante, d. h. der Abstand zwischen den Spalten (d), einfach ausdrücken:

$$d \approx \Delta s \frac{L}{\Delta x} \cdot \qquad \text{(II.35)}$$

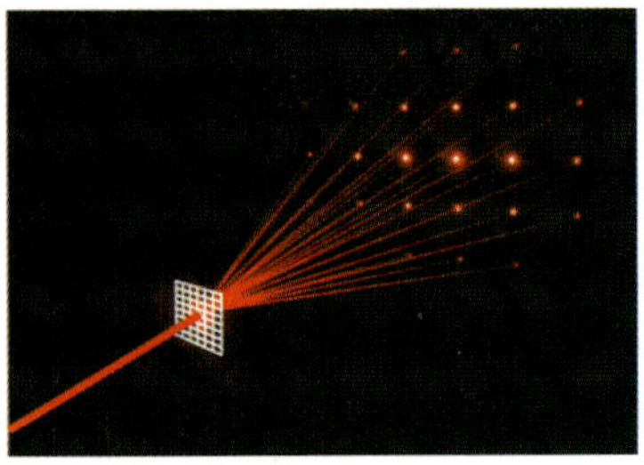
Abb. 22.Diffraktionsbild eines zweidimensionalen optischen Gitters (Aufnahme und Illustration von István Derka)

So können wir bei Beleuchtung mit monochromatischem Licht den Abstand D zwischen dem 0. und dem 1. Beugungsmaximum auf dem Schirm messen. In Kenntnis der Wellenlänge λ des Lichts und des Abstandes L zwischen Gitter und Schirm können wir d berechnen. Für das 1. Maximum gilt nämlich $\Delta s = \lambda$, deshalb ist

$$d \approx \lambda \frac{L}{D} \cdot \qquad \text{(II.36)}$$

In Abb. II.22 ist das Beugungsbild dargestellt, das man erhält, wenn man zwei optische Gitter mit gleicher Gitterkonstante, die in einem gegebenen Winkel zueinander stehen, mit monochromatischem Licht beleuchtet. **Das regelmäßige makroskopische Beugungsbild wird von einer regelmäßigen mikroskopischen Struktur hervorgerufen**. Durch die periodische Wiederholung sind die Intensitätsmaxima sehr scharf. Außer den besprochenen Möglichkeiten der Abstandsmessung spiegelt die Symmetrie des Beugungsbildes auch die Symmetrie der mikroskopischen Struktur wider, was die Möglichkeit zu ihrer vollkommenen Rekonstruktion bietet. So können wir anhand eines makroskopisch wahrnehmbaren Bildes mikroskopische Strukturen bestimmen. Dieses Grundprinzip benutzen wir bei sämtlichen Strukturbestimmungen mit Diffraktionsmethoden (s. z.B. X/6).

Abb. II.23. Doppelbrechung durch ein Kalkspatkristall ($CaCO_2$) und einfache Brechung durch ein Steinsalzkristall (NaCl) (Aufnahme von István Derka)

II/2.1.7 Optische Anisotropie, Polarisation des Lichtes

Mit diesem Problemkreis hat sich schon Huygens befasst und wir können es als eines seiner großen Ergebnisse betrachten, dass es ihm gelang, das Phänomen der Doppelbrechung zu erklären (s. Abb. II.23). Huygens stellte die Hypothese auf, dass sich das Licht in **doppelbrechenden Medien** auf zwei verschiedene Arten ausbreitet. Der **ordentliche Strahl** breitet sich mit kugelsymmetrischen Elementarwellen aus, d. h. die Ausbreitungsgeschwindigkeit ist in allen Richtungen gleich (isotrope Ausbreitung). Beim **außerordentlichen Strahl hängt die Ausbreitungsgeschwindigkeit von der Richtung ab**, die elementaren Wellenflächen sind keine Kugeln sondern Ellipsoide (anisotrope Ausbreitung). In Abb. II.24 sind die von zwei Punkten der eintretenden Wellenfront ausgehenden Elementarwellen in den verschiedenen Fällen dargestellt. Die Hülle (Tangente) der sich ausbreitenden Elementarwellen dient als neue Wellenfront. (Die Ausbreitungsrichtung der Wellenfront beschreibt der Vektor zwischen dem Anfangspunkt der Elementarwelle und dem Berührungspunkt.) Im Fall a) teilen sich die beiden Wellenfronten auch nach der Richtung. In diesem Fall trifft das Licht unser Auge auf zwei verschiedenen Wegen. Das ist auch in Abb. II.23 zu sehen.

Der französische Physiker Louis Etienne Malus (1775-1812) machte die Entdeckung, dass auch das gewöhnliche Licht bei der Reflexion bei einem bestimmten Einfallswinkel dieselben Eigenschaften aufweist, wie doppelt gebrochene Lichtstrahlen. Heute wissen wir schon, dass **diese Eigenschaften mit dem Polarisationszustand der Lichtstrahlen verbunden** sind.

Früher stellte man sich das Licht analog zu den Schallwellen als Longitudinalwellen vor (s. Zitat II.3). Die zwei Lichtstrahlen in der Doppelbrechung lassen sich aber nur mit transversalen Wellen erklären. Die longitudinalen oder längs gerichteten Wellen haben nämlich außer ihrer Ausbreitungsrichtung keine andere ausgezeichnete Richtung, denn die Schwingungsrichtung und die Ausbreitungsrichtung sind identisch. So wären ordentliche und außerordentliche Strahlen bei longitudinalen Wellen nicht zu unterscheiden. Demgegenüber lassen sich die ordentlichen und außerordentlichen Strahlen bei transversalen oder Querwellen unterscheiden, weil bei ihnen Schwingungs- und Ausbreitungsrichtung senkrecht zueinander stehen.

Bleibt die Schwingung einer transversalen Welle während der Ausbreitung ständig in einer über die Ausbreitungsrichtung gelegten Ebene, so spricht man von **linear polarisierten Wellen** (Abb. II.25a).

Seitdem der englische Physiker James Clerk Maxwell (1831-1879) die allgemeine Theorie des elektromagnetischen Feldes aufgestellt hat, wissen wir, dass auch das Licht eine **elektromagnetische Welle** ist (Zitat II.4). In den elektromagnetischen Wellen sind die **elektrische und die magnetische Feldstärke die physikalischen Größen, die sich in Raum und Zeit periodisch ändern („schwingen")**.

Aus der maxwellschen Theorie geht auch hervor, dass die elektromagnetischen Wellen transversale Wellen sind, das Licht sich also auch polarisieren lässt. Der von Huygens eingeführte Begriff des ordentlichen und außerordentlichen Lichtstrahls bezeichnet also zwei linear polarisierte Strahlen, deren Polarisationsrichtungen senkrecht zueinander stehen.

Unter polarisiertem Licht soll man aber nicht nur linear polarisiertes Licht verstehen. Treffen nämlich zwei senkrecht zueinander linear polarisierte Lichtwellen mit einem Phasenunterschied aufeinander (wie z. B. in dem Fall auf Abb. II.24b), dann ergibt die Superposition in der Regel eine elliptisch polarisierte Lichtwelle. Von elliptisch polarisiertem Licht spricht man, wenn der Endpunkt des elektrischen Feldstärkevektors, mit dem die Welle beschrie-

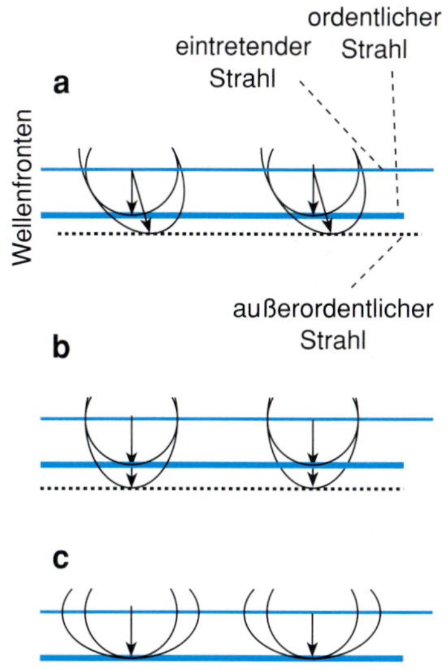

Abb. II.24. Erklärung der Doppelbrechung nach Huygens
a. Sowohl Geschwindigkeit als auch Ausbreitungsrichtung des ordentlichen und außerordentlichen Lichtstrahls weichen nach dem Eintreten ins Medium voneinander ab
b. Nur die Geschwindigkeiten unterscheiden sich
c. In dieser Richtung breiten sich ordentlicher und außerordentlicher Strahl gleich aus

Zitat II.4

Über die Ausbreitungsgeschwindigkeit der elektromagnetischen Wellen

Diese Geschwindigkeit stimmt so gut mit der Lichtgeschwindigkeit überein, daß wir anscheinend allen Grund zur Annahme haben, das Licht (sowie die Wärmestrahlung, aber auch andere Strahlungen, wenn es solche gibt) sei eine elektromagnetische Störung, die sich in Form von Wellen durch das elektromagnetische Feld, den Gesetzen des Elektromagnetismus entsprechend, fortpflanzt.

Maxwell: A Dynamical Theory of the Electromagnetic Field (1859)

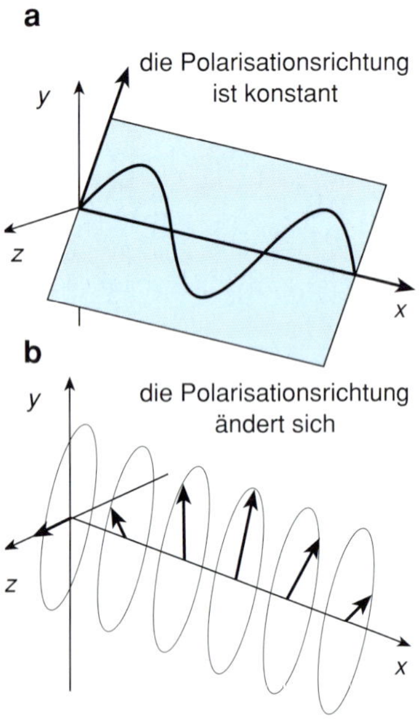

Abb. II.25. Die unterschiedlichen Polarisationen
a. Lineare Polarisation: die Schwingungen bleiben in einer über die Ausbreitungsrichtung gelegten Ebene
b. Elliptische Polarisation: die „Schwingung" ist hier in Wahrheit eine Bewegung entlang einer Ellipse

> Zitat II.5
> Sind nicht alle Hypothesen unrichtig, nach denen das Licht in einem Druck oder einer Bewegung bestehen soll, die sich in einem Fluidum ausbreitet?
> Bestehen nicht die Lichtstrahlen aus sehr kleinen Körpern, die von den leuchtenden Substanzen ausgesandt werden?
> Newton: Optics

> Bemerkung II.4
> Heute wissen wir schon, dass bei sehr hohen Lichtintensitäten, die sich nur mit Laserlicht erzeugen lassen, die Wirkung eines einzigen Photons auch von mehreren niederenergetischen Photonen gemeinsam erzielt werden kann.

ben ist, in der Funktion der Zeit auf einer Ellipse verläuft (Abb. II.25b). Die **Drehbewegung** kann **rechts oder links gerichtet** sein. Das ist der gewöhnlichste Fall der Lichtpolarisation. Sind die Achsen der Ellipse gleich, dann haben wir **zirkulär polarisiertes** Licht vor uns, ist eine Achse 0, so handelt es sich um linear polarisiertes Licht. **Nicht polarisiertes** Licht ist das zufällige Gemisch dieser Grundtypen. Auch das Licht der gewöhnlichen Glühbirne ist z. B. nicht polarisiert.

II/2.1.8 Das Licht als elektromagnetische Welle und als Lichtteilchenstrahlung oder Photonenstrahlung

Den Gedanken, dass das Licht aus Teilchen besteht, formulierte schon der berühmte englische Physiker Isaac Newton (1642-1727) (Zitat II.5). Diese Hypothese wurde wegen des großen Ansehens, das Newton genoss, fast hundert Jahre zu einem Hemmschuh der Wellenoptik. Ende der 1800er Jahre schien die Frage „Welle oder Teilchen" endgültig entschieden. Alle experimentellen und theoretischen Ergebnisse deuteten darauf hin, dass das Licht eine elektromagnetische Welle ist. So bezeichnet man die vom menschlichen Auge wahrnehmbaren **elektromagnetischen Wellen, also mit der Wellenlänge von rund 400 nm bis 800 nm, als Licht.** Aufgrund der Lichtfarbe nennt man die beiden über diese Grenzen hinausgehenden Strahlungen ultraviolette und infrarote Strahlung. (Umgangssprachlich spricht man gewöhnlich von ultraviolettem und infrarotem „Licht".)

Dem deutschen Physiker Wilhelm Hallwachs (1859-1922) ist die Entdeckung (1888) zuzuschreiben, dass bei ultravioletter Bestrahlung eines Metalls negative Ladungsträger die Oberfläche des bestrahlten Metalls verlassen. Dieses Phänomen bezeichnet man als **lichtelektrischen Effekt (Photoeffekt)**. Später hat der aus Ungarn stammende und in Deutschland arbeitende Physiker Philipp Lenard (Lénárd Fülöp) (1862-1947) das Phänomen eingehend studiert und die experimentellen Ergebnisse folgendermaßen zusammengefasst (1902):

- Die austretenden Ladungsträger sind Elektronen, die praktisch gleichzeitig mit der Beleuchtung erscheinen
- Das Phänomen tritt unter einem materialabhängigen Frequenzschwellenwert nicht auf, egal wie sehr man die Intensität des Lichtes erhöht (z. B. kommt es bei „schwacher" hochfrequenter ultravioletter Bestrahlung zum Austritt, aber bei „starker" Bestrahlung mit niederfrequentem roten Licht geschieht nichts)
- Die maximale Geschwindigkeit der austretenden Elektronen hängt nicht von der Intensität sondern von der Farbe, d. h. der Frequenz des beleuchtenden Lichtes ab (mit zunehmender Frequenz nimmt die Geschwindigkeit zu)
- Die Zunahme der Lichtintensität steigert (bei gleicher Frequenz) nur dann die Zahl der in der Zeiteinheit austretenden Elektronen, wenn die Frequenz über dem Schwellenwert liegt.

Diese Erfahrungen lassen sich im Rahmen der klassischen Theorie der elektromagnetischen Wellen nicht erklären. Die Strahlungsintensität wird nämlich nur von der Amplitude und nicht von den anderen Parametern der Welle, z. B. der Frequenz bestimmt. Ist also zum Austritt der Elektronen eine bestimmte Energie notwendig, so stellt sich die Frage, warum diese nicht bei längerer Bestrahlung mit beliebiger Intensität und Frequenz gesammelt wird.

Die Antwort gab (1905) der deutsche Physiker Albert Einstein (1879-1955), der postulierte, dass **das Licht aus *hf* großen Energiequanten, Photonen besteht** (*h* Planck-Konstante, *f* Lichtfrequenz). Diese Photonen bewegen sich mit Lichtgeschwindigkeit in einer geraden Linie so wie **kleine Teilchen**. So ist die Lichtenergie von zwei Parametern bestimmt, einerseits von der eigenen Energie hf der Photonen und andererseits von der Anzahl der Photonen N, die in der Zeiteinheit auf die gegebene Fläche auftrifft. Ein Elektron kann durch ein Photon aus dem Metall ausgelöst werden, wenn dieses über genügend Energie verfügt (s. Bemerkung II.4). Die zum Auslösen notwendige Energie bezeichnet man als Austrittsarbeit (A). So kann ein Elektron nur dann austreten, wenn $hf \geq A$ ist. Dabei addiert sich die Energie der Photonen nicht. Wenn jedes einzelne Photon nur weniger Energie hat als die Austrittsarbeit, wird kein Elektron herausgelöst, egal wieviel Photonen in der Zeiteinheit auf die Fläche treffen. **Die maximale kinetische Energie E_{kin} der austretenden Elektronen** beschreibt (nach dem Energieerhaltungssatz) die **Einstein-Gleichung** (Nobelpreis für Physik, 1921):

$$E_{kin} = hf - A. \tag{II.37}$$

Hier sollten wir auch erwähnen, dass die Photonen als Lichtteilchen nicht nur eine bestimmte Energie E sondern auch einen bestimmten Impuls p haben und nach dem allgemeinen Einstein-Prinzip der Photonenenergie auch eine Photonenmasse m zuzuordnen ist:

$$p = mc = hf/c = h/\lambda. \tag{II.38}$$

Der Begriff des Photonenimpulses wurde schon in I/1.1.3 diskutiert. In Gl. (II.38) wurde die Photonenmasse direkt aus dem Einstein-Prinzip ermittelt. (Laut diesem Prinzip ist bei jeder Naturerscheinung $E = mc^2$, wo c die Lichtgeschwindigkeit im Vakuum als universale Konstante ist.) Um den Begriff Photonenmasse richtig zu interpretieren, muss man bemerken, dass der Impuls von einem Photon immer größer als Null ist, also ein Photon nie zur „Ruhe" kommt. Die Photonenmasse beim Impuls von Null hat also keinen Sinn, während die gewöhnliche Masse (die Ruhemasse) der klassischen Teilchen (sowie auch die Ruhemasse der Elektronen, Protonen, Neutronen) die Masse beim Impuls von Null ist. (Die Ruhemasse ist mit m_0 bezeichnet, wenn man die Masse nach dem **Einstein-Prinzip von Masse und Energie** definiert.)

Um die Behandlung der dualen Natur von Licht („Welle und Teilchen") abzuschließen, sollen wir noch die folgende Frage beantworten: wie können Photonen Interferenzerscheinungen hervorrufen? Mit einer ähnlichen Frage waren wir auch schon bei den Elektronen (s. I/1.1.3) konfrontiert. Einen

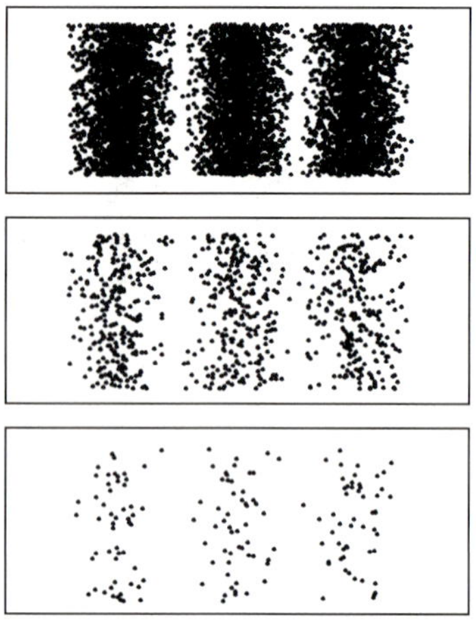

Abb. II.26. Interferenzbild am Doppelspalt: Beteiligung von wenigen und immer mehr Photonen, auf einer lichtempfindlichen Platte (vgl. Abb. II.22, Simulation)

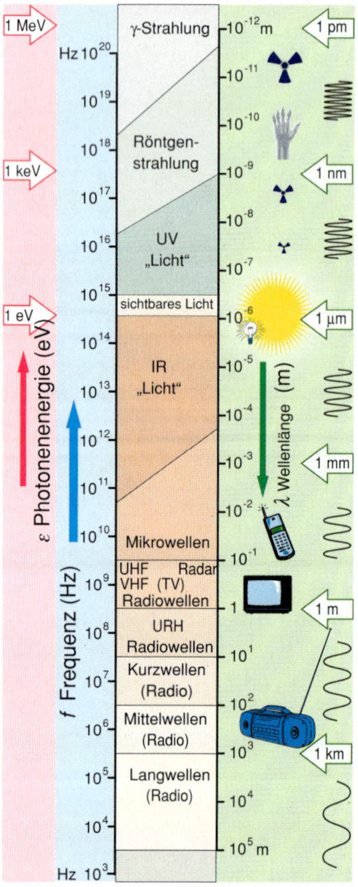

Abb. II.27. Bereiche der elektromagnetischen Strahlung

Ausweg bietet das allgemeine Prinzip der Quantenphysik, nämlich, dass **die Dualität auch für das Licht gilt**. Während seiner Ausbreitung verhält sich das Licht wie eine Welle, aber wenn wir es detektieren, ähnelt es eher Teilchen (s. Abb. II.26). (Die erfolgreiche theoretische Beschreibung der elektromagnetischen Strahlung gibt ein Zweig der Quantenphysik, die Quantenelektrodynamik.)

In Abb. II.27 sind die verschiedenen Arten der elektromagnetischen Strahlung zusammengefasst, die sich nur in ihren charakteristischen Parametern (Wellenlänge, Frequenz, Photonenenergie) voneinander unterscheiden. Die einzelnen Bereiche sind nicht durch physikalische Erscheinungen, sondern durch Konventionen festgelegt. Deshalb haben sie keine scharfen Grenzen und können sich auch überlappen.

II/2.2 Die Lichtemission

Der Entstehungsmechanismus des Lichtes lässt sich nicht von der Wechselwirkung zwischen Licht und Materie trennen. Trotzdem wollen wir uns in diesem Teil der besseren Übersichtlichkeit wegen in erster Linie mit der Lichtemission, d. h. mit der Entstehung des Lichtes und im Teil II/2.3 mit der Streuung und der Absorption des Lichtes und ihren Folgen befassen.

Ganz allgemein können wir sagen, dass Licht auf zwei Weisen entstehen kann: entweder durch **Temperaturstrahlung** oder durch **Lumineszenz**. (Unter speziellen Bedingungen kann Licht auch durch andere Mechanismen entstehen, aber damit befassen wir uns nicht.)

II/2.2.1 Temperaturstrahlung

Wir können tagtäglich feststellen, dass die Körper mit höherer Temperatur in unserer Umgebung strahlen. Das nehmen wir z. B. mit unserer Haut in der Nähe des warmen Ofens wahr, aber auch mit dem Auge sehen wir die heiße Glut. Es ist auch eine seit langem bekannte Tatsache, dass der Temperaturunterschied von zwei nahen Gegenständen auch dann abnimmt, wenn sie sich im Vakuum befinden. In diesem Fall ist jedoch ein Energieaustausch zwischen ihnen weder in Form von Wärmeleitung noch in Form von Wärmeströmung möglich. Die einzige Erklärung ist, dass die von dem einen Körper ausgestrahlte Energie von dem anderen Körper absorbiert wird und es so zum Temperaturausgleich kommt.

In Verbindung damit erkannte der französische Professor für Geologie Constant Prévost (1787-1856), dass während der Strahlung nicht nur der kältere Körper von dem wärmeren Körper Energie erhält, sondern der Prozess auch umgekehrt verläuft. Darauf basierte seine Hypothese, die heute als die Definition der Temperaturstrahlung gilt. Sie lautet: Jeder Körper emittiert Temperaturstrahlung bei jeder beliebigen Temperatur und die emittierte Temperaturstrahlung eines gegebenen Körpers hängt nur von seiner Temperatur ab. Die Temperaturstrahlung ist immer eine elektromagnetische Strahlung, die in Abhängigkeit von der Temperatur des strahlenden Körpers auch Licht enthalten kann. Im Deutschen wird die Temperaturstrahlung auch heute noch oft als Wärmestrahlung bezeichnet. Dieses Buch bevorzugt die Bezeichnung Temperaturstrahlung, weil diese Strahlung auf Kosten der thermischen Energie des Körpers erzeugt wird.

Kirchhoff und Stefan

Wien

Zur Beschreibung des strahlenden Körpers können wir die spezifische Ausstrahlung M benutzen, deren numerischer Wert angibt, welche Leistung eine Flächeneinheit im Raumwinkel von 2π ausstrahlt (s. II/1.1.1) Im Falle der Temperaturstrahlung ist diese Größe nicht nur von der Temperatur des Körpers bestimmt, sondern hängt auch von verschiedenen Eigenschaften des Körpers ab (z. B. Rauhigkeit und Farbe der Oberfläche usw.). Aus diesen Gründen sowie wegen der Vielfältigkeit der Körper schien es, als ob man keine weiteren, allgemein gültigen Gesetze für die Temperaturstrahlung aufschreiben könnte.

Diese Befürchtungen widerlegte der deutsche Physiker Gustav Robert Kirchhoff (1824-1887). Er erkannte, dass ein Körper, der „stärker" strahlt, diese Strahlung auch in größerem Maße absorbiert (s. Abb. II.28). Danach formulierte er ein einfaches, aber sehr wichtiges allgemeines Gesetz. Die für einen Körper charakteristische Größe der Absorption lässt sich mit dem **Absorptionsgrad** α beschreiben. Dieses besteht aus dem Quotienten der vom Körper in der Zeiteinheit absorbierten Energie E_a und der gesamten Strahlungsenergie E_g, die auf den Körper fällt: $\alpha = E_a/E_g$. Weil diese Größe in der Regel auch von der Wellenlänge (d. h. von der spektralen Zusammensetzung der Strahlung) abhängt, zieht man beim Vergleich unterschiedlicher Körper immer nur einen engen Wellenlängenbereich um eine gegebene Wellenlänge in Betracht. Die Wellenlängenabhängigkeit wird durch die Bezeichnung $\alpha\lambda$ und $M\lambda$ gezeigt.

Abb. II.28. Bild und Schattenbild des Kerzenlichts
Kirchhoffsches Gesetz:
Die Kerzenflamme leuchtet an den Stellen mehr, an denen sie das durchfallende Licht verschluckt (Schatten).

Danach lautet das **kirchhoffsche Gesetz**:

$$\frac{M_{\lambda i}}{\alpha_{\lambda i}} = \frac{M_{\lambda j}}{\alpha_{\lambda j}}, \qquad \text{(II.39)}$$

wobei die Indexe i und j die verschiedenen Körper unterscheiden (s. auch Bemerkung II.5.). Diese Beziehung drückt auch aus, dass der obige Quotient schon unabhängig von der materiellen Beschaffenheit des Körpers ist und nur von der Temperatur abhängt. Das kirchhoffsche Gesetz ist also **universell gültig**. Die Beziehung hat auch eine andere wichtige Konsequenz. Danach existiert nämlich theoretisch ein solcher idealer Körper, dessen spezifische Ausstrahlung maximal ist, d. h. größer als die Ausstrahlung jedes anderen reellen Körpers (unter den gleichen Bedingungen, also bei der gleichen Temperatur). Das ist der **absolute schwarze Körper**, für den $\alpha = 1$ gilt, der also unabhängig von der Wellenlänge jede auf ihn fallende Energie absorbiert. Danach lässt sich auch Gl. (II.39) umformen in:

$$M_{\lambda i} = \alpha_{\lambda i} M_{\lambda,\text{schwarz}}, \qquad \text{(II.40)}$$

wobei mit $M_{\lambda,\text{schwarz}}$ die spektrale spezifische Ausstrahlung des absoluten schwarzen Körpers (in einem engen Wellenlängenbereich um λ) bezeichnet wurde. So können wir uns im Folgenden nur auf das Studium der Größe

> **Bemerkung II.5**
> Zu diesem Gesetz gelangte Kirchhoff, indem er nachwies, dass in dem Fall, wenn es nicht so wäre, ein solches System aus mehreren Körpern existieren müsste, in dem man mit Wärmeübertragung Energie von einem kälteren Körper auf einen wärmeren bringen könnte, was im Widerspruch zum zweiten Hauptsatz der Thermodynamik steht (s. III/3.3.3).

Bemerkung II.6
Nach den Messungen von Tyndall strahlt ein Probekörper bei 1473 K in der Zeiteinheit 11,7 mal mehr Energie ab, als bei 798 K. Stefan bemerkte, dass

$$\left(\frac{1473}{798}\right)^4 \approx 11{,}7$$

und folgerte daraus auf die erwähnte Beziehung.
Es sei nur als interessant erwähnt, dass sich die Messungen von Tyndall später als falsch erwiesen. Bis dahin war aber die richtige Beziehung schon aufgestellt.

$M_{\lambda \text{schwarz}}$ beschränken, weil wir die Temperaturstrahlung eines jeden anderen Körpers durch den Absorptionsgrad α_λ erhalten können. Die Temperaturstrahlung des absoluten schwarzen Körpers wird auch als **schwarze Strahlung** bezeichnet.

II/2.2.2 Die Gesetze der schwarzen Strahlung

Einen „absoluten" schwarzen Strahler gibt es in der Wirklichkeit nicht. Ein gutes Modell kann man aber durch einen Hohlraum mit Metallwänden und einer sehr kleinen Öffnung realisieren. (Deshalb bezeichnet man die schwarze Strahlung im Deutschen auch als Hohlraumstrahlung.) Durch die kleine Öffnung kann die einmal ins Innere gelangte Strahlung infolge der vielfachen diffusen Reflexion an den Wänden nur mit sehr kleiner Wahrscheinlichkeit austreten. Die Experimente, die zur Formulierung der folgenden Gesetze führten, wurden an solchen und ähnlichen Probekörpern durchgeführt.

Der slovenische Physiker Jozef Stefan (1835-1893) entdeckte die wichtige Beziehung zwischen der Temperatur des schwarzen Körpers und der spezifischen Ausstrahlung. Er zog aus den Messergebnissen des irischen Physikers John Tyndall (1820-1893) die Schlussfolgerung, dass die von einem schwarzen Körper abgegebene Strahlungsleistung der vierten Potenz seiner absoluten Temperatur proportional ist (s. Bemerkung II.6).

Später kam der österreichische Physiker Ludwig Eduard Boltzmann (1844–1904) mit theoretischen Berechnungen zu demselben Ergebnis. Das Gesetz wird deshalb **Stefan–Boltzmann-Strahlungsgesetz** genannt, wonach:

$$M_{\text{schwarz}}(T) = \sigma T^4, \tag{II.41}$$

wobei M_{schwarz} auch hier die spezifische Ausstrahlung des absoluten schwarzen Körpers, T die absolute Temperatur und $\sigma = 5{,}7 \cdot 10^{-8}\ \text{Wm}^{-2}\text{K}^{-4}$ die sog. Stefan–Boltzmann-Konstante bedeuten. Hierbei sei betont, dass sich das Stefan–Boltzmann-Strahlungsgesetz nicht auf die spektrale spezifische Ausstrahlung M_λ, also auf einen engen Wellenlängenbereich, sondern auf den gesamten Wellenlängenbereich bezieht.

Eine der wichtigsten Fragen in Bezug auf die schwarze Strahlung war es, wie das Spektrum einer solchen Strahlung aussieht. (Mit den spektroskopischen Methoden befassen wir uns später in einem separaten Abschnitt (VI/3), deshalb sind die Grundkenntnisse in Bezug auf die Spektren dort behandelt. Hier beschränken wir uns auf die wichtigsten Beschreibungen.) Man hatte schon früh erkannt, dass sich z. B. die Farbe einer glühenden Eisenstange im Feuer mit steigender Temperatur kontinuierlich von dunkelrot bis fast weiß ändert. Daraus konnte man schließen, dass das Spektrum mit großer Wahrscheinlichkeit kontinuierlich ist. Dementsprechend entsteht die weiße Farbe bei hohen Temperaturen, indem sich zur anfänglichen roten Farbe immer mehr gelbe, grüne sowie blaue Farbe mischen. Bei genaueren Messungen (s. Abb. II.29.) stellte sich heraus, dass das Spektrum tatsächlich kontinuierlich ist, aber zu jeder Temperatur T eine charakteristische Wellenlänge λ_{max} ge-

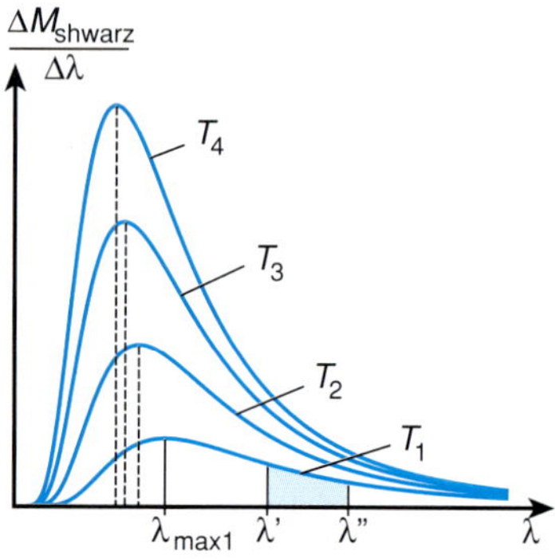

Abb. II.29. Das Spektrum des schwarzen Strahlers bei verschiedenen Temperaturen ($T_1 < T_2 < T_3 < T_4$)
Die blaue Fläche gibt die spezifische Ausstrahlung bei der Temperatur T_1 im Wellenlängenintervall zwischen λ' und λ" an. Die Abbildung zeigt auch gut die Verschiebung von λ_{max}.

hört, deren Strahlung im Vergleich zu allen anderen Wellenlängen intensiver ist. Der deutsche Physiker Wilhelm Wien (1864-1928) (Nobelpreis für Physik, 1911) berechnete theoretisch die Beziehung, welche diese Größen verbindet:

$$\lambda_{max}\, T = \text{konstant} \;. \tag{II.42}$$

Die Temperatur und die Wellenlänge sind also umgekehrt proportional und so verschiebt sich λ_{max} bei wachsender Temperatur zu den kürzeren Wellenlängen. Das ist das **wiensche Verschiebungsgesetz**, der Wert der Konstanten beträgt $2{,}9 \cdot 10^{-3}\text{m} \cdot \text{K}$.
Das Gesetz kann mit der Beziehung $\lambda = c/f$ (s. II/2.1.3) auch in die folgende Form umgeschrieben werden: $f_{max1}/T_1 = f_{max2}/T_2$. Wien zeigte auch, dass das Spektrum als Funktion der Frequenz (s. Abb. II.30) die folgende Form hat:

$$\frac{\Delta M_{schwarz}}{\Delta f}(f) = f^3 \gamma\left(\frac{f}{T}\right) , \tag{II.43}$$

obwohl er die γ Funktion nicht richtig bestimmen konnte. Wie es sich später herausstellte, war das im Rahmen der klassischen Physik auch nicht möglich. Die erfolgreiche Lösung des Problems wurde das Ergebnis der Physik des 20. Jahrhunderts und errang symbolhafte Bedeutung.

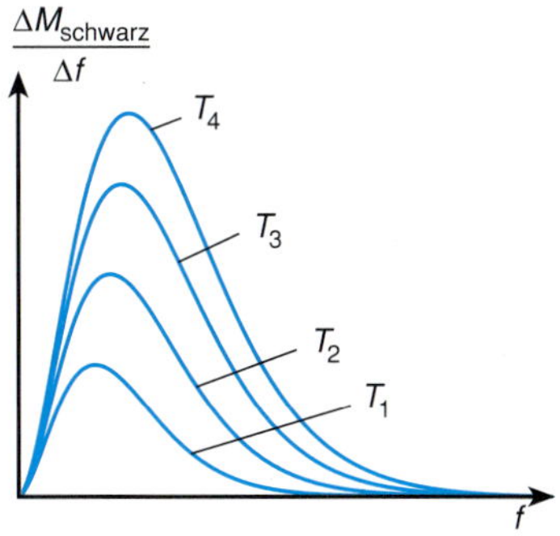

Abb. II.30. Die Spektrenserie der Abb. II.29, aber als Funktion der Frequenz

Max Karl Ernst Ludwig Planck (1858–1947) deutscher Physiker (Nobelpreis, 1918)

II/2.2.3 Das plancksche Strahlungsgesetz

Mit dem zur Jahrhundertwende anerkannten qualitativen Bild der Lichtemission und Lichtabsorption (s. Bemerkung II.7) fand man im Rahmen der klassischen Physik keine Antwort auf die Frage, wie man die Energie zwischen den zur Strahlung führenden schwingenden Teilchen (Oszillatoren) so verteilen sollte, dass die theoretische Beschreibung mit den experimentellen Ergebnissen der Temperaturstrahlung in Einklang stehe. In der klassischen Physik ist die Energie eine kontinuierlich teilbare Größe. Max Planck publizierte 1900 eine überraschende Idee, die Schwierigkeit der Energieverteilung zu lösen, indem er postulierte, dass die Oszillatoren die **Energie** nur in **diskreten Dosen** aufnehmen und abgeben können. Im Falle eines Oszillators mit der Frequenz f ist die kleinste Energiedosis das sog. Wirkungsquantum hf, wobei h die Planck-Konstante ist. Diese Überlegung von Planck bedeutete den **Anfang** der **Quantenphysik**, die nicht nur die Naturwissenschaften, sondern die ganze Gesellschaft, ja die ganze Welt umgestaltet hat. Der in der klassischen Physik aufgewachsene Planck bezweifelte aber auch selbst seine Ergebnisse (s. Zitat II.6).

Die Berechnungen von Planck sind sehr kompliziert. Deshalb diskutieren wir hier den bedeutend einfacheren Gedankengang von Einstein aus dem Jahre 1916. Das ist auch deshalb zweckmäßig, weil mit seiner Hilfe die Funktion des Lasers leichter verständlich ist.

Unser Ziel ist also die Bestimmung des Spektrums der schwarzen Strahlung, d. h. die Bestimmung der Funktion:

$$\frac{\Delta M_{schwarz}}{\Delta f}(f,T) = M'(f,T)$$

> Bemerkung II.7
>
> *Das qualitative Bild vom Entstehen der Temperaturstrahlung Ende des 19. Jahrhunderts.*
>
> Die ungeordnete Wärmebewegung der positiv und negativ geladenen Teilchen, aus denen die Materie besteht, führt zu Schwingungen mit unterschiedlichen Frequenzen. Die schwingenden Ladungen strahlen (wie winzige Oszillatoren oder Radiosender) elektromagnetische Wellen aus, was gleichbedeutend mit der Emission von Strahlungsenergie mit sehr unterschiedlichen Frequenzen ist. Fällt umgekehrt Strahlung auf die Materie, so kommen die Oszillatoren mit entsprechender Eigenfrequenz infolge der Resonanz in starke Schwingungen, sie absorbieren also aus der Strahlung Energie, die entweder erneut emittiert oder durch Stöße in Wärme umgewandelt wird.

> Zitat II.6
>
> Darum bemühte ich mich alsbald, das Wirkungsquantum h irgendwie in den Rahmen der klassischen Theorie einzuspannen. Aber allen solchen Versuchen gegenüber erwies sich diese Größe als sperrig und widerspenstig.
>
> Max Planck

bzw. (weil es sich bei der Berechnung auch um Emission und Absorption handelt) der dazu proportionalen Funktion $J'_E(f,T)$ (der relativen Strahlungsflussdichte). Die Funktion $J'_E(f,T)$ wird im Folgenden der besseren Übersicht halber nur mit J' bezeichnet. Wir stellen die Bedingung, dass der **schwarze Körper** aus gleichen Atomen jede auf ihn fallende Strahlung absorbiert und mit seiner eigenen Strahlung **im Gleichgewicht steht**. Einstein untersuchte in seinem vereinfachten Modell nur zwei ausgewählte Energiezustände, für die $E_2 - E_1 = hf$ ist. In diesem System können die folgenden elementaren Prozesse vorkommen (s. Abb. II.31).

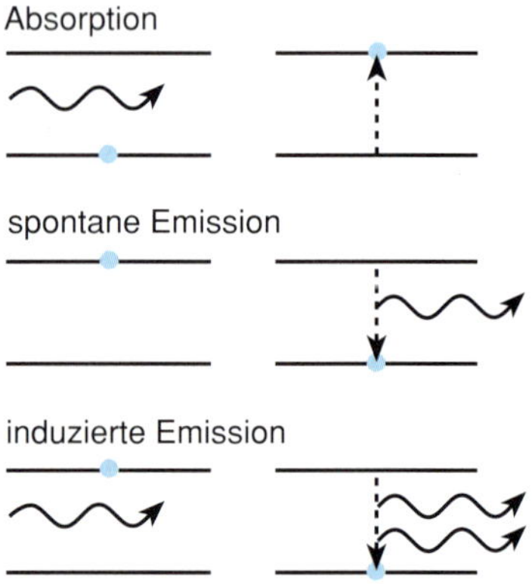

Abb. II.31. Anfangs- und Endzustand der Elementarprozesse in dem einsteinschen Modell mit zwei Energiezuständen

Absorption: Das Atom absorbiert ein Photon mit der Energie hf und geht von einem niedrigen Energiezustand in einen angeregten Energiezustand über. Die Wahrscheinlichkeit dieses Übergangs bezeichnen wir mit B_{12}.

Spontane Emission: Das Atom kehrt von dem angeregten Energiezustand E_2 **ohne äußere Einwirkung** in den niedrigeren Energiezustand E_1 zurück und strahlt dabei ein Photon mit der Energie hf ab. Die zugehörige Wahrscheinlichkeit bezeichnen wir mit A.

Induzierte Emission: Das Atom kehrt von dem angeregten Energiezustand E_2 **auf Einwirkung eines Photons mit der Energie *hf*** unter Abstrahlung eines Photons mit der Energie hf in den niedrigeren Energiezustand E_1 zurück. Die zugehörige Wahrscheinlichkeit bezeichnen wir mit B_{21}. (Die Faktoren A, B_{12}, B_{21} sind die sog. Einstein-Koeffizienten.)

Die Zahl der absorbierenden Atome ΔN_a in der Zeiteinheit Δt ist nicht nur direkt proportional zum Zeitintervall, sondern auch zur Zahl der im Energiezustand E_1 befindlichen Atome N_1, zur Zahl der anfallenden Photonen, d. h. zur relativen Strahlungsflussdichte J', sowie zur Wahrscheinlichkeit des elementaren Übergangs B_{12}, also ist:

$$\Delta N_a = K_1 \cdot B_{12} N_1 J' \Delta t, \qquad \text{(II.44)}$$

wobei K_1 ein Proportionalitätsfaktor ist. Ähnlich dazu beträgt die Zahl der spontan emittierenden Atome ΔN_{se} in der Zeiteinheit Δt:

$$\Delta N_{se} = K_1 \cdot A N_2 \Delta t. \qquad \text{(II.45)}$$

(Das ist natürlich unabhängig von J', mit N_2 ist die Zahl der Atome im Energiezustand E_2 beschrieben.) Die Zahl der induziert emittierenden Atome ΔN_{ie} in der Zeiteinheit Δt beträgt:

$$\Delta N_{ie} = K_1 \cdot B_{21} N_2 J' \Delta t. \qquad \text{(II.46)}$$

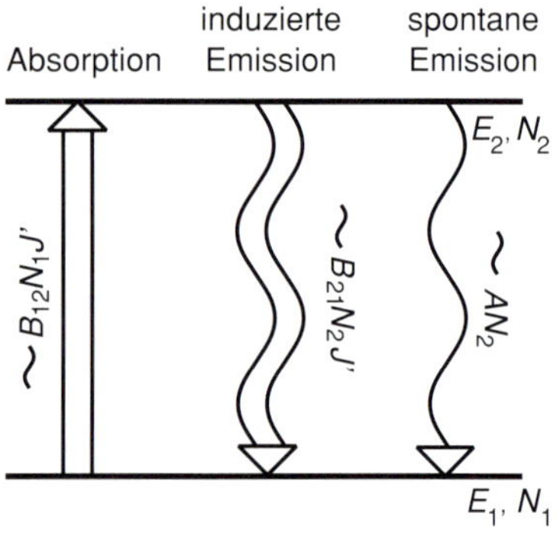

Abb. II.32. Zur Zahl der Übergänge proportionale Größen, bei deren Gleichgewicht Absorptionsrate und Emissionsrate übereinstimmen

Im Gleichgewichtszustand stimmt einerseits die Zahl der absorbierenden Atome mit der Zahl der (spontan + induziert) emittierenden Atome überein (s. Abb. II.32):

$$B_{12} N_1 J' = B_{21} N_2 J' + A N_2 . \qquad \text{(II.47)}$$

Andererseits ist der Quotient der Atome im thermischen Gleichgewicht durch die Boltzmann-Verteilung bestimmt (s. I/3.1), so ist:

$$\frac{N_1}{N_2} = e^{\frac{E_2 - E_1}{kT}} = e^{\frac{hf}{kT}} . \qquad \text{(II.48)}$$

Dividiert man Gl. (II.47) durch N_2 und setzt dann (II.48) ein, so erhält man das folgende Ergebnis:

$$B_{12} e^{\frac{hf}{kT}} J' = B_{21} J' + A. \tag{II.49}$$

Daraus lässt sich mit geringer Umwandlung $J' \equiv J'_E(f,T)$ ausdrücken:

$$J'_E(f,T) = \frac{A}{B_{12} e^{\frac{hf}{kT}} - B_{21}}. \tag{II.50}$$

Wenn wir nach unseren Erfahrungen erwarten, dass mit steigender Temperatur auch die relative Strahlungsflussdichte zunehmen soll, so muss die Gleichheit

$$B_{12} = B_{21} = B \tag{II.51}$$

erfüllt sein, denn sonst würde $J'_E(f,T)$ im Fall von $T = \infty$ nicht zu unendlich, sondern zu einem endlichen Wert von $A/(B_{12} - B_{21})$ streben. Mit den Ergebnissen von Wien (s. Gl. II.43) kommen wir dann in Einklang, wenn $A/B \sim f^3$ beträgt, also

$$J'_E(f,T) \sim \frac{f^3}{e^{\frac{hf}{kT}} - 1}. \tag{II.52}$$

So geben Gl. (II.50) bzw. Gl. (II.52) die spektralen Verteilungen der Abb. II.30 wieder. Aus ihnen folgt also das wiensche Verschiebungsgesetz sowie auch das Stefan–Boltzmann-Gesetz, wenn man die Fläche unter den Spektralkurven berechnet (s. „*Ableitung des wienschen Verschiebungsgesetzes und des Stefan–Boltzmann-Gesetzes aus Gl. (II.52)*").

Ableitung des wienschen Verschiebungsgesetzes und des Stefan–Boltzmann-Gesetzes aus Gl. (II.52)

Gehen wir von dem Emissionsspektrum eines Körpers mit der Temperatur T_1 aus. Führen wir an diesem die zweifache Streckungstransformation an der f-Achse durch. (Der Funktionswert von $J'_{\text{Zwischenwert}}$ ist an einem beliebigen f-Wert so groß, wie er bei $f/2$ der Ausgangsfunktion war.) Als Ergebnis der Transformation (unter Benutzung von Gl. (II.52)) erhalten wir:

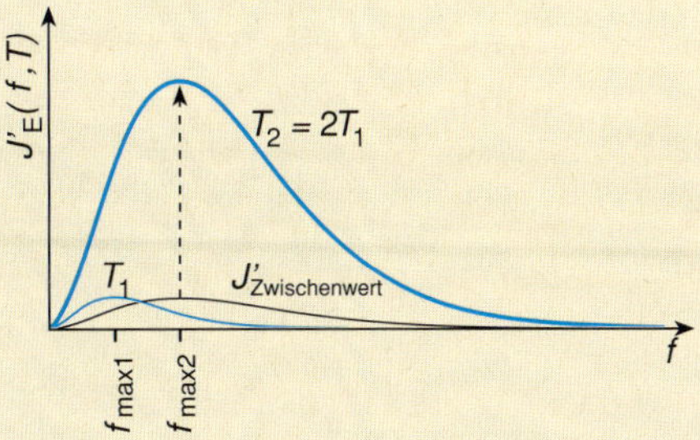

$$J'_{\text{Zwischenwert}} = J'\left(\frac{f}{2}\right) \sim \frac{(f/2)^3}{e^{\frac{h(f/2)}{kT}} - 1} = \frac{1}{8} \frac{f^3}{e^{\frac{hf}{2kT}} - 1}.$$

Multiplizieren wir die erhaltene Beziehung mit 8, so erhalten wir wieder das Spektrum (Gl. (II.52)) mit dem Unterschied, dass jetzt die Temperatur T_2 genau den doppelten Wert der Temperatur vor der Transformation hat: $T_2 = 2T_1$. Durch die zweifache Streckung ist $f_{\max 2} = 2f_{\max 1}$, also:

$$f_{\max,1}/T_1 = f_{\max,2}/T_2,$$

was eine mögliche Beschreibung für das wiensche Verschiebungsgesetz ist. Die doppelte Streckung verdoppelt sinngemäß auch die Fläche unter der Kurve, so erhalten wir nach der Multiplikation mit 8 das 16-fache der ursprünglichen Fläche. Bei der zweifachen Temperatur beträgt also die abgestrahlte Leistung in dem vollen Frequenzbereich das 16-fache ($2^4 = 16$), was nichts anderes ist, als die einfache Formulierung des Stefan-Boltzmann-Gesetzes.

II/2.2.4 Lumineszenz

Mit der Lumineszenz befassen wir uns ausführlicher im Kapitel VI bei den „Methoden der optischen Spektroskopie" (s. VI/3.3). Hier behandeln wir die Lumineszenz nur als die **andere Möglichkeit der Lichtemission** gegenüber der Temperaturstrahlung, die von jedem Körper abgegeben wird (auch wenn das bei Körpern mit Zimmertemperatur keine wahrnehmbare Lichtstrahlung bedeutet). Unter Lumineszenz versteht man die Strahlung, welche die Körper über die Temperaturstrahlung hinausgehend als **Überschuss-Strahlung abgeben**. Diese Art der Lichtemission bezeichnet man im Unterschied zur Temperaturstrahlung auch als **kaltes Licht**. Die lumineszierenden Stoffe emittieren die Strahlung unabhängig von der thermischen Lichtemission unter Einwirkung einer äußeren Anregung in einzelnen Wellenlängen oder Wellenlängenbereichen. So führt der lumineszierende Stoff im Wesentlichen eine Energieumwandlung durch. Die Lumineszenz besteht aus drei Schritten:

- Absorption der äußeren Energie
- Anregung
- Abstrahlung der Energie in Form von Licht.

Der Prozess wird also stets von angeregten Elektronen hervorgerufen. Der Körper erhält die zur Anregung notwendige Mehrenergie entweder von außen oder von Prozessen im Innern des Körpers, z. B. chemischen Reaktionen. Dementsprechend unterscheidet man Photo-, Röntgen-, Kathoden-, Chemo-, Thermo-Lumineszenz usw. Die Anregungsenergie kann also von der Absorption von ultravioletten oder Lichtphotonen, von Ionisationsprozessen durch Photonen der Röntgen- oder Gammastrahlung aber auch von beschleunigten Elektronen stammen, die aus der Kathode einer Vakuumröhre austreten. Ein Beispiel für die Chemo- bzw. Biolumineszenz ist das Leuchten des Glühwürmchens, die Thermolumineszenz bedeutet die Lichtemission durch Temperaturanstieg (bei Temperaturen unter dem Glühen).

Bei der Lumineszenz unterscheidet man zwei Unterarten. Umgangssprachlich ausgedrückt bezeichnet man es als **Fluoreszenz**, wenn nach Aufhören der Anregung die Lichtemission „sofort" aufhört (in sehr kurzer Zeit abklingt) und als **Phosphoreszenz,** wenn die Lichtemission nach Aufhören der Anregung noch bestehen bleibt (nur langsam abklingt). Genauer definiert ist die Fluoreszenz nach Aufhören der Anregung innerhalb von 10^{-8} s sicher ausgelöscht, während der Verlauf der Phophoreszenz um Größenordnungen länger dauern kann (auch einige Minuten erreichen kann).

Im folgenden Teil wird auch die Lebensdauer des angeregten Zustandes (τ) diskutiert. Man kann sie ähnlich der mittleren Lebensdauer, die zur Beschreibung der radioaktiven Stoffe benutzt wird, beschreiben (s. II/3.2.2). Sind also nach der Anregung N_0 Teilchen in angeregtem Zustand, dann bleiben nach der Zeit t nur noch $N(t) = N_0 e^{-t/\tau}$ dort. Ist also der Übergang in den Grundzustand „gestattet", dann ist die Lebensdauer τ des angeregten Zustandes kürzer (Fluoreszenz), ist der Übergang „verboten" (von kleiner Wahrscheinlichkeit), dann ist die Lebensdauer länger (Phosphoreszenz). Das ist die Grundlage der Beobachtungen, dass bei Phosphoreszenz die Lichtemission auch nach dem Aufhören der Anregung weiter anhält.

II/2.2.5 Der Gedanke der Lichtverstärkung

Dieser Gedanke kam schon 1916 auf, als Einstein nachgewiesen hatte, dass zur Realisierung des Gleichgewichtes zwischen Materie und elektromagnetischer Strahlung ein bis dahin noch nicht entdeckter Prozess, die Existenz der induzierten Emission notwendig ist (s. II/2.2.3 und Bemerkung II.8). Einer der wichtigsten Unterschiede zwischen spontaner und induzierter Emission bezieht sich auf die Phase. Die induzierte Emission ist ein **geordneter, kohärenter Prozess**, während die spontane Emission ungeordnet, inkohärent verläuft (s. II/2.1.4). Bei der induzierten Emission wird die neue Welle in derselben Phase und Richtung abgestrahlt, wie sie die auslösende Welle hatte. So ist also die Bedingung der Verstärkung gegeben. 45 Jahre später führte dieser Gedanke zu der Verwirklichung des Lasers.

Bemerkung II.8
Nach Gl. (II.50) ist die relative Strahlungsflussdichte:

$$J'_E(f,T) = \frac{A}{B_{12}e^{\frac{hf}{kT}} - B_{21}}.$$

In Übereinstimmung mit den Erfahrungen erwarten wir, dass mit unbegrenzter Erhöhung der Temperatur auch die relative Strahlungsflussdichte gegen Unendlich strebt, deshalb kann B_{21} nicht Null sein, also ist die induzierte Emission damit theoretisch bewiesen.

Das Problem liegt nur darin, dass die Welle, welche die induzierte Emission auslöst, auch von der Materie absorbiert wird. Untersuchen wir deshalb, zu welchem Endergebnis der Wettlauf zwischen den beiden Prozessen, die bei der Lichteinwirkung auftreten (induzierte Emission und Absorption), führen kann. (Die spontane Emission können wir hier vernachlässigen, weil sie unabhängig von der Lichtbestrahlung erfolgt und im Fall der später zu untersuchenden langlebigen Zustände die Wahrscheinlichkeit des Übergangs sowieso sehr gering ist, $A = 1/\tau$.)

Wir benutzen auch weiterhin das vereinfachte Modell von Einstein mit zwei Energiezuständen, in dem $E_2 - E_1 = hf$ ist. Gl. (II.46) und Gl. (II.44) ergeben (in dieser Reihenfolge) die Zahl der Atome, die in der Zeitspanne Δt durch induzierte Emission ΔN_{ie} und Absorption ΔN_a ihren Zustand ändern (s. Erinnerung II.1). Wie wir wissen, gehört zu einem einzigen Übergang bei der Emission die Energie von hf, bei der Absorption die Energie $-hf$. Deshalb lässt sich unter Ausnutzung des bisherigen die Energiebilanz aufschreiben, welche proportional zur (positiven oder negativen) Änderung der relativen Strahlungsflussdichte ist:

Zur Erinnerung II.1

$$\Delta N_{ie} = K_1 \cdot B_{21} N_2 J' \Delta t \qquad \text{(II.46)}$$

$$\Delta N_a = K_1 \cdot B_{12} N_1 J' \Delta t \qquad \text{(II.44)}$$

$$B_{12} = B_{21} = B \qquad \text{(II.51)}$$

$$\Delta N_{se} = K_1 \cdot A N_2 \Delta t \qquad \text{(II.45)}$$

$$hf \cdot K_1 \cdot B(N_2 - N_1) J' \Delta t = K_2 \cdot \Delta J', \qquad \text{(II.53)}$$

wobei K_2 ein anderer Proportionalitätsfaktor ist.

Diese Beziehung, die den zeitlichen Prozess beschreibt, lässt sich so umformen, dass sie das Eindringen der Strahlung in die Materie beschreibt. Wir wissen nämlich, dass die Strahlung, die sich mit der Geschwindigkeit c fortpflanzt, in der Zeitspanne Δt die Weglänge Δx zurücklegt, also $\Delta t = \Delta x / c$ ist. Setzen wir diesen Ausdruck in Gl. (II.53) ein und fassen wir die dort vorkommenden konstanten Größen (h, f, K_1, B, K_2) sowie c zu einer einzigen Konstanten K zusammen, so erhalten wir die folgende Gleichung:

$$\Delta J' = K \cdot (N_2 - N_1) J' \Delta x, \qquad \text{(II.54)}$$

> Zur Erinnerung II.2
>
> Eine ähnliche Gleichung und ihre Lösung
>
> $$\Delta J_E = -\mu \Delta x J_E \qquad \text{(II.10)}$$
>
> $$J_{E,\text{aus}} = J_{E,\text{ein}} e^{-\mu x} \qquad \text{(II.11)}$$

wobei $K = (hfK_1\beta)/(K_2c)$ ist. Eine sehr ähnliche Gleichung (II.10) haben wir aber in II/1.1.3 schon gelöst (s. Erinnerung II.2). Lassen wir also den Koeffizienten $K(N_2 - N_1)$ dem Schwächungskoeffizienten mit negativem Vorzeichen $-\mu$ entsprechen, dann wird die Lösung von der Funktion

$$J' = J'_0 e^{-\mu x} \qquad \text{(II.55)}$$

gegeben, in der jetzt

$$\mu = K \cdot (N_1 - N_2). \qquad \text{(II.56)}$$

Auf den ersten Blick scheint Gl. (II.55) nichts anderes als das Schwächungsgesetz der Strahlungsintensität zu sein. Untersuchen wir aber, **wie der Wert von μ durch die Besetzung (N_1,N_2) der Energiezustände E_1 und E_2 beeinflusst wird**. Nach der Boltzmann-Verteilung: $(N_2/N_1) = e^{-hf/(kT)}$, dessen Wert bei Zimmertemperatur (≈ 20°C = 293 K) und in der Mitte des sichtbaren Spektrumbereiches (≈ 550 nm) ungefähr gleich 10^{-40} ist. Das bedeutet, dass auch dann nur der niedrige Energiezustand E_1 besetzt ist, wenn die Zahl der Atome mehrere Avogadro-Zahlen beträgt, und sich kein einziges Atom im angeregten Energiezustand E_2 befindet. Bei bedeutend höheren Temperaturen nimmt dieses Verhältnis stark zu. Es beträgt z. B. bei der Temperatur der Sonne von 6000 K schon ungefähr 10^{-2} = 0,01. Aber wie hoch auch die Temperatur sein mag, das Verhältnis kann nicht größer als 0,5 werden, was bedeutet, dass beide Energiezustände gleich besetzt sind.

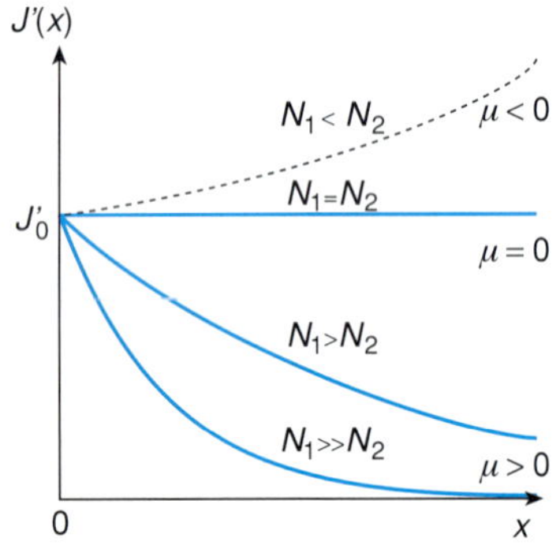

Abb. II.33. Änderung der Strahlungsintensität während des Eindringens in die Materie Der „Schwächungskoeffizient" ist von den Besetzungen (N_1, N_2) der Zustände bestimmt:

$$\mu = K \cdot (N_1 - N_2)$$

Untersuchen wir nun der Reihe nach die Möglichkeiten (Abb. II.33):

1. $N_1 >> N_2$. Die Besetzungen N_1, N_2 können sich zwar bei der Absorption etwas ändern. Handelt es sich aber um eine schwache Quelle und viele Atome, so kann diese Wirkung vernachlässigt werden. In diesem Fall ist μ der klassische Schwächungskoeffizient.
2. $N_1 > N_2$. Die geringe Änderung in der Besetzung N_1, N_2 lässt sich steigern, wenn eine kleine Zahl von Atomen mit Licht hoher Intensität bestrahlt wird. In diesem Fall nimmt der Wert von μ ab.
3. $N_1 = N_2$. Der vorherige Prozess kann seine **Sättigung** erreichen. In diesem Fall stimmt die Zahl der Absorptionen und Emissionen in der Zeiteinheit überein und die Materie wird bei einer gegebenen Frequenz durchsichtig, also $\mu = 0$.
4. $N_1 < N_2$. Das ist die sog. umgekehrte Besetzung oder **Besetzungsinversion**. Die Besetzungsinversion widerspricht natürlich der Boltzmann-Verteilung und kann sich deshalb in unserem ursprünglichen Modellsystem mit zwei Energiezuständen auch nicht verwirklichen. In diesem Fall wäre aber $\mu < 0$, nach Gl. (II.55) würde die Strahlungsflussdichte mit der Entfernung zunehmen, es würde **also mehr Licht aus der Materie austreten als eingetreten ist.**

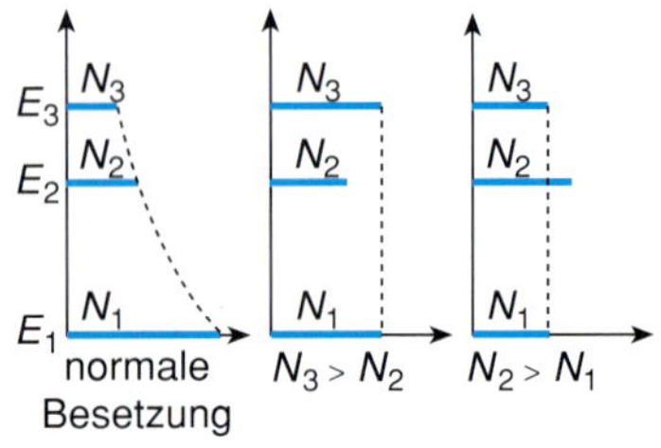

Abb. II.34. Normale und inverse Besetzung in einem System mit drei Energiezuständen. (Normalfall vgl. Boltzmann-Verteilung Abb. I.23 in I/3.1.1)

Zur Realisierung der Besetzungsinversion sind mindestens drei Energiezustände erforderlich (Abb. II.34). Bestrahlen wir die Atome mit einem so intensiven Licht, für dessen Frequenz f' die Bedingung $hf' = E_3 - E_1$ erfüllt ist, dann kann zwischen den beiden Zuständen E_1 und E_3 eine Sättigung eintreten, also $N_1 = N_3$. Tritt diese Situation ein, dann tritt entweder zwischen den Energiezuständen E_3 und E_2 oder zwischen den Energiezuständen E_2 und E_1 die Besetzungsinversion ein. Welcher der beiden Fälle sich realisiert, das hängt von der Lebensdauer τ_3 und τ_2 der Energiezustände E_3 und E_2 ab. Ist $\tau_3 > \tau_2$, dann ist $N_3 > N_2$, im umgekehrten Fall ist $N_2 > N_1$. Diese Methode der Energiezufuhr zur Änderung der Besetzung der Energiezustände bezeichnet man als **optisches Pumpen**. Natürlich kann man eine Besetzungsinversion nicht nur mit optischer, sondern auch mit anderen Energiearten realisieren. Der Gedanke der Lichtverstärkung führte zur Entwicklung des Lasers.

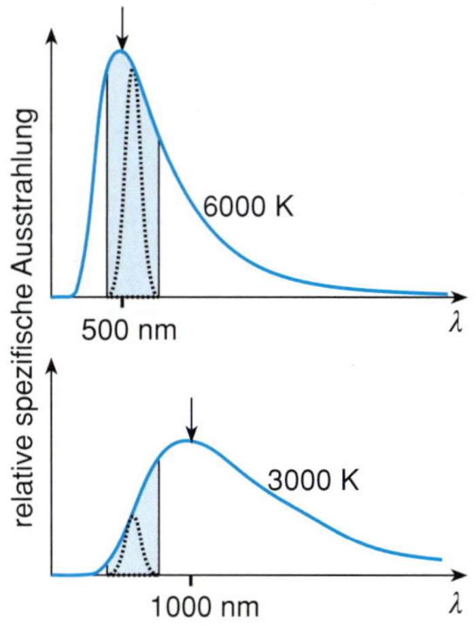

Abb. II.35. Schwarzer Strahler: Anteil des sichtbaren Bereichs (blaue Flächen) bei 6000 K und 3000 K. (Die Darstellung der beiden Kurve ist bewusst verzerrt, das Verhältnis der Flächen unter den gesamten Kurven beträgt nämlich 16:1! Mit der gepunkteten Kurve ist die ungefähre Farbempfindlichkeit des Auges gekennzeichnet.)

II/2.2.6 Lichtquellen, Photometrie

Im täglichen Leben und auch in der Medizin benutzen wir sehr viele verschiedene Lichtquellen. Nach den zwei Entstehungsmechanismen des Lichtes (s. II/2.2.) unterscheidet man **Temperaturstrahler** und **Lumineszenzstrahler**. Zur zweiten Gruppe gehören auch die Laser, mit Hinsicht auf ihre Wichtigkeit befassen wir uns mit ihnen in einem separaten Abschnitt (s. II/2.2.7).

Unsere wichtigste natürliche Lichtquelle ist die Sonne, die wir als einen Schwarzkörperstrahler mit der Temperatur von rund 6000 K betrachten können. Aus dem wienschen Verschiebungsgesetz lässt sich berechnen, dass bei dieser Temperatur das Maximum der Strahlung ungefähr bei 500 nm liegt. Das entspricht grob gesehen der Wellenlänge, für die unser Auge am empfindlichsten ist (s. Abb. II.35). Aufgrund des Spektrums kann man auch feststellen, dass – selbst in diesem optimalen Fall – nur weniger als 40% der gesamten abgestrahlten Leistung in den sichtbaren Bereich fallen.

Die Herstellung einer solchen künstlichen Lichtquelle wäre sehr kompliziert. Bei den leicht erreichbaren Temperaturen um 3000 K ist das obige Verhältnis noch weniger als 10% (z. B. bei der gewöhnlichen Wolframlampe). Dazu kommt noch, dass die Empfindlichkeit des menschlichen Auges in der Nähe der Grenzen des sichtbaren Bereichs stark abnimmt (s. Abb. II.35 und IV/2.2.7). So nehmen wir von der abgestrahlten Leistung nur ungefähr 3% als Licht wahr.

Wegen dieser und ähnlicher Probleme wurde der Anspruch laut, den radiometrischen Grundbegriffen (s. Teil II/1.1.1) entsprechende Größen getrennt für das Licht zu definieren. Als Grundlage für die Definition der **photometrischen Größen** dient „**ein Kerzenlicht**". (Heutzutage benutzt man statt der Kerze stabilere standardisierte Lichtquellen, aber das betrifft die Definitionen nicht.)

Nach dem Muster des in Watt ausgedrückten Strahlungsflusses I_E können wir den **Lichtstrom** angeben. Die Maßeinheit ist das Lumen (Einheitenzeichen lm), was dem von einer Neuen Kerze (Candela) im räumlichen Einheitswinkel ausgestrahlten Licht entspricht. Der gesamte von einer Kerze ausgestrahlte Lichtstrom beträgt also 4π lm.

Die entsprechende photometrische Größe der Bestrahlungsstärke ist die **Beleuchtungsstärke** ($E = \Delta\Phi/\Delta A$). Aus der Definition ergibt sich die Maß-

Tabelle II.1. Einige Werte des Lichtstromes und der Beleuchtung

Parameter gewöhnlicher Wolframglühbirnen	
Strahlungsfluss (W)	Lichtstrom (lm)
60	710
75	940
100	1340

Beleuchtungsparameter	
Kautelen	Beleuchtungsstärke (lux)
Bei Vollmond im Freien	Einige Zehntel
Empfehlung bei längerem Lesen oder Schreiben	100
Durchschnittliches Tageslicht	Einige Tausend
Empfehlung für medizinische Operationen	Einige 10^4 (Zehntausend)
Blendende Sommersonne	10^5

einheit: 1 lm/m^2 = 1 lux. Das Lux ist die Beleuchtungsstärke einer Fläche, auf die senkrecht je Quadratmeter gleichmäßig der Lichtstrom 1 lm fällt. (Ein Lux entspricht z. B. der Beleuchtung durch eine gewöhnliche Kerze auf einer zu den Lichtstrahlen senkrechten Fläche, die sich (in waagerechter Richtung) 1 m von der Kerze befindet.) In Tabelle II.1 sind einige typische Daten des Lichtstroms und der Beleuchtung dargestellt.

Aus den Parametern der gewöhnlichen Glühlampe mit Wolframfaden (Tabelle II.1) geht hervor, dass die **Lichtausbeute** im optimalen Fall auch nur ungefähr 13,5 lm/W beträgt. Das bleibt weit hinter dem theoretisch möglichen Maximalwert von 683 lm/W. Allerdings kann eine solche große Lichtausbeute nur im Fall von (grünem) Licht mit der Wellenlänge von 555 nm erreicht werden. So widersprechen sich die Bemühungen um eine möglichst gute Lichtausbeute und ein sonnenähnliches Spektrum auch theoretisch, dabei wären das unsere zwei wichtigsten Grundforderungen für eine ideale (für lichttechnische Zwecke konstruierte) Lichtquelle.

Im Falle der **Glühlampen mit Wolframfaden** kann man mit Erhöhung der Temperatur erreichen, dass die Lichtquelle den erwähnten beiden Bedingungen besser entspricht. Das Wolfram kann überhaupt nur wegen seines sehr hohen Schmelzpunktes (3683 K) für Leuchtzwecke benutzt werden. Im Falle der Vakuum-Glühlampe verdampft der Glühfaden auch schon unter der Temperatur von 3000 K stark. Das hat zwei nachteilige Folgen: einerseits verschlechtert der schwarze Niederschlag am Kolben die Lichtausstrahlung, andererseits brennt die Lampe leichter aus. Die Lösung sind Glühlampen mit Gasfüllung (z. B. Krypton).

Besonders zu erwähnen sind die Halogenlampen, deren Gasfüllung einen bestimmten Zusatz von Jod oder Brom enthält. Das hat die günstige Wirkung, dass man in dieser Glühlampe höhere Temperaturen erreichen kann. Die vom Glühfaden verdampfenden Wolframatome treten nämlich mit der Halogenfüllung in Reaktion. Sie bilden an kälteren Stellen des Füllgases Wolframhalogenide, die dann zu dem Glühfaden diffundieren und dort wieder dissoziieren, wodurch das Gas an Wolframatomen übersättigt und Wolfram auf den Glühfaden ausgeschieden wird. Dazu kommt, dass die Ausscheidung dort schneller vor sich geht, wo der Glühfaden dünner und deshalb wärmer ist. So verjüngt sich der Faden langsamer.

Als spezielle „Lichtquelle" kann man die **Infrarotlampen** betrachten. Das sind solche Glühlampen mit Wolframfaden, bei denen man die erwünschten Wellenlängen nach dem wienschen Verschiebungsgesetz mit der Temperatur sowie mit entsprechenden Filtern einstellen kann.

Bei den Lumineszenzstrahlern erwähnen wir als erstes die **Metalldampflampen**. Der Metalldampf, meist Quecksilber, ist in eine Glasröhre eingeschlossen und an Metallelektroden wird eine Spannung angelegt. Aus den beim Einschalten aufglühenden Elektroden werden Elektronen freigesetzt und diese induzieren die elektrische Entladung. Die beschleunigten Ladungen regen durch Zusammenstöße die Elektronen der Metallatome an, die ein Lumineszenzlicht ausstrahlen. Die Niederdrucklampen (1-100 Pa) zeigen der Lumineszenz entsprechend ein ausgeprägtes Linienspektrum.

Obwohl es keine echten Lichtquellen sind, haben die aus Quarzglas gefertigten Niederdruck-Quecksilberdampflampen, die sog. **Germicidlampen**, für den Mediziner eine sehr große Bedeutung. Der größte Teil der Leistung wird nämlich in einer einzigen Linie bei 254 nm abgestrahlt (was nur Quarzglas durchlässt). Diese Wellenlänge fällt praktisch in die Mitte des Absorptionsbereiches der DNS, deshalb eignet es sich ausgezeichnet zur Abtötung von Mikroorganismen, zur Sterilisation.

Die Leuchtstoffröhren sind gleichfalls Niederdruck-Quecksilberdampflampen. Sie sind aber nicht aus Quarzglas hergestellt und ihre innere Wand ist mit lumineszierendem Material, dem sog. Leuchtstoff beschichtet. Die 254 nm UV Strahlung des Quecksilberdampfes regt den Leuchtstoff an, der sichtbare Strahlung emittiert. Die UV „Reststrahlung" schadet dem Benutzer nicht, da sie durch die Glaswand verschluckt wird. Mit Änderung der Zusammensetzung des Leuchtstoffes (mit der Wahl der entsprechenden Spektrallinien) kann die Farbe des ausgestrahlten Lichtes variiert werden. Die Lichtausbeute der Leuchtstoffröhren ist sehr gut, man kann mit ihnen ungefähr 5-6mal mehr sichtbares Licht erzeugen als mit den besten Glühlampen. In der Ausführung als Kompaktleuchtstofflampen können sie auch die Glühbirnen ersetzen.

Ähnlich werden auch die für therapeutische Zwecke konstruierten UV-Lampen und die Lampen für Solarien hergestellt.

Die **Bogenlampen** sind gleichfalls Gasentladungsröhren, in denen das Licht in erster Linie vom Hochtemperatur-Plasma des Bogens ausgestrahlt wird. Das Plasma ist stark ionisiertes Gas, das aus neutralen Molekülen, Elektronen, positiven und negativen Ionen besteht, aber nach außen neutral ist. Die Bogenlampen sind meistens Höchstdruck-Quecksilber-, Xenon- oder Natriumlampen. Im Spektrum erscheinen vor einem kontinuierlichen Hintergrund die für das Füllgas charakteristischen intensiven Lumineszenzlinien.

Die Lichtemission der **Leuchtdioden** (Light Emitting Diode – LED) beruht darauf, dass sich am Übergang eines *p*- und *n*-Halbleiters (s. I/3.3.4) die Elektronen und die Löcher rekombinieren. Da die Energie der selbständigen Elektronen und Löcher größer ist als die Energie der mit Elektronen besetzten Löcher, wird dieser Energieunterschied in Form von Licht abgestrahlt. Die Leuchtdioden emittieren in der Hauptsache monochromatisches Licht. Wegen ihrer kleinen Ausmaße und der einfachen Bedienung haben sie in sehr vielen Bereichen die klassischen Lichtquellen abgelöst.

II/2.2.7 Laser

Die Laser vertreten eine speziale Gruppe der Lichtquellen. Sie sind heute im alltäglichen Leben und in der medizinischen-biologischen Praxis weit verbreitet. Die Bezeichnung Laser stammt aus dem Englischen „**l**ight **a**mplification by **s**timulated **e**mission of **r**adiation" (Lichtverstärkung durch induzierte Strahlungsemission). Aus diesem Begriff könnte man schließen, dass der Laser ein System ist, bei dem das Licht durch induzierte Emission verstärkt wird, d.h. es handelt sich „nur" um einen **Verstärker** (s. Teil II/2.2.5). Demgegen-

Bemerkung II.9

Ähnlichkeit zwischen Laser und elektrischem Sinusoszillator

Denkt man an die gemeinsamen Eigenschaften der elektromagnetischen Wellen und der Radiosender, so kann man auch sagen, dass der Laser ein solcher „Sender", Oszillator (Schwingungserreger) ist, der elektromagnetische Wellen mit bestimmten Eigenschaften (in unserem Fall Licht) emittiert. So besteht beim Laser als Lichtverstärker bzw. als Oszillator dieselbe Verbindung wie beim elektrischen Verstärker bzw. (elektrischen) Sinusoszillator (s. VII/1.4.3). Wollen wir also vom Gedanken der Verstärkung ausgehen, so ist der „Laser" nichts anderes als ein „selbsterregter" positiver Rückkopplungsverstärker. Zur Realisierung müssen wir theoretisch genauso vorgehen, wie wir aus einem elektrischen Verstärker einen Oszillator herstellen (s. VII/1.7). Ein Teil der Ausgangsleistung des Verstärkers muss positiv rückgekoppelt werden, d. h. sie muss in der gleichen Phase zum „Eingang" zurückgebracht werden, wodurch (bei den entsprechenden Parametern) der Verstärker in Schwingung kommt, also zu schwingen beginnt („angeregt wird"). Wenn dieser Oszillator bei vorherbestimmter Frequenz schwingen soll, dann muss noch ein Resonator zwischengeschaltet werden.

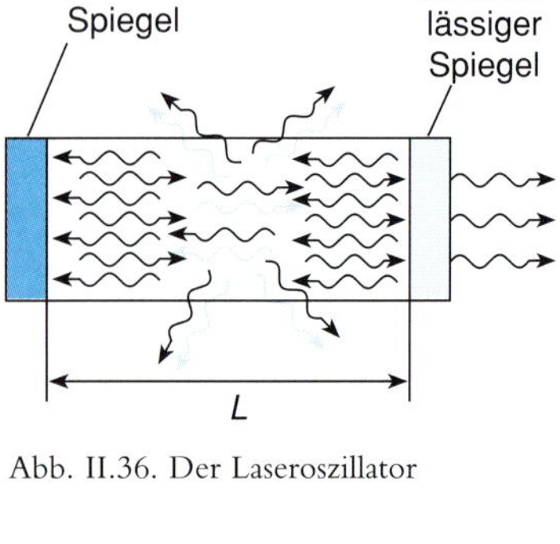

Abb. II.36. Der Laseroszillator

über verstärkt der Laser nicht nur das Licht, sondern erzeugt Licht, ist also eine Art **Lichtquelle** (s. Bemerkung II.9).

Zur Herstellung eines Lasers oder präziser eines Laseroszillators sind vier Dinge erforderlich: entsprechendes **Lasermaterial**, intensive Elektronenanregung oder **Pumpe** (Energiezufuhr aus einer äußeren Quelle), positive **Rückkopplung** und ein optischer **Resonator**.

Betrachten wir diese der Reihe nach. Das Lasermaterial kann ein Gas, eine Flüssigkeit oder ein Festkörper sein. Das Wesentliche besteht aber darin, dass es ein wenigstens Drei-Niveau-System sei. Die Grundbedingung der Funktion ist nämlich die Besetzungsinversion, die sich nur in einem solchen System verwirklichen lässt (s. II/2.2.5). Wenigstens einer der höheren Energiezustände muss eine lange Lebensdauer τ haben. In diesem Fall ist nämlich die Wahrscheinlichkeit ($A = 1/\tau$) der spontanen Emission auf ein niedrigeres Energieniveau gering, es besteht also die Möglichkeit der induzierten Emission. Solche langlebigen Energiezustände bezeichnet man als Laserniveau, ein Laserübergang kann nämlich nur von ihnen erfolgen. Diesen beiden Bedingungen können z. B. dotierte Kristalle, Systeme aus zwei oder mehr Gasgemischen oder Farbmoleküle mit mehreren Energiezuständen entsprechen.

Die Pumpenergie kann z. B. mit elektrischem Strom (elektrischer Entladung) oder mit intensiver Beleuchtung zugeführt werden.

Das Lasermaterial wird in einem optischen Resonator platziert, der die positive Rückkopplung und die für die Resonanz notwendige Frequenzwahl sicherstellt. Der optische Resonator besteht aus zwei gegenüberstehenden, parallelen ebenen Spiegeln mit derselben optischen Achse. (Wegen ihrer günstigeren Eigenschaften werden in vielen Fällen eher konkave Spiegel benutzt.) Diese Anordnung ermöglicht auf die folgende Weise die Oszillation (Abb. II.36).

Zuerst wird mit Pumpen eine Besetzungsinversion erzeugt. Wir wissen, dass die Wahrscheinlichkeit der spontanen Emission vom Laserniveau gering aber nicht Null ist. So werden als eine Folge des Pumpens aus dem Innern des Lasermaterials spontan emittierte Lichtwellen in alle Richtungen des Raumes ausgestrahlt. Diese werden während des Durchlaufens des Lasermaterials wegen der Besetzungsinversion über die induzierte Emission lawinenartig verstärkt. Ein bedeutender Teil dieser Strahlung tritt aus dem Lasermaterial aus und entfernt sich so auch aus dem Resonator. Die Wellen jedoch, die in der Richtung der Längsachse des Resonators (d. h. parallel zu der optischen Achse der Spiegel) verlaufen, werden von den Spiegeln reflektiert und gelangen so in das Lasermaterial zurück, wo sie weiter verstärkt werden. (In diesem System entspricht also die Reflexion an den Spiegeln der positiven Rückkopplung.)

Mit kontinuierlicher Wiederholung der Reflexion nimmt die Lichtintensität stetig zu, bis sie (ziemlich schnell) die maximale Sättigung erreicht. Eine solche obere Grenze ist natürlich, denn man kann nicht mehr Energie zurückgewinnen, als man mit dem ständigen Pumpen zuführt. Die zunehmende induzierte Emission mindert nämlich die Besetzung der Laserniveaus, was den Wert von μ (s. Gl. (II.56) in II/2.2.5) in Richtung der Verstärkungsabschwächung verschiebt. Außerdem gibt es auch Energieverluste, und zwar einerseits infolge der spontanen Emission, andrerseits an den Spiegeln und beim Übergang von einem Medium in das andere.

Im Endergebnis entsteht im Innern des Resonators eine sich selbst aufrechthaltende Strahlung. Das Austreten des Laserlichtes aus dem Resonator erfolgt so, dass der eine Spiegel das Licht „total" reflektiert (z. B. zu 99,9%), der andere aber z. B. „nur" 99% des Lichtes reflektiert und 1% durchlässt.

Welchen Laserübergang und innerhalb dessen welche Frequenz der Resonator hervorhebt (also welche Wellenlänge das aus dem Laser austretende Licht in Wirklichkeit hat), hängt von den spektralen Eigenschaften und dem Abstand L der Spiegel ab. Qualitativ hochwertige Spiegel kann man nur für die Reflexion eines ziemlich engen Frequenzbereiches herstellen. Das bedeutet also schon an sich eine Art der Auswahl. Darüber hinaus können analog zu den Schwingungen an einem gespannten Seil (vgl. I/1.1.3) in dem von Spiegeln begrenzten Resonator nur gewisse Bedingungen erfüllende Eigenschwingungen realisiert werden.

Mit dem Resonator können nur Frequenzen gewählt werden, bei denen die Reflexion an den Spiegeln keine über die definitiven Verluste hinausgehende weitere Intensitätsminderung verursacht. Dazu muss die Bedingung erfüllt sein, dass die von einem beliebigen Ort x ausgehende Welle nach der Reflexion an beiden Spiegeln den Ausgangspunkt x wieder in der gleichen Phase erreicht (s. Abb. II.37). Einfacher formuliert müssen die doppelte Länge des Resonators und ein ganzzahliges Vielfaches der Wellenlänge übereinstimmen:

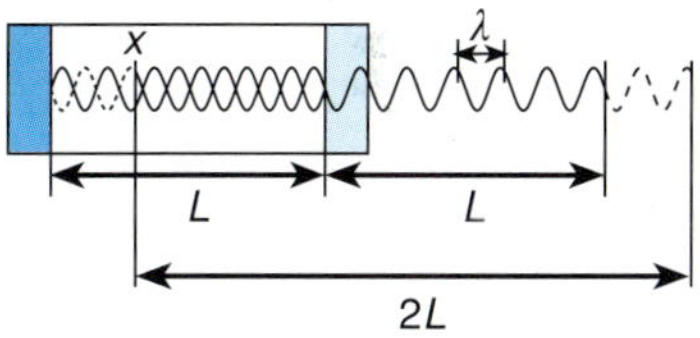

Abb. II.37. Resonanzbedingung im Laser: $2L = m\lambda$ oder anders

$$L = m\frac{\lambda}{2},$$

wo L die Länge des Resonators, λ die Wellenlänge im gegebenen Medium und m eine ganze Zahl sind.

$$2L = m\lambda, \tag{II.57}$$

wobei L der Abstand zwischen den Spiegeln, λ die Wellenlänge im gegebenen Medium und m eine ganze Zahl sind. Daraus geht auch hervor, dass die Eigenschwingungen des Resonators in Wirklichkeit stehende Wellen sind. (Die stehende Welle ist die Superposition von Wellen mit gleicher Frequenz und Amplitude, aber entgegengesetzter Richtung vgl. II/2.1.3.)

Das hier skizzierte System (der Laseroszillator) beginnt also mit Hilfe der spontan emittierten Lichtwellen „automatisch". Durch die nachfolgende induzierte Emission und optische Rückkopplung eignet es sich zur Ausstrahlung kontinuierlicher Laserstrahlung mit speziellen Eigenschaften.

II/2.2.8 Die wichtigsten Eigenschaften der Laserstrahlung, Lasertypen

Die Laserstrahlung kann im Vergleich zu der Strahlung einer „klassischen" Lichtquelle nach den folgenden Gesichtspunkten als ungewöhnlich bezeichnet werden.

- Das Laserlicht ist **monochromatisch**, also einfarbig (seltener besteht es aus mehreren monochromatischen Komponenten). Der Grad der Monochromasie kann mit der Breite der Spektrallinien angegeben werden.

Beispiel II.2

Die Breite der Spektrallinie

Aufgrund der heisenbergschen Unschärferelation (s. I/1.2.2 Gl. (I.9)) lässt sich die ungefähre Breite der Spektrallinie eines gewöhnlichen Lumineszenzstrahlers schätzen. Nach der Relation ist

$$\Delta E \cdot \Delta t \approx h \text{ ,}$$

wo ΔE die Unbestimmtheit der Energie und Δt die Unbestimmtheit der Zeit sind. Mit Hilfe der Gleichung $E = hf$ kommen wir zu den Beziehungen

$$h\Delta f \cdot \Delta t \approx h$$

bzw.

$$\Delta f \cdot \Delta t \approx 1 \text{ .}$$

Schätzen wir nun die Unbestimmtheit der Zeit mit der Lebensdauer des Anregungszustandes, die bei Lumineszenz typisch ein Wert um 10^{-9} s ist, so erhalten wir für die Unbestimmtheit der Frequenz 10^9 Hz, d. h. 1 GHz.

Die Spektrallinie eines gewöhnlichen Lumineszenzstrahlers ist ungefähr 1 GHz breit (s. Beispiel II.2), was einer relativen Frequenzbreite in der Größenordnung von $\Delta f/f = 10^{-6}$ entspricht. (Die Bandbreite der Spektrallinien wird gewöhnlich mit dieser Größe charakterisiert.) Die relative Frequenz-Bandbreite des Lasers ist wegen der induzierten Emission und des optischen Resonators um mehrere Größenordnungen kleiner, sie kann sogar in der Größenordnung von 10^{-10} liegen.

- Die Laserstrahlung ist **kohärent** (d. h. es kann ein wahrnehmbares Interferenzbild entstehen, s. II/2.1.4), weil das Laserbündel durch die induzierte Emission aus solchen Wellen mit konstantem Phasenunterschied zusammengesetzt ist, die am Abstrahlungsort auch räumlich eng beieinander verlaufen (schmales Bündel). Ein charakteristischer Parameter der Kohärenz ist die Kohärenzlänge. Diese stimmt mit dem größten Lichtwegunterschied überein, bei dem noch eine Interferenz beobachtbar ist. Während die Kohärenzlänge eines einfachen Lumineszenzstrahlers in der Größenordnung von 10^{-3} m liegt, kann die Kohärenzlänge beim Laser 10^3 m oder mehr betragen.
- Das Laserbündel hat eine **kleine Divergenz**, die Elementarstrahlen des Bündels sind also fast parallel. Die Divergenz beträgt in der Regel nur einige Winkelminuten. Beim Austritt beträgt der typische Laserdiameter in Abhängigkeit vom Lasertyp einige Millimeter bis einige Zentimeter.
- Die Laserstrahlung hat eine sehr **hohe Intensität**. Das kommt in erster Linie daher, dass die Energie innerhalb eines sehr schmalen Bündels fließt. (Für den Mediziner ist das vielleicht die wichtigste Eigenschaft des Laserlichtes.) So ergibt z. B. ein Laser mit der Leistung von einigen mW bei einem Querschnitt des Laserbündels von einigen mm^2 eine Strahlungsintensität (Strahlungsflussdichte) in der Größenordnung von 10^3 W/m^2. Die Strahlungsintensität, die unsere Erde von der Sonne erreicht, ist kleiner. Auch ist das Laserbündel sehr schmal und divergiert nur gering und so lässt sich die Intensität mit einfachem Fokussieren weiter erhöhen. Beträgt so der Querschnitt des Laserbündels nach dem Fokussieren einige hundert μm^2, dann fällt die Intensität schon in die Größenordnung von 10^7 W/m^2.

Besonders zu erwähnen sind die Impulslaser. Ein Beispiel ist der in der Medizin auch häufig benutzte Nd-YAG Laser (das Lasermaterial ist mit Neodym dotiertes Yttrium-Aluminium-Granat, $Y_3Al_5O_{12}$), der eine Impulsreihe von 20 ns Pulsdauer und 2 J Energie ausstrahlt. Beträgt die Wiederholungsfrequenz z. B. 10 Hz, dann ist die mittlere abgestrahlte Leistung 2 J/0,1 s = 20 W, aber während einer Pulsdauer beträgt die Momentleistung 2 J/20 ns = 10^8 W. Ziehen wir den ungefähren Durchmesser des Bündels von 5 mm in Betracht, dann bedeutet das, dass die Strahlungsintensität während der Pulsdauer größer als 10^{12} W/m^2 ist. Mit Fokussieren lässt sich natürlich auch diese riesige Strahlungsflussdichte um mehrere Größenordnungen erhöhen.

Tabelle II.2. Einige Lasertypen und ihre wichtigsten Charakteristika

Lasermedium				Typische Wellenlänge (nm)	Typische Leistung (W)		Anwendungen
Haupttyp (Aggregatzustand)	Untertyp	Name	Symbol		Dauerstrichlaser	Impulslaser, während eines Impulses	
Gas		Helium-Neon	HeNe	633	$5 \cdot 10^{-3}$		*Infrarotlaser: Ziellicht*
		Argon	Ar	488 514	10	10^2	*Ophtalmologie Pumpen der Farbstofflaser*
		Krypton	Kr	548 647	10		*Ophtalmologie*
		Kohlendioxyd	CO_2	10 600	$2 \cdot 10^2$	10^9	*Chirurgie*
	Excimer (excited dimer) (in der Regel Edelgas oder Halogengas)	*z. B.* Krypton-Fluor	KrF	248		$5 \cdot 10^4$	*Ophtalmologie*
Flüssigkeit	Farbstoff (Lösung)	*z.B.* Rhodamin 6G	$C_{28}H_{31}N_2O_3Cl$	560-610	1	10^5	*Ophtalmologie Dermatologie, PDT* (s. *IX/2.2.*)
Festköper		Rubin	$Cr\text{-}Al_2O_3$	694		10^9	*Dermatologie*
	YAG (Yttrium-Aluminium-Granat) + Lantanoide: Nd, Ho, Er, ...	*z. B.* Neodym-YAG	$Nd\text{-}Y_3Al_5O_{12}$	1064	50	10^8	*Chirurgie*
	Halbleiter	*z. B.* Gallium-arsenid	GaAs	840	$5 \cdot 10^{-3}$		*Lichtzeiger, CD-Spieler*

Der erste funktionstüchtige Laser wurde 1961 angefertigt. Das Lasermaterial war Rubinkristall, in dem das Pumpen mit einer starken Blitzlichtlampe gelöst wurde. Dieser Laser erzeugte nur kurze Impulse. Danach wurden in den sechziger und siebziger Jahren beständig die verschiedensten Lasertypen entwickelt. Einige von ihnen sind in Tabelle II.2 dargestellt. Seit der siebziger Jahre werden die Laser auch in der Medizin immer mehr benutzt (s. Teil IX/1).

Wie aus der Tabelle hervorgeht, kann man die Laser nach verschiedenen Gesichtspunkten einteilen. Man kann sie nach der Qualität oder nur nach dem Aggregatzustand des Lasermaterials unterscheiden (Gas, Flüssigkeit, Festkörper). Man kann sie nach der Betriebsart einteilen (Dauerstrichbetrieb, Pulsbetrieb). Die Einteilung kann aber auch nach der Intensität sowie der Wellenlänge der Emission erfolgen. Die letzten Parameter sind diejenigen, welche am ehesten den Verwendungsbereich eines gegebenen Lasers bzw. seine Eignung für die verschiedenen Zwecke bestimmen.

II/2.3 Wechselwirkung zwischen Licht und Materie

Wie schon in der Einleitung von Abschnitt II/2.2 erwähnt befassen wir uns in diesem Teil mit der Lichtstreuung sowie der Lichtabsorption und ihren Folgen. Da der Themenkreis der Lichtstreuung und Lichtabsorption auch in Kapitel IV „Die physikalischen Methoden der Molekular- und Zelldiagnostik" behandelt wird, sind hier nur die fundamentalen Erscheinungen diskutiert. Dasselbe gilt auch für die biologischen Wirkungen des Lichtes, denn die Lichttherapie wird in Abschnitt IX/2 ausführlich dargestellt.

II/2.3.1 Lichtstreuung

Die Streuung des Lichtes ist auch im alltäglichen Leben zu beobachten. Der Anblick des blauen Himmels, der weißen Wolken ist eine Erscheinungsform der Lichtstreuung. Die Lichtstreuung ermöglicht es aber auch, dass wir überhaupt ein Lichtbündel sehen (z. B. im dunstigen Wald: s. II/2.1 Abb. II.9). In diesem Fall steht das Licht so in Wechselwirkung mit der Materie, dass **das elektrische Feld des einfallenden Lichtbündels die Ladungsträger** (Elektronen und Ionen) **der sehr winzigen Teilchen** (Atome, Moleküle), **die sich in seinem Weg befinden, zu Schwingungen zwingt**. Die „auf und ab" **beschleunigten** (induziert schwingenden) **Ladungsträger emittieren** (wie winzige Oszillatoren oder kleine Radiosender) **elektromagnetische Wellen** (Licht) in die verschiedensten Richtungen.

Sind die sich bewegenden Streuzentren (die Quellen der gestreuten Elementarwellen) im Vergleich zur Wellenlänge des Lichtes relativ weit voneinander entfernt und regellos verteilt, so gibt es wegen der Inkohärenz der Phasenverhältnisse **keine** wahrnehmbare **Interferenz**. Die von allen Teilchen stammende Gesamtintensität des Lichtes ist also einfach die Summe der von den einzelnen Teilchen ausgestrahlten Intensitäten :

$$\sum_i J_{Ei} = J_{E,\mathrm{Resultierende}} \qquad \text{(II.58)}$$

(vgl. II/2.1.4 Gl. (II.28)). Wollen wir berechnen, wieviel Licht ein Medium in einer gegebenen Richtung streut, ist es deshalb ausreichend, **die Streuung durch ein einziges Teilchen** zu untersuchen und dann die abgestrahlte Leistung mit der Zahl der Teilchen zu multiplizieren.

Im einfachsten Fall induziert die einfallende Strahlung (z. B. mit der Frequenz f) im Teilchen ein in der Zeit veränderliches Dipolmoment p:

$$p = p_0 \sin\omega t, \qquad \text{(II.59)}$$

wobei $\omega = 2\pi f$ und $p_0 = Qd$ der Maximalwert des induzierten Dipolmomentes sind. p_0 gibt an, wie große (positive oder negative) Ladungen Q sich durch die Wirkung des elektrischen Feldes des einfallenden Lichtstromes auf welchen Abstand d voneinander entfernen können (s. auch VI/3.4). Von der „neu abgestrahlten" Lichtleistung P_{Streuung} können wir annehmen, dass sie sicher von dem

Maximalwert p_0 des induzierten Dipolmomentes und der Kreisfrequenz ω abhängt. Welche mathematische Form diese Beziehung haben kann, bestimmen wir nicht mit den komplizierten Berechnungen des englischen Physikers John William Strutt Rayleigh (1842-1919) (nach dem diese Art der Lichtstreuung Rayleigh-Streuung genannt wird), sondern mit der Analyse der Dimensionen.

Die Frage ist, wie wir eine Dimensionsgröße [der Leistung] P aus Dimensionsgrößen [der elektrischen Ladung] [Länge] p_0 bzw. [der Zeit]$^{-1}$ ω aufschreiben können, wenn wir auch ausnutzen, dass die Dimension der Ausbreitungsgeschwindigkeit des Lichtes c [Länge][Zeit]$^{-1}$ ist (s. *„Die Schritte der Dimensionsanalyse"*).

Danach ist also:

$$P_{\text{Streuung}} \sim \frac{p_0^2}{c^3}\,\omega^4. \tag{II.60}$$

Man sieht, dass die Leistung des gestreuten Lichtes proportional zur vierten Potenz der Kreisfrequenz ω (und damit natürlich auch der Frequenz f) ist. So wird also z. B. blaues Licht, dessen Frequenz annähernd das Doppelte des Wertes am roten Ende des Spektrums beträgt, sechzehn mal „stärker" gestreut als rotes Licht (s. Abb. II.38.). Das kann man z. B. auch dann beobachten, wenn die Sonne sich in der Nähe des Horizontes befindet, die Teilchen der dicken Luftschicht aus der Strahlung die blaue Komponente ausstreuen und die Sonne deshalb gelb oder rot erscheint. Das blaue Licht geht aber nicht verloren sondern wird nur durch die Streuung abgelenkt und fällt als das Blau des Himmels in unser Auge. So können wir immer dieses strahlende Blau am Himmel bewundern. Aus derselben Überlegung wurde für die Signallampen

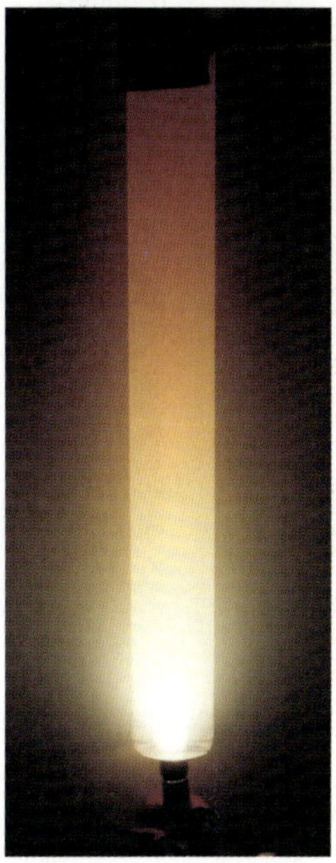

Abb. II.38. Lichtstreuung an winzigen, zufällig angeordneten Streuzentren (mit Wasser verdünnte, alkoholische Mastixlösung aus dem Harz des Mastixstrauches, Aufnahme von István Derka)

Die Schritte der Dimensionsanalyse

Die Dimension der Leistung ist: [Kraft][Länge][Zeit]$^{-1}$ (denn die SI Maßeinheit für W = J/s = Nm/s). Die Dimension für $p_0\omega$ ist: [elektrische Ladung][Länge][Zeit]$^{-1}$.
Können wir also eine Kraft mit der elektrischen Ladung ausdrücken, so ist das Problem gelöst.

Das Coulomb-Gesetz verbindet gerade diese zwei Größen: $\frac{Q_1 Q_2}{r^2} \sim F$, woraus wir die folgende Dimensionsgleichung erhalten:

$$[\text{Ladung}]^2[\text{Länge}]^{-2} = [\text{Kraft}]\ . \tag{1}$$

Als ersten Schritt müssen wir also p_0 ins Quadrat erheben, damit die Dimension [Kraft] überhaupt erscheint. Die Dimension von $p_0{}^2$ ist nämlich [Ladung]^2[Länge]^2. Multiplizieren wir nun Gl. (1) mit [Länge]^4, dann erhalten wir:

$$[\text{Ladung}]^2[\text{Länge}]^{-2}[\text{Länge}]^4 = [\text{Kraft}][\text{Länge}]^4\ ,$$

was der Dimension von $p_0{}^2$ entspricht.

Die folgenden Schritte haben wir in der Tabelle zusammengefasst, wobei wir die folgenden Beziehungen angewendet haben.
Die Dimension von c ist [Länge][Zeit]$^{-1}$, also ist die Dimension von $1/c^3$ [Länge]$^{-3}$ [Zeit]^3; die Dimension von ω [Zeit]$^{-1}$, also von ω^4 [Zeit]$^{-4}$. So erhalten wir schließlich wieder die Dimension der Leistung.

Physikalische Größe	Die Dimension
p_0^2	[Kraft][Länge]^4
$\frac{p_0^2}{c^3}$	[Kraft][Länge][Zeit]^3
$\frac{p_0^2}{c^3}\omega^4$	[Kraft][Länge][Zeit]$^{-1}$

Bemerkung II.10
Wir möchten nochmals betonen, dass das bisher Diskutierte nur für kleine Teilchen gilt, die sich (im Verhältnis zur Wellenlänge des Lichtes) relativ weit voneinander befinden und deren Lokalisation zufällig ist (da sie sich in ständiger Bewegung befinden). Aus dieser Bedingung folgt nämlich die Phasenunabhängigkeit der Wellen, die von den einzelnen Streuzentren ausgehen (Inkohärenz, s. Gl. (II.58)).

Abb. II.39. Lichtstreuung an Wassertropfen
Die Größe der Wassertropfen bestimmt die weiße bzw. graue Farbe der Wolken

rotes Licht gewählt, denn auch bei Dunst und Nebel kann man sie wegen der geringeren Streuung besser wahrnehmen (obwohl unser Auge für grünes Licht mit höherer Frequenz empfindlicher ist).

Untersuchen wir jetzt, wie die Abmessungen der Teilchen die Lichtstreuung beeinflussen (Bemerkung II.10). Dazu vergleichen wir zuerst was sich ändert, wenn das einfallende **Licht** z. B. **statt eines kleinen Moleküls auf eine Anordnung von Atomen** oder Molekülen trifft, die sich gegen die Wellenlänge des Lichtes **in sehr kleinem Abstand voneinander** befinden. Denken wir daran, dass der Durchmesser der Atome in der Größenordnung von einigen Zehntel nm liegt, während die Wellenlänge des Lichts um 500 nm beträgt. So können sich die wenigen Atome, die eine Gruppe bilden, tatsächlich sehr nah beieinander befinden. Unter diesen Umständen schwingen ihre Ladungsträger auch gemeinsam unter der Einwirkung des elektrischen Feldes. Sie strahlen also unbedingt in der gleichen Phase und deshalb **entsteht eine verstärkende Interferenz**.

Enthält das Streuzentrum, z. B. ein winziger Wassertropfen, N Moleküle und nehmen wir an, dass jedes von ihnen derselben Wirkung des elektrischen Feldes ausgesetzt ist, dann werden auch die Amplituden A der von den einzelnen Molekülen gestreuten Wellen gleich sein. So wächst die Amplitude des gesamten gestreuten elektrischen Feldes (wegen der gleichen Phase) auf das N-fache (NA) an und die gestreute Lichtintensität wird das N^2-fache betragen $(NA)^2$ (s. II/2.1.3 und Gl. (II.27)). So ergibt z. B. eine Zunahme der Zahl der Moleküle auf das 5-fache eine Zunahme der Lichtintensität auf das 25-fache. Verdichtet sich also der Wasserdampf in einen Tropfen, so nimmt die Lichtstreuung mit der Größe rapide zu. Die Frage ist, wie weit dieser Prozess anhält.

Ist der Wassertropfen schon so groß geworden, dass der Abstand von einem Ende zum anderen annähernd eine Wellenlänge beträgt, so bleiben die Schwingungen sicher nicht länger in der gleichen Phase. Über diese Grenze hinaus nimmt die Intensität des gestreuten Lichtes lange nicht mehr in dem bisherigen quadratischen Maße zu. Da diese Grenze bei blauem Licht (400nm) früher erreicht ist als bei rotem (800 nm), nimmt zuerst die starke Streuung des blauen Lichtes ab. Obwohl die einzelnen Moleküle auch weiterhin das Licht mit kürzerer Wellenlänge stärker streuen, nimmt die Intensität des roten Lichtes im Vergleich zum blauen relativ zu, wenn die Abmessungen der Wassertropfen die Wellenlängegrenze des sichtbaren Lichtes (400 nm) überschreiten. Dementsprechend wird aus der blauen Farbe weiß. Werden die Wassertropfen noch größer, dann nimmt die Intensität des gestreuten Lichtes bei allen Wellenlängen ab (die Farbe wird also grau, s. Abb. II.39).

II/2.3.2 Lichtabsorption

Wir haben es zwar nicht extra betont, aber die im vorherigen Teil behandelte Lichtstreuung ist eine solche Wechselwirkung, bei der die einfallende und ausgestrahlte Lichtleistung an der Grenze jeden Volumens übereinstimmt. Die Oszillatoren in atomaren Abmessungen führen erzwungene Schwingungen mit kleiner Amplitude durch, die als elastisch angesehen werden können. Eine Dämpfung oder ein Energieverlust tritt also nicht auf, nur nimmt die Stärke des Lichtstromes wegen des Streulichtes in der Originalrichtung ab. In diesem Fall absorbiert das Medium das Licht nicht.

Die Lage ist aber eine ganz andere, wenn das elektrische Feld des einfallenden Lichtbündels dem Oszillator eine solche Frequenz aufzwingt, die seiner Eigenfrequenz entspricht. Infolge der entsprechenden Resonanz nimmt die Schwingungsamplitude sehr stark zu und die Energie des Oszillators nimmt nicht nur wegen der Neuabstrahlung, sondern auch wegen des Auftretens einer Art von „Reibungskraft" ab. **Das Medium absorbiert** in diesem Fall also im engsten Sinne des Wortes **die Strahlung teilweise**. Hier sei bemerkt, dass diese Wirkung in der Realität immer auftritt, nur vernachlässigen wir sie, wenn ihre Größe unbedeutend ist.

Die obige klassische Beschreibung ist zwar aus vielen Aspekten sehr nützlich (so können wir z. B. Erscheinungen des neuen Themenkreises mit zuvor schon verstandenen Gesetzmäßigkeiten der Strahlungsabsorption verbinden), eine genauere Beschreibung der Lichtabsorption ist aber nur im Rahmen der Quantenphysik möglich. Gerade deshalb kommen wir auf den ganzen Themenkreis im Kapitel VI noch einmal zurück.

II/2.3.3 Biologische Wirkungen des Lichtes: allgemeine Aspekte

Obwohl wir streng genommen nur die für das menschliche Auge sichtbare elektromagnetische Strahlung als Licht bezeichnen, spricht man im weiteren Sinne auch von ultraviolettem und infrarotem „Licht" (s. II/2.1.8 Abb. II.27). In den **folgenden zwei Abschnitten verstehen wir unter Licht die elektromagnetischen Wellen im Bereich von 100 nm bis 1000 µm**. Dieser Bereich wird gewöhnlich nach der biologischen Wirkung des Lichtes weiter eingeteilt (Tabelle II.3).

Tabelle II.3. Die Einteilung der als Licht bezeichneten Bereiche der elektromagnetischen Strahlung

Wellenlänge	Abkürzung	Bezeichnung
100–280 nm	UV-C*	(fernes UV)
280–315 nm	UV-B	(Dorno-Strahlung)
315–400 nm	UV-A	(nahes UV)
400–420 nm	VIS	Violett
420–490 nm	VIS	Blau
490–540 nm	VIS	Grün
540–600 nm	VIS	Gelb
600–760 nm	VIS	Rot
0,76–1,4 µm	IR-A	(nahes IR)
1,4–3 µm	IR-B	(mittleres IR)
3–1000 µm	IR-C	(fernes IR)

*Den Bereich der UV-C Strahlung unterhalb der Wellenlänge von 180 nm bezeichnet man als Vakuum-UV, weil er von der Luft absorbiert wird und sich nur im Vakuum fortpflanzt.

Wir können in diesem Rahmen natürlich nicht alle biologischen Wirkungen des Lichtes eingehend besprechen oder auch nur alle aufzählen. Unser Ziel ist in erster Linie, neben der Besprechung der für den Menschen wichtigsten biologischen Wirkungen einen Überblick über die grundlegenden Gesetzmäßigkeiten zu geben, die zu den biologischen Wirkungen führen.

Die primäre Bedingung der biologischen Wirkung ist es, dass das **Licht** von der lebenden Materie **absorbiert** wird. Wenn ein Molekül ein Photon absorbiert, dann wird es von seinem Grundzustand in einen angeregten Zustand mit höherer Energie gebracht. Die Anregung kann die Elektronen der äußeren Elektronenbahnen oder – bei Absorption von infrarotem Licht – den Schwingungszustand oder Drehzustand der Moleküle betreffen. Bei ausreichend großen Photonenenergien kann auch eine Ionisation erfolgen. Letzteres kann charakteristisch bei Energieabsorption von Photonen mit einer Energie über 7 eV auftreten, aber einige aromatische Verbindungen sind auch schon bei 4 eV Photonenenergie ionisierbar.

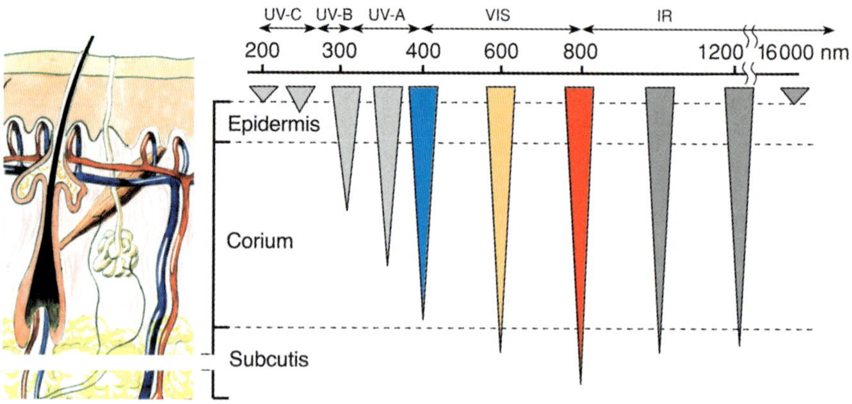

Abb. II.40. Eindringtiefen in der Haut

Die Lichtphotonen haben bei der Auslösung von biologischen Prozessen nicht die gleichen Chancen. Ein Grund liegt darin, dass die Moleküle des Organismus in verschiedenen Wellenlängenbereichen absorbieren, also über ein charakteristisches Absorptionsspektrum verfügen (s. VI/3.1). Die Wahrscheinlichkeit der Wechselwirkung ist weiterhin dadurch beeinflusst, dass das Licht der verschiedenen Wellenlängenbereiche verschieden tief in die Gewebe eindringen kann. Weil das Licht unter natürlichen Bedingungen über das Auge und die Haut in unseren Organismus eindringen kann, betrachten wir mit Hilfe der Abb. II.40 und II.41 die Tiefen, in die Strahlungen der verschiedenen Wellenlängenbereiche in die Haut und das Auge gelangen können.

Bei der Analyse der Abbildung können wir feststellen, dass hier die – z. B. bei der Röntgenstrahlung wahrnehmbare – Tendenz, dass eine höhere Photonenenergie ein größeres Eindringvermögen ergibt, nicht gilt. Im Falle der Haut nimmt z. B. die Eindringtiefe vom UV-C Bereich zu den längeren Wellenlängen hin bis zum IR-A Bereich zu und nimmt dann in den IR-B, C Bereichen allmählich wieder ab. Die UV-C Strahlung und der kurzwellige Bereich der UV-B Strahlung werden in überwiegendem Maße in der Epithelschicht absorbiert. Einige Prozente der UV-A Strahlung und 30-40% des Lichtes mit der Wellenlänge von 400 nm gelangen bis in die Lederhaut. Insgesamt dringen 60-70% des sichtbaren Lichtes in die Lederhaut ein, 20% der IR-A Strahlung erreichen in den Unterhautschichten eine Tiefe von 3-3,5 mm. Die angegebenen Prozente sind ungefähre Werte, sie hängen im Einzelfall

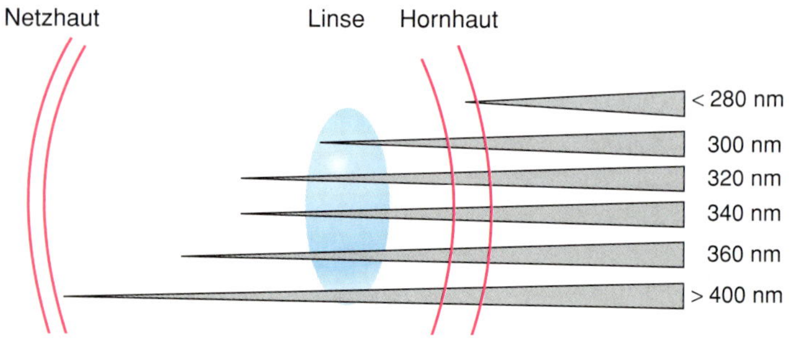

Abb. II.41. Eindringtiefen im Auge

z. B. vom Pigmentgehalt der Haut ab. Eine Zunahme der lichtabsorbierenden Moleküle, also des Pigmentgehaltes kann die Durchlässigkeit der Haut im vollen UV Bereich sogar auf die Hälfte mindern.

Im Falle des Auges werden die UV-C Strahlung und der kurzwellige Bereich der UV-B Strahlung sowie die IR-B und IR-C Strahlung schon in der Hornhaut absorbiert. Die UV-B Strahlung und der kurzwellige Teil der UV-A Strahlung werden in der Hornhaut und in der Linse absorbiert.

Die Eindringtiefe eines Photons mit gegebener Energie hängt von mehreren Faktoren ab. Der wichtigste von ihnen ist die Lichtabsorption. Der Absorptionsbereich der in den Zellen in großer Zahl befindlichen Nukleinsäuren und aromatischen Aminosäuren fällt in den UV-C, B und in geringerem Maße in den UV-A Bereich. Deshalb werden diese Strahlungen mit großer Wahrscheinlichkeit schon in den oberen Zellschichten absorbiert. Von den Molekülen, welche den sichtbaren Bereich absorbieren, sind Hämoglobin und Melanin hervorzuheben. Aber auch die Karotine und Bilirubin können über beachtliche Absorption verfügen. Außer der Absorption beeinflussen auch Lichtbrechung und Reflexion die Intensität des in die einzelnen Schichten eindringenden Lichtes. Von der auf die Haut fallenden Lichtintensität werden 5-7% von der Hornschicht (Stratum corneum) reflektiert, aber eine deutliche Reflexion erfolgt auch an der Grenze von Epithel und Korium.

Die Energie, die bei der Lichtabsorption aufgenommen wurde, kann auf verschiedene Weise abgegeben werden. Die Rückkehr des angeregten Elektrons in den Grundzustand kann von Lichtemission (Fluoreszenz oder Phosphoreszenz) begleitet sein (s. II/2.2.4). Ein Teil der aufgenommenen Energie kann in Wärmeenergie umgewandelt werden. Des Weiteren können daraus chemische Reaktionen resultieren, die man in diesem Fall als **photochemische Reaktionen** bezeichnet.

Bei der Anregung einer gegebenen Molekülart können alle drei Prozesse ablaufen, aber ihre Wahrscheinlichkeit ist in Abhängigkeit von der Elektronenstruktur des Moleküls und der molekularen Umgebung verschieden. Die Wahrscheinlichkeit der einzelnen Prozesse drückt die Quantenausbeute aus (s. VI/3.3.2). Betrachten wir z. B. einen Prozess, bei dem die Anregung der absorbierenden Moleküle in jedem zehnten Fall eine chemische Reaktion auslöst. Die Quantenausbeute dieser photochemischen Reaktion beträgt 0,1, d. h. 1/10 Teil der absorbierten Quanten wird auf diese Weise genutzt. Es sei bemerkt, dass die Summe der Quantenausbeuten aller möglichen Prozesse nach der Anregung 1 beträgt.

Bei den photochemischen Reaktionen unterscheidet man zwei Hauptttypen, und zwar direkte und indirekte Reaktionen. Bei den **direkten photochemischen Reaktionen** werden in den absorbierenden Molekülen neue kovalente Bindungen gebildet oder alte Bindungen aufgelöst. Ein häufiges, aus photobiologischer Sicht bedeutendes Beispiel einer direkten Reaktion ist die Dimerisation der Pyrimidinbasen der Nukleinsäuren. In Abb. II.42 ist dieser Prozess am Beispiel des Thymins dargestellt. Infolge der Absorption von UV-C oder UV-B Licht spalten sich die Doppelbindungen zwischen dem 5. und 6. Kohlenstoffatom der Base auf, während zwischen den betroffenen

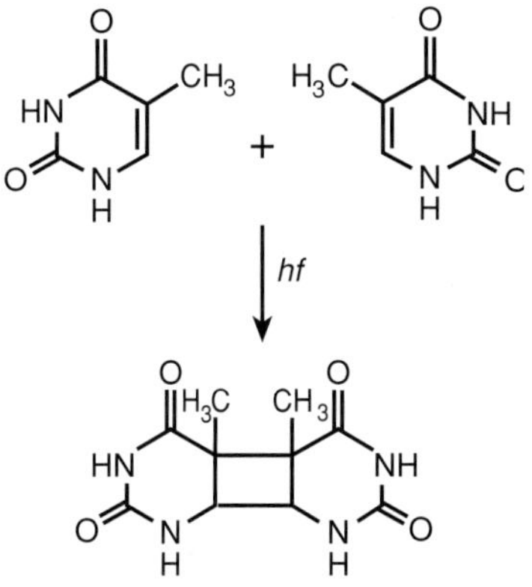

Abb. II.42. Dimerisation von Thymin durch UV-Licht

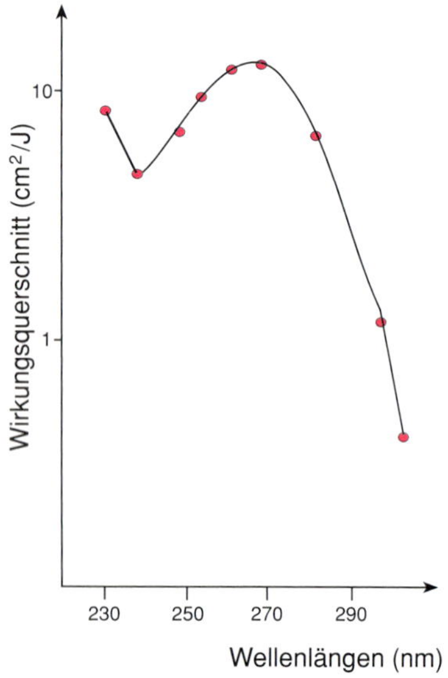

Abb. II.43. Wirkungsspektrum der Inaktivierung von E. coli durch UV-Licht

Kohlenstoffatomen zweier Basen neue kovalente Bindungen entstehen. Die Reaktion ist eine Cyclobutanaddition, weil die beteiligten Kohlenstoffatome einen neuen Ring mit vier Kohlenstoffatomen bilden. Im Falle der DNS kann sich diese Reaktion zwischen benachbarten Pyrimidinringen, mit geringerer Wahrscheinlichkeit zwischen Purinringen abspielen, was mit der Änderung der DNS-Molekülstruktur, den charakteristischen biochemischen Folgen der Punktmutation einhergeht.

Die Anregung kann auch zu **indirekten photochemischen Reaktionen** führen. Bei den Reaktionen dieser Gruppe erfolgt eine Energie- oder Elektronenübergabe zwischen den vom Licht angeregten Molekülen und den Molekülen, Ionen ihrer Umgebung. Infolge der Energieübergabe und/oder Elektronenübergabe bilden sich neue reaktive Produkte, wie angeregte Moleküle oder freie Radikale. Das Produkt einer indirekten Reaktion ist z. B. der durch Energieübergabe entstehende, sehr reaktive Singulett-Sauerstoff, der dann durch Reaktionen mit Makromolekülen oder Fettsäuren in der lebenden Zelle zu strukturellen und funktionellen Veränderungen führt.

Schon im 19. Jahrhundert, in der frühen Phase der Photobiologie, stellte man sich die Frage, welche Bereiche des Spektrums jeweils die einzelnen biologischen Veränderungen auslösen. Es wurde z. B. beobachtet, dass die mit verschiedenen Farben beleuchteten Pflanzen nicht gleich gut wuchsen. Die Entwicklung der Messtechniken und des wissenschaftlichen Denkens führten Mitte des vergangenen Jahrhunderts zur quantitativen Analyse der Abhängigkeit von der Wellenlänge bei den durch Licht ausgelösten biologischen Veränderungen. Es wurde die Bestimmung der **Bestrahlung (einfallende Energiedichte)** (J/cm^2) oder der **Photonenbestrahlung** (Photon/cm^2), die bei den verschiedenen Wellenlängen zur Auslösung der gleichen biologischen Wirkung erforderlich ist, möglich. Der Reziprok des so erhaltenen Wertes ist der sog. **Wirkungsquerschnitt** (cm^2/J, cm^2/Photon). (Dieser Begriff ist auch auf anderen Gebieten der Physik, Biophysik gebräuchlich, aber nicht immer in demselben Sinn.) Es ist offensichtlich, dass je wirksamer Licht einer gewissen Wellenlänge bei der Auslösung eines Prozesses ist, umso weniger Bestrahlung ist zu einer Änderung von gegebener Größe – z. B. der gleichen Zahl von Mutationen – erforderlich, also um so größer ist der Wirkungsquerschnitt des biologischen Objektes. Stellt man den Wirkungsquerschnitt als Funktion der Wellenlänge dar, so gewinnt man das sog. **Wirkungsspektrum** (s. II/4.7). Ein Beispiel ist in Abb. II.43 dargestellt.

Die Annahme ist naheliegend und wurde in zahlreichen Fällen auch schon bewiesen, dass das Absorptionsspektrum des Moleküls, welches den photobiologischen Prozess auslöst, und das Wirkungsspektrum der biologischen Änderung parallel verlaufen. Man kann z. B. beobachten, dass das Maximum des in Abb. II.43 dargestellten Inaktivierungsspektrums von E. coli bei 260 nm liegt, was eine gute Übereinstimmung mit dem Absorptionsspektrum von DNS – dem für die Inaktivierung verantwortlichen Molekül – zeigt. Die vergleichende Analyse des Absorptionsspektrums und des Wirkungsspektrums ist eine weit verbreitete Methode, um den noch unbekannten Mechanismus oder Hintergrund einer photobiologischen Wirkung während der Identifizierung des primären photophysikalischen Phänomens aufzudecken. Die Identifizierung des absorbierenden Moleküls ist dabei erschwert, wenn sich die Absorptionsspektren in der nativen Umgebung und im isolierten Zustand sehr stark unterscheiden oder in der nativen Umgebung auch andere, im selben Wellenbereich absorbierende Moleküle vorhanden sind.

II/2.3.4 Die Wirkung des Lichtes auf Auge und Haut

Die wichtigsten Wirkungen der im allgemeinen Sinn als „Licht" bezeichneten Strahlung (s. II/2.3.3) auf Auge und Haut sind in Abb. II.44 zusammengefasst.

Die UV-C Strahlung kann zu Entzündungen der **Hornhaut** (Photokeratitis) und der **Bindehaut** (Konjunktivitis) führen. Die IR-B und IR-C Strahlung kann in der Hornhaut Brandverletzungen verursachen. Der langwellige Bereich der UV-B Strahlung und die UV-A Strahlung können außer der bei der UV-C Strahlung erwähnten Wirkung auch zur Linsentrübung (Katarakt) führen. Die Photonen des sichtbaren Bereichs erreichen die Retina, sie spielen beim Sehprozess eine Rolle. Die gewöhnliche Bestrahlungsstärke beträgt beim Sehen einige Hunderstel bzw. einige Zehntel W/m^2. Eine höhere Bestrahlungsstärke kann in der Retina Brandverletzungen hervorrufen. Die

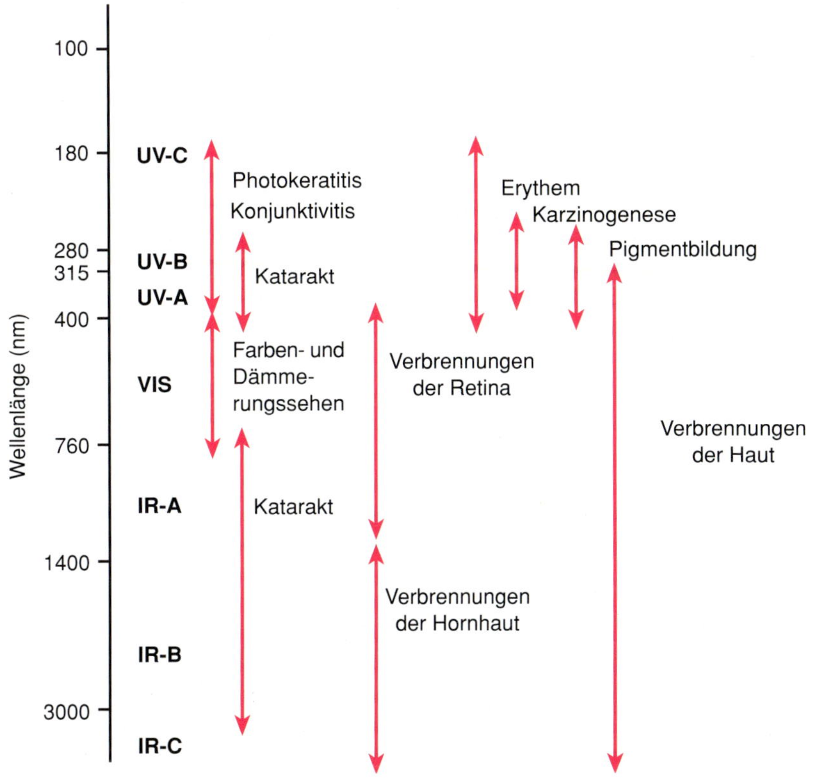

Abb. II.44. Zusammenfassung der Lichtwirkung auf Auge und Haut

Wirkungsstärke hängt natürlich auch von der Einwirkungsdauer der auslösenden Strahlung ab.

Die auffälligste und nach kurzer Zeit auftretende Wirkung des vollen UV-Bereichs ist die **Hautröte** (Erythem). Der genaue Mechanismus dieser photobiologischen Erscheinung ist noch nicht geklärt. Es wird angenommen, dass Toxine, die infolge der Verletzungen der Epithelzellen bzw. ihrer Nukleinsäuren aus den Zellen austreten, eine Rolle spielen.

Das Auftreten der Hautröte ist ein empfindlicher Indikator der ultravioletten Belastung der Haut. Gerade deshalb wird die **minimale Erythemdosis** (MED), also die auf die Flächeneinheit bezogene einfallende Energie , die bei der gegebenen Wellenlänge gerade eine Hautrötung auslöst, zur Charakterisierung der Wirksamkeit von Strahlungen der verschiedenen Wellenlängenbereiche benutzt.

Außer der kurzzeitigen Wirkung sind auch langzeitige Schädigungen durch UV-Licht bekannt. Am bedeutendsten ist die Entstehung von **malignen Tumoren** (Photokarzinogenese).

Die charakteristische Wirkung der UV-B und UV-A Strahlung ist die **Pigmentbildung**. Dabei kommt es zur Polymerisation der Farbstoffe in den Melanozyten, was durch die Absorption des UV Lichtes die tiefer liegenden Zellen des Epithels und Koriums schützt.

Es wäre ein Irrtum anzunehmen, dass die Absorption des Lichtes in der Haut bzw. im Auge nur in der Haut und im Auge des menschlichen Organismus Veränderungen verursacht, d. h. dass das Licht nur lokal wirkt. Es sind zahlreiche photobiologische Prozesse bekannt, deren Anfangsschritte, so die Photoabsorption und die primäre photochemische Reaktion, in der Haut verlaufen, deren Wirkung aber den ganzen Organismus betrifft. Zu erwähnen sind die Synthese des Vitamin D oder Suppression des Immunsystems durch UV-B Strahlung.

Der Wirkungsmechanismus ist in vielen Fällen noch unbekannt, aber es ist eine Erfahrungstatsache, dass sich das sichtbare Licht auf den Stoffwechsel und die Funktion des Hormonsystems günstig auswirkt und die Funktion des Immunsystems unterstützt. Es ist z. B. bekannt, dass die Produktion des Hormons Melatonin und des Neurotransmitters Serotonin durch die Lichtverhältnisse beeinflusst wird. Der Mangel an natürlichem Licht von hinreichender Intensität führt zur Überproduktion von Melatonin und auf diesem Weg zum charakteristischen Syndrom der „Winterdepression", was sich in ständiger Schläfrigkeit, Ermüdbarkeit und gesteigertem Appetit äußert.

Eine sehr verbreitete Methode zur Behandlung der seelischen Störungen in der düsteren Jahreszeit ist deshalb die Lichttherapie. Durch die Bestrahlung mit einem im sichtbaren Bereich emittierenden Wärmestrahler für eine gewisse Zeit lassen sich die Störungen der Melatoninproduktion behandeln.

Im obigen Teil haben wir die bedeutendsten biologischen Wirkungen der Hintergrundstrahlung aus natürlichen und künstlichen Lichtquellen beschrieben. Die Medizin benutzt die vom Licht ausgelösten biologischen Vorgänge in zahlreichen Fällen gezielt zur Therapie. Mit einigen Beispielen der Lichttherapie befassen wir uns in Teil IX/2 eingehender.

II/2.4 Schall – Ultraschall

II/2.4.1 Allgemeine physikalische Eigenschaften

Der Schall ist ein solcher mechanischer Schwingungszustand von elastischen Medien, der sich im Medium als Welle ausbreitet. Kurz: **der Schall ist eine mechanische Welle**. Während die elektromagnetischen Wellen zu ihrer Ausbreitung kein Medium brauchen, kann ohne ein elastisches Medium weder die mechanische Schwingung noch ihre Fortpflanzung entstehen. Schlägt man z. B. auf eine Trommel, so wird ihr Fell in Schwingungen gebracht. Diese Schwingung breitet sich auf die nahen Luftmoleküle aus und dann pflanzt sich die Schwingung bis an unser Ohr fort.

Je nachdem, ob die Teilchen des Mediums in der Richtung der Fortpflanzung oder senkrecht zu ihr schwingen, unterscheidet man longitudinale und transversale Wellen (s. Abb. II.45). Im Falle der Schallwellen können in Festkörpern beide Wellenarten entstehen, während sich im Innern von Flüssigkeiten und Gasen (wegen der fehlenden Scherspannung) nur longitudinale Wellen bilden (s. Abb. II.46). (An der Oberfläche von Flüssigkeiten können aufgrund der Oberflächenspannung dagegen auch transversale Wellen entstehen.) Die Scherkräfte können in den Weichteilgeweben vernachlässigt werden, deshalb kann man die Weichteilgewebe – aus Sicht der Schallausbreitung – als eine Art Flüssigkeit betrachten. Bei longitudinalen Schallwellen kommt es im Medium entlang der Ausbreitungsrichtung zu Dichteschwankungen und dementsprechend zu Druckschwankungen. Zur Beschreibung der Schallwelle geben wir diese Druckunterschiede (Δp, vgl. Bemerkung II.11) als periodische Funktion des Ortes x und der Zeit t an (vgl. Bemerkung II.12 und s. auch II/2.1.3). Im einfachsten Fall ist

$$\Delta p(t, x) = \Delta p_{\max} \sin\left[2\pi\left(\frac{t}{T} - \frac{x}{\lambda}\right)\right], \qquad \text{(II.61)}$$

wobei $\Delta p_{\max}$ die maximale Druckänderung, $T = 1/f$ die Periodendauer (f Frequenz der schwingenden Teilchen des Mediums), λ die Wellenlänge sind. (Im Weiteren benutzen wir p statt Δp bzw. $p_{\max}$ statt $\Delta p_{\max}$.) Die Schallgeschwindigkeit bezeichnen wir mit c. (Diese Bezeichnung ist international verbreitet, darf aber nicht mit der Lichtgeschwindigkeit verwechselt werden.) Der Wert

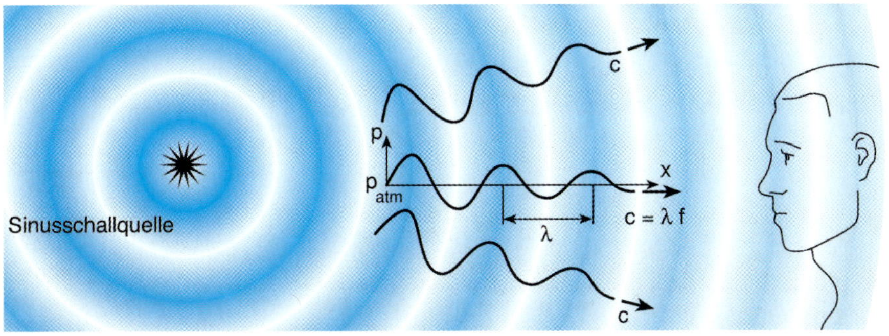

Abb. II.46. Dichteschwankungen in der Luft bei punktförmiger Sinusschallquelle

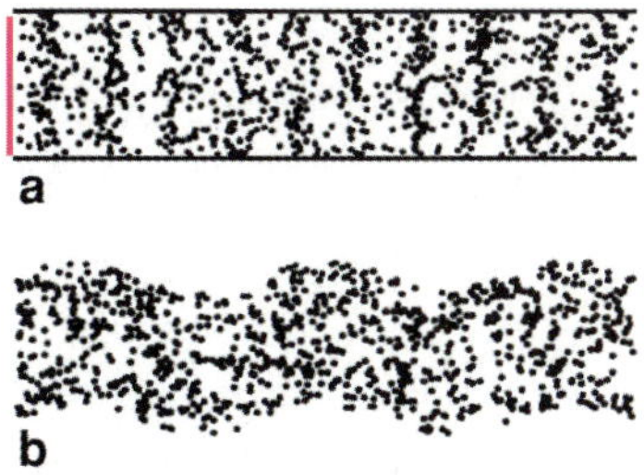

Abb. II..45. **a.** Longitudinale und **b.** transversale Welle

Bemerkung II.11

In einem lauten Raum ist der „wirkliche" oder totale Luftdruck die Summe des Druckes des Luftgewichtes $p_{\text{hydrostat}}$ und des Schalldruckes Δp:

$$p_{\text{total}} = p_{\text{hydrostat}} + \Delta p.$$

Bemerkung II.12

Auslenkung, Geschwindigkeit, Beschleunigung

Im einfachsten Fall führen die Teilchen, die aus einer Gleichgewichtslage ausgelenkt wurden, eine harmonische Schwingung aus. In Vielteilchensystemen ist die momentane Auslenkung y aus der Gleichgewichtslage wellenartig:

$$y = y_{\max} \sin\left[\omega\left(t - \frac{x}{c}\right)\right],$$

wo y_{max} die Amplitude der Schwingung, $\omega(=2\pi f = 2\pi/T)$ die Kreisfrequenz der Schwingung und c die Geschwindigkeit der Wellenausbreitung sind.

Bei der Schwingung ist die momentane Geschwindigkeit der schwingenden Teilchen:

$$v = y_{\max}\omega \cos\left[\omega\left(t - \frac{x}{c}\right)\right],$$

wo $y_{\max}\omega = v_{\max}$ die maximale Geschwindigkeit (Geschwindigkeitsamplitude) des schwingenden Teilchens ist und die momentane Beschleunigung:

$$a = -y_{\max}\omega^2 \sin\left[\omega\left(t - \frac{x}{c}\right)\right],$$

wo $y_{\max}\omega^2 = a_{\max}$ die maximale Beschleunigung (Beschleunigungsamplitude) des schwingenden Teilchens ist.

> Bemerkung II.13
>
> $\Delta V/V$ ist die relative Volumenänderung. Da der Druckanstieg zur Volumenabnahme führt, wird der Wert der Kompressibilität positiv sein, wenn man bei der Definition die relative Volumenabnahme $-\Delta V/V$ benutzt.

von c hängt von den Eigenschaften des übermittelnden Mediums ab (er ist z. B. in Wasser rund 1500 m/s, in der Luft 330 m/s). Zwischen den Parametern der Schallwellen gilt auch die allgemeine Wellenbeziehung (s. II/2.1.3 Gl. (II.26)):

$$c = f \cdot \lambda. \tag{II.62}$$

Der hörbare Schall und der Ultraschall sind physikalisch dieselben Wellenerscheinungen, sie unterscheiden sich nur in der Frequenz. Gewöhnlich werden die Grenzen des menschlichen Hörbereichs als rund 20 Hz und 20000 Hz angesehen. Der Ultraschallbereich (ultra = jenseits) beginnt über der oberen Grenzfrequenz, d. h. die Ultraschallwellen haben eine Frequenz von mehr als 20000 Hz (20 kHz). Es ist wichtig zu betonen, dass die Unterscheidung zwischen Hörschall und Ultraschall auf dem menschlichen Hörvermögen beruht und deshalb „subjektiv" ist. Viele Tiere, z. B. Hunde, Fledermäuse oder Delfine können Töne mit weit höheren Frequenzen als 20 kHz wahrnehmen. Die Frequenz des in der medizinischen Diagnostik benutzten Ultraschalls ist wesentlich höher, als die des in der Natur vorkommenden Ultraschalls: in den bildgebenden Geräten wird charakteristisch Ultraschall der Frequenz von 2 – 10 MHz benutzt. Die **Schallgeschwindigkeit** in einem Medium **hängt nicht von seiner Frequenz ab**, sondern nur von den Materialeigenschaften des Mediums, so ist sie für Hörschall und Ultraschall gleich. Das bedeutet, dass die bei den Lichtwellen behandelten Dispersionsphänomene bei Schall nicht auftreten (weil nur die Lichtgeschwindigkeit in einem Medium frequenzabhängig ist).

Die unterschiedlichen Frequenzwerte bedeuten aber wegen Gl. (II.62) auch unterschiedliche Wellenlängen. Nimmt man z.B. in Weichteilgeweben eine mittlere Schallgeschwindigkeit von 1540 m/s an, so beträgt die Wellenlänge des zur Bildgebung benutzten Ultraschalls in den Geweben rund 0,77-0,154 mm.

Als obere Grenzfrequenz des Ultraschallbereichs nimmt man gewöhnlich einige Hundert MHz. Als Hyperschall werden die Wellen bezeichnet, deren Frequenz noch höher ist. Die Wellen unter der Hörgrenze von 20 Hz sind die sog. Infraschallwellen.

II/2.4.2 Die Schallausbreitung in Medien

Die Ausbreitungsgeschwindigkeit

Die Schallgeschwindigkeit hängt von der Dichte und Kompressibilität des Mediums ab. Die Dichte des Mediums beeinflusst die Geschwindigkeit in umgekehrter Weise, in dichteren Medien ist sie also geringer. (Obwohl die Erfahrung dem scheinbar widerspricht, zeigen wir im Folgenden den Grund). Die Definition der **Kompressibilität** κ eines Mediums ist:

$$\kappa = \frac{-\Delta V/V}{\Delta p}, \tag{II.63}$$

sie gibt also die relative Volumenabnahme durch die Einheitsdrucksteigerung an (s. Bemerkung II.13). In der dritten Spalte der Tabelle II.4 sind die Kompressibilitätswerte einiger Medien angegeben. Je leichter sich ein Medium zusammendrücken lässt, also je höher der Wert κ ist, umso größere Deformationen werden durch einen gegebenen Druck verursacht. Größere Deformationen sind mit ausgiebigeren Teilchenbewegungen verbunden. Daraus folgt, dass sich die Welle langsamer ausbreitet. Also beeinflusst die Kompressibilität auch in umgekehrter Weise die Geschwindigkeit. Quantitativ:

$$c = \frac{1}{\sqrt{\rho\kappa}}, \qquad \text{(II.64)}$$

wo ρ die Dichte des Mediums, κ die Kompressibilität sind. Die Dichte der Festkörper ist ungefähr drei Größenordnungen größer als die Dichte der Gase. Dagegen lassen sich die Festkörper bedeutend schwerer zusammendrücken (ihr κ Wert ist mehr als drei Größenordnungen kleiner). Im Endergebnis ist die Schallgeschwindigkeit in Festkörpern größer als in Gasen. Die Flüssigkeiten stehen in der Regel zwischen diesen beiden Gruppen. Die Schallgeschwindigkeit hängt also von zwei Materialparametern (Dichte und Kompressibilität) des Mediums ab. In der vierten Spalte der Tabelle II.4 sind die

Tabelle II.4. Akustische Parameter einiger Medien

Medium	ρ Dichte	κ Kompressibilität	c Geschwindigkeit	Z akustische Impedanz	$\alpha/(f{\cdot}x)$ spezifische Dämpfung
	[kg/m³]	[1/GPa]	[m/s]	[kg/(m² · s)]	[dB/(cm · MHz)]
Luft	1,3	7650	331	$0{,}00043 \cdot 10^6$	1,2
Lunge	400	5,92	650	$0{,}26 \cdot 10^6$	–
Fett	925	0,51	1470	$1{,}42 \cdot 10^6$	0,63
Wasser 20 °C	998	0,45	1492	$1{,}49 \cdot 10^6$	0,0022
Wasser 36 °C	994	0,42	1530	$1{,}53 \cdot 10^6$	–
Gehirn	1025	0,42	1530	$1{,}56 \cdot 10^6$	0,85
Weichteile	1060	0,40	1540	$1{,}63 \cdot 10^6$	0,3–1,7
Leber	1060	0,38	1560	$1{,}65 \cdot 10^6$	0,94
Niere	1040	0,40	1560	$1{,}62 \cdot 10^6$	1,0
Milz	1060	0,39	1566	$1{,}64 \cdot 10^6$	–
Muskel	1060	0,40	1568	$1{,}63 \cdot 10^6$	1,3–3,3
Blut	1060	0,38	1570	$1{,}61\text{–}1{,}66 \cdot 10^6$	0,18
Augenlinse	1140	0,34	1620	$1{,}84 \cdot 10^6$	2,0
Knochenmark	970	0,36	1700	$1{,}65 \cdot 10^6$	–
Knochen, porös	1380	0,08	3000	$2{,}2\text{–}2{,}9 \cdot 10^6$	–
Knochen, kompakt	1700	0,05	3600	$6{,}12 \cdot 10^6$	20,0
Aluminium	2700	0,009	6400	$17{,}28 \cdot 10^6$	–
Kontaktgel	–	–	–	$6{,}5 \cdot 10^6$	–
Blei-Zirkonat-Titanat (PZT)	7650	0,009	3791	$29 \cdot 10^6$	–
Quarz	2650	0,011	5736	$15{,}2 \cdot 10^6$	–

Geschwindigkeiten in einigen Medien angegeben. Es sei nochmals die Schallgeschwindigkeit in **Weichteilgeweben von 1540 m/s** betont.

Die akustische Impedanz

Die elektrische Impedanz gibt an, welcher Spannungswert zum Entstehen der Einheitsstromstärke notwendig ist. Sie ist also der Quotient aus Spannung und entstehender Stromstärke. Ein höherer Impedanzwert bedeutet, dass der Widerstand gegen die Stromentstehung größer ist (Impedanz = verallgemeinerter Widerstand).

Die akustische Impedanz ist eine analoge Größe. Sie ist der Quotient aus Druck p und Teilchengeschwindigkeit v. Sie beschreibt, wie sehr ein Medium dem widersteht, dass seine Teilchen in Bewegung gebracht werden, also wie „hart" es aus akustischer Sicht ist (akustische Impedanz = akustische Härte):

$$Z = p/v \qquad \text{(II.65)}$$

Es lässt sich beweisen (s. „*Der Zusammenhang zwischen Druck und Teilchengeschwindigkeit*"), dass:

$$p = vc\rho . \qquad \text{(II.66)}$$

Laut Vergleich von Gl. (II.65) und Gl. (II.66) ist die akustische Impedanz **das Produkt der Schallgeschwindigkeit und der Dichte des Mediums**:

$$Z = c\rho . \qquad \text{(II.67)}$$

Der Zusammenhang zwischen Druck und Teilchengeschwindigkeit

Dieser Zusammenhang lässt sich durch einfache dynamische Überlegungen veranschaulichen. Betrachten wir einen langen, homogenen Stab mit dem Querschnitt A und der Dichte ρ, der auf einer waagerechten Fläche liegt. Schlagen wir z. B. mit einem Hammer auf ein Stabende, so wirkt auf dieses Stabende in Längsrichtung die Kraft F über eine sehr kurze Zeitperiode Δt ein. Danach wird sich diese Störung – durch das Zusammenpressen des Stabes – als longitudinale Welle mit der Geschwindigkeit c im Stab fortpflanzen und sie erreicht in der Zeit Δt die Entfernung $l = c\Delta t$. Die Länge des Stabes sei gerade gleich dieser Entfernung l. Die einzelnen Schritte dieses Vorgangs können wir folgendermaßen beschreiben: zu Beginn der Krafteinwirkung, bei $t = 0$ befindet sich noch der ganze Stab im Ruhezustand. Nach der Zeit Δt hat sich das geschlagene Ende schon um Δl bewegt, aber das andere Ende ist gerade noch im Ruhezustand. Nach einer zweiten Zeitperiode Δt bewegt sich auch das andere Ende des Stabes um Δl (d. h. die in ihm befindlichen Teilchen führen dieselbe Bewegung aus). Infolge des Kraftstoßes bewegt sich im Endergebnis der ganze Stab mit der Geschwindigkeit $v = \Delta l/\Delta t$ und so erhält er durch den Hammerschlag den Impuls mv.
Der Impuls des Stabes hat sich also in der Zeit Δt um mv geändert. Nach dem dynamischen Grundgesetz von Newton $F = ma = m\Delta v/\Delta t$ sind Kraftstoß und Impulsänderung gleich, d. h. $F\Delta t = \Delta(mv) = m\Delta v$. Wir erhalten also die folgende Beziehung:.

$$F\Delta t = \rho A c \Delta t v,$$

wobei $\rho Ac\Delta t = m$ die Masse des Stabes ist. Daraus folgt der Druck: $p = \rho c v$.

Da die Schallgeschwindigkeit auch von der Dichte des Mediums abhängt (vgl. Gl. (II.64)) ist es zweckmäßig, die Impedanz Z auch in der folgenden Form aufzuschreiben:

$$Z=\sqrt{\frac{\rho}{\kappa}}\,. \tag{II.68}$$

Laut Gl. (II.68) ist auch die akustische Impedanz ein Materialparameter, denn sie ist die Quadratwurzel des Quotienten zweier Materialparameter (ρ und κ). In der fünften Spalte der Tabelle II.4 ist auch die akustische Impedanz der einzelnen Medien angegeben. Später werden wir noch die wichtige Rolle der Impedanz bei der Ultraschallreflexion behandeln.

Die Schallintensität

Die Schallwelle transportiert nicht nur den Bewegungszustand der Medienteilchen sondern auch Bewegungsenergie. Die gebräuchliche Größe zur Charakterisierung der Energieausbreitung ist bei den verschiedenen Strahlungen, so auch bei den Schallwellen die **Intensität** J (Energieflussdichte, Leistungsdichte, s. II/1.1.1). Diese beschreibt die Energie, die in der Zeiteinheit eine senkrecht zur Strahlungsrichtung platzierte Einheitsfläche durchfließt, die Einheit ist W/m^2. Die mittlere Intensität der Strahlung ist direkt proportional zum Quadrat der Wellenamplitude (s. II/2.1.3 Gl. (II.27)):

$$J \sim (\Delta p_{max})^2\,. \tag{II.69}$$

Mit Hilfe der akustischen Impedanz lässt sich auch der Proportionalitätsfaktor ausdrücken (s. Bemerkung II.14):

$$J=\frac{1}{2Z}\,\Delta p_{max}^{\;2} \tag{II.70}$$

$$J=\frac{1}{Z}\,\Delta p_{eff}^{\;2} \tag{II.71}$$

Bemerkung II.14
Die in der Elektrizitätslehre für Sinussignale benutzte Beziehung ($U_{eff}^2 = U_{max}^2/2$) gilt natürlich auch für sinusförmige Druckänderungen:

$$\Delta p_{eff}^{\;2} = \Delta p_{max}^{\;2}/2.$$

Desgleichen gilt nach der elektrischen Analogie der Beziehung von elektrischer Leistung und Spannung die Beziehung:

$$P_{el}=\frac{1}{Z_{el}}\,U_{eff}^{\;2}.$$

Intensität und Gewebeschädigung

Laut Gl. (II.70) gehört zu einer gegebenen Schallintensität eine Druckschwankung, die von den Materialparametern abhängt. Die Größe der Druckschwankung in den Geweben ist von großer Bedeutung, denn die Druckschwankungen können bei Anwendung von Ultraschall zur Gewebeschädigung führen. Deshalb sind für die medizinische Anwendung Intensitätsgrenzwerte vorgeschrieben, die wir aber später behandeln.

Aus Sicht der Gefährlichkeit spielt auch die halbe Wellenlänge eine wichtige Rolle, da sie den Abstand zwischen den Punkten mit maximalem Druckwert Δp_{max} und minimalem Druckwert $-\Delta p_{max}$ angibt. Infolge der hohen Frequenz des Ultraschallbereiches liegt die Wellenlänge zwischen Millimeter und Mikrometer (s. Gl. (II.62)). Der Abstandsbereich der Druckschwankungen stimmt also mit der Zellgröße überein. Diese mechanische Beanspruchung reicht aus, um die Bindungskräfte der Gewebezellen zu besiegen und Hohl-

Druckschwankungen beim Ausbreiten von Ultraschall in den Geweben

Bei der Ultraschalltherapie benutzt man auch Strahlungen mit Schallintensitäten von 2 – 3 W/cm^2 (d. h. 2-3 · 10^4 W/m^2). Für den Intensitätswert von 2,5 W/cm^2 lässt sich aus Gl. (II.71) und aus den Parametern der Tabelle II.4 die Druckschwankung, z. B. im Muskelgewebe, abschätzen: wir erhalten für die Druckamplitude fast den dreifachen Wert des Atmosphärendruckes. Das bedeutet, dass der Druck an einer gegebenen Stelle in den Geweben in der Frequenz der Schallwelle – z. B. eine Million Male pro Sekunde – zwischen 4 atm und –2 atm schwankt.

räume entstehen zu lassen (Kavitation). Die große Energiefreisetzung bei der Annihilation der Hohlräume hat auch chemische Folgen (Bildung freier Radikaler, Freisetzung von H_2O_2, Kettenbrüche in der DNA usw.), die neben physikalischen Wirkungen (z. B. starke Erwärmung) auch zur Gewebeschädigung führen (s. auch „*Druckschwankungen beim Ausbreiten von Ultraschall in den Geweben*").

Energieverlust während der Schallausbreitung

Während sich der Ultraschall ausbreitet, tritt durch Reibung, d. h. Wärmeentwicklung ein Energieverlust auf, wodurch die Strahlungsintensität abnimmt. Die Energieaufnahme des Mediums aus einer Strahlung wird zusammenfassend als **Absorption** bezeichnet. Für Wellen, die sich als parallele Bündel ausbreiten, gilt auch bei Schall- und Ultraschallstrahlung mit guter Näherung das allgemeine Schwächungsgesetz (s. II/1.1.3):

$$J = J_0 e^{-\mu x}, \qquad \text{(II.72)}$$

wobei J_0 die Intensität zu Beginn der Messung ($x = 0$), J die Intensität nach einer Wegstrecke x im Medium sind. Die bei den Strahlungen allgemein eingeführten Begriffe (s. II/1.1.3) können wir auch hier benutzen (Absorptionskoeffizient, Halbwertsdicke usw.).

Die Absortionsfähigkeit eines Mediums hängt neben seinen Materialparametern auch von der Frequenz der Schallwelle ab. Es scheint natürlich, dass der Energieverlust im Medium innerhalb einer gegebenen Distanz umso größer ist, je höher die Frequenz der mechanischen Welle ist. In diesem Fall spielen sich pro Sekunde mehr Schwingungen ab, deren jede einzelne mit Wärmeverlust durch Reibung einhergeht. Im Frequenzbereich der Ultraschalldiagnostik ist der Absorptionskoeffizient in guter Näherung proportional zur Frequenz: $\mu \sim f$.

Bei der praktischen Anwendung wird zur Kennzeichnung der Intensitätsschwächung die sog. **Dämpfung** α benutzt, die in Dezibeleinheiten (dB) durch die folgende Formel angegeben wird:

$$\alpha = 10 \cdot \lg \frac{J_0}{J}. \qquad \text{(II.73)}$$

Mindert sich z. B. die Intensität in einem Medium in einer gegebenen Distanz auf den hundersten Teil, dann ist $\lg(J_0/J) = \lg 100 = 2$, d. h. die Dämpfung durch das Medium beträgt 20 dB. Die jetzt eingeführte Dämpfung steht natürlich mit dem Absorptionskoeffizienten in Beziehung. Unter Nutzung von Gl. (II.73) ist:

$$\alpha = 10 \cdot \mu \cdot x \cdot \lg e, \qquad \text{(II.74)}$$

also ist α bei gegebenem x proportional zu μ. Da μ im Bereich der diagnostischen Frequenz proportional zur Frequenz ist, gilt das auch für α. Demzufolge ist die Größe $\alpha/(f \cdot x)$ ein frequenzunabhängiger, für die gegebene Materie charakteristischer Materialparameter, der als **spezifische Dämpfung** bezeichnet wird. In vielen Fällen werden die Absorptionseigenschaften der Gewebe mit dieser Größe charakterisiert, so beträgt z. B. die spezifische Dämpfung für Weichteilgewebe ~ 1 dB/(cm•MHz). Die so angegebenen Werte sind für die Praxis sehr gut zu gebrauchen, weil wir die aktuelle Intensitätsschwächung in dB leicht erhalten, wenn wir die spezifische Dämpfung mit der aktuellen Gewebedicke (in cm) und der angewandten Ultraschallfrequenz (in MHz) multiplizieren. In der sechsten Spalte der Tabelle II.4 sind auch die für die einzelnen Gewebe charakteristischen Werte der spezifischen Dämpfung angegeben.

Die Wellenstreuung an den Teilchen des Mediums

Die Schallwellen werden an den Teilchen des Mediums gestreut, d. h. sie erfahren eine Richtungsänderung. Neben der tatsächlichen Energieabsorption trägt dieses Phänomen auch dazu bei, dass die Intensität in der Ausbreitungsrichtung abnimmt. (Weiterhin fällt durch die Divergenz des Ultraschallbündels auch immer weniger Energie auf eine Einheitsfläche, so nimmt die Energie auch aus diesem Grund ab.) In der praktischen Anwendung wird deshalb in der für die Absorption gültigen Gl. (II. 72) ein Korrektionsglied für den Absorptionskoeffizienten benutzt. Er drückt aus, dass die Intensität der Strahlung nicht nur durch Absorption, sondern auch aus den obigen Gründen abnimmt:

$$\mu = \mu_{\text{Abs}} + \mu_{\text{Streuung}}. \qquad \text{(II.75)}$$

II/2.4.3 Phänomene an der Grenzfläche zweier Medien

Bisher haben wir die Schallausbreitung in homogenen Medien (mit überall gleicher akustischer Impedanz) besprochen. An der Grenzfläche von zwei Medien mit unterschiedlicher akustischer Impedanz können neue Phänomene auftreten (Reflexion, Brechung), die in Abb. II.47 dargestellt sind (s. auch „*Das Phänomen des schrägen Einfalls und seine Auswirkung bei der Sonographie*“).

Reflexion

Die Ultraschalldiagnostik beruht auf der Reflexion der Ultraschallwellen. Mit der Puls-Echo-Methode können auf den diagnostischen Aufnahmen nur solche Strukturen dargestellt werden, deren Grenzflächen den Ultraschall reflektieren. Die Stärke der Reflexion beschreibt das **Reflexionsvermögen** R, der Quotient von reflektierter Intensität J_R und einfallender Intensität J_0:

$$R = \frac{J_R}{J_0}. \qquad \text{(II.76)}$$

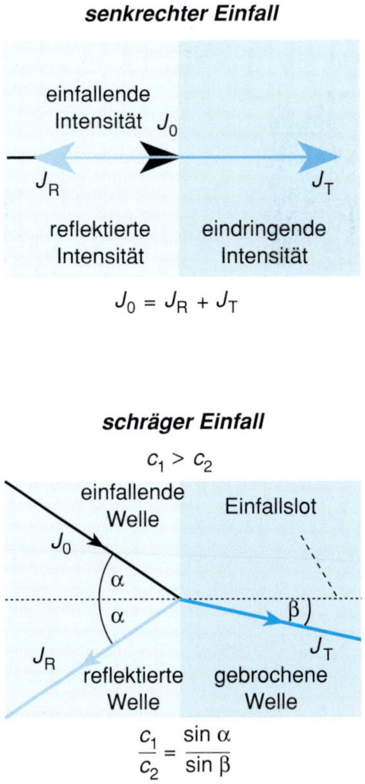

Abb. II.47. Ausbreitung und Reflexion des Ultraschalls an der Grenze unterschiedlicher Medien

Das Phänomen des schrägen Einfalls und seine Auswirkung bei der Sonographie

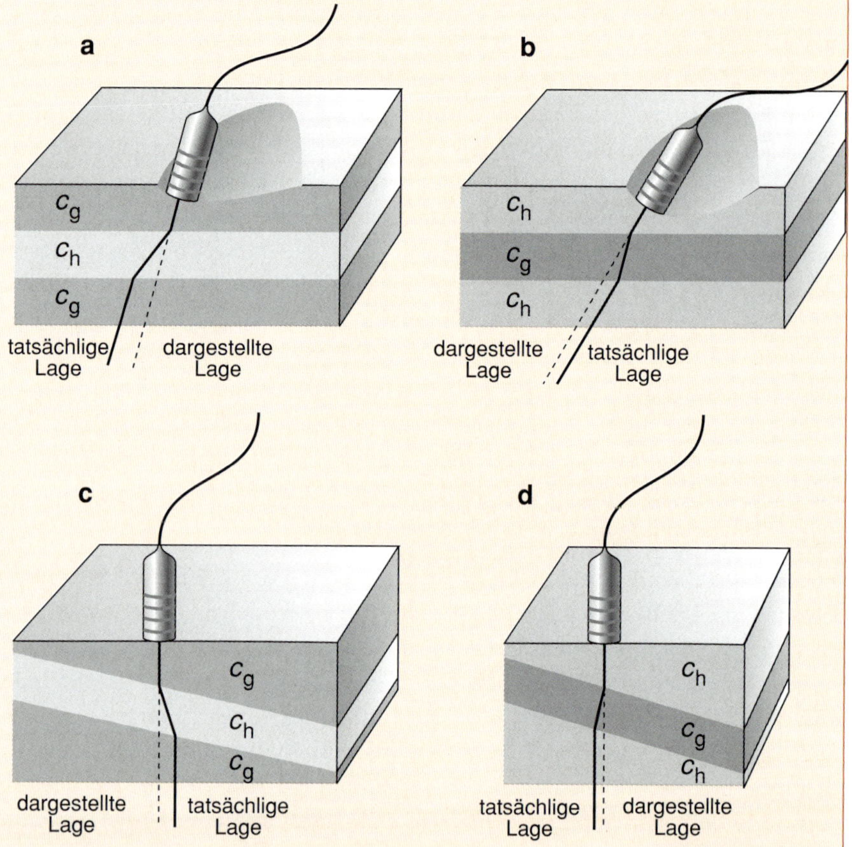

In dem Fall, wenn die Strahlung nicht senkrecht auf die Grenzfläche auftrifft, sondern unter einem Winkel α, führt die abweichende Impedanz des zweiten Mediums auch zu einer Richtungsänderung, wie das in Abb. II.47 zu sehen ist. In der Diagnostik erfolgt der Empfang der reflektierten Signale meistens mit dem gleichen Element, das die Signale als Ultraschallquelle aussendet. Die Kontraste des erzielten optischen Bildes sind durch Stärke und Rückkehrdauer der reflektierten Signale bestimmt. Die Position der einzelnen Grenzflächen wird nur dann durch die Rückkehrdauer der Signale eindeutig bestimmt, wenn die Richtung der einfallenden Strahlung und des reflektierten Signals gleich sind. Sofern das Signal an den Grenzflächen der Gewebe eine Richtungsänderung erfährt, kann das aus den Parametern des Signalempfangs nicht festgestellt werden und so werden die Grenzflächen bei der Signalverarbeitung nicht wahrheitsgetreu abgebildet werden. Auf den Abb. a und b sind solche Bildverzerrungen dargestellt, die aus dem schrägen Einfall stammen. Mit den Abb. c und d demonstrieren wir die bildverzerrende Wirkung der Schichten, die schräg zur Oberfläche verlaufen und unterschiedliche Schallgeschwindigkeiten haben. (In der Abb. bezeichnet c_g die geringere und c_h die höhere Schallgeschwindigkeit).

R steht durch die akustischen Impedanzen der Medien in einer einfachen Beziehung zu den mechanischen Eigenschaften der beiden Medien (s. auch Bemerkung II.15). Bei senkrechtem Einfall ist diese Beziehung äußerst einfach:

$$R = \left(\frac{Z_1 - Z_2}{Z_1 + Z_2}\right)^2. \qquad \text{(II.77)}$$

Eine Reflexion an einer Grenzfläche erfolgt also nur dann, wenn sich die akustische Impedanz der beiden Medien unterscheidet. Ist der Unterschied groß ($Z_1 >> Z_2$ oder $Z_2 >> Z_1$), dann kann der kleinere Wert neben dem großen in der Formel vernachlässigt werden und $R \approx 1$. Das ist der Fall der **totalen Reflexion**. Laut Tabelle II.5 wird der Ultraschall an der Grenzfläche von Luft und Gewebe praktisch vollkommen reflektiert, d. h. die Strahlung kann diese Grenze in keiner Richtung überwinden. Genauso sieht es an der Grenzfläche zwischen Endplatte der Ultraschallquelle und Luft aus: die Strahlung kann also aus dem Material ihrer Quelle nicht austreten. Bei der Echo-Methode sind Ultraschallsender und Ultraschalldetektor dasselbe Element, das Problem besteht also auch in der umgekehrten Richtung. Demzufolge braucht man ein **Kopplungsmedium** zwischen Sender und Körper, damit der Ultraschall von der Quelle in die Körpergewebe bzw. das reflektierte Signal aus den Körpergeweben in den Detektor gelangen kann. Die akustische Impedanz des speziellen Kontaktgels soll der charakteristischen Impedanz des Sendermaterials, sowie der Haut und Fettgewebe angepasst sein (s. Tabelle II.5). Das allgemeine Prinzip der Auswahl beschreibt die folgende Formel:

$$Z_{\text{Kopplung}} \approx \sqrt{Z_{\text{Quelle}} Z_{\text{Haut}}} \qquad \text{(II.78)}$$

Bemerkung II.15
Optische Analogie: Die Abhängigkeit des Reflexionsvermögens einer Fläche von den absoluten Brechungskoeffizienten im Falle von Licht:

$$R = \left(\frac{n_1 - n_2}{n_1 + n_2}\right)^2.$$

Sofern es sich verwirklichen lässt, bietet auch ein wässriges Medium eine gute Kopplung (Wasserbad-Anwendung).

Aus der stark unterschiedlichen akustischen Impedanz von Knochen, Gasen bzw. Weichteilen folgt, dass man mit der Sonographie nicht in die Knochen bzw. Gasräume und auch nicht hinter sie sehen kann (Knochenschatten, Steinschatten usw.).

Die Sonographie macht also Gebrauch von der Auflösung kleiner akustischer Unterschiede der verschiedenen Weichteile. Kleine Unterschiede der Z Werte (s. Tabelle II.5) bedeuten nur R Werte von einem Prozent oder noch weniger. Die Echosignale sind also in der Regel ziemlich schwach, was Probleme beim Detektieren der Signale verursacht und die Unterscheidung der einzelnen Grenzflächensignale erschwert. Stärkere Echosignale sind nur durch die Erhöhung der ursprünglichen Intensität zu erwarten. Dieser sind aber durch die Gefahr der Gewebeschädigung Grenzen gesetzt. Das Verhältnis des erlaubten stärksten und des noch detektierbaren geringsten Signals beträgt bei der Ultraschalldiagnostik ~ 100 dB (das bezeichnet man als „Signaldynamik").

Es ist eine wichtige praktische Frage, aus welcher Tiefe noch ein auswertbares Echosignal zu erwarten ist. In dieser Frage muss man auch die Absorption der Ultraschallenergie bzw. ihre Abhängigkeit von der Frequenz in Betracht ziehen. Aus der Proportionalität von Absorptionskoeffizient und Frequenz ($\mu \sim f$) folgt, dass die Eindringtiefe mit niedrigen Frequenzen erhöht werden kann (aber gleichzeitig verschlechtert sich die Auflösung).

Damit die Größe von Signalen derselben Reflexionsverhältnisse nach der Verstärkung nicht davon abhängt, aus welcher Tiefe das Echo kommt, wird die Verstärkung gewöhnlich so geregelt, dass die Verstärkung der Echosignale aus immer größeren Tiefen immer stärker sei. Diese Methode (Time Gain Compensation = **TGC** = zeitabhängige Verstärkung; Depth Gain Control = **DGC** = tiefenabhängige Verstärkung) erforderte früher zur Regelung der Verstärkung 8-10 Potentiometer. Die neueren elektronischen Lösungen – automatische Multiplikation mit dem Schwächungsreziproken – haben die Anwendung der Geräte auch in dieser Hinsicht vereinfacht.

Tabelle II.5. Ultraschall-Reflexionsvermögen einiger Grenzflächen

Grenzfläche	R
Muskel/Blut	0,0009
Fett/Leber	0,006
Fett/Muskel	0,01
Knochen/Muskel	0,41
Knochen/Fett	0,48
Weichteile/Luft	0,99

II/3 Ionisierende Strahlungen

II/3.1 Die Röntgenstrahlung

II/3.1.1 Allgemeine Merkmale

Wilhelm Konrad Röntgen deutscher Physiker (1845–1923)

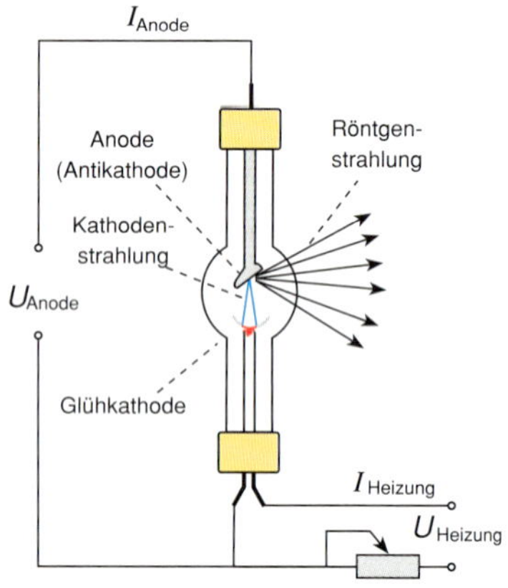

Abb. II.48. Schematischer Aufbau der Röntgenröhre

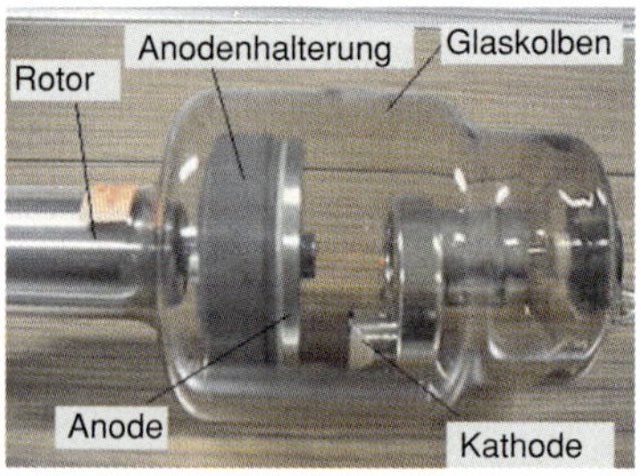

Abb. II.49. Kühlung der Anode in der Röntgenröhre. Der Brennfleck liegt nicht in der Drehachse der scheibenförmigen Anode, so dass die rotierende Anode in einem ringförmigen Bereich aufgeheizt wird, wodurch die Wärme während der Drehung besser abgeleitet werden kann.

Die Röntgenstrahlung beginnt im Spektrum der elektromagnetischen Strahlung bei Photonenenergien, die einige 10 eV größer sind als die des optischen Bereichs, und reicht bis zu Photonenenergien von mehreren 10 MeV, wenn man auch die therapeutischen Röntgenstrahlen einbezieht. Auf diese Weise besteht eine Überlappung mit den Photonenenergien der γ-Strahlung (s. Abb. II.27).

Die Röntgenstrahlung entsteht beim Übergang zwischen diskreten atomaren Elektronenzuständen oder während der Abbremsung von geladenen Teilchen mit hoher kinetischer Energie. Die angelsächsische Literatur benutzt bis zum heutigen Tage die Bezeichnung X-ray (als unbekannte Strahlen) für die Röntgenstrahlen, für deren Entdeckung der deutsche Physiker Wilhelm Konrad Röntgen 1901 den ersten Nobelpreis für Physik erhalten hat.

Die typischen Wechselwirkungsarten der Röntgenstrahlung mit der Materie sind: Anregung von Lumineszenz; Schwärzung einer Photoplatte; Anregung chemischer Reaktionen; morphologische und funktionelle Veränderungen in der lebenden Zelle. Diese Erscheinungen sind die Folgen der primären Prozesse, die durch die Absorption von Röntgenphotonen in der Materie erfolgen. Sie beruhen in erster Linie auf der Ionisation der atomar gebundenen Elektronen. Die Röntgenstrahlung gehört deshalb zu den „ionisierenden Strahlungen". Im Folgenden werden wir sehen, dass der primäre Prozess von der Energie des absorbierten Photons abhängt und so auch die biologischen Wirkungen in den verschiedenen Energiebereichen der Strahlung unterschiedlich sind. Diese Tatsache wird sowohl bei der Diagnostik als auch bei der Therapie genutzt. Der Photonenenergiebereich der in der Medizin benutzten Röntgenstrahlen reicht bei der Diagnostik bis zu 200 keV ($\lambda \sim$ 5pm); der Photonenenergiebereich um ~ 10 MeV wird in der Therapie benutzt.

Röntgen führte Versuche mit einer Vakuumröhre mit eingeschmolzener Kathode und Anode (Kathodenstrahlröhre) durch, wobei eine neue, unsichtbare Strahlung aus der Röhrenwand austrat. Ähnlich ist auch die heute am häufigsten benutzte Strahlenquelle, die Röntgenröhre, konstruiert. In Abb. II. 48 ist der schematische Aufbau einer herkömmlichen Röntgenröhre dargestellt. Diese besteht aus einem hochvakuumdichten Glaskolben, in den eine Glühkathode und eine Anode (die oft als Antikathode bezeichnet wird) eingeschmolzen sind. Die Kathode ist ein Wolframwendel, der mit durchgehendem elektrischem Strom ($I_{Heizung}$) geheizt ist. Die Stärke des Anodenstromes hängt auch von der Elektronenemission, also von der Temperatur der Kathode ab. Die Kathodentemperatur ist durch den Heizstrom bestimmt, der durch einen separaten Heizstromkreis reguliert wird. Die Elektronen werden durch die an die Röhre angelegte Spannung (die sogenannte Anodenspannung, U_{Anode}) beschleunigt und prallen dann auf die Anode auf, die aus einem hochschmelzenden Metall mit hoher Ordnungszahl besteht. Die Anode emittiert die Röntgenstrahlung, deren Energie von der kinetischen Energie der Elektronen stammt. Der überwiegende Teil der Elektronenenergie wird aber in Wärme umgewandelt (s. Gl. (II.83)), deshalb muss die Anode bei Hochleistungsröhren auch künstlich gekühlt werden (s. Abb. II.49)

Die emittierten elektromagnetischen Strahlen bestehen – bezüglich ihres Entstehungsmechanismus und ihrer Eigenschaften – aus zwei unterschiedlichen Komponenten, der sog. **charakteristischen Strahlung** und der **Bremsstrahlung**. Bei ausreichend hoher Beschleunigungsspannung enthält die elektromagnetische Strahlung der Röntgenröhre beide Komponenten.

II/3.1.2 Das Phänomen der Bremsstrahlung und ihr Spektrum

Die Bremsstrahlung entsteht bei der Abbremsung der Elektronen im Anodenmaterial aufgrund des elektrodynamischen Gesetzes, nachdem eine abgebremste (bzw. beschleunigte) Ladung (wie z. B. auch der schwingende Dipol) elektromagnetische Strahlung emittiert. Die Photonenenergie dieser Strahlung ist durch die Energieänderung der elementaren Bremsprozesse bestimmt. Wir gewinnen die maximale Photonenenergie, wenn das beschleunigte Elektron seine gesamte kinetische Energie in einem Schritt verliert. Das hat aber eine sehr kleine Wahrscheinlichkeit, sie ist fast gleich Null. Die maximale Photonenenergie ε_{max} ist ein wichtiges Kennzeichen der Strahlung, die aus der Gleichung:

$$E \cdot U_{Anode} = \varepsilon_{max} = h \cdot f_{max} \qquad (II.79)$$

zu ermitteln ist (s. Bemerkung II.14). Laut Gl. (II.79) gehört zur maximalen Photonenenergie die minimale Wellenlänge des Spektrums, die sog. **Grenzwellenlänge**:

$$\lambda_{min} = \frac{h \cdot c}{e} \cdot \frac{1}{U_{Anode}}, \qquad (II.80)$$

wobei h die Planck-Konstante, c die Lichtgeschwindigkeit, e die Elektronenladung und $\lambda = c/f$ die Wellenlänge sind. Gl. (II.80) wird als **Duane-Hunt-Gesetz** bezeichnet. Nach Gl. (II.80) ist die Grenzwellenlänge umgekehrt proportional zur Anodenspannung. Da in Gl. (II.80) h, c und e Naturkonstanten sind, hängt die Grenzwellenlänge nur von der Beschleunigungsspannung ab.

Abb. II.50a zeigt das Emissionsspektrum der Bremsstrahlung als Funktion der Photonenenergie ε, wobei die y-Achse die mit der Energie ε abgestrahlte (spezifische) Leistung ($\Delta P/\Delta\varepsilon$) angibt. Diese Darstellung wurde von Kramers (1923) vorgeschlagen (s. „*Einige Gedanken zum Vorschlag von Kramers*"). In der Abbildung sind einfache lineare Funktionen zu sehen, bei denen der Axialschnitt an der y-Achse proportional zu $Z\varepsilon_{max}$ ist. (Zu den verschiedenen Geraden gehören verschiedene Anodenspannungen.) Das Spektrum wird aber oft in einer anderen Form angegeben, bei der die abgestrahlte spektrale Leistung $\Delta P/\Delta\lambda$ als Funktion der Wellenlänge λ dargestellt ist. Dieses Spektrum erhält man aus dem Spektrum von Abb. II.50a durch die Transformation: $\varepsilon = hc/\lambda$ (Abb. II.50b).

Bemerkung II.14
Die maximale Photonenenergie der Röntgenstrahlung
An den aus der Glühkathode durch Wärmebewegung freigesetzten Elektronen verrichtet das Beschleunigungsfeld die Arbeit eU_{Anode}, wo e die Ladung des Elektrons und U_{Anode} die Beschleunigungsspannung sind, d. h. die an die Röntgenröhre angelegte Hochspannung. Diese Arbeit dient der Beschleunigung der Elektronen, d. h. die Elektronen können höchstens soviel kinetische Energie aufnehmen. (Wegen des nicht vollkommenen Vakuums werden durch die Zusammenstöße in der Röhre und andere Faktoren auch Elektronen mit geringerer kinetischer Energie existieren.) Höchstens diese Energie kann in einem Schritt in Photonenenergie umgewandelt werden.

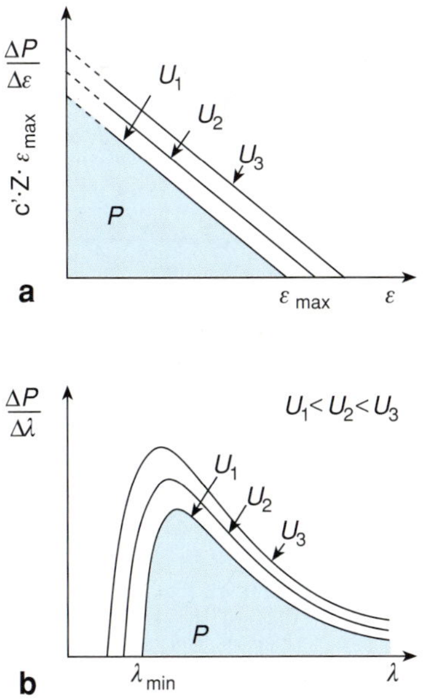

Abb. II.50. Das Spektrum der Bremsstrahlung bei verschiedenen Beschleunigungsspannungen U_{Anode}, berechnet nach der Theorie von Kramers:
a. als Funktion der Photonenenergie,
b. als Funktion der Wellenlänge

Einige Gedanken zum Vorschlag von Kramers
In der Nähe des Atomkerns verlieren die Elektronen an Energie, d. h. sie werden langsamer. Die Elektronen werden am stärksten gebremst, die dem Atomkern am nächsten kommen. Es ist aber wahrscheinlich, dass ihre Zahl am geringsten ist.

Der Energieverlust und damit die Energie des emittierten Photons hängen von der kinetischen Energie des Teilchens und der Stärke des Kraftfeldes ab. Letzteres wird vom Abstand zum Kern und von der Kernladung beeinflusst.

Die höhere Ordnungszahl bedeutet eine stärkere Abbremsung. So nimmt die Photonenzahl $N(\varepsilon)$ mit zunehmendem Z monoton zu.

Die Photonen mit höherer Energie stammen von den Elektronen, die näher am Kern vorbeikommen. Nach der Hypothese von Kramers ist $N(\varepsilon)$ umgekehrt proportional zur Photonenenergie. So ist schließlich:

$$N(\varepsilon) = \text{konst}_1 \cdot Z \cdot \left(\frac{\varepsilon_{max}}{\varepsilon} - 1\right).$$

(Aus der Formel lässt sich ablesen, dass bei $\varepsilon = \varepsilon_{max}$ die Zahl der Photonen Null ist.) $N(\varepsilon)\varepsilon$ ist die Energie aus der Strahlung mit der Photonenenergie ε, die (bei zeitlich kontinuierlicher Strahlung) proportional zur zugehörigen Leistung ist. Deshalb erhält man die folgende Beziehung:

$$\frac{\Delta P}{\Delta \varepsilon} = \text{konst}_2 \cdot Z \cdot (\varepsilon_{max} - \varepsilon)\,.$$

Es ist zu sehen, dass sich mit zunehmender Beschleunigungsspannung U_{Anode} der Wert von λ_{min} entsprechend Gl. (II.80) zu den kürzeren Wellenlängen verschiebt. Dabei wird der Wellenlängenbereich des Spektrums breiter und die Fläche unter der Kurve nimmt zu.

II/3.1.3 Abgestrahlte Gesamtleistung der Bremsstrahlung

Die Gesamtleistung der Strahlung P_{gesamt} ist bei beiden Darstellungen des Spektrums gleich der Fläche unter der Spektralkurve (s. Abb. II.50 und II.51). Die Erhöhung der Beschleunigungsspannung U_{Anode} steigert die kinetische Energie der auf die Anode auftreffenden Elektronen und so auch die Gesamtleistung der emittierten Strahlung. Die Spektren in Abb. II.50b zeigen eindeutig, dass die Fläche unter den Spektralkurven mit Erhöhung der Beschleunigungsspannung U_{Anode} zunimmt. Zur Berechnung der Gesamtleistung ist jedoch die Abb. II.50a besser zu benutzen, weil sich die Fläche eines Dreiecks viel einfacher berechnen lässt. Laut Abb. II.50a ist

$$P_{gesamt} = \frac{1}{2}\,\text{konst}_2 \cdot Z \cdot \varepsilon_{max}^2 = \text{konst} \cdot Z \cdot U_{Anode}{}^2 \cdot e^2\,. \qquad \text{(II.81)}$$

Man sieht also, dass die Gesamtleistung proportional zum Quadrat der Beschleunigungsspannung ist. Es ist auch einzusehen, dass die abgestrahlte

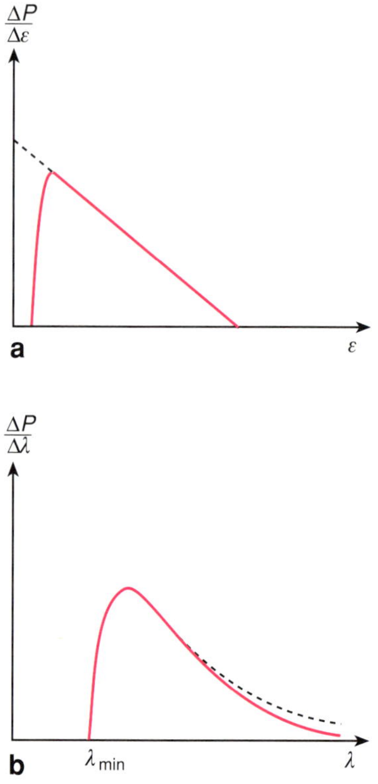

Abb. II.51 Das berechnete (schwarze unterbrochene Kurve) und das „gemessene" (rote Kurve) Spektrum der Bremsstrahlung **a.** als Funktion der Photonenenergie, **b.** als Funktion der Wellenlänge Der wichtigste Unterschied – dass die abgestrahlte Leistung durch die Absorptionsvorgänge bei geringen Photonenenergien (langen Wellenlängen) geringer ist – stellt sich gut dar. Diese Vorgänge lassen sich mit Filtern steigern, so kann der Anteil der weichen Röntgenstrahlung weiter gemindert werden.

Gesamtleistung umso größer ist, je mehr Elektronen pro Zeiteinheit auf die Anode auftreffen, also je stärker der Anodenstrom I_{Anode} ist. Diese Größe misst nur die Zahl der Elektronen, die am Vorgang teilnehmen, deshalb zeigt sich ihre Wirkung als einfache Proportion. Die Gesamtleistung der Bremsstrahlung ist demnach:

$$P_{gesamt} = c_{Rtg} \cdot U_{Anode}{}^2 \cdot Z \cdot I_{Anode}, \qquad \text{(II.82)}$$

wobei U_{Anode} die Beschleunigungsspannung, I_{Anode} der Anodenstrom, Z die Ordnungszahl des Anodenmaterials, c_{Rtg} ein Proportionalitätsfaktor sind. Der Wert des letzteren wurde aus Messungen als $c_{Rtg} \approx 1{,}1 \cdot 10^{-9}\text{V}^{-1}$ bestimmt. Aufgrund von Gl. (II.82) können wir auch den charakteristischen Wirkungsgrad η der Strahlungserzeugung mit der Röntgenröhre angeben.

$$\eta = \frac{P_{abgestrahlt}}{P_{investiert}} = \frac{c_{Rtg} \cdot I_{Anode} \cdot U_{Anode}{}^2 \cdot Z}{I_{Anode} \cdot U_{Anode}} = c_{Rtg} \cdot U_{Anode} \cdot Z. \qquad \text{(II.83)}$$

Allgemein kann man sagen, dass die von den Elektronen in die Anode transportierte Energie hauptsächlich in Wärme umgewandelt wird; die Röntgenröhre erzeugt die Röntgenstrahlung mit sehr geringem Wirkungsgrad. Nehmen wir z. B. eine Wolframanode und eine Beschleunigungsspannung von 100 kV, so ist $\eta \approx 0{,}008 < 1\%$.

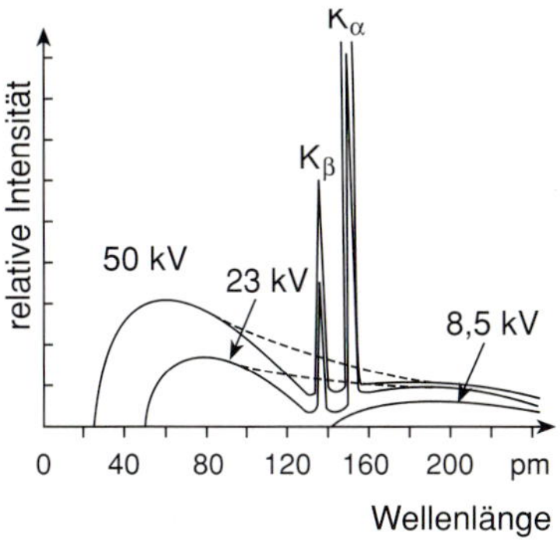

Abb. II.52. Auf die Bremsstrahlung superponiertes charakteristisches Spektrum bei einer Cu-Anode
Mit Zunahme der Beschleunigungsspannung verschiebt sich, der Duane-Hunt-Regel entsprechend, die minimale Wellenlänge nach links, aber die zur charakteristischen Strahlung gehörenden K-Linien bleiben unverändert. Man sieht auch, dass das Spektrum der Bremsstrahlung in der Umgebung der Linien vom ursprünglichen Spektrum (als unterbrochene Linien markiert) abweicht. Die Elektronen, welche die charakteristische Strahlung erzeugen, fallen nämlich als Komponente der Bremsstrahlung aus, und so nimmt die Intensität der Bremsstrahlung ab.

II/3.1.4 Charakteristische Röntgenstrahlung

Die charakteristische Strahlung besteht aus Emissionslinien, die aus dem kontinuierlichen Spektrum der Bremsstrahlung herausragen (s. Abb. II.52). Die Wellenlängen der Emissionslinien sind für das Anodenmaterial charakteristisch und erscheinen erst nach dem Erreichen einer gewissen Beschleunigungsspannung, die auch vom Anodenmaterial bestimmt ist. Das Phänomen ähnelt dem Linienspektrum der Lichtemission und stammt ähnlicherweise von Übergängen zwischen diskreten Elektronenzuständen. Dabei soll man aber in Betracht ziehen, dass Energieunterschiede zwischen den Elektronenzuständen im Bereich der Energien der Röntgenphotonen nur in Atomen mit höherer Ordnungszahl und bei Übergängen zwischen kernnahen Elektronenbahnen entstehen (Abb. II.53 und II.55). Es ist auch wichtig, dass der Energieunterschied der benachbarten Elektronenzustände nach der Hauptquantenzahl zum Kern hin zunimmt (s. I/1.3.1), und so nimmt auch die Frequenz der emittierten Strahlung bei diesen Übergängen zu (Abb. II.53). Die Energieunterschiede nehmen auch mit der Zahl der gebundenen Elektronen (Ordnungszahl) infolge der elektrostatischen Abschirmungseffekte zu. Aus demselben Grund nimmt auch die Ionisationsenergie der Innenbahnen bei Atomen mit höherer Ordnungszahl deutlich zu. Demzufolge ist die Photonenenergie bei Elektronenübergängen, die an der K-Schale, dann an der L-, M-, ... Schale enden, im Vergleich zu den optischen Bereichen größer.

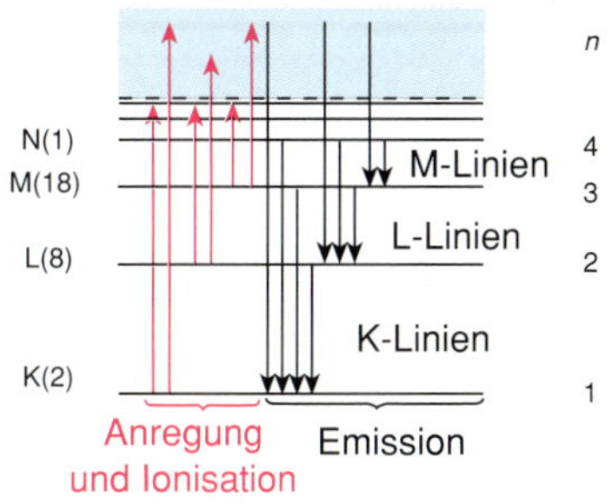

Abb. II.53. Die Energiewerte der Elektronenbahnen mit der Hauptquantenzahl n = 1, 2, 3 ... beim Cu-Atom auf einer relativen Energieskala
Die den einzelnen Werten der Hauptquantenzahlen n zugeordneten Niveaus werden mit K, L, M ... gekennzeichnet.

Die charakteristische Röntgenstrahlung entsteht, wenn die kinetische Energie der auf die Anode prallenden Elektronen mit der Bindungsenergie der Elektronen auf den inneren Schalen der Anodenatome vergleichbar ist.

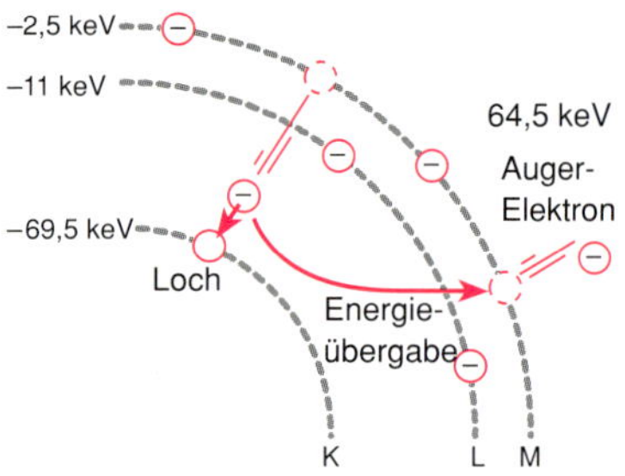

Abb. II.54. Entstehung des Auger-Elektrons

Dann kann nämlich ein Elektronen-Elektronen-Stoß ein Elektron von einer inneren Bahn aus dem Atomverband ausreißen oder im Atomverband in einen höheren, leeren Elektronenzustand bringen (rote Pfeile in Abb. II.53). Damit entsteht eine „Elektronenlücke" in der betroffenen inneren Elektronenbahn, die dann durch ein Elektron aus der äußeren Schale eines Anodenatoms vernichtet wird, wodurch die Gesamtenergie des ganzen Atoms abnimmt, während ein Photon mit der Energie in Höhe des Energieunterschieds zwischen den entsprechenden Elektronenzuständen abgestrahlt wird (schwarze Pfeile in Abb. II.53). (Die Einzelheiten dieses Prozesses werden mit griechischen Indizes gekennzeichnet. So spricht man bei an der K-Schale endenden Elektronenübergängen von K_α bzw. von K_β Linien, wenn der Übergang vom nächstliegenden bzw. vom zweitnächsten Niveau (also von der L- bzw. M-Schale) erfolgt. Analog gibt es L_α, L_β Linien usw.)

(Es sollte auch betont werden, dass der Mechanismus der charakteristischen Röntgenstrahlungsemission vom Mechanismus der optischen Emission (Lumineszenz) wesentlich abweicht. Bei den optischen Spektren werden nämlich durch den Elektronenstoß die Valenzelektronen in einen höheren, unbesetzten Zustand gebracht, und diese kehren dann in ein oder mehreren Schritten in ihren Originalzustand zurück, wobei Licht emittiert wird.)

Diese charakteristische Strahlung ist aber nur eine der Möglichkeiten, mit denen ein Atom vom Energieüberschuss einer Elektronenlücke in einer inneren Bahn befreit werden kann. Eine andere wichtige Möglichkeit ist die Emission des sog. **Auger-Elektrons**. In diesem Fall vernichtet ein Elektron von einer äußeren Schale ohne Photonenemission die Elektronenlücke einer inneren Schale, während ein anderes Elektron aus derselben Schale freigesetzt wird und mit ziemlich hoher kinetischer Energie den Atomverband verlässt. Die energetischen Verhältnisse sind am Beispiel eines Wolframatoms in Abb. II.54. dargestellt. (Die Energie des Auger-Elektrons ist nicht viel kleiner, als die Energie der in der Röntgenröhre beschleunigten Elektronen, also groß genug, um eine sekundäre Röntgenstrahlung im Anodenmaterial anzuregen.) Sowohl die Photonenenergie der charakteristischen Linien als auch die Energie der Auger-Elektronen enthält Informationen über die Materialstruktur.

II/3.1.5 Die Absorption der Röntgenstrahlung

Das Prinzip, wonach die Atome die Strahlung mit der gleichen Frequenz wie die emittierte Strahlung auch absorbieren können, gilt für die Röntgenstrahlung nicht. Der Grund liegt darin, dass die inneren unbesetzten Elektronenzustände (z. B. an der K-Schale) mit größerer Wahrscheinlichkeit von den nächstliegenden Zuständen (z. B. der L-Schale) aufgefüllt werden. Der inverse K→L Übergang ist aber wegen der Vollbesetzung der L-Schale im Grundzustand nicht möglich.

Der Absorptionsvorgang der Röntgenstrahlung, ihre Natur und ihre Abhängigkeit von den Materialeigenschaften sind Kenntnisse, die bei der Ausarbeitung der medizinischen Diagnostik und Therapie sowie der damit verbundenen Strahlenschutzmethoden von grundlegender Bedeutung waren.

Die Absorption der Röntgenstrahlung ist allgemein vom exponentiellen Strahlenschwächungsgesetz beschrieben (vgl. II/1.1.3):

$$J = J_0 \cdot e^{-\mu x}, \qquad \text{(II.84)}$$

J_0 ist die Intensität des Strahlenbündels, das senkrecht auf die hypothetische, von planparallelen Ebenen begrenzte, homogene Absorptionsschicht der Dicke x einfällt, J ist die Intensität nach der Schicht in der Richtung des eintretenden Bündels und μ der Schwächungskoeffizient. Alle für die Absorption wichtigen Eigenschaften des Mediums (bei der medizinischen Anwendung die Gewebe) und der Wechselwirkungen von Medium und Strahlung sind in dem Koeffizienten μ konzentriert. Die Beschreibung des Vorgangs wird etwas einfacher, wenn man sich vor Augen hält, dass μ einfach proportional zur Dichte ρ des Mediums ist:

$$\mu = \mu_m \cdot \rho, \qquad \text{(II.85)}$$

wobei μ_m der in cm^2/g ausgedrückte Massenschwächungskoeffizient ist. Dieser Kennwert hängt nur von der Photonenenergie der Strahlung und der atomaren Zusammensetzung des Mediums ab.

Im Folgenden behandeln wir die Einzelheiten der wichtigsten Absorptionsprozesse der Röntgenstrahlung. Bei der Diskussion konzentrieren wir uns auf die Vorgänge, die bei der diagnostischen Anwendung der Röntgenstrahlung wichtig sind (Photonenenergiebereich von 10 keV–200 keV).

II/3.1.6 Wechselwirkungen bei der Absorption der Röntgenstrahlung

Während der Absorption der Röntgenstrahlung kann die Intensitätsschwächung durch unterschiedliche Wechselwirkungen verursacht werden. Die Röntgenstrahlung gehört zu den „ionisierenden" Strahlungen, d. h. die primäre und sekundäre Energieabgabe erfolgen mit Erzeugung von Ladungsträgern (hochenergetischen freien Elektronen). Bei der Röntgendiagnostik (10-200 keV) ist der führende primäre Absorptionsprozess der **Photoeffekt**.

Photoeffekt. Bei diesem Prozess überträgt ein Röntgenphoton seine gesamte kinetische Energie einem Elektron, das sich auf einer inneren Schale eines Mediumatoms befindet. Dieses Elektron wird aus dem atomaren Bindungszustand gelöst (Abb. II.55). Die Gesamtenergie des einfallenden Photons ($\varepsilon = hf$) deckt zum Teil die Bindungsenergie oder Austrittsarbeit (A) des ausgelösten Elektrons, zum Teil seine kinetische Energie, mit der es den Atomverband verlässt, wie das die folgende Gleichung ausdrückt:

$$hf = A + 1/2\, mv^2\,. \qquad \text{(II.86)}$$

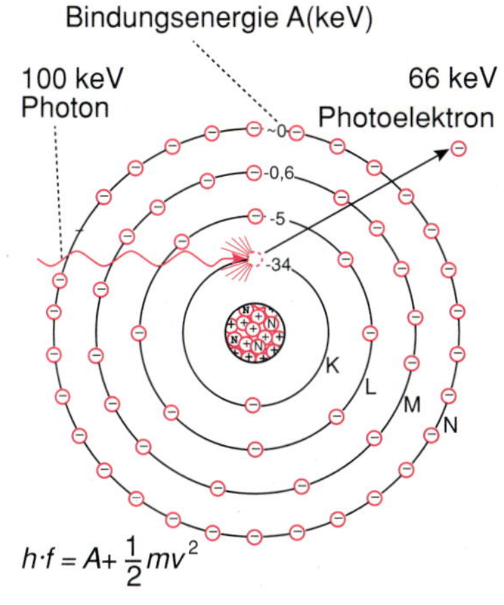

Abb. II.55. Mechanismus des Photoeffekts

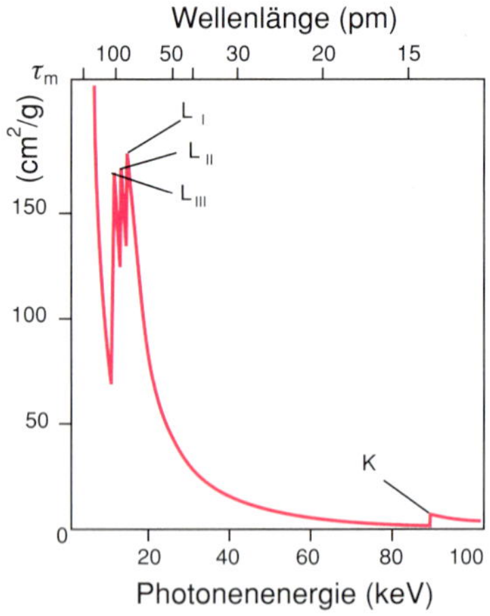

Abb. II.56. Abhängigkeit des τ_m Wertes von der Photonenenergie bei Blei

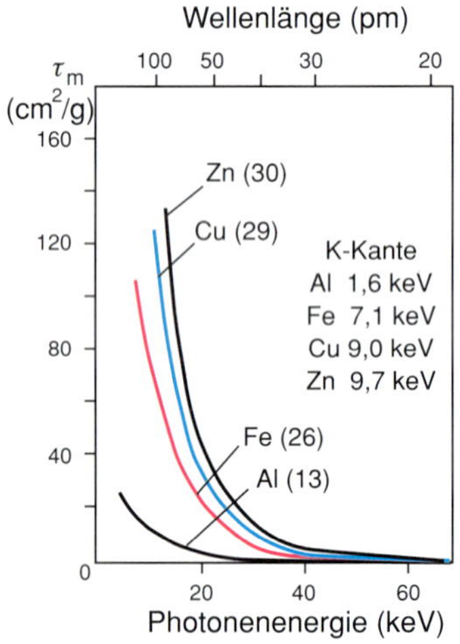

Abb. II.57. Abhängigkeit des τ_m Wertes von der Photonenenergie bei einigen Elementen

Arthur Holly Compton amerikanischer Physiker (1892–1962).

Dieses Photoelektron mit hoher kinetischer Energie kann in dem Medium (z. B. im menschlichen Gewebe) – analog zum Entstehungsmechanismus von Röntgenstrahlen in der Röntgenröhre – eine sekundäre (Brems- und charakteristische) Strahlung anregen. Schließlich kann das Photoelektron nach der Abgabe seiner kinetischen Energie in eine atomare Bindung aufgenommen werden, es kann z. B. mit den Wassermolekülen in Wechselwirkung treten und als hydratiertes Elektron weitere Ionisationen auslösen. (Diese sekundären Erscheinungen spielen auch bei mehreren Abschwächungsmechanismen eine Rolle.) Der Schwächungskoeffizient des Photoeffekts wird gewöhnlich statt mit μ mit τ ($\tau = \tau_m \rho$) bezeichnet. Laut der experimentellen Ergebnisse hängt τ_m bei Elementen mit hoher Ordnungszahl charakteristisch von der Photonenenergie der Röntgenstrahlung ab (s. Abb. II.56). Bei gewissen Photonenenergien nimmt die Wahrscheinlichkeit der Absorption sprunghaft zu – es erscheinen charakteristische Absorptionslinien, Kanten, die sich auf einen kontinuierlichen Absorptionsvorgang superponieren, der in Richtung der niedrigen Photonenenergien stark ansteigt (s. Abb. II.57 und Gl. (II.87)). Die Absorptionslinien L_I, L_{II}, L_{III} bzw. die Kante K der Abb. II. 56 bezeichnen die charakteristischen Übergänge der Ionisation von den entsprechenden Niveaus (bei mehreren Teilschalen können auch mehrere Linien erscheinen).

Im Photonenenergiebereich der Röntgendiagnostik haben nur die Stoffe mit hoher Ordnungszahl Absorptionskanten, Linien. Die Atome der lebenden Organismen (O, N, C, P, Ca) haben eine niedrige Ordnungszahl und dementsprechend ist die Ionisationsenergie ihrer K-Schale auch niedriger als die Photonenenergie des diagnostischen Bereichs. Deshalb ist die Fähigkeit der Gewebe, Röntgenstrahlung zu absorbieren, durch eine kontinuierliche Potenzfunktion beschrieben, die den τ_m-Funktionen der Atome in Abb. II. 57 ähnelt. Aus der Abbildung geht hervor, dass der Wert von τ_m außer von der Photonenenergie auch von der Ordnungszahl abhängt. In den Fällen, die in der Praxis vorkommen, beschreibt die Potenzfunktion:

$$\tau_m = \text{konst} \cdot \frac{Z^3}{\varepsilon^3} = C \cdot \lambda^3 \cdot Z^3 \qquad \text{(II.87)}$$

den Absorptionsvorgang gut. Der „konstante" Wert C beträgt 5,5-6,5 $cm^2/(g\, nm^3)$.

Die Funktion $\tau_m(\lambda, Z)$ aus Gl. (II.87) bildet die Grundlage der medizinischen Anwendung der Röntgenstrahlung von der Diagnostik über die Therapie bis zu den Aspekten des Strahlenschutzes (s. auch *„Die „weiche" und „harte" Röntgenstrahlung"* sowie *„Positive und negative Kontrastmittel"*). Es wird verständlich, warum man z. B. als Kollimator der Röntgenröhre Blei ($Z = 82$) benutzt, warum man zum Ausfiltern der weichen Komponenten, die für die Haut eine Strahlenbelastung darstellen, Filter aus Metallen mit niedriger Ordnungszahl (z. B. Al: $Z = 13$) wählt, warum das eine oder andere Kontrastmittel für die Diagnostik vorteilhafter ist. Zur Anwendung von Gl. (II.87) muss natürlich die Ordnungszahl des Mediums bekannt sein. In den meisten Fällen (z. B. auch im Fall der Gewebe) kann man nicht mit einer einzigen Ordnungszahl rechnen. Ist aber die chemische Zusammensetzung des Systems bekannt, können wir dem Medium eine „effektive" Ordnungszahl zuordnen, indem wir den Stoffmengengehalt (Molenbruch) w_1 als Gewichtsfaktor einführen:

$$Z_{\text{eff}} = \sqrt[3]{\sum_{i=1} w_i Z_i^3}, \tag{II.88}$$

wobei n die Zahl der atomaren Komponenten, Z_i die Ordnungszahl der i-ten Komponente ist. In Tabelle II.6 sind die effektiven Ordnungszahlen und die Dichte einiger, in der Medizin wichtiger Medien aufgeführt. Es ist zu sehen, dass die effektiven Ordnungszahlen der Weichteilgewebe und der Luft sehr ähnlich sind, dabei unterscheidet sich die Absorption der Röntgenstrahlen in den beiden Medien natürlich stark. Man darf aber nicht vergessen, dass Z_{eff} den Wert des Massenschwächungskoeffizienten τ_m bestimmt, im Schwächungsgesetz jedoch $\tau_m \cdot \rho$ steht. Der große Unterschied in der Dichte soll auch zu einem Unterschied im Absorptionsvermögen führen.

Compton-Effekt. In dem Absorbenten tritt das Röntgenphoton oft mit den äußeren Elektronen der Atome in Wechselwirkung, wobei das Röntgenphoton diesem Elektron nicht seine volle Energie hf übergibt, sondern nur einen Teil davon. Der abgegebene Energieanteil deckt die Austrittsarbeit A sowie die kinetische Energie E_{kin} des Compton-Elektrons (Abb. II.58).

Das neue Photon mit der Restenergie hf' setzt seinen Weg im Winkel φ zur Richtung des Röntgenstrahlenbündels fort. (Mit anderen Worten, das einfallende Photon mit der Energie hf existiert nicht mehr, an seine Stelle tritt ein inelastisch gestreutes Photon mit der niedrigeren Energie hf'.)

$$hf = A + hf' + E_{\text{kin}}. \tag{II.89}$$

Tabelle II.6. Effektive Ordnungszahl und Dichte einiger Medien

Mediun	Z_{eff}	ρ (g/cm³)
Luft	7,3	$1{,}3 \cdot 10^{-3}$
Wasser	7,7	1
Weichteilgewebe	7,4	1
Knochengewebe	13,8	1,7-2

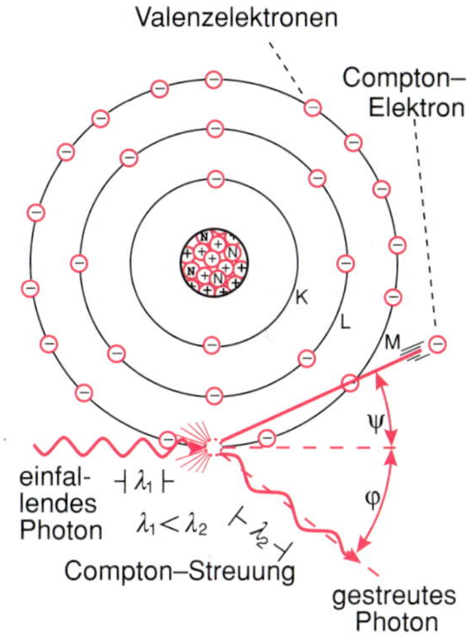

Abb. II.58. Compton-Effekt

„Weiche" und „harte" Röntgenstrahlung

Nach Gl. (II.87) ist verständlich, dass man den langwelligen Teil der aus der Röntgenröhre austretenden Bremsstrahlung (mit geringer Photonenenergie) als „weiche" Röntgenstrahlung bezeichnet. Wegen der starken Potenzfunktion nimmt in diesem Bereich der Wert von τ_m stark zu, d. h. die Strahlung kann das Medium nicht durchdringen. Der Ausdruck „hart" wird für die geringe Absorption der hochenergetischen Photonenkomponente benutzt und weist auf das große Durchdringvermögen hin.

Positive und negative Kontrastmittel

Die Kontrastmittel absorbieren die Röntgenstrahlung anders (mehr oder weniger) als die Weichteilgewebe. So kann die Form der mit ihnen aufgefüllten Körperhöhlen (z. B. Magen-Darm-Kanal) aufgrund des Kontrastunterschiedes auf dem Röntgenbild beurteilt werden (es werden z. B. Verschlüsse, Ablagerungen sichtbar). Das Ausmaß der Absorption ist vom Schwächungskoeffizienten μ bzw. τ bestimmt. So lässt sich die Absorption im Falle des Photoeffekts nach der Beziehung $\tau = \tau_m \rho$ planen.

Die positiven Kontrastmittel enthalten Atome mit hoher Ordnungszahl (z. B. Ba, I), sie steigern den Wert von τ_m beträchtlich. Die negativen Kontrastmittel sind Medien mit geringer Dichte (z. B. Luft, CO_2-Gas), sie mindern die Absorption im von ihnen gefüllten Volumen durch ihre geringe Dichte ρ beträchtlich. In beiden Fällen ist das mit Kontrastmittel aufgefüllte Volumen während der Röntgenabsorption von der Umgebung zu differenzieren.

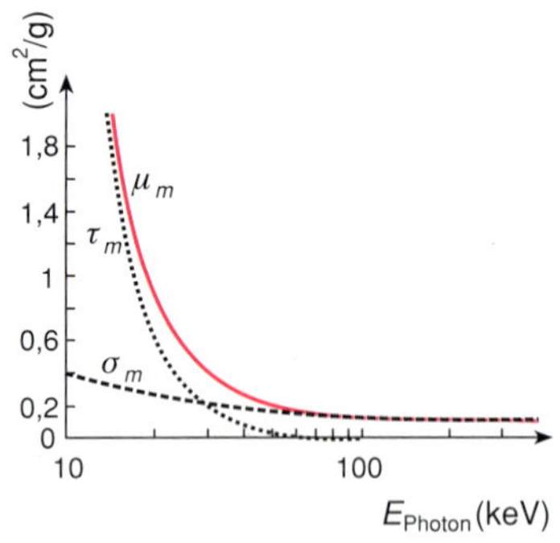

Abb. II.59. Abhängigkeit der verschiedenen Massenschwächungskoeffizienten von den Photonenenergien im Fall von Wasser

Es stellt sich also die Frage, auf welche Weise diese Streuung, die sog. Compton-Streuung, zur Intensitätsminderung beiträgt, wenn wir mit einem Detektor im Querschnitt des Strahlenbündels messen. (Im Falle des Photoeffektes, bei dem das einfallende Photon aufhört zu existieren, also die Intensität offensichtlich abnimmt, kann sich diese Frage nur wegen der sekundären Strahlungserscheinungen stellen.) Natürlich wird der Detektor die Photonen nicht messen, die im Winkel φ zur ursprünglichen Richtung austreten. So ergibt der Prozess in der Richtung der Röntgenstrahlung eine Abschwächung. (Mit Hilfe des Impulssatzes kann auch der Winkel φ bestimmt werden.)

Die Abschwächung der Strahlungsenergie durch die Compton-Streuung beschreiben wir mit dem Schwächungskoeffizienten $\sigma = \sigma_m \rho$. Betrachtet man die Intensitätsschwächung durch den Photoeffekt und den Compton-Effekt als zwei unabhängige Phänomene, so summieren sich die Schwächungskoeffizienten der beiden Phänomene:

$$\mu = \tau + \sigma. \qquad \text{(II.90)}$$

Bei der Anwendung der Röntgenstrahlung in der Medizin spielt der Compton-Effekt keine große Rolle. σ_m hängt nur in sehr geringem Maße – höchstens linear – von der Ordnungszahl ab. Er beeinflusst also bei der Durchleuchtung die Kontrastbildung nur minimal. Ein gutes Modell für das Verhalten der Weichteilgewebe bei der Absorption von Röntgenstrahlung ist das Medium Wasser. In der Abb. II.59. sind die Werte von σ_m und τ_m im Photonenenergie-Bereich der Röntgendiagnostik dargestellt. Es ist zu sehen, dass die τ_m Werte bei weicher Strahlung weit höher sind als die σ_m Werte. Bei höheren Photonenenergien dominiert σ_m, die Werte ändern sich aber in einem breiten Energiebereich praktisch nicht, sie haben den konstanten Wert von 0,2 cm^2/g.

Außer den besprochenen Phänomenen, welche die Intensität des ursprünglichen Röntgenstrahls mindern, ist noch die klassische oder kohärente Streuung zu erwähnen. Diese verursacht eine Richtungsänderung der Photonen nach einer Wechselwirkung mit der Elektronenwolke der Atome ohne Energieverlust. Der dementsprechende Schwächungskoeffizient ist bei Bildung des resultierenden Schwächungskoeffizienten μ gleichfalls additiv in Betracht zu ziehen.

II/3.2 Kernstrahlungen, radioaktive Isotope

Antoine Henri Becquerel französischer Physiker (1852–1908)

Fast zur gleichen Zeit, als Röntgen die nach ihm benannte Strahlung entdeckte, befasste sich Becquerel mit der Fluoreszenz und Phosphoreszenz verschiedener Stoffe. Er beobachtete, dass verschiedene Uransalze auch ohne Beleuchtung eine Strahlung emittieren, die ähnlich den Röntgenstrahlen auf unbeleuchteten lichtempfindlichen Platten eine Schwärzung verursacht. Diese Strahlung, die den Namen radioaktive Strahlung erhielt, ionisiert die Atome in der Luft, verfügt über ein hohes Durchdringvermögen und lässt gewisse Stoffe fluoreszieren. Das Ehepaar Curie suchte in dem stark radioaktiv strahlenden Mineral Pechblende den strahlenden Stoff, wobei sie Radium als neues Element entdeckten. Im Weiteren wurden immer mehr neue Atomarten gefunden, die radioaktive Strahlung emittieren.

Wird von der radioaktiven Strahlung mit Bleiblenden ein dünnes Strahlenbündel ausgewählt und durch ein magnetisches oder elektrisches Feld geleitet, so spaltet sich die Strahlung in drei Komponenten auf (Abb. II.60). Die α-Strahlen werden von ihrer ursprünglichen Richtung so abgelenkt, als würden sich in ihnen positiv geladene Teilchen bewegen. Die β-Strahlen werden in entgegengesetzter Richtung wie die α-Strahlen abgelenkt. (Bei gleicher Feldstärke ist ihre Ablenkung größer als die der α-Strahlen.) Die β-Strahlen bestehen aus negativ geladenen Teilchen. Die β-Strahlung durchläuft elektrische und magnetische Felder ohne Richtungsänderung. Das Durchdringvermögen durch die Materie ist bei der γ-Strahlung am größten, gefolgt von der β-Strahlung, am geringsten ist es bei α-Strahlung.

Später wurde eindeutig nachgewiesen, dass die β-Teilchen sehr schnelle Elektronen und die α-Teilchen He^{2+} Ionen sind. Die γ-Strahlung ist im Gegensatz dazu keine Teilchenstrahlung sondern eine elektromagnetische Strahlung und in der Regel eine Begleiterscheinung der α- oder β-Strahlung.

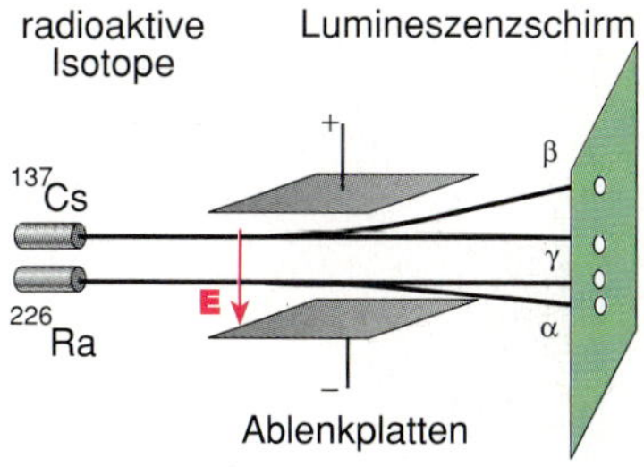

Abb. II.60. Ablenkung der radioaktiven Strahlungen im elektrischen Kraftfeld Aus der Ablenkung von freien geladenen Teilchen in einem elektrischen oder magnetischen Feld kann ihre spezifische Ladung *(q/m)* bestimmt werden. Nach diesen Messungen können die α-Teilchen He^{2+}, die β-Teilchen Elektronen sein. Obige Feststellung ist natürlich mit diesen Messungen nicht eindeutig bewiesen, denn derselbe Quotient q/m kann auch mit verschiedenen Kombinationen von Ladung-Masse erreicht werden. Das α-Strahlung emittierende Präparat wurde in ein Gefäß platziert, dessen Wand die Strahlung nicht durchdringen konnte. Nach ausreichend langer Zeit wurden im Gefäß elektrische Entladungen erzeugt und im Spektrum des emittierten Lichts konnten He-Linien nachgewiesen werden.

II/3.2.1 Die Arten des radioaktiven Zerfalls

Die Emission radioaktiver Strahlung ist die Folge der Umwandlung des Atomkerns. Die Ursache ist die in I/1.5.4 beschriebene Instabilität des Atomkerns. Der instabile Kern geht während der Umwandlung in einen stabileren Zustand über. Diesen Prozess bezeichnet man als radioaktiven Zerfall. Weil die Energiezustände des Atomkerns ebenso gequantelt sind wie die Energiezustände der Elektronen in der Atomhülle, können sie während des Zerfalls auch nur diskrete Werte annehmen.

α-Zerfall, α-Strahlung

Bei der α-Strahlung geht der Atomkern durch Emission eines zweifach positiv geladenen Heliumkerns in einen stabileren Zustand über. Dieser Zerfall ist eher für Elemente mit hoher Ordnungszahl charakteristisch. Die Existenz der α-Strahlung ist nur aufgrund des quantenmechanischen Tunneleffekts (s. I/1.3.2) vorstellbar. Beim α-Zerfall entsteht ein Folgenuklid („Tochterkern"), dessen Ordnungszahl um zwei und dessen Massenzahl um vier Einheiten geringer ist, als die des Ausgangskerns („Mutterkern"):

$$^{A}_{Z}X_{\mathrm{Mutter}} \rightarrow \, ^{A-4}_{Z-2}X_{\mathrm{Tochter}} + ^{4}_{2}\alpha^{2+}. \qquad (II.91)$$

Beim α-Zerfall verteilen sich Energie und Impuls in der Regel nur zwischen zwei Körpern (dem α-Teilchen und dem zurückgestoßenen Nuklid). Energie- und Impulssatz bestimmen eindeutig die Energie des α-Teilchens (s. Bemerkung II.15). Deshalb hat die α-Strahlung ein Linienspektrum, d. h. die kinetische Energie der Teilchen ist gut definiert.

Bemerkung II.15

Die Geschwindigkeit der α-Teilchen

Die Energie der α-Teilchen fällt in den Bereich von ca. 4-8 MeV. Weil die Massenzahl des Heliumkerns 4 ist, beträgt seine Masse annähernd $6{,}7 \cdot 10^{-27}$ kg (da die Masse der Protonen ill. Neutronen ca $1{,}67 \cdot 10^{-27}$ kg ist). Daraus folgt, dass ihre Geschwindigkeit annähernd 10000–30000 km/s beträgt.

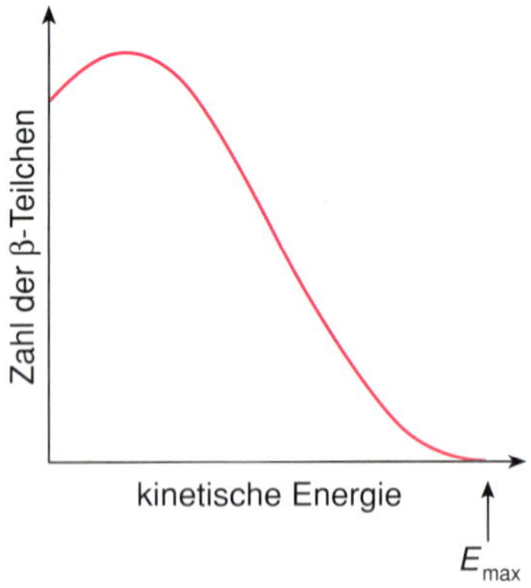

Abb. II.61. Das Energiespektrum der β-Teilchen

β-*Zerfall*, β-*Strahlung*

Da der Atomkern keine Elektronen (nur Protonen und Neutronen) enthält, kann die β-Strahlung im Gegensatz zur α-Strahlung nur so entstehen, dass ein Baustein des Atomkernes umgewandelt wird. Eine weitere Abweichung zeigt das Spektrum der β-Strahlung. Man würde hier gleichfalls ein Linienspektrum erwarten, aber die Messungen zeigen ein kontinuierliches Spektrum (II.61). Das ließ sich mit der Instabilität des Atomkerns nicht erklären.

Zur Lösung des Widerspruchs wurde angenommen, dass während des β-Zerfalls auch ein anderes Teilchen entsteht, das sich mit dem gleichzeitig emittierten β-Teilchen immer die gleiche konstante Zerfallsenergie teilt. Die Masse des Antineutrino ($\overline{\nu}$). genannten Teilchens ist bedeutend geringer als die Masse des Elektrons, und es ist elektrisch neutral (s. „*Die Antimaterie*" sowie „*Positron-Annihilation*"). Beim β-Zerfall erstreckt sich die Energie- und Impulsbilanz auf drei Teilchen (auf den zurückgestoßenen Atomkern, auf das emittierte Elektron und auf das Antineutrino). Weil die Bilanzgleichungen die Energien und die Impulse der drei Teilchen nicht eindeutig vorschreiben, wird die Energieverteilung der entstehenden β-Strahlung kontinuierlich sein.

Das β-Teilchen hat dann maximale Energie (in der Abb. E_{max}), wenn es die ganze Energie mitnehmen kann, und minimale Energie, wenn sich die während der Kernreaktion freigesetzte Energie nur der Atomkern und das Antineutrino teilen.

Es kommt vor, dass der β-Zerfall nur in einem Teil der Fälle zum Grundzustand des Tochterkerns führt, ein anderer Teil des Übergangs erzeugt einen angeregten Zustand (oder Zustände). In diesem Fall ist die gemessene β-

Die Antimaterie

Das Antineutrino und das Positron sind Teilchen einer solchen Teilchengruppe, die im allgemeinen die gleichen Eigenschaften haben wie die entsprechenden gewöhnlichen Teilchen, nur in gewissen Eigenschaften ihr Spiegelbild sind. So gleicht z. B. das Positron in allem dem Elektron mit Ausnahme der Ladung. Genauso existiert ein Antiproton mit negativer Ladung. Es ist auch ein Anti-Wasserstoffatom vorstellbar, in dem das Positron um das Antiproton kreist. Für dieses Anti-Atom gelten die gleichen physikalischen Gesetzmäßigkeiten wie für das gewöhnliche Wasserstoffatom. Ganz allgemein kann man sagen, dass in einem fiktiven Universum aus Antimaterie die Erscheinungen nach denselben Gesetzmäßigkeiten ablaufen wie in unserem eigenen. Unser Universum besteht nur aus gewöhnlicher Materie. Wenn nämlich Materie und Antimaterie in Wechselwirkung treten, so werden beide vollkommen vernichtet, d. h. sie wandeln sich in hochenergetische elektromagnetische Strahlung um.

Positron Annihilation

Beim Zusammentreffen eines Teilchens mit dem entsprechenden Antiteilchen wird die ihrer Ruhemasse entsprechende Energie $E = mc^2$ in Form von elektromagnetischer Strahlung freigesetzt. Die Wechselwirkung tritt nur bei annäherndem Ruhezustand ein, deshalb ist der resultierende Impuls der beiden Teilchen sehr klein, praktisch Null. Ein Photon hat an sich einen beträchtlichen Impuls. So müssen nach dem Impulssatz zwei Photonen entstehen, die sich im Winkel von 180° voneinander entfernen. Ist ein Positron vor der Annihilation nicht vollkommen gebremst, so kann der Winkel zwischen den beiden Photonen etwas von 180° abweichen.

Energieverteilung die Resultante von zwei oder mehreren β-Spektren mit maximaler Energie.

Zusammenfassend lässt sich der β-Zerfall mit dem folgenden Schema beschreiben:

$$ {}_{0}^{1}n \rightarrow {}_{1}^{1}p^{+} + {}_{0}^{0}e^{-} + \overline{\nu}. \qquad (II.92)$$

Da die Masse des Neutrons etwas größer ist als die des Protons, kann der Prozess spontan verlaufen. Während des Prozesses ändern sich auch die chemischen Eigenschaften des Atomkerns, denn die Ordnungszahl ist um 1 höher.

Eine spezielle Variante des β-Zerfalls ist der β^{+}-Zerfall, bei dem aus dem aktiven Kern statt Elektronen Positronen austreten. Dieser Prozess ist vom Austreten eines Neutrinos γ begleitet. Die Eigenschaften des Positrons stimmen mit denen des Elektrons überein, nur hat es statt einer negativen Ladung eine positive Ladung.

Im Kern befinden sich ebenso keine Positronen wie Elektronen. Die Umwandlung eines Protons beim Entstehen eines Positrons bedeutet die Stabilisierung des Kerns. Da die Masse des Protons geringer ist als die des Neutrons, kann dieser Prozess nur bei Energieüberschuss stattfinden.

Die in der Medizin gebräuchlichen Präparate mit Positronenemission werden künstlich, mit Hilfe von Kernreaktionen erzeugt.

$$ {}_{1}^{1}p^{+} \rightarrow {}_{0}^{1}n + {}_{0}^{0}e^{+} + \nu. \qquad (II.93)$$

(Aus praktischer Sicht ist es wichtig zu bemerken, dass das Positron, welches beim β^{+}-Zerfall aus dem Kern austritt, sehr kurzlebig ist. Sobald es bei Zusammenstößen den größten Teil seiner Energie abgegeben hat, tritt es mit großer Wahrscheinlichkeit mit einem Elektron in eine Wechselwirkung, die als Paarvernichtung (Annihilation, β^{-}–β^{+}–Zerstrahlung) bezeichnet wird, weil bei diesem Prozess beide Teilchen vernichtet werden und zwei γ-Photonen mit je einer Energie von ca. 0,5 MeV entstehen (s. II/3.2.3). Dieses Phänomen wird bei der Positronenemissionstomographie (PET, s. VIII/4.4.2) zur Bestimmung der Isotopverteilung genutzt.

Der Protonenüberschuss des energetisch instabilen Atomkerns kann sich auch so verringern, dass ein Proton mit einem Elektron der K-Schale, die dem Kern am nächsten liegt, in Wechselwirkung tritt. Dabei wird ein Elektron vernichtet und aus einem Proton entsteht ein Neutron. Das Phänomen bezeichnet man als „K-Einfang" (Elektroneneinfang) oder inversen β-Zerfall.

Als Ergebnis des Elektroneneinfangs entsteht in der K-Schale eine unbesetzte Stelle. Dementsprechend ist das Phänomen von der Emission charakteristischer Röntgenstrahlung begleitet (s. auch „*Emission von Auger-Elektronen bei K-Einfang*").

γ-Strahlung

Es kommt häufig vor, dass der beim Zerfall entstandene Tochterkern im angeregten Zustand bleibt. Der angeregte Zustand ist natürlich instabil und der Kern befreit sich durch Abstrahlung eines Photons von der überschüssigen Energie. Den Kernprozess bei der Emission eines γ-Photons bezeichnet man

Emission von Auger-Elektronen bei K-Einfang

Die Energie des beim K-Einfang emittierten Photons (charakteristische Röntgenstrahlung) ist durch den Energieunterschied zwischen der K-Schale und der L-Schale bestimmt:

$$h \cdot f = E_K - E_L.$$

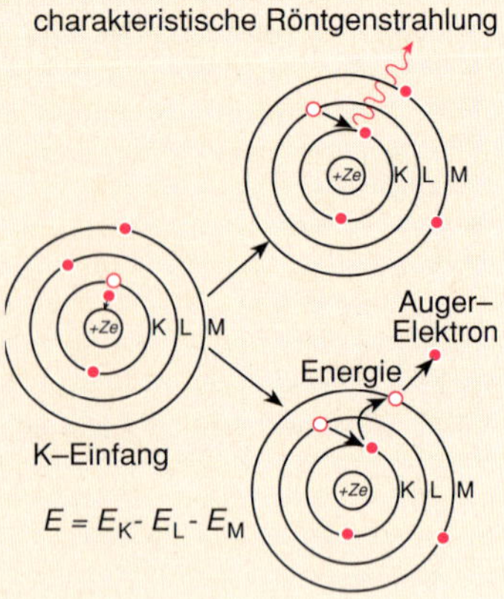

Hier bezeichnet E in jedem Fall den absoluten Betrag der Elektronenenergie. Dieses Photon kann auch in der Elektronenschale desselben Atoms absorbiert werden, und dann tritt ein monochromatisches Elektron, das Auger-Elektron, aus dem Atomverband aus. Im Beispiel der Abbildung ist das Auger-Elektron aus der M-Schale emittiert, und demsentsprechend ist seine kinetische Energie von der Beziehung $E = E_K - E_L - E_M$ bestimmt. Dabei entstehen Elektronenlücken sowohl in der L- als auch in der M-Schale. Die Emission eines Auger-Elektrons durch K-Einfang ist bei Nukliden mit niedriger Ordnungszahl begünstigt. Das Phänomen ist aber viel allgemeiner, es konkurriert in jedem Fall mit der Emission des charakteristischen Röntgenphotons.

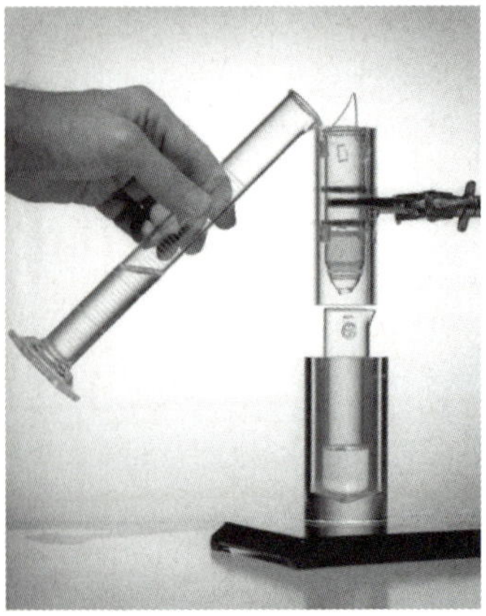

Abb. II.62. Funktion des Technetium-Generators, erstes Laborexemplar
Das **Molybdän** kommt als nicht wasserlösliches Ammoniummolybdänat (NH_4**Mo**O_4) zur Anwendung. Daraus entsteht beim radioaktiven Zerfall wasserlösliches Ammoniumpertechnetat (NH_4**Tc**O_4). (Weil das Technetium ein anderes Element ist als das Molybdän, reagiert es auch chemisch anders.) Wird ein so erzeugtes Gemisch mit physiologischer Salzlösung (NaCl) ausgewaschen, so erhält man die Lösung eines reinen γ-Strahlers, ohne den β-Strahler Molybdän.

als **Kernisomerie**. Diese Bezeichnung weist darauf hin, dass sich bei der Umwandlung weder Massenzahl noch Ordnungszahl ändern. Der Prozess ähnelt der Lumineszenz, bei der jedoch der Photonenemission eine Elektronenanregung vorausgeht. Weil die Energieunterschiede zwischen den Energiezuständen der Nukleonen des Atomkerns bedeutend größer sind als die Energiewerte der Elektronen, ist die Energie des emittierten Photons auch um Größenordnungen höher. Diese elektromagnetische Strahlung mit charakteristischen Energiewerten von einigen hundert keV bzw. MeV bezeichnet man als γ-Strahlung. In diesem Fall verlässt nur das Photon den Kern, deshalb ist das Spektrum linienförmig. (Solche Spektren kann man z. B. mit einem Szintillationszähler bestimmen, s. VIII/3.2.)

Die Photonenemission folgt dem α- und β-Zerfall in der Regel in sehr kurzer Zeit. Deshalb emittieren die Isotopenpräparate gemischte Strahlung, und die Strahlung wird auch dem Ausgangskern zugeschrieben. Später werden wir sehen, dass in der Diagnostik praktisch nur die γ-Strahlung genutzt werden kann. Deshalb sind nur die radioaktiven Zerfallsprozesse von medizinischer Bedeutung, bei denen der angeregte metastabile Kern eine längere Lebensdauer hat. Ein typisches Beispiel ist der Zerfall von Mo, den das folgende Schema zeigt (der Index m weist auf den metastabilen Zustand hin):

$$^{99}_{42}\text{Mo} \xrightarrow{\beta^-(66\ \text{Stunden})} {}^{99m}_{43}\text{Tc} \xrightarrow{\gamma(6\ \text{Stunden})} {}^{99}_{43}\text{Tc}. \qquad \text{(II.94)}$$

Die lange Lebensdauer des γ-strahlenden metastabilen Tc Isotops ermöglicht die Abtrennung des metastabilen Atomkerns vom Ausgangskern Mo (s. Abb. II.62). Der so separierte reine γ-Strahler ^{99m}Tc kann noch innerhalb der Zerfallszeit genutzt werden. Die Apparatur dieses Verfahrens bezeichnet man als „Technetium-Generator".

II/3.2.2 Das Gesetz des radioaktiven Zerfalls

Die experimentellen Ergebnisse zeigen, dass die Strahlungsintensität eines homogenen radioaktiven Präparates mit der Zeit in der Regel exponentiell abnimmt. Enthält ein System N nicht zerfallene Atomkerne, dann ist die Zahl der in der Zeiteinheit zerfallenden Atome nach den Messergebnissen proportional zu N:

$$\frac{\Delta N}{\Delta t} = -\lambda N. \tag{II.95}$$

Das negative Vorzeichen weist darauf hin, dass die Größe auf der linken Seite der Gleichung, die auch als Zerfallsgeschwindigkeit bezeichnet wird, negativ ist, da die Zahl der nicht zerfallenen Kerne abnimmt. Der Proportionalitätsfaktor λ ist die **Zerfallskonstante**. Natürlich muss ΔN eine ganze Zahl sein, sie ist im Vergleich zu N aber in der Regel klein. Deshalb ändert sich N in guter Näherung kontinuierlich, so kann die Gleichung (II.95) gelöst werden. (Eine ähnliche Gleichung bzw. ihre Lösung haben wir in II/1.1.3 schon besprochen.) Nach der erwähnten Analogie ist:

$$N = N_0 \cdot e^{-\lambda t}, \tag{II.96}$$

wobei N_0 die Zahl der nicht zerfallenen Atomkerne zum Zeitpunkt $t = 0$ ist (s. Abb. II.63).

Die Zerfallskonstante λ ist für die Natur des radioaktiven Stoffes charakteristisch. Ihr Reziprok $\tau = 1/\lambda$ gibt die **mittlere Lebensdauer** des radioaktiven Kerns an, d. h. die Zeitspanne, in der die Zahl der Atomkerne auf den e-ten Teil des Ausgangswertes abnimmt. Eine ähnliche Größe ist die **Halbwertszeit** T, in der die Zahl der nicht zerfallenen Kerne auf die Hälfte sinkt.

Der Zusammenhang von T und λ folgt aus Gl. (II.96), wenn wir N durch $N_0/2$ und die Zeit durch T ersetzen:

$$\frac{N_0}{2} = N_0 \cdot e^{-\lambda T}, \tag{II.97}$$

woraus

$$\lambda T = \ln 2 \approx 0{,}693. \tag{II.98}$$

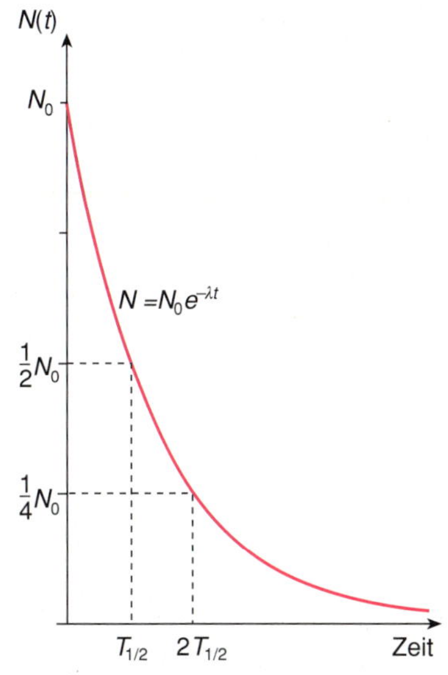

Abb. II.63. Das Gesetz des radioaktiven Zerfalls

Die Halbwertszeit der natürlichen radioaktiven Kerne schwankt zwischen weiten Grenzen: sie liegt zwischen Bruchteilen von Sekunden und der Zeit der geologischen Zeitalter von ~ 10^{10} Jahren. Die Existenz von radioaktiven Stoffen mit extrem kurzen Halbwertszeiten kommt daher, dass der Folgekern beim radioaktiven Zerfall oft selbst radioaktiv ist. Existiert also ein radioaktiver Stoff mit sehr langer Halbwertszeit, so sind seine Zerfallsprodukte, unabhängig von ihrer (vielleicht sehr kurzen) Halbwertszeit solange zu finden, bis alle radioaktiven Ausgangskerne mit langer Halbwertszeit zerfallen sind (s. „*Radioaktive Zerfallsreihen*").

Der Parameter, der gleichzeitig Quantität und Qualität der radioaktiven Stoffe charakterisiert, ist die **Aktivität** Λ, die nichts anderes beschreibt als die negative Zerfallsgeschwindigkeit. Sie gibt die Zahl der in der Zeiteinheit zerfallenen Atomkerne an:

$$\Lambda = -\frac{\Delta N}{\Delta t}. \tag{II.99}$$

Radioaktive Zerfallsreihen

Der beim Zerfall des radioaktiven Nuklids (Mutternuklid) entstehende Nuklid (Tochternuklid) kann sowohl radioaktiv als auch stabil sein. Da während des Zerfalls die Erhaltungssätze von Masse und Ladung gelten, gibt es einen Zusammenhang zwischen den Parametern von Mutter- und Tochterisotopen. Daraus folgt, dass beim Zerfall von schweren radioaktiven Isotopen mit langer Halbwertszeit eine ganze Reihe radioaktiver Produkte entstehen kann, welche in Mutter-Tochter-Beziehung stehen. Die Gesamtheit dieser Isotope bezeichnet man als radioaktive Familie. Innerhalb der Familie beträgt der Unterschied zwischen den Massenzahlen von zwei beliebigen Isotopen ein ganzzahliges Vielfaches von 4. (Die Massenzahl ändert sich nur beim α-Zerfall.)

Die natürlichen radioaktiven Kerne lassen sich in drei radioaktive Familien, also in drei Zerfallsreihen einordnen. Die Massenzahl (Anzahl von Protonen + Neutronen) jeden beliebigen Kerns der einzelnen Reihen kann mit einer einfachen Formel angegeben werden. Das Ursprungselement der Thorium-Reihe ist ^{232}Th, seine Zerfallsprodukte bilden die Th-Zerfallsreihe. Die Formel der Massenzahl ist $4n$, wobei n eine ganze Zahl ist. Das Ursprungselement der Uran-Radium-Reihe ($4n + 2$) ist ^{238}U ($238 = 4 \cdot 59 + 2$), das Ursprungselement der Aktinium-Reihe ($4n + 3$) ist ^{235}U. Die Zerfallsreihe mit der noch fehlenden Formel $4n + 1$ kommt in der Natur nicht vor, sie enthält die Transurane und andere künstlich erzeugte radioaktive Stoffe.

Werden die Zerfallsprodukte eines reinen radioaktiven Stoffes aus dem Präparat nicht entfernt, so nimmt die Zahl der Tochterkerne eine Zeit lang zu, und die Intensität der radioaktiven Strahlung enthält natürlich auch die Strahlung der Tochterkerne. (Das kann unter Umständen auch bedeuten, dass die Gesamtaktivität des Präparates vorübergehend zunimmt.) Nach einer gewissen Zeit wird die Geschwindigkeit der Entstehung und des Zerfalls der Tochterkerne gleich sein. Diesen Zustand bezeichnet man als radioaktives Gleichgewicht. Die Zahl der in der Zeiteinheit entstehenden Tochternuklide ist durch die Zahl der zerfallenen Mutternuklide gegeben. Bezeichnen wir den Mutternuklid mit dem Index 1 und den Tochternuklid mit dem Index 2, so entspricht das radioaktive Gleichgewicht der folgenden Bilanzgleichung:

$$\lambda_1 N_1 = \lambda_2 N_2.$$

Ist bei einer längeren mehrgliedrigen Zerfallsreihe die Halbwertszeit des Ursprungsnuklids die längste, so kann sich das Gleichgewicht auf die ganze Zerfallsreihe ausdehnen.

Besteht in einer solchen Zerfallsreihe ein radioaktives Gleichgewicht, dann ist:

$$\lambda_1 N_1 = \lambda_2 N_2 = \lambda_3 N_3 = \ldots$$

und jedes Glied der Reihe scheint mit der Halbwertszeit des Ursprungsnuklids zu zerfallen.

Ihre Einheit ist das Becquerel (Bq). 1 Bq ist die Aktivität des radioaktiven Präparates, in dem pro Sekunde ein Atomkern zerfällt.

Nach Gl. (II.95) ist die Aktivität zu einem gegebenen Zeitpunkt proportional zur Zahl der nicht zerfallenen Atomkerne:

$$\Lambda = \lambda N. \qquad \text{(II.100)}$$

Daraus folgt, dass die zeitliche Veränderung der Aktivität die gleiche Form wie die $N(t)$ Funktion zeigt, also:

$$\Lambda = \Lambda_0 \cdot e^{-\lambda t}, \qquad \text{(II.101)}$$

wo Λ_0 die Anfangsaktivität und λ die Zerfallskonstante sind.

Die radioaktiven Stoffe lassen sich nur selten in ihrer reinen Form frei von inaktiven Stoffen (Trägersubstanzen) herstellen. Deshalb ist zur Kennzeichnung eines radioaktiven Präparates die Angabe der Aktivität nicht immer ausreichend. Gewöhnlich wird auch die **spezifische Aktivität** angegeben, die nichts anderes ist, als die auf die Masseneinheit bezogene Aktivität. Die Einheit ist dementsprechend z. B. Bq/g. Gebräuchlich ist auch die auf die Volumeneinheit bezogene Aktivität, die sog. **Aktivitätskonzentration**. Ihre Einheit ist z. B. Bq/ml.

II/3.2.3 Die Wechselwirkung der Kernstrahlungen mit atomaren Systemen

α-Strahlung

Die Energie der α-Teilchen beim Durchdringen eines Absorbers nimmt ab, weil die α-Teilchen mit den Atomen längs ihrer Bahn in Wechselwirkung treten, diese ionisieren bzw. anregen. Da der Weg der α-Teilchen praktisch linear ist, kann man ihr Ionisationsvermögen mit der **linearen Ionendichte** entlang der Teilchenbahn charakterisieren. Erzeugt ein Teilchen n Ionenpaare auf einer Strecke mit der Länge l, so ist die lineare Elektronendichte n/l. Ein anderer Kennwert für die Ionisation ist die **lineare Energieübertragung** (Linear Energy Transfer, **LET**), die auch als **Bremsvermögen** (Formelzeichen s) bezeichnet wird. Diese Größe ist der Quotient aus abgegebener Energie ΔE und der entsprechenden Strecke Δx ($s = \Delta E/\Delta x$). Das Bremsvermögen ist also das Produkt aus linearer Ionendichte und der zur Erzeugung eines Ionenpaares notwendigen Energie $E_{\text{Ionenpaar}}$ ($s = nE_{\text{Ionenpaar}}/l$). (In der Luft ist zur Erzeugung eines Ionenpaars im Mittel die Energie von 34 eV erforderlich.) Die Wahrscheinlichkeit der Ionisierung hängt von der Energie der α-Teilchen und der Zahl der bahnnahen Elektronen ab. Das Ionisationsvermögen der α-Teilchen ist am Anfang ihrer Bahn fast konstant, dann nimmt die erzeugte Ionendichte mit abnehmender Energie steil zu. Am Ende der Bahn, wenn die Teilchen ihren gesamten Energieüberschuss abgegeben haben, sinkt die lineare Ionendichte plötzlich auf Null (Abb. II.64).

Die Entfernung, die ein α-Teilchen in einem gegebenen Medium durchläuft, während seine Anfangsenergie auf den thermischen Wert sinkt, bezeichnet man als **Reichweite**. In Absorbern aus Elementen mit hoher Ordnungszahl werden die α-Teilchen schon nach einer kürzeren Bahnstrecke gebremst, ihre Reichweite ist hier geringer.

Die Ionisierung durch α-Teilchen beruht auf der Coulomb-Wechselwirkung. Mit Hinsicht darauf, dass die Masse des α-Teilchens mehr als das Tausendfache der Elektronenmasse beträgt, hat die Wechselwirkung mit einem Elektron praktisch keine Auswirkung auf die Bewegungsrichtung des α-Teilchens. (Eine Ausnahme ist der Zusammenstoß des α-Teilchens mit einem Atomkern und die folgende Streuung. Das ist aber kein allzu häufiges Ereignis, wie schon die Versuche von Rutherford zeigten (s. I/1.1.1).) Deshalb gibt

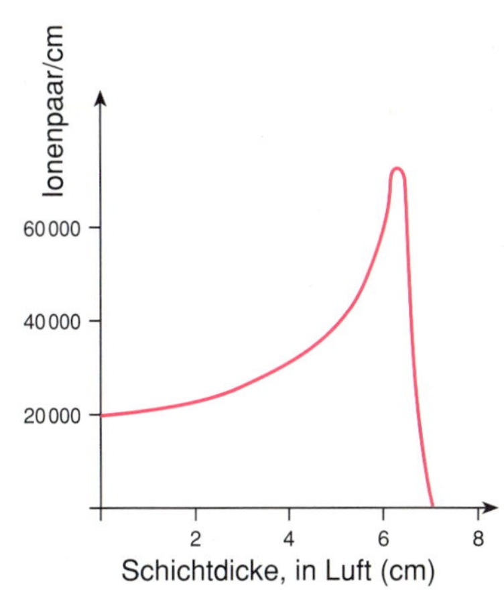

Abb. II.64. Änderung des Ionisationsvermögens von α-Strahlung in Luft

es mit der Tiefe des Eindringens keine beträchtliche Intensitätsabnahme der α-Strahlung (natürlich mit Ausnahme des letzten Abschnitts der Reichweite).

Die Energie der α-Teilchen in Isotopen mit natürlicher α-Strahlung ist ein diskreter Wert in der Größenordnung von 4-10 MeV. Die Reichweite beträgt in Luft einige (2-9) Zentimeter, in Flüssigkeiten und weichen Geweben nur Zehntel Millimeter. Nach experimentellen Ergebnissen emittieren α-Strahler mit kürzerer Halbwertszeit α-Teilchen mit höherer Energie und größerer Reichweite.

β-Strahlung

Im Voraus sei bemerkt, dass die Größen, die bei der Beschreibung der Wechselwirkungen von α-Strahlung eingeführt wurden, auch für die β-Strahlung benutzt werden können. Im Gegensatz zu den α-Teilchen werden die β-Teilchen wegen ihrer geringen Masse auch von Elektronen gestreut, so verläuft ihre Bahn im Zickzack. Trotzdem übertrifft ihre Reichweite im Absorber die Reichweite von α-Teilchen mit der gleichen Energie um ein Vielfaches. Das beruht darauf, dass die Geschwindigkeit der β-Teilchen die Geschwindigkeit der α-Teilchen mit gleicher kinetischer Energie um ein Vielfaches übertrifft, da ihre Masse rund 8000-mal geringer ist. Außerdem beträgt ihre Ladung auch nur die Hälfte der Ladung eines α-Teilchens, deshalb üben die β-Teilchen eine geringere Coulomb-Kraft auf die nahen Ladungen aus, und so ist die lineare Ionendichte längs ihrer Bahn ungefähr 1000-mal geringer. Die Reichweite eines α-Teilchens mit 2 MeV Energie beträgt in Luft rund 1 cm, die Reichweite eines Elektrons mit der gleichen Energie dagegen rund 10 m. Längs ihrer Bahn erzeugen beide Teilchen die gleiche Anzahl Ionenpaare, da die zur Ionisierung notwendige mittlere Energie in beiden Fällen gleich ist. Da das β-Teilchen aber einen bedeutend längeren Weg zurücklegt, ist die lineare Ionendichte viel geringer.

Die schnellen Elektronen können längs ihrer Bahn nicht nur ionisieren. Durch Wechselwirkung mit der Materie können sie an den inneren Elektronenschalen Elektronenlücken mit Emission charakteristischer Röntgenstrahlen erzeugen und infolge ihrer Bremsung auch Bremsstrahlung emittieren.

Das Energiespektrum der Elektronen aus dem β-Zerfall ist kontinuierlich. So überrascht es nicht, dass die emittierten Elektronen keine gut definierte Reichweite haben. Wegen des kontinuierlichen Energiespektrums wird die β-Strahlung mit der maximalen β-Energie (die gleich der Energie des β-Zerfalls ist) beschrieben. Die maximale Energie der natürlichen β-Strahler übertrifft nur in Einzelfällen den Wert von 0,6-1,2 MeV. Die Intensitätsabnahme der β-Strahlung beim Durchdringen eines Absorbers folgt dem exponentiellen Schwächungsgesetz bis zum 3-4fachen der Halbwertsdicke. Danach hängt die Intensitätsabnahme von der Schichtdicke stärker ab als man nach dem exponentiellen Schwächungsgesetz erwarten würde. Nach der sieben- bis achtfachen Halbwertsdicke verschwindet die Intensität. Diese Schichtdicke ist die Reichweite der Strahlung, die bei den praktisch vorkommenden maximalen Energiewerten ihre lineare Funktion ist (s. Tabelle II.7). Die Angaben der Tabelle beziehen sich auf Luft. In Geweben ist die Reichweite natürlich bedeutend geringer, im Fall von ^{32}P beträgt sie nur einige mm.

Tabelle II.7. Vergleich der β-Strahlung von zwei Isotopen

Isotop	maximale Energie (keV)	maximale Reichweite (in Luft)
^{3}H	18,125	5 mm
^{32}P	1710	6 m

γ-Strahlung

Die wichtigsten Mechanismen der Absorption von Röntgenstrahlen im Photonenenergiebereich der medizinischen Diagnostik (10 keV–200 keV) wurden schon diskutiert (s. II/3.1.6). Die Röntgenstrahlung und die γ-strahlenden Isotope der medizinischen Therapie bedeuten jedoch höhere Photonenenergien. Im Photonenenergiebereich über 1 MeV sind neben den typischen Wechselwirkungen der niedrigeren Energien, dem Photoeffekt und der Compton-Streuung auch die Paarbildung zu berücksichtigen. So wird der Ausdruck des Schwächungskoeffizienten von Gl. (II.90) mit einem neuen Glied erweitert:

$$\mu = \tau + \sigma + \kappa \qquad \text{(II.102)}$$

wobei κ den Schwächungskoeffizienten bezeichnet, der den Intensitätsverlust durch die Paarbildung als Primäreffekt beschreibt.

Bei der Paarbildung erzeugt ein γ-Photon in der Nähe eines Atomkerns ein Elektronen-Positronen-Paar (Abb. II.65). Durch die Wechselwirkung von hochenergetischen Photonen mit schweren Atomkernen kann das Photon aus der Natur verschwinden und seine Energie ist in der Form des Elektronen-Positronen-Paars „zu finden" (Masse-Energie-Äquivalenz nach Einstein). Nach der Beziehung $E = m_e c^2$ ist die Ruhemasse von Elektron und Positron äquivalent mit der Energie von 0,5 MeV, deshalb ist die Paarbildung nur über Photonenenergien von 1 MeV möglich. Die Wahrscheinlichkeit der Paarbildung nimmt mit steigender Photonenenergie zu.

Die Energiebilanz der Paarbildung ist:

$$hf = 2m_e c^2 + 2E_{kin}. \qquad \text{(II.103)}$$

Zur Erfüllung des Impulssatzes ist die Anwesenheit des Atomkerns notwendig. Wird das so entstandene Positron gebremst und tritt es danach mit einem Elektron in Wechselwirkung, so spielt sich der inverse Prozess der Paarbildung (die Paarvernichtung) ab. Aus dem Elektronen-Positronen-Paar entstehen zwei Photonen mit rund 0,5 MeV Energie (vgl. II/3.2.1 β-Zerfall).

Die Abhängigkeit des Massenschwächungskoeffizienten $\mu_m = \mu/\rho$ und seiner Komponenten von der Photonenenergie in dem charakteristischen Energiebereich der γ-Strahler ist für das beim Strahlenschutz gebräuchliche Blei und für Wasser als Modell weicher Gewebe in Abb. II.66. dargestellt. Man sollte beachten, dass der Wert von μ_m im γ-Bereich viel geringer ist als im diagnostischen Röntgenbereich, weil die Wahrscheinlichkeit des Photoeffektes mit steigender Photonenenergie stark abnimmt ($\tau_m \sim 1/(hf)^3$). Deshalb ergeben die γ-strahlenden Isotope gute diagnostische Spurensignale, denn nur ein kleiner Anteil der Photonen wird im Organismus absorbiert. So ist die Strahlenbelastung gering, und die Strahlung kann trotzdem außerhalb des Organismus auch gut detektiert werden.

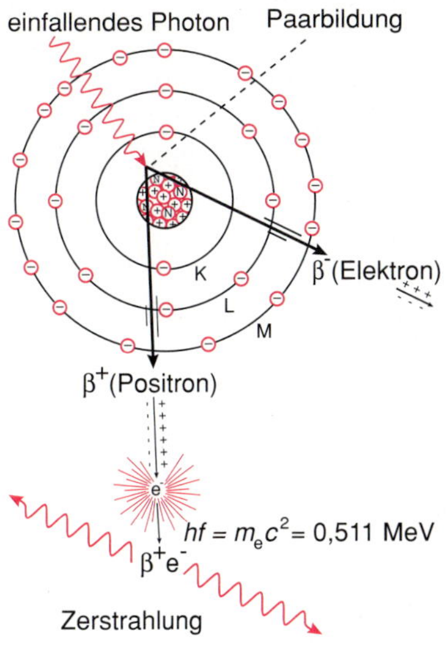

Abb. II.65. Paarbildung und Paarvernichtung

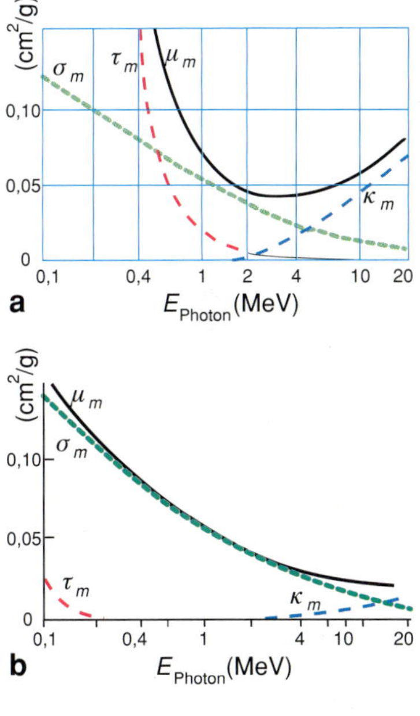

Abb. II.66. Abhängigkeit des Massenschwächungskoeffizienten und seiner Komponeneten von der Photonenenergie **a.** bei Blei, **b.** bei Wasser

Neutronenstrahlung

Bei gewissen Kernreaktionen tritt eine Neutronenstrahlung auf. Das erfolgt meistens so, dass der Atomkern mit entsprechenden Teilchen beschossen wird

Entstehung von Neutronen

Die Energie der im Kernreaktor erzeugten thermischen Neutronen ist vergleichbar mit der Energie der Wärmebewegung kT. Während der Kernspaltung werden nicht nur thermische Neutronen, sondern auch schnelle Neutronen mit mehreren MeV Energie freigesetzt. Neutronen mit Energie um 14 MeV entstehen bei Fusionsprozessen. Neutronen mit 100 MeV oder mehr Energie entstehen während der physikalischen Prozesse, die sich auf den Sternen der verschiedenen Teile des Weltraums abspielen, bzw. bei Kernreaktionen in Hochleistungsbeschleunigern.

und dann der angeregte Atomkern seine überschüssige Energie durch Emission von Neutronen abgibt (s. „*Entstehung von Neutronen*"). Die Neutronen können die Moleküle des absorbierenden Mediums längs ihrer Bahn nicht direkt ionisieren, da sie keine Ladung haben. Während des Bremsens erzeugen sie aber indirekt Ionen. Die Wechselwirkung mit der Materie hängt von ihrer Energie ab. Die Energie der Neutronen, die bei den verschiedensten Prozessen erzeugt werden, umfasst einen breiten Bereich. Diese Energie können sie durch elastische Streuung, unelastische Streuung, Neutroneneinfang und Spaltung abgeben.

Beim elastischen Zusammenstoß gibt das Neutron einen Teil seiner Energie an den Atomkern ab. Der Prozess kann mit den klassischen Gleichungen des elastischen Zusammenstoßes beschrieben werden. Die Energieübertragung ist um so größer, je ähnlicher die Masse der beiden zusammenstoßenden Teilchen ist. Beim zentralen Zusammenstoß mit einem Proton kann das Neutron (ähnlich dem Stoß einer Billardkugel gegen eine ruhende Billardkugel) seine kinetische Energie im Ganzen abgeben. Das so entstandene hochenergetische Proton ionisiert die Moleküle des Mediums sehr wirksam. Dieser Mechanismus erklärt die Wirkung der Neutronenstrahlung in lebenden Geweben sehr genau, denn diese Wechselwirkung ist sehr wahrscheinlich.

Beim unelastischen Zusammenstoß nimmt der Atomkern mehr Energie auf, als aus den Stoßgleichungen folgen würde, und wird angeregt. Die überschüssige Energie gibt der Kern durch Emission eines γ-Photons oder irgendeines Teilchens (z. B. α-Teilchen) ab. Diese Prozesse sind bei Neutronenstrahlung von 5 MeV oder mehr zu beobachten.

Der Neutroneneinfang unterscheidet sich darin vom unelastischen Stoß, dass in diesem Fall das thermische Neutron in den Kern eingebaut wird und so ein radioaktives Isotop entsteht. Der angeregte Nuklid gibt die überschüssige Energie durch Emission radioaktiver Teilchen (γ-Photonen, α-Teilchen, stark ionisierende Zerfallsprodukte) ab. Zur Auslösung solcher Kernreaktionen sind die Neutronen besonders geeignet, weil sie als neutrale Teilchen leicht in den Kern eindringen.

Hochenergetische Neutronen ($E > 100$ MeV) können eine Kernzertrümmerung (Spallation) auslösen. Dabei entstehen außer den Kernfragmenten auch mehr Neutronen und γ-Photonen. Die Wahrscheinlichkeit dieses Vorgangs nimmt mit steigender Energie des Neutrons zu.

Sowohl die Streuung als auch die Kernreaktionen führen zur Schwächung der Neutronenstrahlung. Der Schwächungskoeffizient μ ist auch in diesem

Fall von der Natur des durchstrahlten Mediums und der Neutronenenergie bestimmt. In den Weichteilgeweben des lebenden Organismus ist der Schwächungskoeffizient μ der Neutronenstrahlung in der Größenordnung 1/m.

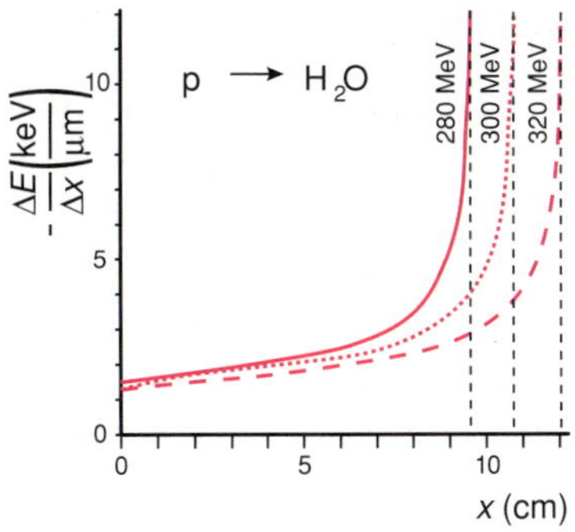

Abb. II.67. Eindringtiefen von Protonenstrahlung mit unterschiedlicher Energie in Wasser

Weitere Strahlungen

Schwere geladene Teilchen (Protonen oder schwere Ionen, z. B. Na^+, Ar^+) verhalten sich in verschiedenen Medien sehr ähnlich wie α-Teilchen. Je höher ihre Massenzahl ist, desto kürzer ist ihre Reichweite. Das ist verständlich, denn die schweren Ionen verlieren schon nach den ersten wenigen Zusammenstößen alle ihre Elektronen. Die entstandenen vielfach geladenen Ionen ionisieren mit hoher Wahrscheinlichkeit und verlieren so sehr schnell ihre Energie. Die hochenergetischen in das Medium einfallenden Teilchen werden in den oberflächennahen Schichten des Mediums nur gering gebremst, den Großteil ihrer Energie geben sie kurz vor ihrer vollkommenen Bremsung an das Medium ab (vgl. Abb. II.64). Die Abhängigkeit der absorbierten Energie von der Eindringtiefe beschreibt eine Kurve mit einem charakteristischen Maximum (Bragg-Spitze). Laut Abb. II.67 können den Bragg-Spitzen der Absorptionskurven, welche die Bremsung von Protonen mit unterschiedlicher Energie beschreiben, unterschiedliche Eindringtiefen zugeordnet werden (vgl. IX/3.1.4). Diese Eindringtiefe bezeichnet man als Reichweite, weil die Teilchen nach Erreichen der Bragg-Spitze auf den thermischen Energiezustand gebremst werden. Geladene Teilchen mit gleicher Energie sind deshalb in der Therapie von großem Vorteil. Durch Änderung der Teilchenenergie lässt sich nämlich bestimmen, in welcher Tiefe der Großteil der Energie mit größter Wahrscheinlichkeit an die Moleküle des Mediums abgegeben wird.

II/3.2.4 Anwendung von radioaktiven Isotopen

Das Anwendungsgebiet der Isotope in der biologischen Forschung und der medizinischen Praxis ist außerordentlich breit und vielseitig. So sind wir nicht bestrebt, diesen Themenkreis in allen Einzelheiten zu behandeln. Wir wollen nur an einigen Beispielen die wichtigsten Anwendungsmöglichkeiten demonstrieren.

Georg von Hevesy (Hevesy György) ungarischer Physiker (1885-1966). Er trug zur Klärung des Begriffes Isotop bei, führte bahnbrechende Forschungen mit Isotopenmarkierungen auf dem Gebiet der Biologie und Botanik durch. Für seine Verfahren mit radioaktiven Isotopenindikatoren erhielt er 1943 den Nobelpreis für Chemie.

Methoden der radioaktiven Markierung

Die radioaktive Markierung ist eine sehr effektive Methode, die in breiten Kreisen sowohl in der Forschung als auch in der medizinischen Praxis angewendet wird. Mischt man von einem chemischen Element das radioaktive Isotop mit einer größeren Menge des stabilen Isotops, dann bleibt ihr relatives Verhältnis unverändert (abgesehen vom radioaktiven Zerfall). Diese Tatsache ermöglicht es, die Konzentration des betreffenden Elementes bei verschiedenen (physikalischen, chemischen, biologischen) Prozessen durch kontinuierliche Aktivitätsmessungen zu verfolgen.

Häufig werden diese Methoden auch zur Untersuchung von Stoffwechselprozessen angewendet. In diesem Fall hält man die Zellen oder Bakterien

Zweidimensionale Chromatographie zur Untersuchung des Einbaus von $^{14}CO_2$

Die chromatographische Trennung beruht auf der unterschiedlichen Löslichkeit der unterschiedlichen biochemischen Stoffe in unterschiedlichen Lösungsmitteln. Tropft man ein Aminosäurengemisch auf Filterpapier, so werden bestimmte Lösungsmittel die im Papier adsorbierten Aminosäuren mit unterschiedlicher Geschwindigkeit in Lösung bringen. Diese Beobachtung führte zu einer Separationsmethode. Tauchen wir den Rand des Filterpapiers mit adsorbierten Aminosäuren in eine Lösung, so wird das Lösungsmittel infolge der Kapillarwirkung im Papier aufsteigen und die verschiedenen Aminosäuren des Präparates mit unterschiedlicher Geschwindigkeit mit sich führen. Bei diesem Prozess erfolgt in der Regel die vollständige Elution (Auswaschen) je einer Komponente, bevor die Elution anderer Komponenten überhaupt beginnt. Am Ende bildet jede Komponente einen „Fleck" an den verschiedenen Stellen der senkrechten Laufrichtung. Danach wird das Filterpapier um 90° gedreht und mit einem anderen Lösungsmittel wird die Elution wiederholt. So entsteht in Abhängigkeit von der Löslichkeit ein zweidimensionales „Muster", in dem jede Komponente an der für sie (und das Lösungsmittel) charakteristischen Stelle lokalisiert werden kann. Bei einem radioaktiv markierten Muster kann das Chromatogramm auf eine Photoplatte platziert werden. So lassen sich die aktiven Flecken lokalisieren und zur quantitativen Analyse der Komponenten wird die Aktivität gemessen.

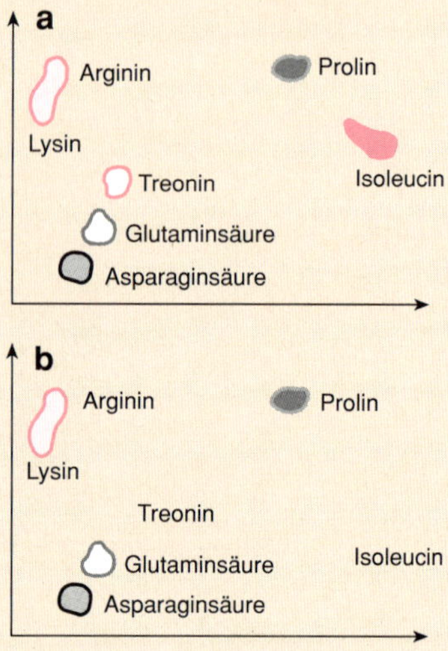

Das Autoradiogramm der Abb. **a.** wurde von einem zweidimensionalen Chromatogramm der (gereinigten und verdauten) Eiweißfraktion von E. coli, gezüchtet im Glukose- und $^{14}CO_2$-Millieu, erstellt. Die Ergebnisse in Abb. **b.** stammen aus einem ähnlichen Versuch, der bei einem Überschuss von nicht markiertem Treonin durchgeführt wurde. Beim Vergleich der beiden Autoradiogramme ist zu erkennen, dass das nicht markierte Treonin den Einbau von ^{14}C in Isoleucin verhindert hat. Das Versuchsergebnis weist darauf hin, dass die Isoleucinsynthese direkt aus Treonin erfolgen kann. Das wird damit begründet, dass die Zellwand für Aminosäuren permeabel ist, das Treonin in die Zelle gelangt und dort mit der Glukose sowie der aus CO_2 synthetisierten Aminosäure in Kompetition tritt.

im Experiment aus Sicht des Wachstums und des Stoffwechsels unter optimalen Bedingungen (betreffs Medium, Temperatur usw.). In einer bestimmten Phase werden dem System zweckgebundene radioaktive Komponenten beigefügt. Nach Ablauf einer bestimmten Zeit werden die Zellen (z. B. durch Filtern oder Zentrifugieren) von den radioaktiven Komponenten getrennt und die analytischen Untersuchungen durchgeführt (s. „*Zweidimensionale Chromatographie zur Untersuchung des Einbaus von $^{14}CO_2$*").

Die Zellteilung wird nach derselben Strategie untersucht. Werden die Zellen in Anwesenheit von mit ^{3}H (Tricium) markiertem Thymidin gezüchtet, so zeigt die Radioaktivität des neu synthetisierten DNA das Ausmaß der Proliferation.

Anwendungsmöglichkeiten radioaktiver Isotope in der Diagnostik

In der Medizin haben sich vier Arten der Diagnostik mit radioaktiven Isotopen als nützlich erwiesen:

1. *In vitro Laboruntersuchungen*. Dem Patienten wird eine Probe (in der Regel Blut) entnommen und im Labor mit sich spezifisch bindenden Molekülen

zusammengebracht, die mit einem Isotop markiert sind. Die entstandenen Produkte werden mit Labormethoden getrennt und die Radioaktivität der einzelnen Komponenten gemessen (Messverfahren der kompetitiven Bindung). Die große Empfindlichkeit der radioaktiven Messungen ermöglicht die sehr genaue Bestimmung der Konzentration von Stoffen (z. B. Hormonen), die in der Probe nur in geringer Menge vorhanden sind.

2. *Volumenbestimmung von Körperräumen.* Mit dem Einbringen von radioaktiven Isotopen in den kranken Organismus kann man z. B. das Gesamtvolumen des Wassers, das Blutplasmavolumen, die Menge der austauschbaren Natriumionen bestimmen. Es lassen sich auch zeitabhängige Messungen durchführen, mit denen man z. B. die mittlere Lebensdauer der Erythrozyten, die Kinetik der Eisen- und Kalziumaufnahme bestimmen kann. Dabei wird die Radioaktivität des ganzen Körpers oder der Blut- und Urinproben in gewissen zeitlichen Abständen nach der Isotopapplikation gemessen.
3. *Bestimmung der Isotopverteilung,* zur Feststellung der Form, Größe, metabolischen Aktivität von Organen. Mit einer Gammakamera wird die zweidimensionale Projektion der spezifischen Anreicherung der Isotope in einzelnen Organen, Zellräumen, Kompartiments bestimmt (s. VIII/3.2). Auch in diesem Fall kann der zeitliche Verlauf der Aktivität gemessen werden.
4. *Tomographische Verfahren auf der Basis der radioaktiven Markierung mit Isotopen* (s. VIII/4.4). Mit ihnen lässt sich die räumliche, dreidimensionale Verteilung der radioaktiven Isotope bestimmen (SPECT – single photon emission computed tomography – Einzelphotonen-Emissionstomographie (VIII/4.4.1), PET – Positronenemissionstomographie (VIII/4.4.2)).

Physikalische Aspekte bei der Auswahl von in vivo applizierten Isotopen

Bei der Auswahl des geeigneten Isotops sind neben den grundlegenden medizinischen, biologischen Aspekten auch die physikalischen Eigenschaften zu berücksichtigen. Das erfordert in erster Linie der Schutz des Patienten vor den schädlichen Wirkungen der ionisierenden Strahlung. Die folgenden Überlegungen sind hauptsächlich Richtlinien für die Diagnostik. Bei der Therapie ist der Zweck oft gerade die Zerstörung von Zellen. Dann unterliegen auch die Folgen einer anderen Abwägung, aber auch hier sollte man sich den Schutz der übrigen Körperteile vor Augen halten. Betrachten wir nun die einzelnen Parameter, die zu berücksichtigen sind.

Charakter der Strahlung. Da praktisch nur die γ-Strahlung fähig ist, aus dem menschlichen Körper auszutreten, kann man nur von ihr auswertbare Informationen über die Isotopenverteilung im Organismus erwarten (s. Reichweite von α- und β-Strahlung in Geweben). Deshalb ist das ideale Isotop für die Diagnostik ein reiner γ-Strahler. Aus dieser Sicht ist die Kernisomerie von großer Bedeutung, kann man doch durch sie im Endergebnis reine γ-Strahler erhalten. Es gibt aber nur relativ wenige solche Substanzen, und diese Isomere können aus biologischen Gründen auch nicht immer angewendet werden (s. Technetiumgenerator, II/3.2.1). Das Phänomen des Elektroneneinfangs ist gleichfalls wichtig, denn auch hier entsteht reine elektromagnetische Strahlung.

Die Halbwertszeit. Um die Bedeutung der Halbwertszeit zu verstehen, muss man die Feststellungen des Zerfallsgesetzes beachten, wonach die Aktivität Λ direkt proportional zur Zahl N der nicht zerfallenen Atomkerne ist und der Proportionalitätsfaktor die Zerfallskonstante λ ist, die wiederum proportional zum Reziprok der Halbwertszeit T ist:

$$\Lambda \sim N \cdot \lambda \sim N \cdot \frac{1}{T} \quad . \tag{II.104}$$

Nach der Beziehung ist bei gleich großer Aktivität (welche die gute Detektierbarkeit bestimmt) eine geringere Menge des Isotops mit kürzerer Halbwertszeit erforderlich. Der Schutz des Patienten erfordert es, dass nur soviel Isotop appliziert wird wie unbedingt erforderlich. Natürlich ist die Halbwertszeit der benutzten Isotope durch die Applikationsart und die Untersuchungsdauer auch von unten limitiert.

Ein weiterer Vorteil der kurzen Halbwertszeit ist, dass ein beträchtlicher Teil des Isotops schon während der Untesuchung im Organismus des Patienten zerfällt (physikalischer Zerfall), wodurch er das Signal für die Messungen aussendet, und nur eine geringe Menge kommt auf biologischem Wege in die Umwelt.

Die Photonenenergie der γ-Strahlung. Wie schon bei der Röntgenstrahlung wird bei geringer Photonenenergie die Strahlung praktisch schon von dünnen Schichten vollkommen absorbiert. Da die Strahlung aus dem Organismus austreten muss, damit sie detektiert werden kann, sind höhere Energien wünschenswert. Bei zu hoher Energie wird die Strahlung jedoch auch im Detektor nicht absorbiert, wodurch wieder die Grundlage der Messung verloren geht. Bei der Wahl des entsprechenden Isotops muss man sich also auch diese beiden Kriterien vor Augen halten.

Tabelle II.8. In der Medizin oft benutzte Isotope

Isotop	Zerfall	$T_{1/2}$	E_{Photon} (MeV)
^{11}C	β^+	20,3 min	0,511
^{13}N	β^+	10 min	0,511
^{15}O	β^+	124 s	0,511
^{32}P	β^-	14,3 Tage	0,695
^{51}Cr	e^--Einfang	27,8 Tage	0,32
^{57}Co	e^- -Einfang	270 Tage	0,122 0,136
^{59}Fe	β^-	45 Tage	1,099 1,192
^{67}Ga	e^--Einfang	78,1 h	0,093 0,184 0,296 0,388
^{82}Rb	β^+ e^--Einfang	1,3 min	0,511 0,777
^{89}Sr	β^-	50,5 Tage	1,463
^{99}Mo	β^-	66,7 h	0,181 0,740 0,778
^{99m}Tc	metastabil	6,02 h	0,140
^{111}In	e^--Einfang	67 h	0,172 0,247
^{123}I	e^--Einfang	13 h	0,159
^{125}I	e^--Einfang	60 Tage	0,027
^{131}I	β^-	8,06 Tage	0,284 0,364, 0,637
^{201}Tl	e^--Einfang	73 h	0,135 0,167

In der Medizin gebräuchliche Isotope

In Tabelle II.8 sind die Charakteristika einiger aus praktischer Sicht bedeutender radioaktiver Isotope zusammengestellt. In der Tabelle ist die Photonenenergie aufgeführt, denn praktisch wird beim Messen nur die elektromagnetische Strahlung genutzt. In der Diagnostik benutzt man γ-strahlende Isotope, deren physikalische und/oder biologische Halbwertszeit kurz ist, denn so lässt sich die unerwünschte Strahlenwirkung verringern. In der Therapie kommen andere Aspekte zur Geltung. Hier liegt das Hauptproblem darin, die radioaktiven Isotope an ihr Ziel zu bringen und es werden auch stark ionisierende α-Strahler eingesetzt (s. II/3.2.3).

Es sind zahlreiche Pharmaka bekannt, die sich in Abhängigkeit von ihren (bio)chemischen Merkmalen in gewissen Geweben selektiv anreichern. Werden diese Pharmaka mit Isotopen markiert, so erhält man **Radiopharmaka**. Mit dem Studium ihrer Verteilung im Organismus wird die strukturelle und funktionelle Untersuchung der Zielorgane und Gewebe möglich. Die Menge der Aktivitäten und Pharmaka ist relativ gering, so haben sie keinen merkbaren Einfluss auf die untersuchten Prozesse. Die benutzten Radiopharmaka können auf dem derzeitigen Entwicklungsstand der Nuklearmedizin als echte Spurenindikatoren betrachtet werden. Sie lösen auch keine hyperallergischen Reaktionen aus (im Gegensatz zu den Kontrastmitteln bei der Röntgenuntersuchung).

In II/3.2.1 wurde der radioaktive Zerfall von ^{99}Mo besprochen. Dabei entsteht das reine γ-strahlende Tc-Isotop. In der täglichen Nukleardiagnostik ist die Markierung mit ^{99m}Tc eine der am weitesten verbreiteten Methoden, weil hier der Zerfall mehrere sehr günstige Eigenschaften aufweist. Wie wir gesehen haben, kann das metastabile Tc-Isotop chemisch separiert werden. Die Halbwertszeit des reinen γ-strahlenden Tc ist mit 6 Stunden kurz, deshalb reicht eine geringe Menge zum Erreichen der notwendigen Aktivität, und so ist die Strahlenbelastung nicht zu groß. Diese Halbwertszeit ist auch optimal für die chemische Isolierung vom Mutterelement sowie die Synthese des Radiopharmakons. Dabei ist die lange Halbwertszeit des Mutterelements (T = 66 Stunden) auch aus der Sicht der leichten (nicht zu häufigen) Beschaffung günstig. In der Nuklearmedizin kommen oft auch die Isotope ^{67}Ga, ^{201}Tl, ^{123}I, ^{131}I und ^{111}In zur Anwendung.

II/3.2.5 Detektieren der ionisierenden Strahlungen

Die Detektierungsmethoden beruhen ohne Ausnahme darauf, dass die radioaktive Strahlung Energie trägt und durch gewisse Wechselwirkungen bestimmte Veränderungen verursacht. Diese Änderungen werden zum Detektieren der Teilchen genutzt.

Bei den auf γ-Strahlung basierenden isotopdiagnostischen Methoden muss der Strahlendetektor so gewählt werden, dass die Intensität der Photonenenergie, die aus dem Organismus oder der Laborprobe austritt, mit höchstmöglicher Empfindlichkeit gemessen wird. Dazu eignen sich ausgezeichnet Szintillationsdetektoren, die auf die Photonen der Strahlung mit Emission von Lichtphotonen antworten.

Als Szintillatoren können sowohl feste als auch flüssige Stoffe benutzt werden. Feste Szintillatoren sind: Cu- und Mg-haltiges ZnS, Tl-haltiges NaI. Flüssige Szintillatoren sind: Anthracen, Stilben, Naphtalen, 2,5-Diphenyloxazol („PPO"), 1,4-Di-[2-(5-phenyl)-oxazolil]-benzol („POPOP"). In der medizinischen Diagnostik kommen am häufigsten mit Tl aktivierte NaI Kristalldetektoren zur Anwendung.

In den Szintillationsdetektoren ist die Größe des Lichtimpulses proportional zur Energie, welche die Ionisation auslöst, und die Zahl der Impulse ist proportional zur Aktivität des Präparates. Die Funktion der Szintillationsdetektoren und ihre Anwendung sind in VIII/3.2 beschrieben.

II/3.2.6 Teilchenbeschleuniger in der Medizin

Zur Strukturanalyse der Atomkerne, zur Herstellung spezieller radioaktiver Isotope sowie zur Strahlentherapie besteht oft ein Bedarf an hochenergetischen, „schnellen", geladenen Teilchen. Bei elektrisch geladenen Teilchen

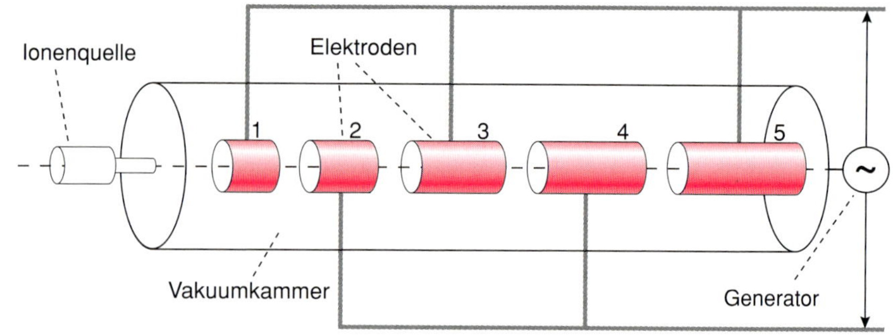

Abb. II.68. Linearbeschleuniger

werden zur Teilchenbeschleunigung elektrische und magnetische Felder benutzt. Mit relativ einfachen Mitteln lassen sich dabei Potenzialunterschiede sogar von einigen Millionen Volt erzeugen. (Der Anwendung von höheren Spannungen setzen die elektrischen Entladungen zwischen den Elektroden eine Grenze.) Im Folgenden beschreiben wir die grundlegenden Typen, die in der Praxis benutzt werden.

Linearbeschleuniger

In Linearbeschleunigern werden die geladenen Teilchen bei relativ geringer Spannung unter Ausnutzung mehrerer Zyklen beschleunigt. In Abb. II.68 ist der schematische Aufbau eines Linearbeschleunigers dargestellt. Auf die geladenen Teilchen wirkt zwischen den Elektroden mit Potenzialunterschied eine beschleunigende Kraft. Es ist bekannt, dass im von elektrischen Leitern umschlossenen Raum das elektrische Kraftfeld gleich Null ist. Die Protonen (oder anderen beschleunigten Teilchen) werden nach Verlassen der Ionenquelle in Richtung der 1. Elektrode beschleunigt. Im Innern der zylindrischen Elektrode bewegt sich das Proton in Ermangelung des elektrischen Feldes mit gleichbleibender Geschwindigkeit. Im Zwischenraum zwischen der 1. und 2. Elektrode befindet sich wieder ein beschleunigendes elektrisches Feld, weil der Hochfrequenzgenerator während des Durchquerens der Teilchen durch die Elektrode die Polarität ändert. Die Bedingung der erfolgreichen Beschleunigung ist, dass die Polaritätsänderung des Generators mit der Bewegung der Teilchen in bzw. zwischen den Elektroden synchron sei.

Wegen der konstanten Frequenz und der immer schnelleren Bewegung der Teilchen werden entlang der Beschleunigungsröhre immer längere Elektroden benutzt. Es ist selbstverständlich, dass die Teilchen nur in „kleinen Dosen" beschleunigt werden. Die Generatorspannung kann theoretisch nur in jeder zweiten halben Schwingungsdauer ausgenutzt werden (in Wirklichkeit nur in einem Bruchteil). Mit dieser Methode lassen sich Protonenenergien von 50–60 MeV erzielen. Es wurden auch Linearbeschleuniger für schwere Ionen konstruiert, in der Strahlentherapie benutzt man jedoch lineare Elektronenbeschleuniger. Im letzteren Fall löst ein hochenergetisches Elektronenbündel ähnlich wie in der Röntgenröhre über die Bremsstrahlung die Emission von Röntgenphotonen aus. Diese Röntgenphotonen sind hoch-

Die Konsequenzen der Lorentz-Kraft im Zyklotron
Die zum Durchlaufen der Kreisbahn notwendige Zeitdauer lässt sich aus dem Umfang und der Bahngeschwindigkeit des Teilchens berechnen:
$$T = \frac{2\pi r}{v}\;.$$
Aus der Gleichung kann die Geschwindigkeit mit Hilfe der Beziehung $qvB = \frac{mv^2}{r} \Rightarrow v = \frac{rqB}{m}$

eliminiert werden. Weil die Winkelgeschwindigkeit ω des Teilchens gleich $2\pi/T$ ist, erhält man $\omega = \frac{qB}{m}$

energetisch und können in der Strahlentherapie die γ-Photonen der Kobaltkanonen ablösen.

Zyklotron

Auch das Zyklotron ist ein geeigneter Beschleuniger zur Erzeugung hochenergetischer Teilchen. Die Beschleunigung erfolgt in einem Magnetfeld auf einer Kreisbahn. (Die tatsächliche Bahn ähnelt eher einer Spirale.) Das Magnetfeld hat keinen Einfluss auf die absolute Geschwindigkeit der Teilchen, es liefert nur mit Hilfe der Lorentz-Kraft, die auf die sich bewegenden Ladungen wirkt, die zur Kreisbewegung notwendige Zentripetalkraft (s. „*Die Konsequenzen der Lorentz-Kraft im Zyklotron*").

Das Grundprinzip der Apparatur ist in Abb. II.69 dargestellt. Die als Duanten bezeichneten D-förmigen Halbkreisdosen dienen als Elektroden. Die zu beschleunigenden Ionen gelangen aus der Ionenquelle im geometrischen Mittelpunkt der Apparatur in das Beschleunigungsfeld der Elektroden und werden bis zum Erreichen der Kontur der entsprechend polaren Elektrode beschleunigt. Innerhalb der Duanten besteht kein elektrisches Feld, hier bewegen sich die Teilchen in dem zur Ebene der Zeichnung senkrechten Magnetfeld mit konstanter Geschwindigkeit auf einer Kreisbahn. Nach Durchlaufen einer halben Kreisbahn erreichen sie wieder das elektrische Feld zwischen den Duanten, dessen Polarität synchron zur Bewegung jede halbe Umkreisung wechselt. Die Frequenz ist infolge der Lorentz-Kraft und der Anordnung konstant, deshalb wirkt auf die Teilchen bei jedem Durchlaufen des Zwischenraumes D_1 –D_2 eine Beschleunigungskraft. Mit Erhöhung der Anzahl der Beschleunigungszyklen kann die erreichbare Energie nicht grenzenlos erhöht werden, weil bei großen Geschwindigkeiten der Teilchen ihre Bewegung infolge ihrer relativistischen Massenzunahme nicht mehr synchron zur Generatorfrequenz ist. Das kann mit Änderung des Magnetfeldes oder der Frequenz korrigiert werden. Die nach diesem Prinzip funktionierenden, weiterentwickelten Zyklotrone werden als Synchrotron (Synchrozyklotron) bzw. Phasotron bezeichnet.

In der Medizin werden einzelne Zyklotrontypen zur Erzeugung von kurzlebigen, hauptsächlich Positronen emittierenden Isotopen benutzt. Solche Isotope generierende Zyklotrone sind dort zu finden, wo als modernes diag-

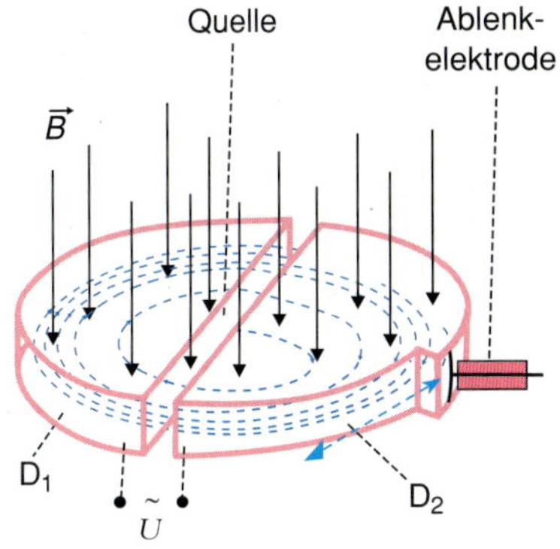

Abb. II.69. Aufbau des Zyklotrons

nostisches Verfahren PET (Positronenemissionstomographie) eingesetzt wird. Diese Apparaturen haben eine mittlere Leistung (Teilchenenergie ≈ 50 MeV) (s. „*Teilchenbeschleuniger als Mittel zur molekularen Strukturanalyse*").

Teilchenbeschleuniger als Mittel zur molekularen Strukturanalyse

Die Teilchenbeschleuniger haben nicht nur für die Physik der Elementarteilchen bzw. die hochenergetische medizinische Therapie viel Neues gebracht. Die geladenen beschleunigten Teilchen erzeugen eine sehr intensive elektromagnetische Strahlung in fast allen Wellenlängenbereichen des Spektrums. Diese Strahlungen kann man z. B. bei der Strukturanalyse der Makromoleküle nutzen. Die Messanlagen neben Zyklotronen und heutzutage hauptsächlich neben Synchrotronen bieten von der Röntgenkristallographie bis zur Fluoreszenzanalyse mit ausgezeichneter zeitlicher Auflösung eine außerordentliche Hilfe bei den Untersuchungen der Eigenschaften und der Struktur von biologisch wichtigen Molekülen. Die Teilchenbeschleuniger emittieren Strahlungsimpulse mit Impulsperioden von 50-100 Femtosekunden. Diese Zeitspanne ermöglicht z. B. die sehr genaue Untersuchung von Prozessen mit einer Lebensdauer von Pikosekunden. Die gleichfalls als Nebenprodukt entstehenden hochenergetischen Strahlungen fördern die Aktivierungsspektroskopie der Elemente.

II/4 Dosimetrie

Die Aufgabe der Dosimetrie besteht darin, die verschiedenen ionisierenden Strahlungen so zu messen, dass man danach auf ihre biologische Wirkung folgern kann. Diese Voraussage ist sowohl bei therapeutischen Eingriffen als auch beim Aufstellen des Strahlenschutzes notwendig. Es ist eine grundlegende Erfahrung, dass die ionisierenden Strahlungen in dem Masse biologisch wirksam sind, wie ihre Energie in den Körpergeweben in ionisierende Energie umgewandelt wird. Die Aufgabe der Dosimetrie ist es also, die in den Körpergeweben in Ionisationsenergie umgewandelte Strahlungsenergie mit messbaren Größen zu verbinden und aufgrund der absorbierten Energie das wahrscheinliche Ausmaß der biologischen Wirkung vorherzusagen.

Die α- und die β-Strahlung **ionisieren** durch ihre elektrische Ladung **direkt**, während die Röntgenstrahlung, die γ-Strahlung und die Neutronenstrahlung **indirekt ionisieren** (also selbst nur geringe Änderungen verursachen, ihre Wirkung erfolgt über die Erzeugung von Elektronen und Ionen). Dabei kann sich natürlich die Strahlungsquelle (z. B. eine radioaktive Substanz) sowohl außerhalb als auch innerhalb des Körpers befinden. Bei der Strahlenwirkung ist die Ionisation nur der erste Schritt einer langen Reihe von physikalischen und chemischen Vorgängen, die schließlich zur biologischen Wirkung führen. Sind die Folgen dieser Vorgänge irreparabel, so können sie über die Veränderungen der biochemischen Reaktionen der Zelle oder über Mutationen zur Schädigung, eventuell Zerstörung von Zellen, Geweben, Organen bzw. des gesamten Organismus führen. Die biologischen Veränderungen manifestieren sich bei den Personen, die ionisierender Strahlung ausgesetzt waren, im Vergleich zur Exposition zeitlich verzögert – nach Stunden, Wochen, Monaten, Jahren, ja eventuell erst nach Jahrzehnten. Man sieht, dass die biologischen Folgen der Strahlungen sehr verzweigt sind. In vielen Fällen handelt es sich um komplexe Prozesse, die wegen ihrer Komplexität schwer zu erforschen sind. Das spiegelt sich auch in der Vielseitigkeit der Begriffe und der Modellvorstellungen wider. Diese Vielseitigkeit stammt in erster Linie davon, dass mit dem Fortschritt der Wissenschaft immer neue wichtige Vorgänge erkannt wurden. Dabei ist es typisch, dass es wenig Feststellungen gibt, die für das gesamte Gebiet gültig sind. Ehe man also einzelne Beziehungen oder Begriffe benutzt, sollte man sorgfältig auf die genauen Definitionen und Gültigkeitsgrenzen der einzelnen Beziehungen achten. Als Einleitung beschreiben wir die **Aspekte der Klassifizierung der Strahlenwirkung**.

Der Mechanismus der Strahlenwirkung auf den menschlichen Organismus ist in seinen Einzelheiten noch nicht geklärt. Bei den biologischen Schädigungen kommt die primäre Rolle den schon besprochenen Ionisationsvorgängen zu. Aus der Sicht der biologischen Folgen sind aber die verschiedenen Moleküle nicht gleichwertig. Trifft die direkte Wirkung der Energieabsorption ein Molekül mit biologischer Funktion (z. B. DNA), so kommt es zu Veränderungen in diesem Molekül, und man spricht von **direkter Strahlenwirkung**. Es kann aber auch dann zu einer biologischen Schädigung kommen, wenn primär kein biologisch wichtiges Molekül (sondern z. B.

Theorie der Wasseraktivierung

Setzt man eine dünne wässrige Lösung ionisierender Strahlung aus, so wird die radioaktive Strahlung die Wassermoleküle mit bedeutend höherer Wahrscheinlichkeit ionisieren, als die Moleküle des gelösten Stoffes. Das ist an und für sich selbstverständlich, treffen doch die ionisierenden Teilchen mit größerer Wahrscheinlichkeit die in bedeutend größerer Zahl vorhandenen Wassermoleküle als die Moleküle des gelösten Stoffes.
Die Aktivierung des Wassers erfolgt durch die folgenden Reaktionen:

⇒ Die Absorption der Strahlungsenergie führt im ersten Schritt zur Ionisation der Wassermoleküle: $H_2O^+ \rightarrow H_2O^+ + e^-$

⇒ Das entstandene positive Ion kann zur Bildung von $OH^\bullet$ Radikalen führen: $H_2O^+ \rightarrow H^+ + OH^\bullet$

⇒ während die Reaktion zwischen Elektronen und Wassermolekülen zur Bildung von $H^\bullet$ Radikalen (Wasserstoffatomen) und OH^- führen kann: $e^- + H_2O \rightarrow H^\bullet + OH^-$

⇒ $H^\bullet$ und $OH^\bullet$ Radikale können auch durch die Dissoziation von angeregten Wasserstoffmolekülen ($H_2O^\star$) entstehen: $H_2O \rightarrow H_2O^\star \rightarrow H^\bullet + OH^\bullet$

Die so entstandenen Elektronen sind von besonderer biologischer Bedeutung, denn sie stabilisieren sich, indem sie die Wassermoleküle in ihrem Umfeld polarisieren.

Diese langlebigen hydratierten Elektronen können große Entfernungen zurücklegen und mit den biologisch wichtigen gelösten Molekülen reagieren. Die biologisch bedeutenden Produkte, die „Wasserradikalen" sind: e^-_{Wasser}, $H^\bullet$, $OH^\bullet$. Die Rekombination von $H^\bullet$ und $OH^\bullet$ kann die Moleküle H_2, H_2O und H_2O_2 ergeben.

Die $H^\bullet$ und $OH^\bullet$ Radikalen können als oxydierende und reduzierende Stoffe an den biologischen Molekülen (R-H) folgende Veränderungen auslösen:

$$R{-}H + H^\bullet \rightarrow R^\bullet + H_2 \qquad R{-}H + OH^\bullet \rightarrow R^\bullet + H_2O$$
$$R{-}H + H^\bullet \rightarrow R{-}H_2^\bullet \qquad R{-}H + OH^\bullet \rightarrow R{-}HOH^\bullet$$

Die so entstandenen organischen Radikalen können über intramolekulare Prozesse zu irreversiblen Schädigungen führen.

Bemerkung II.16
Der Risikobegriff
In naturwissenschaftlicher Näherung ist das Risiko die Wahrscheinlichkeit eines gewissen Ausmaßes der ungünstigen Folgen einer gegebenen Wirkung. Es ist aber die Tatsache zu berücksichtigen, dass die gesellschaftliche Beurteilung einer schweren Folge auch bei geringer Eintrittswahrscheinlichkeit beträchtlich sein kann. Deshalb hat die Definition des Risikos zwei Hauptaspekte: die Wahrscheinlichkeit der unerwünschten Folgen und die Natur und Schwere der Folgen.

Wasser) betroffen ist. In diesem Fall würde eine Schädigung meistens gar nicht eintreten, da bei den sehr vielen Wassermolekülen eine vorübergehende Veränderung keine entscheidende Rolle spielt. Über verschiedene Reaktionswege kann die Wirkung jedoch auf ein biologisch wichtiges Molekül übertragen werden und dieselben Folgen haben, wie im Fall der direkten Wirkung (s. „*Theorie der Wasseraktivierung*"). Hier spricht man von einer **indirekten Strahlenwirkung**.

Es ist anzunehmen, das auf dem Zellniveau sowohl die direkte als auch die indirekte Strahlenwirkung zur Geltung kommen. Im Vergleich zu den einzelligen Lebewesen – auf sie beziehen sich schon aus Populationsgründen die meisten Untersuchungen – treten im menschlichen Organismus bedeutend kompliziertere Wechselwirkungen auf. Der Blutstrom kann die bei der Strahlenverletzung eventuell entstehenden biologisch aktiven Verbindungen von der Wirkungsstelle abtransportieren, und so kann auch eine Fernwirkung ▶ auftreten. Die Strahlenwirkung kann in Abhängigkeit vom Ausmaß der Schädigung **reversibel** oder **irreversibel** sein. Die irreversible Strahlenschädigung führt zur Strahlenverletzung, Strahlenkrankheit, deren Verlauf **akut** oder **chronisch** sein kann.

Aus praktischer Sicht ist der Zusammenhang zwischen den biologischen Wirkungen der Strahlung (Strahlenschäden) und der Dosis der erlittenen Strahlenbelastung von entscheidender Wichtigkeit. Bei höheren Lebewesen ist natürlich nicht zu erwarten, dass die Beziehung der beiden Quantitäten in dem bei 0 beginnenden breiten Dosisbereich überall gleich sei. Es gibt jedoch Phänomene und Dosisbereiche, bei denen man nach dem Charakter der Beziehung zwei grundlegende Mechanismen der Strahlenschädigung unterscheiden kann. Diese beiden Familien sind die der **stochastischen** und der **deterministischen** Strahlenschäden.

Stochastische Wirkung. Auf Molekül- oder Zellebene ist jede Strahlenschädigung stochastisch. Das bedeutet, dass die Wahrscheinlichkeit der Schädigung mit der Strahlenbelastung zunimmt (Abb. II.70a). Die Qualität der Schädigung (der Schweregrad) hängt jedoch nicht von der Strahlenbelastung ab. Auf dem Niveau des Gesamtorganismus gehören dazu z. B. die Tumoren oder die Schädigung, die sich bei den Nachkommen manifestieren, wahrscheinlich weil diese unmittelbar aus den molekularen Phänomenen der Verletzung des Erbgutes folgen. Bei der stochastischen Strahlenschädigung lässt sich kein unterer Grenzwert der Strahlenbelastung feststellen, unter dem überhaupt keine Schädigung auftritt. Dabei kann man nicht vorhersagen, bei welchen Personen, die die gleiche Dosis erhalten haben, Jahre später Strahlenschäden auftreten und bei welchen nicht. Das **Risiko**, das eine gegebene Population bei gegebener Strahlenbelastung trifft, kann nach der Wahrscheinlichkeit der Schädigung geschätzt werden (s. Bemerkung II.16).

Deterministische Wirkung. Bei einzelnen Organen, Gewebearten des lebenden Organismus, die Strahlenschäden gegenüber weniger empfindlich sind, kann man Symptome beobachten, die nur bei höherer Strahlenbelastung auftreten. Diese Gewebe, Organe bleiben funktionstüchtig, bis die Menge der zerstörten Zellen eine gewisse Grenze erreicht (**Schwellendosis**). Die Strahlenschädigung, die sich mit der Funktion in Abb. II.70b beschreiben lässt, bezeichnet man als deterministische Wirkung. Bei diesem Phänomen nimmt die Schwere der Schädigung mit der Höhe der Dosis auch zu. Zu den deterministischen Strahlenverletzungen gehören z. B. die Abnahme der Leukozyten, Erythem, vorübergehende oder bleibende Sterilität und die charakteristischen Symptome der sog. Strahlenkrankheit. Die deterministische Strahlenschädigung tritt über dem Grenzwert bei allen Personen ein. Ihre Wirkung bei hoher Strahlenbelastung wird in der Therapie zur Zerstörung von Tumorzellen ausgenutzt.

Das Risiko ist die – in gewissen Fällen eintretende – Wahrscheinlichkeit der Schädigung von Gesundheit, Umwelt und materiellen Gütern, auch unter Beachtung der Natur und Größe der Schädigung. Sein Wert variiert zwischen 0 und 1, er ist 0, wenn das Ereignis nicht eintritt, und 1, wenn es sicher eintritt.
Aus der Definition geht hervor, dass die Bestimmung des Risikos eine ziemlich komplizierte Aufgabe ist.

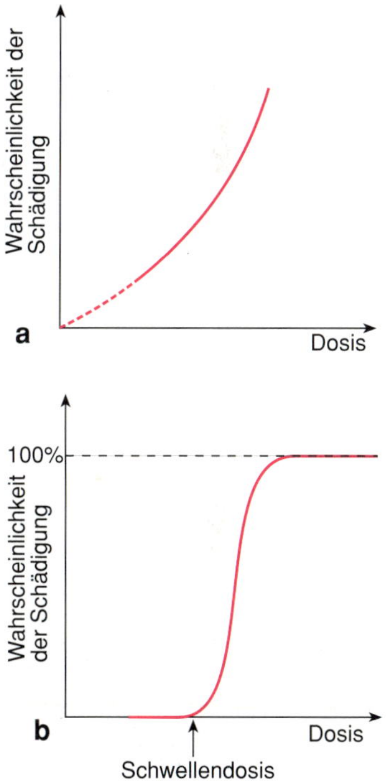

Abb. II..70. Beziehung zwischen der erlittenen Strahlendosis und der Wahrscheinlichkeit der Strahlenwirkung. **a.** stochastische Schädigung, **b.** deterministische Schädigung

II/4.1 Dosisbegriffe

Vor 1928 gab es noch keine Einheit der Strahlendosis. Statt dessen wurden die Expositionsbedingungen der Röntgenröhre beschrieben (Zeitdauer, Spannung, Stromstärke). Das reichte nicht aus, denn die Röntgenröhren wa-

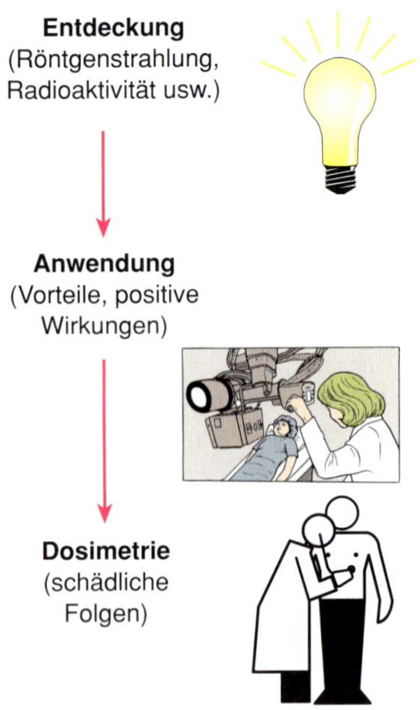

Abb. II.71. Neben den großen Vorteilen unserer Entdeckungen haben diese oft auch ernsthafte schädliche Wirkungen. Das Abschätzen des Ausmaßes der schädlichen Wirkung ist Aufgabe der Dosimetrie, in erster Linie zur Prophylaxe.

ren nicht kalibriert, und auch die Messverfahren der Spannung und Stromstärke waren ziemlich primitiv. Als Alternative wurde oft die Hautdosis (Erythem) benutzt. Das ist die Strahlendosis, die notwendig ist, um beim Patienten (bzw. leider oft beim Bediener der Strahlenquelle) ein Erythem zu verursachen. Auch diese Methode eignete sich zur Messung der Dosis nicht, denn die Erythemdosis ist individuell sehr unterschiedlich. Sie hängt außerdem auch davon ab, an welchem Körperteil die Erythembildung untersucht wird.

Im Laufe der Entwicklung der Zivilisation ändert die Menschheit durch viele wichtige Entdeckungen ihre Umwelt. Aber jede Erfindung hat neben den vorteilhaften Eigenschaften auch schädliche Folgen (Abb. II.71). Das trat auch nach Entdeckung der Röntgenstrahlung bzw. der Radioaktivität ein. Die Röntgenstrahlung wurde in den Krankenhäusern sofort eingesetzt und hatte und hat auch heute noch eine enorme Bedeutung für die Diagnostik. Es stellte sich aber bald heraus, dass sie auch schwere Gesundheitsschäden verursachen kann. Vor der Entdeckung der Röntgenstrahlen gab es diese Probleme nicht, denn in der natürlichen Umwelt existieren keine erwähnenswerten Röntgenquellen. Mit diesen Problemen, die wahrscheinlich noch zunehmen werden, haben wir mit den Chemikalien zu kämpfen, die in der Natur nicht zu finden sind und deshalb nicht in die natürlichen Zerfallprozesse passen, bzw. in unseren Tagen mit der UV Strahlung. In erster Linie ist hier die Prophylaxe zu betonen, aber es ist auch wichtig, die Schwere der schon eingetretenen Schädigung aus therapeutischer Sicht zu beurteilen. Alle diese Probleme ließen die Wissenschaft der Dosimetrie entstehen und beweisen ihre Wichtigkeit (s. „*Das breite Spektrum der Dosisbegriffe*").

Das breite Spektrum der Dosisbegriffe

Die Dosis ist ein außerordentlich komplexer Begriff; die genaue Definition, die Probleme der Interpretation und Messung der Dosis gehen über den Rahmen des Kapitels und des Lehrstoffes der Biophysik hinaus. Im Folgenden geben wir die Definition der Dosis nur in der Tiefe, wie sie zur Lösung der Probleme beim biophysikalischen Studium unbedingt erforderlich ist.

Beim Definieren der *Dosis* gehen wir davon aus, dass die Dosis ein Kennwert ist, der die physikalische und chemische Wirkung der von einem Medium aufgenommenen Energie während einer physikalischen Wechselwirkung charakterisiert. Die Dosis soll in diesem Sinne ein *Produkt von Leistung und Zeit* sein. Bei der Definition der Dosis werden gewöhnlich zwei wesentliche Eigenschaften erwähnt: 1. die Additivität und 2. die Linearität. Das lässt sich mathematisch am einfachsten folgendermaßen beschreiben:

$$D \sim D_1 + D_2 \quad \text{und} \quad D = k \cdot D_o \,,$$

wobei D_1 und D_2 zwei separate Dosen, k ein Koeffizient und D_0 eine gegebene Dosis sind.

In den obigen Definitionen setzen wir stillschweigend voraus, dass das Reziprozitätsgesetz gilt. Das könnten wir z. B. so formulieren, dass bei gleicher Dosis eine größere Leistung in kürzerer Zeit dieselbe Wirkung hat wie eine geringere Leistung in längerer Zeit.

Es ließen sich zahlreiche Beispiele dafür bringen, dass die Bedingungen der obigen Definition bei den Wirkungen in biologischen Systemen nicht immer erfüllt sind. Sowohl die Additivität als auch die Linearität gelten nur in gewissen Bereichen in dem Sinne, dass die Wirkung infolge der physikalischen, chemischen Einwirkungen nicht direkt proportional zur Dosis des physikalischen oder chemischen Schadens ist.

Im ersten Teil behandeln wir eingehend die Dosimetrie der ionisierenden Strahlungen, weil diese das älteste Gebiet mit den größten Erfahrungen darstellt. Am Ende des Kapitels erwähnen wir auch die Möglichkeiten der Schädigungen durch nicht ionisierende Strahlungen und Chemikalien.

Als erstes müssen wir geeignete Größen, sog. Dosisbegriffe definieren, die Informationen über den Schweregrad der zu erwartenden Folgen geben. Dazu müssen wir in großen Zügen die wichtigsten Schritte der Schadensentstehung überblicken. Wie bei jeder Strahlung breitet sich auch mit den ionisierenden Strahlungen Energie aus. Nach unseren heutigen Kenntnissen – und wir haben keinen Grund etwas anderes anzunehmen – übt nur der Teil der Energie irgendeine, so auch eine negative Wirkung aus, der im menschlichen Organismus absorbiert wird. Diese Energie zeigt verschiedene Wirkungen: sie wandelt sich einerseits in Wärme um, andererseits verursacht sie verschiedene Veränderungen in der lebenden Materie. Die wichtigste Folge ist die Ionisation, wonach sie auch ihre Bezeichnung erhalten hat. Nach den physikalischen Schritten der Energieabsorption können die entstandenen Produkte an verschiedenen chemischen Reaktionen teilnehmen. Diese chemischen Reaktionen können biologische Folgen haben. Aus Sicht der Gesundheitsschädigung sind natürlich diese biologischen Folgen wichtig.

Bemerkung II.17
Erwärmung von Körpergewebe durch absorbierte Energie
Wie wir später sehen werden (s. Tabelle II.13 in II/4.4.4), führt das Absorbieren von ca. 6 – 8 J Energie in 1 kg Körpergewebe praktisch zum Tod. Wird dieselbe Energie in ganzem Umfang zum Erwärmen genutzt, dann lässt sich nach der bekannten Beziehung $E = mc\Delta t$ (c_{Gewebe} ca. 4kJ/kg) abschätzen, dass diese Energie nur eine Erwärmung von $1\text{-}2 \cdot 10^{-3}$ C° bewirkt. Das Messen einer solchen Änderung stellt die Technik vor eine sehr schwere Aufgabe (auf gut deutsch, die Änderung lässt sich nur unter größten Schwierigkeiten messen), deshalb ist die Wärmewirkung für Messzwecke nicht geeignet.

II/4.1.1 Physikalische Dosisbegriffe

Louis Harold Gray englischer Physiker (1905–1965)

Das grundlegende Ziel der Dosimetrie ist es, die mit der biologischen Wirkung zusammenhängenden physikalischen Größen zu definieren und mit messbaren Größen in Beziehung zu setzen. Wir hatten schon festgestellt, dass die im Organismus **absorbierte Energie** die physikalische Größe ist, welche die biologische Wirkung auslöst. Dementsprechend ist die **absorbierte Dosis (Energiedosis)** definiert. Bei ihrer Bestimmung reicht es nicht aus, nur die aus der Strahlung absorbierte Energie in Betracht zu ziehen. Es ist auch wichtig, wie groß die Stoffmenge ist, in der diese Energie zur Wirkung kommt. So lautet die Definition dieser Dosis mit dem Formelzeichen D:

$$D = \frac{\Delta E}{\Delta m} \quad , \qquad \text{(II.105)}$$

wobei ΔE die Energie ist, die in der Masse Δm eines Körpers absorbiert wird. Die Maßeinheit ist J/kg = Gy, d. h. Gray. In der Definition sind weder eine Strahlung noch eine Materie ausgezeichnet, es handelt sich also um die für jede Strahlung und Materie gültige Dosis. Die Messung der absorbierten Energie basiert auf der von ihr ausgelösten Wirkung. Die Bestimmung der absorbierten Energie selbst ist wegen ihres relativ geringen Wertes nicht einfach (s. Bemerkung II.17).

Später werden wir Beispiele für Messmethoden bringen (s. II/4.2), deren einfachste Form die Messung der von der Strahlung ausgelösten Ionisation ist. Die Bestimmung der Ladungsgröße ist eine einfache elektrische Messaufgabe, für die es schon seit langer Zeit genaue Methoden gibt.

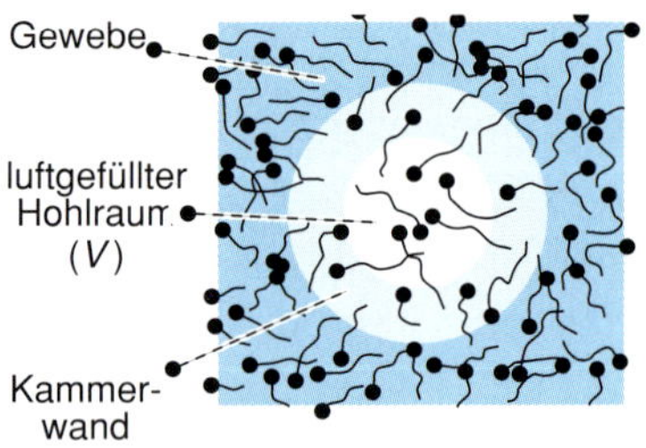

Abb. II.72. Demonstration des Elektronengleichgewichtes. Die schwarzen Punkte veranschaulichen die Elektronen, die Linien ihren Weg.

Es ist schwierig, die Größe der durch die ionisierende Strahlung erzeugten Ladung in Körpergeweben oder in Flüssigkeiten zu messen, weil es in diesen Medien ab ovo viele geladene Teilchen mit geringer Beweglichkeit und kurzer freier Weglänge gibt. Deshalb ist es zweckmäßig, die Messungen in Gasen durchzuführen. Am einfachsten führt man solche Messungen in Luft durch. Dann lautet die Definition der gemessenen Größe mit dem Formelzeichen X und der Bezeichnung **Ionendosis:**

$$X = \frac{\Delta Q}{\Delta m} = \frac{1}{\rho}\frac{\Delta Q}{\Delta V}\,, \tag{II.106}$$

wobei ΔQ die positive oder negative Ladung ist, die beim Elektronengleichgewicht durch Ionisation von Luft der Masse Δm und des Volumens ΔV von Röntgen- oder γ-Strahlung erzeugt wird. Die Maßeinheit ist C/kg. Dabei bedarf noch der **Begriff Elektronengleichgewicht** der Erklärung. Zum besseren Verständnis betrachten wir Abb. II.72. Während der Messung entstehen durch die Bestrahlung in und außerhalb des Messvolumens V sekundäre Elektronen, die im Mittel eine gegebene Distanz in der Luft bzw. in der Umgebung durchlaufen, ehe sie zur thermischen Geschwindigkeit gelangen. Dabei verlässt natürlich ein Teil von ihnen das Volumen V und ein anderer Teil tritt ein. Man misst nun eigentlich die Ionisation durch die sekundären Elektronen. Von einem Elektronengleichgewicht spricht man dann, wenn die Zahl der aus dem Volumen V austretenden Elektronen mit der Zahl der eintretenden Elektronen übereinstimmt. Das ist am einfachsten zu realisieren, indem die Luft von Luft umgeben ist. In der Praxis hat das Material der Kammerwand aus Sicht der Ionisation ähnliche Eigenschaften wie die Luft. Die Kammerwand besteht aus einem sog. luftäquivalenten Material und ist ausreichend dick, deshalb gelangen die in den Geweben entstandenen Elektronen nicht in die Kammer.

Da die biologische Wirkung proportional zur absorbierten Dosis der Gewebe ist, sollen wir diese bestimmen. Es lohnt sich also nur dann, die Ionendosis zu messen, wenn wir sie in die absorbierte Dosis umrechnen oder diese aufgrund der Messergebnisse in annehmbarer Näherung schätzen können. Ziehen wir in Betracht, welche Energie zur Erzeugung eines Ionenpaares in Luft notwendig ist. Das ist ein bekannter Wert, im Mittel ungefähr 34 eV. Soviel Energie wird zur Anregung einer negativen Elektronenladung benötigt. Berücksichtigt man, dass 1 eV = 1,6 · 10^{-19} J ist, so kann man die von der Luft absorbierte Dosis aus der Ionendosis, also aus dem Messergebnis bestimmen:

$$D_{\text{Luft}} = f_0 \cdot X \quad \text{und} \quad f_0 = 34\ \text{J/C}. \tag{II.107}$$

Luft und Körpergewebe verhalten sich aber der Strahlung gegenüber unterschiedlich, deshalb wird für das Ausmaß der Schädigung die in den Geweben absorbierte Dosis ausschlaggebend sein. Die Abweichung können wir in Abhängigkeit vom Messverfahren mit einem Korrektionsfaktor berücksichtigen (s. „*Der Zusammenhang von absorbierter Dosis und Massenschwächungskoeffizient sowie Massenbremsvermögen*").

Der Zusammenhang von absorbierter Dosis und Massenschwächungskoeffizient sowie Massenbremsvermögen

Bei Energien unter 0,6 MeV („Photonendetektor”) gibt es bei der Absorption von Röntgen- bzw. γ-Strahlen einen Unterschied zwischen Gewebe und Luft. Die absorbierten Energien verhalten sich zueinander wie die entsprechenden Massenschwächungskoeffizienten μ_m, wenn die Strahlungsenergie in den verglichenen Volumenelementen gleich ist, d. h.

$$\frac{D_{\text{Gewebe}}}{D_{\text{Luft}}} = \frac{\mu_{m,\text{Gewebe}}}{\mu_{m,\text{Luft}}}.$$

Tabelle 1. Massenschwächungskoeffizient der Gewebe auf Luft bezogen

E_{Photon}	$\mu_{m,\text{Gewebe}}/\mu_{m,\text{Luft}}$	
(MeV)	Weichteile	Knochen
0,1	1,07	3,54
0,2	1,08	2,4
0,4	1,10	1,25

In Tabelle 1 sind die entsprechenden Werte einiger Gewebe angegeben.

Bei Energien über 0,6 MeV („Elektronendetektor”) stimmt die Dichte der Sekundärelektronen in der Kammer und in ihrer Umgebung überein, aber das Massenbremsvermögen s (anders bezeichnet LET, lineare Energieübergabe, s. II.3.2.3) ist bezüglich der Elektronen unterschiedlich. In diesem Fall wird der Quotient der absorbierten Dosen gleich dem Quotienten der Massenbremsvermögen s_m sein:

$$\frac{D_{\text{Gewebe}}}{D_{\text{Luft}}} = \frac{s_{m,\text{Gewebe}}}{s_{m,\text{Luft}}}.$$

Als Beispiel sind in Tabelle 2 die Korrektionsfaktoren für Kohlenstoff angegeben.

Die obigen Proportionalitäten lassen sich wie folgt nachweisen.

Tabelle 2. Massenbremsvermögen von Kohlenstoff auf Luft bezogen im Fall von Elektronen

E_{Elektron} (MeV)	$s_{m,C}/s_{m,\text{Luft}}$
0,1	1,016
0,3	1,007
1,0	0,985
3,0	0,946

a) Von der in Gl. (II.10) geschriebenen Form des Absorptionsgesetzes ausgehend erhalten wir über die unten aufgeführten Schritte die Proportionalität $\Delta J \sim \mu J \Delta x$, unter Ausnutzung der Definition der Intensität und durch Division beider Seiten mit der Dichte

$$\frac{\Delta E}{\rho A \Delta t} \sim \frac{\mu}{\rho} J \Delta x,$$

schließlich durch Multiplikation beider Seiten mit $\Delta t / \Delta x$

$$\frac{\Delta E}{\frac{\Delta m}{\Delta V} A \Delta x} \sim \mu_m J \Delta t, \text{ d.h. } D \sim \mu_m J \Delta t.$$

Die absorbierte Dosis ist also direkt proportional zu μ_m.

b) Von der Definition des Bremsvermögens ausgehend führen die folgenden Schritte zur Proportionalität: $\frac{\Delta E}{\Delta x} = s$, die rechte Seite mit A/A erweitert und beide Seiten mit Δx multipliziert $\Delta E = \frac{A}{A} s \Delta x$, dann beide Seiten durch Δm dividiert erhalten wir $\frac{\Delta E}{\Delta m} = \frac{1}{A} s \frac{\Delta V}{\Delta m}$ d. h. $D = \frac{1}{A} \frac{s}{\rho} = \frac{1}{A}$, also ist in diesem Fall D direkt proportional zu s_m.

II/4.1.2 Biologische Dosisbegriffe

Tabelle II.9. Wichtungsfaktoren (w_R) bei verschiedenen Strahlungen

Strahlung und Energiebereich	w_R
Photonen	1
Elektronen	1
Neutronen, wenn E_N < 10 keV	5
E_N: 10 keV–100 keV	10
E_N: 100 keV–2 MeV	20
E_N: 2 MeV–20 MeV	10
E_N > 20 MeV	5
Protonen, Ep > 2 MeV	5
α-Teilchen, schwere Kerne	20

Wir haben schon darauf aufmerksam gemacht (s. II/4), dass die biologische Wirkung in direkter Beziehung zur absorbierten Energie steht, und eine Beschreibung gegeben, wie man die absorbierte Dosis aus realen Messergebnissen ermitteln kann. Diese Überlegungen und Beziehungen reichen aber nicht in jedem Fall aus, um aus der absorbierten Energie auf das Risiko der biologischen Schädigung zu schließen. Deshalb war die Einführung von Korrektionsfaktoren notwendig, die aus der statistischen Analyse von biologischen Erkenntnissen ermittelt sind. Bei der Einführung dieser Wichtungsfaktoren dachte man auch an die Beschreibung der allgemeinsten Konstellationen, nämlich dass z. B. auch die simultanen biologischen Folgen von mehreren Strahlenwirkungen einschätzbar sein sollten. Der Einfachheit halber wurde postuliert, dass die Strahlenwirkungen voneinander unabhängig sind und sich deshalb summieren. Ein ähnliches Prinzip soll auch in Hinsicht auf die Empfindlichkeit der Gewebe gelten.

Äquivalentdosis. Sei D_{TR} die im Gewebe T absorbierte Dosis, die aus der Strahlung R stammt. Die unterschiedliche biologische Wirksamkeit der verschiedenen Strahlungen wird mit einem strahlungsabhängigen Wichtungsfaktor w_R berücksichtigt. Seine Werte für die verschiedenen Strahlungen sind in Tabelle II.9 zusammengestellt. Der so eingeführte neue Begriff ist die **Äquivalentdosis**, Formelzeichen H:

$$H_T = \sum_R w_R \cdot D_{T,R} \qquad \text{(II.108)}$$

Maßeinheit ist J/kg oder Sievert (Sv).

Laut Tab. II.9 ist in Gl. (II.108) selbst die α-Strahlung mit einem ausschlaggebenden Wichtungsfaktor zu berücksichtigen. Das ist aber dadurch gemildert, dass die Reichweite der α-Strahlung sogar in Luft sehr kurz ist. Bei den therapeutisch nutzbaren Neutronen kann die vom Wichtungsfaktor angezeigte erhöhte Wirksamkeit auch mit der Teilchenenergie geändert werden.

Tabelle II.10 Wichtungsfaktoren (w_T) verschiedener Körpergewebe

Gewebe	w_T
Gonaden	0,20
rotes Knochenmark	0,12
Dickdarm	0,12
Lunge	0,12
Magen	0,12
Blase	0,05
Brustdrüse	0,05
Leber	0,05
Speiseröhre	0,05
Schilddrüse	0,05
Haut	0,01
Knochenoberfläche	0,01
Andere	0,05

Effektivdosis. Wir haben nun den charakteristischen Wert der von den verschiedenen Strahlungen im Gewebe T verursachten Schädigung erhalten. Bei der Berechnung des charakteristischen Wertes, der sich auf die Größe der Schädigung des gesamten Körpers bezieht, ist aber die biologische Erkenntnis zu berücksichtigen, dass die verschiedenen Organe auf die Strahlung nicht gleich empfindlich reagieren. Nach den Beobachtungen wirken die Strahlungen in deutlich höherem Maße auf sich teilende und undifferenzierte Zellen als auf andere. Diese und andere Faktoren berücksichtigt der körpergewebeabhängige Wichtungsfaktor w_T, dessen Werte für die einzelnen Gewebearten in Tabelle II.10 zusammengefasst sind. w_T drückt die Wahrscheinlichkeit der relativen stochastischen Schädigung des bestrahlten Gewebes oder Organs T aus. Die Summe der Wichtungsfaktoren:

$$\sum_T w_T = 1 \qquad \text{(II.109)}$$

Danach lässt sich die **Effektivdosis**, die für das Ausmaß der Schädigung des Gesamtorganismus charakteristisch ist, folgendermaßen berechnen:

$$E = \sum_T w_T \cdot H_T \tag{II.110}$$

Formelzeichen ist E, Maßeinheit gleichfalls Sievert.

II/4.1.3 Abgeleitete Dosisbegriffe

Kollektivdosis. Die Kollektivdosis ist die summierte Strahlendosis einer Population bekannter Größe, die in gegebener Zeitdauer aus einer gegebenen Strahlung auf den ganzen Körper (kollektive Effektivdosis) oder auf einzelne Organe (kollektive Äquivalentdosis) einwirkt. Erleiden N_i Personen die Effektivdosis E_i, so wird die Kollektivdosis durch die Beziehung

$$S = \sum_i N_i \cdot E_i \tag{II.111}$$

angegeben, womit die Strahlenbelastung einer gegebenen Population beschrieben ist. Ähnlich lässt sich die auf das Organ T bezogene kollektive Äquivalentdosis S_T bestimmen. In diesem Fall muss in die Gleichung die Äquivalentdosis H_T eingesetzt werden:

$$S_T = \sum_i N_i \cdot H_{T,i} \tag{II.112}$$

Dosisleistung. Von den abgeleiteten Größen ist die Dosisleistung (Dosisrate) deshalb zu erwähnen, weil die biologische Antwort auch vom zeitlichen Verlauf abhängt. Sie ist der Quotient aus der entsprechenden Dosis und der Zeitdauer ihrer Einwirkung. Maßeinheiten sind beispielsweise Gy/Jahr, mSv/h, mSv/Jahr usw. (s. auch Bemerkung II.18). Bei niedriger Dosisleistung ist auch die biologische Wirkung in der Regel geringer. Nimmt die Dosisleistung ab, so verlängert sich die Bestrahlungsdauer und es steht mehr Zeit zur Verfügung die nicht tödlichen Schäden zu beheben.

> Bemerkung II.18
> *Abgegebene Dosis*
> Bei hochenergetischer, indirekt ionisierender Strahlung ist der Energieverlust der einfallenden Strahlung nicht gleich der im Stoff absorbierten Energie, weil auch die sekundäre Strahlung so hochenergetisch sein kann, dass sie aus dem Volumenelement austritt, in dem wir die absorbierte Dosis definieren. Die austretende, nicht absorbierte Strahlung führt natürlich auch Energie mit sich. Für diese Fälle wurde der Begriff abgegebene Dosis oder Kerma (kinetic energy released in material) eingeführt.
> Die Kerma K ist der Quotient aus der Summe der kinetischen Energien aller geladenen Teilchen, die durch indirekt ionisierende Strahlung in einem Volumenelement eines Stoffes freigesetzt wird, und der Masse des Volumenelementes, wo ΔE die an den Stoff mit der Masse Δm abgegebene kinetische Energie ist. Die Einheit ist das Gray (Gy). Das Messen ist kalometrisch möglich.

II/4.2 Dosimeter

Dosimeter sind Messgeräte, bei denen die Wechselwirkung der Strahlung mit dem Detektormaterial ein Messsignal liefert, dessen Signalwert mit der absorbierten Energie der Strahlung in einer einfachen Beziehung steht. Im Folgenden behandeln wir einige häufiger benutzte Dosimeter. Glücklicherweise liefert eine sehr einfache und billige physikalische Messung, die Messung der von der Strahlung erzeugten Ionisation, solche Daten, aus denen die Größe der in den Geweben absorbierten Energie mit guter Näherung ermittelt werden kann. So kann man die Gasionisationsdetektoren als Dosimeter betrachten. Verfügen wir schon über eine Art von Dosimeter, so können wir auch andere physikalische Messmethoden benutzen, denn mit dem Vergleich der unterschiedlichen Messergebnisse lassen sich die neuen Messgeräte kalibrie-

Rolf Maximillian Sievert schwedischer Physiker (1896–1966)

ren. Nach der Messmethode gibt es verschiedene Dosimeterarten, welche die Strahlungsenergie, ihre Art und Intensität aufgrund unterschiedlicher Wirkungen angeben, die aber alle die Strahlungsdosis in genormten Dosiseinheiten anzeigen.

II/4.2.1 Gasionisationsdetektoren

Trifft einen solchen Detektor radioaktive Strahlung, so erzeugen die einfallenden Teilchen in einem gasgefüllten Raum nach den besprochenen Mechanismen Ionen und Elektronen, die sich ihrer Ladung entsprechend in einem elektrischen Kraftfeld zur Kathode und Anode des Detektors bewegen, wobei in dem Gas kurzlebige Elektronenlawinen erzeugt werden. Wird nur die Zahl der von den einzelnen Elektronenlawinen ausgelösten Impulse gemessen, so bestimmt man die Teilchenzahl, die den Detektor trifft. Der Stromkreis kann aber auch so gewählt werden, dass die Signale proportional zur Ladung der Lawine, also proportional zur Energie der einfallenden Teilchen sind. Mit solchen Detektoren lässt sich also außer der einfallenden Teilchenzahl auch ihre Energie bestimmen.

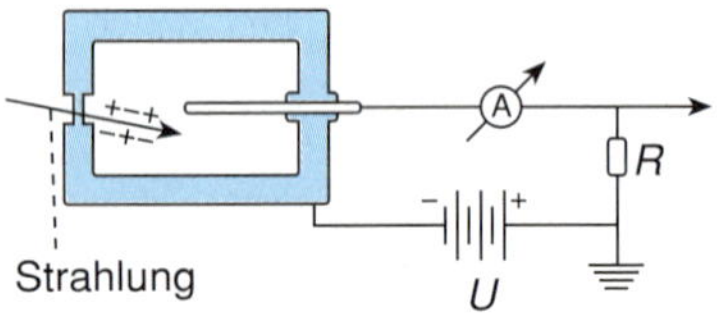

Abb. II.73. Ionisationskammer

Eine Ionisationskammer ist in Abb. II.73 dargestellt. Der Innenraum ist mit einem entsprechenden Gas gefüllt. Der äußere Zylinder bildet die eine Elektrode, und in der Zylinderachse, vom äußeren Zylinder isoliert, bildet ein dünner Draht die zweite Elektrode. Die einfallende radioaktive Strahlung ionisiert das Füllgas, das elektrische Feld der Elektroden trennt die Ionen, die Ladungslawinen erzeugen im äußeren Stromkreis Stromimpulse, die im Widerstand R ein Spannungssignal auslösen. Der Druck und die Natur des Füllgases sowie die angelegte Spannung bestimmen den Detektortyp (Ionisationsimpulskammer, Proportionalzählrohr, GM-Zählrohr).

Die Abhängigkeit der von den einfallenden Teilchen angeregten Stromimpulse von der Spannung bei einem Ionisationsdetektor ist in Abb. II.74 dargestellt.

Ein oft benutztes Gerät zur Messung einer geringen und individuellen Dosis ist die Fingerhutkammer. Ihre geringen Abmessungen, die einfache Bedienung und Auswertung gestatten einen breiten Anwendungsbereich. Ein anderes weit verbreitetes und vielleicht bekannteres Messgerät ist das Geiger-Müller- (oder kurz GM-) Zählrohr. Dank seiner hohen Spannung liefert es leicht zu detektierende, relativ große elektrische Impulse.

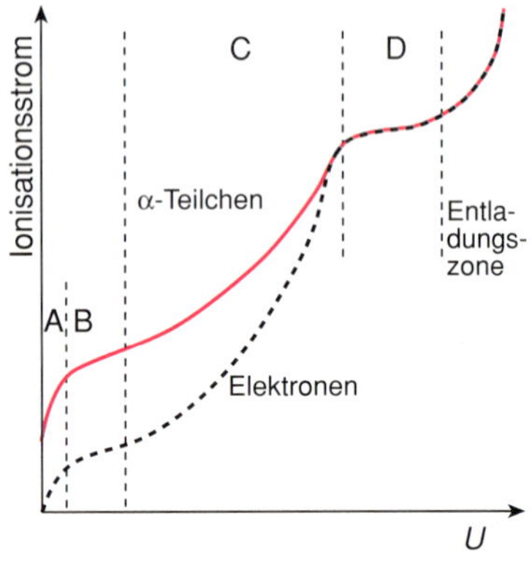

Abb. II.74. Die Anzahl der Ionisierungen als Funktion der Spannung
Bei niedriger Spannung (*A*) bewegen sich die von den Teilchen generierten Ionen mit relativ geringer Geschwindigkeit zu den entsprechenden Elektroden, so ist die Möglichkeit der Rekombination groß. Deshalb kann ein Teil der erzeugten Ionen nicht detektiert werden.
Der Wirkungsgrad des Sammelns nimmt mit steigender Spannung zu.
Im Bereich *B* ist der Wirkungsgrad ~ 100%. Es ist gut zu sehen, dass in diesem Bereich die α-Teilchen mit größerem Ionisierungsvermögen einen größeren Strom bzw. eine höhere Impulsamplitude erzeugen, als die β-Teilchen. Dadurch ist auch die Differenzierung der Teilchen möglich.
Die weitere Erhöhung der Feldstärke bewirkt im Bereich *C* (Proportionalitätsbereich), dass die bei der Primärionisation entstandenen Ladungsträger so beschleunigt werden, dass sie durch Zusammenstöße sekundäre Ionisationen generieren können und im Detektormaterial eine lineare Ladungsverstärkung erfolgt.
Mit weiterer Erhöhung der Feldstärke erreicht man den Bereich *D,* den sog. Geiger-Bereich, in dem die Ladungsvervielfältigung nach der Primärionisation zum Entladen des gesamten Detektormaterials führt. In diesem Bereich arbeiten die Geiger-Müller-Zählrohre.

Wird der Strom der Detektoren gemessen, so lassen sich die Ionisationsdetektoren auch als Messgeräte für die Dosisleistung benutzen. Der gemessene elektrische Strom ist nämlich proportional zu den in der Zeiteinheit erzeugten Ladungen, was wiederum mit der Dosis pro Zeiteinheit, d. h. der Dosisleistung, in Beziehung steht.

Soll die Dosis gemessen werden, so muss man mit einem entsprechenden Schaltkreis die in einer Messperiode entstandenen Ladungen sammeln, was am einfachsten mit einem Kondensator zu erreichen ist. Die am Kondensator gemessene Spannung wird proportional zur Dosis sein.

II/4.2.2 Filmdosimeter

Die Dosimeter, die auf der Schwärzung eines fotografischen Films beruhen, nutzen die chemische Wirkung der ionisierenden Strahlung. (Becquerels erste Beobachtungen basierten auch auf diesem Phänomen). Sie sind als Personendosimeter weit verbreitet. Die Schwärzung des Filmes ist „proportional" zur Strahlendosis, welche die Schicht trifft. Es ist aber ein Problem, dass die Schwärzung nur in einem kleinen Bereich als linear anzusehen ist und stark von der Strahlungsart und Energie abhängt. So wird die Bewertung schwierig, wenn die Dosis einer ionisierenden Strahlung aus mehreren Komponenten zu ermitteln ist. Deshalb erfolgt die befriedigende Auswertung meist in einer Zentrale, in einem dafür ausgerüsteten Labor. Die Wirkung der einzelnen Strahlungsarten lassen sich mit verschiedenen Absorbern trennen, die über einzelnen Teilen des Filmes platziert werden.

II/4.2.3 Thermolumineszenzdosimeter

Die Grundlagen der Thermolumineszenz sind in VI/3.3 zu finden. Die Detektoren sind hier entsprechend dotierte Kristalle (z. B. LiF(+Mg+Ti)oder $CaSO_4$(+Dy)). Dabei wird ihre Eigenschaft genutzt, dass die durch Ionisationsstrahlung angeregten Elektronen ein metastabiles Energieniveau besetzen. Diese Elektronen können – wegen des verbotenen Übergangs – nur mit sehr geringer Wahrscheinlichkeit in den Grundzustand zurückkehren. Sie sind praktisch in einer „Falle" gefangen und verbleiben längere Zeit in diesem Zustand.

Zur Messung ist eine sehr geringe Menge des Detektormaterials (kristallines Pulver) erforderlich. Ein weiterer Vorteil besteht darin, dass die Absorption der Energie und die Messung der absorbierten Energie zeitlich und räumlich getrennt werden können. Nach der Exposition wird die gegebene Menge des Detektormaterials im Messgerät platziert und das kristalline Pulver erhitzt. Nach Erreichen einer ausreichend hohen Temperatur gelangen praktisch alle Elektronen aus der Falle in einen solchen angeregten Zustand, aus dem die Rückkehr in den Grundzustand schon erlaubt ist. Ein gewisser Anteil der Elektronen kehrt unter Emission von Photonen in den Grundzustand zurück. Zählt man die entstandenen Photonen mit einem Photoelektronenvervielfacher, so erhält man eine zur absorbierten Dosis proportionale Größe.

Im Laufe der Zeit wurde eine große Auswahl an kristallinen Materialien für Thermolumineszenzdetektoren entwickelt. Aufgrund ihrer Einfachheit kommen diese Detektoren in breiten Kreisen zur Anwendung.

II/4.3 Strahlenschutz

Der Schutz vor ionisierenden Strahlungen wird durch international anerkannte Verordnungen geregelt. Diese sind der Tätigkeit der Internationalen Strahlenschutzkommission (ICRP International Commission on Radiological Protection) zu verdanken. Die Empfehlungen der ICRP beziehen sich auf die menschliche Tätigkeit und Praxis, die mit Strahlenexposition verbunden ist.

II/4.3.1 Gesichtspunkte des Strahlenschutzes in den internationalen Empfehlungen

Rechtfertigung einer Tätigkeit. Strahlenexponierte Tätigkeiten dürfen nur dann ausgeübt werden, wenn sie gerechtfertigt sind, d. h. wenn der Nettonutzen positiv ist. In der medizinischen Praxis heißt das, dass der zu erwartende medizinische Nutzen eines diagnostischen oder therapeutischen Verfahrens größer sein muss als das Risiko von Schädigungen durch die ionisierende Strahlung. Man sollte sich also vor Augen halten, dass die Strahlenbelastung der immer moderneren Untersuchungsverfahren – wie die Computertomographie –bedeutend größer ist als bei konventionellen Röntgenaufnahmen mit modernen Geräten.

Optimierung des Schutzes. Die heutige Philosophie des Strahlenschutzes postuliert, dass jede – noch so geringe – Strahlendosis ein gewisses Risiko birgt. Es gibt zwar immer noch Diskussionen, doch es reicht sicher nicht aus, Dosisbeschränkungen aufzustellen, sondern man muss sich auch mit der möglichen Minderung der Dosis bis zu einer sinnvollen Grenze beschäftigen. Die Minderung der Strahlenbelastung, d. h. die Besserung des Strahlenschutzes ist nur mit einer beträchtlichen Kostensteigerung zu erreichen. Andererseits nimmt mit Zunahme der Strahlenbelastung das Risiko der Gesundheitsschädigung bzw. ihr finanzieller Gegenwert zu. Die Summe der zwei konträr verlaufenden Funktionen, welche die Kosten in Abhängigkeit von der Strahlenbelastung (Dosis) angibt, wird bei einer gegebenen Dosis ein Minimum aufweisen (Abb. II.75). Im Allgemeinen lässt sich sagen, dass die Dosis während einer gegebenen strahlenexponierten Tätigkeit so gering sein soll, wie es sich vernünftig verwirklichen lässt. Dabei ist auch die wirtschaftliche und soziale Lage des betreffenden Landes zu berücksichtigen. Das ist das sog. ALARA-Prinzip (As Low As Reasonable Achievable) (Abb. II.75).

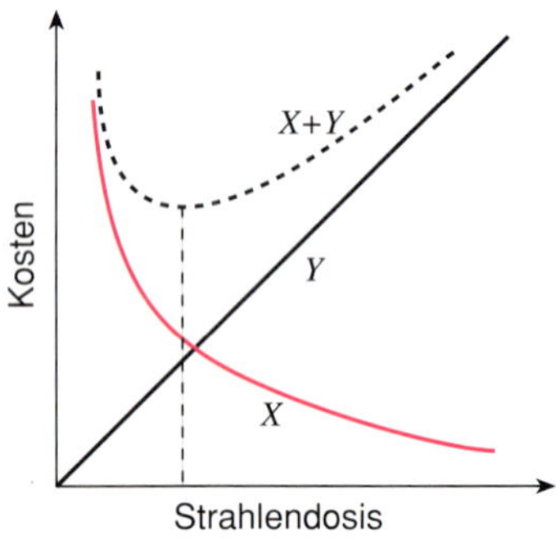

Abb. II.75. Die Risikofunktionen des ALARA-Prinzips
Die Gerade *Y* stellt die mit zunehmender Dosis praktisch linear zunehmenden Behandlungs-, sozialen und anderen Kosten der **Gesundheitsschäden** dar, während die Kurve *X* die bedeutend schneller als linear sinkenden Kosten für die Prophylaxe, den Strahlenschutz und die Minderung der umweltbelastenden Dosis anzeigt. (Hier sind unter Kosten nicht nur der Geldwert zu verstehen, sondern z. B. auch die Stellungnahme der Gesellschaft zu Atomkraftwerken usw.) Das Optimieren ist anhand der Resultierenden aus den beiden Funktionen möglich.

Individuelle Dosisbeschränkung. Das dritte Grundprinzip setzt sich zum Ziel, Personen und ihre Nachkommen nicht einer Strahlenbelastung mit indiskutabler Wahrscheinlichkeit von Schädigungen auszusetzen. Dieses wird durch Aufstellung von Dosisbeschränkungen für zwei Kategorien, für beruflich strahlenexponierte Personen und für die Bevölkerung, verwirklicht. Diese Dosisbeschränkungen sind in Tabelle II.11 zusammengefasst. Die **Dosisbeschränkungen sind keine Grenzwerte**, die zwischen sicheren und unsicheren Bedingungen unterscheiden, denn das Risiko ist direkt proportional zur Effektivdosis. Unter einem gewissen Dosisniveau ist aber das Risiko minimal. Dennoch bedeutet die **Dosisbeschränkung keine erlaubte Dosis**, bis zu der die Strahlenbelastung erhöht werden darf. Es ist in jedem Fall abzuwägen, ob die Strahlenbelastung gerechtfertigt ist.

Ein sehr wichtiges Grundprinzip des Strahlenschutzes ist es, dass die Strahlenbelastung auf dem niedrigsten Niveau gehalten werden muss, das vernünftig realisierbar ist. Die Arbeit muss so organisiert sein, dass die strahlenexponierte Tätigkeit unter normalen Umständen nicht zu deterministischen Schäden führt. Das Risiko der stochastischen Schäden durch die berufliche Strahlenbelastung darf nicht größer sein, als das allgemeine Risiko von Berufsunfällen, d. h. 10^{-4} Todesfälle pro Jahr. In der Bevölkerung soll das Risiko weniger als 10^{-5} Todesfälle pro Jahr betragen. Der Unterschied ergibt sich daraus, dass die mit Strahlen Arbeitenden das Risiko freiwillig übernehmen, des Weiteren viele Arbeitsschutzmaßnahmen in ihrem Interesse getroffen werden.

Tabelle II.11. Dosisbeschränkungen zum Strahlenschutz

	Berufliche Strahlenexposition (mSv/Jahr)	**Bevölkerung (mSv/Jahr)**
Effektive Dosis	20 *	1
Äquivalentdosis (Augenlinse)	150	15
Extremitäten-/Haut	500	50

*Im Durchschnitt von 5 Jahren, aber maximal 50 mSv/Jahr. (Für Schwangere und Jugendliche gibt es besondere Beschränkungen)

II/4.3.2 Die Strahlungsquellen

Im folgenden Teil geben wir einen Überblick, woher die ionisierende Strahlung stammen kann, die den menschlichen Organismus trifft, und wie hoch das gesundheitliche Risiko für einen Durchschnittsbürger ist. Die möglichen Quellen sind in vier Gruppen eingeteilt.

Natürliche Umwelt. Jeder Teil unserer natürlichen Umwelt enthält radioaktive Isotope. (Beim Lesen dieses Buches kommt aus dem Buchmaterial gleichfalls eine Strahlung, die Aktivität des menschlichen Körpers beträgt rund 8600 Bq.) Ein Teil der Strahlung stammt aus der Luft. Den größten Anteil daran hat der einzige gasförmige radioaktive Stoff, das ^{222}Rd. Außerdem emittiert das ^{40}K-Isotop eine beträchtliche Strahlenmenge. Die gemeinsame und mittlere Strahlungsleistung dieser Quellen beträgt rund 2-2,5 mSv/Jahr. (Wir bemerken nur in Klammern, dass wir uns hier nur mit der schädlichen Strahlenwirkung befassen. Die Strahlenwirkung der natürlichen Umwelt kann jedoch auch positiv sein. Da sie auch Mutationen auslösen kann, kann sie z. B. bei der Erhaltung der Vielfältigkeit eine wichtige Rolle spielen.) Die Tabelle II.12 zählt einige mögliche Quellen und die zugehörigen mittleren Werte der Dosisleistung auf. Diese Werte hängen natürlich auch davon ab, wo man sich befindet, aus welchem Material unser Haus gebaut ist usw. Nach unseren heutigen Kenntnissen kann dieser Dosis keine schädliche Wirkung nachgewiesen werden.

Tabelle II.12. Mittlere Jahreswerte der Strahlenbelastung durch einige natürliche Strahlungsquellen der Umwelt

Strahlungsquelle	***H* (mSv)**
kosmische Strahlung	~ 0,4
Umwelt	1–4
Ra (inkorporiert)	0,1–0,5
Rn (inkorporiert)	0,3–2,5

Berufliche Exposition. Diese Quellen und die der folgenden Kategorien sind schon Produkte der menschlichen Zivilisation. Während ihrer beruflichen Tätigkeit sind relativ wenig Menschen ionisierenden Strahlen ausgesetzt. Ärz-

Tabelle II.13. Mittlere Werte der Strahlungsbelastung einiger Röntgenuntersuchungen

Untersuchte Körper-region	Konventionelle Aufnahme (mSv)	CT (mSv)
Brustkorb	0,4	7,8
Schädel	0,1	1,8
Bauch	1,2	7,6

te sind dabei auch am häufigsten von Röntgenstrahlung betroffen. Das prinzipielle Ziel ist natürlich die Gefahr der Gesundheitsschädigung so gering wie möglich zu halten. Die Möglichkeit einer Schädigung ließe sich aber nur dann vollkommen ausschließen, wenn man bei der Diagnostik und Therapie auf den Einsatz von ionisierender Strahlung ganz verzichten würde. Unser Ziel ist also die Minimalisierung der Gefahren. Dazu dienen die Regelungen für berufliche Strahlenexposition, die schon erwähnt wurden. Natürlich darf die deterministische Wirkung in diesem Fall nicht größer sein als die Schwellendosis (s. II/4). Die gültigen Regelungen des Strahlenschutzes enthalten maximale Werte weit unter der bekannten Schwellendosis, was in erster Linie das Risiko der stochastischen Wirkungen mindert. Zur Messung dienen Personendosimeter.

Strahlenbelastung bei ärztlichen Tätigkeiten. Dieses Gebiet gehört scheinbar zu der vorigen Gruppe, aber wir sprechen hier nicht von der Belastung des medizinischen Personals, sondern von der Strahlenbelastung der Patienten. Natürlich erhöht jede Untersuchung, bei welcher der Patient mit Röntgenstrahlen oder radioaktiven Materialien in Berührung kommt, in gewissem Maße die Strahlenbelastung. In Tab. II.13 sind die Dosiswerte einiger Untersuchungen angegeben. Es ist zu sehen, dass die moderne Computertomographie neben ihren vielen Vorteilen für den Patienten auch eine bedeutend höhere Strahlenbelastung darstellt. All das erhöht die Verantwortung des Arztes seinem Patienten gegenüber, die Anordnung jeder dieser Untersuchungen sollte nämlich gut überlegt sein. Als wichtigster Gesichtspunkt ist in Betracht zu ziehen, wie groß der Vorteil des Befundes ist. Im Vergleich mit der Risikozunahme ist zu entscheiden, ob die Untersuchung notwendig ist oder ob es eine zweckmäßige alternative Methode gibt. Das unterstreicht auch, wie unerlässlich für den Arzt die grundlegenden Kenntnisse der ionisierenden Strahlung und innerhalb dieser der Dosimetrie sind.

Nuklearunfälle, militärischer Einsatz. Zum Schluss kommen wir zu einer Möglichkeit, die vielleicht das am heftigsten umstrittene Anwendungsgebiet der radioaktiven Stoffe betrifft. Einerseits kommt bei der *militärischen Anwendung* nach der Atombombenexplosion eine beträchtliche Menge radioaktiven Materials in die Umwelt, die Erdatmosphäre. Derzeit ist diese Möglichkeit ein minimales Problem, da internationale Abkommen überirdische Nukleartests verbieten. Zu Beginn des „Atomzeitalters" gelangte durch die Atombombenversuche enormer radioaktiver Abfall in die Atmosphäre. Das erhöhte die Hintergrundstrahlung auf ungefähr das Doppelte. Derzeit haben diese frühen Versuche keine deutlichen Auswirkungen mehr.

Die *Nuklearindustrie* und die Folgen von Unfällen. Die Nuklearindustrie beschäftigt sich mit der Herstellung von radioaktiven Stoffen, ihrer Anwendung zur Energiegewinnung und der Lagerung der radioaktiven Abfälle. Das Ziel des Strahlenschutzes ist es sicherzustellen, dass dabei das Maß der Gesundheitsschädigung nicht nachweisbar zunimmt. Durch Betriebsstörungen oder Unfälle werden aber die Ziele des Strahlenschutzes verletzt, und es gelangt in Abhängigkeit von der Größe des Unfalls mehr oder weniger radioaktives Material in die Umwelt.

Der bisher schwerste Störfall war 1986 die Katastrophe von Tschernobyl in der Ukraine. Damals explodierte ein 1000 MW-Reaktor des Kernkraftwerkes. („Glücklicherweise" ist die Explosion eines solchen Reaktors keine Kernexplosion sondern „nur" eine Dampfexplosion durch Überhitzung.) Während des Unglücks gelangt eine enorme Menge radioaktiven Materials in die Umgebung des Kraftwerks und in die Atmosphäre. Für die Ausmaße der atmosphärischen Verschmutzung ist kennzeichnend, dass die aus dem Reaktor stammende radioaktive Verschmutzung fast auf der gesamten nördlichen Hälfte der Erdkugel nachgewiesen werden konnte. Natürlich hatte sie an den verschiedenen Orten in Abhängigkeit von der Entfernung und der aktuellen Windrichtung unterschiedliche Werte. Die Wirkung ist aber auch heute noch nachzuweisen und wird es für lange Zeit bleiben.

II/4.4 Die Dosisabhängigkeit der Strahlenwirkung

Beim Studium der einzelnen biologischen Wirkungen ionisierender Strahlungen werden gewisse Schädigungen biologischer Objekte in Abhängigkeit von der Dosis untersucht. Quantitativ kann die Strahlenwirkung mit der Überlebensrate von Individuen (Viren, Bakterien, Zellen, lebende Organismen), der Häufigkeit von Mutationen, den Aktivitätsänderungen von biologischen Molekülen (Enzymen, Nukleinsäuren) beschrieben werden. Bei den Untersuchungen werden sog. **Dosis-Wirkungs-Kurven** erstellt. Diese erhält man, indem man auf der x-Achse die Strahlendosis, auf der y-Achse den Quotienten N/N_0 aus der Zahl N der nicht strahlengeschädigten Individuen (Objekte) und der Gesamtzahl N_0 der Individuen (Objekte) (in logarithmierten Werten) einträgt. Dieses Diagramm wird auch oft als **Überlebenskurve** bezeichnet. Das beruht darauf, dass die untersuchte Strahlenwirkung oft gerade die Lebensfähigkeit bedroht. In gewissen Fällen gibt die logarithmische Darstellung der Dosis-Wirkungs-Kurve eine Gerade, meistens erhalten wir aber eine ziemlich komplizierte Kurve. Den Mechanismus der Strahlenschädigung können wir mit den Parametern der theoretischen Modelle (z. B. Verletzungswahrscheinlichkeit) beschreiben, die wir an die Dosis-Wirkungs-Kurve anpassen. Die Übereinstimmung der theoretisch ermittelten Funktion und der Messergebnisse beweist gleichzeitig die Richtigkeit unserer Interpretation des Mechanismus (s. „*Beispiele zur Interpretation der Dosis-Wirkungs-Kurven*").

Die klassische Treffertheorie kann das Verhalten von biologischen Makromolekülen und Mikroorganismen nach Strahlenwirkung mit guter Näherung beschreiben. Nach Verbreitung von Gewebekulturen, bei den Versuchen mit Säugetierzellen häuften sich Ergebnisse, die sich mit der Theorie „mehr Zielscheiben, mehr Treffer" nicht mehr interpretieren ließen.

Die Fehler der klassischen Treffertheorie hängen damit zusammen, dass sie die Molekularmechanismen weitestgehend außer Acht lässt. Beim Formulieren der ursprünglichen Theorie wurden nur die Zahl der Treffer und ihre Verteilung berücksichtigt. Es gab keinerlei Hypothesen bezüglich der

Beispiele zur Interpretation der Dosis-Wirkungs-Kurven

Bei der Beschreibung der schädlichen Strahlenwirkung stellte Dessauer (1922) die Treffertheorie auf. Die Theorie könnte auch als Zielscheibentheorie (target theory) oder Theorie der Direktwirkung bezeichnet werden. Nach der Theorie tritt die Strahlenwirkung dann ein, wenn ein ionisierendes Teilchen wie ein Geschoss ein biologisches Objekt, die Zielscheibe (sensitive Stelle), trifft. Die dreidimensionale „Zielscheibe" bedeutet einen Raumteil, ein Volumen, welches das „Geschoss" nicht nur durchfliegen muss, sondern in dem es auch Ionisation erzeugen soll. Das ist der „Treffer" (hit). Im einfachsten Fall ist zur Inaktivierung ein Treffer erforderlich. Bei der Weiterentwicklung der Theorie wurden in gewissen Fällen bei den der Strahlenwirkung ausgesetzten Objekten mehrere „Zielscheiben" (target) vorausgesetzt, deren jede zur Erzeugung der Inaktivierung von einer bestimmten Trefferzahl erreicht werden musste. Die Treffertheorie (hit theory) führte zur Entdeckung der meisten Einzelheiten der Beziehung zwischen Größe der Strahlendosis und ihrer biologischen Wirkung.

a) *Eine „Zielscheibe"*

Es sei v das Volumen der sensiblen Stelle („Zielscheibe") und i die Zahl der Ionisationen („Treffer") in einem Einheitsvolumen bei der Dosis D. Die Zahl der Ionisationen ist sehr groß, ihre Ortskoordinaten sind unabhängig voneinander und die Wahrscheinlichkeit, dass eine gegebene Ionisation gerade auf eine bestimmte „Zielscheibe" fällt, ist sehr gering. Das Produkt vi im Volumen v gibt die mittlere Zahl (ihren Erwartungswert) der Ionisationen bei der Dosis D an. In diesem Fall können wir mit der Poisson-Verteilung die Wahrscheinlichkeit P_n ausdrücken, dass bei der Dosis D gerade n Treffer das Volumen v erreichen:

$$P_n = \frac{\lambda^n}{n!} e^{-\lambda} = \frac{(vi)^n}{n!} e^{-vi} \quad .$$

Die Zahl der Ionisationen i im Einheitsvolumen ist direkt proportional zur Strahlungsdosis D, deshalb lässt sich die Beziehung mit geeigneter Wahl der Einheit von D auch in der folgenden Form aufschreiben:

$$P_n = \frac{(vD)^n}{n!} e^{-vD}.$$

Sind zur Inaktivierung eines Objektes n Treffer erforderlich, so wird jedes Objekt, dass n-1 oder weniger Treffer erhält, „überleben", d. h. es bleibt aktiv (es zeigt nicht die untersuchte Schädigung). Dementsprechend ist der Überlebensquotient, d. h. die Überlebenswahrscheinlichkeit:

$$\frac{N}{N_0} = \sum_{k=0}^{n-1} \frac{(vD)^k}{k!} e^{-vD},$$

weil die Überlebenswahrscheinlichkeit die Summe der Wahrscheinlichkeiten ist, dass das Objekt laut Poisson-Verteilung 0, 1, 2, ..., n-1 Treffer erleidet.

Abb. 1 zeigt die Dosis-Wirkungs-Kurven der radioaktiven Strahlung für den Fall eine Zielscheibe – mehrere Treffer in halblogarithmischer Darstellung. Ist die Zahl n der zur Inaktivierung notwendigen Treffer größer als 1, so wird der Verlauf der Überlebenskurve (bei linearer Darstellung) eine sigmoide Form (eine verkehrte S-Form) annehmen. In der logarithmischen Darstellung hat die Kurve eine umso ausgeprägtere „Schulter", je größer die Zahl der erforderlichen Treffer ist. Es ist zu bemerken, dass die Kurven ei-

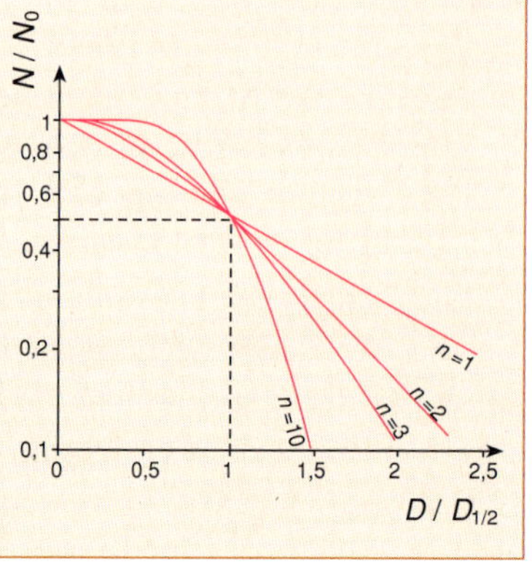

Abb. 1 Die Dosis-Wirkungs-Kurven der radioaktiven Strahlung bei einer „Zielscheibe" und mehreren Treffern

nander deshalb bei dem Wert $N/N_0 = 0{,}5$ schneiden, weil hier die Dosiseinheit die Halbwertsdosis $D_{1/2}$ ist, bei der die Hälfte der Objekte inaktiviert wird.

Im Spezialfall, wenn zur Inaktivierung ein einziger Treffer ausreicht, ist der Wert $k = 0$, und weil $(vD)^0 = 1$ sowie $0! = 1$ sind, beschreibt die folgende Beziehung die Überlebenskurve:

$$\frac{N}{N_0} = e^{-vD}.$$

Die „Eintrefferkurve" hat einen exponentiellen Verlauf. Stellt man jedoch die Dosis D linear und den Überlebensquotienten logarithmisch dar, so erhält man eine Gerade (n=1).

b) *Mehrere „Zielscheiben" (target), mehrere Treffer*

Die mathematischen Formeln der Treffertheorie können auch auf die Beschreibung der Strahlenschädigungen bei Objekten, die mehr als eine strahlenempfindliche Struktur (target) haben, ausgedehnt werden. Bezeichnet man die Zahl der sensiblen Stellen mit dem gleichen strahlenempfindlichen Volumen mit m (und ist zur Inaktivierung des Objektes die Verletzung aller sensiblen Stellen m notwendig) und braucht jede sensible Stelle n Treffer (hit) zur Inaktivierung, so beschreibt nach dem Multiplikationssatz der Wahrscheinlichkeitstheorie die folgende Gleichung die Wahrscheinlichkeit der Inaktivierung (des nicht Überlebens):

$$\frac{N}{N_0} = \left[1 - \Sigma \frac{(vD)^k}{k!} e^{-vD}\right]^m$$

Sind für die Inaktivierung der einzelnen sensiblen Stellen unterschiedliche Trefferzahlen erforderlich, dann muss man die Wahrscheinlichkeit der gewünschten Treffer für jede sensible Stelle getrennt berechnen und diese multiplizieren, um den Inaktivitätsquotienten zu erhalten.

In Abb. 2 ist dargestellt, wie man bei einem Objekt mit mehreren Eintrefferstellen die Zahl der sensiblen Stellen aus den Überlebenskurven bestimmen kann. Die Kurven der Abbildung zeigen die Überlebenskurven, die aus der obigen Gleichung für den Fall $n = 1$ abgeleitet wurden. Bei hohen D Werten (wenn $e^{-iD} << 1$) gilt für den Überlebensquotienten die folgende lineare Näherung:

$$\ln \frac{N}{N_0} = \ln m - vD.$$

Stellt man die aus der obigen Gleichung berechneten Geraden dar, so lässt sich die Zahl der sensiblen Stellen m an ihrem Schnittpunkt mit der y-Achse ablesen.

c) *Die Kinetik der indirekten Strahlungswirkung (Theorie der Wasseraktivierung)*

Mit der Theorie der Wasseraktivierung haben wir uns schon früher befasst, wonach die Wassermoleküle wegen ihrer großen Zahl die primären Zielpunkte sind. Die bei der Wasseraktivierung erzeugten Radikalen sind verantwortlich für die auftretenden Veränderungen. Die biologische Wirkung entsteht also auf indirektem Wege über die Wassermoleküle.

Können die Wasserradikalen nur einmal mit jedem einzelnen gelösten Molekül reagieren (weil die verursachte Veränderung die erneute Reaktion ausschließt), so wird die „Überlebenskurve" – aufgrund hier nicht weiter diskutierter Überlegungen – durch die folgende Beziehung gegeben (gestrichelte Linie der Abb. 3):

$$\frac{N}{N_0} = 1 - kD$$

Diese Kinetik findet man hauptsächlich bei Medien mit niedriger Molekülzahl. Ein solches Beispiel ist die folgende Umwandlung:

$$Fe^{2+} + OH^{\bullet} \rightarrow Fe^{3+} + OH^-$$

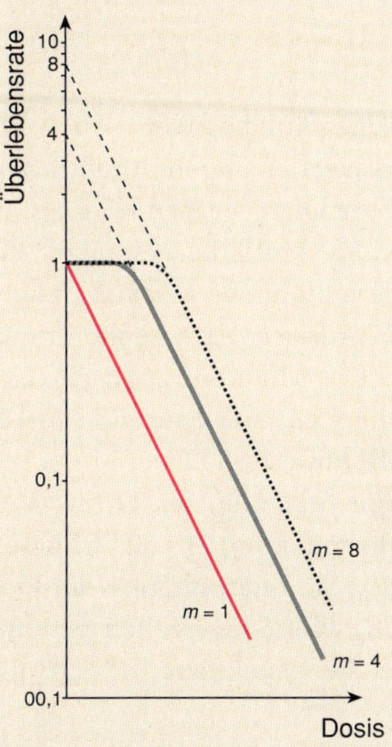

Abb. 2 Die Dosis-Wirkungs-Kurven der radioaktiven Strahlung bei mehreren „Zielscheiben" und mehreren Treffern

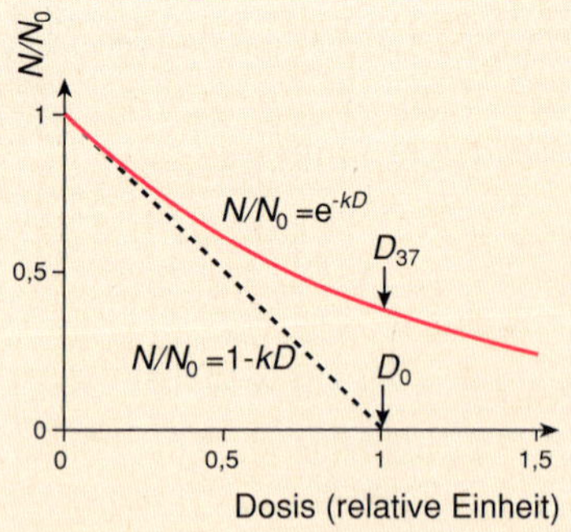

Abb. 3 Die Dosis-Wirkungs-Kurve der indirekten Strahlenwirkung bei zwei Mechanismen

In diesem Fall ergibt die Dosis-Wirkungs-Kurve (gestrichelte Linie) auf den Wert $N/N_0 = 0$ extrapoliert den Wert D_0. Das ist die Minimaldosis, bei der schon jedes Molekül geschädigt ist. Reagieren die Radikalen zufällig mit gleicher Wahrscheinlichkeit mit den gegebenen Molekülen, egal ob sie schon geschädigt sind oder nicht, so gibt die folgende Beziehung die Überlebenskurve (rote Linie in Abb. 3):

$$\frac{N}{N_0} = e^{-kD}$$

Diese einfache Beziehung gilt natürlich nur dann, wenn die Inaktivität schon durch eine einzige Verletzung erzeugt wird. Der Wert k ist keine molekulare Größe, er hängt von der Konzentration ab. Bei der Bestrahlung von wässrigen Lösungen der biologisch wichtigen Makromoleküle (Enzyme, DNA) folgt die Inaktivierung in der Regel der beschriebenen Kinetik.

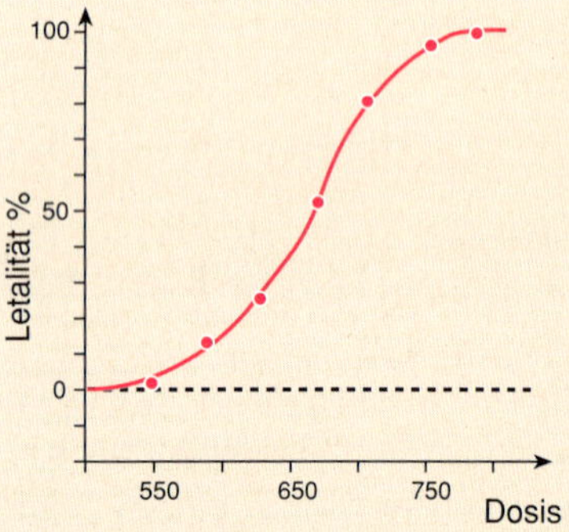

Abb. 4 Letalitätskurve von Säugetieren

d) *Überlebenskurven bei Säugetieren*

Bestrahlt man Säugetiere, z. B. Mäuse, und beobachtet die Letalität der Tiere innerhalb eines gewissen Zeitraumes, dann erhält man eine andersartige Kurve, als die bisher beschriebenen. Zum Sterben einer Maus reicht eine einzige Ionisation im Organismus des Tieres nicht aus. Deshalb stirbt anfangs mit Erhöhung der Dosis während der Beobachtungszeit kein einziges Tier. Erhöht man die Dosis weiter, werden schon einige Tiere sterben. Die aus der Strahlenschädigung abgeleitete Überlebenskurve gibt auch bei einer der obigen ähnlichen halblogarithmischen Darstellung keine Gerade. Sie ähnelt den Kurven mit sehr hohen Trefferzahlen, mit großer „Schulter", was darauf hinweist, dass zum Eintreten der Wirkung (Tod) sehr viele Treffer erforderlich sind. Das Eintreten der Wirkung bei unterschiedlichen Dosen ist entscheidend den Unterschieden in der individuellen Strahlenempfindlichkeit (biologische Variabilität) und nicht der zufälligen Verteilung der Treffer zuzuschreiben.

Prozesse, die bei der biologischen Wirkung eine Rolle spielen. Auch die Tatsache wurde vernachlässigt, dass die Molekularverletzungen durch Strahlung in den Säugetierzellen von Heilprozessen korrigiert werden können. Es war auch problematisch, dass den physikalischen Treffern, besonders bei mehreren Treffern, keine eindeutige spezifische biologische Wirkung zugeordnet werden kann und die biologischen Wirkungen auch nicht immer austauschbar sind. (Ein Treffer kann in einer Zelle Mutation auslösen oder die Zelle abtöten. Ein erneuter Treffer kann die Zelle mit Mutation töten, aber keine Mutation in der schon getöteten Zelle auslösen.) Dabei ist bei besonders großen Dosen zu beobachten, dass die Steigung der Dosis-Wirkungs-Kurve stark zunimmt, und dieses Verhalten konnten die früheren Modelle nicht erklären. Es war offensichtlich, dass die Interpretation der Dosis-Wirkungs-Kurven, die bei der Untersuchung von Säugerzellen gewonnen wurden, neue Modelle erforderte, welche die molekularen Mechanismen der Strahlenwirkung berücksichtigen.

II/4.5 Die Molekulartheorie der Strahlenwirkung

II/4.5.1 Die DNA-Schädigung

Die DNA ist das größte Molekül der Zellen, deshalb ist es auch am empfindlichsten. Bei den Dosen, die in der DNA schon zu Verletzungen mit Hemmung der Zellteilung führen, werden die kleineren Moleküle noch nicht merkbar geschädigt.

Schon während der klassischen strahlenbiologischen Versuche fand man zahlreiche Beweise, dass das primäre Zielmolekül der Verletzung die DNA ist. Bei den einfachen Organismen, wie z. B. den Bakteriophagen und Viren, besteht ein quantitativer Zusammenhang zwischen den DNA-Verletzungen und der biologischen Aktivität des Organismus.

Bei Organismen höherer Ordnung ist es aber nicht mehr so einfach, quantitative Zusammenhänge zwischen der DNA-Verletzung und dem Verlust der biologischen Aktivität zu finden. Es kann aber eindeutig festgestellt werden, dass die Kettenbrüche der DNA-Einzelstränge und Doppelstränge mit der Aktivitätsabnahme korrelieren.

Von den Verletzungen durch ionisierende Strahlung haben die Brüche der Einzel- und Doppelketten die größte Bedeutung. Die Verletzungen an den Basen verursachen in der Regel keinen Kettenbruch, und die enzymatischen Prozesse tauschen die verletzten Basen schnell und wirksam aus.

Die doppelsträngigen Brüche haben für die Zelle viel ernsthaftere Folgen. In diesem Fall steht die entsprechende Sequenz nicht zur Verfügung, so sind die Reparaturversuche mit großen Fehlern belastet. Die Häufung der Fehler führt zu Mutationen und oft zum Verlust des Reproduktionsvermögens der Zellen (s. „*Verletzungen, die zum Kettenbruch des DNA-Moleküls führen*", „*Reparaturmechanismen von DNA-Verletzungen*" sowie „*Das Molekularmodell auf der Grundlage der DNA-Verletzung*").

Verletzungen, die zum Kettenbruch des DNA-Moleküls führen

Die direkte Wirkung der ionisierenden Strahlung auf die DNA ist als Bindungsbruch oder Bildung von Radikalen an der Stelle der Energieabsorption leicht wahrzunehmen. Die indirekte Wirkung über die freien Radikalen aus dem Wasser ist bedeutend komplizierter. Sowohl die direkte als auch die indirekte Strahlenwirkung kann in den DNA-Molekülen zu verschiedenen Verletzungen führen. Diese Verletzungen bilden mehrere Kategorien.

- Die funktionellen Gruppen der Purin- und Pyrimidinbasen sind irreversibel verletzt, deshalb wird bei der Verdopplung der DNA in die neue DNA-Kette nicht die entsprechende Base eingebaut (das Ergebnis kann eine Punktmutation sein).
- Die Verletzung der Purin- und Pyrimidinbasen kann auch so groß sein, dass die Basen aus der DNA vollkommen verschwinden, es entstehen basenfreie Stellen.
- Durch einen Radikalentransfer gelangen die an den Basen gebildeten Radikalen zur Desoxyribose-phosphatesterkette und verursachen dort Strangbrüche.
- Die Verletzung kann auch unmittelbar zum Bruch eines DNA-Stranges führen. Später berufen wir uns darauf als einsträngige Kettenbrüche.

- Kommt es in entsprechender Nähe zu einem oder mehreren Strangbrüchen, so kann ihre Gesamtwirkung zum Bruch der DNA-Doppelkette führen (Doppelstrangbruch).

Reparaturmechanismen bei DNA-Verletzungen

Die Aktivität der Reparaturmechanismen korreliert mit dem erhöhten Überleben der gegebenen Zelle. Die Zellen, bei denen aus irgendeinem Grund der DNA-Reparaturmechanismus defekt ist, zeigen eine bedeutend größere Strahlenempfindlichkeit als die entsprechenden wilden Typen. Verbindungen, welche die DNA-Reparatur hemmen, erhöhen die Strahlenempfindlichkeit der Zellen.

Zur Wiederherstellung der DNA-Schäden verfügt der Organismus über verschiedene Reparatursysteme, die bis zu einem gewissen Schädigungsniveau die ursprüngliche DNA-Struktur wiederherstellen können. Unter diesen Reparaturmechanismen finden sich auch solche, die nicht unbedingt eine fehlerfreie Wiederherstellung garantieren. Das bedeutet, dass sich der Informationsgehalt der „wiederhergestellten" DNA vom ursprünglichen unterscheiden kann. So können auch solche Mutationen auftreten, wie z. B. die Mutation im Falle der Drosophyla melanogaster, die eine Zunahme des cAMP-Niveaus bewirken.

Die Hydroxilradikalen reagieren in erster Linie mit der Desoxyribose des DNA-Moleküls. In Anwesenheit von Molekülen mit einer SH-Gruppe (z. B. Glutation) kann die Verletzung auch chemisch regenerieren. In Anwesenheit von Sauerstoff kann die Verletzung permanent werden, ja auch zum Strangbruch führen. Einsträngige Brüche der DNA-Moleküle sind für die Zelle nicht unbedingt fatal, denn die enzymatischen Reparaturprozesse sind auch in der Lage, diesen Fehler zu korrigieren. Nach Ausschneiden des fehlerhaften Teils kann die ursprüngliche DNA-Struktur nach dem Muster des intakten Stranges wiederhergestellt werden. Solche einsträngigen Brüche treten nicht nur durch Strahlenschäden auf, sie können auch von anderen Agentien, z. B. Chemikalien, ausgelöst werden. Die enzymatischen Reparaturprozesse entstanden zur Korrektur dieser Fehler.

Das Molekularmodell auf der Grundlage der DNA-Verletzung

Chadwick und Leenhouts führten 1981 ein Modell ein, mit dessen Hilfe sich die Fehler der klassischen Treffertheorie korrigieren ließen. Die Forscher nannten ihr Modell Molekularmodell, aber nach seiner Verbreitung wurde es als linear-quadratisches Modell bekannt.

Das Modell beruht auf den folgenden Hypothesen:

- Innerhalb der Zelle gibt es kritische Moleküle, deren Intaktheit für die Aufrechterhaltung des Reproduktionsvermögens der Zelle unverzichtbar ist.
- Dieses kritische Molekül ist die Doppelstrang-DNA, die kritische Verletzung der Doppelstrangbruch.
- Als Ergebnis der direkten oder indirekten Strahlenwirkung brechen die Bindungen an den DNA-Strängen auf.
- Die Verletzungen an den DNA-Molekülen können durch molekulare Mechanismen unter gewissen Bedingungen repariert werden (repair), und in Abhängigkeit von der Reparatur wird auch die endgültige biologische Wirkung der Strahlung modifiziert.
- Die Reparatur kann eine physikalisch-chemische Rekombination, ein Ladungstransfer, eine chemische Restitution (z. B. Anwesenheit von Glutation) und ein enzymatischer Reparaturprozess sein.

Man sieht, dass das Modell eine Brücke zwischen den physikalischen Prozessen der Strahlenenergieabgabe und den biologischen Wirkungen sein will, die in Abhängigkeit vom Vorhandensein bzw. Fehlen der Reparaturprozesse eintreten. Die Theorie selbst enthält die Zeitdauer nicht direkt als Parameter, aber über die im Modell wichtigen enzymatischen Reparaturprozesse (mit bekanntem oder abschätzbarem Zeitbedarf) ist sie implizite im Modell vorhanden.

DNA-Kettenbrüche bei ionisierender Strahlenwirkung

Die Doppelstrangbrüche können in einem Schritt entstehen, beide Ketten können infolge direkter oder indirekter Strahlenwirkung gleichzeitig brechen. Sie können durch die kooperative Wechselwirkung zweier benachbarter einsträngiger Brüche ausgelöst werden. Aus experimentellen Ergebnissen sowie aus der Analyse der Stärke von Wasserstoffbrückenbindungen lässt sich abschätzen, wie nahe sich zwei einsträngige Brüche sein müssen, um über die kooperative Wechselwirkung schließlich zum DNA-Doppelstrangbruch zu führen. Innerhalb eines Abstandes von zwölf Basenpaaren können die einsträngigen Brüche einen Doppelstrangbruch auslösen. In der Abbildung sind die möglichen Mechanismen von Doppelstrangbrüchen dargestellt. Man sieht, dass die einsträngigen Brüche auch unabhängig voneinander von zwei unabhängigen ionisierenden Teilchen ausgelöst werden können.

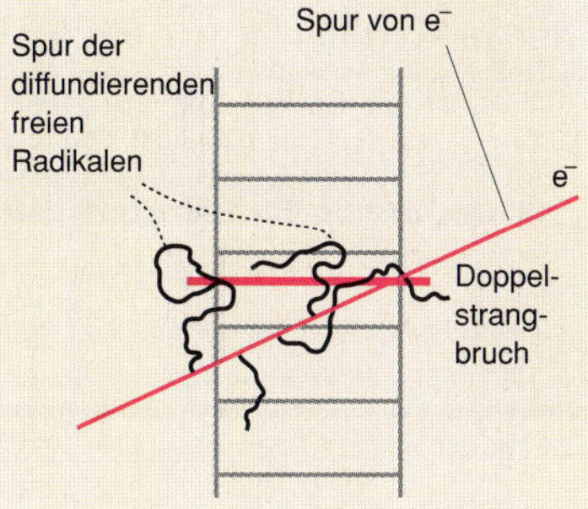

Doppelstrangbruch in einem Schritt

Nach dem Modell liegt die Ursache für das abnehmende Reproduktionsvermögen der Zellen in den Doppelstrangbrüchen des DNA-Moleküls. Den dargestellten Schemen entsprechend können sich die DNA-Doppelkettenbrüche auf zwei Weisen realisieren.

Einerseits können innerhalb eines Strahlenereignisses zwei Ketten gleichzeitig brechen. Andererseits kann der Bruch infolge von zwei unabhängigen Ereignissen erfolgen, wenn die einzelnen Stränge bei zwei Strahlenereignissen separat brechen. In diesem Fall müssen die beiden Brüche zeitlich und räumlich entsprechend nah erfolgen, damit es zu einem Doppelbruch komme.

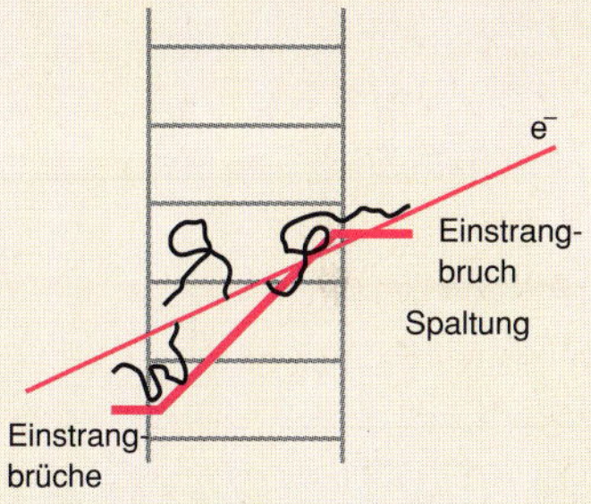

zwei Einstrangbrüche durch ein einziges ionisierendes Teilchen

Bei der Ableitung des Molekularmodells wird die Wahrscheinlichkeit der zum DNA-Doppelkettenbruch führenden Mechanismen unter Berücksichtigung verschiedener Korrektionsfaktoren bestimmt. Wir wollen hier die Ableitung nicht in ihren Einzelheiten diskutieren, sondern geben nur die Endformel:

$$S = e^{-(\alpha D + \beta D^2)}$$

bzw. ihre logarithmische Form: $\ln S = -(\alpha D + \beta D^2)$

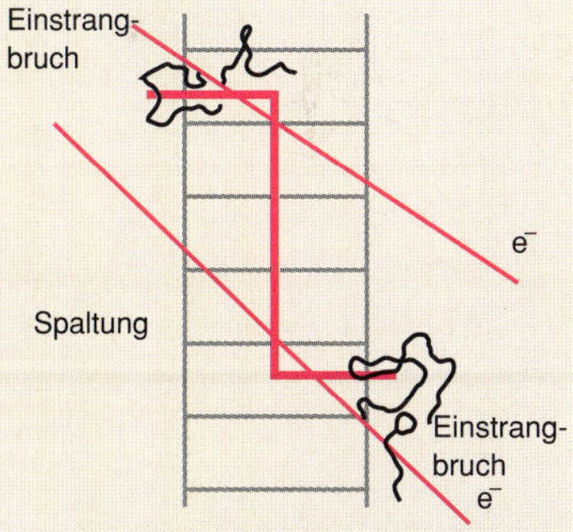

gemeinsame Wirkung von zwei unabhängigen Ereignissen

wobei S die Überlebensrate N/N_0, D die Dosis, α und β Molekularparameter (z. B. Zahl der kritischen Bindungen, Strahlenempfindlichkeit der Bindungen, Verteilung der ein- und doppelsträngigen Brüche usw.) angeben.

Die linearisierte Variante der logarithmischen Gleichung lässt sich bei der Analyse der Versuchsergebnisse bequemer behandeln. Wir dividieren beide Seiten der Gleichung mit der Dosis und stellen $(lnS)/D$ als Funktion der Dosis D dar. Der Achsenschnitt der Geraden stimmt mit α, ihre Steigung mit β überein.

$$\frac{\ln S}{D} = -\alpha - \beta D$$

Das erste Glied αD der modellbeschreibenden Gleichung ist proportional zur Entstehungswahrscheinlichkeit der Doppelkettenbrüche. Das zweite Glied βD^2 ist proportional zur Wahrscheinlichkeit des voneinander unabhängigen, zeitlich und räumlich ausreichend nahen Vorkommens von einsträngigen Brüchen an zwei verschiedenen Ketten. (Nur zur Erinnerung: die Wahrscheinlichkeit des gemeinsamen Eintretens von unabhängigen Ereignissen ist das Produkt der Wahrscheinlichkeit der einzelnen Ereignisse). Aus der Gleichung geht gut hervor, warum das Modell als linear-quadratisches Modell bezeichnet wurde. Die Dosis steht nämlich einerseits mit der ersten Potenz und andererseits mit der zweiten Potenz in der Gleichung.

Mit Hilfe des linear-quadratischen Modells konnten die Dosis-Wirkungs-Kurven bedeutend genauer angepasst werden. Während sich das Verhalten der sehr geringen bzw. sehr hohen Dosen mit der klassischen Treffertheorie nicht erklären ließ, kann man das linear-quadratische Modell auch in diesen Dosisbereichen sehr gut benutzen. Ein besonderer Vorteil des Modells ist es, dass sich hinter seinen Parametern reale Molekularmechanismen verbergen.

II/4.5.2 Eiweißschädigung

Obwohl die Strahlenschädigung der Eiweiße sowohl auf direktem als auch auf indirektem Wege erfolgen kann, spielen doch die indirekten Wirkungen die entscheidende Rolle. Die OH-Radikale reagieren schnell mit den aromatischen und schwefelhaltigen Aminosäuren, wie Methionin, Cystein und Cystin. Letztere werden auch durch hydratierte Elektronen stark geschädigt. Bei der direkten Strahlenwirkung trifft die Schädigung meistens die α-Kohlenstoffatome des Glycins oder die Schwefelatome der Aminosäuren Cystein, Cystin.

Die verschiedenen Enzyme kommen in den Zellen in den unterschiedlichsten Konzentrationen vor. Dazu kommt noch, dass sich die Enzyme ständig neu bilden, deshalb kann die Schädigung gewisser Enzyme aus Sicht der ganzen Zelle bedeutungslos sein. Andererseits ist es aber nicht auszuschließen, dass sich in der Zelle strahlenempfindliche Enzyme in ganz geringer Konzentration befinden. Ihre Verletzung kann zum totalen Zusammenbruch des Zellmetabolismus führen. Es sei bemerkt, dass der Nachweis für die Existenz solcher Enzyme bisher noch nicht gelungen ist.

Die größere Strahlenempfindlichkeit der Enzyme in vivo suggeriert, dass auch noch weitere Mechanismen zur Schädigung in den Zellen beitragen können. Das kann die Schädigung anderer Strukturelemente, wie z. B. der Zellmembran sein (s. Bemerkung II.19).

Bemerkung II.19
Schädigung anderer Makromoleküle
Natürlich bedeutet die Strahlenschädigung nicht nur die Verletzung der Nukleinsäuren und Eiweiße. Auch andere Makromoleküle (z. B. Lipide) können geschädigt werden. Die Schädigung auf Molekularebene kann dabei zur Schädigung ganzer Zellstrukturen (z. B. der Membran, der verschiedenen Zellorganellen usw.) ja zur Zerstörung der ganzen Zelle führen.

II/4.5.3 Symptome auf Organismusebene

Es besteht ein wesentlicher Unterschied zwischen den Schädigungen durch lokale Strahlung und durch Ganzkörperbestrahlung. Der Schutz einzelner Organe (z. B. bei Kleintieren die Abdeckung von Leber und Milz mit einer Bleiplatte) mindert auch bei Ganzkörperbestrahlung das Risiko beträchtlich. Die Ganzkörperbestrahlung ist am gefährlichsten. Die Strahlendosis, die bei Ganzkörperbestrahlung bei der Hälfte der Fälle zum Tod führt, verursacht in den oberflächlichen Hautschichten nur ein Erythem, wenn sie keine zu große Fläche trifft. An den Händen von Radiologen und Traumatologen waren früher solche Geschwüre durch die chronische lokale Röntgenstrahlung oft zu sehen. Auf den der Röntgenstrahlung ausgesetzten Flächen entstehen mit dosisabhängiger Geschwindigkeit nach Tagen oder Wochen Brandverletzungen ähnelnde, schwer heilende Geschwüre. Die Hautanhanggebilde reagieren auf Bestrahlung sehr empfindlich. Ein Haarausfall tritt schon bei relativ geringen Dosen auf und kann vorübergehend oder endgültig sein.

Die Strahlenwirkung auf das Blutbildungssystem zeigt sich in Veränderungen des Blutbildes, besonders in der Abnahme der Leukozytenzahl. Bei höheren Strahlendosen nimmt auch die Erythrozytenzahl ab. Die Veränderungen des Blutbildes können akut oder chronisch sein. Knochen- und Nervengewebe sind zwar weniger empfindlich, in gewissen Fällen treten jedoch Knochenschäden (Atrophie, Tumore) bzw. Kopfschmerzen, Müdigkeit, Schwindel auf. Der Ursprung der letzteren Symptome ist noch nicht vollkommen geklärt.

II/4.6 Modifikationsfaktoren der Strahlenwirkung

Die aktuelle Strahlenempfindlichkeit unterliegt vor, während und nach der Bestrahlung einem starken Einfluss der Umweltbedingungen. Diese sog. Modifikationsfaktoren der Strahlenwirkung können in drei Gruppen unterteilt werden: physikalische (Strahlungsart, Dosisleistung, Dosisfraktionierung, Temperatur), chemische (Sauerstoffwirkung, Wasserschäden, der Strahlung gegenüber sensibilisierende und schützende Verbindungen usw.) und biologische Faktoren (Zustand des Zellzyklus, zellbiologische Fähigkeiten usw.).

II/4.6.1 Die Strahlungsqualität

Das Ausmaß der biologischen Veränderungen im lebenden Organismus ist proportional zu der von den Zellen, Geweben absorbierten Energiemenge. Weil nur die absorbierten Photonen bzw. Teilchen eine biologische Antwort auslösen, sind die hochenergetischen und deshalb von den Körpergeweben weniger absorbierten harten Röntgen- und γ-Photonen weniger „wirksam" als die Teilchenstrahlung (α, β, Neutronen), die eine große Zahl von Ionen erzeugen und auf kurzer Weglänge absorbiert werden.

An dieser Stelle möchten wir nochmals die Wichtigkeit der mit der Ionisationsdichte zusammenhängenden linearen Energieübergabe (LET) betonen. Abb. II.76 demonstriert gut, dass entlang der Bahn von Teilchen mit geringen LET-Werten die einzelnen Ionisationsereignisse so entfernt voneinander sind, dass die Wahrscheinlichkeit eines doppelten Kettenbruches innerhalb eines Ereignisses gering ist. Entlang der Bahn eines Teilchens mit hohen LET-Werten erfolgen die Ionisationsereignisse so dicht beieinander, dass sie innerhalb des Chromatins leicht in einem Schritt Doppelkettenbrüche verursachen können. Bei der Bestrahlung mit Teilchen hoher LET-Werte verschwindet die Schulter der Dosis-Wirkungs-Kurve gerade deshalb, weil die Doppelkettenbrüche schon bei geringer Dosis mit beträchtlicher Wahrscheinlichkeit eintreten.

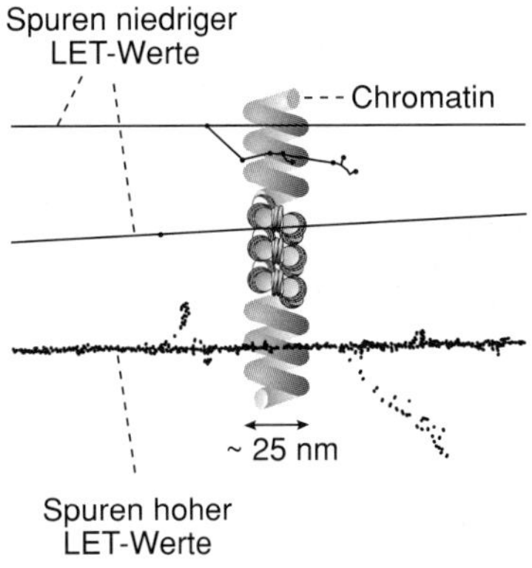

Abb. II.76. Relation von Chromatin und Ionisationsdichte bei Strahlungen mit geringem und hohem Bremsvermögen (LET)

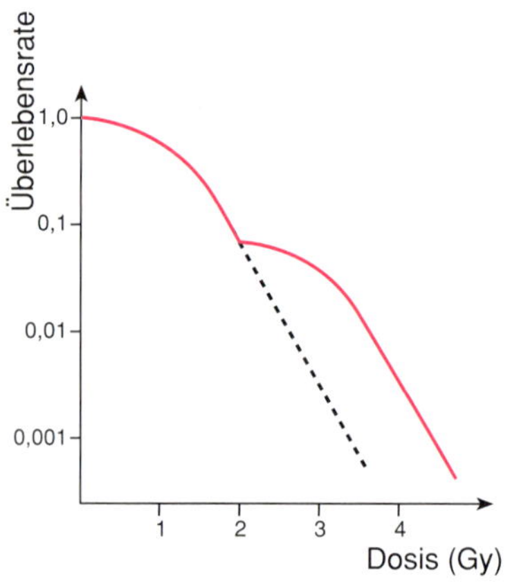

Abb. II.77. Wirkung der fraktionierten Dosis auf die Überlebenskurve

II/4.6.2 Zeitfaktor

Die Strahlenempfindlichkeit der biologischen Systeme hängt auch davon ab, innerhalb welchen Zeitraums die Strahlendosis absorbiert wird. Mit Zunahme der Strahlungsintensität – Reziprok der für die Abgabe einer gegebenen Dosis notwendigen Zeit – nimmt auch die Strahlenempfindlichkeit zu. Mit der Aufteilung der Dosis in gewisse Zeitperioden und Dosisanteile kann man die Strahlenresistenz erhöhen. Diese Methode bezeichnet man als Fraktionierung. Die Fraktionierung der Strahlendosis hat in der Therapie von malignen Tumoren eine große Bedeutung. Die biologische Wirkung der fraktionierten Bestrahlung hängt von der Größe der Fraktionen und der Zeitspanne zwischen den Bestrahlungen ab (s. Abb. II.77). Auf der Abbildung stellt sich gut dar, dass die Überlebenschancen der Zellen stark zunehmen, wenn man im linearen Teil der Dosiskurve vor Verabreichung der nächsten Dosis einige Stunden wartet.

In je mehr Fraktionen die Dosis aufgeteilt wird und je längere Zeit zwischen den Bestrahlungen verstreicht, umso weniger gefährlich ist die Gesamtdosis für das biologische Objekt. Der Grund für die „zyklischen" Veränderungen der Strahlenempfindlichkeit liegt darin, dass sich die Intensität der Heilmechanismen der Verletzungen mit dem Zellzyklus ändert. Der Zeitfaktor zeigt, welcher Einmaldosis die biologische Wirkung der fraktioniert gegebenen Dosis bei gegebenen Fraktionierungsfaktoren entspricht. Der Wert des Zeitfaktors ändert sich individuell, gewebeabhängig, organabhängig. Diese Tatsache ermöglicht es, die vorhandenen Unterschiede der Strahlenempfindlichkeit bei den einzelnen Geweben zu erhöhen. Die Existenz des Zeitfaktors zieht die logische Folgerung nach sich, dass die Zellen in der Zeitspanne zwischen zwei Dosisfraktionen in gewissem Maße regenerieren. Das mindert die Wirksamkeit der abgegebenen Gesamtdosis. Wegen des Zeitfaktors vermittelt die fraktionierte Bestrahlung den Eindruck, als ob die Strahlenempfindlichkeit des bestrahlten Objekts abgenommen hätte.

II/4.6.3 Stoffwechsel und Temperatur

Die Strahlenempfindlichkeit der lebenden Organismen hängt auch von der Stoffwechselintensität des Organismus ab. In den Organen mit regem Stoffwechsel, ja selbst innerhalb der Zellen sind die regen Stoffwechselprozesse zwischen den einzelnen Zellbausteinen durch die Strahlung bedeutend leichter gestört als bei den biologischen Systemen mit langsamem Stoffwechsel.

Die höhere Temperatur steigert den Stoffwechsel. Das Wesentliche der Schutzwirkung von niedrigen Temperaturen besteht darin, dass sie die Stoffwechselprozesse verlangsamen und dadurch die Schädigungen schwerer entstehen bzw. mehr Zeit zur Regenerierung auf Molekülebene ist.

Zum Entstehen von Strahlenschäden trägt wahrscheinlich auch die Schädigung der Stoffwechselregulation bei. Darauf weist die Tatsache hin, dass die Regulationsfunktion einiger essentieller Enzyme um eine halbe – eine Größenordnung strahlenempfindlicher ist als ihre katalytische Aktivität.

Experimentelle Ergebnisse zum Nachweis der Sauerstoffwirkung

Das Bakterium E. coli weist in der Strahlenempfindlichkeit unter aeroben bzw. anaeroben Bedingungen einen Unterschied von 5 Größenordnungen auf! Auch bei Säugetierzellen ist eine Empfindlichkeit auf die Sauerstoffkonzentration zu beobachten. Bei normalen Sauerstoffkonzentrationen reagieren die Zellen auf Strahlenwirkungen bedeutend empfindlicher als unter hypoxischen Bedingungen (s. Abb.). Diesen Umstand muss man auch bei der Bestrahlung von Krebszellen in Betracht ziehen, denn die Blutversorgung der Krebsgewebe ist nicht so gut wie die der normalen Gewebe, deshalb herrscht dort meistens Hypoxie. Die Sauerstoffwirkung ist so auffallend, dass Fritz Niggli (1958) versuchte, mit ihr die Unterschiede bei der Strahlenempfindlichkeit verschiedener Zellen und Gewebe zu erklären.

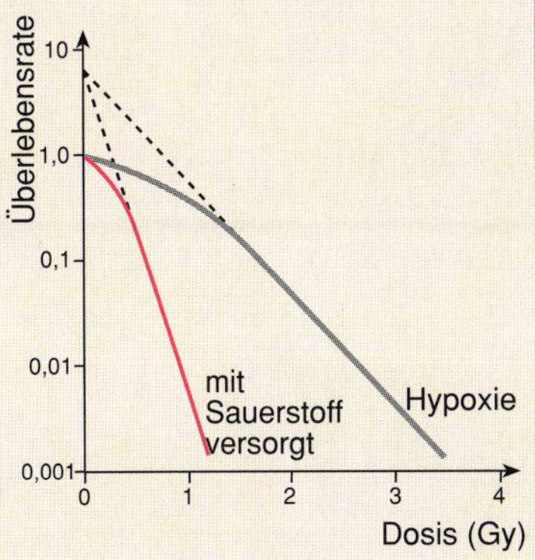

Auswirkung der Sauerstoffkonzentration in der Lösung auf die Überlebenskurve

II/4.6.4 Die Sauerstoffwirkung

Die Wirkung von O_2 lässt sich mit der Wasseraktivierungs-Theorie der Strahlung sehr gut erklären. Die Anwesenheit von O_2 fördert die Entstehung der reaktionsfähigen freien Radikalen sowie des außerordentlich schädlichen H_2O_2. Die auffälligste O_2-Wirkung sieht man bei der Röntgen- und γ-Strahlung. Die Minderung des Partialdruckes von O_2 oder sein totales Verschwinden (Stickstoffatmosphäre) mindert die Strahlenwirkung. Innerhalb der Zelle und auch in der Interzellularsubstanz besteht ein bestimmtes O_2-Sättigungsniveau, das vom Stoffwechsel des Organs bestimmt ist. Der Grad der O_2-Sättigung der Zellen bzw. Organe zeigt im Großen und Ganzen eine Parallelität zu ihrer Strahlenempfindlichkeit. Dabei muss aber bemerkt werden, dass ein O_2-Überdruck nicht immer die Strahlenempfindlichkeit erhöht (s. auch „*Experimentelle Ergebnisse zum Nachweis der Sauerstoffwirkung*").

II/4.6.5 Strahlenschutzmittel

Die Strahlung als physikalische Wirkung ist auf dem Niveau der primären Vorgänge nicht spezifisch. Sie macht keinen Unterschied zwischen den einzelnen Bausteinen der Zelle bzw. zwischen den einzelnen Organen. Die unterschiedliche Strahlenempfindlichkeit beruht nicht auf physikalischen Ursachen. Die physikalische Wirkung wird höchstens davon beeinflusst, dass es solche biologischen Stoffe (Zellkern, DNA, Enzyme usw.) bzw. solche Stoffwechselphasen gibt, deren Schädigung aus der Sicht der Lebensfähigkeit des gesamten biologischen Objekts eine größere Gefahr bildet. Der erste und wichtigste Gesichtspunkt des Strahlenschutzes ist die Prophylaxe. Für Personen, die der Radioaktivität und Röntgenstrahlung ausgesetzt sind, gelten verkürzte Arbeitszeiten unter Einhalten strenger Sicherheitsvorschriften. Heute sind schon Stoffe bekannt, welche die Strahlenempfindlichkeit mindern, wenn sie vor der Strahlenwirkung als Injektion oder Tabletten appliziert werden.

Tabelle II.14. LD_{50}-Werte verschiedener Lebewesen

Lebewesen	LD_{50} (Gy)
Hund	3–4,3
Affe	5
Maus	4–6,5
Mensch	5–8
E. coli	5,6
Fledermaus	150
Hefe	300
Amöbe	1000
B. mesentericus	1500
Pantoffeltierchen	3000

Tabelle II.15. Die wichtigsten Gewebearten in der Reihenfolge ihrer Strahlenempfindlichkeit

1.	Lymphgewebe
2.	Leukozyten, unreife Erythrozyten im Knochenmark
3.	Schleimhaut des Magen-Darm-Kanals
4.	Geschlechtszellen
5.	Keimschicht der Haut
6.	Gefäße
7.	Drüsengewebe, Leber
8.	Bindegewebe
9.	Muskelgewebe
10.	Nervengewebe

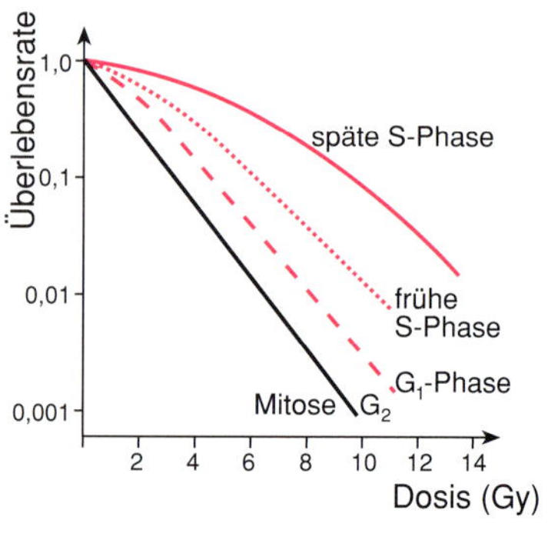

Abb. II.78. Die Strahlenwirkung in Abhängigkeit vom Zellzyklus

II/4.6.6 Biologische Faktoren

Zu dieser Gruppe gehören alle die Faktoren, welche auf den biochemischen, physiologischen Zustand der Zellen wirken. Bringt man einen Mikroorganismus auf einen frischen Nährboden und stellt die Mikrobenzahl als Funktion der Zeit dar, so kann man auf der Vermehrungskurve drei Phasen unterscheiden (log., exponentiell, stationär). Entnimmt man zu unterschiedlichen Zeiten Proben für die Bestrahlung, so werden auch die biologischen Antworten unterschiedlich sein. In der Mehrzahl der Fälle ist die Strahlenempfindlichkeit der Mikroorganismen aus der exponentiellen Phase am größten.

Die Strahlenempfindlichkeit hängt aber nicht nur von der Strahlungsart, sondern auch vom bestrahlten biologischen Objekt ab. Die verschiedenen tierischen und pflanzlichen Individuen sind unterschiedlich strahlenempfindlich (Tab. II.14). Darüber hinaus sind auch die verschiedenen Zellbausteine, Zellen, Gewebe und Organe innerhalb eines Individuums nicht gleich strahlenempfindlich (Tab. II.15). Nicht lange nach der Entdeckung der ionisierenden Strahlung wurde nachgewiesen, dass Krebszellen, aber auch allgemein sich schnell teilende Zellen, strahlenempfindlicher sind als Zellen mit langsamem Stoffwechsel. Ehe noch das 20. Jahrhundert anbrach, behandelte man schon Hautkrebs mit Bestrahlung.

Aufgrund der Beobachtungen wurden die folgenden Regeln aufgestellt: Die Röntgenstrahlen wirken umso intensiver auf die Zellen, je hochgradiger deren Vermehrungsbereitschaft ist, je länger die Teilungsperiode des Zellkerns dauert und je weniger die Morphologie bzw. Funktion der Zellen fixiert ist. Das bedeutet mit anderen Worten, dass **die Strahlenempfindlichkeit einer Zelle umso größer ist, je weniger sie differenziert ist**. Diese Regel wurde nach morphologischen Beobachtungen der Zellen festgestellt. Die Regel ist – wenn auch mit zahlreichen Modifikationen – zum größten Teil noch heute gültig. Natürlich konnte man zum Zeitpunkt ihrer Postulierung in Ermangelung der heutigen modernen Untersuchungsmethoden nicht darauf kommen, dass die Zellen auch dann eine Strahlenschädigung erleiden, ihre Funktion gestört sein kann, wenn sich keine morphologischen Veränderungen nachweisen lassen.

Die Strahlenempfindlichkeit der sich teilenden Zellen hängt in starkem Maße davon ab, in welchem Zellzyklus sie sich befinden. Obwohl die Abhängigkeit der Strahlenempfindlichkeit vom Zellzyklus in Abhängigkeit von der Zellart eine hohe biologische Variabilität aufweist, lassen sich doch einige allgemein gültige Regeln aufstellen (Abb. II.78). Bei allen Zelllinien waren die Zellen in der M- und G_2-Phase am strahlenempfindlichsten. Bei der Behandlung von Krebszellen werden im Endergebnis diese Zelleigenschaften in der Annahme ausgenutzt, dass sich die Krebszellen schneller teilen als die normalen Zellen, die nicht geschädigt werden sollen. Die meisten Zelllinien sind gegen Ende der S-Phase radioaktiver Strahlung gegenüber am wenigsten empfindlich. Die Strahlung hat natürlich auch eine Wirkung auf den Zellzyklus, die bestrahlten Zellen verharren vorübergehend in der G_2-Phase.

Hunt und Mitarbeiter wiesen nach, dass ein bedingter Reflex entstehen kann, wenn man bei Ratten den Schutzreflex mit einer so niedrigen Strahlendosis kombiniert, wie z. B. $2{,}5 \cdot 10^{-3}$ C/kg. Die Strahlung löst dann den bedingten Reflex aus. Das spricht dafür, dass das zentrale Nervensystem auf Strahlung sehr empfindlich reagiert. Die morphologische Veränderung allein kann nicht maßgebend für die Bestimmung der Reihenfolge von Strahlenschädigung und besonders nicht für die der Strahlenempfindlichkeit sein. Natürlich verfügt das zentrale Nervensystem über enorme funktionelle Reserven – Heilungskapazitäten – und kann die funktionelle Strahlenschädigung im niedrigen Dosisbereich gut kompensieren.

II/4.7 Wirkungen der nichtionisierenden Strahlungen und Chemikalien

Es wurde in erster Linie durch die Umweltschutzbewegungen allgemein bekannt, dass außer der ionisierenden Strahlung auch andere Umweltfaktoren infolge menschlicher Tätigkeiten gesundheitsschädlich sein können. Die gesamte gesundheitsschädliche Wirkung wird unter dem Namen **Umweltschäden** zusammengefasst. Der Begriff beinhaltet auch, dass man bei der Untersuchung eines gegebenen Umweltschadens, z. B. einer Bleiverschmutzung, nicht nur die unmittelbar betroffene Bevölkerung, sondern auch die Tier- und Pflanzenwelt, ja auch die Verschmutzung des Bodens und des Wassers (das sog. Ökosystem) untersuchen muss.

Man unterscheidet physikalische und chemische Schadstoffe. Als **physikalische Schadstoffe** werden in erster Linie die Strahlungen (die elektromagnetischen Strahlen mit verschiedenen Photonenenergien, die Teilchenstrahlungen, der Schall und der Ultraschall) betrachtet. Als **chemische Schadstoffe** werden die Stoffe, Verbindungen, Atome angesehen, die ihre Wirkung über die biochemischen Prozesse der Lebewesen ausüben. Zu ihrer Wirksamkeit ist natürlich eine primäre Stufe erforderlich, die in den meisten Fällen ein Adsorptions- oder Absorptionsprozess ist. Danach kann die Anreicherung des gegebenen Schadstoffes in einem gegebenen Gewebe, in einer Zelle oder die mehr oder weniger spezifische Bindung an ein lebenswichtiges Makromolekül, z. B. DNA, oder an ein Eiweiß erfolgen. Diese Primärstufe ähnelt der Primärionisation bei den ionisierenden Strahlen, sofern das die primäre Wechselwirkung ist, die zur Entstehung eines physikalischen oder chemischen Schadens notwendig ist (s. auch „*Über die Umweltschäden*").

Über die Umweltschäden

1. *Allgemeine Beschreibung von Umweltschäden*

Als *natürlichen Ursprungs* betrachten wir alle die Schadstoffe, die ohne menschliche Eingriffe erscheinen. Beispiele für natürliche Schadstoffe sind die giftigen Gase, Rußstoffe bei Vulkanausbrüchen oder die auf die Erdoberfläche auftreffende UV-Strahlung, die primäre und sekundäre kosmische Strahlung. In diesem Sinne sind alle anderen Schadstoffe, die infolge menschlicher Tätigkeiten auftreten, als künstlichen Ursprungs anzusehen. ▶

In vielen Fällen – denken wir hier z. B. an Ozon – ist die Quelle auf beiden Seiten zu finden. Ozon entsteht einerseits auf natürlichem Wege in der Atmosphäre, andererseits gelangt es auch als Nebenprodukt bei vielen Industrieverfahren in nicht zu vernachlässigender Menge in die Luft. Nicht nur die Nebenprodukte der Industrie können Schadstoffe sein. Es ist allgemein bekannt, dass ein Großteil der Pflanzenschutzmittel, wenn nicht sogar alle, nicht nur für den Menschen sondern oft auch für die nützlichen Insekten, für Vögel und Kleintiere gefährlich sind.

Außer den physikalischen und chemischen Schadstoffen unterscheidet man nach einer anderen Klassifikation Luft-, Wasser- und Bodenverschmutzungen, sinngemäß in Abhängigkeit davon, wo die Schadstoffe zu finden sind. So sind z. B. Quecksilber und seine Verbindungen an allen drei Stellen zu beobachten, die Überreste von Pflanzenschutzmitteln findet man in der Regel in Boden- und Wasserproben. Radon ist als Gas in erster Linie in der Luft und im Grundwasser, das mit radonhaltigen Erzen in Berührung kommt, nachzuweisen. Die Betriebe sind bei der Entsorgung von Industrieabfällen bestrebt, die gefährlichen Abfälle mit einem festen oder flüssigen Absorber zu binden und bis zur entsprechenden Aufarbeitung oder dem natürlichen Zerfall der Schadstoffe in dieser Form zu lagern.

Bei der Einteilung in physikalische und chemische Schäden geht man von der Annahme aus, dass sich der Typ der primären Wechselwirkung exakt feststellen lässt, d. h. dass wir über eine so scharfe Trennung der physikalischen und chemischen Wechselwirkungen verfügen, die für jeden Fall anwendbar ist. Das ist aber nicht in jedem Fall eindeutig. Sehr oft kann man nur aufgrund früherer Übereinkommen die eine Wechselwirkung als chemische und die andere als physikalische bezeichnen. Ein typisches Beispiel ist der Fall, wenn zwischen zwei Molekülen nicht unbedingt eine stabile chemische Bindung zustande kommt, aber die auftretenden intermolekularen Wechselwirkungen – z. B. Ionen-Ionen, Ionen-Dipol, Dipol-Dipol Wechselwirkungen – den Prozess garantieren, wir Wechselwirkungen zwischen Molekülen, Atomen oder Ionen gegenüberstehen.

Bei der Definition der *Dosis* als Merkmal für die Größe der physikalischen oder chemischen Einwirkung können wir auf die Begriffe zurückgreifen, die bei der Diskussion der ionisierenden Strahlung eingeführt wurden. In diesem Sinn interpretieren wir die Dosis als die bei der physikalischen Wechselwirkung aufgenommene Energie oder (weil sich diese nicht immer messen lässt) als das *Produkt der Bestrahlungsstärke und der Zeit*. Bei den chemischen Reaktionen ist die Konzentration die Größe, welche die Reaktionszeit bestimmt. Die Gesamtmenge des entstehenden Produktes hängt dabei von dem *Produkt der Konzentration und der Reaktionszeit* ab. Das erklärt, warum man beim Beschreiben von chemischen Wirkungen die (chemische) Dosis als das Produkt der Konzentration und der Zeit betrachtet.

2. *Die allgemeine Beschreibung der Wirkung von Umweltschäden*

Bei der allgemeinen Beschreibung der Wirkungen von Umweltschäden werden drei Hauptproblemkreise behandelt: a) der Entstehungsprozess der biologischen Wirkung ausgehend von den primären Wechselwirkungen; b) die Abhängigkeit des Ausmaßes der biologischen Wirkung von der Größe/Stärke des Umweltschadens; c) die Abhängigkeit der biologischen Wirkung von weiteren Merkmalen der Umweltwirkung.

Hält man sich die vorherigen Überlegungen vor Augen, so kann jede Wirksamkeit mit einer primären Wechselwirkung erklärt werden, die physikalischen oder chemischen Ursprungs sein kann. Danach folgt in der Regel ein physikalisch-chemischer Prozess, dann eine Kette biochemischer Reaktionen, die zum Eintreten einer gegebenen biologischen Wirkung führen. Beim Entstehungsprozess von Umweltschäden sind nicht nur die Charakteristika der einzelnen Teilprozesse unterschiedlich, sondern es bestehen in der Regel auch Abweichungen in der Zeitskala. Während die primäre Wechselwirkung in einer kurzen Zeitspanne – in der Regel kürzer als 0,1 ms – abläuft, spielt sich der physikalisch-chemische Prozess im Zeitbereich von Sekunden, Minuten ab. Noch länger können die biochemischen Prozesse verlaufen und die Entwicklung der biologischen Wirkung kann noch längere Zeit in Anspruch nehmen. Es kann Stunden oder Tage, ja auch mehrere Jahre dauern, bis sich die biologische Wirkung eines Umweltschadens manifestiert.

Bei der Untersuchung von Umweltwirkungen werden gewöhnlich einerseits die Größe der Einwirkung (z. B. die Intensität der Sonnenbestrahlung oder der radioaktiven Hintergrundstrahlung) und andererseits die ausgelöste biologische Wirkung gemessen. Bei einer ausreichend großen Zahl von Messungen ist es möglich, die Beziehung zwischen den Größen der Einwirkung und der Wirkung in Form einer Funktion anzugeben. Die Vielfalt der äußeren Einwirkungen, die Vielseitigkeit der biologischen Reaktionen erklären, warum wir uns von einer einheitlichen Beschreibung derzeit noch weit entfernt befinden. Die Umweltschäden durch die ionisierenden Strahlungen und die verschiedenen Elemente, Verbindungen werden seit langem untersucht. Die in diesem Bereich angehäuften Erfahrungen, Begriffe werden auch auf die neueren Umweltschäden angewandt. So wurde zum Beispiel für die Luft- und Wasserverschmutzung die maximal erlaubte Konzentration für gegebene Verbindungen, Stoffe eingeführt, die noch keine gesundheitlichen Schäden verursachen. Die maximal erlaubte Konzentration entspricht gleichzeitig der minimalen Einwirkung, die den Organismus noch nicht oder nur minimal schädigt. Bei epidemiologischen Studien werden oft die Dosiswerte D_{37} oder D_{50} benutzt, die der Dosis mit 37 bzw. 50prozentiger Letalität entsprechen.

3. *Physikalische Dosis – biologisch wirksame Dosis – Wirkungsspektrum*

Nehmen wir an, dass wir einen Umwelteinfluss untersuchen, zu dessen Charakterisierung die Angabe der Einwirkungsgröße nicht ausreicht sondern eine weitere Angabe erforderlich ist. Denken wir z. B. an die elektromagnetische Strahlung oder an den Schall: in diesen Fällen kann außer der Intensität auch die Frequenz von Bedeutung sein. Hier ist zu sehen, dass sich bei gleicher „Dosis" die biologische Wirkung mit Änderung der Frequenz stark ändert – z. B. hören wir einen Ton von 1 kHz schon bei bedeutend geringerer Intensität als einen Ton von 50 Hz; gewissen Gerüchen, Düften gegenüber sind wir viel empfindlicher als anderen. In diesen Fällen besteht keine eindeutige Beziehung zwischen Dosis – als charakteristischem Maß der Einwirkung – und biologischer Wirkung. Es ist daher zweckmäßig, eine „physikalische" Dosis und eine biologisch wirksame Dosis einzuführen. Die physikalische Dosis beschreibt die Quelle, die Intensität der Einwirkung, die biologisch wirksame Dosis die biologische Wirkung. Ähnlich den bei der ionisierenden Strahlung schon diskutierten Begriffen wie Äquivalentdosis (H) oder Effektivdosis (E) können wir auch für jeden anderen Umweltschaden die biologisch wirksame Dosis interpretieren.

Bei den experimentellen Untersuchungen der biologischen Wirkungen von UV-Strahlung wurde schon in den 1930er Jahren entdeckt, dass die UV-C-Strahlen bedeutend stärker keimtötend waren als z. B. die UV-B- oder die UV-A-Komponenten. Die Empfindlichkeit des biologischen Systems ändert sich also als Funktion der Wellenlänge; d. h. eine Einheit UV-Intensität löst bei verschiedenen Wellenlängen unterschiedlich starke biologische Änderungen aus. Diese Erscheinung lässt sich mit dem folgenden Gedankengang beschreiben.

Beschreiben wir die biologische Wirkung, die von einer Einheitsdosis der monochromatischen UV-Strahlung mit der Wellenlänge λ ausgelöst wird, mit $s(\lambda)$, und betrachten wir die auf eine Flächeneinheit senkrecht einfallende Intensität $J_E(\lambda)$ der gegebenen monochromatischen Strahlung als die physikalische Dosis der Strahlung. Die Maßeinheit der monochromatischen Intensität ist J/m^2. Ist n die Anzahl der während der Absorption der Strahlung erzeugten Photoprodukte, so ist $s = N/J_E$ (Maßeinheit ist die Zahl der Photoprodukte/(J/m^2)). Untersuchen wir die DNA-Verletzung durch UV-Strahlung, so ist die Anzahl der Photoprodukte gleich der Anzahl der DNA-Verletzungen. Den Wichtungsfaktor $s(\lambda)$ bezeichnet man als **spektrale Empfindlichkeit** bei der Wellenlänge λ, die Funktion $s(\lambda)$ selbst als **Wirkungsspektrum**.

Danach definieren wir die in einem Bereich $\Delta\lambda$ um eine gegebene Wellenlänge λ in dem Zeitraum Δt auf einer Einheitsfläche ausgelöste biologische Wirkung ΔH folgendermaßen:

$$\Delta H = J_E(\lambda)\ s(\lambda)\ \Delta t.$$

►

Teilen wir das Spektrum einer UV-Quelle (z. B der Sonne oder der UV-Lampe) in *i* Intervalle und beschreiben wir in diesen Wellenlängenintervallen die Intensität bzw. die spektrale Empfindlichkeit mit J_{Ei} bzw. s_i. Im *i*-ten Wellenlängenintervall wird die Wirkung in der Zeit Δt:

$$H_i = J_{Ei}\, s_i\, \Delta t$$

sein.

Nehmen wir an, dass die Wirkung der UV-Strahlung in den einzelnen Wellenlängenintervallen unabhängig voneinander ist, dann erhalten wir für die **biologisch wirksame Dosis** des gesamten UV-Spektrums den folgenden Ausdruck:

$$H = t\sum_i H_i = t \cdot \sum_i J_{Ei} \cdot s_i$$

sofern die Intensität und die spektrale Zusammensetzung der Strahlung in der Zeit konstant sind.

In der Einheit von H ist die Anzahl der Photoprodukte immer die Anzahl der biologisch wirksamen Treffer. In dem obigen Beispiel der UV-Strahlenwirkung bestand zwischen der biologisch wirksamen Dosis und der Einwirkungsgröße eine funktionsartige Beziehung. Sehr häufig trifft man aber solche Umwelteinflüsse an, deren Wirkungen sich nicht als funktionsartige Beziehungen beschreiben lassen, z. B. Häufigkeit von Rauchen und Lungenkrebs, Alkoholgenuß und Leberschäden. Mit epidemiologischen, statistischen Studien kann man jedoch angeben, ob ein gegebener Umwelteinfluss für uns gefährlich ist oder nicht. Die Umwelteinflüsse, die (als Umweltschäden) unsere Gesundheit gefährden können, bezeichnet man als Risikofaktoren.

III. Transporterscheinungen in lebenden Systemen

Unter Transporterscheinungen verstehen wir solche Vorgänge, bei denen sich die räumliche Verteilung gewisser Stoffe bzw. Mengen (z.B. Masse, elektrische Ladung usw.) wahrnehmbar umorganisiert, vereinfacht: „sie werden von einer Stelle zur anderen befördert". Transportvorgänge sind z.B. die Strömung von Flüssigkeiten und Gasen, der elektrische Strom, der Teilchentransport, d.h. die Diffusion usw. Alles das sind Grundlagen der Lebensprozesse, deshalb versteht sich ihre medizinische Bedeutung von allein.

Bei den Transportvorgängen unterscheidet man zwei Mechanismen. Zum einen wandern die Teilchen kollektiv, was meistens auch makroskopisch zu beobachten ist, z.B. beim Strömen einer Flüssigkeit. Zum anderen kommt es durch „individuelle", voneinander im Wesentlichen unabhängige Teilchenbewegungen – die selbst mikroskopisch nicht zu sehen sind – zu einer makroskopisch trotzdem sichtbaren Umordnung. Ein Beispiel für diesen Vorgang ist die Diffusion.

Im ersten Teil des Kapitels behandeln wir die einzelnen Transportvorgänge separat. Dann geben wir einen allgemeinen Formalismus zu ihrer Beschreibung.

Die Transportvorgänge haben bedeutende energetische Beziehungen. Ist doch jeder Mengentransport gleichzeitig auch ein Energietransport (s. z. B. den elektrischen Strom). Damit befassen wir uns in den weiteren Teilen des Kapitels.

Endlich beschließen wir das Kapitel mit einem für den Mediziner sehr wichtigen Spezialsystem, den Transportvorgängen durch die Zellmembran und ihren Folgen.

III/1 Strömung von Flüssigkeiten und Gasen

Bei der Aufnahme der zum Leben notwendigen Stoffe und bei ihrem relativ schnellen Transport zu den verschiedenen Teilen des Organismus spielen die makroskopischen Strömungen eine wichtige Rolle (Atmung, Blutkreislauf). Um die Gesetzmäßigkeiten solcher Vorgänge kennen zu lernen, befassen wir uns im Folgenden mit der Strömung von Flüssigkeiten und Gasen in Röhren.

III/1.1 Grundbegriffe und Grundgleichungen

Die Flüssigkeiten können bei normalen Druckverhältnissen als inkompressibel angesehen werden. Gase sind natürlich kompressibel, aber die kleinen Druckunterschiede, die im Organismus vorkommen (z.B. bei der Atmung einige hundert Pa), ändern kaum die Dichte des Gases. In diesem Sinne können wir die Gase auch als inkompressibel betrachten. Bei unserer Diskussion sprechen wir der Einfachheit halber meistens nur von Flüssigkeiten. Unsere Ergebnisse gelten aber unter den obigen Bedingungen auch für Gase.

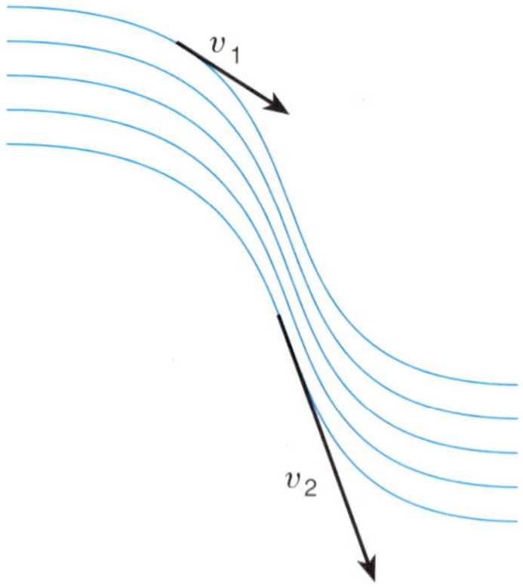

Abb. III.1. Stromlinien
Die Richtung der Strömungsgeschwindigkeit wird von der Tangente der Stromlinien in einem gegebenen Punkt, die Höhe der Geschwindigkeit wird von der Dichte der Stromlinien angezeigt ($v_2 > v_1$).

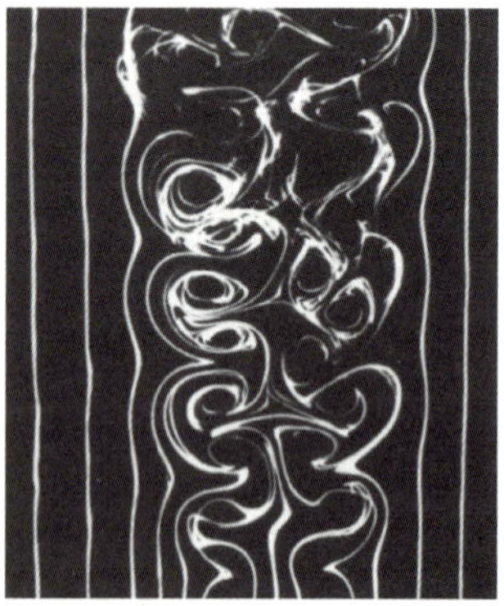

Abb. III.2. Laminare und turbulente Strömung
Am Rohrrand ist die Strömung (bei geringer Strömungsgeschwindigkeit, seltenen Stromlinien) laminar, während sie im Rohrinnern (bei hoher Strömungsgeschwindigkeit, dichten Stromlinien) turbulent ist.

Die Strömungsverhältnisse können wir mit Stromlinien veranschaulichen: die Tangente der Stromlinie zeigt in einem gegebenen Punkt die Richtung der Strömungsgeschwindigkeit, die Dichte der Stromlinien zeigt die Größe der Geschwindigkeit (Abb. III.1).

Wir können die Stromlinien auch sichtbar machen, indem wir an (von den Geschwindigkeitsverhältnissen bestimmten) Punkten eines Rohrquerschnitts gut sichtbare Farbe in die strömende Flüssigkeit geben. In diesem Fall zeigen die Farbstreifen die Stromlinien. Das Ergebnis eines solchen Versuches ist in Abb. III.2 dargestellt. Bei geringer Strömungsgeschwindigkeit vermischt sich die gefärbte Flüssigkeit nicht mit der farblosen. Die Flüssigkeit strömt wie in „Schichten" (das geschieht am Rand der Röhre). In diesem Fall spricht man von **laminarer Strömung**. Überschreitet die Strömung jedoch eine gewisse kritische Geschwindigkeit v_{krit}, so wird die Grenzlinie der gefärbten Flüssigkeitsschicht verwaschen, es kommt zur Mischung, eine ungeordnete wirre Strömung tritt auf (das ist in der Mitte der Röhre zu beobachten). Diese Strömung bezeichnet man als **turbulente Strömung**. Da bei den physiologischen Strömungen im Organismus die laminaren Strömungen vorherrschen, bezieht sich unsere Diskussion im Weiteren auf diese Strömungsart. In III/1.4 kommen wir aber kurz auf die Bestimmung der kritischen Geschwindigkeit und die Merkmale der turbulenten Strömung zurück.

Zur Kennzeichnung der strömenden Flüssigkeiten benutzen wir neben der Strömungsgeschwindigkeit die **Volumenstromstärke** I_V:

$$I_V = \frac{\Delta V}{\Delta t} , \qquad \text{(III.1)}$$

wo ΔV das Volumen der Flüssigkeit ist, die den gegebenen Rohrquerschnitt in der Zeit Δt durchströmt. SI-Maßeinheit ist m^3/s, aber in der medizinischen Praxis ist die Maßeinheit l/min gebräuchlicher ($1 m^3/s = 60000$ l/min).

Zur in vivo Bestimmung der Volumenstromstärke des Blutes (bzw. der Strömungsgeschwindigkeit) sind verschiedene Verfahren gebräuchlich. Die wichtigsten sind die folgenden: Dilutionsmethode (z.B. die Methode der Thermodilution), elektromagnetische Methode, Ultraschallmethode (z.B. die Doppler Untersuchung, s. Abschnitt VIII/4.2.8), Messungen der Gewebeimpedanz und Doppler Untersuchung mit Laserstrahlen. Bei einem gesunden Erwachsenen schwankt die Volumenstromstärke in der Aorta um Werte von 6 l/min. Das ist das sog. Minutenvolumen (s. „*Methoden zur Bestimmung der Volumenstromstärke und der Strömungsgeschwindigkeit des Blutes*").

Methoden zur Bestimmung der Volumenstromstärke und der Strömungsgeschwindigkeit des Blutes

Das **Grundprinzip der Dilutionsmethode** besteht darin, dass ein detektierbarer Indikator in die Blutbahn eingespritzt und dann die Konzentration des verdünnten Indikators in einem späteren Abschnitt der Blutbahn gemessen wird.

Wenn der im Zeitraum Δt injizierte Indikatorstoff der Quantität $\Delta \nu$ sich in dem unbekannten Blutvolumen ΔV, das in dieser Zeit ankommt, vollkommen vermischt, dann wird seine Konzentration $c = \Delta \nu / \Delta V$ sein. Aus dieser Messung können wir auf das Volumen ΔV bzw. die Volumenstromstärke schließen:

$$I_V = \frac{\Delta V}{\Delta t} = \frac{\Delta \nu}{c \cdot \Delta t} .$$

▶

Bei der **Thermodilutionsmethode** injizieren wir eine kalte Salzlösung. Der „Indikator" ist hier die „Kälte" der Lösung. An einem entfernten Abschnitt der Blutbahn wird dann die Temperatur des Blutes gemessen.

Es ist bekannt, dass auf die (entsprechend) bewegte Ladung im magnetischen Feld eine Kraft einwirkt (Lorentz-Kraft). Damit lässt sich z. B. auch erklären, dass in einem bewegten Leiter eine Spannung induziert wird.) Die elektromagnetische Methode beruht auch auf diesem Phänomen. In einem Abschnitt der Blutbahn wird ein **magnetisches Feld** erzeugt. Infolge der im Blut strömenden (positiven und negativen) Ionen wird zwischen zwei gegenüberliegenden Punkten der Gefäßwand **Spannung induziert**, die mit zwei Elektroden gemessen werden kann.

Die auf der **Messung der Impedanz** (Wechselstromwiderstand) basierenden Methoden nutzen die bessere Leitfähigkeit des Blutes gegenüber anderen Geweben. In der Impedanzkardiographie wird z. B. der Körperwiderstand mittels an der Brust angelegter Elektroden gemessen. So wie sich das Herz mit Blut füllt und entleert, so schwankt auch der gemessene Widerstand.

Das Grundprinzip der **Doppler-Technik** mit Laserstrahlen stimmt mit dem der Ultraschallmethode überein. Während sich aber die Sonographie zur Untersuchung der größeren Gefäße eignet, ist die Lasermethode das moderne Verfahren bei der Untersuchung der Mikrozirkulation.

III/1.1.1 Kontinuitätsgleichung

Die Volumenstromstärke und die Strömungsgeschwindigkeit stehen in einer einfachen Beziehung zueinander. Diesen Zusammenhang untersuchen wir zuerst an idealen Flüssigkeiten.

Bei der Strömung von **idealen Flüssigkeiten**, also bei der **reibungsfreien Strömung** ist die Strömungsgeschwindigkeit in jedem Punkt des Rohrquerschnittes dieselbe, denn zwischen den einzelnen Flüssigkeitsschichten (bzw. an der Rohrwand) treten keine Reibungskräfte auf, so können sie auch keine Änderungen der Geschwindigkeit verursachen. Die einzelnen Schichten verschieben sich zueinander nicht, bewegen sich also gemeinsam. In diesem Fall finden wir eine einfache Beziehung zwischen der Volumenstromstärke und der für den Querschnitt charakteristischen Geschwindigkeit v. Durch die in Abb. III.3 mit A bezeichnete Querschnittsfläche fließt in der Zeit Δt der blau gekennzeichnete Flüssigkeitsbereich $\Delta s = v\Delta t$, so ist

$$I_V = \frac{\Delta V}{\Delta t} = \frac{A \cdot v \cdot \Delta t}{\Delta t} = A \cdot v. \qquad \text{(III.2)}$$

Bei **realen Flüssigkeiten** (wie z.B. beim Blut) kann die Reibung in der Regel nicht vernachlässigt werden. Durch die Reibung zwischen den Flüssigkeitsschichten kann die Geschwindigkeit der Schichten nicht gleich sein (s. Abschnitt III/1.3). An einem gegebenen Rohrdurchmesser können wir also nicht von einem Geschwindigkeitswert, sondern nur von einer mittleren Geschwindigkeit sprechen ($\overline{v}$). Definieren wir die mittlere Geschwindigkeit gerade so, dass Gl. (III.2) auch für reale Flüssigkeiten gelte:

$$I_V = A \cdot \overline{v}. \qquad \text{(III.3)}$$

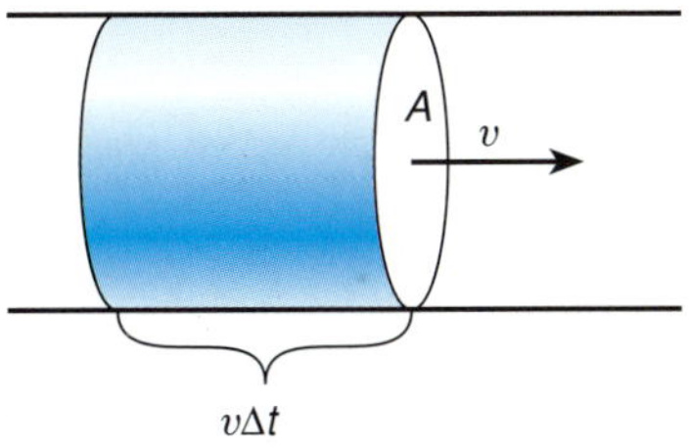

Abb. III.3. Beziehung zwischen Volumenstromstärke und Strömungsgeschwindigkeit: $I_V = Av$

In einem starren Rohr ist die Volumenstromstärke entlang des ganzen Rohres gleich groß. Der Erhaltungssatz der Masse und die starre Rohrwand fordern nämlich, dass in der gleichen Zeit durch jeden Querschnitt die gleiche Masse fließe. Daraus und aus der Inkompressibilität der Flüssigkeit folgt auch die Gleichheit der Strömungsvolumen. Unter Berücksichtigung von Gl. (III.3):

$$I_V = A \cdot \bar{v} = \text{konstant.} \quad \text{(III.4)}$$

Die Strömungsgeschwindigkeit ist also umgekehrt proportional zum Querschnitt des Rohres: durch ein enges Rohr fließt die Flüssigkeit schneller und umgekehrt. Das ist die einfachste Formulierung der sog. **Kontinuitätsgleichung** (auch **Durchflussgleichung**). Die Kontinuitätsgleichung gilt auch für Rohre mit elastischen Wänden, wenn die Strömung zeitunabhängig ist (sich die charakteristischen Größen der Strömung im Zeitintervall nicht verändern). Dann ändert sich der Rohrquerschnitt nämlich auch nicht, auch wenn er dazu in der Lage wäre. Die zeitunabhängige Strömung bezeichnet man als **stationäre Strömung**.

Die Wände der Blutgefäße sind zwar nicht starr und die Strömung ist auch nicht stationär (wenigstens in den großen Gefäßen pulsiert sie stark), die Kontinuitätsgleichung ist aber doch für den Blutkreislauf ganz gut erfüllt. Die Folge ist, dass die Strömungsgeschwindigkeit des Blutes von der Aorta bis zu den Kapillaren infolge der starken Zunahme des Gesamtquerschnittes A_{total} stark sinkt und dann in Richtung der Vv. cavae wieder zunimmt (s. letzte zwei Spalten der Tabelle III.1).

Es stellt sich die Frage, wie der „Mechanismus" der Beschleunigung in einer Verengung abläuft. Das könnten wir folgendermaßen veranschaulichen: vor der Verengung staut sich die Flüssigkeit, der Druck steigt, die Arbeit infolge des Druckes beschleunigt die Flüssigkeit. Das lässt sich mit dem Energieerhaltungssatz leicht beschreiben, aber nur dann, wenn es keinen Energieverlust durch Reibung gibt. Im folgenden Abschnitt beschäftigen wir uns deshalb mit den idealen Flüssigkeiten.

Tabelle III.1 Parameter der einzelnen Gefäßtypen (im großen Kreislauf): Durchmesser, Länge, Zahl der Äste, Gesamtquerschnitt der Äste und mittlere Strömungsgeschwindigkeit

Gefäßabschnitt	Durchmesser (cm)	Länge (cm)	Zahl der Äste	A_{total} (cm^2)	v (cm/s)
Aorta	2,4	40	1	4,5	23
Arterien	0,4	15	160	20	5
Arteriolen	0,003	0,2	$5{,}7 \cdot 10^7$	400	0,25
Kapillaren	0,0007	0,07	$1{,}2 \cdot 10^{10}$	4500	0,022
Venolen	0,002	0,2	$1{,}3 \cdot 10^9$	4000	0,025
Venen	0,5	15	200	40	2,5
Vv. cavae	3,4	40	2	18	6

III/1.2 Die Strömung idealer Flüssigkeiten

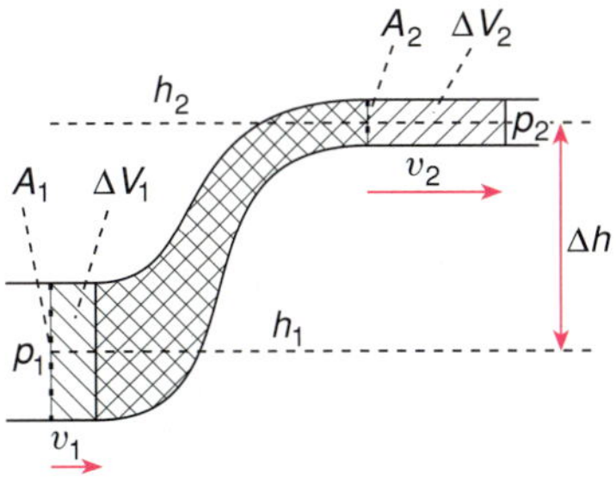

Abb. III.4. Die Strömung einer Flüssigkeit in einem Rohr mit variierendem Querschnitt und unterschiedlicher Höhe

Die idealen Flüssigkeiten strömen reibungsfrei. Dadurch gibt es keinen Energieverlust und so gilt der Erhaltungssatz der mechanischen Energie. Das nutzen wir im Folgenden aus, um zu den sehr wichtigen Zusammenhängen in Bezug auf die Strömung idealer Flüssigkeiten zu kommen, welche die herrschenden Druckverhältnisse angeben. Des weiteren setzen wir voraus, dass die Strömung laminar, die Flüssigkeit inkompressibel und das Rohr starr ist oder statt des letzteren, dass die Strömung stationär ist.

III/1.2.1 Bernoullische Gleichung

Wählen wir ein Flüssigkeitselement in dem Rohr der Abb. III.4 (den nach rechts unten schraffierten Bereich zwischen den Querschnitten A_1 und A_2). Dieser strömt in der Zeit Δt weiter und nimmt den nach links schraffierten Bereich ein. Sei der am Querschnitt A_1 herrschende Druck p_1, bei A_2 sei er p_2. Auf das ausgewählte Element (den „Körper") wirken also aus den benachbarten Flüssigkeitsvolumen die Kräfte $F_1 = p_1 A_1$ bzw. $F_2 = p_2 A_2$. In der Zeit Δt beträgt die Gesamtarbeit dieser Kräfte (unter Berücksichtigung der entgegengesetzten Richtung der beiden Kräfte)

$$W = p_1 \cdot A_1 \cdot v_1 \cdot \Delta t - p_2 \cdot A_2 \cdot v_2 \cdot \Delta t \ ,$$

wobei $v_1 \Delta t$ bzw. $v_2 \Delta t$ die beiden Bewegungen sind. Bei der Bestimmung der Energieänderung des „Körpers" müssen wir nur mit den einfach schraffierten Bereichen rechnen, d.h. mit den Flüssigkeitselementen der Masse $\Delta m_1 = \rho \Delta V_1$ bzw. $\Delta m_2 = \rho \Delta V_2$ (ρ ist die Dichte der Flüssigkeit, ΔV_1 und ΔV_2 sind die entsprechenden Volumen), denn der karierte Abschnitt gehört zu beiden Elementen und würde bei der Bildung der Differenz 0 ergeben:

$$\Delta E_{\text{kin}} = \frac{1}{2}(\rho A_2 v_2 \Delta t) \cdot v_2^2 - \frac{1}{2}(\rho A_1 v_1 \Delta t) \cdot v_1^2 \ ,$$

$$\Delta E_{\text{pot}} = (\rho A_2 v_2 \Delta t) \cdot g \cdot h_2 - (\rho A_1 v_1 \Delta t) \cdot g \cdot h_1 .$$

Wegen der Energieerhaltung ist

$$W = \Delta E_{\text{kin}} + \Delta E_{\text{pot}} .$$

Hier können wir die obige Beziehung einsetzen, da aufgrund unserer Bedingungen die Kontinuitätsgleichung (III.4) ($A_1 v_1 = A_2 v_2$) gültig ist. So können wir mit dem Faktor $Av\Delta t$ vereinfachen:

$$p_1 - p_2 = \frac{1}{2}\rho \cdot v_2^2 - \frac{1}{2}\rho \cdot v_1^2 + \rho \cdot g \cdot h_2 - \rho \cdot g \cdot h_1 .$$

Nach Umordnen:

$$p_1 + \frac{1}{2}\rho \cdot v_1^2 + \rho \cdot g \cdot h_1 = p_2 + \frac{1}{2}\rho \cdot v_2^2 + \rho \cdot g \cdot h_2 .$$

Daniel Bernoulli (1700-1782), schweizerischer Physiker, Mathematiker und Mediziner, wurde im Alter von 32 Jahren zum Professor der Anatomie an die Universität Basel berufen, dann ab 1750 Leiter des Lehrstuhls für Physik, ist berühmt für die Begründung der Hydrodynamik und seine mathematischen Ergebnisse.

Plasma-Skimming

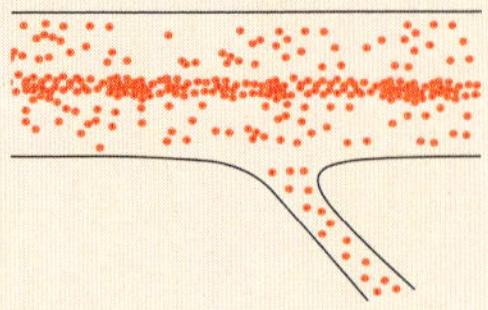

In realen Flüssigkeiten, so auch im Blut, ist die Strömungsgeschwindigkeit in der Mitte des Rohres am größten (s. später III/3). Nach der bernoullischen Gleichung ist deshalb hier der statische Druck am niedrigsten. Der Druckunterschied „treibt" die Erythrozyten von der Wand zur Rohrmitte hin. (Er lenkt sie in den Hauptstrom.) So wird die Erythrozytenkonzentration in Wandnähe geringer sein. Wie aus der Abbildung hervorgeht, wird aus dem Hauptast dünneres Blut (mit geringerem Erythrozytengehalt) strömen.

Bemerkung III.1

Der weltberühmte ungarische Wissenschaftler, János Neumann (Johann Baron von Neumann, 1903-1957) erwähnte die Theoretiker, die sich mit der Beschreibung von idealen Flüssigkeiten befassten, nur als Leute, welche das „trockene Wasser" studieren, weil sie eine wesentliche Eigenschaft der Flüssigkeiten, die innere Reibung, außer acht lassen. Die Idealisierung ist natürlich nicht immer zu verurteilen, so bechreibt z. B. auch die bernoullische Gleichung eine wichtige Erscheinung der strömenden Flüssigkeiten (und Gase) im Wesentlichen richtig, auch wenn die Ausgangsbedingungen streng nur für „trockenes Wasser" erfüllt sind.

Da wir die Querschnitte frei gewählt haben, gilt in jedem Punkt entlang des Rohres

$$p + \frac{1}{2}\rho \cdot v^2 + \rho \cdot g \cdot h = \text{konstant} . \qquad \text{(III.5)}$$

Das ist die **bernoullische Gleichung**. Die Glieder der Gleichung sind der **statische Druck** p, der **dynamische Druck** $(1/2)\rho v^2$ und der **hydrostatische Druck** ρgh, die Summe ergibt den Gesamtdruck. Bei einem horizontalen Rohr ist der dritte Faktor natürlich konstant. Dann bedeutet das Gesetz: an den Orten der größeren Geschwindigkeit ist der statische Druck niedriger.

Obwohl die bernoullische Gleichung exakt nur für ideale Flüssigkeiten gilt, kann man sie als Näherung auch bei realen Flüssigkeiten und nicht nur bei Strömungen in Rohren anwenden. Von den zahlreichen praktischen Folgen bzw. Anwendungen erwähnen wir nur einige: die Sogwirkung eines starken Windes auf die Hausdächer, Wasserstrahlpumpe, Flüssigkeitszerstäubung, Flugzeug, Segelschiff usw. Außerdem hat die Gleichung auch einige wichtige physiologische Folgen (s. „*Plasma-Skimming*").

Wenden wir die bernoullische Gleichung auf ein horizontales Rohr mit konstantem Querschnitt an, so erhalten wir ein merkwürdiges Ergebnis. Bei gleicher Höhe, gleichem Durchmesser, gleicher Geschwindigkeit ist der Druck an beiden Rohrenden auch gleich. Wenn es aber keinen Druckunterschied gibt, was treibt dann die Strömung an? – könnten wir fragen. Vergessen wir nicht, die bernoullische Gleichung gilt exakt nur für ideale Flüssigkeiten (s. Bemerkung III.1), bei denen infolge der fehlenden Reibung keine Kraft zur Erhaltung der gleichmäßigen Strömung notwendig ist (I. newtonsches Axiom)!

III/1.3 Laminare Strömung realer Flüssigkeiten

In echten Flüssigkeiten kann man die Reibung nicht vernachlässigen. Infolge der Wechselwirkung der Moleküle einer Flüssigkeit treten zwischen den sich aufeinander bewegenden Schichten Reibungskräfte auf. Untersuchen wir, wovon diese Kräfte abhängen!

III/1.3.1 Das newtonsche Reibungsgesetz

Betrachten wir den Fall einer dünnen Flüssigkeitsschicht zwischen zwei parallelen ebenen Platten (Abb. III.5). Untersuchen wir nun, mit welcher Kraft F die obere Platte mit der Fläche A mit konstanter Geschwindigkeit v auf der fixierten unteren Platte verschoben werden kann. An beiden Platten haftet ein Flüssigkeitsfilm, der sich mit den Platten zusammen bewegt oder stillsteht. (So tritt die Reibung zwischen Flüssigkeit und Flüssigkeit auf, sie wird also eine innere Reibung sein!) Bei geringer Geschwindigkeit v (d.h. bei laminarer Strömung) bewegen sich die Moleküle in den parallel zu den Platten befindlichen Flüssigkeitsschichten zusammen, die Schichten gleiten praktisch aufeinander. Da sich die beiden Platten sehr nah beieinander befinden (Δh sehr klein ist), können wir annehmen, dass sich die Geschwindigkeit der einzelnen Schichten auf dieser kleinen Entfernung von 0 bis v linear verändert. So ist der Geschwindigkeitsgradient (d.h. die Änderung der Geschwindigkeit auf einer Einheitslänge senkrecht zur Strömung) $\Delta v/\Delta h$ konstant. Auch die Reibungskraft zwischen den einzelnen Flüssigkeitsschichten ist identisch, und zwar gleich F, denn im stationären Fall muss, (da keine Beschleunigung besteht,) die Resultante der Kräfte, die auf die einzelnen Flüssigkeitsschichten wirken, Null sein. (Daraus folgt, dass die Kraft nicht unmittelbar von der Geschwindigkeit abhängen kann, sonst wäre diese Voraussetzung nicht erfüllt.) Unter den einfachsten Bedingungen ist also (in Übereinstimmung mit den Erfahrungen) die zur Bewegung der Platte notwendige Kraft, (die also mit der Reibungskraft zwischen den Flüssigkeitsschichten übereinstimmt,) proportional zur Plattenfläche A und zur Größe des Geschwindigkeitsgradienten $(\Delta v/\Delta h)$:

$$F = \eta \cdot A \cdot \frac{\Delta v}{\Delta h} \,. \tag{III.6}$$

Das ist das **newtonsche Reibungsgesetz**. Den Proportionalitätsfaktor η bezeichnet man als inneren Reibungskoeffizienten oder als **Viskosität**. Seine Maßeinheit ist Pa·s. Sein Wert ist ein charakteristischer Parameter der Flüssigkeiten (bzw. Gase). In Tabelle III.2 sind einige typische Werte der Viskosität dargestellt.

Die Flüssigkeiten, für die Gl. (III.6) gilt, nennt man **newtonsche Flüssigkeiten**. Zu ihnen gehören die einfachen Flüssigkeiten, wie z. B. Wasser oder mit guter Näherung der Harn. Zusammengesetzte Flüssigkeiten, wie z. B. das Blut, zeigen aber eine starke Abweichung. Bei diesen verhält sich die Reibungskraft nicht proportional zum Geschwindigkeitsgradienten. Das können wir auch so verstehen, dass ihre Viskosität nicht konstant ist, sondern sich mit der Änderung des Geschwindigkeitsgradienten ändert. Diese Flüssigkeiten bezeichnen wir als **nicht-newtonsche Flüssigkeiten**. Mit dieser Eigenschaft des Blutes befassen wir uns in III/1.3.4 eingehender, hier behandeln wir im Folgenden nur die newtonschen Flüssigkeiten.

Es ist von Interesse, die Verbindung zwischen Viskosität und Temperatur zu erwähnen. Da der molekulare Mechanismus der inneren Reibung in Gasen und in Flüssigkeiten verschieden ist, ist auch die Wirkung der Temperatur unterschiedlich. Mit steigender Temperatur nimmt die Viskosität der Gase zu, während sie bei den Flüssigkeiten abnimmt (s. auch „*Molekulare Erklärung der Reibungskräfte zwischen den strömenden Schichten*").

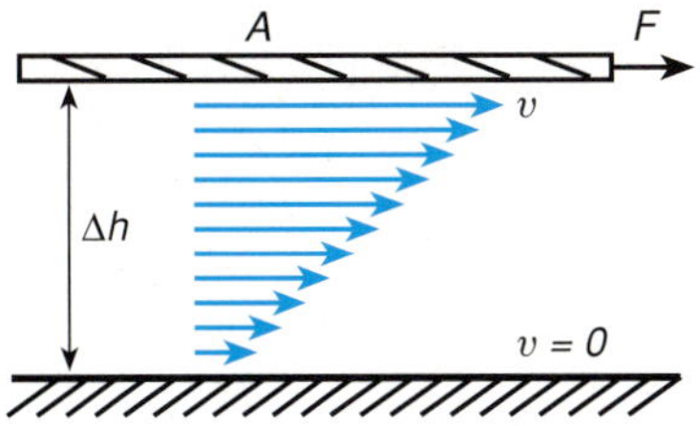

Abb. III.5. Innere Reibung
Sie tritt bei Flüssigkeitsschichten auf, die bei laminarer Strömung, z. B. zwischen planparallelen Platten, aneinander vorbeigleiten.

Tabelle III.2. Viskosität einiger Stoffe

Stoff	η (mPa·s) 20 °C
Luft	(101 kPa) 0,019
Wasser	1
Äthanol	1,2
Blut (37 °C)	2–8
Glyzerin	1490
Honig	2000–14000

Die frühere Maßeinheit der Viskosität war poise (nach Poiseuille, s. III/1.3.3): 1 Pa·s = 10 poise. Aus der Tabelle lässt sich ablesen, das die Viskosität von Wasser bei 20°C gerade 1 centipoise ist.

Molekulare Erklärung der Reibungskräfte zwischen den strömenden Schichten

Der Aufbau der Gase und der Flüssigkeiten ist grundlegend verschieden, und so unterscheidet sich auch der Mechanismus der inneren Reibung.

In **Gasen** gibt es keine oder nur eine sehr geringe Wechselwirkung zwischen den Teilchen. Warum gibt es trotzdem eine Reibung zwischen zwei aneinander gleitenden Gasschichten? Das beruht darauf, dass die Teilchen außer der kollektiven, geordneten Bewegung auch eigene ungeordnete Temperaturbewegungen ausführen. Dadurch können die Teilchen aus einer Schicht in die andere gelangen. Die Teilchen aus den langsameren Schichten stoßen mit den Teilchen der schnelleren Schicht zusammen und behindern ihr Vorankommen. Dieser Impulsaustausch (Impulstransport) ist die Ursache für die innere Reibung. So wird die Erfahrung verständlich, dass die Viskosität der Gase mit steigender Temperatur zunimmt. Bei höheren Temperaturen ist die Temperaturbewegung größer, deshalb wird auch der Impulstransport zwischen den Schichten stärker.

In Flüssigkeiten befinden sich die Moleküle dichter beieinander als in Gasen. (Es gibt keine „freien" Stellen.) Durch ihre Wechselwirkung entstehen in kleinen Bereichen sehr geordnete Strukturen (Nahordnung s. I/3.4.1). Gerade von dem Grad dieser Ordnung hängt die Viskosität ab. Das Gleiten der Flüssigkeitsschichten wird nämlich durch die „Fehler" in der Flüssigkeitsstruktur (ähnlich den Fehlern der Kristallstruktur, s. I/3.3.5), durch atomgroße dünne Stellen, „Löcher" möglich. Je höher die Konzentration der „Löcher" ist, desto leichter gleiten die Schichten aneinander und desto geringer ist die Viskosität. Die relative Konzentration der „Löcher" kann mit Hilfe der Boltzmann-Verteilung angegeben werden ($\exp(-E/kT)$, s. I/3.3.5 Gl. (I.24)) und die Viskosität der Flüssigkeiten ist ihrem Reziprok proportional:

$$\eta \sim e^{\frac{E}{kT}}, \qquad \text{(III/1.3.1.K)}$$

wo E die zum Entstehen eines „Loches" notwendige Energie, k die Boltzmann-Konstante und T die absolute Temperatur sind. Im Endergebnis nimmt also die Viskosität der Flüssigkeiten mit steigender Temperatur ab, und zwar in der Regel sehr stark, z. B. ist bei Wasser η (4 °C) = 1,6 mPa·s, η (20 °C) = 1 mPa·s.

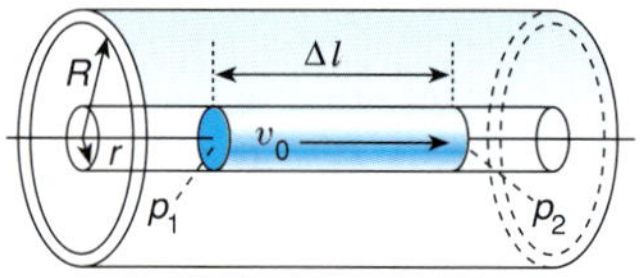

Abb. III.6. Laminare und stationäre Strömung in einem nicht zu weiten, zylindersymmetrischen Rohr

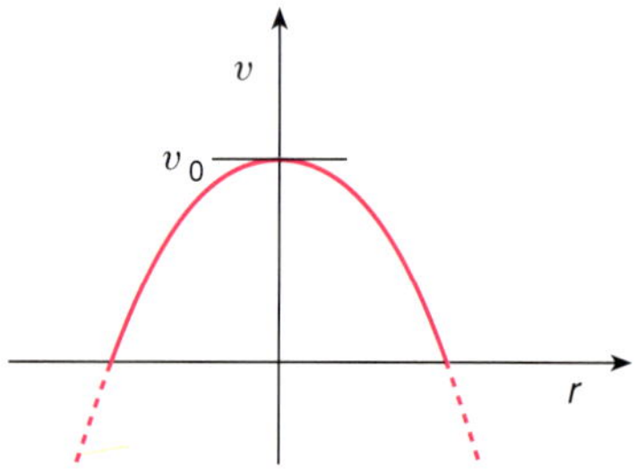

Abb. III.7. Parabolisches Geschwindigkeitsprofil
In der Wirklichkeit ist der Definitionsbereich der Funktion sinngemäß: $-R \leq r \leq R$

III/1.3.2 Strömung in Rohren

Wir konnten sehen, dass die Flüssigkeitsschichten in idealen Flüssigkeiten mit der gleichen Geschwindigkeit strömen (III/1.1.1). Bei realen Flüssigkeiten kann das sog. **Geschwindigkeitsprofil** (die Strömungsgeschwindigkeit der Flüssigkeit als Funktion der Entfernung von der Platte, s. Abb. III.5) **zwischen** zwei sehr nahen **ebenen Platten** als **linear** angesehen werden. Überlegen wir jetzt, wie das Geschwindigkeitsprofil in einem (zylindersymmetrischen) Rohr mit endlichem (aber nicht zu großem) Durchmesser aussehen soll.

Nehmen wir ein Rohr mit dem (inneren) Radius R (Abb. III.6), in dem eine Flüssigkeit mit der Viskosität η durch den Druckunterschied mit nicht allzu großer Geschwindigkeit (laminar) von links nach rechts (positive Richtung!) fließt. Wir wissen, dass die Geschwindigkeit an der Rohrwand Null ist, denn diese Schicht haftet an der Wand. Wir können (aufgrund der Zylindersymmetrie) voraussetzen, dass die Strömungsgeschwindigkeit (v_0) in der Achse des Rohres am größten ist. Kennzeichnen wir in Gedanken im Inneren des Rohres einen kleinen Flüssigkeitszylinder mit dem Radius r und der Länge Δl! An seinen Endflächen herrscht der Druck p_1 bzw. p_2 ($p_1 > p_2$). Die Strömung wird vom Druckunterschied getrieben, von der Reibung gebremst. Bei stationärer Strömung ist die Resultante der auf den Zylinder wir-

Die Lösung der Gleichung III.7

Eine ähnliche Gleichung konnten wir bei den gleichförmig beschleunigten Bewegungen antreffen, z.B. beim senkrechten Wurf

$$v = \frac{\Delta s}{\Delta t} = v_0 - gt\ .$$

Ist $v_0 = 0$ (freier Fall), dann ist $\Delta s/\Delta t = -gt$, was mathematisch mit Gl. (III.7) übereinstimmt. Wir wissen auch, dass beim senkrechten Wurf der Weg allgemein mit der Beziehung $s = s_0 + v_0 t + gt^2/2$ angegeben werden kann. Wegen $v_0 = 0$ ist jedoch $s = s_0 + gt^2/2$. Analog dazu ergibt sich aus Gl. (III.7) das Ergebnis:

$$v = v_0 - \frac{K}{2} r^2 .$$

kenden Kräfte Null. Die „Schubkraft" durch den an den Endflächen ($r^2\pi$) wirkenden Druckunterschied Δp hält also das Gleichgewicht zur Reibungskraft am Mantel des Flüssigkeitszylinders ($2r\pi\Delta l$). Das können wir mit Hilfe von Gl. (III.6) aufschreiben:

$$\Delta p \cdot r^2\pi = \eta \cdot 2r\pi\,\Delta l\,\frac{\Delta v}{\Delta r}\ ,$$

wobei $\Delta v/\Delta r$ jetzt der Geschwindigkeitsgradient ist. ($\Delta p = p_2 - p_1$ ist zwar negativ, auf der anderen Seite ist aber Δv auch negativ, denn mit zunehmendem r nimmt v ab.) Daraus folgt

$$\frac{\Delta v}{\Delta r} = \frac{\Delta p}{2\eta\Delta l}\,r = -Kr, \qquad \text{wo} \qquad K = \frac{\Delta p}{\cdot 2\eta\Delta l}. \qquad \text{(III.7)}$$

Das gesuchte Geschwindigkeitsprofil $v(r)$ (d.h. die Strömungsgeschwindigkeit der Flüssigkeit als Funktion des Radius) ist eine **Parabel** (Abb. III.7):

$$v = v_0 - \frac{K}{2} r^2 . \qquad \text{(III.8)}$$

Wir können weiter umformen, indem wir berücksichtigen, dass die Geschwindigkeit an der Rohrwand, also bei $r = R$ Null ist, woraus sich ergibt, dass

$$v_0 = \frac{1}{2} KR^2 . \qquad \text{(III.9)}$$

Das können wir in Gl. (III.8) einsetzten. Setzen wir auch den Faktor K ein, so erhalten wir folgendes Endergebnis:

$$v = \frac{1}{2} K(R^2 - r^2) = -\frac{\Delta p}{4\eta\Delta l}(R^2 - r^2). \qquad \text{(III.10)}$$

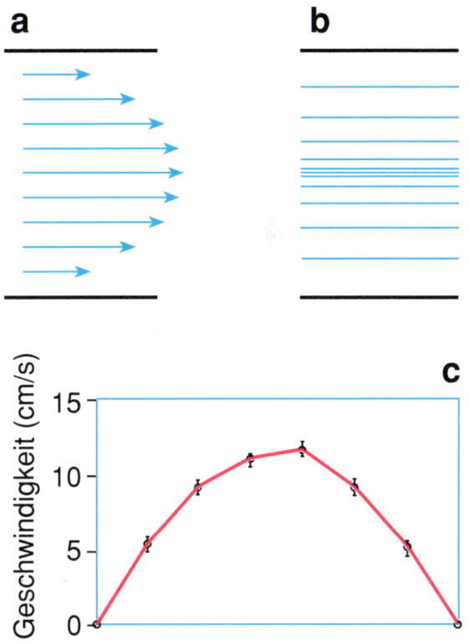

Abb. III.8. Verschiedene Darstellungen des parabolischen Geschwindigkeitsprofils: **a.** mit Geschwindigkeitsvektoren, **b.** mit Stromlinien, **c.** als Messergebnis (Aorta des Kaninchens, Doppler-Effekt, Methode s. VIII/4.2.8)

III/1.3.3 Das Hagen-Poiseuille-Gesetz und seine Anwendung auf den Blutkreislauf

Die folgende und vielleicht wichtigste Frage ist, **wie groß** in dem obigen **Rohr die Volumenstromstärke** ist. Das ließe sich mit Gl. (III.2) ($I_V = A\bar{v}$) leicht berechnen, wenn die Geschwindigkeit im Querschnitt überall gleich wäre. Wie wir aber gerade sehen konnten, verhält sich das nicht so (s. „*Die*

Die Bestimmung der Volumenstromstärke in einem (zylindersymmetrischen) Rohr (mit nicht zu großem Durchmesser)

Die Schwierigkeiten kommen daher, dass sich die Strömungsgeschwindigkeit dem Geschwindigkeitsprofil (III.8) entsprechend ändert und man so die Beziehung $I_V = Av$ in dieser einfachen Form nicht anwenden kann. Ein ähnliches Problem haben wir schon bei der Berechnung der Arbeit von variierenden Kräften angetroffen, z.B. im Falle einer Feder. Während des Dehnens nimmt die Kraft linear zu, deshalb kann man die Arbeit nicht einfach durch Multiplikation von Kraft und Dehnung erhalten. Die Lösung war, die Kraft als Funktion der Dehnung darzustellen. Die Fläche unter der Kurve ergab die gesuchte Arbeit. Da die Kurve eine Gerade war, erhielten wir als Fläche ein Dreieck, das leicht zu berechnen war. Auch jetzt verfahren wir analog. Wir stellen nämlich die Strömungsgeschwindigkeit als Funktion der Fläche A statt des Radius dar. In Gl. (III.8) ersetzen wir (nach $A = r^2\pi$) r^2 durch A/π :

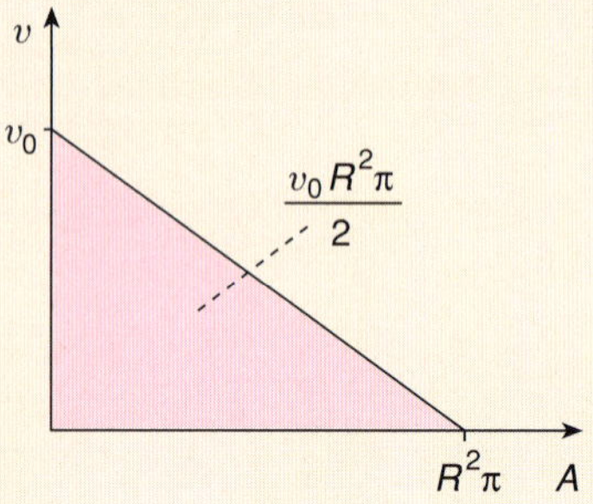

$$v = v_0 - \frac{K}{2\pi} A \,.$$

Auf der Abbildung ist die lineare Funktion dargestellt. Die Gerade erreicht bei $A = R^2\pi$ (d.h. dem Flächenwert, der dem Rohrradius R entspricht,) den Wert $v = 0$ und die (rosa) Fläche unter der Kurve ergibt die Volumenstromstärke:

$$I_V = \frac{v_0 \cdot R^2\pi}{2} \,.$$

Bestimmung der Volumenstromstärke in einem (zylindersymmetrischen) Rohr (mit nicht zu großem Durchmesser)").

Danach ist einzusehen, dass die Volumenstromstärke in diesem Fall:

$$I_V = \frac{v_0 \cdot R^2\pi}{2} \,. \qquad \text{(III.11)}$$

Vergleichen wir diese Beziehung mit Gl. (III.3), so kommen wir zu der interessanten Schlussfolgerung, dass die mittlere Geschwindigkeit in unserem Fall die Hälfte des maximalen Wertes beträgt:

$$\bar{v} = \frac{v_0}{2} \,.$$

Unter Ausnutzung von Gl. (III.9) und der Bedeutung des Faktors K erhalten wir das Endergebnis:

$$I_V = -\frac{\pi}{8\eta} R^4 \frac{\Delta p}{\Delta l} \,. \qquad \text{(III.12)}$$

Das ist das **Hagen-Poiseuille-Gesetz.** Es sei nochmals betont: **das Gesetz bezieht sich exakt nur auf die stationäre und laminare Strömung von newtonschen Lösungen.** (Das negative Vorzeichen besagt, dass die Flüssigkeit in Richtung des geringeren Druckes fließt.) **Die Volumenstromstärke ist also direkt proportional zum Druckgradienten $\Delta p/\Delta l$ und zur vierten Potenz des Rohrradius.** Letzteres bedeutet eine sehr starke Abhängigkeit. Überlegen wir nur: wenn der Radius des Rohres auf die Hälfte reduziert ist, fällt die Stromstärke bei sonst unveränderten Parametern auf das Sechzehntel ihres Wertes!

Das Blut ist zwar keine newtonsche Flüssigkeit und in den herznahen **Gefäßen ist die Strömung auch nicht stationär** (in den herzfernen Gefäßen ist sie es mit guter Näherung), das **Hagen-Poiseuille-Gesetz kann aber doch als Näherung auch auf den Blutkreislauf angewandt werden.** Die starke Abhängigkeit R^4 bedeutet für den Organismus, dass die Blutversorgung der einzelnen Organe mit feinen Änderungen des Gefäßdurchmessers höchst wirksam gesteuert werden kann. Das bedeutet aber auch, dass bei einer Abnahme des Gefäßdurchmessers (z. B. bei Arterienverkalkung) die entsprechende Blutversorgung des Organismus nur durch einen höheren Blutdruck erhalten werden kann (oder könnte).

Gl. (III.12) lässt sich auch in die folgende Form ordnen

$$-\Delta p = R_{\text{Rohr}} \cdot I_V \qquad \text{(III.13)}$$

wo

$$R_{\text{Rohr}} = 8\pi\eta \frac{\Delta l}{(r^2\pi)^2} \qquad \text{(III.14)}$$

Gl. (III.13) zeigt die Analogie des **Hagen-Poiseuille-Gesetzes mit dem ohmschen Gesetz** ($U = R \cdot I$). Der Spannung (oder der Potenzialdifferenz) entspricht die Druckdifferenz, der elektrischen Stromstärke die Volumenstromstärke und dem elektrischen Widerstand der durch Gl. (III.14) definierte Reibungswiderstand, mit anderen Worten der Rohrwiderstand. Innerhalb der Analogie ist ein wesentlicher Unterschied, dass der elektrische Widerstand umgekehrt proportional zum Querschnitt ist, während der Rohrwiderstand umgekehrt proportional zum Quadrat des Querschnitts ist.

Die Strömungen lassen sich nicht nur analog zum ohmschen Gesetz, sondern auch analog zu den kirchhoffschen Regeln aufschreiben. Auch für die Verzweigung von Rohren gilt, dass die Stromstärke im Hauptstrom gleich der Summe der Stromstärken in den Zweigströmen ist (Kontinuitätsgleichung, I. kirchhoffsche Regel). Auch der Widerstand der in Reihe oder parallel verbundenen Röhren ist ähnlich zu addieren, wie man im Falle von elektrischen Widerständen rechnet:

$$R_{\text{Rohr, Parallelschaltung}} = \sum_i R_{\text{Rohr}}{}^{(i)}, \qquad \text{(III.15)}$$

$$\frac{1}{R_{\text{Rohr, Reihenschaltung}}} = \sum_i \frac{1}{R_{\text{Rohr}}{}^{(i)}}. \qquad \text{(III.16)}$$

Diese Analogien sind eine Hilfe, um z. B. die Funktion des großen oder Körperkreislaufs besser zu verstehen (s. „*Überblick über die Funktion des Körperkreislaufs aufgrund der Strömungsgesetze*").

Gotthilf Heinrich Ludwig Hagen (1797-1884), deutscher Wasserbauingenieur

Jean-Louis-Marie Poiseulle (1799-1869) französischer Arzt und Physiologe

Sie kamen unabhängig voneinander, fast gleichzeitig, auf empirischem Weg zu der nach ihnen benannten Beziehung.

Überblick über die Funktion des Körperkreislaufs aufgrund der Strömungsgesetze

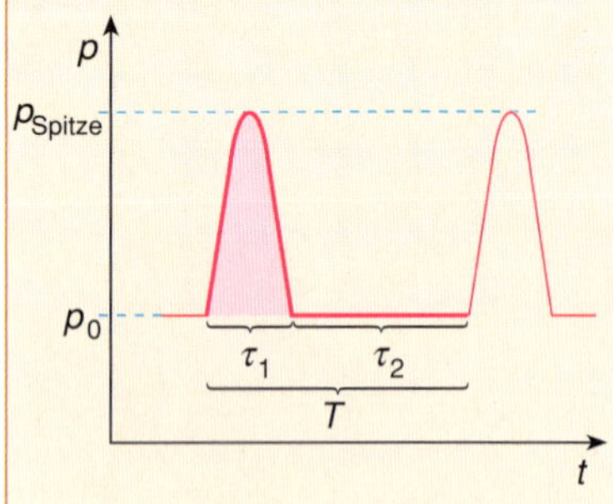

Abb. 1. Der mittlere Druck $\bar{p} = p_0 + \overline{\Delta f}$, wo $\overline{\Delta f} =$ rosa Fläche/T ist, lässt sich mit der Änderung der Herzfrequenz ($f = 1/T$) gut regulieren, denn $T = \tau_1 + \tau_2$, was in erster Linie von der Dauer der Pause τ_2 abhängt, denn τ_1 ist fast konstant.

Der Körperkreislauf versorgt die einzelnen Organe parallel mit Blut, so ist der Druckabfall an allen Organen gleich. Das Blutvolumen verteilt sich zwischen den Organen umgekehrt proportional zu ihrem Widerstand. Bedarf ein Organ einer erhöhten Blutzufuhr, so nimmt der Querschnitt seiner Blutgefäße zu, damit nimmt der Widerstand in seinem Gefäßsystem deutlich ab, und die Stärke des Blutstromes nimmt zu. Soll die Blutversorgung mehrerer Organe gleichzeitig zunehmen, so erhöht das Herz mit Drucksteigerung die Volumenstromstärke des Blutes. In der linken Kammer liegt der systolische Druck ca. 13-16 kPa (100-120 mmHg) über dem atmosphärischen Druck. Die zeitliche Kurve der Druckänderung ist annähernd eine halbe Sinuskurve. Der maximale Druck (Spitzendruck) ist bei einem gegebenen Herzen nahezu konstant, der mittlere Druck hängt aber stark von der Dauer der Pause ab, so lässt er sich mit Änderungen der Herzfrequenz gut regulieren (Abb. 1). Am Ende des Körperkreislaufes, in den Venen, die in den rechten Vorhof münden, herrscht ein annähernd atmosphärischer Druck. Der Druckabfall des Körperkreislaufes von der linken Herzkammer bis zum rechten Vorhof lässt sich aufgrund der Parameter in Tab. III.1 mit Hilfe des elektrischen Modells und Gl. (III.14) bestimmen. Nach Gl. (III.14) kann der Widerstand der einzelnen Gefäßarten, der Aorta, einer Arterie, Arteriole usw. berechnet werden. Nach Gl. (III.16) für die Summe von parallel geschalteten Widerständen können wir den resultierenden Widerstand der parallelen Arterien, parallelen Arteriolen berechnen. Im Körperkreislauf sind diese Widerstände in Reihe geschaltet, der gesamte Druckabfall verteilt sich also im Verhältnis ihrer Widerstände. In Abb. 2 sind die resultierenden Widerstände einiger Gefäßarten und der entsprechende Druckabfall im Körperkreislauf dargestellt. Man sieht, dass der größte Druckabfall in den Arteriolen erfolgt, da ihr Gesamtwiderstand der höchste ist. Das überrascht auf den ersten Blick, denn ihr Gesamtquerschnitt ist auch sehr groß. Das erklärt sich folgendermaßen:

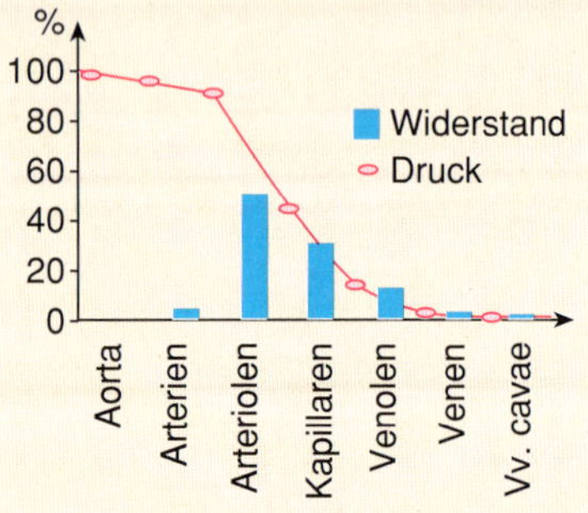

Abb. 2. Widerstand und Druckverhältnisse im Körperkreislauf (in %)

Der Widerstand eines Gefäßes ist nach Gl. (III. 14) $R_{\text{Rohr}} = 8\pi\eta \frac{\Delta l}{A^2}$,

der resultierende Widerstand R von n parallel geschalteten gleichen Gefäßen ist. $\frac{1}{R} = \frac{n}{R_{\text{Rohr}}}$.

Daraus resultiert der Widerstand $R = 8\pi\eta \frac{\Delta l}{n \cdot A^2} = 8\pi\eta \frac{n \cdot \Delta l}{A_{\text{total}}^2}$,

wo $A_{\text{total}} = nA$ der Gesamtquerschnitt der Gefäße ist. Nimmt also n schneller zu als das Quadrat des Gesamtquerschnittes, dann wird auch der resultierende Widerstand zunehmen. Das geschieht bei den Arteriolen: während ihr Gesamtquerschnitt nur ungefähr das 90-fache des Aortenquerschnitts beträgt, dessen Quadrat auch nur 8100 ist, beträgt ihre Anzahl der einen Aorta gegenüber ca. $6 \cdot 10^7$.

Da die Arteriolen den Großteil des Widerstandes im Körperkreislauf geben, spielen sie beim Gesamtdruck des Körperkreislaufs eine entscheidende Rolle. Deshalb ist es kein Zufall, dass die Arteriolenwand relativ viel glatte Muskelfasern enthält, mit denen der Gefäßdurchmesser reguliert werden kann. Eine Dauerkontraktur führt jedoch zu hohem Blutdruck.

Die auf dem Hagen-Poiseuille-Gesetz basierende Beschreibung des Blutkreislaufs kann als Grundlage betrachtet werden. In der Wirklichkeit verhält sich aber der Blutkreislauf etwas anders, weil das Blut keine newtonsche Flüssigkeit und die Strömung – besonders in den großen Arterien – nicht stationär ist. Im Folgenden befassen wir uns mit den Abweichungen von dieser Beschreibung (s. „*Einige Merkmale des Blutkreislaufs*").

Einige Merkmale des Blutkreislaufs

Laut Hagen-Poiseuille-Gesetz ist die Volumenstromstärke bei newtonschen Flüssigkeiten proportional zum Druckgradienten. Stellen wir das graphisch dar, so erhalten wir eine vom Nullpunkt ausgehende Gerade, deren Steigung umgekehrt proportional zur Viskosität ist. Beim Blutstrom zeigen die Messergebnisse eine Abweichung von der Geraden (Abb. 1). Diese ist um so größer, je höher der Hämatokritwert (der Anteil der Blutkörperchen am gesamten Blutvolumen) ist. Die Erklärung für die Abweichung von der Geraden liegt darin, dass das Blut keine newtonsche Flüssigkeit ist, was anscheinend mit den Erythrozyten zusammenhängt. **Untersuchen wir deshalb die Viskosität des Blutes genauer!**

Bei normalen **Hämatokritwerten** (ca. 45 %) beträgt die Viskosität des Blutes das Drei- bis Vierfache der Viskosität von Wasser. Bei Hämatokritwerten über dem Normalwert (Polyzytämie) nimmt die Viskosität stark zu, was eine starke Belastung des Herzens bedeutet, wenn die normale Blutstromstärke erhalten bleiben soll.

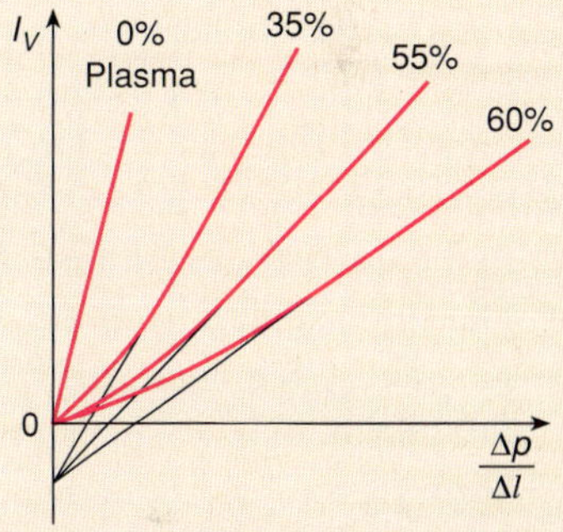

Abb. 1. Das Hagen-Poiseuille-Gesetz für newtonsche Flüssigkeiten (Plasma) bzw. für Blut mit unterschiedlichen Hämatokritwerten (unterschiedlichem Gehalt an Blutzellen)

Die Viskosität des Blutes nimmt wie bei jeder Flüssigkeit mit sinkender Temperatur zu (s. Gl. (III/1.3.1.K) in III/1.3.1 „*Molekulare Erklärung der Reibungskräfte zwischen den strömenden Schichten*"). Das führt unter extremen Bedingungen, bei Unterkühlung der Gliedmaßen zu Problemen, weil die schlechte Durchblutung noch weiter gemindert wird.

Die Viskosität des Blutes hängt aber darüber hinausgehend auch vom Geschwindigkeitsgradienten ab. Die Proportionalität von Reibungskraft und Geschwindigkeitsgradient ($\Delta v/\Delta h$) laut Gl. (III.6) ist also nicht gültig (nicht-newtonsche Flüssigkeit!). Erhöhen wir experimentell allmählich die Strömungsgeschwindigkeit des Blutes (und damit also auch die Stromstärke)! Bei stärkerer Strömung werden die Geschwindigkeitsunterschiede zwischen den Flüssigkeitsschichten und so auch der Geschwindigkeitsgradient zunehmen. Wir können beobachten, dass bei stärkerer Strömung, also zunehmendem Geschwindigkeitsgradienten die Viskosität des Blutes erst schnell, dann langsamer, aber kontinuierlich abnimmt (Abb. 2). Das hat eine komplexe Erklärung. Bei sehr langsamer Strömung sind die Geschwindigkeitsdifferenz zwischen den Schichten und die Scherkräfte gering. Das ermöglicht das Aneinanderhaften der Erythrozyten, was die Reibung, die Viskosität erhöht. Bei zunehmender Strömung lösen die zunehmenden Scherkräfte die Erythrozytenaggregate auf, was zur anfänglichen schnellen Abnahme der Viskosität führt. Eine weitere Abnahme verursacht das in III/1.2.1 erwähnte Phänomen des Eindriftens der Erythrozyten in die Rohrachse, das umso stärker zur Geltung kommt, je stärker die Strömung ist, je größer die Geschwindigkeitsdifferenz und demzufolge die Druckdifferenz zwischen Rohrachse und Rohrrand ist.

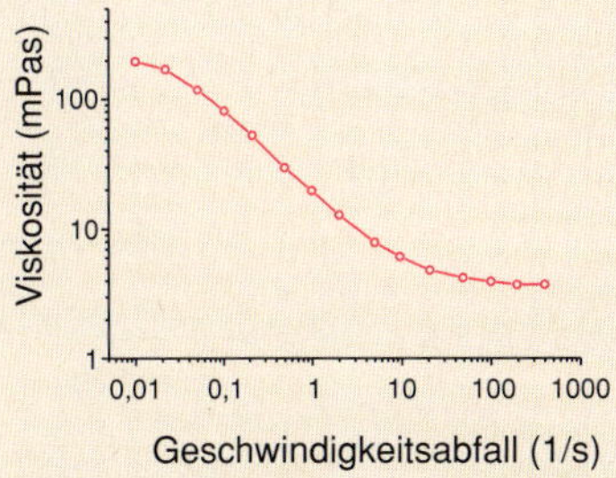

Abb. 2. Die Viskosität des Blutes als Funktion des Geschwindigkeitsgradienten (37°C, 45 % Hämatokrit)

Warum verursacht dieses Phänomen die Abnahme der Viskosität? Die innere Reibung in Flüssigkeiten ist nach Gl. (III.5) am Rand am stärksten, denn wegen des parabolischen Geschwindigkeitsprofils ist hier der Geschwindigkeitsgradient am größten. Wenn dieser Bereich „entleert" ist, dann nimmt die Viskosität ab und die mindernde Wirkung auf die gesamte innere Reibung ist größer als die steigernde Wirkung durch die Ansammlung der Erythrozyten in der Rohrachse. Im Endergebnis wird die effektive Viskosität des Blutes abnehmen. Die anfangs hohe, dann abnehmende Viskosität erklärt die Kurven in Abb. 1 bzw. die Abweichung vom Hagen-Poiseuille-Gesetz. Es sei bemerkt, dass das erwähnte Phänomen auch zur Folge hat, dass das Geschwindigkeitsprofil des Blutstroms etwas von der parabolischen Form abweicht, in Wandnähe ist es steiler, im mittleren Teil flacher. Diese Abweichung spielt aber unter physiologischen Bedingungen keine große Rolle. Der physiologische Bereich umschließt nämlich im Großen und Ganzen den linearen Teil in Abb. 1.

Der Blutkreislauf weicht auch in einem zweiten Punkt von den Bedingungen des Hagen-Poiseuille-Gesetzes ab: **der Blutstrom ist nicht überall stationär**. Das Herz pumpt nämlich das Blut nicht kontinuierlich, sondern pulsierend in die Aorta. Dadurch ist die Elastizität der Gefäße von Bedeutung. Bei stationärer Strömung besteht nämlich kein Unterschied zwischen Rohren mit starren und mit elastischen Wänden. Das Rohr mit elastischer Wand wird zwar durch den Druck zu Beginn der Strömung weiter, aber da danach die Strömung in der Zeit konstant ist, erfährt es keine weiteren Änderungen. Die Beziehungen gelten für konstante Rohrparameter. Bei pulsierender Strömung spielt dagegen die Elastizität des Rohres eine wesentliche Rolle.

Die Wände der Aorta und der Arterien sind elastisch. Bei Druckanstieg erweitern sich die Gefäße, so können sie ein höheres Blutvolumen aufnehmen und der Druckanstieg wird gedämpft. Diesen Energieüberschuss, der bei starren Rohren sonst verlorenginge, speichern die erweiterten Gefäße in Form von elastischer Energie. Im Intervall des Druckminimums gelangt diese Energie in den Blutstrom zurück: die Gefäße ziehen sich zusammen und halten damit einen gewissen Druck und gleichzeitig die Strömung aufrecht.

Die Elastizität der Blutgefäße hat also im Vergleich zu starren Rohren mehrere Vorteile:

- Die Druckänderungen durch den Herzschlag werden gedämpft, das niedrigere Druckmaximum belastet das Kreislaufsystem weniger.
- Die Strömung ist gleichmäßiger, in den Arteriolen, Kapillaren ist sie fast stationär, so ist auch der Stoffwechsel kontinuierlich.
- Die geringere Maximalgeschwindigkeit mindert das Übertreten der kritischen Geschwindigkeit v_{krit} und so das Risiko von Turbulenzen. (Im folgenden Abschnitt werden wir sehen, dass die Turbulenzen die Reibung erhöhen, die Herzarbeit erschweren.)
- Insgesamt ist also die Volumenstromstärke bei gleicher Herzarbeit größer als sie bei starren Rohren wäre.

III/1.4 Turbulente Strömung

Wie in III/1.1 schon erwähnt geht die **laminare Strömung über einer gewissen kritischen Geschwindigkeit v_{krit} in turbulente Strömung über**. Erfahrungsgemäß hängt die kritische Geschwindigkeit von der Viskosität η und Dichte ρ der Flüssigkeit sowie dem Radius des Rohres r ab:

$$v_{krit} = \mathrm{Re} \cdot \frac{\eta}{\rho r} \,. \qquad \text{(III.17)}$$

Die dimensionslose Kennzahl *Re* ist die sog. **Reynolds-Zahl**. Bei glattwandigen Gefäßen ist Re = 1160, bei rauher Gefäßwand ist ihr Wert etwas geringer.

Die Turbulenzen erhöhen die innere Reibung, den Strömungswiderstand des Rohres. Beim Übergang einer laminaren Strömung in eine turbulente Strömung weicht die Beziehung Volumenstromstärke-Druckabfall vom Hagen-Poiseuille-Gesetz ab (Abb. III.9).

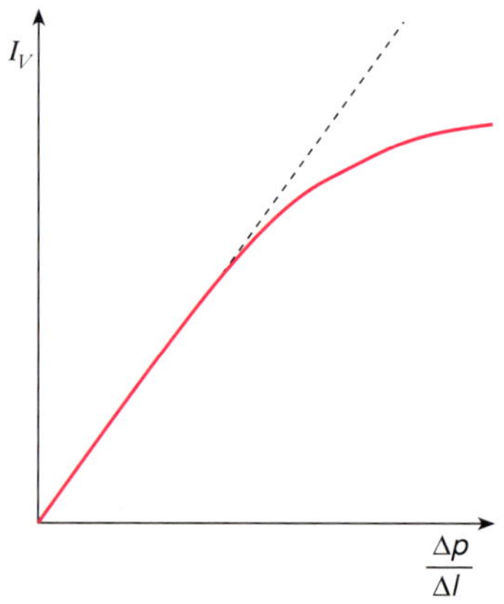

Abb. III.9. Abweichung vom Hagen-Poiseuille-Gesetz bei turbulenter Strömung

Die turbulente Strömung geht mit einem Rauschen einher, das man beim Blutdruckmessen über der Arterie der Ellenbogenbeuge hören kann. Warum treten beim Druck auf das Gefäß Turbulenzen auf, wenn nach Gl. (III.17) die kritische Geschwindigkeit umgekehrt proportional zur Minderung des Radius zunimmt? Das geschieht deshalb, weil laut Kontinuitätsgleichung (III.4) die effektive Strömungsgeschwindigkeit umgekehrt proportional zum Querschnitt, also zum Quadrat des Radius ist. Die Strömungsgeschwindigkeit nimmt also schneller zu als die kritische Geschwindigkeit.

In der Aorta ($r \approx 1{,}2$ cm) beträgt die kritische Geschwindigkeit ca. 40 cm/s, die mittlere Geschwindigkeit ist etwas geringer (s. Tab. II.1). So ist die Strömung in der Aorta abgesehen von den Turbulenzen hinter den Aortenklappen im Prinzip laminar. In den entfernteren Gefäßabschnitten gilt das wegen der Verlangsamung der Strömung noch eher. Beim gesunden Menschen kann man den Blutstrom also als laminar betrachten. In gewissen pathologischen Fällen (Gefäßverengung, pathologische Abnahme der Viskosität) können jedoch in größeren oder kleineren Gefäßabschnitten turbulente Strömungen entstehen, welche das Herz belasten.

Der Luftstrom durch die Nase ist beim gesunden Menschen gleichfalls laminar. Im pathologischen Fall können aber die Nasengänge so eng sein, dass die Strömung in einzelnen Abschnitten turbulent wird. In diesem Fall ist die Atmung erschwert.

Osborne Reynolds (1842-1912), britischer Ingenieur, Mathematiker und Physiker. Er war Gelehrter und Ingenieur, der sich neben den fundamentalen Fragen der Physik hauptsächlich mit praktischen Problemen befasste. So konstruierte er z. B. Pumpen und Turbinen, aber er studierte auch Fragen des Schiffsbaus und des Schwemmens der Flüsse.

III.1.5 Bewegung eines kugelförmigen Körpers in einem viskosen Medium

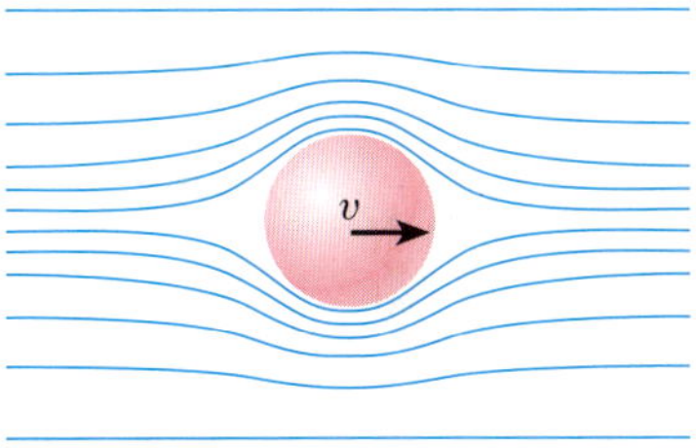

Abb. III.10. Bewegung einer Kugel in zähflüssigem Medium

Bei der Diskussion der Diffusion werden wir wissen müssen, wie große Reibungskräfte auf einen in Flüssigkeit bewegten Körper einwirken. Wir behandeln hier nur den einfachen Fall der Kugel. Statt des in ruhender Flüssigkeit bewegten Körpers können wir auch einen ruhenden Körper nehmen, der von Flüssigkeit mit der Geschwindigkeit v umströmt ist. Bei laminarer Strömung „öffnet" sich das Medium vor der Kugel und „schließt" sich hinter ihr wieder. Unmittelbar vor und hinter der Kugel wird die Strömungsgeschwindigkeit Null sein (die Dichte der Stromlinien ist gleich 0, Abb. III.10). Laut newtonschem Reibungsgesetz (Gl. (III.6)) können wir die auf die Kugel wirkende Reibungskraft schätzen:

$$F_R = \eta \cdot A \ \frac{\Delta v}{\Delta h} \approx \eta \cdot 4r^2\pi \cdot \frac{v}{r} = 4\pi\eta r v,$$

denn die Reibung wirkt auf der Gesamtoberfläche der Kugel und im Abstand des Radius r ist die Änderung der Geschwindigkeit gerade $\Delta v = v - 0 = v$. Diese Schätzung gibt eine überraschend gute Näherung der „genauen" Beziehung:

$$F_R = 6\pi\eta r v. \qquad \text{(III.18)}$$

Das ist das **stokessche Reibungsgesetz**.

Gl. (III.18) gibt die **auf die Kugel wirkende Reibungskraft**. Will man aber die Kugel gleichmäßig in der Flüssigkeit bewegen, so muss gerade so viel

George Gabriel Stokes (1819-1903), irischer Mathematiker und Physiker. Von ihm werden wir noch in VI/3.3.2 hören, da er sich außer mit der Hydrodynamik auch erfolgreich mit optischen Phänomen befasste. Von ihm stammt z. B. auch die Bezeichnung „Fluoreszenz".

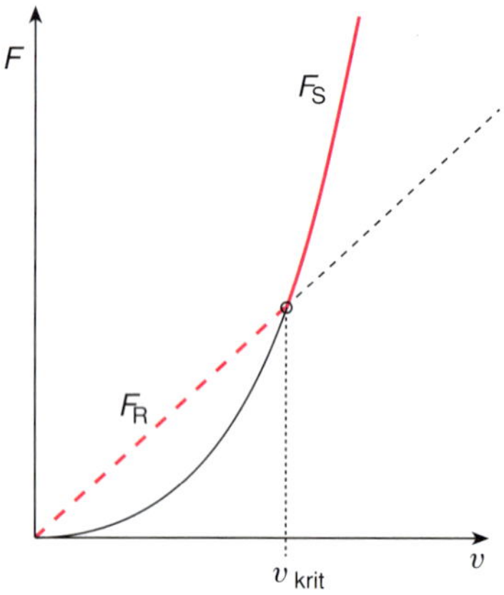

Abb. III.11. Die Abhängigkeit der beiden „Reibungskräfte" von der Geschwindigkeit

Kraft auf die Kugel ausgeübt werden. Man sieht also, dass in diesen Fällen bewegende Kraft F und Kugelgeschwindigkeit v proportional sind: $F \sim v$. Der Proportionalitätsfaktor wird gewöhnlich folgendermaßen eingeführt: $F = (1/u)v$. u ist die sog. **Beweglichkeit**, deren numerischer Wert die durch die Einheitsantriebskraft erreichte Geschwindigkeit angibt.

$$u = \frac{v}{F}\,.$$

Für Kugelkörper ist nach Gl. (III.18):

$$u = \frac{1}{6\pi\eta r}\,. \qquad \text{(III.19)}$$

Schließlich untersuchen wir, wann bei einer in viskosem Medium bewegten Kugel Turbulenzen entstehen. Der größte Unterschied zwischen laminarer und turbulenter Strömung besteht darin, dass sich das Medium bei laminarer Strömung vor bzw. hinter der Kugel „öffnet" bzw. „schließt", bei turbulenter Strömung dagegen das Medium die Kugel vor sich „herschiebt". In diesem zweiten Fall stammt die auf die Kugel wirkende Bremskraft F_S aus dem dynamischen Staudruck, dessen Gegenkraft erforderlich ist, um das gestaute Medium auf eine gegebene Geschwindigkeit zu beschleunigen (s. Gl. (III.5)):

$$F_S \approx \frac{1}{2}\, r^2 \pi \rho v^2, \qquad \text{(III.20)}$$

wo $r^2\pi$ die senkrecht zur Strömungsrichtung stehende Kugelfläche ist. Während die Kraft F_R im stokesschen Reibungsgesetz (III.18) proportional zur Geschwindigkeit ist, ist die Kraft F_S proportional zum Quadrat der Geschwindigkeit (Abb. III.11). In der Praxis „entsteht" (besser gesagt stabilisiert sich) die Strömungsform, bei der die Reibungskraft größer ist. So wird um die Kugel bei niedrigen Geschwindigkeiten die laminare Strömung, bei höheren Geschwindigkeiten die turbulente Strömung stabil sein. Der Übergang erfolgt im Großen und Ganzen bei der Geschwindigkeit, bei der die beiden Kräfte gleich sind, also wenn

$$\frac{F_S}{F_R} = \frac{\frac{1}{2}\, r^2\pi\rho v^2}{6\pi\eta r v} = \frac{r\rho v}{12\eta} \approx 1. \qquad \text{(III.21)}$$

Die mit dieser Bedingung bestimmte Geschwindigkeit wird gleich der kritischen Geschwindigkeit sein. Drücken wir daraus v aus:

$$v_{krit} \approx \frac{12\eta}{\rho r}\,. \qquad \text{(III.22)}$$

Beim Vergleich mit Gl. (III.17) gibt es nur den Unterschied, dass an der Stelle der Reynolds-Zahl Re hier 12 steht. Wollen wir im Einklang mit dem bisher Diskutierten bleiben, so kann das nur bedeuten, dass unter diesen Bedingungen der Wert für Re 12 ist. In diesem Fall beträgt also die kritische Geschwindigkeit ein Hundertstel des Wertes, der in einem glattwandigen Rohr (Re = 1160) turbulente Strömung ergeben würde. Wie überraschend diese Konsequenz auf den ersten Blick auch scheint, sollen wir daran denken, wie eindeutiger die Strömungsbedingungen in einem Rohr sind und dann ist es nicht mehr verwunderlich.

III/2 Die Diffusion

Dieser Abschnitt befasst sich mit dem mikroskopischen Materialtransport und ist in zwei Hauptabschnitte unterteilt. Zuerst diskutieren wir die ungeordnete Wärmebewegung und die darauf basierenden Diffusionsmerkmale. Danach geben wir einen Überblick der Spezialfälle, die auch bei den Zellfunktionen, den grundlegenden Stoffwechselprozessen eine sehr wichtige Rolle spielen. Die Bedeutung der Osmose in der Biologie und Medizin werden wir an Beispielen besonders betonen.

III/2.1 Die Molekülbewegung und die Diffusion

Obwohl ein Teil der kleinen und großen Moleküle in biologischen Objekten zumindest zeitweise an Strukturen gebunden ist, befindet sich ihre Mehrheit doch in ständiger Bewegung. Rund 55 – 60 % der Masse des menschlichen Organismus besteht aus Wasser, diese Bewegungen erfolgen also meist in wässrigem Medium (in der Flüssigkeitsphase), fallweise in Membranen (in der Lipidphase), die geordneter sind als Wasser. Auch diese Bewegungsart hängt – ähnlich der ungeordneten Bewegung der Gasteilchen – von der Temperatur ab (ist also eine Wärmebewegung). Der ungeordnete, zufällige Charakter der Bewegungen ist die Folge der ständigen unregelmäßigen Zusammenstöße mit benachbarten Molekülen. Diese molekulare Bewegung können wir nicht direkt, sondern nur indirekt beobachten. Der schottische Botaniker Robert Brown (1773-1858) beobachtete als erster (1827) bei der mikroskopischen Untersuchung einer Pollensuspension die unregelmäßige Zickzackbewegung der Blumenstaubkörnchen im Wasser. Diese **brownsche Bewegung** (Abb. III.12) ist die sichtbare Folge der unregelmäßigen Stöße durch die im Mikroskop unsichtbaren Moleküle. Auf die Verbreitung dieses Gedankens musste die Physik des 19. Jahrhunderts lange warten (s. Zitat III.1).

Zitat III.1

„Das von Brown entdeckte überraschende Phänomen erweckte kein großes Interesse. Ja, die Mehrzahl der Physiker vernachlässigte es lange Zeit, und es ist anzunehmen, dass diejenigen, die davon gehört haben, dachten, es sei analog zur Bewegung der Staubkörnchen, die man bei leichten Luftströmungen durch geringe Druck- und Temperaturunterschiede im Sonnenschein tanzen sieht. Wenn man daran erinnert, dass diese scheinbare Erklärung auch tiefer denkende Geister zufrieden gestellt hat, muss man dem Weitblick der Physiker Bewunderung zollen, die in diesem kleinen, nebensächlich scheinenden Phänomen eine prinzipielle Eigenschaft der Materie erkannt haben."

(Jean Baptiste Perrin (1870-1942), Nobelpreis für Physik)

III/2.1.1 Die Merkmale der Molekularbewegung

Die Beschreibung der Molekularbewegung ist für die Flüssigkeitsphase bedeutend komplizierter als für die Gasphase, weil auch die Wechselwirkungen zwischen den Molekülen in Flüssigkeiten stärker und bedeutend komplizierter sind als in Gasen. Deshalb geben wir im Weiteren eine anschauliche Beschreibung der Diffusionsgesetze in Gasen, die Ergebnisse gelten aber in gewissen Grenzen auch für Flüssigkeiten.

Benutzen wir das Modell des idealen Gases (s. I/3.2.1), bei dem Teilchen der gleichen Masse m während ihrer unregelmäßigen Bewegung elastisch aneinander (bzw. fallweise an die Gefäßwand) stoßen. Erinnern wir uns, dass im thermischen Gleichgewicht eine enge Beziehung zwischen der mittleren

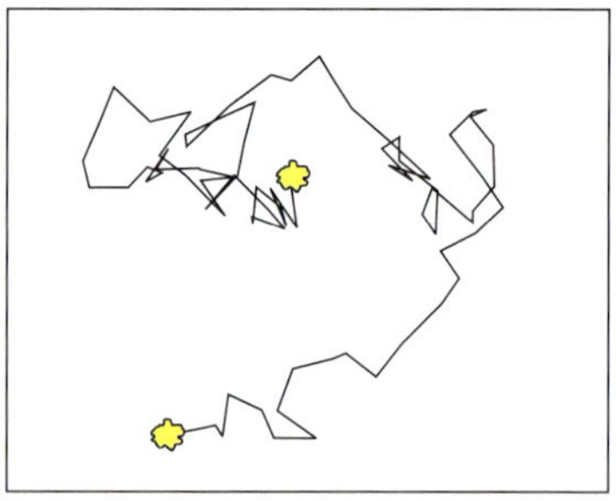

a

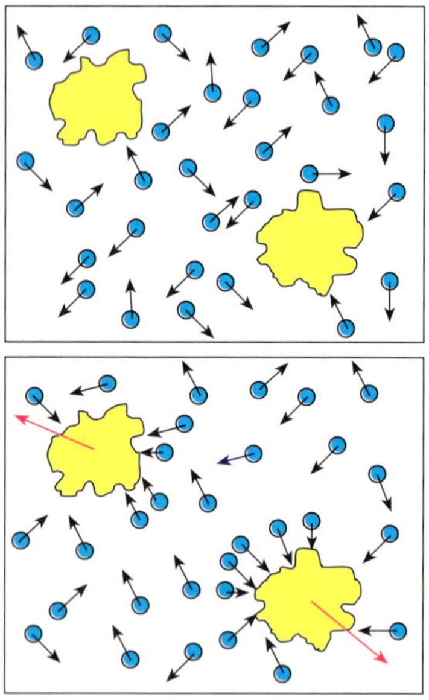

b

Abb. III.12. Darstellung und Erklärung der brownschen Bewegung
a. Zickzackbewegung von Pollen
b. als Folge von ständigen Stoßbewegungen (d. h. Wärmebewegungen) der Moleküle.

kinetischen Energie ($\bar{\varepsilon}_{\text{kin}}$) eines einzelnen Teilchens und der absoluten Temperatur T besteht (Gl. (I.34)):

$$\bar{\varepsilon}_{\text{kin}} = \frac{1}{2} m\overline{v^2} = \frac{3}{2} kT, \qquad \text{(III.23)}$$

wo v die Teilchengeschwindigkeit, k die Boltzmann-Konstante und $\overline{v^2}$ der Mittelwert von v^2 sind. Aus Gl. (III.23) können wir die **mittlere Teilchengeschwindigkeit** bestimmen:

$$v_{\text{Mittel}} = \sqrt{\frac{3kT}{m}}\,. \qquad \text{(III.24)}$$

Das mittlere Zeitintervall zwischen zwei Zusammenstößen bezeichnen wir mit τ, die mittlere Weglänge zwischen zwei Zusammenstößen, die sog. **mittlere freie Weglänge** mit l. Die Beziehung zwischen den beiden Größen ist:

$$l = v \cdot \tau, \qquad \text{(III.25)}$$

wo wir der Einfachheit halber die mittlere Geschwindigkeit v_{Mittel} aus Gl. (III.24) mit v bezeichnet haben. (Diese Bezeichnung benutzen wir auch im Laufe der weiteren Diskussion.)

Schalten wir jetzt ein solches **äußeres Kraftfeld** ein, durch das zur unregelmäßigen Wärmebewegung der einzelnen Teilchen eine **Bewegung mit ausgezeichneter Richtung** kommt. Sei z. B. ein Teil der Gasteilchen ionisiert und sei das äußere Kraftfeld ein elektrisches Feld. Beobachten wir nun die Bewegung der Ionen. Auf ein ausgewähltes Ion wirkt das elektrische Feld mit der Kraft F. So wird das Ion in der vom Feld bestimmten Richtung beschleunigt, diese Komponente seiner Bewegung nimmt zu. Nach kurzer Zeit wird aber das Ion mit einem anderen Teilchen zusammenstoßen und sich in einer neuen Richtung mit neuer Geschwindigkeit bewegen. Bis zum folgenden Stoß wird es wieder in der Richtung F beschleunigt. Das Ion bewegt sich also auch weiterhin im Zickzack, dazu kommt aber auch ein Drift in der Richtung F. Die Geschwindigkeit dieser treibenden Bewegung ist die sog. **Driftgeschwindigkeit** v_{Drift}, die wir einfach berechnen können. Die Beschleunigung der Ionen in Richtung F ist nämlich (nach dem 2. newtonschen Axiom) F/m. Die Beschleunigung dauert im Mittel τ, deshalb ist die mittlere Geschwindigkeit in dieser Richtung

$$v_{\text{Drift}} = \frac{F}{m}\,\tau. \qquad \text{(III.26)}$$

Die Bewegung des ausgezeichneten Teilchens (Ions) lässt sich auch auf andere Weise beschreiben. Laut Definition der in III/1.5 eingeführten **Beweglichkeit** u (Quotient der durch die Triebkraft bewirkten Geschwindigkeit und der Kraft) ist im vorliegenden Fall:

$$u = \frac{v_{\text{Drift}}}{F} = \frac{\tau}{m}\,. \qquad \text{(III.27)}$$

Weil die Parameter τ und m aus Gl (III.27) nicht nur die ausgezeichneten Teilchen (Ionen) charakterisieren, gilt die hier gegebene Beweglichkeit für alle Teilchen.

III/2.1.2 Die Diffusion, 1. ficksches Gesetz

Jeder hat sicher schon die Erfahrung gemacht, dass sich gewisse Stoffe im Gasraum oder Flüssigkeitsraum früher oder später verteilen. Denken wir nur daran, wie wir den Kaffee mit Zucker süßen. Der Zucker verteilt sich nach seiner Lösung im ganzen Kaffeevolumen, was sich mit Umrühren beschleunigen lässt. Der Vorgang der Gleichgewichtsverteilung (gleichmäßigen Verteilung) ist auch zu beobachten, wenn man z. B. in ein Glas Wasser, das sich mit der Umgebung im Gleichgewicht befindet, etwas Tinte tropfen lässt. Der Tintenfleck wird sich langsam ausbreiten und die gesamte Flüssigkeit färben. Wir können dieses Phänomen auch mit anderen Sinnesorganen wahrnehmen: der Duft einer Rose wird sich über kurz oder lang im ganzen Raum ausbreiten. In den erwähnten Fällen gibt es oder kann es solche makroskopischen Strömungen geben, welche die Ausbreitung der Moleküle unterstützen und beschleunigen. Im frischen heißen Kaffe sind diese Strömungen wahrscheinlich stärker als in einem im thermischen Gleichgewicht befindlichen, ruhig stehenden Glas Wasser. Die Ausbreitung des Rosenduftes hängt auch davon ab, ob ein Fenster geöffnet ist oder ob geheizt wird usw. Die Ausbreitung der Teilchen erfolgt aber auch ohne diese Strömungen infolge der unregelmäßigen Wärmebewegung, nur wird sie langsamer sein. Diesen Ausbreitungsprozess bezeichnet man als **Diffusion**, die bei thermischem Gleichgewicht solange anhält (wahrzunehmen ist), bis die Verteilung der Teilchen im Gesamtvolumen mehr oder weniger gleichmäßig ist. Die Diffusion ist für die lebenden Organismen von außerordentlicher Bedeutung, z. B. bei den einzelnen Schritten der Stoffwechselprozesse, bei den Molekularbewegungen zwischen und in den Zellen.

Zwischen der Diffusion und der brownschen Bewegung gibt es keinen wesentlichen Unterschied. Meistens verläuft die Diffusion nämlich in Systemen, die als Zweikomponenten-Systeme betrachtet werden können: z. B. **diffundiert** die mit „A" bezeichnete Komponente **in der** mit „B" bezeichneten Komponente. So sind in unseren obigen Beispielen bzw. im Experiment von Brown Zucker, Tinte, Rosenduft bzw. Blumenpollen als Komponente „A", Kaffee, Wasser, Luft usw. als Komponente „B" anzusehen. (Die Umschreibung „als Zweikomponenten-Systeme betrachtet" bezieht sich darauf, dass „A" und „B" selbst aus mehreren Komponenten bestehen können, denken wir dabei nur an Luft). **Die Diffusion betrifft tatsächlich beide Komponenten, wir studieren aber in der Regel nur die Merkmale der einen Komponenten.** Die Diffusion spielt sich auch dann ab, wenn „A" und „B" die gleiche Materie, aber unterscheidbar sind. In diesem Sinn spricht man von **Selbst-** oder **Eigendiffusion**.

Die „Stärke" der Diffusion kann am anschaulichsten mit der Teilchenstromstärke I_N charakterisiert werden. Wandern in dem Zeitintervall Δt die Teilchen ΔN des Materials „A" durch eine gekennzeichnete Fläche A, dann ist die Teilchenstromstärke

$$Iv = \frac{\Delta v}{\Delta t} \qquad \text{(III.28)}$$

Adolf Eugen Fick (1829-1901), deutscher Physiologe und Anatom, Professor in Zürich und Würzburg. Er war Mediziner, verstand aber auch viel von Mathematik. Seine Meinung dazu, die er im Vorwort seines 1856 in Braunschweig erschienenen Buches „Medizinische Physik" darlegte, ist auch heute noch interessant. Er bezeichnet es als ein unverständliches kulturhistorisches Kuriosum, dass bei der Vorbildung der Kandidaten für ein Medizinstudium das Hauptgewicht auf Kenntnisse der lateinischen und griechischen Sprache gelegt wird und nicht auf die Mathematik. Fick hatte ein breites Interessengebiet. Wir erwähnen nur, dass die ersten tragbaren Kontaktlinsen 1887 nach seinen Plänen gefertigt wurden. Zu seinen Experimenten benutzte er Kaninchen, später führte er auch Versuche am menschlichen Auge durch, aber die damaligen technischen Möglichkeiten machten kein großes Vorankommen möglich.

Bemerkung III.2
Unter Nutzung von Gl. (III.28) kann die Massenstromstärke I_m bzw. bei geladenen Teilchen die elektrische Stromstärke I_q einfach angegeben werden:

$$I_m = mI_N, \quad I_q = qI_N,$$

wo m die Masse und q die Ladung eines einzelnen Teilchens sind.

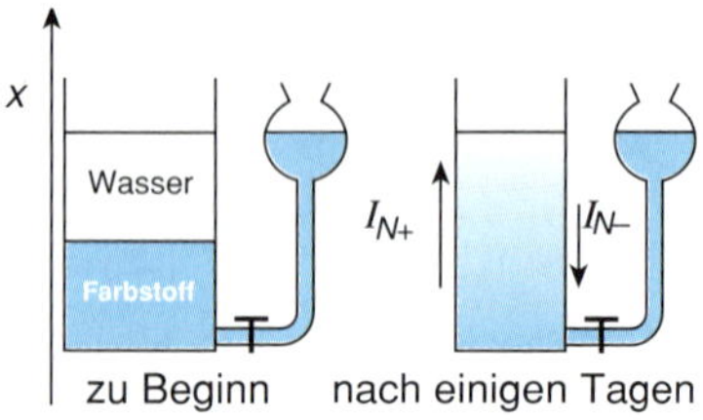

Abb. III.13. Experiment von Fick
Fick platzierte eine konzentrierte Lösung blauer Farbstoffmoleküle in einem Gefäß, das mit einem Hahn von einem Gefäß mit reinem Wasser getrennt war. Durch Öffnen des Hahns ließ er eine bestimmte Menge Farbstoff unter Vermeiden der direkten Mischung in den Boden des wasserhaltigen Gefäßes fließen. Anfangs beobachtete er eine scharfe Trennlinie an der Grenze der beiden Flüssigkeiten. Dann überließ er das System für einige Tage sich selbst. Er sah, dass die scharfe Trennlinie jetzt verwaschen und der obere Teil auch gefärbt war. Endlich, nach einigen Wochen, war der Inhalt des Gefäßes gleichmäßig blau.

eine für die gesamte Fläche A charakteristische Größe mit der Maßeinheit s/1 (s. Bemerkung III.2). Aus messtechnischen Gründen ist es günstiger die **Diffusionsstromstärke** zu benutzen, welche die Stoffmenge nicht als Teilchenzahl, sondern in Mol ausdrückt. Weil $\Delta\nu = \Delta N / N_A$ (N_A Avogadro-Zahl) ist, ist die Diffusionsstromstärke I_ν durch die gleiche Fläche A:

$$I\upsilon = \frac{\Delta \upsilon}{\Delta t} \tag{III.29}$$

Die Maßeinheit ist mol/s. Mit Hinsicht auf die weitere Diskussion ist es zweckmäßig, auch die von der Größe der Fläche A unabhängige **Diffusionsstromdichte** J_ν einzuführen:

$$J_\upsilon = \frac{\Delta I_\upsilon}{\Delta A}, \tag{III.30}$$

die angibt, wieviel Mol der Komponente „A" in der Zeiteinheit durch die Flächeneinheit getreten sind. Die Maßeinheit ist mol/m^{2}s.

Eine grundlegende Frage der Diffusion ist, wovon die „Stärke" der Diffusion abhängt, d. h. z. B. die Dichte des Diffusionsstromes? Diese Frage studierte der deutsche Physiologe Fick in einem Experiment (Abb. III.13).

Fick interpretierte die Diffusion in seinem Experiment aufgrund der damals schon bekannten brownschen Bewegung so, dass die Bewegung jedes einzelnen gelösten Farbstoffmoleküls durch die ungeordnete Wärmebewegung gekennzeichnet ist und sich die einzelnen Moleküle mit gleicher Wahrscheinlichkeit in alle Richtungen des Raumes bewegen. Wenn wir von dieser Feststellung ausgehen und die Richtung in der Längsachse des Wassergefäßes mit x kennzeichnen, so entsteht entlang der x Achse ein nach oben gerichteter (mit I_{N+} gekennzeichneter) und ein nach unten gerichteter (mit I_{N-} gekennzeichneter) Teilchenstrom. Mit Hinsicht darauf, dass die Anzahl der Farbmoleküle zu Beginn des Prozesses am Gefäßboden bedeutend höher ist als im oberen Gefäßteil, ist $I_{N+} > I_{N-}$, so ist das Resultat von $I_{N+} - I_{N-}$ ein nach oben gerichteter Teilchenstrom bzw. ein Nettodiffusionsstrom.

Ableitung des I. fickschen Gesetzes aus dem vereinfachten Modell des Experimentes von Fick

Für die quantitative Beschreibung benutzen wir ein weiter vereinfachtes Modell. Nehmen wir ein Gefäß in der Form eines geraden Quaders, gefüllt mit Teilchen der Masse m eines Gases im thermischen Gleichgewicht (Abb. 1a). Trennen wir das Gefäß entlang der x-Achse in der Mitte bei x_0 mit einer Trennwand, und kennzeichnen wir dann die Teilchen im linken Teil (z. B. mit blauer Farbe, Abb. 1b). In Analogie zum Experiment von Fick entfernen wir zu Beginn die Trennwand und versuchen zu bestimmen, wie sich die Dichte n der blauen Teilchen (d. h. die Zahl der blauen Teilchen in der Volumeneinheit) entlang der x-Achse als Funktion der Zeit t ändern soll. In den Abbildungen 1c und 1d sind zwei weitere Momentaufnahmen dargestellt. Abb. 2 zeigt die Ergebnisse des Modellversuches und zwar, wie sich die Funktion $n(x)$ in der Zeit vom anfänglichen zweigeteilten Zustand ($t = 0$) bis zum Einstellen des „neuen" Gleichgewichtes ($t = \infty$) ändert.

Danach kehren wir zu unserem ursprünglichen Problem zurück: wovon hängt die „Stärke" der Diffusion ab, d. h. wie groß ist die Diffusionsstromdichte J_ν der blauen Teilchen? Es liegt nahe anzunehmen, dass der Ausgleichprozess zu Beginn schneller verläuft und dann immer geringer wird. So kann sich unsere Antwort immer nur auf einen gegebenen Zeitpunkt beziehen. Stellen wir uns an der Stelle x_0 eine Fläche A senkrecht zur Achse x vor, und nehmen wir ein so kurzes Zeitintervall Δt, dass in dieser Zeitspanne $n(x)$ noch als unverändert anzusehen sei. ▶

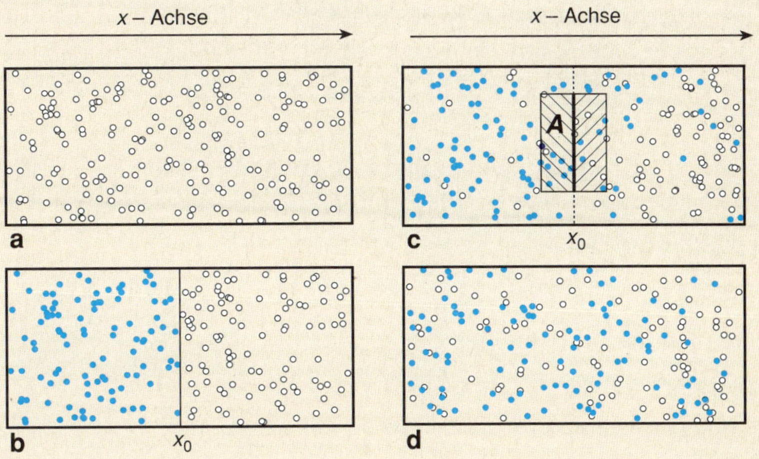

Abb. 1.
Vereinfachtes Modell
des Experimentes von Fick

Bestimmen wir, wieviel Teilchen in dieser Zeit von links nach rechts (ΔN_{links}) bzw. von rechts nach links (ΔN_{rechts}) durch die Fläche A treten. Der Unterschied zwischen den beiden Werten ist der Nettoteilchenfluss: $\Delta N = \Delta N_{\text{links}} - \Delta N_{\text{rechts}}$. Nur die Teilchen werden in dem gegebenen Zeitintervall (nach rechts oder links) durch die „Wand" treten, die sich ausreichend nah zu ihr befinden. Genauer gesagt näher als $v\Delta t$ (v beschreibt auch hier die mittlere Geschwindigkeit der Teilchen), denn in der Zeit Δt können die Teilchen maximal diese Wegstrecke zurücklegen. Es werden also die Teilchen durch die Fläche A treten, die sich im Volumen $v\Delta t A$ befinden (schraffierter Teil in Abb. 1c).

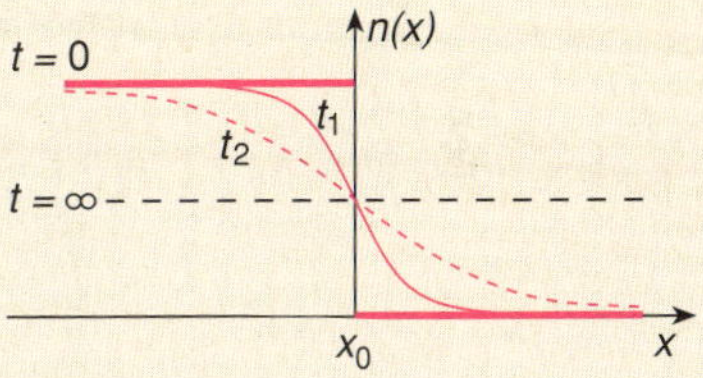

Abb.2.
Graphische Darstellung der Ergebnisse des Modellversuchs aus Abb. 1: Änderung der Dichte der blauen Teilchen (n(x)) entlang der x-Achse als Funktion der Zeit (t1<t2).

Bei einer Teilchendichte von n_{links} im Volumenteil links von der „Wand" beträgt die Teilchenzahl $n_{\text{links}} v\Delta t A$. Wir können aber annehmen, dass sich die Teilchen mit gleicher Wahrscheinlichkeit in die verschiedenen Richtungen des Raumes bewegen und nur ein Teil von ihnen gerade in Richtung Wand fließt. Hier können wir mit einer einfachen Schätzung sagen, dass sich in dem dreidimensionalen Raum ($\pm x$, $\pm y$, $\pm z$) ein Sechstel der Teilchen nach rechts bewegen wird. Ähnlich können wir auch die Zahl der sich von rechts nach links bewegenden Teilchen aufschreiben (hier ist die Teilchendichte in dem entsprechenden Volumenteil n_{rechts}) und so ist der Nettowert:

$$\Delta N = \Delta N_{\text{links}} - \Delta N_{\text{rechts}} = \frac{1}{6} n_{\text{links}} \cdot v \cdot \Delta t \cdot A - \frac{1}{6} n_{\text{rechts}} \cdot v \cdot \Delta t \cdot A = \frac{1}{6} v \cdot \Delta t \cdot A(n_{\text{links}} - n_{\text{rechts}}) \; . \quad (1)$$

Die Frage ist nun nur noch, wie wir das in Klammern stehende Glied des obigen Ausdrucks, d. h. die Differenz der entsprechenden Teilchendichte, genauer angeben können. Nach der Abb. 2 ändert sich die Funktion $n(x)$ in der Umgebung von x_0 linear (in einem sehr kurzen Abschnitt ist die lineare Näherung gültig). Die Steigung des geraden Teils ist $\Delta n/\Delta x$, womit sich die obige Differenz leicht angeben lässt, sofern wir auch wissen, in welchem (symmetrischen) Abstand von x_0 die Bewegung der Teilchen unmittelbar vor dem Durchtreten der Fläche begonnen hat. Dieser Abstand ist nichts anderes als l, d. h. die mittlere freie Weglänge (Abb. 3). Man sieht, dass $n_{\text{links}} - n_{\text{rechts}} = 2l\,\text{tg}\alpha$ ist. Laut Definition des Richtungstangens ist:

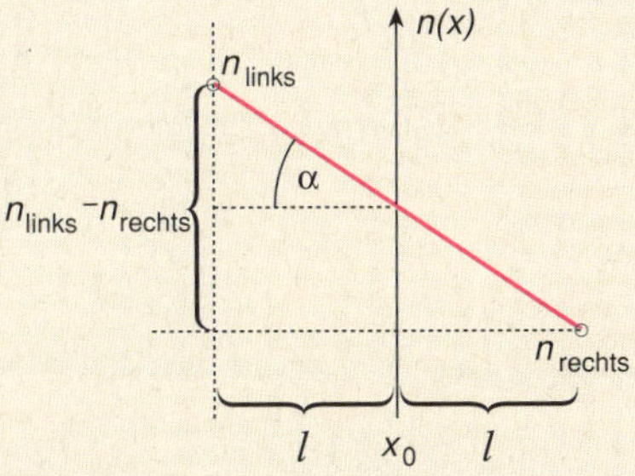

Abb. 3.
Zur Bestimmung von $n_{\text{links}} - n_{\text{rechts}}$

$$n_{\text{links}} - n_{\text{rechts}} = -2l \frac{\Delta n}{\Delta x} \; . \quad (2)$$

Das negative Vorzeichen ist notwendig, weil die Steigung negativ, die Differenz auf der linken Seite der Gleichung jedoch positiv ist. Setzen wir Gl. (2) in Gl. (1) ein und dividieren wir mit Δt:

$$I_N = \frac{\Delta N}{\Delta t} = \frac{1}{6} v \cdot A \cdot \left(-2l \frac{\Delta n}{\Delta x}\right) = -\frac{1}{3} vl \cdot A \frac{\Delta n}{\Delta x} .$$

Dividieren wir beide Seiten mit der Avogadro-Zahl, so erhalten wir auf der linken Seite statt der Nettoteilchenstromstärke I_N die Diffusionsstromstärke I_ν und auf der rechten Seite statt der Teilchendichte n die Konzentration c:

$$I_\nu = -\frac{1}{3} vl \cdot A \frac{\Delta c}{\Delta x} .$$

Führen wir die Bezeichnung

$$D = \frac{1}{3} vl \qquad (3)$$

ein, und dividieren wir beide Seiten der Gleichung mit A. So ist die gesuchte Diffusionsstromdichte bei x_0:

$$\frac{I_\nu}{A} = J_\nu = -D \cdot \frac{\Delta c}{\Delta x} .$$

Aufgrund unserer Überlegungen (s. „*Ableitung des I. fickschen Gesetzes aus dem vereinfachten Modell des Experimentes von Fick*") haben wir also die Größe der Diffusionsstromdichte erhalten, welche die Diffusion in der Richtung x charakterisiert:

$$J_\nu = -D \cdot \frac{\Delta c}{\Delta x} . \qquad \text{(III.31)}$$

Das ist das **1. ficksche Gesetz**. $\Delta c/\Delta x$ bedeutet die Konzentrationsänderung im Einheitsabstand oder den **Konzentrationsgradienten**. (Wir möchten daran erinnern, dass wir diese Größe unter der Voraussetzung bestimmt haben, dass sich die Konzentration in der Nähe der untersuchten Stelle linear ändert, was in der Regel nur für kurze Strecken gültig ist). Die wichtigste Aussage des Gesetzes ist, dass die für die „Stärke" der Diffusion charakteristische Diffusionsstromdichte proportional zum Konzentrationsgradienten ist. Der Proportionalitätsfaktor D ist der sog. **Diffusionskoeffizient**. Seine Bedeutung veranschaulicht Gl. (III.31): D gibt die in der Zeiteinheit durch die Flächeneinheit diffundierte Stoffmenge an, wenn auch der Konzentrationsgradient eine Einheit betrug. Seine Maßeinheit ist entsprechend der Definition

$$D = \frac{1}{3} vl \qquad \text{(III.32)}$$

m^2/s.

Der diffundierende Stoff war in dem vereinfachten Modell des Experimentes von Fick zwar ein Gas, das Gesetz gilt aber auch für Flüssigkeiten.

Aus diesem Versuch ist auch zu sehen, dass sich die Konzentration während der Diffusion nicht nur von Ort zu Ort, sondern auch in der Zeit ändert (s. Abb.2 in „*Ableitung des I. fickschen Gesetzes aus dem vereinfachten Modell des Experimentes von Fick*"). Das 1. ficksche Gesetz gibt aber keine Information über den zeitlichen Ablauf des Prozesses. Diese Tatsache beeinflusst nicht die Gültigkeit des Gesetzes, sie schränkt nur die praktische Anwendbarkeit ein.

Mit dem 1. fickschen Gesetz können wir die Diffusion in den Fällen wirksam beschreiben und den Diffusionskoeffizienten bestimmen, bei denen sich der Konzentrationsgradient $\Delta c/\Delta x$ in der Zeit nicht wesentlich ändert, d. h. die Diffusion quasistationär ist. Dieser Fall ist langfristig in lebenden Systemen relativ selten. Dazu wäre es z. B. notwendig, dass die „verschwindende" Materie auf der Seite mit der höheren Konzentration kontinuierlich ersetzt wird und die Materie auf der Seite mit der niedrigeren Konzentration „verbraucht" wird. Es gibt wenige solcher Fälle, in denen z. B. bei der Diffusion innerhalb der Zelle Enzymreaktionen in der Lage sind, die aus dem Raum mit höherer Konzentration verschwindende Materie zu ersetzen. Wählen wir ein relativ kurzes Zeitintervall (z. B. einige Minuten), so kann diese Bedingung in guter Näherung auch in anderen Fällen erfüllt sein. Ein solcher Fall liegt z. B. beim Konzentrationsgradienten der Glukose oder der Aminosäuren an der Membran der Epithelzellen des Dünndarms nach der Nahrungsaufnahme und Verdauung vor (s. III/4.1.2).

III/2.1.3 Weitere Merkmale des Diffusionskoeffizienten

Wir erfahren mehr über den Diffusionskoeffizienten, wenn wir Gl. (III.32) in mehreren Schritten umformen. Zuerst setzen wir die auf die mittlere freie Weglänge bezogene Gl. (III.25) ein, dann multiplizieren und dividieren wir den Ausdruck mit der Teilchenmasse m. Danach nutzen wir Gl. (III.23) und Gl. (III.27):

$$D = \frac{1}{3} v l = \frac{1}{3} v \cdot v \cdot \tau = \frac{1}{3} m v^2 \frac{\tau}{m} = \frac{1}{3} 3kT \cdot u = ukT. \qquad \text{(III.33)}$$

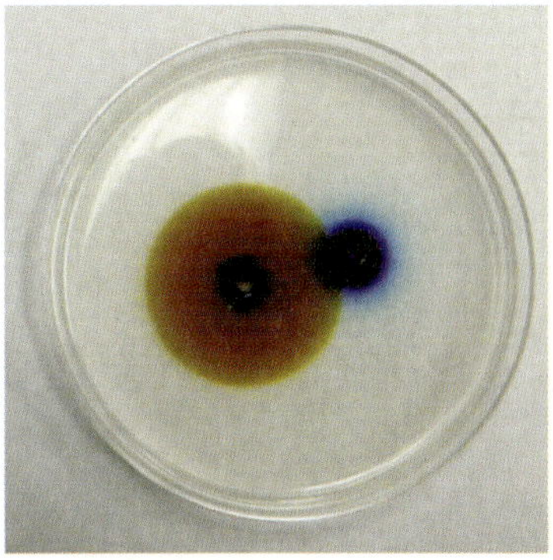

Abb. III.14. Der höhere bzw. geringere Diffusionskoeffizient, d. h. der kleinere bzw. größere Teilchenradius, wenn man kugelförmige Teilchen annimmt, führen (bei gleicher Temperatur im gleichen Medium) zur „stärkeren" Diffusion (braun) bzw. „schwächeren" Diffusion (blau).

Es ist zu sehen, dass der Diffusionskoeffizient und über ihn die „Stärke" der Diffusion von mehreren Faktoren abhängt. In erster Linie ist die Diffusion temperaturabhängig, was ja verständlich ist, da sie über die Wärmebewegung der Moleküle vor sich geht. Sie hängt weiterhin von der Beweglichkeit der Moleküle ab, die sicher charakteristisch für die Moleküle und für das Medium ist, in dem sie sich bewegen. Das lässt sich auch, wenigstens für kugelförmige Teilchen in einem viskosen Medium, genauer formulieren, wie wir in III/1.5 die Beweglichkeit der Teilchen diskutiert haben. Gemäß Gl. (III.19) ist so:

$$D = \frac{kT}{6\pi\eta r} \,. \qquad \text{(III.34)}$$

Das ist die **Einstein-Stokes-Gleichung** für den Diffusionskoeffizienten (Abb. III.14). Sie gilt für kugelförmige, größere Teilchen, aber als Schätzwert kann man sie auch für anders geformte und für kleinere Teilchen nutzen. Gemäß der Beziehung wird der Wert D außer von der Temperatur auch von der Teilchengröße und der Viskosität des Mediums beeinflusst. Es sei bemerkt, dass man aufgrund von Gl. (III. 33) oder Gl. (III.34) auf den ersten Blick denken könnte, dass zwischen D und T eine direkte Proportionalität besteht. Das stimmt aber nicht, denn sowohl u in Gl. (III.33) als auch η in Gl. (III.34) sind

Die Messung des Diffusionskoeffizienten

Zur Messung des Diffusionskoeffizienten eignet sich theoretisch jede physikalische Messtechnik, mit der sich die Zeitabhängigkeit der Konzentration des fraglichen Stoffes an einer gut definierten Stelle eines gegebenen Raumes verfolgen lässt. Zu diesem Zweck kann man z. B. die dynamische Messung der Lichtstreuung anwenden (s. X/1.3.2). Bei Farbstoffen kann man die momentane Konzentration mit der Lichtabsorption bzw. Emission messen, während man bei Ionen oder Molekülen mit elektrischer Ladung Methoden zur Messung der elektrischen Leitfähigkeit nutzen kann. Bestimmt man den Diffusionskoeffizienten bei in einem Medium (Lösungsmittel) gelösten Molekülen durch Verfolgen der Diffusionskinetik, dann muss man die Tatsache berücksichtigen, dass die Diffusionsgeschwindigkeit bei gewissen Stoffen und Konzentrationsbereichen eine Konzentrationsabhängigkeit zeigt (auch bei gleichem Konzentrationsgradienten!). Das ergibt sich daraus, dass bei gewissen Molekülen in einer konzentrierteren Lösung Wechselwirkungen zwischen den gelösten Molekülen auftreten, was zur Bildung von kleineren oder größeren Aggregaten (z. B. Dimere, Oligomere usw.) führt. Wie wir schon bei der ungeordneten Bewegung der Gase gesehen haben, ist die Diffusionsgeschwindigkeit umgekehrt proportional zur Quadratwurzel der Molekülmasse, so können diese molekularen Wechselwirkungen auch die Diffusionsgeschwindigkeit beeinflussen. Deshalb ist es zweckmäßig, bei der Bestimmung des Diffusionskoeffizienten bei verschiedenen Anfangskonzentrationen zu messen und einen auf die Konzentration „0" (unendlich dünne Lösung) extrapolierten Wert anzugeben, der so die Diffusionseigenschaften der einzelnen Moleküle charakterisieren wird (Tab. III.3).

Tabelle III.3. Diffusionskoeffizienten einiger Stoffe bei 20°C

diffundierendes Teilchen (Molmasse)	Medium	*D* (m²/s)
H_2 (2)	Luft	$6{,}4 \cdot 10^{-5}$
O_2 (32)	Luft	$2 \cdot 10^{-5}$
CO_2 (44)	Luft	$1{,}8 \cdot 10^{-5}$
H_2O (18)	Wasser	$2{,}2 \cdot 10^{-9}$
O_2 (32)	Wasser	$1{,}9 \cdot 10^{-9}$
Glyzin (75)	Wasser	$0{,}9 \cdot 10^{-9}$
Plasmaalbumin (69 000)	Wasser	$6 \cdot 10^{-11}$
Tropomyosin (93 000)	Wasser	$2{,}2 \cdot 10^{-11}$
Tabakmosaik-virus (40 000 000)	Wasser	$4{,}6 \cdot 10^{-12}$

temperaturabhängig. In Tab. III.3 sind die bei gleicher Temperatur (20° C) gemessenen Diffusionskoeffizienten verschiedener diffundierender Teilchen mit Angabe des Mediums zusammengestellt.

Aus der Tabelle ist die Gültigkeit der Gl. (III.34) gut abzulesen: der Diffusionskoeffizient nimmt mit zunehmender Molekülmasse (Abmessung) und Viskosität des Mediums deutlich ab. Auch die Form der Moleküle hat Einfluss auf die Diffusionsgeschwindigkeit: die Diffusion der fast kugelförmigen Serumalbumine ist ungefähr dreimal so schnell wie die Diffusion der ähnlich großen aber länglichen, fadenförmigen (fibrillären) Tropomyosine (wahrscheinlich wegen des höheren Widerstandes des Mediums bei letzterem) (s. auch „*Die Messung des Diffusionskoeffizienten*").

III/2.1.4 Das 2. ficksche Gesetz

Im vorherigen Abschnitt haben wir den einfachsten Fall der Diffusion diskutiert und nur die **örtliche Änderung der Konzentration** entlang der x-Achse berücksichtigt. Meistens müsste man aber zur Beschreibung des Diffusionsvorganges auch **die Zeitabhängigkeit der Konzentration** genau kennen, und zwar in Bezug auf alle drei Dimensionen. Ein Beispiel aus der Medizin ist, wenn ein schmerzstillendes Mittel oder ein anderes Arzneimittel gezielt in ein relativ kleines Volumen (Zahnfleisch, Muskel usw.) injiziert wird, dem dann die dreidimensionale Diffusion der injizierten Wirkstoffmoleküle, ihre Verteilung im Raum folgt, d. h. das Erreichen der Zielzellen. In diesen Fällen ist es für die Praxis wichtig zu wissen, wieviel Zeit die Diffusion bei ständiger Änderung der Konzentration ungefähr benötigt. Ein anderes Beispiel aus der Medizin ist, dass sich auch bei der Bestimmung der Geschwindigkeit von Stoffwechselprozessen die wichtige Frage stellt, wie schnell die Diffusion verläuft.

Das 2. ficksche Gesetz berücksichtigt auch den zeitlichen Faktor der Diffusionsvorgänge, es beschreibt also die **Konzentration als Funktion des Ortes und der Zeit**. Die Beziehung erhält man relativ einfach aus dem 1. fickschen Gesetz, wenn man zuerst die Kontinuitätsgleichung aus III/1.1.1 verallgemeinert. (Der Einfachheit halber prüfen wir den Vorgang auch weiterhin nur in einer Dimension.)

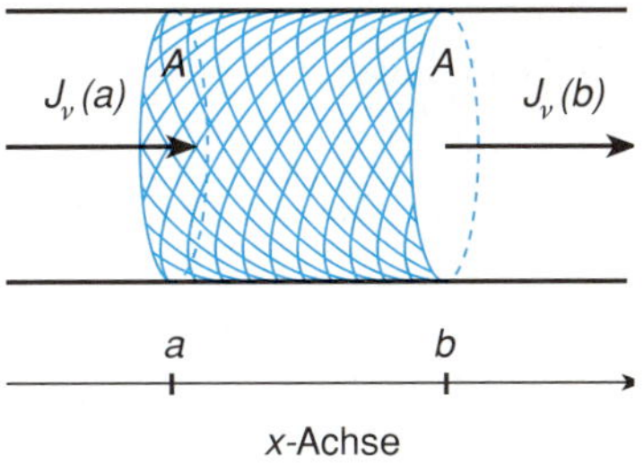

Abb. III.15. Zur Ableitung der verallgemeinerten Kontinuitätsgleichung

Eine der einfachsten Formulierungen der Kontinuitätsgleichung war, dass in einem starren Rohr die Volumenstromstärke entlang des Rohres überall gleich ist; I_V = konstant. Da diese Gleichung für inkompressible Flüssigkeiten ohnehin die Konsequenz der Massenerhaltung bzw. der Erhaltung der Stoffmenge ist, formulieren wir sie mit Hilfe der Diffusionsstromstärke I_ν bzw. der Diffusionsstromdichte J_ν! Der Einfachheit halber bleiben wir bei dem Beispiel des starren Rohres mit dem Querschnitt A (Abb. III.15):

$$I_\nu = J_\nu A = \text{konst.}\,, \qquad J_\nu(a)A = J_\nu(b)A, \tag{III.35}$$

was ausdrückt, dass die bei a durch die Fläche A eingeströmte Stoffmenge gleich der bei b ausgeströmten Stoffmenge ist. Das können wir umformen zu:

$$J_\nu(a)A - J_\nu(b)A = 0, \tag{III.36}$$

also zwischen a und b erfolgt keine Nettoeinströmung oder Nettoausströmung von Materie. Jetzt wollen wir aber auch solche Fälle diskutieren, bei denen diese Bedingung nicht erfüllt ist, denn wir wollen ja gerade die Konzentrationsänderung in der Zeit untersuchen. Erfolgt z. B. im Bereich zwischen a und b eine Nettomaterialeinströmung, dann muss der eingeströmte Stoff im gegebenen Volumen erscheinen, so wird dort die Konzentration c des Stoffes während der Nettoeinströmung zunehmen. Das müssen wir auch in unserer Gleichung zum Ausdruck bringen.

Seien $a = x$ und $b = x + \Delta x$ sehr nah beieinander. Diese Wahl ist aus zwei Gründen zweckmäßig. Einerseits können wir die Konzentration in dem so entstandenen kleinen Volumen ($\Delta V = A\Delta x$) schon als ortsunabhängig ansehen, wir müssen also nur die Zeitabhängigkeit in Betracht ziehen. Andererseits ist der Zylindermantel eine sehr kleine Fläche im Vergleich zu A. Selbst wenn wir das Rohr in Gedanken entfernen und uns das Volumenelement vom Rohr abstrahiert vorstellen würden, könnte auch dann der Diffusionsstrom durch den Zylindermantel aufgrund seiner kleinen Fläche vernachlässigt werden. (Was bisher die Rohrwand automatisch garantiert hat, erreichen wir jetzt mit dem sehr kleinflächigen Zylindermantel.)

Die Stoffmenge, die in sehr kurzer Zeit Δt in das Volumen ΔV strömt, können wir auf zwei verschiedene Arten beschreiben (diese sind natürlich gleichwertig):

$$\left[J_\nu(x)A - J_\nu(x + \Delta x)A\right]\Delta t = \left[c(t + \Delta t) - c(t)\right]A\Delta x. \tag{III.37}$$

Bemerkung III.3

Gl. (III.39) wird mit mathematischem Formalismus gewöhnlich in der folgenden Form geschrieben:

$$D\frac{\partial^2 c}{\partial x^2} = \frac{\partial c}{\partial t}.$$

Diese Schreibweise vermeiden wir aber absichtlich, denn sie ist nur mit höheren mathematischen Kenntnissen zu verstehen.

Nutzen wir, dass

$$\left[J_v(x) - J_v(x+\Delta x)\right] = -\Delta J_v\,, \qquad \text{sowie} \qquad \left[c(t+\Delta t) - c(t)\right] = \Delta c$$

ist, so erhalten wir nach Umordnen die folgende Gleichung:

$$-\frac{\Delta J_v}{\Delta x} = \frac{\Delta c}{\Delta t}. \tag{III.38}$$

Das ist die **verallgemeinerte Kontinuitätsgleichung**. Substituieren wir dann Gl. (III.31) (1. ficksches Gesetz) in Gl. (III.38) (anstelle J_v):

$$D\frac{\Delta\left(\frac{\Delta c}{\Delta x}\right)}{\Delta x} = \frac{\Delta c}{\Delta t}\,. \tag{III.39}$$

Das ist das **2. ficksche Gesetz**. Schon auf den ersten Blick ist zu sehen, dass es sich hier um eine ziemlich komplizierte Gleichung handelt (s. Bemerkung III.3). (Besonders dann, wenn man berücksichtigt, dass zur Lösung eines allgemeinen Problems für alle drei Dimensionen (x, y, z) ähnliche Gleichungen aufzuschreiben sind und dann ein Gleichungssystem zu lösen wäre.)

Die Lösung der Gleichung würde theoretisch bedeuten, dass wir die Funktion $c(x,t)$ suchen, mit deren „Substitution" in Gl. (III.39) wir eine Gleichheit erhalten. So eine Funktion lässt sich nicht ganz allgemein geben. Unser Hauptproblem ist aber, dass die sich einfach anhörende „Substitution" auch höhere mathematische Kenntnisse erfordert. (Was fangen wir z. B. mit dem doppelten Bruch auf der linken Seite des Bruches an?)

In gewissen Spezialfällen lässt sich die Gleichung in guter Näherung lösen, aber bei der Lösung praktischer Probleme werden meistens numerische (EDV) Methoden angewendet. Mit diesen Methoden lässt sich bei Kenntnis der Ausgangsbedingungen und unter Nutzung des 2. fickschen Gesetzes die Konzentrationsänderung in Raum und Zeit mit ausreichender Genauigkeit bestimmen (s. „*Graphische Lösung des 2. fickschen Gesetzes*").

Graphische Lösung des 2. fickschen Gesetzes

Dem Gedankengang der elektronischen Datenverarbeitung folgend zeigen wir im Folgenden – statt einer echten Lösung – die graphische Lösung des 2. fickschen Gesetzes an einem konkreten Beispiel, und zwar angewendet auf den vereinfachten Versuch von Fick. Gehen wir von Gl. (III.39) aus und versuchen wir die Ergebnisse des vereinfachten Versuches von Fick nur aufgrund theoretischer Überlegungen zu erhalten. Zur Auffrischung sind in Abb. 1 die experimentellen Ergebnisse nochmals dargestellt (s. „*Ableitung des I. fickschen Gesetzes aus dem vereinfachten Modell des Experimentes von Fick*") mit dem kleinen Unterschied, dass auf der Ordinate statt der Teilchendichte $n(x)$ die Konzentration $c(x)$ aufgetragen ist. Wir wollen nur aus der im Zeitpunkt t_1 bekannten $c(x)$ Funktion nach dem 2. fickschen Gesetz $c(x)$ zu einem späteren Zeitpunkt, sagen wir t_2 bestimmen. Dazu bringen wir Gl. (III.39) in eine zweckmäßigere Form:

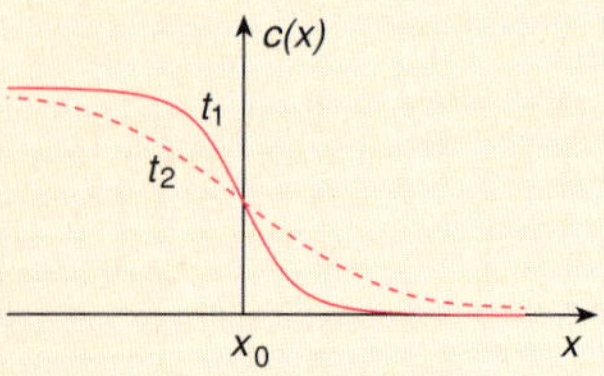

Abb. 1. Die Verteilung der Konzentration $c(x)$ im Zeitpunkt t_1 und t_2 ($t_1 < t_2$) nach dem vereinfachten Experiment von Fick

$$D\Delta t\frac{\Delta\left(\frac{\Delta c}{\Delta x}\right)}{\Delta x} + c(t) = c(t+\Delta t).$$

Kennen wir also die Verteilung einer Konzentration (im Raum) zu einem gegebenen Zeitpunkt t, so erhalten wir aus der Gleichung**, wie die neue Verteilung in einem etwas späteren Zeitpunkt $t + \Delta t$ sein wird.**
Hier ist also $c(x)$ eine bekannte Funktion, $D\Delta t$ ist ein bekannter Multiplikator und die Schwierigkeit verursacht der doppelte Bruch, der nach der folgenden Anweisung zu lösen ist:

1. Bestimmen wir die Steigung von $c(x)$ von Punkt zu Punkt entlang der x-Achse (wir teilen die Kurve z. B. in kleine gerade Abschnitte und benutzen ihre Steigung)
2. Betrachten wir den zu jedem x gehörenden Wert der Steigung als neuen Funktionswert und bilden wir die Funktion $c'(x)$
3. Wiederholen wir diese beiden Schritte auch an der Funktion $c'(x)$ und bilden die Funktion $c''(x)$, die in unserem Fall der doppelte Bruch ist.

Die schrittweise Ausführung ist in Abb. 2 dargestellt. Abb. 2a zeigt die Anfangsverteilung $c(x)$. Die Steigung der Kurve ist anfangs 0, dann nimmt sie kontinuierlich bis zur minimalen Steigung ab (x_0, die maximale negative Steigung), danach nimmt sie symmetrisch bis zur Steigung 0 wieder zu (Abb. 2b). Bei dieser Kurve ist die Steigung anfangs gleichfalls 0, sie erreicht aber schneller ihren Minimalwert, nimmt dann wieder zu und ist bei x_0 wieder 0. Die Kurve setzt sich dann als Spiegelbild fort (Abb. 2c). So erhalten wir die Funktion $c''(x)$.

Im folgenden Schritt multiplizieren wir die Funktion $c''(x)$ mit der Größe $D\Delta t$, was den Funktionscharakter nicht betrifft (Abb. 2d). Endlich addieren wir die erhaltene Funktion zur Anfangsfunktion $c(x)$ (Abb. 2e). Als Ergebnis haben wir also erhalten, dass die neue Funktion (im Zeitpunkt $t_1 + \Delta t$) in der Mitte und am Rand unverändert bleibt bzw. sich nur geringfügig ändert, im dazwischen liegenden Abschnitt verflacht, was mit den experimentellen Messungen in Einklang steht (vgl. Abb. 1).

Durch Wiederholung der Schritte an der neuen (blauen) Funktion können wir den Diffusionsvorgang schrittweise verfolgen.

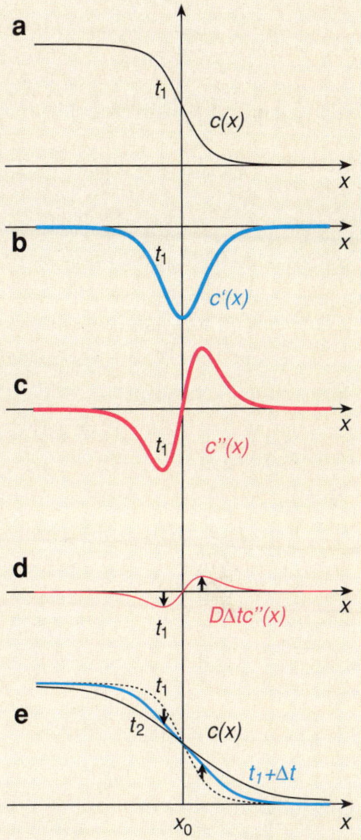

Abb. 2.
Die Erklärung des vereinfachten Experimentes von Fick mit „schrittweiser" Anwendung des 2. fickschen Gesetzes

III/2.1.5 Die Beziehung zwischen dem Problem des „Random Walks" (der Zufallsbewegung) und dem 2. fickschen Gesetz

Wie schon erwähnt gibt es keinen wesentlichen Unterschied zwischen der Diffusion und der brownschen Bewegung. Die Ursache ist die ungeordnete Bewegung der Teilchen, d. h. die thermische Bewegung. Ihr Zufallcharakter ist die Folge von ständigen, ungeordneten Zusammenstößen mit benachbarten Teilchen. Versuchen wir jetzt die Näherung des Phänomens von dieser Seite, und untersuchen wir die ungeordnete Zickzackbewegung der Teilchen etwas näher. Suchen wir konkret eine Antwort auf die Frage, **wie weit sich ein Teilchen** in einem gewissen Zeitabschnitt **von seinem Ausgangspunkt entfernt**.

Würden wir über alle notwendigen Informationen verfügen (würden wir z. B. bei Gasen den aktuellen Ort und Impuls des stoßenden Teilchens kennen), dann könnten wir die Frage – wenn auch nur nach langen Berechnungen – prinzipiell eindeutig beantworten. Da uns diese Daten nicht zur Verfügung stehen, können wir unter der Annahme, dass es sich um eine Zufallsbewegung handelt, nur aussagen, wie groß die mittlere Entfernung ist, welche das Teilchen erwartungsgemäß erreichen wird (s. „*Das Problem des „betrunkenen Seemanns*").

Das Problem des „betrunkenen Seemanns"

(Das obige Problem der ungeordnetenen Bewegung wird im Fachjargon als das Problem des „betrunkenen Seemanns" erwähnt:

Der Seemann kommt aus der Hafenkneipe und torkelt in irgendeiner Richtung los, seine Schritte sind vom Zufall bestimmt. Jeder Schritt umschließt mit dem vorherigen einen beliebigen Winkel. Die Frage ist nun, wohin der Seemann unter diesen Umständen in ausreichend langer Zeitdauer gelangt. Das können wir natürlich nicht wissen und auch nicht vorhersagen, aber wir können schon berechnen, welche mittleren Entfernungen von der Hafenkneipe der Seemann erreicht, wenn sich der Fall täglich wiederholt.)

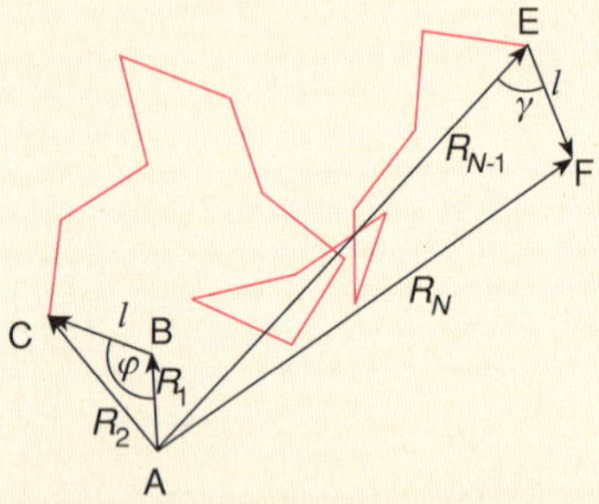

Abb. 1.
Die Wegstrecke eines irrenden Teilchens nach *N* Schritten.
(Der Einfachheit halber hat jeder Schritt gerade die mittlere freie Weglänge.)

Abb. 1 zeigt die Zickzackbewegung der Teilchen vom Ausgangspunkt *A* nach *F*. Das unterscheidet sich insofern von Abb. III.12a, dass hier die Distanz zwischen zwei Stößen jeweils gleich der mittleren Weglänge ist, womit wir schon eine Mittelbildung durchgeführt haben. Bezeichnen wir im Folgenden das Durchlaufen dieses Wegabschnittes als einen Schritt, der gemäß unseren früheren Überlegungen die Zeit τ dauert (damit bezeichnen wir die mittlere Zeitspanne zwischen zwei Stößen). Die Entfernung nach dem *N*-ten Schritt bezeichnen wir mit R_N, womit wir darauf hinweisen, dass die Bewegung keine ausgezeichnete Richtung hat, sich ein Teilchen also an jeder beliebigen Stelle auf einer Kugel mit dem Radius R_N befinden kann, aber R_N kann natürlich auch 0 sein. Es bedarf keiner Erklärung, dass $R_1 = l$ ist. R_2 kann jedoch bei beliebiger Wahl von φ jeden Wert zwischen 0 ($\varphi = 0$ oder 2π) und $2l$ ($\varphi = \pi$) annehmen. Wie groß ist aber der Erwartungswert dieser Distanz? Um das zu bestimmen, schreiben wir zuerst R_2^2 für einen gegebenen Winkel φ so, dass wir den Kosinussatz für das Dreieck ABC benutzen:

$$R_2^2 = l^2 + l^2 - 2l^2\cos\varphi\ . \qquad (1)$$

Zur Mittelung berechnen wir Gl. (1) sagen wir für *n* verschiedene zufällig ausgewählte φ Fälle, addieren diese und dividieren dann durch *n*:

$$\overline{R_2^2} = \frac{1}{n}\sum_{i=1}^{n}(2l^2 - 2l^2\cos\varphi_i).$$

wobei φ_i ($i = 1, 2, ..., n$) die Zufallswinkel bezeichnet und die Mittelwertbildung mit darübergesetztem Strich gekennzeichnet ist. Da in der Summe auch *n* gleiche Glieder ($2l^2$) vorkommen, erhalten wir beim Summieren dieser Glieder $n2l^2$. Aus jedem der Kosinusglieder kann $2l^2$ herausgehoben werden. Nach Umformung erhalten wir:

$$\overline{R_2^2} = \frac{1}{n}n2l^2 - 2l^2\frac{1}{n}\sum_{i=1}^{n}\cos\varphi_i\ . \qquad (2)$$

►

Wir wissen, dass sich die Kosinusfunktion infolge ihrer Symmetrie in einer Periode $(0, 2\pi)$ so ändert, dass sie jeden Funktionswert und den entgegengesetzten Wert zweimal annimmt (s. Abb. 2). Da mit der Zufallswahl der Winkel jede Richtung gleich wahrscheinlich ist, ist auch die erwartete Häufigkeit der verschieden großen Winkel in der Summe der Glieder n gleich. Daraus folgt jedoch, dass nach Addition der Kosinuswerte der einander mehr oder weniger entsprechenden Winkel diese paarweise Werte ergeben, die nahezu 0 sind (mit unterschiedlichem Vorzeichen). Die Summe in Gl. (2) wird also sicher sehr nahe zu 0 sein (sie ergibt innerhalb der Fehlergrenzen das Ergebnis 0). (Sofern $n = \infty$ ist, kann bewiesen werden, dass die Summe exakt 0 ist.) So erhalten wir:

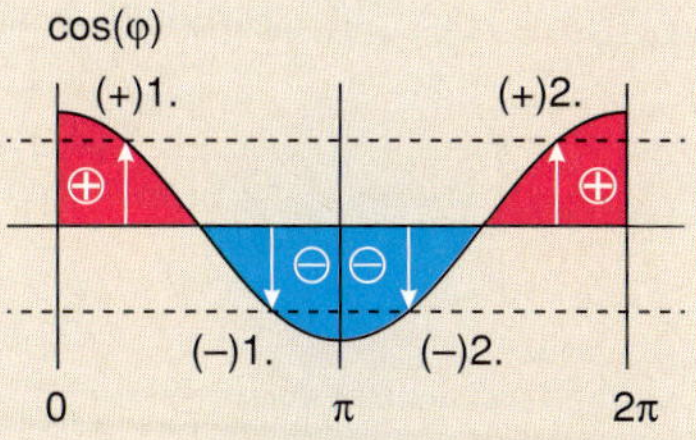

Abb. 2. Die Kurve der Kosinusfunktion mit Betonung einiger wichtiger Eigenschaften

$$\overline{R_2^2} = 2l^2, \quad \text{oder} \quad R_2 = l\sqrt{2}\,. \tag{3}$$

Hat sich das herumirrende Teilchen also nach N–1 Schritten um R_{N-1} vom Ausgangspunkt entfernt, so können wir nach dem obigen Muster berechnen, in welcher mittleren Entfernung R_N es sich einen Schritt später befindet. Wir nutzen wieder den Kosinussatz, jetzt für das Dreieck AEF (s. Abb. 1):

$$R_N^2 = R_{N-1}{}^2 + l^2 - 2R_{N-1}l\cos\gamma.$$

Nach Mittelwertbildung erhalten wir:

$$\overline{R_N^2} = \overline{R_{N-1}{}^2} + l^2. \tag{4}$$

Schreiben wir jetzt 2 für N, so erhalten wir das Ergebnis von Gl. (3), denn $R_1 = l$. Darüber hinausgehend können wir mit Hilfe der rekursiven Gl. (4) den Erwartungswert der Entfernung für jeden beliebigen Schritt N geben. So ist bei Fortsetzung der Reihe:

$$\overline{R_3^2} = 3l^2, \quad \text{und endlich} \quad \overline{R_N^2} = Nl^2. \tag{5}$$

Die Beziehung können wir weiter umformen, wenn wir nutzen, dass zu jedem Schritt l die Zeitdauer τ gehört, bzw. dass die Geschwindigkeit der Teilchen $v = l/\tau$ ist. Danach ist die Gesamtzeitdauer des Random Walks $t = N\tau$, woraus wir N in Gl. (5) schreiben können. Wir wissen auch, dass R_N der Erwartungswert der Entfernung nach der Zeitdauer t ist, d. h. $R(t)$, so ist:

$$\overline{R(t)} = \sqrt{Nl^2} = \sqrt{\frac{t}{\tau}l^2} = \sqrt{tvl} = \sqrt{3Dt}. \tag{6}$$

Beim letzten Schritt der Umformung haben wir die Definition des Diffusionskoeffizienten genutzt ($D = (1/3)vl$, s. Gl. (III.32)).

Auf unsere Fragen können wir also folgende Antwort geben: **ein Teilchen gelangt in der Zeitspanne t vom Ausgangspunkt in die Entfernung $R(t)$, deren Mittelwert proportional zur Quadratwurzel der Zeitspanne zunimmt** ($R(t) \sim \sqrt{t}$). Untersuchen wir die Entfernung vieler Teilchen (bei gleichem Anfangszeitpunkt), so wird es Teilchen geben, deren Entfernung unter dem Mittelwert liegt (sie kommen eventuell nach N Schritten in die Nähe des Ausgangspunktes zurück), aber es wird auch Teilchen geben, die sich bedeutend weiter entfernen. **Die reale Entfernung der Teilchen können wir also mit einer Verteilungsfunktion beschreiben.** Ein Teil der Teilchen wird

Die Diffusion als „Random Walk"

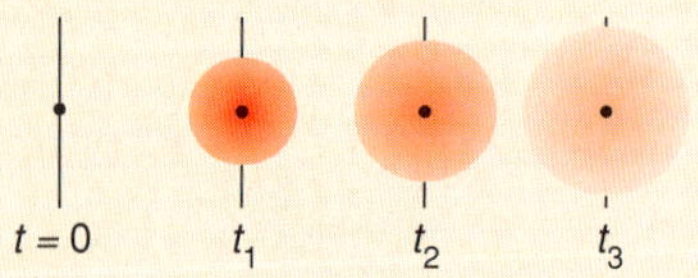

Abb. 1. Zirkuläre Ausbreitung von Kaliumpermanganat in Wasser durch Diffusion (die Momentaufnahmen des Modells erfolgten in „gleichen Zeitabständen")

Der Anschaulichkeit halber nehmen wir als Beispiel, dass wir ein Körnchen Kaliumpermanganat ($KMnO_4$) in ein flaches Gefäß mit wenig Wasser werfen. (Der Versuch ließe sich auch mit Zucker oder Salz durchführen, aber das ist weniger auffallend.) Im Wasser beginnt die schnelle Lösung des Kaliumpermanganats, und dann breitet es sich kreisförmig aus. Die Änderung der Fleckengröße ist in Abb. 1 dargestellt. Der Fleck ist in Wirklichkeit nicht scharf umgrenzt. Er lässt sich am besten mit einer Verteilungsfunktion beschreiben, die angibt, wie hoch die Kaliumpermanganat-Konzentration in der Umgebung eines Punktes mit gegebenen Koordinaten x, y ist. Das veranschaulicht Abb. 2, die geometrisch eine um die Symmetrieachse gedrehte Gauß-Kurve ist.

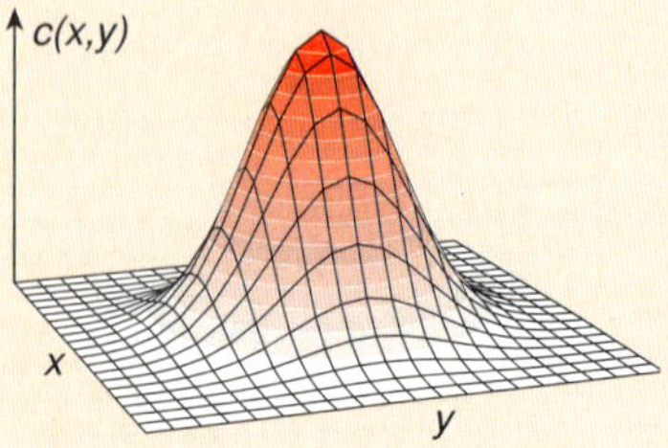

Abb. 2. Die Konzentrationsverteilung des Kaliumpermanganats lässt sich mit einer um die Symmetrieachse gedrehten gaußschen Kurve charakterisieren

Untersuchen wir die Konzentrationsverteilung nur entlang einer Achse (sagen wir der x-Achse), dann kann diese als „einfache" gaußsche Glockenkurve mit dem Erwartungswert 0 ($\mu = 0$) beschrieben werden (Normalverteilung):

$$c(x) = \frac{c_0 \Delta x}{\sqrt{2\pi\sigma_x^2}}\, e^{-\frac{x^2}{2\sigma_x^2}}, \qquad (1)$$

wo σ_x der charakteristische Parameter der Kurvenbreite (theoretische Streuung), c_0 die Konzentration innerhalb eines schmalen Bereichs Δx am Ausgangsort der Diffusion zu Beginn der Diffusion (Anfangskonzentration) sind. Das 2. ficksche Gesetz führt zu derselben Form der Lösung, wenn die folgenden Bedingungen erfüllt sind.

Postulieren wir, dass die Zahl der Moleküle während der gesamten Diffusion konstant ist und dass sich zum Zeitpunkt $t = 0$ die gesamte Stoffmenge (die Gesamtzahl der Moleküle) in dem schmalen Bereich Δx um den Punkt $x = 0$ unseres Koordinatensystems befinden, wo die Konzentration konstant ist (c_0). Von hier können sich alle Moleküle entlang der x-Achse frei bewegen, ihre Bewegung ist durch nichts gehemmt (abgesehen von den übrigen Teilchen bzw. dem Medium). Anders formuliert: wir haben hier eine eindimensionale freie Diffusion vor uns.

In diesem Fall erhalten wir als Lösung des 2. fickschen Gesetzes, dass die theoretische Streuung in Gl. (1), welche die Breite der gaußschen Verteilung angibt, die folgende Form hat:

$$\sigma_x = \sqrt{2Dt}. \qquad (2)$$

wo D der Diffusionskoeffizient ist. Danach breitet sich die gaußsche Verteilung mit fortschreitender Zeit entlang der x-Achse kontinuierlich aus (Abb. 3). Als Endresultat kommen wir mit der Anwendung des 2. fickschen Gesetzes auf die eindimensionale freie Diffusion zu der dargestellten Funktion $c(x,t)$, die eine gute Übereinstimmung mit den experimentellen Ergebnissen zeigt.

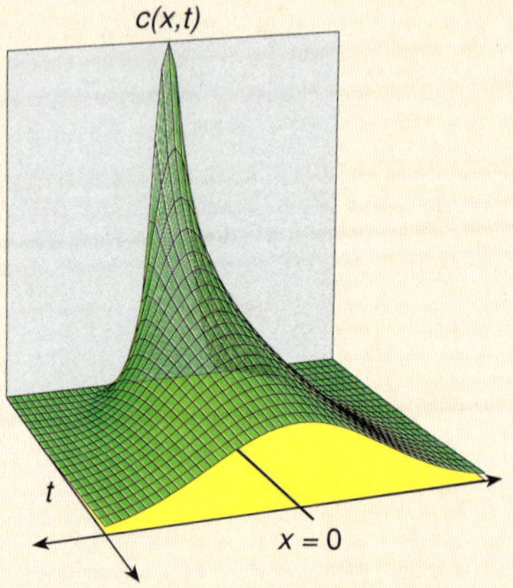

Abb. 3. Veranschaulichung der eindimensionalen freien Diffusion als Lösung des 2. fickschen Gesetzes: Änderung der Konzentrationsverteilung als Funktion der Zeit $c(x,t)$

sich näher als der berechnete Mittelwert, der andere Teil dagegen weiter entfernt befinden. (Mit dem Problem der Zufallsbewegung haben sich der polnische Physiker Maryan Smoluchowski (1872-1917) und der deutsche Physiker Albert Einstein (1879-1955) eingehender befasst und auch die Lösung des Problems stammt von ihnen.) (S. auch „*Die Diffusion als Random Walk*")

Die Funktion $c(x,t)$ in Abb. 3 ist also eine spezielle Lösung des 2. fickschen Gesetzes. Vergleicht man Gl. (2) aus „*Die Diffusion als Random Walk*" mit Gl. (6) aus „*Das Problem des „betrunkenen Seemanns*", so besteht eine auffallende Ähnlichkeit. Die Breite der Konzentrationsverteilung und die erwartete Entfernung der Teilchen ändern sich in der Zeit analog. (Beide nehmen proportional zur Quadratwurzel der Zeitspanne zu.) Der Unterschied im Multiplikator basiert nur darauf, dass wir die zwei Parameter verschieden definiert haben:

$$\sigma_x \sim \overline{R(t)} \sim \sqrt{Dt}. \tag{III.40}$$

Betrachten wir die Resultate aus der Sicht der Zufallsbewegung, so können wir feststellen, dass aus Abb. 3 auch gut der statistische Charakter des Phänomens hervorgeht, denn zu einem gegebenen Zeitpunkt finden sich unter den Teilchen auch solche, die sich weniger oder weiter entfernt haben, als der Mittelwert angibt.

III/2.1.6 Analyse der Zeitabhängigkeit der Diffusionsprozesse

Wenn wir berücksichtigen, dass die Diffusion die Folge der ungeordneten Bewegung der Teilchen des Systems ist, dann war die wichtigste praktische Aussage des vorherigen Abschnittes, dass der Erwartungswert der Entfernung der Teilchen vom Ausgangspunkt durch Diffusion proportional zur Quadratwurzel der Zeitspanne ist, anders ausgedrückt nimmt die zur Diffusion notwendige Zeit proportional zum Quadrat der Diffusionsdistanz zu.

In Abb. III.16a ist als Beispiel die Abhängigkeit von der Quadratwurzel der Zeit mit einer linearen Beziehung verglichen. (Die Funktion f_{Wurzel} hat z. B. die Form $f(t) = k_1\sqrt{t}$, die Funktion f_{lin} dagegen die Form $f(t) = k_2 t$, wo k_1 und k_2 zwei Konstanten sind.) Man sieht, dass ein gegebener Funktionswert, sagen wir $f^\star$, bis zu einer gewissen Zeit t_{Schwelle} in der Funktion f_{Wurzel} schneller erreicht wird als in der Funktion f_{lin} ($t^\star_{\text{Wurzel}} < t^\star_{\text{lin}}$), in diesem Sinne ändert sich f_{Wurzel} schneller als f_{lin}. Nach einer längeren Messdauer als t_{Schwelle} ist die Tendenz umgekehrt. Abb. III.16b zeigt die Wertepaare „Bewegung"-Zeit, die für zwei konkrete Diffusionskoeffizienten (10^{-5} bzw. 10^{-9} m/s) nach Gl. (III.40) berechnet wurden. (Gemäß Tab. III.3 sind diese beiden Diffusionskoeffizienten in der Größenordnung der charakteristischen Diffusion in Luft und in Wasser.) Danach braucht z. B. ein Teilchen, das kaum größer ist als ein Sauerstoffmolekül, zur Diffusion in der Luft für die Strecke von 1 m in der gewünschten Richtung ungefähr einen ganzen Tag. In derselben Zeit würde das Teilchen in Wasser nur ungefähr einen Zentimeter weit kommen. (s. auch „*Ein physiologisches Beispiel für die erstrangige Bedeutung der Diffusion*".)

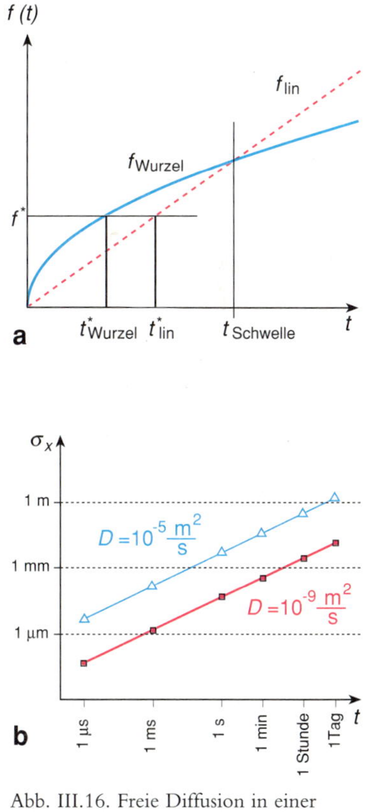

Abb. III.16. Freie Diffusion in einer Dimension: **a.** Abhängigkeit von der Quadratwurzel der Zeit. **b.** Konkrete Ergebnisse (in **b.** sind beide Koordinaten logarithmisch dargestellt)

Ein physiologisches Beispiel für die erstrangige Bedeutung der Diffusion

Für die Lebensfunktionen, den Zellstoffwechsel der Säugetiere ist es unerlässlich, dass Sauerstoff aufgenommen, zu den Zellen transportiert und das Endprodukt des Stoffwechsels, Kohlendioxyd, aus dem Organismus entfernt wird. Der Transport dieser zwei wichtigen Gasmoleküle zwischen der Lunge und den Zellen der Gewebe erfolgt mit Hilfe des Kreislaufs über „Transporteinheiten", die Erythrozyten (und das in ihnen befindliche Eiweiß Hämoglobin). In den Lungenbläschen (Alveolen) ist die Sauerstoffkonzentration bedeutend höher als in den Erythrozyten des die Lungenkapillaren durchströmenden Blutes. In den von der Lunge entfernten (peripheren) Gewebeteilen ist das umgekehrt. In Bezug auf das Kohlendioxyd bestehen an beiden Orten umgekehrte Konzentrationsverhältnisse. So kann die Aufnahme und Abgabe dieser Gase durch den Gasaustausch mittels Diffusion erfolgen.

Betrachten wir den Gasaustausch zwischen Lungenbläschen und Blut etwas näher, dann sehen wir, dass die Gase mehrere Grenzschichten durchdringen müssen, wie es in der Abbildung vereinfacht dargestellt ist. Die Sauerstoffmoleküle müssen z. B. von der Lunge aus gesehen durch das Epithel der Lungenbläschen (Alveolarepithel), durch die innere Epithelschicht der Kapillaren (Kapillarendothel), den dazwischen liegenden Raum (Interstitium), dann durch das Blutplasma und endlich durch die Zellmembran der Erythrozyten gelangen. Diese Strukturen bedeuten für die Gasmoleküle insgesamt eine ungefähre Diffusionsweglänge von 1 μm. In Kenntnis der Diffusionskoeffizienten ($D_{[O2]} \approx 10^{-9}$ m^2/s; $D_{[CO2]} \approx 6 \cdot 10^{-9}$ m^2/s) kann die Zeit abgeschätzt werden, welche die Gasmoleküle bei der Diffusion benötigen, um über diese Distanz von ca. 1 μm (in einer gegebenen Richtung) einen effektiven Gasaustausch zu erreichen. Diese mittlere Zeitspanne beträgt für Sauerstoff ca. 500 μs, für Kohlendioxyd ca. 80 μs.

In den Lungenkapillaren strömt das Blut relativ schnell, so beträgt die mittlere Aufenthaltsdauer der Erythrozyten in diesem Bereich höchstens 0,5 s. Die sehr kurze Diffusionsstrecke infolge des speziellen Aufbaus des Diffusionsraumes und die zugehörige hohe Diffusionsgeschwindigkeit ermöglichen den effektiven Gasaustausch in dieser sehr kurzen Zeitspanne.

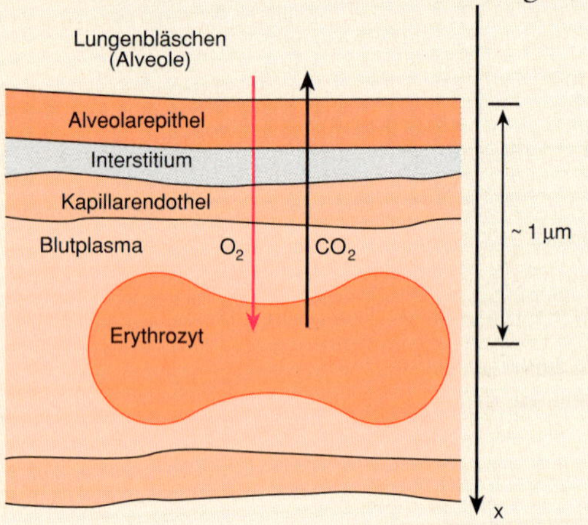

Vereinfachtes Schema des Gasaustauschs zwischen Blut und Lunge

Zusammenfassend können wir feststellen: die **Diffusion** ist **bei kurzen Entfernungen** (in wässriger Lösung ca. bis zu 100 μm) relativ **schnell** (bei Zimmertemperatur ist zum Zurücklegen dieser Distanz weniger Zeit als einige Sekunden erforderlich), bei **großen Entfernungen** (von einigen Zentimetern) ist sie ein außerordentlich **langsamer Prozess** (sie kann Tage dauern). Die Ursache dafür liegt in der Tatsache, dass die Diffusionszeit proportional zum Quadrat der Entfernung ist, mit zunehmender Entfernung also rapide zunimmt.

III/2.1.7 Durch Diffusion gesteuerte chemische Reaktionen

Die Geschwindigkeit der chemischen Reaktionen wurde schon bei der Diskussion der Boltzmann-Verteilung (s. I/3.1.2) kurz angeschnitten. Hier analysieren wir die Wirkung der Diffusion auf die chemischen Prozesse.

In den Zellen laufen zum gleichen Zeitpunkt Tausende von chemischen Reaktionen ab, und bei vielen von ihnen bestimmt die Diffusion die Reaktionsgeschwindigkeit. Um den Verlauf dieser Reaktionen zu verstehen, analysieren wir eine einfache bimolekulare Reaktion, die in lebenden Systemen sehr häufig ist. Bei dieser Reaktion können zwei beliebige Moleküle A und B, z. B. ein Enzymeiweiß und sein Substrat, miteinander reagieren. Vor der Reaktion kommen sich die Komponenten durch Diffusion nahe, dann bilden sie nach einem Stoß einen sog. Stoßkomplex (AB) mit gegebener Lebensdauer. Im Stoßkomplex verlaufen die eigentlichen chemischen Reaktionen, die endlich zur Bildung des Produktes P führen. Im Stoßkomplex spielen sich nicht nur die Schritte der chemischen Reaktion ab, sondern auch andere Prozesse, wie z. B. eine Energieübertragung zwischen den Komponenten, die gleichfalls zu einem veränderten Endzustand führt. Die erwähnten bimolekularen Reaktionen veranschaulicht das folgende Reaktionsschema:

$$\mathrm{A} + \mathrm{B} \underset{k_{-D}}{\overset{k_D}{\rightleftharpoons}} \mathrm{AB} \overset{k_1}{\rightarrow} \mathrm{P}. \tag{III.41}$$

Damit die Reaktion abläuft, müssen die Reaktionspartner im Stoßkomplex aktiviert sein, d. h. sie müssen die Energiebarriere überwinden, die zwischen Ausgangs- und Endzustand besteht.

Bei solchen Reaktionen entsteht der Stoßkomplex mit der Geschwindigkeit:

$$\frac{\Delta[\mathrm{AB}]}{\Delta t} = k_D[\mathrm{A}][\mathrm{B}], \tag{III.42}$$

wo [AB] die Konzentration des Stoßkomplexes, [A] und [B] die Konzentrationen der Ausgangskomponenten und k_D die Geschwindigkeitskonstante des Prozesses sind, der in Richtung des oberen Pfeils in Gl. (III.41) verläuft. Der Stoßkomplex kann auch in Richtung des unteren Pfeils mit der Geschwindigkeitskonstante k_{-D} dissoziieren. Das Endprodukt entsteht aus dem AB Komplex mit der Geschwindigkeitskonstante k_1. Für den quasistationären Zustand der Reaktionen, wenn die Konzentration des Stoßkomplexes in der Zeit konstant ist, lässt sich die folgende Gleichung schreiben:

$$k_D[\mathrm{A}][\mathrm{B}] - k_{-D}[\mathrm{AB}] - k_1[\mathrm{AB}] = 0\,, \tag{III.43}$$

woraus sich die Gleichgewichtskonzentration des Stoßkomplexes ausdrücken lässt:

$$[\mathrm{AB}] = \frac{k_D}{k_{-D} + k_1}[\mathrm{A}][\mathrm{B}]. \tag{III.44}$$

Gemäß dem Reaktionsschema kann die Geschwindigkeit der chemischen oder enzymatischen Reaktion (die eigentlich die Bildungsgeschwindigkeit des Produktes ist) unter Nutzung von Gl. (III.44) folgendermaßen geschrieben werden:

$$\frac{\Delta[\mathrm{P}]}{\Delta t} = k_1[\mathrm{AB}] = \frac{k_1 k_D}{k_{-D} + k_1}[\mathrm{A}][\mathrm{B}]. \tag{III.45}$$

Die für die Geschwindigkeit des Prozesses charakteristische Geschwindigkeitskonstante zweiter Ordnung k_2 wird gleich dem folgenden Ausdruck sein:

$$k_2 = \frac{k_1 k_D}{k_{-D} + k_1}\,. \tag{III.46}$$

Analysieren wir die entscheidenden Faktoren der Endgeschwindigkeit der Reaktion, so können wir zwei Extremfälle unterscheiden. Ist $k_{-D} << k_1$, dann ist

$$k_2 \cong \frac{k_1 k_D}{k_1} = k_D , \qquad \text{(III.47)}$$

d. h. die Reaktionsgeschwindigkeit wird diffusionskontrolliert sein, die Reaktion ist von der Diffusionsgeschwindigkeit der Komponenten des Stoßkomplexes bestimmt. Ist die Aktivierungsenergie der Reaktion, d. h. die Energiebarriere hoch, dann ist $k_1 << k_{-D}$. In diesem Fall spricht man von einer aktivierungskontrollierten Reaktion, weil

$$k_2 \cong \frac{k_1 k_D}{k_{-D}} \cong k_1 K , \qquad \text{(III.48)}$$

wo K die Gleichgewichtskonstante ist, die nach dem Massenwirkungsgesetz folgendermaßen definiert werden kann:

$$K = \frac{[\mathrm{AB}]}{[\mathrm{A}][\mathrm{B}]} . \qquad \text{(III.49)}$$

Diffusionskontrollierte Reaktionen findet man z. B. bei der Elektronentransportkette der Mitochondrien oder bei der Atmungskette der Bakterien und bei Enzymreaktionen, bei denen das Substrat aus strukturellen Gründen nur langsam aus dem Stoßkomplex diffundieren kann.

III/2.2 Einige Spezialfälle der Diffusion

III/2.2.1 Die Osmose, das van't Hoff-Gesetz

Bisher haben wir uns nur mit der freien Diffusion befasst, d. h. mit Fällen, bei denen die Bewegung der Teilchen durch nichts außer der Reibungskraft im Medium und den Stößen gegeneinander behindert wurde. In III/2.1.2 haben wir auch erwähnt, dass bei der Diffusion in Wirklichkeit wenigstens zwei diffundierende Komponenten („A" und „B") vorhanden sind, nur lassen wir eine Komponente in der Regel außer Acht. In diesem Abschnitt studieren wir die Fälle, bei denen ein „Filter" die freie Diffusion einer Komponente verhindert. Ein solches „Filter" ist eine semipermeable (halb durchlässige) Membran oder Wand. Für viele wässrige Lösungen sind tierische Häute (z. B. Schweinsblasen), lebende Zellwände, aber auch eine löchrige Tonscheibe oder Cellophan eine semipermeable Membran. Als semipermeabel bezeichnet man auch die biologischen Membranen, mit deren Transportprozessen wir uns in III/4 eingehender befassen werden.

Um das Wesen der Erscheinung zu erfassen, führen wir in Gedanken folgenden Versuch durch. Füllen wir ein kleines Säckchen aus einer semipermeablen Haut mit einer Zuckerlösung, und tauchen wir es dann in ein Gefäß mit reinem Wasser. (Statt Zucker und Wasser hätten wir jeden anderen gut löslichen Stoff aus relativ großen Molekülen und ein Lösungsmittel aus kleinen Molekülen nehmen können.) Nach Verstreichen einer gewissen Zeitspanne könnten wir beobachten, dass das Säckchen immer mehr anschwillt.

Wir könnten uns auch davon überzeugen, dass sich außerhalb des Säckchens auch weiterhin reines Wasser befindet, während in dem Säckchen die Zuckerlösung dünner geworden ist.

Dieses Phänomen lässt sich damit erklären, dass die semipermeable Membran nur die Moleküle des Lösungsmittels (die Wassermoleküle) durchlässt, den gelösten Stoff (die Zuckermoleküle) dagegen nicht. So haben nur die Moleküle des Lösungsmittels die Möglichkeit der „freien" Diffusion. Die Moleküle des Lösungsmittels können die semipermeable Membran zwar in beiden Richtungen frei durchdringen, da aber die Konzentration des Lösungsmittels außerhalb des Säckchens höher ist, werden von der Seite des reinen Lösungsmittels (von außen) mehr Moleküle pro Sekunde an die semipermeable Membran kommen als von der Seite der Lösung (von innen). Das hat zur Folge, dass eine Nettoeinströmung des Lösungsmittels erfolgt (s. auch III/2.1.2). Dieser **Diffusionsstrom der Diffusion in eine Richtung ist die Osmose**.

Das Einströmen des Lösungsmittels bewirkt den Druckanstieg innerhalb des Säckchens (davon schwillt es an, s. auch Abb. III.17). Die allmähliche Zunahme des inneren Druckes fördert dagegen das Ausströmen des Lösungsmittels. Deshalb kann der Druck nur steigen, bis der Nettomaterialeinstrom aufhört und sich im System ein dynamisches Gleichgewicht einstellt. Das erfolgt dann, wenn in der Zeiteinheit die gleiche Menge Lösungsmittel in das Säckchen diffundiert, wie durch die Druckdifferenz herausgepresst wird ($J_{v\text{ein}} = J_{v\text{aus}}$). Das ist das sog. **osmotische Gleichgewicht**, die dem Gleichgewicht entsprechende Druckdifferenz ist der **osmotische Druck** (s. *„Die Bestimmung des osmotischen Drucks"*).

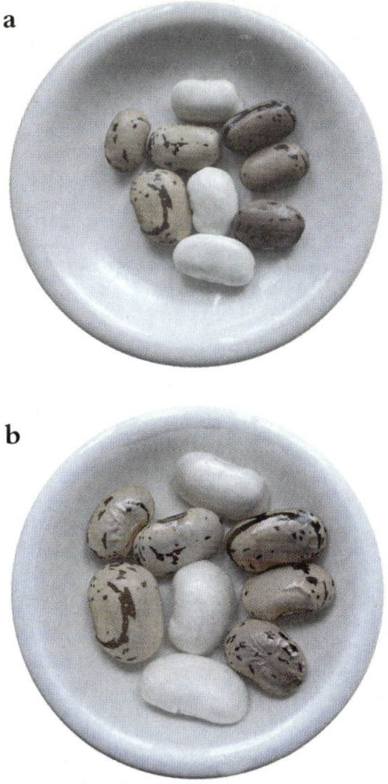

Abb. III.17. Anschauliche Osmose Bohnen: **a.** trocken und **b.** nach eintägigem Einweichen in Wasser (Aufnahme von István Derka)

Die Bestimmung des osmotischen Drucks

Die Größe des osmotischen Drucks lässt sich einfach bestimmen, wenn wir in dem obigen Versuch das Säckchen und seine Umgebung durch ein vereinfachtes Modell ersetzen (s. Abb.). Nehmen wir ein Gefäß und teilen wir es mit einer Wand in zwei gleiche Teile mit dem Volumen *V*. Das eine Volumen (I, linke Seite) wird dem Volumen innerhalb des Säckchens entsprechen, das andere Volumen (II, rechte Seite) seiner Umgebung. Folgen wir der bewährten Methode aus der Interpretation des fickschen Versuches und füllen wir unser Gefäß auch hier mit einem (von komplizierteren molekularen Wechselwirkungen freien) Gas. In das Volumen I geben wir (der Zuckerlösung entsprechend) ein Gasgemisch aus größeren (*roten*) und kleineren (*blauen*) Molekülen, während in das Volumen II (dem reinen Wasser entsprechend) nur ein Gas aus kleineren (*blauen*) Molekülen kommt (Abb. a). Nehmen wir an, dass sich das System im thermischen Gleichgewicht befindet (T = konstant) und der Gasdruck in beiden Volumen (I und II) gleich ist. (Mit diesen Anfangsbedingungen verlief auch der ursprüngliche Versuch.) Entfernen wir nun die Wand (Abb. b), dann sehen wir als Endergebnis der Diffusion eine gleichmäßige Verteilung beider Gase (auch der größeren und kleineren Moleküle) im Gefäß. Würden wir statt des Entfernens der Wand

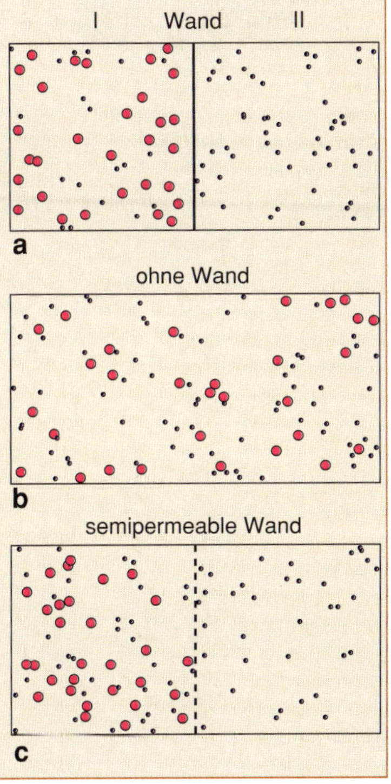

Modellversuch zur Bestimmung des osmotischen Drucks

▶

(„mit einem Zauberwort") diese durch eine semipermeable Wand ersetzen (Abb. c), dann würden alle größeren (*roten*) Moleküle durch die Einschränkung ihrer Diffusion weiterhin im Volumen I bleiben, während die kleinen (*blauen*) genauso gleichmäßig verteilt wären, wie im vorherigen Fall. Weil die beiden Volumen gleich sind, stimmt die Stoffmenge auf beiden Seiten überein ($\nu_{blau}^{I} = \nu_{blau}^{II}$). Dementsprechend finden wir auf der linken Seite (I) Gas der Stoffmenge $\nu_{rot} + \nu_{blau}^{I}$ und auf der rechten Seite (II) die Stoffmenge ν_{blau}^{II}.
Mit Hilfe der Zustandsgleichung der idealen Gase ($pV = NkT$, s. I/3.2.1) können wir den Gasdruck für beide Volumen aufschreiben. Benutzen wir die Form der Zustandsgleichung für Mol ($pV = \nu RT$):

$$p_I = \frac{\nu_{rot} + \nu_{blau}^{I}}{V} RT, \qquad p_{II} = \frac{\nu_{blau}^{II}}{V} RT. \tag{1}$$

Die Druckdifferenz ist gerade gleich dem osmotischen Druck:

$$p_{Osmose} = \frac{\nu_{rot}}{V} RT = c_{rot} RT, \tag{2}$$

wo c_{rot} die Konzentration der größeren Moleküle (im Originalversuch Zucker bzw. gelöster Stoff), R die allgemeine Gaskonstante (molare Gaskonstante) und T die absolute Temperatur sind.

Jacobus Hendricus van't Hoff (1852–1911), niederländischer Physikochemiker, einer der Begründer der physikalischen Chemie und der Stereochemie. Erhielt 1901 den ersten Nobelpreis für Chemie.

Diesen Druck kompensiert in unserem Fall die Wand des Säckchens, also die semipermeable Membran. Halten die Wände den für das Gleichgewicht notwendigen „Überdruck" nicht aus, so kann das Säckchen reißen, platzen. Das passiert z. B., wenn eine reife Kirsche oder Weintraube zu viel Regen erhält oder beim Waschen des Obstes dieses zu lange eingeweicht wird. Dasselbe Phänomen tritt in den Zellen auf, wenn die Konzentrationsverhältnisse innerhalb und außerhalb der Zelle zu unterschiedlich sind. (Die Erythrozyten können z. B. leicht in diese Lage geraten.) In diesem Fall kann das in die Zelle einströmende Wasser die Zelle selbst sprengen. Reißt die Zytoplasmamembran ein, dann ist der Zerfall, die Lyse der Zelle unabwendbar. Auf dieses Problem kommen wir im folgenden Abschnitt noch zurück.

Obwohl wir zur obigen Gl. (2) mit Hilfe des abgebildeten vereinfachten Modells gelangt sind, und diese so streng genommen nur für Gase gilt, zeigt doch die Erfahrung, dass sie auch für dünne Lösungen genutzt werden kann. In diesem Fall wird die Beziehung als **van't-Hoff-Gesetz** bezeichnet:

$$p_{Osmose} = cRT, \tag{III.50}$$

wo c die Konzentration der Lösung ist. Demnach ist der osmotische Druck von Lösungen – unabhängig von der Qualität des Lösungsmittels und der gelösten Materie – annähernd gleich dem Druck, den der gelöste Stoff auslösen würde, wenn er das gleiche Volumen wie die Flüssigkeit bei der gleichen Temperatur in Gasform ausfüllen würde. (Das Gesetz gilt in dieser Form nicht für Lösungen, in denen die Moleküle des gelösten Stoffes stark dissoziiert sind.)

Osmose tritt natürlich auch dann auf, wenn sich an beiden Seiten der semipermeablen Membran Lösungen verschiedener Konzentration befinden. Dabei wird immer die Lösung mit höherer Konzentration verdünnt. Den Gleichgewichtsdruck ergibt die Differenz der Werte des osmotischen Drucks in den Lösungen mit verschiedener Konzentration. Es ist auch möglich, dass an beiden Seiten der semipermeablen Membran unterschiedliche Stoffe gelöst sind, für welche die Membran nicht durchgängig ist. Für die Osmose ist die Qualität des gelösten Stoffes indifferent. Bei einer gegebenen Temperatur spielt nur die Konzentration eine Rolle, und wenn diese an den beiden Seiten verschieden ist, dann kommt es zur Osmose.

III/2.2.2 Die praktische Bedeutung des osmotischen Drucks

Die überwiegende Mehrzahl der verschiedenen Vorgänge von Diffusion, Osmose, Stofftransport und Stoffverbrauch spielt sich in wässrigem Milieu ab. Es ist eine bekannte Eigenschaft des menschlichen Körpers, dass er zu 55-60% aus Wasser besteht. Spricht man ganz allgemein von Lebewesen, so kann man feststellen, dass mehr als die Hälfte der Bauelemente der lebenden Materie Wasser ist, ja bei manchen Meerestieren beträgt die Rate 90%. Eine unentbehrliche Voraussetzung des Lebens auf der Erde ist die Anwesenheit einer gewissen Wassermenge. Eine Abnahme des Wassergehalts im Protoplasma von 10-20% kann schon tödlich sein. Den Durst, den Entzug von Wasser, erträgt jedes Lebewesen bedeutend schwerer als den Nahrungsentzug, das Hungern. Die Osmose ist eine häufige Erscheinung in den **lebenden Organismen,** und die **Störung des osmotischen Gleichgewichts kann ernsthafte**, fallweise schädliche **Konsequenzen haben**.

Kommen wir hier auf die schon erwähnte Frage der Zelllyse (Zerfall der Zelle) zurück (s. III/2.2.1). Dieses Problem ist allgemeingültig, es kann jede Zelle des Organismus betreffen. Damit eine Zelle im osmotischen Gleichgewicht mit ihrer Umgebung steht, muss der osmotische Druck im Zellinnern (Zytoplasma) gleich dem osmotischen Druck im extrazellularen Raum sein. (Bei einem höheren inneren Überdruck kann die Zelle platzen.) **Ist der osmotische Druck von zwei verschiedenen Lösungen identisch, so spricht man von isotonischen Lösungen**. Isotonische Lösungen für das Zellinnere bzw. das Blut sind z. B. 3,8 %ige Natriumcitratlösung, ca. 5,5 %ige Glukoselösung oder ca. 0,15 M (0,87 %) NaCl-Lösung. Letztere wird auch als physiologische Kochsalzlösung bezeichnet (s. Bemerkung III.4).

Legt man Erythrozyten oder andere Zellen in isotonische Lösung, so tritt keine Osmose ein. Bringt man sie aber in eine Lösung mit niedrigerer Konzentration (hypotonische Lösung), dann strömt durch die Osmose Wasser in das Zellinnere, was zum Anschwellen der Zellen führt. Weil die Elastizität der Zellmembran aber endlich ist, wird die Zelle zum Schluss platzen. (Bei den Erythrozyten spricht man hier von Hämolyse.) Gibt man die Zellen in eine Lösung mit höherer Konzentration als isotonisch (hypertonische Lösung), dann strömt das Wasser aus der Zelle in die Umgebung, was zur Schrumpfung der Zelle führt. Deshalb ist es sehr wichtig, dass Injektions- bzw. Infusionslösungen isotonisch seien, weil der Überdruck durch die Osmose zu Schmerzen und ernsthaften Zellschädigungen führen kann (s. auch „*Einige auf Osmose basierende Behandlungsmethoden in der medizinischen Praxis*").

> Bemerkung III.4
>
> Die Konzentration einer 5,5% igen Glukoselösung entspricht 0,3 M. Das ist gerade das Doppelte der Konzentration von physiologischer Kochsalzlösung. Der Widerspruch löst sich auf, wenn wir wissen, dass NaCl in dieser Konzentration vollkommen dissoziiert ist und so die Lösung doppelt so viele Teilchen enthält, wie viele Moleküle gelöst wurden.

Einige auf Osmose basierende Behandlungsmethoden in der medizinischen Praxis

Zur lokalen Behandlung von Ödemen oder Entzündungen an den Extremitäten werden Dextranlösung bzw. Bittersalz ($MgSO_4 \cdot 7H_2O$) benutzt, die im Verhältnis zu den Körperflüssigkeiten hypertonische Lösungen sind und so die überschüssigen Wasseransammlungen von den betroffenen Körperteilen entfernen. Auch die **Abführsalze** wirken über die temporäre Beeinflussung des osmotischen Gleichgewichts, weil sie im Dickdarm nur schwer resorbiert werden und so dort ein hypertonisches Milieu erzeugen. Das führt zu einem Wassereinstrom in den Darm, wodurch der Darminhalt verdünnt und leichter ausgeschieden wird.
Den umgekehrten Mechanismus zeigt der pathologische Zustand des Diabetikers, der von einer Dauererhöhung des Blutzuckerspiegels, der Hyperglykämie, verursacht wird. Der erhöhte Blutzuckerspiegel stört nämlich das osmotische Gleichgewicht zwischen Blut und Zellen der umgebenden Gewebe, indem er den Zellen Wasser entzieht. Dieser Prozess kann sogar zum totalen Austrocknen des Organismus führen.

Endlich ist noch eine Behandlungsmethode bei schweren Nierenkranken zu erwähnen, die sog. Hämodialyse, die gleichfalls auf der Osmose basiert. Als Dialyse bezeichnet man im Allgemeinen den Prozess, bei dem verschiedene Moleküle bzw. Makromoleküle mit der Osmose durch eine semipermeable Membran separiert werden. Mit der Wahl der Porengröße der Membran kann man entscheiden, bis zu welcher Molekülmasse die Membran durchlässig sei. Bei der Hämodialyse werden die für die Niere toxischen Schlackenstoffe auch nach diesem Prinzip aus dem Blut entfernt (s. Abb.).

Das Verfahren basiert auf der sog. künstlichen Niere (Dialysator), deren Hauptteil ein ziemlich langer semipermeabler Membranschlauch (z. B. aus Cellulosehydrat) ist, den sorgfältig auf Körpertemperatur gehaltene Spülflüssigkeit umgibt. Die Zusammensetzung der Spülflüssigkeit ist den konkreten Charakteristika der Krankheit äußerst präzise angepasst. Danach wird eine Arterie des Patienten mit dem Membranschlauch verbunden und das Blut durch den Dialysator geleitet und von dort zurück in eine Vene. Die wasserlöslichen Abbauprodukte der Eiweiße, Zellgifte und andere Schlackenstoffe entfernen sich durch Osmose (zusammen mit Wasser) aus dem Blut, die unentbehrlichen Plasmaeiweiße (Albumine, Globuline usw) sowie die Blutkörperchen bleiben im Blut. Eine Behandlung dauert im Mittel 4–8 Stunden, dabei wird die Dialyseflüssigkeit auch ausgewechselt. Natürlich ist auch hier die ständige Überwachung der Ionenkonzentration und der eventuellen Anwesenheit von Metallionen-Verschmutzungen außerordentlich wichtig, weil diese eine schädliche Wirkung auf den Ionenhaushalt des Organismus ausüben könnten.

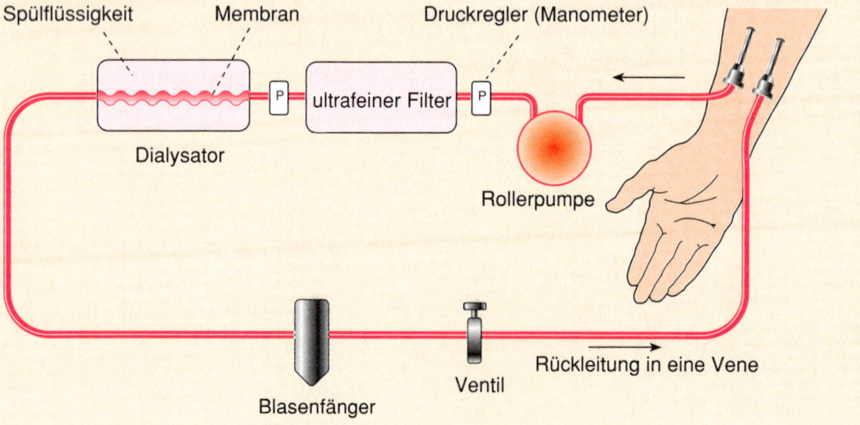

Funktionsschema der Hämodialyse

Die Osmose ist auch bei der Wasseraufnahme der Pflanzen außerordentlich wichtig. Im Grundwasser ist die Salzkonzentration in der Regel niedriger als in den Wurzelsäften, so strömt das Wasser aus dem Boden in die Pflanze und stellt dann in den Pflanzenzellen den Überdruck (Turgor) sicher.

Diesem Prozess ist z. B. das Aufrichten vieler weichstieliger Pflanzen zu verdanken. Der Wert des osmotischen Drucks in den Baumwurzeln kann sogar das 20fache des atmosphärischen Drucks erreichen.

III/2.2.3 Laterale Diffusion in biologischen Membranen

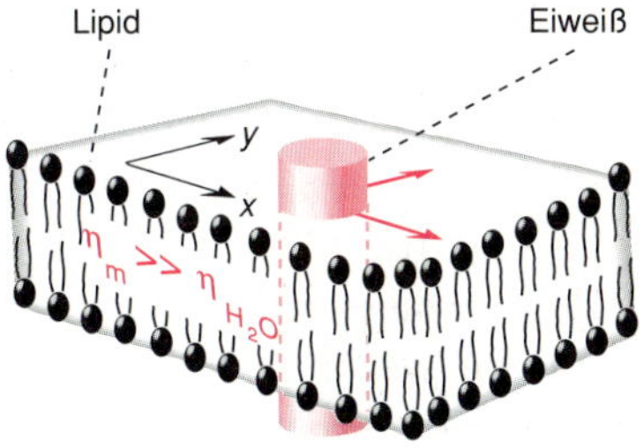

Abb. III.18. Laterale Diffusion von Eiweißen und Lipiden in biologischen Membranen

Die Diffusion verläuft nicht nur durch die biologischen Membranen (s. III/4), sondern die Bauelemente der Membran, die Moleküle (Lipide, Eiweiße), bewegen sich selbst auch, sie diffundieren in der Lipiddoppelschicht. Dieser Prozess weicht wegen der speziellen Membranstruktur stark von der Diffusion in Wasser ab.

Die speziellen Eigenschaften der Membran als Diffusionsmedium ergeben sich aus dem Folgenden. Einerseits befindet sich die Lipiddoppelschicht bei physiologischen Temperaturen zwar überwiegend in der flüssigen Phase (Fluid), die Viskosität der Membranen ist aber auch in diesem Zustand beträchtlich höher (200-1000fach), als die Viskosität des Wassers bei der gleichen Temperatur. Andererseits ist die Membranstruktur auch bei dieser Temperatur inhomogen, es wechseln sich ungeordnete (Fluid) und stark geordnete Bereiche (Fluid oder Gel), sog. Domänen ab.

Eine andere, die Diffusion betreffende spezielle Eigenschaft folgt aus der Tatsache, dass die Dicke der biologischen Membranen (5-8 nm) im Vergleich zu ihrer Oberfläche (einige μm^2) vernachlässigt werden kann, was die Bewegung ihrer Bausteine praktisch auf zwei Dimensionen beschränkt. Diese zweidimensionale Bewegung der Moleküle in der Membranebene wird als **laterale Diffusion** bezeichnet (Abb. III.18). Die laterale Diffusion der Lipide und Eiweiße ergeben zusammen mit den Rotationen der Moleküle und den „schlagenden" Bewegungen der Fettsäureketten der Lipide die Fluidität der Membran, d. h. den Kehrwert der mittleren Viskosität der Membran ($1/\eta$). Diese Fluidität spielt eine tragende Rolle bei den mechanischen Eigenschaften der Zellmembran (Form, Plastizität, Verformbarkeit). Das ist in vielen Fällen die kritischste Eigenschaft, sind doch z. B. die in den Kapillaren mit hoher Geschwindigkeit strömenden Erythrozyten sehr hoher Inanspruchnahme (Scherkräfte, Reibung usw.) ausgesetzt. Die Plasmamembranen garantieren unter anderem auch die Variabilität und Spezifität der biologischen Prozesse, wie z. B. Sehen, Atmung, Photosynthese, Erkennen von Zellen durch Zellen. Darüber hinaus sind sie die primären „Angriffspunkte" für Viren, Allergene, Bakterien und Arzneimittel. Das spezifische Erkennen, Binden und danach die Weiterbeförderung der biochemischen „Signale" in das Zellinnere sind also Prozesse, die mit der Zellmembran verbunden sind, und dabei spielen die Bewegungen der Membrankomponenten eine tragende Rolle. Diese Bewegungen garantieren z. B. die Anordnung der an den aufgeführten Prozessen teilnehmenden spezifischen sog. Rezeptoreiweiße in entsprechende Komplexe und danach ihre Aufnahme in die Zelle (Internalisation). Es sei dazu bemerkt, dass die Membrankomponenten, besonders die Eiweiße, infolge der hohen Viskosität der Membran in den Membranen um mehrere Größenordnungen langsamer diffundieren, als in Wasser (s. auch „*Die Untersuchung der lateralen Diffusion*").

Die Untersuchung der lateralen Diffusion

Dank der schnellen Entwicklung der für Zelluntersuchungen geeigneten mikroskopischen Techniken ist es seit den 70iger Jahren möglich, die laterale Bewegung, Diffusion der Membraneiweiße und Lipide zu verfolgen. Diese Untersuchungen waren ein echter „Durchbruch" hinsichtlich unserer Kenntnisse vom Aufbau der Zellstrukturen. Durch die Entdeckung der mikroskopischen lateralen Diffusionseigenschaften der Membraneiweiße gelang es bei zahlreichen wichtigen Membraneiweißen, ihr Kopplungssystem mit dem extrazellulären Matrixsystem, welches die Zellen „verbindet", mit dem Skelettsystem im Zellinnern, mit dem Zytoskeleton oder mit anderen Membraneiweißen aufzudecken.

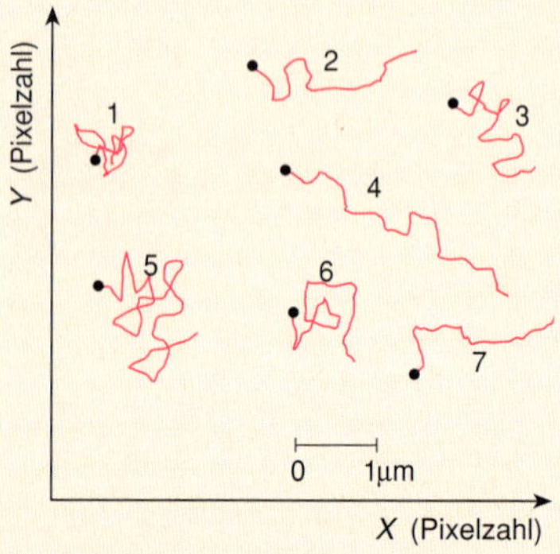

Abb. 1 Spurenverfolgung der lateralen Diffusion von Membraneiweißen (Single Particle Tracking, SPT-Methode)

In unseren Tagen wurde mit speziellen, ultraschnellen Videoaufnahmen die direkte Verfolgung dieser lateralen Bewegungen möglich. So kann auch die Bewegungsspur eines einzelnen Membraneiweißes oder eines an die Membran gekoppelten, größeren Teilchens (z. B. eines Virus) dargestellt werden. Die Zieleiweiße (Zielteilchen) werden mit an kolloidale Goldkügelchen mit dem Durchmesser von 30-40 nm gekoppelten oder mit fluoreszierenden Antikörpern markiert.

In Abb. 1 ist das Ergebnis einer solchen „Spurenverfolgung von Teilchen" (Single Particle Tracking, SPT) dargestellt. In Abb. 2 ist die aus der mehrmals wiederholten Beobachtung der einzelnen Spuren mehrerer Teilchen konstruierte mittlere quadratische Abweichung als Funktion der Beobachtungsdauer ($S_t^2(t)$ bzw. das daraus geschätzte theoretische Streuungsquadrat $\sigma_t^2(t)$) dargestellt. Nach Gl. (III.40) erwarten wir bei der freien lateralen Diffusion eine lineare Funktionsverbindung zwischen diesen Größen, denn für die zweidimensionale Bewegung ist z. B.:

$$\sigma_r^2 = \sigma_x^2 + \sigma_y^2 = 4Dt \ .$$

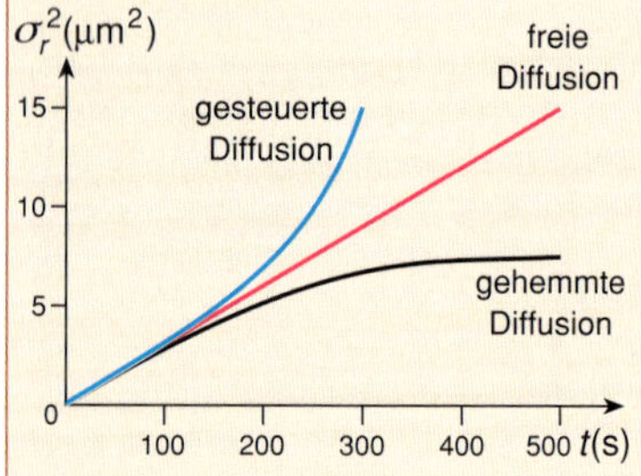

Abb. 2 Mögliche Diagramme bei der Auswertung

Nach dem in III/2.1.5 Diskutierten ist die Größe der mittleren Entfernung proportional zur Quadratwurzel der Zeit. Hier handelt es sich aber um das Quadrat der mittleren Bewegung, das natürlich eine lineare Funktion der Zeit ist. In der Praxis können sich auch in positiver oder negativer Richtung abweichende Funktionen ergeben (s. Abb. 2), was darauf hinweist, dass die Bewegungen der untersuchten Eiweiße durch an aktive Stoffwechselprozesse in der Membran gebundene Mechanismen beschleunigt (gesteuert) bzw. durch einen Mechanismus der Molekülbewegung auch gebremst werden können.

Bei diesen Untersuchungen stellte es sich heraus, dass die Diffusion der Lipide in den Membranen in der Regel schnell ($D_{lateral} \sim 10^{-12}$ m^2/s) verläuft und auch die mobile Rate hoch ist (> 90 %). Demgegenüber zeigen die Eiweiße sowohl bezüglich des Wertes von $D_{lateral}$ ($10^{-13} - 10^{-17}$ m^2/s) als auch der mobilen Rate (10-90 %) eine sehr große Variabilität. Das bedeutet, dass einige Eiweiße in der Membran frei diffundieren, während die laterale Diffusion anderer Eiweiße gehemmt ist. Die laterale Diffusion kann z. B. durch an Änderungen des Lipidstoffwechsels gekoppelte Änderungen der Membranviskosität oder infolge von „Verankerung" der Membraneiweiße durch Zytoskeleton oder extrazelluläre Matrixkomponenten gehemmt sein. Gleichfalls kann die laterale Diffusion der Membraneiweiße z. B. bei der Ankopplung von polarisierten Epithelzellen durch die Strukturen in der Membran (z. B. „enge Ankopplung") gehemmt sein. Alle diese Beispiele zeigen sehr gut, dass die Untersuchung der lateralen Diffusion für den Zellbiologen ein sehr wirksames Mittel darstellt, um die Zellstruktur auf Molekülebene zu erforschen.

III/3 Die thermodynamischen Relationen der Transportvorgänge

Der lebende Organismus benutzt die chemische Energie der aus der Umgebung aufgenommenen Nährstoffe zum Aufrechterhalten seiner Funktionsprozesse, für die Arbeit innerhalb der Zellen und im Gesamtorganismus. Die Lebensprozesse sind von Transportvorgängen mit Energieumwandlung, Energieaustausch sowie Ladungsstrom usw. begleitet, dabei entstehen aber auch vorübergehend lokale Gleichgewichte. All das weist darauf hin, dass die allgemeinen thermodynamischen Gesetze, welche in energetischer Hinsicht ausschlaggebend sind, eine Hilfe bei der allgemeinen Beschreibung der Transportprozesse sein können. Im Folgenden heben wir nur einige Fragen der Thermodynamik hervor, die dem tieferen Verständnis der Lebensprozesse dienen.

Als Übergang diskutieren wir zuerst an einem Modell die Entstehung des thermischen Energiestromes. Dann fassen wir nach einem Überblick über die allgemeinen charakteristischen Zustandsgrößen (Zustandsvariablen) thermodynamischer Systeme die Transportvorgänge zusammen. Danach folgt eine allgemeinere Formulierung der thermodynamischen Hauptsätze bzw. die Einführung der Entropie. Endlich diskutieren wir die Richtung der einzelnen Prozesse

III/3.1 Die Diffusion in einem System, das sich nicht im thermischen Gleichgewicht befindet

Bei der Diskussion der Diffusion (s. III/2.1.2) haben wir in jedem Fall vorausgesetzt, dass sich das untersuchte System im thermodynamischen Gleichgewicht befindet (T = konstant). Jetzt untersuchen wir auch den Fall, bei dem sich das System zwar nicht im thermischen Gleichgewicht befindet, jedoch davon nicht sehr weit entfernt ist.

III/3.1.1 Thermodiffusion, Wärmeleitung

Das Phänomen der Thermodiffusion beobachtete als Erster (1856) der deutsche Arzt und Physiologe Carl Friedrich Wilhelm Ludwig (1816-1895). Er hatte in ein U-Rohr nicht zu konzentrierte Na_2SO_4-Lösung gefüllt und dann einen Schenkel mit heißem Wasserdampf erwärmt und den anderen mit Eis gekühlt. Nach Verstreichen einer gewissen Zeit konnte er beobachten, dass das Salz im kälteren Schenkel zu kristallisieren begann, obwohl die ursprüngliche Lösung sicher nicht übersättigt war. Das gelöste Salz war also durch die Temperaturdifferenz vom wärmeren Teil zum kälteren Teil gewandert, so stieg dort die Konzentration, was den Prozess der Kristallisierung auslöste. Unabhängig von Ludwig hatte auch der schweizer Physiker Charles Soret (1854-1904) dieses Phänomen (1879) studiert, deshalb bezeichnet man die Thermodiffusion auch als Soret-Effekt oder Ludwig-Soret-Effekt (s. „*Die Ableitung der Beziehung, welche die Thermodiffusion beschreibt*").

Die Ableitung der Beziehung, welche die Thermodiffusion beschreibt

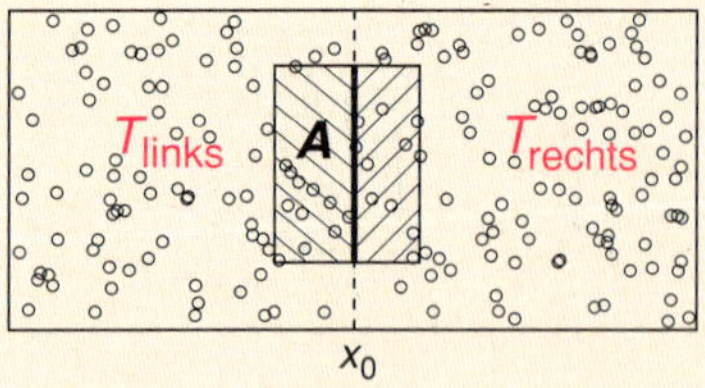

Vereinfachtes Modell der Thermodiffusion

Das Wesen des Phänomens demonstrieren wir wieder an dem Modell, das wir beim fickschen Versuch schon diskutiert haben (s. Abb.). Das Gefäß mit dem Volumen V wurde mit einem Gas aus gleichen Teilchen mit der Masse m gefüllt. Dann wurde es in der Mitte der Längsachse x mit einer Trennwand durch den Punkt x_0 in zwei Teile geteilt. Es hat sich nur soviel geändert, dass die Temperatur - sagen wir - auf der linken Seite höher ist als auf der rechten Seite ($T_{links} > T_{rechts}$), was bedeutet, dass dort die mittlere Geschwindigkeit der Teilchen höher ist ($v_{links} > v_{rechts}$), aber im Moment des Startes ist die Teilchendichte n auf beiden Seiten identisch. Die Frage ist, wie groß die Materialstromdichte J_v nach dem Entfernen der gedachten Trennwand durch x_0 sein wird. Jetzt können in der gegebenen Zeit Δt nur die Teilchen durch die „Wand" dringen, die sich nahe genug befinden, genauer gesagt, deren Entfernung von der „Wand" geringer ist als $v\Delta t$. Ihre Anzahl wird aber durch die unterschiedlichen Geschwindigkeiten auf den beiden Seiten nicht gleich sein. Bei den gleichen Konzentrationen ($n_{links} = n_{rechts} = n$) werden von den schnelleren Teilchen mehr durch die „Wand" dringen als von den langsameren. Danach (s. auch in III/2.1.2 „*Ableitung des I. fickschen Gesetzes*") können wir den Nettoteilchenstrom aufschreiben:

$$\Delta N = \Delta N_{links} - \Delta N_{rechts} \quad \frac{1}{6} n \Delta t A (v_{links} - v_{rechts})$$

Dividieren wir beide Seiten durch die Avogadrozahl, benutzen wir die Definition der Materialstromdichte und der Konzentration ($J_v = \Delta N / N_A \Delta t A$; $c = n/N_A$) und erweitern wir die rechte Seite, so erhalten wir:

$$J_v = \frac{1}{6} c \frac{(v_{links} - v_{rechts})(v_{links} + v_{rechts})}{(v_{links} + v_{rechts})} = \frac{1}{6} c \frac{(v_{links}^2 - v_{rechts}^2)}{(v_{links} + v_{rechts})} .$$

Wir wissen, dass

$$v_{Mittel} = \sqrt{\frac{3kt}{m}}, \quad \text{bwz} \quad (v_{links} + v_{rechts}) = 2v_{Mittel} ,$$

nach weiterer Umformung:
$$J_v = \frac{1}{6} c \frac{3k}{m 2v_{Mittel}} (T_{links} - T_{rechts}).$$

Endlich erhalten wir unter Nutzung der Definition des Richtungstangens (s. I. ficksches Gesetz) und mit Einführen des Temperaturgradienten $\Delta T / \Delta x$ das Gesetz der Thermodiffusion:

$$J_v = \frac{1}{6} c \frac{3k}{m 2v_{Mittel}} 2l \frac{\Delta T}{\Delta x} = -\frac{1}{2} \frac{ckl}{m v_{Mittel}} \frac{\Delta T}{\Delta x} = -L_T \frac{\Delta T}{\Delta x} .$$

Das Phänomen beschreibt also das folgende Gesetz:

$$J_v = -L_T \frac{\Delta T}{\Delta x} . \qquad \text{(III.51)}$$

Es ist zu sehen, dass diese Beziehung formell dem 1. fickschen Gesetz (Gl. (III.31)) sehr ähnlich ist, so „entspricht" auch der Koeffizient L_T in gewissem Sinne dem Diffusionskoeffizienten. L_T gibt an, wie groß die in der Zeiteinheit durch die Flächeneinheit diffundierte Stoffmenge ist, wenn der Temperaturgradient eine Einheit betrug.

Natürlich enthält auch dieses Gesetz (ähnlich dem 1. fickschen Gesetz) nicht die Zeitabhängigkeit des Prozesses. Es ist tatsächlich ziemlich schwierig zu verfolgen, was in einem System, das nicht ganz im Gleichgewicht ist, alles geschehen kann. Beginnt z. B. infolge der Temperaturdifferenz der Teilchentransport (Thermodiffusion), so erzeugt das eine Konzentrationsdifferenz, was wiederum zu einem anderen Teilchentransport führt (gewöhnliche Diffusion). Im gegebenen Fall können sich die beiden Prozesse auch kompensieren.

Ganz allgemein kann man sagen, dass sich durch das Nettoeinfließen von Teilchen auch die Konzentrationsverhältnisse ändern, so addiert sich auch noch diese Wirkung. Kommt es zur Stagnation der Netto-Teilchenwanderung ($\Delta N = 0$), treten also in der Zeiteinheit in beiden Richtungen gleich viele Teilchen durch die Wand ($\Delta N_{\text{rechts}} = \Delta N_{\text{links}}$), und bleibt jedoch die Temperaturdifferenz bestehen, so stehen wir einem neuen Phänomen gegenüber.

Weil die Temperatur auf der linken Seite höher ist ($T_{\text{links}} > T_{\text{rechts}}$), nehmen die Teilchen im Mittel von links nach rechts mehr Energie ($(3/2)kT$) mit als in der umgekehrten Richtung. Das hat zur Folge, dass zwar kein Nettoteilchenstrom besteht, aber unabhängig davon ein Nettoenergiestrom auftritt (analog zu den bei der Thermodiffusion genutzten Beziehungen):

$$\Delta E = \Delta N \frac{3}{2} k(T_{\text{links}} - T_{\text{rechts}}) = \frac{1}{6} n \Delta t A v_{\text{Mittel}} \frac{3}{2} k(T_{\text{links}} - T_{\text{rechts}}), \quad \text{(III.52)}$$

und die Energiestromdichte:

$$J_E = \frac{\Delta E}{A \cdot \Delta t} = \frac{1}{4} n v_{\text{Mittel}} k(T_{\text{links}} - T_{\text{rechts}}) = -\frac{1}{2} n v_{\text{Mittel}} kl \frac{\Delta T}{\Delta x} = -\lambda \frac{\Delta T}{\Delta x}. \quad \text{(III.53)}$$

Das ist die Gleichung der Wärmeleitung, wo λ der Wärmeleitungskoeffizient ist. Diese Formulierung des Gesetzes stammt von dem französischen Mathematiker und Physiker Jean Baptiste Joseph Fourier (1768-1830) (s. Bemerkung III.5).

Bemerkung III.5

Statt des bisher benutzten Modells können wir zum besseren Verständnis der Wärmeleitung auch ein anderes Modell benutzen, und zwar einen Festkörper (z. B. einen Metallstab), dessen beide Enden eine etwas unterschiedliche Temperatur haben. Da in diesem Fall die Atome an Gitterpunkte gebunden sind, können sie in Abhängigkeit von der Temperatur nur mehr oder weniger starke Schwingungen ausführen. Deshalb tauschen zwar die benachbarten Atome Energie, aber es kann sich kein Atom auf größere Distanz von seinem Platz entfernen. So ist die „reine" Wärmeleitung auch ohne „Diffusion" garantiert.

III/3.2 Beziehung zwischen den Charakteristika des thermodynamischen Systems und den Transportvorgängen

Dass eine enge Beziehung zwischen den Transportvorgängen und der Thermodynamik besteht, muss nicht extra bewiesen werden. Es ist z. B. im Fall der Thermodiffusion ganz eindeutig, dass die Teilchenwanderung infolge der Temperaturdifferenz auch mit einem Energiestrom verbunden ist. Obwohl das in den anderen Fällen nicht so klar zu sehen ist, werden wir zeigen, dass alle Transportvorgänge neben einem charakteristischen Stofftransport auch Energietransporte sind (bzw. im Falle der Wärmeleitung nur das Letztere).

III/3.2.1 Extensive und intensive Zustandsgrößen

Unter einem thermodynamischen System versteht man ein System aus einer großen Zahl von Teilchen (Atomen, Molekülen, d. h. chemischen Stoffen), die in ständiger Wechselwirkung miteinander stehen. Im konkreten Fall ordnen wir dem System nur die Teilchen zu, die wir aus thermodynamischer Sicht gerade studieren wollen. Jeden anderen Stoff, mit dem das Zielsystem eventuell in Wechselwirkung steht, bezeichnen wir als **Umgebung**. So ein System kann z. B. ein gegebenes Gasvolumen, ein Bakterium, eine Lymphozyte, aber auch ein Tier oder der Mensch (oder nur ein Körperteil, z. B. das Herz) oder sogar die Erde sein.

Das System ist also ein **makroskopischer** Teil der Natur, den wir aufgrund unseres Studienziels ausgewählt haben. Die Bezeichnung „makroskopisch" ist deshalb zu betonen, weil viele makroskopische Zustandsgrößen (z. B. auch Druck oder Temperatur) nur als Mittelwert von mikroskopischen Zustandsgrößen definiert sind. So muss ein System ausreichend viele (Mikro-) Teilchen enthalten, damit alle makroskopischen Zustandsgrößen einen gut bestimmten Wert haben. (Man kann z. B. nicht vom Druck oder der Temperatur eines einzigen Moleküls sprechen.)

Ein System wird als **offen** bezeichnet, wenn es mit seiner Umgebung Stoff und Energie austauscht. In thermodynamischem Sinn gehören hierzu also auch die lebenden Systeme. Von einem **geschlossenen** System spricht man, wenn kein Stoffaustausch, sondern nur ein Energietausch erlaubt ist. Ein vollkommen geschlossenes, **isoliertes** thermodynamisches System steht mit seiner Umgebung weder im Stoff- noch im Energieaustausch (Tab. III.4).

Tabelle III.4. Haupttypen der thermodynamischen Systeme

Typ	Stoffwechsel	Energietausch
Isoliert	–	–
Geschlossen	–	+
Offen	+	+

Bei den charakteristischen Zustandsgrößen des Systems werden zwei Typen unterschieden. Teilt man das untersuchte System beliebig in zwei Teilsysteme, so ist klar, dass das Gesamtvolumen des Systems gleich der Summe der Volumen der einzelnen Teilsysteme ist ($V_{total} = V_1 + V_2$). Die Zustandsgrößen, die sich beim Teilen des Systems ähnlich verhalten wie das Volumen, bezeichnet man als **extensive** Zustandsgrößen. Extensive Zustandsgrößen sind z. B. die Energie E, die Masse m, die Ladung Q, die Teilchenzahl N usw. Man kann auch sagen, dass sich die extensiven Zustandsgrößen bei der Vereinigung der beiden Teilsysteme addieren oder dass sie proportional zur „Größe" des Systems sind.

Ein System wird dann als **homogen** bezeichnet, wenn bei jeder beliebigen Teilung für jede beliebige extensive Zustandsgröße x die Beziehung gilt: $x_{total}/V_{total} = x_{Teil}/V_{Teil}$. Allgemein lässt sich das so formulieren, dass es in einem homogenen thermodynamischen System auch solche Zustandsgrößen gibt, die in den Teilsystemen gleich groß bleiben, wie sie vor der Teilung im ursprünglichen Gesamtsystem waren. Das sind die **intensiven** Zustandsgrößen. Intensive Zustandsgrößen sind z. B. in homogenen Systemen die Dichte der extensiven Zustandsgrößen (x/V) aber auch der Druck p und die Temperatur T. Die intensiven Zustandsgrößen sind also unabhängig von der „Größe" des Systems.

III/3.2.2 Die einheitliche Beschreibung der Transportvorgänge

Wenn wir die bisher untersuchten und die schon von früher bekannten Transportvorgänge durchsehen, dann fallen viele gemeinsame Eigenschaften auf. Aus thermodynamischer Sicht wird jeder Transportvorgang (jedenfall formell) von einer Inhomogenität ausgelöst, und der Transport selbst soll einen homogenen Zustand erzielen. Diese Inhomogenität können wir als Differenz der intensiven Zustandsgrößen messen. Der Transport erfolgt also, um die Differenzen zwischen den intensiven Zustandsgrößen der Teilsysteme zu mindern oder im gegebenen Fall aufzuheben. Es erfolgt also ein **Ausgleich** der intensiven Zustandsgrößen. Die Minderung der Inhomogenität ist jedoch nur durch den Strom von extensiven Zustandsgrößen vorstellbar. So lässt sich ganz allgemein feststellen, dass bei den Transportvorgängen **der Strom** von extensiven Zustandsgrößen **beginnt**, um die Differenz irgendeiner intensiven Zustandsgröße auszugleichen (s. auch „*Ein interessantes Beispiel*").

Ein interessantes Beispiel: Transportvorgänge in der menschlichen Gesellschaft

An dem folgenden Beispiel – aus der Feder des ungarischen Physikers Imre Fényes (1917-1977) – möchten wir demonstrieren, wie sehr sich die Begriffe der Thermodynamik verallgemeinern lassen.

Sei unser Zielsystem die Menschheit, die in Teilsystemen, in Ländern, lebt. Ein Land sollen die drei extensiven Größen:

1. die Zahl der Güter im Land
2. die Bevölkerungszahl des Landes
3. die Fläche des Landes

charakterisieren.

Bei normalem Grenzverkehr, wenn der Lebensstandard in beiden Ländern ungefähr gleich ist, reisen im Mittel gleich viele Personen ein wie aus. Gibt es einen beträchtlichen Unterschied im Lebensstandard, dann beginnt in der Regel die Migration der Bevölkerung in einer Richtung. Natürlich beinhaltet die Migration der Menschen gleichzeitig auch einen Güterstrom, denn die Menschen nehmen geistige und materielle Güter mit. Im Krieg kann bei unterschiedlichem militärischem Potenzial ein Kriegsgegner dem anderen Land abgewinnen. Bei gleichem militärischem Potenzial gleichen sich Landgewinn und Landverlust aus. (In der Tabelle sind einige „Wechselwirkungen" und charakteristische Größen des Landes als mögliches Zielobjekt zusammengefasst.)

Auch hier ist zu sehen, dass der Strom extensiver Zustandsgrößen von der Differenz der entsprechenden intensiven Zustandsgrößen (Preise, Lebensstandard, militärisches Potenzial) bestimmt ist. Der Strom einer extensiven Größe ist um so „stärker", je größer die Differenz der zugehörigen intensiven Größen in den beiden Ländern ist. Die Strömungen können künstlich z. B. durch das totale oder teilweise Schließen der Grenzen verhindert werden. Sind die intensiven Größen in beiden Ländern gleich, so kann man sagen, dass ein Gleichgewicht herrscht, auch bei offenen Grenzen gibt es keinen extensiven Nettostrom.

Wechselwirkung	strömende extensive Zustandsgröße	Den Strom aufrechthaltende intensive Zustandsgröße (Differenz)
freier Handel	Güter	Preis
freier Grenzverkehr	Menschen	Lebensstandard
Krieg	Gebiete	militärisches Potenzial

Bemerkung III.6

Die Vereinheitlichung der Gesetze, welche die Transportvorgänge beschreiben

Die Schritte der Umformung des Hagen-Poiseuille-Gesetzes:

$$J_V = \frac{I_V}{A} = \frac{I_V}{R_\pi^2} \quad \text{und}$$

$$\frac{\Delta p}{\Delta l} \equiv \frac{\Delta p}{\Delta x}.$$

Das ohmsche Gesetz und die Schritte seiner Umformung:

$$I_Q = \frac{U}{R_\Omega} = -\frac{A}{\rho l}\Delta\varphi = -\frac{\pi R^2}{\rho}\frac{\Delta\varphi}{l}.$$

wo die Spannung U nichts anderes ist als der Potenzialunterschied $-\Delta\varphi$

$$R_\Omega = \frac{\rho l}{A}$$

(ρ spezifischer Widerstand); des Weiteren ist

$$J_Q = \frac{I_Q}{R^2\pi} \quad \text{und} \quad \frac{\Delta\varphi}{l} \equiv \frac{\Delta\varphi}{\Delta x}.$$

In Tab. III.5 sind in Analogie zum obigen Beispiel die Wechselwirkungen, die charakteristischen Zustandsgrößen der Transportvorgänge sowie ihre Gesetze zusammengefasst. In der Tabelle sind auch die Namen der Forscher, welche die Gesetze formuliert haben, die in eine neue einheitliche Form gebrachten Gesetze (s. Bemerkung III.6) sowie die Typen des Energieaustauschs bei den gegebenen Wechselwirkungen aufgeführt.

Ist ein System isoliert, dann kann es keinerlei Wechselwirkung mit seiner Umgebung eingehen. Ist das System von einer wärmeleitenden Wand umgeben, dann ist eine thermische Wechselwirkung möglich, demzufolge ist ein Energiestrom (vom wärmeren Ort zum kälteren) erlaubt, aber nichts anderes. Im Falle einer beweglichen Wand kann Volumen fließen, denn die Wand wird sich solange bewegen, bis der Druck in den beiden getrennten Volumen gleich ist. Bei der elektrischen Wechselwirkung ist es ähnlich. Der Ladungsstrom bleibt so lange erhalten, bis sich die elektrischen Potenziale ausgleichen. Bei der materiellen Wechselwirkung fließt eine Stoffmenge und der Konzentrationsgradient kann geringer werden. Hier möchten wir darauf aufmerksam machen, dass beim Strom einer Stoffmenge die charakteristische intensive Zustandsgröße nicht die Konzentration, sondern das sog. chemische Potenzial μ ist. Das wird in III/3.3.2 noch eingehender diskutiert.

Es ist wichtig festzustellen, dass als Begleiterscheinung immer auch ein Energiestrom auftritt (genauso, wie im allgemeinen Beispiel der Güterstrom). Es ist auch zu bemerken, dass das Produkt der zusammengehörenden intensiven und extensiven Zustandsgrößen immer die Dimension der Energie hat (sehen wir vorerst von der thermischen Wechselwirkung ab). So führt die Änderung jeder beliebigen extensiven Zustandsgröße auch zu einer Änderung der Energie (s. Bemerkung III.7).

Die wichtigste Schlussfolgerung aus der Tabelle ist, dass die Transportgesetze nach ihrer Vereinheitlichung einander formell sehr ähnlich sind (vorletzte Spalte der Tab.). Auf der linken Seite jeder Gleichung steht die Stromdichte einer extensiven Zustandsgröße, auf der rechten Seite der Gradient einer intensiven Zustandsgröße (lokale Veränderung bzw. ihr negativer Wert) (im-

Tabelle III.5. Charakteristika der bisher bekannten Transportvorgänge

Wechselwirkung	extensive Zustandsgröße, die strömt	intensive Zustandsgröße, deren Gradient den Strom aufrecht hält	Ursprüngliches Gesetz	Formuliert von	Nach Umformung auf Stromdichte	auftretende Energieübergabe
thermische	Energie (E)	Temperatur (T)	$J_E = -\lambda\frac{\Delta T}{\Delta x}$	Fourier	$J_E = -\lambda\frac{\Delta T}{\Delta x}$	Wärmetausch
mechanische	Volumen und Energie (V, E)	Druck (p)	$I_V = -\frac{\pi}{8\eta}R^4\frac{\Delta p}{\Delta l}$	Hagen–Poiseuille	$J_V = -\frac{R^2}{8\eta}\frac{\Delta p}{\Delta x}$	Volumenarbeit
elektrische	elektrische Ladung und Energie (Q, E)	elektrisches Potenzial (φ)	$I_Q = -\frac{\pi}{\rho}R^2\frac{\Delta\varphi}{l}$	Ohm	$J_Q = -\frac{1}{\rho}\frac{\Delta\varphi}{\Delta x}$	elektrische Arbeit
materielle (chemische)	Stoffmenge und Energie (ν, E)	chemisches Potenzial (μ)	$J_\nu = -D\frac{\Delta c}{\Delta x}$	Fick	$J_\nu = -D\frac{\Delta c}{\Delta x}$	chemische Arbeit

mer nur Transportvorgänge in der Richtung x vorausgesetzt). Diese beiden Zustandsgrößen sind in jedem Fall proportional zueinander, was verschiedene Proportionalitätsfaktoren kennzeichnen.

Der norwegische Physikochemiker Lars Onsager (1903-1976) postulierte, dass sich hinter dieser formellen Ähnlichkeit eine allgemeine Gesetzmäßigkeit verbirgt. Mit Hilfe der folgenden allgemeinen Beziehung beschrieb er die Transportvorgänge einheitlich (Nobelpreis für Chemie 1968):

$$J = LX, \tag{III.54}$$

wo $J = \Delta x_{ext}/(A\Delta t)$ die **Stromdichte** der fließenden extensiven Zustandsgröße, $X = -\Delta y_{int}/\Delta x$ der Gradient der (zu der gegebenen extensiven Zustandsgröße gehörenden) intensiven Zustandsgröße, welche den Strom (phänomenologisch) verursacht, die sog. **thermodynamische Kraft** und L der sog. **Leitfaktor** sind. Gl. (III.54) ist die sog. **onsagersche lineare Beziehung**.

Aus der Gleichung geht auch hervor, dass bei $X = 0$, also einem homogenen System $J = 0$ ist, was bedeutet, dass es keine Nettoströme gibt, sich das System also im **Gleichgewicht** befindet (s. Bemerkung III.8). (Das ist kein statisches sondern ein dynamisches Gleichgewicht, was heißt, dass es zwar Ströme gibt, ihre Summe aber 0 ist.)

Die onsagersche Beziehung (III.54) schafft nicht nur eine Verbindung zwischen den tabellierten bzw. ihnen ähnelnden zusammengehörigen extensiven und intensiven Zustandsgrößen. Wie wir im Fall der Diffusion bzw. Thermodiffusion sehen konnten, kann der Materialstrom (die Stromdichte) auch von zwei intensiven Zustandsgrößen beeinflusst werden (s. Bemerkung III.9). Ganz allgemein gilt, dass den Strom einer extensiven Zustandsgröße nicht nur die Inhomogenität der zugehörigen intensiven Zustandsgröße bestimmt, sondern theoretisch alle thermodynamischen Kräfte des Systems eine Rolle spielen können. Die onsagersche Beziehung eignet sich auch für die Beschreibung solcher Fälle. Bleiben wir bei dem „einfachen" Beispiel der Diffusion-Thermodiffusion, studieren wir also nur die Kopplung von zwei Zustandsgrößen. In diesem Fall kann die onsagersche Beziehung in der allgemeinen Form folgendermaßen aufgeschrieben werden:

$$J_1 = L_{11}X_1 + L_{12}X_2\,, \qquad J_2 = L_{21}X_1 + L_{22}X_2\,. \tag{III.55}$$

Hier sind die Verbindungen zwischen den einander entsprechenden Zustandsgrößen ($J_1 \to X_1$, $J_2 \to X_2$) die sog. linearen Koeffizienten (L_{11}, L_{22}) und zwischen den nicht zusammengehörigen ($J_1 \to X_2$, $J_2 \to X_1$) die sog. Kreuzkoeffizienten (L_{12}, L_{21}). Konkret kennzeichnet $L_T = L_{12}$ in der Gleichung der Thermodiffusion den sog. Überlagerungsprozess oder den Kreuzeffekt.

III/3.3 Die Hauptsätze der Thermodynamik

Die Hauptsätze der Thermodynamik sind Axiome (Grundsätze), aus denen sich die weiteren Gesetzmäßigkeiten ableiten lassen. (Sie spielen die gleiche Rolle wie die newtonschen Axiome in der klassischen Mechanik.)

Bemerkung III.7
Das Produkt der zusammengehörigen extensiven und intensiven Zustandsgrößen hat Energiecharakter.
Die Richtigkeit dieser Feststellung lässt sich in den beiden, von früher bekannten Fällen (mechanischer und elektrischer Fall) mit Hilfe der Maßeinheiten leicht kontrollieren:

$$pV = \to \text{Pa}\cdot\text{m}^3 = \frac{N}{\text{m}^2}\,\text{m}^3 = \text{Nm} = \text{J},$$

bzw.

$$\varphi Q \to \text{V}\cdot\text{C} = \text{V}\cdot\text{As} = \text{Ws} = \text{J}.$$

Bemerkung III.8
Im Gleichgewicht besteht eine eindeutige Beziehung zwischen dem thermodynamischen Zustand des Systems und den extensiven und intensiven Zustandsgrößen. Ist der Zustand des Systems bestimmt, so sind auch seine Parameter bestimmt und umgekehrt. Diese Beziehung drückt die **Zustandsgleichung** aus:

$$f(\{x_{ext}\},\{y_{int}\}) = 0,$$

wo f eine Funktionsbeziehung zwischen den Variablen bedeutet. Die exakte Form ist nur in Spezialfällen bekannt (z. B. ist für ideale Gase $pV - NkT = 0$, s. I/3.2.1 Gl. (I.35)).

Bemerkung III.9
Die Gleichung der Diffusion bzw. der Thermodiffusion lautet:

$$J_v = -D\frac{\Delta c}{\Delta x}, \quad J_v = -L_T\frac{\Delta T}{\Delta x}.$$

Die „echte" Materialstromstärke ist:

$$J_v = -D\frac{\Delta c}{\Delta x} - L_T\frac{\Delta T}{\Delta x}.$$

Die Frage des Gleichgewichts thermodynamischer Systeme haben wir schon im vorherigen Abschnitt berührt. Die notwendige und ausreichende Bedingung des Gleichgewichts ist, dass der Wert der zu den Wechselwirkungen gehörigen intensiven Zustandsgrößen überall gleich sei. Das ist der **nullte Hauptsatz** der Thermodynamik.

III/3.3.1 Der erste Hauptsatz der Thermodynamik und seine Verallgemeinerung

Die aus unseren früheren Studien bekannte Form des ersten Hauptsatzes ist eine spezielle Formulierung des Energiesatzes, die besagt, dass die Änderung der inneren Energie eines Systems ΔE gleich der Summe der an das System abgegebenen Wärme Q_E und der am System verrichteten Arbeit W ist:

$$\Delta E = Q_E + W. \qquad \text{(III.56)}$$

Die **innere Energie** setzt sich in Abhängigkeit von den strukturellen Gegebenheiten des Systems aus der kinetischen Energie und der Wechselwirkungsenergie zusammen (strukturelle Energie), zu der die kinetische und potenzielle Energie des gesamten Systems als makroskopischer Körper nicht zugerechnet wird. Weil für die Charakteristik der thermodynamischen Prozesse ohnehin nur die Änderung der inneren Energie von Interesse ist, können wir in diesem Teil von der Existenz anderer möglicher Energiearten absehen. Es ist wichtig zu bemerken, dass die Verrichtung von Arbeit und die Wärmeübertragung nicht zwei verschiedene Arten der Energie, sondern der Energieübertragung sind.

Im Glied W (das wir im Folgenden als Arbeitsglied bezeichnen) haben wir ursprünglich nur die mechanische Wechselwirkung berücksichtigt, deshalb hat es eine sehr einfache Form:

$$W = -p\Delta V. \qquad \text{(III.57)}$$

Das negative Vorzeichen ist deshalb erforderlich, weil vereinbarungsgemäß das Arbeitsglied dann positiv ist, wenn die innere Energie des Systems durch die Wechselwirkungen zunimmt. Beim Komprimieren dagegen – was der Zunahme der inneren Energie entspricht – nimmt das Volumen ab, $\Delta V = V_2 - V_1$ ist also negativ, was mit dem negativen Vorzeichen umgekehrt werden kann.

Nach dem Muster von Gl. (III.57) bzw. in Kenntnis der Tatsache, dass das Produkt der extensiven und intensiven Zustandsgrößen die Dimension Energie hat, können wir auch das Arbeitsglied der übrigen Wechselwirkungen (elektrische, materielle) aufschreiben:

$$(W_V = -p\Delta V), \quad W_Q = \varphi\Delta Q, \quad W_\nu = \mu\Delta\nu. \qquad \text{(III.58)}$$

Danach können wir das Arbeitsglied jeder beliebigen Wechselwirkung des Systems in der ganz allgemeinen Form aufschreiben:

$$W^{(i)} = y_{\text{int}}^{(i)}\Delta x_{\text{ext}}^{(i)}, \qquad \text{(III.59)}$$

wo $W^{(i)}$ die Änderung der inneren Energie durch die i-te Wechselwirkung des Systems, $y_{int}^{(i)}$ der Wert der für die Wechselwirkung charakteristischen intensiven Zustandsgröße im System und $\Delta x_{ext}^{(i)}$ die Änderung der charakteristischen extensiven Zustandsgröße im Verlauf des Prozesses sind.

So bedeutet in Gl. (III.56), welche den 1. Hauptsatz der Thermodynamik beschreibt, nach der Verallgemeinerung Q_E die mit der thermischen Wechselwirkung verknüpfte Energieänderung, während W die Summe der zu den übrigen möglichen Wechselwirkungen gehörenden Energieänderungen (Arbeitsglied) ist. Es ist zu sehen, dass die ausgezeichnete Rolle der thermischen Wechselwirkungen auch weiterhin bleibt. Der auffällige Grund dafür ist aus der zweiten Spalte der Tab. III.2 abzulesen: bei der thermischen Wechselwirkung fließt nämlich „rein" nur innere Energie, bei den übrigen Wechselwirkungen erfolgt dagegen der Energiestrom immer zusammen mit einer anderen charakteristischen extensiven Zustandsgröße.

Bemerkung III.10
Zum besseren Verständnis sei bemerkt, dass das **chemische Potenzial** dem gut bekannten Begriff **elektrisches Potenzial** sehr ähnlich ist. Das elektrische Potenzial eines Systems stimmt nämlich zahlenmäßig mit der Arbeit überein, die an der Einheitsladung erfolgt, wenn sie aus unendlicher Entfernung in das System gebracht wird. Die beiden Begriffe basieren also auf demselben Prinzip, aber im elektrischen Fall ändert sich in erster Linie die potenzielle (elektrostatische) Energie des Systems infolge der ausreichend starken Coulomb-Wechselwirkung zwischen den Ladungen. So kann die Zunahme der kinetischen Energie, wenn die Ladung von Elektronen transportiert wird, wegen der sehr kleinen Masse der Elektronen neben der Änderung der potenziellen Energie vernachlässigt werden. Wenn aber der Ladungsstrom mittels Ionen erfolgt, so ist diese Vernachlässigung nicht mehr erlaubt.

III/3.3.2 Das chemische Potenzial und das elektrochemische Potenzial

In Kenntnis der allgemeinen Form des Arbeitsgliedes lässt sich auch eine neue Eigenschaft der charakteristischen intensiven Zustandsgrößen angeben. Nach Gl. (III.59) ist die charakteristische intensive Zustandsgröße $y_{int}^{(i)}$ ein Proportionalitätsfaktor, dessen Zahlenwert angibt, wie sich die innere Energie bei Änderung der zugehörigen charakteristischen extensiven Zustandsgröße $x_{ext}^{(i)}$ um eine Einheit ändert.

Nutzen wir das, so können wir auch die Bedeutung des bisher eher formell gebrauchten chemischen Potenzials μ erklären. Danach ist das chemische Potenzial eines beliebigen elektrisch neutralen Teils (einer Komponente) des Systems gleich der Energieänderung des Systems, während die Stoffmenge dieses Teils (dieser Komponente) um ein Mol zunimmt. Das Erscheinen neuer nicht geladener Teilchen erhöht nämlich die kinetische Energie des Systems und durch die möglichen, z. B. van der Waals Wechselwirkungen kann sich auch die potenzielle Energie ändern (s. Bemerkung III.10 und Beispiel III.1). (Danach können wir die bei Tab. III.5 aufgekommene Frage – nämlich welche Verbindung zwischen chemischem Potenzial und Konzentration besteht – noch nicht beantworten. Diese Frage werden wir in III/3.4.5 diskutieren.)

Der Ionenstrom bedeutet eine gleichzeitige materielle und elektrische Wechselwirkung. Deshalb ist es der Einfachheit halber zweckmäßig, die Arbeitsglieder der beiden Wechselwirkungen zu vereinen:

$$W_{\nu Q} = W_\nu + W_Q = \mu\Delta\nu + \varphi\Delta Q. \qquad \text{(III.60)}$$

Beispiel III.1
Wenn die Luftfeuchtigkeit einen so hohen Wert hat, dass (bei der gegebenen Temperatur und dem gegebenen Druck) das chemische Potenzial des gasförmigen Wassers höher ist als das des flüssigen Zustands, dann wird sich ein Teil des Dampfes in Form von Regen niederschlagen. Im umgekehrten Fall verdampft das flüssige Wasser.

Die Ladungsgröße und die Molzahl sind aber nicht unabhängig voneinander, denn bei ν Mol Ionen mit dem Wert z ist die Ladung $Q = zF\nu$, wo F die Faraday-Konstante ist. Substituieren wir in Gl. (III.60), so erhalten wir das Arbeitsglied der vereinten Wechselwirkungen (weil z und F Konstanten sind, können wir sie herausheben)

$$W_{\nu Q} = \mu\Delta\nu + \varphi\Delta(zF\nu) = (\mu + zF\varphi)\Delta\nu. \qquad \text{(III.61)}$$

Unter Berücksichtigung der allgemeinen Beschreibung der Arbeitsglieder (s. Gl. (III.59)) ist die charakteristische intensive Zustandsgröße der vereinten Wechselwirkungen der Proportionalitätsfaktor des Arbeitsgliedes das sog. elektrochemische Potenzial μ_e:

$$u_e = \mu + zF\varphi. \qquad \text{(III.62)}$$

Bei der Diskussion der Transportvorgänge durch Membranen werden wir diesen Begriff oft als die charakteristische intensive Zustandsgröße des Ionenstroms antreffen (s. III/4).

III/3.3.3 Der 2. Hauptsatz der Thermodynamik und die Entropie

Wir wissen aus Erfahrung, dass man erwärmte Körper mit kaltem Wasser abkühlen kann. Der herabfallende Dachziegel zerbricht und die Stücke kommen dann in den Ruhezustand. Obwohl der 1. Hauptsatz der Thermodynamik nicht ausschließt, dass sich diese und ähnliche spontane Vorgänge auch umgekehrt abspielen können, kann man sie doch nicht antreffen. Man kann sagen, dass die spontanen Vorgänge nicht umkehrbar sind, sie sind irreversibel.

Diese Erfahrungstatsache formuliert der 2. Hauptsatz der Thermodynamik: in isolierten Systemen verlaufen spontane Prozesse nur in der Richtung, bei der die charakteristischen intensiven Zustandsgrößen der einzelnen Wechselwirkungen einander ausgleichen. Diese qualitative Formulierung kann mit Hilfe eines neuen Begriffs, der **Entropie** quantitativ ausgedrückt werden (Clausius).

In Verbindung mit dem 1. Hauptsatz wurde schon die Sonderstellung der thermischen Wechselwirkung erwähnt. Hierbei gibt es nämlich außer dem bei allen anderen Wechselwirkungen auch vorhandenen Energiestrom keinen anderen Strom einer charakteristischen extensiven Zustandsgröße (wenigstens weisen die makroskopischen Messungen darauf hin). Um diese „Anomalie" zu beheben und alle Wechselwirkungen einheitlich behandeln zu können, ordnen wir (dem Gedankengang von Imre Fényes folgend) formell auch der thermischen Wechselwirkung eine extensive Zustandsgröße zu. Bezeichnen wir diese als Entropie und kennzeichnen wir sie mit S. Das sich daraus ergebende neue Arbeitsglied können wir nach der allgemeinen Gl. (III.59) in der folgenden Form schreiben:

$$Q_E = T\Delta S, \qquad \text{(III.63)}$$

Infolge dessen ist die Maßeinheit der Entropie J/K. Danach kann auch der 1. Hauptsatz in einheitlicher Form geschrieben werden:

$$\Delta E = \sum_{(i)} y_{\text{int}}^{(i)} \Delta x_{\text{ext}}^{(i)}. \qquad \text{(III.64)}$$

Damit wir die Entropie unserem ursprünglichen Ziel entsprechend als quantitative Formulierung des 2. Hauptsatzes benutzen können, untersuchen wir noch, wie sich die **Entropie im Laufe des spontanen Ausgleichs ändert**. Der Einfachheit halber nehmen wir ein isoliertes System, das mit einer wärmeleitenden Wand in zwei Teilsysteme geteilt wurde. So müssen wir nur den Temperaturausgleich verfolgen (Abb. III.19).

Das Wort Entropie wurde von dem deutschen Physiker Rudolf Julius Emmanuel Clausius (1822–1888) aus dem griechischen Verb „umkehren" gebildet. (Der Begriff weist eher auf die nicht umkehrbare Energie hin, die auf jeden Fall in Wärme umgewandelt wird.)

Seien die Ausgangswerte in den zwei Teilsystemen für die Temperatur $T_1 \neq T_2$, die Entropie S_1 und S_2 und die innere Energie E_1 und E_2. Da das System isoliert ist, ist seine innere Energie konstant, also ist:

$$\Delta E = \Delta(E_1 + E_2) = \Delta E_1 + \Delta E_2 = 0. \qquad \text{(III.65)}$$

Laut Gl. (III.64) können wir den 1. Hauptsatz für die Teilsysteme aufschreiben, der in diesem Fall nur ein einziges Arbeitsglied enthält, denn die wärmeleitende Wand ermöglicht nur die thermische Wechselwirkung:

$$\Delta E_1 = T_1 \Delta S_1, \quad \Delta E_2 = T_2 \Delta S_2. \qquad \text{(III.66)}$$

Da die Entropie eine extensive Zustandsgröße ist, ist die Entropieänderung des gesamten Systems $\Delta S = \Delta S_1 + \Delta S_2$, und dementsprechend:

$$\Delta S = \frac{\Delta E_1}{T_1} + \frac{\Delta E_2}{T_2} = \Delta E_1 \left(\frac{1}{T_1} - \frac{1}{T_2} \right), \qquad \text{(III.67)}$$

wobei wir im letzten Schritt auch Gl. (III.65) benutzt haben.

Aus der Sicht des spontanen Ausgleichs sind zwei Fälle mit verschiedenen Ausgangswerten zu untersuchen: $T_1 > T_2$ bzw. $T_1 < T_2$. Ist anfangs $T_1 > T_2$, dann kühlt während des Prozesses das Teilsystem 1 aus, seine innere Energie nimmt also ab, d. h. $\Delta E_1 < 0$, gleichzeitig ist $(1/T_1 - 1/T_2) < 0$. Danach steht auf der rechten Seite von Gl. (III.67) das Produkt aus zwei negativen Faktoren, das positiv ist, also ist $\Delta S > 0$. Im umgekehrten Fall, wenn $T_1 < T_2$, dann erwärmt sich das Teilsystem 1, so nimmt seine innere Energie zu, d. h. $\Delta E_1 > 0$, aber in diesem Fall ist auch der Ausdruck $(1/T_1 - 1/T_2)$ positiv, also ist $\Delta S > 0$ wieder erfüllt. Infolgedessen nimmt **in einem isolierten System die Entropie des Systems während des Wärmeausgleichs in jedem Fall zu.** Im Gleichgewichtszustand ist $T_1 = T_2$, dann ist die rechte Seite der Gl. (III.67) gleich 0, deshalb ist $\Delta S = 0$. Der gegebene Prozess charakterisiert also gut die Entropieänderung. Während des Prozesses nimmt die Entropie zu, dann nimmt sie bei eingestelltem Gleichgewicht einen konstanten Wert an (Abb. III.20). Damit ist es gelungen, dem 2. Hauptsatz eine quantitative Form zu geben.

Ähnlich lässt sich (allerdings mit etwas längerem Rechnen) nachweisen, dass die Entropie eines isolierten Systems bei jedem beliebigen Ausgleichsvorgang (ohne eine Wand, wenn also alle Wechselwirkungen erlaubt sind,) auch zunimmt. Die **Entropie ist** deshalb **keine beständige Zustandsgröße**.

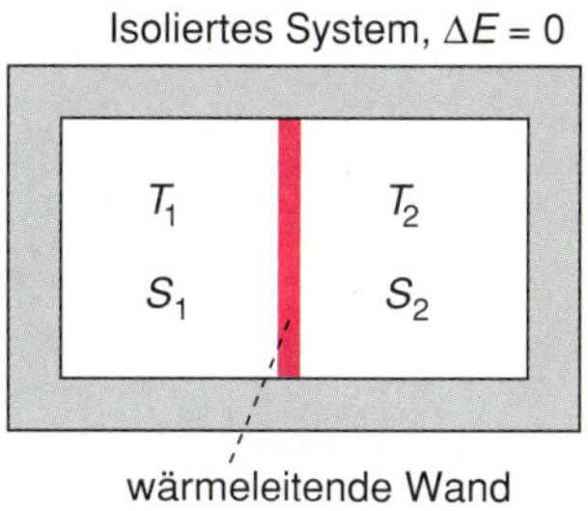

Abb. III.19. Isoliertes System mit wärmeleitender Trennwand

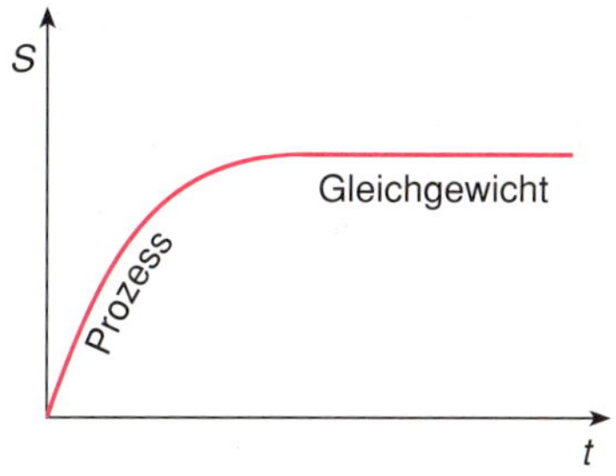

Abb. III.20. Die Entropie, eine charakteristische Zustandsgröße der Prozesse (als Funktion der Zeit)

III/3.3.4 Die statistische Einführung der Entropie

Laut III/3.3.3 ist die Entropie eine formell eingeführte extensive Zustandsgröße, welche die einheitliche Diskussion der verschiedenen Wechselwirkungen ermöglicht. Ihre Änderung charakterisiert die Richtung der Vorgänge in isolierten Systemen, die Tendenz des Ausgleichs. Makroskopische Messungen weisen auf ihre Existenz nicht hin.

Beispiel III.2

Wie groß ist die Wahrscheinlichkeit P, dass in einem Raum die Dichteverteilung der Gasmoleküle so aussieht, dass sich nur in einer Raumhälfte Luft befindet?

Im Falle der einheitlichen Gleichgewichtsverteilung sind die Moleküle regellos verstreut, was dem entspricht, wenn wir mit dem Werfen eines Geldstückes entscheiden wollen, welches Molekül in welche Raumhälfte kommen soll. In dem angenommenen Fall muss erfüllt sein, dass bei einer Anzahl von Würfen in Höhe der Avogadro-Zahl (N_A) das Ergebnis immer das gleiche, sagen wir Kopf sei. Diese Wahrscheinlichkeit ist bei einem Wurf 1/2, bei zwei Würfen

$$P = (1/2)(1/2) = (1/4),$$

bei N Würfen $P = (1/2)^N$.

Bei $N = N_A$ wird P eine so kleine Zahl, dass hinter dem Komma noch mehr als 23 Nullen vor dem ersten Wert stehen, deshalb kann dieser Fall praktisch nicht eintreten.

Auf mikroskopischer (atomarer oder molekularer) Ebene lässt sich dem Begriff der Entropie jedoch eine anschaulichere physikalische Bedeutung geben. Es ist eine Zustandsgröße zu finden, die sich während des Ausgleichs der Entropie ähnlich verhält und so direkt mit ihr in Verbindung gebracht werden kann.

Weil wir die neue Zustandsgröße jetzt auf mikroskopischer Ebene suchen, betrachten wir zuerst die Unterschiede der zwei (makroskopischen bzw. mikroskopischen) Beschreibungen. (Dieses Problem haben wir schon in I/3.1 bei der Behandlung der Boltzmann-Konstante erwähnt.)

Die Angabe eines Mikrozustandes bedeutet, dass alle charakteristischen mikroskopischen Parameter (z. B. Ort, Geschwindigkeit) aller Teilchen bekannt sind. (Bei makroskopischen Körpern ist das natürlich nur in Gedanken möglich.) Zur Angabe eines **Makrozustandes** muss dagegen die Verteilung der charakteristischen makroskopischen Parameter (z. B. Temperatur, Druck, Dichte usw.) bekannt sein. Im Gleichgewichtszustand ist ihre Verteilung homogen, die extensiven und intensiven Zustandsgrößen stehen in eindeutiger Beziehung zueinander (s. III/3.2.2, Zustandsgleichung).

Derselbe Makrozustand kann in der Regel durch sehr viele Mikrozustände realisiert sein. (Denken wir nur daran, dass z. B. in einem idealen Gas die Temperatur nur vom Mittelwert der Geschwindigkeitsquadrate der Teilchen abhängt, wird die Energie von zwei Teilchen also theoretisch ausgetauscht, so ergibt das keine andere Temperatur.) Danach existieren prinzipiell wahrscheinliche und weniger wahrscheinliche Makrozustände, wir können aber zu Recht annehmen, dass sich der wahrscheinlichste (Gleichgewichts-) Zustand realisiert (s. Beispiel III.2). Postulieren wir auch, dass die einzelnen Mikrozustände gleich wahrscheinlich sind, so wird am wahrscheinlichsten der Makrozustand eintreten, zu dem die meisten Mikrozustände gehören. Die Zahl der zu einem Makrozustand gehörenden Mikrozustände wird als die **thermodynamische Wahrscheinlichkeit** bezeichnet und mit Ω gekennzeichnet (s. „*Die Beziehung zwischen Temperaturausgleich und thermodynamischer Wahrscheinlichkeit*").

Die Beziehung zwischen Temperaturausgleich und thermodynamischer Wahrscheinlichkeit

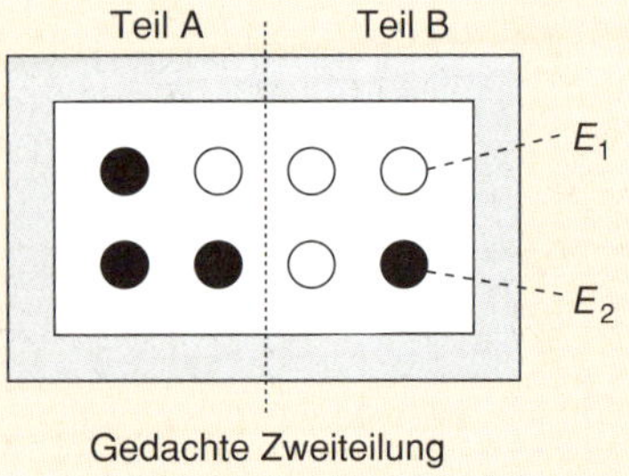

Das Modell des isolierten Kristalls

Betrachten wir einen vereinfachten Kristall aus acht Gitterpunkten (s. Abb.). Jeder Gitterpunkt ist besetzt, und die zu den Gitterpunkten gehörenden Teilchen haben zwei verschiedene Energiezustände ($E_1 < E_2$). Zwischen den Teilchen ist nur eine thermische Wechselwirkung möglich, also können sie nur Energie austauschen. Der ganze Kristall sei von der Umgebung isoliert, und die Teilchen seien je zur Hälfte im Energiezustand E_1 bzw. E_2 (so ist die Gesamtenergie des Systems $4E_1 + 4E_2$ = konstant). In Gedanken teilen wir den Kristall in zwei Teilsysteme und markieren sie mit A und B. An diesem Modell können wir den Temperaturausgleich auf makroskopischer und auf mikroskopischer Ebene studieren.

Aus dem Äquipartitionstheorem wissen wir, dass im Mittel auf jedes Teilchen gleich viel Energie kommt. Da in unserem Modell die Teilchenzahl in beiden Teilsystemen identisch ist, ist die Temperatur der Teilsysteme proportional zur Gesamtenergie des Teilsystemes ($T \sim E_{total}$). Die möglichen Werte sind:

$$T_1 \sim (4E_1) < T_2 \sim (3E_1 + E_2) < T_3 \sim (2E_1 + 2E_2) < T_4 \sim (E_1 + 3E_2) < T_5 \sim (4E_2).$$

Weil es sich um ein isoliertes System handelt, können diese Temperaturen in den Teilsystemen A und B nur bei entsprechender Paarbildung vorkommen: (T_1, T_5), (T_2, T_4), (T_3, T_3), (T_4, T_2), (T_5, T_1). Mit dieser Angabe der möglichen „Temperaturverteilung" des Systems haben wir auch die Makrozustände definiert. Die zugehörigen Mikrozustände können wir mit der unterschiedlichen Verteilung der Teilchenzustände, deren Energie E_1 bzw. E_2 ist, angeben. In der Tabelle sind alle möglichen Mikrozustände der Teilsysteme erfasst und nach den Makrozuständen geordnet.

	Mikrozustände Teil A	Ω_A	T_A	Mikrozustände Teil B	Ω_B	T_B	$T_B - T_A$	$\Omega_{AB} = \Omega_A \Omega_B$
I.	○○/○○	1	$T_1 \sim 4(E_1)$	●●/●●	1	$T_5 \sim 4(E_2)$	$\sim 4(E_2 - E_1)$	1
II.	●○/○○ ○●/○○ ○○/●○ ○○/○●	4	$T_2 \sim 3(E_1) + (E_2)$	○●/●● ●○/●● ●●/○● ●●/●○	4	$T_4 \sim 3(E_2) + (E_1)$	$\sim 2(E_2 - E_1)$	16
III.	●●/○○ ●○/●○ ●○/○● ○○/●● ○●/○● ○●/●○	6	$T_3 \sim 2(E_1) + 2(E_2)$	○○/●● ○●/○● ○●/●○ ●●/○○ ●○/●○ ●○/○●	6	$T_3 \sim 2(E_2) + 2(E_1)$	0	36
IV.	●●/●○ ●●/○● ●○/●● ○●/●●	4	$T_4 \sim (E_1) + 3(E_2)$	○○/○● ○○/●○ ○●/○○ ●○/○○	4	$T_2 \sim (E_2) + 3(E_1)$	$\sim - 2(E_2 - E_1)$	16
V.	●●/●●	1	$T_5 \sim 4(E_2)$	○○/○○	1	$T_1 \sim 4(E_1)$	$\sim - 4(E_2 - E_1)$	1

In der ersten Zeile ist der Zustand aufgeführt, bei dem das Teilsystem A unter den gegebenen Bedingungen am kältesten und das Teilsystem B am wärmsten ist. Die Temperaturdifferenz $T_B - T_A \sim 4(E_2 - E_1)$. Dieser Makrozustand I. ist nur auf eine Weise realisierbar, so ist $\Omega_{AB} = 1$.

Bei den Zuständen in der zweiten Zeile ist die Temperaturdifferenz schon geringer, gerade die Hälfte des Vorherigen: $T_B - T_A \sim (3E_2 + E_1) - (3E_1 + E_2) = 2(E_2 - E_1)$. Diesen Makrozustand können schon mehrere Mikrozustände realisieren. Um einen Mikrozustand des Gesamtsystems zu erhalten, müssen wir zu dem Mikrozustand des Teils A einen Mikrozustand des Teils B geben. Da wir jedem Mikrozustand in A jeden Mikrozustand in B zuordnen können, ist $\Omega_{AB} = \Omega_A \Omega_B = 4 \cdot 4 = 16$ (II).

Bei den Zuständen der dritten Zeile ist die Temperaturdifferenz Null und der Makrozustand lässt sich mit $6 \cdot 6 = 36$ Mikrozuständen verwirklichen, so ist $\Omega_{AB} = 36$ (III).

Die vierte und fünfte Zeile sind die Umkehrungen der zweiten und ersten Zeile, also der absolute Wert der Temperaturdifferenz nimmt wieder zu, die Zahl der Mikrozustände, also die thermodynamische Wahrscheinlichkeit (Ω_{AB}) nimmt wieder ab (IV, V).

Zusammenfassend können wir aus dem Modell folgende Lehren ziehen:

- das Modell ist als thermodynamisches System isoliert

- zwischen den Teilsystemen fließt nur innere Energie (thermische Wechselwirkung)
- nach dem 2. Hauptsatz verlaufen die Prozesse in der Richtung des Temperaturausgleichs, während die formell eingeführte Entropie zunimmt
- aus der Tabelle geht hervor, dass der Temperaturausgleich im Modell mit der Zunahme der thermischen Wahrscheinlichkeit des Systems (Ω_{AB}) verbunden ist.

Wir haben also eine Zustandsgröße gefunden, die im Laufe des Temperaturausgleichs ähnlich der Entropie zunimmt, und während ihrer Änderung ändert sich außer der inneren Energie keine andere extensive Zustandsgröße des Systems.

(Das weicht nur insofern von der gewohnten mathematischen Wahrscheinlichkeit P ab, dass die Werte nicht in das Intervall (0-1) sondern in das Intervall (1-Z) fallen, wobei Z die Zahl aller möglichen Mikrozustände bedeutet, so ist $P = \Omega/Z$.)

Danach ist leicht einzusehen, dass die thermodynamische Wahrscheinlichkeit während des Temperaturausgleichs zunimmt. So liegt die Annahme auf der Hand, dass die Entropie in einer direkten (monoton zunehmenden) Beziehung zur thermodynamischen Wahrscheinlichkeit steht. Kennzeichnen wir diese Beziehung folgendermaßen:

$$S = f(\Omega), \qquad \text{(III.68)}$$

wobei wir von f vorerst nur so viel wissen, dass es die monoton zunehmende Funktion von Ω ist. Die Entropie wurde als extensive Zustandsgröße eingeführt, also wissen wir auch, dass die Summe der Entropien der Teilsysteme gleich der Entropie des gesamten (vereinten) Systems ist. In unserem Modell bedeutet das, dass $S_A + S_B = S_{AB}$ ist, und unter Nutzung von Gl. (III.68) ist:

$$f(\Omega_A) + f(\Omega_B) = f(\Omega_{AB}), \qquad \text{(III.69)}$$

Wir haben aber schon früher nachgewiesen, dass die Zahl der Mikrozustände in den Teilsystemen voneinander unabhängig ist, deshalb gilt auch :

$$\Omega_A \Omega_B = \Omega_{AB} \qquad \text{(III.70)}$$

Gl. (III.69) und Gl. (III.70) können nur dann gleichzeitig gelten, wenn die Funktion f logarithmisch ist (der Logarithmus eines Produktes ist nämlich gleich der Summe der Logarithmen der Faktoren):

$$S \sim \log \Omega. \qquad \text{(III.71)}$$

Um im Gleichklang mit unseren früheren Feststellungen zu bleiben, müssen wir die beiden Zustandsgrößen in derselben Maßeinheit ausdrücken, die Entropie ist also:

$$S = k \cdot \ln \Omega, \qquad \text{(III.72)}$$

wo k die Boltzmann-Konstante ist (k = $1{,}38 \cdot 10^{-23}$ J/K). (Es sei bemerkt, dass die Boltzmann-Konstante nur deshalb notwendig ist, weil wir die Maßeinheit der Entropie schon (aufgrund der willkürlich gewählten Maßeinheit der Energie und der Temperatur) früher festgelegt hatten (J/K). Gl. (III.72) ist die hervorragende Leistung von Boltzmann, diese Beziehung ließ er auch auf seinen Grabstein meißeln (s. Abb. III.21).

Abb. III.21. Das Grabdenkmal von Boltzmann mit der berühmten Beziehung
(Hier steht W für die thermodynamische Wahrscheinlichkeit, die wir mit Ω beschrieben haben, damit sie auf keinen Fall mit dem Arbeitsglied verwechselt wird.)

III/3.3.5 Einige Konsequenzen des neuen Entropiebegriffes, der 3. Hauptsatz der Thermodynamik

Die thermodynamische Wahrscheinlichkeit hat einen exakten physikalischen Gehalt und so hat auch der ursprünglich formell eingeführte Begriff der Entropie durch Gl. (III.72) eine physikalische Bedeutung. Umgangssprachlich sagt man, dass **die Entropie das Maß für den molekularen Ordnungszustand stofflicher Systeme ist.**

Der Begriff Ordnungszustand kann aber missverstanden werden, so ist es **richtiger**, von **unwahrscheinlicheren** (oder weniger wahrscheinlichen) und **wahrscheinlicheren Zuständen** zu sprechen. Erfordert aber die Realisierung eines Makrozustandes eine sehr bestimmte (geordnete) mikroskopische Struktur, dann ist die Zahl der sich realisierenden Mikrozustände (ihre thermodynamische Wahrscheinlichkeit) verständlicherweise sehr gering.

In III/3.3.4 haben wir schon erwähnt, dass die mathematische Wahrscheinlichkeit und die thermodynamische Wahrscheinlichkeit eines Makrozustandes proportional zueinander sind, so ist nach Gl. (III.72):

$$P \sim \Omega = e^{\frac{S}{k}}. \qquad \text{(III.73)}$$

Danach lässt sich auch die wahrscheinliche Rate von zwei (Makro-) Zuständen ausdrücken, was man als Entropiedifferenz angeben kann:

$$\frac{P_i}{P_j} = \frac{\Omega_i}{\Omega_j} = \frac{e^{\frac{S_i}{k}}}{e^{\frac{S_j}{k}}} = e^{\frac{S_i - S_j}{k}}. \qquad \text{(III.74)}$$

(Nur als Erinnerung, nach unserer Grundbedingung sind alle Mikrozustände gleich wahrscheinlich.) Aus Gl. (III.74) ist auch zu sehen, dass in jedem Fall, wenn sich S_i und S_j (mit makroskopischen Methoden gemessen) merklich unterscheiden, der absolute Wert des Exponenten eine sehr große Zahl ist (in der Größenordnung der Avogadro-Zahl), weil k im Vergleich zur makroskopischen Entropie sehr klein ist. Das bedeutet, dass in diesen Fällen die Wahrscheinlichkeit des niedrigeren Entropiezustandes im Verhältnis zum höheren Entropiezustand praktisch vernachlässigt werden kann (vgl. Beispiel III.2). Die dementsprechende universelle Postulation können wir auch so formulieren, **dass die Entropie nie spontan abnimmt**, was äquivalent mit dem 2. Hauptsatz der Thermodynamik ist. Hier sei bemerkt, dass sich die theoretische Begründung eines anderen großen Ergebnisses der Arbeiten von Boltzmann, die nach ihm benannte (in I/3.3.3 eingehend behandelte) Verteilungsfunktion, auch aus diesem Prinzip ableiten lässt (s. „*Die Entropie und die Boltzmann-Verteilung*").

Die Entropie und die Boltzmann-Verteilung

Mit Hilfe von Gl. (III.74) können wir auch sagen, wieviel geringer die Wahrscheinlichkeit ist, dass sich ein ausgewähltes Teilchen in einem thermodynamischen Gleichgewichtssystem statt im Zustand mit geringer Energie ε_1 in einem Zustand mit höherer Energie ε_2 befindet ($\varepsilon_2 > \varepsilon_1$). Wir wissen, dass im thermischen Gleichgewicht die Temperatur bzw. die Energie des Systems konstant ist. So wird sich das auserlesene Teilchen mit geringerer Wahrscheinlichkeit im Zustand der höheren Energie ε_2 befinden, weil es dazu Energie von den anderen ▶

Teilchen gewinnen müsste, was aber die Energie und damit auch die Entropie der Gesamtheit der anderen Teilchen mindert. Deshalb gehört zu dem hochenergetischen Zustand ε_2 des ausgewählten Teilchens eine geringere thermodynamische Wahrscheinlichkeit, d. h. $\Omega(\varepsilon_2) < \Omega(\varepsilon_1)$.
Laut Gl. (III.74) ist:

$$\frac{\Omega(\varepsilon_2)}{\Omega(\varepsilon_1)} = e^{\frac{\Delta S}{k}},$$

wo ΔS die Abnahme der Entropie kennzeichnet, also negativ ist. Verläuft im System nur ein Energieaustausch, so ist

$$\Delta S = -\frac{\varepsilon_2 - \varepsilon_1}{T}$$

$(\varepsilon_2 > \varepsilon_1)$, so ist

$$\frac{P(\varepsilon_2)}{P(\varepsilon_1)} = e^{-\frac{\varepsilon_2 - \varepsilon_1}{kT}}.$$

Dieser Ausdruck ist nichts anderes, als eine mögliche Schreibweise der Boltzmann-Verteilung (vgl. I/3.1.1, Gl. (I.25)), denn der weniger wahrscheinliche Zustand ist proportional dazu auch weniger besetzt, d. h.

$$\frac{P(\varepsilon_2)}{P(\varepsilon_1)} = \frac{n(\varepsilon_2)}{n(\varepsilon_1)},$$

wo $n(\varepsilon_2)$ und $n(\varepsilon_1)$ die Besetzungszahlen kennzeichnen.

Mit Hilfe von Gl. (III.72) ist auch einfach einzusehen, dass **die Entropie eines kristallinen Stoffes aus einer Komponente bei der Temperatur 0 K gleich 0 ist.** Ist nämlich die Temperatur 0 K, dann entstehen im Kristall keine thermischen Punktfehler (s. Boltzmann-Verteilung, I/3.3.3), der Kristall ist also fehlerfrei, vollkommen regelmäßig, und da er nur aus einer Komponente besteht, kann sich dieser Zustand nur auf eine Art realisieren. Zu diesem Makrozustand gehört also nur ein einziger Mikrozustand, d. h. $\Omega = 1$ und so ist die Entropie:

$$S = k \cdot \ln 1 = 0. \quad \text{(III.75)}$$

Der fett gedruckte Teil des vorigen Absatzes ist nichts anderes, als eine Formulierung des **3. Hauptsatzes der Thermodynamik**.

Einige Spezialfälle der Entropieänderung

Gl. (III.72) ist auch geeignet, dass wir in einigen Spezialfällen die Entropieänderung relativ einfach bestimmen, was wir im späteren noch nutzen werden (s. III/3.4.5).
Ein ausgezeichnetes Modell für ein System mit wenigen Wechselwirkungen ist das ideale Gas, in dem die Teilchen vollkommen unabhängig voneinander sind. Bei Erfüllung der entsprechenden Kautelen (z. B. in dünnen Lösungen) modelliert diese Näherung auch gut die realen Fälle.

Entropieänderung bei isothermer Ausdehnung

Befindet sich in einem Gefäß mit dem Volumen V ein einziges Teilchen, dann ist die Zahl $\Omega_{(1)}$ der Mikrozustände des „Systems" proportional zum Volumen:

$$\Omega_{(1)} = a(T) \cdot V,$$

wo a ein temperaturabhängiger Proportionalitätsfaktor ist. Enthält das Gefäß N Teilchen, dann ist die Zahl $\Omega_{(N)}$ der Mikrozustände des Systems laut Gl. (III.70):

$$\Omega_{(N)} = \Omega_{(1)}^N = [a(T) \cdot V]^N,$$

wo wir voraussetzen, dass sich die Teilchen unabhängig voneinander bewegen. So ist nach Gl. (III.72) die Entropieänderung, während sich das Volumen des Systems bei konstanter Temperatur von V_1 zu V_2 verändert,:

$$\Delta S = S_2 - S_1 = k \ln\Omega_2 - k \ln\Omega_1 = k \ln \frac{\Omega_2}{\Omega_1} = k \ln \left[\frac{a(T) \cdot V_2}{a(T) \cdot V_1}\right]^N = kN \ln \frac{V_2}{V_1} = R\nu \ln \frac{V_2}{V_1}, \quad (1)$$

wobei im letzten Schritt mit der Avogadro-Zahl multipliziert bzw. dividiert wurde. Aus der Gleichung ist zu sehen, dass die Entropie des Systems bei isothermer Ausdehnung ($V_2 > V_1$) zunimmt.

Entropieänderung bei isothermer Mischung

Betrachten wir ein Gefäß, das mit einer wärmeleitenden Wand in zwei Teile geteilt wurde. In dem Volumenteil V_A befinden sich N_A Teilchen vom Typ A, in dem Volumenteil V_B befinden sich N_B Teilchen vom Typ B. Durch die wärmeleitende Wand ist die Temperatur in beiden Volumenteilen gleich. Wird die Wand entfernt, so beginnt die Mischung der Teilchen. Im Endzustand verteilen sich sowohl die A Teilchen als auch die B Teilchen statt in den Volumen V_A bzw. V_B im Gesamtvolumen $V = V_A + V_B$. Unter Ausnutzung des Ergebnisses der isothermen Ausdehnung (s. Gl. (1)) ist die Entropieänderung für beide Molekültypen:

$$\Delta S = \Delta S_A + \Delta S_B = R\nu_A \ln \frac{V}{V_A} = R\nu_B \ln \frac{V}{V_B}. \quad (2)$$

Es ist zu sehen, dass die Entropie auch bei der isothermen Mischung zunimmt, denn $V > V_A$ und $V > V_B$. (Natürlich haben wir hier auch die Unabhängigkeit der Teilchen ausgenutzt.)

III/3.4 Die thermodynamischen Potenzialfunktionen

Die innere Energie des Systems ist ein bekannter thermodynamischer Begriff, der gleichzeitig auch ein gutes Beispiel für eine thermodynamische Potenzialfunktion sein kann. Sehen wir uns an, aufgrund welcher Eigenschaften wir das behaupten können. In Verbindung mit dem 1. Hauptsatz der Thermodynamik wird gewöhnlich betont, dass **die Änderung der inneren Energie eindeutig vom Anfangs- und Endzustand des Systems bestimmt ist.** Aus dieser Sicht ist es nicht von Bedeutung, auf welchem Weg, d. h. durch welche Reihe von Zuständen das System den Endzustand erreicht. Diese Form der Energie wird allgemein als **potenzielle Energie** (oder Lageenergie) bezeichnet. Wir können auch sagen, dass die innere Energie eine Zustandsfunktion unabhängiger Variabler ist. Dasselbe lässt sich nicht von der an das System abgegebenen Wärme Q_E bzw. der am System verrichteten Arbeit W sagen (s. Erinnerung III.1). Wir wissen z. B., dass zu einer gegebenen Erhöhung der Temperatur einer gegebenen Gasmenge unterschiedliche Wärmemengen erforderlich sind, in Abhängigkeit davon, ob die Erwärmung bei konstantem Druck oder konstantem Volumen erfolgt.

Erinnerung III.1

Die Änderung der inneren Energie hat die aus früheren Studien des ersten Hauptsatzes der Thermodynamik bekannte Form:

$$\Delta E = Q_E + W$$

und einheitliche Schreibweise:

$$\Delta E = \sum_{(i)} y_{\text{int}}^{(i)} \Delta x_{\text{ext}}^{(i)}. \quad \text{(III.64)}$$

Mit einer einfacheren Bezeichnung:

$$\Delta E = \sum_{(i)} y^{(i)} \Delta x^{(i)}.$$

Nach Gl. (III.64) aus III/3.3.3 eignet sich die innere Energie als von den extensiven Zustandsgrößen abhängige Zustandsfunktion $[E(x^{(1)}, x^{(2)}, x^{(3)}, \ldots)]$ auch dazu, aus ihr die Zustandsfunktionen $y^{(i)}(x^{(i)})$ zu erhalten. (Die Indizes $_{\text{int}}$ und $_{\text{ext}}$ schreiben wir im Folgenden der einfacheren Schreibweise halber nicht mehr aus.) Konkreter: sind z. B. $x^{(1)} = S$ (Entropie), $x^{(2)} = V$ (Volumen) und $x^{(3)} = \nu$ (Stoffmenge), dann nimmt Gl. (III.64) die folgende Form an:

$$\Delta E = T\Delta S - p\Delta V + \mu\Delta\nu \,, \tag{III.76}$$

also sind

die Temperatur $T = \dfrac{\Delta E}{\Delta S}$, wenn $\Delta V = 0$ und $\Delta\nu = 0$,

der negative Druck $-p = \dfrac{\Delta E}{\Delta V}$, wenn $\Delta S = 0$ und $\Delta\nu = 0$,

das chemische Potenzial $\mu = \dfrac{\Delta E}{\Delta\nu}$, wenn $\Delta S = 0$ und $\Delta V = 0$. (III.77)

Man sieht also, dass sich in Kenntnis einer solchen Potenzialfunktion (der potenziellen Energie), im vorliegenden Fall der Funktion der inneren Energie ($E(S, V, \nu)$) wichtige thermodynamische Parameter (T, p, μ) gewinnen lassen. (Diese erhält man mit einfachen Berechnungen aus der Funktion.)

Obwohl sich die innere Energie als thermodynamische Potenzialfunktion ($E(S, V, \nu)$) auch in der Praxis gut nutzen lässt, ist ihre Anwendung in vielen Fällen unbequem. Zum einen kann sie z. B. nicht immer direkt gemessen werden. Zum anderen sind ihre unabhängigen Variablen (S, V, ν) auch nicht die besten, experimentell einfach messbaren Zustandsgrößen, bei denen z. B. das Halten bei konstanten Werten keine besonderen Eingriffe erfordern würde. Aus dieser Sicht wären statt der Entropie S und des Volumens V oft ihre intensiven Paare Temperatur T und Druck p geeigneter. Deshalb ist es zweckmäßig, solche neuen Potenzialfunktionen einzuführen, bei denen diese Probleme nicht auftreten.

Gehen wir von der universellen Beziehung

$$E = \sum_{(i)} y^{(i)} x^{(i)} \tag{III.78}$$

aus, bei der wir jeder thermodynamischen Wechselwirkung eine Energieart zugeordnet haben. Danach kann sich auch die innere Energie (ähnlich der Änderung der inneren Energie ΔE) aus so vielen Gliedern zusammensetzen, an wie vielen Wechselwirkungen das untersuchte System teilnehmen kann. So wie die **Arbeitsverrichtung** (Energieänderung) $W^{(i)} = y^{(i)}\Delta x^{(i)}$ über die i-te Wechselwirkungsart erfolgen kann, ist $E^{(i)} = y^{(i)} x^{(i)}$ der **Teil der inneren Energie,** der die Möglichkeit dieser Arbeitsleistung garantiert. Trotz der Ähnlichkeiten dürfen die beiden Zustandsgrößen nicht verwechselt werden. Es ist wichtig zu bemerken, dass die Änderung des Energiegliedes $\Delta E^{(i)}$ nicht gleich dem entsprechenden Arbeitsglied ist (s. Bemerkung III.11), denn

$$\Delta E^{(i)} = \Delta(y^{(i)} \cdot x^{(i)}) \approx y^{(i)}\Delta x^{(i)} + x^{(i)}\Delta y^{(i)} \neq y^{(i)}\Delta x^{(i)}. \tag{III.79}$$

Bemerkung III.11

Die Änderung eines einzigen Energiegliedes ΔE_i (den Index i schreiben wir im Folgenden der Einfachheit halber nicht aus):

$$\begin{aligned} \Delta E &= \Delta(y\,x) = \\ &= (y + \Delta y)(x + \Delta x) - y\,x = \\ &= y\Delta x + x\Delta y + \Delta y\Delta x \approx \\ &\approx y\Delta x + x\Delta y. \end{aligned}$$

wobei wir ausnutzen, dass bei geringen Veränderungen das Glied $\Delta y\Delta x$ vernachlässigt werden kann, wie das die Abbildung auch veranschaulicht.

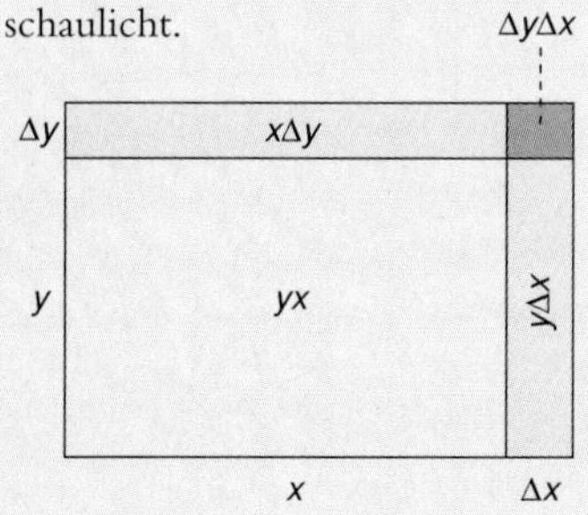

Weil
$$\Delta E = \sum_{(i)} (y^{(i)}\Delta x^{(i)} + x^{(i)}\Delta y^{(i)}) \tag{III.80}$$

ist und wir den 1. Hauptsatz als Ausgangsaxiom betrachten, muss die Gleichheit

$$\sum_{(i)} x^{(i)}\Delta y^{(i)} = 0 \tag{III.81}$$

automatisch erfüllt sein. Die Energieänderungen können also nur zum Teil eine reale Energieübergabe sein, der andere Teil besteht daraus, dass sich die einzelnen Glieder in ihrer Gesamtheit kompensieren. Gl. (III.81) ist die nach dem amerikanischen Mathematiker und Physikochemiker Josiah Willard Gibbs (1839-1903) und nach dem französischen Physiker und Mathematiker Pierre Maurice Marie Duhem (1861-1917) benannte **Gibbs-Duhem-Relation**.

Danach können wir so zu einer neuen thermodynamischen Potenzialfunktion gelangen, dass wir ein oder mehrere Glieder, d. h. die jeweils einer thermodynamischen Wechselwirkung zugeordnete Energieart ($E^{(i)} = y^{(i)} x^{(i)}$) von der rechten Seite der Gl. (III.78) auf die linke Seite bringen. Nach dem Subtrahieren jeden solchen Gliedes übernimmt $y^{(i)}$ die Rolle der unabhängigen Variablen $x^{(i)}$. Die allgemeine Form der neuen thermodynamischen Potenzialfunktion ist also:

$$E - \sum_{i=1}^{k} y^{(i)}x^{(i)}. \tag{III.82}$$

Nach diesen allgemeinen Überlegungen betrachten wir jetzt konkreter, welche Vorteile die Einführung der einzelnen neuen thermodynamischen Potenzialfunktionen hat.

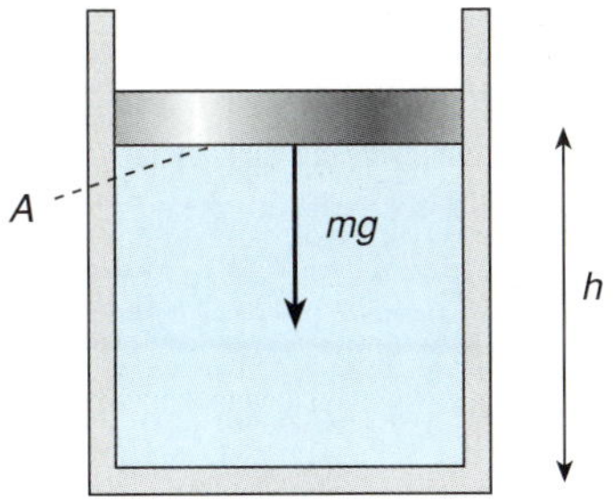

Abb. III.22. Spezialfall eines mit der Umwelt in mechanischer Wechselwirkung stehenden Systems
Die Materie in dem Gefäß, das mit einem Kolben mit der Fläche A und der Masse m verschlossen ist, kann ein Gas oder ein beliebiger elastisch deformierbarer Körper sein. Der Kolben übt die Kraft mg aus, die an der Fläche A den Druck $p = mg/A$ erzeugt. Ist die Höhe des Gefäßes h, dann ist die potenzielle Energie der Masse m im Vergleich zum Gefäßboden $mgh = pAh = pV$, wo $V = Ah$ das Volumen des Körpers ist, der das Gefäß ausfüllt.
Die gemeinsame Energie des Systems und des mit ihm in mechanischer Wechselwirkung stehenden Körpers ist also

$$E + pV.$$

III/3.4.1 Die Enthalpie

Unser Ausgangspunkt sei der im vorigen Teil schon demonstrierte konkrete Fall: $x^{(1)} = S$, $x^{(2)} = V$ und $x^{(3)} = \nu$. Dann sind die Energien laut Gl. (III.78):

$$E = TS - pV + \mu\nu, \tag{III.83}$$

wo TS zur thermischen, $-pV$ zur mechanischen und $\mu\nu$ zur materiellen (chemischen) Wechselwirkung gehören.

Untersuchen wir zuerst die Energie pV, welche die mechanische Wechselwirkung ausdrückt. Ihre anschauliche Bedeutung lässt sich leicht darstellen (Abb. III.22). (Die Ursache für den äußeren Druck p ist hinsichtlich des Problems unwichtig: der Druck kann von jedem anderen beliebigen thermodynamischen System stammen, die potenzielle Energie pV tritt in jedem Fall auf.) Steht also ein thermodynamisches System mit der Umgebung mit dem Druck p in mechanischer Beziehung, dann erhält es „potenzielle" (oder „Lage-") Energie in der Größe pV. Die Gesamtenergie ist die sog. **Enthalpie** H

$$H = E + pV. \tag{III.84}$$

In Gl. (III.83) steht aber nicht pV sondern $-pV$ (bei gegebenem Druck p und gegebener Stoffmenge ν entspricht einem größeren Volumen eine geringere

Bemerkung III.12
Die Trennung lässt sich in ziemlich guter Näherung bei elastisch deformierten Festkörpern (z. B. Federn) durchführen. und auf dieser Grundlage kann man von der potenziellen Energie der elastischen Kräfte sprechen. Es ist aber auch noch in diesem Fall offensichtlich, dass es sich um einen Kompromiss handelt, denn während der elastischen Deformation ändern sich nicht nur die mechanischen Parameter, weil sich der Körper z. B. auch erwärmt. Im Fall der verschiedenen Wechselwirkungen reicht es also nicht aus anzugeben, wie groß die Energie ist, die der eine Körper über gewisse Wechselwirkungen abgibt, sondern es muss auch angegeben werden, wieviel Energie der andere Körper in derselben Form aufnimmt.

innere Energie). Deshalb gewinnen wir die Gesamtenergie tatsächlich (laut Gl. (III.82)) so, dass wir das Energieglied $-pV$, welches das Vermögen der mechanischen Wechselwirkung ausdrückt, von der inneren Energie E subtrahieren:

$$H = E - (-pV) = E + pV = TS + \mu\nu, \qquad \text{(III.85)}$$

In dieser Form bedeutet die Energiegleichung, dass die „potenzielle" Energie pV gerade den Energiedefekt $-pV$ **kompensiert**, der infolge der Volumenänderung des Körpers auftritt. Mit Änderung des Volumens ändert sich aber auch unabhängig von der Kompensation die Gesamtenergie. Würde die Deformation keine weiteren Änderungen thermodynamischer Eigenschaften verursachen, so könnte die innere Energie in einen mechanischen und einen nicht mechanischen Teil getrennt werden. Das kommt aber niemals vor, so ist eine solche Trennung auch nicht möglich, deshalb kann der angenommene mechanische Energieanteil nur mit den anderen Anteilen zusammen behandelt werden (s. Bemerkung III.12).

Danach untersuchen wir jetzt, inwiefern sich die Enthalpie als thermodynamische Potenzialfunktion von der schon diskutierten inneren Energie unterscheidet. Ein wichtiger Unterschied ist, dass bei der Enthalpie als unabhängige Variable statt des Volumens V der Druck p, d. h. das intensive Paar des Volumens steht, wozu wir ja die Transformation $E(S,V,\nu)$ › $H(S,p,\nu)$ überhaupt nur durchgeführt haben.

Die Änderung der Enthalpie lässt sich in Kenntnis der Änderung der inneren Energie einfach ausdrücken (s. Bemerkung III.13):

$$\Delta H = \Delta(E + pV) = [\Delta E + p\Delta V] + V\Delta p = [T\Delta S + \mu\Delta\nu] + V\Delta p. \qquad \text{(III.86)}$$

Weil die Vorgänge in der Praxis meist bei konstantem (oder annähernd konstantem) Druck ablaufen, ist der Fall p = konstant ($\Delta p = 0$) besonders interessant. Dann ist

$$\Delta H_p = T\Delta S + \mu\Delta\nu = Q_E + W_\nu, \qquad \text{(III.87)}$$

sofern sich auch die Molzahl nicht ändert (ν = konstant, $\Delta\nu = 0$), ist die Enthalpie gerade gleich dem Wärmeaustausch

$$\Delta H_{p,\nu} = Q_E. \qquad \text{(III.88)}$$

(Es ist aber zu bemerken, dass bei Wärmeisolation ($Q_E = 0$) in Gl. (III.87) nur das zweite Glied bleibt, in diesem Fall bedeutet also die Änderung der Enthalpie die zur materiellen Wechselwirkung gehörende chemische Arbeit (z. B. die Arbeit der Phasenumwandlung). Die Enthalpieänderung steht also nicht ausschließlich mit einem Wärmeaustausch in Beziehung.)

Wenn wir postulieren, dass sich die Stoffmenge eines Systems nicht ändert, dann können wir ganz allgemein sagen, dass bei Änderungen unter konstantem Druck $\Delta H_{p,\nu}$ gleich der Umwandlungswärme ist (z. B. bei Verdampfung gleich der Verdampfungswärme, bei einer chemischen Reaktion gleich der Reaktionswärme). So ist die Tatsache, dass die Enthalpie eine Zustandsfunktion ist, dem bedeutend früher formulierten **Hess-Gesetz** gleichwertig.

Germain Henry Hess (1802-1850) russischer Chemiker schweizerischer Herkunft, Mitbegründer der Thermochemie stellte fest: die Wärmesumme bei der Umwandlung aus einem Anfangszustand in einen Endzustand ist unabhängig von den Zwischenstationen der Umwandlung, sie hängt nur vom Anfangs- und Endzustand ab (Hess-Gesetz)

Einen anderen wichtigen Unterschied zwischen Enthalpie und innerer Energie sieht man, wenn man ihre Änderungen vergleicht. Gl. (III.86) und Gl. (III.76) (s. auch Erinnerung III.2) unterscheiden sich nur in einem Glied: und zwar steht bei der Änderung der Enthalpie (in ΔH) $p\Delta V$ anstatt $-p\Delta V$. So können wir auch sagen, dass die Enthalpie bei den Vorgängen unter konstantem Druck (H_p) dieselbe Rolle spielt, wie die innere Energie bei den Vorgängen im konstanten Volumen (E_V), ohne dass die von den Vorgängen untrennbare, aber für andere Zwecke **nicht nutzbare** mechanische (Volumen-) **Arbeit** berücksichtigt werden muss (s. Bemerkung III.13). Es ist aber wichtig zu betonen, dass trotzdem $\Delta H_p \neq \Delta E_V$ ist, denn wir wissen, dass z.B. (bei konstanter Stoffmenge (ν = konstant)) $\Delta H_{p,\nu}$ bei Vorgängen mit konstantem Druck und $\Delta E_{V,\nu}$ bei Vorgängen mit konstantem Volumen gleich dem Wärmeaustausch ist, was in der Regel verschieden ist.

> Bemerkung III.13
>
> Die nicht nutzbare Arbeit kann an einem Beispiel vielleicht anschaulicher werden. Denken wir an einen Kran, mit dem gerade betoniert wird. Der Kran muss in jedem Fall – außer dem Beton – auch den Lasthaken sowie das Gefäß zum Betontransport anheben. Dieses Anheben ist eine nutzlose, aber unvermeidbare Arbeit.

III/3.4.2 Die freie Energie und die freie Enthalpie

Bei der Einführung des Begriffes der Enthalpie haben wir die **nutzbare Arbeit** eines Vorgangs von der vom Vorgang untrennbaren, nicht nutzbaren mechanischen (Volumen-) Arbeit so getrennt, dass wir das letztere Energieglied als eine „Gutschreibung" mit der inneren Energie vereint haben. Mit den folgenden Transformationen machen wir etwas ähnliches mit den thermischen Wechselwirkungen.

Betrachten wir wieder ein thermodynamisches System mit den Parametern E, S, V, ν, p, T und μ, das aber jetzt mit seiner Umgebung in thermischer Beziehung steht. Im vorherigen Abschnitt wurde bei der Änderung des Volumens V die Arbeit $-p\Delta V$ von der Umgebung kompensiert, deshalb konnte die Energieänderung mit der Änderung $E - (-pV)$ beschrieben werden. Jetzt wird bei der thermischen Wechselwirkung die bei der Zunahme der Entropie übergebene Wärme $T\Delta S$ kompensiert. So ergibt die Gesamtenergieänderung die Änderung der sog. **freien Energie** F

$$F = E - TS = -pV + \mu\nu . \qquad \text{(III.89)}$$

Die Einführung der thermodynamischen Potenzialfunktion $F(T, V, \nu)$ ist mit dem Namen des deutschen Physiker und Physiologen Hermann Ludwig Ferdinand Helmholtz (1821-1894) verbunden und wird deshalb oft auch als **Helmholtz-Energie** bezeichnet.

Die Änderung der freien Energie lässt sich danach so aufschreiben:

$$\Delta F = \Delta(E - TS) = \Delta E - T\Delta S - S\Delta T = -p\Delta V + \mu\Delta\nu - S\Delta T . \qquad \text{(III.90)}$$

Wegen der thermischen Verbindung (T = konstant) ist deshalb:

$$\Delta F_T = -p\Delta V + \mu\Delta\nu = W_V + W_\nu , \qquad \text{(III.91)}$$

was bedeutet, dass die Änderung der freien Energie bei konstanter Temperatur und konstanter Stoffmenge (wenn also auch ν = konstant erfüllt ist) gleich der mechanischen (Volumen-) Arbeit ist:

$$\Delta F_{T,\nu} = -p\Delta V = W_V . \qquad \text{(III.92)}$$

Ähnlich gibt sie bei konstanter Temperatur (T = konstant) und konstantem Volumen (V = konstant) die chemische Arbeit an:

$$\Delta F_{T,V} = \mu\Delta\nu = W_\nu\,, \qquad \text{(III.93)}$$

Die **freie Enthalpie** ($G(T,p,\nu)$), die auch als Gibbs-Funktion oder Gibbs-Energie bezeichnet wird, können wir analog der freien Energie ableiten, mit dem Unterschied, dass wir nicht von der inneren Energie sondern von der Enthalpie ausgehen. So ist

$$G = H - TS = E + pV - TS = \mu\nu. \qquad \text{(III.94)}$$

Ihre Änderung ist:

$$\Delta G = \Delta(H - TS) = \Delta E + p\Delta V + V\Delta p - T\Delta S - S\Delta T =$$
$$= \mu\Delta\nu + V\Delta p - S\Delta T. \qquad \text{(III.95)}$$

Bei thermischer und mechanischer Beziehung zwischen System und Umwelt (T = konstant, p = konstant) ist

$$\Delta G_{T,p} = \mu\Delta\nu = W_\nu, \qquad \text{(III.96)}$$

also ist in diesem Fall die Änderung der freien Enthalpie gleich der chemischen Arbeit.

Aus Gl. (III.94) lässt sich auch eine neue Formulierung des chemischen Potenzials μ ablesen. Es ist nämlich zu sehen, dass das **chemische Potenzial** mit der freien Enthalpie pro Mol, d. h. mit der **molaren freien Enthalpie**, übereinstimmt.

III/3.4.3 Die Änderung der thermodynamischen Potenziale bei Ausgleichsprozessen

Aufgrund des bisher Diskutierten zeigen wir zuerst, dass bei den isothermen (T = konstant) und isobaren (p = konstant) Ausgleichsprozessen die freie Enthalpie des Systems abnimmt und im Gleichgewichtszustand einen Minimalwert hat. Betrachten wir deshalb ein Einkomponentensystem, das in zwei Teilsysteme 1 und 2 geteilt wurde, zwischen denen alle Wechselwirkungen erlaubt sind. Zu Beginn des Ausgleichprozesses seien das entsprechende chemische Potenzial und die Molzahl im Teilsystem 1 μ_1 und ν_1, im Teilsystem 2 μ_2 und ν_2. Mit Hilfe von Gl. (III.96) schreiben wir die Änderungen der freien Enthalpie für beide Teilsysteme:

$$\Delta G_{T,p1} = \mu_1\Delta\nu_1, \qquad \Delta G_{T,p2} = \mu_2\Delta\nu_2. \qquad \text{(III.97)}$$

Mit Hinsicht darauf, dass die Stoffmenge, d. h. die Molzahl, im Gesamtsystem konstant ist, $\Delta\nu_1 = -\Delta\nu_2$, ist die Änderung der freien Enthalpie im Gesamtsystem:

$$\Delta G_{T,p} = (\mu_1 - \mu_2)\Delta\nu_1. \qquad \text{(III.98)}$$

Ist $\mu_1 > \mu_2$, dann fließt Stoff aus dem Teilsystem 1 in das Teilsystem 2, d. h. ν_1 nimmt ab, also ist $\Delta\nu_1 < 0$ und die rechte Seite der Gl. (III.98) ist negativ.

Im umgekehrten Fall ($\mu_1 < \mu_2$) sind nur die Vorzeichen der beiden Faktoren vertauscht, wir kommen aber zu demselben Ergebnis. Stellt sich das Gleichgewicht ein, dann ist $\mu_1 = \mu_2$ und $\Delta G_{T,p} = 0$. Danach gilt ganz allgemein, dass im Falle von spontan verlaufenden isothermen, isobaren Prozessen:

$$\Delta G_{T,p} \leq 0. \qquad \text{(III.99)}$$

In Verbindung mit dem 2. Hauptsatz der Thermodynamik hatten wir für spontane Prozesse in isolierten Systemen schon nachgewiesen, dass während des Prozesses die Entropie des Systems zunimmt. Jetzt haben wir eine solche thermodynamische Zustandsgröße gefunden, die sich in nicht isolierten Systemen ähnlich der Entropie in einer bestimmten Richtung ändert und damit die Richtung der spontanen Prozesse charakterisiert (zumindestens unter isothermen und isobaren Bedingungen).

Mit ähnlichen Überlegungen lässt sich nachweisen, dass die freie Energie F eines Systems abnimmt bzw. im Gleichgewichtszustand einen Minimalwert hat, wenn der Ausgleichsprozess bei konstanter Temperatur (T = konstant) und konstantem Volumen (V = konstant) abläuft (s. Bemerkung III.14):

$$\Delta F_{T,V} \leq 0. \qquad \text{(III.100)}$$

Verläuft der Prozess mit konstanter Entropie (S = konstant) und konstantem Druck (p = konstant), dann lässt sich dasselbe von der Enthalpie sagen:

$$\Delta H_{S,p} \leq 0. \qquad \text{(III.101)}$$

Bemerkung III.14
Die Ausdrücke $\Delta F = \Delta E - T\Delta S$ und $\Delta F < 0$ werden manchmal wie folgt interpretiert: ΔF wird negativ, wenn ΔE negativ und $T\Delta S$ positiv sind. Das suggeriert, dass das System Zustände mit niedriger innerer Energie und höherer Entropie anstrebt, während der Wert der Funktion der freien Energie ($F(T,V,\nu)$) abnimmt. Diese Überlegung ist falsch (obwohl es üblich ist, an den auf ΔF bezogenen Ausdruck so zu erinnern), weil das Streben nach geringerem F ausschließlich ein Fortschreiten zu den Zuständen mit höherer Gesamtentropie bedeutet. Die Systeme ändern sich dann spontan, wenn ihre Totalentropie zunimmt, und nicht dann, wenn ihre innere Energie abnimmt. Der Ausdruck ΔF erweckt zwar den Eindruck, als würde das System die niedrigere Energie begünstigen, aber das ist irreführend. Die Entropieänderung des Systems ΔS und die Entropieänderung der Umgebung $-\Delta E/T$ sind gleich. Die Summe dieser beiden Werte strebt zu einem Maximum.

III/3.4.4 Häufigste Anwendung und einige weitere Eigenschaften thermodynamischer Potenzialfunktionen

Ein mit seiner Umgebung in Wechselwirkung stehendes System können wir so beschreiben, wie zwei von den anderen äußeren Wirkungen isolierte homogene Körper (System $^{(s)}$ und Umgebung $^{(u)}$), bei denen wir nur die zwischen ihnen möglichen Wechselwirkungen studieren. In diesem Fall können die bleibenden extensiven Zustandsgrößen nur zwischen den beiden Körpern ausgetauscht werden. Wieviel Energie, Volumen und Stoffmenge der eine Körper „verliert", soviel „erhält" der andere:

$$\Delta E^{(s)} = -\Delta E^{(u)}, \qquad \Delta V^{(s)} = -\Delta V^{(u)}, \qquad \Delta\nu^{(s)} = -\Delta\nu^{(u)}. \qquad \text{(III.102)}$$

Schreiben wir für beide Körper die Änderung der inneren Energie und vergleichen wir sie:

$$\begin{aligned} \Delta E^{(s)} &= T^{(s)}\Delta S^{(s)} - p^{(s)}\Delta V^{(s)} + \mu^{(s)}\Delta\nu^{(s)}, \\ \Delta E^{(u)} &= T^{(u)}\Delta S^{(u)} - p^{(u)}\Delta V^{(u)} + \mu^{(u)}\Delta\nu^{(u)}. \end{aligned} \qquad \text{(III.103)}$$

Die Kompensation erfolgt nur für die Gesamtenergie, aber nicht für die einzelnen Arbeitsglieder. So ist die gesamte Energieänderung (auch unter Nutzung von Gl. (III.102)) natürlich Null:

$$0 = [T^{(s)}\Delta S^{(s)} + T^{(u)}\Delta S^{(u)}] - [(p^{(s)} - p^{(u)})\Delta V^{(s)}] + [(\mu^{(s)} - \mu^{(u)})\Delta\nu^{(s)}]. \qquad \text{(III.104)}$$

Bemerkung III.15
Eine solche Aussage, dass das System an die Umgebung die Wärme Q_E abgegeben hat, ist also allein nicht ausreichend, denn damit ist noch nicht gesagt, wieviel Wärme die Umgebung erhalten hat.

(Es sei nur daran erinnert, dass die Entropie keine bleibende Zustandsgröße ist, s. III/3.3.3) Bei Wechselwirkungen reicht es also nicht zu sagen, wieviel Energie der eine Körper durch eine gegebene Wechselwirkung abgibt, sondern man muss dazusagen, wieviel der andere Körper in derselben Form aufnimmt. Die Differenz zwischen der von einem Körper abgegebenen und vom anderen Körper aufgenommenen Energie (in Gl. (III.104) der Ausdruck in eckigen Klammern) bezeichnet man als **nicht kompensierte Wärme** bzw. **Arbeit** (s. Bemerkung III.15).

In dem allgemeinsten Fall können wir nur die innere Energie als thermodynamische Potenzialfunktion benutzen, weil wir dort von keinem Energieaustausch voraussetzen, dass er kompensiert ist. Ist z. B. $p^{(s)} = p^{(u)}$, dann ist die Kompensation für die mechanische Arbeit erfüllt, so kann statt der inneren Energie auch die Enthalpie benutzt werden. Die übrigen möglichen Fälle, d. h. die am häufigsten genutzten thermodynamischen Potenzialfunktionen sind zusammen mit ihren charakteristischen Merkmalen in Tab. III.6 zusammengefasst.

Danach ist also die Wärme nicht der Wechselwirkung, sondern jedem an der Wechselwirkung beteiligten Partner extra zuzuordnen. Sofern wir das außer Acht lassen und z. B. nur mit der von einem Körper abgegebenen Wärme Q_E rechnen, die Änderung der Entropie ΔS dagegen nur hinsichtlich des anderen Körpers berücksichtigen, dann ist

$$Q_E \neq T\Delta S.$$

Die Abweichung ergibt gerade die nicht kompensierte Wärme $Q_E^\star$

$$Q_E + Q_E^\star = T\Delta S.$$

Weil das Fehlen der Kompensation zum Ausgleich führt, was mit der Zunahme der Entropie verbunden ist, ist $Q_E^\star$ immer positiv. Deshalb ist

$$Q_E \leq T\Delta S.$$

Tabelle III.6 Die am häufigsten benutzten thermodynamischen Potenzialfunktionen und ihre wichtigsten Charakteristika

Thermodynamische Potenzialfunktion und Bezeichnung	Unabhängige Variable	Bestimmbare Zustandsfunktionen	Verfolgbarer (nicht kompensierter) Energietausch			Beziehung zur Umgebung	Prozess
$E = TS - pV + \mu\nu$ innere Energie	S, V, μ	$T(S), -p(V), \mu(\nu)$	$T\Delta S$,	$-p\Delta V$,	$\mu\Delta\nu$		
$H = E + pV$ Enthalpie	$S, -p, \nu$	$T(S), -V(-p), \mu(\nu)$	$T\Delta S$	–	$\mu\Delta\nu$	mechanische	isobar
$F = E - TS$ freie Energie	T, V, ν	$-S(T), -p(V), \mu(\nu)$	–	$-p\Delta V$,	$\mu\Delta\nu$	thermische	isotherm
$X = E - \mu\nu$	S, V, μ	$T(S), -p(V), \nu(\mu)$	$T\Delta S$,	$-p\Delta V$,	–	chemische	
$G = E - TS + pV$ freie Enthalpie	$T, -p, \nu$	$-S(T), -V(-p), \mu(\nu)$	–	–	$\mu\Delta\nu$	mechanische und thermische	isotherm-isobar
$Y = E + pV - \mu\nu$ gebundene Energie	$S, -p, \mu$	$T(S), -V(-p), -\nu(\mu)$	$T\Delta S$,	–	–	mechanische und chemische	
$Z = E - TS - \mu\nu$ Volumenenergie	T, V, μ	$-S(T), -p(V), -\nu(\mu)$	–	$-p\Delta V$,	–	thermische und chemische	

Der spontane (Ausgleichs-) Prozess erfordert nie die Verrichtung von Arbeit. Aus praktischer Sicht der Thermodynamik ist eines der wichtigsten Probleme, wieviel nutzbare Arbeit wir durch die Prozesse im System an der Umgebung verrichten können, wie groß der Maximalwert der nutzbaren Arbeit ist. Anders formuliert, welcher Anteil der vom System an die Umgebung abgegebenen Energie für nutzbare Arbeit verwendet werden kann. Unser erster Gedanke könnte sein, dass wir die Gesamtenergie des Systems vor Beginn des Ausgleichprozesses und nach dem Ausgleich auf das Niveau der Umgebung bestimmen. Es ist klar, dass wir bestenfalls nur die Energiedifferenz nutzen könnten, aber auch diese lässt sich nicht vollkommen für die Verrichtung von Arbeit verwenden, denn bei jeder Energieumwandlung treten notwendigerweise nichtkompensierte Änderungen auf.

So ist z. B. bei einem mit seiner Umgebung in thermischer Wechselwirkung stehenden System die maximale Arbeit einer gegebenen Zustandsänderung nicht durch die Änderung der inneren Energie ΔE sondern durch die Änderung der freien Energie ΔF gegeben. Verläuft der Prozess jedoch unter isothermen und isobaren Bedingungen, dann kann höchstens die Änderung der freien Enthalpie ΔG zur Verrichtung von Arbeit genutzt werden. Dadurch erhalten auch die Bezeichnungen freie Energie bzw. freie Enthalpie einen Sinn, weil ΔF der Teil der Änderung der inneren Energie ΔE ist, der zur Verrichtung von Arbeit frei genutzt werden kann. (Ähnlich ist ΔG der Teil der Enthalpieänderung ΔH, der zur Verrichtung von Arbeit frei genutzt werden kann.)

III/3.4.5 Freie Enthalpie dünner Lösungen und das chemische Potenzial der Komponenten (Beziehung zur Konzentration)

Bezeichnen wir das Lösungsmittel mit A und den gelösten Stoff mit B, dann ist die freie Enthalpie der Zweikomponentenlösung nach Gl. (III.94):

$$G = E + pV - TS = \mu_A \nu_A + \mu_B \nu_B. \qquad \text{(III.105)}$$

Die innere Energie der Lösung E und ihr Volumen V lassen sich einfach als Summe ihrer Komponenten aufschreiben, weil sie bleibende Zustandsgrößen sind:

$$E = E_A^0 \nu_A + E_B^0 \nu_B, \qquad V = V_A^0 \nu_A + V_B \nu_B, \qquad \text{(III.106)}$$

wo E^0 bzw. V^0 die innere Energie bzw. das Volumen eines Mols einer Komponente bei gegebener Temperatur und gegebenem Druck sind. Bei der Entropie müssen wir auch die Entropieänderung bei isothermer Mischung berücksichtigen. (s. III/3.3.5 Gl. (2) in „*Einige Spezialfälle der Entropieänderung*" bzw. Erinnerung III.3). So ist die Entropie der Lösung:

$$\begin{aligned} S &= S_A^0 \nu_A + S_B^0 \nu_B + \Delta S_A + \Delta S_B \\ &= S_A^0 \nu_A + S_B^0 \nu_B - R\nu_A \cdot \ln(c_A) - R\nu_B \cdot \ln(c_B), \end{aligned} \qquad \text{(III.107)}$$

wo c_A und c_B die Konzentration des Lösungsmittels bzw. des gelösten Stoffes als Volumenbruch sind ($c_A = V_A / V$ und $c_B = V_B / V$).

Erinnerung III.3
Änderung der Entropie bei isothermer Mischung:

$$\Delta S = \Delta S_A + \Delta S_B = $$
$$= R \cdot \nu_A \cdot \ln \frac{V}{V_A} + R \cdot \nu_B \cdot \ln \frac{V}{V_B}$$

Substituieren wir Gl. (III.106) und Gl. (III.107) in Gl. (III.105) und heben wir aus jedem Glied ν_A bzw. ν_B heraus:

$$G = [\{E_A^0 + pV_A^0 - TS_A^0\} + TR \cdot \ln(c_A)]\nu_A + \\ + [\{E_B{}^0 + pV_B{}^0 - TS_B{}^0\} + TR \cdot \ln(c_B)]\nu_B = \mu_A\nu_A + \mu_B\nu_B. \quad \text{(III.108)}$$

Beim Vergleich der rechten und linken Seite der Gleichung lassen sich die entsprechenden chemischen Potenziale ablesen:

$$\mu_A = \mu_A^0 + RT \cdot \ln(c_A), \quad \mu_B = \mu_B^0 + RT \cdot \ln(c_B), \quad \text{(III.109)}$$

wo $\mu^0{}_A$ und $\mu^0{}_B$ die molare freie Enthalpie der entsprechenden reinen Komponenten (in Gl. (III.108) in geschweiften Klammern), d. h. das chemische Potenzial bedeuten.

III/3.5 Energieumsatz des lebenden Organismus

Die belebte Natur nutzt in direkter oder indirekter Form die Strahlungsenergie der Sonne. Die Tierwelt nutzt die beim Abbau von Kohlenhydraten, Fetten und Eiweißen freigesetzte freie Energie. Die Kalorienwerte (1 cal ≈ 4,2 J) dieser Grundnahrungsmittel sind in vitro etwas höher als die in vivo messbaren Werte. Das kommt daher, dass ein Teil der Nahrungsmittel (ca. 10 %) im Organismus nicht aufgebraucht wird, des weiteren ist der Energiebedarf der biologischen Apparate auf dem Weg zur Nutzung bzw. während des Verbrauchs bei den verschiedenen Nährstoffen nicht gleich.

Der 1. Hauptsatz der Thermodynamik gilt als ein universelles physikalisches Prinzip auch für die biologischen Prozesse. Biokalorimetrische Messungen haben bewiesen, dass die Wärmeproduktion der Tiere proportional zum Energiegehalt der aufgenommenen Nahrung ist. Das Biokalorimeter ist ein von der Umwelt nach Möglichkeit isoliertes System, in dem die Lebensbedingungen des Tieres kurzfristig garantiert sind. Die Differenz zwischen der beim Eintreten des thermischen Gleichgewichts gemessenen Temperatur und der Ausgangstemperatur ist von der Wärmeproduktion des Tieres verursacht. In Kenntnis der Wärmekapazität lässt sich so die in der Zeiteinheit produzierte Energie direkt bestimmen.

Bei einer anderen Methode kann im Kalorimeter mit elektrischer Heizung dieselbe Temperaturdifferenz erzeugt werden, wie sie das Tier produziert. In Kenntnis der elektrischen Heizparameter kann die in der Zeiteinheit abgegebene Wärme leicht berechnet werden. Der Satz der Energieerhaltung kann mit diesen kalorimetrischen Methoden auch bei Tieren mit ausreichender Genauigkeit bewiesen werden.

Beim Menschen werden direkte kalorimetrische Messungen selten durchgeführt. Die indirekte Kalorimetrie, die sog. Stoffwechseluntersuchung, beruht auf der Messung des Sauerstoffverbrauchs oder der Kohlendioxydproduktion. Als Grundumsatz wird der Stoffwechsel des Menschen im Ruhezustand nach ca. 12stündiger Nahrungskarenz bezeichnet, der praktisch notwendig ist, um den ruhenden Organismus in unverändertem Zustand zu erhalten.

Die hierzu notwendige Energie beträgt bei einem (70 kg schweren) Erwachsenen in 24 Stunden ca. 7100 kJ, hängt aber auch vom Alter und Geschlecht ab. Der Durchschnittsmensch ist bei Dauerarbeit zu einer Leistung von 74 W fähig. Rechnet man täglich 10 Stunden Arbeit, so sind das ca. 2700 kJ. In derselben Zeit ist die für den Grundumsatz erforderliche Energie ungefähr 3000 kJ. Das bedeutet, dass ein Mensch bei 10 Stunden ununterbrochener Arbeit insgesamt ca. 5700 kJ Energie verbraucht und davon 2700 kJ für Arbeit aufwendet, was einem Wirkungsgrad von fast 50 % entspricht. Das ist ein bedeutend höherer Wert als z. B. der Wirkungsgrad von Wärmekraftmaschinen.

Ein interessantes Beispiel: Die Entropieänderung des Bacillus pycnoticus

Zum bioenergetischen Studium der Lebewesen wählen wir ein einfaches Beispiel, das Wachstum eines Bakteriums in der Phase, in der es eines der wichtigsten, zu seinem Aufbau notwendigen Grundelemente, die Glukose erzeugt. Das Wachstum der Bakterien ist von ihrer Vermehrung insofern zu unterscheiden, dass das Wachstum in erster Linie die Vermehrung der Zellsubstanz (z. B. Eiweiße, Nukleinsäuren, Lipide, Membranen usw.) bedeutet. Während des Wachstums wird die Ordnung des Bakteriums zunehmen, weil auch die verschiedenen geordneten Strukturen im Innern des Bakteriums wachsen. Untersuchen wir also das Bakterium als ein thermodynamisches System, so muss (nach der statistischen Interpretation der Entropie) **die Entropie abnehmen**. Das führt zu einem scheinbaren Widerspruch zwischen der Energetik der Lebewesen und dem 2. Hauptsatz der Thermodynamik, weil der 2. Hauptsatz, wie wir gesehen haben, vorschreibt, dass die Entropie geschlossener Systeme unverändert bleibt oder zunimmt, aber auf keinen Fall abnimmt. Der „Widerspruch" lässt sich einfach auflösen, denn die Lebewesen sind nicht nur keine isolierten, sondern auch keine geschlossenen Systeme. Studieren wir das Bakterium zusammen mit seiner unmittelbaren Umgebung, mit dem es als offenes System im Energie- und Stoffwechsel steht, dann wird die Entropieänderung des Bakteriums, das so mit seiner Umgebung als isoliertes System betrachtet werden kann, schon zu einem lohnenden Studienobjekt. Der Entropieabnahme des Bakteriums entspricht eine mindestens gleich große Entropiezunahme seiner Umgebung. Für dieses Phänomen fand Schrödinger die treffende Bemerkung, dass die Lebewesen mit negativer Entropie leben. Zwischen der Entropiezunahme in der Umgebung und der Entropieabnahme der lebenden Organismen muss also folgende Beziehung bestehen:

$$\Delta S_u + \Delta S_b \geq 0,$$

wo ΔS_u die Entropieänderung der Umgebung und ΔS_b die Entropieänderung des Bakteriums sind. Ähnlich dazu kann man auch für die Änderung der freien Enthalpie schreiben:

$$\Delta G_u + \Delta G_b \leq 0.$$

Um die Berechnungen zu erleichtern, betrachten wir nur die Gleichheit und **schätzen die Entropieänderung des B. pycnoticus während der Glukoseproduktion** nach den Berechnungen des amerikanischen Physochemikers Henry Linschitz (1919-). Das ist dadurch erleichtert, dass das Bakterium als Energiequelle ausschließlich Wasserstoff verbrennt, so lässt sich die daraus gewinnbare, zur Arbeitsverrichtung frei verfügbare Änderung der freien Enthalpie einfach berechnen. Aus der Beziehung lässt sich mit Nutzung der Definition der Änderung der freien Enthalpie die Entropieänderung ausdrücken:

$$\Delta G_b = \Delta H_b - T\Delta S_b = -\Delta G_u,$$

$$\Delta S_b = \frac{\Delta G_u + \Delta H_b}{T}. \qquad (1)$$

►

Die Änderung der freien Enthalpie der Energiequelle des B. pycnoticus, der Oxydation des Wasserstoffs, ist (auf ein Mol bezogen) ΔG_{H_2O} = - 237 kJ (das ist die freie Bildungsenthalpie des Wassers bei 25° C und atmosphärischem Druck (101 kPa)). Das Bakterium benutzt als Kohlenstoffquelle beim Aufbau seines Organismus Kohlendioxyd. Daraus bildet es nach der Gleichung

$$6CO_2 + 6H_2O \rightarrow C_6H_{12}O_6 + 6O_2$$

Glukose, die es dann bei den weiteren komplizierten Stoffwechselprozessen zum Aufbau aller übrigen Stoffe benutzt. In Kenntnis der Bildungsenthalpie H^0 ist dazu die Energie

$$\Delta H_b = H^0{}_{C_6H_{12}O_6} - (6 \cdot H^0{}_{CO_2} + 6 \cdot H^0{}_{H_2O}),$$

$$\Delta H_b = -1280 - (6 \cdot (-394) + (6 \cdot (-286) = 2800 \text{ (kJ)}$$

notwendig (gleichfalls auf ein Mol bezogen). Aufgrund von Messungen wissen wir, dass das Bakterium zum Einbau von einem Mol Kohlendioxyd 8 Mol Wasserstoff verbrennt, d.h. zum Einbau von 12 g Kohlenstoff benutzt es 8(-237 kJ) = -1896 kJ Energie. Dividieren wir das durch 12, so erhalten wir die Änderung der freien Enthalpie in der Umgebung beim Einbau von einem Gramm Kohlenstoff: ΔG_u = -158 kJ. Die Enthalpiezunahme bei der Bildung von Glukose mit 6 Kohlenstoffatomen betrug (auf ein Mol bezogen) 2800 kJ, woraus wir wieder auf ein Gramm Kohlenstoff umrechnen: 2800/(6•12) = 39 (kJ).

Substituieren wir diese Zahlenwerte sowie die für Lebewesen in der Regel günstigste Temperatur von 37° C = 310 K in Gl. (1), dann ist

$$\Delta S_b = \frac{-158 + 39}{310} = -0{,}38 \text{ (kJ/K)}$$

(auf 1 g Kohlenstoff bezogen). Übernehmen wir die Schätzung von Linschitz, dass die Bakterien im Mittel 10% Kohlenstoff enthalten und ihre Masse in der Größenordnung von 10^{-12} g ist, dann ist die Entropieänderung pro Bakterienzelle $-38 \cdot 10^{-15}$ kJ/K, d. h. –38 pJ/K.

III/4 Transportvorgänge durch biologische Membranen, Membranpotenzial

III/4.1 Transportvorgänge im Ruhezustand der Zelle

Die Diffusion von Gasmolekülen, Ionen und anderen gelösten Molekülen erfolgt in lebenden Organismen zum überwiegenden Teil in wässriger Phase, in vielen Fällen weichen aber die Eigenschaften dieser Diffusionsmedien stark von den Eigenschaften des reinen Wassers als Lösungsmittel ab. Im Innern der Zellen mit ihrem Durchmesser von einigen µm können sich die Moleküle z. B. im Zytoplasma, in von Membranen umgrenzten Volumen, in verschiedenen Zellorganellen, wie z. B. Mitochondrien, Zellkern oder endoplasmatischem Retikulum usw., bewegen. Im Innern der Zellorganellen kann die Dichte der verschiedenen Moleküle (z. B. Eiweiße, Nukleinsäuren) sehr unterschiedlich sein (es kann auch eine hohe Viskosität bestehen), was die molekulare Diffusion stark verlangsamt. Auch das Zytoplasma selbst hat eine mehrmals höhere mittlere Viskosität als Wasser und dazu kommt noch, dass der Wert η von Ort zu Ort variieren kann, z. B. durch die netzartige Struktur aus Eiweißen, das Zytoskeleton, das im Zytoplasma der Säugetierzellen zu finden ist. Die molekulare Diffusion innerhalb des Organismus ist aber nicht nur durch die Viskosität bzw. die strukturellen Wirkungen modifiziert.

Der Inhalt der Zellen bzw. der intrazellulären Organellen ist von Membranen aus einer Lipiddoppelschicht umgrenzt. In dieser Doppelschicht befinden sich auch Eiweiße mit zahlreichen, unterschiedlichen Funktionen, welche durch die Lipid-Eiweiß Wechselwirkungen in die Doppelschicht eingebaut oder an ihre Innenfläche gekoppelt sind (s. I/5.1.2). Die biologischen Membranen bilden insofern ein Hindernis für die molekulare Diffusion im Organismus, dass sie durch ihre chemische Zusammensetzung und ihre spezielle Struktur nur für gewisse Stoffe durchlässig sind, die Diffusion durch die Membranen ist also stark selektiv. Diese Eigenschaft der die Zelle umschließenden sog. Plasmamembran garantiert den selektiven Stoffwechsel der Zelle. Will man also dieses Phänomen aus biophysikalischer Sicht diskutieren, so muss man untersuchen, inwieweit sich das von der „Diffusion" Gelernte (s. III/2.1.2) anwenden lässt. Der Stofftransport durch die Membranen wird nach den molekularen Mechanismen und den energetischen Unterschieden in drei Kategorien eingeteilt (s. auch Abb. III.23):

1. **passive Diffusion**
2. **erleichterte Diffusion**
3. **aktiver Stofftransport**

Im physikalischen Sinne ist von den drei Kategorien nur die als passive Diffusion bezeichnete Erscheinung als „echte" Diffusion anzusehen. Mit ihr beginnen wir unsere Diskussion.

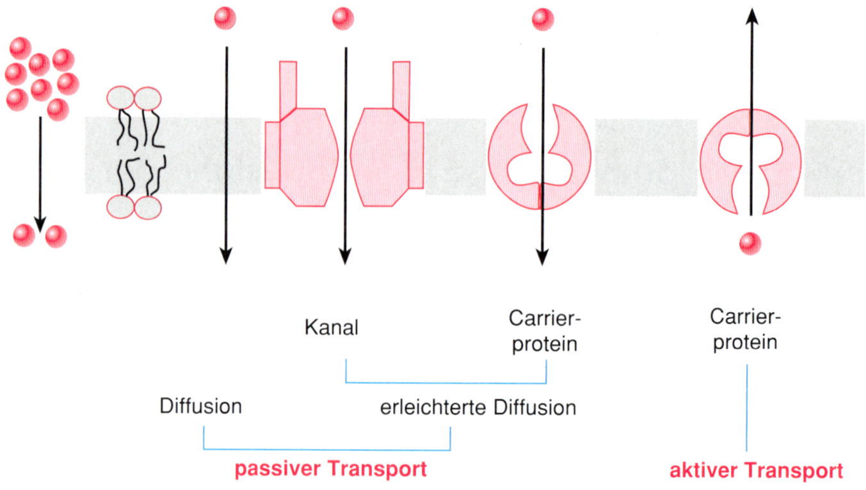

Abb. III.23. Zusammenfassung der Transportvorgänge an der Zellmembran

III/4.1.1 Passive Diffusion von nicht geladenen Teilchen

Bei dieser Beschreibung berücksichtigen wir die Einzelheiten der Membranstruktur nicht, wir nehmen die Membran als ein Medium und charakterisieren sie mit den physikalischen Eigenschaften einer eiweißfreien Lipiddoppelschicht. Der Transportrichtung entsprechend denken wir uns die x-Achse senkrecht zur Membranfläche. In diesem Medium (der Membran) erfolgt an einem gegebenen Ort x dann eine Diffusion, wenn es entlang der x-Achse in der Umgebung des gegebenen Ortes Δx eine Konzentrationsdifferenz gibt. Der sich daraus ergebende Konzentrationsgradient $\Delta c/\Delta x$ (s. III/2.1.2) ist die thermodynamische Kraft, welche den Fluss aufrecht erhält. Aus Sicht der Lebensprozesse ist in erster Linie die Materialflussdichte durch die totale Membrandicke ($d \approx 5$nm) interessant (die Strömungsverhältnisse innerhalb der Membran sind weniger interessant). Zur einfachen Bestimmung können wir das 1. ficksche Gesetz (s. III/2.1.2) nutzen, wenn wir voraussetzen, dass sich die Konzentration innerhalb der Membran linear ändert, d. h.:

$$J_\mathrm{m} = -D \cdot \frac{\Delta c}{\Delta x} = -D_\mathrm{m} \frac{c_\mathrm{m2} - c_\mathrm{m1}}{d}, \qquad \text{(III.110)}$$

wo c_m1 und c_m2 die Konzentrationen im Innern der beiden Ränder der Membran mit der Dicke d und D_m der Diffusionskoeffizient innerhalb der Membran sind. D_m kann Größenordnungen kleiner sein, als für die wässrige Phase charakteristisch ist. (Natürlich müssen wir die Erfüllung der Voraussetzung experimentell kontrollieren.) Gl. (III.110) kann in eine einfachere Form gebracht werden, wenn wir die beiden Konstanten (D_m und d) zusammenfassen. So erhalten wir den für den Membrantransport charakteristischen neuen Parameter:

$$p_\mathrm{m} = \frac{D_\mathrm{m}}{d}, \text{ also ist } \quad J_\mathrm{m} = -p_\mathrm{m}(c_\mathrm{m2} - c_\mathrm{m1}). \qquad \text{(III.111)}$$

p_m ist die sog. **Permeabilitätskonstante**, ihre Maßeinheit ist m/s.

Im Innern der Membran ist die an der einen bzw. anderen Grenzfläche gültige molare Konzentration (c_{m1}, c_{m2}) in der Regel nicht gleich der von außen messbaren Konzentration c_{w1} bzw. c_{w2}, die charakteristisch für die wässrige Phase um die Membran ist ($c_{m1} \neq c_{w1}$, $c_{m2} \neq c_{w2}$, s. Abb. III.24). Bei Annahme einer stationären Strömung muss aber die Bedingung

$$\frac{c_{m1}}{c_{w1}} = \frac{c_{m2}}{c_{w2}} = \text{konstant} = K \qquad \text{(III.112)}$$

erfüllt sein. So können in Gl. (III.111) der **Verteilungsquotient** K und die Konzentration in der wässrigen Phase in folgende Form gebracht werden:

$$J_m = -p_m \cdot K(c_{w2} - c_{w1}) = -p(c_{w2} - c_{w1}), \qquad \text{(III.113)}$$

sofern J_m und die Konzentrationen c_{wi} messbare Größen sind, also p bestimmt werden kann. Obwohl sich die Größe $p = Kp_m$ von der „echten" (in Gl. (III.111) eingeführten) Permeabilitätskonstanten sichtbar unterscheiden kann, benutzen wir aus praktischen Gründen (der einfacheren Messbarkeit wegen) ***p* als Permeabilitätskonstante**. Führen wir bei einem gegebenen Molekül (z. B. H_2O) die Messung auch unter anderen Kautelen durch, so können wir den Wert der Permeabilitätskonstanten auf verschiedene Weise bestimmen. Mit Messungen konnte auch für mehrere Teilchen nachgewiesen werden, dass die obigen Näherungen annehmbar sind.

Mit Diffusion gelangen die hydrophoben O_2 und N_2 Moleküle sowie die polaren H_2O, Urea, Glycerin und CO_2 Moleküle durch die Membran. Ja, auf die obige Weise kann auch der Transport von größeren polaren Molekülen ohne Nettoladung, wie z. B. Glukose oder Sacharose, beschrieben werden (s. Abb. III.25).

In III/3.2.2 wurde es zwar schon erwähnt, aber auch bei den Membrantransportvorgängen ist es wichtig zu bemerken, dass die treibende thermodynamische Kraft X bei der Diffusion, d. h. der Strömung neutraler Teilchen, nicht der Konzentrationsgradient, sondern der chemische Potenzialgradient ist. Die für das Phänomen benutzte Onsager-Gleichung (s. Gl. (III.54)) lautet also:

$$J = L \cdot X = L \cdot \frac{-\Delta\mu}{\Delta x}\,. \qquad \text{(III.114)}$$

Unter Nutzung von Gl. (III.109) für das chemische Potenzial ($\mu = \mu_0 + RT \ln c$) können wir (mit Kenntnissen der höheren Mathematik) die Gleichung

$$J = -L \cdot RT \frac{\Delta \ln c}{\Delta x} = -L \cdot \frac{1}{c} RT \frac{\Delta c}{\Delta x} \qquad \text{(III.115)}$$

gewinnen, wo der Ausdruck LRT/c den gemeinsamen Diffusionskoeffizienten D angibt. So kommen wir zum 1. fickschen Gesetz zurück.

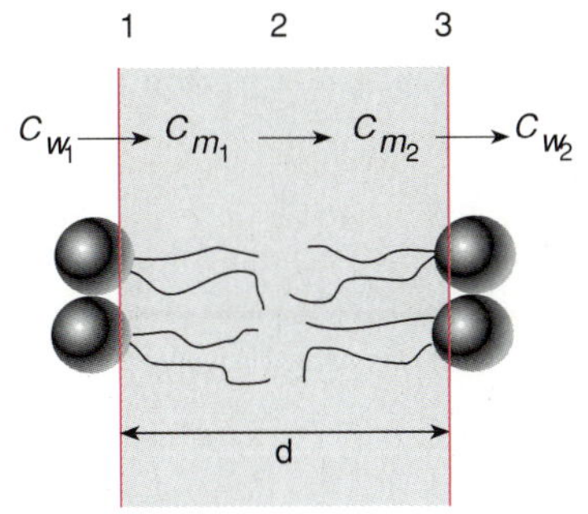

Abb. III.24. Schematische Demonstration der Permeabilitätskonstanten
Die Konzentration an den beiden Rändern der Membran ist c_{m1} und c_{m2}, die Konzentration in den beiden angrenzenden wässrigen Phasen ist c_{w1} und c_{w2}, wobei $c_{m1} > c_{m2}$, $c_{w1} > c_{w2}$

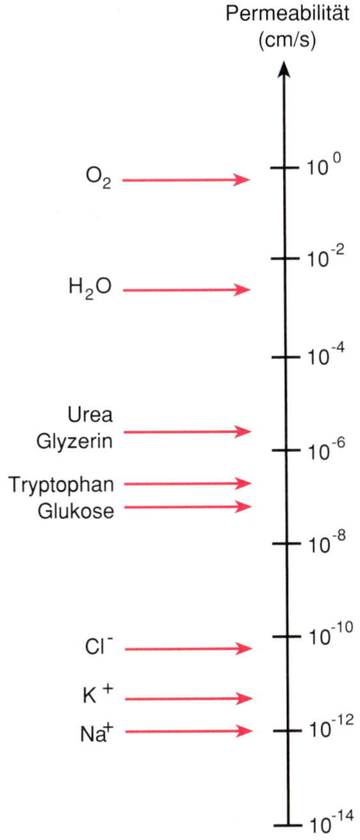

Abb. III.25. Permeabilitätskonstanten von künstlichen Membranen für kleine Moleküle

III/4.1.2 Passive Diffusion von Ionen

Die Permeabilität der Lipidmembranen hat für Ionen einen sehr geringen Wert (s. Abb. III.25). Für größere, geladene Moleküle ist die Membran praktisch undurchlässig. Wenden wir die onsagersche Beziehung auf den Transport von geladenen Teilchen (in x-Richtung) an, so können wir das Phänomen beschreiben, indem wir statt des chemischen Potenzials das in Gl. (III.62) eingeführte elektrochemische Potenzial ($\mu_e = \mu + zF\varphi$) benutzen. Die Teilchen wandern ja zusammen mit ihrer Ladung (s. III/3.3.2). Dementsprechend ist für das k-te Teilchen (z. B. Na^+) die Materialflussdichte:

$$J_k = L_k \cdot X_k = -L_k \cdot \frac{-\Delta\mu_{ek}}{\Delta x} \quad . \qquad \text{(III.116)}$$

Die Größe $\Delta\mu_e/\Delta x$ können wir definitionsgemäß unter Berücksichtigung von Gl. (III.115) aufschreiben:

$$\frac{-\Delta\mu_{ek}}{\Delta x} = \frac{\Delta}{\Delta x}(\mu_k + z_k F\varphi) = \frac{\Delta\mu_k}{\Delta x} + z_k F\frac{\Delta\varphi}{\Delta x} = \frac{1}{c_k} RT\frac{\Delta c_k}{\Delta x} + z_k F\frac{\Delta\varphi}{\Delta x}\,, \qquad \text{(III.117)}$$

wo z_k die Wertigkeit des Teilchens, F die Faraday-Konstante und φ das elektrische Potenzial sind. Danach ist zu sehen, dass die thermodynamische Kraft im Vergleich zu den Überlegungen (1. ficksches Gesetz) beim Transport von neutralen Teilchen mit dem Glied $-zF\Delta\varphi/\Delta x$ erweitert ist. Unter Berücksichtigung des Diffusionskoeffizienten aus Gl. (III.115) ist

$$D_k = L_k \frac{1}{c_k} R \quad \text{und daraus} \quad L_k = c_k \frac{D_k}{RT} = \frac{c_k u_k}{N_A} \qquad \text{(III.118)}$$

wo u_k die Mobilität des k-ten Teilchens in der Membran und N_A die Avogadrozahl sind. Des Weiteren haben wir genutzt, dass sich der Diffusionskoeffizient innerhalb der Membran mit der Mobilität des Teilchens ($D_k = u_k kT$, s. Gl. (III.33)) ausdrücken lässt. Danach erhält Gl. (III.116) die folgende Form:

$$J_k = L_k \cdot X_k = -D_k\left(\frac{\Delta c_k}{\Delta x} + c_k \frac{z_k F}{RT}\frac{\Delta\varphi}{\Delta x}\right). \qquad \text{(III.119)}$$

Gl. (III.119) gibt die Materialstromdichte beim Transport einer Art (hier der k-ten) von geladenen Teilchen (z. B. Na^+) im thermischen Gleichgewicht, den ein in der Zeit konstanter Konzentrationsgradient und elektrischer Potenzialgradient aufrecht erhält.

Erleichterte Diffusion

Durch biologische Membranen können, ähnlich wie durch künstliche Membranen, Wasser sowie die apolaren kleinen Moleküle leicht diffundieren. Dagegen gibt es einen deutlichen Unterschied zwischen biologischen und künstlichen Membranen, was den Transport von Ionen, Monosachariden, Aminosäuren und anderen Metaboliten betrifft. Diesen molekularen Transport können solche Moleküle vermitteln, die sich in der Membran befinden, zumeist aus Proteinen bestehen und den einzelnen Molekül- oder Ionenarten selektiv einen Diffusionsweg garantieren. Hierzu gehören z. B. die über ähnliche Eigenschaften wie die Enzyme verfügenden ▶

spezifischen **Carrierproteine** (oder „Permeasen"), die einzelne Ionen selektiv transportierenden **Ionenkanal-Proteine** sowie die zum Transport von Ionen geeigneten, an der Außenfläche hydrophoben, ringförmigen „Antibiotika", die sog. **Ionophoren**. Die wichtigsten Charakteristika dieser sog. **erleichterten Diffusion** mit Hilfe der Vermittler sind die folgenden:

- die Geschwindigkeit der Prozesse ist bedeutend höher, als das nach dem fickschen Gesetz für die passive Diffusion zu erwarten wäre
- der Prozess ist stark selektiv, d. h. es ist nur der Transport einer Molekülart (eventuell einer engen, strukturell verwandten Molekülgruppe) möglich
- da die Diffusion durch die Membran (im Gegensatz zur passiven Diffusion) über eine beschränkte Zahl von „vermittelnden Molekülen (Carrierproteinen)" verläuft, zeigt die Diffusionsgeschwindigkeit ein Maximum, d. h. sie wird mit steigender Konzentration „gesättigt"
- die erleichterte Diffusion kann prinzipiell in beiden Richtungen durch die Membran funktionieren, die aktuelle Richtung bestimmt die Richtung des chemischen oder elektrochemischen Potenzialgradienten des zu transportierenden Moleküls oder Ions
- die erleichterte Diffusion kann – im Gegensatz zur passiven Diffusion – selektiv mit Hemmern (sog. Inhibitoren) der vermittelnden Moleküle blockiert werden.

Nach der Kopplung zwischen den transportierten Teilchen und den Membraneiweißen unterscheiden wir zwei Haupttypen der erleichterten Diffusion. Bei der von den Ionenkanal-Proteinen vermittelten Diffusion werden die zu transportierenden Teilchen, meist Ionen, nicht an Membraneiweiße gebunden. Was ihre Struktur betrifft, sind die Ionenkanäle durch die gesamte Dicke der Membran reichende supramolekulare Strukturen aus mehreren Proteinsubeinheiten, welche hydrophile Poren durch die Membran erzeugen. Die Ionen gelangen durch die Poren durch die für sie sonst schwer durchgängige Membran. Eine wesentliche Eigenschaft der Ionenkanäle in der Zellmembran ist, dass sich der funktionelle – offene oder geschlossene - Zustand der Kanäle bei gewissen Reizen auf bestimmte Weise sehr schnell ändern kann. Es gibt Kanäle, welche ständig in Funktion sind (z. B. *Porin* in der Außenmembran der Mitochondrien), die Durchgängigkeit der meisten Kanäle ist aber reguliert. In Abhängigkeit vom regulierenden Reiz gibt es verschiedene Typen von Kanälen. Die *spannungsgesteuerten* Kanäle sind auf das Membranpotenzial empfindlich, bei einem gegebenen Bereich öffnen sie sich, ansonsten sind sie geschlossen. Die *rezeptor- oder ligandgesteuerten* Kanäle öffnen sich bei Konformationsänderungen, die eine Molekülbindung begleiten. Der Ligand selbst kann von der extrazellulären Seite kommen (z. B. ein Neurotransmitter, transmitteraktivierter Kanal) oder ein Ion des Intrazellularraums sein (z. B. Ca^{2+}, ionenaktivierter Kanal). Die Durchgängigkeit gewisser Kanäle wird von *mechanischen* Einwirkungen gesteuert. Die Kanaleiweiße verfügen oft über einen ins Zytoplasma reichenden Teil, der an das Zytoskeleton gekoppelt ist. Der Zug des Zytoskeletons öffnet den Kanal.

Die **Carrierproteine** binden spezifisch die gelösten Ionen oder Moleküle und unterstützen ihr Durchdringen der Membran. Ihr Mechanismus ist zum großen Teil heute noch ungeklärt. Es scheint wahrscheinlich, dass die Carrierproteine die gelösten Komponenten nicht mit Flip-Flop-Bewegungen durch die Membran bringen. Ähnlich gering ist die Wahrscheinlichkeit, dass sie den Transport unterstützen, indem sie sich zwischen den beiden Membranflächen hin und her bewegen. Am wahrscheinlichsten ist die Annahme, dass sie ähnlich den Enzymen ihre Funktion über reversible Konformationsänderungen ausüben.

Abb. 1 zeigt die wichtigsten Schritte des von den Carrierproteinen vermittelten passiven Transportes, den wahrscheinlichen Mechanismen entsprechend. Der erste Schritt ist die Bindung des zu transportierenden Substrats durch das vermittelnde Membraneiweißmolekül, charakterisiert durch eine Gleichgewichts-(Bindungs-) Konstante K_M. Änderung der zur Reaktion (hier zum Transport) erforderlichen Carrierkonformation. Die dazu notwendige „Aktivierungsenergie" wird durch die Bindungsenergie des Substrates gedeckt. Der nächste Schritt ist das Durchdringen der Membran bzw. die Abkopplung auf der anderen Seite

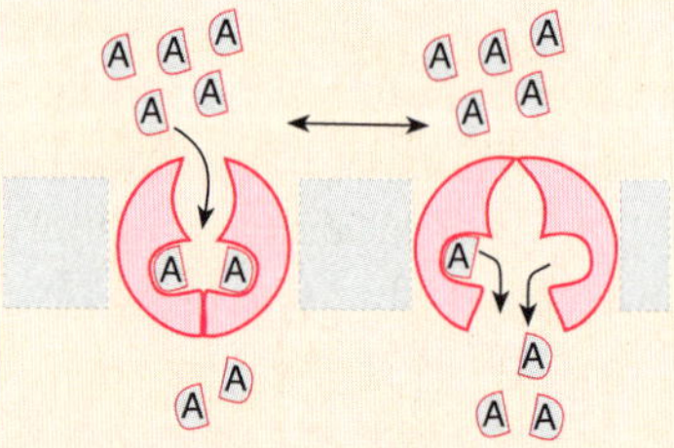

Abb. 1. Hypothetischer Mechanismus des von Carrierproteinen vermittelten passiven Transports

(Transportschritt). Danach bildet sich die Konformation des Carrierproteins in die ursprüngliche zurück, womit sie den Transport des Moleküls in die Gegenrichtung verhindert.

Das Reaktionsschema der erleichterten Diffusion ist im Wesentlichen identisch mit dem auch für Enzymreaktionen gültigen Reaktionsschema. Daraus folgt, dass die Transportgeschwindigkeit proportional zur Konzentration des Stoßkomplexes AB aus Carrierprotein A und zu transportierendem Molekül B ist:

$$v_1 = k_1[\mathrm{AB}]$$

wo k_1 die Geschwindigkeitskonstante des Transportschrittes (Translokation) ist. Unter Nutzung der Beziehungen bezüglich des stationären Zustandes bzw. der Gleichgewichtskonzentration des Stoßkomplexes (s. Gl. (III.43) und Gl. (III.44)) erhalten wir die Beziehung zwischen Transportgeschwindigkeit v und Konzentration des zu transportierenden Substratmoleküls:

$$v = \frac{k_1[\mathrm{A}]_t[\mathrm{B}]}{(K_M + [\mathrm{B}])} \ ,$$

wo $[\mathrm{A}]_t$ die totale Konzentration des Carrierproteins ist.
Die kinetischen Eigenschaften der erleichterten Diffusion sind im Vergleich zu denen der passiven Diffusion in Abb. 2 dargestellt. Es ist gut zu sehen, dass die passive Diffusion im Gegensatz zur erleichterten Diffusion nicht spezifisch ist, nicht gesättigt wird und mit bedeutend geringerer Geschwindigkeit verläuft.

Die Transportgeschwindigkeit zeigt einen wesentlichen Unterschied zwischen der Erleichterung durch Ionenkanäle und durch Carrierproteine. Durch die Ionenkanäle können pro Sekunde mehr als 10^6 Ionen wandern, was mehr als das Hundertfache der bisher gemessenen schnellsten Transportgeschwindigkeit von Carrierproteinen ist.

Ein Spezialfall der erleichterten Diffusion ist die Erhöhung der Membranpermeabilität durch den Einbau von **Ionophoren**. Die Ionophoren sind kleine, hydrophobe Moleküle, ihre Bezeichnung weist darauf hin, dass sie in der Lage sind, Ionen in einen lipidlöslichen Komplex zu bringen. Ionophoren werden in der Regel von Pilzen oder Bakterien produziert und als „biologische Waffen" genutzt, weil sie die Vermehrung von anderen Bakterien oder Pilzen hemmen. Sie können in zwei Gruppen unterteilt werden: *mobile Ionen-Carriere* und *Kanalbildner*. Ihre gemeinsame Eigenschaft ist, dass sie das Wandern der zu transportierenden Ionen durch die Membran ermöglichen, indem sie ihre Ladung abschirmen. Weil sie nicht an Energie erzeugende Prozesse gekoppelt sind, verläuft der Transport in der durch das elektrochemische Potenzial bestimmten Richtung und ist meistens stark temperaturabhängig.

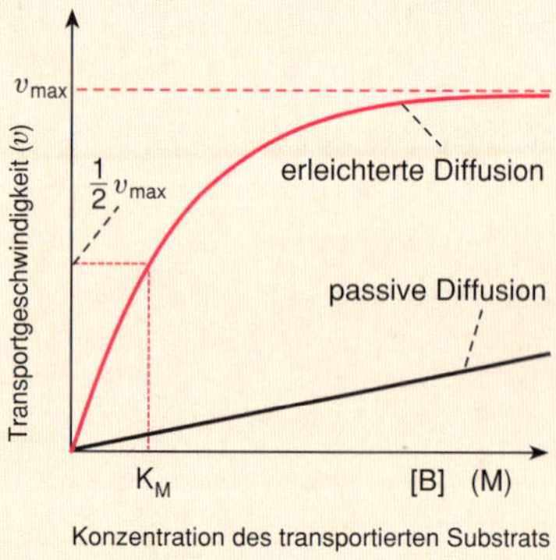

Abb. 2. Kinetischer Vergleich der erleichterten und der passiven Diffusion

Die *mobilen Ionencarriere* sind meistens ringförmig oder Verbindungen aus offenen Kohlenstoffketten, die zur Bildung einer ringförmigen Struktur fähig sind. Die Außenseite des Ringes ist hydrophob, deshalb sind sie lipidlöslich. Ihre Fähigkeit zum Transport von Ionen ist auch dadurch garantiert, dass sich im Innern des Ringes polare Gruppen befinden, welche Ionen der entsprechenden Größe binden können. Dieser Tatsache verdanken sie ihre relative Spezifität. Zu dieser Gruppe gehören z. B. Valinomycin, Nonaktin, Monaktin, Nigericin, Ionomycin und das als A23187 bezeichnete Ionophor. Valomycin ist ein ringförmiges Molekül mit geschlossener Kohlenstoffkette, den hydrophoben Charakter garantieren die Valinseitenketten. Es ist sehr stark K^+-selektiv, seine Affinität zu K^+ ist mehr als vier Größenordnungen höher als zu Na^+. Das Ionophor A23187 ist spezifisch für zweiwertige Kationen, aber seine Affinität zu Ca^{2+}ist bedeutend stärker als zu Mg^{2+}. Das selektivste Ca^{2+}-Ionophor ist das Ionomycin.

Ein charakteristisches Beispiel für ein *porenbildendes* Ionophor ist Gramicidin A. Diese Verbindung ist ein lineares Peptid aus 15 hydrophoben Aminosäuren, das sich in Form einer α-Helix in die Zellmembran einbaut. Zwei Moleküle Gramicidin A bilden eine Pore durch die Lipiddoppelschicht, durch welche die freie Diffusion von einwertigen Kationen beginnt. Die Dimere sind nicht stabil, sie befinden sich im Dissoziationsgleichgewicht mit Monomeren. Die Poren funktionieren auch unter der Phasenumwandlungstemperatur, bei der die von mobilen Carriermolekülen vermittelten Transportvorgänge „einfrieren", genauer gesagt wird dieser Prozess durch den gelartigen Zustand der Membran sehr langsam. Dieser Unterschied ermöglicht die Identifizierung einzelner Ionophortypen.

Die porenbildenden Ionophoren ähneln in gewisser Weise den Polyenantibiotika, welche die Membranstruktur verändern. Nystatin tritt in Wechselwirkung mit den Cholesterinmolekülen der Membran und bildet relativ kleine Poren durch die Membran. Durch diese können auch größere Moleküle diffundieren. Größere Porenausmaße können zu einem erhöhten Stoffverlust führen, daraus ergibt sich die Toxizität solcher Antibiotika.
Der Einsatz von Ionophoren in der Membranforschung macht es möglich, gewisse Ionenkonzentrationen im Zytoplasma der Zelle selektiv zu verändern. Mit ihrer Hilfe können die Bedeutung der Ionenkonzentration sowie die Folgen von Konzentrationsverschiebungen erforscht werden.

III/4.1.3 Aktiver Transport

Der aktive Transport ist ein Prozess, welcher das gelöste Molekül oder Ion gegen den chemischen oder elektrochemischen Potenzialgradienten befördert. Dazu muss natürlich Energie aufgebracht werden, was auf drei Weisen erfolgen kann. Die **mit ATP funktionierenden Transporter** oder ATPasen nutzen die Energie der ATP-Hydrolyse, die **mit Licht funktionierenden Transporter** nutzen die Lichtenergie. Die **gekoppelten Transporter** nutzen die bei einem Transport in Richtung des elektrochemischen Potenzialgradienten freigesetzte Energie zur Bewegung eines anderen Moleküls gegen den Gradienten. Deshalb wird dieser Transport auch oft als sekundärer aktiver Transport bezeichnet.

Die Moleküle, die den aktiven Transport durchführen, können nach der Zahl der transportierten Moleküle und nach der Transportrichtung klassifiziert werden. Einige Transporter befördern ein einziges Molekül von einer Seite der Membran auf die andere, diese bezeichnet man als **Uniporter**. Andere Transporter ermöglichen die Bewegung von zwei oder mehreren Ionen oder Molekülen. Erfolgt der Transport der zwei Teilchen in der gleichen Richtung, so spricht man von **Symportern**, bei entgegengesetztem Transport von **Antiportern**.

Beispiele für den aktiven Transport
Wie bekannt übersteigt die extrazelluläre Konzentration der Na^+-Ionen die intrazelluläre beträchtlich, während die Konzentration der K^+-Ionen in der Zelle höher ist als im extrazellulären Raum. Diesen Zustand hält eine **Na^+-K^+-Pumpe,** ein *Antiporter*, aufrecht, welche praktisch in jeder Plasmamembran tierischer Zellen zu finden ist. In diesem Fall bewegen sich beide Ionen gegen den elektrochemischen Potenzialgradienten. Die

▶

Pumpenfunktion ist an ATP-Hydrolyse gekoppelt, d. h. der Transporter ist eine Na^+-K^+-ATPase. Die Bedeutung des Prozesses zeigt die Tatsache, dass für diese Funktion in der Regel ein Drittel – bei erregbaren Zellen eine noch höhere Rate – des Gesamtenergiebedarfes einer Zelle verwendet wird.

Nach unseren heutigen Kenntnissen kann das Wesen der Na^+-K^+-ATPase-Funktion folgendermaßen zusammengefasst werden (s. Abb.). Im ersten Schritt bindet die ATPase auf der intrazellulären Seite der Membran Na^+-Ionen. Danach ändert sich unter Nutzung der Energie aus der Hydrolyse eines ATP-Moleküls und der damit gekoppelten Phosphorylierung des Eiweißes die Konformation des Eiweißes. Infolge der Konformationsänderung dissoziieren die Na^+-Ionen auf der extrazellulären Seite von der Na^+-Bindungsstelle des Eiweißes und im Eiweiß entsteht eine K^+-Bindungsstelle. Die Bindung der K^+-Ionen und die Dephosphorylierung des Eiweißes führen zu einer erneuten Konformationsänderung. Dem folgt die Dissoziation der gebundenen K^+-Ionen im intrazellulären Raum und es entsteht wieder eine Na^+-Bindungsstelle.

Die Funktion der Na^+-K^+-Pumpe ist noch nicht in allen Einzelheiten geklärt. Es ist aber schon bewiesen, dass auf drei „ausgepumpte" Na^+ im Mittel zwei „eingepumpte" K^+ kommen, wozu ein ATP-Molekül genutzt wird. Der Transporter verfügt über separate Bindungsstellen für die beiden Ionenarten. Der Transport von Na^+ und K^+ sowie die ATP-Hydrolyse sind streng gekoppelte Prozesse und spielen sich nur zusammen ab. Die ATPase Moleküle besitzen an der extrazellulären Seite eine Inhibitorbindungsstelle, sich hier ankoppelndes Ouabain hemmt den K^+-Transport.

Die Na^+-K^+-Pumpe ist elektrogen, sie befördert mehr positiv geladene Ionen nach außen als nach innen. Dass das trotzdem nicht zu einer Änderung der Ladungsverteilung führt, ist damit zu erklären, dass die passive Einströmung von $\mathbf{Na^+}$ die passive $\mathbf{K^+}$-Ausströmung übertrifft.

Neben der Na^+-K^+-Pumpe ist die **$\mathbf{Ca^{2+}}$-Pumpe** von besonderer Bedeutung. Die Ca^{2+}-Konzentration im Zytosol ist mehrere Größenordnungen geringer als im extrazellulären Raum. Das spielt bei den signalgebenden Prozessen der Zelle eine tragende Rolle. Der Transport von Ca^{2+} aus der Zelle erfolgt einerseits durch eine Ca^{2+}-ATPase, einen Uniporter, andererseits durch einen Na^+-Ca^{2+}-Exchanger, einen Antiporter.

Bei der Mehrzahl der **gekoppelten Transporter** basiert die Funktion auf der beschriebenen extra- und intrazellulären Konzentrationsdifferenz der Na^+-Ionen. Der Transport von Na^+-Ionen in Richtung des elektrochemischen Potenzialgradienten liefert die Energie zum Transport anderer Moleküle gegen den Gradienten. In tierischen Zellen spielt sich dieser Mechanismus oft bei der Aufnahme von Glukose und Sacharose sowie Aminosäuren ab. Die Na^+-Ionen und die am Kotransport teilnehmenden anderen Moleküle, z. B. Glukose, binden sich kooperativ an der extrazellulären Seite an den Transporter, d. h. die Na^+-Bindung erzeugt eine Konformationsänderung, welche die Glukosebindung unterstützt. Weil die Na^+-Konzentration außerhalb der Zelle hoch ist, bindet es sich mit hoher Wahrscheinlichkeit an das Eiweiß, wodurch dieses die in geringer Konzentration vorhandene Glukose mit höherer Affinität bindet. Auf der intrazellulären Seite verläuft genau das Gegenteil: die niedrige Na^+-Konzentration begünstigt die Dissoziation, der notwendigerweise auch die Abkopplung der Glukose folgt. Die durch das Symportsystem einwandernde Na^+-Menge wird durch die Na^+-K^+-ATPase aus der Zelle gepumpt, so ist die Na^+-K^+-Pumpe indirekt eine „Triebkraft" des Glukosetransports.

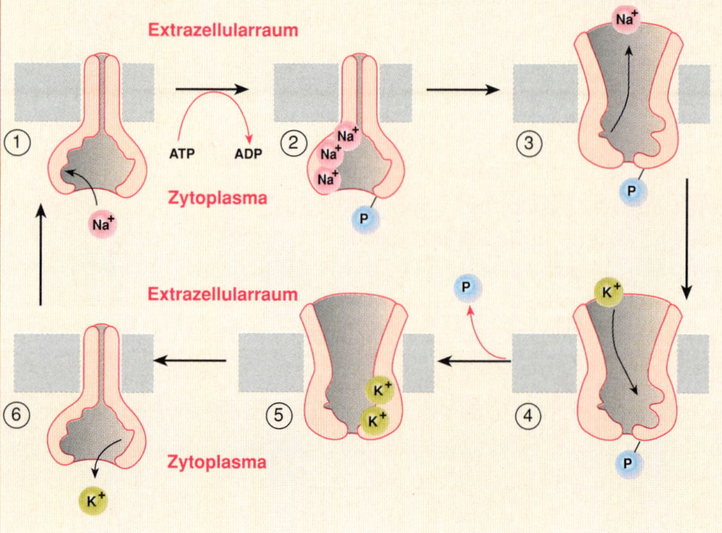

III/4.1.4 Transport von Makromolekülen und Teilchen

Der Transport von Makromolekülen und Teilchen durch die Membran ist mit Transporteiweißen nicht möglich. Die Mechanismen dieses Transportes unterscheiden sich grundlegend vom Ionentransport. Der Transport nach außen, die **Exozytose** erfolgt, indem die zu sezernierenden Moleküle in den im Zytoplasma befindlichen Vesikeln an die Plasmamembran adsorbiert und dann nach der Fusion von Plasmamembran und Vesikelmembran in den Extrazellularraum entleert werden.

Nach einem ähnlichen aber umgekehrten Mechanismus spielt sich die Aufnahme der Makromoleküle, die **Endozytose** ab. In diesem Fall schnürt sich ein Teil der Plasmamembran ab, umschließt dabei eine bestimmte Menge extrazelluläre Flüssigkeit und löst sich zum Schluss von der Plasmamembran, indem es ein intrazelluläres Vesikel bildet. Bei der Endozytose werden zwei Arten unterschieden. Bei der **Pinozytose** sind die abgeschnürten Vesikel nur klein, in ihnen seggregieren nur Lösungsmittel (Wasser) und gelöste Moleküle. Die **Phagozytose** ist die Funktion von speziellen Zellen (z. B. Makrophagen), dabei gelangen größere Teilchen (z. B. Mikroorganismen, Zellfragmente usw.) in das Zellinnere. Ähnlich verläuft der Transport der an der Oberfläche der Ribosomen synthetisierten Makromoleküle innerhalb der Zelle. In diesem Fall trennt sich eine Transportvesikel mit den neugebildeten Makromolekülen vom Golgi-Apparat oder vom endoplasmatischen Retikulum.

III/4.2 Das Membranpotenzial (Ruhepotenzial)

Die folgenden Kenntnisse wurden zum größten Teil aus Studien am Riesenaxon des Tintenfisches sowie an präparierten Muskelzellen gewonnen, deren Dimensionen es ermöglichten, in die Zelle eine, eventuell zwei Mikroelektroden einzuführen. Die Mikroelektroden bestehen aus sehr dünnen Glaskapillaren ($d < 0{,}5\mu m$), die mit KCl Lösung gefüllt sind. (Die gemessene Mobilität von K^+ und Cl^- in Wasser ist fast identisch, so lassen sich an der Öffnung der mit KCl gefüllten Elektrode störende Diffusionspotenziale vermeiden.) Man legt je eine nicht polarisierbare Elektrode in das Innere der Nervenfaser und an die Außenfläche der Zellmembran (Abb. III.26b). Schaltet man einen empfindlichen Spannungsmesser zwischen die beiden Elektroden, so wird dieser eine elektrische Potenzialdifferenz zeigen.

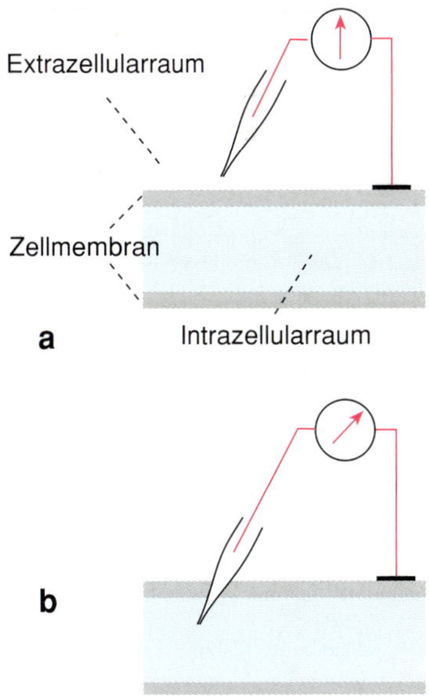

Abb. III.26. Schema zur Messung des Ruhepotenzials der Membran
a. Registrierende und indifferente Elektrode sind an der äußeren Axonfläche platziert.
b. Die registrierende Elektrode dringt in den Intrazellularraum, das Messgerät zeigt einen Potenzialunterschied an.

Erfahrungsgemäß lässt sich im Ruhezustand nicht nur an den Nervenfasern, sondern bei allen lebenden Zellen eine elektrische Potenzialdifferenz zwischen Zellinnern und Außenfläche messen, die als Ruhepotenzial bezeichnet wird. Der Wert des für die einzelnen Zellen charakteristischen Ruhepotenzials variiert zwischen –30 und –100 mV. Das negative Vorzeichen bedeutet, dass das Potenzial des Intrazellularraumes im Vergleich zu dem des Extrazellularraumes immer negativ ist.

Zum Verstehen des Ruhepotenzials untersuchen wir die chemische Zusammensetzung des extra- und intrazellulären Raums und die Konzentrati-

	intrazelluläre Konzentration (mmol/l)			extrazelluläre Konzentration (mmol/l)		
Zelle	Na^+	K^+	Cl^-	Na^+	K^+	Cl^-
Riesenaxon des Tintenfisches	72	345	61	455	10	540
Froschmuskel	20	139	3,8	120	2,5	120
Rattenmuskel	12	180	3,8	150	4,5	110

Tabelle III.7. Typische Ionenkonzentrationen bei einigen Zelltypen

onsverhältnisse der beteiligten Ionen. Von den Molekülen und Ionen der lebenden Zellen spielen beim Entstehen des Membranpotenzials die K^+, Cl^- und Na^+-Ionen eine tragende Rolle sowie des Weiteren die Phosphat- und Eiweiß-Anionen des intrazellulären Raums, für welche die Zellmembran nicht durchlässig ist. Die obige Reihenfolge der einwertigen Ionen ist gleichzeitig die zunehmende Reihenfolge der Dimensionen der hydratierten Ionen. Bezüglich ihrer Konzentration wurden Messungen in vielen unterschiedlichen Zellen durchgeführt. In Tab. III.7 sind die Messergebnisse bei drei Zelltypen erfasst. Allgemein charakteristisch ist die hohe K^+ und niedrige Na^+ Konzentration innerhalb der Zellen, während im extrazellulären Raum diese Rate umgekehrt ist. Bei den Anionen ist die Konzentration der Cl^--Ionen im intrazellulären Raum wesentlich niedriger als in der Umgebung der Zelle.

Zwischen den beiden Membranseiten besteht also nicht nur ein elektriches Potenzial, sondern auch eine unterschiedliche Konzentration der einzelnen Ionen. Hinsichtlich des Membranpotenzials ist außer dem Konzentrationsgradienten der Ionen determinierend, dass die Membran für die einwertigen Ionen nicht gleich durchlässig und für die Eiweiß- und Phosphatanionen vollkommen undurchlässig ist.

III/4.4.1 Interpretation des Ruhepotenzials mit der Goldman-Hodgkin-Katz (GHK) Gleichung

Nach der einfachen Onsager-Gleichung (III.19), die wir für den Ionentransport durch die Membran aufgeschrieben hatten, gibt die folgende Beziehung die Materialflussdichte für das k-te einwertige Ion:

$$J_k = -u_k kT \left(\frac{\Delta c_k}{\Delta x} + c_k \frac{F}{RT} \frac{\Delta \varphi}{\Delta x} \right), \qquad \text{(III.120)}$$

wo wir die Relation zwischen Diffusionskoeffizient und Mobilität (Gl. (III.33) $D_k = u_k kT$) genutzt haben. Sofern wir mit Δx die Membrandicke gleichsetzen, kann $\Delta\varphi$ als das Ruhepotenzial angesehen werden. Die einzelnen Ionenflüsse J_k sind aber wahrscheinlich nicht unabhängig voneinander, beim Berechnen des echten Wertes des Membranpotenzials ist diese Beziehung auch zu berücksichtigen. Dazu nutzen wir die Erfahrung, dass sich die Potenzialdifferenz zwischen den beiden Seiten der Membran im Ruhezustand nicht ändert. Deshalb sind die durch die Membran fließende, resultierende elektrische Stromdichte sowie – da es sich um einwertige Ionen handelt – auch die resultierende Materialflussdichte Null, d. h. $\sum J_k = 0$. Substituieren wir in diese Gleichung die Ausdrücke J_k (Gl. (III.120)) für die einzelnen Ionen und lösen wir sie (für die Strecke x_1 bis x_2 zu beiden Seiten der Membran), so erhalten wir das zwischen den beiden Membranseiten messbare Membranpotenzial (die Spannung) $U = (\varphi_{II} - \varphi_I)$:

$$U = (\varphi_{II} - \varphi_I) = \frac{RT}{F} \ln \frac{\sum\limits_{k=1}^{m} p_k^+ c_{k,II}^+ + \sum\limits_{k=1}^{n} p_k^- c_{k,I}^-}{\sum\limits_{k=1}^{m} p_k^+ c_{k,I}^+ + \sum\limits_{k=1}^{n} p_k^- c_{k,II}^-}, \qquad \text{(III.121)}$$

wo m die Zahl der positiv geladenen Ionen, n die Zahl der negativ geladenen Ionen, p_k die Permeabilität des k-ten Ions, c_{kI} und c_{kII} die Konzentration des k-ten Ions im intra- (I) bzw. extrazellulären (II) Raum sind. Gl. (III.121) können wir für die am ehesten eine Rolle spielenden Ionen aufschreiben:

$$U = (\varphi_{II} - \varphi_I) = \frac{RT}{F} \ln \frac{p_K[K^+]^{II} + p_{Na}[Na^+]^{II} + p_{Cl}[Cl^-]^{I}}{p_K[K^+]^{I} + p_{Na}[Na^+]^{I} + p_{Cl}[Cl^-]^{II}}. \qquad \text{(III.122)}$$

Das ist die **Goldman-Hodgkin-Katz-Gleichung** (GHK), nach der im Ruhezustand zwischen den beiden Seiten der Zellmembran ein von einem konstanten elektrochemischen Potenzial getriebener Ionenstrom so fließt, dass die einzelnen Ionenflussdichten einander kompensieren. Es sei bemerkt, dass die Konzentrationsdifferenz der Ionen zwischen intra- und extrazellulärem Raum konstant ist, was nur durch einen entgegengesetzten aktiven Transport, d. h. die Na^+-K^+-Pumpe möglich ist. Dieses (passive) Transportmodell des Ruhepotenzials war ein großer Schritt zum Verstehen des Membranpotenzials. Die nach der obigen Beziehung berechneten Werte des Ruhepotenzials zeigten eine gute Übereinstimmung mit den Messwerten, was die Richtigkeit der Hypothese unterstützt. In Tab. III.8 sind einige vergleichbare berechnete und gemessene Werte des Ruhepotenzials zusammengefasst.

Tabelle III.8.
Vergleich der gemessenen $\mathbf{U_{gem}}$ und berechneten Werte des Ruhepotenzials bei zwei Zelltypen (in mV): $\mathbf{U_{GHK}}$ ist das Ruhepotenzial, berechnet nach der GHK-Gleichung, $\mathbf{U_0}$ (mit den Indizes Na+, K+, Cl-) ist das Gleichgewichtspotenzial, berechnet nach der Nernst-Gleichung mit den Daten von Tab. III.7 für 25°C.

	Riesenaxon des Tintenfisches	Froschmuskel
U_{gem}	–62	–92
U_{GHK}	–61,3	–89,2
U_{0Na+}	+47	+46
U_{0K+}	–91	–103
U_{0Cl-}	–56	–88

III/4.2.2 Die Relation von Ruhepotenzial und Nernst-Gleichung

Die diskutierte GHK-Gleichung und der dahinterstehende Formalismus beschreiben das Entstehen des Ruhepotenzials als Phänomen real. Diese Näherung war von enormer Bedeutung, denn sie eignet sich – wie wir sehen werden – mit den entsprechenden Ergänzungen auch dazu, die Natur der lokalen Potenzialänderungen zu erklären, ja sie beschreibt auch die Eigenschaften des Aktionspotenzials im Erregungszustand. Dieses Modell berücksichtigt aber als elektrische Fließparameter nur die einzelnen Ionen, ihre Permeabilitätsverhältnisse, und befasst sich nicht damit, wie diese charakteristischen Parameter in den Einzelheiten von der biochemischen, molekularen Struktur abhängen. Weil aber das Entstehen des Membranpotenzials eine physiologisch prinzipiell wichtige Erscheinung ist, wurde in verschiedenen Näherungen nach einer Erklärung geforscht.

Nach einer Hypothese umschließt die Membran ein geschlossenes System und ist für Ionen durchgängig. Das Membranpotenzial ist charakteristisch für das thermodynamische Gleichgewicht des geschlossenen Systems, wobei die einzelnen Ionen unabhängig voneinander behandelt sind. Nach dieser Hypothese ist das elektrochemische Potenzial an beiden Seiten der Membran (für jedes Ion gesondert) gleich, d. h.

$$\mu_{e,i}^{II} - \mu_{e,i}^{I} = 0,$$

wo sich die Indexe I und II auf die beiden Seiten der Membran beziehen und der Index i das i-te Ion bedeutet. Durch Substitution der entsprechenden elektrochemischen Potenzialausdrücke (s. Gl. (III.62) und Gl. (III.109)) erhalten wir:

$$\mu_0 + RT \ln c_i^I + zF\varphi_i^I = \mu_0 + RT \ln c_i^{II} + zF\varphi_i^I \ .$$

Aus der Gleichung erhalten wir für die elektrische Potenzialdifferenz:

$$\varphi^{II} - \varphi^{I} = \frac{RT}{z_i F} \ln \frac{c_i^I}{c_i^{II}} \, ,$$

die eine Analogie der Nernst-Gleichung ist ($R/F = K/e$) (s. auch I/3.1.2 Gl. (I.29)). Auf ein einziges Ion fokussiert lässt sich feststellen, dass sich die Ionenkonzentration auf beiden Seiten der Membran im Ruhezustand unterscheidet. Das zeigt auch Tabelle III.7. In diesem Fall können wir die Nernst-Gleichung je Ion anwenden und danach die elektromotorische Kraft pro „Konzentrationselement" (für einwertige Ionen) angeben:

$$U_0 = \varphi^{II} - \varphi^{I} = \frac{RT}{F} \ln \frac{c^I}{c^{II}} \, . \qquad \text{(III.123)}$$

Im unteren Teil von Tab. 8 sind solche Daten für zwei verschiedene Zellmembranen für Na^+, K^+ und Cl^- Ionen erfasst. Man sieht, dass die Nernst-Gleichung zu Abweichungen führt, und nur im Falle der Cl^- Ionen sind beide Werte in der Nähe der gemessenen bzw. mit der GHK-Gleichung berechneten Werte (nur etwas geringer).

Es ist jedoch zu sehen, dass z. B. das Gleichgewichtspotenzial der Na^+ Ionen im Riesenaxon des Tintenfisches +47 mV ergibt. Dieser Wert zeigt eindeutig, dass Na^+ im Ruhezustand nicht im Gleichgewicht ist. (Das fehlende Na^+ Gleichgewicht sowie das Na^+ Sickern infolge der beschränkten Na^+ Permeabilität der Membran mindern auch das Membranpotenzial durch das K^+ Ausströmen, deshalb wird sein absoluter Wert geringer sein als das K^+ Gleichgewichtspotenzial (s. Abb. III.27).)

Diese Probleme zeigen, dass die Nernst-Gleichung allein zur Charakterisierung des Membranpotenzials nicht geeignet ist. Die Zellmembran und ihre Umgebung können nicht als geschlossenes System im Gleichgewichtszustand betrachtet werden, und das Verhalten der einzelnen Ionen ist nicht unabhängig voneinander (s. auch „*Donnan-Gleichgewicht bei biologischen Membranen*").

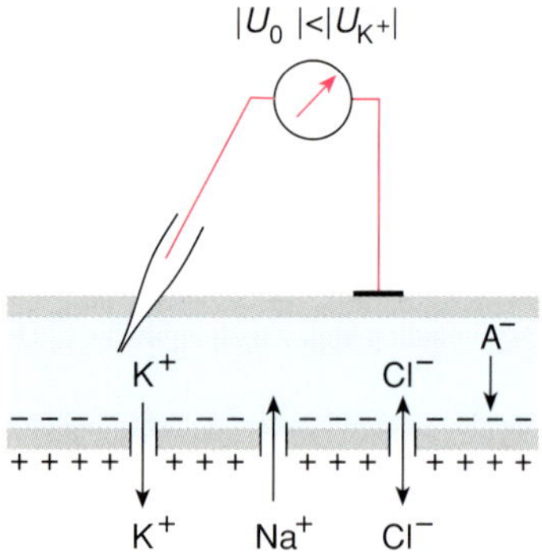

Abb. III.27. Entstehen des Ruhepotenzials unter Beachtung der Membranpermeabilität für K^+, Na^+ und Cl^-

Donnan-Gleichgewicht bei biologischen Membranen

Der englische Chemiker Frederick George Donnan (1870-1956) untersuchte Anfang des 20. Jahrhunderts den Konzentrationsgradienten an beiden Seiten einer semipermeablen Membran bei binären Elektrolytlösungen im Gleichgewicht. Zwischen den Ionen einer Salzlösung, die sich an beiden Seiten einer semipermeablen Membran befindet, entsteht bei Elektroneutralität eine Gleichgewichts-Konzentrationsdifferenz, wenn das eine Volumen Polyelektrolyte enthält, für welche die Membran undurchlässig ist. Dieses Gleichgewicht nennt man **Donnan-Gleichgewicht**. Das Donnan-Gleichgewicht können wir uns bei biologischen Membranen folgendermaßen vorstellen.

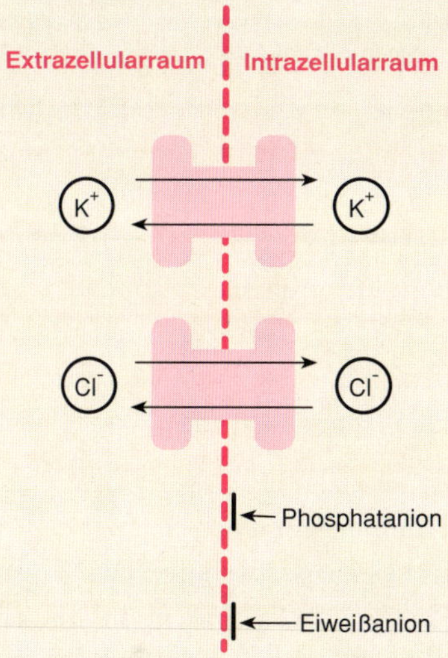

Zu Anfang geben wir in den „intrazellulären" Raum (II) eine bestimmte Menge Polyanionen, welche die Membran nicht durchdringen können, und die Begleitkationen seien K^+ Ionen (das garantiert die Elektroneutralität). In den „extrazellulären" Raum (I) geben wir KCl Lösung. Mit Hinsicht darauf, dass die Membran sowohl für K^+ als auch für Cl^- permeabel ist, werden die Cl^- Ionen wegen des Konzentrationsgradienten aus dem Volumen I in das Volumen II diffundieren. Die Konzentrationsdifferenz wird natürlich nicht 0, weil es durch den Fluss der Cl^- Ionen im Volumen II im Vergleich zum Volumen I zu einem Überschuss an negativer Ladung kommt und das entstehende elektrische Feld die Diffusion der Cl^- Ionen hemmt. Der Prozess setzt sich solange fort, bis der Cl^- Ionenstrom mit dem entgegengesetzten Diffusionsstrom ins Gleichgewicht kommt. Eine Änderung durch den Ausgleich des Polyaniongradienten macht die selektive Permeabilität der Membran unmöglich. Das elektrische Feld erzeugt an beiden Seiten der Lipiddoppelschicht eine bestimmte oberflächliche Ladungsdichte. Bevor sich das Gleichgewicht einstellt, beginnt natürlich parallel zu den Cl^- Ionen auch die Diffusion der K^+ Ionen, um die elektrische Neutralität in den Volumen I und II zu erhalten. Hat sich das dynamische Gleichgewicht eingestellt, so entsteht eine elektrische Doppelschicht, indem sich die durch das elektrische Kraftfeld und den Konzentrationsgradienten bedingten, gegeneinander gerichteten Ladungsströme sowohl für K^+ Ionen als auch für Cl^- Ionen das Gleichgewicht halten. Nach dem Modell muss die elektrische Neutralität für beide Volumen erfüllt sein, d. h.

$$[K^+]^{\mathrm{I}} = [Cl^-]^{\mathrm{I}} = c \quad \text{und} \quad [K^+]^{\mathrm{II}} = [Cl^-]^{\mathrm{II}} + na, \tag{1}$$

wo c die Salzkonzentration im Volumen I und na die Konzentration der zum Diffundieren nicht fähigen Anionen im Volumen II sind. Die Bedingung des Gleichgewichts ist unter Berücksichtigung der Neutralität die Identität der chemischen Potenziale an beiden Seiten der Membran, d. h.

$$\mu^0_{K^+} + RT \ln [K^+]^{\mathrm{I}} + \mu^0_{Cl^-} + RT \ln [Cl^-]^{\mathrm{I}} = \mu^0_{K^+} + RT \ln [K^+]^{\mathrm{II}} + \mu^0_{Cl^-} + RT \ln [Cl^-]^{\mathrm{II}}.$$

Daraus folgt für die zur Diffusion fähigen Ionen die Beziehung

$$\frac{[K^+]^{\mathrm{II}}}{[K^+]^{\mathrm{I}}} = \frac{[Cl^-]^{\mathrm{I}}}{[Cl^-]^{\mathrm{II}}} = r \tag{2}$$

Unter Berücksichtigung der aus der elektrischen Neutralität folgenden Bedingung (1) ergibt sich für r nach Gl. (2) die folgende Gleichung zweiten Grades:

$$rc = \frac{c}{r} + na \qquad \text{d. h.} \qquad r^2c - c - nar = 0, \tag{3}$$

weil $[K^+]^{II} = rc$ und $[Cl^-]^{II} = \frac{c}{r}$.

Die Lösung von Gl. (3) führt zu der Beziehung

$$r = \frac{na + \sqrt{4c^2 + (na)^2}}{2c} \quad (4)$$

Für die Größenrelation der Konzentrationen ergibt sich

$$[K^+]^{II} \geq [K^+]^{I} = [Cl^-]^{I} \geq [Cl^-]^{II}$$

Weil in der Regel $r \neq 1$, ergibt sich aus der Differenz der Ionenkonzentrationen (laut Nernst-Gleichung) eine von 0 verschiedene Potenzialdifferenz, die als **Donnan-Potenzial** bezeichnet wird. Aus Gl. (4) ist auch zu ersehen, dass $r = 1$ nur bei $na = 0$ erfüllt ist. Befinden sich dagegen im System auch Anionen, die nicht durch die Membran diffundieren können, dann ist in jedem Fall $r > 1$. Wenden wir das auf die Zytoplasmamembran an, so bedeutet es, dass das Donnan-Potenzial immer negativ und eindeutig die Folge der nicht diffundierenden Anionen im Zytoplasma ist.

Aus Gl. (4) folgt auch, dass der Wert r mit Zunahme der Konzentration von durch die Membran diffundierenden Anionen (na) innerhalb der Zelle zunimmt und mit Zunahme der Salzkonzentration (c) außerhalb der Zelle abnimmt.

Diffusionsmembranpotenzial

Bei der Interpretation der Transportvorgänge und der elektrischen Potenzialverhältnisse in der Umgebung der Zellmembran sind nicht nur die Gleichgewichtsbedingungen zu bedenken, sondern auch die Tatsache, dass diese Zustände während der Bewegung, der Diffusion von Ionen entstehen.

Schichten wir nämlich auf eine Elektrolytschicht mit bestimmter Konzentration (z. B. HCl Lösung) eine Lösung des gleichen Elektrolyts mit geringerer Konzentration, dann beginnt wegen des Konzentrationsgradienten eine Diffusion von H^+ und Cl^- in Richtung der geringeren Konzentration. Weil die H^+ Ionen mobiler sind (ihre Diffusionskonstante ist größer, weil $D = ukT$), werden sie im Vergleich zu den Cl^- Ionen „vorauslaufen". Als Folge wird in den Schichten mit variierenden Konzentrationen das Ladungsgleichgewicht gestört, im Übergangsbereich mit geringerer Konzentration werden sich relativ mehr mobilere H^+ Ionen befinden, deshalb wird dieser Bereich ein positiveres Potenzial haben als der konzentriertere Teil der Lösung. Dieses Diffusionspotenzial ist um so größer, je mehr die Mobilität (u) der positiven und negativen Ionen voneinander abweicht.

Es scheint natürlich, dass dieses Diffusionspotenzial nur vorübergehend existiert, weil sich in dem obigen Beispiel die Konzentrationsdifferenzen früher oder später ausgleichen. Die praktische Bedeutung der in Lösungen messbaren Diffusionspotenziale ist auch dadurch gemindert, dass sie durch jede beliebige andere Strömung (Konvektion) gestört bzw. aufgehoben werden. Demgegenüber kann das Diffusionspotenzial bedeutend stabiler in Systemen sein, in denen die Volumen unterschiedlicher Konzentration durch eine semipermeable Membran getrennt sind. Von biologischen Membranen ist allgemein bekannt, dass ihre Permeabilität von der Ionenart abhängt. Auch bei Lösungen unterschiedlicher Konzentration, die durch solche Membranen getrennt sind, lässt sich sagen, dass die Diffusionspotenziale nur vorübergehende Erscheinungen sind, wenn die Membran für alle Ionen permeabel ist. Es scheint natürlich, dass bei unterschiedlicher Mobilität auch die Konzentrationsverhältnisse eine Rolle bei der Entstehung des Diffusionspotenzials spielen.

Ist die Permeabilität der Membran des geschlossenen Systems, das in der Abb. des Donnan-Gleichgewichtes beschrieben wurde, für die verschiedenen Ionen unterschiedlich und befinden sich im Volumen II auch nicht diffundierende Polyanionen, dann wird sich (vor dem Einstellen des Gleichgewichtes) der an den beiden Seiten der Membran gemessene Wert des variablen Diffusionspotenzials dem Wert des Donnan-Potenzials nähern und ►

bei eingestelltem Gleichgewicht mit diesem übereinstimmen. „Auf dem Weg" zum Gleichgewicht entspricht jeder Zustand einem Quasigleichgewicht, das durch die Elektroneutralität separat an beiden Seiten der Membran sowie durch das vorübergehende Gleichgewicht der Konzentrationsverteilungen und der Ionenströme charakterisiert ist. Dieses Gleichgewicht ist deshalb vorübergehend, weil zwar die Summe der Ionenströme Null ist, das aber nicht für die separate Strömung der einzelnen Ionen gilt. Deshalb ändern sich die Ionenverteilungen in der Zeit, was zur Änderung des Diffusionspotenzials führt.

In einem System mit einem einzigen einwertigen Salz ($z = 1$) kann man die Materielflussdichte der positiv und negativ geladenen Ionen nach der Onsager-Gleichung (III.116) aufschreiben (s. auch Gl. (III.115), Gl. (III.117), Gl. (III.118)):

$$J^+ = -\frac{c^+u^+}{N_A}\left[RT\,\frac{\Delta \ln c^+}{\Delta x} + F\,\frac{\Delta\varphi}{\Delta x}\right], \quad J^- = -\frac{c^-u^-}{N_A}\left[RT\,\frac{\Delta \ln c^-}{\Delta x} - F\,\frac{\Delta\varphi}{\Delta x}\right].$$

(In der Gleichung weist das Vorzeichen des 2. Gliedes auf die Richtung der Kraft hin, welche auf die positiv und negativ geladenen Ionen wirkt.) In einem System, das mit einer Membran in zwei Volumen geteilt ist, muss die Bedingung $J^+ = J^-$ erfüllt sein, sonst würde es zu einer Ladungshäufung kommen. Die Lösung der Gleichung ergibt die Beziehung

$$F\Delta\varphi = -\frac{u^+ - u^-}{u^+ + u^-}\,RT\ln\frac{c^{\mathrm{II}}}{c^{\mathrm{I}}}$$

wo c^{I} bzw. c^{II} die messbaren Salzkonzentrationen im Volumen I und II sind.

Diese Überlegungen schaffen eine Verbindung zwischen den Charakteristika der durch die Membran diffundierenden Ionen und dem an beiden Seiten der Membran messbaren Diffusionspotenzial. Befinden sich im System mehrere Arten von diffundierenden Anionen und Kationen und erweitern wir unseren Gedankengang, so kommen wir zur GHK-Gleichung.

III/4.3 Änderungen des Membranpotenzials unter der Reizschwelle

III/4.3.1 Lokale (elektrotonische) Potenzialänderungen und ihre elektrische Modellierung

Neben die registrierenden Elektroden, die bei den Messungen des Ruhepotenzials benutzt wurden (Abb. III.27), wird ein zweites Elektrodenpaar platziert (Abb. III.28). Durch die zweite, in den Intrazellularraum geführte Elektrode wird ein Strom mit gegebener Stärke in die Zelle geleitet. Durch die Regulierung der Stromrichtung können wir das Ruhepotenzial (in absolutem Sinn) weiter erhöhen oder mindern (dementsprechend wird die Membran hyperpolarisiert oder depolarisiert).

Abb. III.29 zeigt die Antwortsignale des Membranpotenzials auf eine Serie von Rechteckimpulsen. Es ist zu sehen, dass die Größe der Antwortsignale unter einem Schwellenwert unabhängig von der Stromrichtung proportional zur Stromstärke ist. Über dem Schwellenwert unterscheidet sich bei Depolarisation der Charakter des Antwortsignals von dem vorherigen, und seine Größe ist unabhängig davon, wie weit die auslösende Wirkung den Schwellenwert überschreitet. Dieses charakteristische Antwortsignal ist das sog. „Ak-

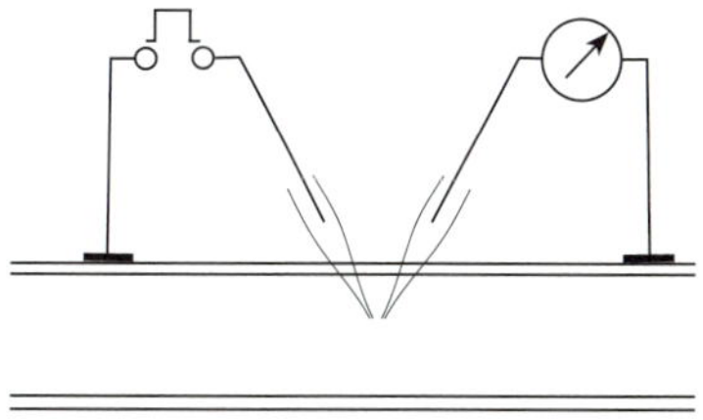

Abb. III.28. Schema der Versuchsanordnung zum Beeinflussen des Ruhepotenzials

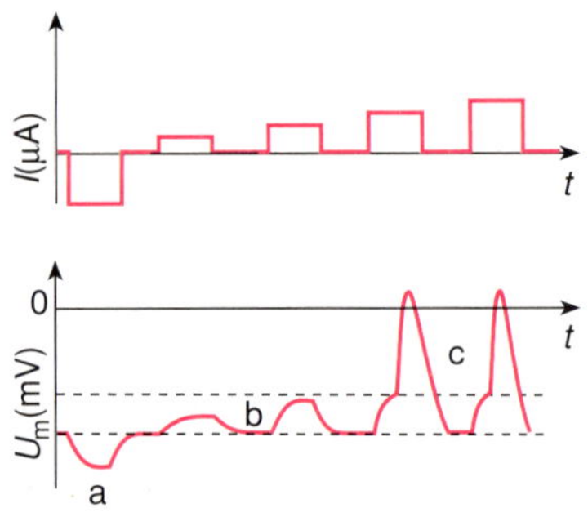

Abb. III.29. Rechteckimpulse (obere Reihe) und die Änderungen des Membranpotenzials durch die Reizung (untere Reihe):
a. Hyperpolarisation,
b. Depolarisation unter dem Schwellenwert,
c. Depolarisation über dem Schwellenwert

tionspotenzial", das den Erregungszustand der Zellmembran charakterisiert. Mit diesem Spannungssignal werden wir uns in III/4.4 befassen.

Ein anderes wichtiges Ergebnis der Messserie ist die Form des Antwortsignals (in diesem Abschnitt diskutieren wir im Folgenden nur die Antwortsignale auf unterschwellige Reize). In Abb. III.30 sind ein dementsprechender elektrischer Rechteckimpuls und das Antwortsignal des Membranpotenzials dargestellt. Auf den steil aufsteigenden und fallenden Ast des elektrischen Reizes erhalten wir ein zeitlich verzögertes Antwortsignal. Ähnliche Spannungsänderungen treten beim Aufladen bzw. Entladen eines RC-Kreises auf (s. VII/1.2.2). Diese Erkenntnis führte zu der Schlussfolgerung, dass die Zellmembran aus elektrischer Sicht mit einem parallelgeschalteten RC-Kreis modelliert werden kann.

Das überrascht nicht, verfügt doch die Zellmembran über eine mit Permeabilitätskonstanten charakterisierte, für die verschiedenen Ionen spezifische Leitfähigkeit und auch über kapazitive Merkmale. Die Membran ist nämlich eine großflächige Isolierschicht, an deren beiden Seiten Ladungen angehäuft sind. Die entsprechende spezifische Kapazität ist z. B. beim Neuron von Säugern ca. 10 nF/mm^2, was z. B. bei einem Membranpotenzial von –70 mV die Ladungsanhäufung von ca. $4 \cdot 10^{11}$ C pro cm^2 ermöglicht. (Es sei bemerkt, dass diese scheinbar sehr hohe Zahl nur ein verschwindender Anteil der gesamten positiven bzw. negativen Ladungen des Organismus ist.) Die Fläche eines Neurons beträgt 0,01 – 0,1 mm^2, so ist die Kapazität in der Regel 0,1 – 1 nF.

Außer den kapazitiven Eigenschaften der Membran ist auch zu berücksichtigen, dass die Ladungen von einer Seite der Membran auf die andere durch selektive Ionenkanäle diffundieren können („Sickerfluss"). Die Membran verfügt also hinsichtlich der einzelnen Ionen über eine unterschiedliche Leitfähigkeit. Nach Messdaten ist die Kapazität der Membran zeitlich konstant und hängt nicht vom Membranpotenzial ab. Ihre Leitfähigkeit ist im Ruhezustand gleichfalls konstant, im Erregungszustand ändert sie sich dagegen charakteristisch als Funktion des Membranpotenzials und der Zeit (s. III/4.4.2).

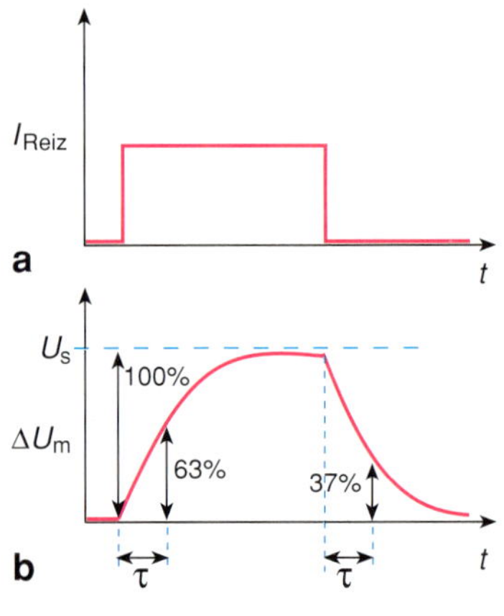

Abb. III.30.
a. Unterschwelliger depolarisierender Stromimpuls und
b. seine Wirkung auf den Elektrotonus. Die Steigung der Potenzialänderung kann mit der Zeitkonstanten charakterisiert werden.

Nach dem Obigen kann die Zellmembran aufgrund des Charakters des Antwortsignals (Abb. III.30) mit einem parallelgeschalteten RC-Kreis modelliert werden, in dem die Leitungsfähigkeit (Permeabilität) der einzelnen Ionen mit elektrischen Widerständen berücksichtigt wird und die Gleichgewichtspotenziale, die der Konzentrationsdifferenz zwischen den beiden Seiten entsprechen, mit elektrischen Kräften vertreten sind (Abb. III.31). Das Wandern eines ausgewählten Ions durch die Membran wird durch die Differenz zwischen aktueller Membranspannung U_m und Gleichgewichtspotenzial des gegebenen Ions U_0 angeregt. So kann die Stärke des **konduktiven Stroms** I_j, der durch den für das j-te Ion selektiven Kanal fließt, nach dem ohmschen Gesetz mit der folgenden Beziehung angegeben werden:

$$I_j = \frac{U_m - U_{0j}}{R_j}, \qquad \text{(III.124)}$$

wo $1/R_j$ die Leitungsfähigkeit (Permeabilität) des Kanals, U_{0j} das Gleichgewichtspotenzial des gegebenen Ions und U_m das Membranpotenzial (Spannung) sind.

Nach dem Transportmodell laut GHK-Gleichung ist im Ruhezustand $\Sigma I_j = 0$. Dem entspricht die Beziehung

$$\Sigma I_j = I_k = I_{Cl} + I_{Na} + I_K = 0 \tag{III.125}$$

Werden jedoch auch die zeitlichen Potenzialänderungen der Zellmembran berücksichtigt, so muss man auch mit einem kapazitiven Strom I_c rechnen. Deshalb wird die Grundbedingung des Transportmodells in die Bedingung

$$I_C + I_k = 0 \tag{III.126}$$

modifiziert.

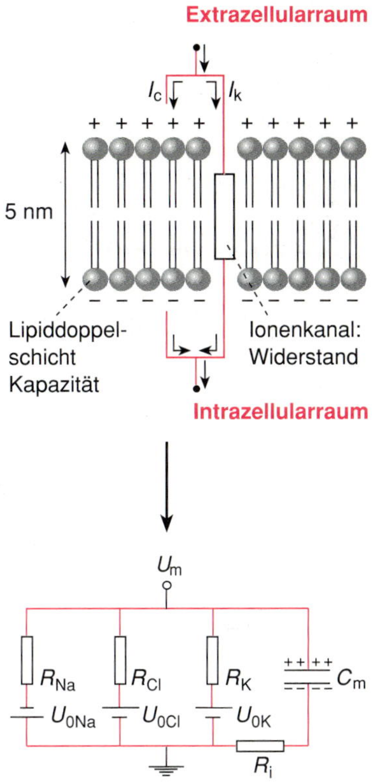

Abb. III.31. Das elektrische Modell der Membran
Die Membran kann mit querem Widerstand (R_{Na}, R_{Cl}, R_K), Kapazität (C_m) und elektromotorischer Kraft (U_{0Na}, U_{0Cl}, U_{0K}) beschrieben werden. Der Widerstand des Intrazellularraumes ist R_i, der Widerstand des Extrazellularraumes ist nicht aufgeführt, weil sein Wert im Vergleich zu R_i vernachlässigt werden kann.

III/4.3.2 Die Ergebnisse des elektrischen Membranmodells

Das Modell des parallel geschalteten RC-Kreises ist geeignet, die Signalform des gemessenen Membranpotenzials als Antwort auf Reizstöme zu interpretieren und daraus wichtige Schlussfolgerungen zu ziehen.

Der Reizstrom I_{Reiz} muss so berücksichtigt werden, dass die für den Ruhezustand gültigen Bedingungen des Transportmodells erfüllt sind:

$$I_C + I_k - I_{\mathrm{Reiz}} = 0. \tag{III.127}$$

Laut Übereinkunft ist I_{Reiz} negativ, wenn positive Ladungen in die Zelle fließen und umgekehrt. Nach der bekannten Beziehung des **kapazitiven Stroms** I_c ($I\Delta t = \Delta Q = C\Delta U$) ist

$$I_C = C_m \frac{\Delta U_m}{\Delta t}\,. \tag{III.128}$$

Nach Substitution von Gl. (III.124) für den konduktiven und Gl. (III.128) für den kapazitiven Strom in Gl. (III.127) ist:

$$C_m \frac{\Delta U_m}{\Delta t} + \frac{U_m - U_0}{R_m} - I_{\mathrm{Reiz}} = 0. \tag{III.129}$$

Aus Gl. (129) kann die zeitliche Änderung des Membranpotenzials bestimmt werden. Analog der Überlegungen bei der Schwächung der Strahlungsintensität (II/1.1.3) oder dem Gesetz des radioaktiven Zerfalls (II/3.2.2) ist einzusehen, dass die folgende Funktion die zeitliche Änderung des Membranpotenzials beschreibt:

$$U_m(t) = U_t\left[1 - e^{\frac{t}{R_m C_m}}\right], \tag{III.130}$$

wo t die seit Beginn des Stromimpulses ($t = 0$) verstrichene Zeit und U_t der Sättigungswert des Membranpotenzials beim Entstehen des neuen Gleichgewichts sind. Es lässt sich nachweisen, dass die Auslenkung von U_t vom Ruhepotenzial vor der Reizung proportional zur Größe des Reizimpulses ist. Die Änderung von U_m nach Gl. (III.130) zeigt eine gute Übereinstimmung mit den in Abb. III.30b dargestellten experimentellen Ergebnissen.

Die Größe im Nenner des Exponenten mit der Dimension einer Zeit ist die Zeitkonstante τ der Membran, d. h.

$$\tau = R_m C_m . \tag{III.131}$$

C_m wurde schon besprochen, R_m ist der resultierende Widerstand, der im parallelgeschalteten RC-Kreis die Membran vertritt.

Die Zeitkonstante bedeutet – ähnlich der Zeitkonstante des RC-Kreises – die Zeit, in der die Änderung des Membranpotenzials 63 % des Sättigungswertes erreicht (1 – (1/e), s. Abb. III.30b). Nach dem Aufhören des Reizes kehrt das Membranpotenzial nicht sprunghaft auf den Ausgangswert zurück, sondern nimmt nach einer exponentiellen Funktion ab:

$$U_m(t) = U_t e^{-\frac{t}{R_m C_m}} . \tag{III.132}$$

Die Steigung der Abnahme kann gleichfalls mit der Zeitkonstante τ charakterisiert werden. Diese bedeutet das Zeitintervall, in dem das Membranpotenzial vom Ausgangswert auf den e-ten Teil (37 %) sinkt.

Der momentane Wert des Membranpotenzials während des Stromimpulses und nach Beenden der Reizung hängt von der Zeitkonstante der Membran, d. h. von ihrer Leitfähigkeit und Kapazität, sowie von der Größe und Richtung des Reizimpulses ab. Der Impuls kann eine Depolarisation verursachen, wie es oben diskutiert wurde. Bei entgegengesetzter Ladungsverschiebung führt er zur Hyperpolarisierung (Abb. III.29a und b). Das Ausmaß ist sowohl bei Hyperpolarisierung als auch bei Depolarisation – wenn nicht ein gewisser Schwellenwert erreicht wird – proportional zur Amplitude des Impulses.

Eine wichtige Frage bei der Funktion der Nerven- und Muskelzellen ist die **Ausbreitung der** von Reizen erregten **Spannungsänderung in der Membran.** Mit Weiterentwicklung des in Abb. III.31 dargestellten Modells (durch mehrfache Wiederholung des Schaltkreises) lässt sich ein größerer Membranabschnitt modellieren (Abb. III.32). Ein solches ausgedehntes Modell ist geeignet, die Wirkung einer lokalen Änderung auf die weitere Umgebung des untersuchten Ortes x_0 (entlang der auf die Membranfläche gelegten x-Achse) zu charakterisieren. Diese Änderung kann gleichfalls aus dem elektrischen Modell berechnet werden und es ergibt sich, dass die induzierte

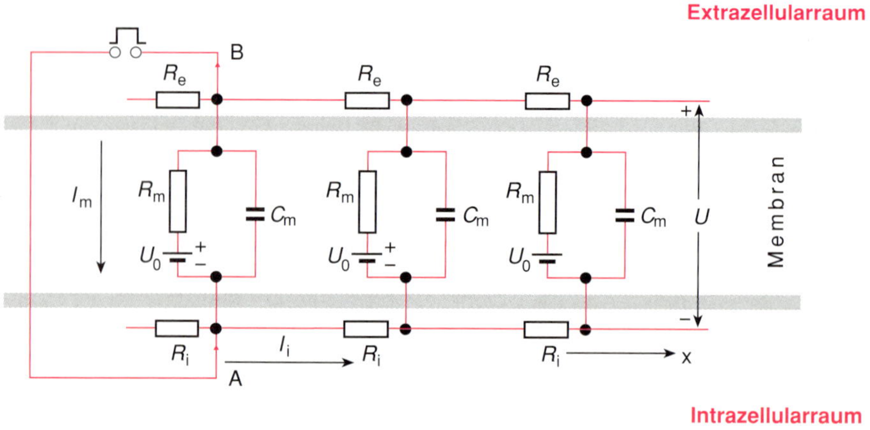

Abb. III.32. Die Weiterentwicklung des elektrischen Modells der Zellmembran, um die Wirkung eines Impulses auf die Membran zu demonstrieren.

Änderung des Membranpotenzials als Funktion der Entfernung von x_0 exponentiell abnimmt.

$$U_m(x) - U_m(x_0) = e^{-\frac{x}{\lambda}} \tag{III.133}$$

Die für die Steigung der Abnahme charakteristische Konstante λ hängt von den elektrischen Eigenschaften der Membran ab, und zwar vom Widerstand der Membran in Querrichtung R_m und vom Widerstand des intrazellulären Raums R_i. λ gibt den Abstand an, in dem der Maximalwert (100 %) der lokal (mit einem Rechteckimpuls) induzierten Spannungsänderung auf den e-ten Teil (37 %) fällt. Dieser Abstand ist proportional zu $\sqrt{R_m/R_i}$. Man sieht, dass sowohl die Zunahme des quergerichteten Widerstands (Myelinscheide) als auch die Abnahme von R_i – z. B. durch die Zunahme des Zelldurchmessers – zu einer Zunahme von λ führt, was hinsichtlich der Geschwindigkeit der Erregungsleitung von sehr großer Bedeutung ist. Die Funktion $\Delta U_m(x)$ ist in Abb. III.33 dargestellt.

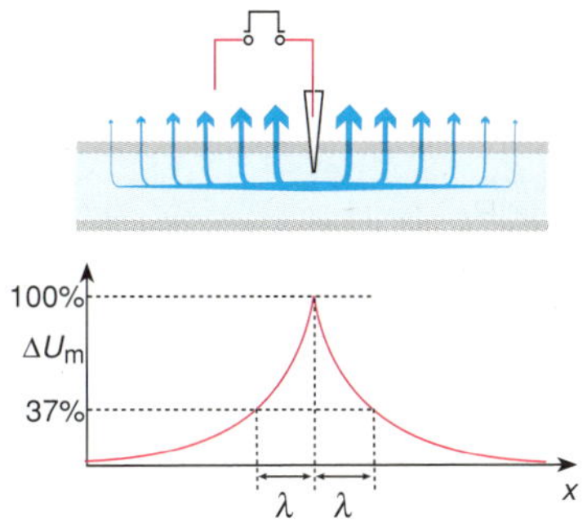

Abb. III.33. Die maximale Amplitude der Potenzialänderung mit der Entfernung von der Reizstelle, die Demonstration der Konstanten λ.

III/4.4 Die Eigenschaften des Membranpotenzials im Erregungszustand: das Aktionspotenzial

III/4.4.1 Die Signalform des Aktionspotenzials

Aus Abb. III.34 geht hervor, dass die Depolarisation von der Amplitude des elektrischen Impulses unabhängig wird, wenn die vom Depolarisationsstrom gelieferte Ladung (d. h. die dazu proportionale Depolarisation in mV) einen Schwellenwert überschreitet („alles oder nichts" Gesetz). Das so induzierte ~ ms dauernde Spannungssignal ist das **Aktionspotenzial**, das sich mit konstanter Amplitude in der Nerven- oder Muskelfaser ausbreitet.

Im zeitlichen Ablauf lassen sich die charakteristischen Phasen des Aktionspotenzials gut unterscheiden (Abb. III.34a). Während der allmählichen Depolarisation der Membran wird ein kritischer Wert – **die Depolarisationsschwelle** – erreicht, dem ein Spitzenpotenzial folgt. Der aufsteigende Ast der Zacke wird als **Depolarisationsphase**, der absteigende als **Repolarisationsphase** bezeichnet. Es ist allgemeingültig, dass sich der erstere Prozess schneller abspielt. Bei der Repolarisation unterscheidet man ein negatives oder Depolarisations- und ein positives oder Hyperpolarisations-Nachpotenzial. Die Aktionspotenziale der verschiedenen Zellarten können bezüglich der Höhe der Potenzialspitze und der Phasendauer verschieden sein. Die Depolarisationsschwelle kann selbst bei einer gegebenen Zelle nicht als konstant betrachtet werden. Sie hängt vom Zustand des Objektes ab und ändert sich während der Dauer des Aktionspotenzials charakteristisch. In der Umgebung der Potenzialspitze ist sie unendlich hoch, das ist hinsichtlich der Reizbarkeit die absolute Refraktärphase. Nach Ablauf der Spitze ist die Reizschwelle höher als ursprünglich (relative Refraktärphase), um dann allmählich abnehmend den Wert des Ruhepotenzials zu erreichen. Im Hintergrund all dieser Prozesse steht das Verhalten während des Aktionspotenzials der spannungsempfindlichen Ionenkanäle.

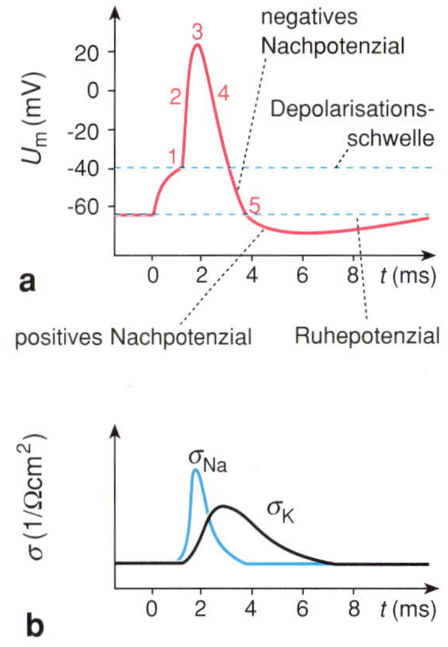

Abb. III.34.
a. Die Spannungsänderung während des Aktionspotenzials als Funktion der Zeit und die Änderung des Zustandes der spannungsempfindlichen Ionenkanäle in den einzelnen Phasen.
1. Öffnung der Na^+-Kanäle,
2. Öffnung der K^+-Kanäle,
3. Inaktivierung eines Teils der Na^+-Kanäle,
4. weiteres Ausströmen von K^+, Totalschluss der Na^+-Kanäle,
5. Schluss der K^+-Kanäle.
b. Typische Änderung der spezifischen Leitfähigkeit der spannungsempfindlichen Na^+- und K^+-Kanäle während des Aktionspotenzials.

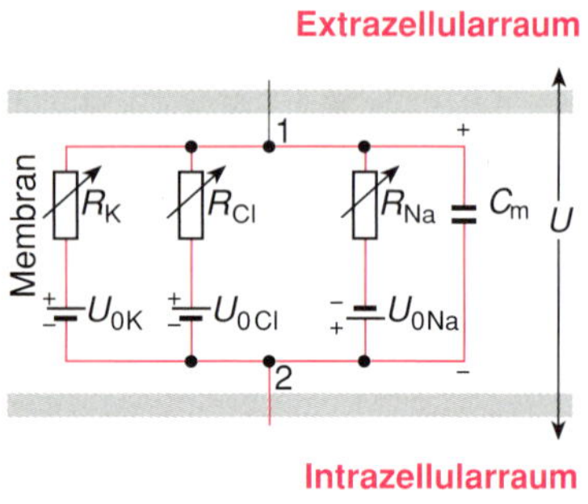

Abb. III.35. Von Hodgkin modifiziertes elektrisches Modell der Membran, das statt des konstanten R_m die variierende spezifische Leitfähigkeit der Ionenkanäle berücksichtigt.

III/4.4.2 Ionenströme während des Aktionspotenzials

Das elektrische Modell in III/4.3 hat auch bei der Interpretation der Signalform der Aktionspotenziale eine bedeutende Rolle gespielt. Die Forscher, die das elektrische Modell ausgearbeitet hatten (Hodgkin, Huxley, Katz), waren der Meinung, dass es sich auch zur Beschreibung des Aktionspotenzials eigne, man müsse nur die Parameter finden, deren zeitliche Veränderung während des Erregungszustandes zu diesem speziellen Antwortsignal führt. Mit Einführung einer neuen Methode, der sog. „voltage-clamp" Technik konnten sie beweisen, dass die Permeabilität der Ionen im Erregungszustand eine charakteristische zeitliche Veränderung aufweist (s. „*Die „voltage-clamp" Methode*"). Nachdem sie diese Funktionen der Permeabilität (Leitungsfähigkeit) experimentell bestimmt und in die Gleichungen des elektrischen Modells (Abb. III.35) eingesetzt hatten, bestimmten sie die zeitliche Veränderung des Membranpotenzials. Die so gewonnenen Funktionen ergaben die Signalform des Aktionspotenzials. Für die Entwicklung und Anwendung des Modells zur Interpretation der lokalen Veränderungen im Ruhezustand sowie des Membranpotenzials im Erregungszustand erhielten die an der Arbeit beteiligten Forscher zu Recht den Nobelpreis für Medizin (1963 bzw. 1970).

Während der Erregung ändert sich also die Durchlässigkeit der Membran für Na^+ und K^+ Ionen, und zwar unterschiedlich für die einzelnen Ionenarten (Abb. III.34b).

Mit Hilfe der Abb. III.34b verfolgen wir die Änderungen des Membranpotenzials und die Richtung der Ionenströme während des Aktionspotenzials. Bei der Depolarisation der Membran erreichen wir einen kritischen Depolarisationswert, bei dem sich die spannungsregulierten Na^+ Kanäle öffnen. Die erhöhte Na^+ Permeabilitätskonstante verschiebt den Wert des Membranpotenzials entsprechend der Goldman-Hodgkin-Katz-Gleichung zum Gleichgewichtspotenzial, welches der Na^+ Verteilung entspricht, was eine weitere Depolarisation ergibt. Dementsprechend fließen die Na^+ Ionen dem Konzentrationsgradienten entsprechend in großer Menge in den intrazellulären Raum. Die Anwesenheit der Na^+ Ionen verschiebt das negative Potenzial des Intrazellularraumes gegen Null, d. h. die Depolarisation wird gesteigert.

Die „voltage-clamp" Methode

Bei der „voltage-clamp" Methode wird außer den Messelektroden auch ein anderes Elektrodenpaar eingesetzt. An dieses wird die Spannung gelegt, welche das aktuelle Membranpotenzial U einstellt. Erreicht oder überschreitet die eingestellte Spannung die Depolarisationsschwelle, so beginnt ein Aktionspotenzial, und es tritt die charakteristische Ionendiffusion auf. Das würde natürlich die vorgeschriebene Spannung U modifizieren. Die Änderung wird mit der Spannung an der erwähnten Elektrode kompensiert, und in diesem Fall ist die Stärke des Kompensationsstromes gleich dem aktuellen Ionenstrom, der eigentlich gemessen werden soll. Außer der Messung des Gesamtionenstroms ermöglicht die Methode auch die separate Messung der einzelnen Ionenströme. Zu diesem Zweck muss der extrazellulären Flüssigkeit der entsprechende Blocker der Membrandurchlässigkeit für Na^+ bzw. K^+ Ionen beigesetzt werden (z. B. Tetrodotoxin (TTX) bzw. Tetraäthylammonium (TEA)).

Das ist das charakteristische Beispiel der positiven Rückkopplung im Hodgkin-Zyklus, wenn eine Änderung in der Funktion eines Systems so auf das System selbst zurückwirkt, dass es das Ausmaß der primären Änderung erhöht. Bei total geöffneten Na^+ Kanälen würde die Zelle zu einem sog. „Ruhezustand" streben, wenn der offene Zustand der Kanäle eine stabile Konformation wäre. Das tritt aber nicht ein, weil die Na^+ Kanäle automatisch inaktiviert werden. Im inaktiven Zustand leiten sie nicht, die Reizschwelle der Zelle ist unendlich hoch, in diesem refraktären Zustand lässt sich die Zelle nicht erregen. Auch die K^+ Kanäle werden durch die Depolarisation geöffnet, welche die Na^+ Kanäle öffnet, im Vergleich zu den Na^+ Kanälen beginnt die Funktion dieser Kanäle aber verzögert. Unter diesen Umständen nimmt die Na^+ Permeabilität weiter ab, die K^+ Permeabilität nimmt zu. Die aktive Pumpe pumpt auch K^+ Ionen in die Zelle und Na^+ Ionen aus der Zelle. Diese Prozesse bewirken die Wiederherstellung des Ruhezustandes, ja durch die verzögerte Schließung der K^+ Kanäle kommt es zu einer vorübergehenden Hyperpolarisation. Abb. III.36 zeigt die maximale Größe und Richtung der Ionenströme als Funktion des Membranpotenzials. Der Mechanismus, der das Ruhepotenzial wiederherstellt, funktioniert nach dem Prinzip der negativen Rückkopplung. Nach dem Schluss der K^+ Kanäle kommen die Na^+ Kanäle aus dem inaktivierten Zustand in den einfachen geschlossenen Zustand. In diesem Zustand wird die Zelle wieder erregbar, aber die Reizschwelle ist höher als bei den Ruhewerten (relative Refraktärphase).

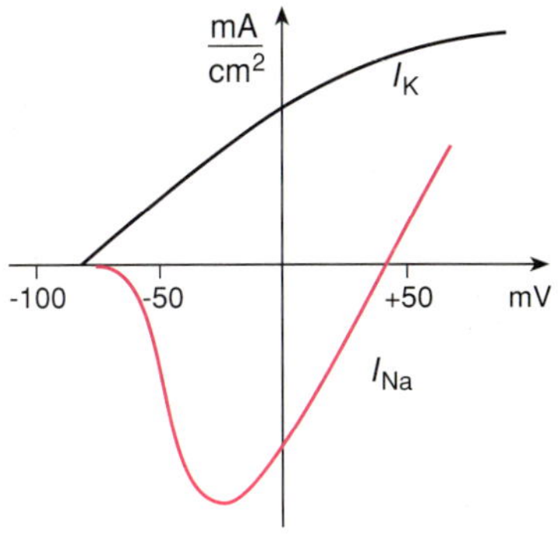

Abb. III.36. Werte der Ionenstromdichte als Funktion der Membranspannung, die mit der voltage-clamp-Methode konstant gehalten ist.

Es ist zu sehen, dass das Verhalten der beiden Ionenarten sehr verschieden ist. Interessant ist der in Abb. III.36 ablesbare Wert des Membranpotenzials, bei dem der Na^+ Strom aufhört ($I_{Na^+} = 0$): 45 mV. Dieser Wert nähert sich im Ruhezustand dem entsprechenden Wert des Donnan-Gleichgewichts, welcher mit umgekehrtem Vorzeichen im parallelgeschalteten RC-Modell die elektromotorische Kraft vertritt.

III/4.4.3 Die Ausbreitung des Aktionspotenzials

Wenn sich infolge der Depolarisation an einer bestimmten Stelle der Zellmembran die Na^+ Kanäle öffnen, dann entsteht das Aktionspotenzial. Weil sich an beiden Seiten der Zellmembran Elektrolyte befinden, breiten sich die lokalen Änderungen der elektrischen Feldstärke in alle Richtungen aus. Wegen des Widerstands der Medien nimmt aber die Amplitude der Veränderungen mit zunehmender Entfernung rapide ab, so wäre zu erwarten, dass das an einer bestimmten Stelle ausgelöste Aktionspotenzial ein lokales Phänomen ist (d. h. während der Ausbreitung stark gedämpft wird). Wenn das tatsächlich so wäre, dann würde sich das Aktionspotenzial für die Informationsübertragung zwischen voneinander entfernten Punkten des Organismus nicht eignen. In Wirklichkeit breitet sich das Aktionspotenzial an der Membran der Neuronen (die Membran des Axons inbegriffen) ungeschwächt aus. Die dazu notwendige Verstärkung (Relaisfunktion) garantiert die Öffnung der spannungsregulierten Na^+ Kanäle. In den Regionen, die sich in der Nachbarschaft des

Aktionspotenzials befinden, kommt es nach den Regeln der durch eine Raumkonstante regulierten exponentialen Dämpfung (s. III/4.3.2) zur Depolarisation. Diese Depolarisation kann z. B. im Vergleich zu einem Ruhepotenzial von –90 mV in den nahen Regionen so stark sein, dass dort der Wert des Membranpotenzials –30 -40 mV erreicht (Depolarisationsschwelle) und das genügt, um die spannungsregulierten Na^+ Kanäle zu öffnen. Mit Hinsicht darauf, dass der Schließung der Na^+ Kanäle 1 ms lang ein inaktivierter Zustand folgt, in welchem die Kanäle nicht geöffnet werden können, kann sich das Aktionspotenzial nur in einer Richtung ausbreiten („und nicht rückwärts!"). Wenn die Refraktärphase vorbei ist, dann befindet sich die Depolarisationswelle schon in einer solchen Entfernung, dass ihre Wirkung die Reizschwelle nicht mehr erreicht.

Bei reizbaren Säugerzellen kann die Ausbreitungsgeschwindigkeit des Aktionspotenzials zwischen 1 m/s und 30 m/s betragen.

Methoden zur Messung des Membranpotenzials

Elektrophysiologische Methoden

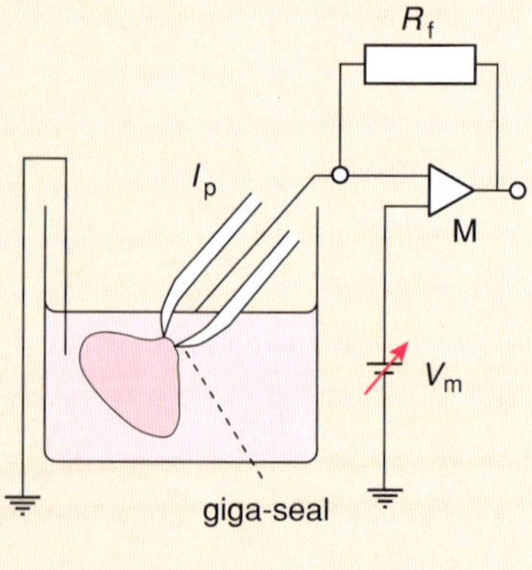

Abb. 1.
Elektrisches Blockdiagramm der patch-clamp Messapparatur
(I_p: Strom durch die Pipette,
R_f: Rückkopplungswiderstand
M: Operationsverstärker
V_m: voltage-clamp potencial)

Bei der Untersuchung kleiner Zellen ist es problematisch, dass sich das Membranpotenzial aufgrund der Zelldimensionen selbst mit Mikroelektroden nicht messen lässt. Eine neue Möglichkeit bot die von Erwin Neher und Bert Sakman in den 1970iger Jahren entwickelte **Patch-Clamp-**Technik, für die sie 1991 den Nobelpreis für Medizin erhielten.

Das Wesen der Technik ist kurz das Folgende (Abb. 1 und 2). Eine dünne Glaskapillare (Pipette), deren Durchmesser an der Spitze annähernd 0,5 – 1 µm beträgt, wird unter leichtem Unterdruck auf der Zellmembran platziert. Zwischen den in die Elektrolytlösung tauchenden Molekülen der Zelloberfläche und der Pipette entsteht ein sehr hoher Widerstandskontakt (Gigaohm), der das Ausströmen der geladenen Teilchen zwischen Membran und Pipette verhindert. Die Pipette wird mit einem Elektrolyt in beliebig gewählter Zusammensetzung gefüllt. Eine der Messelektroden wird in die Pipettenflüssigkeit, die andere in die Lösung um die Zelle getaucht. Durch die Elektroden kann der Strom nur durch die Ionenkanäle im Membranflecken (Flecken = patch) unter der Pipettenöffnung fließen.

Diese Anordnung ist die sog. Konfiguration des *isolierten Fleckens der Zelloberfläche* (Cell Attached Patch, CAP) (Abb. 3). In diesem Fall ist der durch die Pipette fließende Strom gleich dem Strom, der durch den von der Pipette begrenzten Membranabschnitt fließt. Das Potenzial der Zellmembran kann dann mit einem Strominjektor mit negativer Rückkopplung auf einen selbst bestimmten Wert eingestellt werden. Der durch die Kanäle fließende Strom wird mit einem Stromstärke-Spannungswandler gemessen. Durch den hohen Widerstand wird auch die Stromstärke in pA schon gut messbar. Die CAP-Konfiguration ist eine

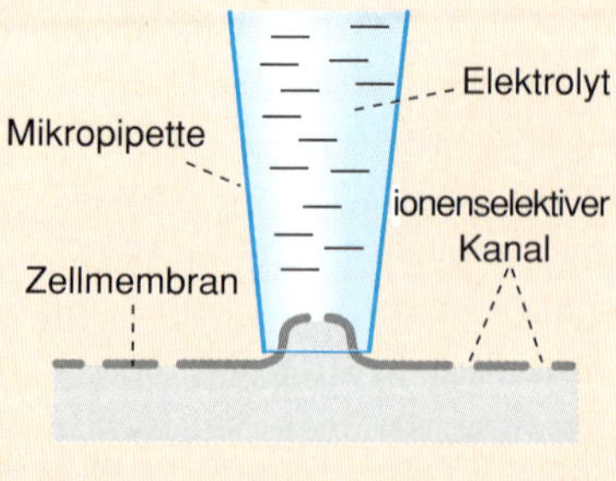

Abb. 2.
Schema der Position von Pipette und Membran

Messanordnung mit guter Näherung an die physiologischen Verhältnisse. Durch die geringe Zahl der Ionenkanäle unter der Pipette eignet sich die Methode ausgezeichnet zur Untersuchung **einzelner Ionenkanäle** (single channel recording) (Abb. 2). In Abb. 4a ist ein Detail einer solchen Messaufnahme von einem K^+ Kanal dargestellt. Beim Öffnen der Kanäle fließen die Ionen aus der Zelle in die Pipette, was die negativen Amplituden anzeigen. Die Ionenkonduktanz des Kanals liegt in der Größenordnung von pS. Charakteristisch für den Ionenstrom ist, dass seine Stärke beim Öffnen eines einzigen Kanals immer gleich ist. Die Dauer des geöffneten Zustands beträgt in der Regel einige ms, während einer Kanalöffnung fließen $10^5 - 10^7$ Ionen durch den Kanal.

Die weiteren möglichen Messanordnungen sind in Abb. 3 zusammengefasst. Wenn die von der Pipette umschlossene Membran durch einen stärkeren Sog durchgerissen wird, verschwindet die Barriere zwischen der Elektrodenlösung in der Pipette und dem Intrazellularraum. Diese *Totalzellen-Konfiguration* (Whole Cell Configuration, WCC) ermöglicht das Messen des Stromes, der durch die gesamte Membranfläche fließt. In Abb. 4b ist der Strom durch die spannungsabhängigen K^+ Kanäle einer humanen Lymphozyte während der neben den Kurven angezeigten Patch-Depolarisation zu sehen.

Mit Hilfe dieser Messanordnung lässt sich das Membranpotenzial der Zellen auch mit der sog. Stromschluss (current clamp) Betriebsart messen. Wird nämlich in dieser Anordnung die Stärke des Stromes zwischen Messelektrode und Referenzelektrode im Extrazellularraum auf Null eingestellt, so ist die gemessene Spannung von gleicher Größe wie das Membranpotenzial, aber mit

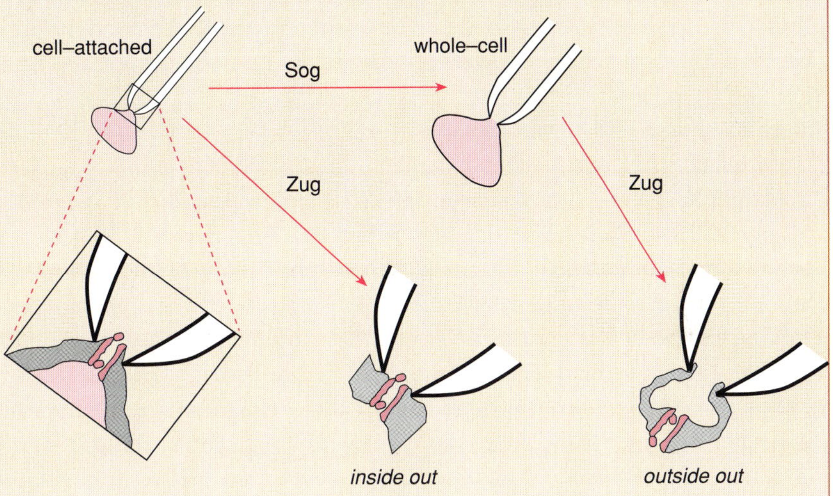

Abb. 3.
Patch-clamp Konfigurationen

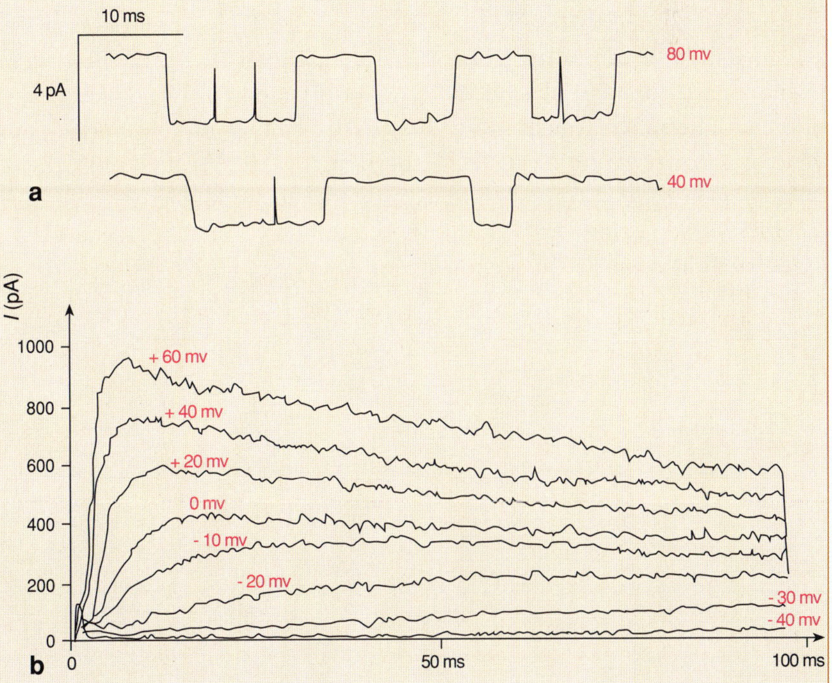

Abb. 4.
K^+-Strom in einer humanen peripheren Lymphozyte:
a. einzelner Ionenkanal,
b. ganze Zelle. Neben den Kurven sind Größe und Dauer der Depolarisation angemerkt.

umgekehrtem Vorzeichen, denn die algebraische Summe der beiden Spannungen ist die resultierende Nullspannung, welche notwendig ist, um den Pipettenstrom auf dem Wert Null zu halten.

Mit dieser Methode lassen sich z. B. die Wirkungen verschiedener Arzneistoffe auf die Ionenkanäle der Zelle, die Wirkungen der Rezeptorligand-Kopplungen auf die elektrische Leitfähigkeit der Zellen, die Kinetik von Öffnung und Schließung der Kanäle, ihre Aktivierung, ihre mittlere Öffnungsdauer, ihre Inaktivierung u.s.w. studieren.

Über die Messanordnungen hinausgehend können kleine Membranstückchen von der Zelle abgetrennt werden. Das kann so ausgeführt werden, dass die ursprünglich intrazelluläre Membranfläche zur umgebenden Pufferlösung sieht, oder so, dass die ursprünglich extrazelluläre Seite in Kontakt mit der umgebenden Lösung kommt. Erstere ist die *inside out*, letztere die *outside out* Konfiguration.

Anwendung von Fluoreszenzfarbstoffen

Dem Studienziel entsprechend eignen sich für die Untersuchungen die Fluoreszenzfarbstoffe, deren spektroskopische Eigenschaften sich im elektrischen Feld ändern. Infolge der Emissionsmerkmale der Fluoreszenz reagieren diese Farbstoffe (bei deren Entwicklung der aus Ungarn stammende Grinvald eine Pionierrolle gespielt hat) außerordentlich schnell auf die Änderungen der elektrischen Feldkraft. So eignen sie sich zum Studium der Ausbreitung des Membranpotenzials in den Elementen des Nervensystems.

Eine andere bedeutende Gruppe von Farbstoffen ändert zwar nicht ihre spektroskopischen Eigenschaften, da sie aber eine positive oder negative Nettoladung haben, verteilen sie sich dem elektrochemischen Gradienten und der Löslichkeit entsprechend auf den beiden Seiten der Membran (bzw. in der Membran selbst). Ändert sich die Ladung, dann folgt die Neuverteilung der Farbstoffe den Änderungen des elektrochemischen Gradienten. Diese Änderungen kann man kalibrieren und nach der fluoreszenzspektroskopischen Messung die Änderungen des Membranpotenzials berechnen. Nach einem ähnlichen Prinzip werden auch Isotope benutzt.

Die derzeit gebräuchlichen Farbstoffe haben entweder einen positiven (Carbocyanine) oder einen negativen (Oxolone) Ladungsüberschuss. Benutzt man also die ersteren, so befindet sich um so mehr Farbstoff in der Zelle, je höher das Membranpotenzial ist (d. h. je negativer das Zellinnere ist). Ein unzweifelhafter Vorteil der negativ geladenen Farbstoffe ist es, dass sie beim Ruhepotenzial (das Zellinnere ist negativ) nicht in die Zelle gelangen, also keine toxische Wirkung ausüben können. Ein weiterer Vorteil besteht darin, dass das Mitochondrienpotenzial, welches das Membranpotenzial fallweise beträchtlich überschreiten kann, bei den Potenzialmessungen nicht stört. In diesem Fall ist das Membranpotenzial um so höher, je geringer die Farbstoffkonzentration im Zellinnern ist. Die Fluoreszenzfarbstoffe ermöglichen hochempfindliche Untersuchungen sowohl im Spektrofluorimeter (in diesem Fall werden die mittleren Parameter einer Zellsuspension gemessen) als auch im Strömungscytometer (Messung der individuellen Zellparameter mit hoher Geschwindigkeit).

IV. Die Biophysik der Sinnesorgane

Dieses Kapitel unseres Buches befasst sich – abweichend von den anderen – mit einem Gebiet (der Funktion der Sinnesorgane), das gewisse anatomische und physiologische Kenntnisse voraussetzt. Deshalb halten wir es für notwendig, die zum Verständnis der physikalischen, biophysikalischen Beziehungen unentbehrlichen Grundbegriffe kurz zu skizzieren, ohne in die Einzelheiten zu gehen.

Die Sinnesempfindung: die Wahrnehmung verschiedener Impressionen (z.B. Licht, Schall, Geruch, Tastgefühl oder Hunger) sind Beweise unseres Bewusstseins. Die Sinnesorgane sind die Einheiten unseres Organismus, die Informationen aus der Umwelt bzw. über den inneren Zustand unseres Körpers sammeln und an das Zentralnervensystem weiterleiten.

IV./1 Allgemeine Gesetzmäßigkeiten des Wahrnehmungsprozesses

IV/1.1 Die Grundelemente und Merkmale des Wahrnehmungsprozesses

IV/1.1.1 Sinneszellen, Rezeptoren, Sinnesorgane

Die Informationen werden von Millionen mikroskopischer Strukturen, den sog. **Rezeptorzellen** gesammelt. Diese sind an fast allen Stellen im Körper zu finden, in der Haut, den Muskeln, den Gelenken, den inneren Organen, der Wand der Blutgefäße und in den speziellen Sinnesorganen, so wie im Auge oder im Innenohr (Abb.IV.1) Die Rezeptoren haben sich in der Regel auf spezielle Reize „spezialisiert", z.B. auf einen gewissen Wellenlängenbereich des Lichtes, auf Moleküle einer bestimmten Form, auf Vibrationen oder gerade auf die Temperatur. Im Erregungszustand beginnt die Rezeptorzelle zu feuern, d.h. sie generiert eine Reihe von elektrischen Impulsen (**Aktionspotenzialen**). Die so kodierten Informationen werden von den Nervenfasern ins Rückenmark bzw. Gehirn weitergeleitet.

Die meisten Aktionspotenziale gelangen über Synapsen in einen speziellen Teil der Hirnrinde, wo sich die einzelnen Reize lokal getrennt abbilden. Die endgültige Verarbeitung der Informationen ist Aufgabe der Assoziationsfelder der Hirnrinde.

Spezielle Sinnesorgane

Die auf Sehen, Hören, Schmecken und Riechen „spezialisierten" Rezeptoren konzentrieren sich in sog. speziellen Sinnesorganen. Das sind die „Retina" im Auge, die „Schnecke" im Ohr, die „Geschmacksprossen" auf der Zunge und die „Riechzellen" in der Nase. Die Informationen gelangen gleichfalls über Nervenfasern zu gut lokalisierten Teilen der Hirnrinde.

Schnittbild der Rezeptorzellen in der Retina

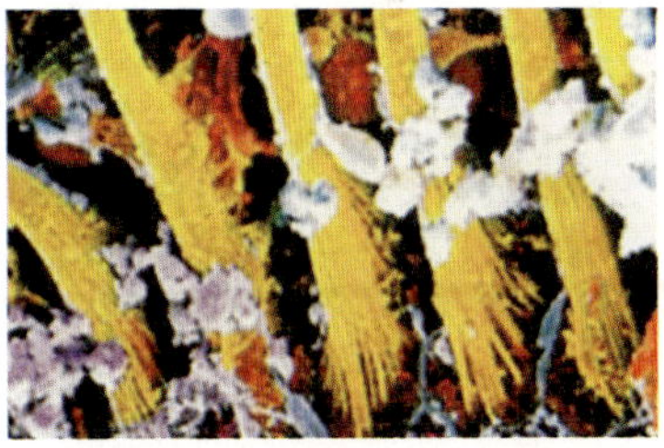

Haarzellen des Innenohrs

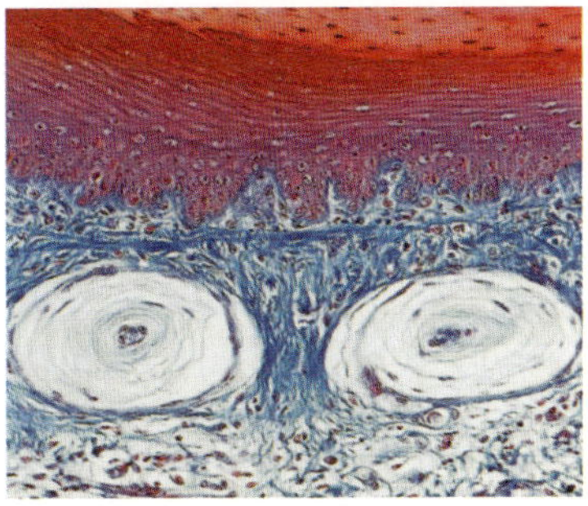

Druckempfindliche Rezeptoren im Finger

Abb. IV.1. Beispiele für Rezeptoren

Haut- und Tiefensensibilität

Diese Sinnesorgane dienen der Wahrnehmung der Position im Raum, des Schmerzes, des Druckes, der Temperatur und der Gefühle, die sich aus der Molekülkonzentration einzelner Stoffe im Blut (z.B. O_2, CO_2) ergeben.

Die Propriorezeptoren, die sich in den Muskeln und Sehnen befinden, geben Informationen über die Position unserer Körperteile im Raum. Der Schmerz ist einer unserer ältesten, primitivsten Sinne, der bei gefährlich großen Reizen warnt. Schmerzrezeptoren sind sowohl in der Haut als auch in den inneren Organen zu finden.

In der Haut finden wir die verschiedensten Rezeptorzellen. Einige fühlen den Druck auf die Haut, andere die Bewegung der Haare. Die verschiedenen Arten der Hautreizung führen zu unterschiedlichen Wahrnehmungen, wie Schmerzen, Kitzeln, scharfer oder stumpfer Druck, Wärme oder Kälte.

IV/1.1.2 Arten und Rolle der Rezeptoren

Die Rezeptoren oder Rezeptorzellen können auf verschiedene Weise eingeordnet werden. Einige Möglichkeiten sind in Tabelle IV.1. dargestellt.

Aristoteles zählte bei seinen Forschungen der menschlichen Wahrnehmung 5 Sinne. Diese sind die nach Tabelle IV.1 an die Exterozeptoren gebundenen Wahrnehmungsarten, die sog. **Modalitäten** Sehen, Hören, Riechen, Schmecken und Fühlen. Zu den Modalitäten gehören auch die an die Interozeptoren gebundenen Gefühle, z. B. Durst, Atemnot, Schmerz, Müdigkeit der Muskeln, Völlegefühl des Magens usw. Die Modalitäten sind

Tabelle IV.1. Die Einteilung der Rezeptoren

Einteilung	Rezeptorzelle oder Organ	Was wird wahrgenommen? (physikalische, chemische Größen)	Beispiel
Nach dem Reiz	Photorezeptor	Licht (J, λ)	Retina im Auge
	Chemorezeptor	Chemische Stoffe *(Konzentration)*	Geschmacksknospen in der Zunge, Riechzellen in der Nase, Rezeptoren der Blutkonzentration (O_2, CO_2)
	Thermorezeptor	Temperaturänderung (ΔT)	Haut als Temperaturwahrnehmer
	Mechanorezeptor	Druck (Tastgefühl) (p)	Haut, Haare
	Barorezeptor	Druck (p)	Gefäßwand (Arteria carotis)
Nach dem Ort	Exterozeptor	Zustand der Außenwelt	Auge, Ohr, Nase, Zunge, Haut
	Interozeptor (Enterorezeptor)	Innerer Zustand des Körpers	Barorezeptoren in der Gefäßwand, Muskelspannung, Schmerzempfindung
	Propriorezeptor	Stellung der Körperteile im Raum	Muskelspindel, Gelenk
Nach der Kompliziertheit	Allgemeine Sinnesorgane	Einzelne oder gruppenförmige Rezeptorzellen	Temperatur, Tastsinn
	Spezielle Sinnesorgane	Zusammengesetzte Sinnesorgane (zahlreiche Rezeptorzellen)	Auge, Ohr, Nase, Zunge

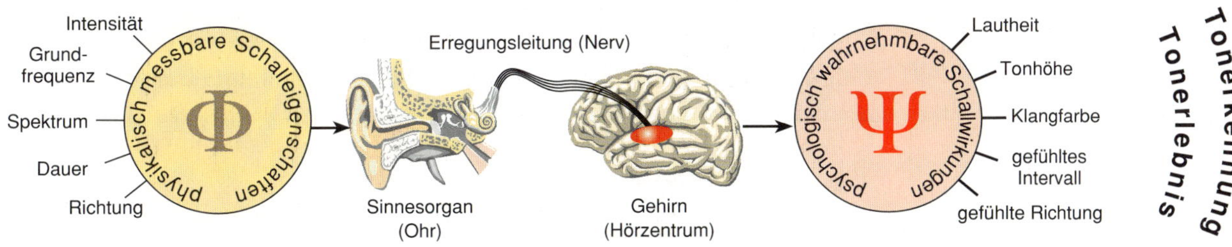

Abb. IV.2. Der Wahrnehmungsprozess am Beispiel des Hörens

auf die Wahrnehmung eines **physikalischen** oder **chemischen Reizes** spezialisiert. Die von den einzelnen Modalitäten vermittelten **psychophysischen Gefühle** oder Eindrücke werden auch als **Qualitäten** bezeichnet, ihre Abstufungen sind die **Quantitäten**. Jeder Wahrnehmungsmechanismus beginnt über einer gewissen Stärke des Reizes, diese physikalische, chemische Grenze bezeichnet man als **Reizschwelle**. Die für die normale Funktion des menschlichen Körpers gefährlich starken Reize lösen ein Schmerzgefühl aus, das als **Schmerzschwelle** bezeichnet wird.

Den Vorgangsablauf vom Reiz bis zur Wahrnehmung veranschaulichen wir am Beispiel des Hörens (Abb. IV.2). Aus der Abbildung ist gut zu ersehen, dass sich der akustische Reiz mit Hilfe verschiedener physikalischer Mengen (**Φ** = **Ph**ysik) beschreiben lässt (Intensität, Frequenz usw.). Das Sinnesorgan nimmt diese messbaren Größen wahr, formt sie um und leitet sie an den entsprechenden Teil des Gehirns weiter. Hier entstehen die Komponenten des psychophysischen Gefühls (**Ψ** = **Ps**yche) (Lautstärke, Tonhöhe usw.). Der Zusammenhang zwischen den obigen Größen lässt sich auch mathematisch ausdrücken

$$\Psi\,(\psi_1, \psi_2, \psi_3 \ldots) = f[\Phi(\phi_1, \phi_2, \phi_3 \ldots)]. \qquad \text{(IV.1)}$$

wo ϕ_1, ϕ_2, ϕ_3 ... bzw. ψ_1, ψ_2, ψ_3... die einander entsprechenden Parameter von Reiz bzw. Gefühl und f die Funktionsbeziehung zwischen ihnen sind. Die später diskutierten psychophysikalischen Gesetze beschreiben je einen speziellen Teil dieser allgemeinen Beziehung.

Der Zusammenhang zwischen den Begriffen und den wahrgenommenen physikalischen Größen ist in Tabelle IV.2 anhand einiger Beispiele dargestellt.

IV/1.1.3 Die Rezeptoren und die Nervenfaser

Die Rezeptoren können als analoge Signalwandler betrachtet werden, die den wahrgenommenen Reiz in ein elektrisches Signal, in eine Veränderung des Membranpotenzials umwandeln. Das ist das sog. **Rezeptorpotenzial** oder **Generatorpotenzial**. Die dem Rezeptor nachgeschaltete Nervenfaser transformiert die **überschwelligen Reize in eine Reihe von Aktionspotenzialen** (Abb. IV.3), deren Frequenz eine Funktion des Rezeptorpotenzials ist. Diese „frequenzkodierte" Impulsreihe läuft die Nervenfaser entlang, bis sie das entsprechende Sinneszentrum der Hirnrinde erreicht.

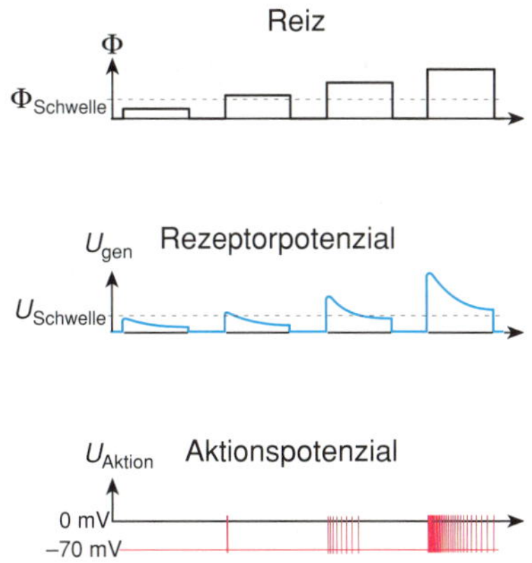

Abb. IV.3. Wirkung unterschiedlich starker Reize auf das Rezeptorpotenzial bzw. Aktionspotenzial. (Man beachte das Phänomen der Adaptation!)

Auf Dauerreize reagiert fast jedes Sinnesorgan mit abklingender Empfindung. Das erfolgt in vielen Fällen durch eine negative Rückkopplung. Im umgangssprachlichen Gebrauch wird das als Gewöhnung, in der Fachsprache als **Adaptation** bezeichnet. Beispiele sind Hintergrundgeräusche, mittlere Lichtstärke, Gerüche, Geschmackreize oder das Druckgefühl beim Sitzen. In Abb. IV.3 bedeutet U_{Schwelle} die Reizschwelle der Nervenfaser und Φ_{Schwelle} die entsprechende physikalische Reizschwelle.

Tabelle IV.2. Beispiele für die Begriffe und Beziehungen der Rezeptoren

REIZE *charakteristische Größe)	BEREICH	REIZ-SCHWELLE	SCHMERZ-SCHWELLE	MODALITÄT (Wahrnehmungsart)	ORT DER WAHRNEHMUNG (Sinnesorgan)	QUALITÄT (was?)	QUANTITÄT (wieviel?)	PERZEPTION (Gefühlsbewertung)
Licht (J, λ)	10^{-9} lux–10^{5} lux, 400-800 nm	1-2 Photonen, 10^{-9} lux, (Licht einer Kerze aus 50 km Entfernung)	100 000 lux	**SEHEN**	Auge (Retina)	Grauskala, Farbschattierung	Helligkeit, Farbigkeit	Erkennen von Bildern, Bewegungen, Schauspielerlebnis
Schall (J, f, t Δt, rad)	10^{-12} W/m²–-10 W/m², 20-20000 Hz	10^{-12} W/m² (bei 1000 Hz) (Ticken einer Uhr aus 6 m Entfernung)	10 W/m²	**HÖREN**	Ohr (Corti-Organ)	Lautstärke, „Oktave", Klangfarbe, Rhythmus, Tonrichtung	Lautheit, absolute Tonhöhe, Dauer, Tonrichtung	Erkennen von Tönen, Sprache, Musikerlebnis
Konzentration in Flüssigkeiten (c)	–	Kochsalz 2 mmol/l (ein Teelöffel Salz in 50 l Wasser)	–	**SCHMECKEN**	Zunge (Geschmacksknospen)	Süß, sauer, salzig, bitter	schwach, stark	Geschmack von Zucker, Gurken, Salz, Aspirin
Konzentration in Gasen (c)	–	Buttersäure: 9 μg/l, Parfüm: (ein Tropfen Parfüm in einem Vortragssaal)	–	**RIECHEN**	Nase (Riechepithel)	Duft, neutral, Stinken	schwach, stark, penetrant	Parfüm, Düfte, Brandgeruch
Druck (p)	–	(Aus 1 cm auf die Gesichtshaut fallender Fliegenflügel)	–	**FÜHLEN**	Haut	Glatt, rauh, stechend	–	Kitzeln, Streicheln, Nadelstiche
Temperatur (T)	T_{Haut}–30 °C – T_{Haut} +40 °C	T_{Haut} ±1 °C	T_{Haut}–30 °C T_{Haut} +40 °C	**TEMPERATUR-EMPFINDUNG**	Haut (Wärme- und Kälterezeptoren)	Kalte, warme Berührung, Strahlungswärme	eiskalt, kühl, lauwarm, warm, heiß	Eis, Bügeleisen, Feuer

„OBJEKTIVE MESSUNGEN"

Der Zug kommt. Sein scharfes Signal ist immer näher zu hören. In unserem Beispiel nehmen wir an, dass die Intensität J mit der Zeit linear zunimmt

$$J = kt,$$

oder allgemeiner bei jedem wahrnehmbaren physikalischen oder chemischen REIZ:

$$\Phi = kt.$$

Die physikalische oder chemische Wirkung reizt die Rezeptorzellen, was zur allmählichen Öffnung der zahlreichen Ionenkanäle in der Zellmembran führt.

Die positiven Ionen des Extrazellularraumes gelangen in den Intrazellularraum und ändern das Ruhepotenzial der Membran. Das ist das sog. REZEPTORPOTENZIAL. Zunehmende Reize erhöhen in der Regel das Rezeptorpotenzial.

Die an die Rezeptorzellen gekoppelten Nervenfasern leiten über einem kritischen Rezeptorpotenzial ($U_{Schwelle}$) Serien von AKTIONSPOTENZIALEN zum Hirn.

Höhere Rezeptorpotenziale erscheinen als dichter wiederholte Aktionspotenziale.

Die primären sensiblen Areale der Hirnrinde, in unserem Beispiel die Hörzentren, erscheinen auf dem PET (s. VIII/4.4.2) als helle Flecken. Das sind die Hirnrindenareale des Hörgefühls.

Häufig werden nicht nur ein, sondern mehrere Rezeptoren gereizt. In diesem Fall ist die Stärke des Gefühls proportional zum Produkt aus der Zahl der erregten Nerven und der Frequenz ihrer Aktionspotenziale.

Die Erkennung, Interpretation der Gefühle erfolgt in den sog. Assoziationszentren oder sekundären sensiblen Gebieten.

Auch mit geschlossenen Augen können wir den Signalton des Zuges identifizieren, Tonstärke und Tonhöhe wahrnehmen, die Entfernung des Zuges, ja auch seine Geschwindigkeit schätzen.

„SUBJEKTIVE MESSUNGEN"

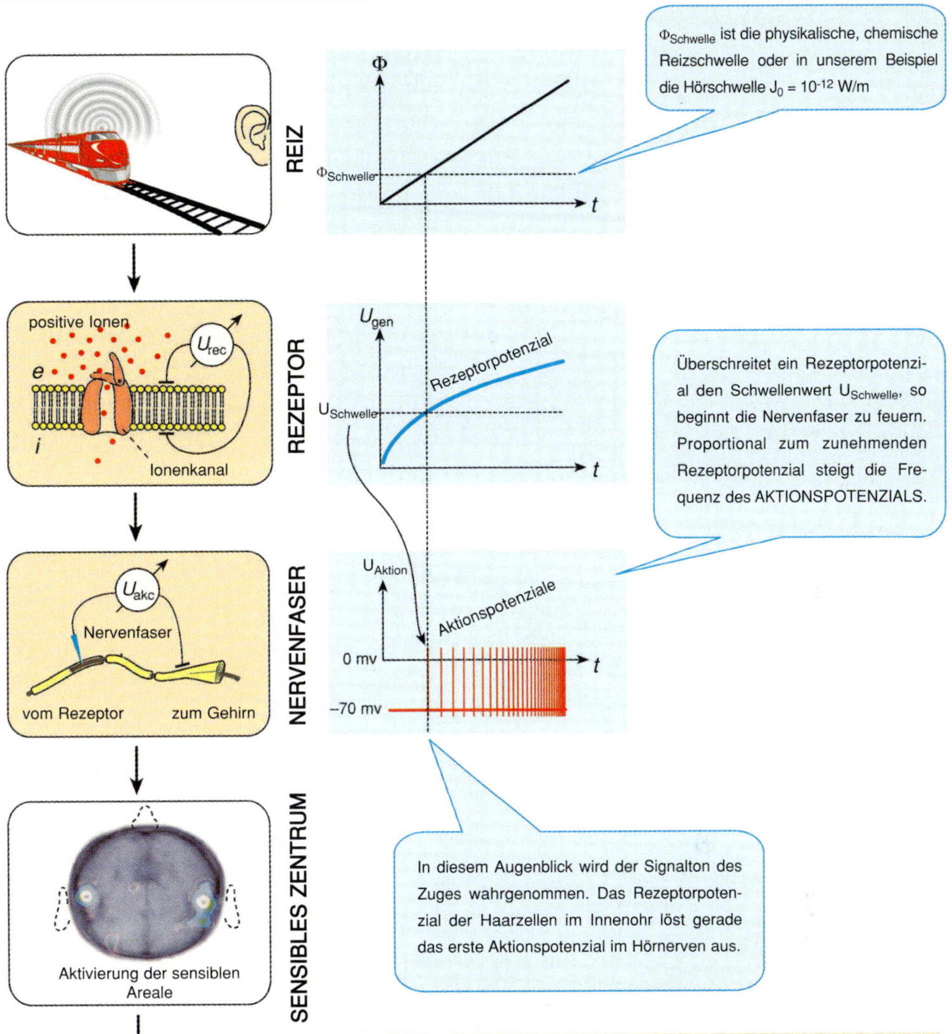

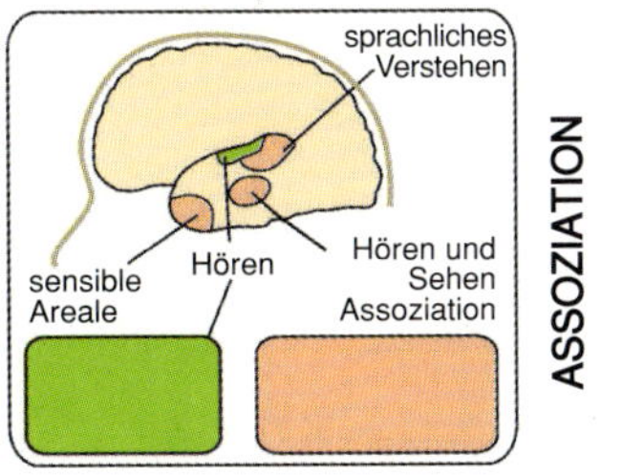

Messmöglichkeiten

Als **„objektive"** Messungen bezeichnet man die Methoden, die mit einem Messgerät bei wiederholter Messung unter gleichen Anfangsbedingungen (innerhalb der Fehlergrenzen) das gleiche Ergebnis zeigen. In unserem obigen Beispiel sind das Messungen der Reizintensität, des Membranpotenzials und des Aktionspotenzials des Nerven. Die Gefühle der sensiblen Hirnzentren und der Assoziationsgebiete sind aber nicht einfach Funktionen physikalischer, physiologischer Konditionen. Diese Messungen können nicht unabhängig von mentalen und anderen Umständen der untersuchten Person durchgeführt werden, deshalb bezeichnet man die psychophysikalischen, psychologischen Untersuchungen der Hirnrindenfunktion als **„subjektive"** Messungen. Heute ermöglichen die modernen bildgebenden Verfahren eine immer genauere Freilegung der sensiblen Funktion des menschlichen Gehirns (Elektroenzephalographie (EEG, s. VII/2.2), Magnetoenzephalographie (MEG), Positronenemissionstomographie (PET, s. VIII/4.4.2), Kernspinresonanztomographie (NMR, s. VIII/4.1) usw.).

IV/1.2 Die Zusammenhänge zwischen Reiz und Empfindung

Den Zusammenhang zwischen Reiz und Empfindung beschreiben die sog. psychophysikalischen Gesetze. Ihre Gültigkeit war in wissenschaftlichen Kreisen in den letzten Jahrzehnten viel diskutiert. Im Folgenden beschreiben wir die auf psychophysikalischen Messungen basierenden Gesetzmäßigkeiten.

IV/1.2.1 Absolute und relative Reizschwelle

Die Reizintensität, die zur Auslösung einer Empfindung gerade notwendig ist, nennen wir Schwellenreiz. Der **absolute Schwellenreiz** (ϕ_0) bezieht sich auf idealisierte Bedingungen der Wahrnehmung. Im Falle von Licht ist der Schwellenreiz die Schwellenempfindlichkeit des an vollständige Dunkelheit adaptierten Auges ($J_0 = 10^{-9}$ lux) oder bei der Untersuchung des Hörens im schallisolierten Raum ist es das Hören des Geräusches mit der geringsten Intensität ($J = 10^{-12}$ W/m^2).

Der **relative Schwellenreiz** kann immer in einer Umgebung mit gegebener Basisintensität beobachtet werden. Wir können ihn auch als Differenzempfindlichkeit bezeichnen. Definieren wir die Basisintensität ϕ und die davon gerade noch zu unterscheidende Intensität ϕ_r, dann ist der relative Schwellenreiz die Differenz der beiden Größen:

$$\Delta\phi = \phi_r - \phi \qquad \text{(IV.2)}$$

Wenn wir beim Beispiel der Lichtempfindung bleiben, so steigern wir bei der Beleuchtung mit gegebener Lichtstärke ϕ die Lichtintensität ϕ_r solange, bis der Unterschied wahrnehmbar wird. Im Falle des Hörens ist $\Delta\phi$ der Unterschied der Schallintensität, bei der man beim Radiohören in einer bestimmten „Lautstärke" die Veränderung der Lautstärke gerade bemerkt.

Tabelle IV.3. Die Werte des Weber-Bruchs bei verschiedenen Modalitäten

MODALITÄT	Weber-Bruch (k)
Sehen (Lichtstärke)	0,079
Sehen (Schätzung der Linienlänge)	0,029
Hören (Lautstärke, Lautheit)	0,048
Druckempfindung (Druck an der Fingerkuppe)	0,022
Druckempfindung (Gewicht)	0,020
Druckempfindung (Vibration an der Fingerkuppe)	0,036
Geschmack (salzig)	0,083
Elektrischer Stromschlag	0,013

Z.B.: Bei der Wahrnehmung des Gewichtes beträgt bei der Masse von 1 kg der relative Schwellenreiz 20 g, wir können also 1,02 kg gerade noch von dem ursprünglichen 1 kg unterscheiden. Bei 10 kg wird diese Differenz schon 200 g sein.

IV/1.2.2 Das Weber-Gesetz

Ernst Weber entdeckte in den 1830iger Jahren, dass die relative Reizschwelle proportional zur Basisintensität ist:

$$\Delta\phi = k\phi, \qquad \text{(IV.3)}$$

d.h. bei zunehmendem Grundreiz nimmt die relative Reizschwelle proportional zu. Der Proportionalitätsfaktor k wird auch als „Weber Bruch" bezeichnet. Da

$$k = \frac{\phi_r - \phi}{\phi} = \frac{\Delta\phi}{\phi}, \qquad \text{(IV.4)}$$

kann der Weber Bruch auch als relativer Fehler der betreffenden Wahrnehmung aufgefasst werden. Zu jeder Modalität gehört ein anderer relativer Schwellenreiz, wie das in Tabelle IV.3 dargestellt ist.

IV/1.2.3 Das Weber-Fechner Gesetz

Ernst Weber (1795–1878) und Gustav Fechner (1801–1887)

Gustav Fechner (1850) nahm an, dass die Größe der für die Wahrnehmung charakteristischen Empfindungsstärke Ψ nicht messbar ist, im Gegensatz zum relativen Schwellenreiz $\Delta\phi$. Fechner zog daraus die sich später als Irrtum erweisende Schlussfolgerung, dass die relative Änderung des Reizes $\Delta\phi/\phi$ proportional zur Änderung der Empfindungsstärke ist:

$$\Delta\psi = \text{konst.}\frac{\Delta\phi}{\phi}\,. \tag{IV.5}$$

Aus der Lösung der obigen Gleichung ergibt sich die dogmatisch gewordene logarithmische Beziehung des „psychophysikalischen Grundgesetzes nach Weber-Fechner", das fast 100 Jahre für gültig gehalten wurde:

$$\psi = \text{konst. lg}\,\frac{\phi}{\phi_0}\,, \tag{IV.6}$$

wo ϕ_0 der absolute Schwellenreiz ist. Das Gesetz beschreibt die Wahrnehmung der Tonhöhe zwischen 100 und 1000 Hz gut. Die Beziehung stimmt aber mit der Erfahrung nicht überein, wenn die Wahrnehmung mehrere Größenordnungen umfasst.

> **Bemerkung IV.1**
>
> In den 1960er Jahren gab es Versuche, die „objektiven" Messungen der Aktionspotenziale mit den „subjektiven" Messergebnissen der Amplituden-Schätzung zu vergleichen. Ein Patient gestattete die Freilegung des IX. Gehirnnervs (Geschmacksnervs) während der Operation an seinem Mittelohr und Messungen am Nerv. Sowohl die Frequenz der Aktionspotenziale als auch die Ergebnisse der Amplituden-Schätzung zeigten übereinstimmend eine Potenzfunktion.

IV/1.2.4 Das Stevens-Gesetz

S.S. Stevens bestritt seit der 1950iger Jahre die Gültigkeit des Weber-Fechner-Gesetzes. Er postulierte, dass die relative Änderung des Gefühls $\Delta\psi/\psi$ proportional zur relativen Änderung des Reizes $\Delta\phi/\phi$ ist:

$$\frac{\Delta\psi}{\psi} = \text{konst.}\frac{\Delta\phi}{\phi}\,. \tag{IV.7}$$

Der obige Ausdruck enthält auch das Postulat, dass der relative Fehler der Wahrnehmung proportional zum relativen Fehler des Reizes ist. Lösen wir die Gleichung, so kommen wir zu einer allgemeingültigen Potenzfunktion, die als Stevens-Gesetz bekannt geworden ist:

$$\psi = \text{konst.}\left(\frac{\phi}{\phi_0}\right)^n \tag{IV.8}$$

Der Exponent „n" ist eine charakteristische Konstante der Wahrnehmungsart, ϕ_0 ist auch hier der absolute Schwellenreiz als Vergleichsgröße. Ist $n < 1$, so sprechen wir von einer kompressiven Funktion, ist $n > 1$, dann von einer expansiven Funktion. In Tabelle IV.4 sind die Exponenten der verschiedenen Modalitäten dargestellt.

Stanley Smith Stevens (1906–1973)

Tabelle IV.4. Die Werte des Exponenten (n) bei verschiedenen Modalitäten

MODALITÄT	„n"	MODALITÄT	„n"
HÖREN, Lautheit (1000 Hz)	0,3	TEMPERATURGEFÜHL, Temperatur der Umgebung	1,0
SEHEN, Helligkeit (5° Lichtfleck, an Dunkelheit adaptiertes Auge)	0,33	SEHEN, Längenschätzung	1,0

Tabelle IV.4. Die Werte des Exponenten (n) bei verschiedenen Modalitäten (Fortsetzung)

MODALITÄT	„n"	MODALITÄT	„n"
SEHEN, Helligkeit eines Lichtblitzes	0,5	DRUCK, Druckgefühl in der Hohlhand	1,1
GERUCH (Kaffeeduft)	0,55	GESCHMACK (Salz)	1,3
VIBRATION (Finger, 250 Hz)	0,6	DRUCK, Gewicht	1,45
DRUCK, Vibration (Finger, 60 Hz)	0,95	DRUCK, Kraft (manueller Kraftmesser)	1,7
GERUCH (Heptan)	0,6	ELEKTRISCHER STROMSCHLAG (Haut)	3,5
GESCHMACK (Sacharin)	0,8	ELEKTRISCHER STROMSCHLAG (Zahn)	7.0

Der praktische Nachweis des Stevens-Gesetzes

Stevens bewies die Gültigkeit seines Gesetzes mit ausgedehnten psychophysiologischen Messungen. Bei seinen Messungen benutzte er zwei verschiedene Methoden.

Bei der Methode der sog. „**Amplitudenschätzung**" sollte die Versuchsperson das relative Gefühl, welches zufällig generierte Reizintensitäten auslösen, zahlenmäßig abschätzen. Als Etalon wurde einem Grundreiz mit gewisser Intensität eine Zahl zugeordnet und die Versuchsperson verglich die späteren Reize mit dieser Zahl.

Bedeutend genauere Messdaten lieferte die sog „**Anpassung der Modalitäten**" (cross-modality matching), bei der das Gefühl einer Modalität auf das gleiche Niveau mit einer anderen Modalität gebracht werden sollte. Ein typisches Beispiel für diese Aufgabe ist, dass die Versuchsperson die Stärke der untersuchten Modalität durch genauso starken Druck auf einen manuellen Kraftmesser ausdrücken soll.

Logarithmieren wir die Beziehung des Stevens-Gesetzes:

$$\lg \Psi = \lg\,(\text{konst.}) + n \lg \Phi - n \lg \Phi_0,$$

woraus nach Reduktion der Konstanten:

$$\lg \Psi = n \lg \Phi + \text{konst.} \qquad (y = n\,x + \text{konst}),$$

so erhalten wir eine lineare Beziehung zwischen logΦ und logΦ, deren Steigung „n" ist.

Die logarithmische Darstellungsform ist sowieso unvermeidbar, weil der Intensitätsbereich oft mehr als 10 Größenordnungen umfasst.

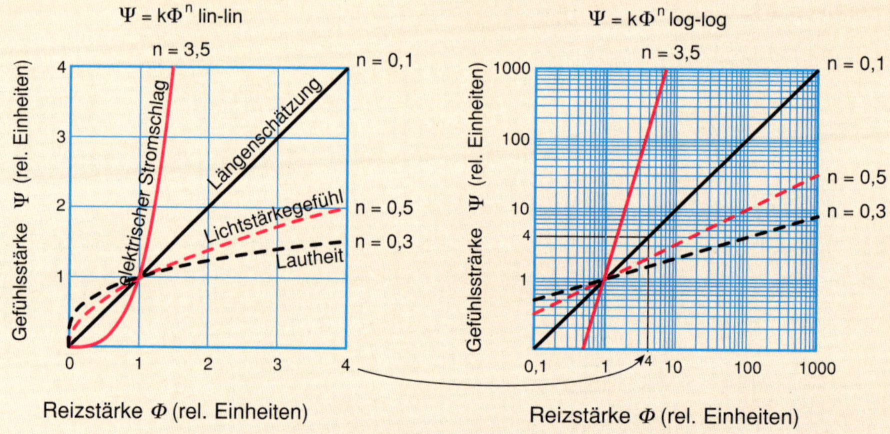

Die Darstellung des Stevens-Gesetzes im lin-lin bzw. log-log Koordinatensystem.

Die Gültigkeit des Stevens-Gesetzes werden wir auch bei der Behandlung des Hörprozesses (s. IV/3.5.2) sehen.

IV/2 Das Sehen

Eines unserer wichtigsten Sinnesorgane ist das Auge. Das gesunde menschliche Auge kann elektromagnetische Wellen zwischen rund 400 nm und 800 nm Wellenlänge wahrnehmen. Dieser Bereich wird als sichtbares Licht bezeichnet. Die an das sichtbare Licht angrenzenden Bereiche des elektromagnetischen Spektrums sind das Ultraviolette (100 nm – 400 nm) und das Infrarote (800 nm – 1 mm) (s. Bemerkung IV.2).

Das Auge spielt beim Sehen eine vielseitige Rolle. Es nimmt an der optischen Abbildung der Umwelt teil, passt sich an veränderte Lichtintensitäten an, wandelt das Licht in elektrochemische Signale, dann in Nervenimpulse um und nimmt auch an der Vorauswertung der Bildinformationen teil.

> Bemerkung IV.2
>
> Es gibt Tierarten, die auch die für uns unsichtbaren ultravioletten Strahlen wahrnehmen können. Viele uns weiß erscheinende Blumen sehen Insekten im UV-Bereich farbig. Vor kurzem gelang auch bei einem Säugetier (*Glossophaga soricina*, farbenblinde Fledermaus) der Nachweis, dass sich sein Sehvermögen bis in den kurzen Wellenbereich von 310 nm ausdehnt.

IV/2.1 Schematischer Aufbau des Auges

Von den Molekülen angefangen über die Organe bis zu den Ökosystemen besteht eine enge Beziehung zwischen Aufbau und Funktion der biologischen Systeme. Im Folgenden stellen wir den Aufbau des Auges so detailliert dar, wie es zum Verständnis der biophysikalischen Grundlagen des Sehens notwendig ist.

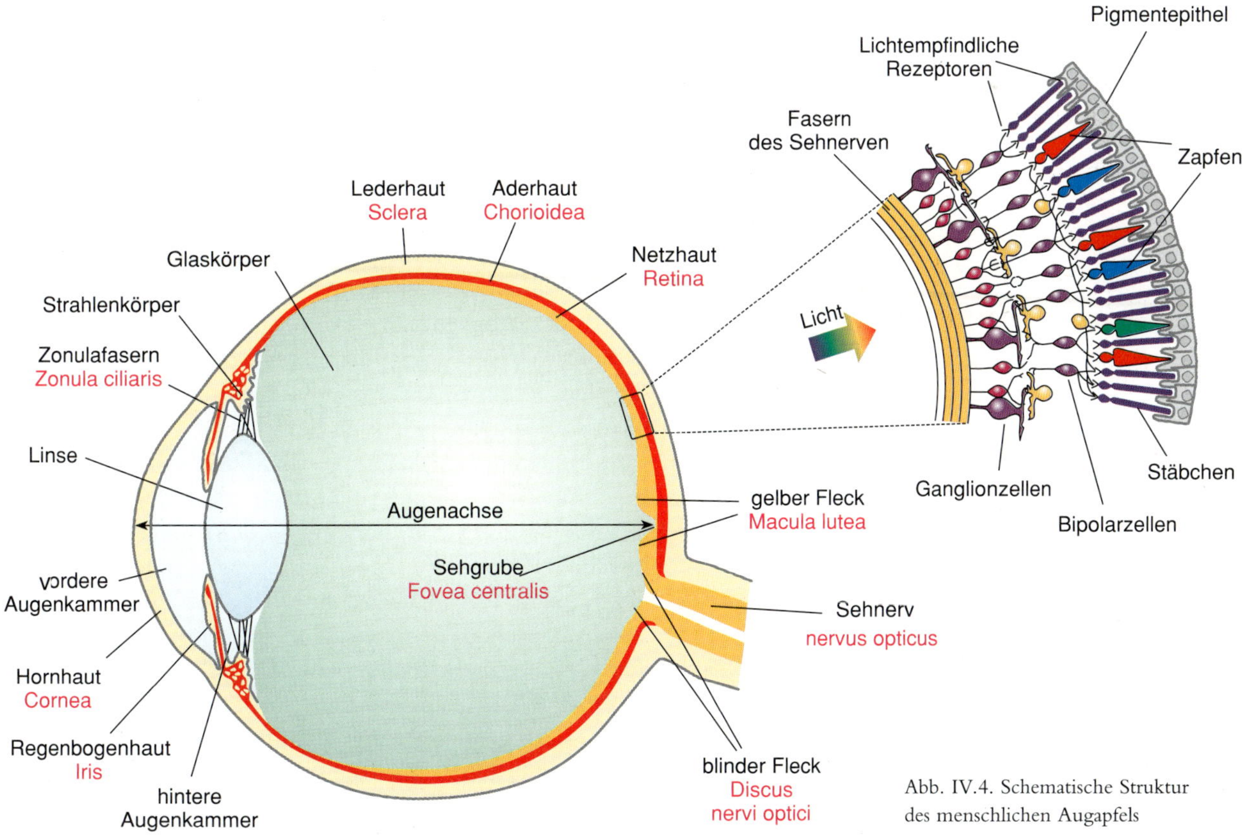

Abb. IV.4. Schematische Struktur des menschlichen Augapfels

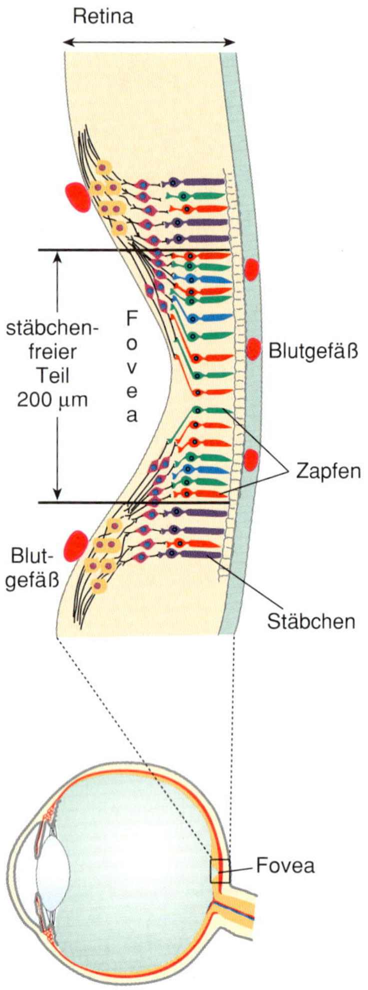

Abb. IV. 5. Shematische Struktur der Fovea

Bemerkung IV.3

Im Linsenauge der Kopffüßer befinden sich die Zapfen und Stäbchen so in der obersten Netzhautschicht, dass die Lichtabsorption mit dem geringsten Verlust erfolge. Diese Tiere haben auch keinen blinden Fleck.

IV/2.1.1 Aufbau des Auges und der Retina

Das menschliche Auge ist ein kugelförmiges Organ mit einem Durchmesser von rund 2,5 cm. Die Form wir durch den Innendruck von 10-22 mm Hg (1,3-2,9 kPa) gehalten. Der Augapfel besteht aus drei Schichten, sein Aufbau ist schematisch in Abb. IV.4. dargestellt.

Die äußere starke weiße Hülle ist die Lederhaut (Sclera). Sie geht hinten in die Bindegewebshülle des N. opticus und vorne in die durchsichtige Hornhaut (Cornea) über. Die mittlere Schicht bilden die Regenbogenhaut (Iris), der Strahlenkörper (Corpus ciliare) und die Aderhaut (Chorioidea). Vom Strahlenkörper zieht das Strahlenbändchen (Zonula ciliaris) zur Linse und fixiert diese. Die Öffnung in der Mitte der Iris ist die Pupille. Die innerste Schicht ist die Netzhaut (Retina). Sie enthält auch die Lichtrezeptoren.

Die Netzhaut nimmt als ein Teil des ZNS den Lichtreiz auf und leitet die ausgelöste Erregung an das Gehirn weiter. Außerdem beginnt die Retina auch mit der Auswertung der visuellen Information. Sie erkennt z.B. Kontraste in der Beleuchtung und Bewegungen. An der Verarbeitung der Sehinformationen in der Retina nehmen mehr als 60 Arten von Nervenzellen teil. Ihre Grundtypen und deren Anordnung sind in Abb. IV.4. dargestellt.

Bei den Zellen, die das auf die Retina fallende Licht wahrnehmen, unterscheiden wir zwei Gruppen: die Zapfen- und die Stäbchenzellen. Bei einem gesunden Menschen beträgt die Zahl der Stäbchenzellen 120 Millionen, die der Zapfenzellen 6,5 Millionen. Die Zapfen fungieren als Photorezeptoren bei Tageslicht (1-10^5 lux), die Stäbchen ermöglichen das Sehen in der Dämmerung und in der Nacht (10^{-9}-10 lux). Die an der Vorauswertung der Sehinformationen beteiligten Nervenzellen lassen sich in die folgenden 4 Hauptgruppen einteilen: Horizontalzellen, Bipolarzellen, amakrine Zellen und Ganglionzellen. Der aus dem Auge austretende Sehnerv besteht aus den Axonen der Ganglienzellen. Die Erregung aus mehreren in der Retina nebeneinander liegenden Rezeptorzellen gelangt in eine einzige Ganglionzelle. Dieses Phänomen wird als Konvergenz des Erregungssignales bezeichnet. Das Signal der Stäbchenzellen konvergiert stärker als das der Zapfenzellen. Bei jedem Typ der Rezeptorzelle wird die Funktion von mehreren anregenden oder hemmenden Synapsen beeinflusst. Diese spielen bei der retinalen Bildauswertung eine wichtige Rolle.

Das Interessante am menschlichen Auge ist, dass die Rezeptorzellen der Retina nicht dem Augeninnern zugewandt sind, sondern sich in der Nähe der Aderhaut befinden. Die Berührung von lichtempfindlichen Zellen und pigmentiertem Epithel ist für die schnellere Regeneration nach Beleuchtung der Photorezeptoren wichtig. Eine solche Anordnung hat aber auch zur Folge, dass das Licht die Retina durchdringen muss, um die Photorezeptoren zu erreichen. Das ergibt auch, dass die Nervenfasern durch die Schicht der Photorezeptoren verlaufen müssen, um aus dem Auge auszutreten. An der Eintrittsstelle des Sehnerven sind keine Photorezeptoren zu finden. Das ist der blinde Fleck (Bemerkung IV.3). Unter normalen Bedingungen bemerken wir sein Vorhandensein deshalb nicht, weil das Gehirn das durch den blinden

Fleck fehlende Bildteil anhand der Informationen aus seiner Umgebung oder aus dem anderen Auge ersetzt. (Der blinde Fleck fällt bei den beiden Augen auf unterschiedliche Teile des Gesichtsfeldes.)

Objekte in der Mitte des Gesichtsfeldes bilden sich im gelben Fleck (Macula lutea) der Retina ab. Die kleine Grube in seiner Mitte ist die Fovea. Hier befinden sich keine Stäbchenzellen und die Dichte der Zapfenzellen ist hier am höchsten. Zur uneingeschränkten Wahrnehmung des Lichtes sind die Blutgefäße und die an der Erregungsverarbeitung teilnehmenden Nervenelemente von dieser Stelle so zur Seite geschoben, wie es in Abb. IV.5 dargestellt ist. Hinter den Rezeptorzellen befindet sich das Pigmentepithel. Es absorbiert durch seinen hohen Melaningehalt das auffallende Licht und mindert so die unerwünschten Reflexionen.

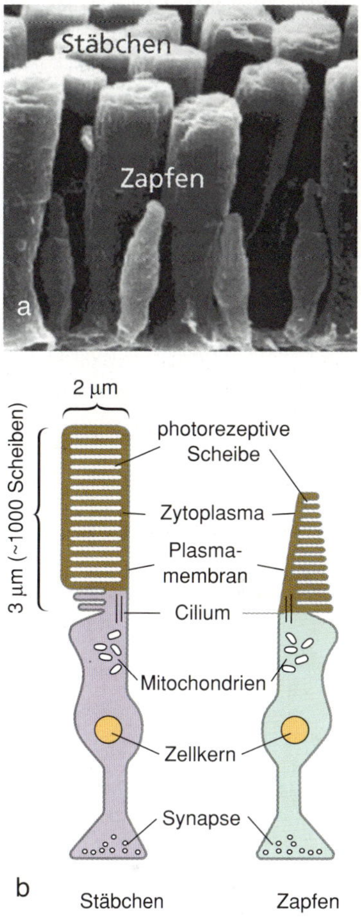

Abb. IV.6. Stäbchen und Zapfen:
a. elektronenmikroskopisches Bild,
b. schematische Struktur

IV/2.1.2 Der Aufbau der Rezeptorzellen

Die Photorezeptorzellen bestehen aus einem Außen- und einem Innensegment, die durch einen dünnen flagellenähnlichen Teil verbunden sind (Abb. IV.6). Die Außensegmente der Stäbchenzellen füllen 1000-1500 dicht gepackte flache Membransäckchen. Diese scheibenförmigen Gebilde, die sog. photorezeptiven Scheiben, entstehen durch Abschnürung aus der Plasmamembran der Zelle. In den Zapfenzellen entsteht durch sich aneinanderschmiegende Ein- und Ausstülpungen der Plasmamembran des Außensegmentes eine Membranstruktur, die den photorezeptiven Scheiben der Stäbchen ähnelt. Dieses Membransystem im Außensegment ist für die Wahrnehmung des Lichtes verantwortlich, während das Innensegment den Großteil des Zellmetabolismus ausführt. Das Innensegment enthält auch die synaptischen Endungen. Diese Zellen sind so kurz, dass zum Transport der vom Lichteinfall hervorgerufenen Veränderungen innerhalb der Zelle keine Aktionspotenziale notwendig sind. Die Potenzialänderungen des Außensegmentes breiten sich auch auf das Innensegment aus und modulieren in direkter Weise die Sekretion von Neurotransmittern.

Die Wahrnehmung des Lichtes ermöglicht in den Stäbchenzellen ihr lichtempfindlicher Sehfarbstoff, das Rhodopsin. Das Rhodopsin gehört in die große Familie der an ein G-Protein gebundenen Rezeptoren. Es macht rund 80-90 Massenprozent der Membran der photorezeptiven Scheiben aus. Das ist einer der Rezeptoren, die am gründlichsten erforscht wurden. Er besteht aus zwei Teilen: einer Eiweißkomponente und einem kovalent gebundenen Pigment (Abb. IV.7.). Das Rhodopsin ist ein integriertes Membraneiweiß. Es enthält sieben Transmembranhelixe und ein weit aus der Membran herausragendes zytoplasmatisches Ende. Sein Eiweißbestandteil ist das Opsin mit Enzymeigenschaften. Das für die Lichtabsorption verantwortliche Pigment des Rhodopsin ist das 11-cis-Retinal A, dessen Absorptionsmaximum in

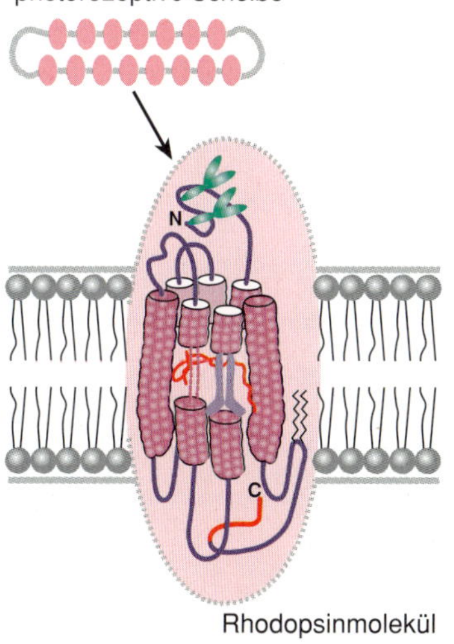

Abb. IV.7. Struktur des Rhodopsinmoleküls

Lösung in den ultravioletten Bereich um 380 nm fällt. Im Rhodopsin der Stäbchenzellen ändert sich das Absorptionsmaximum auf ungefähr 500 nm. Das beruht darauf, dass die Eiweißumgebung das Absorptionsmaximum des Retinals stark verschiebt.

Die Zapfen enthalten dem Rhodopsin der Stäbchen ähnelnde, 11-cis-Retinal enthaltende Chromoproteine, sog. Photopsine. In jeder Zapfenzelle entwickelt sich nur eine Art von Photopsin. Dementsprechend gibt es im menschlichen Auge drei Arten von Zapfenzellen mit unterschiedlichen Spektraleigenschaften.

IV/2.2 Die biophysikalischen Grundlagen des Sehens

IV/2.2.1 Optische Abbildung im Auge

Vorbedingung des Sehens ist, dass das Bild des untersuchten Objektes vom optischen System des Auges auf die Retina projiziert wird. Das Licht gelangt durch die Pupille, die Hornhaut, das Kammerwasser, die Linse und den Glaskörper an den zwischen ihnen liegenden Grenzflächen gebrochen bis zur Netzhaut. Diese Flächen bilden ein Brechungssystem von annähernd 60-65 Dioptrien. Es ergibt ein umgekehrt stehendes reelles Bild der Objekte im Augenhintergrund. Das auf die Retina projizierte Bild der Objekte, die wir in einem größeren Winkel sehen, ist größer, deshalb scheinen die nahen Objekte größer und reicher an Einzelheiten. Die deutliche Sehweite, bei der die meisten Menschen bequem lesen können, beträgt 25 cm.

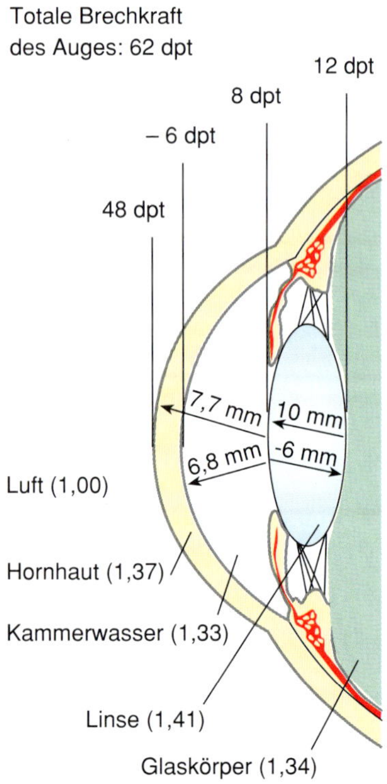

Abb. IV.8. Die wichtigen brechenden Grenzflächen der Bildgebung: Krümmungsradien, Brechzahlen und berechnete Brechkraft

Die Pupille reguliert die auf die Retina einfallende Lichtmenge: bei großer Intensität zieht sie sich unwillkürlich zusammen, bei schwachem Licht öffnet sie sich. Ihr Durchmesser ändert sich typisch zwischen 2 mm und 8 mm. Die in das Auge gelangende Lichtmenge ist proportional zur Pupillenfläche:

$$P = J \cdot \pi \cdot \left(\frac{d}{2}\right)^2 \tag{IV.9}$$

wo P die ins Auge gelangende Lichtleistung, J die aufs Auge fallende Lichtintensität und d der Pupillendurchmesser sind. So ist die in die Linse gelangende Lichtmenge

$$P_{max}/P_{min} = (d_{max}/d_{min})^2 = 16, \tag{IV.10}$$

d.h. sie kann um das 16-fache verändert werden. Die weitere Verarbeitung der Intensitätsdifferenzen führt die Retina durch. Die Größe der Pupille beeinflusst auch die Schärfe des Bildes auf der Retina: ihr Zusammenziehen erhöht, ihre Öffnung mindert die Tiefenschärfe des entstehenden Bildes. Deshalb kann ein stark beleuchtetes Objekt auf der Retina auch dann noch ein annehmbar scharfes Bild ergeben, wenn die Bildebene etwas vor oder hinter die Retina fällt.

Die Grenzen zwischen den Geweben des Auges mit unterschiedlicher Brechzahl sind zylindersymmetrisch gekrümmte Flächen, deren Krümmung gegen die Ränder hin etwas abnimmt und so die Bildverzerrung mindert. Modellieren wir die Bildentstehung auf der Retina nur mit paraxialen Strahlen, so kann man die Brechflächen des Auges in guter Näherung als Kugelhauben mit unterschiedlichen Radien beschreiben. In Kenntnis der Differenzen der Brechzahlen von aneinander grenzenden Geweben ($n-n'$) und des Krümmungsradius der Grenzflächen (r) lässt sich die Brechkraft (D) berechnen (Abb. 8, s. Gl. (II.16)):

$$D = \frac{n-n'}{r}. \qquad \text{(IV.11)}$$

Das ins Auge fallende Licht wird zuerst an der Grenzfläche zwischen Luft und Hornhaut gebrochen. Für das entstehende optische Bild ist es sehr wichtig, dass die rauhe Oberfläche der Hornhaut von einer dünnen Tränenschicht bedeckt sei, die sich beim Lidschlag stets erneuert.

Das Licht gelangt an den Grenzflächen Luft-Hornhaut und Hornhaut-Kammerwasser gebrochen zur Linse. Die Linse, die aus durchsichtigen schalenförmig angeordneten Fasern besteht, verdankt ihre im Vergleich zur Umgebung höhere Brechzahl der hohen Eiweißkonzentration in den Zellen. Die Beweglichkeit der Fasern gegeneinander ermöglicht die Änderung des Krümmungsradius. Dadurch kann die Brechkraft der Grenzflächen Kammerwasser-Linse und Linse-Glaskörper reguliert werden, was die Akkomodation an die unterschiedliche Entfernung von Gegenständen ermöglicht.

Beim Fokussieren auf nahe Gegenstände zieht sich der Ziliarmuskel zusammen, sein innerer Durchmesser nimmt ab, so erschlaffen die Aufhängebänder der Linse und die Linsenwölbung nimmt aufgrund der natürlichen Elastizität der Linse zu (Abb. IV.9). Bei Erschlaffung des Ziliarmuskels spannt der Aufhängeapparat die Linsenkapsel und zieht die Linse flach, die entfernten Gegenstände werden scharf (Abb. IV.9).

Das gesunde Auge kann von 25 cm bis zu sehr entfernten Gegenständen ein scharfes Bild auf die Retina projizieren. Zur Bestimmung, zu wie großen Änderungen der Brechkraft die Linse bei der Akkomodation an die beiden Extreme die Linse fähig ist, gehen wir vom Abbildungsgesetz aus (s. II/2.1.2):

$$D = \frac{n_g}{g} + \frac{n_b}{b}, \qquad \text{(IV.12)}$$

wo D die Brechkraft des Auges, g die Gegenstandsweite, b der Abstand des Bildes auf der Retina vom Brechsystem des Auges, n_g die Brechzahl des Mediums zwischen Gegenstand und Auge (für Luft $n_g = 1$) und n_b die Brechzahl des Glaskörpers sind. Weil sich n_g, n_b und b nicht ändern, können wir Gl. (IV.12) sowohl für die Akkomodation an nahe als auch an ferne Gegenstände aufschreiben, und wir erhalten durch Subtrahieren der beiden Gleichungen, dass die gesunde Linse zu einer Änderung der Brechkraft von

$$\Delta D = \frac{1}{0{,}25\text{m}} - \frac{1}{\infty} = 4 \text{ Dioptrien} \qquad \text{(IV.13)}$$

fähig ist. Das junge Auge kann auch von sehr entfernten und von 8-10 cm nahen Gegenständen ein scharfes Bild erzeugen, was einer Brechkraft-Änderung von 10-12 Dioptrien entspricht.

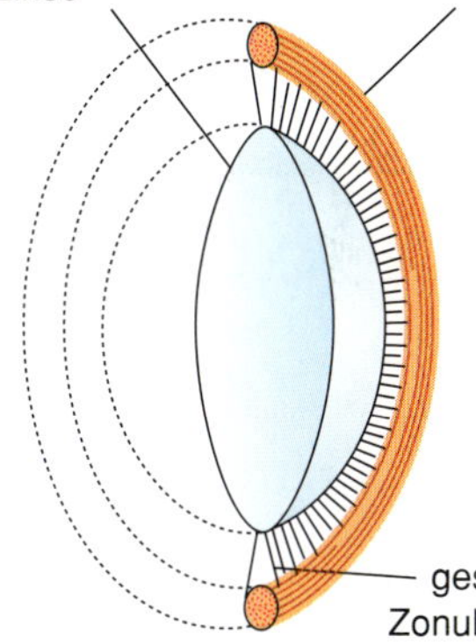

Die Ziliarmuskulatur ist erschlafft, die Linse ist flach, nicht akkommodiert

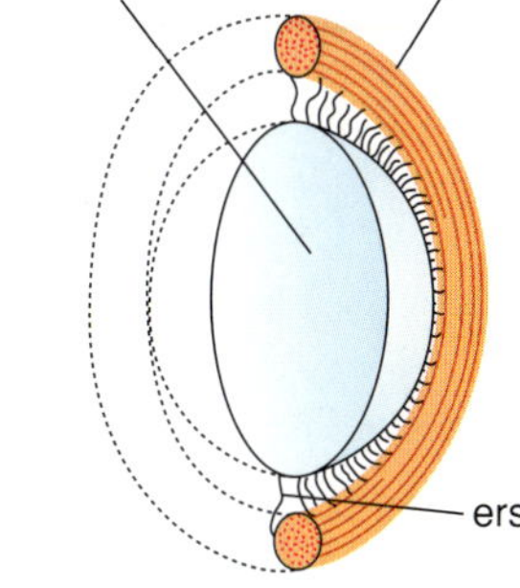

Kontraktion der Ziliarmuskulatur, die Linse ist gewölbt, auf die Nähe akkommodiert

Abb. IV.9. Akkommodation des Auges auf einen Nah- und einen Fernpunkt

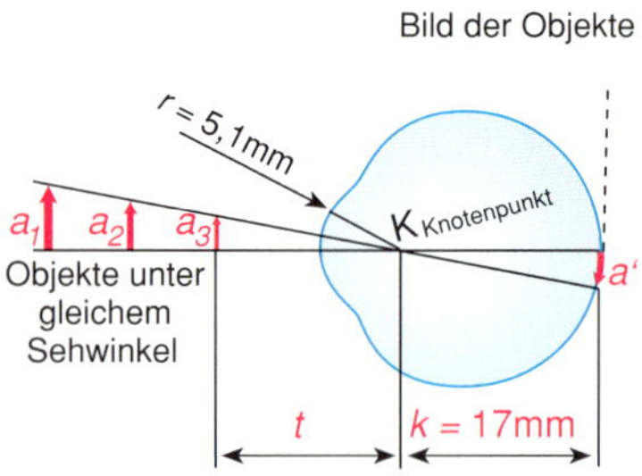

Abb. IV.10. Konstruktion des auf der Retina entstehenden Bildes nach dem Modell des reduzierten Auges (Das Größenverhältnis von Gegenstand und Auge ist aus didaktischen Gründen verzerrt.)

Das Bild, das sich von Gegenständen in einer Entfernung von mehr als 5 m auf die Retina projiziert, lässt sich mit dem sog. reduzierten Augenmodell gut beschreiben. Hierbei ersetzen wir das komplizierte optische System des Auges durch eine einzige brechende Grenzfläche. Der Krümmunsradius dieser Grenzfläche beträgt 5,1 mm, der Krümmungsmittelpunkt ist der Knotenpunkt *K*. Da die durch den Knotenpunkt verlaufenden Strahlen nicht gebrochen werden, erhalten wir das Bild des Gegenstandes so, dass wir von den Punkten des Gegenstandes Geraden durch den Knotenpunkt *K* des reduzierten Auges zur Retina ziehen, die sich im Abstand von 17 mm hinter dem Knotenpunkt befindet (Abb. IV.10). Das auf die Retina projizierte Bild der entfernten Gegenstände, die unter dem gleichen Winkel zu sehen sind, ist gleich groß.

IV/2.2.2 Die Brechungsfehler des Auges und ihre Korrektur

Sofern die Brechkraft des Auges vom Normalen abweicht oder die Größenverhältnisse des Auges Besonderheiten aufweisen, ergeben sich Probleme beim Sehen (Abb. IV.11). Beim kurzsichtigen Auge ist die Brechkraft zu groß oder die Retina zu weit entfernt, so erscheint das Bild der unendlich entfernten Gegenstände vor der Retina. Ohne Korrektur bildet das kurzsichtige Auge nahe Gegenstände entsprechend ab, sieht aber entfernte Gegenstände nicht scharf. Mit einer Streulinse können die ins Auge fallenden Lichtstrahlen gestreut und das Problem korrigiert werden. Bei weitsichtigem Auge erscheint das Bild der nahen Gegenstände hinter der Retina. Dieses Auge sieht die entfernten Gegenstände scharf, es ist aber nicht in der Lage, das Bild der nahen Gegenstände auf die Retina zu fokussieren. Dieser Sehfehler kann mit einer Sammellinse korrigiert werden. Bei Altersweitsichtigkeit werden die entfernten Gegenstände scharf gesehen, das Auge ist aber nicht in der Lage, das Bild der nahen Gegenstände auf die Retina zu fokussieren. Es besteht jedoch ein Unterschied zur Weitsichtigkeit, denn im Alter liegt die Ursache des Problems darin, dass die Linse ihre Elastizität verliert. Die Altersabhängigkeit der maximalen Brechkräfte ist in Abb. IV.12 dargestellt. Bei der Altersweitsichtigkeit ist das Auge also nicht mehr fähig, die Brechkraft um 4 Dioptrien zu ändern. Werden also die nahen Gegenstände durch eine

Abb. IV.11. Weg des Lichtstrahls im **a.** weitsichtigen und **b.** kurzsichtigen Auge. Die schwarzen Linien markieren die nicht korrigierten, die roten Linien die korrigierten Strahlen

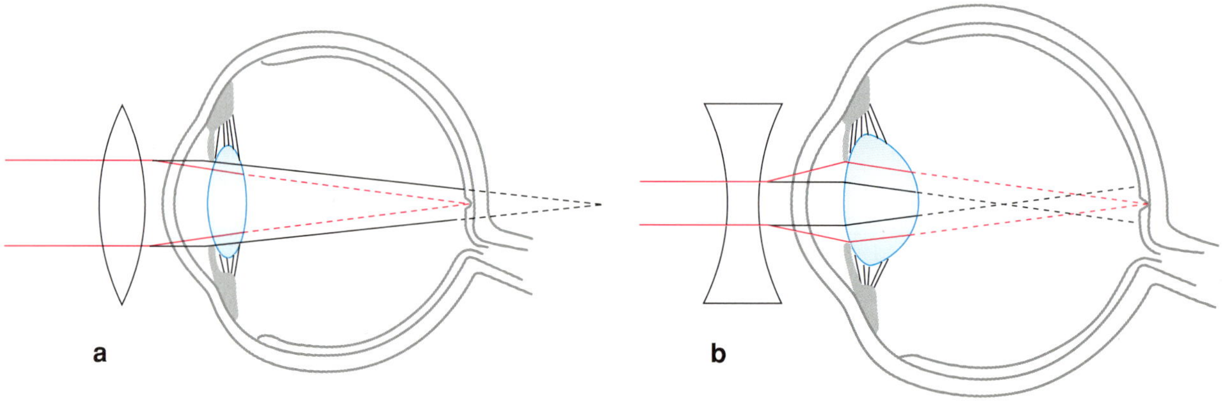

Sammellinse (Lesebrille) scharf, so wird mit dieser Brille die Abbildung der entfernten Gegenstände unscharf sein.

Es kann vorkommen, dass ein optisches Element des Auges (in der Regel die Hornhaut) nicht zylindersymmetrisch ist. In diesem Fall ist die fragliche brechende Grenzfläche des Auges keine Kugelhaube, sondern von annähernd ellipsoider Form. Hierbei werden die Lichtstrahlen von einem einzigen Punkt statt als Punkt als Linie abgebildet, es kommt zum sog. Astigmatismus. Dieser Fehler lässt sich mit Zylindergläsern korrigieren.

Da die Brechzahl-Änderung beim Übergang Luft-Hornhaut am größten ist, ist die Brechkraft des Auges auf geringe Änderungen des äußeren Hornhautradius sehr empfindlich. Das nutzt die Laseroperation zur Verbesserung der Sehschärfe (s. IX/1.2.3). Hierbei wird die äußere Krümmung der Hornhaut korrigiert.

Bisher haben wir die drei einfachsten möglichen Fehler (sog. Aberrationen) des Auges (und allgemein aller optischen bildgebenden Systeme) diskutiert. Diese ergeben sich aus Fehlern der Brechflächen des Auges und der Retina, bei denen die Abweichung von der optimalen Fläche eine Kugelhaube oder ein Zylinder waren. Bei der optischen Abbildung können aber auch andere Fehler auftreten. Im Falle des Auges werden sie von solchen Unebenheiten der für die Bildgebung verantwortlichen Grenzflächen oder der Retina verursacht, bei denen die Abweichung von der optimalen Grenzfläche schon kompliziertere Formen annimmt. Diese Fehler bestimmen das maximale Auflösungsvermögen des gesunden Auges. Die komplizierteren optischen Fehler des Auges können mit einem Aberrometer gemessen werden, welches die Optik des Auges mit einem schwachen Laserstrahl abbildet. Mit der schon erwähnten Laser-Korrekturoperation lassen sich die komplizierteren Abbildungsfehler, die von den Abweichungen der bildgebenden Flächen verursacht sind, korrigieren.

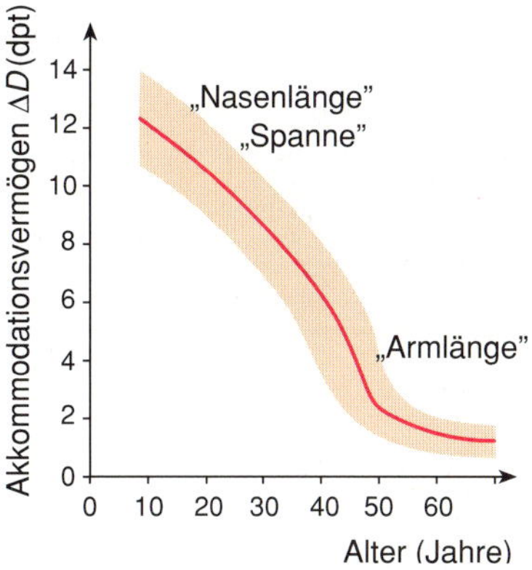

Abb. IV.12. Abhängigkeit des Akkommodationsvermögens vom Alter

IV/2.2.3 Das Auflösungsvermögen des Auges

Der kleinste Sehwinkel, bei dem zwei separate Punkte voneinander unterschieden werden können, wird als Sehwinkelgrenze bezeichnet. Für das gesunde Auge beträgt die Sehwinkelgrenze ca. 1 Winkelminute (1'). In der Ophthalmologie benutzt man beim Messen des individuellen Auflösungsvermögens, der Sehschärfe, meistens den Kehrwert des kleinsten erkennbaren Sehwinkels, der als Visus bezeichnet wird. Die Sehschärfe wird oft auch in Prozent ausgedrückt, wobei der normale Visus 1/1' als 100% genommen wird:

$$\text{Sehschärfe} = \frac{1'}{\alpha} \cdot 100\% \qquad \text{(IV.14)}$$

Aufgrund der Wellennatur des Lichtes ist auch die fehlerfreie optische Abbildung nicht punktförmig. Das Bild der einzelnen Gegenstandspunkte ist infolge der Diffraktion und Interferenz des Lichtes – statt des von der geometrischen Optik vorhergesagten einzelnen Punktes – eine Scheibe (Abb. IV.13). Bei zwei voneinander entfernten Gegenstandspunkten sind diese sog.

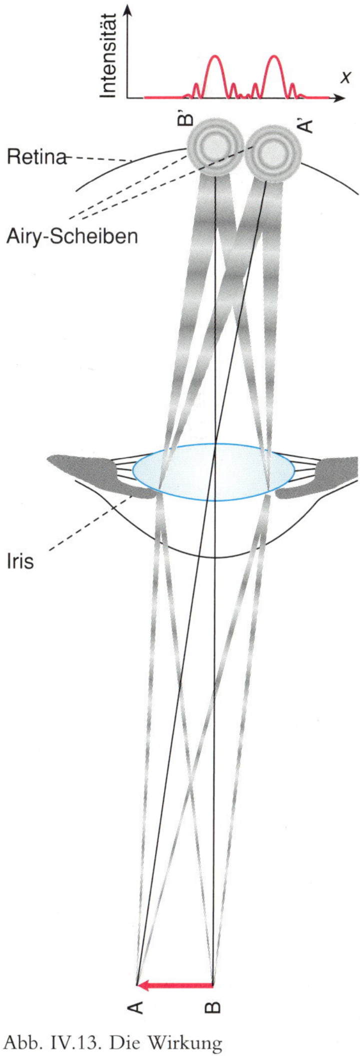

Abb. IV.13. Die Wirkung der Lichtdiffraktion auf die Bildgebung des Auges

Der Landolt-Ring

Die auf der Retina entstehenden Bilder des Landolt-Ringes (Abb. 1) aus verschiedener Entfernung unter Beachtung der Diffraktion an der Pupille (bei einem Durchmesser von 3,5 mm) (Abb. 2a).

Das Erregungsbild in den Zapfen, angeregt durch das auf die Retina projizierte optische Bild (Abb. 2b). Aus kurzem Abstand sieht man den Ring in großem Winkel. Das Bild ist reich an Einzelheiten, da es auf viele Zapfen fällt. Vergrößert man den Abstand vom Auge, so wird bei einem gegebenen Abstand die Sehwinkelgrenze erreicht. An diesem Punkt fällt der Spalt mit dem Muster schwarz-weiß-schwarz auf drei Zapfen und kann gerade noch wahrgenommen werden. Vergrößert man den Abstand noch weiter, so wird das entstehende Erregungsbild einen einzigen geschlossenen Ring zeigen.

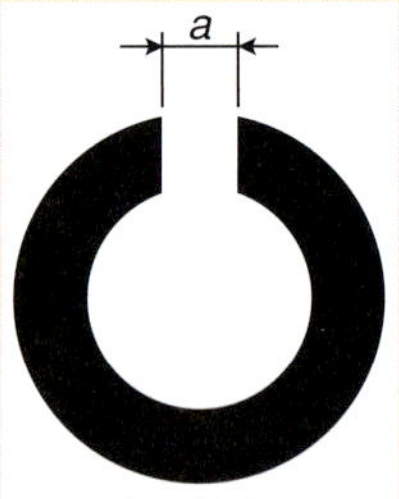

Abb. 1.
Der Landolt-Ring

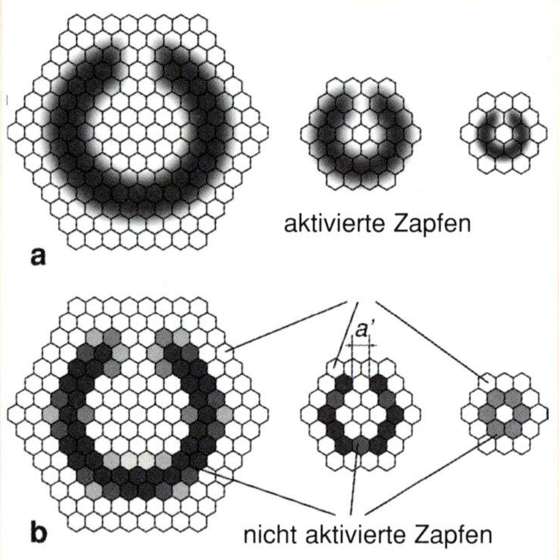

Abb. 2.
Das Bild des Landolt-Ringes auf der Retina

Airy-Scheiben gut getrennt. Kommen sich die beiden Gegenstandspunkte näher, so überlappen sich die Airy-Scheiben immer mehr. Es gibt einen kritischen Abstand der Gegenstandspunkte, bei dem die beiden Punkte gerade noch unterschieden werden können. Das ist die wellenoptische Grenze (α_W) der Auflösung bei der Bildgebung. Nähern sich die Gegenstandspunkte weiter, schmilzt das Bild der beiden Punkte zu einer einzigen Scheibe zusammen. Die wellenoptische Verwaschung des Bildes auf der Retina hängt bei gegebener Wellenlänge vom Durchmesser der Pupille ab. Je kleiner die Pupillenöffnung ist, desto größer ist der Durchmesser der Airy-Scheiben oder desto verwaschener ist das Bild. Es lässt sich nachweisen, dass die Sehwinkelgrenze in Radiant folgendermaßen aus dem Durchmesser der Pupille d und der Wellenlänge des Lichtes λ berechnet werden kann:

$$\alpha_W = 1{,}22 \cdot \frac{\lambda}{d} \,. \qquad \text{(IV.15)}$$

Der Durchmesser der Pupille beträgt in Abhängigkeit von den Lichtverhältnissen ungefähr 2-8 mm, die Wellenlänge des sichtbaren Lichtes kann sich im Bereich von 400–800 nm ändern. Im ungünstigsten Fall (λ = 800 nm, d = 2 mm) beträgt die wellenoptische Grenze des Sehwinkels in Winkelsekunden:

$$\alpha_W = 1{,}22\frac{800}{2\cdot 10^6} = 4{,}88\cdot 10^{-4}\ \text{rad},\quad \alpha_W = 4{,}88\cdot 10^{-4}\,\frac{360^\circ}{2\pi}\cdot 60\,\frac{'}{^\circ} \approx 1{,}68'. \qquad \text{(IV.16)}$$

Bei demselben Pupillendurchmesser ergibt die obige Berechnung für blaues Licht (λ = 400 nm) die Sehwinkelgrenze $\alpha_W \approx 0{,}8'$. Bei mittlerer Wellenlänge und Pupillenweite (λ = 550 nm, d = 4 mm) ist $\alpha_W \approx 0{,}6'$.

Die obige wellenoptische Überlegung ist allgemein gültig, sie betrifft alle optischen bildgebenden Verfahren. Das Auflösungsvermögen des Auges hat aber auch eine ganz andere biologische Grenze, die von den Dimensionen der Rezeptorzellen herrührt. Zur Bestimmung der Sehwinkelgrenzen des Auges wird vielerorts der Landolt-Ring benutzt (s. *„Der Landolt-Ring"*). Dieser kann vom Auge dann richtig gewertet werden, wenn das Bild des dunkel-hell-dunkel Musters im Ring wenigsten auf drei lichtempfindliche Zellen fällt. In der Fovea centralis befinden sich die Zapfen ähnlich wie Bienenwaben in sechseckiger Anordnung; ihre mittlere Größe beträgt 2 µm (Abb. IV.14). Danach ist unter Anwendung des reduzierten Augenmodells die aus biologischer Sicht kleinstmögliche Sehwinkelgrenze (α_B, in Winkelminuten):

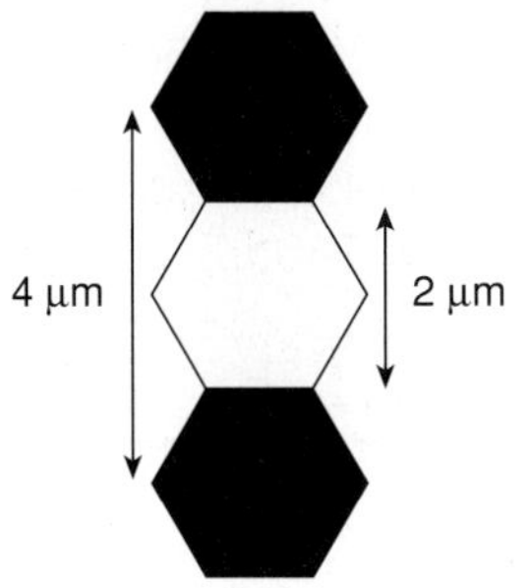

Abb. IV.14. Erklärung zur Berechnung des biologisch kleinstmöglichen Sehwinkels

$$\alpha_B = \frac{4\mu m}{1{,}7 \cdot 10^4 \mu m} = 2{,}35 \cdot 10^{-4} \text{ rad}, \quad \alpha_B = 2{,}35 \cdot 10^{-4} \frac{360^\circ}{2\pi} \cdot 60 \frac{'}{^\circ} \approx 0{,}8'. \quad \text{(IV.17)}$$

Man sieht, dass die biologischen und wellenoptischen Grenzen des Sehwinkels im Großen und Ganzen übereinstimmen, d. h. Pupillenöffnungen, spektraler Empfindlichkeitsbereich der Rezeptorzellen und Dimension der Rezeptorzellen gut aufeinander abgestimmt sind. Die Natur nutzt bei allen Faktoren die Möglichkeiten bis an ihre Grenzen, erzeugt aber keine überflüssigen Größen.

IV/2.2.4 Die Entstehung der Seherregung in der Retina

Das Sehen ist das Ergebnis der gemeinsamen Funktion von Photorezeptorzellen, Nervenzellen der Retina und Gehirn. Die durch den Lichteinfall auf die Retina ausgelösten photochemischen Prozesse modifizieren die ständige Neurotransmittersekretion. Dadurch wird eine elektrische Erregungswelle erzeugt, die über den Sehnerven zum entsprechenden Teil der Hirnrinde verläuft und dort die Sehempfindung auslöst. Die Reizung der Rezeptorzellen in der Retina löst im entsprechenden Hirnteil immer Sehempfindungen aus. Das geschieht auch dann, wenn der auslösende Reiz kein Lichteinfall war, sondern z. B. ein Schlag oder Druck auf das Auge. Die Auswertung der Bildinformation (z. B. detektieren von Lichtkonstrasten oder Bewegung) beginnt schon in der Retina. Die Retina hebt gewisse Erregungen hervor und unterdrückt andere, bevor sie die Erregungen an das Gehirn weiterleitet.

Die Verteilung der Rezeptorzellen in der Retina ist nicht gleichmässig. In der Fovea centralis befinden sich im Mittel $1{,}6 \cdot 10^5$ Zapfen auf 1 mm^2, während ihre Zahl 3 mm vom Mittelpunkt entfernt nur noch $6 \cdot 10^3$ beträgt. In der Fovea centralis befinden sich keine Stäbchen, so spielen die Zapfen beim menschlichen Sehen die wichtigere Rolle. Die Dichte der Stäbchen ist am Rand der Fovea centralis am höchsten, sie erreicht hier $1{,}8 \cdot 10^5$ pro mm^2 und nimmt nach außen hin auf $3 \cdot 10^4$ ab (Abb. IV.15).

Obwohl die Dichte der Stäbchenzellen am Rande der Fovea centralis die maximale Dichte der Zapfenzellen übertrifft, bleibt die Sehschärfe des

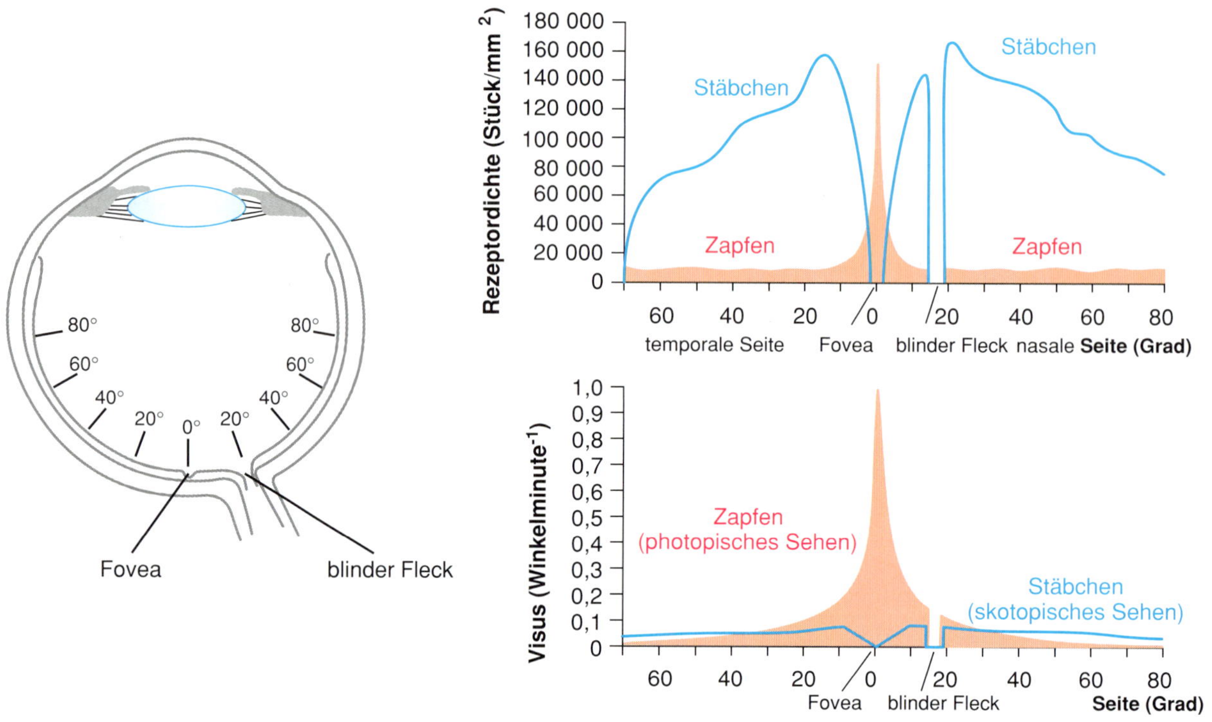

Abb. IV.15. Verteilung der Zapfen und Stäbchen in der Retina

Dämmerungssehens weit hinter dem Tagessehen zurück. Der Grund liegt in der Konvergenz der Erregung der Stäbchenzellen bei der Weiterleitung der Erregung.

IV/2.2.5 Die Empfindlichkeit der Photorezeptorzellen

Jede Rezeptorzelle nimmt an der Ausführung der folgenden fünf Aufgaben teil: Wahrnehmung, Umformung, Verstärkung, Weiterleitung und Summation.

Die Empfindlichkeit der humanen Photorezeptoren ist sehr groß. Um das zu zeigen, untersuchen wir die physiologischen Beweise der Quantennatur des Lichtes. Laut Quantentheorie enthält die Energiemenge $E = JAt$ des Lichtes, das mit der Intensität J und der Frequenz f auf die Fläche A im Zeitraum t einfällt, $n = E/hf$ Photonen pro Sekunde und Flächeneinheit (h plancksches Wirkungsquantum). Aus der Lichtquelle werden die Photonen zufällig emittiert, die Intensität der Lichtquelle fluktuiert mit der Amplitude ΔJ. Die Fluktuation der Photonenzahl beträgt $n^{1/2}$ (nach der Beziehung zwischen Erwartungswert und Streuung der Poisson-Verteilung), d. h. $\Delta J/J = n^{-1/2} = (hf/E)^{1/2}$. Es ist zu sehen, dass die relative Fluktuation um so größer ist, je niedriger die Lichtintensität ist. Im Experiment nimmt die Versuchsperson nach mehrstündiger Akkomodation an Dunkelheit (damit sich in den auf niedrige Lichtintensität empfindlichen Stäbchenzellen das Rhodopsin anhäuft) das Licht einer Lampe wahr. Es ist wichtig, dass das Lampenbild an den Rand der

Fovea falle, wo die Dichte der Stäbchenzellen maximal ist. Sofern wir die Intensität der Lampe ausreichend mindern, wird die Versuchsperson die Lampe den Schwankungen $\Delta J/J$ entsprechend aufleuchten sehen. Das würde die Versuchsperson nicht sehen, wenn das Licht nicht von Quantennatur wäre oder wenn die Retina nicht schon eine geringe Photonenzahl wahrnehmen würde.

Mit Berechnungen nach ähnlichen Versuchen wurde nachgewiesen, dass der Erregungszustand der Stäbchen schon von 1-2 absorbierten Photonen ausgelöst werden kann. Die Konvergenz der Erregung erzeugt in weiteren Nervenzellen eine räumliche Summation, weshalb nur die gemeinsame Erregung von mehreren (ca. 25) Stäbchen zur Sehempfindung führt. Die Bedingung der Summation ist, dass die in den Erregungszustand geratenen Stäbchen zu einer Ganglionzelle gehören sollen, d. h. sich fast am gleichen Platz in der Retina befinden. Die Summation der Signale erfolgt auf Signale innerhalb eines gewissen Zeitintervalls (typisch innerhalb von einigen Hundertstel Sekunden), d. h. es gibt auch eine zeitliche Summation. Die zeitliche und räumliche Summation der Signale aus den Stäbchen ist für das Erzielen einer hohen Lichtempfindlichkeit wichtig. Die Reizschwelle der Zapfen liegt höher als die der Stäbchen, sie integrieren die einfallenden Photonen kürzere Zeit. Auch konvergieren die Erregungssignale bei der Weiterleitung an die angeschlossenen Nervenzellen weniger. In den Stäbchenzellen ermöglicht die retinale Bildauswertung ein hochempfindliches Lichtdetektieren aber um den Preis, dass die zeitliche und räumliche Auflösung des Dämmerungssehens schwächer ist als beim Tagessehen und auch die schnellen Bewegungen weniger detektiert werden können.

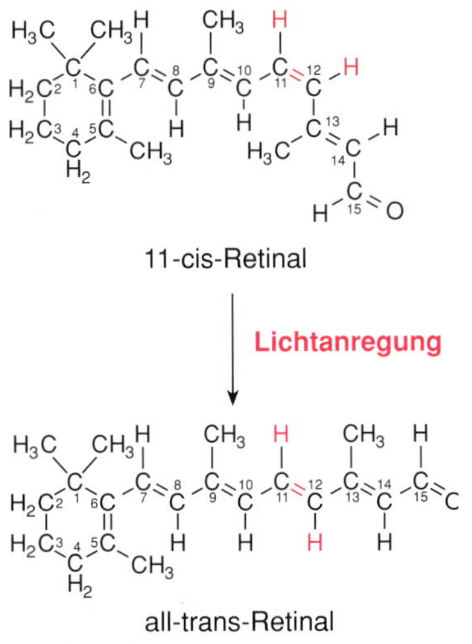

Abb. IV.16. Isomerisation von 11-cis-Retinal zu all-trans-Retinal

IV/2.2.6 Photochemische Prozesse in den Rezeptorzellen

Den molekularen Mechanismus der Lichtwahrnehmung demonstrieren wir an der Funktion der Stäbchen.

Der erste Schritt des Umwandelns von Lichtreizen in elektrochemische Signale erfolgt in den Rhodopsinmolekülen, in denen infolge der Absorption eines Photons 11-cis-Retinal zu all-trans-Retinal isomerisiert (Abb. VI.16). Das Retinal mit veränderter Raumstruktur dissoziiert vom Eiweiß, induziert damit eine Konformationsänderung, welche die enzymatisch aktiven Stellen am zytoplasmatischen Ende des Opsins freilegt. Dieser Prozess, bei dem als Endergebnis aus Rhodopsin aktiviertes Opsin wird, erfolgt in mehreren – spektroskopisch unterscheidbaren – Schritten.

Im Folgenden führt ein kaskadenartiger Prozess zum Verschluss der speziellen ligandengesteuerten Na^+-Kanäle. Die Schritte dieses Prozesses sind in Abb. IV.17 zusammengefasst. Das aktivierte Opsin aktiviert das Eiweiß Transducin, eines der GTP-bindenden Eiweiße, die bei der Signalübertragung eine wichtige Rolle spielen. Dieses Eiweiß aktiviert ein Phosphodiesterase-Enzym, welches den cGMP-Spiegel der Zelle herabsetzt, den Ring des kleinen signalübertragenden Moleküls mit zyklischer Struktur spaltet. Die

1 Rhodopsin absorbiert 1 Photon
↓
500 Transducinmoleküle werden aktiviert
↓
500 Phosphodiesterasemoleküle werden aktiviert und
↓
10^5 cGMP-Moleküle hydrolisieren
↓
300 Na^+-Kanäle schließen sich
↓
das Einfließen von 10^5-10^6 Na^+-Ionen ist verhindert
↓
die Zelle wird hyperpolarisiert (1mV)
↓
die Transmitterabgabe nimmt ab.

Abb. IV.17. Hauptschritte der Ereigniskaskade, welche die Lichtabsorption in den Stäbchen auslöst interzelluläre Konzentration von cGMP regelt die Wahrscheinlichkeit der Öffnung und Schließung der cMGP-sensitiven Na^+-Kanäle der Zelle. Bei hohem cGMP-Spiegel sind die Kanäle geöffnet. Nach Absorption eines Photons schließen sich die Na^+-Kanäle wegen der Abnahme des cGMP-Spiegels, was zur Hyperpolarisation der Zelle führt.

Die Verstärkerfunktion der Rezeptorzelle bei den oben beschriebenen Prozessen lässt sich leicht nachweisen: die Absorption eines einzigen Photons führt zum Verschluss von ca 300 Na^+-Kanälen, was das Einströmen von 10^5-10^6 Na^+-Ionen verhindert und eine Hyperpolarisation von rund 1 mV erzeugt. Die Energie des einfallenden Photons und so des Signals:

$$E_{\text{Signal}} = h \cdot \frac{c}{\lambda} = 1{,}5 - 3 \text{ eV}, \tag{IV.18}$$

wo h das plancksche Wirkungsquantum, c die Lichtgeschwindigkeit im Vakuum und λ die Wellenlänge des wahrgenommenen Lichtes (400 nm-800 nm) sind. Nach der Verstärkung beträgt die Energie aus den Ionenbewegungen:

$$E_{\text{Ion}} = n \cdot e \cdot \Delta\varphi, \tag{IV.19}$$

wo n die zahlenmäßige Änderung der einströmenden Na^+-Ionen infolge der Kanalverschlüsse, e die Elementarladung und $\Delta\varphi$ der Potenzialunterschied zwischen den beiden Membranseiten sind. Nehmen wir als Membranpotenzial 60 mV:

$$E_{\text{Ion}} = 6 \cdot 10^{-3} - 6 \cdot 10^{4} \text{ eV}. \tag{IV.20}$$

Die Verstärkung ist also:

$$\text{A} = \frac{E_{\text{Signal}}}{E_{\text{Ion}}} = 2 \cdot 10^{3} - 4 \cdot 10^{4}. \tag{IV.21}$$

Die zur Verstärkung des Signals notwendige Energie liefert die beim Pumpen der Na^+-Ionen durch die Membran (verbunden mit ATP -Hydrolyse) investierte Energie.

Die Photorezeptorzelle verhält sich wie jede Nervenzelle: die Depolarisation steigert, die Hyperpolarisation senkt die Transmitterabgabe. Im Vergleich zur Neurotransmittersekretion im leicht depolarisierten Zustand der Ruhelage mindert die Hyperpolarisation durch Lichteinwirkung die Neurotransmitter-Abgabe an der Basalfläche der Zelle (Abb. IV.18). Der Reiz erscheint als Modulation der Grundaktivität (Entleerung der Sekretionsvesikulae in den synaptischen Spalt). Auf den ersten Blick scheint es, als würde der Photorezeptor die Dunkelheit detektieren, weil er im Dunkeln mehr Neurotransmitter sezerniert, und diesen dunklen „Reiz" löscht das Licht aus, es mindert die Abgabe des Neurotransmitters. Da aber das sezernierte Glutamat ein hemmender Neurotransmitter ist, stimuliert das Licht im Endeffekt durch die Hemmung eines Hemmers.

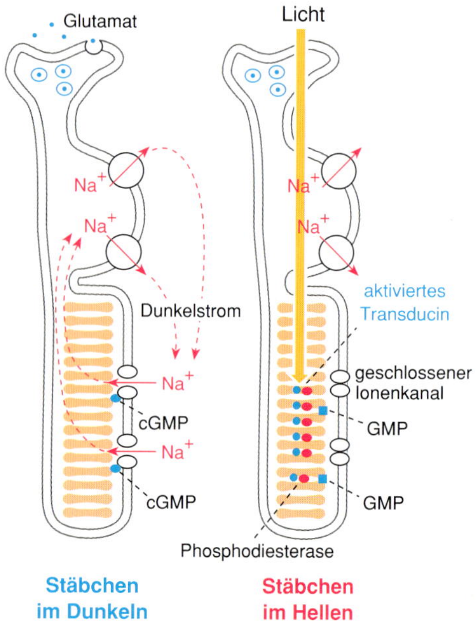

Abb. IV.18. Zusammenhang von Ionenkanalaktivitäten, cGMP-Spiegel und Membranpotenzial in den Stäbchen

Beispiele für die Auslöschmechanismen des Erregungszustandes

Von den Ereignissen in den primären Rezeptoren demonstrieren wir die Rolle der negativen Rückkopplung beim Aufrechterhalten bzw. Wiederherstellen des Zellgleichgewichtes anhand von zwei verschiedenen Adaptationsmechanismen.

Der erste Prozess stellt den cGMP-Spiegel wieder her. Im Ruhezustand der Zelle ist die Ca^{2+}-Konzentration im Zytoplasma mehrere Größenordnungen niedriger als im äußeren Raum. Diesen Gleichgewichtszustand bestimmt das Verhältnis zwischen Öffnungswahrscheinlichkeit der Ca^{2+}-Kanäle und Wirksamkeit der Ca^{2+}-Pumpe. Die Abnahme der cGMP-Konzentration nach Lichtreizen verursacht nicht nur das Schließen der Na^{+}- sondern auch der Ca^{2+}-Kanäle, was zur Abnahme der freien Ca^{2+}-Konzentration im Zytosol führt. Die Ca^{2+}-Konzentration steuert die Funktion des bei der cGMP-Synthese wichtigen Enzyms Guanylatcyclase. Das Ansteigen der Ca^{2+}-Konzentration hemmt, ihr Sinken steigert die Funktion des Enzyms. Als Resultat des Prozesses beschleunigt die Abnahme des cGMP-Spiegels die cGMP-Synthese, die Erhöhung des cGMP-Spiegels verlangsamt die Synthese (Abb.). Diese verzögerte negative Rückkopplung stellt die cGMP-Konzentration innerhalb der Zelle wieder her.

Der zweite Steuerungsmechanismus unterstützt die Anpassung an sich verändernde Lichtverhältnisse. Die Hauptrolle spielt das aktivierte Opsin, welches von einem Kinaseenzym phosphoryliert und damit teilinaktiviert werden kann. Bei intensiver Beleuchtung nimmt die Phosphorylierung des Opsins zu und damit kommt es in die Lage, das regulierende Eiweiß Arrestin zu binden. Der Opsin-Arrestin-Komplex ist überhaupt nicht mehr in der Lage, Transducin zu aktivieren, d. h. die Empfindlichkeit des Auges nimmt bei starker Beleuchtung ab.

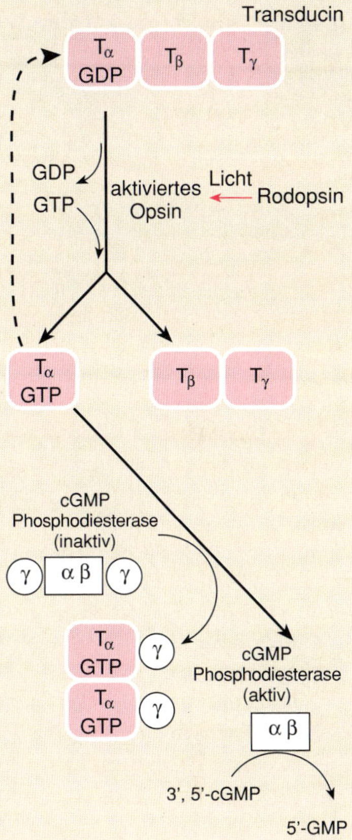

Der Rückkopplungsmechanismus zur Wiederherstellung der cGMP-Konzentration und seine Beziehung zur Funktion der Ionenkanäle, die für das Erregungspotenzial der Zelle verantwortlich sind.

Die Grundbedingung für die Aufrechterhaltung eines Gleichgewichts ist die Existenz von negativen Rückkopplungen, welche den ursprünglichen Zustand wiederherstellen. Die negativen Rückkopplungen erfolgen über biochemische Prozesse.

Die lichtinduzierten Kaskadenprozesse der Retina können als Prototyp der allgemeingültigen Signalübermittlung betrachtet werden. Auch andere Signalsysteme funktionieren mit ähnlichem Mechanismus. Die Rolle des cGMP spielt bei anderen Sinnesorganen bzw. Mechanismen cAMP.

IV/2.2.7 Farbensehen

Der Mensch kann die sichtbaren Lichtstrahlen aufgrund ihrer Farbe, d. h. nach der Wellenlänge unterscheiden. Die Farbe ist eine Empfindung und keine physikalische Eigenschaft des Lichtes: die Beziehung zwischen der Frequenz und der Farbe des Lichtes ist nicht wechselseitig eindeutig. Unter

Bemerkung IV.4

Die Farbempfindung der Tiere kann davon stark abweichen. In den Augen der Vögel befinden sich nämlich nicht nur Zapfen und Stäbchen, sondern auch Doppelzapfen. Deshalb ist ihr Farbsehen wahrscheinlich viel verfeinerter als das trichromatische Sehen des Menschen.

Bemerkung IV.5

Die Instrumente am Armaturenbrett von Schiffen sind rot beleuchtet. Die für das Dämmerungssehen verantwortlichen Stäbchen sind in diesem Wellenlängenbereich unempfindlich. Nachts bleibt das Auge des Kapitäns auch dann an die Dunkelheit adaptiert, wenn er auf die Instrumente blickt. So kann er auch weiter auf das Auftauchen von Eisbergen oder anderen Hindernissen achten. Wären die Instrumente mit weißem Licht beleuchtet, so ergäbe schon ein kurzer Blick den Verlust der Dunkeladaptation und die erneute Adaptation würde mehr als eine halbe Stunde in Anspruch nehmen.

gegebenen Bedingungen können wir jeder einzelnen Wellenlänge des Spektrums eine Farbe zuordnen, aber nicht jeder Farbe lässt sich eine eindeutige Wellenlänge zuordnen. Dabei können auch Lichtstrahlen gleicher Frequenz in Abhängigkeit von den Umständen und unseren früheren Erfahrungen unterschiedliche Farbempfindungen auslösen, je nachdem, wie stark die Lichtintensität und die Beleuchtung der Umgebung sind.

Nach der Young-Helmholtz-Theorie ist die Wahrnehmung der Farben durch drei Zapfenarten mit unterschiedlichen Spektraleigenschaften möglich (Bemerkung IV.4). Die mikrospektrophotometrische Untersuchung einzelner Zapfenzellen wies tatsächlich drei Zapfentypen (für Blau, Grün, Rot) nach (Abb. IV.19). Im menschlichen Auge nehmen der Großteil der Zapfen (64%) rotes Licht, rund ein Drittel (32%) grünes Licht und nur 2% blaues Licht wahr. Die unterschiedliche spektrale Empfindlichkeit der Stäbchen und der drei Zapfentypen stammt aus dem unterschiedlichen Absorptionsspektrum der Rhodopsinmoleküle (Abb. IV.19). Aus der Überlappung der Spektren geht hervor, dass die Rezeptoren oft gleichzeitig erregt werden (Bemerkung IV.5). Das Farbgefühl entsteht nach komplizierter quantitativer Auswertung im Gehirn, unter Nutzung des Prozentsatzes der hyperpolarisierten Zapfen und auch früherer Erfahrungen. In der Dämmerung, wenn sich unser Sehen auf die Stäbchen beschränkt, sehen wir keine Farben.

Man unterscheidet reine, gemischte und komplementäre Farben. Eine reine Farbe hat das monochromatische Licht. Jede beliebige Farbe lässt sich mit additiver Kombination von drei ausgewählten Farbgemischen herstellen. Dabei darf keine der drei Farbmischungen aus den anderen beiden zu mischen sein. Bezeichnen wir beliebig gewählte Grundfarben aus drei selbständigen Lichtquellen mit R (Rot), G (Grün) und B (Blau) und die zum Mischen gebrauchten Intensitäten mit den entsprechenden Kleinbuchstaben (r, g b), so erhalten wir die beliebige Farbe X nach der Beziehung

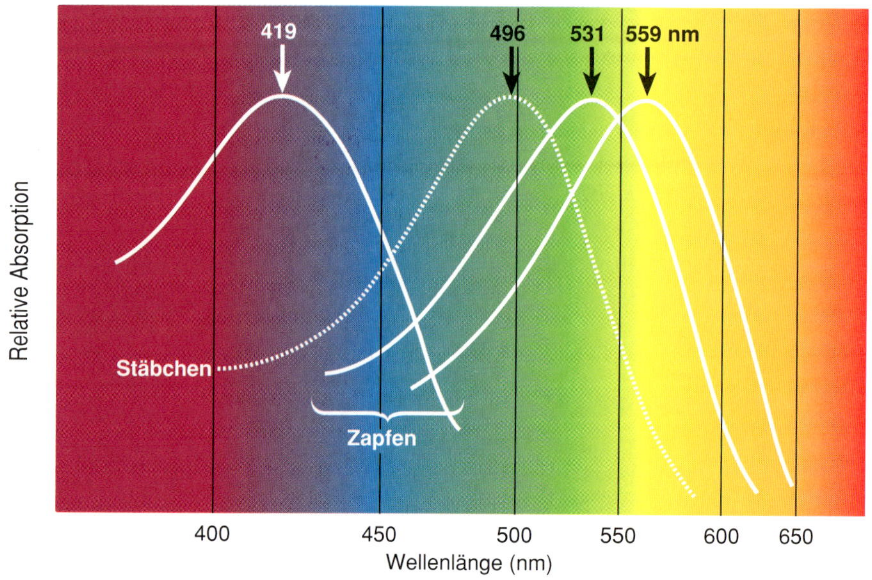

Abb. IV.19. Absorptionsspektren von humanen Zapfen und Stäbchen

$$X = rR + gG + bB \quad . \qquad (IV.22)$$

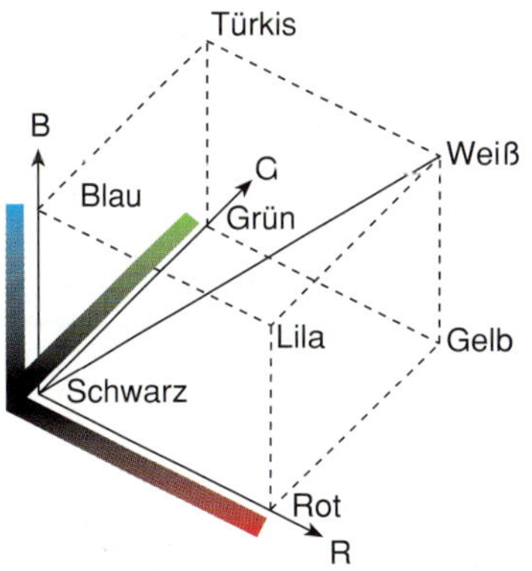

Abb. IV.20. Illustration der additiven Farbmischung, wenn als Grundfarben Rot (R), Grün (G) und Blau (B) gewählt werden

Den die Farben beschreibenden Zahlendreier (r,g,b) können wir eigentlich als die Projektion des Vektors X auf die Einheitsvektoren R, G, B betrachten. Als richtunggebende Farben der drei Einheitsvektoren können wir beliebige drei Farben wählen, für die gilt, dass die dritte Farbe nicht aus den zwei anderen Farben gemischt werden kann. Bei Farbdrucken, Projektionen, auf dem Bildschirm werden als Grundfarben meistens rote, grüne und blaue Farben gewählt. Die Farben summieren sich nach den Regeln der Vektoraddition (Abb. IV.20). An den Ecken des „RGB-Würfels" zur Demonstration der Farbmischung befinden sich Schwarz, Weiß, die drei Grundfarben (Rot, Grün, Blau) und die aus den Grundfarben paarweise mischbaren Farben (Gelb, Lila, Türkis). Die Sättigung der Farben nimmt zur Diagonale zwischen der „schwarzen" und der „weißen" Ecke hin ab. Entlang der Diagonale befinden sich die Grautöne. Komplementärfarben sind Farben, deren entsprechende Mischung die Empfindung weißen Lichtes auslöst.

Neben der additiven gibt es auch eine subtraktive Farbkombination: fällt z. B. weißes Licht durch ein farbiges Glas, so absorbieren die Farbstoffe des Glases gewisse Komponenten und die übrigen Komponenten pflanzen sich weiter fort. Auch mit subtraktiver Mischung (Abb. IV.21) lassen sich alle Farben herstellen, z. B. aus der Mischung von blauer und gelber Farbe grüne Farbe, aus roten und grünen Farben grau (schwarz). Die Farbe der Gegenstände, die keine selbständigen Lichtquellen sind, entsteht durch subtraktive Mischung und hängt so nicht nur davon ab, Photonen welcher Frequenz der Gegenstand absorbiert bzw. reflektiert, sondern auch von der spektralen Zusammensetzung des beleuchtenden Lichtes. Die meisten künstlichen Lichtquellen emittieren kein weißes Licht. Deshalb ist die Farbe eines weißen Gegenstandes, die in unser Auge fällt, unterschiedlich. Dass wir die Farbe der meisten Gegenstände trotzdem richtig wahrnehmen liegt daran, dass unser Gehirn die in unserer Erinnerung gespeicherte Farbe der bekannten Gegenstände mit der scheinbaren Farbe vergleicht und die sich aus der Beleuchtung ergebenden Unterschiede automatisch korrigiert. Das kommt uns oft erst dann zum Bewusstsein, wenn wir bei künstlicher Beleuchtung fotografieren und unsere Bilder einen gelblichen (bei Glühlampen) oder bläulichen (bei Leuchtröhren) Stich bekommen.

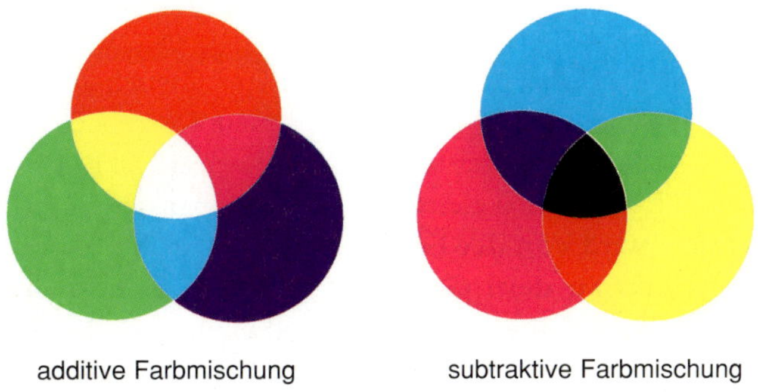

Abb. IV.21. Additive und subtraktive Farbmischung

IV/3 Das Hören

IV/3.1 Einige gemeinsame Eigenschaften der hörbaren Töne

IV/3.1.1 Die Tonhöhe

Bemerkung IV.6

Über 1000 Hz ist die Konsonanz (das angenehme Zusammenklingen zweier Töne) ein höheres Frequenzverhältnis als 2:1. Die danach gemessenen Schwingungszahlen weichen von den harmonischen Oktaven ab, man bezeichnet sie als **melodische Oktaven**.

Harmonische Oktaven (in Hz):

80 160 320 640 1280 2560 5120

Melodische Oktaven (in Herz)

80 160 320 640 1280 3540 7800

„Die Tonhöhe hängt so von der Frequenz der Schwingung ab, dass die höheren Töne einer höheren Frequenz entsprechen" (Galilei, 1564-1642). Bei der subjektiven Beurteilung der relativen Höhe von zwei Tönen mit unterschiedlicher Frequenz (f_1, f_2) ist das Verhältnis der Frequenzen (der Quotient f_2/f_1) maßgebend, den man als Tonintervall bezeichnet. Intervalle im Verhältnis 2:1 sind die aus der Musik bekannten **Oktaven**. Zwischen Tönen im „Abstand" einer Oktave hören wir eine starke Ähnlichkeit (Konsonanz). Die Tonhöhe empfinden wir als proportional zum Logarithmus der Frequenzverhältnisse (Abb. IV.22 und Bemerkung IV.6). Zwischen zwei Tönen mit gegebener Frequenz ($f_1 < f_2$) beträgt die Zahl der sog. **harmonischen Oktaven** n_{Oktave}:

$$n_{\text{Oktave}} = \log_2 \frac{f_2}{f_1}\,, \qquad \text{(IV.22)}$$

wo „$\log_2$" das Zeichen für Logarithmus zur Basis 2 ist.

Der mittlere Hörbereich entspricht ungefähr 10 harmonischen Oktaven. Das mittlere Intervall der Sprachlaute umfasst die Grundtöne betreffend nur ungefähr 1 Oktave und liegt bei Männern bei 100 – 200 Hz, bei Frauen bei 150 – 300 Hz. Das Intervall der Tonhöhen in der Musik umfasst rund 7 Oktaven, von 30 Hz bis 5000 Hz.

IV/3.1.2 Die Klangfarbe

Der einfachste und zugleich reinste Ton ist der sog. **Sinuston** (s. Abb. II.46), dessen Zeitfunktion:

$$p(t) = p_{\max} \cdot \sin(2\pi t/T + \varphi) = p_{\max} \cdot \sin(\omega t + \varphi), \qquad \text{(IV.23)}$$

wo $p_{\max}$ die **Druckamplitude**, ω die **Kreisfrequenz**, t die Zeit und φ die **Phase** sind (vgl. Gl. (II.61)).

Ein fast idealer Sinuston ist z. B. das Pfeifen. Zwischen gleich hohen Tönen (gleicher Grundfrequenz) aus verschiedenen Tonquellen hören wir in der Regel „klangfarbliche" Unterschiede. So können wir z. B. den Ton einer Geige und einer Flöte auch bei gleicher Tonhöhe voneinander unterscheiden. **„Die Klangfarbe wird von der Frequenz und relativen Stärke der sog. Obertöne, die sich zu dem Grundton gesellen, d. h. vom Schwingungsspektrum des Tones bestimmt"** (Helmholtz, 1873). Bei den **musikalischen Tönen** sind die Obertöne ganzzahlige Vielfache der Grundfrequenz. In diesem Fall ist die mathematische Beschreibung möglich:

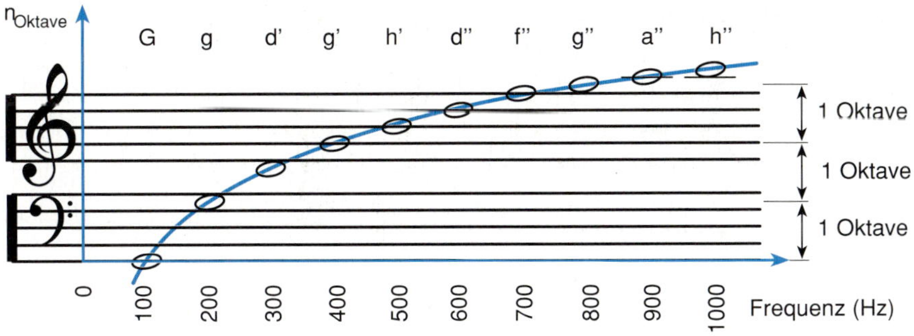

Abb. IV.22. Die Empfindung der Tonhöhe hängt von der Frequenz logarithmisch ab

$$p(t) = p_1 \sin(\omega t) + p_2 \sin(2\omega t) + p_3 \sin(3\omega t) + \ldots \qquad \text{(IV.24)}$$

Der obige Ausdruck ist nichts anderes, als eine **Fourier-**Reihe eines in Harmonische mit unterschiedlicher Druckamplitude zerlegten zusammengesetzten musikalischen Tons (s. auch VII/1.1.3). Die Phasen der Schwingungselemente haben wir vernachlässigt, weil **„das Ohr die einzelnen Phasen der Obertöne nicht wahrnimmt"** (Ohm, 1843). Das **Leistungsspektrum** enthält statt der Amplituden Größen proportional zu ihrem Quadrat (Abb. IV.23 und Bemerkung VI.7).

> Bemerkung IV.7
>
> Die Fourier-Analyse ist ein oft genutztes mathematisches Verfahren: das Signal wird als Funktion der Zeit analysiert, d. h. in die Frequenzkomponenten zerlegt. Die sog. inverse Fourier-Transformation ermöglicht die Synthese einer zeitabhängigen Funktion in beliebiger Form aus den Sinuskomponenten verschiedener Frequenz und Amplitude.

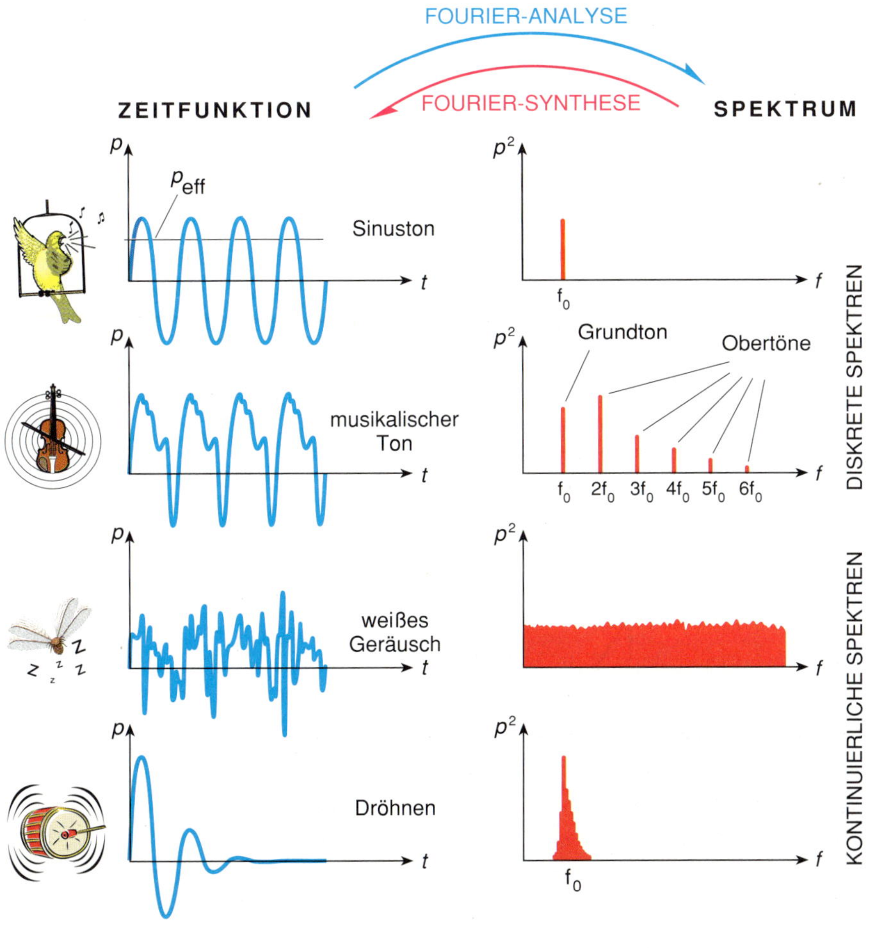

Abb. IV.23. Verschiedene Töne und ihre charakteristischen Spektren

IV/3.1.3 Das Hören der Richtung

Die von beiden Ohren wahrgenommenen Töne sind in der Regel nicht identisch. Die aus einer nicht genau vor uns befindlichen Schallquelle kommenden Töne erreichen unser rechtes bzw. linkes Ohr in unterschiedlicher Phase, nicht zur gleichen Zeit und mit unterschiedlicher Amplitude. Diesem Phänomen verdanken wir, dass wir die Position einer Schallquelle beurteilen können, mit anderen Worten das **Stereohören**.

IV/3.1.4 Töne und Hören

Tabelle IV.5. Relative Intensitäten und Intensitätspegel

Relative Intensitäten	Intensitätspegel [dB]
1 000 000 000 000 :1	120 dB
1 000 000 :1	60 dB
10 000 :1	40 dB
100 :1	20 dB
10 :1	10 dB
4 :1	6 dB
2 :1	3 dB
1 :1	0 dB
1 :2	-3 dB
1 :4	-6 dB
1 :10	-10 dB
1 :100	-20 dB

In Abb. IV.24 ist die Position der hörbaren Töne im breiten Bereich der Frequenz und Intensität dargestellt. In dem Diagramm entspricht ein Sinuston einem Punkt, ein musikalischer Ton – wegen der Obertöne – einer Punktserie (s. VII/1.1.3).

Töne mit der niedrigsten Intensität, die das menschliche Ohr noch wahrnehmen kann, bezeichnet man als **Hörschwelle**. Bei der jungen, gesunden Population beträgt diese durchschnittlich $J_0 = 10^{-12}$ W/m^2 (gemessen bei 1000 Hz). Die maximale Intensität, die kurze Zeit ohne Schaden ertragen werden kann, beträgt ca. 10 W/m^2. Das ist ein enormer Bereich, er umfasst rund 13 Größenordnungen. Deshalb erhält man eine übersichtliche Abbildung nur bei logarithmischer Darstellung von Frequenz und Intensität.

IV/3.1.5 Intensitätspegel

Umfassen die Messzahlen einer physikalischen Größe mehr als zwei Größenordnungen, so wird die lineare Darstellung ungenau, unbequem. Eine durchschnittliche Abbildung ist einige Zentimeter groß, während die

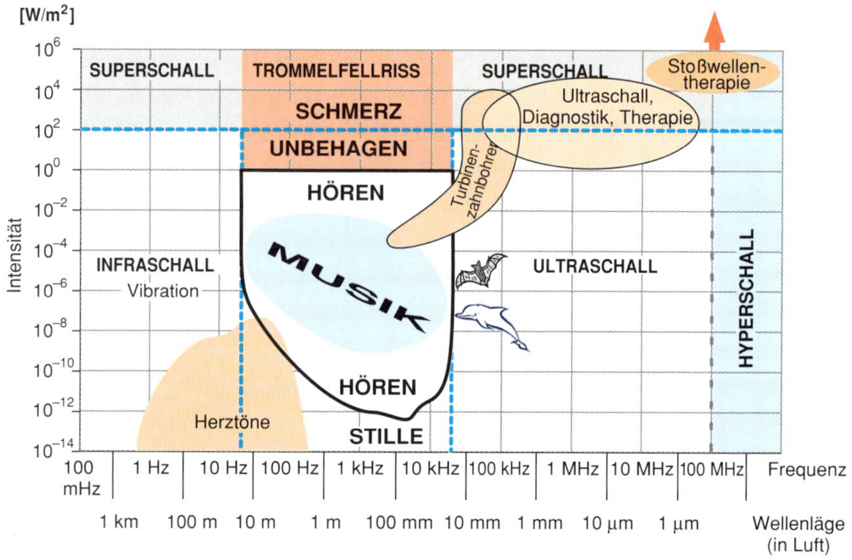

Abb. IV.24. Frequenz- und Intensitätsbereiche der Töne

Liniendicke der dargestellten Funktion nur einige Zehntel Millimeter beträgt. In diesem Fall ist es zweckmäßig, die Größe oder ihre Proportionen logarithmisch darzustellen. Beim Logarithmieren wird ein gewisses Verhältnis einer Größe in gleiche Differenzen, Abstände der logarithmierten Größe umgewandelt. Zum bequemeren Vergleich, zur besseren Darstellung der Intensitäten wurde die sog. Dezibel-Skala eingeführt. Der **Intensitätspegel** $\boldsymbol{n}$ ist das 10-fache des Zehnerlogarithmus der relativen Intensitäten J_1/J_2:

$$n = 10 \cdot \lg\left(\frac{J_1}{J_2}\right). \qquad \text{(IV.25)}$$

Das ist in Wirklichkeit eine Zahl, aber ihr Name ist die „Maßeinheit" **Dezibel (dB)**, der zehnte Teil des Bels (Abb. IV.25).

Es ist zu sehen, dass z. B. bei doppelter Intensität (2:1, 4:2 oder 10:5) die Pegeldifferenz immer 3 dB beträgt.

Ein breites Anwendungsgebiet der Dezibel-Skala ist die Beschreibung der Leistungsverstärkung P_{dB} von **Verstärkern** sowie der **Dämpfung** (z. B. Schallisolation):

$$n = 10 \cdot \lg\left(\frac{P_{aus}}{P_{ein}}\right) = 10 \cdot \lg\left(\frac{J_{aus}}{J_{ein}}\right), \qquad \text{(IV.26)}$$

wo P_{aus} die Ausgangsleistung, P_{ein} die Eingangsleistung, J_{aus} die Ausgangsintensität und J_{ein} die Eingangsintensität sind. Ist die Ausgangsintensität geringer als die Eingangsintensität, so wird n negativ, man spricht von Dämpfung. Der Hörverlust kann als eine Art Dämpfung ($n_{dämpfen}$) betrachtet werden, die sich in gewissen Fällen mit der Verstärkung ($n_{verstärken}$) durch ein Hörgerät kompensieren lässt. Der Verstärker und die Dämpfung sind in diesem Fall in Reihe geschaltet, der resultierende Schallstärkepegel kann mit der algebraischen Summe aus Verstärker- und Dämpfungspegel berechnet werden:

$$n = n_{dämpfen} + n_{verstärken} \qquad \text{(IV.27)}$$

Alexander Graham **Bell** (1874-1922). Nach ihm, „dem Vater der Telefonie", wurde die logarithmische Einheit des Intensitätspegels benannt. Aus praktischen Gründen wird das Zehntel des Bels genutzt, da das menschliche Ohr eine Änderung des Intensitätspegels von ca. 1 dB wahrnehmen kann. Das entspricht einer Intensitätszunahme von 26%.

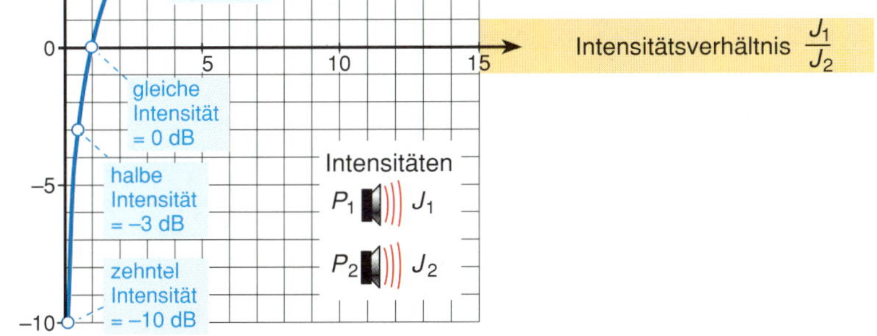

Abb. IV.25. Dezibel als logarithmisches Maß der relativen Intensität. Auf der Abszisse ist das Verhältnis der Intensitäten (J_1/J_2) aufgetragen.

IV/3.2 Aufbau und Funktion des menschlichen Ohrs

Das Ohr formt die „schwachen" mechanischen Schwingungen der Luft in elektrische Signale um, die über den Hörnerven zur weiteren Verarbeitung in das entsprechende Hirnrindenareal gelangen. Das Gehirn wertet diese komplizierten Signale aus und stellt Tonhöhe, Klangfarbe, Lautstärke und Schallquelle fest.

Beispiele für die Benutzung des Intensitätspegels und des Dezibelbegriffes

Die normal laute Sprache hat aus ca 1 m Entfernung die Intensität $J_1 = 10^{-6}$ W/m^2. Die Tonintensität vergleichen wir mit der Hörschwelle bei 1000 Hz $J_2 = J_0 = 10^{-12}$ W/m^2 (s. später!). Der Intensitätspegel:

$$J_{dB} = 10 \lg (10^{-6}/10^{-12}) \text{ dB} = 10 \lg (10^6) = 60 \text{ dB}.$$

Bei Verdopplung der physikalischen Tonintensität ergibt sich:

$$J_{dB} = 10 \lg (2 \cdot 10^{-6} / 10^{-12}) = 10 \lg (2 \cdot 10^6) = 10 \lg (2) + 10 \lg (10^6) = 3 + 60 = 63 \text{ dB}$$

der Intensitätspegel erhöht sich also nur um 3 dB.

Addieren wir zwei Töne mit unterschiedlicher Intensität! Die Intensität eines Weckers, die aus 1 m Entfernung 80 dB beträgt, und z. B. die Intensität eines Gespräches von 60 dB darf man natürlich nicht direkt in dB addieren! Statt dessen muss man die Intensitäten auf die folgende Weise addieren:

Gespräch: aus 60 dB = 10 lg (J_{Gespr}/J_0)-ist:

$$J_{Gespr} = 10^{-6} \text{ W/m}^2 \quad \text{oder } 10^6 \cdot J_0.$$

Wecker: aus 80 dB = 10 lg (J_{Weck}/J_0)-ist:

$$J_{Weck} = 10^8 \cdot I_0$$

Die Summe:

$$J = J_{Gespr} + J_{Weck} = (10^8 + 10^6) \cdot J_0 = 1{,}01 \cdot 10^8 J_0 .$$

Der Intensitätspegel: $J_{dB} = 10 \lg (1{,}01 \cdot 10^8) = 0{,}043 + 80 = 80{,}043$ dB

was kaum mehr als 80 dB ist. In Übereinstimmung mit unseren Erfahrungen unterdrückt das Klingeln des Weckers vollkommen das Gespräch.

IV/3.2.1 Das äußere Ohr

Der äußere sichtbare Teil des Ohres ist die **Ohrmuschel**. Die Falten der Ohrmuschel reflektieren die von unten und oben bzw. von vorne und hinten kommenden Töne unterschiedlich, deshalb kommen in Abhängigkeit von der Schallrichtung Töne unterschiedlicher Intensität und spektraler Zusammensetzung in den Gehörgang. Die Ohrmuschel ist also eine Ergänzung bei der räumlichen Schallinformation (die prinzipiell durch das Hören mit zwei Ohren erfolgt) (Abb. IV.26).

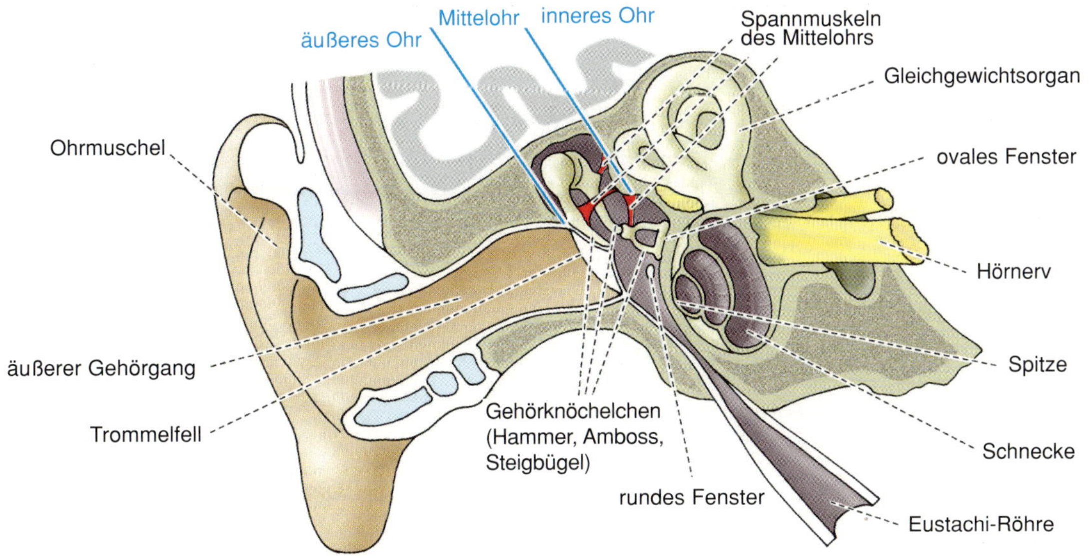

Abb. IV.26.
Der anatomische Aufbau des Ohrs

Der **äußere Gehörgang,** der ca. 25 mm lang ist und einen Durchmesser von ca. 7 mm hat, führt zum Trommelfell. In ihm entstehen genauso stehende Wellen, wie in den an einem Ende geschlossenen Orgelpfeifen (Abb. IV.27). Die mit Fett beschichtete Haut des Gehörganges dämpft stark, deshalb

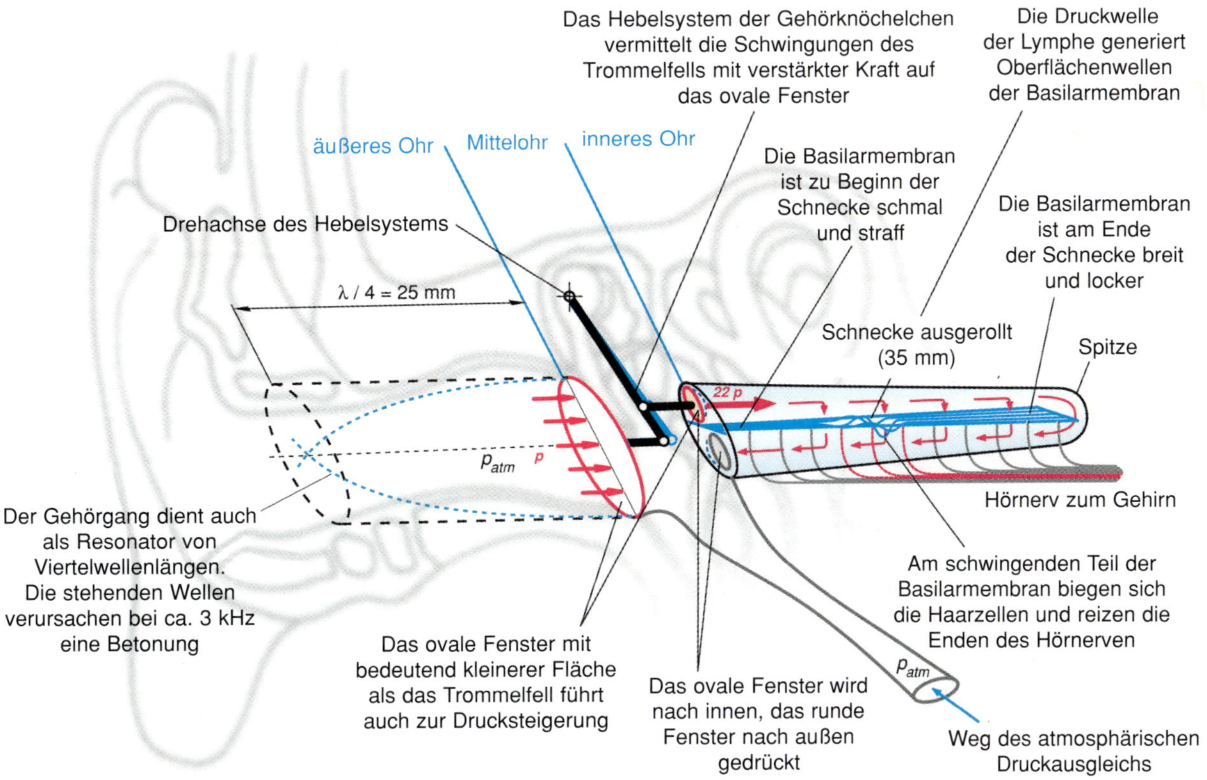

Abb. IV.27. Vereinfachtes Schema der physikalischen Ohrfunktion

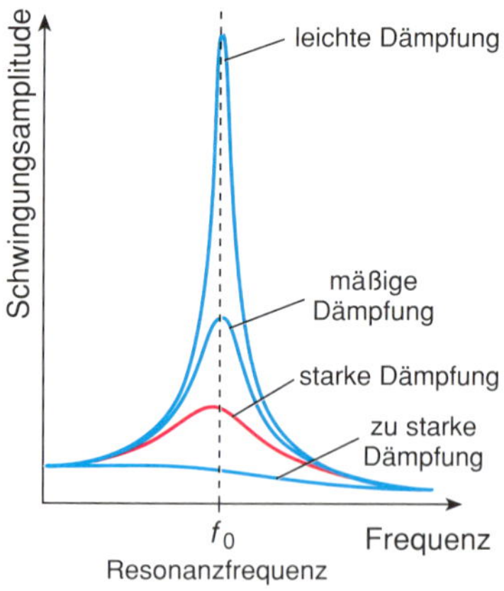

Abb. IV.28. Unterschiedlich gedämpfte Resonanzen

> Bemerkung IV.8
>
> Das papierdünne (0,1 mm) fasrige Trommelfell ist außerordentlich widerstandsfähig und elastisch. Diese Eigenschaft wird vom natürlich ausgeschiedenen Ohrenschmalz bewahrt. Durch plötzliche Druckänderungen, z. B. den lauten Ton einer Explosion, kann das Trommelfell jedoch leicht platzen.

ist die Resonanz nicht so scharf wie bei einer Orgel, die Betonung ist aber trotzdem deutlich, um 3000 Hz gibt es eine rund dreifache Drucksteigerung, d. h. eine ca. zehnfache Intensitätszunahme ($J = p^2/Z$) (Abb. IV.28).

Die vom Schall verursachten feinen Druckschwankungen lassen das wie ein Schirm gespannte **Trommelfell** mit der Fläche von ca. 55 mm^2 wie eine „Trommel" schwingen. Die Schwingungsamplitude der Luft ist bei den gerade noch hörbaren Tönen minimal: ca. 10mal kleiner als der Durchmesser des Wasserstoffatoms, 10^{-11} m. Es wurde berechnet, dass diese Bewegung ca. 30% größer ist als die Geräuschamplitude, welche die ungeordnete Wärmebewegung der Luft (brownsche Bewegung) verursacht! Die Evolution hat also kein sinnlos hochempfindliches Gehörorgan erzeugt, würden wir doch mit empfindlicheren Ohren nur die thermischen Geräusche der Luft hören!

IV/3.2.2 Das Mittelohr

Die kleinsten Knöchelchen des menschlichen Körpers sind der an der Innenseite des Trommelfells haftende **Hammer**, der sich anschließende **Amboß** bzw. der **Steigbügel**. Diese übermitteln die Schwingungen des Trommelfells auf eine kleinere Membran des mit einer wasserartigen Flüssigkeit gefüllten Innenohrs, auf das sog. **ovale Fenster**.

An der Grenzfläche Luft-Wasser wird infolge der großen Differenz zwischen der akustischen Impedanz der Medien (s. II/2.3.1) fast der gesamte Schall reflektiert. Das äußere Ohr und das Mittelohr sind mit Luft gefüllt, das Innenohr mit Flüssigkeit.

Die Verstärkerrolle des Mittelohres

Untersuchen wir, wie ein Schall direkt (ohne Trommelfell und Gehörknöchelchen) auf das ovale Fenster treffen würde und der wievielte Teil der Schallintensität aus der Luft (J_{Luft}) in das Innenohr (J_{Wasser}) käme. Der Reflexionskoeffizient R lässt sich aus der akustischen Impedanz von Luft Z_{Luft} und Wasser Z_{Wasser} berechnen:

$$R = \frac{J_{\text{refl}}}{J_{\text{Luft}}} = \left(\frac{Z_{\text{Wasser}} - Z_{\text{Luft}}}{Z_{\text{Wasser}} + Z_{\text{Luft}}}\right)^2 = 0{,}9989.$$

Der Wert der reflektierten Intensität J_{refl} ist fast gleich der Schwingungsintensität in Luft und nur der Teil $J_{\text{Wasser}}/J_{\text{Luft}} = 1 - R = 0{,}0011$, d.h. ca. ein Tausendstel würde in das Innenohr gelangen.

Die niedrige „akustische Impedanz" des äußeren Ohres und die beträchtlich höhere des Innenohres werden von den „Strukturen" des Mittelohres angepasst, um eine bessere Energieübertragung zu erreichen (Abb. 1).

Im Folgenden bezeichnen p_{Luft} und p_{Wasser} die effektiven Werte des Schalldruckes in der Luft des äußeren Ohres bzw. in der Flüssigkeit der Schnecke. Die Kraft F_{Trom} an der Fläche A_{Trom} des Trommelfells:

$$F_{\text{Trom}} = p_{\text{Luft}} \cdot A_{\text{Trom}}.$$

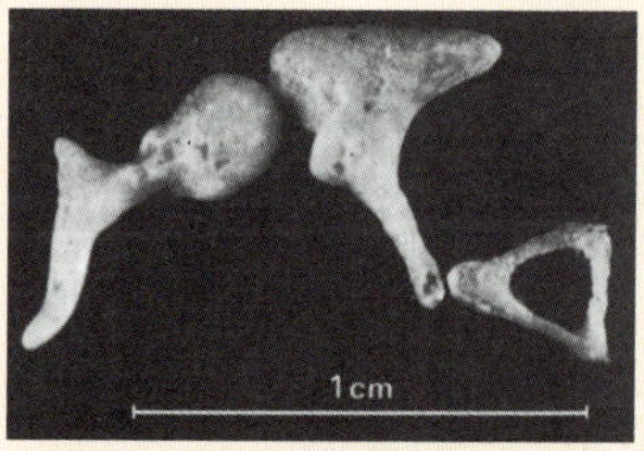

Abb. 1.
Die Gehörknöchelchen sind die kleinsten Knochen des menschlichen Körpers (ca. 3fache Vergrößerung)

Die Knöchelchen bilden ein einarmiges Hebelsystem mit der Übertragung 1,3 : 1 (Abb. 2. Hebelarme mit 1,3 x bzw. x beschrieben). Die Kraft F_{oval} an dem ovalen Fenster mit bedeutend kleinerer Fläche A_{oval}:

$$F_{oval} = F_{Trom}\frac{1{,}3x}{x} = 1{,}3 \cdot p_{Luft} \cdot A_{Trom}.$$

Der Druck in der Flüssigkeit des Innenohres:

$$p_{Wasser} = F_{oval}/A_{oval} = 1{,}3 p_{Luft} A_{Trom}/A_{oval} = 1{,}3 p_{Luft}\ (55/3{,}2).$$

Das Endergebnis der gemeinsamen Wirkung beider Systeme:

$$p_{Wasser}/p_{Luft} = 22{,}3$$

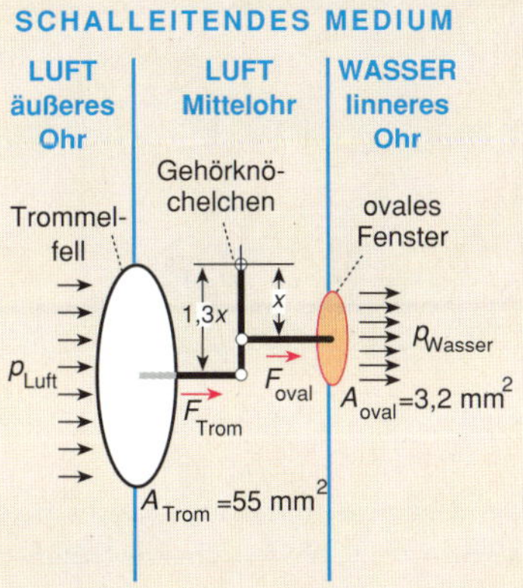

Abb. 2.
Die Druckerhöhung durch Trommelfell, Gehörknöchelchen und ovales Fenster

Im Innenohr tritt also ein **rund 22mal** stärkerer **Schalldruck auf, als am Trommelfell einwirkt**. Dieser verbessert den Intensitätsquotienten folgendermaßen:

$$\frac{J_{Wasser}}{J_{Luft}} = \frac{\dfrac{p^2_{Wasser}}{Z_{Wasser}}}{\dfrac{p^2_{Luft}}{Z_{Luft}}} = \left(\frac{p_{Wasser}}{p_{Luft}}\right)^2 \frac{Z_{Luft}}{Z_{Wasser}} = (22{,}3)^2\ \frac{414}{1{,}5 \cdot 10^6} = 0{,}137 < 1.$$

Dieser Wert ist noch immer viel geringer als der als optimal geltende Wert 1, aber die Intensitätsverstärkung des Mittelohres ist auch so:

0,137 / 0,0011=**125**-fach.

In das Mittelohr ist eine „automatische Lautstärkeregelung" eingebaut! Bei zu lauten Tönen spannen sich die an den Gehörknöchelchen ansetzenden Muskeln und dämpfen besonders bei tiefen Tönen die Schallübertragung stark. Dieser Mechanismus dient dem Schutz des Innenohres, der Reflex verläuft aber langsam, deshalb schützt er nicht gegen den Schall eines nahen Gewehrschusses oder einer Explosion.

Die Masse der Knöchelchen, die Elastizität und die innere Reibung der aufhängenden Muskeln bilden ein mechanisches Schwingungssystem (Masse, Feder, Dämpfung). Dieses „Schwingungssystem" begrenzt die höchste ins Ohr gelangende Tonfrequenz bei ca. 20 000 Hz, es erzeugt aber auch um 1 kHz eine deutliche Hervorhebung. Im Wesentlichen sind die Resonanzen der Knöchelchen und des äußeren Gehörganges verantwortlich für die charakteristische „U"-Form der Empfindlichkeitskurve des Ohrs (s. später).

Die eigene Stimme, die Geräusche durch die Muskeln und den Blutstrom gelangen direkt nur minimal ins Innenohr. Die Töne aus dem äußeren Ohr bewegen über die Knöchelchen nur das ovale Fenster, während sich das runde Fenster in der entgegengesetzten Richtung wölbt (sog. Gegentaktmode). Die Schwingungen des Kopfes üben aber auf beide Fenster gleichzeitig Kraft aus (sog. Gleichtaktmode), so kommt die Flüssigkeit in der Schnecke nur gering in Bewegung.

Bemerkung IV.9

Das Ausschließen der „**eigenen Stimme**" ist eine wichtige Eigenschaft, ohne die unser eigenes Sprechen unerträglich laut wäre. Zu starke Töne werden im Mittelohr in Abhängigkeit von der Tonhöhe gedämpft. Darauf beruht die Tatsache, dass wir unsere eigene Stimme auf einer Bandaufnahme als fremd empfinden.

Hermann von **Helmholtz** (1821–1894) postulierte die Theorie, dass die Basilarmembran aus Tausenden queren, verschieden langen Saiten besteht, die bei der entsprechenden Tonhöhe „resonierend" als stehende Wellen schwingen und so die Frequenz analysieren. Diese Theorie wäre leicht verständlich, ist aber leider falsch.

György **Békésy** (1899–1972) erhielt 1961 den Nobelpreis für Medizin. Er war ein zu allem entschlossener Forscher, denn die Köpfe für seine Versuche brachte er in seiner Aktentasche aus der Pathologie – mit der Straßenbahn – in sein Labor.

Die Schwingungsamplituden der Basilarmembran sind fast 30mal höher als die des Steigbügels. Trotzdem sind die Auslenkungen bei der Tonstärke der Hörschwelle noch von atomaren Dimensionen und betragen auch bei der Schmerzgrenze nur ca. 100 nm.

Auf das Trommelfell wirkt im Normalfall von beiden Seiten der gleiche atmosphärische Druck. Eventuelle Druckunterschiede (z. B. im Fahrstuhl oder im Flugzeug bei schnellen Höhenänderungen) können wir über die in den Rachen mündende Eustachi-Röhre durch Schluckbewegungen ausgleichen.

IV/3.2.3 Das Innenohr

Die halbkreisförmigen Bogengänge des **Gleichgewichtsorgans** und die **Schnecke** sind tief in die Schädelknochen eingebettet. Die Schnecke ist ein fingernagelgroßes, in Schneckenlinie gewundenes (2,5 Umdrehungen), mit wasserartiger Flüssigkeit gefülltes Rohr, welches die ca. 10 µm dicke sog. **Basilarmembran** der Länge nach praktisch in zwei Teile teilt. Die Funktion der Schnecke ist besser zu verstehen, wenn wir sie in Gedanken begradigen, so wird sie ca. 35 mm lang sein (Abb. IV.27). Am Anfang des Rohres kommuniziert das ovale Fenster mit dem oberen Flüssigkeitsteil. An der entfernten Spitze sind der obere und untere Flüssigkeitsteil miteinander verbunden. Der untere Flüssigkeitsteil öffnet sich durch das **runde Fenster** (gleichfalls eine Membran) wieder in das Mittelohr. Obwohl sich die Schnecke von der Basis zur Spitze hin verjüngt, ist der schwingungsfähige Teil der Basilarmembran gerade umgekehrt am ovalen Fenster schmal und verbreitert sich zur Spitze hin (von 0,04 mm auf 0,5 mm). Die Basilarmembran ähnelt nicht einer elastisch gespannten Membran, sondern eher einer mechanisch spannungsfreien, **lockeren, gelartigen** Schicht. Unmittelbar über der Basilarmembran befindet sich das Corti-Organ mit mehreren zehntausend **Haarzellen** und den Enden des **Hörnerven**.

Die Theorie von György Békésy baut auf den Oberflächenwellen auf, die sich auf der Basilarmembran ausbreiten (Abb. IV.29).

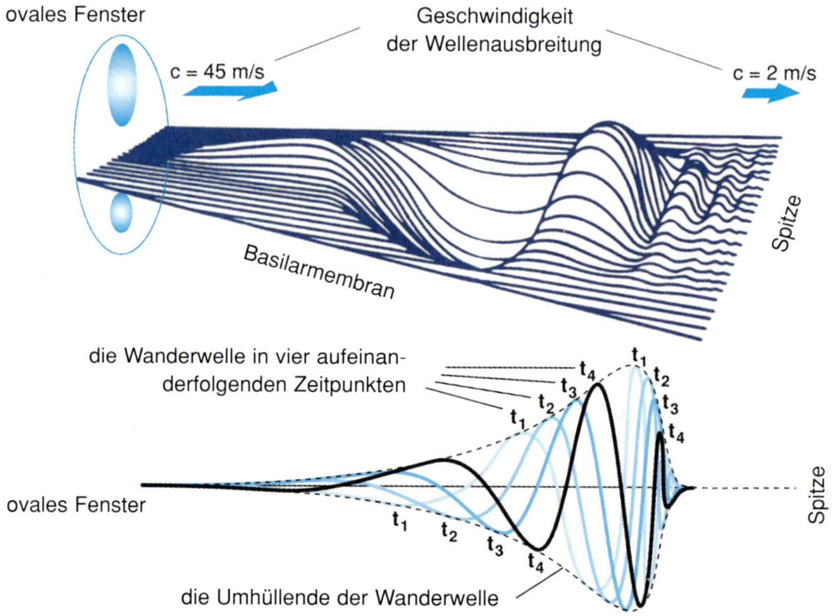

Abb. IV.29. Bewegung der sich fortpflanzenden Oberflächenwellen an der Basilarmembran. Man beachte die allmähliche Zunahme und die schnelle Dämpfung (die Maße sind übertrieben!)

Die am ovalen Fenster beginnende hydraulische Druckwelle gleicht sich am runden Fenster aus, während sie eine mechanische Reibung auf die Basilarmembran zwischen oberer und unterer Flüssigkeit ausübt, auf der Membran sich **fortpflanzende Oberflächenwellen** erzeugt (Abb. IV.29).

Oberflächenwellen entstehen z. B. an der Meeresoberfläche durch den Wind oder durch Erdbeben und ihre Wellenlänge hängt nicht von der Frequenz der Anregung sondern von der Gravitation bzw. der Oberflächenspannung des Wassers ab. Wir wissen aus Erfahrung, dass sich die Wasserwellen viel langsamer (in der Regel mit Windgeschwindigkeit) ausbreiten als die Schallwellen (1440 m/s).

Békésy bewies, dass der **Schallreiz**, woher er auch kommt (vom ovalen Fenster oder durch Knochenleitung), sich vom ovalen Fenster zur Spitze hin fortpflanzende Oberflächenwellen erzeugt. Diese Oberflächenwellen mit der Wellenlänge von Zentimetern unterscheiden sich grundlegend von den longitudinalen Wellen, die sich in diesem Flüssigkeitsmedium sonst bilden würden (ihre Wellenlänge wäre bei 1000 Hz 144 cm). Die **Ausbreitungsgeschwindigkeit** der Oberflächenwelle hängt von der zunehmenden Breite und Lockerung der Basilarmembran ab und nimmt dadurch mit der Entfernung vom ovalen Fenster ab (45 m/s – 2 m/s). Infolge der abnehmenden Ausbreitungsgeschwindigkeit erreichen die zeitlich späteren Wellenphasen die vorhergehenden, ihre Amplitude nimmt stetig zu und dann plötzlich ab (Abb. IV.29). Beachten wir die allmähliche Abnahme der Distanz zwischen den mit der Zeit t_1 -t_4 gekennzeichneten Wellen.

Die **Lokalisation des Maximums** der gestrichelt dargestellten **Amplitudenkurve hängt von der Frequenz des Schallreizes, die Amplitude von seiner Stärke ab** (Abb. IV.30). Die von hohen Tönen erzeugten sich fortpflanzenden Oberflächenwellen entstehen am fensternahen schmalen, straffen Teil, die Schwingungen durch tiefe Töne am entfernten,

Oberflächenwellen:

Wellen, deren Ausbreitungsgeschwindigkeit und Wellenlänge von den Eigenschaften der Oberfläche und des Mediums bestimmt sind. Die Oberflächenwellen sind keine elastischen Wellen, sie bestehen aus transversalen und longitudinalen Komponenten. Die Bewegung der Teilchen ist eine turbulente, sie beschreiben Ellipsen- oder Kreisbahnen.

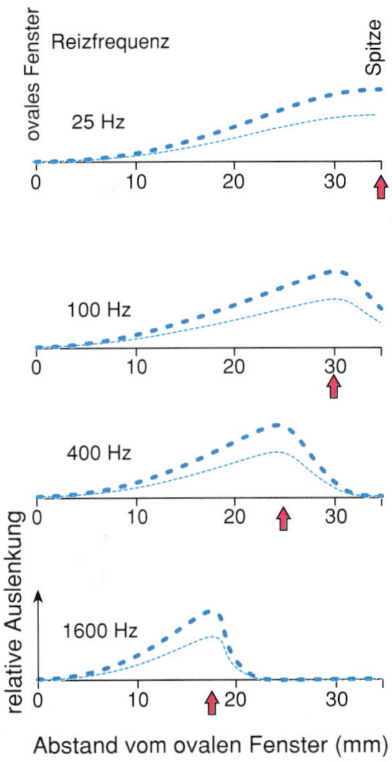

Abb. IV.30. Die Auslenkungsamplitude der Basilarmembran bei Sinustönen mit unterschiedlicher Frequenz und Amplitude (dicke bzw. dünne Linien)

Wanderwellen

Es wäre ein Fehler, die „Békésy"-Wellen der Basilarmembran als stehende Wellen zu bezeichnen, pflanzen sie sich doch genau so fort, wie die Brandungswellen des Ozeans (Abb.). Gleichzeitig sind die Amplitudenkurven der obigen Wellen charakteristisch für eine gegebene Schallfrequenz und Schallamplitude.

Ein ähnliches Phänomen kann man am sich langsam verflachenden Strand des Ozeans beobachten, wo die Höhe der Brandungswellen gegen das Ufer hin langsam zunimmt, sie stauen sich und nehmen plötzlich ab. Die Ursache des Phänomens liegt in der Änderung der Ausbreitungsgeschwindigkeit in Abhängigkeit von der Wassertiefe (je flacher nämlich das Wasser ist, desto geringer ist die Wellengeschwindigkeit).

Brandungswellen (sich fortpflanzende Oberflächenwellen) bei verschiedenen Windstärken (Stiller Ozean).

breiteren, lockeren Ende. Bei tiefen Tönen füllt die Schwingung die ganze Länge der Basilarmembran, während sie bei hohen Tönen nur ihren Anfang ausfüllt. Die Pfeile in der Abbildung zeigen auf das von der Reizfrequenz abhängige Maximum der Amplitudenkurve.

Die Schwingungen der Basilarmembran beugen die von den Wellen berührten Haarzellen des Corti-Organs (s. später). In ihnen entstehen elektrische Potenzialdifferenzen. Die an die Haarzellen gekoppelten Hörnervenenden summieren diese Potenziale und leiten Reihen von Aktionspotenzialen, deren Takt von der Reizstärke abhängt, an das Gehirn weiter.

Die Amplituden der Basilarmembran sind stumpf, verwaschen, bieten aber doch eine gewisse **vorherige Frequenztrennung**. Nur damit lässt sich die Schärfe des Analysevermögens unserer Ohren (bei 1000 Hz einige Hz) nicht erklären. Die genaue Frequenzanalyse erfolgt in der Cochlea bzw. bei den später beschriebenen Prozessen der Hörnerven.

IV/3.2.4 Die Anatomie des Corti-Organs

Bemerkung IV.10

Afferente Nervenfaser: das Aktionspotenzial verläuft von der Rezeptorzelle zum Gehirn. Auch die Informationen breiten sich in dieser Richtung aus.

Efferente Nervenfaser: das Aktionspotenzial breitet sich vom Gehirn zur Zielzelle aus (z. B. Muskelzelle, beim Hören in Richtung innere Haarzelle)

Die Signalwandler (**Transducer**) des Hörens sind die **Haarzellen**, die sich in dem auf die **Basilarmembran** aufgebauten sog. **Corti-Organ** befinden (Abb. IV.31). Die Haarzellen werden nach ihrer Lokalisation in **innere und äußere Haarzellen** eingeteilt. Der Mensch hat ca. 3500 innere und 12 – 20 Tausend äußere Haarzellen. Ihren Namen haben die Haarzellen nach ihren haarbüschelartigen Ausbuchtungen (**Stereozilien**), die sich von ihrer oberen Hälfte in die **Endolymphe** erstrecken. Die V-förmigen Haarbüschel sind ähnlich einem 20 – 100 zinkigen mehrreihigen Kamm angeordnet und wiederholen sich in der ganzen Länge der Basilarmembran in periodischen Gruppen. Die Stereozilien sollte man sich als mit dünnen elastischen Fasern (**Tip-Link**)

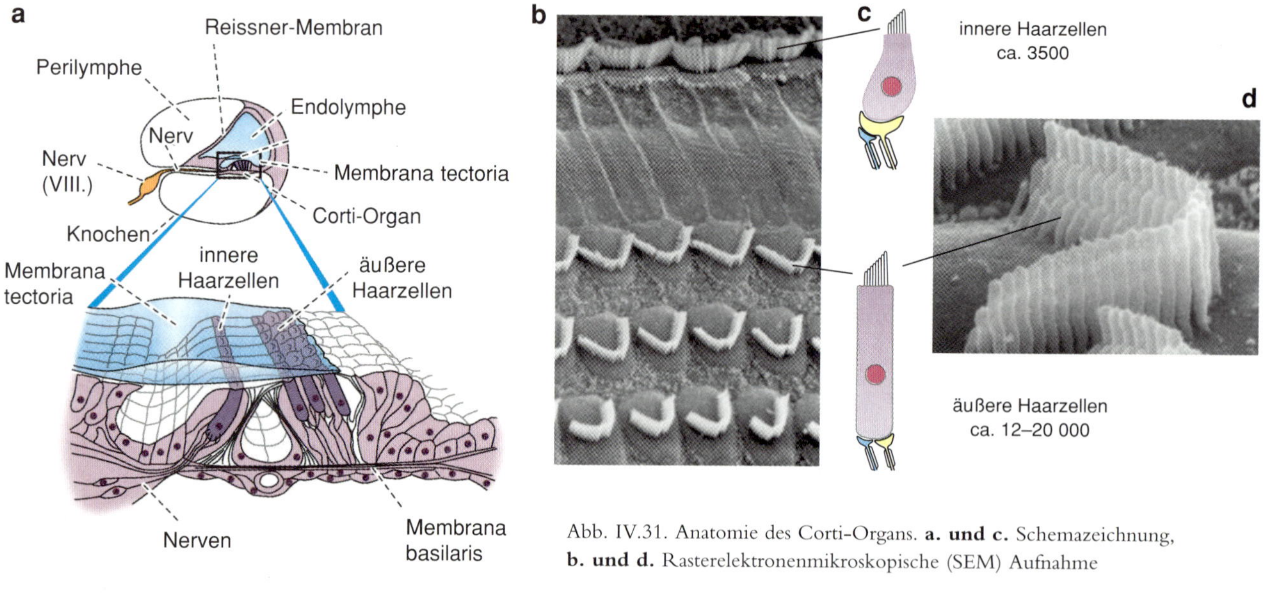

Abb. IV.31. Anatomie des Corti-Organs. **a. und c.** Schemazeichnung, **b. und d.** Rasterelektronenmikroskopische (SEM) Aufnahme aneinander gekoppelte Stäbchen vorstellen, die sich an ihrer Wurzel verjüngen. Bei Krafteinwirkung biegt sich das Haarbüschel elastisch, während sich die Tip Links spannen. Die Stereozilien der äußeren Haarzellen kommunizieren mit der Deckplatte am oberen Teil des Corti-Organs, der sog. **Membrana tectoria**, während die inneren Haarzellen ohne Berührung frei in der Endolymphe enden. Die Endolymphe sichert den Stereozilien ein an K^+Ionen reiches Milieu. Die Trennung von der **Perilymphe** mit entgegengesetztem Ionengehalt garantiert die **Reissner-Membran**, welche die Fortpflanzung der Schwingungen nicht beeinflusst. 95 % der **afferenten Hörnerven** sind an die Basalfläche der inneren Haarzellen und die Mehrzahl der **efferenten Nerven** an die Basalfläche der äußeren Haarzellen gekoppelt (s. Bemerkung IV.10).

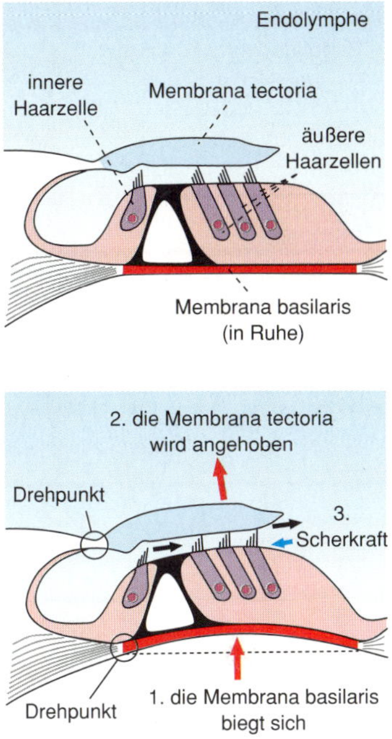

Abb. IV.32. Bei Bewegung der Basilarmembran beugen sich die Haarbüschel, die Haarzellen werden depolarisiert

IV/3.3 Die Rolle der Haarzellen beim Hören

Wenn die Békésy-Wanderwellen die Basilarmembran beugen, bewegen sich auch die Haarzellen des auf der Membran haftenden Corti-Organs (Abb. IV.32). Die Deckmembran (Membrana tectoria), die deckelförmig auf den Haarzellen liegt, bewegt sich gleichfalls um ihren Gelenkpunkt. Sie verrutscht im Verhältnis zu den Haarzellen und **erregt** dabei mechanische **Scherkräfte in den Haarbüscheln**. Die Scherkräfte bewirken, dass sich die mit ihren Spitzen an die Deckmembran gebundenen äußeren Haarbüschel biegen. Die Stereozilien der inneren Haarzellen beugen sich nur durch die Strömung in der Endolymphe.

Beim Hörvorgang erfüllen die **inneren Haarzellen** die Funktion des klassischen **mechano-elektrischen Signalumwandlers**. Bei Schallreizen biegen sich die Haarbüschel und generieren in den Membranen der Haarzellen Potenzialveränderungen. Bei depolarisierender Änderung erfolgt in der über Synapsen gekoppelten Nervenzelle eine Frequenzzunahme des Aktionspotenzials, was den Erregungszustand darstellt.

Die Membranpotenzial-Änderungen der Haarzellen und die Auslösung des Erregungszustandes

Die Stereozilien der Haarzellen sind von an K^+Ionen reicher Endolymphe umgeben, während die Konzentration der K^+Ionen im intrazellulären Raum niedrig ist. Ohne Schallreize beträgt das Ruhepotenzial der Membran ca. –60 mV. Beim Auslenken der Basilarmembran biegen sich die Stereozilien, wodurch die verbindenden Fäden (**Tip-Link**) **gespannt werden.**

Dabei bewirken die Zugkräfte in den gespannten Fäden eine Konformationsänderung in den Kationenkanälen im oberen Teil der Stereozilien und diese „öffnen sich". Die K^+Ionen fließen aus dem extrazellulären Raum ins Zellinnere und depolarisieren das Membranpotenzial der Haarzelle. Biegen sich die Stereozilien in Richtung der längsten Stereozilien, so kommt es zur **Depolarisation**, im entgegengesetzten Fall erfolgt eine **Hyperpolarisation**.

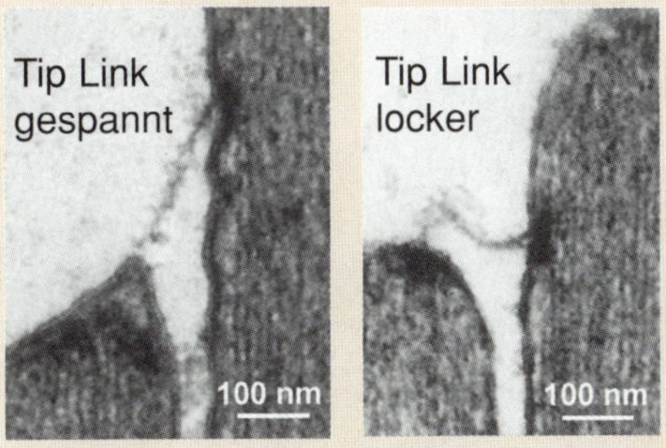

Abb. 1. Elektronenmikroskopische Aufnahme von Haarzellen

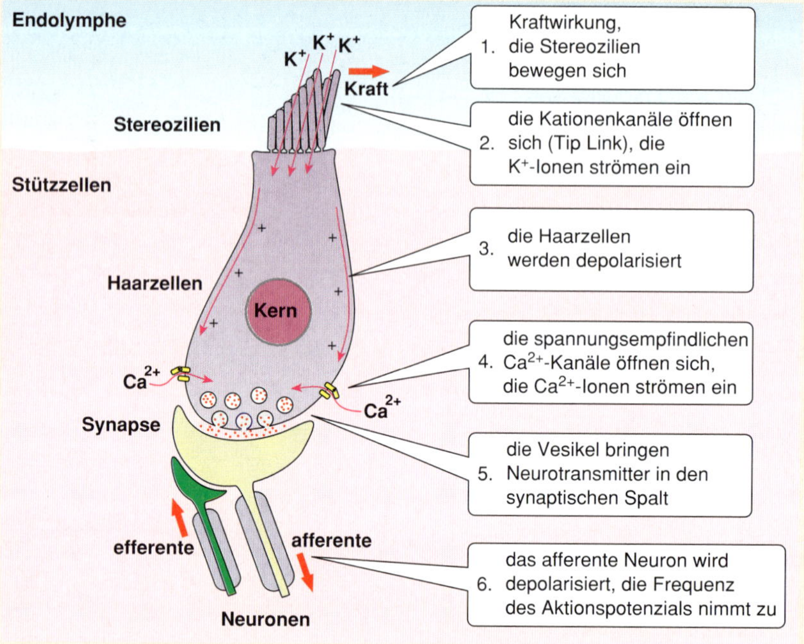

Abb. 2. Transducerfunktion der inneren Haarzellen

Bei Depolarisation entsteht der Erregungszustand, denn diese führt zum Öffnen der spannungsempfindlichen Ca^{2+} Ionenkanäle im unteren Teil der Haarzellen (Abb. 2). Im extrazellulären Raum ist die Konzentration der Ca^{2+} Ionen hoch. Beim Einströmen der Ca^{2+} Ionen fusionieren die Vesikulae mit Neurotransmittergehalt mit der präsynaptischen Membran, der Neurotransmitter gelangt in den synaptischen Spalt des afferenten Hörnervs und depolarisiert das Neuron. Dieses sich nicht ausbreitende Depolarisationspotenzial ist als das sensible **Rezeptorpotenzial** des Hörens anzusehen. Dieses Potenzial, das sich im Takt des Schalls ändert, lässt sich mit Nadelelektroden ableiten und über einen Verstärker auf einen Lautsprecher übertragen, deshalb wird es auch als **Mikrophonpotenzial** bezeichnet.

Das Rezeptorpotenzial generiert in den afferenten Nervenenden eine Serie von spitzen, schnellen Aktionspotenzialen. Diese kodierte akustische Information wird über mehrfache Übertragung zum Hörzentrum des Gehirns geleitet.

Die Frequenz der Aktionspotenziale ist auch im Ruhezustand nicht gleich Null. Die entgegengesetzte Auslenkung der Basilarmembran führt zur Lockerung der Fäden. Das erzeugt natürlich einen Anstieg des Membranpotenzials, d. h. eine Hyperpolarisation, wodurch die Frequenz der Aktionspotenziale abnimmt (Abb. 3).

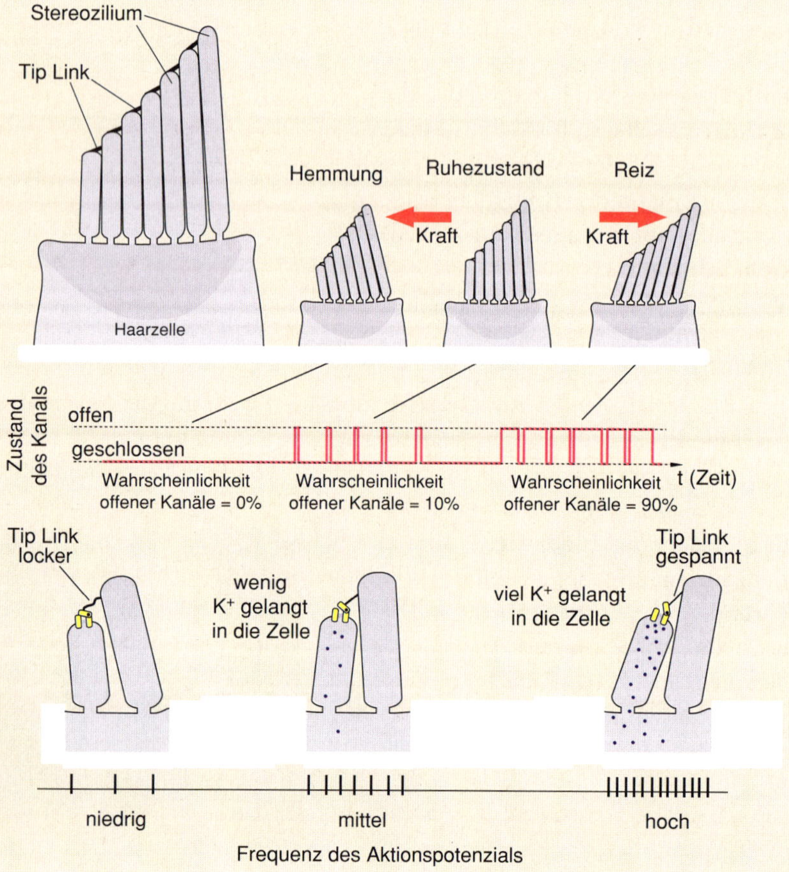

Abb. 3. Die Stereozilien der Haarzellen biegen sich und K^+ Ionen fließen in die Haarzelle

IV/3.3.1 Die äußeren Haarzellen als molekulare Motoren

Die Rolle der äußeren Haarzellen beim Hörvorgang ist die **mechanische Verstärkung** von Tönen schwacher und mittlerer Intensität unter Nutzung der aktiven, biologischen Energie.

Die äußeren Haarzellen nehmen die Schwingungen der Basilarmembran wahr, als deren Ergebnis sich **die Länge der Haarzellen im Takt der Töne** ändert. Diese Vibration erzeugt in der Regel im Corti-Organ eine Größenveränderung mit höherer Amplitude, als die ursprüngliche Schwingung der Basilarmembran. Die von den „Biomotoren" der äußeren Haarzellen angeregte Schwingung **addiert sich in der gleichen Phase** zur ursprünglichen Schwingung der Basilarmembran und kann diese auf mehr als das Tausendfache verstärken.

Die äußeren Haarzellen funktionieren also als positiv rückgekoppelter Verstärker (unser Ohr ist nicht nur ein „Mikrophon", sondern auch ein „Lautsprecher"!). **Die äußeren Haarzellen sind sowohl mechano-elektrische als auch elektro-mechanische Signalwandler**.

Die von den äußeren Haarzellen verstärkten Schwingungen werden von den inneren Haarzellen über die Endolymphe wahrgenommen und als Informationen über die afferenten Nerven an das Gehirn weitergeleitet.

In der Membran der äußeren Haarzellen befindet sich zahlreiches integriertes Eiweiß, **Prestin**. Die Prestinmoleküle können bei Änderungen der Membranspannung sehr schnell (in einigen µs) ihre **Konformation** und demzufolge ihren **Querschnitt ändern** (Abb. IV.33). Die zahlreichen Prestinmoleküle mindern bzw. erhöhen durch die Minderung bzw.

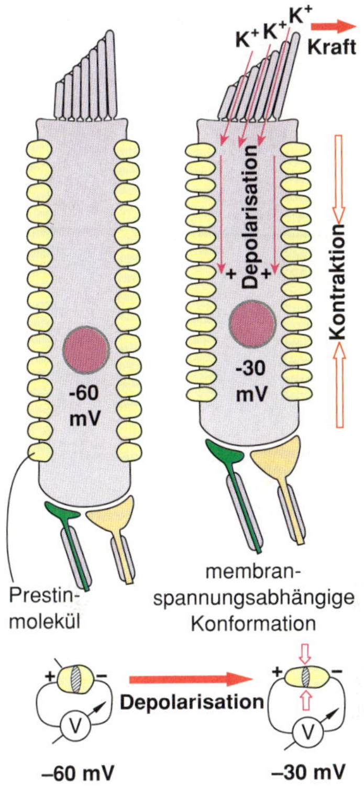

Abb. IV.33. Die Kontraktion der äußeren Haarzellen in Abhängigkeit von der Depolarisationsspannung (die Verhältnisse sind übertrieben!)

Schon Mitte des 20. Jahrhunderts kam der Gedanke auf, dass im Innenohr nichtlineare, **aktive Verstärkungsmechanismen funktionieren sollen**. Im Folgenden sind einige Phänomene aufgeführt, die darauf hinweisen:

- Die Wanderwellen der Basilarmembran *selektieren die Frequenz nicht genug*, sie geben keine ausreichende Erklärung für die ausgezeichnete Fähigkeit des Ohres, Frequenzen zu unterscheiden.
- Die *Empfindlichkeit* des passiven Ohrmodells (ohne aktive Verstärkung) würde wegen der starken Dämpfung durch die Cochleaflüssigkeit *bedeutend geringer* sein als die gemessene Hörschwelle.
- Das Phänomen der sog. *otoakustischen Emission*. Bringt man ein impulsförmiges akustisches Signal ins Ohr, so ist nach kurzer Zeit (ca. 1 ms) ein „Echo" cochlearen Ursprungs zu beobachten, dass sich mit einem Mikrophon aufnehmen lässt.
- Die sog. *spontane otoakustische Emission*. Im Ohr lässt sich (ohne Reizung) eine spontane akustische Aktivität messen, ein im Ohr platziertes Mikrophon detektiert einen Ton mit der Frequenz von ca. 100 Hz.
- Die (*afferenten*) *Nervenfasern* des Corti-Organs gehen zu 95 % *von den inneren Haarzellen aus*. Daraus lässt sich auf eine abweichende Rolle der äußeren Haarzellen schließen.
- Zwei Töne mit unterschiedlicher Frequenz können ausschließlich dann „falsche Töne" in der Differenzfrequenz oder Summationsfrequenz erzeugen, wenn sie durch ein nichtlineares System laufen. Der berühmte Geigenvirtuose Tartine hat dieses Phänomen unseres Hörens schon im 19. Jahrhundert entdeckt.

Die Forschungen erbrachten in zwei Hauptrichtungen Ergebnisse. Die eine Hypothese bezieht sich auf die äußeren Haarzellen, die andere auf die Stereozilien, und zwar auf ihre biologische Energie ausnutzende Formänderung bzw. mechanische Resonanz. Wir beschreiben im Folgenden nur die Ergebnisse der ersten Theorie.

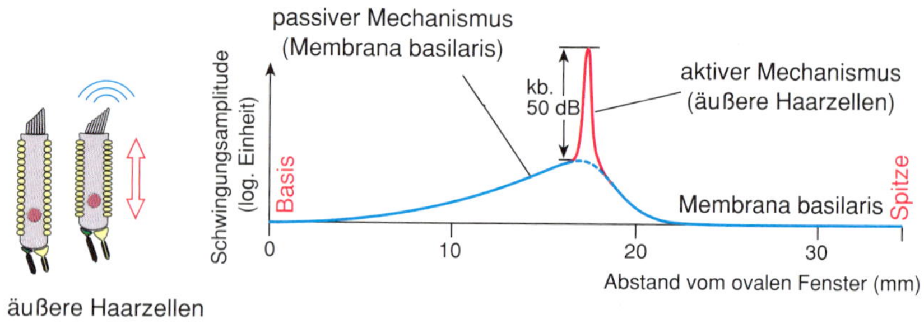

Abb. IV.34. Der aktive Verstärkermechanismus der äußeren Haarzellen hat eine frequenzselektive Funktion

> Bemerkung IV.11
>
> Nach Messungen ist die Kraft bei der Kontraktion der Haarzellen ca. 100 pN (Pikonewton) pro Millivolt.

> Bemerkung IV.12
>
> Békésy untersuchte das Innenohr von nicht mehr lebenden Tieren und Menschen, deshalb war natürlich die aktive Verstärkung „ausgeschaltet", und er konnte keine entsprechende Frequenzselektivität beobachten.

> Die ersten Radioempfänger erreichten mit außerordentlich einfachen Mitteln, mit nur einer Elektronenröhre und einem positiv rückgekoppelten Schwingkreis beim Empfang eines entfernten Radiosenders eine überraschend hohe Empfindlichkeit und Frequenzselektivität (AUDION, als **regenerativer Empfangsverstärker**). Am Gerät musste die positive Rückkopplung solange bis zu einem sog. „kritischen Wert" erhöht werden, bis es fast zu oszillieren begann. Dann nahm die Verstärkung (Empfindlichkeit) in einem sehr schmalen Frequenzbereich enorm zu.
>
> Die Haarzellen des Innenohrs können als Tausende solcher „regenerativen Verstärker" angesehen werden, wobei die Größe der positiven Rückkopplung von der Intensität des eintreffenden Schalles selbst auf den „kritischen Wert" eingestellt wird. Die genaue biochemische, biophysikalische Funktion der Regulierung ist noch nicht vollkommen erforscht.

Erhöhung ihres Gesamtquerschnittes die Mantelfläche der Haarzelle. Das Ergebnis ist die **Längenänderung der länglichen äußeren Haarzelle im Takt der Schallschwingung**. Die so erzeugte Streckung bzw. Verkürzung erfolgt in dem Sinn, dass sie die ursprünglichen Schwingungen der Basilarmembran verstärkt (**positive Rückkopplung**).

Die Békésy-Wanderwellen der Basilarmembran tragen passiv (ohne äußere Energie) zur Vorauswahl der Tonfrequenzen bei. Die Schwingungen werden aber **in den Flüssigkeiten der Cochlea** gedämpft, ihre Energie **dissipiert**, d. h. sie wandelt sich in Wärme um. Nach den theoretischen Berechnungen wären deshalb nur die bedeutend intensiveren Töne zu hören. **Die aktive Verstärkung kompensiert jedoch den Energieverlust durch die Dämpfung** (die positive Rückkopplung bringt so viel Energie zurück, wie durch die Dissipation verlorengeht). Die Schwingung der Basilarmembran wird beim Maximum der Amplitudenkurve durch Resonanz verstärkt, diese wird scharf (Abb. IV.34). Bei zusammengesetzten Tönen **stellt** ein diffiziles Steuerungssystem von Moment zu Moment bei Tausenden von „Haarzellen-Biomotoren" die **Verstärkung auf einen kritischen Wert ein, damit die unerwünschte Oszillation gerade nicht erfolge** (regenerative Verstärkung, gerade den Verlust ersetzende). Würden die Haarzellen tatsächlich oszillieren, so würde sich das in Ohrensausen manifestieren.

Ein Reizton mit gewisser Frequenz bildet sich auf einem sehr engen Areal der Basilarmembran ab. So wird die Kodierung nach der Frequenzstelle infolge der aktiven Verstärkung sehr genau.

Die äußeren Haarzellen ermöglichen **als aktive biomechanische Motoren, als Verstärker mit positiver Rückkopplung**

- eine **sehr scharfe Frequenzselektion** (ein hohes Differenzierungsvermögen der Frequenzen)
- **hohe Empfindlichkeit**
- **kompressives dynamisches Verhalten** (s. später).

Die **elektro-mechanische Verstärkung** ist stark **nichtlinear**. Bei schwachen Tönen ist die Verstärkung größer, bei mittelstarken geringer und bei lauten Tönen hört sie fast auf. Die Umwandlungsfunktion der Verstärkung ist infolge dessen stark **kompressiv**, die großen Intensitätsschwankungen der Schallreize (130 dB) werden in geringe Änderungen des Rezeptorpotenzials (ca. 20 – 60 mV) konvertiert.

Die biomotorische Erzeugung der Schwingungen verbraucht keine direkte biologische Energie (ATP), sondern das jeweilige Membranpotenzial deckt die Bewegungsenergie wie eine elektrische Batterie.

Wie schon erwähnt, zeigt die aktive Verstärkung der Haarzellen deutliche nichtlineare Eigenschaften. Bei linearer Verstärkung ist der Verstärkerkoeffizient *k* unabhängig von der Stärke des Signals konstant. Das ist in Abb. IV.35 mit einer Geraden von gegebener Steigung in den Funktionen von Eingangs- und Ausgangsgrößen dargestellt.

Die nichtlineare kompressive Verstärkung ist bei geringen Signalen durch eine große, bei zunehmenden Signalen durch abnehmende Verstärkung gekennzeichnet. Die Funktion der aktiven Verstärkung ist beim Hören eine Potenzfunktion.

Der Dynamikbereich der hörbaren Schallwellen ist sehr umfangreich, er liegt in der Größenordnung von 130 dB. Die im Hörnerven verlaufenden

Definition:

Als **dynamischen Bereich** bezeichnet man den Quotienten aus der maximalen und minimalen Amplitude eines Signals. Beim Hören ist das der Quotient von Schmerzgrenze und Hörschwelle:

$$\frac{J_{\max}}{J_{\min}} = 10^{13} \Rightarrow 130\ dB$$

Von **kompressiver Verstärkung** spricht man, wenn der Dynamikbereich des Ausgangssignals kleiner ist als der des Eingangssignals. Beim Hören ist der Quotient der maximalen und minimalen Frequenz des Aktionspotenzials deutlich kleiner als der Quotient von maximaler und minimaler Intensität des Schallreizes.

Definition:

Passive Verstärkung: ein Hebel kann z. B. die Kraft erhöhen, aber die Energie nimmt wegen der geringeren Bewegung nicht zu. Die Hörknöchelchen des Mittelohrs bilden einen passiven Verstärker. Die passive Verstärkung verbraucht keine äußere Energie.

Aktive Verstärkung: nicht nur die Schwingungsamplitude sondern auch die Schwingungsintensität (Leistung/Fläche) nimmt zu. Die Mehrenergie kommt in der Regel aus einer Energiequelle (z. B. beim elektrischen Verstärker das Stromnetz oder eine Batterie; bei den äußeren Haarzellen z. B. das aus biologischer Energie (ATP) gewonnene Membranpotenzial).

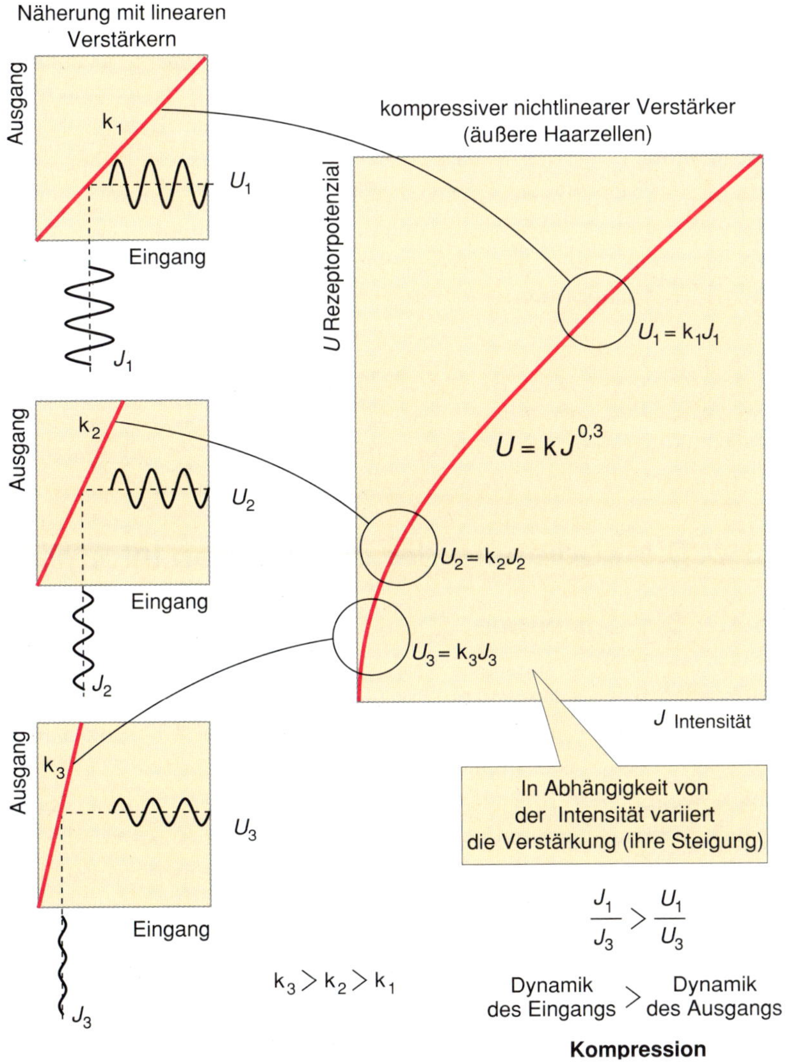

Abb. IV.35. Durch die dynamische Kompression ist die Intensitätsabhängigkeit des Rezeptorpotenzials nichtlinear

Aktionspotenziale können natürlich keine so großen Frequenzverhältnisse produzieren. Die aktive Verstärkung mindert den Dynamikbereich der Frequenz der Aktionspotenziale um rund 50 dB (s. Abb. IV.35).Die weitere Kompression ist von den Kodierprozessen der verschiedenen Adaptationsmechanismen sichergestellt.

IV/3.3.2 Adaptationsmechanismen

In der gleichen Zeit sind wir nicht fähig, Schallintensitäten von der Hörschwelle bis zur Schmerzgrenze auf einmal wahrzunehmen. **Das Ohr passt sich mit verschiedenen Adaptationsprozessen den sog. Hintergrundgeräuschen oder der mittleren Intensität an**. Die reflexartige Bewegung der Gehörknöchelchen im Mittelohr ist einer dieser Mechanismen. Aber auch auf dem Niveau der Haarzellen sind Adaptationsphänomene zu beobachten:

- Über die Aktionspotenziale, die von den afferenten Nervenbahnen in das Gehirn geleitet sind, erhält das Hörzentrum Informationen über die Intensität des wahrgenommenen Schalls. In Abhängigkeit von der Intensität der Hintergrundgeräusche gelangen über die efferenten Bahnen hemmende Informationen zu den Haarzellen, welche das ursprüngliche Rezeptorpotenzial mit einer gewissen Zeitverzögerung (einige ms) schwächen.
- Nach den neuesten Forschungsergebnissen verfügen auch die Stereozilien der Haarzellen über einen Adaptationsmechanismus. Die Aktin- und Myosinfasern im Innern der Stereozilien modifizieren die Position der Kationenkanäle in der Membran, was zur erneuten Lockerung der Tip-Links führt.

Die Adaptation ermöglicht, dass das Ohr die Schallreize nur in einem engen Dynamikbereich in Änderungen der Aktionspotenziale konvertiert.

IV/3.4 Die Kodierung der akustischen Information

IV/3.4.1 Die Ortstheorie

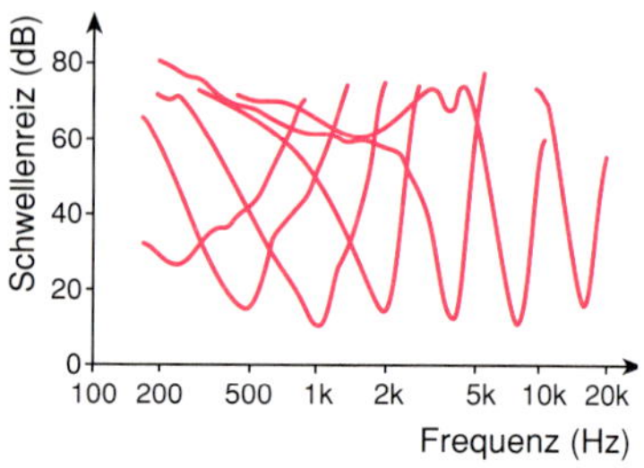

Abb. IV.36. Prozess der nervlichen Verschärfung. Die einzelnen Nervengruppen sind für sog. charakteristische Frequenzen besonders empfindlich.

Die Ortstheorie von Békésy erklärt für sich noch nicht die Fähigkeit des Ohres, Frequenzdifferenzen wahrzunehmen (z. B. bei 1000 Hz 3 Hz). Die aktive Verstärkung verschärft jedoch das Frequenzanalyse-Vermögen der Cochlea weiter. Als Ergänzung dieser Mechanismen kommt die unterschiedliche Frequenzempfindlichkeit der afferenten Nervenfasern der inneren Haarzellen hinzu (Abb. IV/36). Die scharfen Resonanzkurven der an die einzelnen Haarzellen gekoppelten Nerven erfolgen bei unterschiedlichen Schwellenwerten. Die zum niedrigsten Schwellenreiz gehörende Frequenz bezeichnet man als die **charakteristische Frequenz** des Nerven.

Die **Abbildung** der Reizfrequenz **nach dem Ort** erzeugen also die folgenden Mechanismen in der Cochlea:

- Die **Stelle des Amplitudenmaximums der** an der Basilarmembran angeregten **Wanderwellen** zeigt eine schwache Frequenzabhängigkeit längs der Basilarmembran.
- Der **aktive Verstärker**mechanismus in den äußeren Haarzellen verstärkt und **verschärft die Resonanz der Basilarmembran**.
- Die spezifische Frequenzempfindlichkeit (**nervliche Verschärfung**) der an die inneren Haarzellen gekoppelten afferenten Nerven steigert das Differenzierungsvermögen von Frequenzen weiter.

Da jede Haarzelle ein afferentes Nervenende besitzt, bilden sich die Schallreize unterschiedlicher Frequenz über die Nervenverbindungen zu den gegebenen Arealen des Hörzentrums im Gehirn an verschiedenen Stellen. Die Frequenzwahrnehmung ist also **„nach dem Ort" (lokal) kodiert**.

IV/3.4.2 Die Volleyballtheorie

Die Schallintensität beeinflusst die Frequenz der Aktionspotenziale in den Nervenzellen über die Rezeptorpotenziale, aber die Refraktärphase der Nervenfaser verhindert die Ausbildung von Spitzen, die dichter als 1 ms sind. Die Wanderwellen der Basilarmembran erzeugen aber in mehreren benachbarten Nervenzellen Aktionspotenziale unterschiedlicher Dichte. Diese können in ihrer Gesamtheit viel größere „gemeinsame" Aktionspotenzial-Frequenzen kodieren, als die einzelnen Nervenfasern (Abb. IV.37).

Intensität und Frequenz der wahrzunehmenden Töne, d. h. das Tonbild, können sich von Moment zu Moment ändern. Nur die gemeinsame Frequenzveränderung der Aktionspotenziale kann (natürlich mit einer gewissen Zeitverzögerung) dem Schwingungszustand des physikalischen Schalls folgen.

Bemerkung IV.13

Die Volleyballspieler berühren abwechselnd den Ball, ehe er abgeschlagen wird. In der Bezeichnung **Volleyballtherorie** entspricht das Berühren der einzelnen Spieler einem einzigen Aktionspotenzial, aber die größere Zahl gemeinsamer Berührungen (mehr Aktionspotenziale) ermöglicht das Abschlagen des Balls.

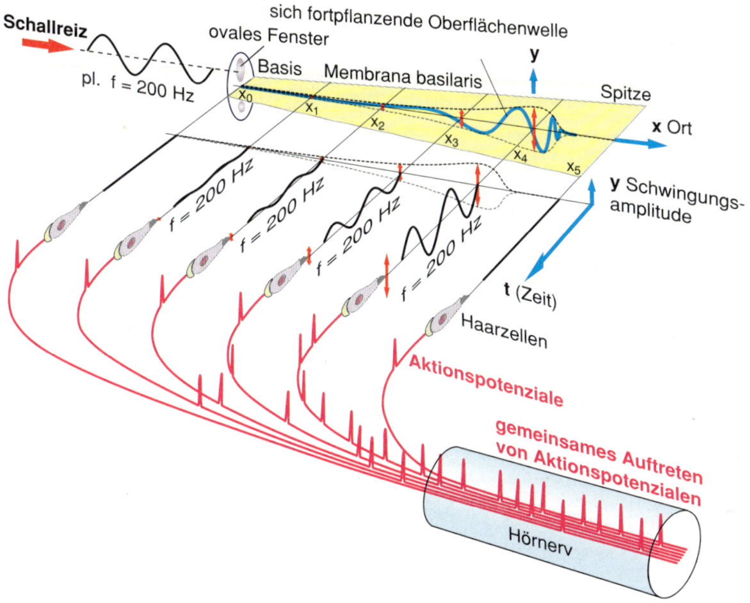

Abb. IV.37. Das gemeinsame Auftreten der Aktionspotenziale kann in den Nervenfasern eine höhere Frequenz des Aktionspotenzials kodieren

IV/3.5 Psychoakustik, Lautstärke, Lautheit

Nach den allgemeinen Erfahrungen hört man hochintensive Töne als lauter. Von der bisher beschriebenen **Intensität** (objektive, physikalische Intensität) ist die **Lautheit** (subjektive, psychophysikalische Intensität) zu unterscheiden. Erstere charakterisiert die Stärke des **Reizes**, letztere die Stärke der **Empfindung**.

Die Lautheit hängt einerseits von der physikalischen Intensität, andererseits von der Schallfrequenz ab, wie man das aus Abb. IV.24 erahnen kann. Gleiche Änderungen der Intensität führen aber nicht zu gleichen Änderungen des Lautheits-Empfindens, denn unser Ohr kann nur die physikalischen Reize über den erwähnten Bereich von 13 Größenordnungen auffassen. Lange Zeit dachte man, dass das Ohr auf die Intensitätsänderungen eine logarithmische Antwort gibt (Weber-Fechner-Gesetz). Die Intensitätsabhängigkeit der Stärke des Lautempfindens (**Lautheit**) ist aber nach genauen Messungen eine **Potenzfunktion** (1933, **Sone-Skala**).

IV/3.5.1 Die Phon-Skala (Lautstärke)

Die Resonanzen des äußeren und des Mittelohrs erklären noch auf dem Niveau der mechanischen Schwingungen die starke Frequenzabhängigkeit unseres Hörens. Die Frage, welcher Zusammenhang zwischen der empfundenen Lautstärke, der physikalischen Intensität und der Frequenz besteht, beantworten die Kurven der gleichen Lautstärkepegel (Abb. IV.38). Die **Kurven verbinden die Punkte gleicher Lautstärke** (isophone Kurven). Diese Kurven wurden erstmals von Fletcher und Munson (1927) durch eigenmetrische Messungen beider Ohren an einer großen Zahl junger, normal hörender Personen in einem die idealen Freilandbedingungen simulierenden „schalltoten Raum" bestimmt.

Bei den Messungen wurden abwechselnd zwei Schallgeneratoren benutzt. Mit dem ersten wurde zuerst ein 1000 Hz-Ton mit gegebenem Intensitätspegel (dB) erzeugt. Dieser sog. Referenzton musste mit der Lautstärke des zweiten Generators mit abweichender Frequenz verglichen werden. Die Versuchsperson änderte die Intensität des zweiten Generators so lange, bis sie den Ton als gleich laut wie den Etalonton empfand. Je tiefer der Ton war, eine um so höhere Intensität ergab sich. Durch die Verbindung der so erhaltenen Punkte wurde die Kurve der gleichen Lautstärkepegel dargestellt.

Bei der gerade noch hörbaren Lautstärke des Referenztones (bei der Hörschwelle von 1000 Hz) ergab sich für die Intensität $\boldsymbol{J_0 = 10^{-12}\ \mathrm{W/m^2}}$. Diese wurde praktisch als **Referenzintensität** bezeichnet. So ist der **Intensitätspegel (*n*)** für den Ton mit der Intensität J:

$$n = 10 \cdot \lg\left(\frac{J}{J_0}\right). \quad \text{(IV.28)}$$

> Bemerkung IV.14
>
> Nach neuesten Messungen hat sich in den letzten 60 Jahren die durchschnittliche Hörschwelle um rund 4 dB verschlechtert! So befindet sich die derzeit gültige Hörschwellenkurve nicht bei 0 phon sondern bei **4 phon.**

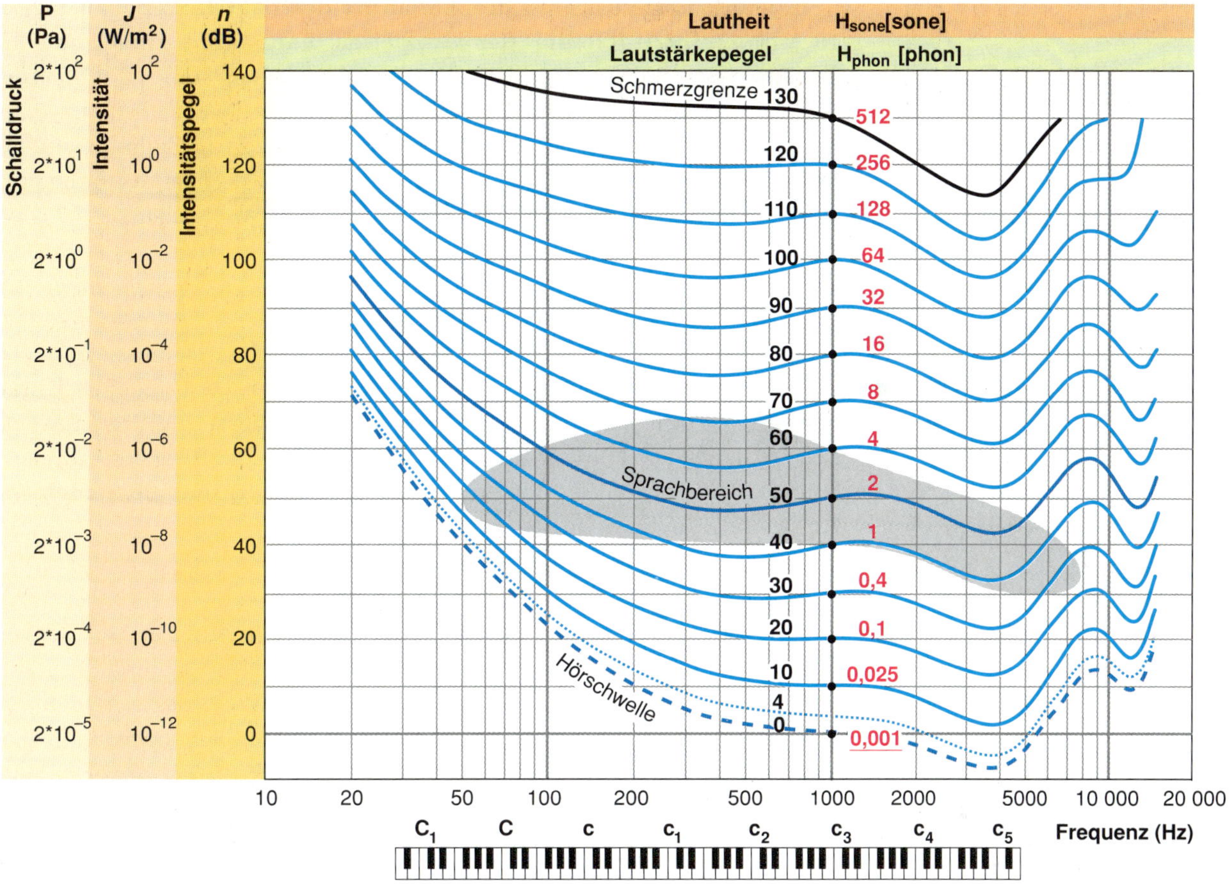

Abb. IV.38. Mit Sinustönen aufgenommene Kurven mit gleichem Lautstärkepegel (internationale Norm). Die derzeit gültige Hörschwelle liegt bei 4 phon.

Die Kurve, welche die Hörschwellenpunkte der verschiedenen Frequenzen verbindet, bezeichnet man definitionsgemäß als **0 Phon-Lautstärkepegel**. Das ist die unterste der Kurven. Durch Anheben des Intensitätspegels des Etalontones auf 10, 20, 30 dB usw. wurden die gleichwertigen Tonstärkekurven von 10, 20, 30 phon usw. gemessen. **Die Größe des Lautstärkepegels** (H_{phon}) **wird also mit dem Intensitätspegel des Referenztones ausgedrückt.**

$$H_{\text{phon}} = n_{1000\ \text{Hz}} \qquad \text{(IV.29)}$$

Der **Lautstärkepegel** eines gegebenen Tons (H_{phon}) ist also gleich dem Intensitätspegel des Referenztones in dB ($n_{1000\text{Hz}}$). Ein Ton hat soviel „phon", wieviel „Dezibel" der Ton mit der Frequenz von 1000 Hz hat, den wir als gleich laut empfinden.

Die untere Grenze der gleichen Schallpegel ist die **Hörschwelle** (**0 phon**), die obere Grenze die **Schmerzgrenze** (**130 phon**). Die Maßeinheit des Lautstärkepegels ist das **Phon**.

Bemerkung IV.15
Die phon-Werte der Lautstärke können mit der folgenden Gleichung in sone-Werte transformiert werden:

$$H_{\text{sone}} = 2^{(0,1 \cdot H_{\text{phon}} - 4)}.$$

Die Transformation gilt nur über 40 phon = 1 sone!

Es wurde festgestellt, dass **die Zunahme des Lautstärkepegels um ca. 10 phon einem Gefühl der doppelten Lautstärke entspricht**. Die Zunahme um 20 phon entspricht dem Vierfachen, um 30 phon dem Achtfachen usw. Leider drücken die Messzahlen der „Weber-Fechner-Phon-Skala" die Änderungen unseres Lautstärkeempfindens nicht linear aus. Die Messzahlen der Lautstärke müssten bei doppelt oder dreimal so laut empfundenen Tönen auch den doppelten bzw. dreifachen Wert haben.

IV/3.5.2 Die Sone-Skala (Lautheit)

Unter Belassen der isophonen Kurven wurden den verschiedenen Kurven von Fletcher und Munson (1933) neue sog. **Sone-Werte** zugeordnet, welche das psychophysische lineare Hörgefühl ausdrücken. Die Basis der Lautheit ist bei der neuen Skala definitionsgemäß der **Intensitätspegel des Referenztones von 40 dB**, d. h. **1 sone**.

$$1 \text{ sone} = 40 \text{ phon}. \qquad \text{(IV.30)}$$

Die Lautheit des doppelt so lauten Tones (50 phon) ist 2 sone, die des viermal lauteren Tones (60 phon) ist 4 sone, die des achtmal lauteren Tones (70 phon) ist 8 sone usw. (Abb. IV.38). Die weiteren Werte lassen sich aus der folgenden **Potenzfunktion** (**Stevens-Gesetz**, 1936) berechnen:

$$H_{\text{sone}} = 1/16\ (J/J_0)^{0,3}. \qquad \text{(IV.31)}$$

Die Messdaten weichen unter 1 sone vom Stevens-Gesetz ab. Das bedeutet, dass unser Ohr bei ganz leisen Tönen bei gleicher Änderung der Intensität eine höhere Änderung der Lautheit empfindet.

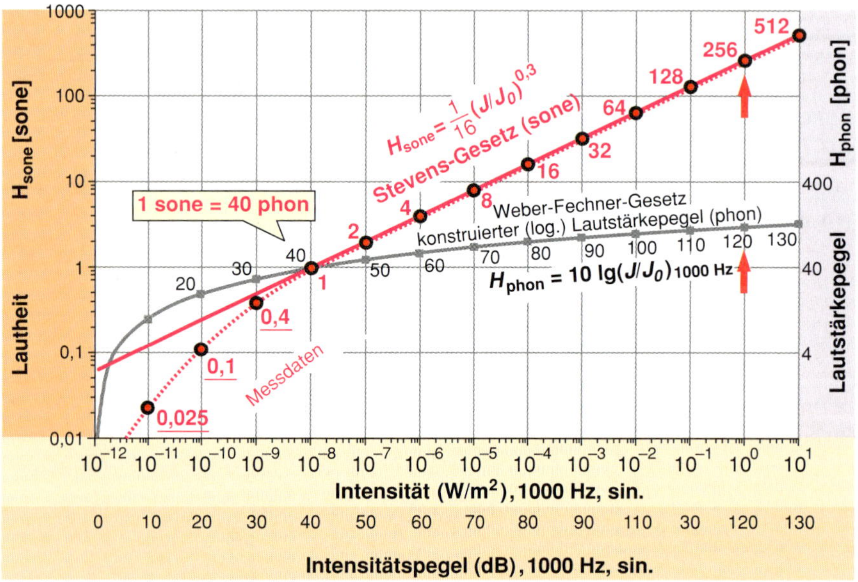

Abb. IV.39. Das Stevens-Gesetz lässt sich mit Ausnahme der leisen Töne den gemessenen Werten der Lautheit (rote Punkte) gut anpassen, während die Phonwerte des Weber-Fechner-Gesetzes eher mit den Messwerten des Intensitätspegels (bei 1000 Hz) übereinstimmen. Die roten Pfeile markieren z. B. bei der Intensität von 1 W/m² den Lautstärkepegel von 120 phon und die dementsprechende Lautheit von 256 sone.

Tabelle IV.6. Lautstärke und Lautheit von Tönen aus verschiedenen Schallquellen

SCHALLQUELLE	Begriffe aus der Umgangssprache oder Musik bzw. Grenzen der Hörschädigung	LAUTSTÄRKE phon	LAUTHEIT sone
Rakete, Gewehrschuss (neben dem Ohr)	Platzen des Trommelfells	180	
Düsenflugzeug (von Nahem)	Schmerzgrenze	130	512
Disko (neben dem Lautsprecher), Schreien ins Ohr (20 cm)	gerade erträglich	120	256
Presslufthammer	sehr laut	110	128
Lauter Fabriklärm	sehr laut	100	64
Schreien (1,5 m), durchfahrender U-Bahnzug	*fff (fortississimo)*, nach mehr als 2 Stunden Hörschäden	90	32
starker Stadtverkehr, laute Musik	*ff (fortissimo)*, nach 8 Stunden Hörschädigung	80	16
Geräusch im Autoinnern (120 km/h)	laut, *f (forte)*	70	8
lautes Gespräch, Toilettenspülung, Staubsauger	*mf (mezzoforte)*	60	4
Büro, Computer, Drucker	*mp (mezzopiano)*	50	2
normales Gespräch	Sprechlautstärke, *p (piano)*	40	1
Flüstern, Bibliothek, Ticken der Uhr	sehr leise *pp (pianissimo)*	30	0.4
Herztöne, Grundgeräusche im Radiostudio	sehr leise, *ppp (pianississimo)*	20	0.1
Rascheln des Laubes, Schnurren der Katze	gerade hörbar	10	0.025
stilles Zimmer	Hörschwelle (Mensch, jung)	0	0.001

Verschiedene Werte des Lautstärkepegels und der Lautheit sind in Tabelle 6 zusammengestellt.

Der Zusammenhang zwischen Intensität und Lautheit passt sich dem **allgemeinen exponentiellen psychophysischen Stevens-Gesetz** gut an.

In Abb. 39 sind die eigenmetrischen Messdaten einer großen Anzahl von Versuchspersonen als Beziehung von Lautheit und Intensität dargestellt. Über 9 Größenordnungen liegen die Messpunkte genau auf der Kurve des Stevens-Gesetzes (im log-log Koordinatensystem ergibt nämlich die Potenzfunktion eine Gerade). Auch mit neurophysiologischen Messungen (der Aktionspotenziale am Hörnerven) wurde die Gültigkeit der geschätzten Werte nachgewiesen. Die „Phon-Skala" des Weber-Fechner-Gesetzes passt aber augenscheinlich nicht an die Messpunkte! Trotzdem lässt sich die „Phon-Skala" als künstlich konstruierter Lautstärkepegel ähnlich der dB-Skala gut benutzen, sie ist aber nicht Ausdruck der Hörempfindung.

Zum Erkennen der Lautstärke braucht das Hörorgan **Zeit**. Das vollkommene Erkennen des Lautstärkepegels erfolgt in ca. 0,2 s. Hörgeschädigte brauchen dazu längere Zeit, deshalb soll die Dauer des Schallreizes bei Untersuchungen des Hörvermögens mindestens 1 s betragen.

Der Zusammenhang zwischen Intensität und Lautheit passt sich dem **allgemeinen exponentiellen psychophysischen Stevens-Gesetz** gut an, welches die Beziehung zwischen Reiz und Empfindung für alle Sinnesorgane gültig beschreibt:

$$S = \text{konst}\ (J/J_0)^n, \qquad \text{(IV.32)}$$

wo S die Stärke der Empfindung und n der Exponent für die einzelnen Sinnesorgane sind.

IV/3.5.3 Der Lärmpegel und seine Messung

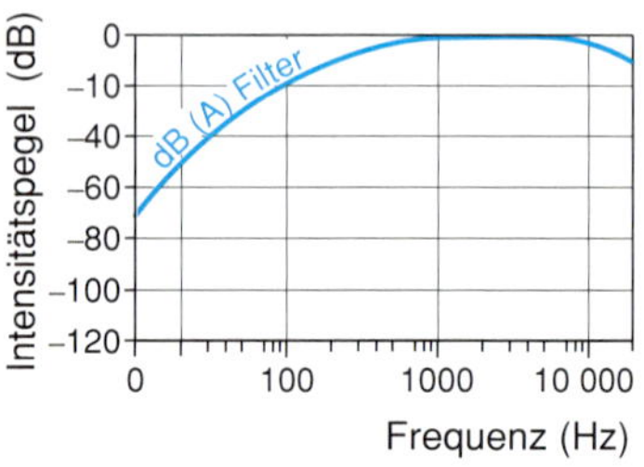

Abb. IV.40. Die Charakteristik des Schallpegelmessers mit eingebautem Hörfilter ist die inverse Funktion des Lautstärkepegels bei 40 phon

Die unangenehmen Geräusche (Lärm), die fast bei jeder menschlichen Tätigkeit erzeugt werden, bedeuten eine akustische, psychische und physiologische Belastung. Die Messung des Lärmpegels ist heutzutage eine wichtige Forderung der Arbeitshygiene.

Schallpegelmesser, welche die Lärmbelastung am Arbeitsplatz oder im Wohnbereich messen, enthalten ein Mikrophon, einen Korrektionsverstärker und ein Anzeigesystem des Intensitätspegels. Das Messgerät detektiert mit dem eingebauten Mikrophon direkt den Schalldruck. Die eingebaute Elektronik konvertiert das dem effektiven Schalldruck proportionale Signal in ein dem physikalischen Intensitätspegel proportionales Signal ($p^2{}_{\text{eff}}$). Das dem Lautstärkepegel entspechende Signal (das in Phon gemessen werden soll) erhält man durch Zwischenschalten eines „**Hörfilters**" (Abb. IV.40). Dadurch werden die tiefen und die sehr hohen Töne so unterbewertet, dass die spektrale Empfindlichkeit des Messgerätes dem menschlichen Ohr angepasst ist. Das Ergebnis erscheint als sog. **dB(A)-Skala**. Die Charakteristik des Filters ist annähernd invers zur isophonen Kurve von 40 phon, so ergibt die Lärmmessung von Geräuschen mit anderem Lautstärkepegel ein etwas ungenaues Ergebnis (die Kurven haben nämlich nicht die gleiche Krümmung, s. Abb. IV.38). Deshalb wird bei Lärmmessungen statt phon die Einheit dB(A) benutzt. Moderne Schallpegelmesser zeigen auch das Spektrum des gemessenen Lärms an.

V. Biomechanik

Die Biomechanik ist das Studium der Bewegungen lebender Organismen mit den Augen des Ingenieurs. Im Rahmen der Biomechanik werden die statischen und dynamischen Eigenschaften lebender Systeme aufgrund physikalischer Gesetze charakterisiert. Es wird also analysiert, inwiefern das biologische Objekt den doppelten Anforderungen des Aufbaus einer stabilen Struktur und ihrer dynamischen Bewegung entspricht. Die aktive, gesteuerte Bewegung ist eine prinzipielle Lebenserscheinung, eine untrennbare Eigenschaft biologischer Systeme, die gleichzeitig eine statisch stabile, bewegliche Struktur und ihre Bewegungen ausführende „Motoren" erfordert. Es ist schwierig, die biologische Bewegung allgemein zu definieren, denn auf jeder Ebene der biologischen Organisation – von den Molekülen über die Organismen bis zu den Populationen – gibt es Bewegungsformen mit speziellen Phänomenen und Mechanismen. Schon die biologischen Makromoleküle sind in der Lage, eine gesteuerte Bewegung auszuführen; bei der Funktion von Organellen sind spezielle Bewegungen zu beobachten (z. B. Zilien- und Geißelbewegung, mitotische Spindelfaserfunktion); auf Zellebene erfolgen Orts- und Formänderungen; es gibt auf Bewegung und Kraftausübung spezialisierte Gewebe (s. Muskeln); der Organismus vollzieht komplizierte Ortsänderungen und andere Bewegungen und auch die biologischen Populationen produzieren charakteristische, regulierte und koordinierte Bewegungsformen (z. B. Bewegung von Fischschwärmen, Zugvögeln). Im Folgenden diskutieren wir zwei Hauptgebiete der biologischen Bewegungen und der bewegten Strukturen: die subzellulären und zellulären Strukturen und die Bewegungsorgane des Menschen.

V/1 Die Biomechanik der subzellulären und zellulären Strukturen

Das Studium der biologischen Bewegung – und innerhalb dieser in erster Linie der Muskelbewegung – ist ein klassisches Kapitel der Biophysik, das sich zum Ziel gesetzt hat, die physikalischen Mechanismen zu erkennen, auf denen die verschiedenen Bewegungsformen basieren. Die Basis der molekularen Mechanismen bilden das Zytoskelett und seine assoziierten Eiweiße, deren Organisation und Wechselwirkungen im Muskel eine spezielle Erscheinungsform zeigen, die aber in allen eukaryoten Zellen zu finden sind.

V/1.1 Die Biophysik des Zytoskeletts

Das Zytoskelett ist das dynamische Eiweißgerüst der eukarioten Zellen, das aus spezifischen Proteinfilamenten aufgebaut ist.

V/1.1.1 Die Elastizität der zytoskeletalen Filamente

Die zytoskeletalen Filamente sind elastische Objekte und diese ihre physikalische Eigenschaft spielt eine wichtige Rolle bei den verschiedenen Bewegungsformen. Ihre Elastizität lässt sich auf verschiedene Weise beschreiben.

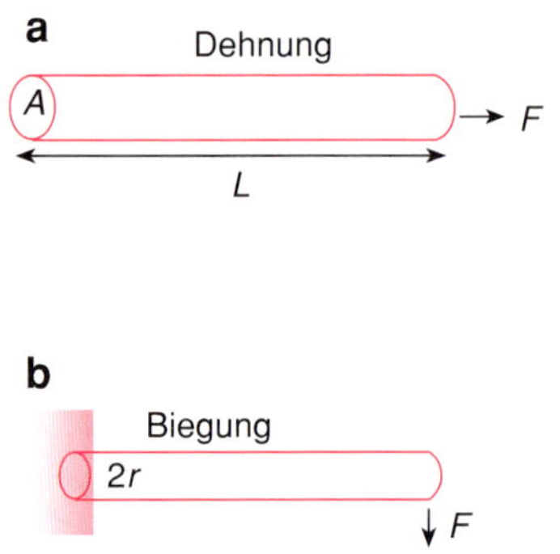

Abb. V.1. Schematische Darstellung verschiedener Federkonstanten: **a.** Stab, **b.** an einer einseitig eingeklemmten Feder

Zytoskeletale Filamente als Festkörper

In erster Näherung können die zytoskeletalen Filamente als Festkörper beschrieben werden, für die charakteristisch ist, dass sie bei Krafteinwirkung eine Deformation, Verformung in der Richtung der Kraft erleiden. Die Elastizität von Festkörpern beschreibt das hookesche Gesetz:

$$\frac{F}{A} = E\,\frac{\Delta L}{L}\,, \tag{V.1}$$

wo F die Kraft, A der Querschnitt des Körpers, L die Ruhelänge und ΔL die Verlängerung sind. Der Quotient F/A ist die Zugspannung σ und der Quotient $\Delta L/L$ ist die relative Längenänderung oder die Dehnung ε. Die Proportionalitätskonstante zwischen den beiden Quotienten ist der Elastizitätsmodul E. Die Dimension von E ist die eines Druckes (Pa). Bei Körpern mit homogener Struktur ist der Elastizitätsmodul eine Materialkonstante und unabhängig von Form und Größe des Körpers. Der Elastizitätsmodul der steifsten Eiweiße ist sehr hoch, ähnlich zu Plexiglas. Im Gegensatz zum Elastizitätsmodul hängt die sog. Federkonstante ($\kappa = F/\Delta L$) nicht nur vom Material, sondern auch von der Form des Körpers ab. Man spricht von unterschiedlichen Richtgrößen in Abhängigkeit davon, in welcher Richtung die Kraft auf den Körper einwirkt (Abb. V.1). Die Richtgröße gibt an, welche Kraft eine Einheitsverformung (Dehnung, Biegung) hervorrufen kann.

Die longitudinale oder Zugrichtgröße charakterisiert die Elastizität des Körpers bei Krafteinwirkung parallel zur Längsachse des Körpers. Die Biegeelastizität (Biegesteifigkeit) charakterisiert die Elastizität bei senkrecht zur Längsachse des Körpers wirkenden Kräften, den sog. Biegekräften. Für Körper mit kreisförmigem Querschnitt – wie auch die zytoskeletalen Filamente – ist die Biegesteifigkeit:

$$\kappa = \frac{4\pi}{3}\,\frac{Er^4}{L^3}\,. \tag{V.2}$$

Bei den verschiedenen biologischen Prozessen spielen sowohl die Zug- als auch die Biegesteifigkeit eine wichtige Rolle. So wirken z. B. auf die dünnen bzw. dicken Filamente der Muskelsarkomere Zugkräfte, auf die Mikrotubuli der Flagellen Biegekräfte.

Thermische Elastizität

Auf die zytoskeletalen Filamente, die als lange Polymerketten betrachtet werden können, wirken auf Molekularebene thermische Kräfte. Die thermische Kraft stammt von den Zufallsstößen der Moleküle, die in der Umgebung der Filamente thermische Bewegungen ausführen, und durch die Molekülstöße ändert sich ihre Form regellos, sie fluktuiert. Demzufolge ist die mittlere Distanz zwischen den zwei Endpunkten der Filamente geringer, als die volle Länge des gestreckten Filaments, die sog. Konturlänge. Das Schema einer Polymerkette zeigt Abb. V.2.

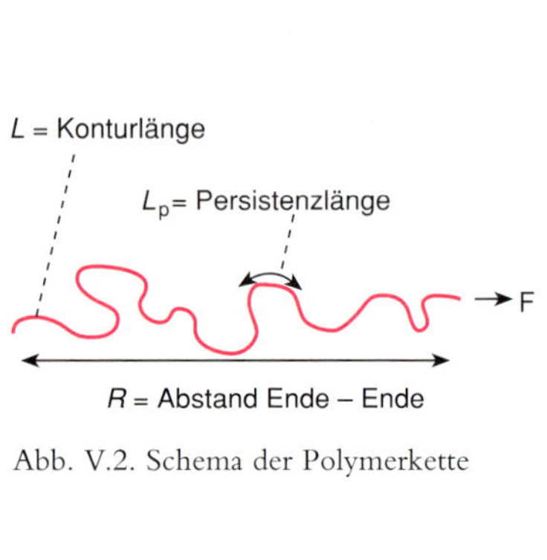

Abb. V.2. Schema der Polymerkette

Die mittlere Form einer Polymerkette lässt sich mit Hilfe einfacher Parameter beschreiben:

$$(R^2)_{\text{Mittel}} = 2L_pL\,, \tag{V.3}$$

wo R der Abstand zwischen den zwei Endpunkten des Polymers, L_p die Persistenzlänge und L die Konturlänge sind. Die Persistenzlänge ist ein statistischer Abstand, innerhalb dessen die Kette als steif anzusehen ist, d. h. die Kettenrichtung ist in diesem Abschnitt konstant. Die Persistenzlänge ist ein theoretischer Parameter, ihre Größe kann die physikalischen Ausmaße des Polymers (seine Konturlänge) übertreffen. Wir sollen nämlich berücksichtigen, dass wir ein beliebig winziges Teil aus der Polymerkette ausschneiden können, dessen Ausmaß kleiner ist als die Persistenzlänge des Polymers. Die Form der Polymerkette erinnert an die zufällige (random), regellose Diffusionsbewegung (brownsche Bewegung), deshalb wird ein solches Polymer oft als Zufallskette („random coil") oder statistisches Knäuel bezeichnet. Die Persistenzlänge steht also in Zusammenhang mit der Biegesteifigkeit der Kette: je kürzer L_p ist, desto biegsamer ist die Kette und umgekehrt. In Abhängigkeit vom Verhältnis der Persistenzlänge L_p zur Konturlänge L können wir steife ($L_p >> L$), semiflexible ($L_p \sim L$) und flexible ($L_p << L$) Ketten unterscheiden. Die Persistenzlängen der verschiedenen zytoskeletalen Filamente geben wir bei der Diskussion der einzelnen Filamente an. Charakteristisch für die Gleichgewichtsform einer statistischen Polymerkette ist das Entropiemaximum, wenn entlang der Kette keine chemischen Wechselwirkungen auftreten. Bei der Dehnung einer Kette durch äußere Krafteinwirkung nimmt die Entropie ab, beim Loslassen wird sich die Kette durch ihr Streben nach dem Entropiemaximum verkürzen. Das ist die entropische Elastizität und solche Ketten werden auch als entropische Polymerketten oder entropische Federn bezeichnet.

V/1.1.2 Die Polymerisation der zytoskeletalen Filamente

Die zytoskeletalen Filamente sind Eiweißpolymere, d. h. ihre Grundbausteine sind Eiweißmonomere. Den Aufbauprozess bezeichnet man als Polymerisation, den Abbauprozess als Depolymerisation.

Die Phasen der Polymerisation

Der Polymerisationsvorgang lässt sich in Phasen unterteilen (Abb. V.3): a) lag-Phase (Verzögerungsphase), in der sich Polymerisationszentren, Kerne bilden, b) log-Phase, in der das Längenwachstum der Filamente dominiert und c) Gleichgewichtsphase (Equilibrium), in der die Filamente kein Nettolängenwachstum zeigen, ihre mittlere Länge konstant ist.

Polymerisationsgleichgewichte

Das echte Polymerisationsgleichgewicht ist dadurch charakterisiert, dass die Zahl der sich an beide Filamentenden anlegenden und von dort dissoziierenden Elemente in der Zeiteinheit gleich ist. Im Falle der zytoskeletalen Filamente lassen sich andere, interessante Gleichgewichtsprozesse beobachten. Im Falle der „Tretmühle" (treadmilling) verlaufen an den beiden Filamentenden entgegengesetzte Prozesse: an einem Ende dominiert die Polymerisation, am

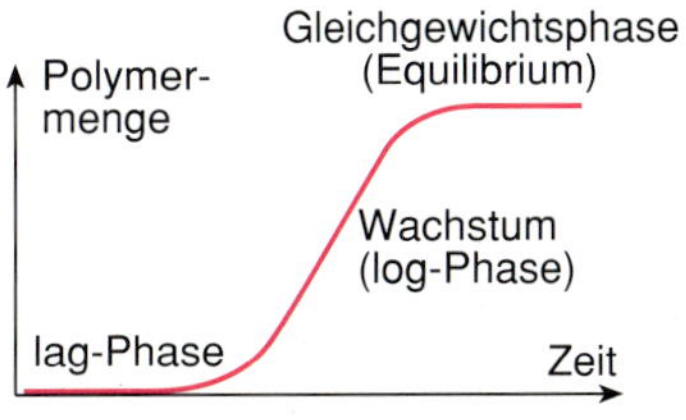

Abb. V.3. Polymerisationsphasen

anderen Ende die Depolymerisation. Die mittlere Länge des Filaments bleibt aber konstant. Dieser Prozess ist in erster Linie ein Merkmal der Aktinfilamente. Für Mikrotubuli ist die dynamische Instabilität charakteristisch, was eine schnelle Depolymerisation nach langsamem Wachsen kennzeichnet.

Kraftausübung mit Polymerisation

Ein polymerisierendes Filament ist in der Lage, auf ein Zellorganellum Kraft auszuüben und es im Raum zu bewegen. Diese Fähigkeit spielt bei zahlreichen biologischen Prozessen eine wichtige Rolle (z. B. Zellbewegung). Ein möglicher Mechanismus ist das sog. thermische oder „brownsche Klinkenrad". Bei der Kraftwirkung durch Polymerisation kommt das an einem Ende fixierte Filament mit einem Objekt (Teilchen) in Berührung (Abb. V.4). Das Teilchen führt diffuse Bewegungen aus, d. h. seine Lage schwankt zufällig um eine mittlere Position. Es kann vorkommen, dass ein solcher Spalt zwischen Teilchen und Polymer entsteht, in dem eine neue Untereinheit Platz hat, die sich an das schon vorhandene Filamentende anlegen kann. Dann kann sich das Filament verlängern und die mittlere Position des Teilchens wird sich – wegen der Zusammenstöße mit dem Filament – verschieben. Der Prozess ist durch den Unterschied zwischen der Diffusionsgeschwindigkeit des Teilchens und der Geschwindigkeit von Polymerisation/Depolymerisation (k_{pol}/k_{depol}) gesteuert.

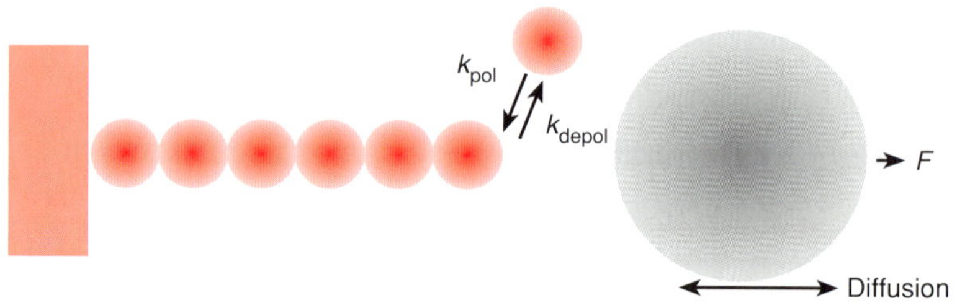

Abb.V.4. Kraftausübung durch Polymerisation eines zytoskeletalen Filaments

Untersuchung der Polymerisation

Zur Untersuchung der Polymerisation der Zytoskelettfilamente bieten sich mehrere Methoden an. Für die Untersuchung einer Filamentpopulation eignen sich spektroskopische Verfahren. In diesem Fall verfolgt man die erhöhte Lichtstreuung der entstehenden Filamente oder die veränderte Fluoreszenz bei der Polymerisation von Monomeren, die mit Fluoreszenzfarbstoffen markiert wurden. Eine geeignete Methode zur Untersuchung der Längenänderung einzelner Filamente ist die *totale innere Reflexions-Fluoreszenzmikroskopie* (Evaneszenzfeldverfahren). Bei dieser Untersuchung können die Formparameter der Filamente verfolgt werden, die sich durch Polymerisation von mit Fluoreszenzfarbstoffen markierten Monomeren aufbauen. Das wird dadurch möglich, dass nur die schmale Schicht der Filamentpopulation angeregt wird, die in das Evaneszenzfeld fällt, wodurch die Identifizierung der einzelnen Filamente möglich ist.

V/1.1.3 Die Komponenten des Zytoskelettsystems

Das Zytoskelettsystem besteht aus drei Hauptsystemen von Filamenten, bzw. an sie gebundenen assoziierten Eiweißen: Aktinfilamente (Mikrofilamente), Mikrotubuli und intermediäre Filamente.

Aktinfilamente

Aktin ist das in den eukaryoten Zellen am häufigsten vorkommende Eiweiß (5 % des Gesamteiweißes). Das Aktinmonomer (globuläres oder G-Aktin) baut sich aus 375 Aminosäuren auf, seine Molekülmasse beträgt 43 kDa. Das Aktinfilament (filamentale oder F-Aktin) hat einen Duchmesser von ca. 7 nm. Seine Länge kann in vitro mehrere 10 μm betragen, in vivo beträgt sie jedoch nur 1–2 μm und ist durch komplizierte Mechanismen geregelt. Im Filament können eine rechtsgängige Doppelhelix mit einer Steigung von 72 nm und eine linksgängige Helix mit geringer Steigung unterschieden werden. (Abb. V.5a). Das F-Aktin ist eine semiflexible Polymerkette mit der Persistenzlänge von ca. 10 μm (Abb. V.5b). Charakteristisch für das Filament ist seine polarisierte Struktur: durch seinen Komplex mit Myosin hat es die Form eines Stacheldrahtes (Abb. V.5c) mit einem stumpfen Ende (barbed end) und einem spitzen Ende (pointed end). Das stumpfe Ende wird auch als „plus" Ende (Pluspol) bezeichnet, weil hier die Polymerisation schnell verläuft, das spitze Ende als „minus" Ende (Minuspol), weil hier die Polymerisation langsam ist.

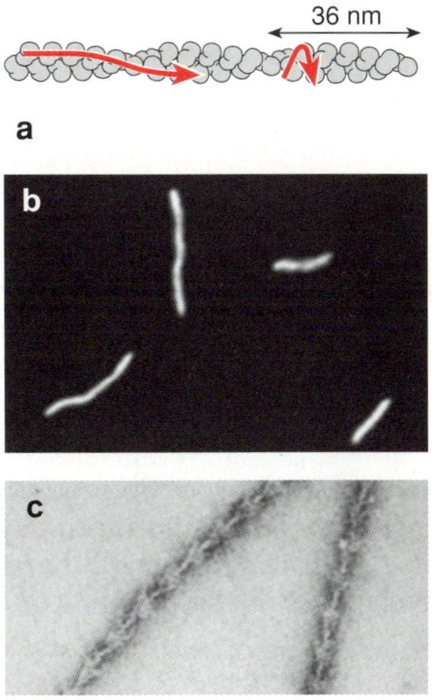

Abb.V.5. **a.** Schema des Aktinfilaments. Die Pfeile markieren die rechts- bzw. linksgängige Helix. **b.** Aufnahme von einzelnen mit Fluoreszenzfarbstoff markierten Aktinfilamenten. Die durchschnittliche Form der Filamente weist darauf hin, dass das F-Aktin eine semiflexible Polymerkette ist. **c.** Elektronenmikroskopische Aufnahme mit negativer Färbung von mit Myosinköpfen dekorierten Aktinfilamenten.

Mikrotubuli

Die Mikrotubuli sind ein System der eukaryoten Zellen aus Tubulin und assoziierten Eiweißen. Tubulinmonomere sind in jeder eukaryoten Zelle zu finden, in besonders großer Menge im Nervengewebe (hier machen sie 10-20% des Gesamteiweißes aus). Die Molekülmasse beträgt ca. 50 kD. α- und β-Tubulin bilden ein Heterodimer, aus dem sich der Mikrotubulus formiert. Der Mikrotubulus hat einen Durchmesser von ca. 25 nm, er ist ein hohles Rohr, das aus 13 Protofilamenten besteht (Abb. V.6a). Aufgrund der Lokalisierung der Untereinheiten innerhalb des Mikrotubulus unterscheidet man eine rechtsgängige Helix mit kurzer Steigung und eine linksgängige Helix mit langer Steigung (Abb. V.6a). Der Mikrotubulus ist eine steife Polymerkette, deren mittlere Konturlänge ca. 10 μm ist, dessen Persistenzlänge jedoch einige mm beträgt (Abb. V.6b). Diese hohe Biegesteifigkeit macht den Mikrotubulus zu einem geeigneten Stützelement. Auch für den Mikrotubulus ist die Polarität der Struktur charakteristisch, was sich in der unterschiedlichen Polymerisationsdynamik seiner beiden Enden zeigt: am Pluspol ist die Polymerisation schnell, am Minuspol langsam.

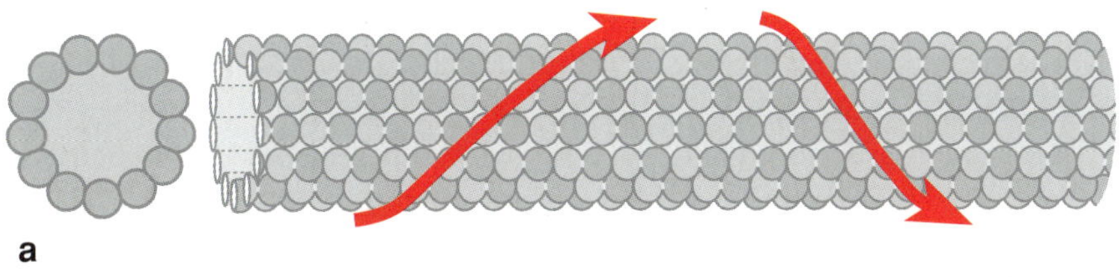

Abb.V.6. **a.** Strukturschema eines Mikrotubulus, Querschnitt und Seitenbild. Die Pfeile markieren die links- bzw. rechtsgängige Helix. **b.** Aufnahme von einzelnen, mit Fluoreszenzfarbstoff markierten, detektierten Mikrotubuli. Die durchschnittliche Form der Mikrotubuli weist darauf hin, dass sie steife Polymerketten sind.

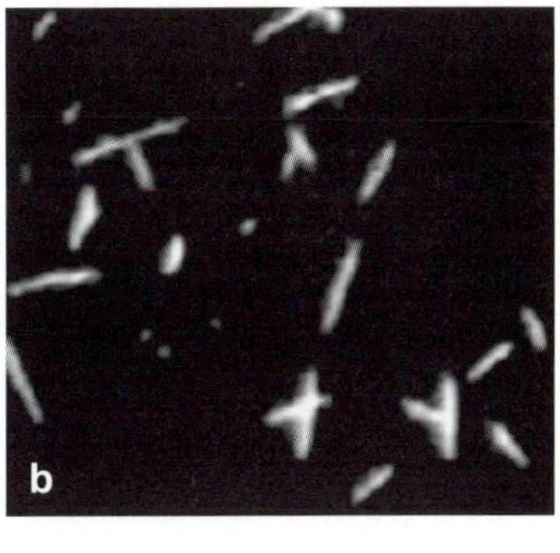

Die mit dem Zytoskelett assoziierten Eiweiße

Die mit dem Zytoskelett assoziierten Eiweiße sind Eiweiße, die sich an die verschiedenen Filamentsysteme anlagern und diesen die unterschiedlichsten Funktionen übertragen. Die assoziierten Eiweiße können nach unterschiedlichen Gesichtspunkten klassifiziert werden. Nach der Assoziation mit dem Filamentsystem lassen sich Aktin-assoziierte Eiweiße (z. B. Myosin), Mikrotubulus-assoziierte Eiweiße (z. B. Tau) oder intermediäre Filament-assoziierte Eiweiße unterscheiden. Nach der Geometrie der Bindung an das Filament spricht man von am Filamentende („capping" z. B. Gelsolin), an der Seite (z. B. Tropomyosin) oder sowohl am Ende als auch an der Seite angelagerten (z. B. Arp2/3) assoziierten Eiweißen. Nach ihrer Funktion können vernetzende (gelformende, z. B. Filamin, Spektrin) oder strangbildende (z. B. A-Aktin, Fimbrin, Villin), die Polymerisation beeinflussende (depolarisierende, „severing" z. B. Gelsolin) oder stabilisierende (z. B. Profilin, Tropomyosen) Eiweiße unterschieden werden. Zu einer Spezialgruppe gehören die Motoreiweiße.

Intermediäre Filamente

Das System der intermediären Filamente ist ein gewebespezifisches Eiweißsystem aus Filamenten mit einem Durchmesser von 8-10 nm, das in den meisten (aber nicht allen) tierischen Zellen zu finden ist. Diese Filamente sind chemisch außerordentlich widerstandsfähig, sie lassen sich nur mit denaturierenden Mitteln (z. B. Urea) aus den Geweben extrahieren. Charakteristisch für die Monomerstruktur sind der N-terminale Kopf, die zentrale Stabregion (α-Helix, innerhalb dieser die Heptawiederholung der hydrophoben Aminosäuren) und der C-terminale Schwanz. Die gewebespezifischen Monomere unterscheiden sich in der Struktur ihrer Enden. Ein wichtiges Merkmal der intermediären Filamente ist es, dass sie in den Zellen – im Gegensatz zu Aktin und Tubulin – in vollkommen polymerisiertem Zustand zu finden sind und keine Polymerisations-Depolymerisationsdynamik zeigen (bei Phosphorylierung kann jedoch eine Depolymerisation auftreten). Die intermediären Filamente können als semiflexible Polymerketten betrachtet werden, ihre Persistenzlänge ist ca. 1 μm, ihre mittlere Konturlänge einige μm. Mechanischen Kräften gegenüber sind sie sehr widerstandsfähig und es ist anzunehmen, dass sie beim Erhalt der mechanischen Integrität der Gewebe eine wichtige Rolle spielen.

V.1.1.4 Zellbewegung, Motilität

Unter Zellbewegung verstehen wir die Vorgänge, die eine Änderung der Form oder der Lokalisation der Zelle hervorrufen.

Bei eukaryoten Zellen können wir zwei Hauptformen der Zellbewegung unterscheiden, die ciliare (flagellare) Bewegung und die Zellbewegung mit Pseudopodien. Die Ziliarbewegung wird von speziellen Organellen (Zilien, Flagellen) erzeugt, während die Pseudopodienbildung ein vom Aktin-Filamentsystem abhängiger allgemeiner Grundprozess ist, auf dem kompliziertere zelluläre Vorgänge basieren.

Zilien sind haarförmige epitheliale Zellfortsätze mit einem Durchmesser von ca. 0,25 μm. Flagellen sehen den Zilien ähnlich, sind aber länger. Charakteristisch für ihren Aufbau ist die 9+2 mikrotubuläre Anordnung, die sog. Axoneme-Struktur. Eine tragende Rolle spielen sie bei der Bewegung von Flüssigkeiten entlang der Zelle (z. B. respiratorisches Epithel) oder bei der Fortbewegung von Zellen in Flüssigkeit (z. B. Motilität der Spermatozyten). Die Pseudopodienbildung oder –reaktion ist eine vorübergehende Ausstülpung des Zytoplasmas, auf der komplexere Zellprozesse (z. B. Bewegung, Chemotaxe, Phagozytose, Axonwachstum usw.) basieren. In lebenden Zellen sind die Prozesse mit Pseudopodienbildung für zahlreiche biologische Funktionen verantwortlich, wie Anhaften und Bewegung der Fibroblasten, Anhaften von Epithelzellen, Bildung von Epithelplatten, Axonwachstum, Bewegung von Leukozyten und amöboiden Zellen, Anhaften von Thrombozyten. Der Vorgang der Zellbewegung erfolgt schrittweise (Abb. V.7). Der erste Schritt ist die Protusion („Ausbuchtung"): Lamellipodium-Bildung, die mit Entstehung von Aktinfilamenten und ihrem geordneten Einbau einhergeht. Dem folgt das Anhaften, bei dem sich fokale Kontakte bilden. Bei diesen Kontakten spielen Transmembraneiweiße (Integrine) und Aktinfilamente eine bedeutende Rolle. Nach dem Anhaften zieht sich die Zelle weiter, das ist der Schritt der Traktion (des Zuges). Beim Schritt retrahiert der dem Lamellipodium entgegengesetzte Pol (er zieht sich zurück).

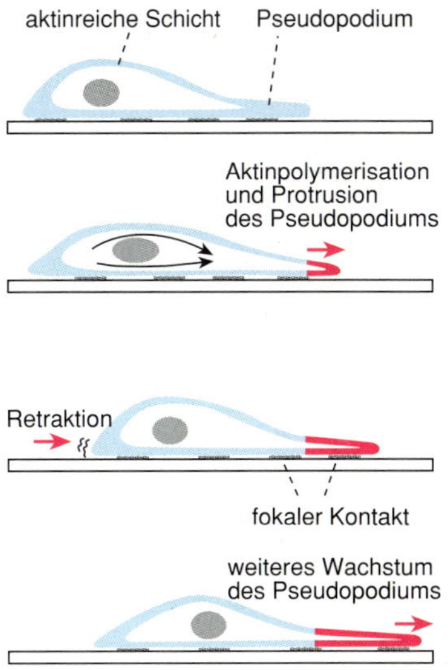

Abb.V.7. Die Schritte der Zellbewegung

V/1.2 Die Biophysik der Motoreiweiße

Die Motoreiweiße oder Mechanoenzyme sind spezielle Eiweißmoleküle, die chemische Energie in mechanische Arbeit umformen, wodurch sie Bewegung und Krafteinwirkung erzeugen.

Krafteinwirkung und Bewegung im Raum können die Motoreiweiße über unterschiedliche molekulare Mechanismen erzielen. Sie verfügen über drei grundlegende Eigenschaften: a) sie binden sich spezifisch an ein Zytoskelettfilament, b) entlang des Filamentes bewegen sie sich oder üben Kraft aus und c) benutzen dabei ATP. Es gibt aber Ausnahmen, denn gewisse Motoreiweiße binden sich nicht an Zytoskelettfilamente, sondern an andere biopolymere Moleküle (z. B. DNA) und wirken auf diese ein, andere Motoreiweiße nutzen nicht ATP sondern GTP (z. B. Dynamin).

V/1.2.1 Klassifizierung der Motoreiweiße

Motoreiweiße auf Aktinbasis: Myosine

Es handelt sich um eine große Superfamilie der Eiweiße, zu der die konventionellen (Myosin II) und nicht-konventionellen (Myosin I bzw. III-XVIII) Myosinfamilien gehören. Sie bewirken eine lineare Bewegung. Die Mehrzahl von ihnen bewegen sich entlang des Aktins zum Pluspol des Filamentes, es gibt aber auch Myosine, die sich zum Minuspol hin bewegen, wie das Myosin VI.

Motoreiweiße auf Mikrotubulusbasis

Zur Kategorie der an Mikrotubuli assoziierten Motoreiweiße zählen die Dyneine, Kinesine, Dynamine. Bei den Dyneinen können nach ihrer Lokalisation in der Zelle axonemere (Zilien oder Flagellen) und zytoplasmatische Typen unterschieden werden. Sie bewirken lineare Bewegungen. Entlang des Mikrotubulus bewegen sie sich in Richtung des Minuspols. Innerhalb der Kinesine können konventionelle und nicht-konventionelle Isoformen unterschieden werden. Sie bewegen sich in der Regel am Mikrotubulus in Richtung des Pluspols (eine Ausnahme bildet das Ncd „non-clared dysjunktion" Eiweiß). Die Dynamine sind spezielle, derzeit sehr intensiv beforschte Eiweiße. Sie verfügen über Mikrotubulus-aktivierte GTPase Aktivität und spielen wahrscheinlich bei der vakuolären Eiweißauswahl, der Abschnürung der Vesikulae eine wichtige Rolle. Deshalb werden sie auch als „pinchase" (aufpickende) Eiweiße bezeichnet.

Motoreiweiße auf DNA-Basis

Die Motoreiweiße auf DNA-Basis bewegen sich entlang der Doppelhelix der DNA und üben hier Kraft aus. Zu ihnen gehören die DNA und RNA Polymerasen bzw. der Motor, der die genome DNA in den Virus packt und verdichtet.

Rotationsmotoren

Rotationsmotoren bewirken im Gegensatz zu den linearen Bewegungen der bisher beschriebenen Motoren Drehbewegungen. Hierher gehören z. B. die F1F0 ATP-Synthase, die an der inneren Membran der Mitochondrien die Synthese des ATP-Moleküls als letzten Schritt der Zellatmung ausführt bzw. der bakterielle Flagellummotor, der die fortschreitende Bewegung von Bakterien bewirkt.

V/1.2.2 Gemeinsame Eigenschaften der Motoreiweiße

Bei der Struktur und Funktion der Motoreiweiße lassen sich Ähnlichkeiten finden. Strukturell ähneln sich die Motoreiweiße darin, dass sich im N-terminalen Teil ein globulärer Kopf befindet. Das ist die Motordomäne, die Nukleotide bindet und abspaltet, eine spezifische Bindestelle für die entsprechenden Zytoskelettpolymere. Am C-terminalen Teil befinden sich Bindestellen, welche die Funktion garantieren. Die Bindestellen können sehr unterschiedlich sein und sie bestimmen, an welche Gebilde sich das Motoreiweiß innerhalb der Zelle anlagert (z. B. Vesikel, assoziiertes Filament, GTPase, Membran usw.).

Betrachtet man die Funktion, so ist eine gemeinsame Eigenschaft der Motoreiweiße ihr Funktionszyklus (Abb. V.8). Der Zyklus besteht aus folgenden

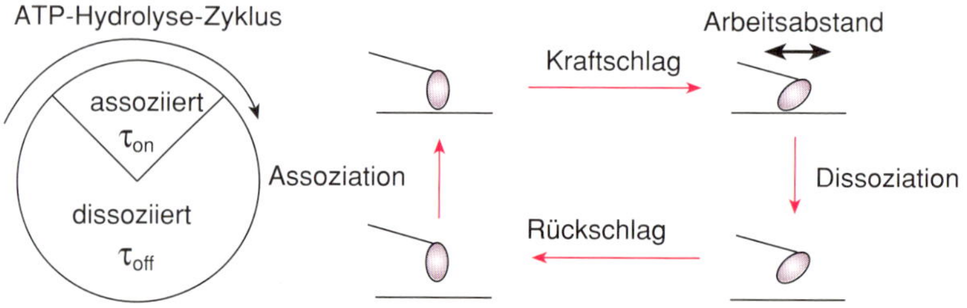

Abb.V.8. Prinzipielles Schema des Funktionszyklus der Motoreiweiße

Methoden zur Untersuchung der Motoreiweiße

Zur Untersuchung der Motoreiweiße bieten sich viele klassische Methoden an. Aus biophysikalischer Sicht kommt der Untersuchung ihrer mechanischen Funktion, ihrer strukturellen, molekulardynamischen und kinetischen Eigenschaften eine hervorragende Wichtigkeit zu. Hier wollen wir einige dieser Untersuchungsmethoden erwähnen.

1. *In vitro Motilitätsprobe*. In der Probe verfolgen wir die Bewegung von mit Fluoreszenzstoffen markierten einzelnen Filamenten in Anwesenheit von ATP auf einer mit Motoreiweißen bedeckten Fläche (Abb. 1). Mit dieser Methode lässt sich die Motilitätsgeschwindigkeit messen. Diese Geschwindigkeit ist die maximale Geschwindigkeit ohne Belastung.

2. *Messung der Kraft von einzelnen Motoreiweißen mit Laserpinzette*. Die mechanische Kraft von separierten Motoreiweißen lässt sich in der sog. drei-Mikroperlen-Anordnung mit einer Laserpinzette messen (Abb. 2). Mit Hilfe von zwei jeweils in eine Laserpinzette eingeklemmten Mikroperlen wird ein einzelnes Filament an seinen Enden gefasst und dann mit einem an der Oberfläche einer dritten fixierten Mikroperle absorbierten Motoreiweiß in Wechselwirkung gebracht. Sowie das Motoreiweiß das Filament anzieht, bewegen sich die zwei Mikroperlen an den Filamentenden in Richtung der Kraft, was wir mit Detektoren messen können. Die von einzelnen Motoreiweißen ausgeübten Kräfte fallen in die Größenordnung 1-10 pN (10^{-11} – 10^{-12} Newton).

3. *Spektroskopische Methoden*. Zur Untersuchung von Struktur und molekularer Dynamik der Motoreiweiße eignen sich auch spektroskopische Methoden. Dazu gehören Fluoreszenz- und EPR-Spektroskopie. Bei den Untersuchungen werden die Eigenschaften der inneren, sog. intrinsic Fluorophore der Motoreiweiße gemessen oder es werden mit speziellen biochemischen Methoden äußere, sog. extrinsic Fluorophore oder paramagnetische Sonden an einen oder mehrere Punkte des Moleküls angelegt und ihre Eigenschaften verfolgt.

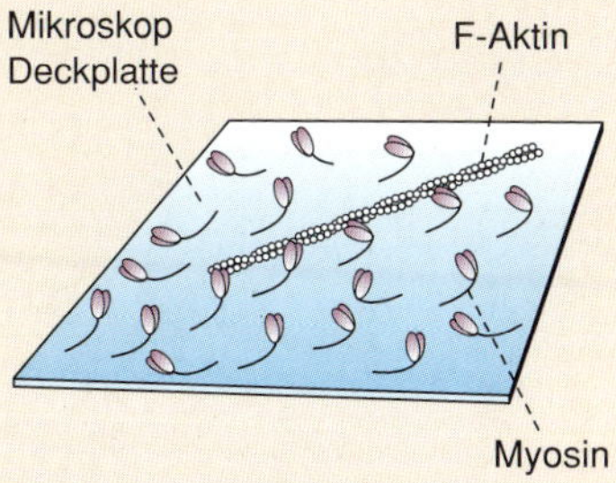

Abb. 1. *In vitro* Motilitätsprobe für ein Aktinfilament und Myosin-Motoreiweiße

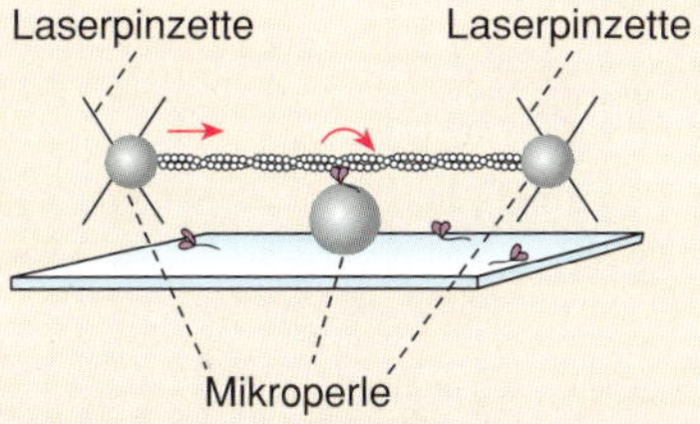

Abb. 2. Messung der Kraft eines einzelnen Motoreiweißes mit der Laserpinzette in der drei-Mikroperlen-Anordnung.

Schritten: a) Bindung an das Polymer, b) Zug, c) Dissoziation, d) Relaxation. In einem mechanischen Zyklus dissoziiert ein einziges ATP-Molekül, das bezeichnet man als enge Kopplung. Während des Zyklus entstehen verschiedene Intermediäre von Motoreiweiß-Nukleotiden. Im mechanischen Zyklus können in Extremfällen Fortbewegungen unter Nichtbelastung oder Kraftausübung (ohne Nettofortbewegung) bei maximaler äußerer Belastung vorkommen. In einem einzigen Arbeitszyklus des Motoreiweißes läuft ein mechanischer bzw. enzymatischer Zyklus ab (ATP-Bindung, Hydrolyse und Dissoziation der Reaktionsprodukte an einem Molekül). In einer Phase des Zyklus ist das Motoreiweiß an das Zytoskelettfilament gebunden, während es in der anderen Phase von ihm dissoziiert, getrennt ist. Die Rate r des Arbeitszyklus ist der Quotient aus Bindedauer τ_{on} und totaler Zyklusdauer τ_{total}:

$$r = \frac{\tau_{\text{on}}}{\tau_{\text{on}} + \tau_{\text{off}}} = \frac{\tau_{\text{on}}}{\tau_{\text{total}}} . \tag{V.4}$$

Der Wert der Rate des Arbeitszyklus steht in Verbindung mit der sog. Prozessivität des Motoreiweißes. Ein prozessives Motoreiweiß ist im Großteil des Arbeitszyklus gebunden, deshalb ist τ nahe 1. Die prozessiven Moleküle können nacheinander mehrere Schritte ausführen, ohne vom Filament abzureißen. Demgegenüber befindet sich ein nicht-prozessives Motoreiweiß im Großteil des Arbeitszyklus im dissoziierten Zustand, deshalb ist τ nahe 0. Dementsprechend ist das Molekül bei einmaliger Assoziation nicht in der Lage, mehr als einen Schritt auszuführen. Zu den prozessiven Motoren gehören z. B. Kinesine, DNA- und RNA-Polymerasen bzw. einige Myosine (der Familien V, VI, IX). Ein nicht-prozessives Motoreiweiß ist das konventionelle Myosin (Myosin II), das im Muskel zu finden ist. Ein prozessiver Motor kann auch allein Lasten befördern, demgegenüber ist bei nicht-prozessiven Motoren die Zusammenarbeit mehrerer Moleküle erforderlich.

V/1.3 Die Biophysik der Muskelfunktion

Der Muskel ist ein Gewebe, das aus der geordneten Organisation von auf makroskopische Bewegung spezialisierten Skelettfilamenten und Motoreiweißen besteht und chemische Energie mit hohem Wirkungsgrad in mechanische Arbeit transformiert.

V/1.3.1 Muskeltypen

Man unterscheidet drei grundlegende Muskelarten. Der Skelettmuskel ist ein Gewebe aus mehreren cm langen, ~ 100 μm dicken multinuklearen Zellen. Die aus der entwicklungsgeschichtlichen Verschmelzung mehrerer Zellen entstandenen Zellen, die sog. Muskelfasern, bilden ein Synzytium. Sie sind durch die periodische Wiederholung ihrer Strukturelemente quergestreift. Der Herzmuskel ist ein Netzwerk aus mononuklearen quergestreiften Zellen, den Myozyten. Die benachbarten Zellen verbinden sich an einer speziellen Strukturfläche, der Interkalationsplatte, wodurch sie ein funktionelles Netzwerk, ein funktionelles Synzytium bilden. Die glatten Muskeln sind in der Wand der Eingeweide zu finden und bestehen aus mononuklearen, spindelförmigen Zellen. Sie enthalten keine Myofibrillen, nur Myofilamente, deshalb zeigen sie keine queren Streifen.

V/1.3.2 Die Struktur der quergestreiften Muskeln

Die quergestreiften Muskeln bestehen aus Bündeln, einem Netzwerk von Muskelfasern (Skelettmuskulatur) oder Zellen (Herzmuskel). Die Fasern und Zellen enthalten Hunderte von speziellen Organellen, den sog. Myofibrillen. Die Myofibrillen sind quergestreift, was auf der Wiederholung ihrer Struktur-

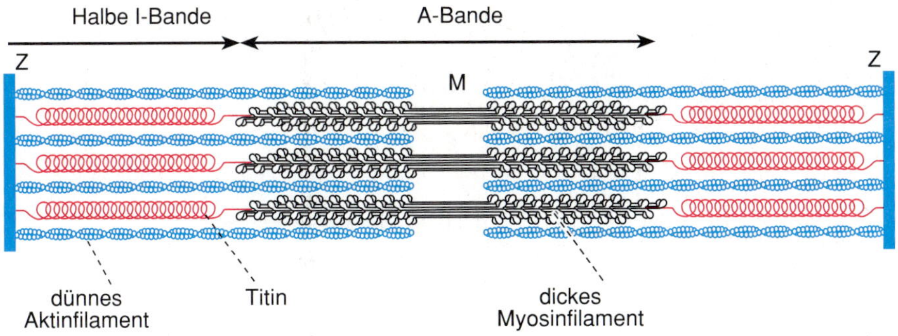

Abb.V.9. Sarkomer eines Skelettmuskels (schematische Darstellung)

elemente, der Sarkomere basiert (sarcos, griechisch: Fleisch). Das Sarkomer ist die strukturelle und funktionelle Einheit der quergestreiften Muskeln. Es ist ein speziell geordnetes, halbkristallines supramolekulares System von verschiedenen Myofilamenten, die aus Zytoskeletteiweißen, assoziierten Eiweißen und Motoreiweißen bestehen. Klassisch unterscheidet man zwei Hauptgruppen von Filamenten, die dünnen und die dicken Filamente. Die dünnen Filamente bestehen aus Aktin und assoziierten Eiweißen (z. B. Troponin, Tropomyosin, Nebulin). Die dicken Filamente bestehen aus Myosin und anderen assoziierten Eiweißen (z. B. C-Protein). Das Sarkomer ist auch von einem sog. dritten Filamentsystem vernetzt, dessen Hauptelement das Riesenprotein Titin ist. Das dritte Filamentsystem spielt eine Hauptrolle bei der Bestimmung und Regelung der Elastizität des Sarkomers. Das Sarkomer ist entlang des Myofibrillums beidseitig von einer sog. Z-Scheibe oder Z-Membran begrenzt, die ein Netz aus verschiedenen Eiweißen (Aktin, α-Aktin, Titin, cap-Z usw.) ist. Im mittleren Segment des Sarkomers befindet sich die A-Bande, die ihren Namen von ihrer Anisotropie im Polarisationsmikroskop erhalten hat. Zwischen zwei benachbarten A-Banden befinden sich I-(isotrope) Bande. Dementsprechend verläuft die Z-Scheibe durch die Mitte der I-Bande. Die I-Bande ist aus dünnen Filamenten und aus parallel zu ihnen verlaufenden Titinmolekülen aufgebaut. Die A-Bande ist aus dicken Filamenten bzw. zwischen sie hineinragenden dünnen Filamenten aufgebaut. In der Mitte der A-Bande befindet sich die M-Linie, ein der Z-Scheibe ähnliches dreidimensionales Netzwerk von speziellen Proteinen. Die M-Linie fungiert als Fixationspunkt und Element der Kraftübertragung.

V/1.3.3 Die Funktion des quergestreiften Muskels

Muskelkontraktion

Wird ein Muskelbündel mit einem kurzen elektrischen Impuls gereizt, dann kontrahiert es sich und erschlafft bald danach. Dieser Prozess ist die Zuckung. Reizt man den Muskel nacheinander mit periodischen Impulsen, dann wird der Muskel dementsprechend eine Serie von Zuckungen zeigen. Erhöhen wir die Reizfrequenz, so gehen die Zuckungen ineinander über (inkompletter Tetanus), und nach Erreichen der sog. Fusionsfrequenz übt der Muskel gleichmä-

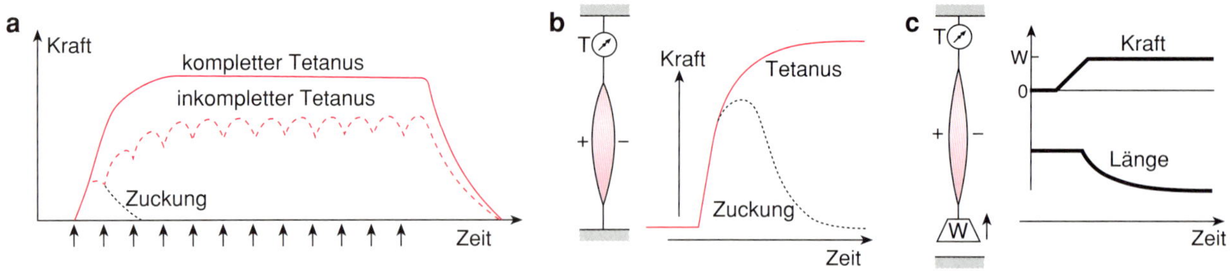

Abb.V.10. Muskelkontraktionen:
a. Tetanus, **b.** isometrische Kontraktion,
c. isotonische Kontraktion

ßig maximale Kraft aus (kompletter Tetanus) (Abb. V.10a). Die maximale Kraft beim kompletten Tetanus ist eine wichtige Messgröße der Muskelfunktion. Wird der Tetanus so erzeugt, dass dabei die Muskellänge konstant gehalten wird, so spricht man von isometrischer Kontraktion (Abb. V.10b). Arbeitet der Muskel gegen eine konstante Kraft (z. B. ein angehängtes Gewicht), so spricht man von isotonischer Kontraktion (Abb. V.10c). In diesem Fall kontrahiert sich der Muskel solange, bis seine Kraft mit dem Gewicht übereinstimmt.

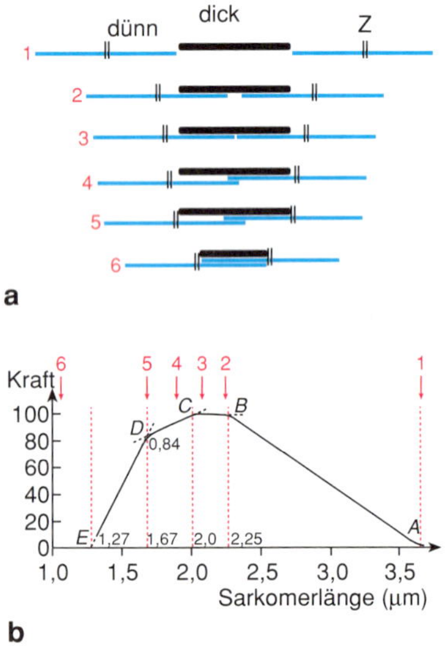

Abb.V.11. Modell der gleitenden Filamente
a. unterschiedlich große Überlappung der dicken und dünnen Filamente bei kontrahiertem Sarkomer,
b. Tetanus-Muskelkraft als Funktion der Sarkomerlänge bei unterschiedlicher Überlappung der dicken und dünnen Filamente (laut Abb. a)

Der phänomenologische Mechanismus der Muskelkontraktion: das Modell der gleitenden Filamente

Beim diesem Modell gleiten bei der Kontraktion die dünnen Filamente entlang der dicken Filamente, während im Laufe der Wechselwirkung zwischen den beiden Filamentsystemen eine Kraft auftritt (Abb. V.11). Je größer die Überlappung von dicken und dünnen Filamenten ist, desto größer wird die Kraft sein.

Das molekulare Modell der Muskelkontraktion: das Modell der rotierenden Querbrücken („rotating cross-bridge Modell")

Was kann wohl auf Molekülebene eine Kontraktion auslösen? Auf frühen elektronenmikroskopischen Aufnahmen war zu sehen, dass von den dicken Filamenten sog. Querbrücken ausgehen, welche sich an Aktin binden können. Seither wissen wir, dass die Querbrücken nichts anderes sind, als der Kopfteil der Myosinmoleküle, die Motordomäne. Nach diesem Modell durchlaufen die Moleküle einen Rotationszyklus (s. zyklische Funktion der Motoreiweiße).

Die Leistung des quergestreiften Muskels

Die Muskelleistung erhalten wir, wenn wir die Kraft mit der aktuellen Geschwindigkeit der Kontraktion multiplizieren:

$$P = Fv. \tag{V.5}$$

Es ist einzusehen, dass sowohl die erzeugte Kraft, als auch die Geschwindigkeit maximale Grenzwerte haben. Der maximalen Kraft setzt die chemische Bindungsenergie zwischen Aktin und Myosin Grenzen. Die maximale Geschwindigkeit hängt vom Maximalwert der Hydrolyse-Geschwindigkeit des ATP ab. Das Kraft-Geschwindigkeits-Diagramm der quergestreiften Muskeln zeigt einen charakteristisch nichtlinearen Verlauf (V.12). Die maximale Geschwindigkeit beträgt ca. 6000 nm/s, die maximale Kraft auf eine einzige Myosin-Querbrücke projiziert 1,7 pN. Aus der Beziehung Kraft-Geschwindigkeit geht hervor, dass

Fenn-Effekt

Mit entsprechender Versuchsanordnung (muskelmechanische Apparatur in einem Kalorimeter) lässt sich die Energie messen, die während der Kontraktion des aktivierten Muskels in Form von Wärme bzw. Arbeit freigesetzt wird. Die Summe von Wärme und Arbeit ist proportional zur investierten chemischen Energie (verbrauchte Menge von Kreatin-Phosphat und ATP). Dass die Geschwindigkeit der Arbeit (die Leistung) von der Geschwindigkeit der Muskelkontraktion abhängt, lässt sich aus dem Kraft-Geschwindigkeits-Diagramm ahnen (Abb. V.12). 1924 wies Fenn experimentell nach, dass die Summe von Wärmefreisetzung und Leistung bei Verkürzung des Muskels größer ist als bei isometrischer Kontraktion. Diese Beobachtung bezeichnet man als Fenn-Effekt. Da die Geschwindigkeit der Energiefreisetzung letztendlich von der Geschwindigkeit der ATP-Hydrolyse abhängt, weist der Fenn-Effekt darauf hin, dass die Geschwindigkeit der ATP-Hydrolyse bei mechanischer Spannung abnimmt, was mit der Abhängigkeit der Geschwindigkeitskonstanten von der Muskelspannung bei den Bindungsübergängen der Nukleotidzustände der Myosin Motoreiweiße in Zusammenhang gebracht werden kann.

die maximale Muskelleistung bei ca. 1/3 der maximalen Kontraktionsgeschwindigkeit liegt. Der Muskel nutzt die chemische Energie mit einem Wirkungsgrad von mehr als 50 %, womit er zu den wirksamsten Motoren rechnet.

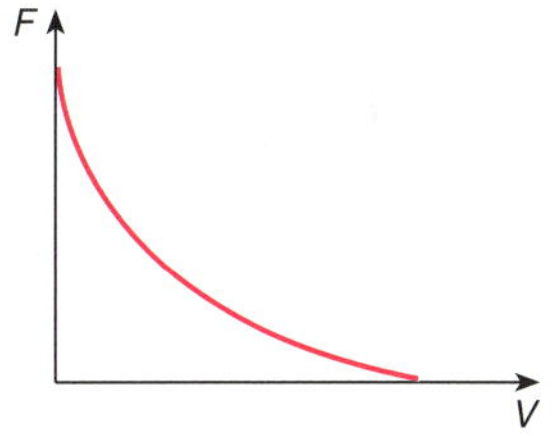

Abb.V.12. Kraft-Geschwindigkeits-Diagramm des quergestreiften Muskels

V/1.4 Die Regulation der Muskelkontraktion

Die Regulation der Muskelkontraktion ist der Vorgang, mit dem der Muskel ein- und ausgeschaltet werden kann.

Die zwei grundlegenden Bedingungen der Kontraktion sind die ATPase-Aktivität von Myosin und die Wechselwirkung mit Aktin. Dementsprechend sind zwei Regulationsmechanismen zu beobachten: die Regulation der Myosinaktivität und die Regulation der Wechselwirkung mit den Aktinfilamenten.

V/1.4.1 Regulation über Tropomyosin-Troponin

Für die Regulation der quergestreiften (Skelett- und Herz-) Muskeln ist der mit Aktin assoziierte Tropomyosin-Troponin-Komplex verantwortlich. Das Proteinsystem aus Aktin und Tropomyosin-Troponin Komplex zeigt Abb. V.13. Die Regulation erfolgt über die harmonisierte, allosterische Wechselwirkung dieser Proteine bei Anstieg der Calciumkonzentration. Das Tropomyosin ist ein Dimer, dessen beide Moleküle ineinander verschraubt sind („coiled-coiled dimer"). Es bindet sich seitlich an das Aktinfilament. Die einander überlappenden Tropomyosindimere ziehen sich tandemartig entlang der gesamten Länge des Aktinfilamentes hin. Die Wechselwirkung zwischen Aktin und Tropomyosin erfolgt über sekundäre (nicht-kovalente) Bindungen. Entlang je eines Stranges der Aktinfilament-Doppelhelix befindet sich je ein Tropomyosinfilament (Abb. V.13). Aufgrund seiner geometrischen Eigenschaften steht jedes Tropomyosinmolekül mit sieben Aktinmonomeren in

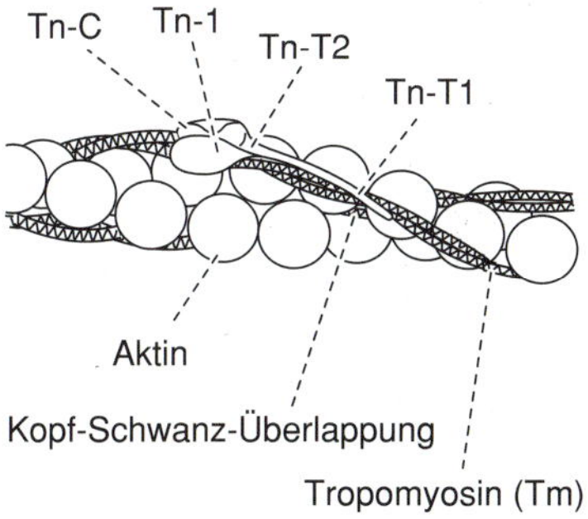

Abb.V.13. Der Aufbau der dünnen Filamente

Wechselwirkung. An jeden Komplex aus sieben Aktinmonomeren und einem Tropomyosin bindet sich ein Troponinkomplex, der bei der Regulation eine entscheidende Rolle spielt.

Der Troponinkomplex besteht aus drei verschiedenen Proteinen, dem Troponin T (klassisch „Tropomyosin-Binder"), Troponin C („Calcium-Binder") und Troponin I („Inhibitor"). Der Großteil der Masse des Troponinkomplexes befindet sich annähernd in der Mitte des Tropomyosindimers (Abb. V.13). Der globuläre Kopfteil des Troponin T ist in den Komplex eingebettet, während sich der lange Schwanzteil entlang des Aktinfilamentes bis zur Bindungsstelle des benachbarten Tropomyosinmoleküls erstreckt. Troponin T ist verantwortlich für die strukturelle Stabilität des Troponinkomplexes, für die Ausbildung und Erhaltung der Wechselwirkung mit Aktin.

Die molekularen Mechanismen, die bei der Regulation der quergestreiften Muskeln die entscheidende Rolle spielen, beschreibt das Modell des stereometrischen Ausschlusses. In der erschlafften Muskelzelle steht Troponin C im Troponinkomplex in schwacher Wechselwirkung mit Troponin I. In diesem Zustand bindet sich Troponin I an das Aktinfilament und fixiert damit den regulierenden Komplex und die Position des Tropomyosins. In dieser Konformation des Tropomyosins ist die Aktin-Myosin-Wechselwirkung blockiert. Der Muskel ist zur Kontraktion nicht fähig. Zur Aktivierung des Muskels ist freies Calcium erforderlich. In der ruhenden Zelle ist die Calciumkonzentration niedrig (~ 10 nM). Über nervale Regulation wird aus dem sarkoplasmatischen Retikulum Calcium freigesetzt, was die Calciumkonzentration des Zytoplasmas erhöht (> 1 mM). Bei erhöhter Calciumkonzentration bindet Troponin C Calcium, wodurch sich seine Konformation ändert. In der neuen Konformation nimmt die Affinität von Troponin C zu Troponin I zu. Demzufolge löst sich Troponin I vom Aktin und bindet sich an Troponin C und gleichzeitig damit löst sich Tropomyosin aus seiner vorherigen Position. In dieser neuen Konformation bewegt sich Tropomyosin an der Oberfläche des Aktinfilaments und die für die Aktin-Myosin-Wechselwirkung erforderlichen Bindungsstellen werden frei.

Direkt regulierte Myosine

In der Natur gibt es außer dem beschriebenen molekularen Mechanismus noch eine andere Art der Muskelregulation. Die unwillkürliche Kontraktion der glatten Muskeln wird z. B. direkt durch das Myosin reguliert. Bei erschlafftem glattem Muskel stehen die beiden Köpfe des Myosins in spezieller Wechselwirkung zueinander und keiner der beiden Köpfe kann eine Kontraktion auslösen. Die Aktivierung der Myosinköpfe erfolgt über die Phosphorylierung einer leichten Kette des Myosins, der sog. regulierenden leichten Kette. Mit der Phosphorylierung löst sich die Wechselwirkung zwischen den Köpfen und die Muskelkontraktion wird möglich.

Die direkte Myosinregulation können wir auch bei einem anderen speziellen Muskeltyp finden. Im quergestreiften Muskel von Muscheln wird die Myosinaktivität durch Calcium reguliert, dass sich an eine andere, sog. essentielle leichte Kette des Myosin direkt bindet. Ähnlich zum glatten Muskel stehen die beiden Köpfe des Myosinmoleküls miteinander in Wechselwirkung und mit der Calciumbindung löst sich durch den allosterischen Effekt die spezielle Wechselwirkung zwischen den beiden Köpfen und die Köpfe werden frei. Dadurch kann über die Wechselwirkung des Myosins mit Aktin ein Funktionszyklus entstehen.

V/2 Biomechanik der Bewegungsorgane

Das Interesse der humanen Biomechanik richtet sich traditionell auf die Bewegungsorgane. Hauptschritte bei der Analyse komplexer mechanischer Systeme sind die Untersuchung der Funktion, der die Funktion realisierenden Mechanismen, die Elemente dieser Mechanismen und die Bausteine der Elemente. Um die Geheimnisse des Knochenskeletts als Basis des Stützsystems aufzudecken, sollten wir diese logische Folge von hinten aufrollen. Dementsprechend diskutieren wir den Knochen als Material, als Gewebe, als Organ, als gelenkbildende Struktur bzw. das Skelett als stützendes Organsystem, aus rein biomechanischer Sicht.

V/2.1 Das Knochensystem

V/2.1.1 Das Knochengewebe als Material

Das Knochengewebe baut sich aus Zellen und Grundsubstanz auf. Die Zellsubstanz, die nur 1-5 % der Gesamtmasse ausmacht, ist eher für die biologischen Eigenschaften des Knochens, die Grundsubstanz eher für seine mechanischen Eigenschaften verantwortlich.

Struktur

Die Knochenstruktur zeigt eine vollkommene Adaptation an ihre Rolle im Organismus. Die mechanischen Eigenschaften sind durch die röhrenförmigen elementaren Bausteine des Knochens, die Osteone festgelegt. Der Verlauf der 5-10 mm langen oder manchmal noch längeren Osteone entspricht im Wesentlichen der Hauptbelastungslinie des Knochens. So verlaufen sie z. B. in Röhrenknochen fast in Richtung der Längsachse. Die Materialstruktur könnten wir – mit einem technischen Vergleich – folgendermaßen charakterisieren: die Skelettknochen lassen sich mit den Elementen von Stahlbeton vergleichen, wobei die in Osteone geordneten Kollagenfasern den Stahleinlagen und die Mineralstoffe dem Zement und den Kieseln entsprechen. Die mechanischen Eigenschaften der Osteone übertreffen aber die mechanischen Eigenschaften der Stahleinlagen. Als dickwandige Röhren aus Lamellen unterschiedlich verlaufender Kollagenfasern sind sie – bei erhaltener Biegsamkeit – sowohl mit Zugkräften als auch mit Druckkräften gut belastbar. Ihre Druckfestigkeit ist so kaum größer als ihre Zugfestigkeit. Die mechanischen Eigenschaften des Knochens sind vom Verhältnis ihrer organischen und anorganischen Bestandteile determiniert.

Im Kindesalter ist die Elastizität – durch den hohen Gehalt des wachsenden Knochens an organischem Material – am höchsten. Die maximale Festigkeit erreichen die Knochen ungefähr im Alter von 35–40 Jahren. Danach nimmt die absolute Menge der organischen und anorganischen Bestandteile ab und ihr Verhältnis verschiebt sich zu Gunsten der anorganischen Bestandteile: der Knochen wird schwächer, verliert sowohl an Elastizität als auch an Belastbarkeit.

Wenn wir beim obigen Vergleich bleiben: der wachsende Knochen entspricht einem Stahlbeton, in dem eine große Zahl von Stahleinlagen zu finden sind aber der Beton noch nicht vollkommen ausgetrocknet ist. Beim Erwachsenen entsteht der maximal belastbare aber weniger elastische „Stahlbeton-Zustand". Mit dem Altern wird dann die Betonstruktur aufgelockert, zerbröckelt und die Stahleinlagen werden seltener.

Es kann aber auch ein sehr großer Unterschied zwischen Individuen und Geschlechtern bestehen, ja zwischen den einzelnen Knochen und zwischen den beiden Seiten eines Individuums. Auf der stärker beanspruchten dominanten Seite sind die Knochen in der Regel stärker. Infolge ihres Aufbaus verschlechtern sich die mechanischen Eigenschaften der Kortikalis bei einem Verlust von 1/3 ihrer Masse nur um 1/9. Die mechanischen Eigenschaften der Spongiosa verschlechtern sich mit dem Alter schneller als die der Kortikalis: morphologisch sieht man eine Verschmälerung oder Verminderung der Knochenbalken. Das ist die biologische Basis der Knochenatrophie (Osteoporose).

Rheologie

Die Rheologie ist die Wissenschaft, die sich mit Änderungen der Stoffe bei äußeren Krafteinwirkungen als Funktion der Zeit befasst. Die streng an die Materialqualität gebundenen Parameter werden bei Festkörpern an Probestücken gemessen. Diese Technik hilft im Falle der Knochen, Informationen über die mechanischen Parameter der Knochen unabhängig von ihrer mannigfaltigen Geometrie im Organismus zu erhalten. Die Ergebnisse sind aber auch so von zahlreichen Faktoren beeinflusst, wie: mikroskopischer Aufbau des Knochens, Materialdichte, Kortikalis oder Spongiosa, Alter des Organismus, sein Allgemeinzustand, seine sportliche Kondition, hormonales Milieu, Richtung der einwirkenden Kräfte bzw. Lokalisation des Knochens im Organismus.

Formänderung

Eine Formveränderung (Deformität) entsteht dann, wenn sich die Abstände zwischen den miteinander verbundenen Materialpunkten infolge der Verschiebungen ändern. Das kann sowohl bei auf die Fläche senkrecht einwirkender (Normal-) Kraft, als auch bei parallel zur Fläche einwirkender (Scher-) Kraft auftreten (Abb. V.14).

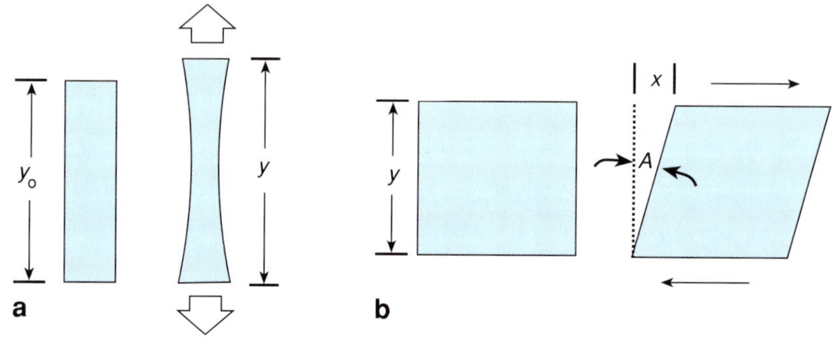

Abb.V.14. Formveränderung durch Normal- und Scherkräfte am Elementarquader:
a. Normaldeformation: $\varepsilon = (y - y_0)/y_0$,
b. Scherdeformation $\varepsilon = x/y = \mathrm{tg}\, A \cong A$

Histologische und chemische Konchenstruktur

Makroskopisch kann das Knochengewebe aus kompakter und spongiöser Substanz bestehen. Der Großteil des kompakten Knochens (Kompakta) befindet sich an der Außenseite des Knochens und bildet die Kortikalis. Die verschiedenen Gewebeformen des Knochens lassen sich prinzipiell nach der Anordnung der Kollagenfasern einteilen. Das strukturelle Element der Kompakta ist das *Osteon* (*Havers-System*). Das Osteon ist eine 5-10 mm dicke, aus konzentrischen Lamellen bestehende, einen engen Kanal umschließende, dickwandige Röhre. In der Wand der Osteone befinden sich kleine pflaumenkernförmige Hohlräume für die Knochenzellen. Diese Hohlräume verbinden die quer verlaufenden Volkmann-Kanäle, um die es keine Lamellen gibt. In den Lamellen, welche die Wand der Osteone bilden, befinden sich Kollagenfasern. In Abhängigkeit davon, ob die Kollagenfasern längs (longitudinal: L), quer (transversal: T) oder alternierend (A) in rechts-links Spiralen geordnet sind, unterscheidet man L, T und A *Osteone*. Der spongiöse Knochen (Spongiosa) zeigt mikroskopisch keine Anordnung in Osteone, sondern ist ein Gewebe aus feinen Lamellen, kompakten zylindrischen Fäden und feinen Röhrchen, welches ein kompliziertes Hohlraumsystem umschließt. Ein wichtiges Lebenszeichen des Knochens ist der kontinuierliche Knochenumbau (Ab- und Aufbau). Im Knochensystem eines Erwachsenen werden jährlich 5-10% der Kompaktaosteone und bis zu 20% der Spongiosabälkchen ausgetauscht. Durch den Knochenabbau und die Neubildung wird die Struktur des ursprünglich intakten Knochens oder des Kallus bei Frakturheilung modifiziert.

Der chemische Aufbau ist bei allen Knochen fast gleich: ungefähr 1/3 der Knochensubstanz besteht aus Wasser, 1/3 aus organischem Material (Kollagen) und 1/3 aus anorganischem Material (Apatit). **Kollagene** sind in mehrzelligen Tieren weit verbreitete Skleroproteine. Sie kommen praktisch überall im Organismus vor: sie bestimmen die mechanischen Eigenschaften entscheidend außer im Knochen auch in der Haut, in Sehnen und Bändern. Im Knochen erfolgt ihre Synthese in den knochenbildenden Zellen (Osteoblasten). Die Kollagenmoleküle ordnen sich in feine Fädchen, die sog. Mikrofibrillen, die ein verzweigtes Netzwerk bilden. Von allen Binde- und Stützgeweben hat der Knochen den höchsten Gehalt an Mineralstoffen. In den Knochen

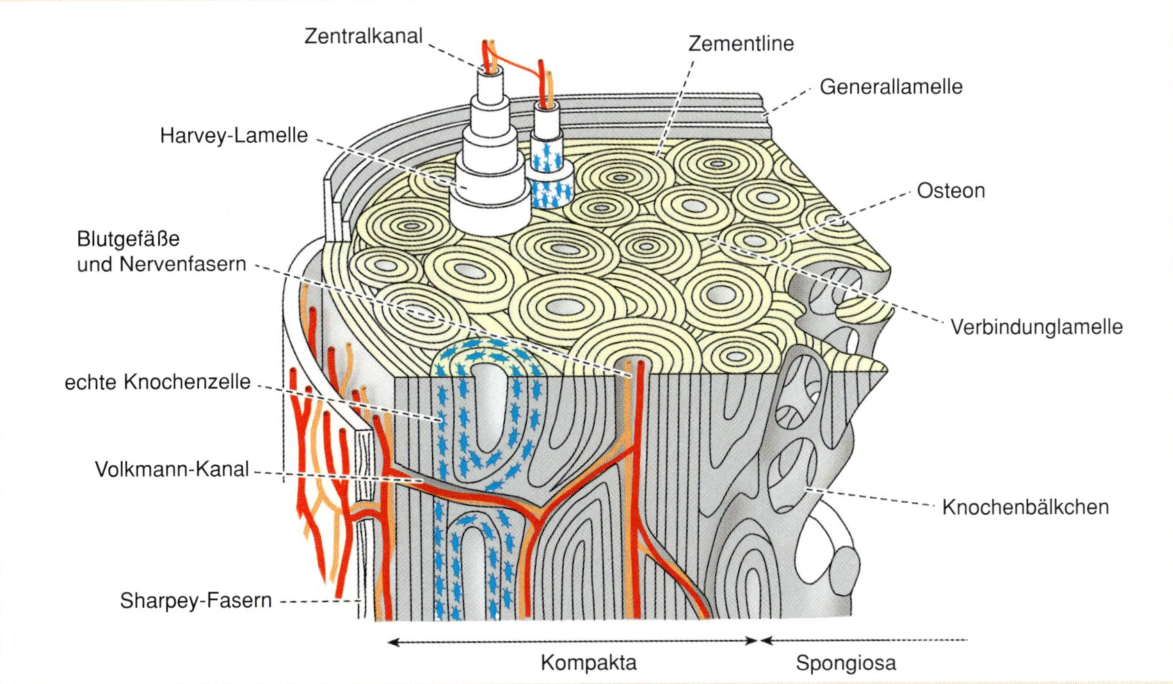

Die Gewebestruktur des menschlichen Knochens. Schemazeichnung am Übergang von Kompakta und Spongiosa.

befinden sich rund 99 % des Calciumgehaltes des Organismus. Den Hauptteil der anorganischen Bausteine des Knochens machen die submikroskopischen Hydroxylapatitkristalle [$Ca_{10}(PO_4)_6(OH)_2$] aus, die sich an Aggregationskernen [$Ca_9(PO_4)_6$, Ionenaggregate, Phospholipidmoleküle] bilden und mit den gelösten Ionen im dynamischen Gleichgewicht stehen.

Mit einigen einfachen Experimenten können Rolle bzw. Verhalten der einzelnen Knochenbausteine demonstriert werden:

- Die Kollagenfasern ergeben beim Kochen Leim.
- Legt man den Knochen in dünne Säure (Dekalzinieren), so werden die anorganischen Stoffe ausgelöst und der Knochen wird elastisch, biegsam.
- Beim Verbrennen des Knochens (Kalzinieren) brennen die organischen Bausteine aus und es bleiben ascheartige, krümelige Kalziumsalze zurück.

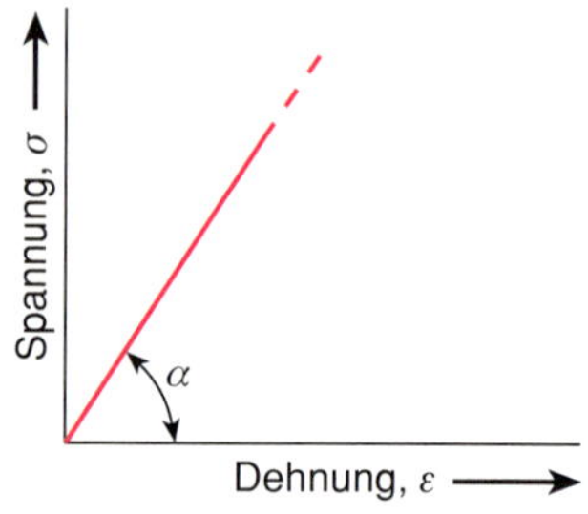

Abb.V.15. Elastizitätsmodul als Richtungstangente der Hooke-Geraden

Setzen wir eine Struktur Zugkräften aus, so wird sie in der Länge gestreckt, verliert aber an Breite. Bei Druckkräften ist es umgekehrt, die Struktur verkürzt und verbreitert sich. Dividieren wir die Längenzunahme des deformierten Knochens durch seine ursprüngliche Länge, so erhalten wir die normale Deformation. Bei Scherkräften kommt es zwischen den parallelen Kanten/Flächen des Probekörpers zur Verschiebung. Die Scherdeformation gibt der Quotient aus der maximalen Verschiebung in Richtung der Scherkräfte und der Höhe des Probekörpers an.

Belastung und zugehörige Deformation können graphisch dargestellt und in eine **Spannungs-Deformations**-Kurve konvertiert werden. Die Spannung σ erhält man, indem man die Belastung F durch die Querschnittsfläche A des Knochens dividiert. Die Steigung E = tg α der Kurve ergibt die Größe der Normaldeformation ($\varepsilon = \Delta y / y$ Dehnung oder Schrumpfung) des Materials bei Belastung. Ist die erhaltene Funktion eine Gerade (Hooke-Gerade, s. Gl. (V.1), Abb. V.15), dann ist das Material in dem Belastungsbereich elastisch. E ist eine Materialkonstante, die als Elastizitätsmodul bezeichnet wird. Das hookesche Gesetz gilt aber nicht für jedes Material bzw. nicht bei jeder beliebigen Belastung, man erhält also nicht bei jedem Material eine lineare Spannungs-Dehnungs-Kurve (s. „*Physikalische Untersuchungen des Knochengewebes*"). Auch die Kortikalis kann man nur bis zu einer gewissen Grenze als linear elastischen Festkörper auffassen, darüber hinausgehend zeigt sie bei der Untersuchung von Spannung-Verformung ein nichtlineares Verhalten. Man darf aber auch nicht außer Acht lassen, dass der Knochen auch über viskoelastische Eigenschaften verfügt (s. „*Viskoelastizität*"). Insgesamt ist also der Knochen wie zahlreiche biologische lebende Gewebe auch ein heterogenes, anisotropes, inhomogenes, viskoelastisches Material, bei dessen momentanem mechanischem Verhalten die Lebenserscheinungen keine wichtige Rolle spielen.

Ermüdung

Die Ermüdung ist der Vorgang, bei dem ein Material aufgrund einer unterhalb seiner statischen Belastbarkeitsgrenze liegenden aber wiederholten Belastung Schaden leidet. Die Ermüdung führt über die Schädigung der Materialstruktur schließlich zum Bruch. Um rein für das Material charakteristische

Die Viskoelastizität

Das Knochengewebe ist nicht nur linear elastisch, sondern verfügt auch über Viskoelastizitäts-Eigenschaften. Das Wesen der Viskoelastizität besteht darin, dass die äußeren Kräfte eine elastische Verformung und dann über ein gewisses Mass hinausgehend als Funktion der Zeit eine bleibende Deformität erzeugen. Nach jedem einzelnen Belastung-Entlastung-Zyklus bleibt absorbierte Energie in den Geweben. Das hat seine Ursache darin, dass sich bei jeder Belastung, die eine bestimmte Zeitdauer anhält, Hystereseschleifen bilden, d. h. dass die Kurve der Belastung-Deformität bei Belastung einen anderen Verlauf zeigt als bei Relaxation. Zur Erklärung der Viskoelastizität wurden zahlreiche Modelle gefertigt. Ein Modell ist z. B. der sog. Kelvin-Körper, der eine Einheit aus der Parallelschaltung einer Feder (Hooke-Körper) mit einem Flüssigkeit enthaltenden Kolben (Newton-Körper) ist. Der Kolben mit der inkompressiblen Flüssigkeit verlangsamt sowohl die Deformation als auch die Wiedergewinnung der Form, während er Energie absorbiert (s. Abb.). Bei Messungen der Viskoelastizität ist es daher wichtig, auch die Wirkungsdauer der Kraft zu bestimmen. Größere Deformationen erzeugen auch ein höheres Elastizitätsmodul, wodurch die viskoelastischen Stoffe bei größeren Einwirkungen mehr Energie absorbieren können. Es ist wichtig zu bemerken, dass außer den Knochen auch die an ihnen ansetzenden Bänder eine beträchtliche Viskoelastizität haben.

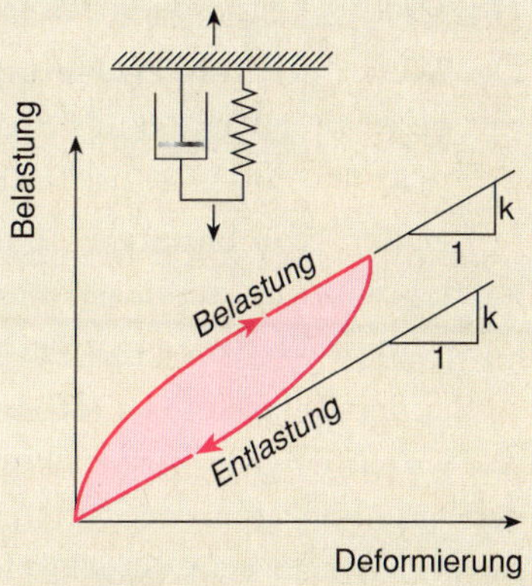

Der Kelvin-Körper als Modell der Viskoelastizität und die charakteristische Histereseschleife viskoelastischer Stoffe

Werte zu erhalten, wird die Ermüdung gewöhnlich an Probekörpern von Standardgröße und mit standardisiert verletzter Oberfläche bestimmt, indem man sie einer zyklisch wiederholten Krafteinwirkung aussetzt. An der verletzten, die Spannungen sammelnden Stelle entstehen Risse, Mikrofrakturen, die sich langsam ausbreiten. Dadurch nimmt der nützliche Querschnitt ab, die tatsächliche Spannung nimmt zu und das Spannungsmaximum steigt weiter. Endlich wird der zusammenhängende Querschnitt so klein, dass er die statische Belastung nicht mehr aushält: das Material bricht (Abb. 16).

Der an die Osteonstruktur gebundene Aufbau des Knochens aus „Elementarfäden" verlangsamt beim Ermüdungsbruch die Ausbreitung der Bruchlinie, er versperrt dem Fortschreiten der Risse praktisch den Weg. Der andere Mechanismus, der die Ausbreitung der Risse verlangsamt, ergibt sich aus der Lamellenstruktur der Osteone selbst. Da sich zwischen der äußeren Lamellenschale des Knochens und den konzentrischen Lamellen der Osteone virtuelle Spalten befinden, setzen sich die Querrisse der Lamellen nur dann über die Grenzflächen fort, wenn genau dann und dort solche Kräfte wirken, die zu neuen Rissen führen (Abb. 17).

Aus der bisherigen Diskussion geht hervor, dass sich beim Messen der Ermüdung die Frage stellt, ob die wiederholte Einwirkung einer gegebenen Kraft zur Strukturschädigung des Materials führt und wenn ja, nach wieviel Wiederholungen die Schädigung auftritt. Nach dem empirischen Gesetz der Materialermüdung widersteht eine Struktur der Krafteinwirkung, die bei $5 \cdot 10^6$ Zyklen nicht zum Bruch führt, unendlich lange Zeit ohne Ermüdungsbruch.

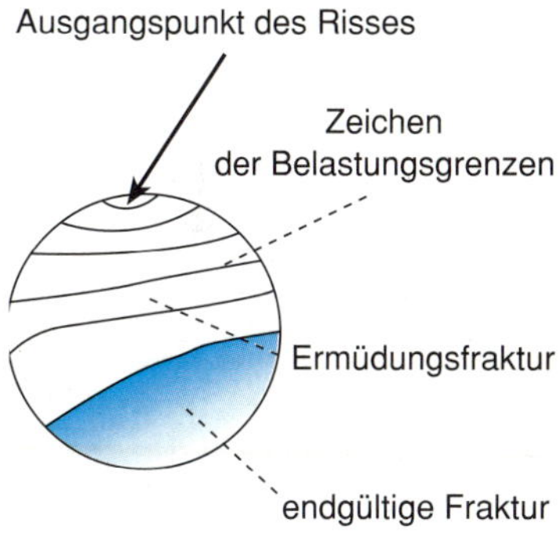

Abb.V.16. Modell der Ermüdungsfraktur

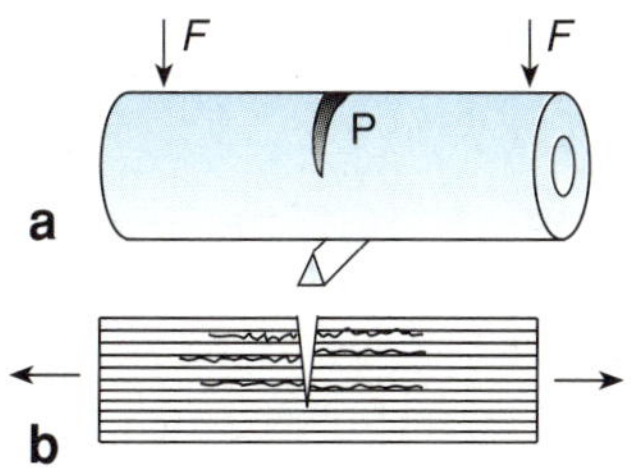

Abb.V.17. Die Ausbreitung der Ermüdungsrisse in einer lamellaren Struktur

Physikalische Untersuchungsmethoden des Knochengewebes

Das Wesen der **Härtemessung** besteht darin, dass eine Spitze von bestimmter Geometrie und großer Härte mit gegebener Kraft und Geschwindigkeit senkrecht auf die polierte Platte des eingespannten Probekörpers gedrückt und die Oberfläche der im Material entstandenen Vertiefung geprüft wird.

Bei der **Bruchanalyse** (Untersuchung der Bruchfestigkeit) wird der Probeköper mit einmaliger großer Krafteinwirkung durch ein Pendelschlagwerk zerbrochen. Mit Minderung der Kraft an neuen Probekörpern wird die Bruchgrenze gesucht.

Bei der **Belastungs-Deformations-Untersuchung** wird der Probekörper Zug und Druck ausgesetzt und so werden gewisse Materialkonstanten gemessen (Elastizitätsgrenze, Reißfestigkeit usw.). Die Spannung wird dabei als Funktion der Dehnung dargestellt (s. Abb.). Einen Körper bezeichnet man dann als elastisch, wenn die im Material beim Druck oder Zug erzeugten inneren Kräfte nach dem Aufhören der verformenden äußeren Kräfte bemüht sind, die ursprüngliche Form des Körpers wiederherzustellen. Festkörper verhalten sich innerhalb gewisser Grenzen elastisch. Überschreitet die Zugbelastung einen gegebenen Wert – die sog Proportionalitätsgrenze (A-Punkt der Kurve) – dann stellt sich nach Beenden der Belastung die Verformung nicht wieder auf den Wert 0 ein. Nach weiterer Dehnung ist die Rückkehr nicht mehr vollkommen, ihr Extremwert ist die Elastizitätsgrenze (B). Bei Metallen bleibt das Material danach weiter gedehnt, es kommt zur plastischen Verformung, deren Extremwert die Fließgrenze ist (C). Von diesem Punkt an wird das Metall wieder „hart" und bis zur folgenden Grenze nimmt die zur weiteren Dehnung notwendige Spannung kontinuierlich zu (das bezeichnet man als Verhärtung, D), dann nimmt der Querschnitt des Materials an einer Stelle plötzlich stark ab (E) und endlich reißt das Material (F). Je nachdem, ob ein Material überwiegend elastisch oder die bleibende Verformung charakteristisch ist, unterscheidet man zwischen elastischen und plastischen Stoffen. Das Material, welches nach der Proportionalitätsgrenze plötzlich bricht, bezeichnet man als spröde.

Die Technik unserer Tage hat es möglich gemacht, mechanische Messungen um Größenordnungen verfeinert auch in mikroskopischen Dimensionen durchzuführen. So besteht z. B. die Möglichkeit, direkte mechanische Messungen gezielt an Osteonen durchzuführen. Bei diesen Messungen stellte sich heraus, dass die mechanischen Eigenschaften der Osteone deutlich vom Osteonentyp abhängen. L Osteonen sind Zugkräften gegenüber, T Osteonen sind Druckkräften gegenüber widerstandsfähiger. A Osteonen zeigen bei jeder Inanspruchnahme einen mittleren Widerstand. Es besteht aber auch in dieser Dimension die Möglichkeit, Ermüdungs-, Härte- und Deformationsmessungen durchzuführen.

Bei Messungen an Spongiosateilen ist es noch wichtiger als bei Messungen an der Kortikalis, in welcher Richtung die Belastung des Probekörpers im Verhältnis zur Lokalisation des Knochens im lebenden Organismus einwirkt. Wie wir bei der Beschreibung der Knochenstruktur der Spongiosa gesehen haben, können die Knochenbälkchen dünne Lamellen, kompakte, zylindrige Fäden oder feine Röhrchen sein. Die Struktur hängt davon ab, welcher mechanischen Belastung der betreffende Knochenteil ausgesetzt ist und welche Kraftlinien sich bei Belastung ausbilden. Bei Zugkräften innerhalb der Spongiosa bilden sich lamellen-fadenförmige Bälkchen, bei Druckkräften sind es Röhren. Das Balkensystem in den Knochenenden garantiert so einen einheitlichen adäquaten Widerstand in den Gelenken.

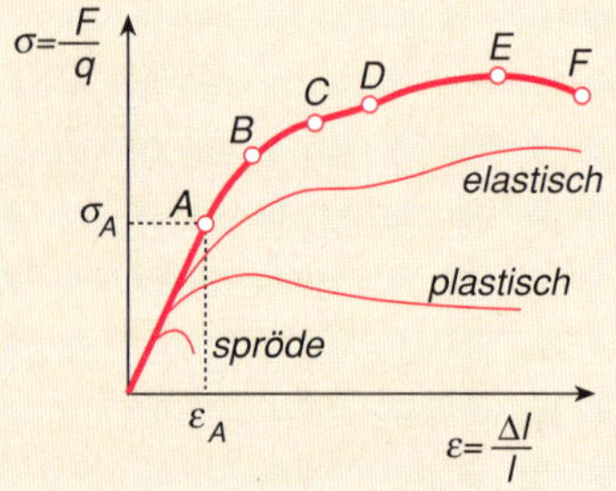

Möglicher Ausgang der Untersuchung von Belastung-Deformation.
A. Proportionalitätsgrenze, **B.** Elastizitätsgrenze, **C.** Fließgrenze, **C-D.** Verhärtung, **D-E.** Dehnung, **F.** Reißen

Nach den Untersuchungsergebnissen der Ermüdungserscheinungen verhält sich die Knochenstruktur wie ein komplexes Material aus kurzen, orientierten Elementarfasern und zeigt Ähnlichkeiten mit Glas- und Karbonfasermaterialien. Die Untersuchung des mechanischen Verhaltens von Knochen an Probekörpern hat vielleicht im Falle der Ermüdung die geringste Aussagekraft. Anders als unter Laborbedingungen lösen die bei Belastung eventuell auftretenden Mikrorisse im lebenden Organismus nach kurzer Zeit Heilungsprozesse aus, welche die Knochenstruktur der Inanspruchnahme anpassen. Die Kortikalis ist das härteste Gewebe des Körpers: seine Druckfestigkeit beträgt in Längsrichtung 140 MPa (vgl. Stahl 200 MPa) und fast so groß ist auch die Zugfestigkeit. Bedeutend geringer ist der Widerstand gegen Beanspruchung in querer Richtung – Scher- und Torsionskräfte. Die Druckfestigkeit der Spongiosa in Längsrichtung ist rund 20mal geringer als die der Kortikalis.

V/2.1.2 Der Knochen als Organ

Morphologie

Nach ihrer Morphologie unterscheidet man platte, kurze, pneumatisierte und Röhrenknochen. Nach ihrer Lokalisation und Funktion haben die verschiedenen Knochen jeweils andere spezielle Aufgaben, so gibt es in Hinsicht auf die Beanspruchung kontinuierliche Lastträger (untere Gliedmaßen, Rückgrad), gelegentliche Lastträger (obere Gliedmaßen) und nicht belastete Knochen (Gesichtsschädel). Die Form der Knochen ist in groben Zügen genetisch determiniert, passt sich aber im Laufe des Lebens der Beanspruchung an und zeigt deshalb beträchtliche individuelle Variationen.

Rheologie

Die **elementaren Beanspruchungsarten** können normale (Zug, Druck, Biegung) und gleitende (Scherung, Torsion) sein. Nach dem zeitlichen Ablauf unterscheidet man statische und dynamische Inanspruchnahme, letztere kann harmonisch und regellos periodisch sein. Wirken auf ein Strukturelement äußere Kräfte ein, so werden in seinem Inneren Widerstandskräfte, sog. innere Kräfte angeregt. Diese halten bis zur Grenze der Belastbarkeit ein Gleichgewicht mit den äußeren Kräften. Man setzt die inneren Kräfte F mit dem Querschnitt A des untersuchten Körpers ins Verhältnis und gibt die auf die Flächeneinheit fallende Kraft an. Das ist die Spannung $\sigma = \Delta F/\Delta A$ (s. V/2.1.1.). In einem homogenen geraden Stab ist die Spannungsverteilung entlang des Querschnittes bei Zug- und Druckbelastung gleichmäßig, bei Biegung voraussichtlich symmetrisch. Zug oder Druck sind bei einem krummen oder inhomogenen Stab ab ovo auch Biegung und so wird die Spannungsverteilung unregelmäßig sein (Abb. V.18).

Aus der Statik ist bekannt, dass Rohre einer starken Zug-Druck-Beanspruchung besser widerstehen als Stäbe. Solche rohrförmigen lasttragenden Strukturelemente, deren Wanddicke bedeutend geringer ist als die charakteristische äußere geometrische Größe, bezeichnet man als Schalen. Man spricht dann

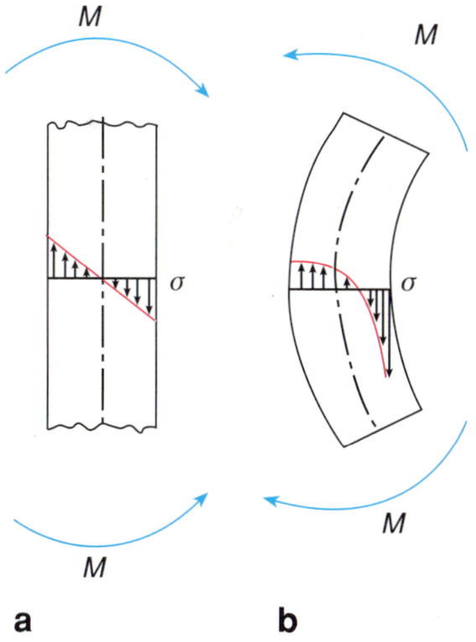

Abb.V.18. Die Spannungsverteilung **a.** beim Biegen eines geraden Stabes, **b.** beim Biegen eines gekrümmten Stabes. Die Bogenpfeile markieren die Biegekräfte bzw. das Drehmoment. Die Länge der Pfeile, die von der Symmetrieachse in der Mitte der beiden Körper ausgehen, markiert die Spannung an den gegebenen Punkten. Oft wird die Umhüllende der Pfeile als das Spannungsprofil σ entlang der untersuchten Linie dargestellt

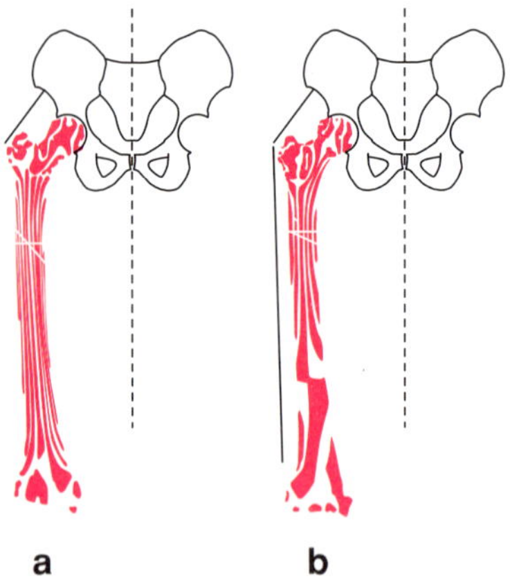

Abb.V.19. Die Kraftlinien bei Längsbelastung des Femurs
a. bei fehlendem Tractus ileotibialis
b. bei vorhandenem Tractus ileotibialis

von einer (dickwandigen) Röhre, wenn die Wanddicke in die Größenordnung der charakteristischen äußeren geometrischen Größe der Struktur fällt. Analog zu letzterem ist der fast zylindrische Körper (Kortikalis) der langen und kurzen Röhrenknochen. Generell lässt sich feststellen, dass die Steifheit der Röhrenknochen proportional zur vierten Potenz ihres Durchmessers zunimmt.

Bei der Untersuchung des Bewegungssystems ist immer zu berücksichtigen, dass Ursprung und Ansatz der Muskeln, ihr Spannungszustand, Bänder und andere Gelenkstrukturen die Belastungsverhältnisse der Knochen stark modifizieren. Ein Beispiel ist die „Vorspannung" des Femurs. Zwischen Trochanter major und Epikondylus lateralis femoris spannt sich ein Teil des Tractus ileotibialis der Fascia lata (Ursprung: Crista iliaca, Ansatz: Condylus lateralis tibiae), eine laterale Verdickung der Bindegewebshülle der Oberschenkelmuskulatur. Mit photoelastischen Untersuchungen wurde nachgewiesen, dass das Fehlen des Tractus ileotibialis den Verlauf der Spannungen im Femur bei Belastung grundlegend ändert (Abb. V.19).

Die Verbindung der lasttragenden Knochen erfolgt über ihre Gelenkflächen. Die Gelenkenden der Röhrenknochen sind in ihrer Form den aus unterschiedlichen Richtungen und mit unterschiedlicher Stärke auf sie einwirkenden Kräften angepasst. Sie bestehen aus einer dünnen Schale aus Kompakta, abgestützt durch die innere Spongiosastruktur, und sind mit dem bedeutend weicheren und elastischeren Glasknorpel bedeckt. Die Spongiosa hat sich zur Lastverteilung im Knochen ausgebildet, sie kann als ein Stereosystem von Stäben, die eine Größenordnung kleiner sind, aufgefasst werden. Die verschiedenen konkaven und konvexen Gelenkflächen berühren sich oft nur in einem oder mehreren Punkten. In den Berührungspunkten kann die Belastung zu Deformationen des Knorpels führen, wodurch die Größe der Berührungsflächen geringfügig zunehmen kann.

Den Zustand, bei dessen Eintreten die Struktur mechanisch funktionsunfähig wird, bezeichnet man als Grenzzustand. In diesen Zustand kann ein Strukturelement auf zwei Wegen gelangen: durch eine einmalige große Krafteinwirkung (Trauma) oder durch wiederholte kleine Krafteinwirkungen (Mikrotrauma). Der Knochen bricht dann, wenn die einwirkende Kraft seine Belastbarkeit überschreitet. Der Frakturtyp hängt stark vom Typ der Kraft ab: bei Röhrenknochen kommt es durch Torsionskräfte zur Spiralfraktur, bei

Abb.V.20. Häufige typische Frakturen
a. Biegefraktur mit Keilfragment;
b. Spiralfraktur; **c.** Querfraktur;
d. Kompressionsfraktur; **e.** Keilwirkung mit Längsfraktur; **f.** Ausrissfraktur

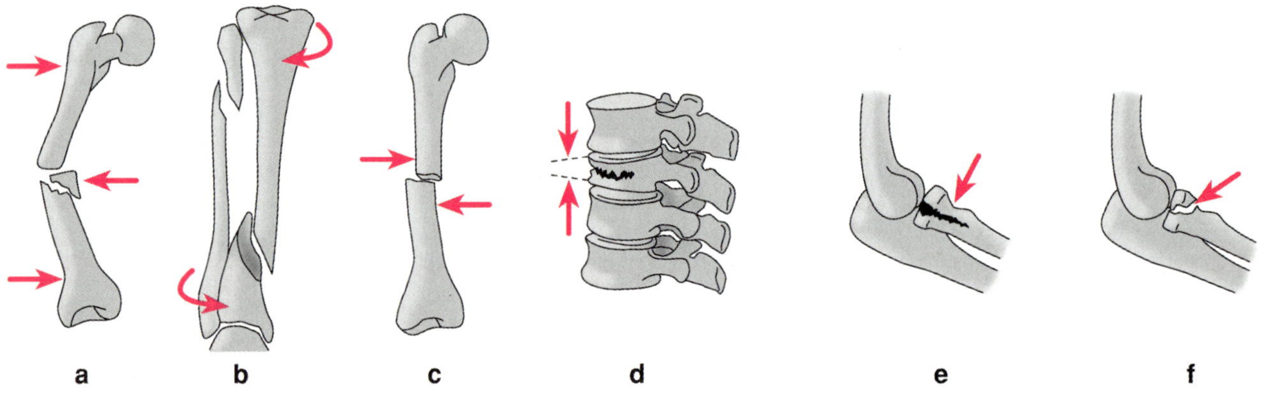

Pathologische und Ermüdungsbrüche

Ist der Knochen durch eine Krankheit geschwächt und bricht deshalb schon bei geringer Belastung, so spricht man von einer pathologischen Fraktur.

Das Wesen der Materialermüdung liegt darin, dass das Material auch dann brechen kann, wenn die Krafteinwirkung geringer ist als die maximale Belastbarkeit bei einmaliger Krafteinwirkung, sofern kleine Materialrisse entstehen, sich ausbreiten und mit entsprechenden Wiederholungen belastet werden. Da der Knochen schon unter normalen Bedingungen starken dynamischen Belastungen ausgesetzt ist, ist es logisch, dass seine Widerstandsfähigkeit der Ermüdung gegenüber groß ist. Bei hoher, wiederholter Beanspruchung kann es trotzdem zu Ermüdungsbrüchen kommen. Diese Fraktur wurde erstmals 1936 bei Soldaten nach langer Marschzeit beschrieben, und als Marschfraktur (heute auch Stressfraktur) bezeichnet. Es handelt sich hier aber um einen zeitlich verzögerten Prozess und die Knochenheilung mit Kallusbildung kann schon im Stadium der Fissur beginnen. So begleiten den Ermüdungsbruch – trotz heftiger Schmerzen – selten die gewohnten klinischen Symptome (krankhafte Beweglichkeit, Dislokation usw.).

direkter Kraft zur Querfraktur, bei Biegung zur Querfraktur mit Keilfragment, bei Scherkraft zur Schrägfraktur, beim Ausriß zur Randfraktur, während die spongiösen Knochen bei Druckkraft eine Kompressionsfraktur erleiden (Abb. V.20).

Bei der obigen Diskussion haben wir die Spannungs- und Deformationsverhältnisse als ein Gleichgewichts-Kräftesystem analysiert, das einen ruhenden, elastischen Körper belastet. In der Regel befindet sich aber das auf bewegte Knochen wirkende äußere Kräftesystem nicht im Gleichgewicht. In diesem Fall ist der Spannungszustand des untersuchten Knochens nicht nur von den äußeren Kräften bestimmt, sondern die Bewegung selbst wirkt auch auf ihn ein.

V/2.1.3 Das Skelett als Organsystem

Die rund 206 Knochen des Skeletts sind auf unterschiedliche Art gelenkig verbunden und bilden so das innere Gerüst von Kopf, Rumpf und Gliedmaßen. Das Gewicht des Skeletts beträgt bei einem 70 kg schweren Menschen ungefähr 10 kg (15%), bei einer 20 g schweren Maus 1 g (5%) und bei einem 7 t schweren Elefanten um 2 t (ca. 30%). Das zeigt an sich schon ein ernsthaftes Evolutions-Selektions-Gegenargument gegen einen zu großen Körper. Hätten die langen Knochen keinen röhrenförmigen Aufbau, so wäre bei ähnlicher Inanspruchnahme und kompaktem Knochenbau ein so schwerer Knochen erforderlich, der eine Bewegung zu Lande von vornherein unmöglich machen würde.

Statik

Der aufrechte Gang des Menschen auf zwei Beinen bedeutet in statischem Sinne soviel, dass sich die auf dem Boden abgestützten Füße in je einem gelenkigen Stab fortsetzen, der vom Schienbein und Oberschenkelknochen gebildet wird; sie enden in je einer Kugel (Schenkelkopf) und auf diesem Unterbau ist der Rumpf platziert.

Für mechanische Näherungen und Berechnungen ist die Bestimmung des Schwerpunktes oder Massenmittelpunktes sehr wichtig. Der Massenmittelpunkt ist der Angriffspunkt der Schwerkraft. Bei Vierbeinern befindet er sich entlang der Wirbelsäule weiter vorn oder hinten, je nachdem, ob die Masse der Vorderfüße und des Kopfes oder die Masse der Hinterfüße und des Schwanzes bedeutender ist. Bei den Primaten ist der Massenmittelpunkt stark nach hinten verschoben. Dadurch wurden die vorderen Gliedmaßen zum Greifen und die hinteren Gliedmaßen zum Springen immer geeigneter, und es erschien auch die sitzende Position. Im Zusammenhang mit dem Aufrichten auf zwei Beine verlagerte sich der Massenmittelpunkt beim Menschen nach oben in die Höhe der Vorderfläche des zweiten Kreuzbeinsegmentes.

Der Körper kann sowohl im Ruhezustand als auch bei der Bewegung die unterschiedlichsten Positionen einnehmen und damit die Position des aktuellen Massenmittelpunktes verändern. Deshalb ist es notwendig, den Massenmittelpunkt nicht nur beim ruhigen Stehen, sondern auch bei der Analyse von zahlreichen typischen oder gerade extremen Bewegungen zu bestimmen. Eine der einfachsten Versuchsanordnungen zur Bestimmung des Massenmittelpunktes ist es, den Körper nacheinander an zwei unterschiedlichen Punkten aufzuhängen und den Schnittpunkt der gemessenen Kraftlinien zu bestimmen. Auf den menschlichen Körper lässt sich diese Methode kaum anwenden. Die Lösung gibt die Methode von Dempster, bei der die Massenmittelpunkte der einzelnen Körperteile – als separate Körper gedacht – gemessen und dann der Massenmittelpunkt des aus den einzelnen Körperteilen konstruierten Organismus bestimmt wird. Die Methode ermöglicht es auch, individuelle und konstitutionelle Merkmale (Fettleibigkeit, fehlende Gliedmaßen usw.) zu berücksichtigen (Abb. V.21).

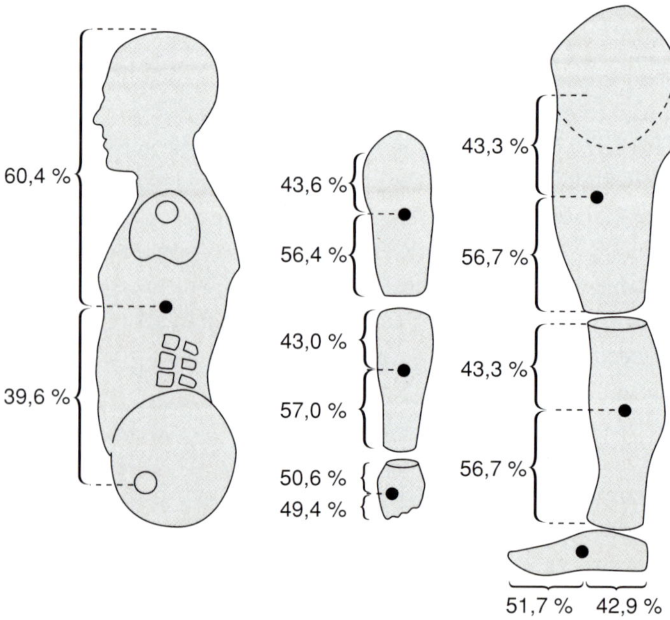

Abb.V.21. Technik zur Bestimmung des Massenmittelpunkts nach Dempster

Die Einnahme verschiedener Stellungen ist nur durch die aktive Muskelkraft möglich. Beim normalen Stehen auf zwei Beinen gibt es aber eine Körperhaltung, zu deren Aufrechterhaltung nur minimale Muskelkraft erforderlich ist. Diese Position bezeichnet man als energiesparende Körperhaltung. Zum Aufrechthalten jeder anderen Körperstellung ist schon eine deutlich größere Muskelarbeit erforderlich.

Eine spezielle Stellung ist der Einbeinstand (Abb. V.22). In diesem Fall verschiebt sich der Massenmittelpunkt geringfügig in Richtung der unbelasteten Seite (also des angehobenen Beines). Nach dem Schema von Dempster muss man nämlich das Gewicht des Standbeines nicht mitrechnen. Als artspezifische Eigenschaft des menschlichen Gehens hebt sich trotzdem das Becken der unbelasteten Seite über die Horizontale. Die Bedingung dafür ist die aktive Kompensation durch die Abduktorenmuskulatur (F_2 in Abb. V.22) bzw. eine leichte Überkompensation des Drehmomentes infolge des Körpergewichtes (Kraft F_1). Es entsteht ein zweiarmiger Hebel, bei dem der Drehpunkt der Mittelpunkt des Schenkelkopfes ist und die Angriffspunkte von Kraftarm bzw. Lastarm die Abduktormuskeln bzw. der Massenmittelpunkt des Körpers (Endpunkte der Kraftvektoren F_2 und F_1) sind. Auf den Schenkelkopf wirken aber sowohl die Muskelkraft als auch die Kraft aus dem Körpergewicht ($F_1 + F_2 = F_3$). Die Geometrie der Knochen des Hüftgelenkes und das Körpergewicht bestimmen zusammen die Kräfte, die auf das Hüftgelenk wirken. Reicht die aktive Kraft nicht aus, um das Gleichgewicht zu bewahren, so kann der Massenmittelpunkt mit Neigung des Oberkörpers zur Stützseite verlagert und so die Kraft F_1 des Kraftarmes gemindert werden, wodurch die nicht unterstützte Beckenhälfte fast waagerecht bleibt.

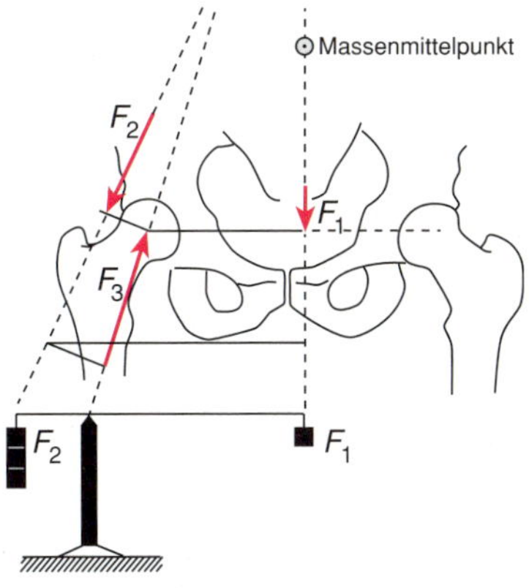

Abb.V.22. Schema des Einbeinstands nach Pauwels. Weil der (Körpergewicht) Lastarm von F_1 rund dreimal länger ist als der (Muskel) Kraftarm von F_2 muss die Muskelkraft F_2 zum Erhalten des Gleichgewichts das Dreifache des ohne Stützbein berechneten Körpergewichts kompensieren. Im Gelenk wirkt die Kraft $F_1 + F_2 = F_3$ auf den Femurkopf.

Eine weitere wichtige Frage ist die Abstützung des Körpers. Mit dem Stand auf zwei Beinen hat sich durch die Abnahme der Abstützpunkte die Belastung entsprechend auf das Doppelte erhöht. Das kompensiert der Organismus mit den Fußsohlen, die im Vergleich zu den Hufen und Tatzen der Tiere eine relativ große Stützfläche bieten. Die Füße garantieren mit je drei Abstützpunkten (Tuber Calcanei, Köpfchen des I. und V. Metatarsale) sowie der Gewölbestruktur aus Längs- und Querbogen einerseits die Stabilität, andererseits die elastische Abstützung des Körpers. In Ruhe- oder Normalstellung umschließen die Längsachsen der Füße einen Winkel von rund 30° und die Gewichtslinie des Körpers verläuft vor der Verbindungslinie der inneren Knöchel (Abb. V.23).

Die Elastizität der Struktur ist nicht nur Merkmal der Füße. Die Wirbelsäule aus 32 Wirbeln zeigt z. B. von der Seite eine doppelte S-Krümmung. Im Vergleich zur Abstützung eines geraden Stabes zeigt ein Stab mit n Krümmungen eine n^2+1fache Abstützungselastizität. Vergleicht man die Wirbelsäule mit ihren drei physiologischen lasttragenden Krümmungen mit einem geraden Stab, so garantiert sie dem Schädel eine $3^2 + 1 = 10$fache elastische Abstützung.

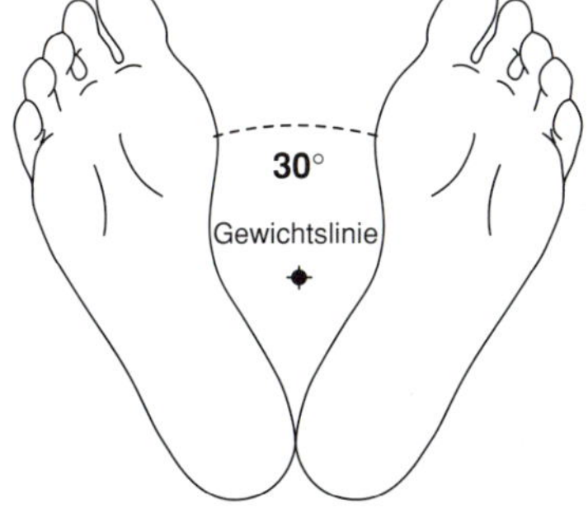

Abb.V.23. Die Projektion der Gewichtslinie des Körpers in Relation zu den stützenden Füßen

Kinetik

Den Zweig der Wissenschaft, der sich mit den auch von einem äußeren Beobachter wahrnehmbaren Orts- und Stellungsänderungen in Raum und Zeit befasst, bezeichnet man auch als äußere Biomechanik.

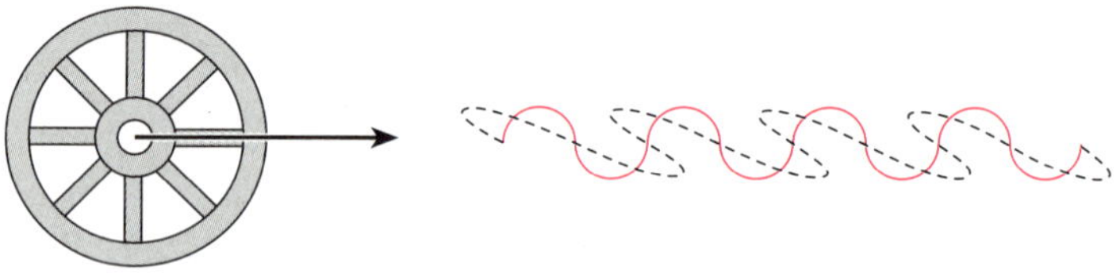

Abb.V.24. Die geradlinige Bewegung und die doppelte Sinusbewegung

Zur Bewegung sind ein Motor, Energie und eine angetriebene Struktur notwendig. Im Falle des Menschen ist der Motor die Muskulatur, die angetriebene Struktur das Knochenskelett, das gleichzeitig innere Abstützung, äußere Abstützung und Festhalten des Körpers ermöglicht.

Die Fortbewegung ist ein Grundbedarf des menschlichen Lebens, sie erfolgt beim Menschen charakteristisch als Gehen. Das Gehen ist eine erlernte, zusammengesetzte Zielbewegung, im mechanischen Sinne die räumliche Bewegung des Massenmittelpunktes des Körpers. Während es bei Vierbeinern ein wichtiger Aspekt der Ortsveränderung ist, dass die den Körper vorwärts schiebende Kraft durch den Massenmittelpunkt gehen muss (denn sonst würde sich der Körper drehen), ist dieser Aspekt beim Gehen auf zwei Beinen nicht mehr primär, da sich die Gliedmaßen, welche die zum Gehen notwendige Kraft ausüben, nicht mehr vor und hinter dem Schwerpunkt, sondern unter ihm sehr nahe der Schwerlinie befinden. Der horizontale Querschnitt ist in Höhe des Schwerpunkts im Vergleich zum Schwerpunkt bei Vierbeinern wesentlich reduziert und symmetrisch. Um das trotzdem bestehende seitliche Drehmoment zu kompensieren, lagert die komplexe Bewegung des Körpers beim Gehen den Schwerpunkt ständig um.

Energetisch ist die sparsamste Methode einen Körper im Raum zu bewegen die Bewegung des Massenmittelpunktes entlang einer Geraden, wofür das beste Beispiel die Fortbewegung einer Radachse ist. Der harmonische Gang sieht aber nicht so aus, sondern der Massenmittelpunkt des Körpers bewegt sich gleichzeitig nach oben und unten und damit kombiniert nach rechts und links. Das lässt sich im Raum mit der Kombination einer horizontalen und einer vertikalen Sinuskurve modellieren (Abb. V.24).

Diese Pendelbewegung erfordert mehr Energie als die geradlinige Bewegung. Die Ablenkung beträgt aber beim normalen Gang in keiner Ebene mehr als 5 cm. Natürlich erfordert der Gang um so mehr Energie, je größer die Amplitude der Ablenkungen ist. Ein typisches Beispiel dafür ist die schlecht angepasste Beinprothese mit schlecht gewähltem Gewicht, denn wegen des starken Hinkens kann der Prothesenträger nur auf Kosten beträchtlicher Mehrarbeit gehen.

Die kinetische Analyse des menschlichen Gehens

Die Grundlage für die Analyse des Gehens bildet in der Regel die Bewegung eines Beines. Ist jedoch der Gang nicht harmonisch und nicht symmetrisch, so muss die Analyse natürlich für beide Beine durchgeführt werden. Die Grundeinheit des Gehens ist der Zyklus. Unter einem Zyklus versteht man die beiden Schritte, nach denen das untersuchte Bein in die Ausgangsposition zurückkehrt. Der Zyklus kann - für ein gegebenes Bein - in zwei

Phasen eingeteilt werden, die Stütz- und die Schwungphase, die insgesamt in 7 weitere Phasen unterteilt sind. Davon fallen 4 auf die Stützphase und 3 auf die Schwungphase (s. Abb.).

Die Stützphase beginnt mit dem Fersenkontakt, was mit der Bremsung des Körpers einhergeht. Das Stützbein tritt dann mit der ganzen Sohle auf, das ist die Phase des Sohlenkontaktes. Die Phase der Mittelstellung tritt dann ein, wenn das Stützbein – auch weiterhin mit voller Belastung der Sohle – mit dem Schwungbein in einer Linie ist. Danach rollt die Sohle nach vorn ab und es beginnt die Phase des Abstoßens, bei der sich das Bein durch starke Beugung der Zehen vom Boden abhebt. Das Abstoßen führt zur Phase der Beschleunigung. Das Körpergewicht verlagert sich auf das andere Bein, bei dem der Fersenkontakt den Schwung wieder bremst, während das untersuchte Bein den Vorwärtsschwung beginnt. Wenn es die Linie des anderen sich abstützenden Beines erreicht, ist es in der Phase des Mittelschwunges. Als Fortsetzung kommt es in die Phase des Vorwärtsschwunges. Danach stützt es sich wieder mit der Ferse auf den Boden und markiert damit die Schrittlänge und der Zyklus ist zu Ende. Damit das Gehen überhaupt möglich ist, sind vier Grundbedingungen zu erfüllen:

- Beide Beine müssen in der Lage sein, den Körper ohne einzuknicken zu stützen.
- In der Schwungphase muss sowohl das statische als auch das dynamische Gleichgewicht bewahrt bleiben.
- Das Schwungbein muss in eine Position gebracht werden, in der es die Stützrolle übernehmen kann.
- Es muss genug Kraft zur Bewegung der Beine und zum Vorankommen des Rumpfes vorhanden sein.

Dementsprechend haben die am Gehen beteiligten Muskeln verschiedene Teilaufgaben: sie mindern den Stoß, halten im Gleichgewicht, garantieren das Abstoßen bzw. das Vorschwingen und Halten des Beines in der Luft. Beim horizontalen Gehen wird die größte Arbeit von den Muskeln des Hüft- und Kniegelenkes geleistet. Einen deutlichen Einfluss auf den Charakter des Gehens haben auch die Schuhe. Beim Tragen von Schuhen mit flachem Absatz weicht das Gangmuster von Männern und Frauen nicht ab. Bei Frauen mit hochhackigen Schuhen ändert sich jedoch die Rolle des Fußes und das wirkt sich auch auf Knie und Beckenstand aus. Beim durchschnittlichen Gehen betragen die Gehgeschwindigkeit 1,45 m/s, die Schrittzahl 112/min und die Schrittlänge 53 cm.

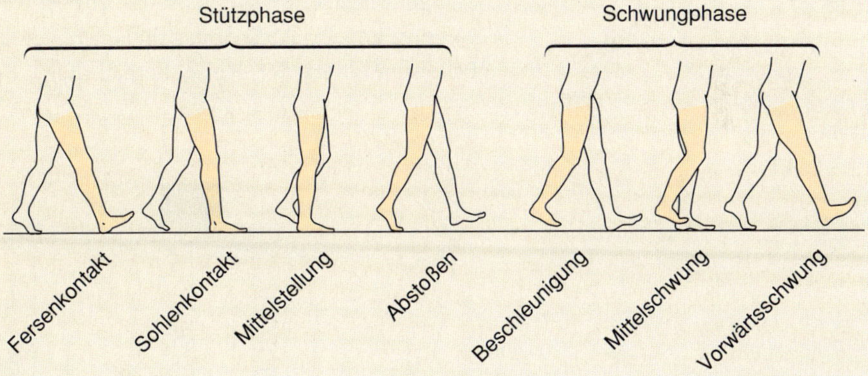

Die Phasen des Gehens

V/2.2 Die Biomechanik der Gelenke

Die Knochenenden sind mit Knorpel bedeckt. Diese Knorpel haben unterschiedliche Gewebestruktur und Materialparameter in Abhängigkeit davon, ob sie an einem Gelenk teilnehmen oder nicht und wenn ja, welche Form das Gelenk hat. So gibt es: (1) Rippenknorpel (Knochenverankerung ohne Gelenk), (2) fibrösen Knorpel (nicht gleitende Gelenkflächen), (3) hyalinen Knorpel (gleitende Gelenkflächen). Die Funktionen des Bewegungssystems könnten kurz auch so zusammengefasst werden, dass die Knochen den Körper als Gerüst halten, die einzelnen Segmente des Gerüstes durch die Gelenke als Drehpunkte beweglich sind, die Gelenkpunkte von Bändern stabilisiert sind und die Muskeln das System als Motor antreiben, wobei die Sehnen die Bewegungskraft als Übersetzungen vermitteln. Das Studium der Gelenkbewegungen gibt wichtige Grundlagen, um die Fragen der physiologischen Bewegungen und der Stabilität, der degenerativen Erkrankungen und der Instabilität bzw. des Gelenkersatzes zu verstehen.

V.2.2.1 Statik, Rheologie

Pauwels wendete als Erster die Begriffe der Statik und der Rheologie auf die Bewegungsorgane an. Von seinen klassischen Schemen zeigen wir die Entstehung der Spannungen im Kniegelenk in Abhängigkeit vom Körpergewicht (Abb. V.25). Form der Knochen und Gelenktyp hängen stark von der Verteilung und dem Verlauf der Kräfte bei der Inanspruchnahme ab. Das Femur ist schematisch als T-Träger dargestellt. Die Belastung seines oberen Endes – was den normalen anatomischen Verhältnisses des Femurkopfes entspricht – erfolgt nicht in der Projektion des abstützenden Körpers (Ober- und Unterschenkel): im mechanischen Sinne spricht man in diesem Fall von einer Außenpunktbelastung. Ersetzten wir die Knochen des Beines durch eine gelenkfreie Stange, so würden in den Randteilen durch die Außenpunktbelastung große Spannungen angeregt (Abb. V.25b). Konstruieren wir in die Stangenmitte ein Gelenk, so ist zur Bewahrung des Gleichgewichts an der Gegenseite der Außenpunktbelastung eine Kette L erforderlich. In diesem Fall werden in der Kette beträchtliche Spannungen angeregt, welche die

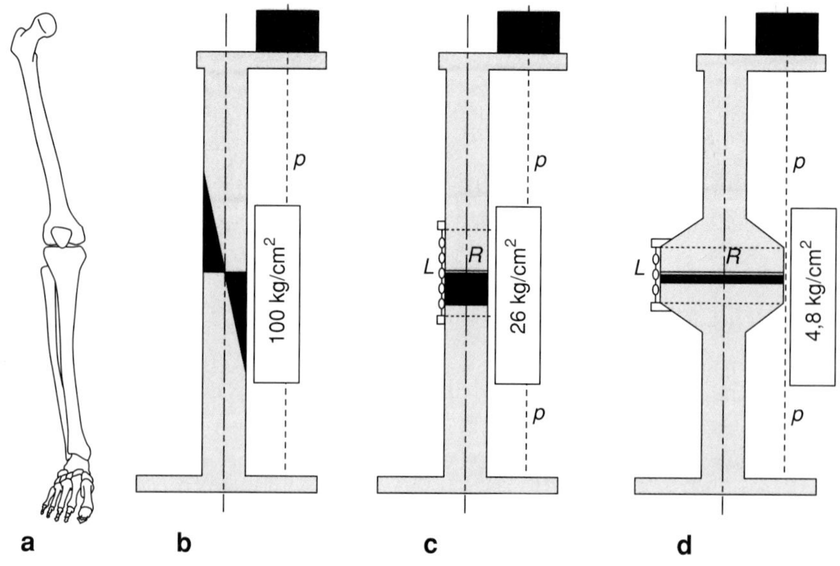

Abb.V.25. Statisches Schema der unteren Extremität und der technischen Alternativen: **a.** schematisiertes rechtes Bein; **b.** Starrer Stab mit Außenpunktbelastung, kein Kniegelenk; **c.** Gelenkige Stäbe mit Außenpunktbelastung, an der Gegenseite zur Belastung ist für die Stabilität ein Seil erforderlich; **d.** wie c., aber mit ähnlich verbreiterten Gelenkflächen wie beim Kniegelenk, geringere Druckbelastung

Stange zum Teil entlasten (Abb. V.25c). Verbreitern wir die Gelenkflächen (Abb. V.25d), dann werden die dort messbaren Spannungen umgekehrt proportional zur Flächenzunahme abnehmen.

V.2.2.2 Kinetik

Die Analyse von Bewegungen erfolgt nach dem Bewegungstyp und der Position der Drehachse. Nach dem Bewegungstyp gibt es lineare und Drehbewegungen. Die momentane Position der Drehachse wird immer als Punkt mit der Bewegung Null bestimmt. Danach unterscheiden wir drei Haupttypen der Bewegung. (1) Die **Translation** ist eine rein lineare fortschreitende Bewegung, bei der immer der gleiche Punkt des bewegten Körpers immer verschiedene Punkte der fixierten Fläche berührt. Ist die fixierte Fläche eine Ebene, dann wird die momentane Drehachse im Unendlichen sein, wenn sie gekrümmt ist, dann wird sie im Krümmungsmittelpunkt liegen (Abb. V.26a). (2) Die **Rotation** ist eine reine Drehbewegung, sie ist das Gegenteil der Translation: immer andere Punkte des bewegten Körpers berühren immer denselben Punkt der fixierten Fläche. Die momentane Drehachse befindet sich im Krümmungsmittelpunkt des bewegten Segmentes (Abb. V.26b). (3) Die **Rollbewegung** kann auch als die Kombination beider Bewegungen aufgefasst werden, bei der sich die Berührungspunkte der fixierten und der bewegten Fläche ständig ändern und die Berührungsbögen an beiden Flächen gleich lang sind. Die momentane Drehachse ist der aktuelle Berührungspunkt (Abb. V.26c).

Noch markanter ausgedrückt kann man feststellen, dass ein Körper im Vergleich zu seiner Umgebung eine lineare und eine Rotationsbewegung ausführen kann und der dazwischenliegende Grenzfall ist die Rollbewegung. Im Endergebnis lässt sich jede Bewegung auf die Rotation zurückführen. Ist die Drehachse des untersuchten Körpers im Unendlichen, dann spricht man von einer linearen Bewegung auf einer Ebene, wenn die Drehachse auf der berührten Fläche ist, spricht man von einer Rollbewegung, wenn die Drehachse im geometrischen Mittelpunkt des untersuchten Körpers ist, dann spricht man von Rotation. Obige Analyse kann auf die drei Hauptebenen des Raumes durchgeführt werden, um festzustellen, in welcher Ebene die Bewe-

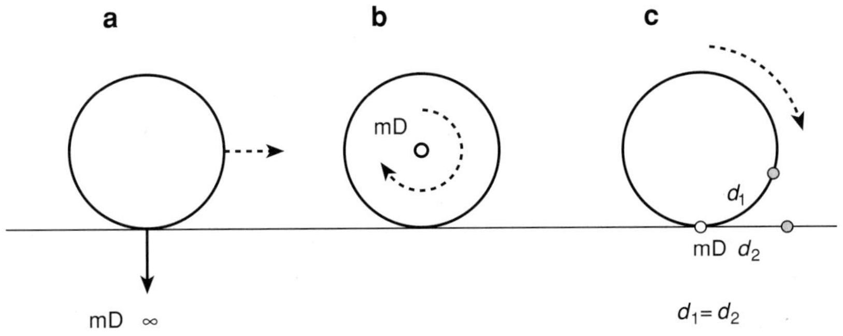

Abb.V.26. Grundtypen der Bewegung: **a.** Gleiten; **b.** Drehen; **c.** Rollen. mD: momentane Drehachse

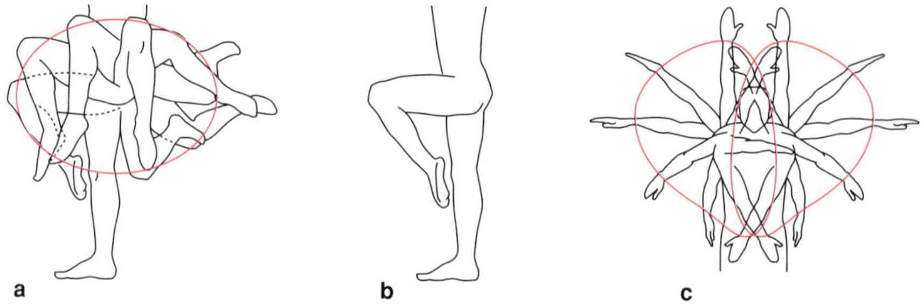

Abb.V.27. Die Gelenkbewegungen aufgrund der verschiedenen Bewegungsbahnen: **a.** Hüftgelenk (3 Freiheitsgrade), überwiegend knöchern bestimmte Bewegungsamplitude; **b.** Kniegelenk (2 Freiheitsgrade), überwiegend durch Bänder bestimmte Bewegungsamplitude; **c.** Schultergelenk (3 Freiheitsgrade), überwiegend vom Muskeltonus und Muskelgleichgewicht bestimmte Bewegungsamplitude

gung eine Translation oder Rotation ist, was sich – wie wir gesehen haben – nicht ausschließt. Durch diese Analyse erhält man, wie viele Bewegungen-Verschiebungen der untersuchte Körper in Bezug auf seine Umgebung – d. h. den anderen gekoppelten Körper – ausführen kann, was man als **Freiheitsgrad** bezeichnet. Hat ein Körper Bewegungskomponenten entlang bzw. um alle drei Hauptachsen eines rechtwinkligen Koordinatensystems, dann ist sein Freiheitsgrad maximal, d. h. 6, während der Freiheitsgrad der starr miteinander verbundenen Körper 0 ist, ähnlich zu den molekularen Freiheitsgraden in Mehratomgasen.

Die meisten der Gelenkbewegungen lassen sich in allen Ebenen als Kombination von zwei der drei Grundbewegungen (Translation, Rotation, Rollbewegung) beschreiben. Über die rein mechanischen Überlegungen hinausgehend können die Gelenkbewegungen auch nach zahlreichen anderen Gesichtspunkten klassifiziert werden. Wie in Abb. V.27 dargestellt, sind grundlegend die rein durch die Knochen-Knorpel-Geometrie bestimmten Gelenkbewegungen (z. B. Hüftgelenk), die überwiegend von Bändern-Sehnen stabilisierten Bewegungen (z. B. Kniegelenk) und die überwiegend vom Muskelgleichgewicht betimmten Bewegungsbahnen (z. B. Schultergelenk) zu unterscheiden.

V.2.2.3 Tribologie

Die Tribologie ist der Zweig der technischen Wissenschaften, der sich mit Reibung, Schmierung und Verschleiß gegeneinander bewegter Körper befasst. Beim Studium der Gelenkbewegungen kommt der technischen Näherung verständlicherweise eine hervorragende Bedeutung zu. Im Folgenden befassen wir uns mit Fragen der Reibung, Abnutzung, Verletzungen und Schmierung der Gelenkflächen, dann mit einigen tribologischen Beziehungen der Gelenke. Da es sich um lebende Strukturen handelt, pflegt man auch von Biotribologie zu sprechen.

Der Begriff der **Reibung** umfasst die Erscheinungen, die mit der relativen Verschiebung sich berührender Körper, bzw. mit ihrer Hemmung in Verbindung stehen. Man unterscheidet Gleitreibung und Haftreibung, je nachdem, ob ein Körper am anderen gleitet oder ob ein Körper aus dem Ruhezustand bewegt wird. Die Reibung ist von zahlreichen Faktoren bestimmt: (1) Anheben durch Rauheiten, (2) Verhaken von Rauhheitsspitzen mit Abscheren, (3) Verhaken von Rauhheitsspitzen mit plastischer Deformation und Kratzern, (4) Adhäsion mit Abscheren, (5) elastische Hysterese, (6) Adhäsion oder Verhaken von Rauhheitsspitzen mit Reißen, (7) elektrostatische Erscheinungen und endlich (8) visköse Erscheinungen.

In der Tribologie stehen die Begriffe **Verschleiß** und **Oberflächenschädigung** für den progressiven Substanzverlust durch die Bewegungen sich berührender Flächen. In Bezug auf den Mechanismus spricht man von Verschleiß durch (1) Abrasion, (2) Adhäsion, (3) Ermüdung und bei Metallen von Verschleiß durch (4) chemische oder Korrosionsprozesse. Es ist wichtig zu bemerken, dass die Größe von Reibung und Verschleiß nicht unbedingt proportional zueinander sind.

Gelenkersatz mit Prothesen

Der funktionelle Ersatz von kranken Gelenken, die nicht funktionsfähig sind, ist eine der großen Errungenschaften der Chirurgie der Bewegungsorgane. Nach den anfänglichen naiven Versuchen vor mehr als einem Jahrhundert gehört heute die Arthroplastik Dank der gemeinsamen Entwicklung und Zusammenarbeit von Metallurgie, Kunststoffindustrie, chemischer Industrie, Feinmechanik und medizinischen Wissenschaften zu den medizinischen Routineaufgaben. Eine besondere Wissenschaft befasst sich mit Biomaterialien, die drei große Gruppen Metalle (rostfreier Stahl, Titan, Kobalt, Chromnickel, Vanadium und Aluminium Legierungen), Kunststoffe („Ultra High Molecular-Weight-Polyethylen", UHMWPE) sowie Knochenzement (Polymethylmetacrylat, PMMA) bilden. Die Endoprothesen sollen die wichtigsten Funktionen und die Stabilität des Gelenkes ersetzen. Ihre Form erhalten die Endoprothesen meist durch Kopieren der geometrischen Hauptcharakteristika des natürlichen Gelenkes (s. Abb.).

Die biotribologischen Aspekte sind verständlicherweise auch hier von außerordentlicher Bedeutung. Der Austausch einer abgenutzten Prothese ist für den Patienten eine große Belastung und technisch ein schwieriger Eingriff. Dabei können die Abriebprodukte einer implantierten Prothese, die in die Umgebung des Gelenkes gelangt sind, nicht frei aus dem Organismus eliminiert werden. Die lebenden Gewebe sind bemüht, diese über verschiedene Gewebe- und Immunprozesse zu entfernen, was zu Entzündungen und allergischen Komplikationen führen kann.

Bei der Anfertigung von Prothesen ist die Frage der Grundmaterialien der einzelnen Komponenten sowie der Geometrie und Oberflächenbehandlung der einander berührenden bewegten Belastungsflächen sehr wichtig. Die Gelenkschmiere wird von der Synovialhaut produziert, bei der Konstruktion einer Endoprothese muss diese auch an diese Gegebenheit angepasst werden. Das andere wichtige Problem ist die Fixation des Fremdmaterials im Knochengewebe. Das kann rein mechanisch erfolgen (Einspannen oder Einschrauben) oder mit Einzementieren. Das mechanische Langzeitverhalten der Grenzflächen von lebendem und leblosem Gewebe hängt aber davon ab, ob der Knochen das Material des Implantates als natürliches Medium oder als irritierend empfindet und ob die mechanischen Einwirkungen auf den Knochen über das Implantat Knochenaufbau oder Knochenresorption anregen.

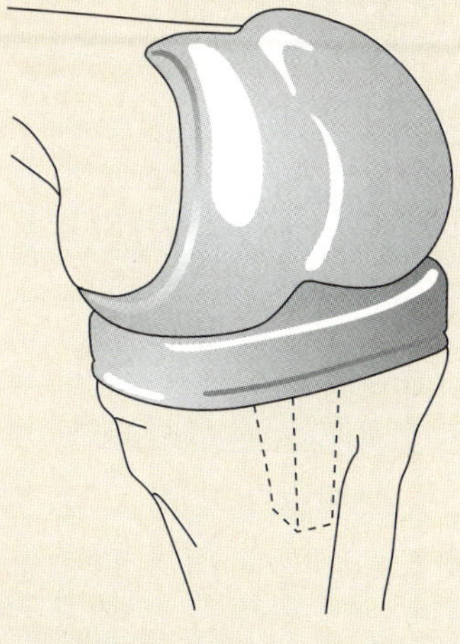

Kniegelenkprothese

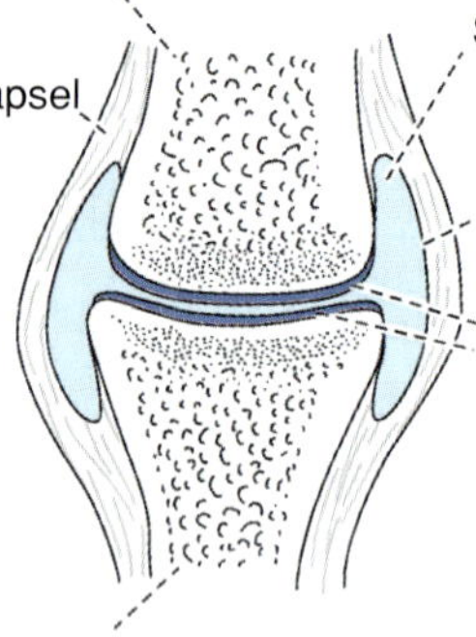

Abb. V.28. Schematischer Aufbau eines Gelenks

Die **Schmierung** ist der Mechanismus, der das Ausmaß von Reibung und/oder Verschleiß mindert. Das Schmiermittel kann fest, flüssig oder gasförmig sein. Eine fundamentale Form ist die hydrodynamische Schmierung, bei der keine direkte Berührung zwischen den bewegten Flächen besteht, sondern sich zwischen ihnen ein Film bildet. Der Druck hängt von der Geometrie der Flächen und dem Charakter der Bewegung ab, die Reibung hängt prinzipiell von der Viskosität des Schmiermittels und damit zusammenhängend vom Abscheren ab.

In Abb. V.28 ist der schematische Aufbau eines natürlichen Gelenkes dargestellt. Die gelenkig verbundenen Knochenenden deckt dünner, elastischer Knorpel. Zwischen den Gelenkflächen bildet ein wegen seiner makroskopischen Ähnlichkeit mit Eiweiß als synoviale Flüssigkeit bezeichnetes Schmiermittel eine dünne filmartige Schicht und stellt so die hydrodynamische Schmierung sicher. Das Gelenk ist von einer Kapsel umgeben, die über die mechanische Funktion hinausgehend in ihrer Innenwand synoviale Flüssigkeit produziert und resorbiert und das Abfließen der Flüssigkeit verhindert.

VI. Physikalische Methoden der Molekular- und Zelldiagnostik

Bei den Lebensvorgängen der Lebewesen spielen die Zellen und innerhalb dieser die Makromoleküle die tragende Rolle. Die rapide Entwicklung der Genetik richtete die Aufmerksamkeit der biologischen Forschungen – relativ schlagartig – auf die molekulare Erklärung der Prozesse. Die Ergebnisse der Molekularbiologie machten aber nicht nur auf die Bedeutung der einzelnen Moleküle aufmerksam, sondern sie zeigten auch, welch enorme Bedeutung der Makromolekülstruktur bei den physiologischen Funktionen zukommt. Denken wir nur an das bekannte Beispiel, dass die Änderung einer einzigen konkreten Aminosäure in der Aminosäuren-Sequenz des Hämoglobins ausreicht, um eine Sichelzellenanämie hervorzurufen. Die Änderung der Nukleotidsequenz GAG in GTG formt die gesamte Eiweißstruktur um und durch das entstellte Hämoglobin ändert sich auch die Form der Erythrozyten in die charakteristische Sichelform.

Unter den Eigenschaften von Makromolekülen, Makromolekülkomplexen, Zellorganellen und Zellen finden sich zahlreiche physikalische Eigenschaften, welche die Anwendung physikalischer Methoden zur Erkennung dieser physikalischen Einheiten ermöglichen und bei pathologischen Prozessen deren molekularstrukturelle Grundlage aufdecken.

Deshalb ist die internationale klinische Praxis immer mehr bemüht, sich auf diese Kenntnisse zu stützen und es erscheinen immer mehr physikalische, physikochemische Methoden auch in der Labor-Routinediagnostik. Hier wollen wir einen Überblick über die wichtigsten Methoden geben, auch wenn wir uns bewusst sind, dass wir infolge der rapiden Entwicklung dieses Gebietes keinen Anspruch auf Vollständigkeit erheben können. Die Methoden, welche derzeit erst in der biologischen Forschung angewendet werden, behandeln wir in Kapitel X.

VI/1 Sedimentation und Elektrophorese

VI/1.1 Sedimentationsmethoden

Bei der Untersuchung von Teilchen, Makromolekülen (Eiweißen, Nukleinsäuren, anderen Polymeren) soll oft die Masse oder die Form der Teilchen bestimmt werden. Die bei der physikalisch-chemischen Bestimmung der Molekülmasse gebräuchlichen Methoden (Gefrierpunkterniedrigung, Siedepunkterhöhung) können bei Makromolekülen nicht oder nur sehr beschränkt angewendet werden, weil die für eine messbare Verschiebung des Siedepunktes oder des Gefrierpunktes sehr hohen Konzentrationen bei Molekülmassen über 10^4 Dalton nicht zu garantieren sind. In diesem Fall ermöglichen unter anderem Untersuchungen mit Ultrazentrifuge und mit Lichtstreuung die Bestimmung der Molekülmasse.

Eine bewährte Methode zum Messen der Masse bestimmt die Beschleunigung der untersuchten Masse durch eine bekannte Kraft. Bei Molekülen in Lösung führt diese Methode – wenn die einwirkende Kraft die Gravitation ist – nicht zum Ziel, da die thermische Bewegung der Moleküle des Lösungsmittels die Wirkung der Gravitationskraft unterdrückt. Hier bietet sich als

Lösung an, statt der Gravitation eine künstlich erzeugte, größere Kraft anzuwenden. Diese lässt sich z. B. durch Zentrifugieren erzielen. In diesem Fall ändert sich die Messung nur insofern, dass statt der Erdbeschleunigung g eine bedeutend höhere Beschleunigung $r\omega^2$ erreicht wird.

VI/1.1.1 Sedimentationsgeschwindigkeit

Betrachten wir ein Gefäß, das sich mit der Winkelgeschwindigkeit ω um seine vertikale Achse dreht und in dem sich eine Lösung mit Molekülen der Masse m befindet. Die Dichte des gelösten Stoffes ist ρ, die des Lösungsmittels ρ_0. Untersuchen wir jetzt die Kräfte in einem rotierenden Koordinatensystem, in dem auf Grund der Mechanik drei Kräfte auf die Masse wirken (Abb. VI.1):
die Reibungskraft

$$F_R = fv \qquad \text{(VI.1)}$$

wobei f der sog. Formfaktor (auch Reibungskoeffizient genannt) und v die Geschwindigkeit des Teilchens sind,
die Auftriebskraft

$$F_A = \rho_0 V r\omega^2 = \frac{m}{\rho} \qquad \text{(VI.2)}$$

denn $V = m/\rho$, statt g müssen wir die aus der Drehung stammende Beschleunigung $r\omega^2$ anwenden und
die Zentrifugalkraft

$$F_Z = mr\omega^2. \qquad \text{(VI.3)}$$

Die Differenz zwischen Zentrifugalkraft und Auftriebskraft beschleunigt die Teilchen von der Achse nach außen, bis sie (mit zunehmender Geschwindigkeit) mit der entgegengesetzt wirkenden Reibungskraft im Gleichgewicht steht:

$$fv = mr\omega^2 - \frac{m}{\rho}\rho_0 r\omega^2 = mr\omega^2\left(1 - \frac{\rho_0}{\rho}\right). \qquad \text{(VI.4)}$$

Danach nimmt die Geschwindigkeit des Teilchens nur noch in dem Maße zu, wie es sich von der Drehachse entfernt. Bemerken wir, dass die Größe

$$S = \frac{v}{r\omega^2} = \frac{m\left(1 - \frac{\rho_0}{\rho}\right)}{f} \qquad \text{(VI.5)}$$

konstant ist und die Maßeinheit einer Zeit (Geschwindigkeit/Beschleunigung) hat. S bezeichnet man als Sedimentationskoeffizienten, seine Einheit

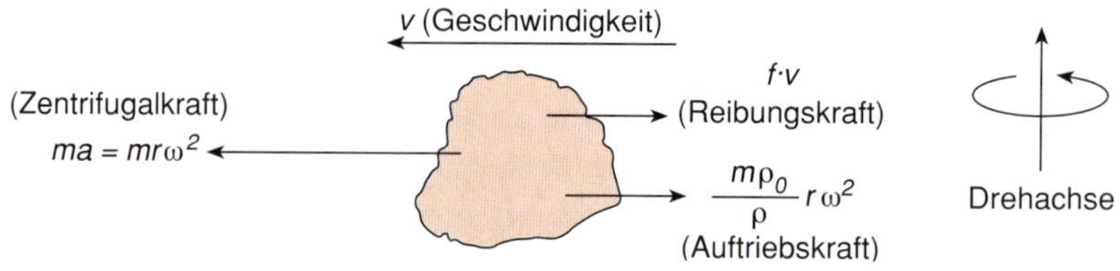

Abb. VI.1. Beim Zentrifugieren auftretende Kräfte

ist 1 Svedberg = 10^{-13} s. Die Einheit erhielt ihren Namen nach dem schwedischen Chemiker Theodor Svedberg, der erstmals zum Bestimmen der Molekülmassen von Proteinen Ultrazentrifugen konstruierte. Aus den zueinander gehörenden Parametern v und $r\omega^2$ kann S berechnet werden, wonach dann

$$m = \frac{fS}{1 - \frac{\rho_0}{\rho}} \,. \qquad \text{(VI.6)}$$

Diese Formel hat den Nachteil, dass für die genauen Massenparameter die Kenntnis des Formfaktors f notwendig ist. Es ist aber bekannt, dass der Formfaktor f und der Diffusionskoeffizient D in folgender Beziehung stehen:

$$f = \frac{kT}{D} = \frac{RT}{ND} \,, \qquad \text{(VI.7)}$$

wo k die Boltzmann-Konstante, T die absolute Temperatur, $N = 6 \cdot 10^{23}$ die Avogadro-Zahl sind. Danach ist

$$m = \frac{RTS}{ND\left(1 - \frac{\rho_0}{\rho}\right)} \,. \qquad \text{(VI.8)}$$

Kombiniert man auf diese Weise die Sedimentationsgeschwindigkeit mit Diffusionsmessungen, so erhält man unabhängig von allen weiteren Bedingungen bezüglich der Molekülform zuverlässige Daten der Molmasse, wenn die Dichte ρ des untersuchten Stoffes bekannt ist. Der Wert ρ lässt sich unter anderem mit Zentrifugieren im Dichtegradienten bestimmen (s. VI/1.1.2).

Die Methode ermöglicht neben der Bestimmung der Molekülmasse auch die Bestimmung der Molekülgröße, wenn bestimmte Kenntnisse in Bezug auf die Form zur Verfügung stehen.

Erfahrungsgemäß zeigt der Sedimentationskoeffizient infolge gewisser Wechselwirkungen eine Konzentrationsabhängigkeit und nimmt mit zunehmender Konzentration ab. Deshalb wird die Molekülmasse m gewöhnlich mit Extrapolation des Wertes S auf die Konzentration Null bestimmt.

Bei Messungen mit Ultrazentrifugen kann die Ionenstärke eine wichtige Rolle spielen. Sofern nämlich die sedimentierenden Moleküle auch eine Ladung haben, beeinflussen außer den bisherigen Krafteinwirkungen auch die intermolekularen elektrostatischen Kräfte die Sedimentationsgeschwindigkeit.

Theodore Svedberg (1884–1971)

erhielt 1926 den Nobelpreis für seine Arbeit mit dispersen Systemen.

VI/1.1.2 Sedimentationsgleichgewicht

Bei dieser Methode muss man abwarten, bis die mittlere Sedimentationsgeschwindigkeit der Moleküle Null wird. Dann besteht ein Gleichgewicht zwischen der sedimentierenden Bewegung und der thermischen Bewegung (Diffusion). Würde auf die Moleküle nur die Zentrifugalkraft wirken, so würde sich nach einer Weile jedes Molekül an der Stelle der Minimalenergie, dem Gefäßboden sammeln. Die thermische Energie der thermischen Bewegung bringt aber einen Teil der Moleküle in einen höheren Energiezustand.

Das Verhältnis der im Abstand r_1 bzw. r_2 von der Achse gemessenen Molekülkonzentrationen n_1 bzw. n_2 gibt die Boltzmann-Verteilung (s. I/3.1):

$$\frac{n_1}{n_2} = e^{-\frac{E_1 - E_2}{kT}}, \tag{VI.9}$$

wo E_1 und E_2 die potentielle Energie der Moleküle an den Stellen r_1 und r_2 sind.

Laut Gl. (VI.9) weicht der Quotient n_1/n_2 um so mehr von 1 ab, je größer der Unterschied der potentiellen Energien (bei gegebenem r_1 und r_2) ist. Diese Differenz ist gleich der Arbeit, mit der man ein Molekül von Ort r_2 auf Ort r_1 bringen kann (eine ähnliche Berechnung s. III/1.3.2, III/1.3.3).

$$E_1 - E_2 = \frac{m}{2}\,\omega^2\left(1 - \frac{\rho_0}{\rho}\right)(r_2^2 - r_1^2). \tag{VI.10}$$

Dieses Ergebnis bedeutet, dass sich die Moleküle in einem umso engeren Intervall r befinden, je größer die Winkelgeschwindigkeit des Rotors ist. Die Größe der Energiedifferenz $E_1 - E_2$ ist nämlich von der thermischen Bewegung der Teilchen ($\sim kT$) bestimmt.

Hat sich das Sedimentationsgleichgewicht eingestellt, so kann m aus der Beziehung

$$\ln\frac{n_2}{n_1} = \frac{m\left(1 - \frac{\rho_0}{\rho}\right)\omega^2}{2kT}(r_2^2 - r_1^2) \tag{VI.11}$$

bestimmt werden.

Der große Vorteil dieser Methode im Gegensatz zu der mit Diffusionsmessungen nicht kombinierten Geschwindigkeitsmethode besteht darin, dass die Ergebnisse nicht vom Formfaktor f abhängen. Bei kugelförmigen Molekülen ist $f = 6\pi\eta R$, wo η der innere Reibungskoeffizient und R der Molekülradius sind. Hat man aber keine ausreichend genauen Daten in Bezug auf die Form, dann erhält man keine zuverlässige Molekülmasse. Ein weiteres Problem besteht darin, dass die Teilchen in der Regel als sog. Solvate sedimentieren, so ist das in f vorkommende R nicht mehr der Molekülradius. Der durch die Form und die Solvathülle veränderte Teilchenradius beeinflusst die Sedimentationsgeschwindigkeit, wirkt sich aber nicht auf das Gleichgewicht aus.

Bei der Gleichgewichtsmethode ist der einzige kritische Parameter die Moleküldichte, die mit dem Durchlauf im Dichtegradienten bestimmt werden kann. Beim Zentrifugieren von sehr dichten Stoffen mit geringer Molekülmasse (z. B. CsCl, CsBr usw.) entsteht ein Dichtegradient, wenn sich das Gleichgewicht einstellt. Erfolgt das Ultrazentrifugieren in einem Lösungsmittel, so bleiben die Makromoleküle dort stehen, wo die Dichte des Lösungsmittels gleich ihrer eigenen Dichte ist. So kann die Homogenität verschiedener Proben untersucht werden. Die hohe Empfindlichkeit der Methode ermöglicht z. B., die DNA-Moleküle von Bakterien, die in ^{14}N oder ^{15}N-haltiger Nährlösung gezüchtet wurden, zu unterscheiden. Natürlich reichen dazu einige wenige Moleküle nicht aus, aber zwei ansonsten homogene Molekülpopulationen lassen sich in der Ultrazentrifuge separieren.

VI/1.2 Elektrophorese und isoelektrisches Fokussieren

Die aus biologischer Sicht bedeutsamen Makromoleküle haben unter physiologischen Bedingungen zum überwiegenden Teil eine von Null verschiedene Gesamtladung. Gelangt ein solches Molekül in ein elektrisches Kraftfeld, so führt es seiner Ladung entsprechende Bewegungen aus. Da die Ladungsverteilung innerhalb des Moleküls (sogar bei einer Gesamtladung von Null) auch asymmetrisch sein kann, übt das elektrische Feld auf die Dipol-Moleküle auch ein Drehmoment aus, was eine orientierende Wirkung hat.

Die Translationsbewegung von Teilchen, Molekülen in einem elektrischen Kraftfeld bezeichnet man als Elektrophorese. Auf ein Molekül mit der Ladung $+Ze$ wirkt in einem elektrischen Feld mit der Feldstärke E die Kraft $F = ZeE$. Durch diese Kraft nimmt die Geschwindigkeit der Teilchen solange zu, bis der zur Driftgeschwindigkeit proportionale Strömungswiderstand (Kraft) mit der bewegenden Kraft im Gleichgewicht ist

$$ZeE = fv. \qquad \text{(VI.12)}$$

Die Konstante f hängt von Form und Größe des sich bewegenden Teilchens und vom inneren Reibungskoeffizienten des Mediums ab, wird aber oft nur als Formfaktor erwähnt. Die **elektrophoretische Mobilität** (die von der Feldstärkeneinheit bewirkte Driftgeschwindigkeit):

$$u_{\mathrm{el}} = \frac{v}{E} = \frac{Ze}{f}\,. \qquad \text{(VI.13)}$$

Die Größe u_{el} ist nicht identisch mit der in III/1.5 definierten Beweglichkeit u:

$$u_{\mathrm{el}} = Q \cdot u, \qquad \text{(VI.14)}$$

wo Q die Ladung Ze ist.

Mit Hinsicht darauf, dass sich die Elektrophorese in der Mehrzahl der Fälle in einer Pufferlösung abspielt, können starke Abweichungen von Gl. (VI.13) auftreten. Die Abweichungen stammen davon, dass die wandernden geladenen Teilchen von einer „Ionenatmosphäre” umgeben sind, deren Ausmaße auch vom pH-Wert, von der Temperatur, der Ionenstärke usw. abhängen. Die modifizierenden Faktoren werden gewöhnlich mit verschiedenen Korrektionsfaktoren berücksichtigt, aber die Übereinstimmung der so berechneten Werte und der Messwerte ist nicht immer ausreichend. Deshalb wird die Elektrophorese in der Regel nicht zur Bestimmung von Molekulardaten benutzt, sondern zur Untersuchung der Homogenität von Lösungen mit Makromolekülen oder zur Trennung der verschiedenen Komponenten der Lösung.

VI/1.2.1 Freie Elektrophorese

In einem Elektrophoresegerät (Abb. VI.2) wird über die Lösung mit den Makromolekülen Pufferlösung geschichtet. Bei Anlegen der Spannung an die

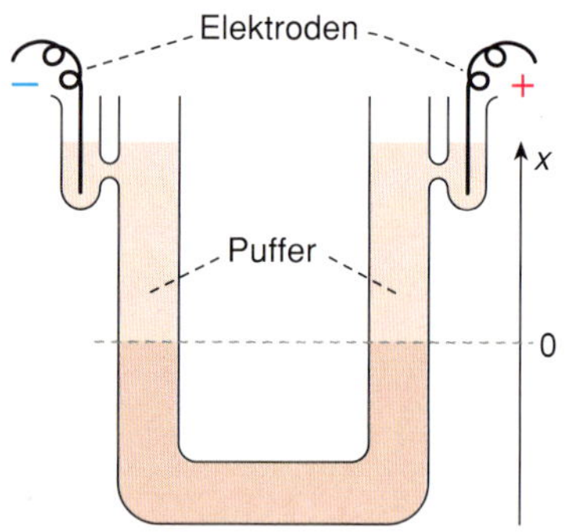

Abb. VI.2. Schema eines Elektrophoresegeräts

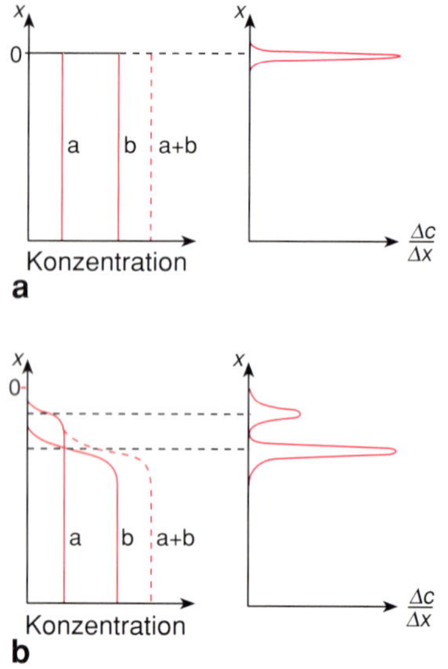

Abb. VI.3. Verteilung der Konzentration während der Elektrophorese
a. Anfangsverteilung; **b**. Verteilung nach voranschreitender Elektrophorese

Elektroden beginnt die Elektrophorese. Die Elektroden befinden sich seitlich, damit die Produkte der Elektrolyse die wandernden Grenzlinien nicht stören.

Bei den Polaritätsverhältnissen der Abb. wird die Grenzschicht der positiv geladenen Makromoleküle im linken U-Rohrschenkel steigen, im rechten U-Rohrschenkel sinken. Bei einem Gefäß mit planparallelen Wänden kann die Position der wandernden Grenzlinien mit einfachen optischen Messungen (konzentrationsabhängiger Lichtabsorption) verfolgt werden. So erhalten wir Daten von Höhe-Konzentration, aus denen sich der Konzentrationsgradient $\Delta c/\Delta x$ als Funktion von x bestimmen lässt.

Befinden sich in einer Lösung zwei Komponenten (a und b) mit unterschiedlicher elektrophoretischer Mobilität, dann erhält man beim Starten der Elektrophorese die in Abb. VI.3a dargestellten Werte für die Konzentration und die Konzentrationsänderung entlang der x-Achse. Die Verhältnisse bei fortschreitender Elektrophorese zeigt die Abb. VI.3b.

Aufgrund der Abbildungen können die zur Bestimmung der Mobilität notwendigen Geschwindigkeiten berechnet werden. Die beim Ansteigen und Sinken gemessenen Geschwindigkeiten zeigen einen geringen Unterschied, weil sich die steigende Grenzlinie im Puffer, die sinkende in der ursprünglichen Lösung bewegt. Deshalb wird bei der Mobilitätsmessung ausschließlich die sinkende Grenzlinie berücksichtigt. Die Bestimmung der Feldstärke erfolgt nach dem ohmschen Gesetz. Nimmt man eine Flüssigkeitssäule mit dem Querschnitt A und dem spezifischen Widerstand $\rho = 1/\sigma$, dann ist die auf die Schichtdicke Δx fallende Spannung ΔU proportional zum Widerstand ΔR der Schicht:

$$\Delta R = \rho \frac{\Delta x}{A} = \frac{\Delta x}{\sigma A}, \tag{VI.15}$$

$$\Delta U = -I\Delta R = -\frac{I\Delta x}{\sigma A}. \tag{VI.16}$$

Daraus ergibt sich die Feldstärke

$$E = \frac{\Delta U}{\Delta x} = \frac{I}{\sigma A}. \tag{VI.17}$$

Stromstärke, Leitfähigkeit und Querschnitt sind leicht messbare Größen, so lässt sich mit Hilfe von Gl. (VI.17) die elektrophoretische Mobilität $u_{el} = v/E$ bestimmen.

Die Methode ist sehr empfindlich. Mit ihr lässt sich schon ein Ladungsunterschied von einer Elektronenladung pro Molekül nachweisen. Die Inhomogenität lässt sich in vielen Fällen auch dann noch nachweisen, wenn keine gut separierten Driftgrenzen vorhanden sind. Verschärft sich nämlich die Grenzlinie bei fortgeschrittener Elektrophorese mit Änderung der Stromrichtung, so weist das eindeutig auf eine Inhomogenität hin, weil sich in einer homogenen Probe die Grenzlinie nie verschärfen kann, sondern wegen der Diffusion immer „verwaschener" wird.

Nachteile der Methode sind: die molekulare Interpretation der elektrophoretischen Mobilitäten ist kompliziert, die Herstellung des Gefäßes ist wegen der geschliffenen planparallelen Wände teuer. Für präparative Zwecke ist sie nicht geeignet, da sich aus den untersuchten Proben nur kleine Mengen isolieren lassen (von der am schnellsten wandernden Komponente im aufsteigenden Ast, von der am langsamsten wandernden Komponente im absteigenden Ast).

VI.1.2.2 Gelelektrophorese

Stärker verbreitet als die freie Elektrophorese ist die für analytische und präparative Zwecke gleichermaßen geeignete Gelelektrophorese. Bei dieser Methode spielt sich die Elektrophorese – im Gegensatz zur freien Elektrophorese – in einer festen Matrix (Stärke-, Agar- oder Polyakrylamidgel) ab, was zum Ausschalten der Konvektion vorteilhaft ist. Bei dieser Methode reicht eine sehr geringe Probenmenge aus, die Komponenten lassen sich fast vollständig trennen, die Reproduzierbarkeit ist groß. Die separierten Fraktionen können nach Beenden der Elektrophorese fixiert, mit verschiedenen Methoden gefärbt oder markiert und dann mit zahlreichen Messtechniken (Absorptionsphotometrie, Fluoreszenz, Autoradiographie usw.) ausgewertet werden.

Man unterscheidet in der Regel zwei Arten der Gelelektrophorese: Nieder- und Hochspannungs-Gelelektrophorese (bei Feldstärken von 10-20 V/cm bzw. 100 V/cm).

VI/1.2.3 Isoelektrisches Fokussieren

Dieses Verfahren ist analog zur Sedimentation im Dichtegradienten, bei der sich die driftenden Moleküle in der Höhe sammeln, wo ihre eigene Dichte gleich der Dichte der Lösung ist.

Es ist bekannt, dass sich die Gesamtladung von Makromolekülen mit sauren bzw. basischen Gruppen bei Änderung des pH-Wertes im Medium ändert. Dieses Merkmal weisen unter anderen auch die Eiweiße auf. Bei hohem pH-Wert haben sie eine negative, bei niedrigem pH-Wert eine positive Nettoladung. Es gibt aber einen pH-Wert (isoelektrischer Punkt), bei dem der Wert der Nettoladung des gegebenen Eiweißes Null ist.

Spielt sich die Elektrophorese bei einem pH-Gradienten ab, so wandern die Makromoleküle solange sie eine Nettoladung haben. Entlang ihrer Bahn ändert sich der pH-Wert so, dass die Nettoladung der Moleküle abnimmt. Ihre Wanderung hört auf, wenn sie den ihrem isoelektrischen Punkt entsprechenden pH-Wert erreichen, weil sie dort ihre Nettoladung verlieren. Das System kommt in einen Zustand, in dem Elektrophorese und Diffusion im Gleichgewicht sind. Sofern ein Makromolekül durch Diffusion den seinem isoelektrischen Punkt entsprechenden pH-Bereich verlässt, erhält es eine von Null verschiedene Ladung und kehrt durch die Elektrophorese in den Gleichgewichtsbereich zurück. Dementsprechend lassen sich alle Komponenten mit unterschiedlichem isoelektrischem Punkt gut separieren, sie „fokussieren" in einem schmalen Band. Diese sehr empfindliche Methode wird in breiten Kreisen sowohl analytisch als auch präparativ genutzt.

VI/1.2.4 Blotting-Techniken

Mit der Elektrophorese lassen sich auch Nukleinsäuremoleküle nach ihrer Größe separieren, obwohl sie keine Kugelform haben. Zur Trennung wird dasselbe Agarose-Gel benutzt wie bei Eiweißen. Edward Southern entwickelte 1975 an der Stanford University eine neue Methode zur Trennung von Eiweißen. Die Methode kombinierte die Vorteile von Elektrophorese, Nukleinsäurenhybridisation und Isotopmarkierung. Sie wurde als Southern-Blotting bezeichnet, weil bei einem Schritt die DNA-Stücke nach der Elektrophorese mit Zellulose-Azetat-Papier aufgesaugt werden (engl. „blotting paper" Löschpapier) und danach erfolgt die Hybridisation. Das Aufsaugen schaltet die unerwünschten Hintergrundeffekte aus. Ähnlich können RNA-Proben bzw. mit spezifischen Antikörpern auch Eiweiße identifiziert werden. Die beiden letzteren Methoden werden humorvoll auch als Northern- bzw. Western-Blotting bezeichnet.

Polymerasekettenreaktion (engl. polymerase chain reaction PCR)

Von den genetischen Techniken erwähnen wir nur die Polymerasekettenreaktion, eine in vitro Methode zur enzymatischen Vermehrung (Amplifikation) von bestimmten DNA-Abschnitten zwischen zwei spezifischen Oligonukleotidprimern. Weil das Basenpaar des Oligonukleotides, das die Amplifikation startet, mit dem zu vermehrenden DNA-Abschnitt komplementär sein muss, ist theoretisch eine Voraussetzung der Reaktion, dass die Basensequenz des DNA-Abschnittes bekannt ist. PCR eignet sich also in erster Linie zur Vermehrung von bekannten DNA-Abschnitten. Mit gewissen technischen Tricks lässt sich dieses Problem jedoch in vielen Fällen überbrücken (z. B. Arbitrarily Primed PCR, RAPD). Ermöglicht wurde die PCR-Technik durch die Entdeckung der Taq-Polymerase und die Konstruktion von automatisierten Heizblöcken. Die Basis der Methode bildet die biologische Erkenntnis, dass sich das Aufspalten der nicht kovalenten (elektrostatischen und hydrophoben) Bindungen, welche die Makromoleküle stabilisieren, durch Temperaturänderungen makromolekülspezifisch regulieren lässt (s. I/3.1). Die Enzymfunktion der Taq-Polymerase ist infolge der Strukturflexibilität durch die in ausreichender Zahl aufgerissenen Bindungen um 72-75° optimal und bei 95° wird die Struktur wegen der kovalenten Disulfidbrücken noch nicht denaturiert. Bei 95° bricht aber ein hoher Prozentsatz der Wasserstoffbrücken auf, welche die Doppelhelix der zu vermehrenden DNA zusammenhalten und aus dem Doppelstrang wird ein Einzelstrang. Bei der Vervielfältigung verlaufen die DNA-Synthese und dann die Denaturation des entstandenen Produktes in sich wiederholenden Zyklen (Abb.). Innerhalb einiger Stunden werden so von dem DNA-Abschnitt im Genom mehrere Millionen Kopien erzeugt.

Die Empfindlichkeit der Methode macht sie theoretisch geeignet, die Kopie eines einzigen fraglichen Gens nachzuweisen. In der ursprünglichen Form wurde sie hauptsächlich als diagnostischer Test benutzt, um spezifische Gene nachzuweisen, die nur für die Virulenz von pathogenen Arten, Stämmen charakteristisch sind. Die Zahl der pathogenen Bakterien und Viren steigt fast von Tag zu Tag, als Beispiel seien nur einige erwähnt: Mycobacterium tuberculosis, Legionella, Mycoplasma, Chlamydia trachomatis, Herpes,

Adenoviren, Papoviren, HIV Virus usw. Daneben ist die reverse PCR-Technik (RT-PCR) eine in breiten Kreisen benutzte Methode zur Untersuchung von DNA, die geeignet ist zum Nachweis von DNA-Viren und von Genumschreibungen, die vom Normalen abweichen (alternativ splicing). Bei RT-PCR ist das Ausgangstemplat nicht DNA sondern RNA, daraus erzeugt die reverse Transkriptase cDNA und diese wird während der PCR vervielfältigt. Mit Kombination mehrerer entsprechender Primerpaare ist es auch möglich sog. multiplexe Systeme zusammenzustellen. Dann können aus dem Reaktionsgemisch (also aus der gleichen Probe) gleichzeitig mehrere Sequenzen vervielfältigt werden. So besteht z. B. die Möglichkeit, gleichzeitig Shigella, wärmelabile und wärmestabile E. coli Stämme nachzuweisen. Bei gerichtsmedizinischen Untersuchungen können gleichzeitig mehrere polymorphe Marker mit multiplexer PCR durch die DNA-Längenänderungen an einem gegebenen Abschnitt des Genoms charakterisiert werden. Bei entsprechend gewählten Primern hat die Methode eine sehr hohe diagnostische Spezifität und Empfindlichkeit, dabei können PCR-Untersuchungen auch an Proben von geringer Menge und mit degradierter DNA erfolgreich durchgeführt werden.

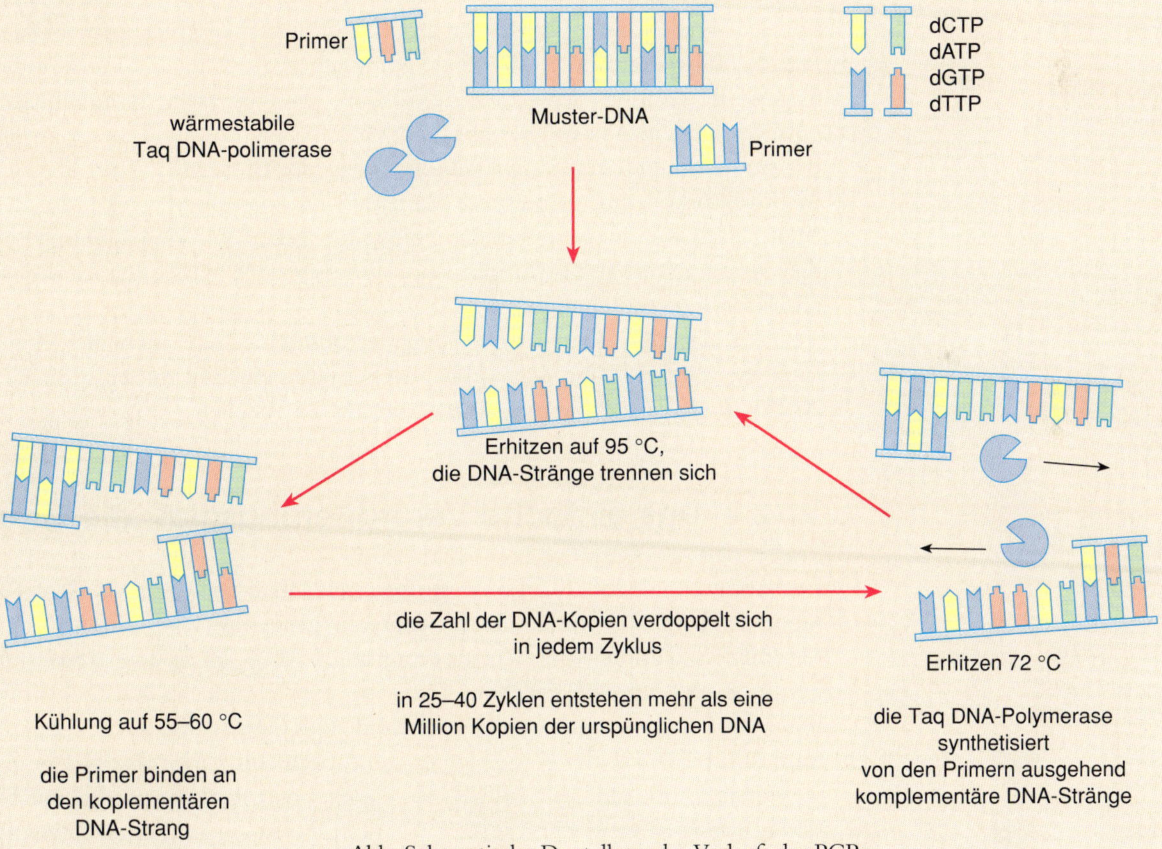

Abb. Schematische Darstellung des Verlaufs der PCR

VI/2 Mikroskopische Methoden

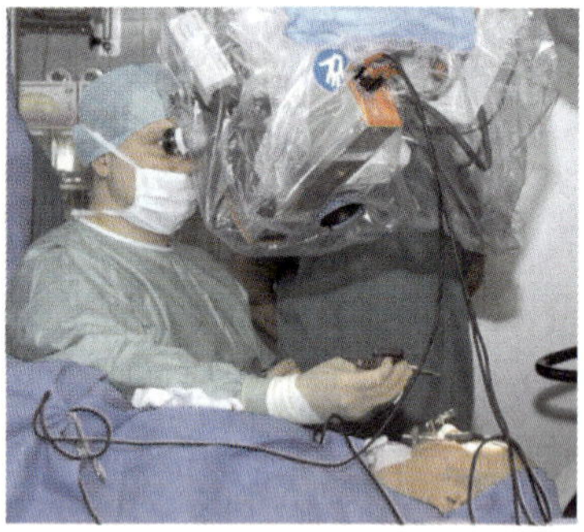

Abb. VI.4. Operation unter einem Stereomikroskop

> Bemerkung VI.1
>
> Es gibt keine andere Erfindung der Menschheit, die elektronischen Wunder der Gegenwart und der Zukunft inbegriffen, die einen so großen Einfluss auf die Weltanschauung ausgeübt hätte, wie das geschliffene kleine Glasstückchen: die Linse. Es eröffnete uns den unendlichen Weltraum, den Kosmos, und wir entdeckten eine bis dahin vollkommen unbekannte Welt, die der Winzlinge, den Mikrokosmos.
>
> Béla Lovas: Die Geschichte des Mikroskops, Búvár évkönyv (Jahresbuch der Forscher) 1986, Móra Verlag

Im medizinischen Alltag spielt die Mikroskopie traditionell eine sehr bedeutende Rolle. Als Beispiele seien nur Ophthalmologie, Gynäkologie, Histologie, Bakteriologie erwähnt (Abb. VI.4). Bei einem großen Teil der Krankheiten erfordern sowohl die Diagnose als auch die genaue Aufstellung des Therapieplanes mikroskopische Untersuchungen bzw. Bestätigung. Die histologische Untersuchung kann schon während einer Operation oder nach der Heilung die Diagnose erstellen und nur in einer geringen Zahl der Fälle bleiben Unsicherheiten bestehen. Die medizinischen-biologischen Forschungen auf Zellebene (Entwicklung, Erprobung von Arzneimitteln) sind auf die Auflösung und Zuverlässigkeit der morphologischen Einzelheiten angewiesen, die vom Entwicklungsstand der mikroskopischen Methoden abhängen.

Dem Auflösungsvermögen des menschlichen Auges sind Grenzen gesetzt, die bestimmen, wie große Gegenstände wir mit freiem Auge unterscheiden können. Was „kleiner" ist, sieht man nur mit optischen Hilfsmitteln. Das einfachste Hilfsmittel ist die Lupe, eine Sammellinse (s. II/2.1.2). Ein komplexes System ist das klassische Lichtmikroskop, das aus zwei Sammellinsen in entsprechendem Abstand besteht. Die Mikroskopie unserer Tage ist vielleicht der sich am rapidesten entwickelnde Zweig der Biophysik. Vom klassischen Lichtmikroskop gibt es mehrere Varianten für spezielle Zwecke, die in der Medizin Anwendung finden. Im Folgenden geben wir eine Übersicht über die Grundbegriffe des Lichtmikroskops und spezielle Methoden für die tägliche labordiagnostische Praxis.

Das Lichtmikroskop hat die Aufgabe, unserem Auge auch die winzigen Einzelheiten der Probe sichtbar zu machen, also ein Bild mit entsprechender **Auflösung, Vergrößerung und Kontrast** zu erstellen.

VI/2.1 Das einfache Vergrößerungsglas, die Lupe

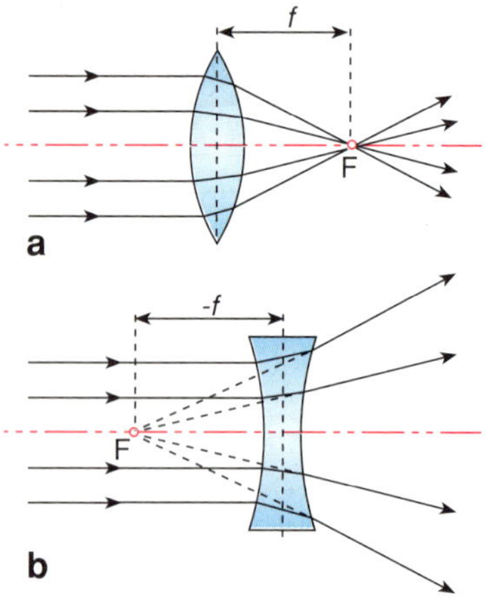

Abb. VI.5. Die zur optischen Achse parallel verlaufenden Lichtstrahlen werden **a.** von der Sammellinse im Brennpunkt gesammelt; **b.** von der Zerstreuungslinse zerstreut.

Das Abbildungsgesetz für dünne (von Kugelflächen begrenzte) Linsen wurde schon in II/2.1.2 diskutiert. Dementsprechend werden zwei Linsenarten unterschieden, Sammel- und Zerstreuungslinsen (Abb. VI.5). Die Bezeichnung beruht darauf, ob eine gegebene Linse die parallel einfallenden Lichtstrahlen in einem Punkt sammelt oder sie zerstreut. Die Gerade, die durch die Krümmungsmittelpunkte der Kugelhauben geht, bezeichnet man als optische Achse. Verlaufen die auf die Sammellinse einfallenden Strahlen parallel zur optischen Achse, dann werden sie sich in einem Punkt der optischen Achse, dem Brennpunkt F (Fokus) treffen (Abb. VI.5a). (Aus Gründen der Symmetrie befindet sich auf der anderen Seite der Linse in der gleichen Brennweite f der zweite Brennpunkt). Bei Zerstreuungslinsen werden die parallel einfallenden Lichtstrahlen so gestreut, als wenn sie vom Brennpunkt ausgehen würden (Abb. VI.5b). Bei der optischen Abbildung werden die vom Gegenstand ausgehenden Lichtstrahlen durch ein optisches System (z. B. eine Linse oder ein aus mehreren Linsen bestehendes System) geleitet. Das reelle Bild eines Ge-

Bildentstehung bei dünnen Sammellinsen

Wir können nun das Bild konstruieren, das eine Sammellinse von einem Gegenstand bildet. Dazu können wir von den aufgeführten drei ausgezeichneten Strahlengängen zwei beliebige benutzen:

- Der vom Objektpunkt ausgehende und zur optischen Achse parallel verlaufende Lichtstrahl geht durch den Brennpunkt F_2 der Gegenseite.
- Geht der auffallende Lichtstrahl (oder seine Verlängerung) durch den Brennpunkt F_1, dann verläuft der gebrochene Strahl parallel zur optischen Achse (Umkehr des vorherigen Lichtweges).
- Die Richtung des durch den Linsenmittelpunkt gehenden Lichtstrahls ändert sich nicht.

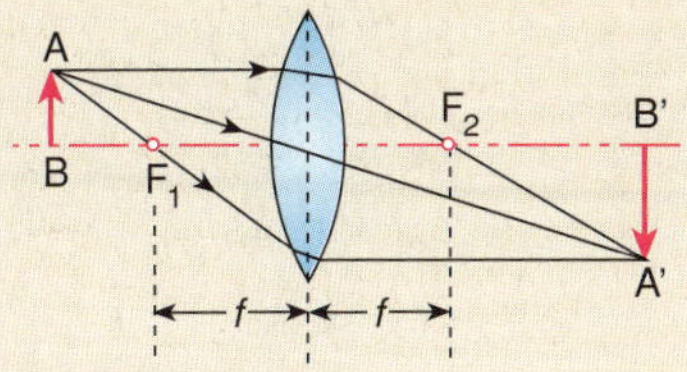

Konstruieren wir aus einem beliebigen Objektpunkt den Weg dieser drei Lichtstrahlen, so werden sich die Strahlen in einem Punkt, dem Bildpunkt treffen (Abb.). Bei einem ausgedehnten Gegenstand erhalten wir das Bild, indem wir für alle seine Punkte den Bildpunkt konstruieren. Die Beziehung zwischen Bild- und Gegenstandsweite gibt das bekannte Linsengesetz (s. II/2.1.2):

$$\frac{1}{f} = \frac{1}{g} + \frac{1}{b} .$$

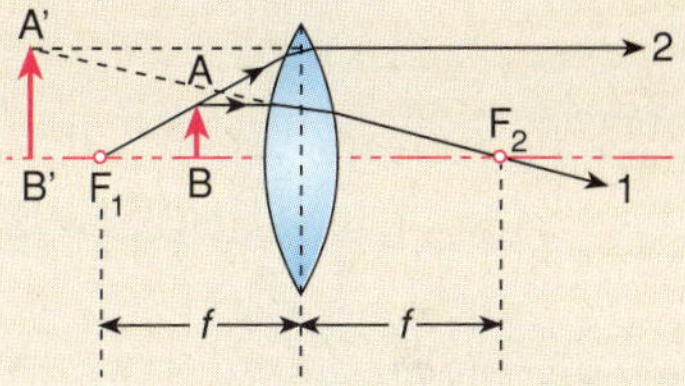

genstandspunktes ist der Punkt, in dem sich die vom Gegenstandspunkt ausgehenden Lichtstrahlen nach Durchdringen der Linse wieder treffen. Das so entstehende Bild kann auf einem Bildschirm aufgefangen werden, die hellen und weniger hellen Punkte des Bildschirmes dienen als Lichtquellen, von dort gelangen Photonen in unser Auge und bilden auf der Retina ein Bild. Sofern die Lichtstrahlen nach Durchdringen der Linse auseinanderhalten, so gelangen sie in unser Auge, als wenn sie von einer Punktquelle hinter der Linse ausgehen würden, die im Schnittpunkt ihrer Verlängerung nach hinten liegt. Diese punktförmige Quelle werden wir als das virtuelle Bild des ursprünglichen Gegenstandspunktes wahrnehmen. Das virtuelle Bild kann mit einem Bildschirm nicht aufgefangen werden, denn die Lichtstrahlen schneiden sich bei ihrer Fortpflanzung nicht.

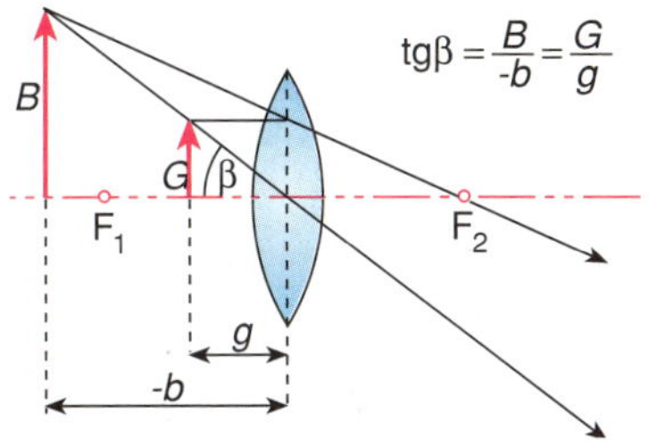

Abb. VI.6. Bilderzeugung und Winkelvergrößerung der einfachen Lupe

Befindet sich ein Gegenstand innerhalb der Brennweite, so entsteht ein aufrechtes, vergrößertes, virtuelles Bild. In diesem Fall scheinen die Lichtstrahlen von einem Gegenstand an der Stelle des virtuellen Bildes zu kommen (Abb. VI.6).

Der **Sehwinkel** ist der Winkel, unter dem die von den beiden entferntesten Punkten eines Gegenstandes kommenden Lichtstrahlen in unser Auge einfallen. Da wir Gegenstände mit dem gleichen Sehwinkel als gleich groß sehen (Abb. VI.7), ist es zweckmäßig, statt der bekannten linearen Vergrößerung ($N = B/G = b/g$) die Winkelvergrößerung zu benutzen. Sieht man einen Gegenstand aus dem „normalen" Abstand, der sog. deutlichen Sehweite $a \approx 25$cm unter dem Winkel α, das mit der Lupe vergrößerte Bild unter dem Winkel β, dann erhält man die Winkelvergrößerung V_{Winkel} als Quotienten der Tangenswerte der beiden Winkel. Nach Abb. VI.6 und VI.7 ist:

$$V_{\text{Winkel}} = \frac{\text{tg}\beta}{\text{tg}\alpha} = \frac{B}{-b}\,\frac{a}{G} = \frac{G}{g}\,\frac{a}{G} = a\left(\frac{1}{f} - \frac{1}{b}\right), \qquad \text{(VI.18)}$$

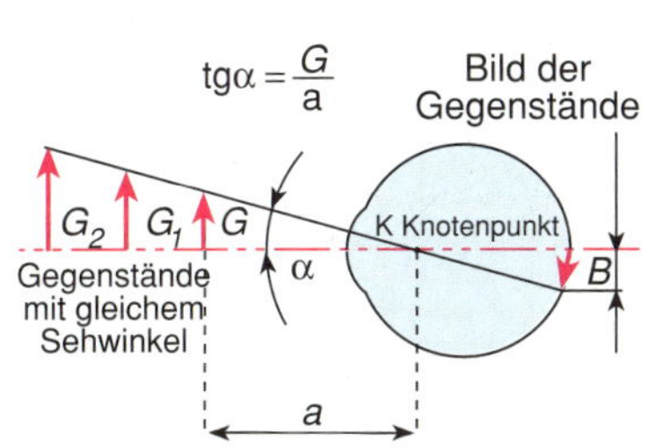

Abb. VI.7. Gegenstände unterschiedlicher Größe (G, G_1, G_2) sieht man bei gleichem Sehwinkel (α) als gleich groß (B)

wo die Ähnlichkeit der Dreiecke mit dem Winkel β und die nach dem Linsengesetz gültige Beziehung für $1/g$ genutzt wurde.

Sehen wir das Bild aus dem Abstand des deutlichen Sehens, so ist

$$-b = a \rightarrow V_{\text{Winkel}} = \frac{a}{f} + 1. \qquad \text{(VI.19)}$$

Im optimalen Fall entsteht das Bild im Unendlichen, dann fallen in unser Auge parallele Strahlen, also ist

$$-b = \infty \rightarrow V_{\text{Winkel}} = \frac{a}{f}, \qquad \text{(VI.20)}$$

und $g = b$. In diesem Fall können wir sagen, dass die Vergrößerung der Linse proportional zum Reziprok der Brennweite ist.

Abbildungsfehler (die wichtigsten Linsenfehler)

Selbst bei den einfachsten optischen Linsen ist die Bildentstehung nicht perfekt. Am einfachsten ist eine Verfärbung um das Bild wahrzunehmen. Dieser Fehler wird als **Farbfehler** (chromatische Aberration) bezeichnet. Die Ursache liegt in der Abhängigkeit der Brechzahl des Linsenmaterials (Glas) von der Lichtfrequenz (Dispersion). Das Ergebnis ist eine etwas abweichende Brennweite der verschiedenen Farben und dementsprechend entstehen die Bilder unterschiedlicher Farbe in etwas verschiedenen Abständen (Abb. 1). Der Fehler lässt sich mit der Kombination von Sammel- und Zerstreuungslinsen mit unterschiedlichen optischen Eigenschaften beheben, wobei die Dispersion eines Glases die Dispersion des anderen kompensiert.

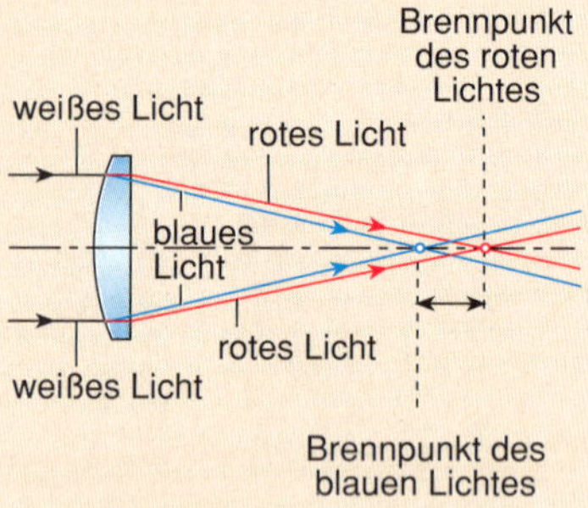

Abb. 1. Farbfehler (chromatische Aberration)

Der zweite charakteristische Fehler ist der **Öffnungsfehler** (sphärische Aberration), der dann auftritt, wenn an der Bildentstehung nicht nur paraxiale (achsennahe) Strahlen sondern auch von der optischen Achse entfernte Strahlen teilnehmen. Die durch den Linsenrand gehenden Strahlen fokussieren näher zum optischen Mittelpunkt, als die nahe der optischen Achse verlaufenden (Abb. 2). Dieser Fehler kann mit einem Linsensystem aus mehreren Komponenten behoben werden, in dem Material und Krümmung der einzelnen Linsen unterschiedlich sind. (Hier sei bemerkt, dass mit Hilfe einer Blende die achsenfernen Strahlen von der Bildgebung ausgeschlossen werden können, womit dieser Fehler gemindert wird, aber dieser Eingriff hat auch die Abnahme der Lichtintensität zur Folge.)

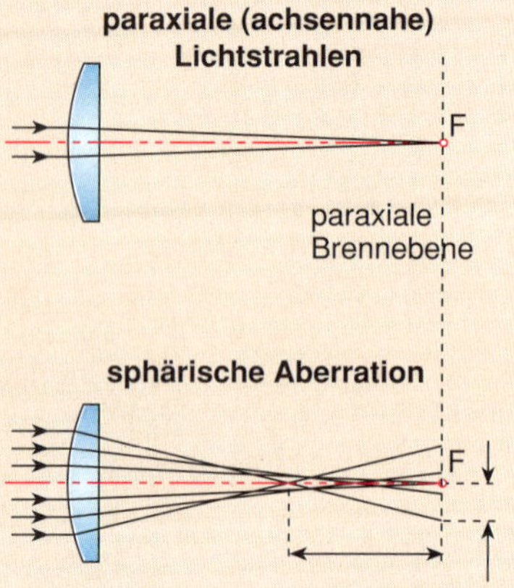

Abb. 2. Öffnungsfehler (sphärische Aberration)

Häufig kommt es vor, dass sich die Lichtstrahlen nicht in einem Punkt, sondern in Stäben senkrecht zur optischen Achse treffen, das ist der **Astigmatismus** (Abb. 3). Dieser Fehler tritt auf, wenn die Krümmung der Linse senkrecht zur optischen Achse in verschiedenen Richtungen unterschiedlich (nicht kugelsymmetrisch) ist. Z. B. erhalten wir einen ähnlichen Effekt, wenn wir zwei Zylinderlinsen mit unterschiedlicher Krümmung zusammenfügen. In diesem Fall entstehen von einem Objektpunkt Bildlinien in zwei verschiedenen Abständen. Der Astigmatismus ist am leichtesten mit Zylinderlinsen zu korrigieren.

▶

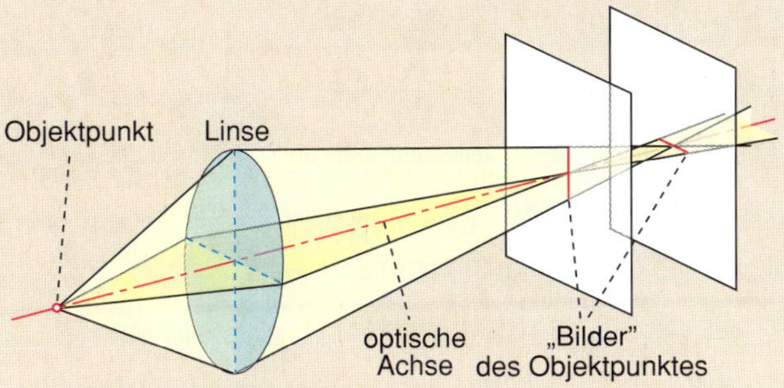

Abb. 3. „Nichtpunktmäßigkeit" (Astigmatismus)

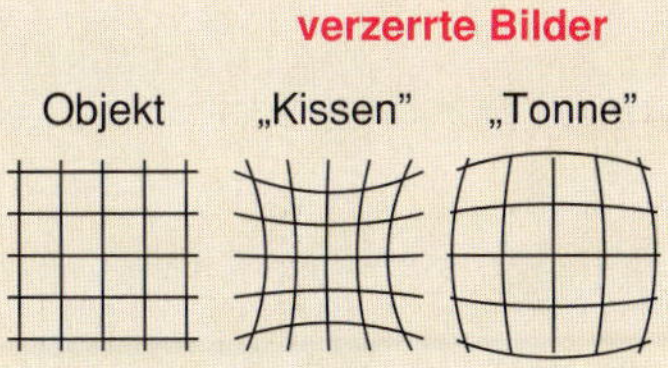

Abb. 4. „Kissen-" bzw. „tonnenförmige" Verzerrung (Verzeichnung, Distorsion)

Da die Linsen von Kugelflächen begrenzte Körper sind, sind auch die „echten" Objekt- und Bildebenen gekrümmte Flächen. Die Projektion einer planen Fläche auf eine konkave oder konvexe Fläche (oder umgekehrt) kann eine Verzeichnung, die sog. **„kissen-"** bzw. **„tonnenförmige" Verzerrung** (Distorsion) geben (Abb. 4)

VI/2.2 Das Lichtmikroskop

VI/2.2.1 Die Bildentstehung beim Lichtmikroskop

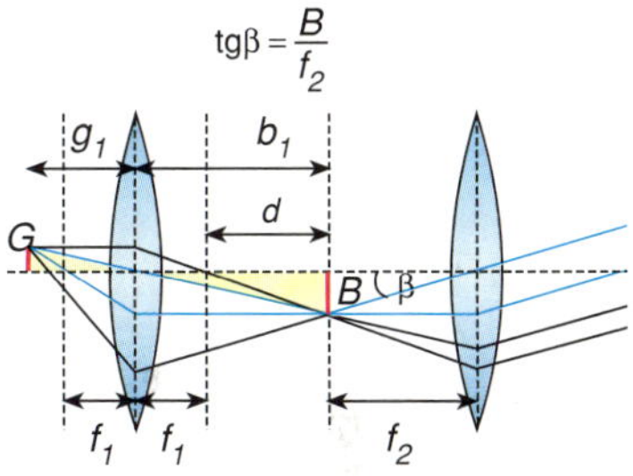

Abb. VI.8. Bilderzeugung der Mikroskoplinsen (die charakteristischen Abschnitte der Lichtwege blau hervorgehoben)

Das Lichtmikroskop besteht aus zwei Sammellinsen, einer dem Gegenstand (Objekt) zugewandten Linse (Objektiv) und einer dem Auge (lat. oculus) zugewandten Linse (Okular). Die beiden Linsen befinden sich in gegebenem Abstand voneinander (Abb. VI.8). Das Objektiv wird so nahe an den Gegenstand gebracht, dass sich der Gegenstand außerhalb der einfachen Brennweite aber nahe dem Brennpunkt befinde. So bildet das Objektiv auf der anderen Seite der Linse außerhalb der doppelten Brennweite ein reelles, vergrößertes, umgekehrtes Bild des Gegenstandes (reelles Zwischenbild). Dieses Bild sieht man durch das Okular wie durch eine einfache Lupe. Das Zwischenbild befindet sich innerhalb der einfachen Brennweite des Okulars, nahe seiner Brennweite. Die Augenlinse bildet dann vom Zwischenbild wie von einem Gegenstand ein virtuelles, vergrößertes und aufrechtes Bild. Im Endergebnis erhält man also ein virtuelles, vergrößertes und umgekehrtes Bild des ursprünglichen Gegenstandes. (Sofern man Photographien des Bildes im Mikroskop erstellen will, muß das vom Objektiv erstellte reelle Bild in der Ebene der lichtempfindlichen Schicht entstehen.)

Laut Abb. VI.8 berechnen wir auch die Winkelvergrößerung des Mikroskops.

$$V_{\text{Winkel}} = \frac{\operatorname{tg}\beta}{\operatorname{tg}\alpha} = \frac{B}{f_2}\,\frac{a}{G} = \frac{b_1}{g_1}\,\frac{a}{f_2}, \qquad \text{(VI.21)}$$

wo a der Abstand des deutlichen Sehens ist, von wo der Gegenstand G unter dem Winkel α gesehen wird (s. Abb. VI.6). Wegen der Ähnlichkeit der markierten Dreiecke ist

$\frac{B}{G} = \frac{b_1}{g_1}$. Unter Nutzung des Linsengesetzes ist

$$\frac{1}{g_1} = \frac{1}{f_1} - \frac{1}{b_1} = \frac{b_1 - f_1}{f_1 b_1} = \frac{d}{f_1 b_1}, \qquad \text{(VI.22)}$$

wo d die optische Tubuslänge ist, d. h. der Abstand zwischen den einander naheliegenden Brennpunkten von Objektiv und Okular. Setzen wir $1/g_1$ ein, so ergibt sich folgende Winkelvergrößerung:

$$V_{\text{Winkel}} = \frac{d}{f_1 b_1} \frac{b_1 a}{f_2} = \frac{da}{f_1 f_2}. \qquad \text{(VI.23)}$$

Bei gegebener Tubuslänge kann die Vergrößerung durch Minderung der Brennweiten von Objektiv und Okular erhöht werden. Die Einzelheiten des Objektes deckt das Objektiv auf, das Okular dient nicht mit weiteren Einzelheiten, es vergrößert nur das vom Objektiv erstellte Bild weiter. Das bedeutet aus Sicht der Bildelemente, dass das Okular nur die Dimension der Bildelemente vergrößert, ihre Zahl aber unverändert lässt. Hier sei bemerkt, dass die Vergrößerung sowohl die Zunahme der Zahl der Bildelemente als auch ihrer Ausmaße sein kann, während die Auflösung nur von der Zahl der Bildelemente abhängt.

Obwohl man theoretisch nach obiger Beziehung die Winkelvergrößerung unbegrenzt steigern könnte, setzt die Wellennatur des Lichtes der Auflösung Grenzen (s. II/2.1.3).

Aufbau des Mikroskops

Das Objektiv

Das Objektiv ist der wichtigste Bestandteil des Mikroskops, es bestimmt die Auflösung (s. VI/2.2.2) und die erreichbare Bildqualität. Das bedeutet heute nicht mehr nur eine Linse, sondern ein komplexes Linsensystem zur Korrektur einzelner Linsenfehler. Der Gegenstand der Untersuchung bestimmt, was für ein Objektiv gewählt werden sollte. Auf der Linsenfassung informieren zahlreiche Aufschriften über die Eigenschaften des Objektivs. So ist z. B. der Korrektionsgrad von chromatischer und sphärischer Aberration angegeben, bzw. ob die Linsen für ein- oder mehrfarbiges Licht korrigiert sind. Die Vergrößerung wird in der Form 40x oder 40:1 angegeben, die numerische Apertur ist mit NA gekennzeichnet. Bei größeren Vergrößerungen ist auch die Dicke der Deckplatte wichtig. Von den Zeichen 160/0.17 oder ∞/0.17 gibt das erste die Tubuslänge (d, Abb. VI.8), das zweite die optimale Dicke der Deckplatte in mm an, auf welche die Abbildung des Objektivs korrigiert ist. Steht an der Stelle der Tubuslänge ∞, so bedeutet das eine Anpassung an ein optisches System, bei dem die aus dem Objektiv austretenden Lichtstrahlen parallel verlaufen und von einer entfernter plazierten sog. Tubuslinse fokussiert werden. Diese Systeme sind z. B. ideal für die Kopplung von Epifluoreszenzbeleuchtung (VI/2.3.3) oder für konfokale Mikroskope (s. X/3.1). Weitere Buchstaben weisen auf spezielle Eigenschaften hin: Ölimmersions- (Oel, HI), Wasserimmersions- (W), spannungsfreies Polarisations- (Pol) oder Phasenkonstrast-(Ph) Objektiv.

Okular

Das Okular vergrößert das vom Objektiv erstellte Bild und übermittelt es so unserem Auge. Zum Ausschalten von chromatischen Aberrationen des Objektivs werden auch Kompensationsokulare (Zeichen K) hergestellt, deren farbabweichender Fehler das entgegengesetzte Vorzeichen zum Fehler des Objektivs hat. Mit Hilfe des Okulars kann die Größe der Objekte im Mikroskop gemessen werden. Dazu wird ein Okularmikrometer benutzt, das eigentlich eine Skala ist, die für das gegebene Objektiv mit einem Objektmikrometer geeicht werden kann. Um die Unbequemlichkeit der Beobachtung mit einem Auge zu vermeiden, ist ein Großteil der Mikroskope binokular, d. h. sie enthalten zwei Okulare. Natürlich wird das Bild nicht dreidimensional sein, hier erfolgen nämlich nur eine Teilung des mit einer Objektivlinse erstellten Bildes und die weitere Vergrößerung.

Beleuchtung

Das Auflösungsvermögen des Mikroskops kommt dann optimal zur Geltung, wenn das Objekt (und das Sehfeld) gleichmäßig beleuchtet sind und möglichst wenig Licht gestreut wird. Die gleichmäßige Beleuchtung ist unverzichtbar bei der Mikrophotographie, das Herabsetzen des Streulichtes auf ein Minimum ist bei jeder mikroskopischen Untersuchung wichtig. Das Streulicht mindert nämlich den Bildkontrast und überdeckt solche Einzelheiten, deren Beobachtung das Auflösungsvermögen des Objektivs ansonsten möglich machen würde.

In Laboratorien sind Mikroskope mit (konventioneller) *Hellfeldbeleuchtung* die am weitesten verbreitete und häufigste Methode. Die Beleuchtung des Objektes erfolgt mit weißem (zusammengesetztem) Durchlicht, so besteht die Möglichkeit, gefärbte und native Proben zu untersuchen. Die nativen Proben brechen bzw. streuen das Licht infolge der unterschiedlichen optischen Eigenschaften ihrer Bestandteile unterschiedlich, so sieht man im Mikroskop Formen mit unterschiedlicher Intensität (dunkel-hell Kontrast). Wird die Probe gefärbt, so werden in Abhängigkeit von den Eigenschaften des Farbstoffes unterschiedliche Elemente der Probe sichtbar.

In der modernen Mikroskopie wird in der Regel die *Beleuchtung nach Köhler* benutzt (Abb.). Das Bild der Lichtquelle in der Mikroskoplampe (Glühfaden) wird durch eine Kollektorlinse in die Ebene der Kondensorblende projiziert. Diese Ebene ist die vordere Brennebene des Kondensors, deshalb erstellt der Kondensor das Bild des Glühfadens (der für ihn das Objekt ist) im Unendlichen. So gelangt jeder Punkt der Lichtquelle in den Fokus des Kondensors und deshalb erzeugt der Kondensor von jedem einzelnen Punkt ein paralleles Bündel, welches das Sehfeld gleichmäßig beleuchtet. Das Objektiv sammelt die aus dem Kondensor (aus dem „Unendlichen") einfallenden Lichtstrahlen in seiner hinteren Brennebene. Im Weiteren stört das Bild des Glühfadens nicht mehr, weil das Objektiv nicht auf ihn sondern auf das Objekt scharf eingestellt ist.

Der Kondensor wird so eingestellt, dass die Kollektorblende (in der Abb. mit einem Pfeil markiert) in der Objektebene ein verkleinertes reelles Bild erstellt. So ändert sich mit Änderung der Blendenweite auch der durchleuchtete Bereich des Objektes. Im Sehfeld ist mit dem Bild des Objektes auch das „Bild" der Kollektorblende zu sehen. Die Kondensorblende dient der Abstimmung der Aperturen von Kondensor und verschiedenen Objektiven. Erfahrungsgemäß erhält man das kontrastreichste Bild dann, wenn die Kondensorblende nur rund 2/3 der hinteren Linsenfläche des Objektivs beleuchtet.

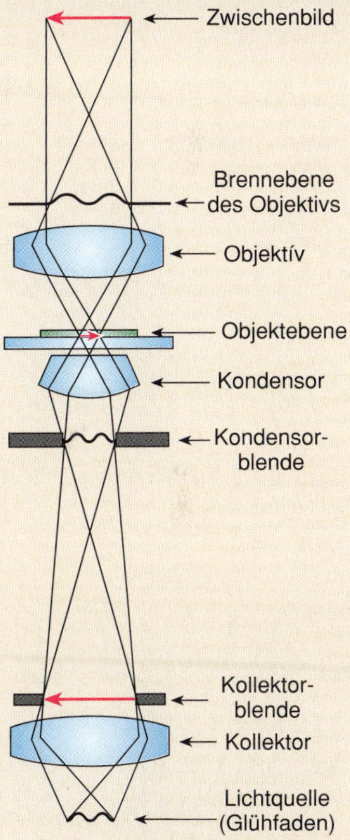

August Köhler (1866–1948)

VI/2.2.2 Auflösungsvermögen, Abbe-Prinzip

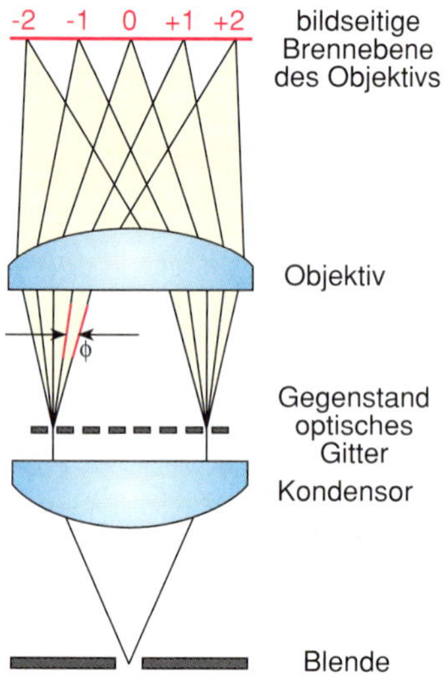

Abb. VI.9. Beugungsbild des Gitters in der bildseitigen Brennebene des Objektivs

Betrachten wir zuerst, was geschieht, wenn das untersuchte Objekt ein optisches Gitter ist (s. II/2.1.5, II/2.1.6). Als optisches Gitter bezeichnen wir einen Gegenstand, in dem sich die Lichtdurchlässigkeit periodisch verändert. Wird das Gitter durchleuchtet, so erhält man auf einem „unendlich" entfernten Bildschirm ein periodisches Beugungsbild: helle (Beugungsmaxima) und dunkle (Beugungsminima) Streifen wechseln einander ab. Die Beugungsmaxima sind die Treffpunkte solcher ausgezeichneten Beugungsrichtungen α_k, deren Gangunterschied Δs ein ganzzahliges Vielfaches der Wellenlänge λ des beleuchtenden Lichtes ist (s. II/2.1.5):

$$\Delta s = d \cdot \sin\alpha_k = k \cdot \lambda, \qquad \text{(VI.24)}$$

wo d die Gitterkonstante ist. Die zu den ganzen Zahlen $k = 0,1,2,...$ gehörenden Maxima bezeichnet man als Ordnung. Die nullte Ordnung wird auch als Hauptmaximum, die erste, zweite usw. Ordnung als Nebenmaximum bezeichnet.

Platziert man hinter das Gitter (als Objekt) eine Sammellinse (Objektiv), erscheint das Beugungsbild statt auf einem unendlich entfernten Bildschirm in der bildseitigen Brennebene der Sammellinse. Das Beugungsbild ist vom Hauptmaximum aus gesehen symmetrisch (Abb. VI.9). In der entsprechenden Bildweite entsteht das Bild des Gitters, das Zwischenbild des Mikroskops (Abb. VI.10). Dieses Bild kommt aber gleichfalls als Ergebnis einer Interferenz zustande, und zwar wird es jetzt von den Lichtwellen erzeugt, die von den einzelnen Beugungsordnungen „ausgehen" (in Wirklichkeit sie durchlaufen). Die Welle der nullten Ordnung erscheint wegen ihrer mittleren, ausgezeichneten Position immer in der Brennebene, deshalb spielt sie auch bei der Bildentstehung eine ausgezeichnete Rolle. Würde nur diese einzige Quelle (die nullte Ordnung) Wellen emittieren und würden auch nur diese in der Zwischenbildebene ankommen, so würde infolge der fehlenden Interferenz kein Bild entstehen, und man erhielte statt eines Zwischenbildes eine gleichmäßige Beleuchtung. Daraus folgt, dass zur Bildentstehung auch die von den weiteren Ordnungen „ausgehenden" Wellen notwendig sind. Es müssen also wenigstens einige dieser Strahlen unbedingt an der Bildgebung teilnehmen, damit wir Informationen über das Objekt erhalten.

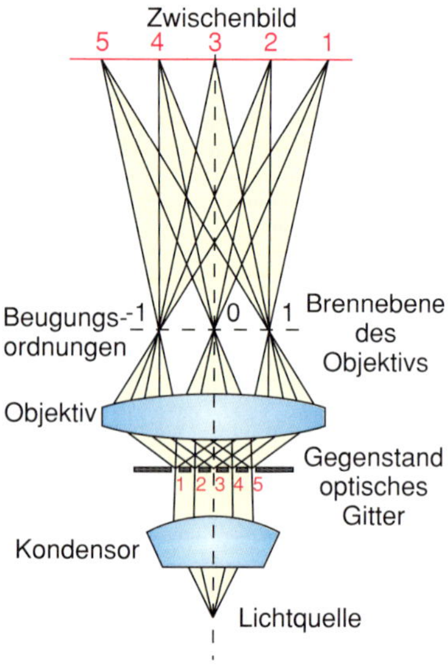

Abb. VI.10. Entstehen des Zwischenbilds im Mikroskop

Ein „ideales" Bild würde man nur dann erhalten, wenn an der Bildgebung alle Beugungsordnungen teilnehmen würden, was nicht zu erfüllen ist. Danach können wir nur feststellen, dass wir ein umso detaillierteres Bild erhalten, je höher die Ordnung der gebeugten Strahlen ist. Das Gitterbild bezeichnet man als exakt und entsprechend detailliert, wenn die hellen und dunklen Bereiche ähnlich wie beim Gitter aufeinander folgen.

Abbe beschrieb als Erster den Zusammenhang zwischen den Parametern des optischen Systems (in diesem Fall Objektivlinse und beleuchtendes Licht) und der Gitterkonstante des noch exakt abgebildeten Gitters, was zum Auflösungsvermögen führt. Den Abstand der Beugungsordnungen in der Brennebene bestimmen die Verstärkungsrichtungen α_k. Die Zahl der Ordnungen in

Der deutsche Mathematiker und Physiker Ernst Abbe (1840-1905) trat 1867 als Mitinhaber in die von Carl Zeiss gegründeten Zeiss-Werke ein, wo er an der Vervollkommnung der mikroskopischen Linsen arbeitete. Diese Linsen waren die ersten, die nach eingehenden Berechnungen konstruiert wurden. Die Ergebnisse der wellenoptischen Berechnungen von Abbe konnten aber nur mit Linsen aus hochwertigem Glas in die Praxis umgesetzt werden. Dieses optische Glas fertigte der Chemiker Otto Schott. Die apochromatischen Präzisionsobjektive begründeten den Weltruf der Zeiss-Werke. Das große Verdienst von Ernst Abbe ist seine Erkenntnis, dass trotz größter Anstrengungen keine höhere Auflösung erreicht werden kann, als die von der Wellennatur des sichtbaren Lichtes determinierte.

der Brennebene hängt noch von dem halben Öffnungswinkel ω der Linse (Objektiv) ab (Abb. VI.11). Da Strahlen, die im größeren Winkel als ω gebeugt sind, nicht in das Mikroskop gelangen, ist die Bedingung für das Erscheinen des k-ten Beugungsmaximums:

$$k\,\frac{\lambda}{d} = \sin\alpha_k \leq \sin\omega. \qquad \text{(VI.25)}$$

Nach Abb. VI.9 und VI.10 spielen bei der Bildgebung des Gitters die Beungungsstrahlen erster Ordnung die entscheidende Rolle, ohne sie kommt überhaupt kein Bild zustande. Diese Erkenntnis führte Abbe dazu, folgende Theorie aufzustellen: **im Mikroskop erhält man nur dann ein Bild, wenn von den am Objekt gebeugten Strahlen wenigstens die Strahlen erster Ordnung in die Objektivlinse des Mikroskops fallen und an der Bildgebung teilnehmen, d. h. in der Brennebene des Objektivs müssen außer dem Hauptmaximum mindestens die Nebenmaxima erster Ordnung erscheinen.**

Aus dieser Beziehung können wir den kleinsten Abstand δ ausdrücken, bei dem das Bild von zwei Gitterpunkten (Objektpunkten) noch zu unterscheiden ist. Mit Einsetzen von $k = 1$:

$$\delta = \frac{\lambda}{\sin\omega}. \qquad \text{(VI.26)}$$

Das ist die mathematische Beschreibung der Theorie von Abbe. Den Reziprok des obigen Abstandes bezeichnet man als **Auflösungsvermögen des Mikroskops** (s. Beispiel VI.1).

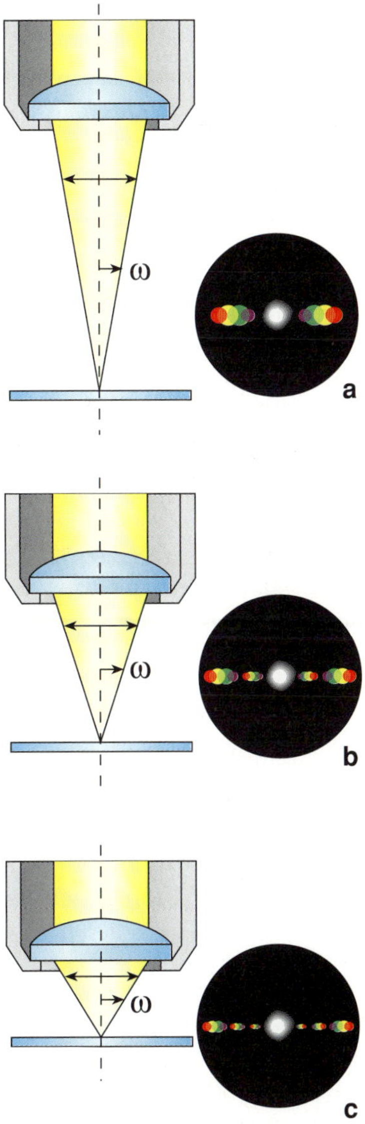

Abb. VI.11. Objektive mit unterschiedlichem halbem Öffnungswinkel ω: Numerische Apertur und Beugungsbilder des Gitters in der Brennebene (Beleuchtung mit schmalem Strahl und weißem Licht)

$NA = n\cdot\sin\omega$

a, $\omega = 15°$ NA = 0,26
b, $\omega = 28°$ NA = 0,47
c, $\omega = 60°$ NA = 0,87

Beispiel VI.1

Befinden sich die Einzelheiten des Objektes, die man gerade noch separat erkennen kann, im Abstand $\delta = 0{,}001$ cm voneinander, dann ist das Auflösungsvermögen des Mikroskops 1000/cm. Mit einem Mikroskop mit der Auflösung 1000/cm lässt sich also die periodische Struktur eines Objektes mit 1000 Einzelheiten pro cm (z. B. ein optisches Gitter mit der Gitterkonstanten 10^{-3} cm) gut erkennen, aber noch feinere Einzelheiten des Objekts (z. B. die Rauheit der Gitterkratzer) kann dieses Mikroskop nicht mehr auflösen.

Ist das Medium zwischen Objekt und Objektiv nicht Luft, dann ist statt der in der Luft gültigen Wellenlänge λ die in dem Medium mit der Brechzahl n gültige Wellenlänge λ/n einzusetzen. Füllt also den Spalt zwischen Objekt und Objektiv ein Medium mit der Brechzahl n aus (Immersion), dann gilt die Beziehung:

$$\delta = \frac{\lambda}{n \sin\omega} = \frac{\lambda}{A} . \qquad \text{(VI.27)}$$

Die Größe $A = n\sin\omega$ wird als numerische Apertur (NA) bezeichnet, diese Größe kennzeichnet das Objektiv (Abb. VI.11).

Aus genaueren Überlegungen (z. B. Berücksichtigung des kreisförmigen Durchmessers des Abbildungssystems) ergibt sich für δ der folgende Ausdruck:

$$\delta = 0{,}61 \frac{\lambda}{n \sin\omega} . \qquad \text{(VI.28)}$$

Ein wesentliches Ziel bei der Entwicklung von Mikroskopen ist die **Verbesserung der Auflösung**, wobei eine Möglichkeit die Verkürzung der Wellenlänge ist. Das ist z. B. im Ultraviolettmikroskop bzw. als Extremfall im Elektronenmikroskop verwirklicht. Die andere Möglichkeit ist die Steigerung der numerischen Apertur des Objektivs. Eine einfache Methode ist die Vergrößerung des halben Öffnungswinkels ω durch Einsetzen eines besseren Objektivs, bei dem der Durchmesser der Frontlinse größer und der Arbeitsabstand geringer sind. Eine weitere Möglichkeit ist die Erhöhung der Brechzahl, z. B. mit Einbringen von Immersionsöl zwischen Objektiv und Objekt. Bei Öl beträgt die Brechzahl ~ 1,5 im Gegensatz zur Brechzahl in Luft von ~ 1,0.

Beziehung zwischen Auflösungsvermögen und Vergrößerung

Am folgenden Beispiel wollen wir veranschaulichen, dass das Auflösungsvermögen auch dem nutzbaren Ausmaß der Vergrößerung Grenzen setzt. Benutzen wir eine 1000fache Vergrößerung (z. B. 100x Objektiv, 10x Okular). Das vergrößert den kleinsten auflösbaren Abstand (ungefähr 300 nm) auf 0,3 mm. Bei einem Bild im Abstand des deutlichen Sehens kann unser Auge (aufgrund seines Auflösungsvermögens als optisches System) pro Millimeter ungefähr 10 Punkte unterscheiden. So sehen wir die zwei Bildpunkte, die sich im Abstand von 0,3 mm befinden, mit guten Chancen als zwei Punkte, denn auch noch innerhalb ihrer Distanz können wir wenigstens zwei getrennt stehende Bildpunkte unterscheiden. Erhöhen wir die Vergrößerung, z. B. mit einem 20x Okular, dann vergrößern wir die durch die NA des Objektivs bestimmten 300 nm auf 0,6 mm. Das ist überflüssig, denn wegen des Auflösungsvermögens des Objektivs sehen wir auch in diesem Fall nur an den beiden Enden der 0,6 mm Distanz je einen Punkt, obwohl wir bei so großer Vergrößerung mit unseren Augen mindestens 6 separate Punkte unterscheiden könnten. Im Allgemeinen

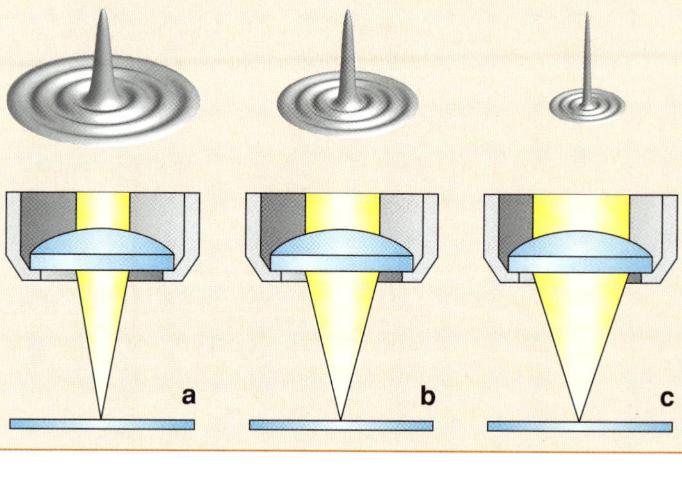

Abb. 1. Airy-Scheiben bei Objektiven mit verschiedenen numerischen Aperturen

können wir der Regel folgen, dass eine Vergrößerung von mehr als dem 1000fachen der NA des Objektivs überflüssig ist.

Auflösung bzw. Auflösungsvermögen dürfen aber nicht mit der Wahrnehmbarkeit verwechselt werden. Letzteres bezieht sich nicht auf die Unterscheidung von zwei Punkten, sondern darauf, wie „groß" ein einzelner Punkt sein muss und wieviel dunkler (oder heller) er sein soll als seine Umgebung (der Kontrast ist wichtiger als die absolute Helligkeit!), damit wir ihn wahrnehmen. Die Wahrnehmung bedeutet nicht, dass wir die Form und Größe des Objekts beurteilen können (s. Ultramikroskop).

Erklärung des Auflösungsvermögens bei nicht periodischem Objekt

Ist eine Probe kein optisches Gitter, dann müssen wir etwas anderen Überlegungen folgen, um das Auflösungsvermögen zu formulieren. Die von den einzelnen Punkten des Objektes ankommenden Lichtstrahlen werden nämlich allgemein an der Öffnung des Objektivs gebeugt. Dementsprechend entsteht eine Serie von Verstärkungs- und Auslöschungsstellen in Form von konzentrischen Kreisen des Bildpunktes. Das Beugungsbild eines einzigen Objektpunktes bezeichnet man als Airy-Scheibe. Je kleiner der Durchmesser der Airy-Scheibe ist, desto größer ist die numerische Apertur des Objektivs (Abb. 1). Man kann dann sagen, dass zwei nahe Punkte gerade noch aufgelöst sind, wenn das Maximum der einen Airy-Scheibe auf das Minimum der anderen fällt (Abb. 2).

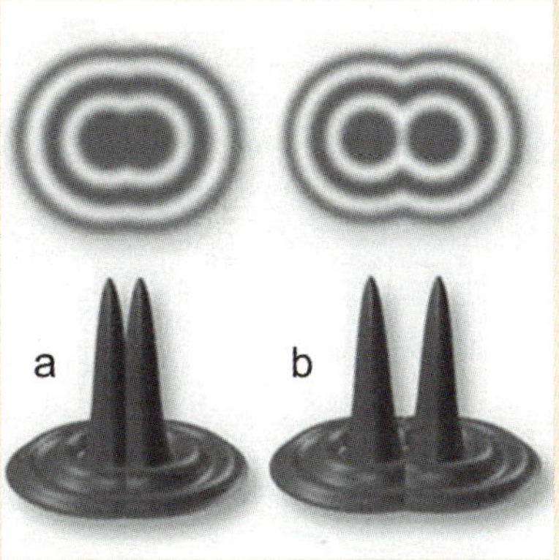

Abb. 2. Beugungsbilder zweier naher nicht aufgelöster (a) und gerade aufgelöster (b) Punkte (Airy-Scheiben)

VI/2.3 Spezialmikroskope

VI/2.3.1 Stereomikroskop

Ein räumliches Bild erhalten wir, wenn unser Gehirn über die Augen zwei etwas unterschiedliche Bilder von demselben Objekt erhält und kombiniert. Ein Stereomikroskop kann also hergestellt werden, wenn zwei Mikroskoptuben so zusammengebaut werden, dass jeder Tubus ein Objektiv und ein Okular enthält. Ein Tubus bildet das Objekt von rechts, der andere von links ab. Die Achsen der Tuben umschließen einen Winkel von annähernd 14°, was dem Winkel der beiden Augen entspricht. Ein wichtiger Teil des Stereomikroskops ist das bildumkehrende Prismensystem, wodurch das Bild aufrecht steht und seitengerecht ist (Abb. VI.12). Bei einer anderen Konstruktion eines Stereomikroskops gibt es nur ein Objektiv (mit größerer Apertur) und ein Prismensystem behandelt die aus dem Objekt austretenden etwas von rechts und links kommenden Strahlen, als handele es sich um zwei selbständige Bündel und so sehen wir im Endergebnis tatsächlich ein dreidimensionales Bild. (Letztere Technik ist nicht gleich dem binokularen Mikroskop, bei dem zwei Okulare die Beobachtung erleichtern). Das Stereomikroskop ist in der Mikrochirurgie ein unentbehrliches Hilfsmittel.

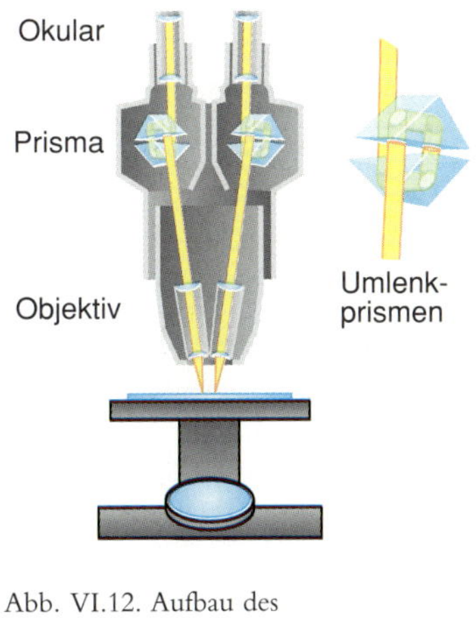

Abb. VI.12. Aufbau des Stereomikroskops

VI/2.3.2 Ultramikroskop

Jeder kennt den Anblick der Millionen von Staubkörnern, die im durch die Ritzen der herabgelassenen Jalousien einfallenden Lichtstrahl tanzen. Die ansonsten unsichtbaren Teilchen leuchten hell durch das seitliche Licht. Im Wesentlichen geschieht dasselbe im Dunkelfeldmikroskop (Ultramikroskop), wenn das Präparat mit einem Spezialkondensor unter Ausschalten des zentralen Strahles aus dem Leuchtkegel (wie rundum seitlich) beleuchtet wird. An der Bilderzeugung nehmen nur die „indirekten" Lichtstrahlen teil, die an den Einzelheiten des Präparates gestreut in das Objektiv des Mikroskops gelangen. Diese Methode ermöglicht z. B. die Beobachtung von Bewegungen kleiner lichtstreuender Objekte im Sehfeld. Durch den Ausschluss des direkten Bündels lässt sich auch die „reelle" Farbe der Objekte bestimmen. Wesentlich ist, dass durch den dunklen Hintergrund die untere Grenze der Erkennbarkeit im Gerät niedriger wird, so werden auch so kleine Dimensionen sichtbar, die in einem Mikroskop mit Hellfeldbeleuchtung bei der gleichen Auflösung nicht zu sehen wären.

VI/2.3.3 Fluoreszenzmikroskop

Im Fluoreszenzmikroskop wird die von der Beleuchtung angeregte Fluoreszenz des Objektes abgebildet. Das kann eine native oder intrinsic Fluoreszenz sein, weil ein Teil der Bausteine in den lebenden Zellen (Geweben) fluoresziert (z. B. Eiweiße und andere organische Moleküle, wie NADH, Vitamin A, B und C). Zum großen Teil ist man aber eher bemüht, die native Fluoreszenz zu unterbinden und selektiv bindende Fluoreszenzfarbstoffe zu benutzen (s. VI/3.3.3).

Prinzipielle Voraussetzung für die Funktion eines Fluoreszenzmikroskops ist es, dass die Anregung mit Licht entsprechender Wellenlänge erfolgt und das in der Regel bedeutend schwächere emittierte Licht von dem anregenden Licht getrennt wird. So gelangt in einem gut konfigurierten Mikroskop nur

Dichroitischer Spiegel

Der dichroitische Spiegel ist ein solcher Spiegel, der das Licht in einem gewissen (z. B. Anregungs-) Wellenlängenbereich reflektiert und für die Photonen der übrigen (z. B. Emissions-) Bereiche durchgängig ist. Die Epifluoreszenz-Anordnung, welche eines der wichtigsten Anwendungsgebiete des dichroitischen Spiegels in der Mikroskopie ist, verfügt über mehrere Vorteile. Das Objektiv ist ein exakt eingestellter Kondensor, denn dieselbe Linse beleuchtet und detektiert. Das anregende Licht durchläuft in dieser Anordnung zum großen Teil das Präparat, ins Objektiv gelangt nur das schwache Streulicht, das so leichter ausgefiltert werden kann. Das emittierte Licht fällt durch das Objektiv auf den dichroitischen Spiegel zurück, durchdringt ihn und gelangt ins Okular. Natürlich ist die Trennung der Farben nie ideal, deshalb werden in der Regel noch weitere Farbfilter auf der Anregungs- und der Emissionsseite eingesetzt. Die Kombination von entsprechenden Filtern und dichroitischem Spiegel ist nach dem Spektrum der benutzten Fluoreszenzfarbstoffe auszuwählen, in der Regel erhält man sie für die gebräuchlichsten Fluoreszenzfarbstoffe schon zusammengestellt.

das emittierte Licht in unser Auge, das sich in der Regel vom dunklen Hintergrund gut abhebt (deshalb ist es wichtig, dass mit der aktuellen Anregung möglichst wenig Auto-Fluoreszenz auftrete).

Der optimale Wellenlängenbereich der Anregung wird nach dem Absorptionsspektrum des benutzten Farbstoffes mit Hilfe eines Farbfilters vor der Lampe oder mit Laserlicht gewählt, er liegt in der Regel im Ultravioletten, Blauen oder Grünen. Ist zur Anregung UV-Licht notwendig, so müssen auf der Beleuchtungsseite spezielle Quarzlinsen eingesetzt werden, die das UV-Licht durchlassen. Heute steht uns schon eine so breite Palette von Farbstoffen zur Verfügung, dass die Aufgaben in der Regel auch mit Farbstoffanregung im sichtbaren Lichtbereich gelöst werden können. So wird die sehr teure Quarzoptik entbehrlich.

Das aus dem Präparat in alle Richtungen austretende Fluoreszenzlicht muss mit dem entsprechenden Farbfilter spektral vom anregenden Licht getrennt werden. In der **Epifluoreszenz**-Anordnung (Abb. VI.13) wird ein sog. dichroitischer Spiegel zwischen Okular und Objektiv eingesetzt, der das anregende Licht auf das Präparat projiziert, aber die emittierten Photonen ohne Ablenkung in Richtung des Okulars durchlässt. Die emittierten Photonen durchlaufen danach noch ein Emissionsfilter, um ein besseres Signal-Rausch-Verhältnis zu erreichen. Regt man mit UV-Licht an, dann kann aus Sicherheitsgründen zum Schutz der Augen ein UV-Filter in das Okular eingesetzt werden. In modernen Mikroskopen können die Lichtquellen nicht nur Lampen sondern auch Laser sein, z. B. Argonlaser, Argon-Krypton-Laser, Helium-Neon-Laser. Bei der Anwendung von Laserlicht ist ein Farbfilter nicht notwendig, das Beleuchtungslicht ist von hoher Intensität und sehr gut fokussierbar (s. II/2.2.8).

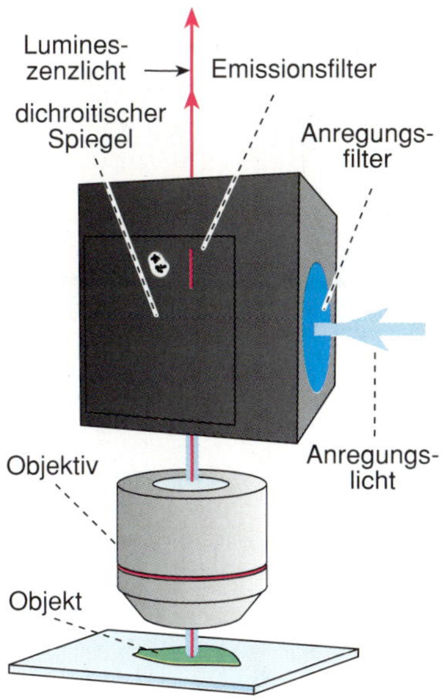

Abb. VI.13. Epifluoreszenz-Anordnung

VI/2.3.4 Polarisationsmikroskop

Polarisationsmikroskope werden bei der Untersuchung von doppelbrechenden Stoffen angewendet (s. II/2.1.7). Doppelbrechung zeigen die Stoffe, deren Brechzahl (bzw. Ausbreitungsgeschwindigkeit) in Bezug auf Licht in unterschiedlichen Richtungen unterschiedlich ist. Diese Eigenschaft bezeichnet man als optische Anisotropie. Die richtungsabhängige Brechzahl ist immer Folge einer gewissen Orientierung der inneren Struktur. Doppelbrechung zeigen ein Großteil der Kristalle, flüssigkristalline Strukturen (z. B. Zellmembran, quergestreifte Muskeln, Myelinscheide der Nervenzellen) oder z. B. strömungsorientierte fadenförmige Makromoleküle (Strömungsdoppelbrechung).

Abb. VI.14 zeigt den Aufbau eines Polarisationsmikroskops. Das beleuchtende Licht wird mit einem Polarisator polarisiert. Dieses linear polarisierte Licht fällt auf das Objekt. Mit dem drehbaren Objekttisch wird die günstigste Position eingestellt, bei welcher der Winkel zwischen Polarisationsebene und optischer Achse des Objektes 45° ist. Sei das Objekt ein doppelbrechende Elemente enthaltendes, ansonsten isotropes Präparat. Die Polarisation des Lichtes, das durch die isotropen Teile verläuft, ändert sich nicht, beim Durchlaufen der

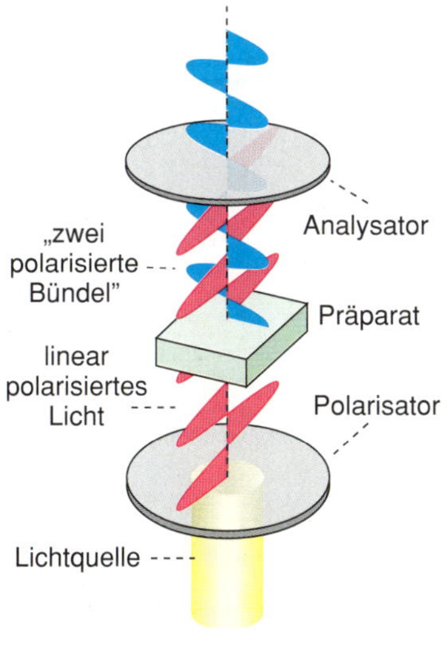

Abb. VI.14. Aufbau des Polarisationsmikroskops

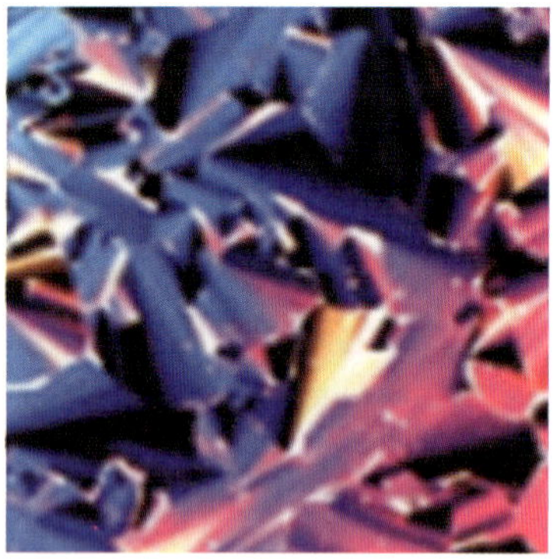

Abb. VI.15. Hohe Konzentration von doppelbrechenden, stäbchenförmigen DNA-Molekülen in Flüssigkristallphase. Polarisationsmikroskop-Aufnahme

anisotropen (doppelbrechenden) Teile dagegen tritt zirkulär (in der Regel elliptisch) polarisiertes Licht aus (s. II/2.1.7). Dieses fällt ins Objektiv. Zwischen Objektiv und Okular befindet sich ein anderer Polarisator, der als Analysator bezeichnet wird, weil mit ihm das durch das Objekt durchgehende Licht analysiert wird. Der drehbare Analysator wird in der Regel senkrecht zur Polarisatorebene eingestellt. Bei dieser Einstellung gelangt das durch die isotropen Teile fallende Licht nicht durch den Analysator, das in den doppelbrechenden Teilen zirkulär polarisierte Licht durchläuft dagegen den Analysator unabhängig von seiner Stellung. (Bei elliptischer Polarisation gelangt je nach seiner Stellung mehr oder weniger Licht durch den Analysator.) So gelangen nur die von den anisotropen Objektteilen kommenden Lichtstrahlen in das Okular, man sieht also im Mikroskop nur die doppelbrechenden Objektteile.

In der Wirklichkeit stellen sich die doppelbrechenden Strukturen im Mikroskop farbig dar. Die Erklärung liegt darin, dass das die anisotropen Objektteile durchdringende Licht elliptisch polarisiert wird und Richtung und Verhältnis der beiden Ellipsenachsen auch von der Wellenlänge abhängen. Es kommt vor, dass bei einer gegebenen Wellenlänge die Achse der Ellipse Null ist, d. h. das austretende Licht ist linear polarisiert und die Polarisationsrichtung steht senkrecht zur Polarisationsrichtung des Analysators. Deshalb löscht der Analysator das Licht der gegebenen Wellenlänge aus. So sieht man als Farbe des gegebenen Objektteils die Komplementärfarbe des gelöschten Strahls.

Mit dem Polarisationsmikroskop werden oft Kristalle bzw. Polymere untersucht. Als Beispiel ist in Abb. VI. 15 die Aufnahme einer konzentrierten (c > 300 g/ml), schon flüssigkristalline Strukturen enthaltenden Lösung von DNA-Molekülen mit dem Polarisationsmikroskop dargestellt.

Frits Zernike (1888–1966)

erhielt für die Ausarbeitung des Phasenkontrastverfahrens 1953 den Nobelpreis für Physik.

VI/2.3.5 Phasenkontrastmikroskop

Das Phasenkontrastverfahren wurde erstmals 1934 von dem holländischen Physiker Frits Zernike (1888-1966) beschrieben. Mit dem Phasenkontrastverfahren lässt sich der Kontrast in ansonsten durchsichtigen biologischen Präparaten, z. B. in Zellen, Geweben, Mikroorganismen erhöhen (Abb. VI.16).

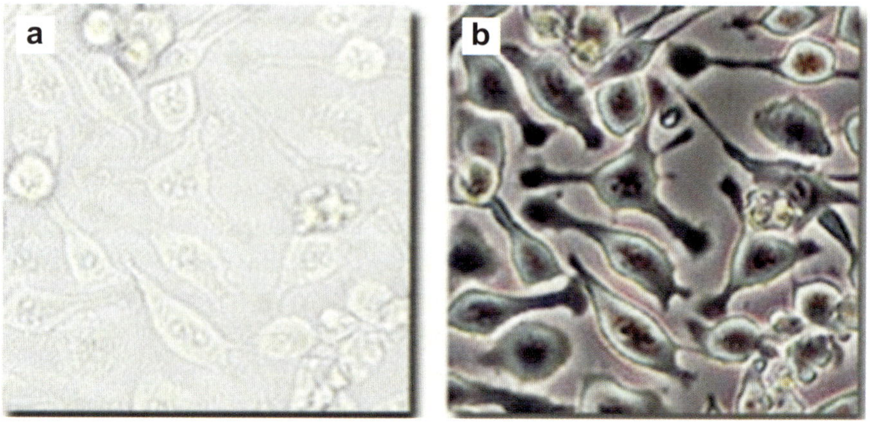

Abb. VI.16. Aufnahmen von humanen Gliahirnzellen einer einschichtigen Zellkultur: **a.** Lichtmikroskop **b.** Phasenkontrastmikroskop. Die Nährsubstanz enthält Aminosäuren, Vitamine, Mineralien und Serum

Diese optische Methode wandelt die für unser Auge unsichtbaren Unterschiede der Lichtphasen in Unterschiede von Amplitude und Intensität um (s. „*Die Konzeption des Phasenkontrastverfahrens*"). Der große Vorteil der Methode besteht darin, dass zum Studium der Zellen keine Fixation und Färbung erforderlich ist und so auch zeitliche Prozesse untersucht werden können.

Die Konzeption des Phasenkontrastverfahrens

Bei der Diskussion des Auflösungsvermögens in VI/2.2.2 wurde schon erwähnt, dass das in der Brennebene des Objektivs erscheinende Bündel des **Hauptmaximums** bei der Abbildung des optischen Gitters (Amplitudengitters) keine Informationen über das Objekt enthält und deshalb den Nebenmaxima höherer Ordnung gegenüber **ausgezeichnet** ist. Unabhängig davon spielt es bei der Bilderzeugung eine wichtige Rolle. Nehmen wir nämlich den Idealfall an, dass alle zu den Nebenmaxima höherer Ordnung gehörenden Bündel an der Bilderzeugung teilnehmen, wir aber das Bündel nullter Ordnung ausschließen (z. B. einfach abdecken), dann erhalten wir genauso wenig ein Bild, als wenn wir nur das direkte Bündel ins Objektiv gelassen hätten. Als Ergebnis der Interferenz der von den Nebenmaxima ausgehenden Wellen wird die resultierende Amplitude der Wellen in der Zwischenbildebene (deren Quadrat proportional zur Lichtintensität ist) in Abhängigkeit von der x Koordinate um den Wert 0 eine zwischen $-A_{max}$ und $+A_{max}$ schwingende (Rechteck-) Funktion sein. Addieren wir dazu nicht die aus dem Hauptmaximum kommende Welle, die bei jeder x Koordinate die Amplitude A_{max} hat, dann wird die Lichtintensität $I \sim (A_{max})^2 = (-A_{max})^2$ einen konstanten Wert haben. Die Welle aus dem Hauptmaximum ergibt also gerade, dass die ursprünglich zwischen $-A_{max}$ und $+A_{max}$ schwingende Funktion zwischen 0 und $2A_{max}$ verschoben wird. Dementsprechend ist die Intensitätsverteilung des Bildes durch die Abwechslung der (dunklen) $I_1 \sim 0^2$ und (hellen) $I_2 \sim (2A_{max})^2$ Stellen gegeben.

Ähnlich verhält es sich beim Phasengitter, aber dort weicht die Resultierende der von den Nebenmaxima ausgehenden Wellen gerade um 90° von der Phase der nullten Ordnung ab (außerdem hat die nullte Ordnung auch eine bedeutend größere Amplitude), so addieren wir sie umsonst, die Amplitude der Resultierenden bleibt weiterhin unverändert, es ändert sich nur die Phase als Funktion der x Koordinate des Bildpunktes (Abb. 1).

Das Wesentliche des Phasenkontrastverfahrens besteht darin, dass auch die Amplitude des direkten Bündels gemindert und seine Phase um 90° verzögert oder beschleunigt wird.

Unter die Linse des Kondensors wird eine Glasscheibe mit einem durchsichtigen Ring platziert (Abb. 2), welcher das Bild der Lichtquelle zu einem Ring formt, man erhält also einen leuchtenden Kegelmantel. Beleuchtet man ein Phasenobjekt mit einem solchen Kondensor, so würde man in der hinteren Brennebene des Objektivs ein ringförmiges Diffraktionsmaximum

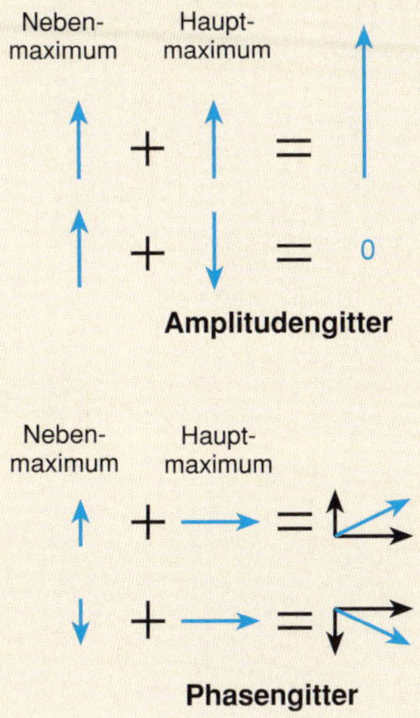

Abb.1. Richtung und Größe des Amplitudenvektors in der Bildebene bei Amplitudengitter und Phasengitter

Amplitudengitter: Das Licht wird vom Objekt periodisch durchgelassen bzw. nicht durchgelassen. Das Amplitudengitter ist das Modell eines mikroskopischen Objekts, das abwechselnd Strukturen mit hoher und geringer Absorption enhält.

Phasengitter: Die Einzelheien des Objekts unterscheiden sich periodich in ihrer Dicke oder Brechzahl, wodurch nur die Phase des austretenden Lichtes beeinflusst wird. So wird das Licht vom Objekt überall „gleich" durchgelassen. Das Phasengitter ist ein gutes Modell der lebenden Zellen. Zwischen den einzelnen Zellbausteinen gibt es keine deutlichen Unterschiede in der Absorption, aber es gibt Unterschiede in der Brechzahl. (Unser Auge nimmt Phasenänderungen nicht wahr.)

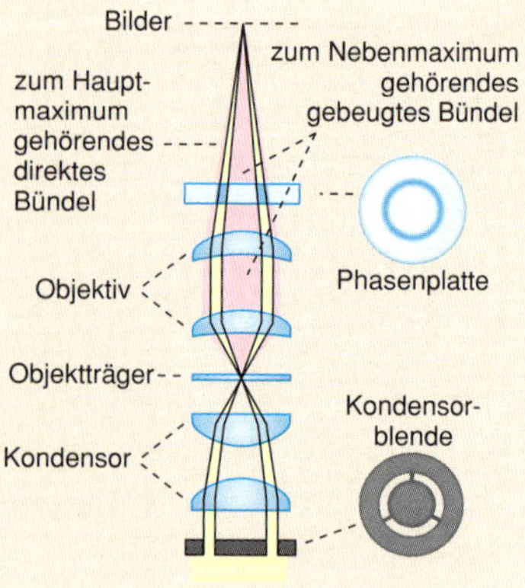

Abb.2. Schematische Darstellung des Phasenkontrastmikroskops

sehen. Auf eine Fläche in der hinteren Brennebene des Objektes wird eine ringförmige Schicht (Phasenplatte) aufgedampft, die einerseits einen Teil des direkten Lichts absorbiert, andererseits eine Phasenverschiebung um 90° (negativ, heller Kontrast) oder –90° (positiv, dunkler Kontrast) verursacht. Bei dunklem Kontrast nimmt die Intensität der Punkte mit höherer Brechzahl im Vergleich zu den Punkten, deren Brechzahl mit der Brechzahl ihrer Umgebung übereinstimmt, stark ab. In den Punkten mit im Vergleich zur Umgebung niedriger Brechzahl erfolgt eine Phasenbeschleunigung, welche der Phasenring kompensiert, so kommen die dort durchlaufenden Wellen in ungefähr der gleichen Phase wie die gestreuten Wellen an, ergeben eine Interferenzverstärkung, weshalb das Bild dieser Punkte am hellsten ist. Bei hellem Kontrast wird das Bild der Objekte mit höherer Brechzahl heller als ihre Umgebung sein, während das Bild der Punkte mit niedriger Brechzahl im Vergleich zu den Objekten mit mittlerer Brechzahl dunkler sein wird.

VI/3 Methoden der optischen Spektroskopie

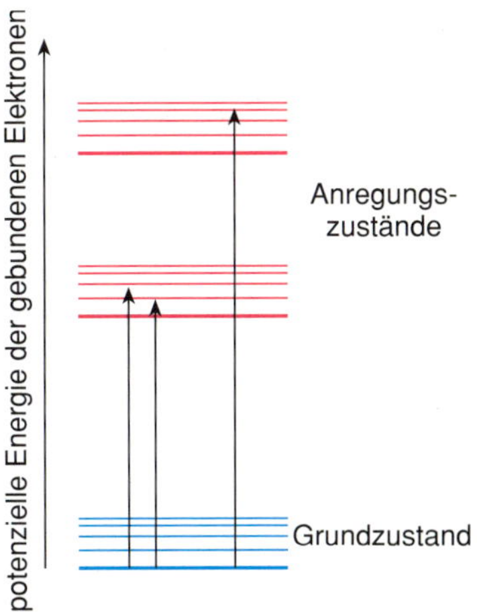

Abb. VI.17. Die diskreten Energiezustände der gebundenen Elektronen, vom äußersten besetzten Niveau als Grundzustand ausgehend

Wie schon diskutiert wurde (s. I/1), können sich die Elektronen der Atome und Moleküle in verschiedenen, gut definierten (diskreten) Energiezuständen befinden. Bei Molekülen aus mehreren Atomen ändern die Schwingungs- und Rotationszustände die mit Quantenzahlen charakterisierten Energiezustände der Elektronen geringfügig. In Abb. VI.17 sind die möglichen Zustände der am wenigsten gebundenen – äußeren – Elektronen eines Moleküls dargestellt, der **Grundzustand** mit der niedrigsten Energie bzw. die unbesetzten – **angeregten** – weiteren Zustände. Die Verteilung der Elektronenpopulation zwischen diesen Zuständen (die relative Häufigkeit der in einem gegebenen Energiezustand befindlichen Elektronen) beschreibt die Boltzmann-Verteilung (s. I/3.1).

Dementsprechend ist zu erwarten, dass ein Elektron aus dem Grundzustand in einen angeregten (höheren) Energiezustand kommt, wenn ihm genau so viel Energie zugeführt wird, wie der Differenz zwischen der Energie des höheren gebundenen Zustandes und der Energie des gegebenen Grundzustandes entspricht (s. Pfeile in Abb. VI.17). Die Energiezustände der Elektronen von Molekülen und so auch die Wellenlänge der zur Anregung erforderlichen Photonen sind durch die Molekülstruktur festgelegt. Beleuchtet man also ein Molekularsystem mit Licht, dessen Energie (Wellenlänge) dem Energiesystem des Moleküls entspricht, so ist das System in der Lage, Photonen mit gewisser Energie zu absorbieren. Durch diese Energieübertragung gelangen die Elektronen in einen höheren diskreten Energiezustand, in den **gebundenen Anregungszustand**.

Der angeregte Zustand hat im Vergleich zum ursprünglichen Zustand ein höheres Energieniveau, deshalb ist das System nach der Anregung bestrebt, die überschüssige Energie (über verschiedene Wechselwirkungen) abzugeben und in den Grundzustand zurückzukehren. Dieser Prozess spielt sich in den meisten Fällen in einer Zeitskala von 10^{-12} Sekunden ab und bedeutet eine Wärmeabgabe an die Umgebung in vielen kleinen Schritten. Ausnahmsweise kann es vorkommen, dass der größte Teil der Anregungsenergie in Form von Lichtemission mit der Energie, die der Energiedifferenz der beiden diskreten Energiezustände entspricht, in einem Schritt abgegeben wird. Das ist das Phänomen der Lumineszenz (s. II/2.2.4).

VI/3.1 Absorptionsspektroskopie im UV-Bereich und im sichtbaren Bereich

Die Absorptionsspektroskopie nutzt das Phänomen der Lichtabsorption zur qualitativen und quantitativen Bestimmung von dünnen Lösungen.

VI/3.1.1 Lichtabsorption in dünnen Lösungen

Mit Hinsicht darauf, dass das Termschema (System der möglichen Energiewerte) der Elektronen in atomaren und molekularen Systemen charakteristisch für das betreffende Atom oder Molekül ist, können die Größe der Lichtabsorption bzw. ihre Abhängigkeit von der Wellenlänge sowohl quantitative als auch qualitative Informationen über das absorbierende System geben.

Die Schwächung der Lichtintensität durch die Absorption ist ein Phänomen, für welches das allgemeine Gesetz der Intensitätsschwächung gilt (s. II/1.1.3)

$$J_E = J_{E0} e^{-\mu x}, \qquad \text{(VI.29)}$$

(J_{E0} Intensität der eintretenden Strahlung, J_E durch Absorption geschwächte Intensität, x Schichtdicke, μ Absorptionskoeffizient). Aus praktischer Sicht ist die Form des Gesetzes besonders interessant, die für die Absorption in Lösungen gilt. Bei analytischen Untersuchungen (labordiagnostischen, biochemischen Methoden) liegt das Untersuchungsmaterial nämlich meist in Form einer Lösung vor. Sofern diese Lösung als dünne Lösung anzusehen ist, d. h. die im Lösungsmittel gelösten Teilchen voneinander unabhängig sind (sich ihre Elektronenzustände nicht beeinflussen), so lässt sich die Abhängigkeit des Absorptionskoeffizienten μ von der Stoffmenge im absorbierenden Medium mit der molaren Konzentration c einfach ausdrücken:

$$\mu = c \cdot \varepsilon^*(\lambda) \qquad \text{(VI.30)}$$

So kann man die Menge der absorbierten Teilchen mit c und ihre Qualität mit $\varepsilon^*(\lambda)$, einem von λ abhängigen für die Materie charakteristischen Koeffizienten, in der Form eines Produktes berücksichtigen. Das letztere Glied beinhaltet auch, ob die gegebene Wellenlänge λ (Photonenenergie) in die Elektronenstruktur des Moleküls passt, d. h. ob sie zur Erzeugung des angeregten Zustands des Elektronensystems genutzt werden kann. Die gültige Form des allgemeinen Absorptionsgesetzes für die Lichtabsorption dünner Lösungen:

$$J_E = J_{E0} e^{-c \cdot \varepsilon^*(\lambda) \cdot l} \qquad \text{(VI.31)}$$

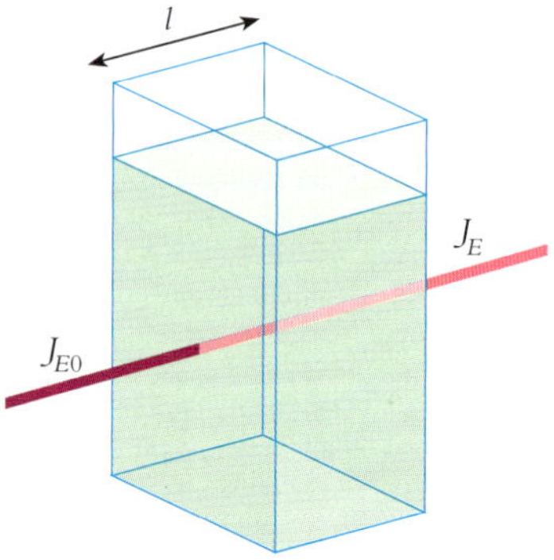

Abb. VI.18. Die Intensitätsschwächung in Lösungen

bezeichnet man als **Lambert-Beer-Gesetz**. In diesem Ausdruck bezeichnet l die Schichtdicke der viereckigen Messküvette mit der Lösung (Abb. VI.18).

Für praktische Zwecke eignet sich Gl. (VI.31) besser in Form einer exponentiellen Funktion zur Basis 10:

$$J_E = J_{E0} \cdot 10^{-\varepsilon(\lambda) \cdot c \cdot l} \qquad \text{(VI.32)}$$

$\varepsilon(\lambda) = \lg \varepsilon^*(\lambda)$ ist der dekadische molare Extinktionskoeffizient (kurz nur molarer Extinktionskoeffizient), seine Einheit ist 1 $mol^{-1}m^{-1}$.

Parameter für die Größe der Lichtabsorption kann die Transmission oder Lichtdurchlässigkeit T sein, der Quotient der austretenden und einfallenden Lichtintensität:

$$T = \frac{J_E}{J_{E0}} \qquad \text{(VI.33)}$$

Gebräuchlicher ist der Parameter optische Dichte (optische Densität: OD) oder spektrales Absorptionsmaß (auch Absorbanz, früher Extinktion, Formelzeichen A), das sich folgendermaßen definieren lässt:

$$A = \log_{10}\left(\frac{J_{E0}}{J_E}\right) = \varepsilon(\lambda)cl. \qquad \text{(VI.34)}$$

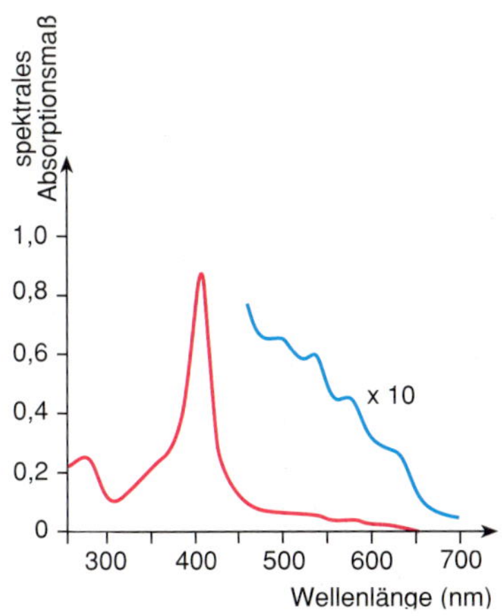

Abb. VI.19. Absorptionsspektrum des Hämoglobins

Transmission und Absorptionsmaß sind mit der Bestimmung von J und J_{E0} direkt messbare Größen. Die Anwendung des Absorptionsmaßes ist in der Praxis gebräuchlicher, in erster Linie deshalb, weil es in dünnen Lösungen direkt proportional zur Konzentration ist, wenn sich die Wellenlänge der Messung und damit $\varepsilon(\lambda)$ nicht ändern.

Wir haben gesehen, dass das Absorptionsmaß der Lösung von der Wellenlänge des beleuchtenden Lichtes abhängt. Benutzt man Licht verschiedener Wellenlängen, so kann man die Abhängigkeit des Absorptionsmaßes von der Wellenlänge studieren, die als **Absorptionsspektrum** bezeichnet wird. Das Spektrum kann wertvolle Informationen über die Elektronenstruktur atomarer, molekularer und supramolekularer Systeme und ihre Änderungen liefern. In Abb. VI.19 ist das Absorptionsspektrum der wässrigen Lösung von Hämoglobinmolekülen dargestellt. Die Wellenlängen (Photonenenergien) mit hohem Absorptionsmaß entsprechen je einem diskreten Elektronenübergang von hoher Wahrscheinlichkeit.

Die Funktion $\varepsilon(\lambda)$ ist über das direkt messbare Absorptionsmaß vom Absorptionsspektrum charakterisiert, aus ihm lässt sich die Funktion $\varepsilon(\lambda)$ in Kenntnis der Parameter c und λ berechnen. Untersuchen wir eine Lösung, deren Funktion $\varepsilon(\lambda)$ zuvor schon bestimmt wurde, so kann man mit Messen des Absorptionsmaßes die Konzentration bestimmen. Wird die Messung bei Wellenlängen mit hohen $\varepsilon(\lambda)$ Werten (beim Maximum des Absorptionsspektrums) vorgenommen, so sieht man auch bei geringen c Werten ein messbares Absorptionsmaß. Die Konzentration von Komponenten mit unterschiedlichem Absorptionsspektrum kann auf dieser Grundlage mit der Wahl der entsprechenden Wellenlängen selektiv und hochempfindlich ohne physikalische oder chemische Trennung der Komponenten bestimmt werden.

VI/3.1.2 Spektrophotometer

Die Geräte zur Messung der Absorptionsspektren bezeichnet man als Spektrophotometer. In Bezug auf die Anordnung unterscheidet man Einstrahl- und Zweistrahlgeräte, das Schema des Zweistrahlprinzips ist in Abb. VI.20 dargestellt.

Mit Hilfe des Monochromators wird ein enger Wellenlängenbereich ausgewählt, der auf die Probe fällt. Gemessen wird die Intensität des Lichtes, das

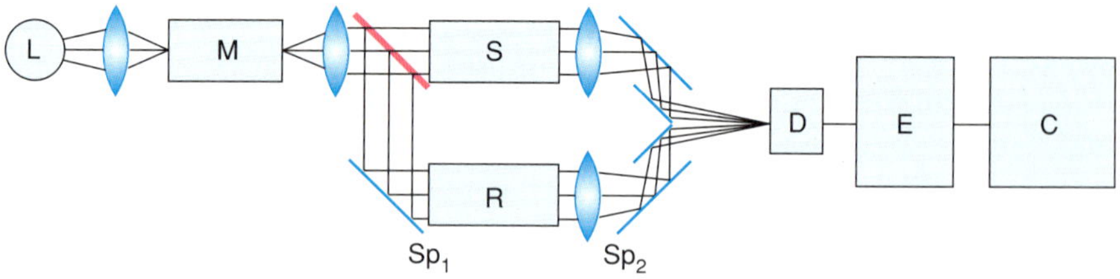

Abb. VI.20. Schema des Zweistrahlspektrophotometers (L Lichtquelle, M Monochromator, R Referenzküvette, S Messküvette, D Detektor, E elektronischer Verstärker, C Computer) Sp_1 und Sp_2 kennzeichnen die entsprechenden Spiegel, welche zusammen mit dem beweglichen Spiegel vor der Messküvette ermöglichen, dass der Detektor D die Intensität der zwei Lichtwege (S bzw. R) abwechselnd misst.

aus der Küvette austritt (in der Regel mit einem Photomultiplier). Aus der Definition der Transmission T bzw. des Absorptionsmaßes A folgt, dass zur Bestimmung dieser Parameter auch die Intensität des einfallenden Lichtes gemessen werden muss. Im Falle des Zweistrahlgerätes ist das einfach. Wie die Abbildung zeigt, beleuchtet das aus dem Monochromator austretende Licht mit Hilfe eines beweglichen Spiegels abwechselnd die Messküvette (S) und die Referenzküvette (R). In einem einfachen Fall dient das Lösungsmittel (das eventuell in der gegebenen Wellenlänge absorbiert) zum Vergleich, in der Messküvette befindet sich die Probe in demselben Lösungsmittel. Mit Hilfe von Gl. (VI.33) und Gl. (VI.34) ist einzusehen, dass sich das Absorptionsmaß der Probe mit Hilfe des Quotienten der nach der Mess- und der Referenzküvette gemessenen Intensitäten ohne Bestimmung der einfallenden Lichtintensität berechnen lässt. Das lässt sich bei einem Gerät mit Einstrahlprinzip so erzielen, dass zuerst die Küvette mit der Referenzlösung und dann die Küvette mit der Probe in den Lichtweg geschoben wird und dann aus den beiden Messergebnissen die Absorption der Probe analog zum Zweistrahlprinzip berechnet wird.

> Bemerkung VI.2
>
> Die *Monochromatoren* sind Geräte, die ein Licht (eine Strahlung) aus mehreren Wellenlängen-Komponenten in nach der Wellenlänge räumlich differenzierte Bündel trennen. Solche optischen Elemente sind das Prisma und das Diffraktionsgitter.

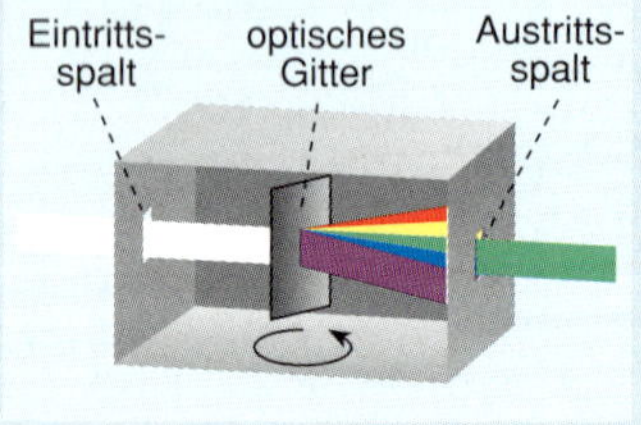

VI/3.1.3 Absorptionsbande im Spektrum

Der oben skizzierte einfache Gedankengang zur Interpretation der Lichtabsorption beantwortet nicht die Frage, warum die Absorptionsspektren der Lösungen von Molekülen gleichen Typs nicht der Theorie entsprechend aus scharfen Maxima – Linien – bei den diskreten Photonenenergien/Wellenlängen bestehen, sondern sich in der Umgebung der Maxima des Absorptionsmaßes breite „Bänder" bilden, die sich über einen breiten Wellenlängenbereich ausdehnen und mit der gaußschen Funktion beschrieben sind (s. Abb. VI.19). Die Lichtabsorption der Molekülpopulation beschränkt sich also nach unseren Erfahrungen nicht nur auf eine einzige Wellenlänge, sondern es können auch Photonen mit geringerer oder höherer der theoretisch berechneten Energie – in geringem Maße – absorbiert werden.

Dieses Phänomen zeigt, dass der molekulare Elektronenübergang (Anregung) nicht bei jedem Molekül der gleichen Energiedifferenz entspricht, oder wegen eines Naturgesetzes die Spektrallinien der Übergänge die Form einer breiten Funktion annehmen. In der Regel findet man beide Phänomene. Bei den täglichen Routineuntersuchungen, der Spektralanalyse, wird bei Zimmertemperatur gemessen, und die mit dem Spektrum charakterisierten Moleküle soll man sich als in einer Lösung gelöste oder in Lösung gebrachte bzw. als Zellbaustein dienende Makromolekülkomponenten vorstellen. In diesem Fall, wenn sich die Moleküle nicht im Vakuum, sondern in einer Umgebung von mehr oder weniger starken Wechselwirkungen befinden, können die Elektronenenergiezustände der einzelnen Moleküle, die einen Spektralbeitrag liefern, während der Messdauer durch aktuelle Wechselwirkungen mit der Umgebung geringfügig beeinflusst werden. Diese Wirkung ist heterogen, so lassen sich die Übergangsenergien mit einer Verteilung beschreiben. Außerdem führt die theoretische Beschreibung der Spektrallinien zu einer eindeutigen Funktion, die zeigt, dass auch bei einer einzigen Art des Überganges die Temperaturwirkung mit einer breiten Spektrallinie messbar wäre. Die Temperaturerhöhung ermöglicht nämlich, dass gleichzeitig mit den reinen Elektronenübergängen in der Umgebung der Moleküle verschiedene, niedrigenergetische kollektive Bewegungen angeregt werden, was in einem der Verteilung der kollektiven Bewegung entsprechenden Bereich statt der scharfen Energiebedingung zur Geltung kommt. Die erste Wirkung wird als **inhomogene**, die zweite als **homogene** Linienverbreiterung bezeichnet.

Praktische Probleme der Absorptionsphotometrie

Die Anwendung der oben zusammengefassten, einfachen theoretischen Grundlagen der Absorptionsphotometrie wirft viele Probleme in Bezug auf die gemeinsamen Eigenschaften des untersuchten Systems und der technischen Gegebenheiten auf, die kurz diskutiert werden sollten.

„Weißwerden"

Obwohl die Intensität der in der Praxis üblichen Lichtquellen weit unter dem Wert bleibt, bei dem dieser Effekt eintritt, muss man bei komplizierteren Versuchsanordnungen mit Hochleistungslasern als Lichtquelle doch unbedingt mit dem Weißwerden rechnen. Der Effekt basiert auf der induzierten Emission (s. II/2.2.3). Die Wahrscheinlichkeit der induzierten Emission gleicht annähernd der Absorptionswahrscheinlichkeit. Betrachtet man zwei Wahrscheinlichkeiten als gleich, so ist offensichtlich, dass die Intensität des ins Medium eintretenden Lichtes so hoch ist, dass sich im Mittel die Hälfte der absorptionsfähigen Moleküle im angeregten Zustand befindet. In diesem Fall stimmt die Zahl der absorbierten Photonen mit der Zahl der Photonen überein, die in der Zeiteinheit mit induzierter Emission erzeugt wurden. Die Ausbreitungsrichtung der mit induzierter Emission erzeugten Photonen stimmt mit der Richtung der auslösenden Photonen überein, und so stimmt auch die aus dem System austretende Intensität mit der eintretenden Lichtintensität überein.

Im Falle der klassischen Photometrie ist dieser Effekt eher von theoretischem Interesse. Es ist aber zu bemerken, dass die lineare Beziehung (VI.34) zwischen Absorptionsmaß und Konzentration nur bei Beleuchtung mit relativ geringer Intensität gültig ist, wenn sich nur ein sehr geringer Teil (ca. 0,1 %) der absorptionsfähigen Moleküle in angeregtem Zustand befindet.

Die Linearität des Spektrophotometers („stray light effect")

Gl. (VI.34) behauptet, dass bei einem gelösten Stoff das Absorptionsmaß eine lineare Funktion der Konzentration ist. Der schwächste Punkt der Spektrophotometer ist in der Regel der Monochromator, der im Allgemeinen für das gegebene Gerät festlegt, in welchem Bereich des Absorptionsmaßes Gl. (VI.34) linear ist, d. h. in welchem Bereich das Messergebnis der Gleichung folgt. Der Monochromator dient dazu, aus dem Spektrum der Lichtquelle das Licht mit einem schmalen (in der Regel vom Experimentator innerhalb eines gewissen Bereichs wählbaren) Wellenlängenbereich λ-$\Delta\lambda$ und λ+$\Delta\lambda$ zur Beleuchtung der Probe durchzulassen. Aus hier nicht näher erörterten technischen Gründen gelangen auch – wenn auch mit geringer Intensität – Photonen anderer Wellenlängenbereiche auf die Probe, so z. B. die Oberwellen der gewählten Wellenlänge (z. B. doppelte, mehrfache Frequenz). Wegen dieser Eigenschaft des Monochromators ist es zweckmäßig, die auf die Probe fallende Lichtintensität in zwei Teile getrennt zu behandeln:

$$J_{E0} = (1-\alpha)J_{E0} + \alpha J_{E0},$$

wobei die in der Regel mehr als 99 % ausmachende Komponente $(1-\alpha)J_{E0}$ das Licht im ausgewählten Wellenlängenbereich ist, während αJ_{E0} die Photonenintensität in den Oberwellenbanden bedeutet. Gl. (VI.34) bezieht sich auf die Photonen mit entsprechender Wellenlänge (unter der Annahme, dass die Probe die Oberwellen nicht absorbiert), d. h. die Intensität $(1-\alpha)J_{E0}$ wird mit der Konzentrationserhöhung des absorbierenden Mediums schwächer, während αJ_{E0} – wie gering auch der Wert von α sein mag – konstant bleibt. In Abhängigkeit vom Wert α beginnt αJ_{E0} mit dem aus der Eintrittsintensität $(1-\alpha)J_{E0}$ verbliebenen Anteil der Austrittsintensität in Gl. (VI.34) vergleichbar zu werden, und dann scheint das Präparat „heller" als ohne die Existenz von αJ_{E0}. So ist das gemessene Absorptionsmaß geringer als das wirkliche. In Abb. 1 ist dargestellt, in welchem Bereich das betreffende Spektrometer bei verschiedenen α-Werten linear (d. h. benutzbar) ist. Der Wert α ist ein kritischer Parameter der Photometer, in der Regel beträgt er 0,01 oder weniger. Die spektrumverzerrende Wirkung dieses Effektes veranschaulicht Abb. 2. Es ist zu sehen, dass das Ausmaß der Spektrumverzerrung mit zunehmendem Absorptionsmaß zunimmt – weil die Abweichung von der linearen Beziehung eine Funktion des Absorptionsmaßes ist.

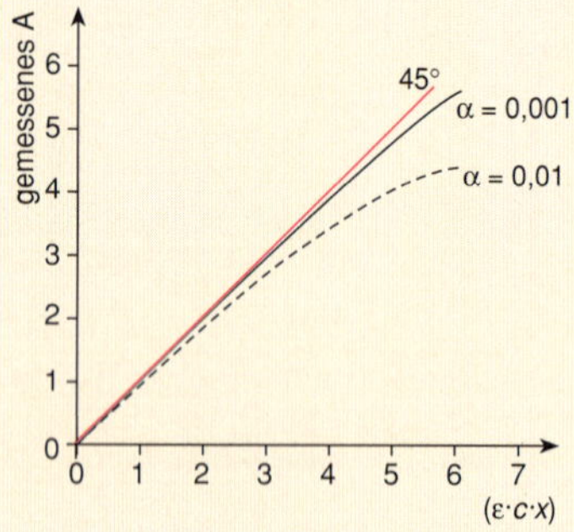

Abb. 1. Die Änderung des vom Spektrophotometer gemessenen Absorptionsmaßes als Funktion des Absorptionsmaßes der Probe bei verschiedenen α-Werten.

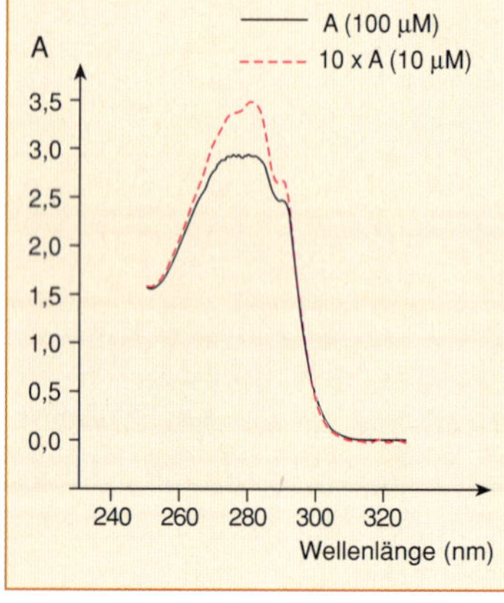

Abb. 2. Die Verzerrung des Spektrophotometers bei hohen Werten des Absorptionsmaßes. Dargestellt sind der mit zehn multiplizierte Wert des Absorptionsmaßes einer 10µM Lösung von α-Lisozym (rote, unterbrochene Linie) und einer 100 µM Lösung (schwarze, kontinuierliche Linie) (im Idealfall müssten beide Linie übereinstimmen).

Spezialmethoden der Absorptionsspektroskopie

Derivativspektroskopie

Bei der Anwendung der optischen Spektroskopie ist ein häufiges Problem, dass qualitative und quantitative Charakteristika eines in geringen Mengen vorhandenen Wirkstoffes erwünscht sind, die Trägersubstanz aber ein hohes Absorptionsmaß hat. Für diese Fälle wurde die Derivativspektroskopie entwickelt, wobei statt des Absorptionsspektrums seine Ableitungen untersucht werden. (Erklärung der abgeleiteten Funktion: Für jeden Punkt ergibt die an die ursprüngliche Funktion angepasste Tangente den Wert der ursprünglichen Funktion.) In Abb. 1 sind verschiedene Ableitungen eines einfachen Absorptionsspektrums dargestellt. Der Vorteil der Derivativ-Spektroskopie besteht darin, dass es das auf das breite Band superponierte schmale Absorptionsband „hervorhebt".

Die einzelnen Komponenten des Derivativspektrums sind nicht zu ihren molaren Absorptionskoeffizienten sondern zu deren Ableitungen proportional. Dementsprechend wird der Beitrag eines Stoffes mit scharfem, schmalem Absorptionsband im abgeleiteten Spektrum gegenüber den Stoffen mit breitbandiger – langsam veränderlicher – Absorption zunehmen. Am häufigsten wird die Methode von der pharmazeutischen und der kosmetischen Industrie genutzt, aber oft wird sie auch bei biochemischen Messungen eingesetzt.

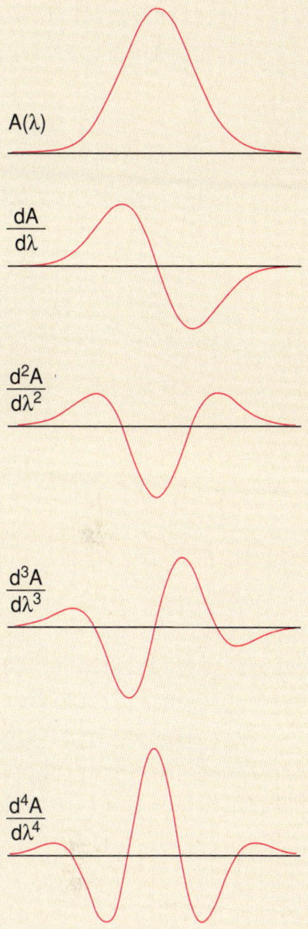

Abb. 1. Die Wellenlängenfunktion des Absorptionsmaßes $\varepsilon(\lambda)$ und ihre 1., 2., 3. und 4. Ableitung

Differenzspektroskopie

Die Differenzspektroskopie kann als analog zur Derivativspektroskopie aufgefasst werden. Diese Methode lässt sich z. B. gut zur Trennung von Reaktionsprodukten und Ausgangsmaterial nutzen. Die Messung mit einem Zweistrahlphotometer ist in Abb. 2 dargestellt. (Mit einem Einstrahlphotometer erfolgen die Messungen nacheinander.) Das als Endergebnis dienende Spektrum $\Delta\varepsilon(\lambda)$ ist ein guter Indikator für das Eintreten der Reaktion auch bei geringen Spektralveränderungen.

Spektrales Lochbrennen (hole burning)

Eine Spezialvariante der Absorptionsmethode ist die Spektroskopie mit spektralem Lochbrennen. Diese Methode basiert darauf, dass bei der Absorption einer bestimmten Photonenenergie (z. B. bei Laserlicht) die angeregten Elektronen mit den benachbarten Molekülen in irreversible oder temporäre Reaktionen, Wechselwirkungen treten können und deshalb eine Spektrumänderung eintritt. Misst man in diesem Zeitraum erneut das Spektrum im Bereich des Absorptionsmaximums, dann wird sich der fehlende Beitrag des umgewandelten Moleküls bei der Photonenenergie (Wellenlänge) des Anregungsüberganges als scharfe negative Spektrallinie, als „Spektralloch" darstellen. Dieses Phänomen wurde erstmals bei der NMR-Spektroskopie bekannt. Während es dort als Radiofrequenz-Sättigungsphänomen bezeichnet wird, das mit der Zeit relaxiert, kann die optische Analogie über längere Zeit oder auch permanent bestehen, wenn die Probe bei niedrigen Temperaturen gehalten wird. Die Methode eignet sich zur Untersuchung der Wechselwirkungen zwischen absorptionsfähigen Molekülen (funktionellen Gruppen), die in ein größeres geordnetes System (z. B. in Eiweiß) eingebaut sind, und ihrer Umgebung mittels der mit hoher Auflösung bestimmten negativen Spektrallinien.

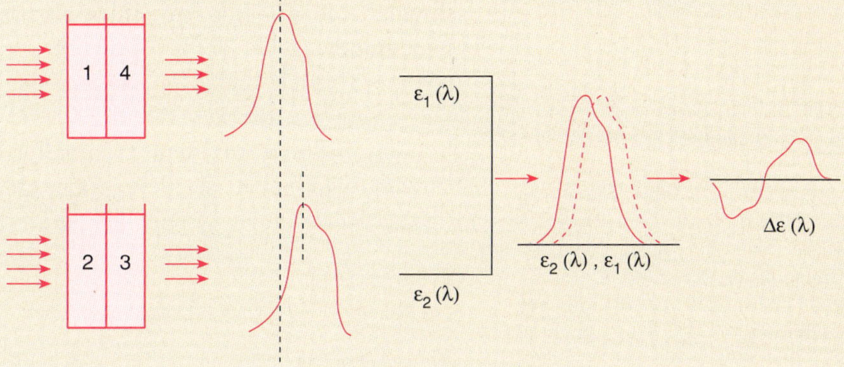

Abb. 2. Prinzip der Differenzspektroskopie. Die Küvetten 1 und 4 enthalten die eine bzw. die andere Verbindung, die Küvetten 2 und 3 beide Verbindungen zusammen.

VI/3.2 Infrarotspektroskopie

Aus spektroskopischer Sicht wird der Infrarotbereich in drei Teile geteilt:

Unmittelbar neben dem Wellenlängenbereich des sichtbaren Lichts befindet sich das nahe Infrarot (NIR = near infrared, λ = 800 nm – 2,5 µm), daneben das mittlere Infrarot (MIR oder MID-IR = mid infrared, λ = 2,5 – 50 µm). Letzteres ist für uns am interessantesten. Das Licht dieses Bereichs kann die Molekularschwingungen anregen, mit deren Hilfe Verbindungen identifiziert werden können, bzw. deren Frequenzänderungen über die Veränderungen der Molekularumgebung unterrichten. Der dritte Bereich ist das ferne Infrarot (FIR = far infrared, λ = 50 – 100 µm), das hauptsächlich Informationen über die Rotation der Moleküle liefern kann.

Ein einfaches Beispiel: Schwingungen eines Zweiatommoleküls

Nehmen wir ein einfaches Zweiatommolekül, das aus Atomen mit der Masse m_1 und m_2 besteht (z. B. das Molekül CO). Die kovalente Bindung zwischen den Atomen kann aus mechanischer Sicht am ehesten mit einer Feder verglichen werden, bei der die Gleichgewichtslänge der Bindung der Federlänge entspricht. Die Näherung oder Entfernung der Atome (im Vergleich zum Gleichgewichtsabstand der Atomkerne) erfordert Energie, so wie der Druck oder Zug an einer Feder. Die Energie der idealen Feder lässt sich in der Form $E_{\text{Feder}} = 1/2Dx^2$ beschreiben, wobei D die Federkonstante, x der Abstand von der Gleichgewichtslage sind. Die Funktion $E_{\text{Feder}}(x)$ lässt sich als Parabel darstellen. Die Distanzabhängigkeit der Wechselwirkungsenergie zwischen Atomen in kovalenter Bindung kann in dem kleinen Bereich um den Gleichgewichtsabstand der Atomkerne (das Minimum der Kurve) auch mit einer Parabel genähert werden (Abb. 1). Solange diese Näherung gilt, kann man zur Modellierung der Kraft zwischen den Atomen die Federkraft nutzen. In diesem Modell befinden sich an den beiden Federenden je ein Massenpunkt, das sind die Atome des Moleküls. Genauer gesagt wird die Feder eigentlich von den Bindungselektronen der Atome gebildet. Die Atommasse ist aber entscheidend durch den Atomkern bestimmt, die Elektronen können aus Sicht der Masse vernachlässigt werden. Genauso betrachten wir auch die Feder als ohne Masse.

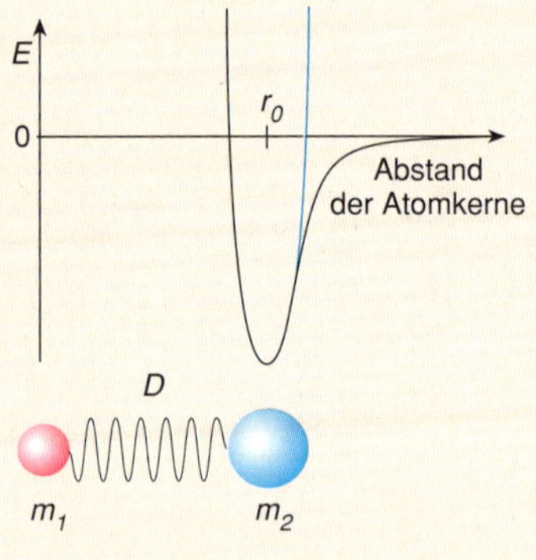

Abb. 1. Die potenzielle Energie des Zweiatommoleküls als Funktion des Abstands der beiden Atomkerne. Die blaue Kurve zeigt die Näherung mit einer Parabel in der Nähe des Gleichgewichtsabstands der Kerne (r_0). Unten das Federmodell zur parabolischen Näherung.

Betrachten wir jetzt die Eigenfrequenz der Schwingungen der mit der Feder verbundenen Massenpunkte! Das System wird um den Massenmittelpunkt schwingen, der näher am schwereren Atom liegt. So werden auch die Schwingungsamplituden nicht gleich sein, das leichtere Atom schwingt mit größerer Amplitude als das schwere. Der Massenmittelpunkt bleibt unbeweglich, deshalb können wir die Feder auch an diesem Punkt fixieren. Danach reicht es aus, nur die Bewegung des einen Körpers zu analysieren, um die Schwingungsfrequenz zu erhalten. So führen wir das Problem auf den aus dem Gymnasium gut bekannten Fall zurück, die Schwingung eines an der Feder fixierten Massenpunktes (Federpendel). Die Eigenfrequenz dieses Systems beträgt:

$$f = \frac{1}{2\pi}\sqrt{\frac{D_2}{m_2}},$$

wobei D_2 die Federkonstante des Federabschnittes zwischen Massenmittelpunkt und Masse m_2 ist. Es ist leicht einzusehen, dass $D_2 = Dm_1/(m_1+m_2)$ ist. So ist die Schwingungsfrequenz unseres Zweiatommolekülmodells:

$$f = \frac{1}{2\pi}\sqrt{\frac{D_2}{m_2}} = \frac{1}{2\pi}\sqrt{D\,\frac{m_1 + m_2}{m_1 \cdot m_2}}\,.$$

Mit Einsetzen der Massen der Kohlenstoff- und Sauerstoffatome ($m_C = 2{,}0 \cdot 10^{-26}$ kg, $m_O = 2{,}7 \cdot 10^{-26}$ kg) sowie mit der Näherung für die Federkonstante der kovalenten Bindung $D \approx 10^3$ N/m erhalten wir für das CO-Molekül die Eigenfrequenz von $4{,}7 \cdot 10^{13}$ Hz. Bei elektromagnetischer Strahlung entspricht das einer Wellenlänge von 6,4 µm, die im mittleren Infrarotbereich liegt.

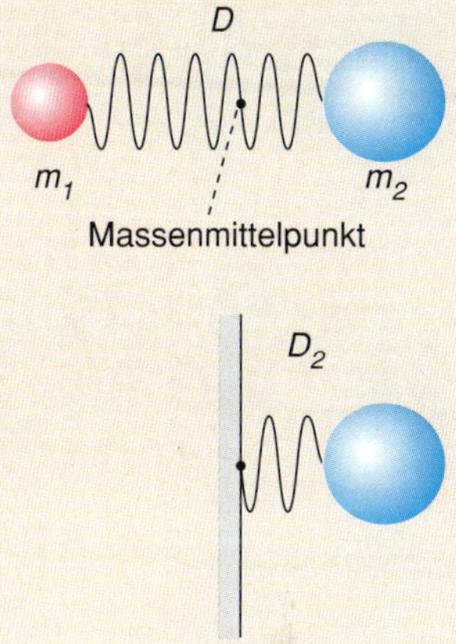

Abb. 2. Das klassische mechanische Modell eines Zweiatommoleküls (oben). Unten ist dargestellt, wie man die Berechnung mit der Fixierung des Massenmittelpunktes vereinfachen kann.

VI/3.2.1 Molekülschwingungen

Wie wir im vorigen Punkt gesehen haben, besteht für uns die wichtigste, spektroskopisch nutzbare Eigenschaft des Infrarotlichtes darin, dass seine Photonenenergie in den Energiebereich der Molekularschwingungen fällt. Dementsprechend erzeugt die Absorption von Infrarotlicht in der Regel Molekülschwingungen. Mit den Vorstellungen der klassischen Physik lässt sich das so erklären, dass eine Resonanz zwischen Schwingungsfrequenz der Photonen und Molekülschwingung auftritt. Nach der quantenmechanischen Erklärung entspricht die Photonenenergie der zum Schwingungsübergang erforderlichen Energie.

Die Infrarotstrahlung mit entsprechender Frequenz bringt die Moleküle in Schwingung und übergibt ihnen Energie, wodurch die Strahlungsintensität geschwächt wird. Die elektromagnetische Strahlung kann die Moleküle aber nur dann in Schwingung bringen, wenn sich ihre Ladungen während der Schwingung umordnen, d. h. die elektrischen Dipolmomente der Moleküle sich ändern. Deshalb kann nicht jede mögliche Molekülschwingung mit der entsprechend frequenten Infrarotstrahlung angeregt werden. Die mit Infrarotstrahlung nicht anregbaren Schwingungen werden als **Infrarot-inaktive** Schwingungen bezeichnet. Ein Beispiel dafür sind die symmetrischen Schwingungen der CO_2-Moleküle.

Nach der quantenmechanischen Beschreibung können die Moleküle nicht mit beliebiger Amplitude bzw. Energie schwingen, sondern sich nur auf Schwingungsnieveaus mit bestimmter Energie befinden. Die Quantenmechanik und die klassische Physik kommen aber zu demselben Ergebnis, weil die Energiedifferenzen der von der Quantenmechanik vorgeschriebenen

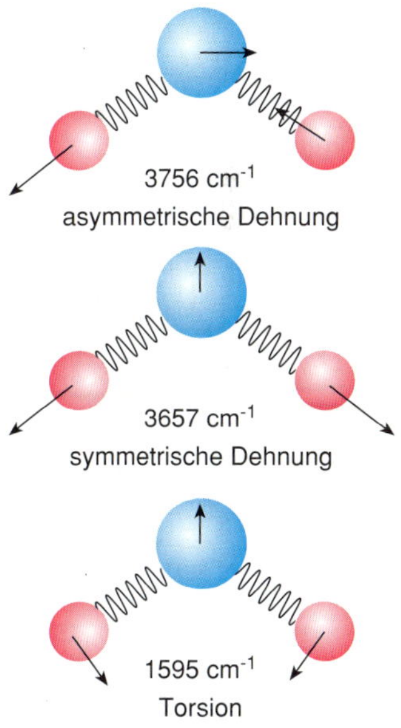

Abb. VI.21. Die Normalschwingungen des Wassers. Die Größe der Pfeile ist proportional zur Schwingungsamplitude, aber der Anschaulichkeit halber viel länger, als die tatsächliche Amplitude. Die üblicherweise in der Einheit cm^{-1} ausgedrückten Wellenzahlwerte $1/\lambda$ kennzeichnen die Schwingungsfrequenz.

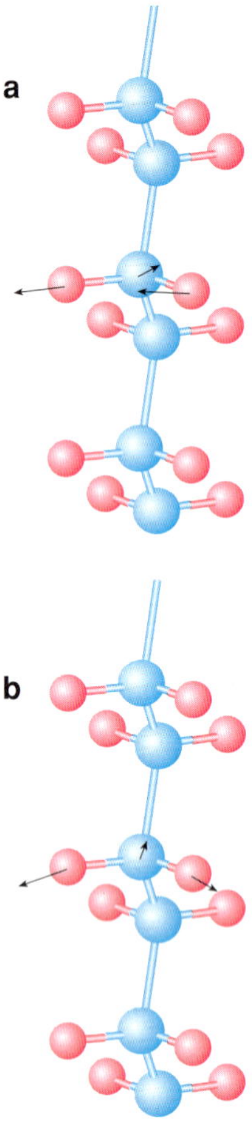

Abb. VI.22. Beispiele für lokalisierte Normalschwingungen: **a.** asymmetrische und **b.** symmetrische Valenzschwingung von CH in der Fettsäure bzw. der Fettsäurekette eines Lipidmoleküls

Bemerkung VI.3

Die Angabe der Schwingungsfrequenz in cm⁻¹

Bei den spektroskopischen Verfahren zur Untersuchung der Molekülschwingungen ist es üblich, statt der Photonenenergie der Schwingung die Frequenz anzugeben. Die Messtechniken ermöglichen in der Regel die direkte Angabe der charakteristischen Wellenlänge. Aus der Wellenlänge ▶

Schwingungsniveaus gerade der Photonenenergie entsprechen, die wir nach den Überlegungen der klassischen Physik berechnet haben. Nach der quantenmechanischen Interpretation regt die Absorption eines solchen Photons die Molekülschwingung an.

Natürlich sind bei großen Molekülen verschiedene Schwingungen möglich. Ein Molekül aus N Atomen hat $3N$ Freiheitsgrade, denn jedes Atom kann sich in den drei Richtungen des Raumes unabhängig bewegen. Drei der Freiheitsgrade beschreiben die Translationsbewegungen des ganzen Moleküls, drei die Rotation um die drei räumlichen Achsen. (Eine Ausnahme bilden die linearen Moleküle, die nur zwei Rotationsachsen haben.) Deshalb bleiben $3N$-6 (bei linearen Molekülen $3N$-5) Freiheitsgrade für die Schwingungen, d. h. so viele voneinander unabhängige Schwingungen existieren in den Molekülen. Die voneinander unabhängigen Schwingungen bezeichnet man als **Normalschwingungen**. Aus diesen Normalschwingungen lassen sich alle Schwingungen des Moleküls zusammensetzen. Bei kleinen Molekülen bedeuten die Normalschwingungen in der Regel kollektive Bewegungen des ganzen Moleküls. Die an der Normalschwingung beteiligten Atome schwingen mit der gleichen Frequenz aber mit unterschiedlichen Amplituden. Die Normalschwingung kann mit der Eigenfrequenz sowie den Schwingungsamplituden der Atome beschrieben werden. Abb. VI.21 zeigt die drei Normalschwingungen des Wassers.

Im Falle von Makromolekülen ist ein Teil der Normalschwingungen auf einzelne Atomgruppierungen des Moleküls lokalisiert, und die weiter entfernten Teile des Moleküls haben keinen Einfluss auf die Schwingung. Ein Beispiel dafür sind die symmetrischen und asymmetrischen Schwingungen der CH_2-Gruppen in den Kohlenstoff-Fettsäureketten der Lipidmoleküle (Abb. VI.22). An diesen Schwingungen nehmen nur ein Kohlenstoffatom und die zugehörigen zwei Wasserstoffatome teil. Die Schwingungsfrequenz wird von der Kopplung an die unmittelbar benachbarten Kohlenstoffatome noch gering beeinflusst, aber die ferner liegenden Molekülteile üben keine Wirkung aus. So hängt z. B. die Frequenz weder von der Kettenlänge noch von der angekoppelten Kopfgruppierung ab. Aus der Schwingungsfrequenz kann man jedoch auf den geschmolzenen (viele gauche-Konformere enthaltenden) oder starren (hauptsächlich trans-Konformere enthaltenden) Zustand der Kohlenhydratketten schließen. Von der Molekülkonformation abhängige Normalschwingungen findet man auch bei den Eiweißen (sog. Amid-I-Schwingungen). Diese behandeln wir in X/1.2 eingehender.

Theoretisch könnte man in Kenntnis der Federkonstanten der Molekülbindungen jede Eigenschwingung berechnen. Die numerische Bestimmung ist aber auch im Zeitalter der Computer eine enorme Aufgabe und nicht immer mit der erforderlichen Genauigkeit durchführbar. Vor der elektronischen Datenverarbeitung war eine Vereinfachung des Problems bei der Berechnung der Normalkoordinaten unerlässlich, wozu die Symmetrieeigenschaften der

Moleküle genutzt wurden. Die erhaltenen Schwingungen wurden auch nach den Symmetrieeigenschaften klassifiziert.

Die typische Federkonstante der kovalenten Bindungen liegt in der Größenordnung von 1000N/m. Die Masse der häufigsten Atome in biologischen Makromolekülen bewegt sich zwischen $1{,}7 \cdot 10^{-27}$ kg (H) und $3 \cdot 10^{-26}$ kg (O). Daraus folgt, dass die typischen Schwingungsfrequenzen in den Bereich von 50 – 100 THz fallen (THz = 10^{12} Hz). Im Fall der sog. **Kollektivschwingungen,** bei denen sich mehrere Atome des Moleküls bewegen, ist die Frequenz niedriger (10 – 50 THz). Die Wellenlänge der Photonen mit dieser Energie ist um 3 – 30 µm, was in den MIR-Bereich (mittleres Infrarot) fällt.

λ der gemessenen Absorptionsmaxima ergibt sich die Schwingungsfrequenz nach der Beziehung $f = c/\lambda$. Der Einfachheit halber wird die Lichtgeschwindigkeit c als Konstante weggelassen und die Frequenz einfach mit dem Reziprok der Wellenlänge charakterisiert. Aus Gründen der Bequemlichkeit hat sich statt der Einheit nm^{-1} die Einheit cm^{-1} verbreitet. Die Bezeichnung der Skala ist Wellenzahl.

VI/3.2.2 Identifikation von Verbindungen, Molekülen, Anwendung der IR-Spektralanalyse

Als Beispiele präsentieren wir Anwendungen in der Pharmakologie und in der Molekularbiophysik.

Wie schon erwähnt führen gewisse Atomgruppierungen auf einen kleinen Molekülteil (nicht selten auf ein-zwei kovalente Bindungen) lokalisierte Schwingungen mit scharf begrenzter Frequenz durch. Einige typische Frequenzen sind in Tabelle VI.1 dargestellt. Es gibt aber auch kollektive Schwingungen, bei denen mehrere Atome in die Schwingung eingebunden sind. Diese Schwingungen sind empfindlich auf die relative Orientierung der beteiligten Atome, d. h. auf die Raumstruktur der Moleküle. Den infraroten Spektralbereich von 1100 – 1700 cm^{-1} bezeichnet man als Fingerabdruck-Bereich (fingerprint region), weil die für die Molekülstruktur charakteristischen zusammengesetzten Schwingungen typisch in diesem Bereich auftreten. Diese Spektralbande sind für die einzelnen Moleküle spezifisch – wie auch die Bezeichnung des Bereichs zeigt – und können zur analytischen Identifikation genutzt werden.

Die modernen Geräte verfügen schon in der Software über eine Spektraldatenbank, die das Spektrum von mehreren hundert oder tausend Verbindungen enthält. Aus dieser Datenbank sucht das Programm das Spektrum, welches mit dem Spektrum der aktuellen Probe übereinstimmt oder ihm zum mindesten sehr nahe kommt. So können die in die Datenbank aufgenommenen Verbindungen identifiziert werden. Abb. VI.23 zeigt die Spektren von Methanol und Ethanol. Das Band der CH-Schwingungen um 2800 cm^{-1} stellt sich gut dar. Es ist auch zu sehen, dass das Ethanolspektrum in der „fingerprint region" bedeutend komplizierter ist, denn in den größeren Molekülen können verschiedene Schwingungskombinationen vorkommen.

Die Amplitude der einzelnen Absorptionslinien kann natürlich auch zur quantitativen Bestimmung genutzt werden, weil das Lambert-Beer-Gesetz für den Infrarotbereich genauso gilt wie für den sichtbaren und den UV-Bereich.

Tabelle VI.1. Einige typische Werte der Schwingungsfrequenz

Molekültyp	Bindung	Wellenzahl (cm^{-1})
Alkane	C–H	2850–3000
Alkene	C–H	3080–3140
	C–H	1630–1670
Alkohol	O–H	3400–3600
	C–O	1050–1200
Aminosäuren	C=O	1600–1700
	N–H	3500–3300

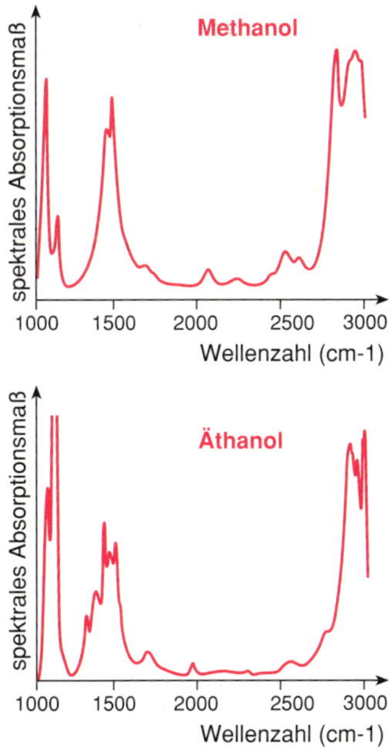

Abb. VI.23. Infrarotspektrum von Methanol und Äthanol

Aufbau und Funktion eines modernen Fourier-Transform-Infrarot-(FTIR) Spektrometers

Die zur Messung des Schwingungsspektrums notwendige Infrarotstrahlung lässt sich am einfachsten mit einem Temperaturstrahler (s. II/2.2.1) erzeugen. Zur Bestimmung des Absorptionsspektrums wird die Intensität des auf die Probe fallenden und des die Probe durchlaufenen Lichts als Funktion der Wellenlänge gemessen. Die prinzipielle Anordnung des Spektrometers könnte also die gleiche sein, wie die eines Absorptionsspektrometers für den sichtbaren Bereich. In der Infrarotspektroskopie werden aber heute nur die Geräte als modern angesehen, die auf der Basis der Fourier-Transformation arbeiten. Der prinzipielle Aufbau dieser Geräte ist in Abb. 1 dargestellt. Im Vergleich zu den sog. Dispersionsspektrometern befindet sich an der Stelle des Monochromators ein Michelson-Interferometer (Abb. 2). Von der Stellung des verschiebbaren Spiegels (Messspiegels) hängt es ab, bei welchen Wellenlängen die Interferenz der sich am Strahlteiler erneut treffenden Wellen Auslöschung oder Verstärkung erzeugt.

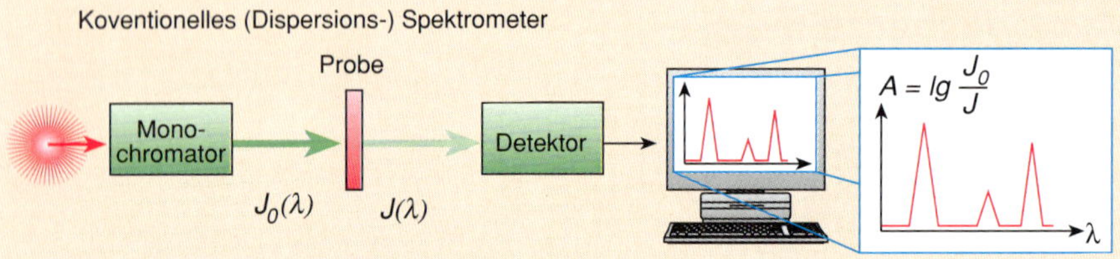

Abb. 1. Vergleich von koventionellem (Dispersions-) Spektrometer und FT-Spektrometer

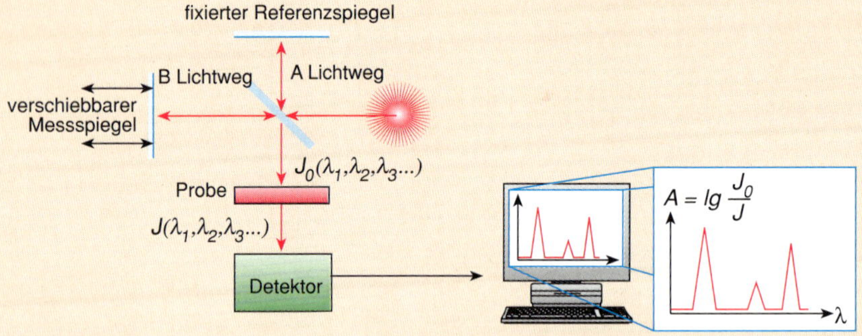

Abb. 2. Michelson-Interferometer

Zu Beginn, wenn die Länge der Lichtwege A und B gleich ist, erfolgt bei allen Wellenlängen eine Verstärkung. Auf die Probe fällt also das volle Licht der Lampe. Nach der Verschiebung des Messpiegels um Δx wird bei den Wellenlängen eine Verstärkung eintreten, deren ganzzahliges Vielfaches mit der Weglänge übereinstimmt: $\Delta x = k\lambda$. Tritt bei einer Wellenlänge λ_1 eine Verstärkung ein, dann wird auch bei den Wellenlängen $\lambda_2 = \lambda_1/2$, $\lambda_3 = \lambda_1/3$ ... eine Verstärkung auftreten. Nach den Regeln der Interferenz wird eine Welle ausgelöscht, wenn die halbe Wellenlänge in ungerader Zahl in die Weglänge passt. Es wird auch Wellenlängen geben, bei denen eine Teilauslöschung (Intensitätsminderung) eintritt. Sehr vereinfacht können wir also sagen, dass das

Interferometer im Vergleich zum Monochromator nicht eine Wellenlänge auswählt, sondern eine Reihe von Wellenlängen ($\lambda_1, \lambda_2, \lambda_3 \ldots$), deren Absorption mit dem Detektor D simultan gemessen wird. Die gemessene Intensität ist also nicht für eine Wellenlänge charakteristisch, sondern für eine besondere Kombination von Wellenlängen. Mit Verschieben des Spiegels kann eine andere Wellenlängenkombination gewählt werden. Die mathematische Operation, mit der die als Funktion der Lichtwegdifferenzen (also bei verschiedenen Wellenlängenkombinationen) gemessene Intensität in die Lichtintensität als Funktion der Wellenlänge umgerechnet wird, bezeichnet man als Fourier-Transformation. (Die Fourier-Transformation bezog sich ursprünglich auf die Zusammenstellung der Sinuskomponenten einer Funktion, s. VII/1.1.3). Das FTIR-Spektrometer misst also die Intensität als Funktion der Spiegelverschiebung x des Interferometers und erstellt aus der erhaltenen Funktion $J(x)$ mit Hilfe der Fourier-Transformation die Funktionen $J_E(\lambda)$ bzw. $J_E(f)$. Aus der Referenzfunktion ohne Probe $J_{E0}(f)$ und der Funktion mit Probe $J_E(f)$ lässt sich das Absorptionsspektrum schon auf die bekannte Weise berechnen:

$$A(f) = \lg \frac{J_{E0}(f)}{J_E(f)}.$$

Bei der Aufnahme eines Spektrums werden $J_E(f)$ und daraus $A(f)$ in der Regel aus den Werten von einigen tausend Wellenzahlen bestimmt. Die Durchführung der Fourier-Transformation ist also nur mit einem Computer möglich, deshalb war zur Entwicklung und Verbreitung der FTIR-Spektroskopie auch der alltägliche Gebrauch der elektronischen Datenverarbeitung unerlässlich. Es ist ein Merkmal der FTIR-Technik, dass das gesamte Spektrum aufgenommen wird, man kann nicht nur einen Wellenlängenbereich auswählen, wie bei den (sog. Dispersions-) Spektrometern mit Monochromator. Die FTIR-Spektrometer verfügen im Vergleich zu den Dispersionsgeräten über zahlreiche vorteilhafte Eigenschaften. Einer ihrer Vorteile ist, dass sie gleichzeitig bei vielen Wellenlängen messen, deshalb ist die Intensität auch stärker, was das Signal-Rausch-Verhältnis verbessert. Die Wellenlänge lässt sich auch genauer kalibrieren, weil ein Laserlicht durch das Interferometer geschickt wird und die Probenahme mit der Interferenz des Laserlichtes synchronisiert wird. So ist die Genauigkeit der Wellenlängen um Größenordnungen besser als bei den Geräten mit Monochromator. Diese Vorteile erklären, warum heutzutage in der Infrarottechnik ausschließlich FT-Geräte eingesetzt werden.

Näherungen bei der Interpretation der optischen Übergänge

Eine der wichtigsten Theorien ist die sog. **Born-Oppenheimer-Näherung**, nach der die einzelnen (Elektronen-, Schwingungs- und Rotations-) Zustände als unabhängig voneinander betrachtet werden können und ihre Kopplung vernachlässigt werden kann. Die totale Energie des Gesamtmoleküls ergibt sich so additiv aus der Elektronenanregungsenergie, aus der Schwingungsenergie und aus den Rotationsenergien des Gesamtmoleküls um die verschiedenen Drehachsen.

Die zweite Vereinfachung ist, dass sich die verschiedenen Zustände energetisch gut trennen lassen. Die Zustandsänderungen mit Umordnung der Elektronen auf den äußeren Elektronenhüllen können von Photonen im UV- bzw. sichtbaren Spektralbereich angeregt werden. (Die Übergänge zwischen inneren Bahnen mit niedriger Hauptquantenzahl erfordern höhere Photonenenergien, s. I/1.3.1.) Bedeutend geringere Energie (s. IR-Spektroskopie, VI/3.2) erfordert die Umordnung der Molekülschwingungen und noch geringere der Übergang zwischen den möglichen Rotationzuständen des Moleküls. Diese Feststellungen fasst das Termschema zusammen, in dem die Serien der Schwingungsenergieniveaus auf die Energiezustände der Elektronenanregung superponiert sind und dazu bei noch höherer Auflösung zu den einzelnen Schwingungsniveaus das System der Rotationsniveaus kommt. Das für das Gesamtmolekül charakteristische Termschema setzt sich aus diesen ineinander verschachtelten Niveaugruppen zusammen.

Bemerkung VI.4

Singulett- (S) und Triplett- (T) Energiezustände

Die Bezeichnung weist auf die Zahl der möglichen Orientierungszustände des dem Spinzustand zugeordneten magnetischen Moments im Vergleich zur Richtung des magnetischen Feldes hin. Ist in einem Elektronenzustand die resultierende Spinquantenzahl aller Elektronen des Atoms/Moleküls S = 0 (z. B. sind alle Niveaus mit zwei Elektronen mit entgegengesetztem Spin besetzt), dann ist die Zahl der Orientierungszustände im magnetischen Feld 2S+1 = 1. Das bezeichnet man als **Singulettzustand**.

Befinden sich aber auf den Niveaus z. B. zwei Elektronen im gleichen Spinzustand und kompensieren die Spinzustände der anderen Elektronen einander, so ist die resultierende Spinquantenzahl S = 1. In diesem Fall sind im magnetischen Feld 3 Orientierungszustände möglich. Dieser Zustand wird als **Triplettzustand** bezeichnet.

VI/3.3 Lumineszenzspektroskopie

VI/3.3.1 Das Phänomen der Lichtemission: Fluoreszenz und Phosphoreszenz

In Abb. VI.24 sind die Prozesse zusammengefasst, die während und nach der Lichtabsorption in einem Molekül ablaufen können. Bei der Absorption eines Photons wird die Elektronenverteilung im Molekül in Femtosekundenschnelle (10^{-15} s) umgeordnet. Das Molekül gerät in den ersten angeregten Elektronenzustand, in der Regel auf ein Schwingungsniveau, das nicht seinem thermischen Gleichgewicht mit der Umgebung entspricht. Wir sagen, dass das Molekül „heiß" geworden ist. Durch die Absorption ändert sich der Spinzustand des Elektrons nicht. War das Elektron im Grundzustand ein Singulett (S_0), dann bleibt es auch im angeregten Zustand ein Singulett (S_1, S_2 ...).

Während einer bedeutend längeren Zeitspanne als die Absorption, aber im Vergleich zu den alltäglichen Zeitbereichen noch immer enorm schnell (unter Pikosekunden – 10^{-12}s) erfolgt die sog. thermische Relaxation, d. h. der Wärmeaustausch zwischen dem „heißen" Molekül und seiner Umgebung. Als Ergebnis gelangt das Molekül aus dem ersten Anregungszustand des Elektrons auf ein der thermischen Energie entsprechendes Schwingungsniveau (das ist bei gewöhnlichen Temperaturen praktisch das unterste Schwingungsniveau). Auf der Abbildung ist dieser Prozess als Schwingungsrelaxation gekennzeichnet. Eine Schwingungsrelaxation erfolgt gleichfalls dann, wenn die Elektronenanregung auf ein höheres Energieniveau führt (z. B. S_2). **Kasha** formulierte die **Regel**, dass das angeregte Molekül (unabhängig davon, in welchen Singulettzustand es angeregt wurde) mit sehr schnellen Übergängen auf das Grundschwingungsniveau des S_1 Elektronenzustands gelangt und die

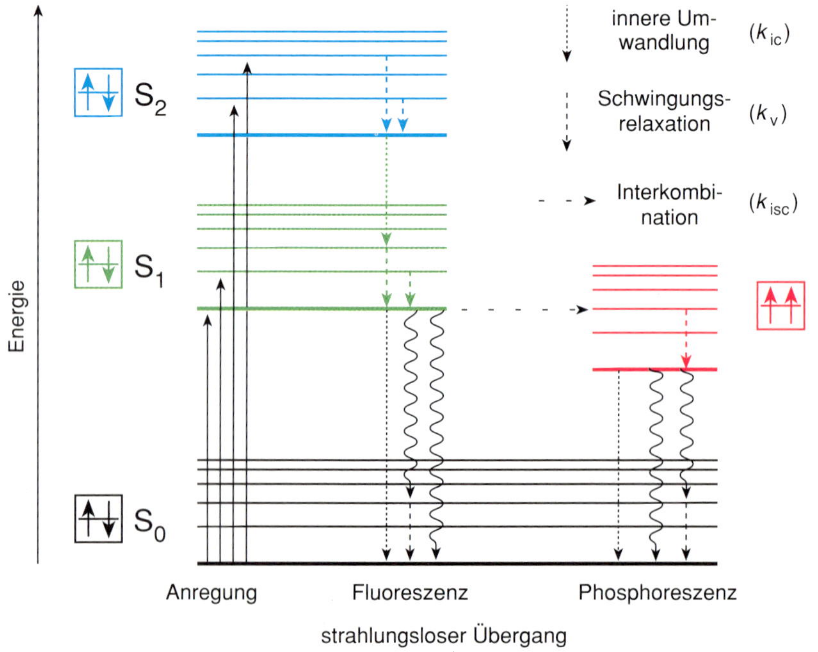

Abb. VI.24. Jablonski-Diagramm (die auf die Vibrationsebenen superponierten Rotationsebenen sind nicht dargestellt). Die kleinen Pfeile in den Quadraten kennzeichnen den Spinzustand

Photonenemission immer aus diesem Zustand auf ein Schwingungs- und Rotationsniveau des Grundzustandes erfolgt (Kasha-Regel). Diese Regel wird von der Beobachtung unterstützt, dass die Form des Emissionsspektrums – s. später – unverändert ist, welche Wellenlänge auch das absorbierte Photon hatte, welches das System angeregt hat.

Michael Kasha (1920–) amerikanischer Physiker

Der angeregte Zustand ist aus energetischen Gründen instabil. Es bieten sich mehrere Möglichkeiten zu seiner Auslöschung (dem Zurückkehren in den Grundzustand S_0), die in Abhängigkeit vom Molekül und seiner Umgebung mit unterschiedlicher Wahrscheinlichkeit eintreten. Sofern das Elektron nach der thermischen Relaxation in einem Schritt in einen Schwingungszustand des Grundzustandes zurückkehrt und die Energiedifferenz in Form eines Photons emittiert, spricht man von **Fluoreszenz** k_f. Das Abklingen der Fluoreszenzemission kann mit dem Zeitraum in der Größenordnung von ns charakterisiert werden.

Ein anderer möglicher Weg in den Grundzustand ist der sog. **strahlungslose Übergang** (nr – non-radiative), bei dem die gesamte Anregungsenergie in Wärme umgewandelt wird (innere Umwandlung, internal conversion - k_{ic}). Eine weitere Möglichkeit wird als Interkombination (Übergang zwischen den Systemen, intersystem crossing - k_{isc}) bezeichnet, was darauf hinweist, dass sich der Charakter des Zustands (durch äußere Einwirkung) ändert, aus dem Singulettzustand in den Triplettzustand (resultierende Spinquantenzahl = 1) übergeht. Diese Änderung können wir auch so auffassen, dass sich der Spinzustand des angeregten Elektrons umkehrt. In Abb. VI.24 ist zu sehen, dass der aus dem S_1-Zustand so erzeugte T_1-Zustand eine Energieabnahme bedeutet. Solche Termschemen, bei denen die Singulett- und Triplettzustände auch energierichtig dargestellt werden, bezeichnet man als **Jablonski-Diagramm.**

Erfolgt der Strahlungsübergang eines Moleküls aus dem Triplettzustand in den Grundzustand, so spricht man von **Phosphoreszenz** (k_{ph}). Fluoreszenz und Phosphoreszenz lassen sich nach den Differenzen ihres Spektrums oder ihres zeitlichen Abklingens unterscheiden. Aus dem Termschema der Moleküle ist offensichtlich, dass die Photonenenergie bei der Phosphoreszenz geringer ist als bei der Fluoreszenz, d. h. das Spektrum verschiebt sich im Vergleich zum Fluoreszenzspektrum zu den größeren Wellenlängen (zur roten Seite des Spektrums) hin. Während die Lebensdauer des angeregten Singuletts Nanosekunden (10^{-9} s) beträgt, ist der Übergang aus dem tripletten in den singuletten Grundzustand verboten (von sehr geringer Wahrscheinlichkeit), weil er die Umkehr des Spins erfordert. Deshalb ist die Lebensdauer der Phosphoreszenz bedeutend länger (typisch wenigstens 5-6 Größenordnungen) als die Lebensdauer der Fluoreszenz: 10^{-6}- 10 s. In lebenden Systemen kommen oft auch Fälle vor, bei denen sich die Energie, die nicht als Strahlung von dem singuletten Anregungsniveau abwandert, woanders ablagert, später auf das ursprüngliche singulette Anregungsniveau zurückkehrt und in Form von Fluoreszenz von hier abstrahlt. Diese Emission bezeichnet man als **verzögerte Fluoreszenz**. Die Lichtemision aus dem angeregten Elektronenzustand, die Fluoreszenz und die Phosphoreszenz, werden mit dem **Sammelnamen Lumineszenz** bezeichnet (s. II/2.2.4).

Bemerkung VI.5

Absorptionsspektrum – Lumineszenzanregungsspektrum

Das Anregungsspektrum kann so bestimmt werden, dass man bei einer gegebenen Wellenlänge die Intensität des emittierten Lumineszenzlichtes misst, während die Wellenlänge des Anregungslichtes verändert wird.

Die beiden Spektren, das Absorptions- und das Anregungsspektrum, sind nicht vollkommen identisch. Man sollte beachten, dass sich das Anregungsspektrum nicht direkt für eine quantitative Charakterisierung eignet, denn es wird nicht das spektrale Absorptionsmaß nach Gl. (VI.33) gemessen, sondern eine dazu proportionale Menge.

VI/3.3.2 Charakteristik der Lumineszenz

Charakteristika der lumineszierenden Materie sind: die Absorption, das **Emissions- und Anregungsspektrum** der Fluoreszenz bzw. Phosphoreszenz und außerdem weitere, auf die Umgebung der Moleküle empfindlich reagierende Parameter, wie die **Quantenausbeute** der Strahlung, die **Lebensdauer des angeregten Zustands** und der **Polarisationsgrad** der Emission (Anisotropie).

Emissions- und Anregungsspektren

Das Emissionsspektrum ist eine Funktion, welche die Abhängigkeit der Leistungsdichte ($\Delta J_E/\Delta\lambda$) des abgestrahlten Lichts von der Wellenlänge ausdrückt. $\Delta J_E/\Delta\lambda(\lambda)$ beschreibt die Strahlungsintensität, welche in der Umgebung $\Delta\lambda$ einer gegebenen Wellenlänge gemessen werden kann. Das Intervall $\Delta\lambda$ wird mit der Breite der Blende (des Spaltes) vor dem Detektor eingestellt und ist ein konstanter Wert im vollen Wellenlängenbereich der Messung. Fluoreszenz entsteht während des Strahlungsübergangs von dem untersten Schwingungsniveau des ersten angeregten singuletten Energieniveaus auf ein Schwingungsniveau des Grundzustandes, deshalb repräsentiert auch das Fluoreszenzspektrum das System der Schwingungsniveaus im Grundzustand. Das Fluoreszenzspektrum besteht so in der Regel aus einem einzigen Band, das weniger strukturiert und im Vergleich zum Absorptionsband (wegen des Energieverlustes) in Richtung der größeren Wellenlängen verschoben ist. Das ist die **Stokes-Verschiebung**.

Die Phosphoreszenz ist der Strahlungsübergang aus dem ersten tripletten Anregungszustand in den singuletten Grundzustand. Bei Zimmertemperatur wird Phosphoreszenz in der Regel nur bei kristallinen Stoffen beobachtet, weil die Phosphoreszenz in Lösungen – aufgrund ihrer langen Lebensdauer – von verschiedenen Löschern, wie z. B. O_2, über die Diffusion gelöscht wird (beim Zusammenstoß mit Molekülen im Anregungszustand übernehmen die Löscher die Anregungsenergie, die sie später während der Reaktionen oder in Form von Wärme abgeben). Unter Spezialbedingungen (z. B. in sauerstofffreier Lösung) kann es jedoch vorkommen, dass die Auslöschung gehemmt ist und die Phos-

Antistokes-Emission

Hier ist auch das Phänomen der sog. Antistokes-Emission zu erwähnen, was bedeutet, dass es – wenn auch mit geringer Wahrscheinlichkeit – vorkommen kann, dass die Energie des emittierten Photons die Energie des absorbierten Photons überschreitet. Dieses Phänomen lässt sich aufrund des Jablonski-Diagramms gut interpretieren. Erfolgt nämlich die Anregung von einer höheren Schwingungs-Rotationsebene des Grundzustands (durch ein „rotes" Photon aus dem geringen Energiebereich des Absorptionsspektrums) und erfolgt der Fluoreszenzübergang auf eine niedrigere Ebene des Grundzustands, so überschreitet die Energie des emittierten Photons – auf Kosten der Wärmeenergie des Systems – die Energie des absorbierten Photons. Das Phänomen scheint dem zweiten Hauptsatz der Thermodynamik zu widersprechen. Es sei aber bemerkt, dass in Wirklichkeit kein Widerspruch besteht, da der Satz für die gesamte statistische Vielzahl gilt. Die Wahrscheinlichkeit der Antistokes-Strahlung ist sehr gering, so wird der Entropiesatz nicht verletzt.

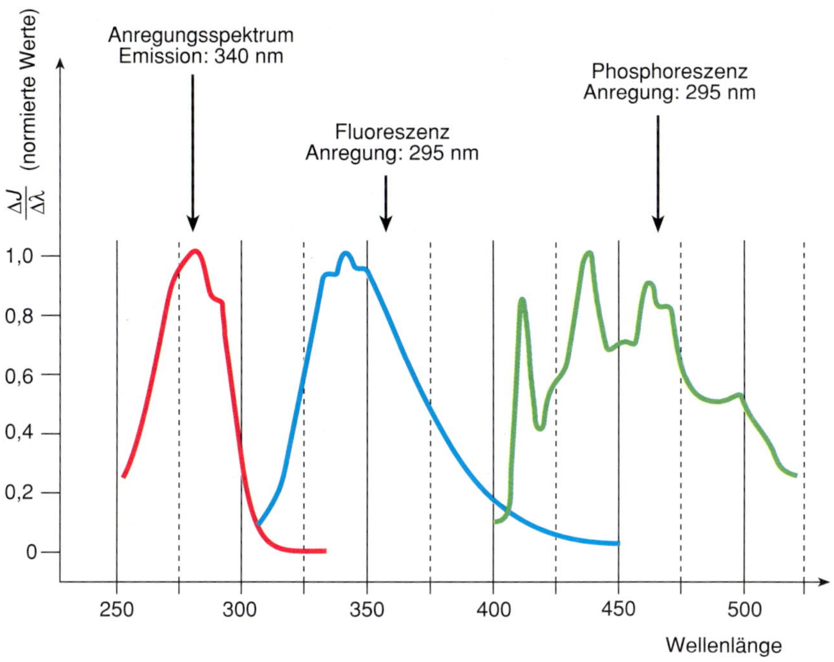

Abb. VI.25. Lumineszenzspektren der Tryptophane der Protease von HIV1 (die Protease ist ein Enzym mit Dimerstruktur und je zwei Tryptophanen an den Monomeren). Beim Anregungsspektrum ist die Emissionswellenlänge der Messung angegeben, bei den beiden Emissionsspektren die Wellenlänge der Anregung. Die Maxima der Spektren sind auf 1 normiert. Das Phosphoreszenzspektrum wurde bei 77K aufgenommen, deshalb sind die Vibrationszustände aufgelöst. Das scharfe Maximum bei der kürzesten Wellenlänge entspricht der Photonenenergie zwischen den niedrigenergetischen Vibrationszuständen des T_1-Niveaus und des S_0-Niveaus. Die übrigen Maxima entsprechen dem Übergang aus dem Grundzustand in die Vibrationszustände mit höherer Energie. In den Anregungs- und Emissionsspektren der Fluoreszenz sind diese Einzelheiten verwaschen.

phoreszenz auch an biologischen Proben gemessen werden kann. Das **Phosphoreszenzspektrum** stellt die Abhängigkeit der Intensität ($\Delta J_E/\Delta\lambda$) der Phosphoreszenz, die durch Anregung (mit Licht) abgestrahlt wurde, von der Wellenlänge dar. Das Phosphoreszenzspektrum ist – ähnlich zum Fluoreszenzspektrum – wenig stukturiert und besteht in der Regel aus einem einzigen, im Vergleich zum Fluoreszenzband zum Roten verschobenen breiten Band. Die typische Form der Anregungs-, Fluoreszenz- und Phosphoreszenz-Spektren und ihre Positionen zueinander sind am Beispiel der Tryptophanspektren dargestellt (Abb. VI.25). Zu beachten sind die Stokes-Verschiebung sowie die Spiegelsymmetrie der Anregungs- und der Fluoreszenz-Farbbilder. Die Stokes-Verschiebung ist die Differenz zwischen den Maxima der Anregungs- und Emissionsspektren, welche die Folge der Kasha-Regel ist.

Das Blockdiagramm einer geeigneten Apparatur zum Detektieren des Anregungs- und des Emissionsspektrums (Fluoreszenz oder Phosphoreszenz) ist in Abb. VI.26 dargestellt. Das Gerät detektiert – im Gegensatz zum Spektrophotometer – in der Regel im Winkel von 90° zum anregenden Licht, um das emittierte Licht vom beleuchtenden Bündel getrennt detektieren zu können. Die Lumineszenzintensität ist in den meisten Fällen gering (besonders bei Phosphoreszenz), es gibt aber für das Detektieren von Licht sehr empfindliche Detektoren, so lässt sich bei niedriger Hintergrundintensität ein gutes Signal-Rausch-Verhältnis erreichen.

Stellt man auf der Anregungsseite die zur Anregung gewählte Wellenlänge mit einem Monochromator (und nicht nur mit einem gewisse Wellenlängen auswählenden Filter) ein, so ermöglicht die Apparatur auch die Aufnahme eines anderen Spektrums, des sog. **Anregungsspektrums**. In dieser Betriebsart

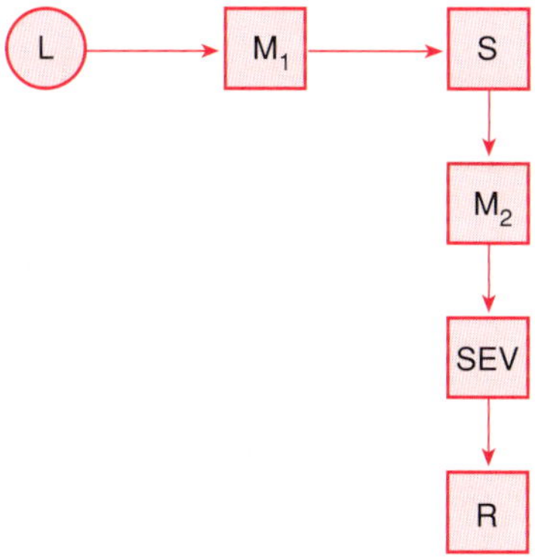

Abb. VI.26. Blockschema des „stready-state" Spektrofluorimeters (L: Lampe (Xe- oder Hg-Lampe, Laser), M_1: Anregungsmonochromator, S: Messküvette; M_2: Emissionsmonochromator, SEV: Sekundärelektronenvervielfacher, Photodetektor, R: signalverarbeitende Einheit (Rekorder, Computer)

wird eine fixierte Emissionswellenlänge detektiert und die Intensität als Funktion der Anregungswellenlänge gemessen. Die Funktionsform des Anregungsspektrums gleicht der Form des Absorptionsspektrums des betreffenden Stoffes und bezieht sich nur auf die Komponente, die in der gewählten Wellenlänge emittiert. So lässt sich aus einer zusammengesetzten Probe das Absorptionsspektrum jeder ausgewählten Komponente mit Lumineszenzemission selektiv bestimmen. Beim Messen mit einem Absorptionsspektroskop würden sich die Beiträge aller Komponenten des zusammengesetzten Systems summieren.

Die Quantenausbeute

Die Energie der (im vollen Raumwinkel emittierten) Lumineszenzstrahlung ist direkt proportional zur absorbierten Energie des Lichtes, das die Lumineszenz angeregt hat, der Proportionalitätsfaktor ist der Energiewirkungsgrad der Lumineszenz.

Wird statt der Energie die Zahl der absorbierten bzw. emittierten Photonen berücksichtigt, dann erhalten wir die Quantenausbeute der Lumineszenz: den Quotienten der bei der Fluoreszenz emittierten und absorbierten Quanten bezeichnet man als die Quantenausbeute der Fluoreszenz (Q_F). Die Zahl der absorbierten Photonen ist proportional zur Intensitätsabnahme ΔJ_E, die wir auch in der Formel $\Delta J_E = \varepsilon\, c\, l\, J_{E0}$ mit der Näherung $\Delta x = l$ angeben können (s. II/1.1.3 und VI/3.1.1). Die Zahl der absorbierten Photonen können wir mit der Zahl der angeregten Elektronen gleichsetzen. Multiplizieren wir diese mit der Quantenausbeute, so erhalten wir die Zahl der emittierten Photonen. Diese ist proportional zur gemessenen Emissionsintensität J_{EF}

$$J_{EF} = C \cdot J_{E0} \cdot c \cdot \varepsilon(\lambda) \cdot l \cdot Q_F \,, \qquad \text{(VI.35)}$$

wo J_{E0} die auf die Probe fallende Lichtintensität, $\varepsilon(\lambda)$ der molare Extinktionskoeffizient, l die optische Weglänge (Δx), c die Fluorophorkonzentration, C ein für das Gerät charakteristischer Koeffizient und Q_F die Quantenausbeute sind. Erinnern wir uns, dass die Lichtemission im Sinne der Kasha-Regel von dem untersten Schwingungsniveau der S_1-Zustände erfolgt, die Quantenausbeute Q_F also auch mit der Übergangswahrscheinlichkeit der „Abregungs-" Übergänge dieses Niveaus ausgedrückt werden kann (s. Abb. VI.25):

$$Q_F = \frac{k_f}{k_f + k_{nr}} \qquad \text{(VI.36)}$$

wo k_f die Emissionswahrscheinlichkeit und k_{nr} die gemeinsame Reaktionsgeschwindigkeit der strahlungslosen (non-radiative - nr) Übergänge sind. Letzteres umfasst sowohl die Wahrscheinlichkeit der inneren Umwandlung, als auch der Interkombination und anderer, in der Abbildung nicht aufgeführter Prozesse.

Die Quantenausbeute der zur Fluoreszenz fähigen Moleküle oder Fluorophore (Farbstoffe) kann sich in einem breiten Bereich ändern, bei gut leuchtenden Farbstoffen kann sie (in einem bestimmten Spektralbereich) dem Maximalwert (1 bzw. in Prozenten ausgedrückt 100%) nahekommen. Bei Farben, die als fluoreszierende Signale benutzt werden, ist die hohe Quantenausbeute eine wichtige Bedingung. Die Mehrzahl der natürlichen Chromophoren fluoresziert aber nur mit geringem Wirkungsgrad, deshalb lässt sich ihre Lumineszenz nur elektronisch (mittels eines Verstärkers) detektieren.

Bemerkung VI.6

Chromophore – Fluorophore

Die Atomgruppen/Moleküle eines größeren Makromoleküls/Molekülkomplexes, die ein unterscheidbares optisches Spektrum haben.

Ähnlich zur Fluoreszenz kann auch bei der Phosphoreszenz die Quantenausbeute (Q_{ph}) der Emission so definiert werden, dass in der Formel auch die Quantenausbeute (Q_{ST}) berücksichtigt wird, welche die Wahrscheinlichkeit des $S_1 \rightarrow T_1$ Übergangs charakterisiert.

$$Q_{ST} = \frac{k_{isc}}{k_f + k_{nr}} \qquad Q_{ph} = Q_{ST} \frac{k_{ph}}{k_{ph} + k_{nr,ph}}, \tag{VI.37}$$

wobei k_{isc} der Geschwindigkeitskoeffizient der Interkombination, k_{ph} der Geschwindigkeitskoeffizient der Phosphoreszenz und $k_{nr,ph}$ der Geschwindigkeitskoeffizient des strahlungslosen $T_1 \rightarrow S_0$ Übergangs sind.

Lebensdauer des angeregten Zustands

Wird die Anregung der Moleküle unterbrochen, so hört die Emissionsintensität allmählich auf. Befinden sich zu irgendeinem Zeitpunkt N Moleküle in angeregtem Zustand, und gelangen in dem Zeitraum Δt durch Photonenemission ΔN Elektronen wieder in den Grundzustand, dann kann nach den Versuchsergebnissen aufgeschrieben werden, dass die Zahl ΔN der in der Zeitspanne Δt relaxierten Moleküle:

$$\Delta N = -(k_f + k_{nr}) \cdot N \cdot \Delta t. \tag{VI.38}$$

Zwischen ΔN und N besteht eine Proportionalität und die Änderung ist auch proportional zur Zeit Δt. Diese Differentialbeziehung gleicht aus mathematischer Sicht den Gleichungen der Intensitätsschwächungen oder der zeitlichen Änderung der radioaktiven Atomzahl (s. II/1.1.3 und II/3.2.2).

Analog dazu ist zu erwarten, dass die Funktion $N(t)$ ähnlich der erwähnten Funktion gleichfalls exponentiell ist:

$$N = N_0 e^{-(k_f + k_{nr})t} \tag{VI.39}$$

wo N_0 die Zahl der im Zeitpunkt $t = 0$ im Anregungszustand befindlichen Elektronen (Moleküle) ist.

Dementsprechend ist die **Fluoreszenz-Lebensdauer,** d. h. die Zeit, in der die Zahl der Moleküle im Anregungszustand auf den e-ten Teil abnimmt:

$$\tau = \frac{1}{k_f + k_{nr}}. \tag{VI.40}$$

So kann für die Quantenausbeute nach Gl. (VI.36) und (VI.40) aufgeschrieben werden, dass

$$Q_F = k_f \tau. \tag{VI.41}$$

Aus dem Vergleich von Gl. (VI.35) und (VI.41) ist auch zu sehen, dass die Fluoreszenzintensität direkt proportional zur (mittleren) Lebensdauer des Anregungszustandes ist.

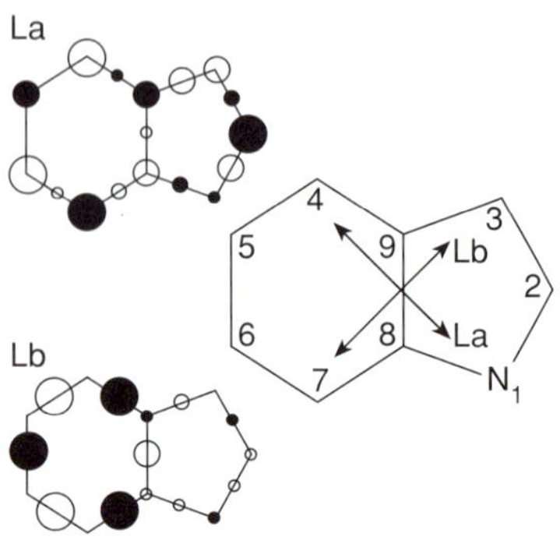

Abb. VI.27. Die Richtung des Übergangsmomentes, das zu den beiden Elektronenanregungen mit niedrigster Energie beim Indolmolekül gehört. La: 275 nm; Lb: 284 nm

Die Lebensdauer des Abklingens der Phosphoreszenz können wir ähnlich interpretieren:

$$\tau_{ph} = \frac{1}{k_{ph} + k_{nr,ph}}\,; \quad Q_{ph} = Q_{ST} \cdot k_{ph} \cdot \tau_{ph}, \qquad \text{(VI.42)}$$

Da der Phosphoreszenzübergang verboten ist (eine Spinumkehrung verlangt), ist die Reaktionsgeschwindigkeit/Wahrscheinlichkeit des Übergangs gering, die Lebensdauer lang.

Von den Lumineszenzparametern ist die Lebensdauer des Anregungszustands ein besonders empfindlicher Indikator für die Wechselbeziehung zwischen innerer Molekülstruktur und Umgebung.

Photoselektion, der Polarisierungsgrad der Emission

Das Licht ist eine transversale Welle, d. h. der Vektor der elektrischen bzw. magnetischen Feldstärke führt auf die Ausbreitungsrichtung senkrechte Schwingungsbewegungen aus. Ändert sich die Richtung der Feldstärke während der Lichtausbreitung nicht, so spricht man von in der Ebene oder linear polarisiertem Licht (s. II/2.1.7). Bei der Lichtabsorption kann die Abweichung bei der Zustandsänderung des angeregten Elektrons – nach den Regeln der Quantenchemie – mit einem Dipolvektor beschrieben werden. Diesen Vektor bezeichnet man als das „**Übergangsmoment**" der Absorption. Wegen der Schwingungsrelaxation im Anregungszustand kann sich die Ladungsverteilung der zwei Bahnen bei der Emission von der Ladungsverteilung bei der Anregung unterscheiden. (Bei Fluorophoren fallen die beiden Vektoren zusammen oder umschließen einen sehr kleinen Winkel, bei der Phosphoreszenz kann dieser Winkel auch bedeutend größer sein.) Bei einem gegebenen Molekül stehen die beiden Vektoren in eindeutiger Beziehung zueinander. Die Polarisierungsrichtung der Emission ist gleich dem Übergangsmoment der Emission. Da die räumliche Symmetrie der Elektronenbahnen eine eindeutige Folge der Molekülstruktur ist, können die Übergangsmomente der Molekülstruktur zugeordnet werden. In Abb. VI.27 ist das Übergangsmoment der Absorption des Indolmoleküls dargestellt.

Wird das Molekül mit linear polarisiertem Licht angeregt, so werden die Moleküle der Probe angeregt, bei denen die Richtung des Übergangsmomentes der Absorption mit der Richtung des elektrischen Feldstärkenvektors des Lichtes übereinstimmt (bzw. ihr nahe ist). Dadurch wird aus der Fluorophorpopulation mit ungeordneter Orientierung eine Subpopulation im Anregungszustand mit bestimmter Richtung ausgewählt. Dieses Phänomen bezeichnet man als Photoselektion (s. Abb. VI.28).

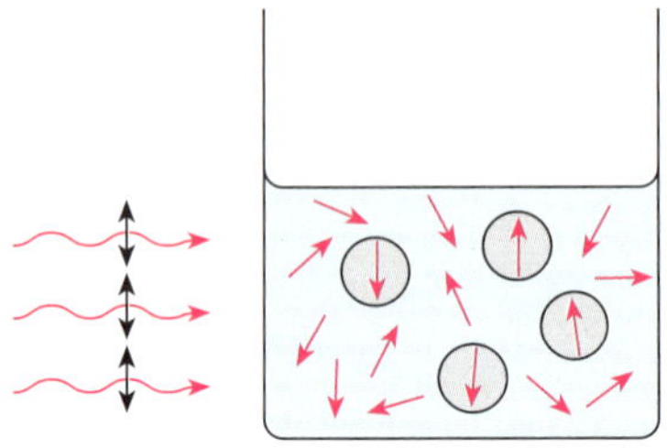

Abb. VI.28. Photoselektion. Das vertikal polarisierte Licht wird nur von den entsprechend orientierten, mit einem Kreis markierten Fluorophoren absorbiert.

Unter Ausnutzung der Photoselektion kann man Informationen über die Bewegungsfreiheit der Fluorophore gewinnen, d. h. man kann die einbettende Umgebung charakterisieren (z. B. können bei in die Zellmembran eingebrachten Fluorophoren Informationen über die Fluidität der Membran gewonnen werden). Hat man nämlich mit dem linear polarisierten Anregungslicht eine Molekülpopulation mit gegebener Orientierung ausgewählt, dann wird das emittierte Licht auch so linear polarisiert sein, dass es mit der Richtung des dem Übergangsmoment der Emission entsprechenden Feldstärkevektors beschrieben werden kann. Ist das emittierte Licht doch nicht polarisiert oder ist die Polarisierung gering, so liegt die Ursache darin, dass sich das Molekül während der Lebensdauer des Anregungszustandes im Vergleich zur Orientierung der Anregung gedreht hat. Der Polarisierungsgrad der Emission ist also für die Molekülbewegung im ns-Zeitbereich charakteristisch. Den **Polarisierungsgrad** p definieren wir folgendermaßen:

$$p = \frac{J_{E,VV} - J_{E,VH}}{J_{E,VV} + J_{E,VH}}, \qquad \text{(VI.43)}$$

Der erste Index der Emissionsintensität weist auf das Anregungslicht hin, das vertikal zur Ausbreitungsrichtung des Lichtes polarisiert, der zweite Index auf die vertikale bzw. horizontale Lage des Polarisators, der bei der Messung der Emissionsintensität benutzt wurde. (Weitere Einzelheiten s. Kapitel X.)

VI/3.3.3 Praktische Anwendungsgebiete der Fluoreszenz

Fluoreszenzsignal

Während sich die Elektronen der Moleküle, Atomgruppierungen in der Regel mit der Photonenenergie im sichtbaren und UV-Bereich anregen lassen, ist die Photonenemission nach dem Erlöschen des Anregungszustandes eine sehr seltene Erscheinung. Außer der im vorigen Abschnitt behandelten intramolekularen strahlungslosen Relaxationserscheinungen kann die Energie auch strahlungslos an die Moleküle der äußeren Umgebung abgegeben werden. So erscheinen im Ausdruck der Quantenausbeute, Gl. (VI.35), im Nenner noch verschiedene Reaktionsgeschwindigkeiten, die den Wert Q_F weiter mindern. Beleuchtet man eine Zelle mit Licht, so werden die sehr zahlreichen, unterschiedlichen Moleküle, Atomgruppierungen aus der Energie der absorbierten Lichtphotonen wahrscheinlich eine wahrnehmbare Photonenzahl emittieren. In Tabelle VI.2 sind die Fluoreszenzparameter einiger grundlegender

Tabelle VI.2. Die Fluoreszenzparameter einiger biologischer Moleküle

Molekül	Umgebung	Absorption		Fluoreszenz		Empfindlichkeit	
		λ_{max} (nm)	ε_{max} (1/Mcm)	λ_{max} (nm)	Q_F	τ (nsec)	$\varepsilon_{max}Q_F$
Tryptophan	H_2O, pH 7	280	5600	348	0,20	2,6	1120
Tyrosin	H_2O, pH 7	274	1400	303	0,14	3,6	200
Phenylalanin	H_2O, pH 7	257	200	282	0,04	6,4	8
Y-Base	Hefe $tRNA^{Phe}$	320	1300	460	0,07	0,0637	91
Adenin	H_2O, pH 7	260	13400	321	$2{,}6 \cdot 10^{-4}$	<0,02	3,2
Guanin	H_2O, pH 7	275	8100	329	$3{,}0 \cdot 10^{-4}$	<0,02	2,4
Cytosin	H_2O, pH 7	267	6100	313	$0{,}8 \cdot 10^{-4}$	<0,02	0,5
Uracil	H_2O, pH 7	260	9500	308	$0{,}4 \cdot 10^{-4}$	<0,02	0,4
NADH	H_2O, pH 7	260, 340	6200	470	0,019	0,40	120

Fluoreszenzuntersuchung der Nukleinsäuren

Während die Fluoreszenzuntersuchungen der Eiweiße auf fast ein halbes Jahrhundert zurückblicken können, sind ähnliche Untersuchungen der Nukleinsäuren relativ neueren Datums. Das liegt daran, dass die Eigenfluoreszenz der Nukleinsären sehr schwach ist, deshalb sind hier Fluoreszenzuntersuchungen nur mit dem Einsatz geeigneter „Farbstoffe" möglich.

Am verbreitesten sind die sog. interkalierenden Farbstoffe (z. B. Ethidiumbromid, Propidiumjodid), die sich in größere Spalten der Doppelhelix der Nukleinsäuren nicht kovalent binden. Bei der Bindung nimmt die Quantenausbeute der Fluoreszenz meistens sehr stark zu. So beträgt z. B. die Quantenausbeute des Ethidiumbromids in wässriger Lösung nur 5% und sie steigt fast auf 100% an, wenn sich der Farbstoff in die Doppelhelix der Nukleinsäure interkaliert. So stört die Fluoreszenz des nicht gebundenen Farbstoffes praktisch nicht, deshalb werden diese Farbstoffe in breiten Kreisen zur quantitativen Messung der Nukleinsäuren bzw. zur Bestimmung des Doppelhelix-Gehalts genutzt. Mit komplexen Analysen (z. B. mit der Messung der Übergabe von Anregungsenergie zwischen den Elektronen der verschiedenen Atomgruppen) kann man auch auf die dynamischen intra- und extrazellulären Änderungen in der Struktur der Nukleinsäuren schließen.

Messung des Membranpotenzials

Bei biologischen Forschungen wird oft das Membranpotenzial der Zellen studiert. Dazu eignen sich die Farbstoffe Oxonol mit negativer Nettoladung bzw. Carbocyanin mit positiver Nettoladung. Diese Farbstoffe sind ausreichend hydrophob, um durch die Zytoplasmamembran zu dringen und sich nach einer Inkubation von mehreren Minuten zwischen dem intrazellularen und extrazellularen Raum der Nernst-Gleichung entsprechend zu verteilen. Sofern die Zellen z. B. in Strömungszytometern untersucht werden, weisen die detektierten Fluoreszenzsignale ausschließlich auf die Menge der in den Zellen gebundenen Farbstoffe hin (die Fluoreszenz der Farbstoffe im extrazellularen Raum kann im Vergleich zu der Emissionsintensität aus den Zellen vernachlässigt werden). Zunahme oder Abnahme der Emissionsintensität von Carbocyanin oder Oxonol weist auf Änderungen des Membranpotenzials hin.

Ionenspezifische Farbstoffe

In den letzten Jahren wurden chelatbildende Moleküle mit Fluoreszenzeigenschaften entwickelt, die spezifisch K^+, Na^+ und Ca^+ binden können. Diese hydrophilen Farbstoffe sind nicht lipidlöslich und können deshalb die Zytoplasmamembranen nicht durchdringen. Die Acetoximethylesther Abkömmlinge sind dagegen schon in der Lage, die Zytoplasmamembran zu durchdringen und sich innerhalb der Zelle – infolge der von den Esterasen unterstützten Hydrolyse – in hydrophile, die Ionen bindende Moleküle umzuwandeln. Die so in die Zelle gelangten Moleküle mit Fluoreszenz- und Ionenbindungs-Eigenschaften sind wieder hydrophil und gelangen deshalb nur langsam aus der aufgeladenen Zelle hinaus.

Eine Gruppe der Fluoreszenzindikatoren reagiert empfindlich auf den pH-Wert des Systems bzw. seine Änderungen. Dazu gehört z. B. BCECF (Biscarboxiethyl-carboxifluorescein), dessen Fluoreszenz-Quantenausbeute vom pH-Wert der Umgebung abhängt (Tab. 1).

Von den Ca-empfindlichen Indikatoren sind die Farbstoffe Indo-1, Quin-2, Fura-2 und Fluo-3 zu erwähnen (Tab. 2). Na- bzw. K-bindende Fluoreszenzchelatoren sind SBFI (sodium binding fluorescence indicator) bzw. PBFI (potassium binding fluorescence indicator). Bei den aufgeführten

Tabelle 1. Spektraleigenschaften einiger pH-empfindlicher Farbstoffe

Farbstoff	Anregung (nm)	Emission (nm)
SNARF-1	488	575
BCECF	488 440/488	525/620 525

Tab. 2. Spektraleigenschaften einiger Ca-empfindlicher Farbstoffe

Farbstoff	Anregung (nm)	Emission (nm)
INDO-1	350	405/480
QUIN-2	350	490
Fluo-3	488	525
Fura-2	330/360	510

Farbstoffen ändern sich als Ergebnis der Ionen-Komplexverbindungen die Charakteristika des Anregungs- oder des Emissionsspektrums (oder beide). Die Konzentration der freien Ionen lässt sich in der Regel aus dem Verhältnis der Fluoreszenzintensitäten bei zwei verschiedenen Anregungs- und/oder Emissions-Wellenlängen bestimmen. Der Quotient der beiden gemessenen Intensitäten wird unabhängig von den Zelldimensionen sowie der Fluorophormenge innerhalb der Zelle sein. (Die Spektraleigenschaften einiger Ca- und pH-empfindlicher Indikatoren sind in Tab. 1 und 2 zusammengefasst.)

Bestimmung der Porphyrine

Die Diagnose und Differenzierung von Porphyrinopathien macht die Bestimmung der Porphyrine erforderlich. Zur Schnelldiagnose eignen sich auch einfache qualitative Testmethoden. Ist ihr Ergebnis positiv, so können zeitraubende quantitative Messungen notwendig werden. In diesem Fall wird das Porphyrin aus der Probe (Urin, Stuhl, Blut) durch Säuerung mit Essigsäure extrahiert, dann in Salzlösung gebracht. Bei Beleuchtung geben die Porphyrine rotes Fluoreszenzlicht.

Cortisolbestimmung aus humanem Serum

Cortisol ist ein von der Nebennierenrinde produziertes unentbehrliches Hormon. Aus dem Blutcortisolspiegel kann man auf die Funktion der Nebennierenrinde schließen. Bei Hyperfunktion der Nebennierenrinde sind die Werte in der Regel abnormal hoch. Bei Patienten mit Cushing-Syndrom bleibt auch der charakteristische Tagesrhythmus im Serumcortisolspiegel aus, d. h. auch in der Blutprobe, die zwischen 20 Uhr und 2 Uhr morgens entnommen wurde (unter normalen Bedingungen niedrigster Wert) findet man ähnlich hohe Werte wie sonst morgens. Bei Unterfunktion der Nebennierenrinde und Hypopituitarismus ist der Serumcortisolspiegel niedriger als normal. Bei Addison-Krankheit nimmt zwar der Blutcortisolspiegel ab, aber der Tagesrhythmus bleibt bei niedrigen Werten erhalten.

Die fluorimetrische diagnostische Methode zur Untersuchung des Serumcortisolspiegels ist heutzutage wegen ihrer einfachen Ausführung und hohen Empfindlichkeit weit verbreitet. Die Bestimmung basiert auf fluorimetrischer Farbreaktion. Das Wesen der Methode besteht darin, dass freie 11-Hydroxycorticosteroide im Schwefelsäuremillieu bei 470 nm angeregt intensiv fluoreszieren und die emittierte Fluoreszenzintensität mit einem Spektrofluorimeter bei 530 nm gut messbar ist. Zur quantitativen Bestimmung ist die Aufnahme einer Kalibrationskurve mit Cortisol-Standardlösungen notwendig.

Nachweis von Östrogenen

Östrogene können in Äthanollösung aufgrund ihrer Eigenfluoreszenz gemessen werden. Von den wichtigsten Östrogenen hat das bei 285 nm angeregte 17-Östradiol sein Fluoreszenzmaximum bei 333 nm, das Östron und das Östriol bei 325 nm. Verunreinigungen können aber die Fluoreszenz leicht auslöschen.

***L**umineszenz-**I**mmun**a**ssay-Methoden (LIA)*

Diese Verfahren kommen in der Grundlagenforschung, der Arzneimittelentwicklung bzw. der Diagnostik immer häufiger zum Einsatz. Ihre Beliebtheit verdanken sie der Tatsache, dass sie einfachere, schnellere, empfindlichere und genauere Messungen ermöglichen als die meisten anderen analytischen Methoden. Sie spielen eine Schlüsselrolle beim Verständnis der physiologischen und pathologischen Rolle vieler Biomoleküle. Außerdem spielen sie eine große Rolle in der klinischen Forschung und tragen zum Verständnis der molekularen Einzelheiten bei mehreren Krankheiten sowie zur Entwicklung neuer diagnostischer Testverfahren bei. Die pharmazeutische Industrie nutzt diese Verfahren gleichfalls mit großer Vorliebe, weil sie erfolgreich für metabolische und toxikologische Untersuchungen sowie zur Entwicklung neuer Wirkstoffe nutzbar sind. Als Antwort auf das breite Interesse wurden mehrere hundert biologisch interessante Verbindungen, denen in der

Diagnostik eine wichtige Rolle zukommt, entwickelt und in den Handel gebracht. Viele Laboratorien benutzen selbstentwickelte (im Handel nicht erhältliche) Immunstoffe und Antikörper, besonders in der Grundlagenforschung.

Bei der praktischen Ausführung der Lumineszenz-Immunassay-Methoden gibt es eine Vielfalt von Verfahren. Allen Methoden ist gemeinsam, dass sie zum Nachweis und zur quantitativen Analyse von Antigenen Antikörper benutzen. Dazu ist notwendig, dass Antikörper zur Verfügung stehen, die das zu untersuchende Molekül als Antigen erkennen. Bei den meisten Methoden ist es wichtig, dass die Antigen-Antikörper-Komplexe von den freien Antikörpern bzw. Antigenen separiert werden können. Durch die spezifische Antigen-Antikörper-Bindung wird aus der Aufgabe des Molekülnachweises ein Problem des Antikörpernachweises. In den letzten Jahrzehnten haben die meisten Zweige der Spektroskopie eine spektakuläre Entwicklung durchgemacht. Dadurch wurden Empfindlichkeit und Genauigkeit der meisten Methoden stark erhöht, wenn es gelang, die Messaufgaben mit spektroskopischen Methoden durchzuführen. Auch im Vergleich zu den übrigen spektroskopischen Verfahren hebt sich dabei die Feinheit der Techniken hervor, welche die Erzeugung und das Detektieren von sichtbarem Licht ermöglichen. Die bei Lumineszenz-Immunassay gebräuchlichen Antikörper werden so hergestellt, dass sie eine mit Lumineszenztechnik messbare Markierung tragen, die Fluoreszenz, Chemolumineszenz oder Biolumineszenz sein kann. Der Nachweis des zu analysierenden Moleküls erfolgt über die Messung der vom Antikörper emittierten Lumineszenzintensität. Bei Testverfahren zur quantitativen Analyse ist die präzise Optimierung und Kalibrierung der Versuchsbedingungen wichtig.

Hochempfindliche Lumineszenz-Immunassay-Methoden sind die sog. Enzymimmunassays (**E**nzyme **I**mmuno**a**ssay, EIA), die auch einen Verstärker enthalten. Bei diesen Verfahren ist der Antikörper nicht selbst der Lumineszenzindikator, sondern er trägt ein Enzym als Indikator, das die Erzeugung eines mit Lumineszenz detektierbaren Produktes katalysiert. Da ein einziges Enzymmolekül mehrere Millionen Produktmoleküle erzeugt, können diese Verfahren schon Konzentrationen von einigen ng/ml des untersuchten Moleküls messen.

Moleküle der Zellen zusammengestellt. Es ist zu sehen, dass sich bezüglich der Quantenausbeute die aromatischen Aminosäuren und die NADH hervorheben. Die Eigenschaft der lebenden Gewebe, dass die in ihnen enthaltenen Molekülkomponenten praktisch nicht fluoreszieren, gaben die Möglichkeit zur Aufstellung der sich ständig weiter entwickelnden, verbreiternden Skala der Fluoreszenz-Signaltechnik, die kombiniert mit den modernen lichtmikroskopischen Methoden der molekularen und Zelldiagnostik und im allgemeinen den biologischen Forschungen grandiose Perspektiven eröffnet hat.

So ähnelt das Fluoreszenzsignal der radioaktiven Signaltechnik, handelt es sich doch auch hier um spezifische Bindungen des Moleküls, die ein von der Umgebung abgrenzbares Spezialsignal – Lichtemission – liefern, und in vielen Fällen werden nur die Informationen bezüglich der Bindungsstelle genutzt, so wie bei den radioaktiven Signalen. Die aus dem Fluoreszenzsignal ableitbaren Informationen sind aber reichhaltiger und so erhält man durch die immer neueren Techniken und synthetischen Markerfamilien beim Messen von Wellenlänge, Polarisierungsgrad und Lebensdauer des emittierten Lichtes außer der Lokalisation auch Antworten auf verschiedene weitere Fragen.

Bei den Fluoreszenzsignalen bedeutet es eine besondere diagnostische Möglichkeit, wenn die nachzuweisende Komponente selbst fluoresziert oder das Molekül durch chemische Reaktionen fluoreszenzfähig gemacht wird.

Fluoreszenzmethoden in der klinischen Routinediagnostik

Die Fluoreszenzanalyse ist eine Routinemethode beim Nachweis, bei der Identifikation und Bestimmung gewisser Verbindungen. Zur quantitativen Analyse muss die fragliche Verbindung aus dem Untersuchungsmaterial extrahiert werden, dann folgt die Lösung in einem geeigneten Lösungsmittel. Die Methode ist äußerst empfindlich, die Grenze der Nachweisbarkeit bewegt sich (in Abhängigkeit vom Gerät) zwischen Werten von 1 bis 100 ng/ml. Zur quantitativen Bestimmung benötigt man eine zuvor aufgenommene Kalibrationskurve mit bekannten Konzentrationen des fraglichen Stoffes. Es ist wichtig zu betonen, dass ein linearer Zusammenhang zwischen Fluoreszenzintensität und Konzentration des fluoreszierenden Stoffes nur bei sehr dünnen Lösungen zu erwarten ist.

VI/3.4 Auf Lichtstreuung basierende Verfahren

In II/2.3.1 haben wir das Phänomen der Lichtstreuung diskutiert. Da die Lichtstreuung, wie dort ausgeführt, von der Zahl und Größe der Teilchen abhängt, kann die Streuung mit einer entsprechenden Messmethode zur Bestimmung der Parameter geeignet sein. Zur Nutzung bei Messungen müssen aber die entsprechenden Beziehungen zwischen den Charakteristika des gestreuten Lichtes und den zu bestimmenden Größen gefunden werden. Die Lichtstreuung wurde als Phänomen schon behandelt, und wir haben einige anschauliche Manifestationen diskutiert (s. II/2.3.1). Jetzt versuchen wir eine mathematische Beschreibung des Phänomens zu geben, um die entsprechenden Größen bestimmen zu können.

Die charakteristischen Größen des gestreuten Lichtes sind die Wellenlänge und die Intensität. In diesem Teil diskutieren wir nur den Fall, bei dem sich die **Wellenlänge des Lichtes**, d. h. die Photonenenergie **nicht ändert (elastische Streuung).**

Um zu verstehen, wovon die Intensität des gestreuten Lichts abhängt, befinde sich das Teilchen in einem homogenen Medium. Das einfallende Licht tritt als elektromagnetische Welle mit dem Teilchen in Wechselwirkung. Die Änderung des elektrischen Feldes erzeugt eine vorübergehende Ladungsverschiebung, so entsteht ein Dipol (Abb. VI.29). Da sich die elektrische Feldstärke periodisch ändert, entsteht ein oszillierender Dipol. Die oszillierenden Dipole werden zu Sekundärstrahlern und emittieren elektromagnetische Strahlung. Diese sekundäre Strahlung nehmen wir als gestreutes Licht wahr. Die Teilchen beeinflussen das Phänomen über ihre Polarisierbarkeit (s. Bemerkung VI.7).

Die Intensität des gestreuten Lichts hängt außer der Polarisierbarkeit auch vom Beobachtungswinkel ab. In diesem Fall handelt es sich praktisch nur um einen Detektor in der senkrechten Ebene zum elektrischen Feld des einfallenden Lichtes, weil in dieser Ebene die Intensität am höchsten ist, deshalb wird in der Praxis eine polarisierte Lichtquelle benutzt. Die **Intensität des gestreuten Lichts hängt** stark **von der Wellenlänge des Lichtes ab**. Aus diesen

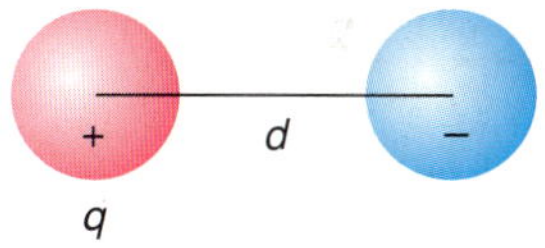

Abb. VI.29. Die Bedeutung des Dipolmomentes

Bemerkung VI.7
Polarisierbarkeit
Es ist eine für die Interpretation der Lichtstreuung wichtige Eigenschaft der Teilchen, wie groß der Dipol ist, den ein äußeres elektrisches Feld in ihm anregen kann. Zur Charakterisierung benutzt man den Begriff Polarisierbarkeit α, der mit der Größe eines Dipols übereinstimmt, den eine elektrische Feldstärkeneinheit generiert hat.

$$\vec{d} = \alpha \cdot \vec{E}$$

Es ist zu sehen, dass das Dipolmoment eine Vektorgröße ist. Nach Abb. VI.29 ist die Größe des Dipolmoments eine Funktion der Ladungen und ihres Abstandes:

$$|\vec{d}| = d \cdot q,$$

seine Richtung stimmt mit dem Abstandsvektor der Ladungen überein und zeigt von der negativen zur positiven Ladung.

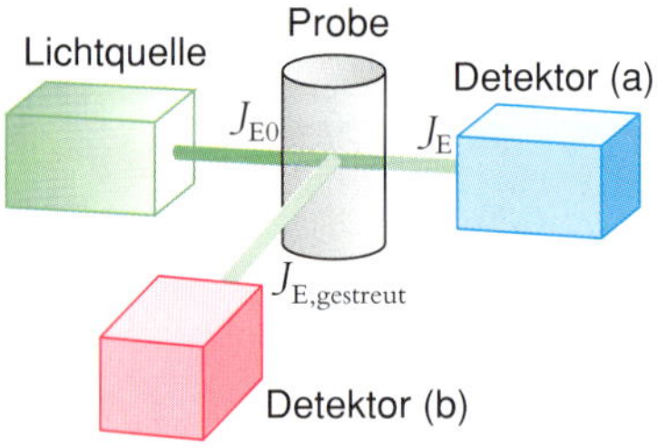

Abb. VI.30. Schema der klinischen Laborverfahren auf der Basis der Lichtstreuung. Die Anordnung der Intensitätsmesser: Detektor (a) für Turbidimetrie, Detektor (b) für Nephelometrie

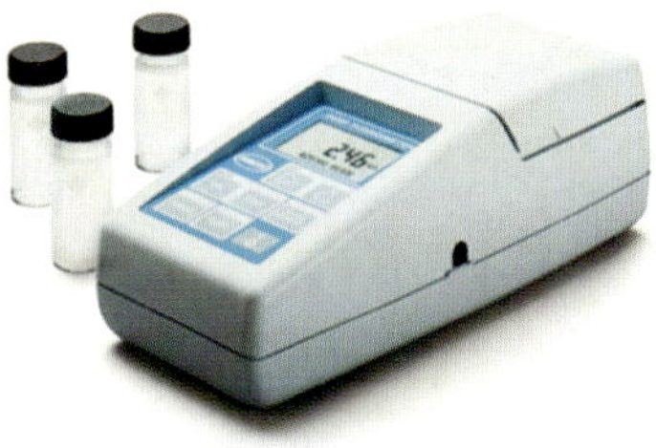

Abb. VI.31. Nephelometer für ein klinisches Labor

Gründen werden in den Messapparaturen monochromatische, polare Laserlichtquellen benutzt.

Nach den Feststellungen im Kapitel II und unter Berücksichtigung, dass die Polarisierbarkeit von der Materialqualität abhängt, erhalten wir die folgende Beziehung:

$$J_{E,\,\mathrm{gestreut}} = J_{E0}\,\frac{8\pi^4 N\alpha^2}{\lambda^4 R^2}\,(1+\cos^2\Theta), \qquad \text{(VI.44)}$$

wo $J_{E,\mathrm{gestreut}}$ die Intensität des Streulichts, J_{E0} die einfallende Intensität, N die Zahl der streuenden Teilchen, α die Polarisierbarkeit, λ die Wellenlänge des Lichtes, R der Abstand des Beobachters oder Messgerätes vom Streuvolumen und Θ der Streuwinkel sind.

Diese Beziehung ist gültig, wenn die in Kapitel II angegebenen Bedingungen erfüllt sind, d. h. die Teilchengröße deutlich geringer ist als die Wellenlänge des Lichtes. In diesem Fall spricht man von **Rayleigh-Streuung**. Sind die Teilchendimensionen größer als die Wellenlänge, kann die Gl. (VI.44) nicht einmal als Näherung gebraucht werden.

Das Phänomen der Lichtstreuung wird für mehrere Messmethoden genutzt. Die einfachste und gerade deshalb in klinischen Laboratorien sehr oft genutzte Methode beruht auf der Messung der Intensitätsminderung in der Richtung des beleuchtenden Lichts durch die Lichtstreuung bzw. der Intensitätsmessung des gestreuten Lichts. Aus messtechnischen Gründen kann die geringe Änderung großer Intensitäten nicht mit ausreichender Genauigkeit gemessen werden, deshalb wurden zwei verschiedene Messverfahren entwickelt, die je nach der Streuung der gemessenen Probe angewendet werden (Abb. VI.30).

Von **Nephelometrie** spricht man, wenn die Probe das Licht nur gering streut. In diesem Fall wird die Intensität des gestreuten Lichts gemessen, die als direkt proportional zur Konzentration betrachtet werden kann, vorausgesetzt, dass sich die Dimension der Teilchen nicht ändert (Abb. VI.31).

Die **Turbidimetrie** wird häufiger bei hohen Streuintensitäten benutzt. In diesem Fall wird die Intensität des Lichtes in der ursprünglichen Richtung gemessen. Als Messgerät eignet sich sehr oft auch ein einfaches Spektrophotometer. Dabei wird aus der Intensitätminderung das scheinbare Absorptionsmaß bestimmt. Bei Bereichen mit relativ geringem Absorptionsmaß – ähnlich dem Lambert-Beer-Gesetz (s. VI/3.1.1) - eignet sich die Methode zur Konzentrationsbestimmung.

Ein Vorteil für die ärztliche Praxis ist bei beiden Methoden das relativ einfache Verfahren und das schnelle Ergebnis. Sie werden oft zur Bestimmung der Konzentration von Immunglobulinen und anderen Eiweißen nach entsprechender Vorbereitung (z. B. Ausfällung) herangezogen. Nach entsprechenden chemischen Reaktionen eignet sich die Methode auch zum Nachweis von anorganischen Stoffen bzw. kleineren organischen Molekülen im Urin.

VI/4 Durchflusszytometrie und Zellseparation

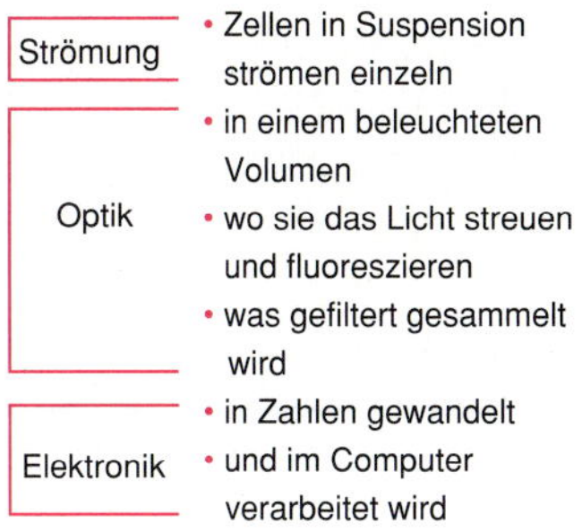

Abb. VI.32. Grundlagen der Durchflusszytometrie

Durchflusszytometrie und Zellseparation können heute schon auf eine Vergangenheit von mehreren Jahrzehnten zurückblicken, und in unseren Tagen sind sie ein unverzichtbares Hilfsmittel für zellbiologische, zellbiophysische und immunologische Forschungen. Seit rund zehn Jahren kann man sich auch kein klinisches Routinelabor ohne Durchflusszytometer vorstellen. Der breite Anwenderkreis beruht auf der Präzisität der Methode sowie der ausgezeichneten Statistik der Messdaten (Abb. VI.32). Die Methode ist auch ein Beispiel für die klinische Anwendung der Fluoreszenzsignaltechniken und der Streulichtmessung.

Historischer Überblick: Meilensteine auf dem Weg zur Methode

Die quantitative Charakterisierung der Zellpopulationen hat die Zellbiologen seit jeher beschäftigt. Eine klassische Möglichkeit zur Entdeckung neuer Zelltypen oder Subpopulationen bot die Mikroskopie, kombiniert mit biochemischen oder immunologischen Techniken. Durch die Mikroskopie kann man sehr genaue morphologische Informationen erlangen, und in gewissem Rahmen ist auch die quantitative Bestimmung von verschiedenen Zelleigenschaften möglich. Ein großer Nachteil dieser Näherung ist der hohe Zeitbedarf der Messung, und auch die statistische Genauigkeit ist limitiert, weil innerhalb absehbarer Zeit nur wenige Zellen mikroskopisch untersucht werden können. Die seltenen Zelltypen lassen sich in vielen Fällen nicht detektieren. Die Nachteile der quantitativen Mikroskopie lassen sich mit Automatisierung der Probenentnahme deutlich mindern. Den ersten großen Schritt in diese Richtung machte Casperson, der die automatisierte Messung des DNA-Gehaltes von Zellen auf einem Objektträger im Mikroskop entwickelte. Seine Experimente starteten die automatisierte Bildanalyse mit hoher Auflösung, die in unseren Tagen mit der Durchflusszytometrie konkurriert.

Die Durchflusszytometrie nutzt so viele physikalische Grundprinzipien und technische Lösungen, dass die reine Aufzählung den Rahmen des Buches sprengen würde. Wir beschränken uns also hier nur auf die Erwähnung der Wichtigsten. Auf jeden Fall kann der von James Coulter konstruierte Teilchenzähler und –analysator als der unmittelbare Vorgänger des Durchflusszytometers betrachtet werden. In diesem Gerät strömen Zellen oder andere Teilchen zusammen mit einer Elektrolytlösung durch eine Öffnung mit einem Durchmesser von einigen 10 µm, und es wird die Leitfähigkeit des mit der Lösung angefüllten kapillaren Abschnittes gemessen. Wenn ein Teilchen die Kapillare durchläuft und so das Lösungsmittel teilweise verdrängt, verengt sich der Querschnitt des durchströmenden Elektrolyts und die Leitfähigkeit ändert sich. Die Zahl der so ausgelösten elektrischen Impulse ist gleich der Zahl der durchfließenden Teilchen, während die Größe der Impulse (die Höhe der Impulse bzw. die Fläche unter den Impulsen) proportional zum Teilchenvolumen ist. Die relative Orientierung der asymmetrischen Zellen beeinflusst die Fläche unter den Spitzen auch nur geringfügig, deshalb gibt das sog. Coulter-Volumen bis zum heutigen Tage die beste Näherung für das Zellvolumen. Nach diesem Grundprinzip funktionierende moderne Geräte sind die hauptsächlich in der Firma Coulter hergestellten hämatologischen Automaten, welche die **Konzentration von Erythrozyten und Leukozyten mit hoher Genauigkeit messen,** des Weiteren auch die einzelnen Leukozytenarten mit relativer Genauigkeit angeben sowie Volumen und Hämoglobingehalt der Erythrozyten messen können.

Das Einführen des hydrodynamischen Fokussierens auf der Basis der laminaren Strömung sowie die elektronischen Entwicklungen haben stark dazu beigetragen, dass die Genauigkeit der Coulter-Geräte erhöht werden konnte. Ihnen kam auch eine wichtige Rolle bei der Entwicklung der Durchflusszytometer zu, welche optische ▶

Grundprinzipien nutzen. Einen anderen wesentlichen Beitrag zur Entwicklung von optischen Durchflusszytometern leistete Kamentsky, der 1965 eine Apparatur konstruierte, mit der sich die Zellbausteine in Suspensionen mit optischen Methoden messen lassen. Er war in der Lage, gleichzeitig mehrere Parameter einer Zelle zu messen, und führte die zweidimensionale Darstellung der Daten, sowie ihre Speicherung und Analyse im Computer ein. Ein weiteres wichtiges Moment ist mit dem Namen von Van Dilla verbunden, der als Erster ein Gerät konstruierte, in dem strömende Flüssigkeit, Beleuchtung und Detektoren senkrecht zueinander angeordnet sind. Später wurde diese Anordnung zum Standard der Geräte, die im Handel erhältlich sind. Den wesentlichsten Entwicklungsbeitrag auf diesem Gebiet leistete wahrscheinlich Fulwyler. 1965 publizierte er ein Gerät zur Trennung von Teilchen, das an einen Coulter-Analysator gekoppelt in der Lage war, Teilchen nach ihrem Volumen zu trennen. Das benutzte Grundprinzip ist dem Prinzip der von Sweet entwickelten Tintenstrahldrucker sehr ähnlich. Diese Technik wurde nach zahlreichen Modifikationen zum unentbehrlichen Teil der meisten Geräte.

Auf diesen Grundprinzipien basiert die Konstruktion der heutigen Geräte. Dazu kommen noch mehrere Laser und mehrere Detektoren, und so wurden die Grundlagen der Multiparameter-Durchflusszytometrie geschaffen. Diese Technik ermöglicht die gleichzeitige Anwendung mehrerer Fluoreszenzfarbstoffe, so können von einer einzigen Zelle gleichzeitig zahlreiche Informationen gewonnen werden. Natürlich ist der Einsatz von Hochleistungscomputern eine unverzichtbare Voraussetzung.

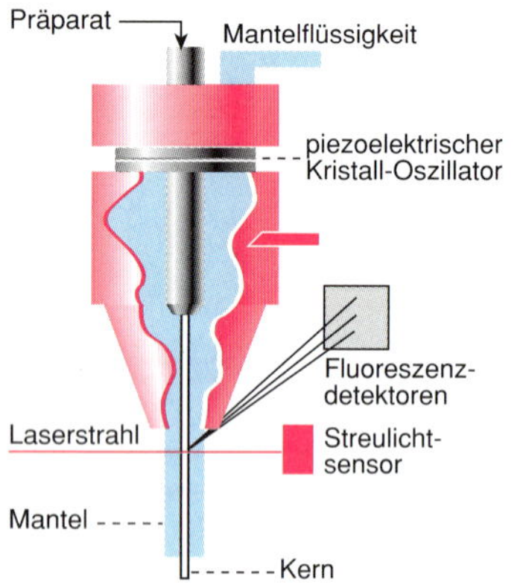

Abb. VI.33. Das hydrodynamische System

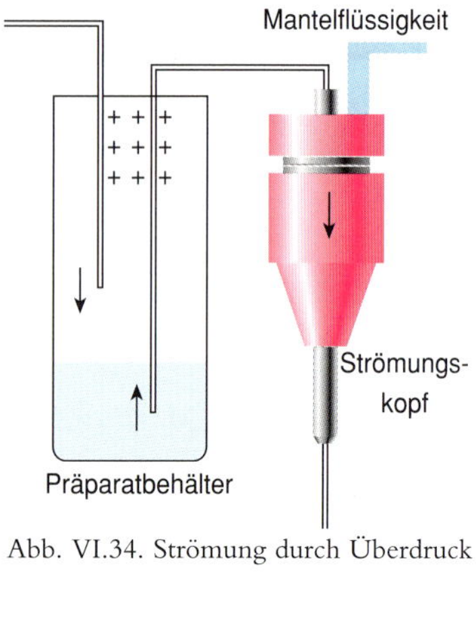

Abb. VI.34. Strömung durch Überdruck

VI/4.1 Allgemeine Funktionsprinzipien der Durchflusszytometer

Funktionsprinzip bzw. Aufbau der meisten Durchflusszytometer sind in groben Zügen ähnlich. Das Präparat – das sind Zellen in Suspensionen – wird in der Regel mit Überdruck zu einem Kopf oder einer Strömungszelle geleitet. In einem typischen System verlässt das Präparat den Kopf durch eine Öffnung in seiner Mitte und setzt den Weg in einer Flüssigkeitssäule fort (Abb. VI.33). Da ein direkter Kontakt mit der Öffnung die Zellen schädigen könnte und die präzise Positionierung der Zellen auch wegen der exakten Messung wichtig ist, wird in der Regel ein zweites Flüssigkeitssystem, eine sog. Mantelflüssigkeit angewendet, die das Präparat als konzentrischer Zylinder umhüllt. Beide Flüssigkeitssysteme, bzw. die Öffnung des Kopfes sowie die Druckverhältnisse sind so bemessen, dass die Strömung laminar ist, d. h. sich die beiden Systeme nicht vermischen (Abb. VI.34). Das wird als **hydrodynamisches Fokussieren** bezeichnet. Da die Zellen in Suspension sind, verlassen sie den Kopf nacheinander in einer Reihe. Einige Millimeter unter dem Kopf werden die Zellen mit einer fokussierten Lichtquelle beleuchtet, die entweder ein Laser oder eine beliebige Lampe sein kann. Von jeder einzelnen Zelle entstehen so optische Signale. Diese sind teils Signale von gestreutem Licht oder - wenn die Zellen mit einem Fluoreszenzfarbstoff markiert sind -Fluoreszenzsignale. Die optischen Signale werden mit entsprechenden Detektoren – Photodioden oder Photoelektronenvervielfachern – gemessen. Der Streulichtdetektor ist entweder in einer Richtung mit dem anregenden Strahlenbündel oder senkrecht dazu montiert. Im ersten Fall spricht man von vorwärts gerichteter Lichtstreuung (Forward Angle Light Scatter FALS), im letzteren Fall von 90° oder seitlich gerichteter Lichtstreuung. Der Absorptionsdetektor

Die Rolle der Strömungsgeschwindigkeit

Zur optimalen Funktion der Geräte ist die entsprechende Strömungsgeschwindigkeit sehr wichtig, weil beide Extreme zu vermeiden sind. Wird das Präparat mit Überdruck zum Kopf transportiert, dann liegt der Überdruck in der Regel im Bereich von 0,5 - 2 kPa, während der Druck der Mantelflüssigkeit ca. 90 kPa beträgt. Die Positionsstabilität des Präparats ist höher, wenn die Strömungsgeschwindigkeit geringer ist, weil das einen geringeren Durchmesser der Präparatflüssigkeit ergibt. Weil die Intensitätsverteilung des beleuchtenden Lichtbündels nicht homogen ist, erfordern die Messungen mit höherer Genauigkeit eine geringe Geschwindigkeit des Präparates. Es sei bemerkt, dass die sehr niedrigen Geschwindigkeiten mit Überdruck schwer zu regulieren sind, deshalb werden bei Bedarf sehr niedriger Geschwindigkeiten Spezialspritzen eingesetzt.

wird natürlich immer in Richtung des anregenden Bündels montiert, obwohl zu bemerken ist, dass er immer seltener benutzt wird. Fluoreszenzdetektoren müssen in der Regel senkrecht zum anregenden Lichtbündel platziert werden, aber für einige spezielle Forschungsaufgaben wurden auch schon Fluoreszenzdetektoren in der Richtung des anregenden Lichtbündels montiert. Die mit den Detektoren aufgefangenen Signale werden zuerst verstärkt, dann mit einem Analog-digital-Wandler in Zahlen umgeformt und so das Problem von Speichern, Analyse bzw. Darstellung der Daten gelöst. Die Darstellung kann die Häufigkeit eines Parameters in Form eines Histogramms sein, wobei die x-Achse proportional zur Größe des Signals – und dadurch zur Größe des zu messenden Zellparameters – ist und auf der y-Achse die Zahl der Zellen, die über die entsprechende Eigenschaft verfügen, aufgetragen wird. Die Daten können auch weiter verarbeitet werden.

Weil die Beleuchtungsdauer einige Mikrosekunden beträgt, ist mit diesen Geräten eine sehr schnelle Analyse möglich. Die Geschwindigkeit der Datensammlung kann einige Zehntausend oder sogar Hunderttausend Zellen/Sekunde erreichen. Die Zellkonzentration des Präparates muss auf Werte zwischen 10^5 und $1\text{-}2 \cdot 10^6$ eingestellt werden.

Die bei der Durchflusszytometrie messbaren Streulicht- und Fluoreszenzsignale enthalten sehr viele Informationen. Die vorwärts gerichtete Lichtstreuung charakterisiert die Zellgröße, hängt aber auch von der Brechzahl der Zelle ab. Mit Hinsicht darauf, dass die Brechzahl der lebenden Zellen mit zunehmender Durchlässigkeit der Zytoplasmamembran stark abnimmt, ist es möglich, aus der Intensität des vorwärts gerichteten gestreuten Lichtes vitale und avitale Zellen zu unterscheiden, aber auch Zellfragmente sind zu erkennen. Ähnlicherweise können auch Zellen der gleichen Form aber unterschiedlicher Größe unterschieden werden. Die asymmetrischen Zellen können im Vergleich zum Detektor unterschiedliche Orientierungen haben, und deshalb können die von ihnen ausgehenden heterogenen Signale das falsche Bild entstehen lassen, dass die Zellpopulation inhomogen wäre. So ergeben z. B. die wie eingedellte Scheiben aussehenden Erythrozyten im Histogramm 2 Maxima, obwohl sie gleichförmig sind. Um solche Kunstprodukte auszuschließen, ist es wichtig, beim Verdacht die Zellen zu separieren und unter dem Mikroskop zu untersuchen.

Im Gegensatz zum vorwärts gerichteten Streulicht ändert sich die Intensität des unter 90° gestreuten Lichtes empfindlich mit der intrazellulären Strukturiertheit. Dadurch ist es unter anderem möglich, die verschiedenen Subpopulationen der Leukozyten zu unterscheiden.

Bei den Fluoreszenzmessungen ist vorausgesetzt, dass **die gemessene Emissionsintensität proportional zur an die Zellen gebundenen Fluorophormenge ist.** Dieses Prinzip wird als das „**zentrale Dogma**" der Durchflusszytometrie bezeichnet. Es ist in der Regel erfüllt, aber auf mögliche Fehler ist immer zu achten.

Aufbau und wichtige technische Parameter der Durchflusszytometer

Kopf und Mantelflüssigkeit

Der Kopf ist eine konusförmig ausgebildete Flüssigkeitskammer, in die sowohl die Mantelflüssigkeit als auch das Präparat geleitet werden (Abb. 1). Das Präparat fließt zentral ein und wird von der Mantelflüssigkeit umhüllt. Kopf und Röhren sind so konstruiert, dass die Strömung mit den entsprechenden Druckverhältnissen stabil laminar gehalten werden kann. Das Präparat verlässt von der Mantelflüssigkeit eingehüllt den Kopf in der Mitte der Öffnung. Die Öffnung ist rund, ihr Durchmesser beträgt rund 50 – 200 µm. Die Geschwindigkeit des Präparates, also der Zellen, beträgt im typischen Fall rund 10 m/s. Die Mantelflüssigkeit kann destilliertes Wasser sein, aber wenn die Zellen separiert werden sollen, dann muss eine isotonische Pufferlösung gewählt werden. In einigen Spezialfällen, wenn eine sehr hohe Stabilität der Geschwindigkeit erforderlich ist, kann auch ein doppeltes Mantelflüssigkeits-System angewendet werden. An den Kopf der neueren Geräte ist noch ein Rohr gekoppelt, das bei niedrigerem Druck zur Entfernung von unerwünschten Zellaggregaten genutzt werden kann.

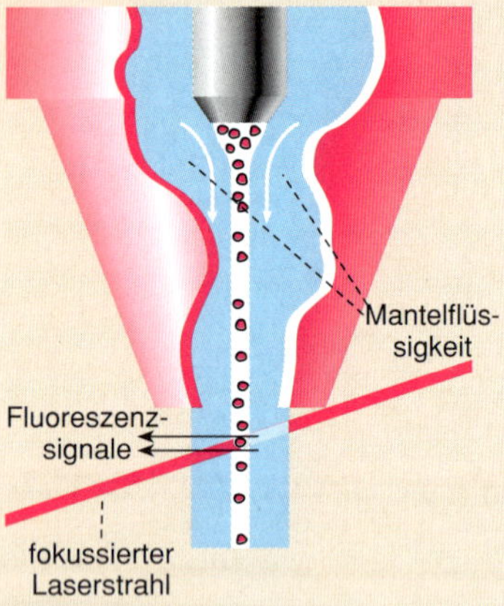

Abb. 1. Schema der Strömungszelle

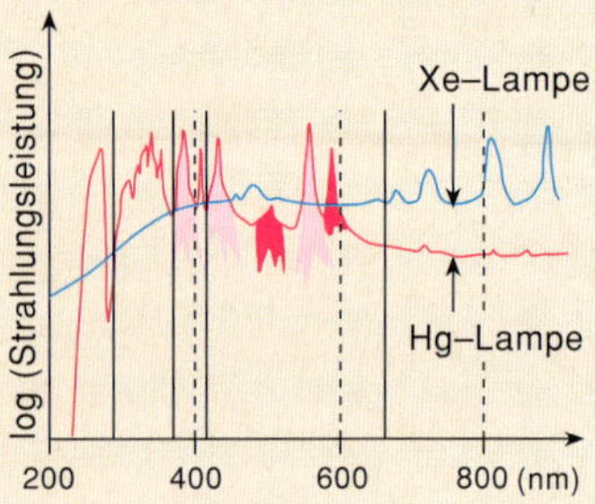

Abb. 2. Spektrum der Quecksilberdampf- und Xenonlampen (man beachte die logarithmische Einteilung der Ordinate)

Wahl der Lichtquelle nach den Eigenschaften der Fluoreszenzsignale

Die Lichtquelle der neueren Durchflusszytometer ist entweder eine Lampe (Abb. 2) oder ein Laser (Abb. 3). Beide haben zahlreiche Vor- und Nachteile, und die Wahl hängt grundsätzlich von der gewünschten Anwendung ab. Quecksilber- und Xenonlampen (s. II/2.2.6) haben den Vorteil, dass weder Kühlung noch Spezialelektronik erforderlich sind, d. h. sie sind bedeutend billiger als Laser. Beide Lampen haben zahlreiche Emissionsmaxima, was dann besonders vorteilhaft ist, wenn sie mit dem Absorptionsmaximum eines Fluoreszenzfarbstoffes übereinstimmen. Die Quecksilberlampe hat ein sehr starkes Emissionsmaximum bei 365 nm, deshalb eignet sie sich sehr gut zur Anregung der meisten DNA-spezifischen Farbstoffe. Das Spektrum der Xenonlampe ist in einem sehr breiten Bereich kontinuierlich, deshalb eignet sie sich gut zur Anregung zahlreicher Fluoreszenzfarbstoffe – in erster Linie für die am häufigsten benutzten Farbstoffe auf Fluoresceinbasis. Diese Lampen erfordern eine spezielle optische Konfiguration, und auch das Fokussieren ist in vielen Fällen umständlicher als bei Lasern. Die meisten im Handel erhältlichen Durchflusszytometer haben als primäre Lichtquelle einen Argonlaser. Mit speziellen elektronischen Rückkopplungsmechanismen wird die Lichtintensität stabil gehalten. In diesem Fall schwankt die Lichtintensität auch auf Dauer nicht mehr als 1 %, was für die meisten Anwendungen eine ausreichende Genauigkeit ergibt. Der Laserstrahl kann sehr gut fokussiert werden, eine Grenze ist praktisch nur das Diffraktionslimit. Diese Eigenschaften sind im Anwendungsgebiet der Durchflusszytometrie sehr wichtig. Argonlaser können im Bereich von 457-528 nm zahlreiche Wellenlängen emittieren (gewisse Laserarten auch im Bereich von 353-362 nm und im UV-Bereich). Argonlaser können auch so benutzt werden, dass sie jede sichtbare Linie gleichzeitig emittieren, aber die einzelnen Linien lassen sich auch separat gewinnen. In Abb. 3 sind einige Laserlinien zusammen mit den Anregungsspektren der am häufigsten benutzten Farbstoffe dargestellt.

Mehrparameter-Durchflusszytometer beleuchten das Präparat mit mehr als einer Lichtquelle. Der erste Laser ist in der Regel ein Argonlaser mit der Linie bei 488 nm, den man mit einem anderen Argonlaser mit der Linie bei 514 oder 528 nm kombinieren kann. Eine andere Möglichkeit für die zweite Lichtquelle ist ein Farblaser, den ein anderer Argonlaser pumpt, oder ein im Roten emittierender Krypton- oder He-Ne-Laser. Farbstofflaser lassen sich einstellen – durch Austausch des Farbstoffes kann das ganze sichtbare Spektrum umfasst werden –, der Farbstofftausch ist jedoch sehr teuer und umständlich. Kryptonlaser können zwar eingestellt werden, aber ihre Stabilität lässt viel zu wünschen übrig. Laserquellen sind oft teuer und erfordern eine spezielle Elektronik und Kühlung, sie sind jedoch in der Durchflusszytometrie die besten Lichtquellen.

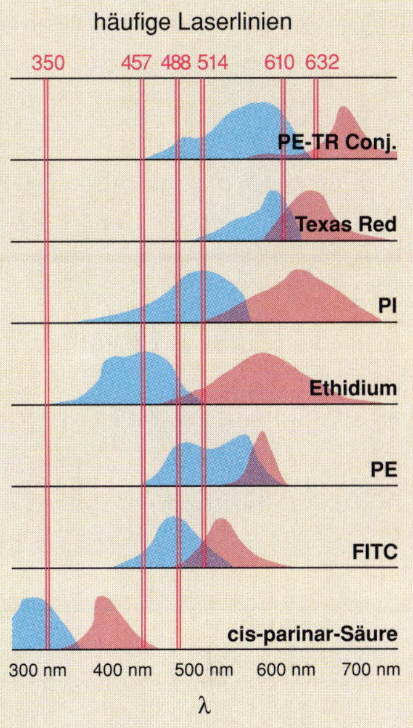

Abb. 3. Spektrallinien der in der Durchflusszytometrie gebräuchlichen Laser und Anregungs- und Emissionsspektren von einigen häufiger benutzten Farbstoffen

Beleuchtungspunkt

Was man bei der Durchflusszytometrie auch als Lichtquelle einsetzt, sie muss auf den Punkt fokussiert werden, an dem die Zellen den Weg des Lichtbündels kreuzen. Meistens befindet sich dieser Punkt einige Millimeter unter dem Kopf. Hier wandern die Zellen in einer zylindrischen Flüssigkeitssäule, in deren Mitte sich das Präparat befindet. Obwohl der Durchmesser des Präparates stark von der Strömungsgeschwindigkeit abhängt, ist er typisch 15-20 μm. Der Durchmesser der Mantelflüssigkeit stimmt im Großen und Ganzen mit dem Durchmesser der Öffnung überein, d. h. er beträgt ca. 50 – 200 μm. Das beleuchtende Lichtbündel wird auf die Präparatsäule fokussiert. Das fokussierte Bündel hängt vom Ziel der Untersuchung ab. Ist das Ziel die maximale Empfindlichkeit – wie z. B. bei der Untersuchung von Antigenen an der Zelloberfläche –, so muss die höchstmögliche Leistung auf das Präparat fallen, d. h. eine zirkuläre Beleuchtung ist von Vorteil. In diesem Fall wird das Beleuchtungsbündel mit Kugellinsen fokussiert und der Durchmesser des Lichtbündels ist dem Durchmesser der Flüssigkeitssäule vergleichbar. Die optischen Signale sind hier maximal, aber da die Intensität des Lichtbündels eine Gauß-Verteilung zeigt, beeinflusst die geringste Lageänderung des Präparatbündels die Größe des Signals sehr stark, weil die Intensität des beleuchtenden Lichts an den Rändern bedeutend geringer ist. Die Beleuchtung muss dagegen sehr homogen sein, wenn das Ziel eine hohe Genauigkeit ist. Das ist bei den Messungen von Bedeutung, bei denen das zu messende Signal relativ groß, die Empfindlichkeit nicht kritisch aber eine hohe Genauigkeit erwünscht ist. Ein Beispiel dafür ist die Bestimmung des DNA-Gehaltes der Zellen. Das

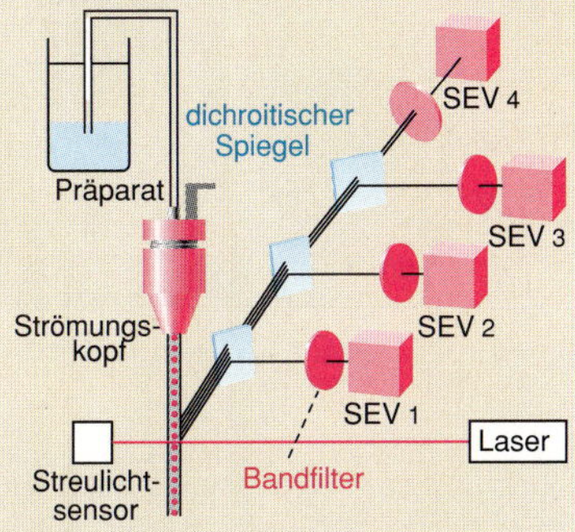

Abb. 4 Optische Anordnung eines typischen Durchflusszytometers

kann man erreichen, indem man mit Hilfe von Zylinder- und Kugellinsen ein elliptisches Lichtbündel erzeugt. Entlang der Längsachse der Ellipse ist die Lichtintensität praktisch konstant, so ist eine gleichmäßige Beleuchtung garantiert. Diese Anordnung ermöglicht sehr genaue Messungen, obwohl die Empfindlichkeit ohne Zweifel abnimmt (Abb. 4).

Der Beleuchtungspunkt befindet sich nicht immer in einer von Luft umgebenen Flüssigkeitssäule. Es gibt Konstruktionen, bei denen die Zellen in einer Strömungszelle beleuchtet werden. Der Beleuchtungspunkt befindet sich in der Regel in der Mitte der Zelle. Diese Anordnung ist mechanischen Einwirkungen gegenüber nicht so empfindlich, wie das System der Flüssigkeitssäule. Der optische Weg der Beleuchtung ist bedeutend einfacher, weil die Wände der Kammer parallele Glasplatten sind und so auch unerwünschte Reflexionen vermieden werden. Bei dieser Anordnung lässt sich auch der Wirkungsgrad des Sammelns des emittierten Lichtes erhöhen, weil der Beleuchtungspunkt mit konkaven Spiegeln umgeben werden kann. Diese Modifizierung ist in erster Linie in den – einfachen – Durchflusszytometern für den klinischen Gebrauch verbreitet, weil die Signalsammlung mit höherem Wirkungsgrad den Einsatz von oft billigeren, luftgekühlten Lasern mit geringerer Leistung erlaubt. Das Separieren der Zellen ist aber bei der Konfiguration mit Kammer bedeutend schwieriger und langsamer.

Lichtstreuung

Nicht markierte Zellen und andere Teilchen streuen auch das beleuchtende Licht. Das Licht wird in alle Richtungen gestreut, deshalb gibt es zahlreiche Möglichkeiten zum Detektieren. Die einfachste Methode ist die Platzierung des Sensors in Richtung des Beleuchtungsbündels. Das wird als vorwärts gerichtete Streuung (FALS) bezeichnet (Abb. 5). Das parallel zur Beleuchtung detektierbare Licht besteht aus zahlreichen Komponenten, nur ein Teil ist das an den Teilchen gestreute Licht. Die Intensität des aus der Lichtquelle direkt kommenden Lichtes ist bedeutend höher, als die des gestreuten Bündels. Deshalb müssen die unerwünschten Komponenten mit speziellen optischen und mechanischen Elementen ausgefiltert werden. Die Lichtstreuung ist stark richtungsabhängig. In Geräten für die Forschung kann man auch bewegliche Streulichtdetektoren benutzen, so lässt sich auch die Winkelabhängigkeit der Lichtstreuung messen. Die genaue Interpretation ist sehr kompliziert, bis zum heutigen Tage ist man hauptsächlich auf Erfahrungen angewiesen.

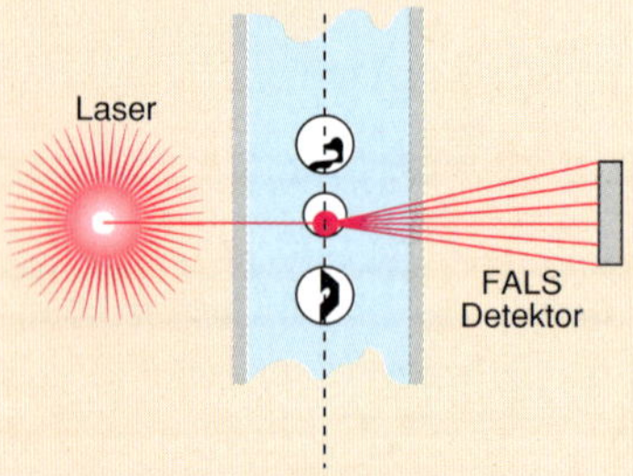

Abb. 5. Detektierung der vorwärts gerichteten Lichtstreuung (Forward Angle Light Scattering FALS)

Das Streulicht wird von fokussierenden Elementen gesammelt. Weil die zu messenden Intensitäten relativ hoch sind, müssen Graufilter zur Abschwächung der Signale eingesetzt werden. Mit Einstellen des Aperturdurchmessers kann auch der Raumwinkel der Signalsammlung reguliert werden. Der Detektor selbst ist in der Regel eine Photodiode, die auch höhere Lichtintensitäten gut aushält. In neueren Geräten besteht auch die Möglichkeit der Messung der 90° Lichtstreuung (90°-LS). Hier ähneln die Detektoren eher den bei der Fluoreszenzmessung üblichen Detektoren (Abb. 6).

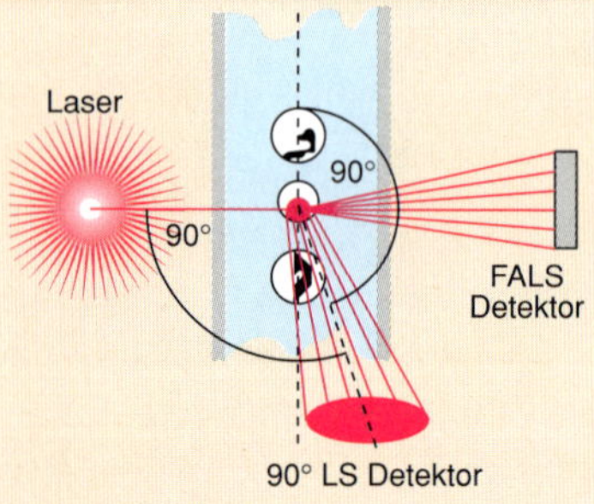

Abb. 6. Detektierung der 90° Lichtstreuung

Fluoreszenzdetektoren

Die Platzierung der Fluoreszenzdetektoren hängt von der optischen Anordnung des ganzen Gerätes ab. Ist die Lichtquelle ein Laser, so stehen die Detektoren sowohl zum Beleuchtungsbündel als auch zur Flüssigkeitssäule senkrecht (Abb. 7). Bei den meisten Systemen ist ein spezifisches Detektieren mehrerer Regionen des Fluoreszenzspektrums erwünscht, deshalb muss das emittierte Licht nach Wellenlängen getrennt werden. Das lässt sich mit speziellen optischen Elementen, dichroitischen Spiegeln und optischen Filtern erreichen. Sowohl die dichroitischen Spiegel als auch die Filter nutzen die Interferenz. Auf die Glasfläche werden Schichten unterschiedlicher Dicke aufgedampft, die das Licht teils durchdringt, teils wird es an den Grenzflächen reflektiert. Diese Bündel interferieren miteinander, und in Abhängigkeit von der Schichtdicke werden bestimmte Wellenlängen durchgelassen und gewisse Wellenlängen reflektiert. Mit der Regulierung von Zahl und Dicke der Schichten können beliebige optische Filter hergestellt werden. Die dichroitischen Spiegel müssen zum Lichtbündel im Winkel von 45° stehen, während die Filter senkrecht zum Lichtbündel stehen. Weil die scheinbare Schichtdicke vom Winkel abhängt, ist die genaue Einstellung sehr wichtig. (Mit geringen Änderungen der Winkel ist auch eine „Feineinstellung" möglich. Dichroitische Spiegel und Filter sind sehr empfindliche optische Instrumente, mit denen man sehr vorsichtig umgehen muss.)

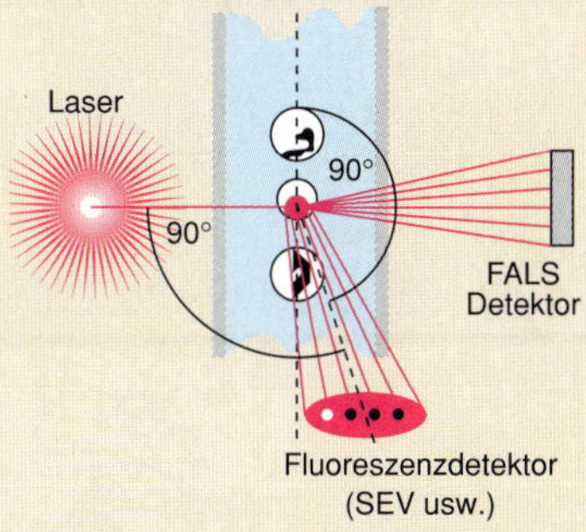

Abb. 7. Detektierung der Fluoreszenz

Zum Detektieren von Fluoreszenzlicht eignen sich am besten sog. Photoelektronenvervielfacher (Sekundärelektronenvervielfacher SEV, eng. Photomultiplier PMT, s. VIII/3.2). Nach dem photoelektrischen Phänomen hängt die Empfindlichkeit der SEV vom Detektormaterial ab. In letzter Zeit wurden auch rotempfindliche Typen entwickelt, die in der Durchflusszytometrie von großer Bedeutung sind, weil sie die gleichzeitige Anwendung mehrerer Fluoreszenzfarbstoffe ermöglichen. Der lichtempfindliche Teil des SEV befindet sich entweder am Ende der Röhre (z. B. Szintillationskristall) oder seitlich.

Elektronik

Die bei der Durchflusszytometrie zu messenden Lichtintensitäten sind sehr unterschiedlich. Deshalb müssen die Verstärker (s. VII/1.3) spezielle Voraussetzungen erfüllen: sie müssen bei relativ geringem Rauschen in einem breiten Bereich linear sein. Neben den linearen Verstärkern werden auch sog. logarithmische Verstärker benutzt, welche durch logarithmisches Umformen des Signals in der Lage sind, einen breiten Intensitätsbereich zu umfassen (das ist von besonderer Bedeutung bei der quantitativen Bestimmung der Antigene an der Zelloberfläche). Die von den Photodioden oder Photovervielfachern stammenden verstärkten Signale werden mit einem analog-digital-Wandler (ADC) in Zahlen umgeformt. Die von den Detektoren kommenden Signale zeigen die Strömung der Zellen als Funktion der Zeit: so besteht die Möglichkeit, die Höhe (Maximalgröße) und Breite der Signale bzw. die Fläche unter den Signalen zu digitalisieren und in vielen Fällen dadurch neue Parameter zu erhalten. Ist eine Zelle symmetrisch und die Fluoreszenzverteilung innerhalb der Zelle homogen, so sind die obigen Signale proportional zueinander. Bei asymmetrischen Zellen bzw. inhomogener Fluoreszenzverteilung ist die Fläche unter dem Signal proportional zur Gesamtmenge des Fluorophors und die Signalhöhe gibt die maximale Dichte des Fluorophors an. Die Signalbreite ist ein zur Zellgröße proportionaler Parameter (Abb. 8).

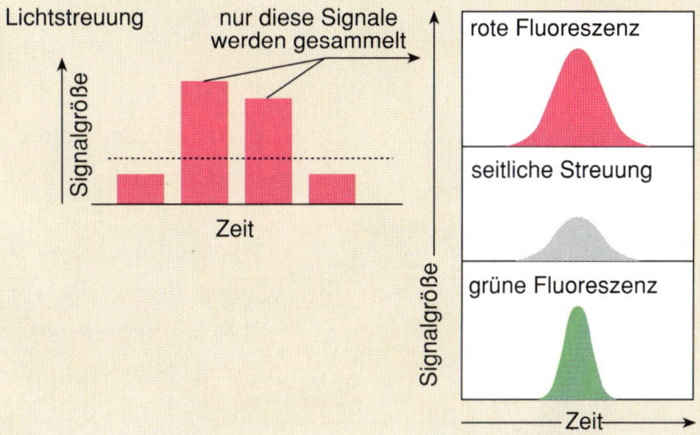

Abb. 8. Diskriminierende Funktion der Elektronik. Es werden nur Signale über einer gewissen Größe gesammelt (Grenzwert). Der Diskriminator wird nur auf einen Parameter eingestellt. Ist die Bedingung nicht erfüllt, wird das Signal nicht untersucht.

VI/4.2 Datenverarbeitung und Speicherung der Messergebnisse

Bei der einfachsten Form der Datenspeicherung und Darstellung wird jeder Parameter separat behandelt und die Häufigkeit als Funktion mit einem Parameter dargestellt. Die Abszisse ist proportional der gemessenen Größe, die Ordinate gibt die Zahl der Zellen, welche die Eigenschaft der gegebenen Größe haben (Abb. VI.35). Die Verteilung kann auch mit abgeleiteten Parametern, wie Mittelwert, Streuung, Schiefe, Varianzkoeffizient beschrieben werden. Der Vorteil einer solchen Datenspeicherung ist der geringe Platzbedarf. Werden aber mehrere Parameter gemessen, so ist auch eine Prüfung von Datenkorrelationen zu empfehlen.

Gibt es z. B. große und kleine Zellen, die „hell" und „blass" sein können, so kann man beim Vergleich der Histogramme nicht sagen, ob die kleinen Zellen hell oder blass sind.

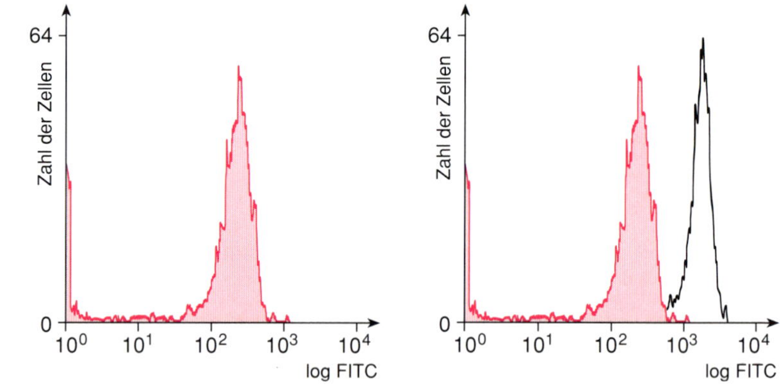

Abb. VI.35. Intensitätsverteilung des Markers Floreszeinisothiocyanat (FITC) in der Zellpopulation. Es können gleichzeitig zwei oder mehr Messergebnisse dargestellt oder verschiedene Zellpopulationen unterschieden werden.

Korrelationsmethoden

Um solche Informationen zu erhalten, müssen die Daten korreliert gesammelt und gespeichert werden. Bei der Datenspeicherung in sog. „list mode" (Listen) Dateien werden die für die verschiedenen Eigenschaften einzelner Zellen charakteristischen Parameter je Zelle gemeinsam gespeichert: Die einzelnen Zeilen der Datei entsprechen je einer Zelle, die Spalten den verschiedenen Parametern. Zur Darstellung der so gespeicherten Daten bieten sich zahlreiche Möglichkeiten.

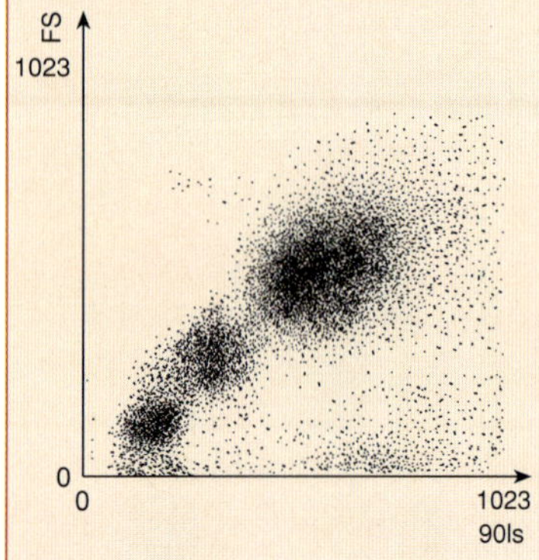

Abb. 1. Zweiparameter-Datendarstellung, sog. „dot plot"

Die klassische Form der Darstellung von zwei Parametern ist das sog. „**dot plot**". Jeder Punkt des Koordinatensystems entspricht einer Zelle. Auf den beiden Achsen sind zwei verschiedene Parameter so aufgetragen, dass die Koordinatenwerte der Punkte proportional zu den gemessenen Parameterwerten sind (Abb. 1). Es gibt zahlreiche Variationen der Darstellung: die Dichte der Punkte kann farbkodiert werden, üblich sind aber auch Darstellungen als Konturplot analog zu Höhenlinien. Die Daten lassen sich auch isometrisch dreidimensional darstellen – wobei die Höhe proportional zur Anzahl der Zellen ist (Abb. 2).

Abb. 2. Zweiparameter-Datendarstellung.
a. Konturdarstellung,
b. isometrische Darstellung

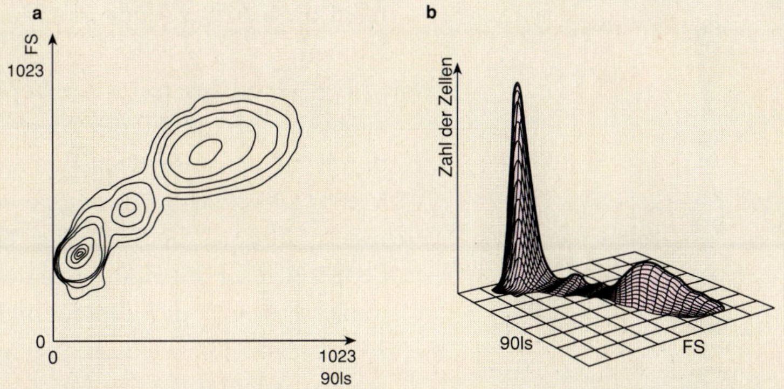

In vielen Fällen muss die Datenanalyse auf einen Teil der Zellen beschränkt werden. Interessiert z. B. nur die Fluoreszenz der Monozyten und sollen die anderen „verunreinigenden" Zellen nicht in die Daten einbezogen werden, so kann mit Diskriminierung (gating) und einer oder mehreren zweidimensionalen Darstellungen die zu untersuchende Population definiert werden. Die Analyse wird dann nur in Bezug auf die definierte Population durchgeführt. Diese Technik ist bei der Separation üblich, um die abzutrennende Subpopulation zu definieren (Abb. 3).

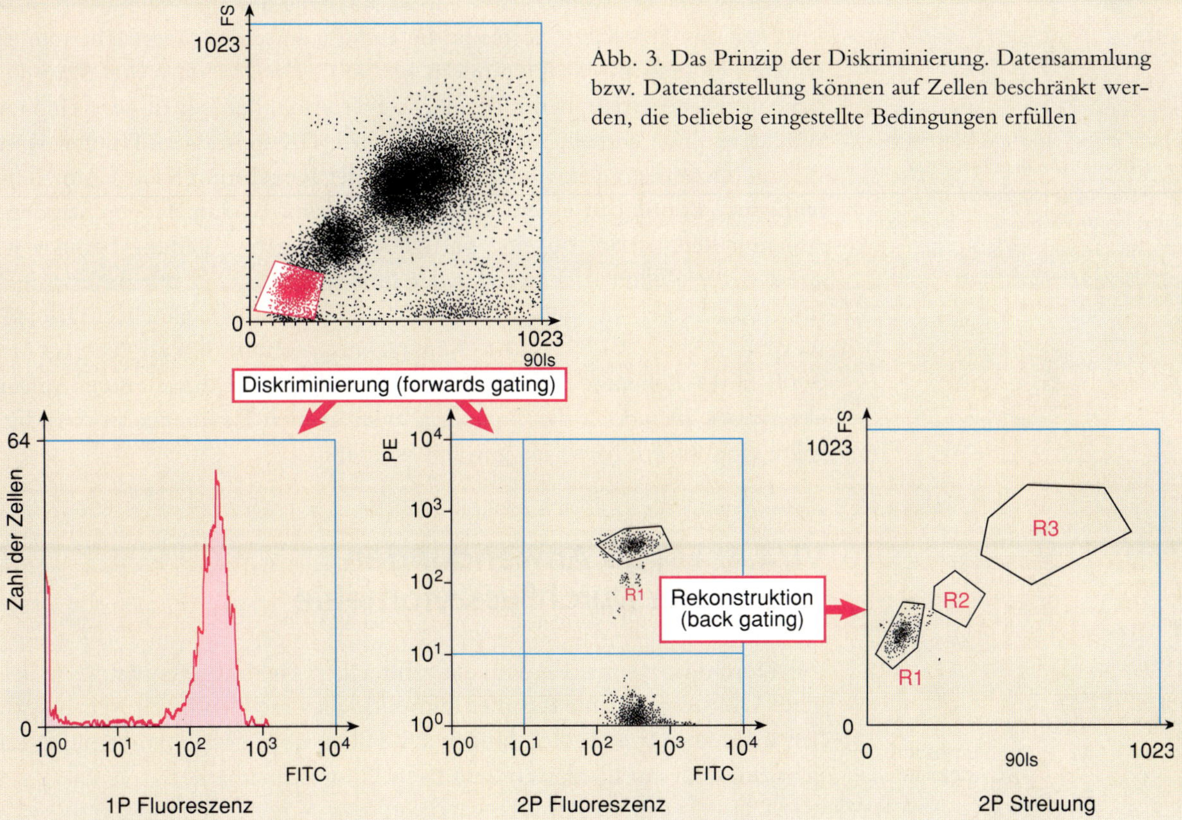

Abb. 3. Das Prinzip der Diskriminierung. Datensammlung bzw. Datendarstellung können auf Zellen beschränkt werden, die beliebig eingestellte Bedingungen erfüllen

VI/4.3 Zellseparation

Die Zellseparation ist eine sehr faszinierende Möglichkeit der Durchflusszytometrie. Sie ermöglicht weitere Studien der gewünschten Subpopulationen: sowohl morphologische als auch biochemische Analysen, unter sterilen Kautelen die anschließende Züchtung der Zellen, ja mit Spezialgeräten sogar das Klonen.

Das **Grundprinzip der Separation** ist das Folgende. Der Kopf wird mit einem hochfrequenten Vibrator – in der Regel 30-40 kHz – geschüttelt, wodurch die aus dem Kopf fließende Flüssigkeitssäule in Tropfen zerfällt (Abb. VI.36). Werden Strömungsgeschwindigkeit und Vibrationsfrequenz harmonisiert, so wird die Stelle der Tropfenbildung in der Zeit konstant sein. Das bedeutet, dass die Zeit bestimmbar ist, in der eine Zelle vom Beleuchtungspunkt zum Ort der Tropfenbildung gelangt. Diese Zeitspanne wird als Verzögerungszeit bezeichnet. Nach der Beleuchtung können die Zelleigenschaften in bedeutend kürzerer Zeit bestimmt werden als die Verzögerungszeit ausmacht. Die Subpopulation kann unter Nutzung einer beliebigen Kombination der Messdaten definiert und entschieden werden, ob die gegebene Zelle den vorgegebenen Bedingungen entspricht, d. h. ob sie separiert werden soll. Ist die Entscheidung positiv, dann wird die ganze Flüssigkeitssäule elektrisch geladen, wenn diese Zelle an die Stelle der Tropfenbildung gelangt. Löst sich das Tröpfchen, so bleibt die Ladung an seiner Oberfläche (die elektrische Feldkraft im Tropfeninnern ist Null). Danach muss die Flüssigkeitssäule geerdet werden, damit der nächste Tropfen, der leer ist oder eine unerwünschte Zelle enthält, nicht geladen wird. Die geladenen Tropfen werden im anschließenden elektrischen Feld – in der Regel rund 5000 V/cm – abgelenkt und können in einem separaten Reagenzglas aufgefangen werden. In Abhängigkeit davon, ob eine positive oder negative Ladung benutzt wird, werden die Zellen nach rechts oder links abgelenkt, ja mit unterschiedlich hohen Ladungen können bis zu vier Subpopulationen gleichzeitig separiert werden (Abb. VI.37). Die Separationsgeschwindigkeit beträgt rund 3000-5000 Zellen/s. Diese Geschwindigkeit ist für die meisten Aufgaben akzeptabel. Ist jedoch die Trennung einer großen Zellmenge notwendig, so sollte eine andere Methode gewählt werden.

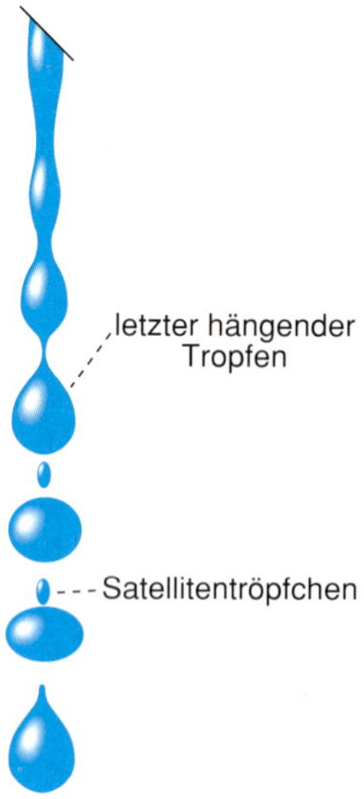

Abb. VI.36. Das Prinzip der „Tropfenbildung". Lässt man eine Flüssigkeit in Luft fallen, so bilden sich Tropfen. Bringt man die Quelle mit einer bestimmten Frequenz in Schwingung, so können Tropfengröße und Position entlang der Achse mit hoher Genauigkeit kontrolliert werden.

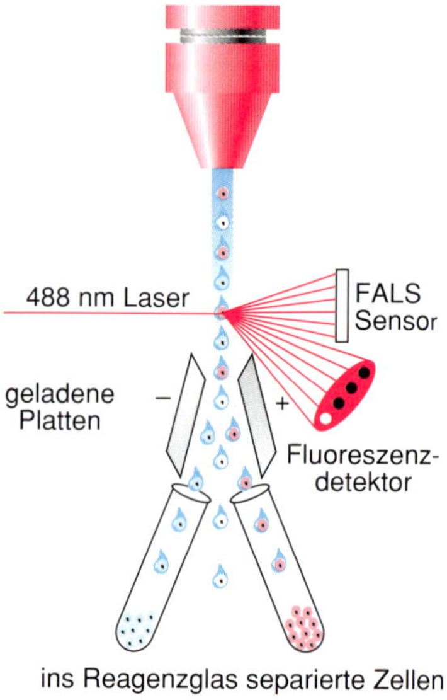

Abb. VI.37. Prinzip der mit Fluoreszenz aktivierten Zellseparation

VI/4.4 Einige Anwendungen der Durchflusszytometrie

Die Durchflusszytometrie wird auf zahlreichen Gebieten genutzt. Eine detaillierte Diskussion ist im Rahmen dieses Buches nicht möglich, wir beschränken uns hier nur auf einen kurzen Überblick über einige Anwendungsmöglichkeiten der am häufigsten benutzten Fluoreszenzmarker.

VI/4.4.1 Messung des DNA-Gehaltes

Einer der am häufigsten gemessenen Parameter ist der DNA-Gehalt der Zelle, der mit nukleinsäurespezifischen Fluoreszenzmarkern verfolgt werden kann. Solche Farbstoffe sind z. B.: Propidiumjodid (PI), Farbstoff Hoechst

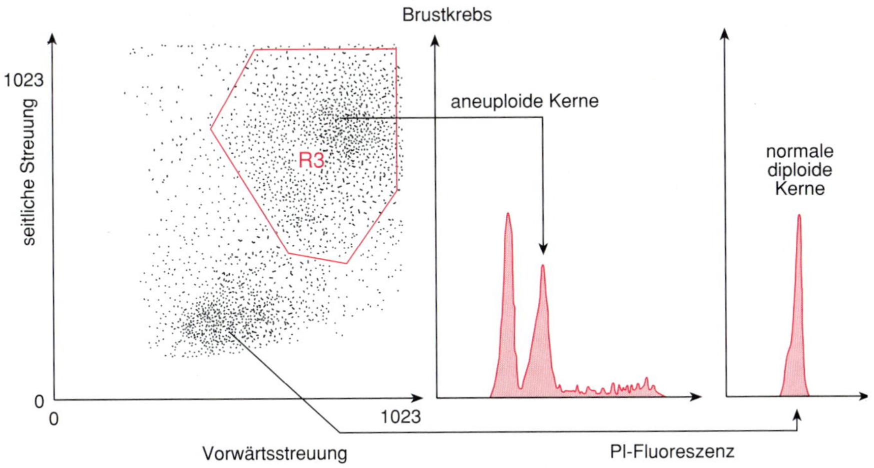

Abb. VI.38. Verteilung des DNA-Gehaltes in einem Brustkrebspräparat, das aus einem Paraffinblock separiert wurde

Typ 33342 und 33258, Mithramycin, Chromomycin usw. Diese Farbstoffe gelangen leicht durch die permeabel gemachte Zellmembran und binden sich mit hoher Affinität an DNA. Durch die Bindung erhöht sich die Fluoreszenz-Quantenausbeute der Fluorophore deutlich. Die Fluoreszenzintensität der gebundenen Farbstoffe ist proportional zum DNA-Gehalt. Ein Großteil der Nukleinsäureindikatoren markiert auch die RNA, deshalb müssen Präzisionsmessungen mit RNA-Abbau kombiniert werden.

Neuere Techniken ermöglichen auch die Erzeugung einer Suspension von einzelnen Zellkernen aus einem in Paraffin eingebetteten Gewebeblock. Dadurch ist auch die Untersuchung von Präparaten möglich, die histologisch untersucht wurden – und im gegebenen Fall schon längere Zeit gelagert sind. Das eröffnet Diagnostik und Forschung enorme Möglichkeiten, weil die Präparate erneut untersucht werden können, wenn der Krankheitsverlauf schon bekannt ist, d. h. man schon über sichere Informationen verfügt, ob das suspekte Gewebe ein Tumor war. Solche Präparate sind oft mit Fragmenten verschmutzt, deshalb ist die Differenzierung mit Hilfe der Lichtstreuung sehr wichtig. Die Signale der Lichtstreuung können aber auch selbst auf Tumorzellen hinweisen. Abb. VI.38 zeigt die Analyse eines Brustkrebs-Präparates. Das Präparat ist heterogen: es enthält Subpopulationen normaler Zellen sowie auch eine Subpopulation von Tumorzellen.

Beim programmierten Zelltod (Apoptose) ändert sich der DNA-Gehalt der Zellen. Die Durchflusszytometrie eignet sich auch ausgezeichnet zum Detektieren der Apoptose. Abb. VI.39 zeigt die Analyse eines Präparates nach teilweiser Apoptose. Durch Vergleich der Flächen unter den Maxima kann die Rate der apoptotischen Zellen bestimmt werden.

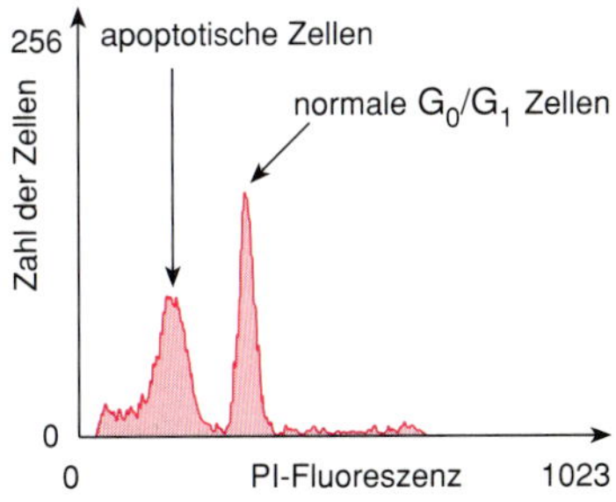

Abb. VI.39. Verteilung des DNA-Gehalts apoptotischer Zellen

Bei der Analyse des Zellzyklus wird auch sehr oft der Fluoreszenzfarbstoff Akridinorange benutzt, mit dem sich selektiv DNA-RNA markieren lässt. Der Farbstoff bindet sich an die Doppelstrangnukleinsäuren und emittiert dann grünes Fluoreszenzlicht, während er nach Bindung an Einzelstrangnukleinsäuren rotes Fluoreszenzlicht emittiert.

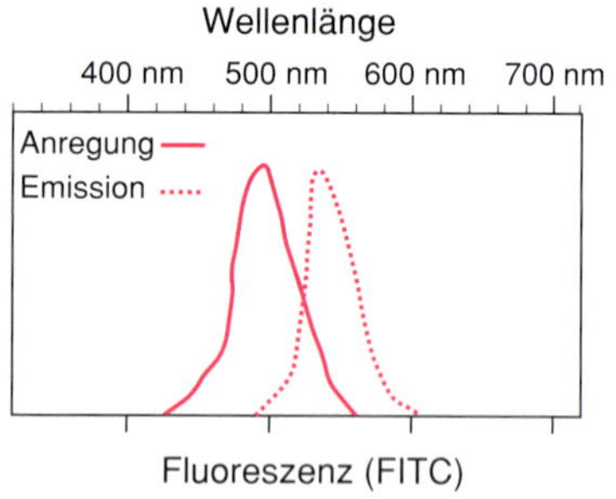

Abb. VI.40. Anregungs- und Emissionsspektrum von Fluorescein

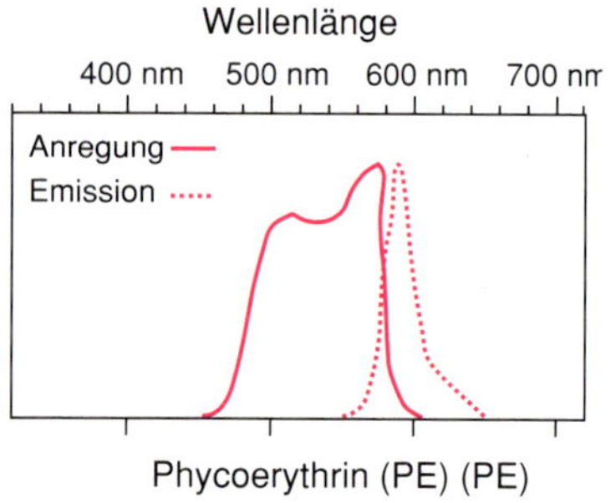

Abb. VI.41. Anregungs- und Emissionsspektrum von Phycoerythrin

VI/4.4.2 Immunfluoreszenz

An der Zelloberfläche befinden sich sehr viele unterschiedliche Eiweiße, die für Zelltyp und Funktionszustand charakteristisch sind. Die Bestimmung von Antigenen an der Zelloberfläche, ihre quantitative Messung bzw. die zahlenmäßige Messung der Zellpopulation mit einer gegebenen Eigenschaft, die Feststellung ihrer relativen Rate sind für die Forschung, aber auch in der alltäglichen klinischen Routinediagnostik außerordentlich wichtig. Denken wir nur an die Phenotypisierung der Leukämie, bei der die genaue Kenntnis der Zellart die Therapie und damit auch das Schicksal des Patienten entscheidend bestimmt. Die Kenntnis der Rate verschiedener T-Lymphozyten ist ein unentbehrlicher Teil der AIDS-Diagnostik.

Mit Fluoreszenzfarbstoffen markierte monoklonale Antikörper ermöglichen die Untersuchung von Antigenen und Rezeptoren an der Zelloberfläche. Antikörper binden sich mit hoher Affinität an die Antigene der Zelloberfläche, deshalb sind sie zur spezifischen Markierung geeignet. In vielen Fällen kommen die zu untersuchenden Antigene in so geringer Menge an der Zelloberfläche vor, dass die Fluoreszenzuntersuchung wegen des niedrigen Signal-Rausch-Verhältnisses sehr schwierig ist. In diesen Fällen wird die indirekte Immunfluoreszenzmethode angewandt, bei der an die Antigene spezifisch nicht markierte (primäre) Antikörper gebunden und dann mit Fluoreszenzfarbstoff markierte (sekundäre) auf die ersten Antikörper spezifische Antikörper eingebracht werden. So kann die Empfindlichkeit auf das 3 – 10fache erhöht werden. Zur Markierung der Antikörper werden meist Fluorescein bzw. Tetramethylrhodaminisothiocyanat benutzt, da die Antikörper kovalent an die Lysin-Seitenketten gebunden werden, ohne dass die Affinität der Antikörper merkbar abnimmt. Aus dem Spektrum der Abb. VI.40 geht hervor, das Fluorescein bei 488 nm gut angeregt wird, also in Geräten mit Argonlaser gut verwendbar ist.

Seit einigen Jahren ist eine große Familie von auch im roten Bereich nutzbaren neuen Fluoreszenzfarbstoffen bekannt. Die Phycobiliproteine sind Eiweißprodukte von Cyanobakterien und roten Algen. Der wichtigste Vertreter dieser Familie ist das Phicoerythrin, dessen Spektrum in Abb. VI.41 dargestellt ist. Die Molekülmasse dieser Eiweiße beträgt 100-200 kDa, und ihr molarer Extinktionskoeffizient ist in der Regel höher als 1 Million l/(molm). Die Quantenausbeute ist annähernd 1. Wie auch auf der Abbildung zu sehen ist, verfügen sie über ein breites Anregungsspektrum und eine beträchtliche Stokes-Verschiebung.

Es gibt noch zahlreiche weitere Farbstoffe zur Markierung von Antikörpern. In Tab. VI.3 sind die spektralen Eigenschaften einiger Farbstoffe zusammengefasst. Mit ihrer Kombination lässt sich die Existenz mehrerer Oberflächenantigene gleichzeitig studieren. Natürlich wird in diesem Fall die Datenanalyse bedeutend komplexer, denn es können nicht mehrere Parameter gleichzeitig zweidimensional dargestellt werden.

Beispiel zur Messung des DNA Gehalts

Es ist bekannt, dass sich der DNA Gehalt der Zellen während des Zellzyklus ändert und die DNA Verteilung in den verschiedenen Phasen des Zellzyklus zur Charakterisierung der Zellpopulation genutzt werden kann. Abb. 1. zeigt eine hypothetische DNA-Verteilung, die Spitzen der einzelnen Teile des Zellzyklus sind schematisch dargestellt. Abb. 2 zeigt die DNA-Verteilung einer normalen diploiden Zellpopulation, die mit Propidiumjodid gefärbt wurde. Abb. 3 repräsentiert die DNA-Verteilung von Zellen aus einem schnell wachsenden Tumor. Die vom Normalen abweichende DNA-Verteilung in Abb. 3 weist auf die Aneuploidität des Tumors hin. Die erste Spitze des Histogramms entspricht dem 2C DNA-Gehalt, die zweite Spitze dem aneuploiden DNA-Gehalt (der sog. DNA-Index beträgt 1,21), die Spitze der höchsten DNA-Fluoreszenz gehört zu den Zellen der aneuploiden Klon G2/M Phase. Die Aneuploidität der Tumoren ist in vielen Fällen ein wichtiger prognostischer Faktor bzw. ein nützlicher Faktor bei der Therapiekontrolle.

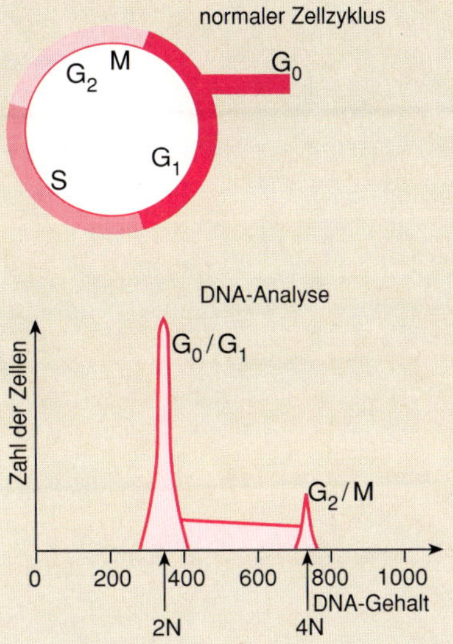

Abb. 1. Die Verteilung des DNA-Gehaltes im Normalfall

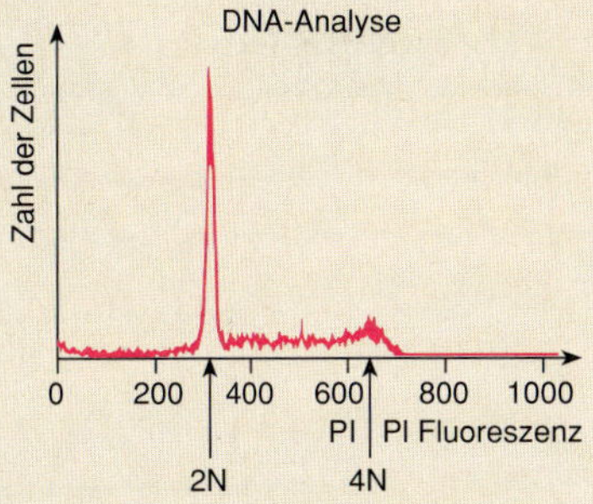

Abb. 2. Die Verteilung des DNA-Gehaltes in einer normalen Zellprobe

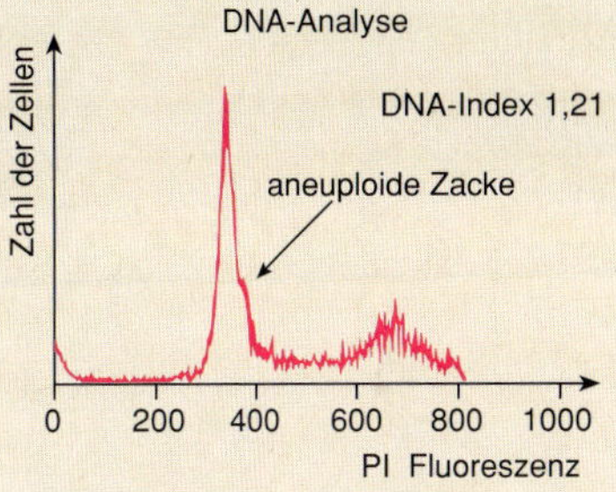

Abb. 3. Die Verteilung des DNA-Gehaltes in einer tumorös transformierten Zellpopulation.

Bei der Phenotypisierung mit Immunfluoreszenz benutzt man entweder eindimensionale – in der Regel logarithmische – Verteilungen (Abb. VI.42) oder, wenn die Zellen gleichzeitig auf zwei oder mehrere Antigene markiert wurden, zweidimensionale Darstellungen.

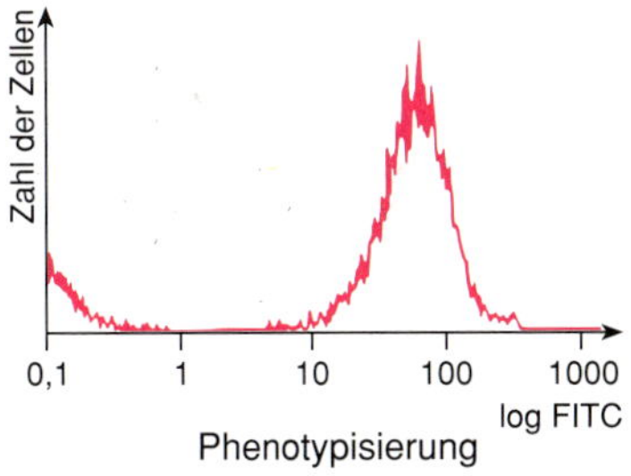

Abb. VI.42. Intensitätsverteilung der Fluoreszenz eines mit monoklonen Antikörpern markierten Eiweißes der Zelloberfläche

Tabelle VI.3. Spektrale Eigenschaften einiger Farbstoffe zur Markierung von Eiweißen

Farbstoff	Anregung (nm)	Emission (nm)
FITC	488	525
PE	488	575
APC	630	650
PerCPTM	488	680
Cascade Blue	360	450
Coumarin-phalloidin	350	450
Texas RedTM	610	630
Tetramethylrhodamin	550	575
CY3	540	575
CY5	640	670

VII. Elektrische Signale und Methoden

Für die Funktion des lebenden Organismus sind die elektrischen Phänomene, welche die Lebensprozesse begleiten bzw. eng mit ihnen verbunden sind, von prinzipieller Wichtigkeit. Diese elektrischen Phänomene ermöglichen diagnostische Messungen und bilden die Grundlage der Elektrotherapie. In diesem Kapitel diskutieren wir typische elektrische Signalformen, durch die sich die Eigenschaften der Signalquelle (beim Reizprozess) erkennen lassen. Wir behandeln kurz die Rolle der grundlegendsten Elemente elektrischer Stromkreise, ihr Funktionsprinzip. Des Weiteren stellen wir die bekanntesten diagnostischen und therapeutischen Methoden dar, die auf elektrischen Phänomenen beruhen.

VII/1 Verarbeitung elektrischer Signale

Die therapeutischen und diagnostischen Geräte der modernen Medizin enthalten elektrische Elemente, und die Informationen erscheinen kodiert als elektrische Signale. Es gibt Fälle, bei denen die aus dem Organismus stammenden elektrischen Signale diagnostisch genutzt werden. In diesem Abschnitt befassen wir uns kurz mit den grundlegendsten elektrischen Elementen, ihrem Funktionsprinzip sowie den Eigenschaften der wichtigsten elektrischen Signale. Wir können hier natürlich keine erschöpfende Darstellung geben, ist doch die Konstruktion medizinischer Geräte ein spezielles Fachgebiet. Wir sind bemüht, uns auf die Darstellung der Grundbegriffe zu beschränken, deren Kenntnis eine Hilfe ist, um mit den Betreibern, Wartern und Konstrukteuren der Geräte zu kommunizieren, und die wir brauchen, um Signale, die von den Erwartungswerten abweichen, interpretieren zu können.

VII/1.1 Klassifizierung und Verarbeitung der Signale aus der medizinischen Praxis

Als Signal wird jede physikalische Größe bzw. ihre Änderung bezeichnet, die Informationen übermittelt. Ein Großteil der medizinischen Signale sind keine elektrischen Signale, wie z. B. Körpertemperatur, Pulszahl (Druckschwankung), Herztöne usw. Ein diagnostisches Signal kann z. B. auch die Intensität der Gammastrahlung bei einer isotopdiagnostischen Untersuchung sein. Die nicht elektrischen Signale werden zur einfacheren Verarbeitung in elektrische Signale umgeformt. Diesem Zweck dienen die verschiedenen **Sensoren**, **Detektoren** bzw. **Signalwandler**, **Transducer**. Es gibt einige diagnostische Signale, die keiner Umwandlung bedürfen, da sie mit einfachen Elektroden als elektrische Spannung abgeleitet werden können. Solche elektrischen Signale werden bei der Elektrokardiographie (EKG), Elektroenzephalographie (EEG) und Elektromyographie (EMG) analysiert.

VII/1.1.1 Klassifizierung der Signale

Die Signale können nach verschiedenen Gesichtspunkten klassifiziert werden.

Nach ihrer zeitlichen Wiederholung unterscheiden sich **periodische**, **quasiperiodische** (fast periodische) und **stochastische** (zufällige) Signale. In der Medizin haben die quasiperiodischen Signale die größte Bedeutung. Zu ihnen gehört z. B. das EKG, das kurzzeitig (innerhalb einiger Sekunden) als periodisch erscheint, langzeitig (innerhalb mehrerer Stunden oder Tage) ist der Herzrhythmus aber (infolge des gesunden Tageszyklus oder aus pathologischen Ursachen) nicht mehr streng periodisch. Die Periodizität kann auch durch Impulse unterbrochen sein, die auf eine Herzrhythmusstörung hinweisen (Extrasystole). Vollkommen periodische Signale sind sehr selten, sie bieten eigentlich kaum Informationen. Stochastische Signale sind z. B. die bei isotopdiagnostischen Untersuchungen detektierten γ-Photonen. Diese Photonen sind in der Hinsicht zufällig, dass wir nur die Wahrscheinlichkeitsverteilung des Zeitintervalls zwischen dem Auftreffen von zwei Photonen angeben können. Die Information bietet in diesem Fall die über einen längeren Zeitraum detektierte Photonenzahl.

Nach der Änderung der physikalischen Größe des Informationsträgers unterscheidet man **analoge und digitale Signale**. Der Großteil der Signale ist analog, d. h. ein physikalischer Parameter ändert sich kontinuierlich in der Zeit, er kann also in einem charakteristischen Bereich jeden beliebigen Wert annehmen. Ein prinzipielles Kennzeichen der digitalen Signale (und das sind fast ausschließlich elektrische Signale) ist, dass nur gewisse Bereiche (in der Regel Spannungsbereiche) erlaubt sind. Diese Bereiche sind durch verbotene Intervalle voneinander separiert, in denen die Erklärung des Signals fraglich ist.

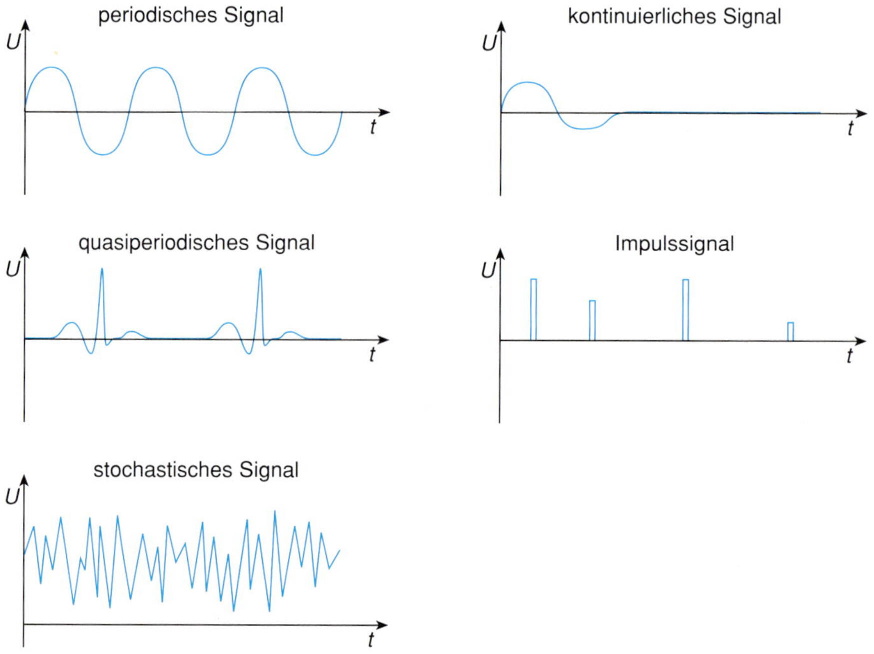

Abb. VII.1. Verschiedene Signalformen

Im einfachsten Fall sind zwei Spannungsbereiche erlaubt, eines davon um 0 V. Dementsprechend kann eine Spannung zwei Werte kodieren, die üblicherweise als 0 und 1 gekennzeichnet werden. Auf diese Weise sind die Informationen, die mit einem Spannungssignal weitergeleitet werden können, sehr beschränkt. Die schnelle Übertragung größerer Datenmengen kann durch gleichzeitige Änderung mehrerer Spannungen in parallelen Leitern erfolgen.

Durch die verbotenen Spannungsbereiche ist die Empfindlichkeit der digitalen Signale Störwirkungen gegenüber sehr gering. Deshalb ist z. B. die Qualität einer digitalen CD-Aufnahme auch nach mehrmaliger Kopie so gut wie das Original. Demgegenüber zeigt die Kopie eines klassischen Magnetofonbandes schon nach einigen Kopien eine merkliche Qualitätsverschlechterung. Ein großer Vorteil der digitalen Datenverarbeitung ist es, dass das schon digitalisierte Signal bei der Übertragung und Weiterverarbeitung nicht gestört wird.

Die analogen Signale können **kontinuierlich** oder **Impulssignale** sein. Als Impulssignal werden die Signale bezeichnet, bei denen die Informationen von zeitweise auftretenden, schnell ablaufenden Veränderungen geliefert werden, nach denen sich wieder der Grundzustand einstellt. Ein Beispiel für elektrische Impulssignale ist das Signal des Szintillationszählers. Ein nicht elektrisches Beispiel könnten Husten oder Schluckauf sein.

Zum Schluss dieses Abschnitts ist die störende Komponente zu erwähnen, welche die Signale in der Regel begleitet, das Rauschen. Als Rauschen werden die gemessenen (als Signalinformationen dienenden) physikalischen Parameter bezeichnet, die nicht von den zu untersuchenden Erscheinungen stammen, also keine Nutzinformationen übermitteln. Dieses Rauschen kann dabei aus anderer Sicht ein Signal sein, obwohl das kein typischer Fall ist. So kann z. B. das Husten des Patienten das Messen des Pulses stören, hier ist es ein Rauschen. Hören wir jedoch die Lunge ab, so kann es das Signal sein, das uns interessiert.

VII/1.1.2 Die Unterdrückung des Rauschens durch Mittelung

In Abb. VII.2 ist die Minderung des Rauschens durch Signalmittelung dargestellt. Das ausgelöste Potenzial modelliert ein reines Sinussignal (SIGNAL), das immer in der gleichen Phase beginnt. Zu diesem Signal wird ein Rauschen (RAUSCHEN) mit zweifacher mittlerer Amplitude gegeben und so wird ein im „Rauschen untergegangenes" Signal (SIGNAL+RAUSCHEN) generiert.

Danach bilden wir den mathematischen Mittelwert von $N = 25$ bzw. $N = 625$ Messungen. Die einzelnen Messungen zeigen gut, dass sich die Sinussignale durch die Existenz des höheren Rauschens nicht erkennen lassen. Bei der Mittelung einiger Messungen ($N = 25$) ist schon zu bemerken, dass die mittlere Amplitude des Rauschens abnimmt, während das in der gleichen Phase auftretende Signal konstant bleibt. Mit drastischer Erhöhung der Anzahl der Messungen ($N = 625$) bessert sich das Signal-Rausch-Verhältnis merklich.

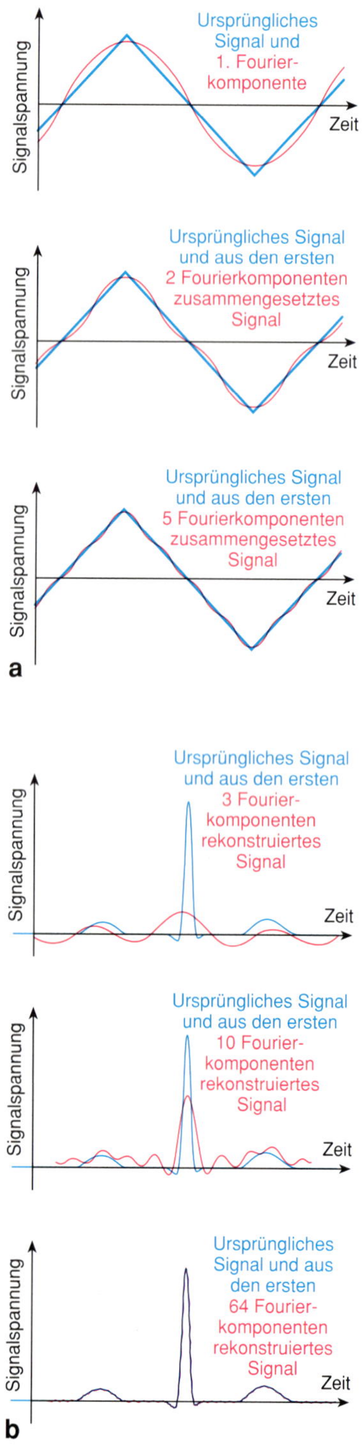

Abb. VII.3. Erzeugung **a.** eines Dreiecksignals, **b.** eines EKG-Signals aus der Summe von Sinussignalen

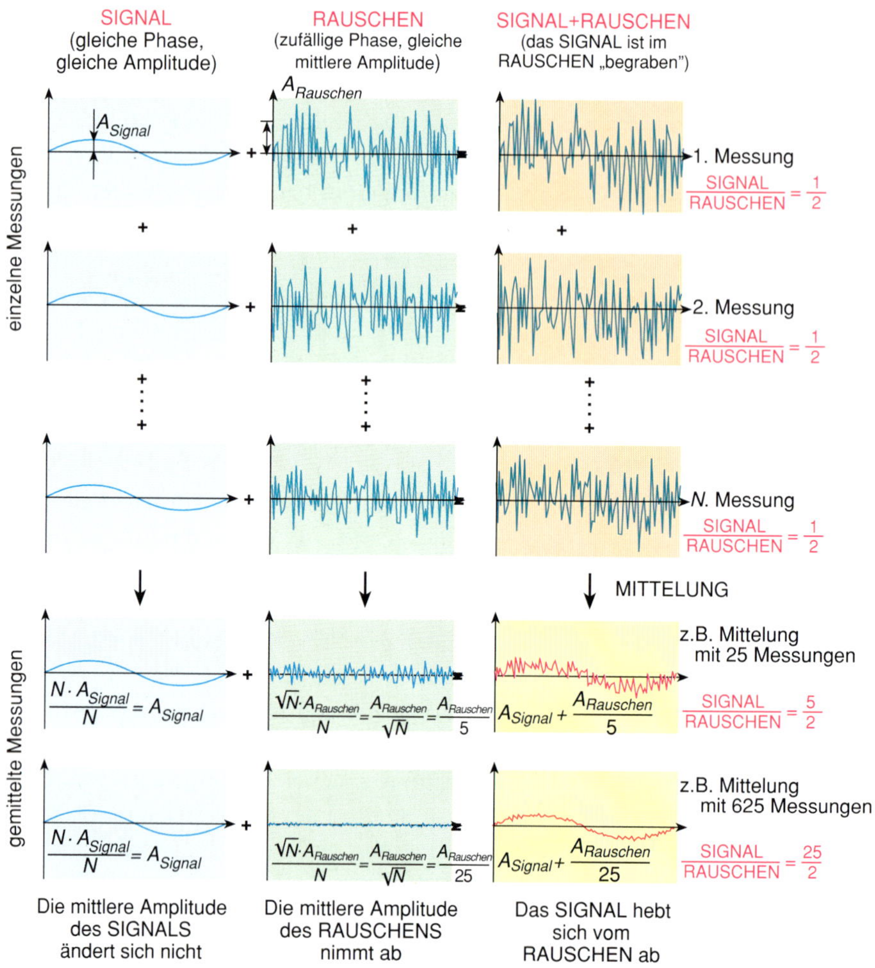

Abb. VII.2. Mit Mittelung der ausgelösten Potenziale kann eine Besserung des Signal-Rausch-Verhältnisses erzielt werden

Das Sinussignal wächst praktisch aus dem Rauschen heraus und das gemittelte ausgelöste Potenzial wird auswertbar. Das Signal-Rausch-Verhältnis nimmt proportional zur Quadratwurzel der gemittelten Messungen zu.

VII/1.1.3 Fourier-Analyse der Signale

Der zeitliche Ablauf der zu verarbeitenden Signale kann sehr unterschiedlich sein. Die signalverarbeitenden Geräte müssen jede Signalform verzerrungsfrei verarbeiten. Sie können nicht auf jedes mögliche Signal vorbereitet werden, eine Hilfe ist aber die **Fourier-Analyse**. Die Fourier-Analyse nutzt aus, dass jedes beliebige Signal als Summe von Sinussignalen beschrieben werden kann. Das stimmt auch umgekehrt, jedes beliebige Signal lässt sich aus Sinuskomponenten zusammensetzen. Bei periodischen Signalen beträgt die Frequenz der Sinuskomponenten ein ganzzahliges Mehrfaches der Signalfrequenz (Obertöne, s. Kapitel IV).

Um aus der Summe der Sinussignale die gewünschte Signalform zu erzeugen, müssen die Sinusamplituden entsprechend gewählt werden. Es kann vorkommen, dass zu der exakten Wiedergabe eines Signals unendlich viele Sinuskomponenten notwendig wären. In der Praxis lässt sich aber immer ein Kompromiss finden, zur ausreichenden Herstellung des Signals ist nicht jede Komponente erforderlich. Das sei an einem Beispiel veranschaulicht. Abb. VII.3 zeigt, dass sich ein dreieckiges Signal in guter Näherung aus der Summe einiger Sinuskurven (Obertöne) herstellen lässt, während zur exakten Wiedergabe des EKG-Signals mit schnellen Änderungen (R-Welle) selbst 64 Komponenten nicht ausreichen, hier können sogar mehr als hundert Obertöne erforderlich sein. Das ist auch logisch, wenn wir uns vor Augen halten, dass für die scharfe Spitze der R-Welle eine Komponente mit der gleichen scharfen Spitze notwendig ist. Die Frequenz einer solchen Sinusfunktion beträgt ein Vielfaches der Frequenz des EKG-Signals. In der Praxis lässt sich also jedem Signal ein solcher endlicher Frequenzbereich zuordnen, aus dessen Komponenten das ursprüngliche Signal ziemlich genau zusammengestellt werden kann. Solche typischen Bereiche sind in Abb. VII.4 zusammengestellt.

Hieraus können wir zwei wichtige Schlussfolgerungen ziehen:

1. Durch die Fourier-Analyse müssen wir unser signalverarbeitendes System nicht in Hinsicht auf jedes beliebige Signal prüfen. Es reicht zu wissen, wie die Sinussignale weitergeleitet werden.
2. Wenn der Frequenzbereich des zu verarbeitenden Signals bekannt ist, dann muss die signalverarbeitende Kette nur die Sinussignale dieser Frequenz

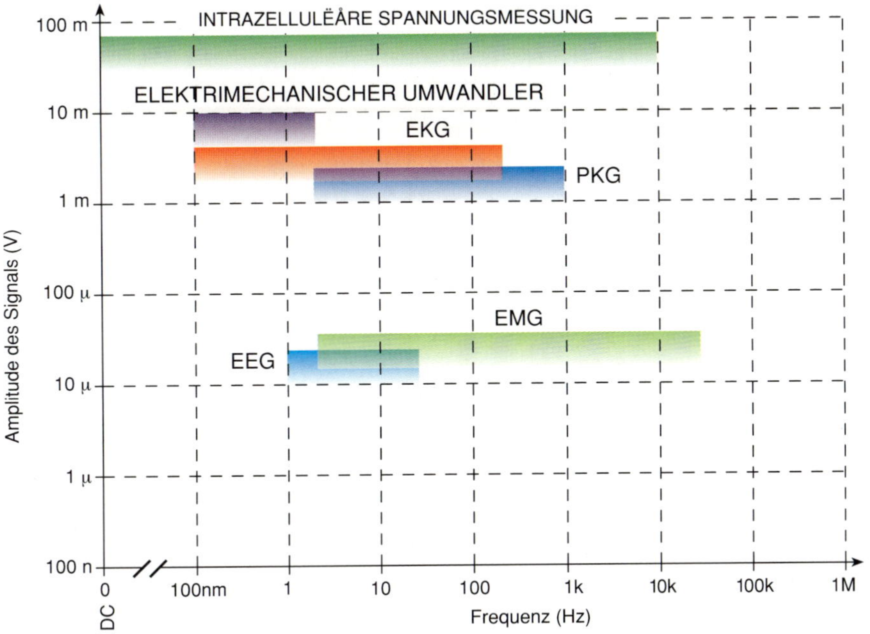

Abb. VII.4. Typische Frequenzbereiche von Signalen in der Medizin verzerrungsfrei weiterleiten, damit sich die Form des Signals während der Verarbeitung nicht ändert.

Bei der Diskussion der Bauelemente der signalverarbeitenden Kette besprechen wir nur die Übertragung der Sinussignale, denn aus ihnen lässt sich jedes andere Signal herstellen.

VII/1.1.4 Prinzipieller Aufbau der signalverarbeitenden Kette in der Medizin

Wie schon erwähnt, entstehen die den Arzt interessierenden Signale in der Regel nicht in elektrischer Form. Diese können erst nach Umwandlung verarbeitet werden. In Abb. VII.5 sind die Blockschemen der klassischen und der modernen digitalen Signalverarbeitung dargestellt.

Wie auch aus dem Diagramm zu sehen ist, sind die ersten Schritte der Signalverarbeitung in beiden Fällen gleich. Das Signal ist in der Regel keine elektrische Spannung, sondern die Veränderung einer anderen physikalischen Größe (z. B. Blutdruck, Körpertemperatur, Herztöne, reflektierter Ultraschall, γ-Photonen usw.). Diese Größe muss in elektrische Spannung umgewandelt werden, was Aufgabe des Detektors oder mit anderer Bezeichnung des Transducers (Wandler) ist. Der Detektor ist das einzige spezifische Element der Kette, d. h. zu jeder Signalart ist ein anderer Detektortyp notwendig. Ein Detektor kann z. B. ein piezoelektrischer Kristall sein, der Druckschwankungen in Spannung umwandelt und so können mit ihm Druck, Schall, Ultraschall in elektrische Signale umgewandelt werden. Ein Szintillationsmesskopf, der aus einem Szintillationskristall und einem Photoelektronenvervielfacher besteht, kann die Existenz von γ-Photonen in elektrische Impulse umwandeln. In einigen speziellen Fällen ist das Signal selbst elektrisch (z. B. EKG, EMG), dann leiten statt eines Detektors einfach (an den Patienten angelegte) Elektroden die elektrischen Signale ab.

Das Ausgangssignal des Detektors ist in der Regel sehr schwach, deshalb muss es vor der Bearbeitung verstärkt werden. Im Vergleich zum verstärkten Signal ist dann das bei der weiteren Verarbeitung entstehende Rauschen

Abb. VII.5. Blockschema der Signalaufarbeitung in der Medizin. **a.** konventionelle **b.** digitale Kette

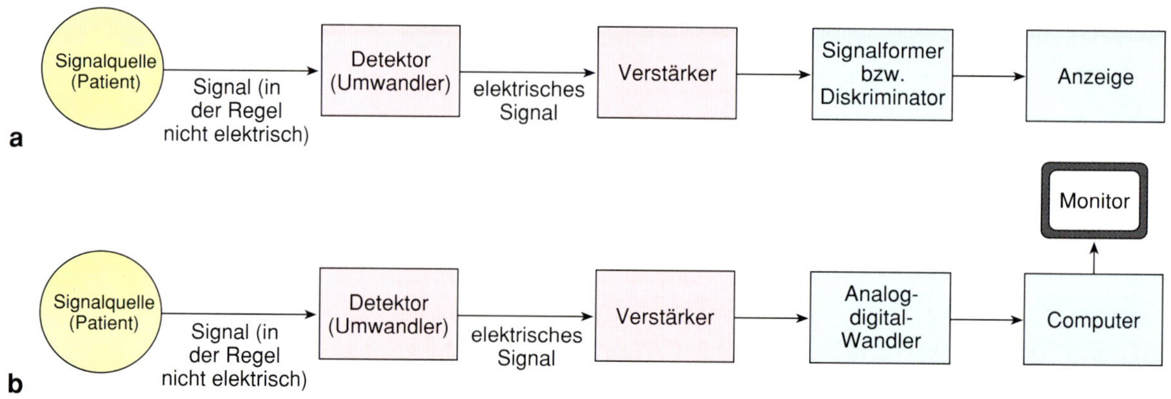

schon geringer, d. h. das Signal-Rausch-Verhältnis wird während der Verarbeitung besser. Natürlich wird das Rauschen, das schon in dem zu verstärkenden Signal enthalten ist, genauso verstärkt wie das Nutzsignal, der Verstärker erhöht also das Signal-Rausch-Verhältnis nicht, sondern macht das Signal nur unempfindlicher gegen Störungen bei der Weiterverarbeitung. Der Verstärker ist deshalb oft mit dem Detektor zusammengebaut, um das Rauschen dadurch zu minimalisieren, dass die Leitungen zwischen Detektor und Verstärker möglichst kurz sind und in ihnen kein erhebliches Rauschen induziert wird. Mit dem Verstärker befassen wir uns später noch eingehender.

Fallweise ist auch das Formieren oder Selektieren der Signale notwendig. Der Signalumformer kann ein Rauschfilter sein, das die 50 Hz-Störsignale des Stromnetzes dämpft. Bei Impulssignalen ist eher die Signalselektion charakteristisch. Die Impulse werden an Hand ihrer Amplituden selektiert, im einfachsten Fall werden nur die Impulse weitergeleitet, die ein gegebenes Niveau erreichen, weil die Störimpulse oft eine geringe Amplitude haben. Solche Aufgaben hat (etwas komplizierter) der Integraldiskriminator. Mit dem Differenzialdiskriminator lassen sich Impulse eines Spannungsbereiches (Kanals) trennen (s. VII/1.4.3).

Das letzte Element der analogen Signalverarbeitung ist das Registriergerät. Das kann ein mechanischer Schreiber sein, der das EKG-Signal auf Papier schreibt, oder ein Oszilloskop, bei dem dasselbe Signal auf dem Bildschirm dargestellt wird. Bei Impulssignalen enthalten die Impulszahl bzw. die Häufigkeit der Impulse die Information, hier wird zum Registrieren ein Zähler benutzt.

Bei der digitalen Signalverarbeitung ist eine Formierung der Signale überflüssig, alle Manipulationen erfolgen an dem schon digitalisierten Signal. Deshalb folgt hier dem Verstärker die Umwandlung des analogen Signals in ein digitales Signal. Der Analog-digital-Wandler (A-D-Wandler) misst in gewissen Zeitintervallen die Spannung des analogen Signals und wandelt sie in binäre Werte um. Digitalisieren und Messverlauf behandeln wir später noch eingehender.

Die weitere Verarbeitung und Speicherung der digitalen Signale erfolgt im Computer. Hardware- und Softwareentwicklung verlaufen so rasant, dass ein Lehrbuch den tagtäglichen Veränderungen gar nicht folgen kann, deshalb befassen wir uns hier nicht mit Einzelheiten.

Der große Vorteil der digitalen Verarbeitung liegt darin, dass sich die digitalen Signale einfach speichern lassen und so eine wiederholte Verarbeitung ermöglichen. So kann z. B. aus einem stark gestörten EKG später das Rauschen unterdrückt werden. Auch können die Parameter der Darstellung geändert werden, so werden aus denselben Messdaten verschiedene Informationen sichtbar (z. B. Fenstern beim CT, s. VIII/4.3). Das Digitalisieren kann natürlich auch mit Informationsverlust einhergehen, weil die Spannung in eine gewisse Zahl von Kategorien eingeordnet wird, d. h. die Auflösung des Digitalisierens ist begrenzt. Ein Datenverlust kann auch dann auftreten, wenn die Messgeschwindigkeit des A-D-Wandlers nicht gut eingestellt ist.

VII/1.2 Analoge elektrische Grundschaltungen

VII/1.2.1 Spannungsteiler

Der einfachste Stromkreis ist ein Spannungsteiler aus zwei in Reihe geschalteten Widerständen (s. „*Spannungsteiler*"). Das Verhältnis der Spannung an den Eingangs- und Ausgangsklemmen ist vom Verhältnis der Widerstände bestimmt. Solche Schaltungen werden hauptsächlich zur Änderung der Messgrenzen benutzt. In der Regel gehört zu jeder Messgrenze ein Spannungsteiler, der die Spannung einer gegebenen Messgrenze für die folgende Stufe (z. B. einen digitalisierenden Stromkreis) auf einen annehmbaren Spannungsbereich herabsetzt.

Spannungsteiler

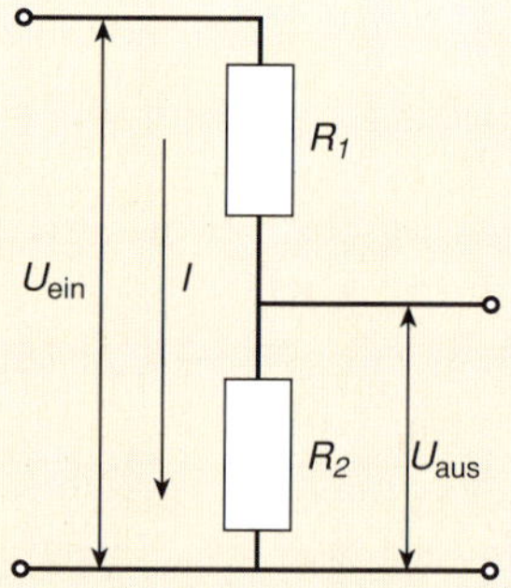

Die an die Eingangsklemmen angelegte Spannung U_{ein} generiert an den Widerständen den Strom: $I = \frac{U_{ein}}{R_1 + R_2}$

demzufolge fällt die Spannung U_{aus} am Widerstand R_2: $U_{aus} = U_{ein} \frac{R_2}{R_1 + R_2}$

Der Spannungsteiler mindert also die Eingangsspannung entsprechend dem Quotienten: $\frac{R_2}{R_1 + R_2}$

Das gilt natürlich streng genommen nur dann, wenn der Eingangswiderstand des an den Ausgang angeschlossenen Stromkreises um ein Vielfaches größer ist, als R_2. In diesem Fall sind die Gleichungen in guter Näherung gültig. Im entgegengesetzten Fall muss an Stelle von R_2 in die Gleichung die parallele Resultierende aus R_2 und dem Eingangswiderstand des angeschlossenen Stromkreises eingesetzt werden.

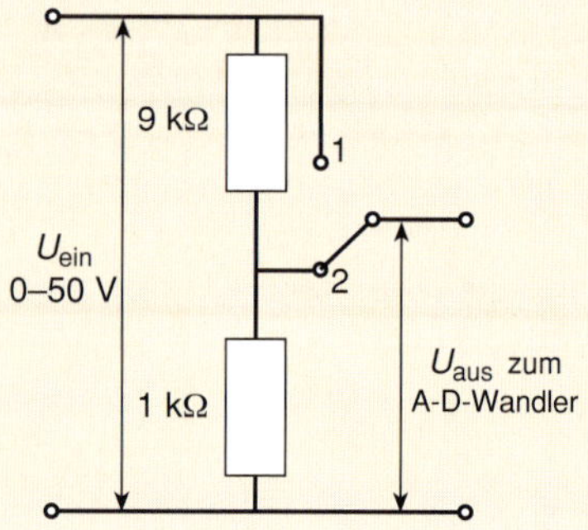

Anwendungsbeispiel:

Der A-D-Wandler kann maximal eine Spannung von 5 V digitalisieren. Fällt das Eingangssignal in den Bereich von 0-50 V, so muss die Spannung auf 1/10 verringert werden, um sie in den A-D-Wandler leiten zu können. Will man die Möglichkeit nutzen, Signale unter 5 V in der ursprünglichen Empfindlichkeit des A-D-Wandlers zu digitalisieren, so lässt sich das nach dem Schaltschema der Abb. durch Umlegen des Schalters in Stellung 1 durchführen. In der Stellung 1 des Schalters kann die Eingangsspannung also 0-5 Volt betragen, in Stellung 2 sind die Messgrenzen 0 – 50 V.

VII/1.2.2 RC-Kreis bei Gleichstrom

Schalten wir Gleichspannung an einen RC-Kreis, so fließt kein Strom. Deshalb fällt die Spannung am Widerstand nicht ab, d. h. die gesamte Eingangsspannung gelangt in den Kondensator. Dieser „Gleichgewichtszustand" stellt sich aber erst ein, wenn nach dem Einschalten ein ausreichend langes Zeitintervall verstrichen ist. Unmittelbar nach dem Einschalten der Eingangsgleichspannung verlaufen sog. transiente (kurzlebige) Phänomene. Es lohnt sich, diese kurz zu betrachten, denn bei der Erklärung einiger elektrischer Erscheinungen biologischer Objekte können RC-Kreise zum Modellieren der Prozesse benutzt werden.

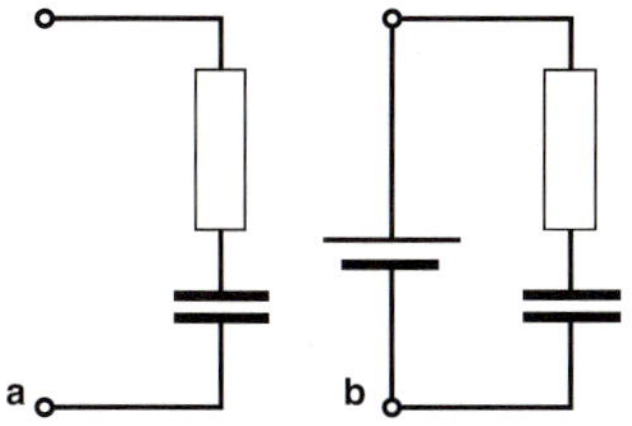

Abb. VII.6. **a.** In Reihe geschalteter RC-Kreis, **b.** Aufladen des RC-Kreises

Aufladen eines in Reihe geschalteten RC-Kreises

Abb. VII.6 zeigt einen in Reihe geschalteten RC-Kreis. Im Grundzustand ist der Kondensator nicht geladen, seine Spannung ist Null. Zum Aufladen des RC-Kreises wird an die Eingangsklemmen eine Batteriespannung U_B gelegt! (Abb. VII.6). Für den Stromkreis können wir die 2. kirchhoffsche Regel aufschreiben, d. h.

$$U_B = U_R + U_C \qquad \text{(VII.1)}$$

Da der Kondensator anfangs nicht geladen ist, ist auch seine Spannung gleich Null, $U_{C0} = 0$, die gesamte Spannung U_B fällt auf den Widerstand, $U_{R0} = U_B$. Das ist nur dann möglich, wenn durch den Widerstand $I_0 = U_R/R$ Strom fließt. Im ersten Moment ist $I_0 = U_{R0}/R$. Der durch den Widerstand fließende Strom lädt den Kondensator auf. In der Zeit Δt erscheint am Kondensator die Ladung $\Delta Q = I\Delta t$. Direkt proportional zur Ladung nimmt die Spannung des Kondensators zu. (Erinnern wir uns an die Definition der Kapazität. $C = Q/U_C$). Demzufolge gelangt nur noch eine geringere Spannung zum Widerstand, so nimmt der Strom ab. Der Stromabfall bedeutet, dass der Kondensator langsamer geladen wird. Das setzt sich so fort, der Kondensator wird also mit immer geringerer Geschwindigkeit geladen. Es ist nachweisbar, dass sich die Kondensatorspannung der Batteriespannung asymptotisch nähert. Gleichzeitig nähern sich Strom und Spannung des Widerstands asymptotisch Null (Abb. VII.7).

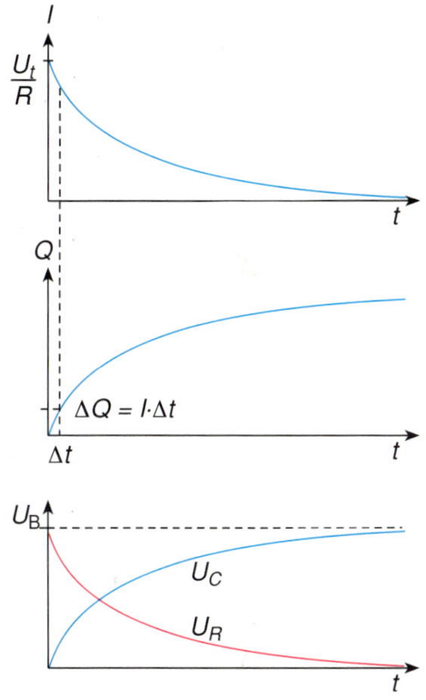

Abb. VII.7. Charakteristische elektrische Größen beim Aufladen eines in Reihe geschalteten RC-Kreises als Funktion der Zeit

Untersuchen wir das jetzt quantitativ! Die Batteriespannung ist konstant. Nach der 2. kirchhoffschen Regel ist zu jedem beliebigen t Zeitpunkt $U_B = U_R(t) + U_C(t)$. Die Spannung des Kondensators ist in der Zeitspanne Δt nach dem Anlegen der Batteriespannung $U_C(\Delta t) = \Delta Q/C = I\Delta t/C$. Deshalb bleibt am Widerstand die Spannung $U_R(\Delta t) = U_B - I\Delta t/C$, demzufolge ist der den Kondensator ladende Strom $I(\Delta t) = U_R(\Delta t)/R = U_B/R - I\Delta t/RC = I_0 - I\Delta t/RC$.

Es ist zu sehen, dass die Änderung des Stromes $\Delta I = -I\Delta t/RC$. Eine ähnliche Differenzialgleichung, bei der die Änderung einer physikalischen Größe proportional zur eigenen Größe war, haben wir schon gesehen (s. Schwächungsgesetz II/1.1.3, Zerfallsgesetz II/3.2.2). Die Lösung dieser Differenzialgleichungen ist immer eine Exponentialfunktion. Wir konnten auch sehen, dass im Exponenten der Proportionalitätsfaktor der Differenzialgleichung erscheint. Das ist in diesem Fall $-1/RC$. Die Lösung ist also: $I(t) = I_0 e^{-t/RC}$. Die Spannungen am Widerstand und am Kondensator sind:

$$U_R = RI = U_B e^{-\frac{t}{RC}}. \qquad U_C = U_B - U_R = U_B(1 - e^{-\frac{t}{RC}}) \qquad \text{(VII.2)}$$

Diese Funktionen sind in Abb. VII.7 dargestellt.

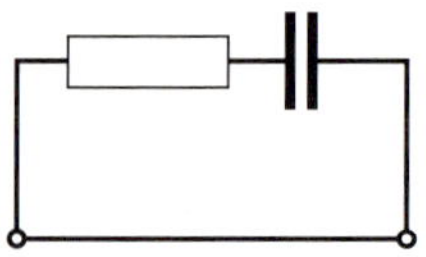

Abb. VII.8. Entladung eines in Reihe geschalteten RC-Kreises

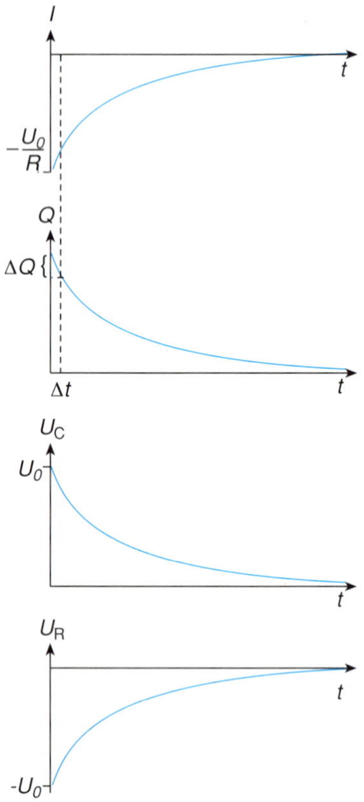

Abb. VII.9. Charakteristische elektrische Größen beim Entladen eines in Reihe geschalteten RC-Kreises als Funktion der Zeit

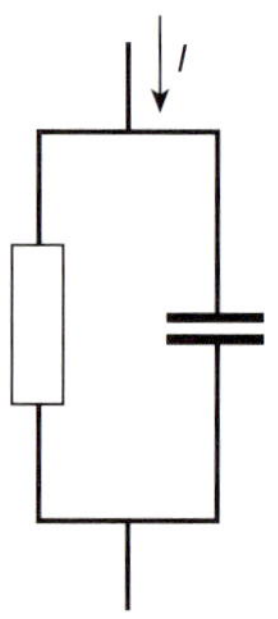

Abb. VII.10. Parallel geschalteter RC-Kreis

Entladung des in Reihe geschalteten RC-Kreises

Der aufgeladene RC-Kreis kann entladen werden, indem die Eingangsklemmen nicht an eine Batterie, sondern kurzgeschlossen werden (Abb. VII.8). In diesem Fall verhält sich der Kondensator wie eine Spannungsquelle. Sei die Spannung des aufgeladenen Kondensators U_0! Die kirchhoffsche Regel kann nun in der Form $U_R + U_C = 0$ aufgeschrieben werden. Am Kondensator und am Widerstand ist die Spannung also gleich groß, nur mit entgegengesetztem Vorzeichen. Die Stromstärke, d. h. die Entladungsgeschwindigkeit des Kondensators, ist proportional zum Spannungsabfall des Widerstandes, also im Wesentlichen zur Kondensatorspannung. Je niedriger also die Kondensatorspannung wird, desto langsamer entlädt er sich. Das weist wieder auf eine Exponentialfunktion hin. Mathematisch: $I = U_R/R = -U_C/R$, $U_C = Q/C$. Anfangs betrage die Kondensatorladung Q_0! Nach dem Zeitintervall Δt ändert der Strom die Kondensatorladung um ΔQ. Da $\Delta Q = I\Delta t$, ist $Q = Q_0 + I\Delta t$. (In Wirklichkeit nimmt die Kondensatorladung ab, das ist aber im Vorzeichen von I verborgen. I ist negativ, genauso wie U_R.) Setzen wir das in die Formel ein:

$$I = -\frac{U_C}{R} = -\frac{Q}{RC} = \frac{Q_0 - I\Delta t}{RC} = \frac{Q_0}{RC} - \frac{I\Delta t}{RC} \qquad \text{(VII.3)}$$

Wir haben für die Stromänderung wieder $\Delta I = -I\Delta t/RC$ erhalten. Analog zur Aufladung ist $I(t) = I_0 e^{-t/RC}$. Danach ist die Spannung am Kondensator bzw. am Widerstand $U_R = RI = -U_0 e^{-t/RC}$ bzw. $U_C = U_0 e^{-t/RC}$ (Abb. VII.9).

Parallel geschaltete RC-Kreise

Schalten wir einen Kondensator und einen Widerstand parallel, so erhalten wir einen sog. parallel geschalteten RC-Kreis (Abb. VII.10). Mit so einer Schaltung lässt sich z. B. das elektrische Verhalten der Haut modellieren, denn die an der Haut angelegten Elektroden und die Muskelgewebe unter der Haut sind gute Stromleiter, die einen fast Isolator umschließen. Das wäre der Kondensator. Der Widerstand im Modell ist deshalb notwendig, weil die Haut kein vollkommener Isolator ist. Ähnliche Eigenschaften haben auch die Membranen, wobei die Ladungsschichten zu ihren beiden Seiten an einen aufgeladenen Kondensator erinnern. Der Strom der mit aktivem oder passivem Transport durch die Membran fließenden Ladungen weist auf die Existenz der zum Kondensator parallel geschalteten Leitungsfähigkeit (Widerstand) hin.

Wird der parallel geschaltete RC-Kreis an eine Stromquelle angeschlossen, so lädt sich der Kondensator auf. Die Erscheinung ähnelt dem Prozess, der in einem in Reihe geschalteten RC-Kreis abläuft. Jetzt wird aber kein Spannungsgenerator, sondern ein Stromgenerator an den Kreis angeschlossen. Die Stromstärke an den Klemmen des Stromgenerators ist konstant, sie hängt also nicht von den angeschlossenen Verbrauchern ab. So erzeugte Stromimpulse werden auch bei der Untersuchung der elektrischen Eigenschaften von Membranen benutzt.

Sei jetzt der Kondensator zu Beginn in entladenem Zustand! Schließen wir das System an eine Stromquelle, dann verteilt sich der Strom zwischen Widerstand und Kondensator: $I = I_R + I_C$. In jedem Moment gilt, dass die Spannung im Kondensator und im Widerstand gleich ist: $U_R = U_C$. Im ersten Moment ist $U_{C0} = 0$, also ist U_{R0} auch Null. Daraus folgt, dass auch $I_{R0} = U_{R0}/R$ Null ist, also im ersten Moment der gesamte Strom durch den Kondensatorzweig fließen wird. Dieser Strom lädt den Kondensator auf. Nimmt die Spannung am Kondensator zu, so nimmt parallel dazu auch die Spannung am Widerstand zu. Nach dem ohmschen Gesetz nimmt der Strom im Widerstandszweig zu, es wird also immer weniger Strom zum Kondensator fließen, deshalb verlangsamt sich die Aufladung des Kondensators. Demzufolge nähert sich der Ladungsstrom des Kondensators asymptotisch Null, bis sich ein Gleichgewichtswert der Spannung einstellt. Beschreiben wir das nun mathematisch! Nach dem Einschalten ist nach der Zeitspanne Δt die Ladung des Kondensators $\Delta Q = I_C \Delta t$ und die Spannung $\Delta U_C = \Delta Q/C = I_C \Delta t/C$. Im Widerstandszweig fließt der Strom $I_R = U_R/R$. Da $U_R = U_C$ ist, erhalten wir $I_R = I_C \Delta t/RC$, d. h. $I_C = I - I_C \Delta t/RC$. Bemerken wir, dass I konstant ist, die Änderung von I_C ist deshalb $\Delta I_C = - I_C \Delta t/RC$. Wir haben wieder erhalten, dass die Änderung von I_C proportional zu I_C selbst ist, was die schon gewohnte exponentielle Lösung hat: $I_C = I\, e^{-t/RC}$. Die am Widerstand und am Kondensator (also eigentlich am RC-Kreis) fallende Spannung $U_R = R(I-I_C) = RI(1-e^{-t/RC})$. Abb. VII.11 zeigt den zeitlichen Verlauf von Spannung und Stromstärke.

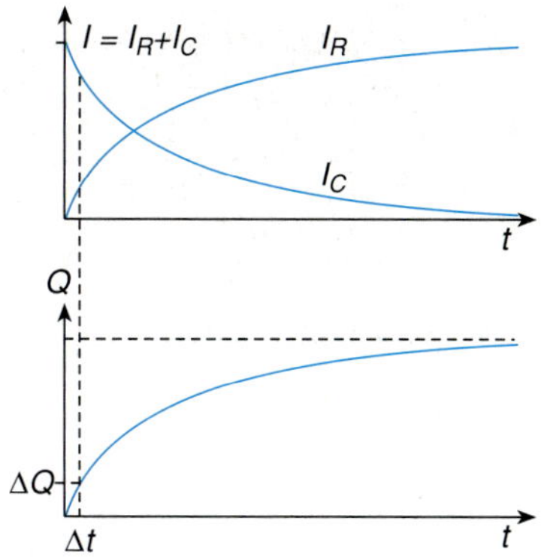

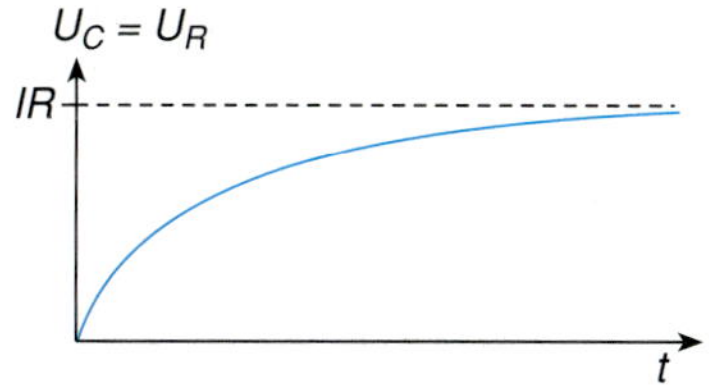

Abb. VII.11 Aufladen eines parallel geschalteten RC-Kreises

Entladung des parallel geschalteten RC-Kreises

Überlassen wir einen parallel geschalteten RC-Kreis sich selbst, so entlädt er sich spontan. In diesem Fall verhält sich der Stromkreis so, wie wir es im Fall des in Reihe geschalteten RC-Kreises diskutiert haben. Auch die Entladung verläuft genauso, wie beim in Reihe geschalteten RC-Kreis schon beschrieben.

Die Zellmembran als RC-Kreis

Wie schon erwähnt, kann die Zellmembran aus elektrischer Sicht als RC-Kreis modelliert werden. Solange kein Aktionspotenzial entsteht, beschreibt dieses Modell die Erscheinungen gut. Nach Erreichen der Depolarisationsgrenze, während der Impulsdauer des Aktionspotenzials kann die Leitungsfähigkeit der sich öffnenden spannungsabhängigen Kanäle nicht mit einfachen Widerständen modelliert werden, denn hier laufen so komplizierte und auf äußere Energie angewiesene Prozesse ab, die eine nichtlineare Strom-Spannungs-Funktion ergeben. Solange diese Schwelle nicht erreicht ist, können die Spannungsänderungen der Membran als ein modifizierter RC-Kreis beschrieben werden (s. Kabelmodell, III/4.3.2), bei dem eine eingebaute Batterie an den Klemmen des RC-Kreises im Grundzustand die dem Ruhepotenzial entsprechende Spannung garantiert (Abb. 1). Obwohl wir uns bei der Beschreibung der Reizprozesse in der Regel auf die Prozesse des Aktionspotenzials konzen-

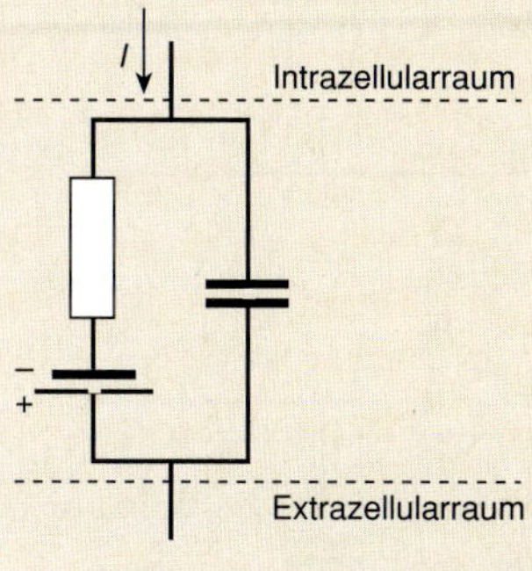

Abb. 1. RC-Kreis zum Modellieren der Vorgänge, die sich in der Membran nahe dem Ruhepotenzial abspielen

trieren, möchten wir darauf hinweisen, dass die zu Beginn des Reizprozesses ablaufenden Erscheinungen eine tragende Rolle hinsichtlich der Entstehung eines sich fortpflanzenden Aktionspotenzials oder dem lokalen Verbleiben der Änderungen des Membranpotenzials spielen. Bei Reizung mit elektrischem Strom handelt es sich einfach darum, dass wenn die Aufladung im RC-Kreis einen gewissen Wert erreicht, welcher dem Schwellenwert der Depolarisationsspannung entspricht, ein Aktionspotenzial entsteht. Erreicht die Aufladung dieses Niveau nicht, dann bildet sich kein Aktionspotenzial. Abb. 2 zeigt, dass der Anregungsimpuls entweder kurz und von großer Stromstärke sein soll oder bei geringem Strom längere Zeit bis zum Erreichen des Schwellenwertes gewartet werden muss. Das ist eigentlich die physikalische Grundlage der Reizcharakteristik. Der Schwellenstrom garantiert, dass die am Widerstand fallende Spannung U_{Dep}-U_{Ruhe} sei, die Schwellenladung ist zur Aufladung des Kondensators auf die gleiche Spannung erforderlich.

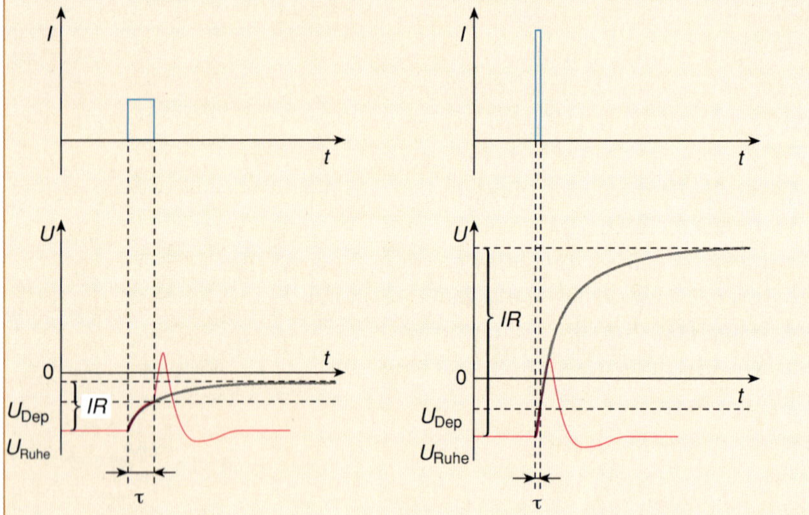

Abb. 2. Zum Erreichen der Depolarisationsschwelle ist entweder ein kurzer aber starker Stromimpuls, oder ein niedriger aber langdauernder Impuls erforderlich. Bis zum Erreichen der Depolarisationsschwelle ändert sich das Membranpotenzial wie die Exponentialkuve eines parallel geschalteten RC-Kreises (gemeinsamer Abschnitt der schwarzen und roten Kurve)

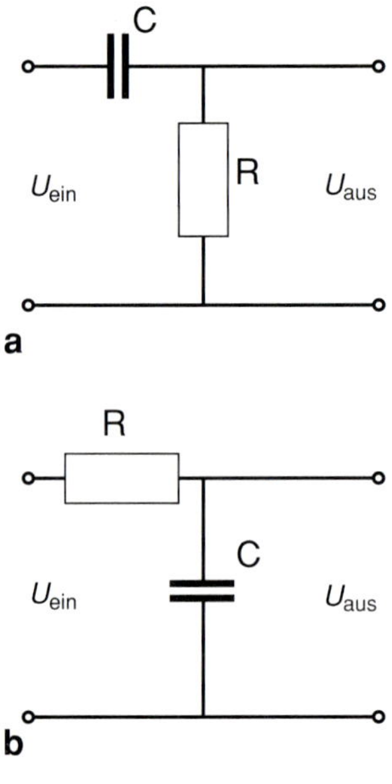

Abb. VII.12. Schaltplan
a. Hochpassfilter, **b.** Tiefpassfilter

VII/1.2.3 Frequenzfilter elektrischer Wechselspannungen

Diese Filter sind eigentlich Spannungsteiler, die sich von den in VII/1.2.1 diskutierten Spannungsteilern nur insofern unterscheiden, dass sich an der Stelle des einen Widerstands ein Kondensator befindet. Diese geringere Änderung der Schaltung ändert aber die Eigenschaften des Spannungsteilers grundlegend, der Widerstand des Kondensators hängt nämlich bei Wechselstrom von der Frequenz ab. Demzufolge wird der Spannungsteiler frequenzabhängig. Es gibt zwei RC-Kreise, je nachdem, welchen Widerstand wir durch einen Kondensator ersetzen.

Hochpassfilter

In Abb. VII.12a wurde der Widerstand R_1 gegen einen Kondensator ausgetauscht. Der Wechselstromwiderstand des Kondensators X_C nimmt mit steigender Frequenz ab:

$$X_C = \frac{1}{2\pi f C} \qquad \text{(VII.4)}$$

wo f die Frequenz des Wechselstroms und C die Kapazität des Kondensators sind. In der Gleichung des Spannungsteilers ersetzen wir R_1 durch X_C und R_2

kennzeichnen wir einfach mit R. Unter Berücksichtigung des Phasenunterschiedes von 90° der fallenden Spannungen am ohmschen Widerstand und am Kondensator summieren sich die Quadrate der Wechselstromwiderstände:

$$U_{\text{aus}} = U_{\text{ein}} \frac{R}{\sqrt{R^2 + X_C^2}} = U_{\text{ein}} \frac{R}{\sqrt{R^2 + \frac{1}{(2\pi f C)^2}}} = U_{\text{ein}} \frac{2\pi f CR}{\sqrt{1 + (2\pi f CR)^2}} \qquad \text{(VII.5)}$$

Bei ausreichend hoher Frequenz ist $X_C << R$, der Spannungsabfall am Kondensator kann also vernachlässigt werden, d. h. die Eingangsspannung kommt praktisch ungeschwächt an die Ausgangsklemmen. Bei niedriger Frequenz ist $X_C >> R$, deshalb ist die Spannung an den Ausgangsklemmen zu vernachlässigen. Diese Schaltung lässt also die Wechselspannung nur über einer gewissen sog. Grenzfrequenz durch, deshalb wird sie als Hochpassfilter bezeichnet.

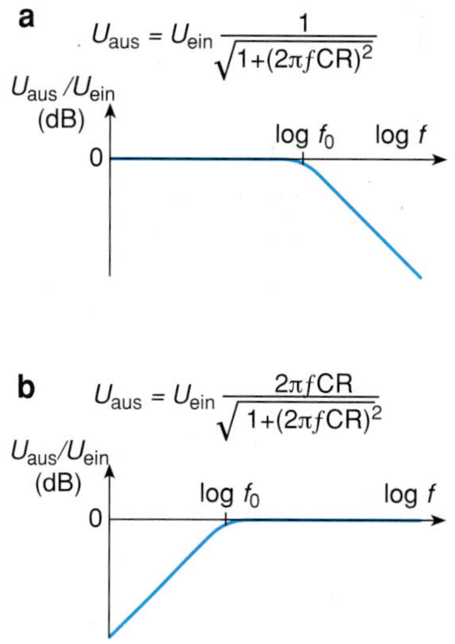

Abb. VII.13. Übertragungscharakteristik **a.** Tiefpassfilter, **b**. Hochpassfilter. Die Grenzfrequenz ist: $f_0 = \frac{1}{2\pi RC}$

Tiefpassfilter

Ersetzen wir den anderen Widerstand durch einen Kondensator (Abb. VII.12b), dann können wir analog zu den obigen Überlegungen einsehen, dass die Eingangsspannung unter einer Grenzfrequenz praktisch ungeschwächt an den Ausgangsklemmen erscheint, bei ausreichend hohen Frequenzen dagegen praktisch keine Ausgangsspannung existiert. Die Grenzfrequenz ist in beiden Fällen dieselbe, und zwar die Frequenz, bei welcher der kapazitive und der ohmsche Widerstand gleich sind, d. h. $X_C = R$ ist.

Abb. VII.13 zeigt den Quotienten von Eingangs- und Ausgangsspannung als Funktion der Frequenz. Sowohl die Frequenzskala als auch die Skala der relativen Spannungen sind logarithmisch, letztere deshalb, weil wir eine Dezibelskala benutzen (s. IV/3.2).

VII/1.2.4 LC-Schwingkreis

Eine Schaltung aus einem Kondensator und einer Spule bezeichnet man als Schwingkreis oder LC-Kreis. Die Schaltung kann in Reihe oder parallel erfolgen, wir befassen uns hier nur mit der letzteren (Abb. VII.14). Laden wir den Kondensator des LC-Schwingkreises auf eine gewisse Spannung auf und überlassen ihn sich selbst, dann wird sich die Kondensatorspannung als Funktion der Zeit sinusförmig ändern. Wegen des ohmschen Widerstandes der Spule nimmt die Amplitude dieser Spannung exponentiell ab, es entsteht also eine gedämpfte Schwingung.

Die Sinusschwingung entsteht folgendermaßen. Der aufgeladene Kondensator (Abb. VII.14a) beginnt sich durch die Spule zu entladen, es beginnt also ein Stromfluss durch die Spule (Abb. VII.14b), der ein magnetisches Feld induziert. Wenn der Kondensator vollkommen entladen ist (Abb. VII.14c), würde der Strom theoretisch aufhören und damit auch das magnetische Feld. Die Abnahme des magnetischen Feldes induziert aber in der Spule eine Spannung, die gegen die Stromabnahme wirkt (lenzsche Regel). Die in der Spule induzierte Spannung treibt die Ladung weiter und hält den Strom noch eine Zeit

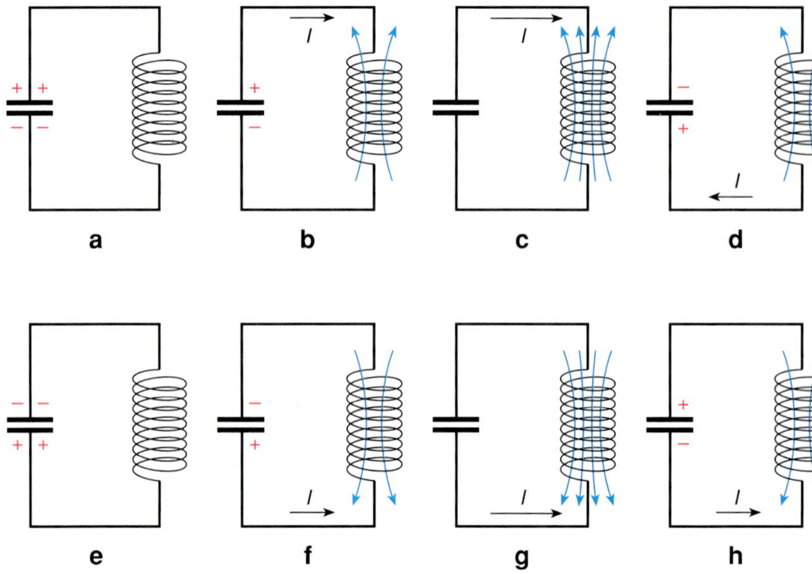

Abb. VII.14. Die Funktion des Schwingkreises

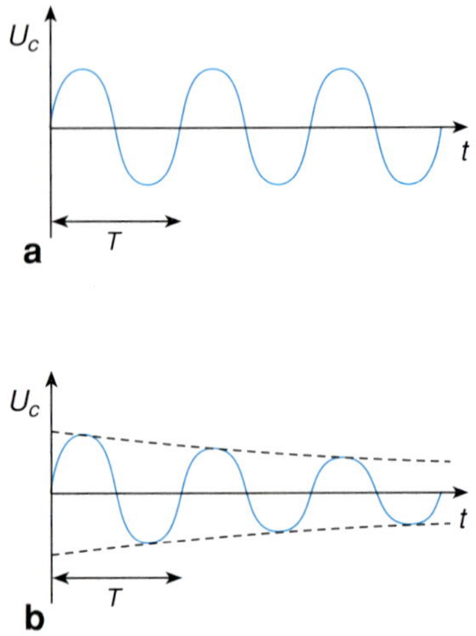

Abb. VII.15. Kondensatorspannung: **a.** Die Kondensatorspannung des idealen Schwingkreises hat eine konstante Amplitude, **b.** die des realen Schwingkreises ist eine abklingende Sinusfunktion

lang aufrecht (Abb. VII.14d). Dementsprechend lädt sich der Kondensator mit gegensätzlicher Polarität als ursprünglich wieder auf (Abb. VII.14e) und entlädt sich dann wie beschrieben nur in der umgekehrten Richtung (Abb. VII.14f-h). Endlich stellt sich wieder der Ausgangszustand der Abb. VII.14a ein. Das ist eine Schwingungsperiode, die sich dann periodisch wiederholt. Aus energetischer Sicht wird elektrische Energie (aufgeladener Kondensator, Abb. VII.14a) in magnetische Feldenergie umgewandelt (Abb. VII.14c), die danach wieder in elektrische Energie zurückgewandelt wird (Abb. VII.14e). In der Wirklichkeit hat die Spule immer einen ohmschen Widerstand, wodurch Wärme entsteht, also ein Energieverlust auftritt, infolge dessen die Schwingungsamplitude abnimmt. So ein gedämpftes Signal zeigt Abb. VII.15b.

VII/1.3 Halbleiterbauelemente

VII/1.3.1 Halbleiterdioden

Halbleiterdioden bestehen aus einem n-Halbleiter und einem p-Halbleiter (Abb. VII.16). Ihre wichtigste Funktion ist die Gleichrichtung, d. h., dass sie den Strom nur in einer Richtung durchlassen. Das zeigt auch das Schaltzeichen: der Strom kann nur in Pfeilrichtung fließen.

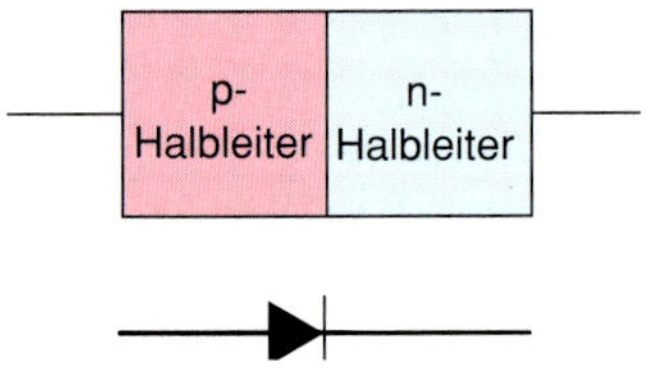

Abb. VII.16. Aufbau und Schaltplan einer Halbleiterdiode

Abb. VII.17a zeigt, was geschieht, wenn eine solche Spannung an die Diode angelegt wird, dass ein Strom in Richtung des Diodenpfeils fließt. Dann treibt die Spannung die Defektelektronen und die Elektronen im Leitungsband gegeneinander. Diese rekombinieren an der Kontaktfläche der beiden Schichten. Die Elektronen und Defektelektronen (letztere durch Elektronenaustritt) werden durch den an der Diode angelegten Stromleiter ersetzt, und deshalb fließt kontinuierlicher Strom. Das wird als Durchlassrichtung der Diode bezeichnet. Schaltet man auf die Diode eine Spannung mit entgegengesetzter Richtung, so entfernen sich auf Wirkung des elektrischen Feldes die Ladungsträger voneinander (Abb. VII.17b). In der Mitte entsteht eine entleerte Zone, in der sich keine Ladungsträger befinden und so auch kein Strom fließt. Das ist die Sperrrichtung der Diode. Dioden werden in der Regel als Gleichrichter benutzt, d. h. aus einer Wechselspannung wird eine Gleichspannung erzeugt. Diese Umformung ist z. B. bei der Stromversorgung elektronischer Geräte erforderlich.

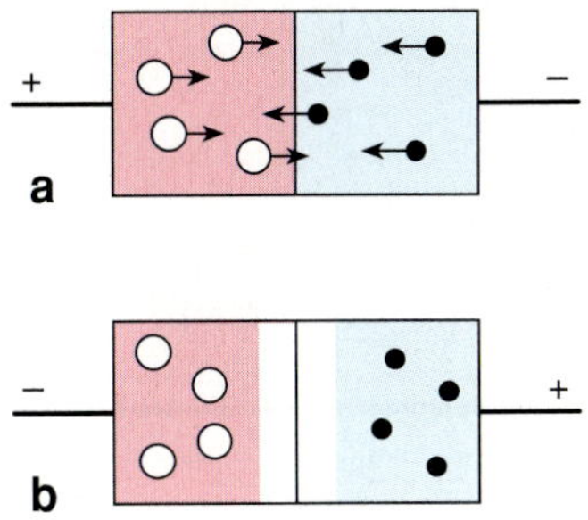

Abb. VII.17. Funktion der Halbleiterdiode: **a.** in Durchlassrichtung, **b.** in Sperrrichtung Die Kreise kennzeichnen die Defektelektronen, die Punkte die Elektronen im Leitungsband und der weiße Streifen die entleerte Zone.

VII/1.3.2 Transistoren

An den Detektoren, den verschiedenen Signalumformern nimmt die Leistung des Signals ab. Diese Schaltungen bezeichnet man als passive Stromkreise, ihre Bauelemente (Widerstand, Kondensator usw.) als passive Schaltelemente.

Für Schaltungen zur Verstärkung der Leistung ist ein Element mit grundlegend neuen Eigenschaften notwendig, das mit kleiner Leistung angetrieben große Leistungen steuern kann. Solche Schaltelemente sind Transistoren, die unentbehrlichen Bauelemente der modernen Elektronik.

Der erste Transistor wurde 1949 von John Bardeen, Walter Houser Brattain und William Bradford Shockley konstruiert. Als Anerkennung ihrer Leistung erhielten sie 1956 den Nobelpreis für Physik. Seither wurden mehrere Generationen von Transistoren entwickelt, die immer kleiner wurden und immer weniger Energie verbrauchen.

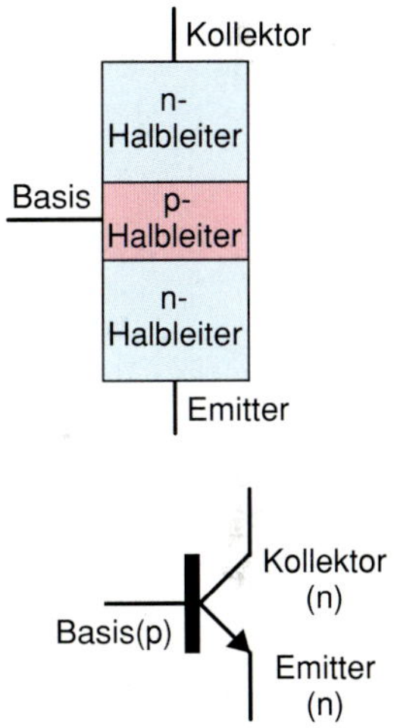

Abb. VII.18. Aufbau und Schaltplan des bipolaren Transistors

Die sog. bipolaren Transistoren der ersten Generation bestanden aus drei dotierten Halbleiterschichten (Abb. VII.18). Auf den ersten Blick erscheinen sie wie zwei Dioden, aber die mittlere Schicht (die sog. Basiszone) ist sehr dünn, weshalb sich der Transistor vollkommen anders verhält, als die Schaltung aus zwei Dioden. An die drei Elektroden des Transistors (Emitter, Basis, Kollektor) sind zwei Stromkreise angeschlossen (Abb. VII.19). Der an den Kollektor angeschlossene Widerstand verhindert einen zu großen Stromfluss durch den Transistor. Wird an die Basis keine Spannung angelegt, so fließt kein Strom zwischen Emitter und Kollektor, weil eine der beiden „Dioden" (und zwar die Basis-Kollektor-Diode) in Sperrrichtung betrieben wird. Wird an die Basis eine im Verhältnis zum Emitter positive Signalspannung angelegt, beginnt ein Strom von der Basis zum Emitter zu fließen. Das bedeutet, dass die negativen Ladungsträger im n-dotierten Emitter in Richtung Basis strömen, wo sie mit den positiven Defektelektronen rekombinieren, gerade so wie bei der Diode in Durchlassrichtung. Ein Teil der in die dünne Basiszone strömenden Elektronen nimmt jedoch an der Rekombination nicht teil, sondern strömt weiter in Richtung des Kollektors, was heißt, dass ein Emitter-Kollektor-Strom beginnt, obwohl die Basis-Kollektor-Diode in Sperrrichtung betrieben wird. Das Überraschendste ist, dass der Großteil der Elektronen in Richtung des Kollektors strömt und nur ein geringer Teil an der Rekombination in der Basiszone teilnimmt. Davon stammt die große Bedeutung des Transistors. Basis-Emitter-Strom (I_B) und Kollektor-Emitter-Strom (I_K) sind nämlich

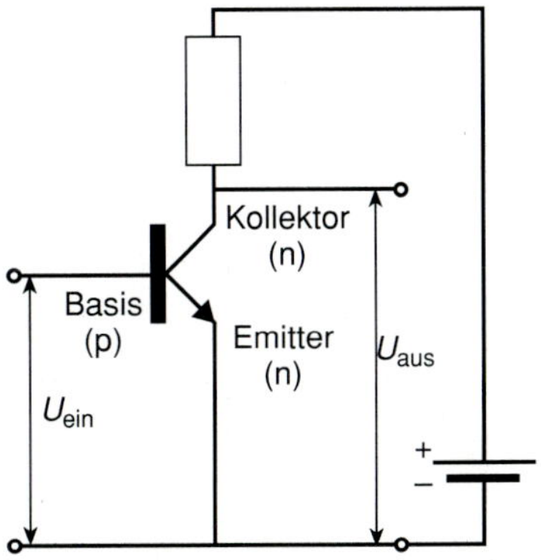

Abb. VII.19. Schaltplan eines Transistor-Verstärkers

proportional zueinander, der Basisstrom ist aber bedeutend geringer. So kann also der höhere Kollektorstrom mit dem niedrigen Basisstrom „gesteuert" werden. Erhöht man in der Schaltung der Abb. VII.19 die Eingangsspannung U_{ein} geringfügig, so nimmt damit auch der Basisstrom I_B etwas zu, wodurch der Kollektorstrom I_K zunimmt, und proportional dazu nimmt auch die am Widerstand fallende Spannung zu. So nimmt die Ausgangsspannung U_{aus} ab. Die Änderung der Ausgangsspannung ist aber wegen der beschriebenen Stromverstärkung bedeutend größer, als die Änderung der Eingangsspannung. Das ist die Grundlage der Signalverstärkung durch einen Transistor.

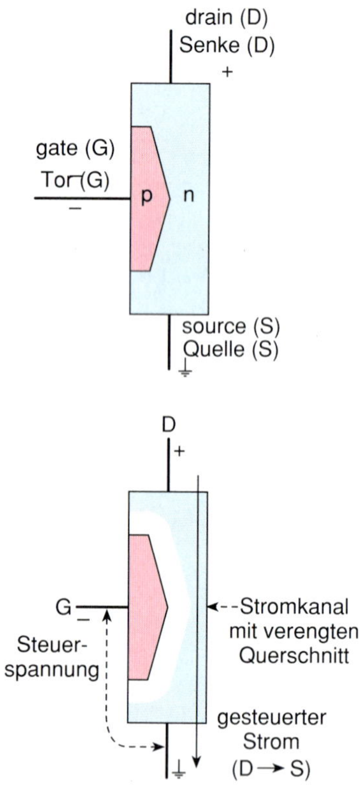

Abb. VII.20. Aufbau und Funktion des FET

VII/1.3.3 Feldeffekttransistor (FET, field effect transistor)

Die folgende Generation der Transistoren bilden die Feldeffekttransistoren. Beim bipolaren Transistor fließt durch die an den Eingang angelegte Spannung ein elektrischer Strom, zu seiner Funktion ist also eine elektrische Eingangsleistung erforderlich. Diese ist im Falle des FET deutlich niedriger. In Abb. VII.20 sind Aufbau und Funktion dargestellt. Den Emitter-, Kollektor- und Basiselektroden entsprechen hier Quelle (source), Senke (drain) und Tor (gate). Das Prinzip ist sehr einfach, mit der Steuerspannung wird die bei der Diode schon diskutierte Dicke der entleerten Schicht verändert. Das hat dieselbe Wirkung, als wenn wir den Querschnitt eines elektrischen Leiters ändern würden, womit wir den durchfließenden Strom regulieren können. Der große Vorteil des FET besteht darin, dass an den Steuerelektroden praktisch kein Strom fließt, d. h. die Eingangsleistung sehr niedrig ist. Das wurde mit der Verbreitung der integrierten Schaltkreise zu einem sehr wichtigen Aspekt. Je mehr Transistoren wir nämlich in einen integrierten Schaltkreis zwängen, desto weniger Wärme darf jeder einzelne Transistor erzeugen.

VII/1.3.4 Metalloxidhalbleiter-FET (MOS, Metal Oxide Semiconductor) und komplementärer Metalloxidhalbleiter-FET (CMOS, Complementary Metal Oxide Semiconductor)

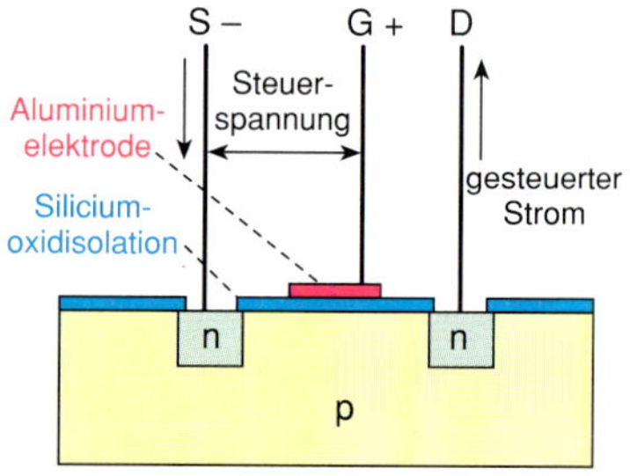

Abb. VII.21. Aufbau eines MOSFET

In modernen elektronischen Geräten befinden sich fast ausschließlich solche Transistoren. Diese Transistoren werden aus einem Siliciumplättchen hergestellt. Im Falle des MOSFET werden auf dem p-dotierten Siliciumplättchen n-dotierte Inseln erzeugt. Unter der Tor-Elektrode befindet sich eine Isolation aus oxydiertem Silicium (Abb. VII.21). Wird zwischen Tor (G, gate) und Quelle (S, source) eine Spannung gelegt, so entsteht zwischen den beiden n-dotierten Inseln ein Brückenleiter, weil die positive G-Elektrode im Siliciumträger die Leitungselektronen anzieht.

In der Praxis werden aus technischen Gründen eher CMOSFET eingesetzt, die sich von den MOSFET darin unterscheiden, dass die p- und n-dotierten Halbleiter bzw. die Polarität der Spannung vertauscht sind.

VII/1.4 Elektrische Verstärker

Elektrische Verstärker sollen aus dem Eingangssignal ein Ausgangssignal erzeugen, dessen zeitlicher Ablauf (möglichst) vollkommen gleich, dessen Leistung aber stärker sein soll. Natürlich ist zur Funktion des Verstärkers auch eine Stromquelle notwendig, deren Energie bei der Erzeugung des Ausgangssignals genutzt wird. Mit dem Aufbau und der inneren Funktion des Verstärkers beschäftigen wir uns nicht, wir betrachten ihn als schwarze Kiste (black box), die wir mit dem Verhältnis ihrer Eingangs- und Ausgangsspannung bzw. Leistung charakterisieren.

VII/1.4.1 Charakteristische Parameter des Verstärkers

Die wichtigsten Kennzeichen des Verstärkers sind seine Spannungs- bzw. Leistungsverstärkung:

$$V_U = \frac{U_{aus}}{U_{ein}} \qquad V_P = \frac{P_{aus}}{P_{ein}} \qquad \text{(VII.6)}$$

Die Eingangsleistung P_{ein} bzw. die Ausgangsleistung P_{aus} bedürfen noch einer Erklärung. Durch die an die Eingangsklemmen des Verstärkers angelegte Spannung fließt durch den Eingang Strom (Abb. VII.22). Der Eingang verhält sich also wie ein Widerstand, dessen Wert sich aus dem Quotienten von Eingangsspannung und Eingangsstrom bestimmen lässt. Das wird als Eingangswiderstand bezeichnet. Die am Ausgang erscheinende Spannung wird die Eingangsspannung des nächsten Bauelements der signalverarbeitenden Kette sein, sein Eingangswiderstand wird als Ausgangswiderstand des Verstärkers bezeichnet.

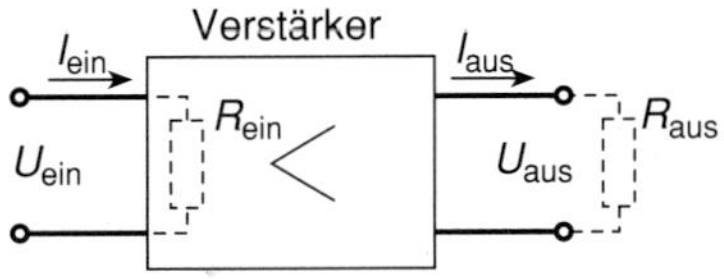

Abb. VII.22. Schema zur Erklärung der wichtigsten Merkmale eines Verstärkers

Die Eingangs- bzw. Ausgangsleistung ist also:

$$P_{ein} = \frac{U_{ein}^2}{R_{ein}} \qquad P_{aus} = \frac{U_{aus}^2}{R_{aus}} \qquad \text{(VII.7)}$$

Vorausgesetzt, dass die nächste Stufe über denselben Eingangswiderstand verfügt, also Eingangs- und Ausgangswiderstand des Verstärkers übereinstimmen, ist die Leistungsverstärkung:

$$V_P = \frac{\dfrac{U_{aus}^2}{R_{aus}}}{\dfrac{U_{ein}^2}{R_{ein}}} \approx \frac{U_{aus}^2}{U_{ein}^2} = V_U^2. \qquad \text{(VII.8)}$$

Zum Vergleich von Leistungsgrößen benutzen wir oft die Dezibelskala (s. z. B. IV/3.2). Weil die Leistungsverstärkung der Quotient aus zwei Leistungen ist, ist auch hier die Dezibelskala gebräuchlich. Laut Definition der Dezibelskala ist die in Dezibel berechnete Verstärkung:

$$n = 10 \cdot \lg V_P. \qquad \text{(VII.9)}$$

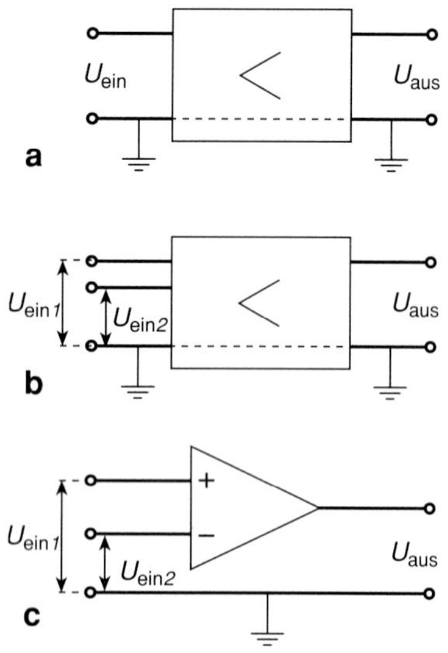

Abb. VII.23. Schaltsymbole: **a.** Konventioneller (geerdeter) Verstärker, **b.** Differenzialverstärker, **c.** Differenzialverstärker (Operationsverstärker)

Als Verstärkung der Spannung aufgeschrieben:

$$n = 10 \cdot \lg V_U^2 = 20 \cdot \lg V_U. \qquad \text{(VII.10)}$$

Der Quotient aus Eingangssignal und Ausgangssignal kann natürlich nur in einem gewissen Spannungsbereich konstant sein, weil der Verstärker das Ausgangssignal aus der Spannungsquelle erzeugt. Ist z. B. die Spannungsverstärkung $V_U = 50$, dann wird mit einer Spannungsquelle von 10 V ein Eingangssignal von 0,1 V auf 5 V verstärkt. Erhöht man aber das Eingangssignal auf 1 V, dann wird man statt der theoretischen Ausgangsspannung von 50 V mit dieser Energiequelle maximal eine Ausgangsspannung von 10 V erzeugen können. In diesen Fällen wird das Signal verzerrt.

Die Eingangs- bzw. Ausgangsspannung des Verstärkers wird in der Regel mit dem gleichen (als Erdpotenzial bezeichneten) Potenzial verglichen. So stimmen jeweils eine Klemme des Eingangs und des Ausgangs überein, was in Abb. VII.23 mit einer gestrichelten Linie gekennzeichnet ist.

Ein Teil der Signale ergibt sich aber als Spannung zwischen zwei Punkten, die beide kein Erdpotenzial sind. Solche Signale sind typisch die biologischen Signale, z. B. das EKG-Signal. Zur Verstärkung dieser Signale wurde ein Differenzialverstärker eingeführt, wie er in Abb. VII.23b dargestellt ist. Hier ist eigentlich der Unterschied zwischen den Spannungen $U_{ein,1}$ und $U_{ein,2}$ das zu verstärkende Eingangssignal:

$$U_{aus} = (U_{ein,1} - U_{ein,2})\, V_U. \qquad \text{(VII.11)}$$

Der Verstärker enthält Halbleiterbauelemente. Das prinzipielle Merkmal der aus verschiedenen dotierten Halbleitermaterialien hergestellten Transistoren ist, dass mit geringem Strom ein größerer Strom gesteuert, verändert werden kann. Das ist stark vereinfacht das Prinzip der Verstärkung. Natürlich können in einem Verstärker Dutzende Transistoren sein. Heutzutage sind die Verstärker (in der Regel Differenzialverstärker) als integrierter Schaltkreis fertig zu erhalten, was ein weiterer Grund dafür ist, dass wir uns mit dem inneren Aufbau des Verstärkers nicht befassen.

VII/1.4.2 Die Charakteristik des Verstärkers

Schaltet man an den Verstärkereingang Sinuswechselspannung mit unterschiedlicher Frequenz, so sieht man, dass die Verstärkung von der Frequenz abhängt. Stellen wir die Verstärkung als Funktion der Frequenz dar, so erhält man die **Charakteristik des Verstärkers** oder die **Übertragungsfunktion**. In Abb. VII.24 ist eine typische Charakteristik dargestellt.

Die Frequenzcharakteristik des Verstärkers wird in der Regel so dargestellt, dass die in Dezibel ausgedrückte Leistungsverstärkung n als Funktion des Logarithmus der Frequenz aufgenommen wird. Bemerken wir, dass das eigentlich eine doppellogarithmische Darstellung ist, denn die in Dezibel ausgedrückte Verstärkung ist proportional zum Logarithmus der Spannungsverstärkung.

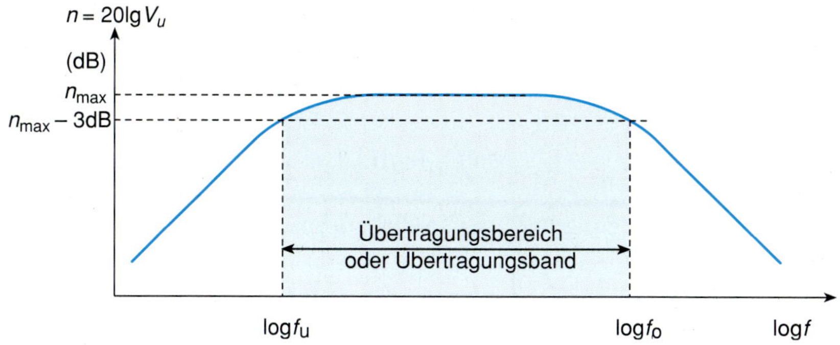

Abb. VII.24. Typische Verstärkercharakteristik

Die Übertragungsfunktion ist in der Regel in einem gegebenen Frequenzbereich konstant, bei hohen Frequenzen nimmt die Verstärkung ähnlich einem Tiefpassfilter ab. Genauso nimmt die Verstärkung bei niedrigen Frequenzen ab (der Charakteristik eines Hochpassfilters entsprechend). Der konstante Verstärkungsbereich zwischen der unteren (f_u) und oberen (f_o) Grenzfrequenz wird als **Übertragungsbereich** bezeichnet. Als Grenzfrequenzen werden die Frequenzen bezeichnet, bei denen die Verstärkung um 3 dB geringer ist als die maximale Verstärkung. Innerhalb des Übertragungsbereichs ändert sich also die Verstärkung höchstens um 3 dB (s. Bemerkung VII.1).

Wir haben früher gesehen, dass sich mit Hilfe der Fourier-Analyse jedem Signal ein Frequenzbereich zuordnen lässt, mit dessen Sinuswellen sich die Signalform ausreichend genau rekonstruieren lässt. Die optimale Verstärkung wird dann erreicht, wenn der Frequenzbereich des Signals und der Übertragungsbereich des Verstärkers übereinstimmen. Dann wird jede Komponente des zu verstärkenden Signals gleich verstärkt, es gibt keine Verzerrung. Ist der Übertragungsbereich des Verstärkers schmaler als der Frequenzbereich des Signals, dann werden einzelne Komponenten des Signals nicht oder nur gering verstärkt und das verstärkte Signal ist wegen der fehlenden Komponenten verzerrt. Weniger problematisch ist es, wenn der Übertragungsbereich des Verstärkers breiter als der Frequenzbereich des Signals ist. In diesem Fall wird aber das Rauschen in dem überflüssig verstärkten Frequenzbereich auch verstärkt, so dass die Qualität des Signals schlechter wird.

Bemerkung VII.1

Die Verstärkung ist beim Maximum und einer Grenzfrequenz der Charakteristik:
$n_{max} = 10 \lg (P_{aus,max}/P_{ein})$ sowie $n_{max} - 3\text{ dB} = 10 \lg (P_{aus,Grenze}/P_{ein})$.
Weil dB keine „echte Maßeinheit", sondern nur eine Verhältniszahl ist, wie z. B. Radiant, können wir es weglassen, durch 10 dividieren und die Gleichung in die Potenz von 10 erheben: $P_{aus,max}/P_{aus,Grenze} = 10^{0,3} \approx 2$. Bei gleicher Eingangsleistung erhalten wir am Ausgang bei der Grenzfrequenz eine halb so große Ausgangsleistung wie bei der Frequenz der maximalen Verstärkung.

VII/1.4.3 Die Rückkopplung

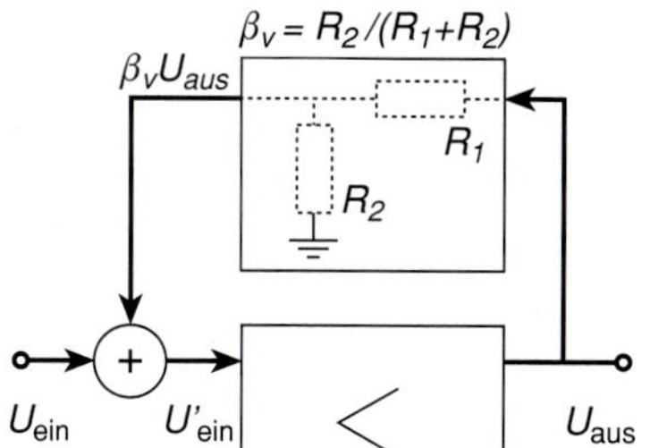

Abb. VII.25. Verstärker mit Rückkopplung Zum besseren Verständnis zeigen die Pfeile die Richtung des Signals bzw. des rückgekoppelten Signals. Das Pluszeichen gibt an, dass sich die beiden Signale (das ursprüngliche und das rückgekoppelte) addieren.

Die Eigenschaften des Verstärkers können radikal geändert werden, wenn ein geringer Teil des Ausgangssignals in den Eingang zurückgeleitet wird. Genauer gesagt wird ein Teil der Ausgangsspannung (das β-fache) zur ursprünglichen Signalspannung gegeben oder von ihr abgezogen (Abb. VII.25). Wird das rückgekoppelte Signal zum Eingangssignal addiert, spricht man von positiver Rückkopplung ($\beta>0$). Wird das rückgekoppelte Signal vom Eingangssignal abgezogen, so wird β als negativ betrachtet und man spricht von negativer Rückkopplung. $|\beta| \leq 1$, denn die rückgekoppelte Spannung kann

Bemerkung VII.2

Sicher hat jeder schon einmal miterlebt, dass bei einer Veranstaltung, bei der die Stimme des Vortragenden über Mikrophon, Verstärker und Lautsprecher verstärkt wurde, jemand versehentlich die Verstärkung zu hoch drehte, infolge dessen ein Pfeifen zu hören war. Das ist die Folge des Grenzfalles bei positiver Rückkopplung. In diesem Fall bedeutete die positive Rückkopplung die in das Mikrophon zurück gelangte Stimme. Mit Erhöhung der Verstärkung erreicht bei konstanter Rückkopplung das Produkt $V_R K_U$ bei einer gewissen Frequenz den Wert 1 und es beginnt die Oszillation.

nicht größer als die Ausgangsspannung sein. Das βfache der Ausgangsspannung lässt sich in der Regel mit einem Spannungsteiler erzeugen (s. VII/1.2.1 „*Spannungsteiler*"). Infolge der Rückkopplung ist die tatsächliche Spannung am Verstärkereingang:

$$U'_{ein} = U_{ein} + \beta U_{aus} \tag{VII.12}$$

Unter Berücksichtigung der ursprünglichen Spannungsverstärkung

$$V_U = \frac{U_{aus}}{U'_{ein}} \tag{VII.13}$$

erhält man für die Spannungsverstärkung des rückgekoppelten Verstärkers:

$$V_R = \frac{U_{aus}}{U_{ein}} = \frac{V_U}{1-\beta V_U} \tag{VII.14}$$

Zuerst bemerken wir, dass wir im Fall ohne Rückkopplung ($\beta = 0$) den ursprünglichen Verstärkungswert erhalten. Bei **positiver Rückkopplung** wird der Nenner kleiner, so nimmt die Verstärkung zu, denn ein Teil des Ausgangssignals wird an den Eingang zurückgeführt erneut verstärkt und erhöht das Ausgangssignal noch weiter. Das scheint von Vorteil zu sein, aber wir werden sehen, dass dieser Vorteil einen hohen Preis hat.

Erstens stimmen unsere Feststellungen nur bei ausreichend kleinem K_V, solange $\beta V_U < 1$ ist. Ist $\beta V_U = 1$, dann wird die Verstärkung unendlich groß. Das können wir uns auch so vorstellen, dass wir uns mit der Steigerung der Rückkopplung dem Fall $\beta V_U = 1$ nähern und dann V_R immer größer wird, also eine immer geringere Eingangsspannung zur Erzeugung desselben Ausgangssignal notwendig ist. Im Fall $\beta V_U = 1$ erhalten wir auch dann ein Ausgangssignal, wenn kein Eingangssignal existiert. Das ist der Fall des Oszillators.

Der Oszillator ist ein Schaltkreis zur Erzeugung von Wechselspannung. Es stellt sich die Frage, wie hoch die Frequenz der erzeugten Wechselspannung sein wird. Wir sollten bemerken, dass V_R ähnlich wie V_U von der Frequenz abhängt. Infolge der positiven Rückkopplung ändert sich die Charakteristik des Verstärkers (Abb. VII.26). Bei Erhöhung der positiven Rückkopplung ist

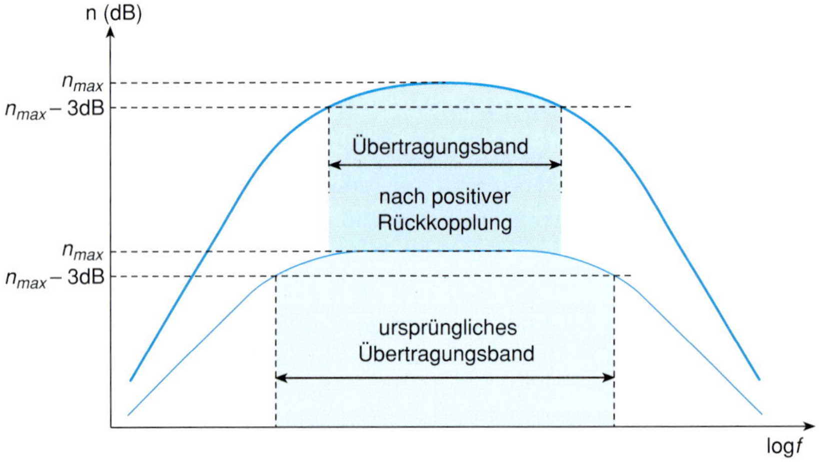

Abb. VII.26. Änderung der Verstärkercharakteristik bei positiver Rückkopplung

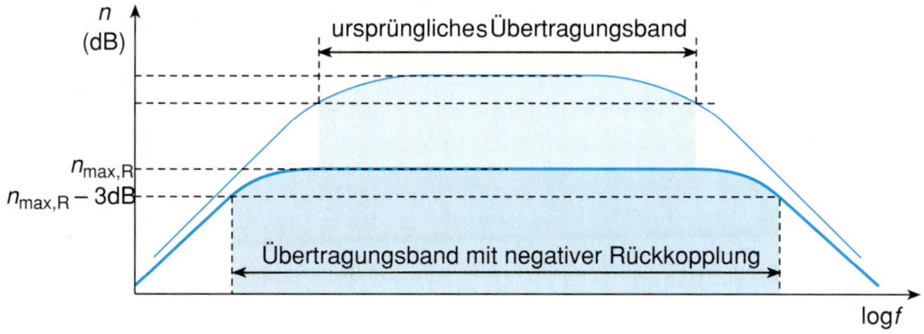

Abb. VII.27. Änderung der Verstärkercharakteristik bei negativer Rückkopplung

die Bedingung der Oszillation bei der Frequenz erfüllt ($\beta V_U = 1$), bei der die ursprüngliche Verstärkung maximal war.

Abb. VII.26 zeigt, dass der Übertragungsbereich infolge der positiven Rückkopplung schmaler wird. Das ist der Preis, den wir für die erhöhte Verstärkung zahlen müssen. Ja es gibt noch einen Faktor, den die Charateristik nicht zeigt. Das durch die Verstärkung erzeugte Rauschen wird nämlich am Eingang wieder angelangt erneut verstärkt und so wird das verstärkte Signal durch immer lauteres Rauschen gestört.

Die Verstärkung durch die **negative Rückkopplung** ist in jedem Fall geringer als die ursprüngliche: $\beta < 0$, deshalb ist $1\text{-}\beta V_U > 1$, wonach:

$$V_R = \frac{1}{1\ \beta V_U} < V_U. \qquad \text{(VII.15)}$$

Das gilt für jede Frequenz. Auf den ersten Blick erscheint es nicht sinnvoll, die Verstärkung zu mindern, aber im Gegenzug bessern sich andere Eigenschaften. Abb. VII.27 zeigt die Wirkung der negativen Rückkopplung auf die Charakteristik. Es ist zu sehen, dass die Charakteristik glatter und der Übertragungsbereich breiter werden. Parallel dazu wird auch ein Teil der vom Verstärker erzeugten Störsignale ausgelöscht, da diese mit negativem Vorzeichen zum Eingang zurückgelangen.

Die Subtraktion des rückgekoppelten Signals geht am einfachsten mit einem Differenzialverstärker. Abb. VII.28 zeigt eine sehr einfache negative Rückkopplung, bei welcher der negative Eingang des Verstärkers zur negativen Rückkopplung benutzt wurde. Die heute üblichen Verstärker in integrierten Schaltkreisen verstärken sehr stark (mehr als 100 dB). Die notwendige Verstärkung und der Verstärkungsbereich lassen sich für eine gegebene Anwendung mit der entsprechenden Rückkopplung einstellen.

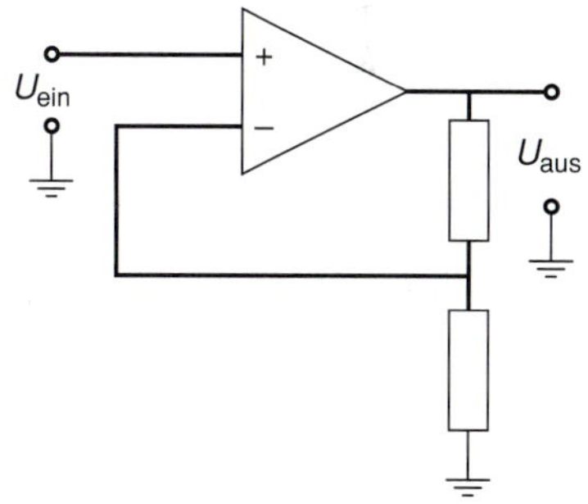

Abb. VII.28. Negative Rückkopplung mit einem Operationsverstärker

VII/1.5 Signalumformung, Signalselektion

VII/1.5.1 Analog-digital-Wandler

Bei den einfachsten digitalen Signalen (binäre digitale Signale, BD-Signale) kann die Spannung zwei Werte annehmen, einen niedrigen mit 0 bezeichneten und einen hohen mit 1 bezeichneten Wert. Das entspricht den einstelligen Zahlen des Binärsystems. Die Information, die ein solches digitales Signal wei-

Digitale Schaltelemente

Die einfachste Aufgabe bei der Verarbeitung der digitalen Signale ist das Zählen der Impulse. Es kommt oft vor, dass die Signale miteinander kombiniert werden müssen, dazu dienen die sog. logischen Schaltkreise. Oft ist die Erzeugung von Impulssignalen für die Diagnostik oder Therapie (Reiztherapie, Pacemaker) notwendig. Wegen ihrer einheitlichen Behandlungsweise diskutieren wir hier sowohl Verarbeitung als auch Erzeugung der Signale.

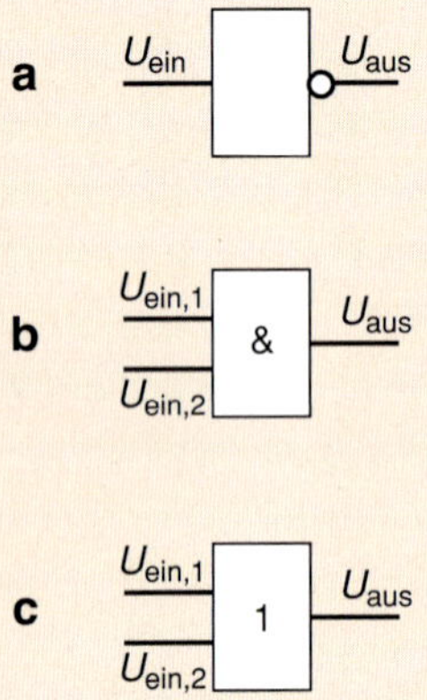

Abb. 1. Schaltzeichen in Logikgattern:
a. „Nein", **b.** „Und", **c.** „Oder"

Logische Grundschaltungen

Die Herstellung eines neuen Signals aus der Kombination von digitalen Signalen bezeichnet man als logische Operation. Die Schaltkreise, welche die logische Operation ausführen, sind die sog. Logikgatter. Die einfachste logische Operation ist die Verneinung (Nein), wenn aus dem Eingangssignal der 0-Ebene 1 wird und umgekehrt. Für die weiteren Operationen sind wenigstens zwei Eingangssignale notwendig. Um das zu veranschaulichen, soll es zwei Eingänge (U_1 und U_2) geben, aus denen wir mit einer logischen Operation einen neuen Wert bilden. Bei der logischen Operation „Und" ist das Ausgangssignal U_{aus} nur dann 1, wenn das Signal an beiden Eingängen 1 war. Demgegenüber wird bei der logischen Operation „Oder" bei der 1-Ebene eines der Signale das Ausgangssignal 1 sein und nur dann 0 bleiben, wenn alle Eingangssignale 0 sind. Abb. 1 zeigt die allgemeingültigen Schaltzeichen der Logikgatter. Mit Kombination der Logikgatter können sehr viele Funktionen erfüllt werden. Aus einer Vielzahl solcher Schaltungen ist z. B. auch der Prozessor im Computer zusammengesetzt. Eine einfache Verknüpfung ist in Abb. 2 dargestellt.

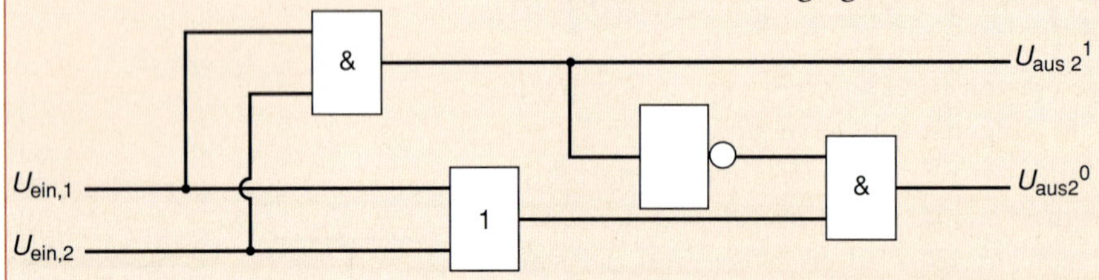

Abb. 2. Logische Schaltung zur Addition von zwei Einbit-Zahlen. Die Summe der beiden voneinander unabhängigen digitalen Eingangssignale U_{ein1} und U_{ein2} kann als Zweibit-Signal angegeben werden. Deshalb werden zwei Ausgangsspannungen gebraucht (z. B.: 1+1=2, was im Binärsystem mit zwei Ziffern beschrieben wird: 10, d. h. $1 \cdot 2^1 + 0 \cdot 2^0$.)

Multivibratoren

Die Multivibratoren erzeugen ein digitales Signal oder anders ausgedrückt ein Rechtecksignal. Das Ausgangssignal kann also zwei diskrete Spannungen annehmen, zwischen denen die Umschaltzeit sehr kurz ist (Abb.3). Den zwei Ausgangsspannungen werden gewöhnlich zwei Zustände des Multivibrators zugeordnet. Ist die Ausgangsspannung niedrig, dann ist der Multivibrator im Grundzustand, bei hoher Ausgangsspannung spricht man vom aktivierten Zustand. Es gibt drei Arten von Multivibratoren: monostabile, astabile und bistabile Multivibratoren.

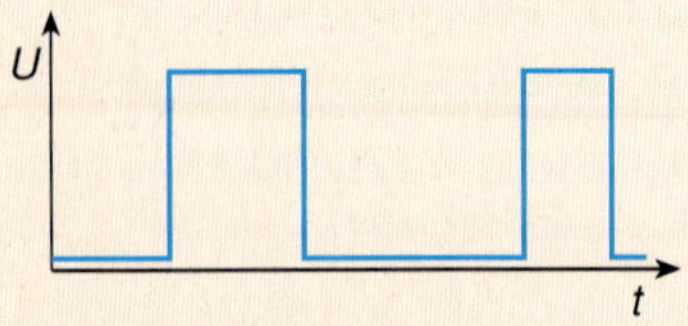

Abb. 3. Rechtecksignal

Der *monostabile Multivibrator* ähnelt einem Integraldiskriminator. Erreicht die Eingansspannung einen Schwellenwert, dann erscheint am Ausgang ein Impuls von bestimmter Länge (Abb.4). Abweichend vom Diskriminator soll jetzt das Ausgangssignal am Ende des Eingangsimpulses erscheinen. Die Bezeichnung monostabil weist darauf hin, dass der Multivibrator einen stabilen Zustand hat. Der aktivierte Zustand bleibt nur eine gewisse Zeit τ bestehen, dann kehrt der Multivibrator in den stabilen Zustand zurück. Anschaulich können wir sagen, dass der monostabile Multivibrator einem intelligenten Menschen ähnelt, der eine Frage kurz und knapp beantwortet und dann wieder schweigt.

Abb. 5. Der Aufbau des stabilen Multivibrators aus zwei monostabilen Multivibratoren

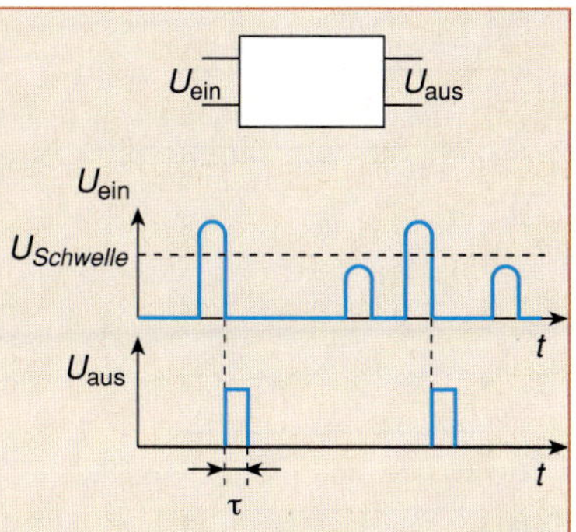

Abb. 4. Funktion des monostabilen Multivibrators

Schaltet man zwei monostabile Multivibratoren zusammen (Abb. 5), dann beginnen nach unserem Vergleich zwei intelligente Menschen ein Gespräch, denn die Frage des Ersten löst die Antwort des Zweiten aus, worauf wiederum der Erste reflektiert usw. Dazu ist natürlich notwendig, dass zu Beginn einer sprechen muss, was bei der elektronischen Version durch das Einschalten gegeben ist. Den beschriebenen Schaltkreis aus zwei monostabilen Multivibratoren bezeichnet man als *astabilen Multivibrator*, denn es gibt keinen stabilen Zustand sondern ein ständiges Hin- und Herspringen zwischen den beiden Zuständen. Es ist auch keine Eingangsspannung erforderlich, jedes monostabile Ausgangssignal kann als Ausgangssignal benutzt werden. Der astabile Multivibrator wird zur Erzeugung von kontinuierlichen Impulsfolgen benutzt, z. B. bei der Reiztherapie und für Herzschrittmacher (Pacemaker) (s. IX/4).

Beim *bistabilen Multivibrator* sind beide Zustände stabil. Bei einem Eingangsimpuls geht der Multivibrator in den anderen Zustand über und verharrt bis zum Eintreffen eines neuen Impulses in diesem Zustand. Bei Betrachtung der Abb. 6 fällt auf, dass wir nach zwei Eingangsimpulsen einen Ausgangsimpuls erhalten. Der bistabile Multivibrator kann also auch zur Halbierung der Impulszahl benutzt werden. Eine wichtigere Anwendung erhält man aber mit in Reihe Schalten von mehreren bistabilen Multivibratoren und dem Bilden einer sog. bistabilen Kette. Zum leichteren Verständnis der Funktion ist die Kette in Abb.7 (im Gegensatz zu den anderen Schaltbildern) von rechts (Eingang) nach links (Ausgang) dargestellt.

Die niedrige Ausgangsspannung ist mit 0, die hohe Ausgangsspannung mit 1 gekennzeichnet, die drei Ausgangssignale ergeben die binäre Form der Impulszahl.

Eine Kette aus *n* bistabilen Multivibratoren hat insgesamt 2^n Zustände und kann deshalb von 0 bis 2^n-1 zählen. Die Zahlen ergeben sich im Binärsystem. Da wir Zahlen im Dezimalsystem leichter verstehen als im Binärsystem, müssen die Binärzahlen umgewandelt werden. Die Umwandlung erfolgt in einem komplexen Schaltkreis aus Logikgattern.

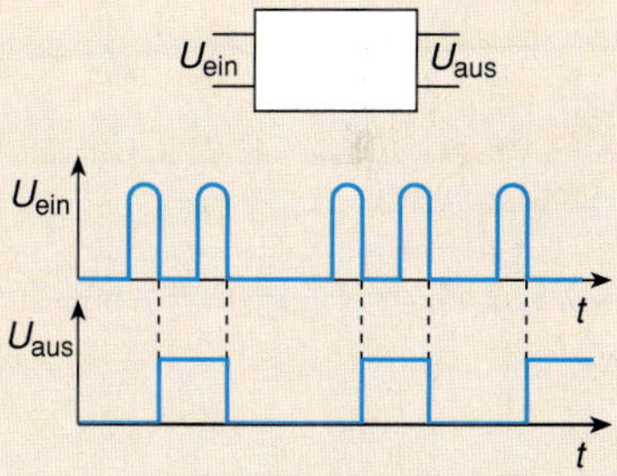

Abb. 6. Funktion des bistabilen Multivibrators

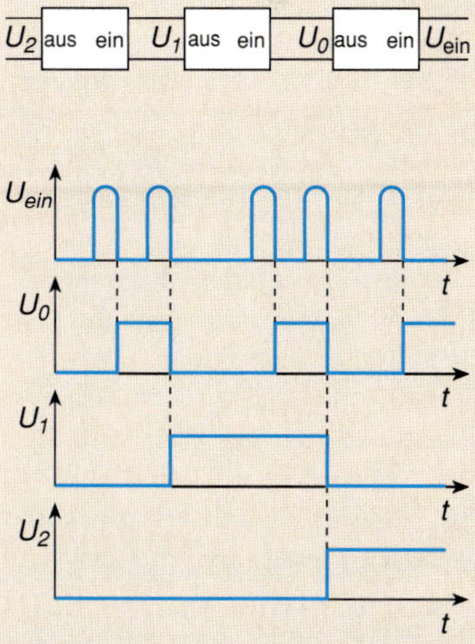

Impulszahl	0	1	2	3	4	5
$U_0(2^0)$	0	1	0	1	0	1
U_1 (2^1)	0	0	1	1	0	0
U_2 (2^2)	0	0	0	0	1	1
Dezimalwert	0	1	2	3	4	5

Abb. 7. Funktion der bistabilen Zählerkette. Die Tabelle enthält die den einzelnen Ausgängen zugeordneten Werte nach dem Impuls. Die letzte Zeile zeigt die aus den Binärwerten umgerechneten Dezimalwerte.

terleitet, bezeichnet man als 1 Bit (binary digit). Sollen mit dieser Methode größere Zahlen dargestellt werden, so sind mehrere parallele oder einander in regelmäßigen Zeitintervallen folgende BD-Spannungssignale erforderlich (Abb. VII.29). So können z. B. 8 parallele BD-Spannungssignale insgesamt $2^8 = 256$ unterschiedliche Signale sein, wir können mit ihnen also die Zahlen 0 – 255 darstellen. Diese 8 Spannungen bezeichnet man zusammen als 8-Bit-Signal. Das BD-Signal besteht also in der Regel nicht nur aus dem Spannungssignal einer Leitung, sondern es setzt sich aus den Signalen mehrerer paralleler Leitungen zusammen. Diese stellen immer Zahlen des Binärsystems dar.

Die analogen Signale werden mit einem sog. Analog-digital-Wandler (A-D-Wandler) in digitale Signale umgeformt (Abb. VII.30). Ein wichtiger Parameter des A-D-Wandlers ist der Bereich der Eingangsspannungen, die umgeformt werden können. Der zweite wichtige Parameter ist die Auflösung, d. h. wie viele digitale Spannungswerte das Ausgangssignal darstellt, also wie viel Bits der Wandler hat. Ein A-D-Wandler mit n Bits teilt den Bereich der Eingangsspannung in 2^n Intervalle auf und ordnet jedem Intervall eine Zahl zu. Die Breite dieser Intervalle ist die Genauigkeit des digitalisierten Signals, denn innerhalb der Intervalle unterscheidet der Wandler die Signale nicht, sondern ordnet ihnen dieselbe Zahl zu.

Ein analoges Signal kann theoretisch mit beliebiger Genauigkeit (z. B. 2,38470173.. V) angegeben werden. Das ist natürlich nur theoretisch möglich, denn wegen der Messgenauigkeit ist nur die Angabe einiger Stellen nach dem Komma sinnvoll. Das digitalisierte Signal hat immer eine endliche Genauigkeit, die von der Abtasttiefe des Wandlers abhängt. Moderne A-D-Wandler können 12 oder sogar 16 Bit haben, d. h. sie unterscheiden mehr als 4000 bzw. 65000 Spannungswerte.

Der A-D-Wandler hat noch ein wichtiges Leistungsmerkmal und zwar die Abtastrate. Das Eingangssignal ändert sich nämlich in der Regel kontinuierlich, deshalb misst der Wandler die Werte in gewissen Zeitabständen. Es ist sehr wichtig, dass die Frequenz der Abtastvorgänge dem Signal angepasst sei. Hier weisen wir wieder darauf hin, was über den Frequenzbereich der Signale gesagt wurde (s. VII/1.2.2). Die Abtastvorgänge müssen so dicht liegen, dass auch die Obertöne der höchsten Frequenz registriert werden. Das bedeutet in der Praxis, dass die Frequenz der Abtastvorgänge mindestens das Doppelte der Komponente mit der höchsten Frequenz betragen muss. Dann werden auch während der Periode der schnellsten Komponente mindestens zwei Messungen durchgeführt. Abb. VII.31 zeigt, wie das Signal verzerrt sein kann, wenn die Abtastvorgänge nicht ausreichend dicht nacheinander erfolgen. Es können wesentliche Elemente des Signals verloren gehen, wie das

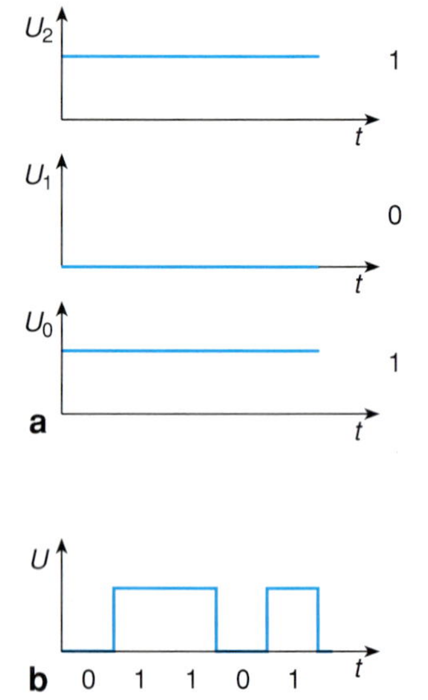

Abb. VII.29. Digitale Signale **a.** parallel und **b.** in Reihe
Es sind die binären Zahlen angeführt, welche dem digitalen Signal zuzuordnen sind.

Bemerkung VII.3

Die Auflösung des A/D-Wandlers beleuchten wir an einem Beispiel. Sei der Bereich der Eingangsspannung 0 – 8 V, und habe unser Wandler der Einfachheit halber nur 4 bit. Dann kann das digitale Ausgangssignal $2^4 = 16$ verschiedene Werte annehmen, d. h. von 0 – 15. Den Bereich der Eingangsspannung teilt der Wandler also in 16 Teile. Ein jedes Intervall ist 0,5 V breit. Bei einem Eingangssignal des ersten Intervalls von 0 – 0,5 V gibt das Ausgangssignal den kleinsten Wert (d. h. 0). Im zweiten Intervall von 0,5 – 1 V ist das Ausgangssignal 1 usw., im letzten Intervall von 7,5 – 8 V ist das Ausgangssignal 15. Wegen der endlichen Auflösung ergeben die Eingangssignale desselben Intervalls (z. B. 2,1 V und 2,4 V) denselben digitalisierten Wert, und zwar 4.

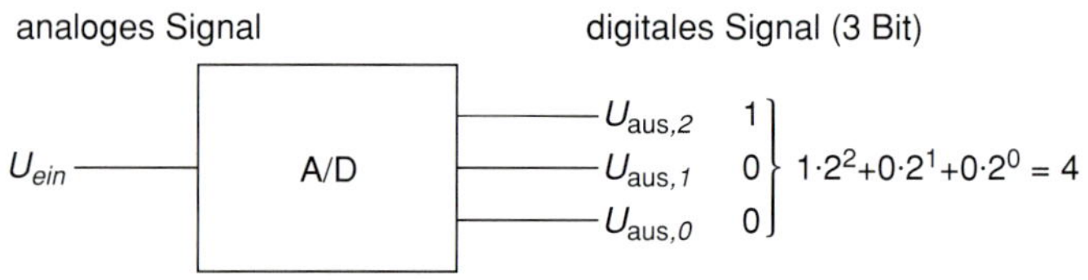

Abb. VII.30. Analog-digital-Wandler

Abb. VII.31b und d zeigen, bei denen die charakteristische Zacke des EKG, die sog. R-Zacke durch grobe Mängel bei der Abtastung verloren gegangen ist. Erinnern wir uns, dass wegen der spitzen Form der R-Zacke sehr viele Obertöne zur getreuen Wiedergabe des EKG notwendig waren. Es ist also nicht überraschend, dass bei zu geringer Frequenz der Abtastvorgänge die R-Zacke verschwindet (oder verzerrt wird). Daraus kann man die Lehre ziehen, dass die Abtastrate des A-D-Wandlers dem Signal, seinem Frequenzbereich genauso angepasst werden muss, wie der Übertragungsbereich des Verstärkers.

Mit dem inneren Aufbau des A-D-Wandlers befassen wir uns nicht. Es sei aber erwähnt, dass es mehrere Methoden des Umformens gibt. Die einfachste Methode ähnelt dem spielerischen Erraten von Zahlen: Ich habe an eine Zahl zwischen 0 und 7 gedacht. Ist sie größer als 3? Ja. Größer als 5? Nein. Größer als 4? Ja. Es ist die 5! Die Antworten ja und nein entsprechen den Werten 1 und 0 des digitalisierten Signals, also wäre der digitale Wert unseres Beispiels 101, was der Zahl 5 im Binärsystem entspricht. Der A-D-Wandler stellt also Vergleiche an (größer als ... ?) und das Ergebnis des Vergleichs sind die Werte 0 oder 1 des digitalisierten Signals.

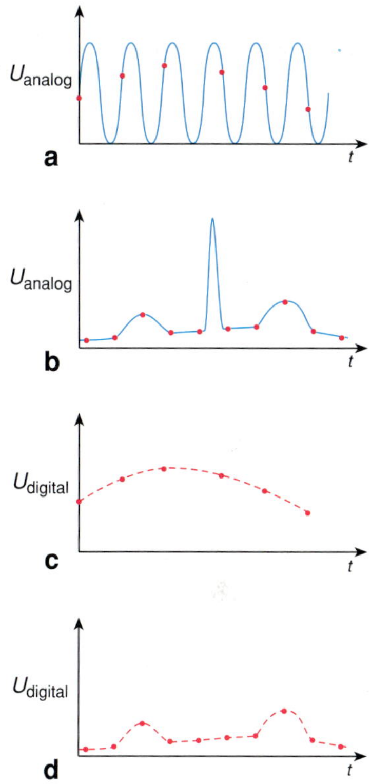

Abb. VII.31. Zwei Beispiele (Sinuskurve bzw. EKG) für die Verzerrung der Signalform bei falsch gewählter Abtastfreqzenz. **a.** und **b.** Originalsignale, die schwarzen Punkte markieren die Abtastvorgänge **c.** und **d.** die so digitalisierten Signale. Die unterbrochene Linie illustriert, welch ein Signal man sich auf Grund dieser digitalisierten Punkte vorstellen würde.

VII/1.5.2 Rauschfilter

Die zwei häufigsten Methoden zum Formen der analogen Signale sind die Rauschfilter und die Selektierung der Impulssignale. Das Filtern der Störsignale ist dann wirksam, wenn die Form oder Frequenz des Rauschens bekannt ist (z. B. das Rauschen bei 50 Hz aus dem Stromnetz). In diesem Fall kann in die Verarbeitungskette ein Schaltkreis eingebaut werden, der z. B. die 50 Hz Komponenten unterdrückt. Man muss aber wissen, dass auch die besten Filterkreise einen Frequenzbereich und nicht eine gegebene Frequenz unterdrücken. Dadurch werden auch gewisse Komponenten des Signals (s. Fourier-Analyse) entfernt, d. h. das Signal wird verzerrt. Heutzutage kann dieses Formatieren des Signals bedeutend wirksamer am digitalisierten Signal erfolgen, was auch den Vorteil hat, dass am digitalisierten, gespeicherten Signal mehrere Rauschfilter erprobt werden können. Ja, durch die Analyse des gestörten Signals kann man die Eigenschaften des Rauschens (z. B. seine Frequenz) erkennen und dementsprechende, wirksame Filterverfahren einsetzen.

VII/1.5.3 Selektieren von Impulssignalen

Eine andere Art der Signalumformung ist das Selektieren von Impulssignalen. Die selektierende Schaltung wird als Diskriminator bezeichnet. Es gibt zwei Arten: den Integral- und den Differenzialdiskriminator. Ihre Funktion betrachten wir (ähnlich wie beim Verstärker) nur von „außen", d. h. wir beschäftigen uns nur damit, welche Ausgangsantwort das Gerät auf ein gegebenes Eingsangssignal gibt (Abb. VII.32).

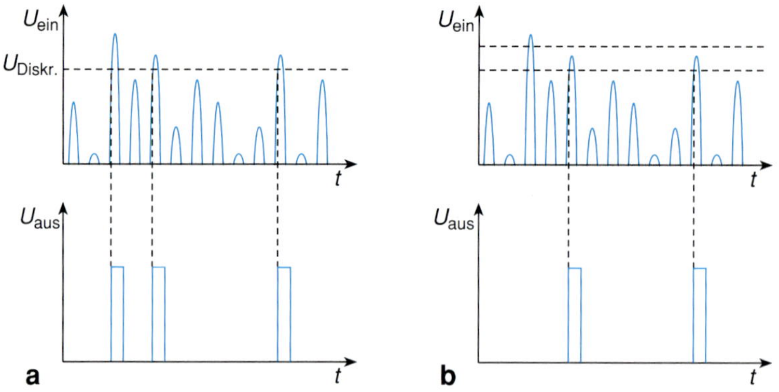

Abb. VII.32.
a. Funktion des Integraldiskriminators,
b. Funktion des Differenzialdiskriminators

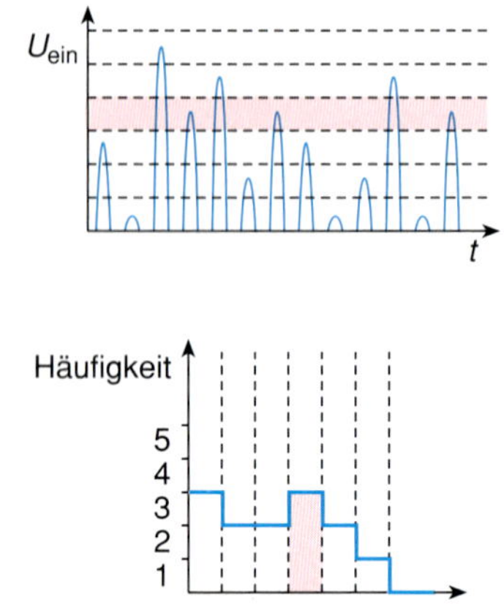

Abb. VII.33. Messung der Häufigkeitsverteilung mit einem Differenzialdiskriminator
Im oberen Teil sind die Eingangsimpulse des Differenzialdiskriminators, im unteren Teil die durch Abtasten ermittelte Häufigkeit dargestellt.
(Der Anschaulichkeit halber ist die zum rot dargestellten Kanal gehörende Häufigkeit auch rot.) Die Abbildung ist in dem Sinn etwas „ungenau", dass in Wirklichkeit bei jeder Kanaleinstellung eine neue Impulsserie gemessen wird. Die Verteilungsfunktion kann aber auch auf diese Weise bestimmt werden, weil die Impulse bei den nacheinander durchgeführten Messungen die gleiche Verteilung haben.

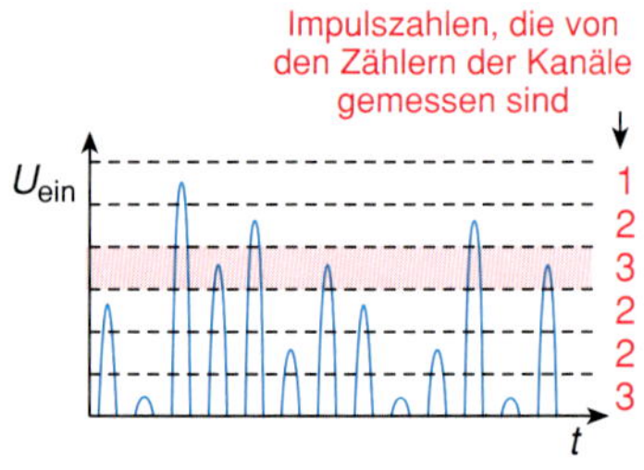

Abb. VII. 34. Das Prinzip des Vielkanalanalysators

Am Ausgang des **Integraldiskriminators** erscheint dann als Antwort auf einen Eingangsimpuls ein Ausgangsimpuls, wenn die Amplitude des Eingangssignals einen eingestellten Schwellenwert überschreitet. Der Ausgangsimpuls ist nicht einfach der Teil des Eingangsimpulses, der über dem Schwellenwert liegt, sondern ein (uniformisierter) Impuls von immer gleicher Amplitude und Länge. Der Integraldiskriminator filtert also die unter der eingestellten Schwellenspannung liegenden Impulse des Eingangssignals aus. Die Störimpulse haben oft eine geringere Spannung als die Signalimpulse, deshalb kann der Integraldiskriminator das Signal-Rausch-Verhältnis verbessern.

Beim **Differenzialdiskriminator** werden zwei Spannungen bzw. der zwischen ihnen befindliche Spannungsbereich, der sog. Kanal, gekennzeichnet. Das Gerät gibt nur bei den Eingangssignalen einen Ausgangsimpuls, deren Amplitude in den Kanal fällt. Der Ausgangsimpuls ist auch hier uniformisiert. Durch Änderung des Kanals kann der Spannungsbereich der Eingangsimpulse abgetastet werden. Werden die Ausgangsimpulse über eine gegebene Zeitspanne gezählt und die Impulszahl als Funktion der eingestellten Spannung dargestellt, so erhält man die Verteilung nach der Impulsgröße (Abb. VII.33).

Misst man mit einem Differenzialdiskriminator, dann wird ein Großteil der Impulse nicht verwertet. Benutzt man z. B. den rot markierten Kanal in Abb. VII.34, dann erhält man auf die 13 Eingangsimpulse nur 3 Ausgangssignale. Der Zähler des Diskriminators zählt also 3 Impulse, die übrigen Impulse werden nicht detektiert. Nach Verschiebung des Kanals wird eine erneute Impulsserie gemessen, von der gleichfalls nur ein kleiner Teil in den Kanal fällt. Der Nachteil der Methode liegt in ihrer Langsamkeit, denn ein großer Teil der Impulse wird nicht gemessen, deshalb muss über eine längere Zeitspanne gemessen werden. Diesem Problem kann mit einem modernen Vielkanalanalysator abgeholfen werden. Den Vielkanalanalysator kann man sich als Gesamtheit von vielen Differenzialdiskriminatoren und Zählern vorstellen. Die Differenzialdiskriminatoren decken mit ihren Kanälen den gesamten Bereich der Eingangsspannung ab. (Wir haben z. B. in Abb. VII.34 die Eingangsspannung in sechs Bereiche aufgeteilt, zu denen sechs Differenzialdiskriminatoren gehören.) So fällt jede beliebige Eingangsspannung in den Kanal eines Diskriminators und dieser erzeugt ein Ausgangssignal. Zu jedem Diskriminator gehört ein Zähler. Die einfallenden Impulse werden also immer von dem Zähler gezählt, der zum betroffenen Kanal gehört. So wird jeder Impuls verwertet und in den Zählern werden sofort die Häufigkeitswerte erstellt.

VII/1.6 Anzeige

Das letzte Glied der analogen signalverarbeitenden Kette ist die Anzeige. Bei Impulssignalen wird am häufigsten ein Zähler benutzt, der in einer voreingestellten Zeitspanne die Impulse zählt und als **Impulszahl anzeigt**. Da die aus dem Diskriminator kommenden uniformisierten Impulssignale eigentlich schon als digitale Signale anzusehen sind, werden sie auch mit digitalen Schaltkreisen gezählt, die wir später noch diskutieren.

Analoge Signale können von einem **mechanischen Schreiber** dargestellt werden. Hier wird das Signal von einer Feder aufgezeichnet, die sich proportional zur Signalspannung über einem Papier bewegt. Solche Schreiber finden wir in einem Teil der EKG-Geräte zum Aufzeichnen des EKG-s. Wollen wir das Signal nicht aufbewahren sondern nur beobachten, oder ändert sich das Signal sehr schnell, was ein mechanischer Schreiber nicht verfolgen könnte, dann kann zur Darstellung eine Kathodenstrahlröhre (Bildröhre) benutzt werden.

Obwohl der Einsatz von **Kathodenstrahlröhren** mit der Verbreitung der Digitaltechnik bzw. der modernen TFT-Bildschirme (s. VII/1.6.2) allmählich verdrängt wird, meinen wir, dass seine kurze Besprechung auch zum besseren Verständnis des Funktionsprinzips moderner Bildschirme beiträgt.

VII/1.6.1 Kathodenstrahlröhre (Bildröhre)

An einem Ende der Kathodenstrahlröhre (Abb. VII.35) treten Elektronen aus der mit der Heizspannung U_{Heiz} zum Glühen gebrachten Kathode aus. Sie werden im Vakuum mit der Anodenspannung U_{Anode} zur Anode beschleunigt. Die Anode ist so konstruiert, dass sich ein dünner Elektronenstrahl in Richtung Leuchtschirm ausbreiten kann. Dieser Elektronenstrahl ist der Kathodenstrahl, nach dem die Bildröhre die Bezeichnung Kathodenstrahlröhre oder Elektronenstrahlröhre erhalten hat. Der Schirm ist mit einem lumineszierenden Material beschichtet, in dem der Einfall der Elektronen Lichtblitze erzeugt. Die Elektronen treffen kontinuierlich auf den Leuchtschirm und so ist an der Einschlagstelle ein leuchtender Punkt zu sehen. Eigentlich verhält sich der Elektronenstrahl wie ein sehr leichter Zeiger (oder Schreiber), der sehr schnell bewegt werden kann. Zur Bewegung wird ein elektrisches Feld benutzt, das mit der Spannung erzeugt wird, die an die Ablenkplatten gelegt wird. (Es sei bemerkt, dass die Ablenkung des Kathodenstrahls auch mit einem magnetischen Feld erfolgen kann.) In der Kathodenstrahlröhre befinden

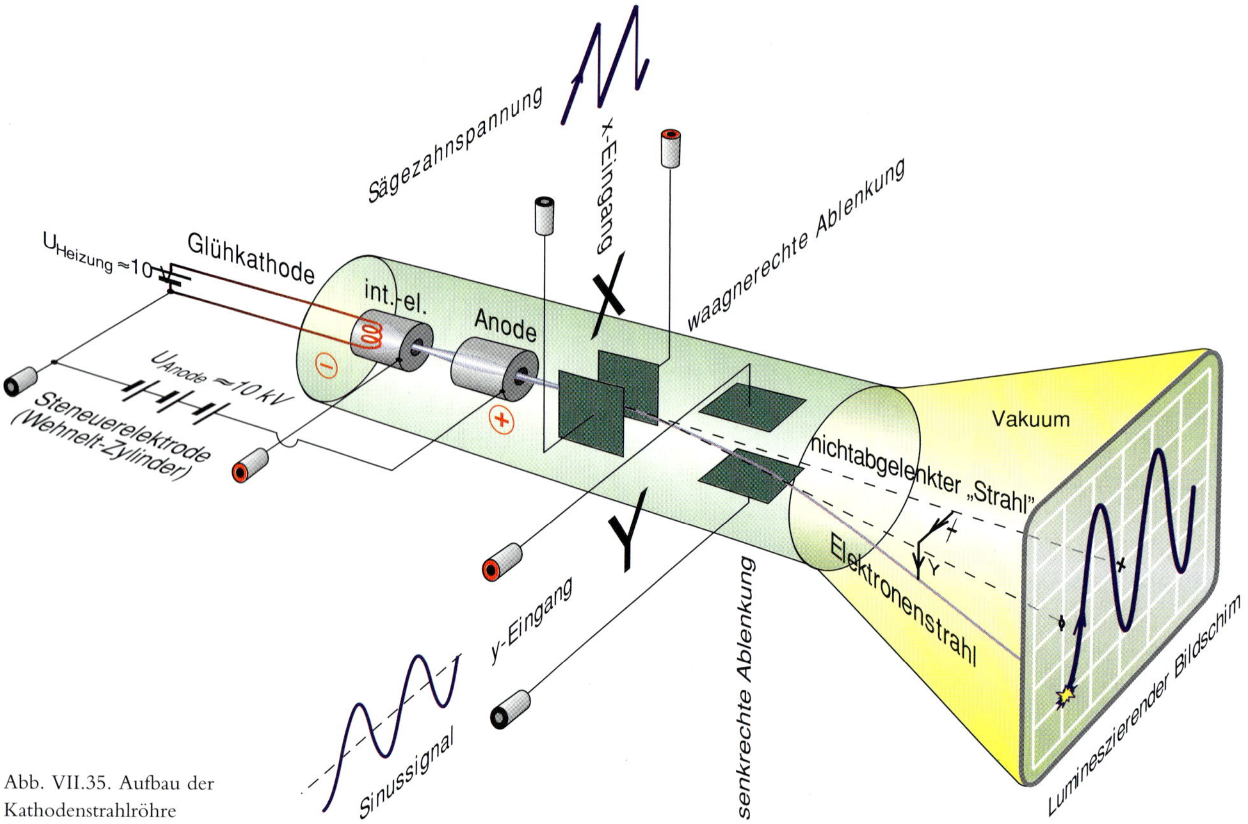

Abb. VII.35. Aufbau der Kathodenstrahlröhre

sich zwei Ablenkplattenpaare. Die senkrechten Platten lenken den Kathodenstrahl durch die angelegte Spannung in waagerechter Richtung ab. Die Ablenkung ist proportional zur angelegten Spannung.

Wird an die waagerechten Ablenkplatten (x-Eingang) eine in der Zeit gleichmäßig zunehmende Spannung angelegt, so wandert der leuchtende Punkt auf dem Bildschirm mit gleichmäßer Geschwindigkeit waagerecht von einer Seite zur anderen. (Wird das Maximum der Ablenkspannung erreicht, so fällt sie sprunghaft auf den Anfangswert und nimmt dann wieder gleichmäßig zu, Sägezahnspannung, s. Abb. VII.35.) Durch diese Sägezahnspannung ist die waagerechte Position des Leuchtpunktes proportional zur Zeit, da er mit konstanter Geschwindigkeit wandert. Die horizontale Achse ist also die Zeitachse.

Danach ist zur Darstellung des untersuchten Signals nur noch die Steuerung der senkrechten Ablenkung des Kathodenstrahls erforderlich. Das Signal wird also auf die beiden waagerechten Ablenkplatten geschaltet, die in senkrechter Richtung ablenken (y-Eingang). Die Resultierende der beiden Bewegungen zeichnet das untersuchte Signal als Funktion der Zeit auf den Leuchtschirm der Bildröhre.

Bei dieser Betriebsart enthält die Helligkeit des dargestellten Signals keine Informationen. Die Intensität wird so eingestellt, dass das Signal gut zu sehen sei. Ein wichtiges Merkmal der Bildröhre ist ihre Empfindlichkeit, die angibt,

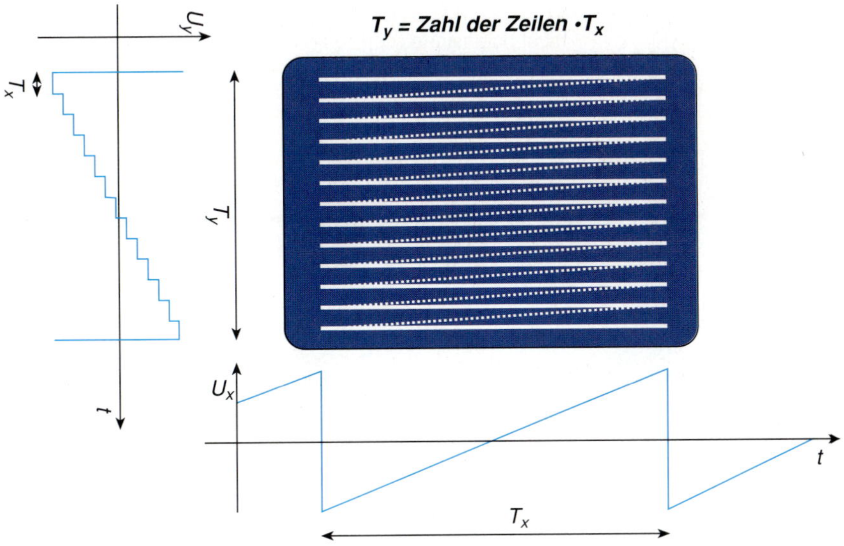

Abb. VII.36. Bilderzeugung mit einer Kathodenstrahlröhre
Die waagerechten weißen Linien stellen die Bildzeilen dar, die unterbrochenen Linien zeigen den Weg des zurücklaufenden Elektronenbündels

um wieviel mm sich der lumineszierende Punkt auf dem Leuchtschirm bei einer Ablenkspannung von 1 V bewegt.

Bildröhren eignen sich auch zur Darstellung von Bildern. In diesem Fall wird außer der Sägezahnspannung am x-Eingang auch eine stufenförmige Sägezahnspannung an die Ablenkplatten des y-Eingangs angelegt (Abb. VII.36). Die zeitliche Länge der Stufen stimmt mit der Periodendauer der Sägezahnspannung am x-Eingang überein. So durchläuft der Leuchtpunkt den gesamten Bildschirm von Zeile zu Zeile (die Zahl der Stufen stimmt mit der Zeilenzahl überein). Das (zweidimensionale) Bild entsteht durch die Intensitätsänderung der Leuchtpunkte. Die Bildinformationen enthält das zur Intensitätssteuerung benutzte Signal, das an die Steuerelektrode (Wehnelt-Zylinder) angelegt wird (Abb. VII.35).

Farbige Bilder können nach den Grundprinzipien der Farbmischung erzeugt werden (s. Farbmischung, IV/2.2.7). Dementsprechend ist der Bildschirm so konstruiert, dass jedes Bildelement aus drei verschiedenfarbig (rot, grün, blau) lumineszierenden Teilen besteht. Die Steuerung der Intensität der drei Grundfarben wird mit Hilfe von drei Kathodenstrahlen gelöst, so kann in jedem Bildpunkt eine beliebige Farbe gemischt werden.

VII/1.6.2 Funktion der Flüssigkristallbildschirme (LCD)

Wie schon erwähnt, wurden die Bildröhren immer mehr von den Flüssigkristallbildschirmen (Liquid Crystal Display, LCD, Abb. VII.37) verdrängt. Ihre größten Vorteile sind die flache Konstruktion und die Funktion ohne schädliche Strahlen.

Abb. VII.37. Ein typischer LCD-Bildschirm

Die optischen Eigenschaften von Flüssigkristallen können durch ein elektrisches Feld beeinflusst werden (s. I/3.4.2, elektrooptisches Phänomen), so

Abb. VII.38. Funktionsprinzip einer Zelle des LCD-Bildschirms

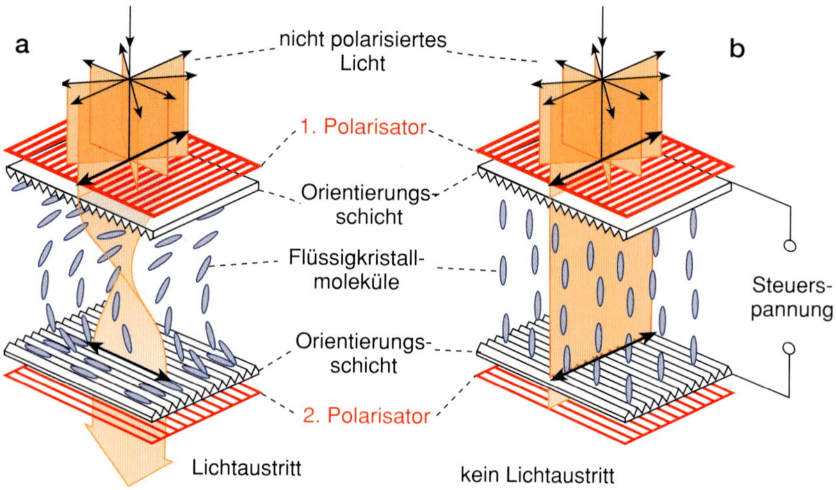

eignen sie sich zur direkten Änderung der Lichtdurchlässigkeit eines Lichtpunktes. Die LCD-Bildschirme verfügen nicht über eigenes Licht, so wird bei notwendiger Durchleuchtung eine weiße lumineszierende Hintergrundbeleuchtung installiert. Abb. VII.38 zeigt die Funktion einer einzigen Elementarzelle einer LCD-Anzeige (bei einem verbreiteten Typ: Twisted Nematic, TN, um 90° gedrehte Flüssigkristalle).

Der Flüssigkristall füllt den einige µm dicken Spalt zwischen zwei durchsichtigen Kunststoffolien oder Glasplatten aus. Die Oberfläche der Folien ist fein, in einer Richtung eingeritzt, diese Feinstruktur bestimmt die Ausrichtung der länglichen Flüssigkristallmoleküle in Foliennähe. Die Rillen der oberen und unteren Folie stehen senkrecht zueinander, deshalb befinden sich die Moleküle im Grundzustand entlang einer Viertel Schraubenlinie (Abb. VII.38a). Unter bzw. über den Folien befindet sich noch je eine senkrecht zueinander stehende Polarisatorschicht.

Der erste Polarisator lässt nur das Licht in der Polarisationsrichtung der Rillen der ersten Folie durch. Im Grundzustand der Zelle drehen die entlang der Schraubenlinie orientierten Flüssigkristalle die Polarisationsebene des Lichtes, so verlässt dieses durch den senkrecht dazu stehenden zweiten Polarisator den Anzeiger ungeschwächt.

Die äußere Fläche der Folien ist im Bereich der Bildelemente mit einer Leitungsschicht überzogen, die außerordentlich dünn und deshalb durchsichtig ist. Sobald an ihre Elektrode eine Spannung angelegt wird, ändert sich die Orientierung der Flüssigkristalle wie in Abb. VII.38b dargestellt. In diesem Fall bleibt die Polarisationsebene des Lichtes unverändert, deshalb absorbiert der zweite Polarisator das Licht. Die Anzeigezelle wird also dunkel sein.

Durch Änderung der Spannung an den Elektroden und somit durch Drehung der Polarisationsebene des Lichtes kann die Intensität des Ausgangslichtes kontinuierlich gesteuert werden.

Ein Bildelement der Farb-LCD-Anzeige besteht aus drei Zellen, die mit unterschiedlichen (roten, grünen, blauen) Farbfiltern beschichtet sind. Mit

> Beispiel VII.1
>
> Ein hochauflösender LCD-Farbbildschirm enthält eine sehr große Zahl (mehrere Millionen) Zellen. Natürlich würde ihre Regelung genauso viele separate Leiter erfordern, was praktisch nicht zu verwirklichen ist. Deshalb werden die verschiedenen Zellen mit einem Leitungssystem der X-Zeile und der Y-Spalte zeitlich nacheinander gesteuert (s. Abb. VII.39). (Mit dieser Methode kann man bei einem hochauflösenden (z. B. 1024×768) Farbbildschirm die 1024×768 3 = 2359296 Zellen mit nur 1024+768·3 = 3328 Leitungen steuern, was technisch schon realisierbar ist.)

Kombination der verschiedenen Lichtintensitäten durch die Farbfilter kann jede beliebige Farbe erzeugt werden, so wie auf dem Farbbildschirm der Bildröhre.

Ein Fehler der LCD ist ihre relativ langsame Funktion (s. Beispiel VII.1). Eine neue Lösung dieses Problems ist der Dünnschichttransistor (Thin Film Transistor, TFT). An den Kreuzungen der Leiter befinden sich ein TFT und ein Kondensator, die an die Elektroden der gegebenen LCD-Zelle angeschlossen sind (Abb. VII.39). Ein an eine beliebige vertikale oder horizontale Reihe angelegter Spannungsimpuls schaltet den Transistor ein und lädt den Kondensator auf. Bei Markierung einer Reihe kann durch die individuellen Spannungen der vertikalen Leiter eine ganze Bildreihe gleichzeitig eingestellt werden. (Das bedeutet im Beispiel VII.1 eine Zunahme der Geschwindigkeit auf das rund Tausendfache.) Durch reihenweises Abtasten des ganzen Bildes kann das ganze Bild erzeugt werden. Dieses Bild muss aber in kurzen Zeitabständen erneuert werden, denn die Kondensatoren halten die Ladung nur kurze Zeit.

Der Vorteil der TFT-LCD-Bildschirme liegt also darin, dass sie schneller funktionieren und das Bild kontrastreicher ist als ohne TFT.

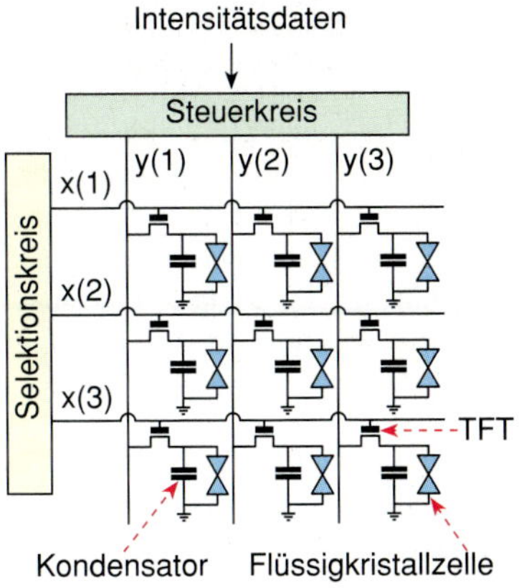

Abb. VII.39. Die einzelnen Zellen sind durch Leiter in X- und Y-Richtung gesteuert

VII/1.7 Aufbau und Funktionsprinzip von elektrischen Therapiegeräten

Im Falle der Therapiegeräte soll ein Signal auf den Patienten übertragen werden. Die Signalquelle ist in den meisten Fällen ein elektrischer Schaltkreis. Die Parameter des Signals (z. B. Amplitude, Frequcnz usw.) können eingestellt werden. Das Signal muss bei Bedarf verstärkt werden. Wird für die Therapie kein elektrisches Signal benutzt, dann kann ein Wandler (Transducer) notwendig werden, der das elektrische Signal in ein nicht elektrisches Signal umformt. Insgesamt erhalten wir also eine Zusammenstellung, die einer Umkehrung der Signalverarbeitung ähnelt (Abb.VII.40).

Eine periodische Impulssignal-Serie kann mit einem stabilen Multivibrator erzeugt werden (s. „*Digitale Schaltkreiselemente*"). Sinussignale lassen sich mit einem Oszillator erzeugen, dessen zwei Hauptbauelemente der positiv rückgekoppelte Verstärker und der Schwingkreis sind (Abb. VII.41).

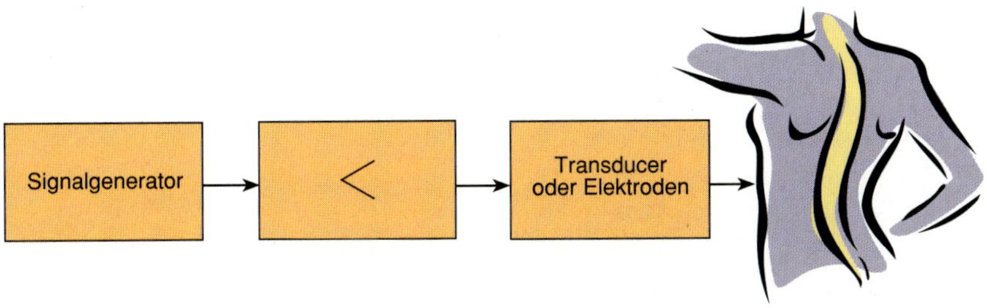

Abb. VII.40. Schema eines elektrischen Therapiegerätes

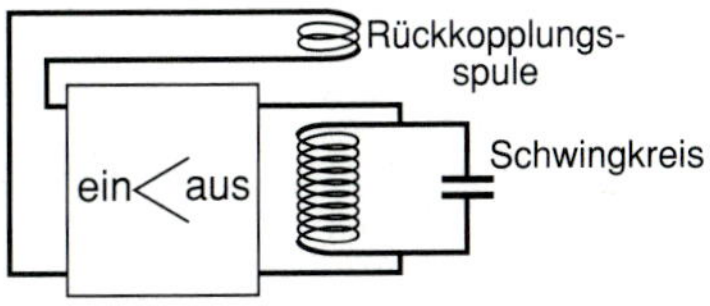

Abb. VII.41. Sinusoszillator

Bemerkung VII.4

Es gibt kompliziertere Diagnosegeräte, die zuerst ein Signal zum Patienten leiten und dann die Antwort detektieren. Beispiele dafür sind die Sonographie, wo die Reflexion des in den Patienten geleiteten Ultraschalls detektiert wird, oder die objektive Audiometrie, wo die elektrische Tätigkeit des Gehirns als Antwort auf Impulstöne gemessen wird. In diesen Fällen liefert die hier als therapeutisch bezeichnete Kette das Signal zum Patienten (Ultraschallimpuls oder Schallimpuls) und die Verarbeitung der Antwort (reflektierter Ultraschall bzw. elektrische Hirnströme) führt die am Anfang des Kapitels eingehend diskutierte signalverarbeitende Kette durch.

Schon in VII/1.4.3 wurde erwähnt, dass der positiv rückgekoppelte Verstärker unter gewissen Voraussetzungen zu oszillieren beginnt. Die Frequenz ist dadurch bestimmt, bei welcher Frequenz die Verstärkung maximal war. Jetzt ändert sich durch Einschalten des Schwingkreises die Charakteristik des Verstärkers. So wird die gemeinsame Übertragung von Verstärker+Schwingkreis bei der Resonanzfrequenz des Schwingkreises maximal. Die positive Rückkopplung wird durch die Rückkopplungsspule erreicht, die an die Spule des Schwingkreises induktiv geschaltet ist (also mit ihr zusammen einen Transformator bildet). Die Oszillation tritt mit zunehmender positiver Rückkopplung bei der Eigenfrequenz des Schwingkreises ein.

Wir können die Funktion des Oszillators auch aus der Sicht des Schwingkreises untersuchen. Danach schwingt der Schwingkreis bei seiner Resonanzfrequenz.

Die Amplitude der Schwingung würde infolge der Verluste abnehmen, aber vom Verstärkerausgang wird die verloren gegangene Energie ständig ersetzt, deshalb bleibt die Amplitude der Schwingung schließlich konstant. Aus dieser Sicht steuert die in der Rückkopplungsspule induzierte Spannung den entsprechenden Takt des Energienachschubs. (Denken wir hier an das Anstoßen einer Kinderschaukel.)

Die Ausgangsspannung des Oszillators ist im einfachsten Fall die Ausgangsspannung des Verstärkers. In gewissen Fällen wird die Ausgangsspannung des Oszillators mit induktiver Kopplung abgenommen. Dann wird eine dritte Spule so platziert, dass diese mit der Spule des Schwingkreises auch einen Transformator bildet. Die Ausgangsspannung wird dann in der dritten Spule induziert. Diese Anordnung kommt bei Wärmetherapiegeräten zur Anwendung (hauptsächlich aus Sicherheitsgründen).

VII/2 Verarbeitung elektrischer Signale von der Körperoberfläche

VII/2.1 Elektrokardiographie

Wie wir wissen, verfügt die Zellmembran über ein Ruhe- und ein Aktionspotenzial. Deshalb halten wir es für begründet, dass die Funktion des Herzens (und jedes anderen Organs) von elektrischen Signalen begleitet ist. Vom Automatiezentrum des Herzens breiten sich Impulse aus, die zuerst die Vorhofkontraktionen, dann die Kammerkontraktionen auslösen. Die dabei auftretenden elektrischen Potenzialänderungen können über Elektroden an der Körperoberfläche und ausreichend empfindliche Spannungsmesser detektiert werden. Das **Elektrokardiogramm** (EKG) ist das (resultierende) Aktionspotenzial der Herzmuskelfasern, registriert an der Körperoberfläche.

VII/2.1.1 Das Aktionspotenzial einer Faser

In einem Fall messen wir den Potenzialunterschied zwischen einer intrazellulär und einer extrazellulär angelegten Elektrode. So erhalten wir die schon diskutierte Aktionspotenzialkurve (III/4.4). Diese wird auch als *monophasisches Aktionspotenzial* bezeichnet. Eine andere Möglichkeit ist, beide Elektroden extrazellulär, auf der Zelloberfläche in einem gewissen Abstand zueinander anzulegen und den Potenzialunterschied zu messen. Das bezeichnet man als *diphasisches Aktionspotenzial*. Abb. VII.42 zeigt das diphasische Aktionspotenzial bei einem Reiz, der sich an der Zelloberfläche in Pfeilrichtung ausbreitet. Der Abschnitt vom Punkt I der Kurve bis zum negativen Maximum weist auf die Depolarisation der Membranfläche unter der Elektrode *A* hin. Vom negativen Maximum bis zum Punkt II erfolgt die Depolarisation auch unter der Elektrode *B*. Vom Punkt II bis zum positiven Maximum erfolgt die Repolarisation auf der Fläche unter der Elektrode *A*. Vom positiven Maximum bis zum Punkt III erfolgt die Repolarisation auch unter der Elektrode *B* und es stellt sich wieder der Ruhezustand ein.

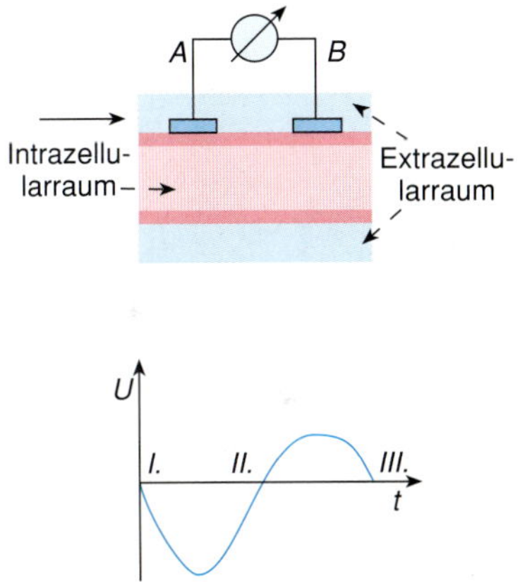

Abb. VII.42. Messung und Messergebnis des diphasischen Aktionspotenzials

VII/2.1.2 Bipolare Ableitungen

Theoretisch lässt sich zwischen jeden zwei Punkten der Körperoberfläche ein Potenzialunterschied messen. In der Praxis werden aber die Elektroden an bestimmten Punkten der Extremitäten und des Brustkorbs angelegt, um vergleichbare Ergebnisse zu erstellen. Die üblichen Positionen der Elektroden an der Brustwand zeigt Abb. VII.43.

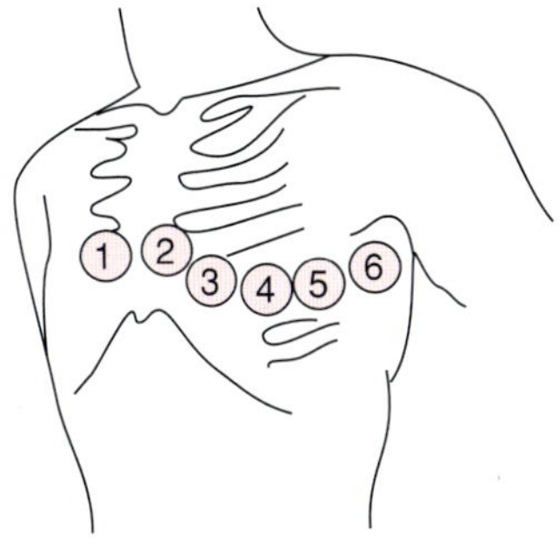

Abb. VII.43. Übliche Anordnung der Elektroden zur Brustwandableitung

Legt man die Elektroden an zwei Extremitäten an, so projiziert sich die Kraftfeldänderung durch den Reizzustand des Herzens auf die Verbindungslinie zwi-

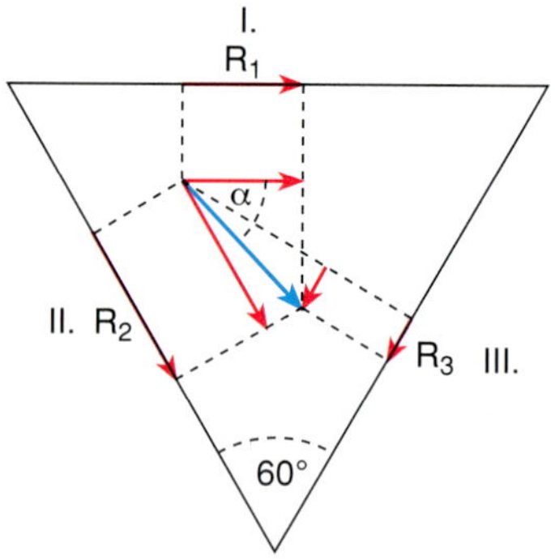

Abb. VII.44. Das Einthoven-Waller-Dreieck. Die Vektoren R_1, R_2, R_3 drücken beim Anlegen der Elektroden in den Spitzen des Dreiecks die Größe und Polarität der gleichzeitig messbaren Spannungsdifferenz der drei Projektionen aus.

schen den Elektroden und wir können sie registrieren. Wird die häufigste Ableitung rechter Arm (RA), linker Arm (LA) und linkes Bein (LB) angelegt, dann können die momentanen Komponenten des sich projizierenden Kraftfeldes als die Projektionen eines Vektors in der Mitte eines gleichseitigen Dreiecks – des sog. Einthoven-Waller-Dreiecks – gezeichnet werden (Abb. VII.44). Der zeitliche Verlauf der Signale ergibt die EKG-Kurven (Abb. VII.45).

Das EKG ist eine Differenzkurve, die den zeitlichen Verlauf der Potenzialdifferenzen zwischen Herzbasis und Herzspitze registriert. Wie auch die Kurvenform zeigt, findet man Abschnitte ohne Potenzialdifferenz, die Kurve verläuft hier auf der Null-Linie, der Isoelektrischen (Abb. VII.45). Das bedeutet nicht, dass das Herz in diesem Moment keine elektrische Aktivität zeigt. Die PQ-Strecke bedeutet z. B. den Teil der Ausbreitung der Reizwelle, bei dem sich der Reiz von den Vorhöfen auf die Kammern ausbreitet. Im Vergleich zur Isoelektrischen gibt es deshalb keine Zacke, weil sich die Potenzialdifferenzen ausgleichen.

Die klassischen RA-LA-LB-Ableitungen werden üblicherweise mit römischen Zahlen gekennzeichnet. Ableitung I erfolgt zwischen RA und LA, Ableitung II zwischen RA und LB und Ableitung III zwischen LA und LB. Die verschiedenen Ableitungen sind zweckmäßig, um das Herz aus verschiedenen Richtungen zu „betrachten". Diese Signale sind natürlich von unterschiedlicher Größe und hängen davon ab, wo die elektrische Hauptachse des Herzens bzw. die frontale Projektion des sie vertretenden Vektors im Einthoven-Dreieck lokalisiert ist.

Willem Einthoven (1860–1927) Der holländische Arzt und Physiologe erhielt 1924 für die Interpretation des Elektrokardiogramms den Nobelpreis für Physiologie.

Danach lässt sich die Erfahrungstatsache erklären, die auch als Einthoven-Waller-Regel bezeichnet wird, dass die Summe der Maxima von R_1 und R_3 mit dem Maximum von R_2 übereinstimmt, d. h.

$$R_1 + R_3 = R_2 . \qquad \text{(VII.16)}$$

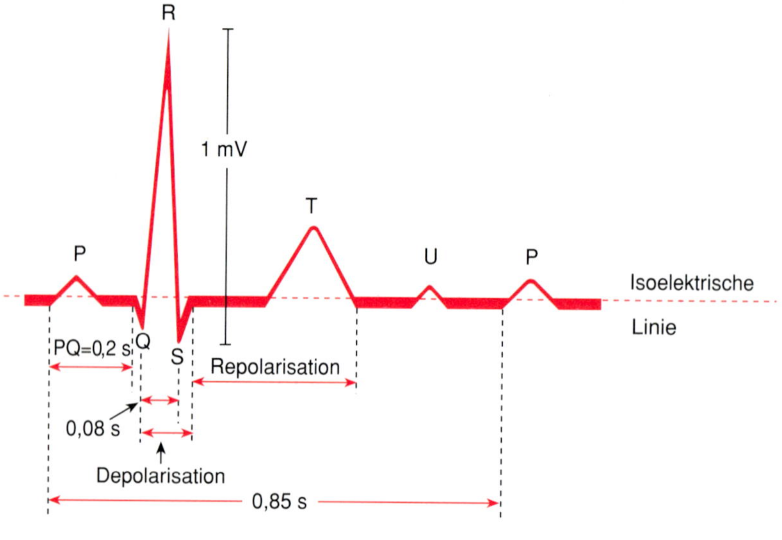

Abb. VII.45. Didaktische Darstellung des EKGs

Betrachten wir nämlich den *R* Vektor, welcher bei der *R*-Zacke die elektrische Hauptachse des Herzens vertritt, und platzieren wir ihn im gleichseitigen Einthoven-Dreieck, so ergibt sich die trigonometrische Identität der vorherigen empirischen Regel:

$$R \cos\alpha + R \cos(120^\circ - \alpha) = R \cos(60^\circ - \alpha) \qquad \text{(VII.17)}$$

Die einzelnen Ableitungen können nämlich als Projektionen des *R* Vektors aufgefasst werden.

Die unterschiedlich hohen Kurven der einzelnen Ableitungen tragen selbst diagnostische Informationen. Die gemessenen Spannungswerte charakterisieren den Reizleitungsapparat des Herzens. Bisher haben wir den Vektor im Einthoven-Dreieck immer auf die gedachte Linie zwischen zwei Elektroden projiziert. Weil sich während der Messung das Potenzial beider Elektroden ändert (differente Elektroden), spricht man von **bipolarer Ableitung**. Die Ableitungen I, II und III, die sog. **Einthoven-** oder **Standardableitungen**, sind bipolare Ableitungen.

VII/2.1.3 Unipolare Ableitungen

Eine unipolare Ableitung erhält man dann, wenn man die Potenzialschwankungen eines gegebenen Punktes der Körperoberfläche mit einer sog. indifferenten Elektrode vergleicht, deren Potenzial wir willkürlich als Null bezeichnen. Ein indifferenter Punkt kann so realisiert werden, dass man die RA, LA und LB Elektroden über einen hohen Widerstand (5-10 kΩ) miteinander verbindet. Den so erstellten indifferenten Punkt bezeichnet man als **Wilson-Punkt** (Wilson Central Terminal, WCT) (Abb. VII.46). Dieser wird bei den unipolaren Brustwandableitungen (Wilson-Ableitungen) benutzt, bei denen die aktive Elektrode an den entsprechenden Punkt der Brustwand platziert ist. Kennzeichen: $V_1 - V_6$.

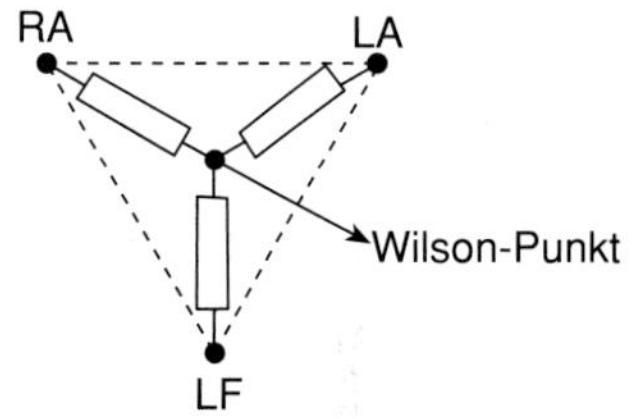

Abb. VII.46. Bildung des Wilson-Punktes

Bei den unipolaren Ableitungen der Extremitäten ist die aktive Elektrode die eine Extremitätenelektrode, der indifferente Punkt wird so gebildet, dass aus dem Wilson-Punkt die gerade aktive Elektrode ausgelassen wird. So erhält man einen quasiindifferenten Punkt, infolgedessen die Wellenamplitude in der EKG-Kurve zunimmt. Diese Ableitungen bezeichnet man als **Goldberger-Ableitungen**, ihre Kennzeichen sind aVR, aVL und aVF. Der Buchstabe **a** weist auf die erhöhte Amplitude hin (augmented), **V** bedeutet die Spannung (voltage) und R, L und F geben die aktive Elektrode an (**r**echter und **l**inker Arm bzw. **F**uß). Wird die differente Elektrode der unipolaren Ableitung zuerst an LA, dann an RA angelegt und die Differenz der beiden Kurven gebildet, dann erhält man Ableitung I usw. Die 3 Einthoven-Ableitungen, die 3 Goldberger-Ableitungen und die 6 Wilson-Ableitungen bilden das sog. 12-Ableitungs-System (Abb. VII.47).

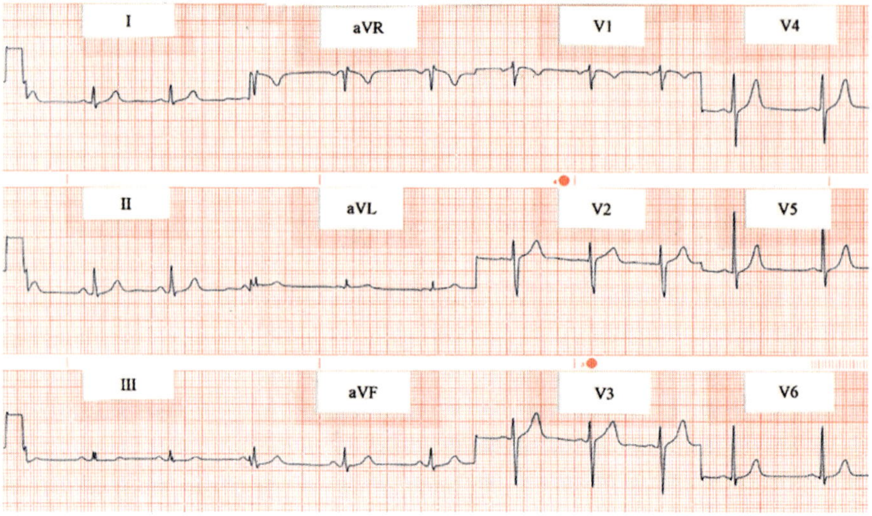

Abb. VII.47. Normales EKG, 12 Ableitungen

VII/2.1.4 Die Verarbeitung des EKG-Signals

Mit Hinsicht auf die Größe der Aktionsströme des Herzens und die Entfernung der Elektroden vom Herzen liegen die Spannungsdifferenzen der EKG-Kurven in der Größenordnung von mV. Die größte Auslenkung, die Spannung der R-Zacke beträgt um 1 mV. Der gesamte Vorhof-Kammer-Komplex dauert – der Herzkontraktion entsprechend – um 0,8 s. Einen bedeutend schnelleren Herzschlag bezeichnet man als Tachykardie, einen bedeutend langsameren als Bradykardie. Die Spannungswerte der Aktionsströme des Herzens können bedeutend niedriger oder höher sein als die Durchschnittswerte von 1 mV. Man spricht von Niederspannung (low-voltage), wenn die Maximalamplitude von R in keiner Ableitung 0,5 mV übersteigt, und von Überspannung (high voltage), wenn die Amplitude der R-Zacke in einer Ableitung 2 mV übersteigt. Die Spannungen, die man auf den drei Ableitungen für die R-Zacken gemessen hat, werden auf die entsprechenden Seiten des Einthoven-Waller-Dreiecks aufgetragen. Daraus lässt sich ein Vektor konstruieren, der dem Herzen zugeordnet werden kann. Diesen Vektor bezeichnet man als **Integralvektor**. Dieser Integralvektor, der aus der Auslenkung durch die Depolarisation der Hauptmuskelmasse der Kammern (aus der R-Zacke) konstruiert ist, ergibt die frontale Projektion der elektrischen Hauptachse des Herzens. Die Größe des Integralvektors hängt davon ab, welche cm-Einheit für die Darstellung von 1 mV gewählt wird, seine Richtungsabweichung von der Horizontalen (s. α in „*Der Integralvektor*") ist aber von diagnostischem Wert.

Die Größe des gemessenen Potenzials hängt von der Herzmuskelmasse ab. Wenn man von einer positiven Auslenkung spricht, muss man sich bewusst sein, dass laut Übereinkunft die Kurve über der Isoelektrischen als positiv und die Kurve unter der Isoelektrischen als negativ bezeichnet wird. Diese Bezeichnung ist unabhängig davon, dass die Depolarisationswellen eine negative Spannung bedeuten.

Der Integralvektor

Den Integralvektor kann man sowohl aus der unipolaren, als auch aus der bipolaren Ableitung konstruieren. Bei unipolarer Ableitung lässt sich Folgendes feststellen. Der Vektor kann zur differenten Elektrode gerichtet sein oder sich von ihr entfernen. Zeigt der Integralvektor während der Depolarisation in Richtung der differenten Elektrode, dann wird die Auslenkung positiv sein, zeigt der Integralvektor in die entgegengesetzte Richtung, so erhält man eine negative Auslenkung. Eine dritte Möglichkeit ist, dass der Integralvektor senkrecht zu dieser Richtung steht. In diesem Fall verläuft die Kurve entlang der Isoelektrischen. Bei der Repolarisation – während der Wiederherstellung des Ruhepotenzials – verursacht der sich der differenten Elektrode nähernde Vektor eine unter die Isoelektrische sinkende Kurve. Entfernt sich die Repolarisationswelle von der Elektrode, erhält man eine positive Kurve.

Bei bipolarer Ableitung sieht man das Folgende: es tritt eine positive Auslenkung auf, wenn der Integralvektor bei der Depolarisation in der I. Ableitung zum linken Arm und in der II. und III. Ableitung zum linken Bein gerichtet ist.

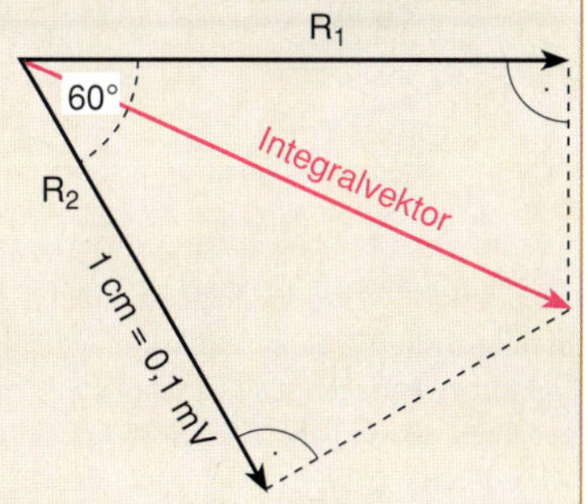

Konstruktion des Integralvektors

Die elektrische Tätigkeit bei der Funktion der quergestreiften Muskulatur ist auch durch Spannungen im Bereich von µV – mV gekennzeichnet. Der Patient muss deshalb bei der Erstellung des EKGs ruhig liegen. Im entgegengesetzten Fall überdecken die Potenziale aus der Funktion der quergestreiften Muskeln die Charakteristika der Herzfunktion. Moderne EKG-Geräte filtern die Störungen durch Muskelfunktion oder durch das Rauschen aus dem Stromnetz automatisch heraus. Diese Geräte sind mit entsprechenden Frequenzfiltern versehen, welche die vom Muskel oder aus dem Stromnetz kommenden Störungen mit charakteristischer Frequenz dämpfen.

VII/2.1.5 Vektorkardiographie

Die unipolare Ableitung ermöglichte das Entstehen der Vektorkardiographie, die eine bedeutend treuere, aber auch komplizierte Abbildung der realen Verhältnisse gibt als die klassischen RA, LA, LB Ableitungen nach Einthoven. Letztere ergeben nur eine Projektion der Integralvektoren. Die Integralvektoren können aus den klassischen Ableitungen auch zeichnerisch dargestellt werden (s. Abb. in „*Der Integralvektor* ").

Bei der Konstruktion des Integralvektors erhalten wir in dem einfachsten Modell zur Beschreibung des elektrischen Feldes des Herzens eine Projektion des Feldstärkevektors auf die Frontalebene. Ähnlich kann auch die Projektion auf die Horizontal- und Sagittalebene konstruiert werden. Mit Hilfe der entsprechenden EDV lassen sich diese Projektionen auch darstellen.

Konstruiert man den Vektor nicht nur für einen Moment, sondern für den gesamten Herzzyklus, so kann der zeitliche Verlauf des Vektors verfolgt werden. Der Übersichtlichkeit halber stellt man nicht den ganzen Vektor und seine Bewegung in der gegebenen Ebene dar, sondern nur seine Endpunkte. Man

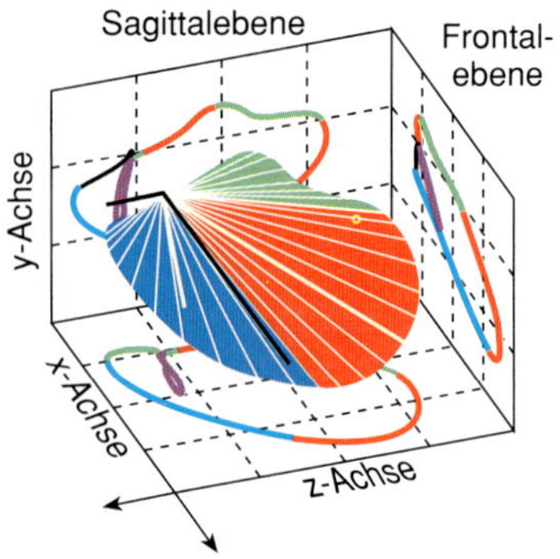

Abb. VII.48. Vektorkardiogramm und dreidimensionale Rekonstruktion der Vektorbewegungen. Die Farben kennzeichnen das zeitliche Nacheinander. Zum Beginn gehört die schwarze Farbe. Die geschlossenen Kurven in den Ebenen stellen die Projektion auf die einzelnen Ebenen dar. Die einzelnen Linien auf der Fläche geben die Richtung und Größe des Feldstärkevektors in dem gegebenen Moment an.

erhält dann eine geschlossene Kurve in der gegebenen Ebene (Abb. VII.48). Die Geschlossenheit der Kurve weist auf die zyklische Herzfunktion hin.

Die EDV-Auswertung der Messungen im 12-Ableitungssystem ermöglicht es, die Änderungen des Feldstärkevektors des Herzens in der Projektion aller drei Ebenen zu verfolgen. Gleichzeitig wird auch eine Art dreidimensionale Rekonstruktion möglich.

VII/2.2 Elektroenzephalographie

Die während der Funktion auftretenden Potenzialänderungen sind für jedes Organ charakteristisch und von diagnostischem Wert. In der Praxis werden in erster Linie die Aktionspotenziale von Herz, Gehirn, Muskel und Retina diagnostisch genutzt. Das Bild der Aktionspotenziale des Gehirns bezeichnet man als Elektroenzephalogramm (EEG), die Methode, die sich mit der Untersuchung der Kurven beschäftigt, ist die **Elektroenzephalographie**.

Ein wesentlicher Unterschied zwischen EKG und EEG besteht darin, dass es sich beim EKG um Spannungen in der Größenordnung von mV handelt, während beim EEG infolge der Abschirmung durch den Schädelknochen Spannungen in der Größenordnung von μV registriert werden müssen. So ist es verständlich, dass die Aufnahme eines EEGs kompliziertere Geräte erfordert. Die Elektroden können auch operativ oder durch einen experimentellen Knochendefekt direkt an das Gehirn angelegt oder bei Experimenten mit sog. Tiefenelektroden in die verschiedenen Schichten des Gehirns eingebracht werden. Die Ableitung von der Hirnrinde bezeichnet man als Elektrokortikographie. Im Gegensatz zur Herztätigkeit mit einer Richtung versorgt das höchste Zentrum des Zentralnervensystems (ZNS) außerordentlich vielseitige Aufgaben. Bei diesen Untersuchungen werden deshalb mehrere unipolare Ableitungen registriert. Dazu gibt es 4-6-8-16-Kanalgeräte, es gibt aber auch speziellen Anforderungen angepasste Spezialapparaturen.

Abb. VII.49. EEG

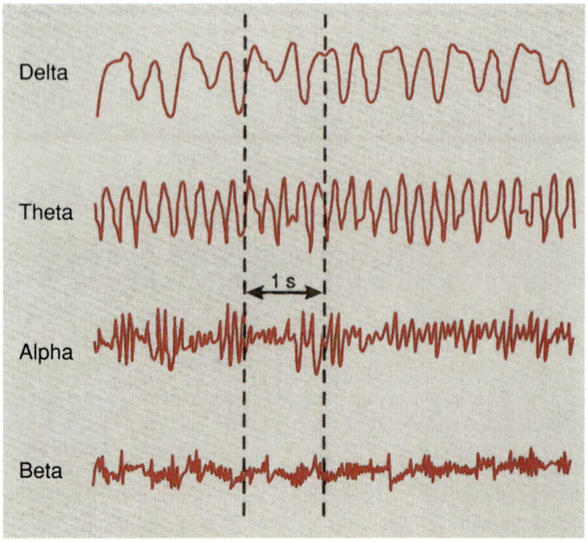

Nach den relativ einfachen und mit einiger Praxis gut unterscheidbaren Zacken des EKG scheint das EEG sehr unübersichtlich. Die EEG-Wellen werden in erster Linie nach ihrer Frequenz klassifiziert (Abb. VII.49). Zum Registrieren eignen sich ein Oszilloskop, ein empfindliches Galvanometer mit Tintenschreiber und bewegter Papierrolle oder ein Computer mit A-D-Wandler. Die Form des EEGs kann bis zu einem gewissen Grad auch vom Gerät deformiert werden. Die im Handel erhältlichen EEG-Geräte können Signale mit Frequenzen von 1 - 100 Hz registrieren, was nicht bedeutet, dass im Gehirn keine Potenzialdifferenzen mit davon abweichenden Frequenzen entstehen können. Außer der Frequenz sind auch Form und Höhe der Wellen von Bedeutung. Die EEG-Wellen mit unterschiedlicher Frequenz und Amplitude sind mit den Buchstaben des griechischen Alphabets bezeichnet.

Als α-Wellen werden die Wellen mit einer Frequenz von 8-13 Hz und einer Amplitude von 20 µV bezeichnet. Diese Wellen sind für den Ruhezustand des Gehirns, z. B. für das Anfangsstadium des Schlafs charakteristisch. Die β-Wellen haben eine Frequenz von 14-50 Hz. Ihre Amplitude ist in der Regel niedriger als die der α-Wellen. Das EEG zeigt β-Wellen, wenn wir die untersuchte Person zu geistiger Arbeit anregen (z. B. rechnen lassen). Die Frequenz der δ-Wellen beträgt 0,5 - 4 Hz, ihre Amplitude 50 – 100 µV, sie treten selten auf. Die θ-Wellen haben eine etwas höhere Frequenz als die δ-Wellen (5 – 7 Hz), sie entstehen in der Regel bei pathologischen Prozessen.

VII/2.3 Elektromyographie

Zur Untersuchung der Funktion von quergestreiften Muskeln bzw. der Erregungsübertragung zwischen Nerven und Muskeln eignen sich **Elektromyographie (EMG)** und **Elektroneurographie (ENG)**. Bei der Elektromyographie wird das von einer Nadelelektrode aus dem quergestreiften Muskel abgeleitete Potenzial bei Ruhe und bei willkürlicher Bewegung des Muskels mit einer Referenzelektrode verglichen. Bei der Elektroneurographie wird der zu untersuchende Nerv mit elektrischen Impulsen erregt und die Muskeltätigkeit ähnlich registriert. Mit Hilfe der Elektroneurographie lässt sich auch die Ausbreitungsgeschwindigkeit des Nervenimpulses messen, wenn derselbe Nerv an zwei unterschiedlichen Stellen erregt und die Zeitdifferenz zwischen den ausgelösten Muskelantworten gemessen wird.

VII/2.4 Elektroretinographie

In der Retina werden Lichtreize in den Rezeptorzellen in elektrische Signale umgewandelt, dann als Reihe von Aktionspotenzialen in den Nervenzellen weitergeleitet. Die durch die Beleuchtung in der Retina ausgelösten Ladungsbewegungen generieren elektrische Potenzialänderungen, die über Elektroden vom Auge abgeleitet und registriert werden können. Die so gewonnenen Kurven bezeichnet man in Anlehnung an EKG und EEG als Elektroretinogramm (ERG). Das ERG zeigt das elektrische Signal des Erregungszustandes der gesamten Retina. Die Analyse des zeitlichen Verlaufs eignet sich zur empfindlichen und objektiven Diagnostik von Erkrankungen der Retina (z. B. Ischämie der Retina).

Eine konventionelle Methode bei der Registrierung des ERG benutzt in Kontaktlinsen eingebaute Elektroden, die an die Kornea angelegt werden. Ihre Potenzialänderungen bei kurzen Lichtblitzen werden mit einer Referenzelektrode an der Stirn verglichen. Mit Änderung der Intensität und der Wellenlänge der Lichtblitze kann man erreichen, dass das elektrische Signal primär von der Funktion der Stäbchen oder Zapfen herrühre. Die Amplitude der ERG-Wellen liegt typisch zwischen ca. 100µV und einigen mV. Die

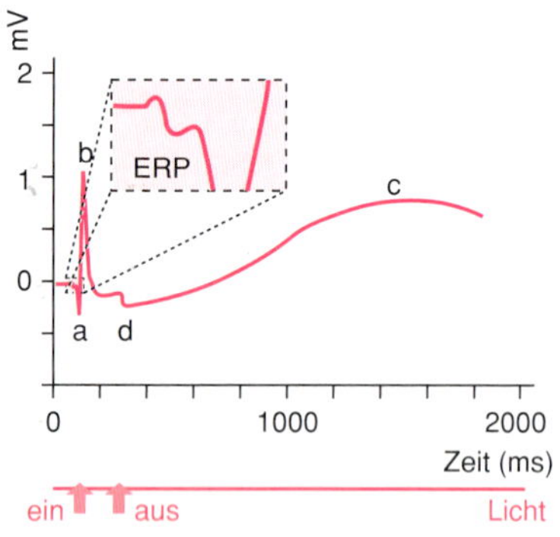

Abb. VII.50. ERG

Dauer der Potenzialänderungen bei Belichtung überschreitet die Belichtungsdauer (Abb. VII.50), weil der Erregung der lichtempfindlichen Moleküle eine Reihe langsamer chemischer Prozesse folgt. Die ERG-Kurve lässt sich bei den üblichen Ableitungen in schnelle und langsame Komponenten einteilen. Zum schnellen Teil gehören die *a*-Welle und die *b*-Welle. Die *a*-Welle kann mit dem Erregungszustand der Rezeptorzelle in Verbindung gebracht werden, während die *b*-Welle in der bipolaren Zellschicht (in den Müller-Zellen) entsteht. Sie dauern einige Zehntelsekunden. Das Aufhören der Erregung kennzeichnet eine kurze negative (Ausschalt-) Zacke (*d*). Die langsame Komponente des ERG ist die aus dem Pigmentepithel stammende *c*-Welle, eine langsame Potenzialzunahme nach der *a*- und *b*-Welle. War der Reiz von sehr kurzer Dauer, so tritt die *c*-Welle erst nach der Ausschaltzacke auf. Sie kann einige Sekunden dauern. In dieser Zeit verlaufen die molekulare Umwandlung und die Regeneration nach den schnellen elektrischen Erscheinungen. Voraussetzung ist, dass die Enden von Stäbchen und Zapfen Kontakt zu intakten Pigmentzellen haben, die Vitamin A enthalten. Ist die Regeneration durch Vitamin-A-Mangel nicht ausreichend, dann kommt es zu einer Schwächung des Dämmerungssehens – zur Nachtblindheit.

Mit Hilfe von Mikroelektroden lässt sich nachweisen, dass noch vor der *a*-Welle eine ca. 3 ms dauernde kleine biphasische Welle erscheint, das sog. schnelle Rezeptorpotenzial (early receptor potential, ERP). Das schnelle Rezeptorpotenzial zeigt wahrscheinlich die Veränderung des Dipolmomentes des Rhodopsinmoleküls bei Belichtung an.

Mit dem multifokalen Elektroretinogramm (mfERG) kann man heute schon die verschiedenen Retinabereiche separat untersuchen. Bei der mfERG-Untersuchung werden die Elektroden wie beim konventionellen ERG angelegt und die elektrische Spannung kontinuierlich gemessen, während vor dem Patienten eine Bilderserie aus hellen und dunklen Sechsecken aufleuchtet (Abb. VII.51). Beim Betrachten des Mosaiks aus sechseckigen Zellen wird die Retina ähnlich mosaikartig belichtet. Die Hälfte der Sechsecke ist immer hell, so fällt trotz der sich ändernden Abbildungen immer die gleiche mittlere Lichtintensität ins Auge. Während die Abbildungen scheinbar zufällig aufblitzen, registriert ein Computer die aufblitzenden Bilder und die elektrischen Signale von der gesamten Retina gekoppelt. Die elektrische Aktivität der einzelnen Retinagebiete wird bei der elektronischen Datenverarbeitung aus der gemeinsamen Analyse der belichtenden Muster und des abgeleiteten elektrischen Signals mathematisch berechnet und kann dann für jedes Bildelement dargestellt werden. Wird die Amplitude der Signale separat dargestellt, so erhält man ein anschauliches Bild von der Funktion der Retina bzw. ihren Abnormitäten. In Abb. VII.51 ist das mfERG eines gesunden Auges dargestellt. Man sieht die bedeutend höhere Aktivität der Fovea im Vergleich zur Umgebung und die Nullaktivität des blinden Flecks.

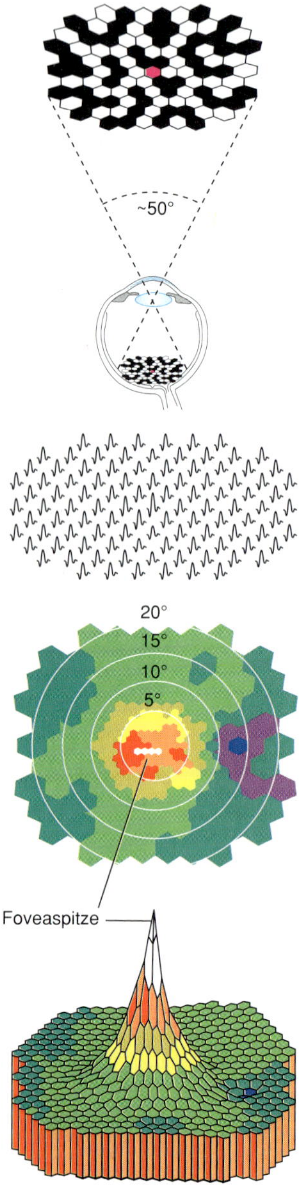

Abb. VII.51. Aufnahmeschema des multifokalen ERG-s (mfERG)

VII/3 Audiometrie

Audiometrische Gehörüberprüfungen gehören zu den Routineverfahren in der Hals-, Nasen-, Ohrenheilkunde. Ihre Aufgaben sind: Feststellung des **Hörverlustes**, Untersuchung von **Lärmschäden** in gewissen Berufszweigen oder individuelle **Einstellung eines Hörgerätes**. Bei der **Schwerhörigkeit** unterscheidet man zwischen **Schallleitungsschwerhörigkeit** und **Schallempfindungsschwerhörigkeit**. Die Audiometrie teilt sich in **Tonaudiometrie** und **Sprachaudiometrie**. Wir diskutieren nur die Tonaudiometrie.

VII/3.1 Tonaudiometrie

Im Vergleich zu Personen mit normalem Gehör charakterisiert den Schwerhörigen eine höhere Hörschwelle. Mit der Tonaudiometrie (reine Sinustöne, s. später) kann man das Maß des **Hörverlustes** bei den einzelnen Messfrequenzen bestimmen. Das sog. **Hörschwellen-Audiogramm** gibt den Hörverlust in Dezibel an (J_{dB}), denn die Phonskala oder die Sonskala bezieht sich auf das normale Gehör. Die Kurve der normalen Hörschwelle wird im oberen Teil des Audiogramms durch eine horizontale Gerade bei 0 dB dargestellt (Abb. VII.52b). Die Abweichung der erhöhten Hörschwelle von der normalen Hörschwelle wird nach unten zunehmend dargestellt.

Abb. VII.52. Ableitung des Audiogramms (b) aus den Kurven gleicher Lautheit (a)

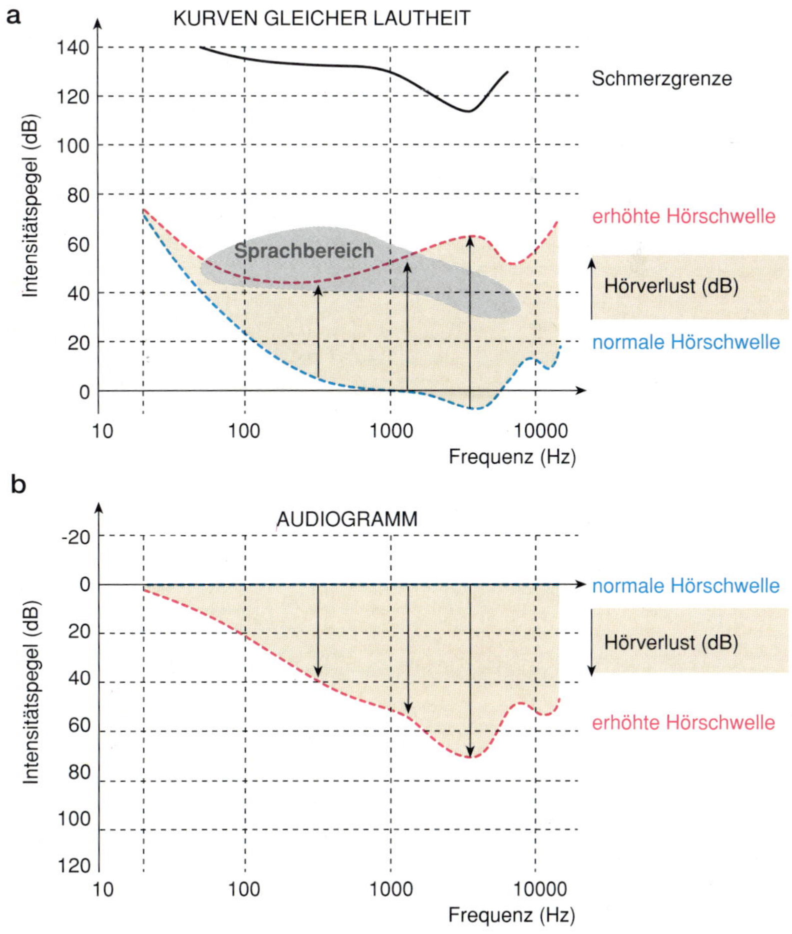

Das **Tonaudiometer** ist ein Tongenerator, dessen einstellbare Sinusausgangsspannung in einen Kopfhörer mit Luftleitung (es gibt auch Knochenleitung) gelangt. Die Messfrequenzen decken fast den gesamten Hörbereich und lassen sich in Oktaven einstellen. Der Intensitätspegel des Tones im Kopfhörer lässt sich durch die Ausgangsspannung des Tongenerators regulieren.

Die **Hörschäden** (bei Lärmbelastung) sind über einem gewissen Intensitätspegel proportional zur erlittenen **Schalldosis** *D*. Die Schalldosis ist proportional zum Produkt aus Intensität

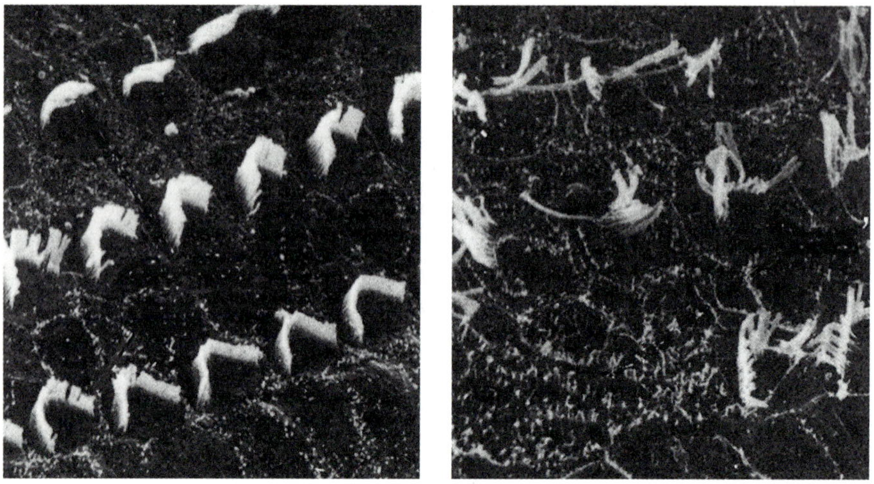

Abb. VII.53. Normale und verletzte Haarzellen eines Meerschweinchens nach einer 24stündigen „Beschallung" mit Rockmusik von 120 dB

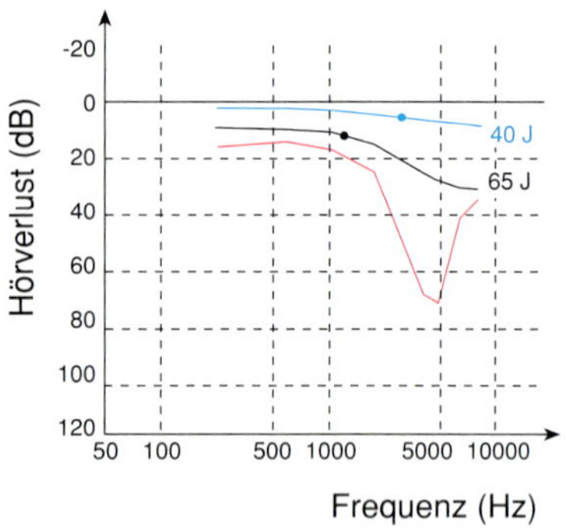

Abb. VII.54. Audiogramme von charakteristischen Hörverlusten. Die Punkte kennzeichnen die Grenzfrequenz (-3 dB). (blaue und schwarze Kurven: Altersschwerhörigkeit, rote Kurve: Hörverlust durch Hörschädigung)

und Zeitdauer ($D = J \cdot t$). In Tierversuchen konnte die Nekrose der Haarzellen im Corti-Organ nachgewiesen werden (Abb. VII.53). Die Verletzung war an den Stellen beträchtlich, die der benutzten Tonfrequenz entsprachen.

Das Altern geht mit der natürlichen, allmählichen Minderung des Hörvermögens einher. Diese Hörminderung beginnt ungefähr im Alter von 20 Jahren und äußert sich in erster Linie in der Abnahme der oberen Grenzfrequenzen des Hörens (Abb. VII.54).

Von Hörschäden spricht man, wenn der Hörverlust mehr als 30 dB beträgt. Die Grenze zeigt die dicke Horizontallinie in Abb. VII.55. Die gestrichelten Vertikallinien markieren den häufigsten Frequenzbereich von Lärmschäden. Die Kurve über der schraffierten Fläche entspricht der normalen Schmerzgrenze.

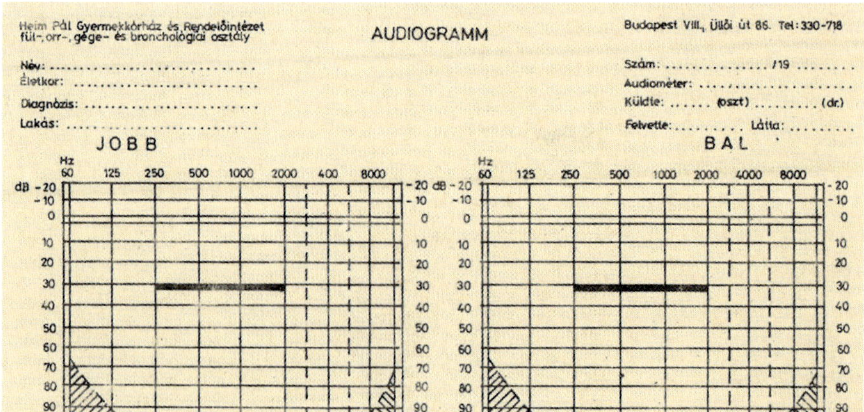

Abb. VII.55. Audiogrammformular aus der ärztlichen Praxis in Ungarn

VII/3.2 Objektive Audiometrie

Bei der Routineaudiometrie erfolgt die Feststellung der Hörgrenze aufgrund der Antworten des Patienten, sie ist also eine subjektive Untersuchung. **Bei der objektiven Audiometrie ist das Untersuchungsergebnis unabhängig von der Antwort des Patienten.** Damit erweitert sich auch das Anwendungsgebiet: Säuglinge, Simulanten, nicht kooperierende Patienten, ja auch das Hören von Versuchstieren kann – in Narkose – mit dieser Methode untersucht werden (Abb. VII.56).

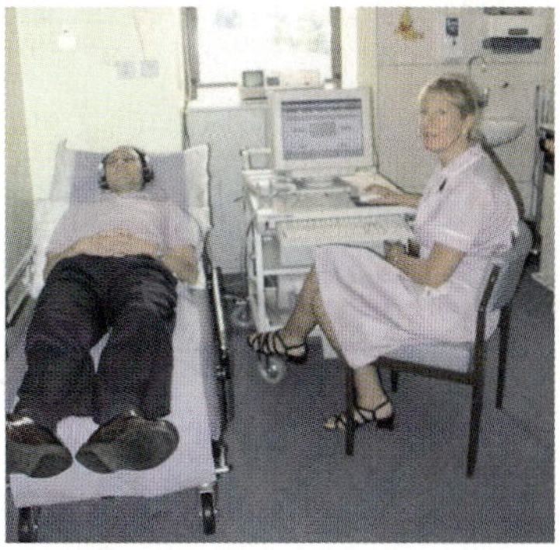

Abb. VII.56. Objektive audiometrische Untersuchung

Die elektrische Aktivität des Hörnerven könnte zwar mit Mikroelektroden gemessen werden (Elektrocochleogramm), aber wegen der Gefährlichkeit der Methode wird sie bei Menschen nicht benutzt. Eine nicht invasive Methode kann das Messen des Potenzials einer hinter dem Ohr angelegten Elektrode gegenüber einer Referenzelektrode – z. B. auf dem Scheitel – sein.

Auch bei optimal auf die Kopfhaut platzierten Elektroden wären nur außerordentlich geringe Potenzialdifferenzen in der Größenordnung von Mikrovolt zu messen. Die Lage ist weiter erschwert durch das Rauschen an den Elektrodenpaaren, das von anderen Aktivitäten des Gehirns (EEG), der Skelettmuskulatur (EMG), des Herzens (EKG) sowie Störspannungen des äußeren elektromagnetischen Feldes stammt und dessen Amplitude in der Regel beträchtlich höher ist als die des zu messenden Signals. So kann das Signal-Rausch-Verhältnis viel kleiner sein als eine Einheit. Es können auch keine Filtertechniken genutzt werden, da der Frequenzbereich des Nutzsignals mit dem des Rauschens fast identisch ist. Mit der Digitaltechnik wurde aber die computergestützte Aufbereitung der im Rauschen „eingebetteten" Signale möglich. Das ist die sog. Signalmittelungsmethode der ausgelösten Potenziale (s. VII/1.1.2). Bei der Untersuchung des Gehörs werden die in der Hörnervenbahn ausgelösten Impulse gemessen, die Bezeichnung der Methode ist: BERA (Brainstem-Evoked-Response-Audiometry).

Bei der objektiven audiometrischen Untersuchung erhält der Patient über Kopfhörer **akustische Reize von gegebener Frequenz und kurzer Dauer** (click). Frequenz und Intensität der Töne sind computergesteuert. Die Reize folgen einander in gleichen Intervallen. **Die durch die unregelmäßigen Hintergrundgeräusche ausgelösten Potenziale werden vom Computer solange gemittelt, bis sich die Potenziale der Hörbahn (BERA) hervorheben.** Beim Menschen erhält man in der Regel aus 2000 Berechnungen der Mittelwerte eine Kurve (Abb. VII.57).

Bei abnehmender Reizintensität ergibt der Mittelwert eine Welle mit immer kleinerer Amplitude. Wenn die Wellen verschwinden, ist die Hörschwelle erreicht. Der Intensitätspegel des gegebenen Reizes ergibt den Wert der Hörschwelle bei der gegebenen Frequenz. Danach wird bei unterschiedlichen Frequenzen (125 Hz – 8 kHz) jede Oktave die **objektive Hörschwelle** gemessen und das Audiogramm konstruiert.

Die charakteristischen Wellen der **BERA**-Kurve (Brainstem Evoked Response Audiometry) entstehen durch die folgenden Umschaltungen der Hörnervenbahn:

I. Nervus cochlearis
II. Nucleus cochlearis
III. Oliva superior
IV. Lemniscus lateralis
V. Colliculus inferior

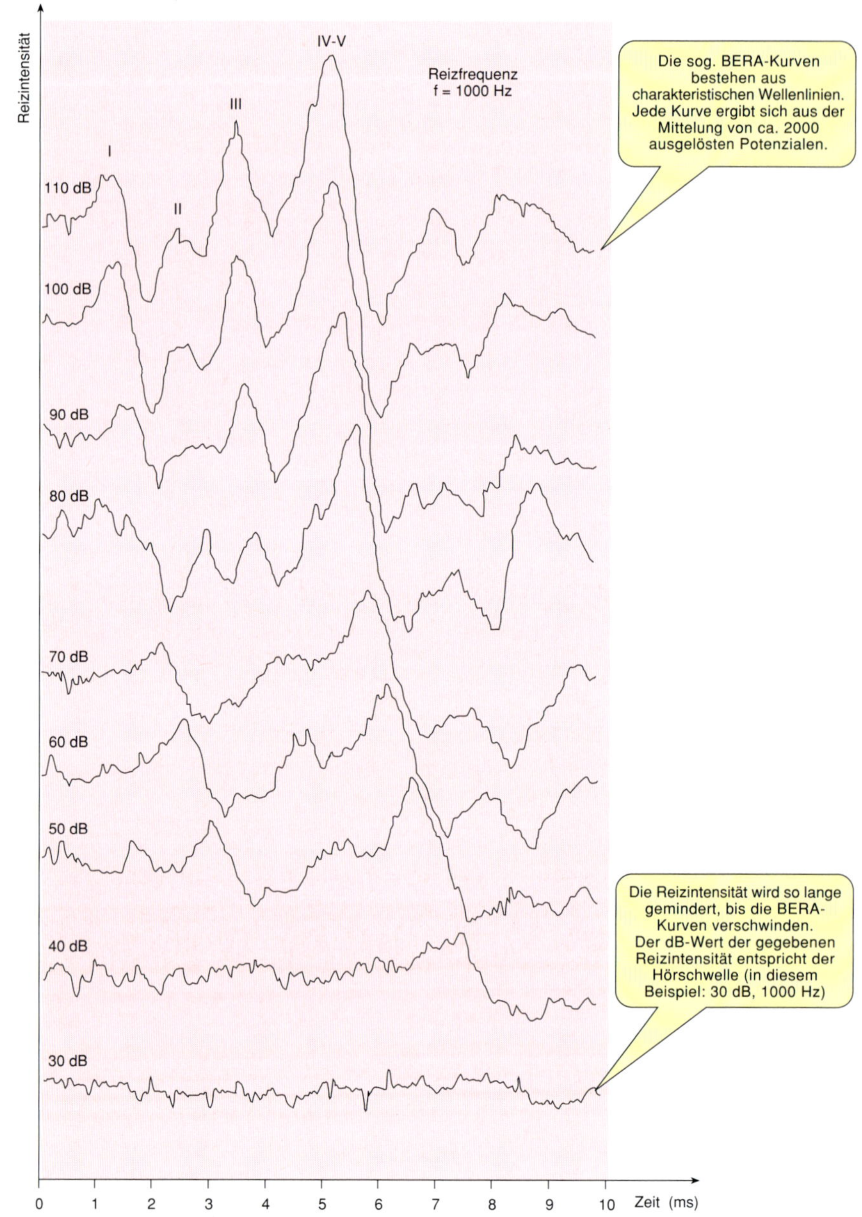

Abb. VII.57. Von Impulsen mit unterschiedlicher Schallintensität ausgelöste sog. BERA-Potenziale. Aus der Messreihe lässt sich ein Punkt des Audiogramms (1000 Hz) konstruieren

VIII. Bildgebende Verfahren

In der medizinischen Diagnostik ist es heute schon zur Gewohnheit geworden, dass die Ergebnisse bildlich dargestellt sind. Die „Bildform" kann aber in der diagnostischen Anwendung auch täuschen, sieht man doch auf dem Bildschirm das Ergebnis von zunehmend unterschiedlichen Messungen zu zunehmend unterschiedlichen Zwecken in der gleichen Form. Die „Bilder" der verschiedenartigen Datensammlungen können also sehr unterschiedliche Informationen enthalten, und so kann die diagnostische Aussage auch sehr unterschiedlich sein. In Abb. VIII.1 sind drei Frontalaufnahmen des menschlichen Schädels dargestellt. Das Objekt ist das gleiche, auch die Bildhaftigkeit, es erscheinen aber die Daten von unterschiedlichen physikalischen Messungen. In Abb. a ist der Absorptionskoeffizient der Röntgenstrahlung, in Abb. b die Protonendichte und in Abb. c die Reflexionsstelle der Ultraschall-Impulse bildlich dargestellt. In diesem Kapitel geben wir einen Überblick über die Messtechniken, welche die Messergebnisse bildlich darstellen, und zeigen, welchen diagnostischen Gehalt die Bildinformationen der einzelnen Datengruppen haben.

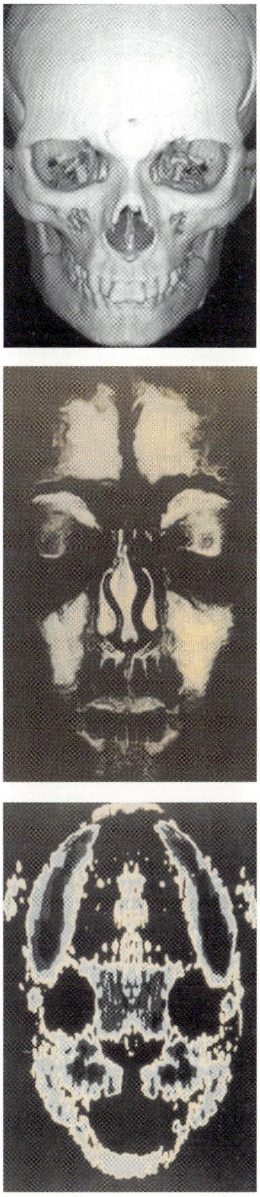
a
b
c

Abb. VIII.1. Frontalbilder des menschlichen Kopfes, erstellt mit unterschiedlichen Diagnoseverfahren: **a.** CT-Aufnahme (dreidimensionale Rekonstruktion), **b.** MRT-Aufnahme, **c.** Sonographie-Aufnahme

VIII/1 Die bildliche Darstellung

Das diagnostische Bild erscheint bei den modernen bildgebenden Verfahren auf einem Bildschirm, d. h. der Wert der darzustellenden physikalischen Größe wird im letzten Schritt des Verfahrens in die Helligkeit (emittierte Lichtintensität) der Leuchtpunkte des Bildschirmes, sog. Pixel (picture element) umgewandelt. Diese letzte darstellende Einheit kann auf unterschiedlichen Verfahren beruhen, aber die Darstellung ist dann möglich, wenn es gelingt, die darzustellenden Größen in elektrische Spannungssignale (s. VII/1.1.4) umzuwandeln. Vor der Darstellung werden die Daten in den meisten Fällen in den Speicher eines Computer eingelesen und zur optimalen Gewinnung der diagnostisch wertvollen Informationen mit einem Computerprogramm kontrolliert (Auswahl, Abfragen interessanter Bereiche, Ablesen des Hintergrundes, Berechnung der Mittelwerte, Unterschiede aus mehreren Aufnahmen usw.).

Obwohl auf dem Bildschirm eine netzartige Anordnung von zweidimensionalen Pixeln erscheint, entsprechen die in den einzelnen Pixeln dargestellten Daten in Wirklichkeit nicht den Elementen einer Ebene mit Null-Dicke. Die Methoden der Messverfahren, z. B. die echten Parameter der Strahlenbündel (z. B. Bündeldurchmesser) markieren nämlich auch die dritte Dimension des Elements. So stellen die Pixel in Wirklichkeit die Eigenschaften eines Volumenelements mit realer Dicke (z. B. mm), das sog. Voxel dar. Das ist z. B. dann von praktischer Bedeutung, wenn die Messung in nebeneinander befindlichen Schichten erfolgt und aus den Daten von mehreren Schichten computergestützt eine Gesamtdatenmenge des makroskopischen Volumens gewonnen wird. In diesem Fall ist das Ziel, einen ausgewählten Bereich (z. B. ein Organ, einen Tumor) eingehender zu analysieren. Es ist also sehr wichtig, die zweidimensionalen Datenreihen auch aus der Sicht der dritten Dimension gut anzupassen.

VIII/2 Oberflächenbilder

Die natürlichste Form der oberflächlichen Bilder ist die alltägliche Photographie, die eine Verteilungskarte der von den Oberflächenelementen eines dreidimensionalen Objektes in die Kamera gestreuten Lichtintensität gibt, projiziert auf eine zweidimensionale Fläche. In der medizinischen Praxis werden zur Diagnostik verschiedene physikalische Parameter der dreidimensionalen Ausdehnung des Patienten auf eine 2D Fläche projiziert.

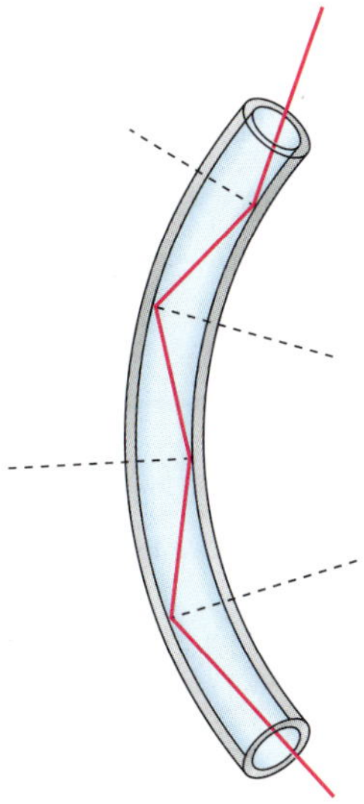

Abb. VIII.2. Ausbreitung des Lichtes in der optischen Faser

VIII/2.1 Endoskopie

VIII/2.1.1 Faseroptik

Die in der Endoskopie benutzte Faseroptik dient der Leitung des Lichtes. Die Lichtleitung basiert auf dem folgenden Prinzip: wenn ein Licht aus einem optisch dichteren Medium in ein optisch dünneres Medium fällt und der Einfallswinkel größer ist als der Grenzwinkel (d. h. als der Winkel, dessen Brechungswinkel 90° ist), so wird es total reflektiert. In den Endoskopen befinden sich lichtleitende Fasern, die aus einem optisch dichten Kern und einem sie umgebenden optisch dünneren Mantel bestehen. Trifft ein Lichtstrahl im Faserinnern im größeren Winkel als dem Grenzwinkel auf die Grenzfläche, so wird das Licht total reflektiert und das Phänomen wiederholt sich an der anderen Seite der inneren Faser (Abb. VIII.2). Im Idealfall, wenn die Faser das Licht nicht absorbiert, wird es sich in der Faser ungeschwächt und vielfach von der Grenzfläche reflektiert ausbreiten. In der Praxis hängt der Wirkungsgrad des Lichtverlustes stark von der Qualität (Reinheit, Homogenität) der optischen Faser ab. Das Endoskop wird sowohl zum Einleiten des Lichtes, als auch zum Ausleiten des Bildes genutzt.

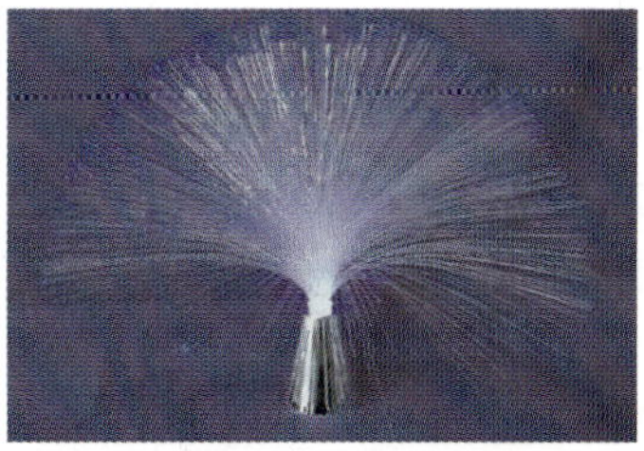

Abb. VIII.3. Optische Fasern

VIII/2.1.2 Die Entstehung des endoskopischen Bildes

Der Durchmesser der optischen Faser beträgt einige μm und entspricht einem Element des endoskopischen Bildes. Die geordneten Bündel aus den Fasern (Abb. VIII.3) eignen sich aber schon zur Weiterleitung von makroskopischen Bildern. Dieses Bild ist beim Blick in das andere Endoskopende direkt zu sehen.

Bei Video-Endoskopen kann das Bild auf einem Monitor betrachtet werden (Abb. VIII.4). Bei diesen Geräten dient die Faseroptik nur der Beleuchtung. Das von der beleuchteten inneren Fläche reflektierte Licht wird über die am inneren Ende des Endoskops eingebaute Optik auf einen winzigen (einige Zehntel cm^2 großen) CCD-Chip projiziert. Der CCD-Bildsensor setzt die Bildelemente in Spannungssignale um, die über ein eingebautes Kabel des Endoskops aus dem Innern des Organismus geleitet werden. Dieses Videosignal wird dann auf dem Bildschirm dargestellt.

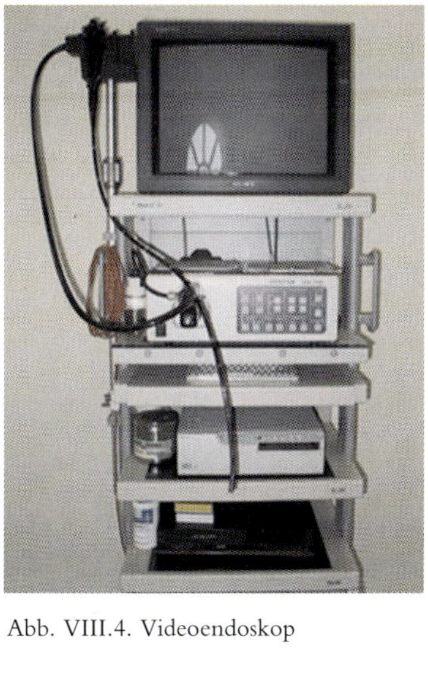

Abb. VIII.4. Videoendoskop

VIII/2.1.3 Endoskopische Verfahren

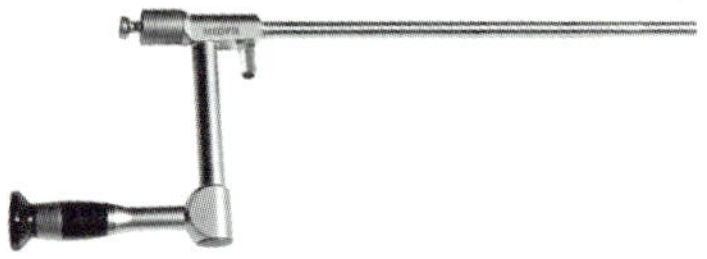

Abb. VIII.5. Laparoskop

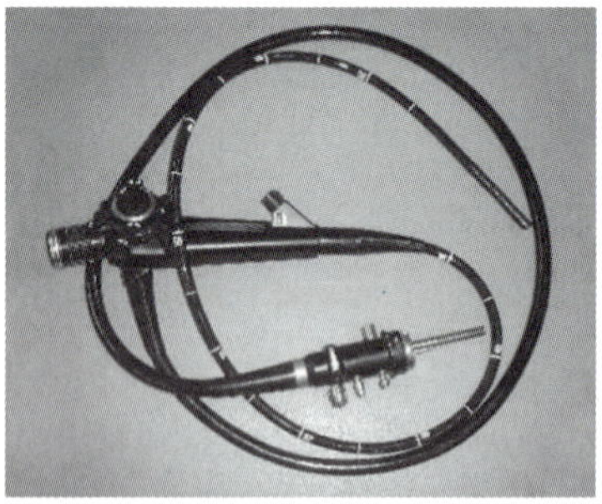

Abb. VIII.6. Gastroskop

Abb. VIII.7. Kapsel-Endoskop

In Abhängigkeit von Anwendungsort und -art kann das Endoskop starr oder biegsam sein. Ein starres Rohr ist z. B. das bei kleineren Bauchoperationen eingesetzte Laparoskop (Abb. VIII.5) oder das Arthroskop zur Untersuchung und Behandlung von Gelenken. Beispiele für biegsame Endoskope sind das Gastroskop (zur Magenuntersuchung, Abb. VIII.6) oder das Bronchoskop (zur Untersuchung des Bronchialsystems). Die starren Endoskope haben in der Regel eine Länge von 20 – 30 cm, während die flexiblen mehrere Meter lang sein können.

Das Endoskop enthält außer den Beleuchtungs- und Bildleitungselementen auch einen oder mehrere Arbeitskanäle. Durch diese können Eingriffe mit Scheren, Pinzetten oder Drahtschlingen, die mit Stromleitung als elektrische Messer fungieren, durchgeführt werden, wie z. B. die Entfernung von Polypen. Das entfernte Gewebe kann zur histologischen Untersuchung durch denselben Arbeitskanal entnommen werden. Über einen anderen Arbeitskanal kann in die betroffene Körperhöhle Luft geblasen werden, um bessere Sichtverhältnisse zu schaffen.

Das neueste Gerät zur Untersuchung der Dünndärme ist eine Kapsel von einigen Zentimetern, die der Patient schluckt (Abb. VIII.7). Die Kapsel gleitet durch den Verdauungstrakt und beleuchtet mit der eingebauten Batterie und Lichtquelle den Darmtrakt und übermittelt durch einen CCD-Bildsensor sowie einen Miniatursender Signale auf den Videoempfänger, den der Patient in einer Seitentasche bei sich trägt. Das Gerät funktioniert kontinuierlich über 8 Stunden. Nach Beendigung der Funktion wird es auf natürlichem Wege mit dem Stuhlgang ausgeschieden. Nach Abschluss der Untersuchung werden die Bilder computergestützt verarbeitet und auf dem Bildschirm dargestellt. Natürlich ermöglicht die Kapsel nur die Weiterleitung der Bilder und keine Entnahme einer Gewebeprobe sowie keinen anderen Eingriff.

VIII/2.2 Thermographie

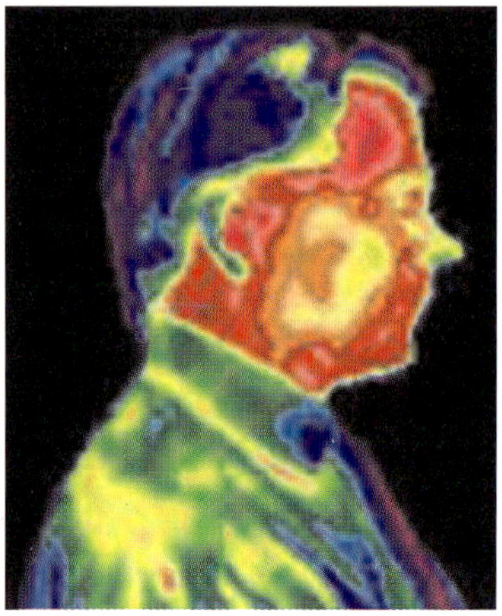

Abb. VIII.8. Thermogramm. Die wärmeren Farben kennzeichnen höhere Temperaturen

Die Thermographie gibt von Punkt zu Punkt Aufschluss über die Änderungen der Temperatur an der Körperoberfläche. Zur Kartographie der Oberflächentemperatur wurden zwei Methoden entwickelt. Bei der **Kontakt- oder Plattenthermographie** wird ein cholesterischer Flüssigkristall-Film auf den Körper gelegt. Aus der Farbe des Films kann die Temperatur der darunter liegenden Fläche bestimmt werden (s. I/3.4.2). Die **Infrarotthermographie oder Infrarotdiagnostik** basiert auf dem Detektieren der Temperaturstrahlung des Körpers (s. II/2.2.1).

Das Emissionsmaximum der Temperaturstrahlung im Temperaturbereich des menschlichen Körpers (T~310K) liegt um 10 μm. Für die infrarote Thermographie wählt man deshalb diese Wellenlänge. Die Objektivlinse der detektierenden Infrakamera ist in diesem Bereich durchsichtig. Solche Linsen bestehen z. B. aus Germanium oder Zinkselenid (ZnSe). Die Bildplatte basiert auf dem Prinzip der Photoleitung und enthält 256 x 256 oder mehr Detektoren. Das Verfahren wird hauptsächlich zum Nachweis von Entzündungsherden und Tumoren genutzt, weil ihre Temperatur höher ist als die ihrer Umgebung. Bei Kreislaufstörungen sieht man in der Regel eine verminderte Temperatur der geschädigten Gebiete. Die verschiedenen Temperaturen stellen sich auf dem Bild als verschiedene Farben dar (Abb. VIII.8).

In den letzten Jahren wird außer der **Infrarotthermographie** auch die **Mikrowellenthermographie** angewendet. Diese Methode wurde zur Diagnostik des Brustkrebses entwickelt. Im Vergleich zur infraroten Emission des menschlichen Körpers ist die Intensität der emittierten Strahlung im Mikrowellenbereich um Größenordnungen geringer, deshalb sind zum Messen bedeutend empfindlichere Detektoren erforderlich. Die Eindringtiefe der Mikrowellen in die Körpergewebe ist jedoch bedeutend größer als die der Infrarotstrahlung. Umgekehrt kann deshalb die Strahlung der tiefer liegenden Teile auf die Körperoberfläche gelangen und so gewinnt man auch mehr Informationen über die Temperatur der tiefer liegenden Gewebe. Parallel dazu verschlechtert sich aber das räumliche Auflösungsvermögen.

Eine Möglichkeit der Weiterentwicklung ist, die Strahlung gleichzeitig im cm- und mm-Wellenlängenbereich zu detektieren. Mit dem cm-Bereich kann man tiefer einsehen, im mm-Bereich ist die räumliche Auflösung besser. Das simultane Detektieren vereint beide Vorteile.

VIII/2.3 Elektrische Potenzialkarte

Aufgrund der elektrischen Signale (s. VII/2), die sich von der Körperoberfläche ableiten lassen, kann man eine Karte von der wahrscheinlichen elektrischen Potenzialverteilung an einem Körperteil erstellen. Dazu müssen auf der gegebenen Körperfläche mehrere Elektroden platziert werden. Im vorherigen Kapitel wurden die Probleme der Darstellung und Verarbeitung dieser Signale behandelt. Untersucht man die elektrische Hirnaktivität, so können die registrierten EEG-Werte nicht nur dargestellt werden, sondern man kann auch anhand der an einzelnen Punkten gemessenen Signale eine Potenzialkarte des Gehirns erstellen (Abb. VIII.9). Mit einer ähnlichen Methode lässt sich auch eine elektrische Potenzialkarte der Herztätigkeit aus Messungen an der Brustwand erstellen.

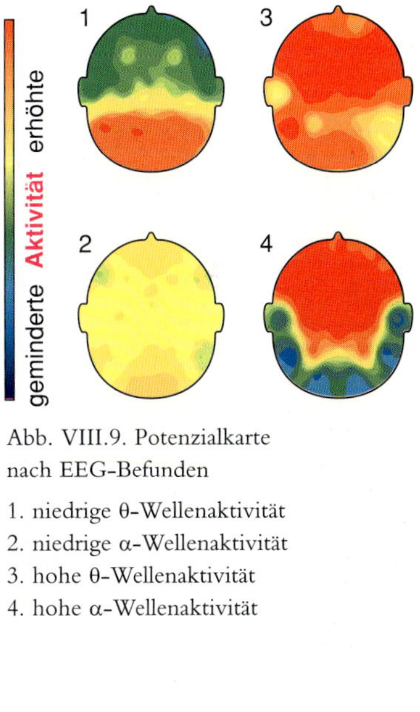

Abb. VIII.9. Potenzialkarte nach EEG-Befunden

1. niedrige θ-Wellenaktivität
2. niedrige α-Wellenaktivität
3. hohe θ-Wellenaktivität
4. hohe α-Wellenaktivität

VIII/3 Summationsverfahren

VIII/3.1 Methoden auf der Basis der Absorption der Röntgenstrahlung

VIII/3.1.1 Röntgendurchleuchtung

Die konventionellen Röntgenbilder werden auf einem lumineszierenden Schirm (Röntgenbildschirm) oder auf Röntgenfilmen erstellt. Der Röntgenstrahl durchdringt die hinter einander liegenden Gewebeschichten mit unterschiedlicher Röntgendichte (Schwächungskoeffizienten), an der Intensitätsschwächung nehmen alle Schichten teil:

$$J = J_0 \cdot e^{-(\mu_1 x_1 + \mu_2 x_2 + \ldots)} , \qquad \text{(VIII.1)}$$

wobei μ_k der Schwächungskoeffizient der einzelnen (z. B. k-ten) Schichten und x_k die Dicke der zugehörigen Schicht sind.

Die Stärke des Lumineszenzlichtes auf dem Röntgenschirm bzw. die Schwärzung des Filmes hängen von der resultierenden Röntgendichte ab, welche der Ausdruck

$$\lg \frac{J_0}{J} = (\mu_1 x_1 + \mu_2 x_2 + \ldots) \cdot \lg e \qquad \text{(VIII.2)}$$

angibt. Mit anderen Worten: die Schatten der hinter einander befindlichen Einzelheiten projizieren sich aufeinander. In diesem Summations- oder Superpositionsbild kann die dritte Dimension in der Strahlenrichtung nicht mehr in ihre Details aufgelöst werden.

Bei der Entwicklung der röntgendiagnostischen Methoden wurden die Forscher von drei Hauptaspekten geleitet:

- Lösung der Tiefenauflösung
- Minderung der Röntgendosis, die für den Kontrast der Röntgendurchleuchtung erforderlich ist
- Erstellung eines optischen Bildes statt der fixierten Aufnahmen auf dem Röntgenfilm.

Die technische Entwicklung bot nämlich schon vor Jahrzehnten solche elektronischen Einheiten (s. Halbleiter, VII/1.3), die in der Lage waren Photonen des optischen Bereichs in elektrische Spannungssignale umzusetzen (z. B. Photowiderstand). So gelangen wir mit der Transformation optischer Bildelemente in Spannungssignale zu Daten, die sich schon in ein EDV-System eingeben, verarbeiten und speichern lassen.

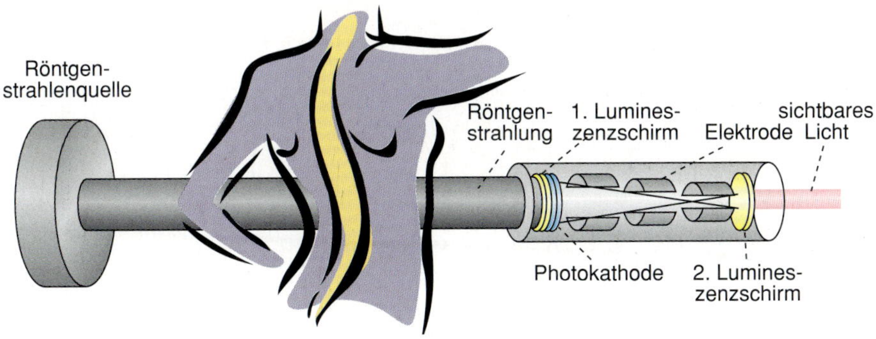

Abb. VIII.10. Schema des Röntgenbildverstärkers

VIII/3.1.2 Elektronische Röntgenbildverstärker (Bildwandler)

Der Röntgenbildwandler mindert die erforderliche Strahlendosis und erstellt das Röntgenabsorptionsbild statt auf einem Film in Form eines digitalisierbaren optischen Bildes. Sein Nachteil ist, dass der Bildwandler im Vergleich zum Röntgenfilm ein stark verkleinertes Bild erstellt und so die räumliche Auflösung abnimmt. Der schematische Aufbau eines Röntgenbildwandlers ist in Abb. VIII.10 dargestellt: In einem Glaskolben befinden sich im Vakuum zwei Lumineszenzbildschirme, eine Photokathode und ein zylindersymmetrisches Elektrodensystem. Das Bild des durchleuchteten Körpers wird im ersten Schritt auf dem 1. Lumineszenzschirm erstellt. Dort entstehen Photonen, die proportional zur Intensität des Bündels der Intensität der vom Körper geschwächten Strahlungsintensität entsprechen. Im folgenden Schritt projiziert sich das Lumineszenzlicht von den einzelnen Punkten auf die entsprechenden Punkte der Photokathode. Dort löst es eine Anzahl von Photoelektronen aus, die proportional zur Intensität (Photonenzahl) ist. Die an Kathode und Elektrodensystem gelegte Spannung (25-30 kV) erzeugt ein elektrisches Feld, das für die aus der Photokathode austretenden Elektronen – außer ihrer Beschleunigung – die Rolle einer bildgebenden Elektronenlinse spielt. Die beschleunigten Elektronen fallen auf den 2. Lumineszenzschirm, auf dem mittels der Elektronenlinse das Röntgenbild des 1. Schirmes in Form eines optischen Bildes erscheint. Dieses Bild ist reell, umgekehrt, verkleinert und hat – was besonders wichtig ist – dank der hochenergetischen Elektronen (25-30 keV) eine hohe Leuchtkraft. Dieser Umstand ermöglicht die weitere Bildverarbeitung.

Die Anwendung des Röntgenbildwandlers hat zahlreiche Vorteile:

- Die Strahlenbelastung für den Patienten (und den Arzt) lässt sich gegenüber der einfachen Durchleuchtung auf 10-20% mindern
- Die gemeinsame Anwendung von Bildwandler – Videokamera – Kathodenstrahlröhre gibt auch ohne Verdunkelung ein gut sichtbares Röntgenbild, was die Röntgenkontrolle bei verschiedenen medizinischen Eingriffen ermöglicht (Abb. VIII.11)
- Das Signal der Videokamera (Videosignal) lässt sich festhalten und auch wie ein Film zurückspielen
- Er ermöglicht die digitale Röntgenbilderstellung bzw. Bearbeitung.

Abb. VIII.11. Anordnung für die Röntgenkontrolle

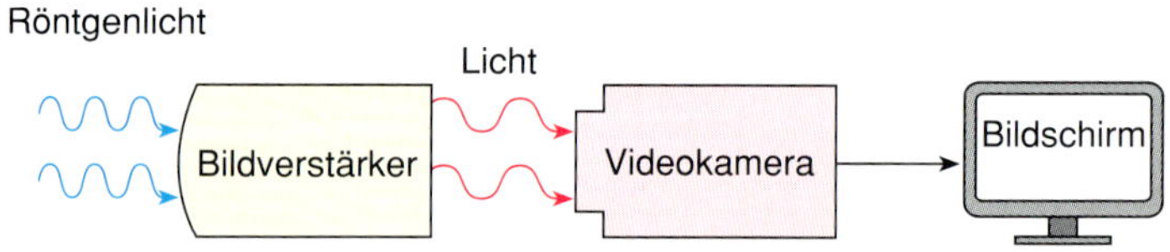

Der Bildwandler wird oft als sog. C-Bogen benutzt. In diesem Fall stehen sich auf einem halbkreisförmigen (an ein „C" erinnernden) Haltearm an einem Ende die Röntgenröhre und am anderen Ende der Bildwandler gegenüber. Der C-Bogen kann zur beliebigen Durchleuchtung des liegenden Patienten eingestellt werden.

VIII/3.1.3 Erstellung digitaler Röntgenbilder

Eine mögliche Lösung bietet die Zusammenstellung der Abb. VIII.12: Bildwandler – Videokamera – Analog-digital-Wandler – Computer – Bildschirm. Von den Vorteilen der computergestützten Bildbearbeitung sei hier das Hervorheben eines beliebigen Teils des Kontrastbereichs erwähnt.

In einem Scanner (Abb. VIII.13), der zur Digitalisierung von auf Röntgenfilmen befindlichen Röntgenaufnahmen konstruiert wurde, durchleuchtet Laserlicht den Film Reihe für Reihe und Punkt für Punkt. Ein lichtempfindlicher Detektor (Photodiode oder Phototransistor) erzeugt die zur Lichtintensität der Punkte proportionale Signalspannung, die nach Analog-digital-Wandlung in den Computer eingelesen wird. So kann man auch bei älteren Röntgenaufnahmen die Vorteile der digitalen Bildverarbeitung genießen.

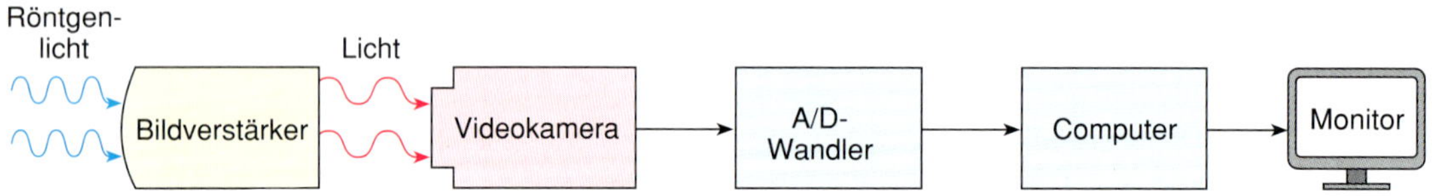

Abb. VIII.12. Schema einer Anordnung zum Erstellen digitaler Röntgenbilder

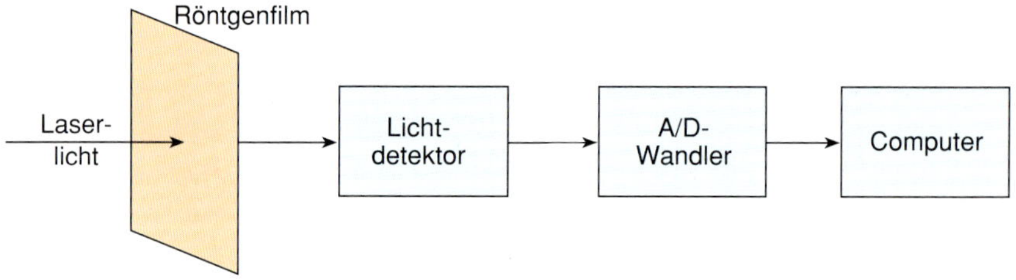

Abb. VIII.13. Schema einer Anordnung zum Scannen von Röntgenbildern

VIII/3.1.4 Digitale Subtraktionsangiographie (DSA), kurz: digitale Angiographie (DA)

Die DSA-Methode ist ein sehr wichtiges praktisches Anwendungsgebiet des Röntgenbildwandlers. Bei der angiographischen Diagnostik ist nämlich die niedrige Auflösung kein Problem, weil sie auch so zur Erstellung des Befundes ausreicht. Die Methode erfordert aber unbedingt elektronische Datenverarbeitung, was durch das optische Bild des Bildwandlers ermöglicht ist.

Das Verfahren ist das folgende. Von den untersuchten Gefäßen (und ihrer Umgebung) werden bei gleicher Einstellung zwei Aufnahmen erstellt: eine sog. Nativaufnahme vor Applikation des Kontrastmittels und eine zweite mit Kontrastmittel. Der Computer subtrahiert von Punkt zu Punkt die Elemente der ersten Aufnahme von denen der zweiten Aufnahme. Das Differenzbild stellt so nur (oder größtenteils) die Bereiche (Blutgefäße) dar, die Kontrastmittel enthalten (Abb. VIII.14).

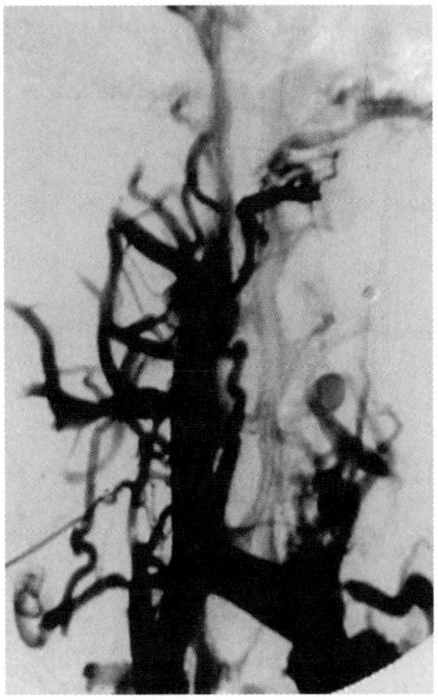

Abb. VIII.14. DSA-Bild *(www.images.md)*

VIII/3.2 Techniken mit radioaktiven Indikatoren: Szintigraphie

γ-strahlende radioaktive Isotope können unter Ausnutzung des Metabolismus zur Funktionsuntersuchung einzelner Organe oder zum Nachweis und zur Lokalisation pathologischer Gewebebereiche (Tumore, Herde) genutzt werden. Die γ-Strahler sind deshalb von Vorteil, weil die Strahlung im Organismus relativ gering absorbiert wird und es auch radioaktive Isotope gibt (z. B. ^{99m}Tc), die chemisch an Moleküle des Stoffwechsels (z. B. Glukose, Albumin) gebunden und so in den Organismus eingebracht werden können. Diese radioaktiv markierten Moleküle bezeichnet man als Radiopharmaka. Mit der Wahl geeigneter Trägermoleküle kann man einzelne Organe, ihre Funktion selektiv markieren. Früher benutzte man kleine Szintillations-Kristalldetektoren (s. „*Szintillationskristalle und Photomultiplier*"), die in der Nähe eines bestimmten Organs (z.B. Schilddrüse, Niere) platziert die Aktivität als Funktion der Zeit detektierten oder schrittweise über dem Körper bewegt (Scannen) die Aktivität jedes Elementes als punktförmiges Bild erstellten (s. II/3.2.2). Heute benutzt man **Gammakameras** mit großen Kristalldetektoren, die ohne Bewegung in der Lage sind, die Aktivitätsverteilung einer größeren Fläche (einer Kreisfläche mit ~ 50 cm Durchmesser) zu messen und mit wiederholter Messung die zeitlichen Veränderungen des gesamten untersuchten Bereichs zu bestimmen.

Mit der **Gammakamera** lässt sich die zweidimensionale Projektion der Strahlung detektieren, die beim Zerfall der zur Diagnose in den menschlichen Körper eingebrachten Radiopharmaka emittiert wird. Detektiert wird mit einem Szintillationskristall. Solche Materialien sind z. B. NaI, CsF, BaF_2. In diesen Stoffen erzeugt das Aufschlagen der γ-Photonen Lichtblitze, die aus der Kathode des an den Szintillationskristall angelegten Photomultiplier (Lichtverstärker) Elektronen ausstoßen.

Szintillationskristalle und Sekundärelektronenvervielfacher (SEV, Photomultiplier)

Im Szintillationskristall werden durch hochenergetische γ-oder Röntgenphotonen über den Photoeffekt und den Compton-Effekt (die Paarbildung kann bei diagnostischer Anwendung vernachlässigt werden) angeregte Elektronen mit hoher kinetischer Energie freigesetzt. Längs ihrer Bahn erzeugen diese Elektronen teils neue Elektronen mit beträchtlicher kinetischer Energie, teils regen sie Elektronen an und geben so Energie ab. Je geringer ihre kinetische Energie ist, desto größer ist die Wahrscheinlichkeit der Anregung. Die in den Szintillationskristallen angeregten Elektronen geben ihre überschüssige Energie mit hohem Wirkungsgrad in Form von Lumineszenz ab. Im Endergebnis erzeugt ein hochenergetisches Photon viele sichtbare Lichtphotonen. Da der Prozess in sehr kurzer Zeit abläuft, nehmen wir einen Lichtblitz (Szintillation) wahr. Die Zahl der Lichtphotonen ist proportional zur abgegebenen Energie der γ-oder Röntgenphotonen. Beim Photoeffekt stimmt sie praktisch mit der Photonenenergie überein, beim Compton-Effekt ist sie geringer.

Die so erzeugten Lichtphotonen werden von einem Photomultiplier in elektrische Signale umgeformt. Aus der Photokathode lösen sich infolge der photoelektrischen Wirkung Elektronen. Im Innern der Röhre herrscht Vakuum, damit die Bewegung der freien Elektronen nicht durch Zusammenstöße gehemmt wird. Zwischen Anode und Kathode ist eine hohe positive Spannung gelegt, so dass an den dazwischen befindlichen Elektroden die Spannung in Richtung Anode zunimmt. Die Anordnung der Elektroden garantiert, dass die freigesetzten Elektronen zuerst zur ersten Elektrode hin beschleunigt werden. Erreichen sie diese Elektrode, so ist ihre kinetische Energie ausreichend hoch (z. B. bei 100 V 100 eV), dass sie neue Elektronen freisetzen können. So kann ein Elektron mehrere neue Elektronen auslösen (Elektronenvervielfachung). Diese werden zur nächsten Elektrode hin beschleunigt, wo sich der Prozess wiederholt. So werden die sehr vielen Elektronen (10^{10}-10^{12}mal soviel wie ursprünglich) bis zum Erreichen der Anode einen beträchtlichen elektrischen Strom erzeugen. Da die Lichtimpulse sehr kurz sind, sind auch die elektrischen Impulse kurz. Bei diesem Prozess entspricht ein elektrischer Impuls einem γ- oder Röntgenphoton. Die Größe des Impulses (Amplitude) ist proportional zur Größe der abgegebenen Energie, d. h. im Fall des Photoeffektes der Photonenenergie. Der Compton-Effekt erzeugt dem obigen entsprechend elektrische Impulse mit geringerer Amplitude.

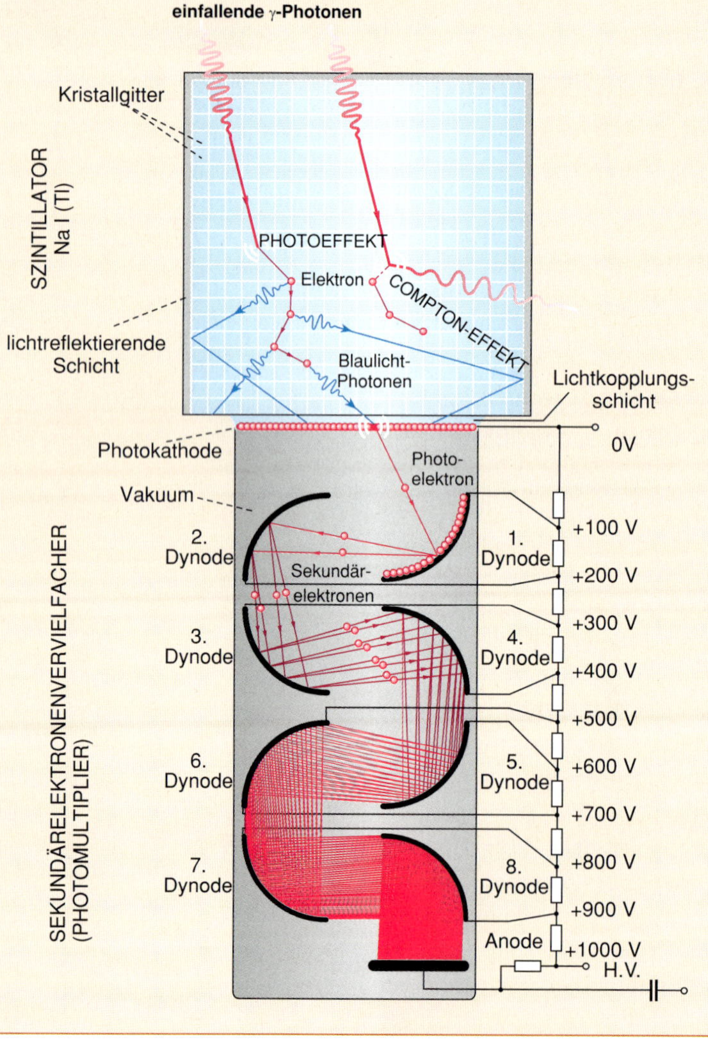

Um das untersuchte Organ abzubilden, sind räumliche Punkte/Bereiche zu definieren, deren gemessene Aktivität die einzelnen Elemente für das Isotopenverteilungsbild liefert. Das lässt sich mit einem **Kollimator** vor dem Sensorkristall garantieren. Der Kollimator ist nichts anderes, als eine strahlungsabsorbierende, ausreichend dicke Bleiplatte, in die senkrecht zur Fläche zahlreiche, parallel verlaufende winzige Löcher gebohrt sind. Von den γ-Photonen, die den Organismus verlassen, erreichen nur die den Szintillationskristall, die parallel oder fast parallel zur Lochachse eintreffen (Abb. VIII.15). So entsteht an der Kristallfläche die zweidimensionale Projektion der dreidimensionalen Radioaktivitäts-Verteilung des untersuchten Organs. Für eine bessere Abbildung werden an den Szintillationskristall nicht ein, sondern zahlreiche Photomultiplier angeschlossen (Abb. VIII.16). Dazu wurden besondere sechseckige Photomultiplier entwickelt, und in der Regel wird ein einziger großer Kristall der Kamera mit 35-70 von ihnen bedeckt. Das Szintillationslicht breitet sich aber nicht nur in einer Richtung aus, und es verbreitert sich in der lichtleitenden Schicht zwischen den Detektoren noch weiter, so wird das Eintreffen eines einzigen γ-Photons von mehreren Photomultipliern wahrgenommen. Weil die in der Nähe des Lichtblitzes befindlichen Photomultiplier bedeutend mehr Photonen sammeln als die entfernteren, lässt sich die Aufschlagstelle des γ-Photons bestimmen. Die Orts- und Zeitkoordinaten der Szintillationen werden im Computer gespeichert und nach dem Registrieren ausreichend vieler Ereignisse wird das Projektionsbild mit einem sog. Rekonstruktionsprogramm erstellt. Diese **Szintigramme** können auf dem Bildschirm farbkodiert dargestellt werden.

Es gibt statische und dynamische Szintigramme. Die statischen Szintigramme erscheinen als Summationsbild einer Langzeitaufnahme, während die dynamischen Szintigramme Serien von filmartigen Verlaufsaufnahmen sind. Auf jedem Szintigramm der Verlaufsaufnahmen kann ein für die Untersuchung interessantes Gebiet (ROI- **R**egion **O**f **I**nterest) markiert werden, dessen zeitliche Aktivitätsänderungen graphisch dargestellt werden können. Abb. VIII.17 zeigt ein sog. Renogramm der Nierenfunktion. Obwohl die Photonenenergie der γ-Strahlung höher ist als die mittlere Photonenenergie der Röntgenstrahlung und deshalb die Absorptionswahrscheinlichkeit bedeutend geringer ist (s. II/3.1.5 und II/3.2.3), darf die Dosisbelastung durch eine diagnostische Untersuchung mit radioaktiven Isotopen nicht vernachlässigt werden (z. B. in Abhängigkeit von der Methode bei Schilddrüsenszintigraphie: 5-10 mSv, Tumorszintigraphie: 10-20 mSv).

Abb. VIII.18 zeigt die Einheiten der Gammakamera und das Schaltschema: Sind nicht nur die Koordinatensignale sondern separat die Ausgangssignale der Photomultiplier digitalisiert, so spricht man von volldigitalisierten Kameras. Mit ihnen lassen sich Szintigramme in höchster Qualität erstellen. Abb. VIII/19 zeigt Szintigramme der Niere.

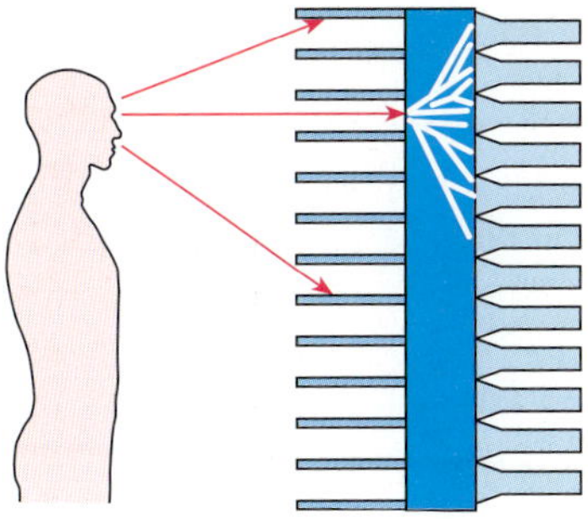

Abb. VIII.15. Prinzip der γ-Szintillationsuntersuchung. Von den Photonen aus dem radioaktiven Zerfall erreichen nur die den Kristall, die parallel zu den Kollimatorspalten vor dem Szintillationskristall verlaufen. Die von den γ-Photonen generierten Lichtblitze werden von Photoelektronenvervielfachern am Kristall detektiert.

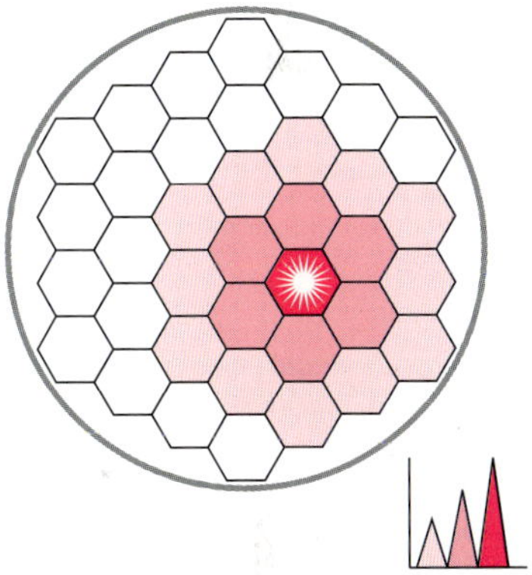

Abb. VIII.16. Aufsicht des Szintillationskristalls und der gekoppelten sechseckigen Photoelektronenvervielfacher

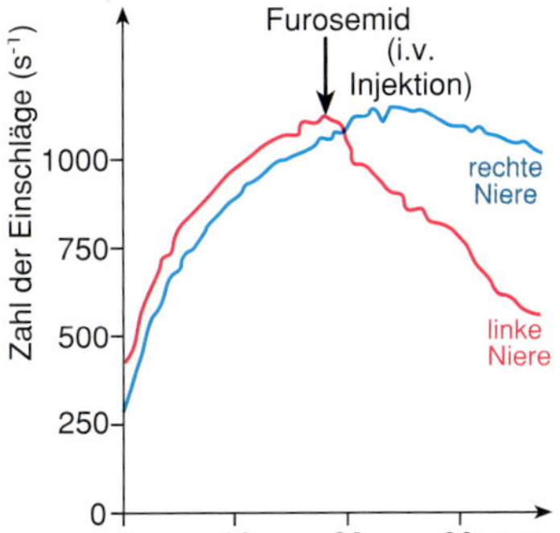

Abb. VIII.17. Renogramm der Nierenfunktion

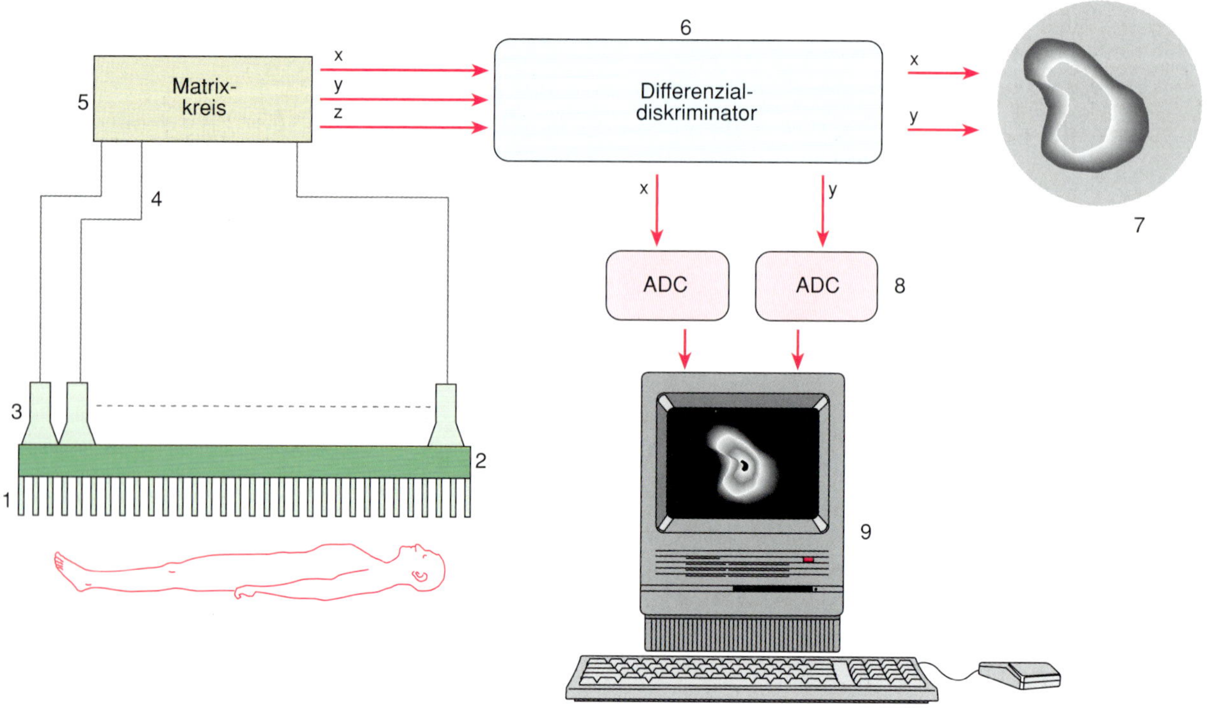

Abb. VIII.18. Einheiten der Szintillations-Gammakamera und ihre Verbindungen

1. Kollimator. Bleischeibe mit parallelen Bohrlöchern. Die Auflösung der Kamera ist grundlegend vom Kollimator bestimmt. Zu lange Kollimatoren mit zu kleinen Löchern erhöhen die Sammelzeit sehr stark, und auch wegen der Sicherstellung einer ausreichenden Signalzahl würde die Strahlenbelastung sehr zunehmen.
2. Szintillationskristall. In der Regel mit Tallium gedopter NaI-Einkristall. Zur Abbildung von Technetium in der Regel 9 mm dick.
3. Detektoren der Kamera. In Abhängigkeit von der Kamera befinden sich 19-100 Photoelektronenvervielfacher auf einem Kristall.
4. Vom Ausgang jeden einzelnen Photoelektronenvervielfachers werden die Signale in den sog. Matrixkreis geleitet.
5. Der Matrixkreis berechnet aus vielen Signalen die X- und Y-Koordinaten sowie das zur Energie der aufschlagenden Teilchen proportionale Z-Signal.
6. Differenzialdiskriminator. Von hier gelangen nur die Signale weiter, deren Z-Signal (Energie) in das ausgewählte enge „Fenster" fällt. So wird die Streustrahlung, welche die Auflösung verschlechtert, ausgefiltert.
7. Speicheroszilloskop. Hier blitzt an den Stellen, die den Koordinaten der einzelnen Einschläge entsprechen, ein in einigen Sekunden verblassender Lichtpunkt auf. So stellt sich das Zielorgan dar, das bei der entsprechenden Positionierung von Patienten und Kamera hilft.
8. Die zu den X- und Y-Koordinaten gehörenden Signalniveaus formt der Analog-digital-Wandler in Zahlenpaare um.
9. Der Computer erstellt ein digitalisiertes Bild, dessen jedes einzelne Element gleich der Zahl der Einschläge in dem entsprechenden kleinen Detektorteil ist. Diese digitalisierten Bilder können auf dem Bildschirm dargestellt werden bzw. in magnetischen oder optischen Speichern archiviert werden.

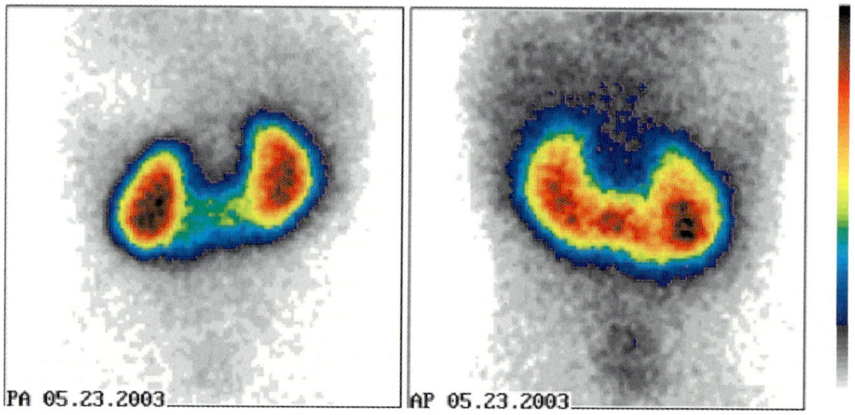

Abb. VIII.19. Statische Nierenszintigraphie mit ^{99m}-Tc DMSA. **a.** von posterior, **b.** von anterior, mit Metz-Filterung. Auf dem Bild stellt sich eine Hufeisenniere dar (DEOEC Nuklearmedizinischer Lehrstuhl, Aufnahme von Prof. Galuska)

VIII/4 Tomographiemethoden

Die Bezeichnung Tomographie stammt von dem griechischen Wort „tomos" gleich Schicht, ebene Scheibe. Diese Bezeichnung weist darauf hin, dass die hierzu zählenden Methoden Informationen über eine ebene Schicht des lebenden Organismus, meist eine Querschnittsschicht bieten, und zwar graphisch, in Bildform dargestellt. Helligkeit und/oder Farbe der auf dem Monitor dargestellten Tomogramme werden bei den einzelnen Methoden durch den Wert unterschiedlicher physikalischer Parameter geregelt. Tomogramme stellen also die Verteilung von physikalischen Parametergrößen in der Schnittebene dar. Bei den verschiedenen Methoden lassen sich die Parameterwerte, die für die einzelnen Schichtelemente charakteristisch sind und die Details des Bildes liefern, mit physikalischen Messungen außerhalb des Organismus auf unterschiedliche Weise bestimmen. Es gibt physikalische Erscheinungen (z. B. die Reflexion des Ultraschallimpulses), deren Natur es gestattet, die Werte der physikalischen Parameter für die einzelnen Bildpunkte (z. B. das Reflexionsvermögen des Ultraschalls) direkt zu messen. Diese Methoden diskutieren wir in dem Abschnitt „**Direkte Tomographieverfahren**". In anderen Fällen lässt sich nur die Gesamtwirkung der Eigenschaften der Schichtelemente entlang der Messrichtungen beobachten. In diesem Fall können die Daten der Bildelemente nach der mathematischen Lösung eines Gleichungssystems (in dem die charakteristischen Parameterwerte der Schichtelemente die Unbekannten sind) aus den Messergebnissen von zahlreichen, gut geplanten Messungen bestimmt werden. Diese Methoden sind die sog. CT-Methoden, d. h. **berechnete Tomographieverfahren**.

Bemerkung VIII.1

Bezeichnungen: NMRI, MRI, MR

Die Kurzbezeichnung des bildgebenden Verfahrens auf der Basis der Kernspinresonanz wäre im Englischen NMRI (Nuclear Magnetic Resonance Imaging). Bei der Einführung der Methode in die Diagnostik schien es aber, dass das Wort „Nuclear" in den Patienten Ängste auslöst, weil es fälschlicherweise den Eindruck einer radioaktiven Strahlungsmethode vermittelt. Deshalb wurde dieses Wort weggelassen, und die Bezeichnung des Verfahrens verkürzte sich auf MRI. In der Praxis schien auch dieses Buchstabenwort noch zu lang, meist läßt man das I am Ende weg und spricht nur von MR. Wir halten uns im Lehrbuch an die vom Duden empfohlenen Bezeichnungen Kernspintomographie oder Magnetresonanztomographie (Abkürzung MRT).

VIII/4.1 Bildgebung mittels magnetischer Kernspinresonanz, MRT – Direkte Tomographie 1.

Die moderne und vielseitige Anwendung der NMR-Spektroskopie (s. X/4) ist die sog. Kernspintomographie oder Magnetresonanztomographie (MRT, engl. Magnetic Resonance Imaging, MRI). Bei der MRT werden die Bildelemente einzeln gemessen und können aufgrund von drei physikalischen Parametern auch dargestellt werden. Das sind die Folgenden: Kernspindichte einer gegebenen Art (meist Protonendichte) und zwei Relaxationszeiten des Orientierungsverlustes, welche durch die Absorption der elektromagnetischen Strahlung eingetreten war. Mit dieser Methode können Einzelheiten von Weichteilen (z. B. des Gehirns) **nicht invasiv** dargestellt werden, ohne den Patienten der Gefahr ionisierender Strahlung auszusetzen. Die MRT eignet sich auch zur Charakterisierung von Stoffwechselprozessen: „funktionelle" MRT.

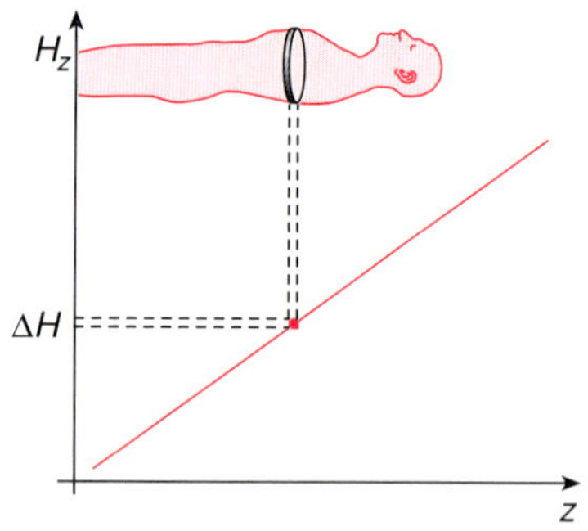

Abb. VIII.20. Beim ersten Schritt der NMR-Bildgebung wird am Zielobjekt, z. B. dem menschlichen Körper, eine zur Anregung ausgewählte Probeschicht in der Richtung des äußeren Magnetfeldes (z-Achse) durch ein magnetisches Wechselfeld markiert

VIII/4.1.1 Grundprinzipien der Kernspintomographie (MRT)

Bei der MR-Bildgebung wird das äußere, hochintensive und extrem homogene magnetische Feld H_0, das bei der Gewinnung von ortsabhängigen Informationen bei der hochauflösenden NMR-Spektroskopie zur gleichzeitigen Erzeugung der Kernspinresonanz (s. X/4.1) im ganzen Querschnitt der Probe erwünscht ist, speziell „verzerrt". Das bedeutet, dass neben dem Feld H_0 magnetische Hilfsfelder (magnetische Feldgradienten) eingeführt werden, die sich streng linear in der gleichen Richtung bzw. entlang der senkrecht dazu stehenden Achsen ändern.

Als erster Schritt der Bildgebung wird im Zielobjekt – z. B. im menschlichen Körper – ein für die Anregung ausgewähltes Segment markiert. Die Markierung geschieht mit Hilfe des Einschaltens des Felstärkegradienten, der mit der Richtung (z-Achse) des äußeren magnetischen Feldes H_0 übereinstimmt. Bestrahlt man unter diesen Voraussetzungen das Zielobjekt mit einem Radiofrequenzfeld, dessen Frequenz den Resonanzbedingungen entspricht, kann man im Weiteren nur NMR-Signale aus dem dünnen Segment detektieren, dass senkrecht auf die z-Achse steht, weil nur für die hier befindlichen Protonen die Resonanzbedingung erfüllt ist:

$$hf_0 = g_N \cdot \mu_N \cdot H_0, \qquad \text{(VIII.3.)}$$

wo g_N der g-Faktor des Kerns, μ_N das magnetische Moment des Kerns, H_0 die Feldstärke des äußeren Feldes sind (s. X/4.1).

Bei Anwendung eines streng linearen magnetischen Feldstärkegradienten hängt die Schichtdicke des Zielsegmentes von der Frequenzunschärfe (Bandbreite) des benutzten Radiofrequenzsignals bzw. von der Unschärfe ΔH des magnetischen Feldes ab, das diesem nach der Resonanzbedingung entspricht (Abb. VIII.20).

VIII/4.1.2 Die Punktsequenz-Methode

Bei der einfachsten bildgebenden MR-Methode, der Punktsequenz-Methode, werden senkrecht zu der von einem äußeren magnetischen Feld H_0 bestimmten z Richtung entlang der x- und y-Achsen weitere, zeitlich schnell nacheinander angewandte Magnetfeldgradienten eingeführt und damit ein sog. empfindliches Volumenelement (Voxel) an einem beliebigen Ort im Innern des untersuchten Objektes definiert. Die drei Magnetfeldgradienten bewirken, dass die Kernspinresonanz bei entsprechender Bestrahlungsfrequenz nur in dem ausgewählten Voxel auftritt (Abb. VIII.21a). Das zur Spindichte

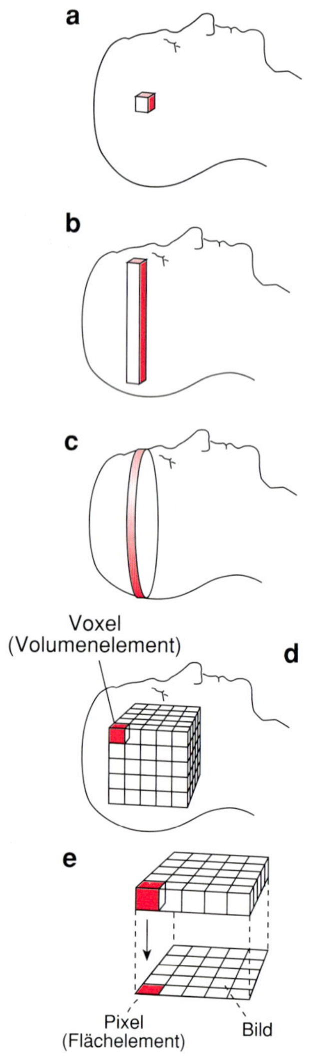

Abb. VIII.21. **a.** Abtasten von Punkt zu Punkt; **b.** gleichzeitiges Erstellen von NMR-Signalen aus n Volumenelementen längs einer Geraden durch den Körper mittels der Fourier-Transformation; **c.** gleichzeitiges Erstellen von NMR-Signalen aus $n \cdot n$ Volumenelementen in einer ausgewählten Schicht des Zielobjekts mittels der zweidimensionalen Fourier-Transformation (2DFT); **d.** und **e.** die Werte der Spindichte bzw. Relaxationszeit der Voxel in einer ausgewählten Schicht des Objektes spiegeln sich in den Charakteristika der Pixel des Befundes, des zweidimensionalen Bildes, wider.

Spinechosequenz

Um ausschließlich die NMR-Eigenschaften des Zielobjektes zu studieren, müssen zahlreiche Umstände (Inhomogenität des Magnetfeldes, Signalschwächung), welche die Bildgebung nachteilig beeinflussen, ausgeschaltet werden. Dazu nutzen moderne NMR-Geräte die von Hahn 1955 eingeführte Spinechosequenz (Abb. 1). Die Methode setzt die kombinierte zeitliche Abfolge der diskutierten Impulse unterschiedlicher Radiofrequenzen in sog. Sequenzen voraus. Die Spinechosequenz nach Hahn beginnt mit einem 90° Impuls, dem nach bestimmter Wartezeit τ ein 180° Impuls folgt (s. X/4.1). Das Echo des Signals wird nach dem Zeitintervall 2τ, gerechnet vom Ende des ersten Impulses, detektiert. Während der vorherigen Impulssequenz muss mit dem folgenden Geschehen gerechnet werden, sofern die Beobachtungen mit dem in X/4.1 eingeführten rotierenden Koordinatensystem erfolgen.

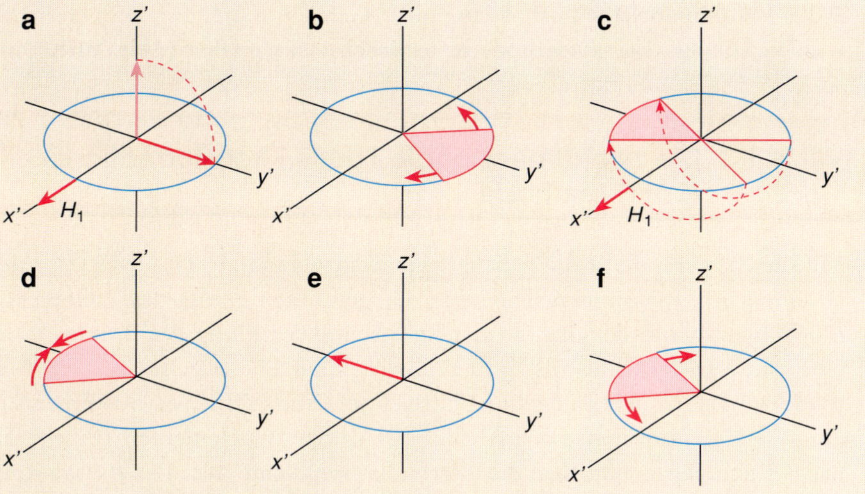

Abb. 1 Details der Spinechosequenz nach Hahn

Infolge des 90° Impulses H_1, dem ersten Glied der Sequenz, wird der Magnetisierungsvektor des Zielobjektes aus der zur z'-Achse parallelen Gleichgewichtslage in die x'-y'-Ebene parallel zur y'-Achse gedreht (Abb. 1a). Nach Abschalten des 90° Impulses H_1 werden die Spins an den verschiedenen Orten des Objektes unter unterschiedlichen lokalen Magnetfeldern im Vergleich zum Idealfall (der Grundresonanzfrequenz) mit in beiden Richtungen leicht abweichender Kreisfrequenz präzedieren und sich dementsprechend langsam von der y'-Achse entfernen und die Phasen zueinander langsam verlieren (Abb. 1b). Nach einer gegebenen Wartezeit τ wird das auseinanderstrebende Spinkollektiv mit einem (wieder H_1 aber doppelt so lange dauernden) 180° Impuls in die Richtung der negativen y'-Achse gedreht (Abb. 1c), wo es die Richtung des früheren Phasenverlustes beibehält und dementsprechend beginnen die Spins sich in Richtung der Pfeile einander zu nähern (Abb. 1d). Das sich näherkommende Spinkollektiv fokussiert sich nach seiner „Umkehrung" genau nach dem Zeitintervall τ und induziert in der Detektorspule ein starkes Signal entlang der negativen y'-Achse (Abb. 1e). Das Signal beginnt mit einer steigenden Phase und sinkt nach Erreichen eines Maximalwertes auf Null.

Die Spins defokussieren nach der Lage in Abb. 1e wieder (Abb. 1f) und unter Einhaltung der Zeitintervalle τ kann die Wiederholung des Prozesses mit stets neuen Echosignalen detektiert werden (Abb. 2). Die Amplituden der einander folgenden Echosignale nehmen nach einer exponentiellen Funktion ab, welche der charakteristischen Spin-Spin Relaxationszeit des Objektes entspricht.

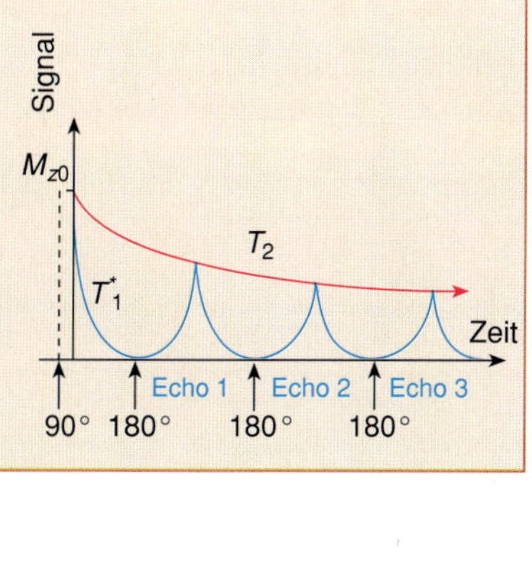

Abb. 2 Während der Spinechosequenz nach Hahn fokussiert sich die Magnetisierung erneut und induziert starke Signale (Echos) in der Detektorspule. Die Amplituden der einander folgenden Echos nehmen nach einer der charakteristischen Spin-Spin Relaxationszeit des Objektes entsprechenden exponentiellen Funktion ab.

proportionale NMR-Signal, das in der das Zielobjekt umschließenden Spule detektiert werden kann, stammt dann ausschließlich aus diesem Volumen der Größenordnung von mm^3. Mit der voneinander unabhängigen Änderung der Gradientensteigung kann das empfindliche Volumen innerhalb des menschlichen Körpers bewegt und die räumliche Verteilung der untersuchten Kernspindichte im Körper bestimmt werden. Die Methode ist ohne Zweifel sehr einfach, aber auch sehr langsam, weshalb sie weniger verbreitet ist.

Außer dem Abtasten der Volumenelemente gibt es ein NMR Verfahren, bei dem mit Hilfe der Fourier-Transformation gleichzeitig die NMR-Signale aus *n* Volumenelementen entlang einer Geraden durch den Körper erstellt werden können. Diese Methode ist natürlich viel schneller (Abb. VIII.21b)

VIII/4.1.3 Die zweidimensionale Fourier-Transformations-(2DFT) Methode

Mit dieser Methode ist die gleichzeitige Wahrnehmung von NMR Signalen als einem *n* x *n* Volumenelement in der gewählten Ebene des Zielobjektes möglich, während der man zu der Spindichte-Verteilung des Protons (oder eines anderen NMR Kerns) in der untersuchten Ebene gelangt. Diese Methode wird als planare Bildgebung bezeichnet (Abb. VIII.21c). Das Ergenis ist ein zweidimensionales, planares Bild aus n x n Bildelementen (Pixel), die nach einem gegebenen Kod die Werte der Spindichte oder der Relaxationszeit der Volumenelemente (Voxel) in einer ausgewählten Ebene des Objektes auf die Grundfläche jedes einzelnen Volumenelements projiziert wiederspiegeln (Abb. VIII.21d, e). Bei der Darstellung der Werte der NMR Parameter nach Pixeln werden Kodierungsverfahren mit schwarz-weiß-Abstufungen oder Farbskalen benutzt. Die heute gebräuchlichen NMR-Geräte funktionieren fast ausschließlich auf dem Prinzip der zweidimensionalen Fourier-Transformation, dementsprechend werden wir im Folgenden nur diese detailliert diskutieren.

Über die von der Punktsequenz-Methode gelieferte Spindichte-Verteilung hinausgehend ist die 2DFT-MRT eine Untersuchungsmethode, welche die für die verschiedenen Teile des menschlichen Körpers charakteristischen unterschiedlichen Spin-Spin und Spin-Gitter Relaxationseigenschaften auch darstellen kann und so in der Lage ist, die sich daraus ergebenden diagnostischen Möglichkeiten auszuschöpfen.

VIII/4.1.4 Die Differenzierung der Voxel in der vom axial gerichteten Magnetfeld ausgewählten Schicht

Zur räumlichen Orientierung innerhalb des untersuchten Volumens (menschlichen Körpers) werden auch beim 2DFT-MRT-Verfahren, ähnlich der Sequenzpunktmethode, drei zueinander senkrecht stehende Magnetfeldgradienten benutzt. Die Gradienten folgen einander zeitlich abgegrenzt.

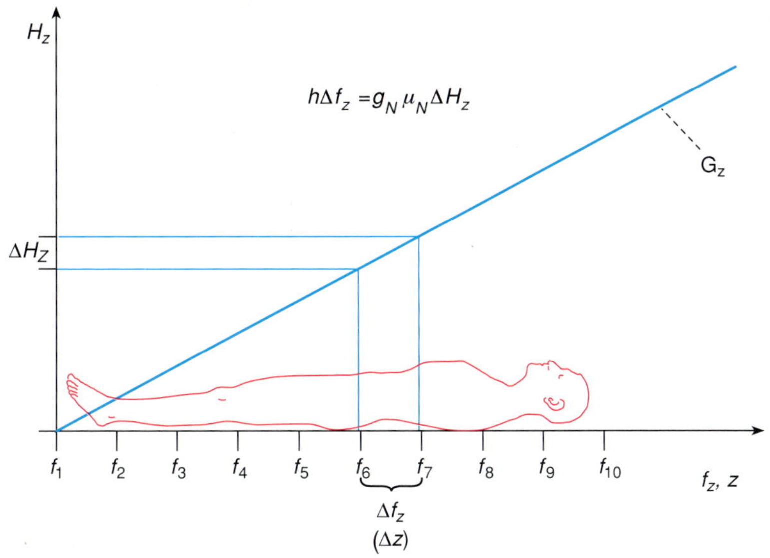

Abb. VIII.22. Bei der MRT wird die zur Anregung ausgewählte Schicht mit einem selektierenden Gradienten G_z markiert, dieser dient dann als Hilfe bei der Orientierung innerhalb des menschlichen Körper entlang der z-Richtung. Zu den verschiedenen Orten längs der z-Achse gehören die unterschiedlichen Frequenzen der Kernspinresonanz. Die Beziehung zwischen den beiden physikalischen Größen, dem Ort und der Frequenz, ist durch den Wert des magnetischen Feldgradienten eindeutig bestimmt. Die Dicke der ausgewählten Schicht bestimmen nach der Resonanzbedingung die Steigung des selektierenden Gradienten und die Bandbreite des bestrahlenden Radiofrequenzfeldes ΔH_z.

Zuerst wird mit Hilfe des schichtmarkierenden Gradienten auf die beschriebene Weise eine zur Anregung ausgewählte Schicht im Zielobjekt, z. B. dem menschlichen Körper, gekennzeichnet. Die Schicht mit den untersuchten Volumenelementen (Voxeln) befindet sich in der Regel senkrecht entlang der z-Achse des äußeren magnetischen Feldes H_0. Dementsprechend können wir uns mit Hilfe des schichtmarkierenden Gradienten innerhalb des menschlichen Körpers entlang der z-Achse orientieren. Zu den verschiedenen Orten entlang der z-Achse gehören verschiedene Kernspinresonanzfrequenzen. Die Beziehung zwischen den beiden physikalischen Größen Ort und Frequenz ist durch den Wert des Magnetfeldgradienten eindeutig. Die Dicke der markierten Schicht bestimmen laut Resonanzbedingung die Steigung des schichtmarkierenden Gradienten und die Bandbreite des bestrahlenden Radiofrequenzfeldes (Abb. VIII.22).

Innerhalb der markierten Schicht orientieren wir uns bei der 2DFT-MRT-Methode mit Hilfe von zwei weiteren Magnetfeldgradienten, welche die Kodierung der zueinander und zur x-Achse senkrechten Frequenz und Phase realisieren. Diese Gradienten markieren den Ort des momentan untersuchten Voxels entlang von Säulen und Reihen der Voxel in der Schicht. Die Einzelheiten werden später diskutiert.

Zum Verstehen der Kodierung nach der Frequenz muss man wissen, dass jedes einzelne Kernspin in allen Voxeln der Schicht mit der gleichen Kreisfrequenz ω_0 präzediert, wenn gleichzeitig mit der Schichtmarkierung ein Impuls zur Anregung der Kernspinresonanz gesendet wird und weitere Gradienten fehlen, weil die magnetische Feldstärke in den gesamten Voxeln den gleichen Wert H_0 hat (Abb. VIII.23a).

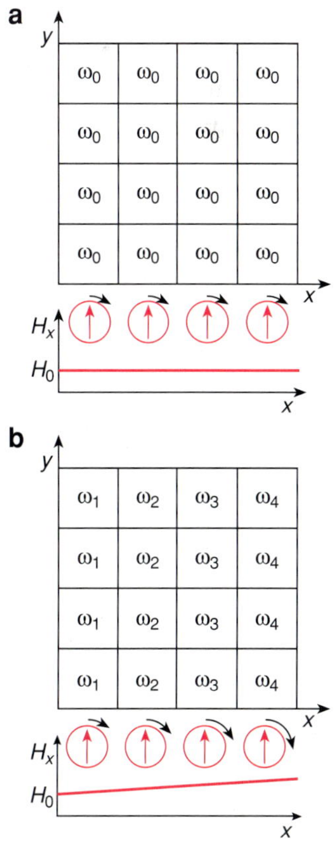

Abb. VIII.23. **a.** Wird gleichzeitig mit der Schichtselektierung ein NMR-Anregungsimpuls benutzt, so werden alle Kernspins in allen Voxeln der Schicht mit gleicher Kreisfrequenz ω_0 präzedieren, weil die magnetische Feldstärke H_0 in allen Voxel den gleichen Wert hat. **b.** Wird senkrecht zum selektierenden Gradienten ein frequenzkodierender Gradient eingeschaltet, so nehmen die in den verschiedenen Spalten befindlichen Voxel Werte an, die von der Frequenz der Kernspinresonanz abweichen.

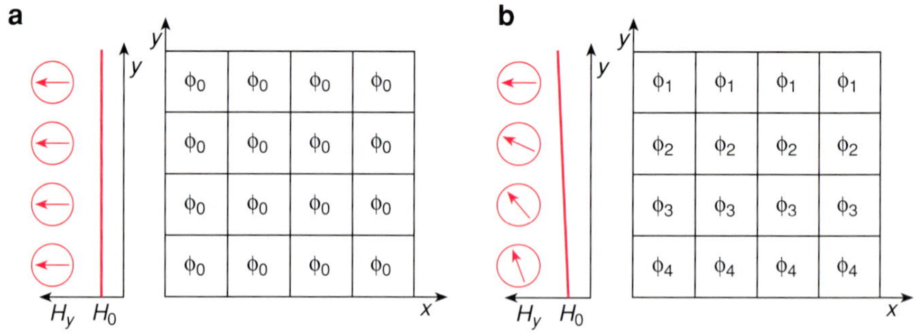

Abb. VIII.24. Zur Identifizierung der Kernspins in den verschiedenen Schichtzeilen wird ein sog. phasenkodierender Gradient benutzt, der senkrecht zum selektierenden und zum frequenzkodierenden Gradienten steht. **a.** Vor dem Einschalten des phasenkodierenden Gradienten befinden sich alle Kernspins in der gleichen Kippstellung. **b.** Für die Dauer des eingeschalteten phasenkodierenden Gradienten ändert sich dieser Zustand. Der für die Phasenlage der Kernspins charakteristische Kippwinkel nimmt entlang des magnetischen Feldgradienten unterschiedliche Werte an.

Das Einschalten eines frequenzkodierenden Gradienten senkrecht zum schichtmarkierenden Gradienten bewirkt, dass die NMR-Frequenzen der Voxel in den verschiedenen Säulen unterschiedliche Werte annehmen (Abb. VIII.23b). Laut Resonanzbedingung nimmt die Präzessionsfrequenz mit Erhöhung des Magnetfeldes zu. Infolge des linearen frequenzkodierenden Magnetfeldgradienten besteht eine eindeutige Beziehung zwischen dem Ort der Säule und der für die Säule gültigen NMR-Frequenz. Die identifizierenden Präzessionsfrequenzen der verschiedenen Säulen werden nur durch den frequenzkodierenden Gradienten aufrecht gehalten, kurze Zeit nach Abschalten des Gradienten hören die Frequenzunterschiede auf. Daraus folgt direkt, dass die Lokalisierung der Kernspins nach frequenzkodierten Säulen während des eingeschalteten frequenzkodierenden Gradienten erfolgen muss.

Während der Skizzierung des frequenzkodierten Prozesses haben wir absichtlich auf die Darstellung eines wesentlichen Phänomens verzichtet und zwar kippen die während der Dauer des Magnetfeldgradienten mit unterschiedlichen Frequenzen präzedierenden Spins in verschiedenem Maße zueinander. Eine Präzession mit höherer Kreisfrequenz ergibt in der gleichen Zeit eine stärkere Kippung. Dieses Phänomen wird genutzt, um mit einem dritten, auf die beiden anderen senkrecht stehenden sog. phasenkodierenden Gradienten die Kernspins in den verschiedenen Reihen innerhalb der Schicht zu identifizieren. Sofern sich vor dem Einschalten des phasenkodierenden Gradienten alle Kernspins in derselben Winkellage befunden haben (Abb. VIII.24a), so ändert sich dieser Zustand während der Dauer des phasenkodierenden Gradienten. Die für die Phasenlage des Kernspins charakteristischen Winkelkippungen nehmen entlang des Magnetfeldgradienten unterschiedliche Werte an (Abb. VIII.24b). Infolge des linearen phasenkodierenden Magnetfeldgradienten besteht eine eindeutige Beziehung zwischen dem Ort der Reihe und der entstandenen Phasenlage in der Reihe. Es ist wichtig zu bemerken, dass die Phasenunterschiede in den verschiedenen Reihen nach dem Ausschalten des Gradienten nicht aufhören. Dementsprechend wird die Identifizierung der Spinlagen nach den Säulen nach Ausschalten des phasenkodierenden Gradienten durchgeführt.

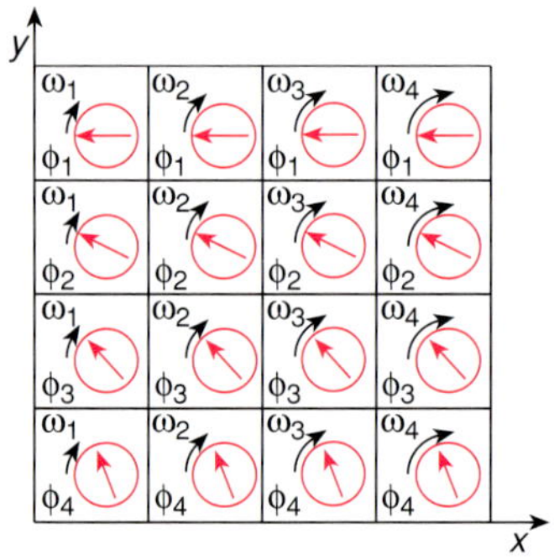

Abb. VIII.25. Die kombinierte Kodierung der Kernspins nach Frequenz und Phase schafft die Möglichkeit der matrixartigen Ortsbestimmung nach Spalte und Zeile innerhalb der selektierten Schicht (x,y).

Die kombinierte Kodierung der Kernspins nach Phasen und Frequenz ermöglicht die matrixartige Lokalisation von Säulen und Zeilen der untersuchten Schicht in einem kartesischen (x, y) Koordinatensystem (Abb. 25). Die Bestimmung von Frequenz- und Phaseninformationen aus den als

Die Erstellung des MRT-Bildes der untersuchten Schicht aus dem Spinecho

Bei diesem Prozess muss eine komplexe Kombination der Impulse des Magnetfeldgradienten und der Radiofrequenzimpulse bei kontinuierlich variierenden Parametern benutzt werden. Die erforderlichen Schritte, um Informationen aus dem einem Bildelement zugehörigen Voxel zu gewinnen, sind in der Abb. zusammengefasst. Beim ersten Schritt werden gleichzeitig mit dem Gradienten G_z, der die Schicht markiert, alle Kernspins innerhalb der Zielschicht mit einem 90° Radiofrequenzimpuls in angeregten Zustand gebracht. Es folgt die Kodierung nach Phasen, d. h. zur Auswahl einer Zeile innerhalb der Zielmatrix wird ein Gradient G_x mit gegebener Intensität eingeschaltet. Kurz danach wird der zweite schichtmarkierende 180° Radiofrequenzimpuls der Spinechosequenz benutzt. Diese Wirkung muss schichtspezifisch sein. Dazu wird während des 180° Impulses wieder der Gradient G_z eingeschaltet. Der letzte Schritt des Prozesses ist das Einschalten des frequenzkodierenden Gradienten G_y, um innerhalb der Matrix eine Säule auszuwählen. Das wird auf das Erscheinen des ersten Spinechos nach Hahn eingestellt. Das Echo ist gleichzeitig das Endergebnis der Untersuchung, die phasen- und frequenzkodierte Information des ausgewählten Voxels.

Zum Abtasten der gesamten Matrix, welche die ganze Schicht vertritt, muss der beschriebene Vorgang entsprechend der Zahl der markierten Voxel in der Schicht wiederholt werden, während sich die Amplitude des Phasen- und Frequenzgradienten von Schritt zu Schritt ändert. In Wirklichkeit kann nach der Schichtmarkierung eine ganze Spalte abgetastet werden, indem wir nur den nach dem schichtmarkierenden Impuls folgenden Teil der beschriebenen Impulssequenzen so wiederholen, dass bei unverändertem Wert des frequenzkodierenden Gradienten der Wert des phasenkodierenden Gradienten von Schritt zu Schritt geändert wird. Beim Übergang zur nächsten Spalte wird auch der Wert des frequenzkodierenden Gradienten um eine Stufe erhöht und das Abtasten der Zeilen innerhalb der Spalte mit allen möglichen Werten des phasenkodierenden Gradienten wiederholt.

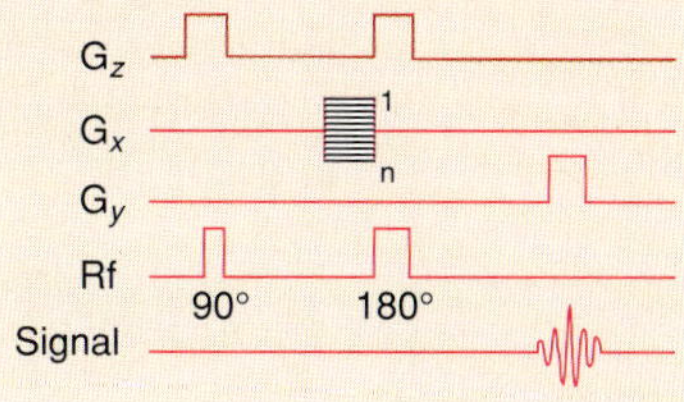

Bei der Erstellung des MRT-Bildes der untersuchten Schicht muss die Kombination der Gradientenimpulse des Magnetfeldes und der Radiofrequenzimpulse mit kontinuierlich variierenden Parametern genutzt werden

Zeitfunktion gemessenen und gespeicherten NMR-Signalen erfolgt mit der 2D Fourier-Transformation.

Das Abtasten der gesamten Matrix ist relativ zeitraubend, dementsprechend ist ein Hauptbestreben der MRT-Untersuchungen, die Untersuchungsdauer abzukürzen. Die beschriebene Impulssequenz bietet selbst die Möglichkeit zur Abkürzung der Untersuchungsdauer, denn zwischen zwei selektierenden Anregungsimpulsen muss man – wie schon erörtert – relativ lange (0,4-1,8 s) warten, bis der Spin-Gitter-Relaxationsprozess abläuft.

Während dieses Leerlaufs, der sich bei der Untersuchung einer gegebenen Schicht nicht umgehen lässt, können in den von der Kernspinresonanz unberührten Geweben neben der untersuchten Schicht wertvolle Untersuchungen durchgeführt werden. Als Endergebnis der Entwicklung wurden moderne MRT-Geräte für die sog. „Mehrschicht" Technik konstruiert, bei der statt der Untersuchung in nur einer Schicht das Abtasten auch von Schicht zu Schicht vorangeht (Abb. VIII.26). Am Ende des Untersuchungszyklus steht das MR-Bild aller Schichten zur Verfügung.

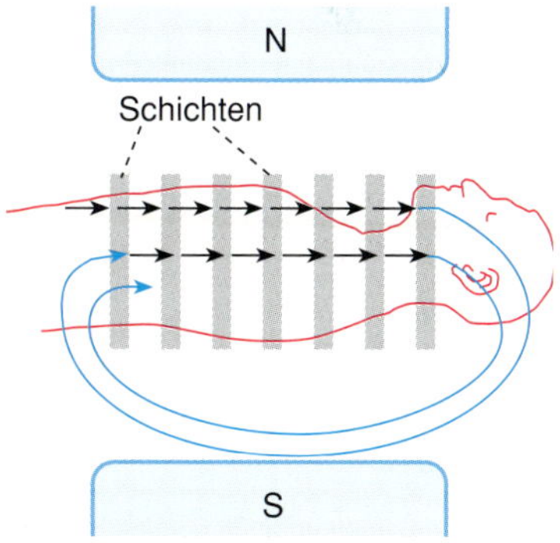

Abb. VIII.26. Das in modernen MRT-Geräten benutzte zeitsparende „Mehrschicht-" Verfahren, bei dem während der Spin-Gitter-Relaxationszeit gleichzeitig von Schicht zu Schicht vorangegangen wird.

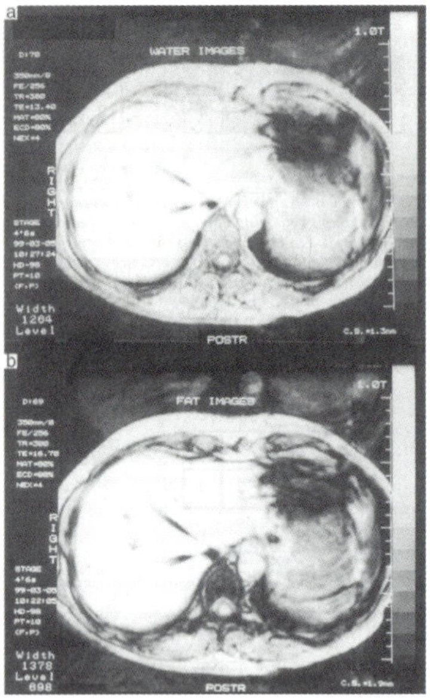

Abb. VIII.27. Bei der protonenmagnetischen Bildgebung werden mit der Bildgebung der chemischen Verschiebung Signale von Wasser (oben) und Fettgewebe (unten) aus dem gegebenen Körperteil unterschieden.

Die Informationen aus der MR-Bildgebung unterscheiden sich wesentlich von den Bildern, die mit Röntgenstrahlen erstellt wurden. Während die Helligkeit der Bildelemente von Weichteilen bei den Verfahren, die auf der Absorption der Röntgenstrahlung basieren, eher für die Dichte der entsprechenden Voxel charakteristisch ist (s. VIII/4.3), liefern bei den MR-Bildern die Kernspinresonanz-Parameter, die Spindensität (in erster Linie die Protonendichte) und die Relaxationszeiten T_1 und T_2 den Kontrast. Während der NMR-Bildgebung kann die Kontrastbildung mit Änderung der Parameter der Impulssequenzen beeinflusst werden. So lässt sich festlegen, für welche Parameter (z. B. T_1 oder T_2) die direkt messbaren induzierten Spannungssignale pro Pixel charakteristisch sein sollen.

VIII/4.1.5 MRT Spezialgebiete und Techniken

Das NMR-Verfahren lässt sich in einem sehr weiten Problemkreis anwenden. Eine besonders große Hilfe bietet es z. B. beim Nachweis von Tumoren im Gehirn oder in anderen Weichteilen, weil sich die wasserreichen Gewebe auf den Protonenbildern gut differenzieren lassen. Es eignet sich besonders zur Diagnose von pathologischen Prozessen im Schädel und im Rückenmark, denn die das ZNS umschließenden Knochen mit hoher Röntgenabsorptionsrate stören hier nicht bei der Bildgebung. Die im Vergleich zu ungeordneten Strukturen kürzere Spin-Gitter-Relaxationszeit der geordneten Weichteilstrukturen (Muskel, Leber) kann auf den T_1 gewichteten Bildern identifiziert werden. Die erfahrungsgemäß in Tumorgeweben verlängerte Spin-Spin-Relaxationszeit ist auf T_2 gewichteten Bildern zu sehen.

Ein modernes, in der Entwicklungsphase befindliches Gebiet der MR-Bildgebung ist die **Bildgebung der chemischen Verschiebung** (Chemical Shift Imaging, CSI). Dieses Verfahren nutzt die Tatsache, dass die Präzessionsfrequenz der Kernspins in verschiedener chemischer Umgebung unterschiedlich ist und so die Signale von Kernen, die sich in unterschiedlicher chemischer Umgebung befinden, differenziert und als seperate Bilder dargestellt werden können. Bei protonenmagnetischer Bildgebung (Abb. III.27) lassen sich die vom Wasser stammenden (oben) und die vom Fettgewebe stammenden Signale (unten) in einem gegebenen Körperteil differenzieren.

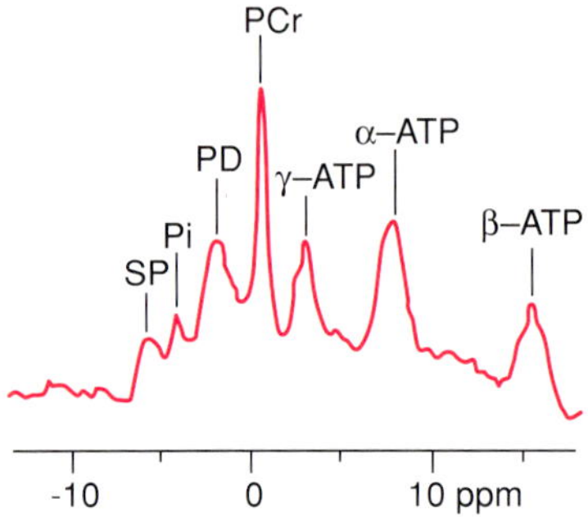

Abb. VIII.28. ^{31}P-magnetisches Resonanzspektrum aus einem menschlichen Kopf

Eine Spezialvariante des NMR-Verfahrens ist die sog. **MR-Spektroskopie**, bei der mit am menschlichen Körper angelegten Spulen die Stoffwechselprozesse im Körperinnern verfolgt werden können. Im Rahmen dieser Methode werden hauptsächlich von ^{31}P stammende NMR-Signale detektiert und damit z. B. die Konzentrationen von ATP, ADP, Kreatinphosphat und anorganischen Phosphatmolekülen bestimmt (Abb. VIII.28). Eine Änderung in den Proportionen der Signalspitzen charakterisiert typisch die Funktionsänderungen in verletzten Geweben, z. B. bei Ischämie des Herzmuskels.

Die sog. **funktionelle MR**-Methode (fMRI) wurde 1990 von S. Ogawa beschrieben und hat seither hohe Beachtung bei der Untersuchung der Hirnfunktionen bekommen. Die Idee basiert im Wesentlichen darauf, dass

Kontrastbildung des MRT-Bildes

Die MRT-Bildgebung besteht aus einer bestimmten Zahl von Wiederholungen der Spinechosequenzen nach Hahn von einander folgenden 90° und 180° Impulsen. Zwischen den einzelnen Wiederholungen entsteht ein magnetisches Kernresonanzsignal (Echo), welches in der Detektorspule Spannung induziert. Die Signalamplitude hängt von der Größe des bei Beginn des Zyklus verfügbaren, in z-Richtung zeigenden Magnetisierungsvektors M_z ab. Es ist leicht einzusehen, dass die Echoamplitude kleiner wird als der Maximalwert, sofern die Amplitude des Vektors M_z im vorherigen Zyklus durch irgendeine Wirkung abnimmt. Der Vektor M_z erhält seinen Maximalwert und gleichzeitig seinen Gleichgewichtszustand während der Spin-Gitter-Relaxation zurück, deshalb beeinflussen die unterschiedlichen Spin-Gitter-Relaxationszeiten T_1 der verschiedenen Gewebe die Echoamplituden, die von den verschiedenen Elementen (Voxel) der Zielschicht detektiert werden. Als Ergebnis dieser Einwirkungen entsteht der T_1 Kontrast des MRT-Bildes, der die innere Struktur des menschlichen Körpers widerspiegelt. Der Kontrast des MRT-Bildes lässt sich mit Änderung der Repetitionszeit T_R künstlich beeinflussen (Abb. 1). In Abb. 2 sind die normale Spindichte (a) und die Kontraststeigerung (b) durch die beschriebene Wirkung dargestellt. Die Aufnahmen können T_1 gewichtet erstellt werden. Diese T_1 gewichteten Aufnahmen sind besonders geeignet, verschiedene Weichteiltumoren, so auch Gehirntumoren nachzuweisen. Die Grundlage des Phänomen ist die allgemeine Beobachtung, dass die Spin-Gitter-Relaxationszeit der Tumorgewebe grob das Anderthalbfache der ähnlichen Werte von gesunden Geweben beträgt.

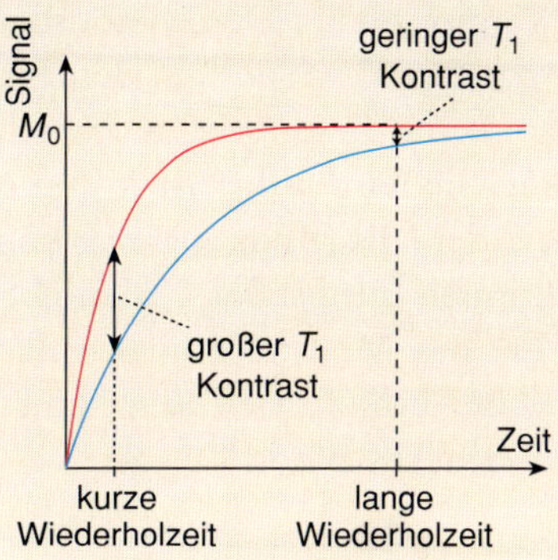

Abb. 1. Beeinflussung des T_1 Kontrastes durch Änderung der Wiederholungszeit

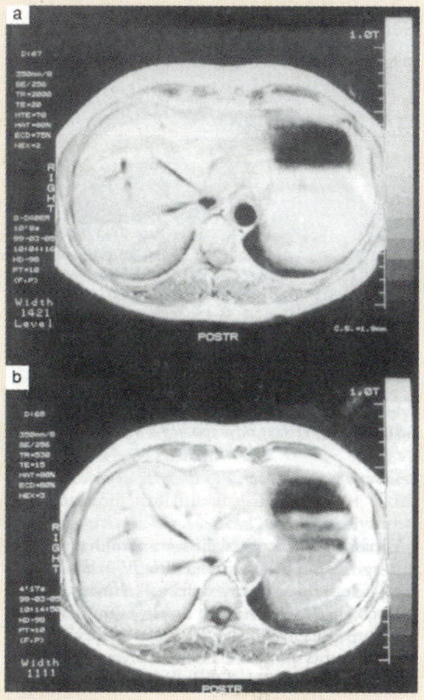

Abb. 2. Bild mit normaler Spindensität (oben) und T_1 gewichtetes Bild (unten)

Der andere Parameter der Kontrastbildung ist die Spin-Spin-Relaxationszeit T_2. Die Echoamplitude der hahnschen Spinechosequenzen strebt mit der Zeitkonstanten, die der Spin-Spin-Relaxationszeit entspricht, laut exponentieller Funktion gegen Null. Bei diesem Prozess bestimmt der Untersuchende mit Einstellen des Zeitintervalls zwischen den 90° und 180° Radiofrequenzimpulsen das Zeitintervall T_E zwischen der Bildung der einander folgenden Echosignale. Die Echozeit T_E beträgt nämlich genau das Doppelte der zwischen den beiden Radiofrequenzimpulsen verstrichenen Zeit. Bei der Wahl kurzer Echozeiten ist das Ausmaß der Signalminderung in allen in der Zielschicht befindlichen Gewebearten mit unterschiedlichen Relaxationszeiten T_2 fast gleich. Mit Erhöhung der Echozeiten kann jedoch der T_2 Kontrast erhöht werden (Abb. 3). Auf T_2 gewichteten MRT-Aufnahmen erscheinen einige anatomische Einzelheiten im Vergleich zu den Bildern mit normaler Spindichte betont (Abb. 4).

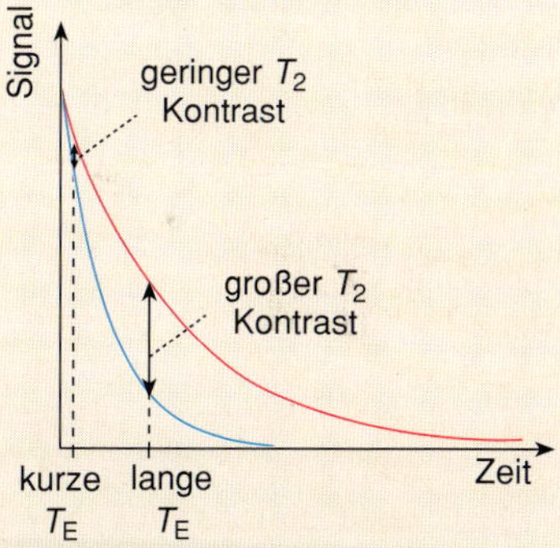

Abb. 3. Beeinflussung des T_2 Kontrastes durch Änderung der Echozeit T_E

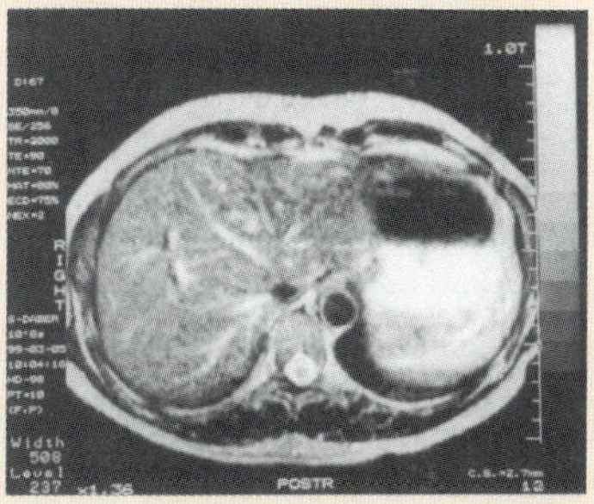

Abb. 4. T_2 gewichtetes Bild

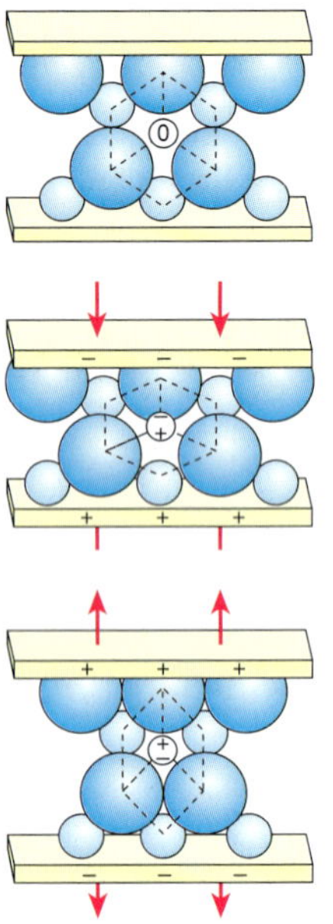

Abb. VIII.29. Piezoelektrischer Kristall Schwerpunkt der positiven und negativen Ladungen ist gleich. Bei Druck auf den Kristall trennen sich die Ladungsschwerpunkte, es tritt eine Spannung auf.

Bemerkung VIII.2
Der piezoelektrische Effekt wurde 1880 von den Brüdern Pierre und Jacques Curie entdeckt.
piezein (altgriechisch) = drücken

zum Oxy- und Desoxyzustand des Hämoglobins im Blut unterschiedliche kernmagnetische Eigenschaften gehören. Wenn infolge eines Stimulus in einer Hirnregion eine Nervenaktivität auftritt, so geht das mit erhöhter Durchblutung und mit Zunahme der OxyHb-Menge einher. Das führt zur Zunahme der Spin-Spin-Relaxationszeit, d. h. das Induktionsspannungssignal nimmt im Moment der Messung im Vergleich zum Desoxy-Zustand zu. Nach Aufhören des Stimulus stellt sich das Signal wieder auf den Ruhezustand ein. Die Methode erfordert also keine besondere technische Ausrüstung, keinen paramagnetischen Marker. Sie wird unter vollkommen nativen Bedingungen durchgeführt. Aufgrund der MR-Bildauflösung können die Gehirnregionen der einzelnen Funktionen mit großer Genauigkeit ausgewählt und gut untersucht werden. Da die Methode die Gehirnfunktion über die Durchblutung untersucht, erhielt sie den Namen **BOLD**, nach den Anfangsbuchstaben des Ausdrucks „Blood Oxygen Level Dependent signal".

VIII/4.2 Bildgebung mittels Ultraschall (Sonographie) – Direkte Tomographie 1.

VIII/4.2.1 Piezoelektrischer Effekt, inverser piezoelektrischer Effekt

Zur Erzeugung von Ultraschall werden Plättchen aus natürlichen piezoelektrischen Kristallen (z. B. Quarz) oder bestimmten keramischen Materialien, die nach entsprechender Vorbehandlung gute piezoelektrische Eigenschaften zeigen (z. B. Blei-Zirkonat-Titanat, PZT), hergestellt. Die Vorbehandlung bedeutet eine Orientierung bei hohen Temperaturen in einem starken elektrischen Feld.

Das Wesentliche des (direkten) **piezoelektrischen Effekts** besteht darin, dass in den geeigneten Flächen eines solchen Plättchens eine Ladungstrennung zu beobachten ist, wenn sie mechanisch deformiert werden (Abb. VIII.29). Zwischen dort angelegten Elektroden kann eine Spannung gemessen werden. Die Erscheinung kann sich auch umgekehrt abspielen (**inverser** piezoelektrischer Effekt): in einem elektrischen Feld (d. h. bei Anlegen einer Spannung) ändert sich die Dicke des Plättchens. Wird an das Plättchen - das mit entsprechenden Elektroden beschichtet ist – eine Wechselspannung geschaltet, dann folgt die Dickeänderung periodisch der Spannungsänderung, und zwar mit derselben Frequenz, wie sich die Spannung ändert. Fällt diese Frequenz in den Ultraschallbereich, so emittiert das Plättchen Ultraschallwellen in das Medium, mit dem es in Kontakt steht. Diese Substanzen sind also zur Konversion von mechanischen Deformitäten in elektrische Spannung und umgekehrt fähig, d. h. sie können die Funktion eines doppelten Wandlers (**Transducer**s) ausüben. Die in der Sonographie als Ultraschallquelle benutzten piezoelektrischen Plättchen eignen sich – bei zeitlicher Trennung von Sender und Empfang (s. Impulsechoverfahren, VIII/4.2.4) – gleichzeitig auch zum Detektor: Sie antworten auf die vom Medium reflektierten Ultraschallwellen mit elektrischen Spannungssignalen, welche verstärkt und verarbeitet dem Arzt wichtige diagnostische Informationen vermitteln.

VII/4.2.2 Aufbau der Ultraschallquelle

Eine Ultraschallquelle besteht aus einer Wechselspannungsquelle mit Ultraschallfrequenz (s. VII/1.6) und einem elektromechanischen Schwingungswandler (Transducer). Die **aktive Einheit** des Transducers ist das piezoelektrische Plättchen (Abb. VIII.30). Die Voraussetzung der wirksamen Umformung ist die **Resonanz**, d.h. die Eigenfrequenz des Plättchens soll mit der Frequenz der Anregungsspannung übereinstimmen. Die minimale Eigenfrequenzschwingung des Plättchens (ähnlich der Schwingung mit der niedrigsten Frequenz an einem Seil) realisiert sich dann, wenn die Plättchendicke mit der halben Wellenlänge des erwünschten Ultraschalls übereinstimmt. Je höher die Frequenz des Ultraschalls sein soll, desto dünner muss das Plättchen sein (charakteristisch einige Hundert μm, s. Beispiel 1), wodurch es sehr fragil wird.

Beispiel VIII.1

Die Dicke d des Blei-Zirkonat-Titanat- (PZT) Plättchens ist bei einer erwünschten Ultraschallfrequenz von 3 MHz und Ultraschallgeschwindigkeit im PZT von 3791 m/s (Tab. II.4):

$$d = \frac{\lambda}{2} = \frac{c}{2f} = \frac{3791}{2 \cdot 3 \cdot 10^6} = 632\,\mu\text{m}$$

Der aktiven Einheit folgt in Richtung der Ultraschallausstrahlung teils als Schutzschicht eine **Anpassungsschicht**. Ihre Dicke ist so gewählt, dass die von der äußeren Schichtfläche reflektierten und dann an der inneren Grenze zwischen aktivem Element und Anpassungsschicht reflektierten Wellen mit den ursprünglichen Wellen in einer Phase seien ($d = \lambda/4$). Die akustische Impedanz Z der Anpassungsschicht muss so gewählt werden, dass sie zwischen der akustischen Impedanz der aktiven Einheit und der des Körpergewebes (z. B. Wasser) sei (s. Tabelle II.4). So wird die maximale Energieabgabe erreicht.

Auf der Rückseite ist die aktive Einheit von einer **Dämpfungsschicht** bedeckt. In dieser Richtung soll die Ultraschallenergie absorbiert werden, deshalb wird ein Material gewählt, dessen Ultraschall-Absorptionsrate hoch ist. Die Impedanz der Dämpfungsschicht ist niedriger, als die Impedanz der aktiven Einheit. Der Wirkungsgrad der Energieabsorption steht mit der Verwischung der Breite der Ultraschall-Impulsfrequenz (Bandbreite) in Relation. Dämpft diese Einheit die Ultraschallenergie mit hohem Wirkungsgrad, dann ist die Bandbreite groß, ist der Wirkungsgrad der Dämpfung niedrig, so ist auch die Bandbreite geringer.

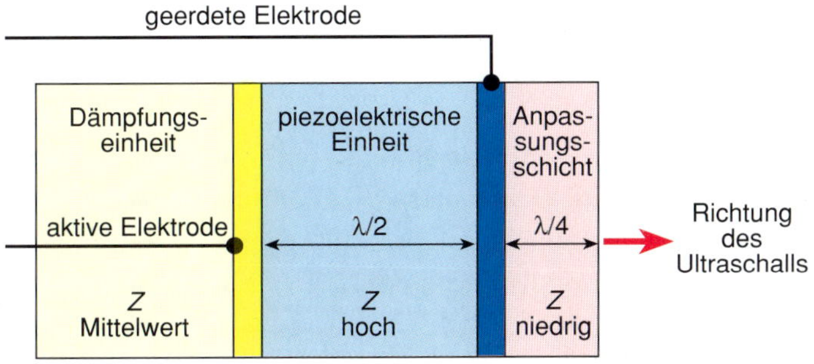

Abb. VIII.30. Aufbau der Transducereinheit. Dämpfungsschicht, aktive Elektrode (gelb); aktive (piezoelektrische) Einheit, geerdete Elektrode (blau); Anpassungsschicht (rosa)

Druckinhomogenitäten im Ultraschallbündel

Wegen der Druckinhomogenitäten ist die Ultraschallintensität ($\sim p^2$) weder in axialer, noch in lateraler Richtung konstant. In axialer Richtung schwankt sie in der Nahzone sehr stark (Abb. 1 blaue, gestrichelte Linie bzw. Abb. 2 zwischem dem Transducer und der mit Pfeil markierten Stelle). In der Fernzone nimmt sie wegen der dortigen Verbreiterung des Bündels ab (Abb. 1 und 2 im Abschnitt nach den Pfeilen). Lateral von der Achse nimmt die Intensität prinzipiell ab (Abb. 1 rote Kurven). In der Nahzone schwankt sie den Kurven mit mehreren lokalen Maxima entsprechend (Abb. 1, 5 rote Kurven in dem mit N markierten Bereich), während in der Fernzone eine monotone Abnahme zu sehen ist (Abb. 1, 3 rote Kurven an der Grenze des mit N markierten Bereichs bzw. dahinter).

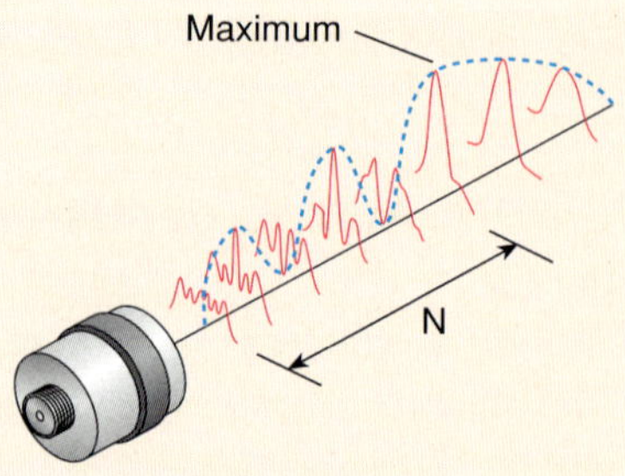

Abb. 1. „Perspektivische" Darstellung des Ultraschallbündels. N kennzeichnet den Bereich der Nahzone. In der Nahzone schwankt die Intensität in lateraler Richtung gemäß den roten Kurven, in axialer Richtung gemäß der gestrichelten blauen Kurve.

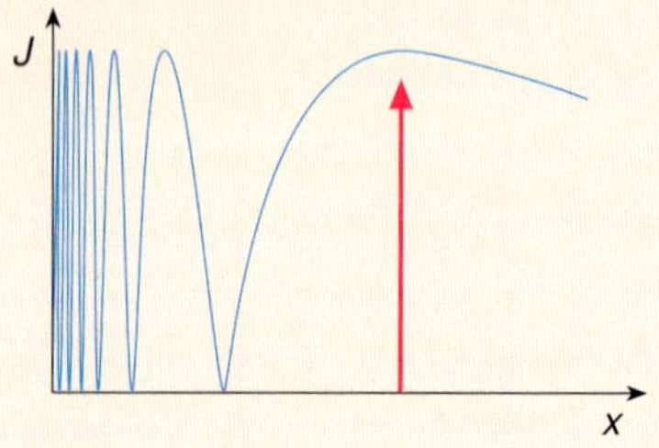

Abb. 2. Die Intensitätsänderung des Ultraschallbündels in axialer Richtung. Mit dem Pfeil ist die Grenze von Nah- und Fernzone markiert.

VIII/4.2.3 Entstehung und Eigenschaften des Ultraschallbündels

Jeder Punkt der Oberfläche der Plättchen, die den Ultraschall aussenden, schwingt in gleicher Phase und mit gleicher Amplitude. Das in den Ultraschallraum eintretende Bündel ist das Ergebnis der Beugung und Interferenz von elementaren Kugelwellen (s. Huygens-Fresnel-Prinzip, II/2.1.3). Weil der Durchmesser der Plättchen nur einige Vielfache der Wellenlänge beträgt, führen die Beugungs- und Interferenzerscheinungen in der sog. **Nahzone** (fresnelsche Zone) zu einer beträchtlichen Druckinhomogenität sowohl in der Richtung der Ultraschallachse (**axiale** Richtung) als auch senkrecht zu ihr (**laterale** Richtung) (s. „*Druckinhomogenitäten im Ultraschallbündel*"). Diese Druckinhomogenität bleibt in der sog. **Fernzone** (fraunhofersche Zone) aus. Die Grenze von Nah- und Fernzone befindet sich in der Distanz r^2/λ von den Plättchen mit dem Durchmesser $2r$ (s. Beispiel VIII.2).

Beispiel VIII.2

Für einen Plattendurchmesser von 10 mm beträgt die Grenze zwischen Nah- und Fernfeld (r^2/λ) in Wasser bei einer Frequenz von 3 MHz 50 mm, für einen Plattendurchmesser von 20 mm ist sie 200 mm.

Von einem Ultraschallbündel kann man eigentlich nur bei kontinuierlichem Senden von Ultraschallwellen (z. B. Doppler-Verfahren mit kontinuierlichem Signal, VII/4.2.9) sprechen. Die meisten Sonographieverfahren senden aber nur kurzzeitige Ultraschallimpulse von 2 – 4 Periodendauer in den Körper (s. Abb. VIII.32). Bei Impulsen versteht man unter dem Bündel den Raumteil, den der Ultraschallimpuls durchläuft und in dem die momentanen lokalen Parameter des Impulses dem tatsächlichen Bündel entsprechen. Beim Impuls ist die Amplitude der Schwingungen von einigen Perioden nicht

Fokussieren des Ultraschallbündels

I. Lösungen mit fixem Fokus

Hat der Strahler statt einer planen Scheibenform die Form einer konkaven Kugelfläche oder wird die plane Scheibe mit einer akustischen Sammellinse ergänzt, dann wird eine bessere Fokussierung – und bessere Auflösung – erzielt (Abb. 1). Gleichzeitig verlagert sich aber die Fokusregion näher an die Ultraschallquelle und die Divergenz des Bündels wird hinter der Fokusregion größer sein als ohne Fokussieren. Das bedeutet, dass die Fokusregion, in der eine bessere Auflösung zu erwarten ist, enger ist, mit anderen Worten, sich die Tiefenschärfe verschlechtert.

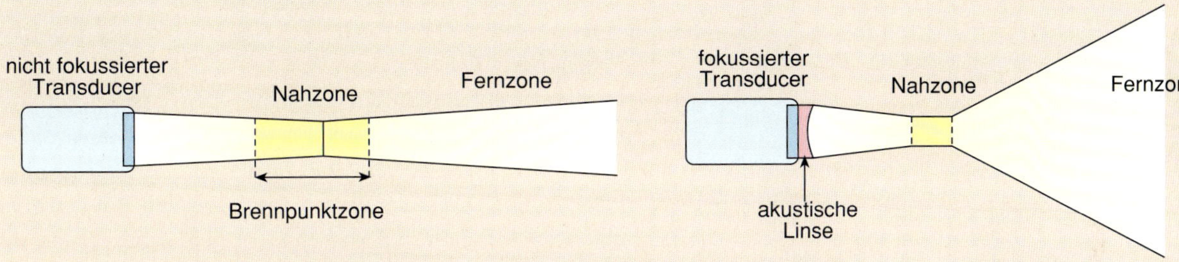

Abb. 1. Beim Fokussieren nimmt die Divergenz in der Fernzone zu und die Tiefenschärfe verschlechtert sich

II. Elektronisches Fokussieren

Der große Vorteil des elektronischen Fokussierens liegt darin, dass der Fukusbereich in verschiedene Tiefen eingestellt werden kann. Eine mögliche Anordnung ist ein ringförmiger Mehrelementstrahler, der aus konzentrischen Keramikringen besteht, die voneinander elektrisch isoliert sind (der mittlere Ring ist faktisch eine Scheibe).

Fokussieren beim Senden (Abb. 2)

Jeder Ring erhält die Anregungsspannung auf einem eigenen Kanal, aber aus einer gemeinsamen Spannungsquelle am gemeinsamen Eingang der Kanäle. Die Kanäle der einzelnen Ringe enthalten auch ein elektronisches Verzögerungsglied, so dass die Ringe die Anregung mit von außen nach innen zunehmender Verzögerung erhalten. Die Interferenz der von den einzelnen Ringen ausgehenden Wellen ergibt an einem Punkt der Systemachse einen maximalen Schalldruck, der Abstand des Brennpunktes hängt von den Verzögerungszeiten ab. Die Divergenz des Bündels außerhalb des Brennpunktes ist mäßig, dem entsprechend ist die Tiefenschärfe groß. Mit der elektronischen Regulierung der Verzögerungszeiten kann die Tiefe des Fokusbereichs eingestellt werden („zone focusing").

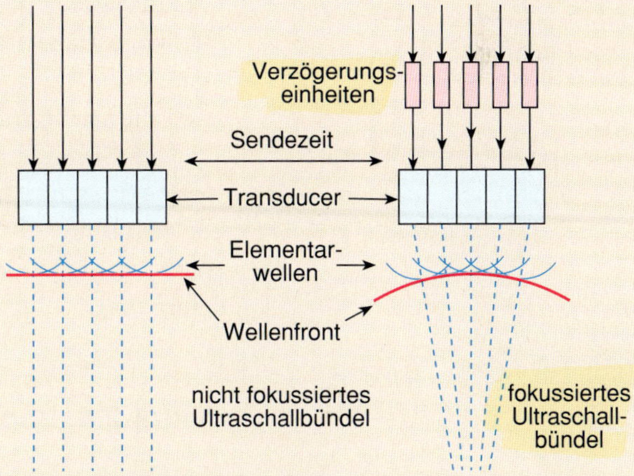

Abb. 2. Elektronisches Fokussieren beim Senden

Fokussieren beim Detektieren (Abb. 3)

Ein einziges Signal, das von dem Element im Brennpunkt reflektiert wurde, erreicht zuerst die Mitte des Detektors und erst mit einer gewissen Verzögerung nacheinander die einzelnen Ringe. Die Signale der einzelnen Ringe ▶

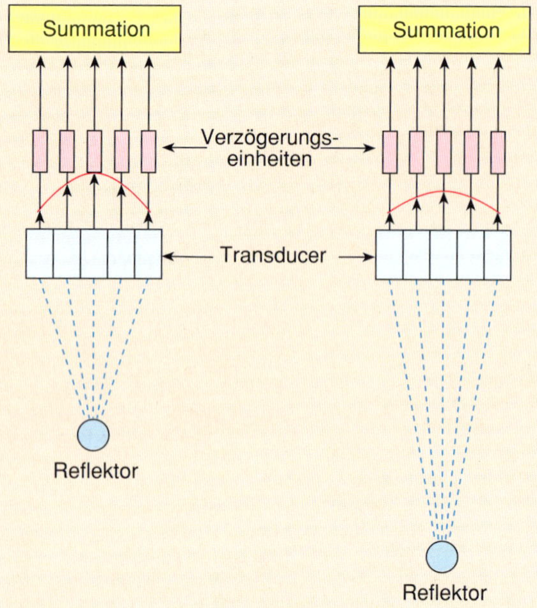

Abb. 3. Elektronisches Fokussieren beim Detektieren

erscheinen also mit zunehmender Phasenverzögerung an den Enden der Kanäle, die an die Ringe geschaltet sind, treffen aber wegen der zuvor erwähnten Verzögerung in der gleichen Phase im gemeinsamen Punkt der Kanäle ein und ergeben eine ausreichend hohe Signalspannung. Die von den Stellen außerhalb des Brennpunktes reflektierten Signale treffen – wegen der Entfernungsverhältnisse – nicht in der gleichen Phase im gemeinsamen Punkt der Kanäle ein, so ist das Ergebnis ihrer Interferenz keine Verstärkung sondern eine Dämpfung.

Dynamisches Fokussieren

In den Empfangspausen zwischen dem Aussenden der Impulse gelangen die Signale von den hinter einander in verschiedenen Tiefen befindlichen reflektierenden Flächen mit zeitlicher Verschiebung zu den Ringen. Das macht es möglich, mit der elektronischen Steuerung der Verzögerung in den Kanälen den Empfangsfokus in die gewünschte Tiefe einzustellen.

konstant, denn die mit der Ultraschallfrequenz angeregten Plättchen müssen erst in Schwingung kommen und dann abklingen.

Die kurzen Ultraschallimpulse können nicht mit einer einzigen Frequenz charakterisiert werden, sondern mit einem Frequenzband, das um so breiter ist, aus je weniger Perioden der Impuls besteht. Die Bandbreite kann bei den üblichen Impulslängen bis zu 50 % der charakteristischen Ultraschall-Schwingungsfrequenz f_0 ausmachen. Den vielen Frequenzen ist es zu verdanken, dass sich die starke Inhomogenität in der Nahzone verwischt.

Der Bündeldurchmesser nimmt an der Grenze von Nah- und Fernzone ab, was als **natürliches Fokussieren** angesehen werden kann. Der Bündeldurchmesser spielt eine tragende Rolle beim Auflösungsvermögen, deshalb wurden verschiedene Methoden zur Verbesserung des Fokussierens erarbeitet.

VIII/4.2.4 Impulsechoverfahren, Ultraschallbilder

Bei den Echomethoden werden im Bündel periodisch erzeugte, kurze Ultraschall-Schwingungspakete (sog. Impulse) ausgesendet (Abb. VIII.31). Zwischen den einzelnen Ultraschallimpulsen folgt eine ausreichend lange Pause, die ausreicht, um die vom Körper reflektierten Signale zu detektieren, bevor ein neuer Impuls gesendet wird. Sowohl die den gesendeten als auch die den reflektierten Ultraschallwellen entsprechenden elektrischen Signale werden auf dem Bildschirm einer Kathodenstrahlröhre dargestellt. Aus der Perioden-

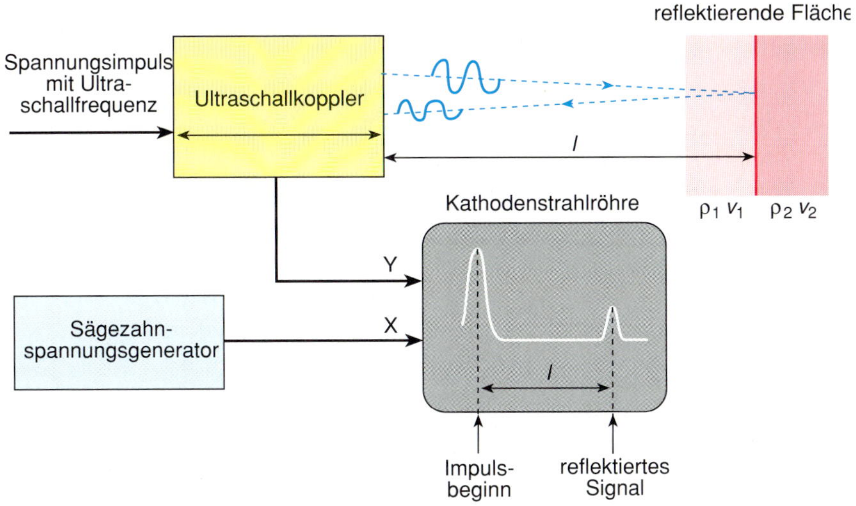

Abb. VIII.31. Entstehung des Ultraschallechos und seine Nutzung zur Bestimmung von Entfernungen

dauer der in der x-Richtung ablenkenden Spannung und bei bekannter Geschwindigkeit des Ultraschalls im Medium lässt sich die Distanz der reflektierenden Fläche von der Ultraschallkopplung bestimmen.

Die Charakteristika der Ultraschallimpulse

Aufgrund der Ausbreitungsgeschwindigkeit des Schalls und des Abstands der reflektierenden Flächen (einige cm) ergibt sich für die notwendige Pause ein Zeitintervall von ms. Die Impulsdauer selbst muss bedeutend kürzer sein, was einen Bereich von μs bedeutet. Das und auch andere Gesichtspunkte sind bei der Wahl der Ultraschallfrequenz zu berücksichtigen. Danach wird in der Diagnostik meistens eine Frequenz von 1 – 10 MHz (1 MHz = 10^6 Hz) benutzt. Daraus folgt, dass sich während der Impulsdauer nur einige Schwingungen abspielen können, wie das in Abb. VIII.32 dargestellt ist (zur Intensität s. Bemerkung VIII.3.).

Grundprinzip der Darstellung

Das klassische Gerät zur Darstellung ist die Kathodenstrahlröhre (s. VII/1.5.1). Obwohl sie allmählich von moderneren Geräten verdrängt wird, diskutieren wir der Einfachheit und besseren Verständlichkeit halber

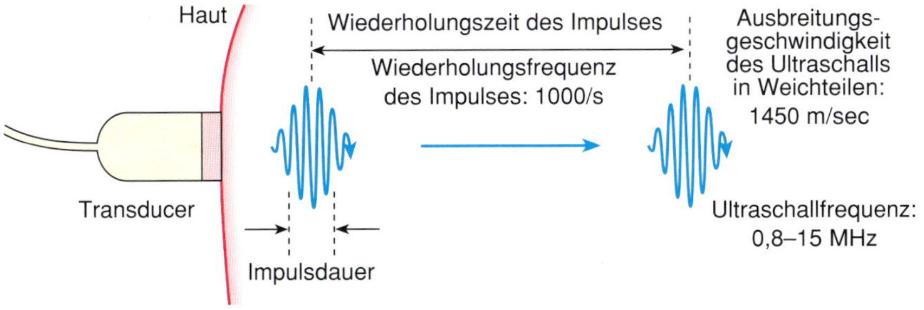

Abb. VIII.32. Charakteristika des Ultraschallimpulses

Bemerkung VIII.3

Die Intensität der Ultraschallimpulsserie

In II/2.4.3 wurde schon diskutiert, dass bei Ultraschallanwendungen der Strahlenintensität Grenzen gesetzt werden müssen, um zu große Druckschwankungen zu vermeiden. (Hinsichtlich von Gewebeschädigungen kann es auch nicht indifferent sein, wie oft die Druckschwankung erfolgt, d. h. wie groß die Impulsdauer in Relation zur Schwingungszeit ist.) Die Grenzwerte für die Intensität sind in den Vorschriften immer Durchschnittswerte, aber hinsichtlich der Parameter der Impulssignale ist es auch nicht gleich, mit welcher Mittelungsmethode diese bestimmt wurden. In der Diagnostik wird in der Regel der Grenzwert 10 mW/cm^2 benutzt, es können aber auch medizinische Vorschriften vorkommen, die 100 mW/cm^2 gestatten (das bedeutet nach den zuvor diskutierten Schätzungen keine zu große Druckfluktuation). Bei der richtigen Bewertung der tabellierten Daten (s. Tab. II.4) muss man jedoch immer beachten, auf welche Mittelung sie sich beziehen. Die erwähnten Grenzwerte sind sog. „peak temporal average" Werte, was bedeutet, dass sie für die gesamte Periodendauer der Strahlung gemittelt sind, also inbegriffen sowohl Pulsdauer als auch Pausendauer. Weil aber die Pausenlänge auch das 1000fache der Pulslänge sein kann, bedeutet das, dass in diesem Fall die tatsächliche Intensität das 1000fache dieses Wertes betragen kann, was als „pulse peak average" bezeichnet wird. Das ist aus praktischer Sicht ein äußerst wichtiger Unterschied!

die bildgebenden Verfahren der Sonographie am Funktionsprinzip der Kathodenstrahlröhre.

Erinnern wir uns, dass die Darstellung von zeitlich variablen Größen mit Hilfe der Kathodenstrahlröhre so erfolgt, dass an ein ablenkendes x-Elektrodenpaar eine periodische, linear zunehmende) sog. Sägezahnspannung angelegt wird. Dadurch läuft der Leuchtpunkt auf dem Lumineszenzschirm von links nach rechts und springt vom rechten Bildrand wieder auf den linken Rand zurück. Diese Bewegung wiederholt sich periodisch. Gleichzeitig wird das darzustellende Signal an die y-Ablenkelektroden angelegt. (Bei dieser Betriebsart ist die Helligkeit des Leuchtpunktes ohne Bedeutung.)

Bei der (zweidimensionalen) Darstellung von Bildern wird zu der Sägezahnspannung an den x-Elektroden auch an die y-Elektroden eine Sägezahnspannung angelegt. (Die zeitliche Stufenlänge stimmt mit der Periodendauer der x-Sägezahnspannung überein.) Der Leuchtpunkt tastet so den gesamten Bildschirm von Zeile zu Zeile ab. Das zweidimensionale Bild entsteht durch die Änderung der Helligkeit. Das Bild ist bistabil, wenn die Helligkeit der Bildpunkte nur zwei Werte annehmen kann; von Graustufen- oder **grayscale** Bild spricht man, wenn die Intensität des Kathodenstrahls mehrere Abstufungen ermöglicht.

Eindimensionale A-Bilder, Abstandsmessung

Die Bezeichnung der Methode weist auf das Wort „Amplitude" hin, bei diesem Verfahren erzeugt nämlich der Detektor Gleichspannungsimpulse, deren Amplitude proportional zur Amplitude der Echosignale ist, und diese steuern die y-Auslenkung des Kathodenstrahls in der Kathodenstrahlröhre. Das Messen erfolgt mit einem fixierten Ultraschallkopf, der ein schmales Bündel sendet, die Echosignale beziehen sich also auf eine einzige Richtung. Die x-Ablenkung des Kathodenstrahls beginnt synchron zu den Ultraschallimpulsen. Die von den verschieden tiefen Flächen nacheinander zurückkehrenden Ultraschallimpulse erscheinen auf dem Bildschirm entlang der x-Achse (Zeitachse) nacheinander (Abb. VIII.33 mittlerer und unterer Teil). Die Geschwindigkeit des Kathodenstrahls entlang der x-Achse ist bekannt und so kann die Rückkehrdauer der einzelnen Echosignale im Vergleich zum Anfangssignal unmittelbar vom Bildschirm abgelesen werden. Der Hauptinformationsgehalt der Messung ist also die Rückkehrzeit der einzelnen Echosignale (t_1, t_2 ...). Außerdem kann man aus der Amplitude der auf dem Bildschirm erscheinenden Impulse auf die Amplitude der einzelnen Echosignale folgern. Diese Amplitude hängt – wie schon diskutiert – von der akustischen Impedanz der einzelnen Medien, der Streuung und dem Absorptionsgrad ab. Die Höhe der Amplitude wird selten diagnostisch genutzt, die Rückkehrdauer gibt in Kenntnis der Ausbreitungsgeschwindigkeit c des Ultraschalls den Abstand d der reflektierenden Fläche vom Strahler: $ct = 2d$.

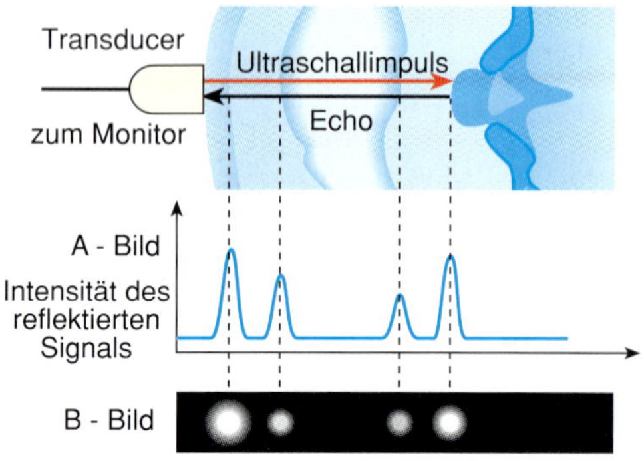

Abb. VIII.33. Mitte: A-Bild, unten: eindimensionales B-Bild

So lässt sich der Abstand der reflektierenden Flächen voneinander berechnen: z. B. ist $d_{12} = d_2 - d_1$.

Graustufentechniken, Gammafunktionen

Von der theoretisch unbegrenzten Zahl der Graustufen (Helligkeiten) können die Bildschirme nur eine sehr beschränkte Zahl darstellen (z. B. 256) und unser Auge kann noch weniger wahrnehmen. Man sagt, dass das menschliche Auge 16 (2^4) Graustufen unterscheiden kann. (Die Werte wurden auf Potenzen von 2 „abgerundet", weil diese bei Digitalmethoden eine ausgezeichnete Rolle spielen.)

Mit der Darstellung von Graustufen besteht die Möglichkeit, statt der nächstliegenden und einfachsten direkten Proportionalität zwischen Amplitude des Signals und Helligkeitsgrad (lineare Funktion, Abb. **b**) eine andere Funktion zu benutzen. Diese Funktionen werden als γ- oder Gammafunktionen erwähnt. Bei der von unten konkaven γ-Kurve (Abb. **c**) werden – im Vergleich zur direkten Proportionalität – die Bereiche mit niedriger Amplitude mit mehr Graustufen, die Bereiche mit hoher Amplitude mit weniger Graustufen dargestellt. Umgekehrt verfährt man bei der von unten konvexen γ-Kurve (Abb. **d**). Hier werden die Bereiche mit hoher Echoamplitude begünstigt, d. h. die Signale mit hoher Amplitude weichen stärker voneinander ab. Als weitere Methode des Hervorhebens seien hier zwei „gefensterte" Methoden erwähnt. Laut Abb. **e** sind alle Echoamplituden, die unter einem einstellbaren unteren Grenzwert (Unterdrückungsniveau, „rejection") liegen, schwarz dargestellt und die Amplituden, die höher sind als ein gleichfalls einstellbarer oberer Grenzwert (Sättigungsniveau, „saturation") weiß. So können die Abstufungen des Graubereichs für die Amplituden zwischen den beiden Grenzwerten genutzt werden. Bei dieser Methode bleibt die γ-Funktion monoton. Im Fall von Abb. **f** heben sich zwar die Werte zwischen den beiden Grenzwerten (in einem „Fenster") hervor, aber die Werte über dem oberen Grenzwerte kommen den Werten unter dem unteren Grenzwert nahe. Die γ-Kurve ist nicht mehr monoton, so ist diese Methode nur mit der nötigen Vorsicht zu benutzen.

Es sei bemerkt, dass die diskutierte Methode der sog. negativen Darstellung entspricht (helle Bildpunkte auf dunklem Bildschirm). Die umgekehrte Darstellung ist auch möglich (dunkle Bildpunkte auf hellem Bildschirm). Die entsprechenden Lösungen sind aber sinngemäß daraus zu folgern, deshalb diskutieren wir diese Variante nicht. In der Regel ist es schwer, den richtigen Kontrast einzustellen, so ist es aus praktischer Sicht unvorteilhaft, die Darstellungsmethoden zu wechseln.

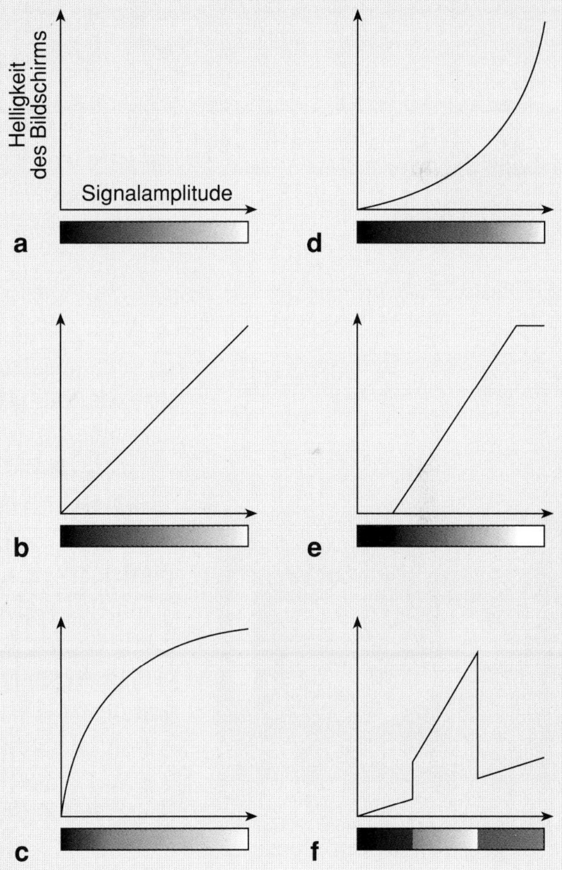

Eindimensionales B-Bild als Übergang zu komplexen Bildern

Die Methode erhielt ihren Namen nach dem Wort „brightness" (Helligkeit), weil in diesem Fall die Größe der reflektierten Ultraschallimpulse nicht die Auslenkung des Kathodenstrahls, sondern die Helligkeit des Leuchtpunktes bestimmt (Abb. VII.33 unteres Bild). Die Art der Darstellung kann man

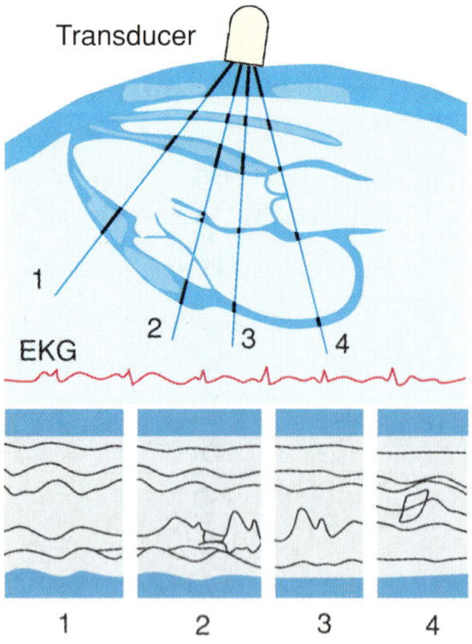

Abb. VIII.34. TM-Bild und Erstellung

sich auch so vorstellen, dass die Signalspannung auf eine – senkrecht zur Papier/Monitorebene stehende – z-Achse aufgenommen wird. Das entspricht der Steuerung des Elektronenstroms in der Kathodenstrahlröhre. In diesem Fall wird an die y-Elektroden keine Spannung geschaltet (horizontales eindimensionales B-Bild). Aus dem Bild lässt sich gleichfalls die Eintreffzeit der Echosignale ablesen, es eignet sich auch zur Abstandsmessung. Das eindimensionale Bild kann um 90° gedreht werden (vertikales eindimensionales B-Bild). In diesem Fall wird an die x-Elektroden keine Spannung angelegt. Weil in beiden Fällen eine Dimension unausgenutzt bleibt, wird das B-Bild nicht selbständig benutzt. Mit ihm besteht aber die Möglichkeit der Weiterentwicklung (TM-Bild, zweidimensionales B-Bild).

Time-Motion-Verfahren (M-Mode, TM-Verfahren)

Bei der Herzsonographie (Ultraschallkardiographie, UKG) wird typisch ein Verfahren gewählt, bei dem eine Reflexion (oder auch mehrere Reflexionen) an einer in Messrichtung bewegten Fläche, z. B. an den Herzklappen erfolgt. In diesem Fall kann die Bewegung der reflektierenden Fläche sichtbar gemacht und diagnostisch genutzt werden. Aus der Signalserie des Echos der gesendeten Ultraschallimpulse wird ein vertikales B-Bild erstellt. Das B-Bild der folgenden Signalserie wird in x-Richtung etwas verschoben dargestellt usw.. Auf dem Bildschirm stellt sich auf einer realen Zeitskala die Bewegung der reflektierenden Fläche in der Messrichtung dar. Zur Unterstützung der Bewertung wird eine parallel zur Ultraschallaufnahme erstellte EKG-Kurve auch auf dem Bildschirm dargestellt (Abb. VIII.34). Bei der Bezeichnung der Methode weisen der Buchstabe T (Time) auf den zeitlichen Verlauf und der Buchstabe M (Motion) auf die Bewegung hin.

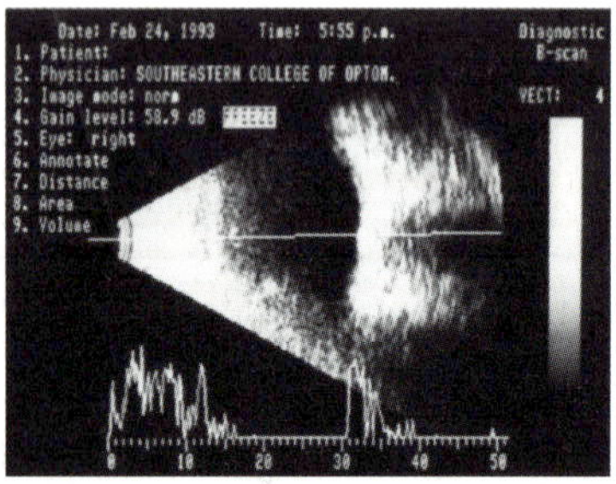

Abb. VIII.35. Ultraschalluntersuchung des Auges. Zweidimensionales B-Bild und A-Bild

Zweidimensionales B-Bild, Ultraschalltomographie

Das zweidimensionale B-Bild kann als eine Serie von eindimensionalen B-Bildern aufgefasst werden. Die Bezeichnung Tomographie weist darauf hin, dass man bei dieser Methode mit Hilfe des Ultraschalls ein Schnittbild einer Körperebene erstellt. In der ausgewählten Ebene werden aus verschiedenen Richtungen eindimensionale Echomessungen durchgeführt, das heißt, die Schnittebene wird nach einem Prinzip abgetastet (z. B. Sektorscan: Abb. VIII.34 oberes Bild, Abb. VIII.35 oberer Bildteil, über die Ausführung des Abtastens s. VIII/4.2.5.

Die Echoserien aus den einzelnen Messrichungen werden als eindimensionales B-Bild dargestellt. Die B-Bilder der nacheinander folgenden Messrichtungen erscheinen auf dem Bildschirm in der geometrischen Form, wie das Ultraschallbündel die ausgewählte Körperebene abgetastet hat.

VIII/4.2.5 Abtastverfahren

Das **Abtasten** erfolgt in jedem Fall mit einem fokussierten Bündel. Die Änderung der Abtastrichtung kann mechanisch (durch Bewegung des Senders) oder elektronisch erfolgen.

Bei einer Lösung des **mechanischen Abtastens** schwingt im Schallkopf ein einziges Piezoelement oder ein „annular array" um eine Achse - senkrecht zur Senderichtung - so, dass die nacheinander gesendeten Ultraschallimpulse eine fächerförmige Ebene (Sektorscan) abtasten. Ein anderes Verfahren benutzt drei Sender, die zueinander im Winkel von 120° stehen und sich um eine gemeinsame Achse drehen. Sie kommen nacheinander in Sendeposition und tasten während der Rotation denselben Sektor ab. Während einer Umdrehung erfolgen also drei Abtastvorgände. Die mechanischen Abtastmethoden sind heute schon als überholt anzusehen.

Die elektronischen Methoden benutzen Ultraschallwandlerreihen (transducer array). Der Ultraschallkopf ist aus vielen kleinen, nebeneinander liegenden Ultraschallkeramiken (z. B. aus 512 Plättchen) aufgebaut, bei **„linear array"** (auch Linearscan) liegen sie entlang einer Geraden (Abb. VIII.36), bei **„curved array"** (auch Convexscan) entlang einer gekrümmten Linie (Abb. VIII.37). Das Anregungssignal für den Ultraschallimpuls trifft – beim Erstellen einer einzigen eindimensionalen B-Bildlinie – gleichzeitig mehrere (z. B. 5 - 10) Plättchen (s. Abb. VIII.36). In den Anregungskanälen der Plättchen befinden sich Verzögerungseinheiten, deshalb erfolgt die Ultraschallsendung mit vorprogrammierter Phasenverschiebung. Die Interferenz dieser Wellen bildet den Ort des Fokussierens aus. Bei der Erstellung der folgenden eindimensionalen Bildlinie verschiebt sich die Anregung um ein Element (ein Plättchen bleibt aus – ein Plättchen kommt hinzu), der Abstand der parallelen Bildlinien stimmt also mit den Plättchenmaßen überein. Beim „linear array" Verfahren ist das Bild viereckig. Beim „curved array" Verfahren erfolgt das Abtasten ähnlich, aber das Bild erhält eine Ringsegmentform (s. Abb. VIII.37).

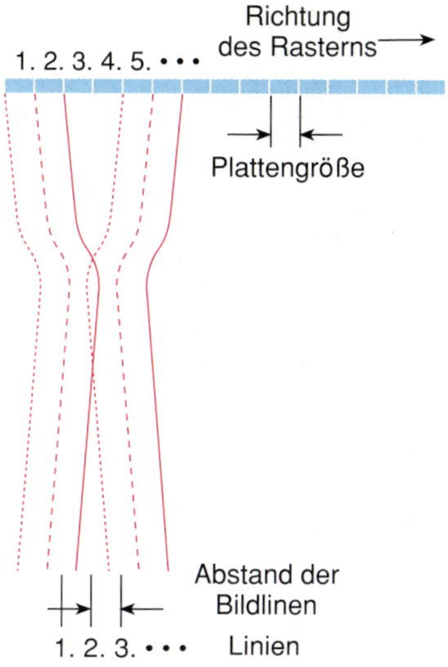

Abb. VIII.36. Vielelement „linear array"

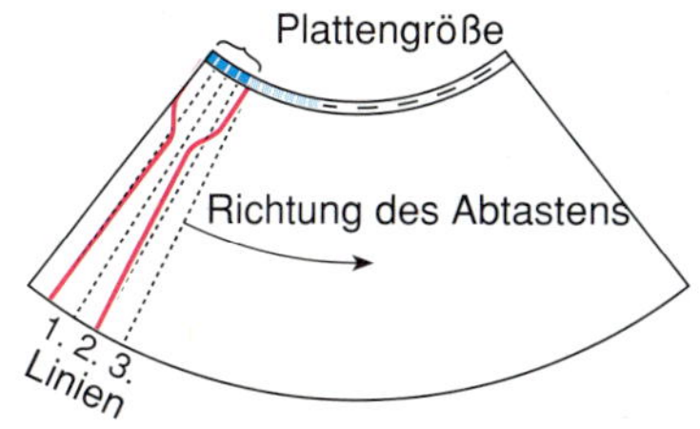

Abb. VIII.37. Vielelement „curved array"

VIII/4.2.6 Das Auflösungsvermögen der Ultraschallbilder

Die Auflösungsgrenze kann mit dem Abstand der zwei Punkte charakterisiert werden, die mit Hilfe des Ultraschalls noch als getrennte Punkte detektiert werden können. Das Auflösungsvermögen ist der Reziprokwert dieser Distanz (je höher sein Wert ist, desto besser ist das Gerät).

Die (axiale)Auflösungsgrenze in Senderichtung hängt von der Impulsdauer ab: theoretisch beträgt die axiale Auflösungsgrenze eine halbe Impulsdauer, weil sich dann die von hintereinander liegenden Orten ausgehenden Echowellen gerade berühren. In der Praxis beträgt die axiale Auflösung ungefähr das Anderthalbfache der Wellenlänge, also bei 3 MHz ca. 0,75 mm.

Die **Grenze der lateralen Auflösung** (senkrecht zur axialen Richtung) ist immer größer (also schlechter) als die der axialen Auflösung, weil sie praktisch gleich dem Durchmesser des Ultraschallbündels ist. Die laterale Auflösung ist deshalb in der Fokusregion am besten, für die Einzelheiten der Fernzone verschlechtert sie sich, weil sich das Bündel mit zunehmender Distanz verbreitert.

Serienaufnahme des linearen B-Bildes mit reiner Phasenverschiebung: „phased array" Methode

Beim Abtasten mit dem elektronisch gesteuerten Bündel („phased array") ist jedes Element der linear angeordneten Plättchengruppen mit relativ geringer Zahl der Elemente (z.B. 128) bei der Erstellung jeder einzelnen B-Bildlinie sowohl am Senden als auch am Empfang beteiligt. Erhalten die Plättchen die Anregungsspannung mit monoton zunehmender Verzögerung, so wird die Resultierende der Elementarwellen eine ebene Welle sein, deren Ausbreitungsrichtung über die Verzögerung reguliert werden kann, mit der man also ein Kreissegment (Sektor) abtasten kann.

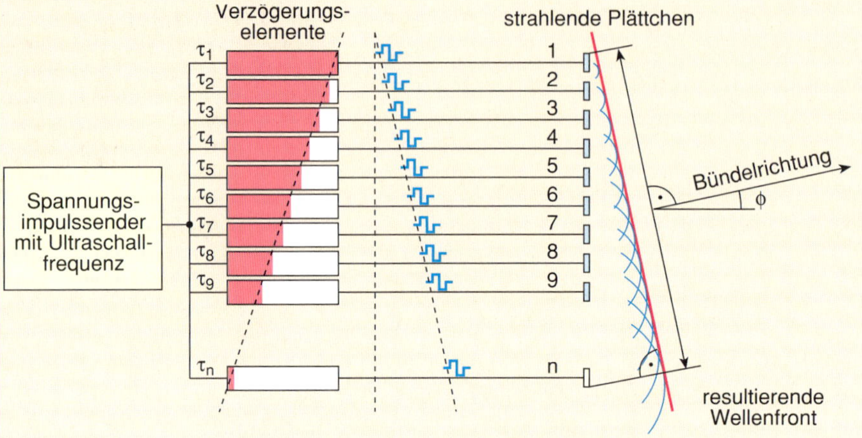

Beispiel VIII.3

Kennzeichnen wir die natürliche Brennweite mit f, so ist nach dem früher Diskutierten $f = D^2/(4\lambda)$, wo D der Durchmesser der Strahlung emittierenden Platte ist. So ist die laterale Auflösungsgrenze:

$$d = 1{,}22\lambda\frac{f}{D} = 0{,}305D$$

Die laterale Auflösung im Fokus kann mit Fokussieren des Bündels verbessert werden. Der Durchmesser des Bündels ist proportional zum Quotienten von Fokusweite f und Durchmesser der Ultraschallquelle D (bzw. von Detektorfokus und Detektordurchmesser, d. h. Apertur), der sog. F-Zahl ($F = f/D$) und auch proportional zur Ultraschallwellenlänge. Der Bündeldurchmesser d in der Fokusregion, der auch ein Maß der lateralen Auflösung ist, ist also $d \approx \lambda f D$, genauer $d = 1{,}22\lambda F$. In der Praxis lässt sich kein kleinerer Wert als $F = 1{,}5$ erzielen, deshalb kann die laterale Auflösung einige Vielfache der Wellenlänge – einige mm – betragen.

Die **natürliche Fokussierung** des Bündels garantiert auch eine gewisse laterale Auflösung. Wir hatten schon gesehen, dass der natürliche Fokusabstand gleichfalls vom Durchmesser der Keramikplättchen und der Wellenlänge abhängt. Wendet man jetzt die Formel für diesen Fall an, so ergibt sich, dass die Auflösung ungefähr ein Drittel des Plättchendurchmessers beträgt, also bei einer Schallquelle von 15 mm Durchmesser 5 mm ist (s. Beispiel VIII/3).

VIII/4.2.7 Dreidimensionale Rekonstruktion

Mit der Serie der zweidimensionalen B-Bilder können Daten von allen Volumenelementen eines ausgewählten Volumens erhoben werden. Anhand dieser Daten kann die 3D-Rekonstruktion des gesamten Volumens durchgeführt werden. Da die Helligkeitselemente die Lokalisation der reflektierenden Flächen kennzeichnen und auch von der Absorptionsrate der (die Impulse übermittelnden) Gewebebereiche mit unterschiedlicher akustischer Härte abhängen, kann die Reflexionsrate mit entsprechenden Diskriminatoren (s. VII/1.4.3) in Helligkeit der Bildpunkte konvertiert werden, damit sich außer den als zusammengehörig betrachteten Punkten keine Punkte mit einer anderen (meist geringeren Reflexionsrate) darstellen. Mit computergestützter Verarbeitung kann bei der Darstellung auch die notwendige Abschirmung durchgeführt werden (Abb. VIII/38).

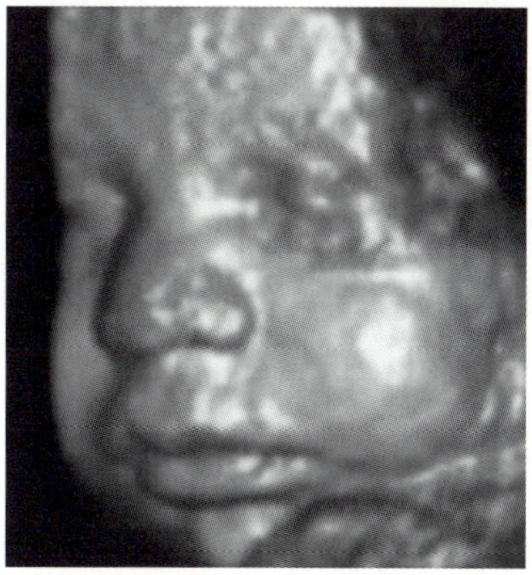

Abb. VIII.38. Rekonstruktion des Gesichtes eines Embryos aus 2D-Bildern

VIII/4.2.8 Doppler-Verfahren

Doppler-Effekt

Zahlreiche Sonographie-Verfahren nutzen den von Christian Doppler 1842 beschriebenen Effekt: Bewegen sich eine Wellenquelle und der Beobachter gegeneinander, so nimmt der Beobachter Frequenzen wahr, die sich von der ursprünglichen Frequenz unterscheiden. Dieser Effekt tritt sowohl bei elektromagnetischen Wellen als auch bei mechanischen Wellen, so natürlich auch bei Ultraschallwellen auf. Qualitativ bedeutet das: die Frequenz nimmt zu, wenn sich Schallquelle und Beobachter einander nähern, und nimmt ab, wenn sie sich voneinander entfernen (Abb. VIII.39). Das ist der Grund dafür, dass der stehende Fußgänger das Martinshorn eines näherkommenden Krankenwagens als höher, das des sich entfernenden Krankenwagens als tiefer hört als die im Krankenwagen sitzenden Personen. Quantitativ gibt es einen Unterschied zwischen den beiden Formeln für sich bewegende Schallquelle – stehender Beobachter bzw. fixierte Schallquelle – sich bewegender Beobachter. Das bedeutet, dass es in der Regel nicht ausreicht, die relative Geschwindigkeit von Schallquelle und Beobachter zu berücksichtigen. Beschränkt man sich aber auf die Untersuchung von den Fällen, bei denen die relative Geschwindigkeit v von Schallquelle und Beobachter bedeutend geringer ist als die Ausbreitungsgeschwindigkeit der Wellen c, dann ist die Abweichung der beiden Formeln sehr gering und es ist praktisch egal, welche Formel man wählt. Bei der Sonographie ist diese Bedingung immer erfüllt. Natürlich ist es üblich, die einfachere Formel (fixierte Quelle – sich bewegender Detektor) zu benutzen:

$$f' = f\left(1 \pm \frac{v}{c}\right), \qquad \text{(VIII.4)}$$

wo f' die gemessene Frequenz und f die Frequenz der Schallquelle sind. Das Vorzeichen + bezieht sich auf die Annäherung, das Vorzeichen – auf die Entfernung. Die Differenz zwischen f' und f wird üblicherweise mit f_D gekenn-

Christian Doppler (1803–1853)
Der Mathematiker und Physiker gelangte durch Nachdenken über die Farbe der Sterne zur Formulierung des nach ihm benannten Effekts.

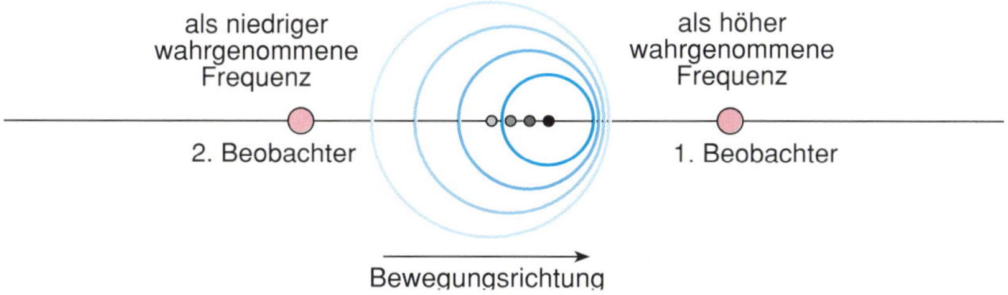

Abb. VIII.39 Doppler-Effekt

zeichnet und **Doppler-Verschiebung** oder – fälschlicherweise Doppler-Frequenz – genannt:

$$f_D = f' - f = \frac{\pm v}{c} f. \qquad \text{(VIII.5)}$$

Bewegter reflektierender Körper

Bewegt sich ein Körper mit der relativen Geschwindigkeit v zur fixierten Schallquelle und reflektiert dann dieser Körper den Schall wie eine sekundäre Schallquelle mit der relativen Geschwindigkeit v, dann entspricht das der Doppler-Verschiebung bei einer fiktiven relativen Geschwindigkeit von $2v$, d. h. $|f_D| = (2v/c)f$. (Im Weiteren verzichten wir auf den absoluten Wert.) Umschließen die Richtungen von v und c den Winkel Θ (Abb. VIII.40), so nimmt die Größe der Verschiebung ab: für v zählt nur die Projektion in Richtung c, deshalb ist v durch $v \cdot \cos \Theta$ zu ersetzen:

$$f_D = \frac{2v \cos\Theta}{c} f, \quad \text{bzw.} \quad v = \frac{c}{2f \cos\Theta} f_D \qquad \text{(VIII.6)}$$

Dadurch wird es möglich, die Geschwindigkeit der bewegten Strukturen aus der Doppler-Verschiebung der Ultraschallfrequenz zu bestimmen.

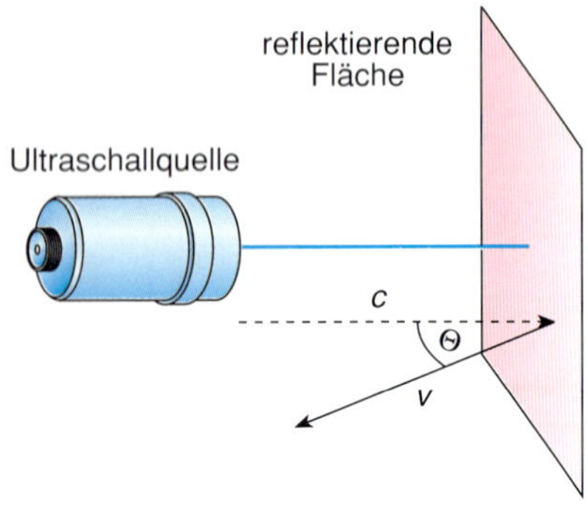

Abb. VIII.40. Ultraschallreflexion von einer bewegten Fläche

Erythrozyten als Streuzentren

Von den klinischen Anwendungsgebieten des Doppler-Effekts ist die Untersuchung der **Blutströmung** hervorzuheben. Aus dem Inneren von nichtdispersen Flüssigkeiten gibt es keine Ultraschallreflexion. Das Blut ist aber eine Suspension von im Plasma dispergierten Körpern. An den sich bewegenden Blutkörperchen wird der Ultraschall **gestreut**, d. h. die Blutkörperchen streuen den Ultraschall wie sekundäre Punktquellen in alle Richtungen, so auch in Richtung des Transducers mit der Frequenzverschiebung laut Gl. (VIII.4). Die Streuzentren des Blutes für Ultraschall sind die Erythrozyten. Im Weiteren benutzen wir auch für die Streuung den nicht ganz richtigen, aber üblichen Ausdruck Reflexion.

VIII/4.2.9 Praktische Anwendung des Doppler-Effektes

Eindimensionales CW-Gerät zur Messung der mittleren Strömungsgeschwindigkeit

Der Transducer des Doppler-Gerätes mit kontinuierlichen Wellen (continuous wave, CW) enthält zwei Kristalle, von denen der eine der Sender, der andere der Empfänger ist (Abb. VIII/41). Die am Empfänger kontinuierlich eintreffenden Signale sind die Resultierenden aller gestreuten Wellen, die von den Gefäßen stammen, die sich auf dem Weg der in der gegebenen Richtung kontinuierlich gesendeten Ultraschallwellen befinden. Deshalb kann das Verfahren dann benutzt werden, wenn sich das Gefäß mit hervorgehobenen Signalen innerhalb der Eindringtiefe befindet. So bezieht sich das Ergebnis auch nur auf dieses Gefäß.

Die einfachsten Geräte zur Messung der Strömungsgeschwindigkeit können nur die **Größe** der mittleren Geschwindigkeit angeben. Das Wesentliche der Messung besteht darin, dass sich in der signalverarbeitenden Einheit die gesendete (z.B. 8000 KHz) und die davon (nicht allzu sehr) abweichende Frequenz (z. B. 8001 kHz) der zurückgestreuten Wellen addieren (Wellensuperposition) und das Doppler-Signal daher mit der Frequenz von 8001 kHz – 8000 kHz = 1 kHz erscheint. Das ist das als **Schwebung** bekannte Phänomen. Die bei der Superposition von zwei wenig unterschiedlichen (Schall-) Wellen zu beobachtende Frequenz der periodischen Amplitudenschwankungen stimmt mit dem Frequenzunterschied der zwei Schwingungen überein. Die Doppler-Verschiebung fällt in den Bereich der **Schallfrequenz** (in unserem Beispiel gerade 1 kHz), d. h. sie kann über einen Lautsprecher als Ton vernommen werden. Mit gewissen Veränderungen der Anordnung kann auch die **Richtung** der Strömungsgeschwindigkeit (Näherkommen oder Entfernen) erfasst werden. Dann wird die zurückgestreute Welle nicht mit einer Welle in der ursprünglichen Frequenz (z. B. 8000 kHz), sondern mit einer **Referenzwelle**, deren Frequenz z. B. 5 kHz höher ist, superponiert. So erhält man bei einer Strömungsgeschwindigkeit von Null ein Signal von 5 kHz. Weist die Projektion der Strömungsgeschwindigkeit auf die Richtung des Ultraschallstrahls zum Transducer hin (Näherkommen), dann ergibt der Unterschied zwischen der reflektierten Welle mit höherer Frequenz (z. B. 8001 kHz) und der Referenzwelle (8005 kHz) ein Signal von 4 kHz. Beim Entfernen ist die Frequenz der reflektierten Welle geringer (z. B. 7999 kHz), d. h. das Differenzsignal zur Referenzwelle ist 6 kHz. Es sei betont, dass bei diesem Verfahren der Abweichung von einer Referenzwelle die erzeugten Töne beim Näherkommen tiefer und beim Entfernen höher werden, was die Umkehrung des bei der Erklärung des Doppler-Effekts erwähnten Beispiels ist (Martinshorn des näher kommenden oder sich entfernenden Krankenwagens).

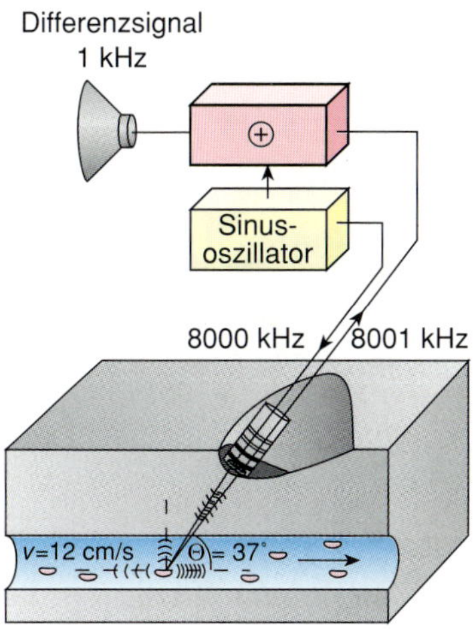

Abb. VIII.41. Schema eines eindimensionalen CW-Gerätes

Ein ernsthafter Nachteil des CW-Gerätes ist es, dass es keine Informationen über die Tiefe bietet. Sein Vorteil ist, dass das Messinstrument klein, billig und leicht zu handhaben ist. Bei entsprechender Übung kann man aus der in Lautsprechertöne umgewandelten Doppler-Verschiebung wichtige diagnostische Informationen gewinnen.

Eindimensionales Impuls-Doppler-Verfahren (pulse doppler, PD)

Beim PD-Verfahren sind Sendung und Empfang zeitlich getrennt, deshalb ist der Transducer gleich. Von den zurückgestreuten Wellen superponieren sich nur die in einem eingestellten Zeitintervall ((Zeit-)Messfenster) eintreffenden Signale mit dem gesendeten Signal. Durch Abwechseln von Position (Zeitintervall zwischen Senden und Empfangsbeginn) und Länge (Zeitintervall zwischen Beginn und Ende des Empfangs) des Messfensters kann man den Abstand (die Tiefe) vom Transducer bzw. die Größe des gemessenen Bereichs einstellen.

Doppler Kurve

Bei einem normalen zweidimensionalen B-Bild lassen sich die Richtung des Doppler-Strahls, die Position und Länge des Messfensters einstellen. Der Winkel zwischen Gefäßachse und Ultraschallstrahl kann gemessen und so die Strömungsgeschwindigkeit berechnet werden. Ihre zeitliche Veränderung zeigt die Doppler-Kurve (Abb. VIII.42a und c). Die Öffnung des Messfensters wird in der Regel so gewählt, dass innerhalb des von ihr definierten Bereichs die Strömungsgeschwindigkeit auch in einem gegebenen Moment nicht konstant ist. Das bedeutet, dass statt einer einzigen Geschwindigkeit eine Geschwindigkeitsverteilung gemessen wird (z. B. ist die Strömungsgeschwindigkeit in der Gefäßmitte höher als am Gefäßrand). Das bedeutet, dass die aus dem Transducer gesendeten – sinusförmigen – Ultraschallwellen an den Erytrozyten mit unterschiedlicher Geschwindigkeit gestreut zwar als periodisches Signal, aber nicht als ein Sinussignal mit gegebener Frequenz zurückkommen, die gestreuten Elementarwellen mit unterschiedlicher Frequenz – infolge der unterschiedlichen Geschwindigkeiten – addieren sich nämlich im Raum. Dadurch wird eine Frequenzanalyse des Signals (Fourier-Analyse, s. VII/1.1.3) notwendig. Dieser Vergleich von Auflösung und Sendesignal ergibt ein Frequenzspektrum

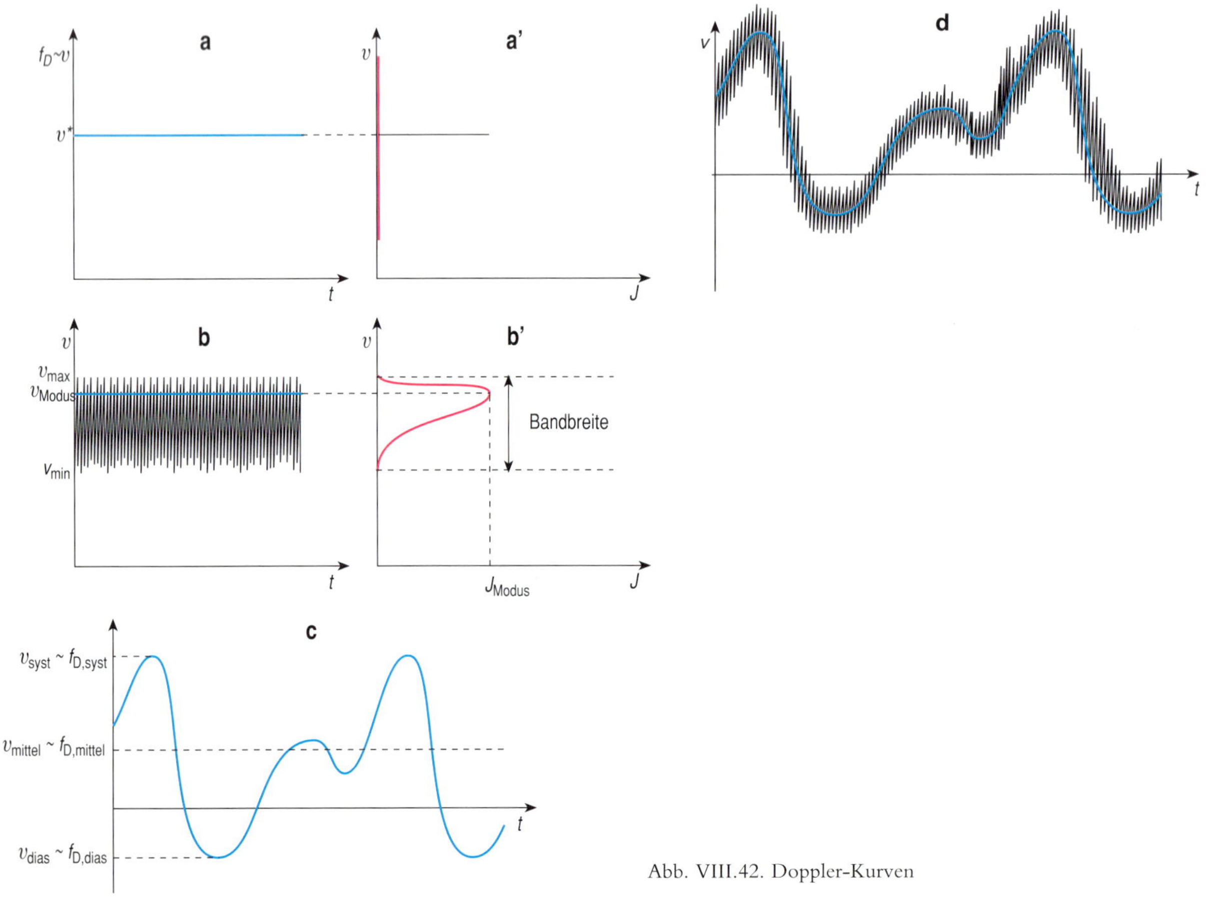

Abb. VIII.42. Doppler-Kurven

der Doppler-Verschiebung. In der Realität ist das noch komplizierter. Weil die einzelnen Pulse nur 1-2 Perioden lang sind, erhält man eine zufriedenstellende Frequenzanalyse nur aus Pulsserien. Aus Sicht der Signalverarbeitung wird auch die Pulsrepetitionsrate ein wichtiger Parameter (s. VII/1.4.1).

Bemerkung VIII.4.
BART: blue away red towards

Ist der Winkel Θ bekannt, so kann das Frequenzspektrum in ein Geschwindigkeitsspektrum konvertiert werden, aber wegen des beträchtlichen Winkelfehlers (s. „*Winkelfehler*") lässt man oft das Frequenzspektrum. Dieses Spektrum wird gewöhnlich als ein spezielles eindimensionales B-Bild dargestellt. Dieses lineare B-Bild ist daher speziell, weil es statt der räumlichen Achse eine Achse der Doppler-Verschiebungsfrequenz (bzw. Geschwindigkeit) hat. Die Helligkeit ist dabei dafür charakteristisch, wie viele Erythrozyten sich mit der gegebenen Geschwindigkeit bewegen. Bei ausreichend schneller Probennahme kann die zeitliche Änderung dieses Spektrums dargestellt werden, das wird gleichfalls als Doppler-Kurve (nicht ganz richtig als Doppler-Spektrum) bezeichnet.

Interpretation der Doppler-Kurve

Die Probleme der Interpretation diskutieren wir anhand der Abb. VIII.42. In Abb. 42a und b ist die Strömungsgeschwindigkeit als Funktion der Zeit dargestellt. Beide zeigen eine in der Zeit konstante Strömung. Abb. VIII.42a: die Strömung innerhalb des Messfensters kann mit einer konstanten Geschwindigkeit $v^\star$ gekennzeichnet werden; Abb. VIII.42b: die Geschwindigkeiten verteilen sich um einen charakteristischen Wert. Dieser Wert kann z. B. v_{Modus} sein, wo Modus den Wert mit der größten Häufigkeit bedeutet. Der vertikale Bereich (Bandbreite), in dem sich die Geschwindigkeiten in Abb. VIII.42b darstellen, hängt von einem Einstellparameter ab. Das ist der

Methoden und Probleme der Signalverarbeitung

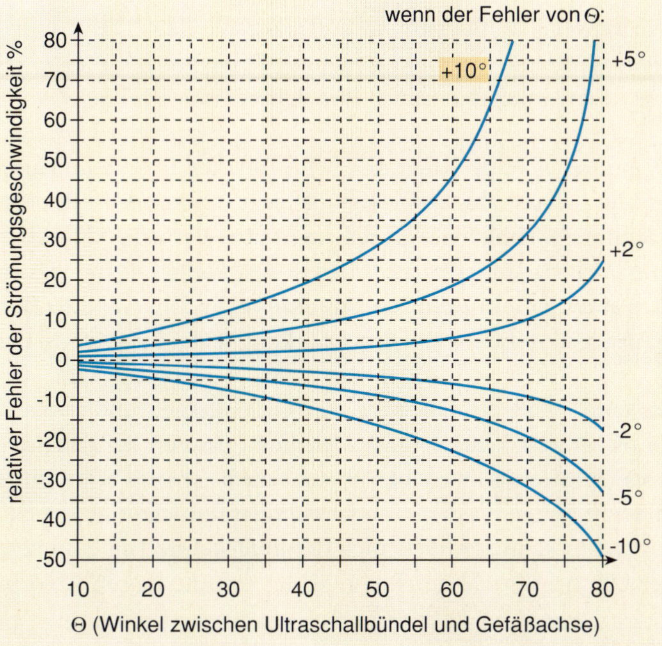

Winkelfehler

Bei einer gegebenen Strömungsgeschwindigkeit erhält man die größte Doppler-Verschiebung, wenn der Winkel Θ zwischen Ultraschallstrahl und Gefäßachse gleich Null ist (Gl. (VIII.6a): f_D ist maximal, wenn $\cos\Theta = \cos 0° = 1$). Der andere Extremfall ist $\Theta = 90°$, dann gibt es keine Frequenzverschiebung ($f_D = 0$, wenn $\cos\Theta = \cos 90° = 0$). Deshalb muss man mit einer möglichst kleinen Winkeleinstellung arbeiten. Ratschlag: Θ sei auf keinen Fall größer als 60°. In der Praxis ist der Wert von Θ ziemlich ungenau bekannt. Abb. 1 zeigt, welchen Fehler der Messfehler von Θ bei der Berechnung der Strömungsgeschwindigkeit nach Gl. (VIII.6b) bei verschiedenen Werten von Θ verursacht. So ergibt z. B. bei einem

Abb. 1. Winkelfehler

Winkel Θ = 60° eine Überschätzung der Winkelbestimmung von 5° eine 18% höhere Strömungsgeschwindigkeit als in der Wirklichkeit, eine Unterschätzung von 5° (in der Abb.: wenn der Fehler $\Theta = -5°$) eine um 13% geringere Strömungsgeschwindigkeit. Bei demselben Winkel von 60° gibt ein Fehler der Winkelbestimmung von +10°/-10° einen Fehler bei der Geschwindigkeitsmessung von +46%/-22%.

Semiquantitative Methoden

Gibt es Schwierigkeiten bei der Bestimmung des Winkels Θ zwischen Gefäßachse und Doppler-Strahl, dann bleibt die Anwendung der Doppler-Verschiebungsfrequenz f_D. Daraus werden gewöhnlich solche Parameter bestimmt, welche den Kreislauf charakterisieren, aber nicht von Θ abhängen.

Das sind:

- **S/D Quotient:** Quotient aus systolischer und diastolischer Doppler-Frequenz, $S/D = f_{Dsyst}/f_{Ddias}$, was identisch ist mit dem Quotienten der Strömungsgeschwindigkeiten in der Systole und Diastole
- **Resistenzindex:** Die Differenz zwischen systolischer und diastolischer Doppler-Frequenz dividiert durch die systolische Doppler-Frequenz, $RI = (f_{Dsyst} - f_{Ddias})/f_{Dsyst}$
- **Pulsatilitätsindex:** Die Differenz zwischen systolischer und diastolischer Doppler-Frequenz dividiert durch die mittlere Doppler-Frequenz, $PI = (f_{Dsyst} - f_{Ddias})/f_{Dmittel}$

Wahl der Ultraschallfrequenz

Für die Doppler-Sonographie sind bei der Wahl der Ultraschallfrequenz prinzipiell zwei Aspekte zu berücksichtigen: Die Auflösung der Geschwindigkeitsmessung und die Detektierbarkeit des Echosignals. Die Auflösung wird um so besser, je höher die Frequenz ist, denn die Größe der Doppler-Verschiebung ist nach Gl. (VIII.5) proportional zur Frequenz. Gleichzeitig nimmt aber auch die Absorption und Streuung der Gewebe mit zunehmender Frequenz zu, was die Detektierbarkeit des Echosignals gefährdet. Das Ergebnis der beiden gegensätzlichen Aspekte ist eine mittlere Frequenz, die von der Lokalisation des Gefäßes abhängt. Bei der Auswahl der optimalen Frequenz für ein Gefäß in der Tiefe d kann die folgende Formel nützlich sein: $f_{optimal} = 9(\text{MHz cm})/d$.

Fehlermöglichkeiten bei der Sonographie

Artefakte können als falsche, irreführende Informationen der Bildgebung aufgefasst werden. Das können Echosignale sein, die nicht von einem echten Objekt stammen, oder ein fehlendes Echo bei Existenz eines Objektes, und so deckt das Bild nicht die Realität. Den schrägen Einfall des Ultraschallstrahls und seine Wirkung haben wir in II/2.3.2 diskutiert.

Es kommt sehr häufig vor, dass mehrere, für die Diagnose wichtige Strukturen beim Abtasten in eine Linie fallen. Angenommen, dass ein nicht zu großer Teil des Ultraschallstrahls vom ersten Objekt reflektiert wird, dann bleibt ausreichend Intensität, um auch die Objekte dahinter abzubilden. Oft reflektiert aber das nahe Objekt so stark, dass nicht mehr ausreichend Intensität bleibt, um auch die entfernteren Objekte darzustellen. Dann spricht man davon, dass sich diese Strukturen **im Schatten des stark reflektierenden Objektes** befinden. Auf dem Bild ist ein dunkles Gebiet zu sehen, dabei müssten Echosignale eintreffen. Diese Wirkung sieht man oft hinter Flächen, die von Luft oder Knochen begrenzt sind. Außer den offensichtlichen Nachteilen kann das Schattenphänomen manchmal auch nützlich sein, so kann es oft die Diagnose von Gallensteinen unterstützen. Dann entlarvt der Schatten hinter dem Objekt diesen oft als stark reflektierendes Medium, das von der dahinterliegenden Gallenblasenwand deutlich abweicht. Ist der Schatten sehr nachteilig, sind auch gewisse Kunstgriffe möglich. So kann die Untersuchung z. B. aus einer anderen Ebene wiederholt oder ein unerwünschter „Luftsack" im Magen des Patienten durch Trinken beseitigt werden. Es kann natürlich auch der umgekehrte Fall eintreten: Es wird eine „Aufhellung" des Bildes sichtbar, wo der Ultraschallstrahl durch ein Gebiet verläuft, dessen Absorption geringer ist als die Absorption seiner Umgebung. Das führt dazu, dass auf dem Bild ein weißer Fleck zu sehen ist, der bis in die Sättigung gehen und eine Bildanalyse vollkommen unmöglich machen kann. In diesem Fall kann die Verstärkung gemindert oder eine elektronische Kompensation benutzt werden. Die Aufhellung kann aber auch diagnostischen Wert haben: Gelangt z. B. eine homogene feste oder flüssige Struktur in den Weg des Strahls, so ist sein Schwächungskoeffizient in der Regel wegen der geringeren Reflexion niedriger und so ist hinter ihm oft eine Aufhellung zu sehen.

Manchmal kann auch eine mehrfache Reflexion auftreten, wenn viele stark reflektierende Flächen in den Weg des Ultraschallstrahls fallen (s. Abb. 2). Das kann sogar dazu führen, dass das Bild des Objektes mehrmals erscheint. Das Phänomen lässt sich relativ einfach erkennen, weil die Wahrscheinlichkeit einer exakt periodischen Wiederholung des Bildes sehr gering ist, deshalb ist es eine unnatürliche Erscheinung.

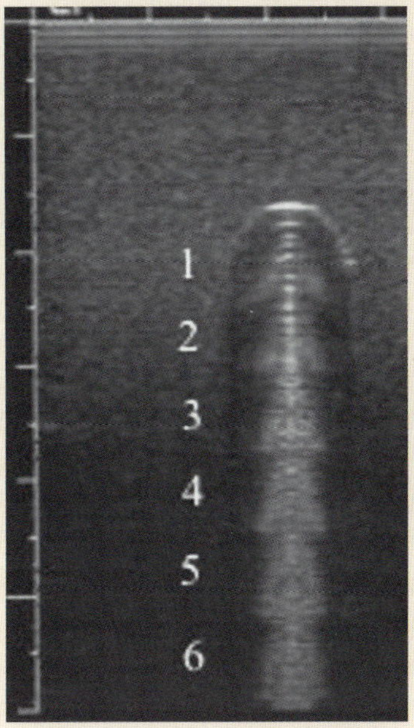

Abb. 2. Beispiel der mehrfachen Reflexion. Das mit Luft gefüllte Rohr ist in diesem Fall sechsmal zu sehen.

Nyquist-Abtasttheorem

Ein Charakteristikum der Puls-Doppler-Geräte ist die Pulswiederholfrequenz (Pulsrepetitionsfrequenz, pulse repetition frequency, PRF). Eine gegebene PRF bestimmt die Tiefe, aus der vor Senden des folgenden Pulses noch ein Signal zu erwarten ist. Für ein ausreichend tiefgehendes Signal darf also keine zu hohe PRF gewählt werden. Eine zu niedrige PRF begrenzt jedoch die maximal messbare Doppler-Frequenz. Laut **Nyquist-Abtasttheorem** beträgt die höchste noch detektierbare Doppler-Frequenz die Hälfte der PRF (Nyquist-Grenze). Überschreitet f_D die Nyquist-Grenze, dann erscheint ein technisches Artefakt: die Frequenzen über der Grenze stellen sich als Signale in entgegengesetzter Richtung dar und verzerren die Doppler-Kurve.

Dynamikbereich, den der Quotient aus der Intensität des noch dargestellten Doppler-Echosignals J_{extrem} und der Intensität des größten Doppler-Echosignals J_{Modus} bestimmt. [Ist z. B. unter dem Wert –18 dB keine Geschwindigkeit mehr dargestellt, so bedeutet das, dass das Verhältnis zwischen den Intensitäten der Randbereiche (der höchsten und niedrigsten Geschwindigkeit) und der Intensität, die zu der Geschwindigkeit gehört, mit der sich die meisten Erythrozyten bewegen, 1:63 beträgt ($-18 = 10(J_{extrem}/J_{Modus}) = 10\lg(1/63)$).] Der Vergleich der Bandbreiten ist dann möglich, wenn die dargestellten Dynamikbereiche (die dB Werte) identisch sind.

Auf die horizontalen Achsen der Abb. VIII.42a′ und b′ ist die Intensität des Doppler-Echosignals aufgetragen. Diese Information enthält die Helligkeit in einer den Abb. VIII.42a und b entsprechenden Darstellung. Laut Abb. 42b′ ist die Funktion (welche der Verteilungsfunktion der Geschwindigkeit entspricht) nicht symmetrisch, sondern schief in Richtung der höheren Geschwindigkeiten: die Erythrozyten befinden sich eher in der schnelleren

Strömung. (Diese Darstellung ist nur dann möglich, wenn die Strömungsverhältnisse in der Zeit konstant sind.)

Abb. VIII.42c und d zeigen Stömungen mit in der Zeit variablen Geschwindigkeiten. Abb.42c: Die Strömung lässt sich mit gleicher Geschwindigkeit innerhalb des Messfensters charakterisieren, aber ihr Wert hängt von der Zeit ab. Abb. VIII.42d: Die Geschwindigkeiten verteilen sich um einen charakteristischen Wert und der charakteristische Wert hängt von der Zeit ab. Ist die Kurve im positiven Bereich, dann entspricht sie einer Strömung zum Transducer hin, ist sie negativ, dann entspricht sie einer Strömung in entgegengesetzter Richtung. Eine mittlere Geschwindigkeit kann anhand der Fläche unter der Kurve definiert werden (die in einer Periode beförderte Blutmenge ist bei zeitlich variabler Geschwindigkeit dieselbe, als wenn das Blut mit mittlerer Geschwindigkeit geflossen wäre).

Duplex-Darstellung

Die gemeinsame Darstellung des zweidimensionalen B-Bildes mit der Achse des Doppler-Strahls und Messfenster und der Doppler-Kurve ist das Duplexbild. Diese Methode spielt eine einzigartige Rolle beim Studium des embryonalen und plazentaren Kreislaufs.

Farbkodiertes Doppler-Verfahren

Die Darstellung des zweidimensionalen B-Bildes in Graustufen kann mit den Doppler-Informationen kombiniert werden: gibt es innerhalb eines Gebietes eine Bewegung (z. B. Blutströmung) zum Transducer hin, dann wird dieses Gebiet konventionell mit warmen Farben dargestellt und die Bewegung in entgegengesetzter Richtung mit kalten Farben (Abb. VIII.43). Das Verfahren bezeichnet man als Farbdoppler-Sonographie. Das Bild enthält auch Informationen in Bezug auf die Geschwindigkeit. Die Konvention ist die Folgende: geringere Geschwindigkeiten entsprechen dunkleren, höhere Geschwindigkeiten helleren Schattierungen. Für jede einzelnen Abtastrichtung gilt: Im Transducer werden die aus verschiedenen Tiefen stammenden Echosignale in einer Serie von Messfenstern (multigate) nach dem Senden verarbeitet. Gibt es keine Frequenzverschiebung, dann erscheinen die Echosignale in der gegebenen Richtung und Tiefe auf einer grauen Skala, gibt es eine Frequenzverschiebung, dann werden die Echosignale farbig dargestellt.

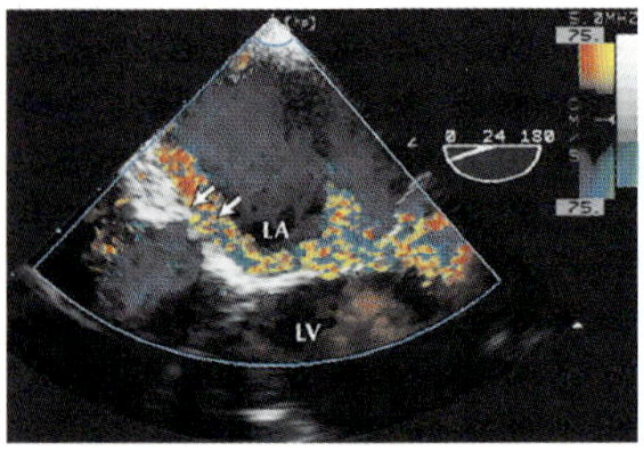

Abb. VIII.43. Farbkodiertes Doppler-Ultraschallbild (www.images.md)

VIII/4.3 Röntgenabsorptions-CT

Es ist ein Nachteil der konventionellen Röntgenbilder, dass die dritte Dimension der untersuchten Objekte nicht erscheint, weil das Bild keine Informationen bietet, in welcher Tiefe die Röntgenstrahlen abgeschwächt wurden. Bei diesen Aufnahmen kann nämlich nur die Absorptionssumme der einzelnen Volumenelemente, die im Weg des Röntgenstrahls liegen, bestimmt werden: es sind **Summationsaufnahmen** (s. VIII/3.1). Schon in den Zwanziger- und Dreißigerjahren des 20. Jahrhunderts gab es Tomographieverfahren, bei denen eine abtastende Kamera, ein sog. Tomographiescanner, um das Objekt gedreht wurde, um eine Ortsauflösung zu erhalten. Natürlich waren diese Verfahren vollkommen mechanisch. Das Erscheinen der Computer ermöglichte eine rapide Entwicklung dieser Verfahren. Die Röntgenabsorptions-CT ist eine tomographische, bildgebende, diagnostische Methode, die ein Bild von einer bestimmten Schicht senkrecht zur Längsachse des untersuchten Körpers gibt (transaxiale, in der humanen Anatomie horizontale Ebene) (Abb. VIII.44). Die Aufnahme zeigt die Verteilung der Werte der Absorptionskoeffizienten.

Der Vorschlag der medizinischen Anwendung der CT, die Ausarbeitung der Methode und die Konstruktion der ersten Apparatur erfolgte in den 1960iger Jahren aufgrund der Arbeiten von G. H. Hounsfield und A. Cormack, für die sie 1979 den Nobelpreis für Medizin erhielten. Das Grundprinzip ihrer Technik, das auch in den heute modernen Geräten gleich geblieben ist, lässt sich folgendermaßen zusammenfassen. Eine ausgewählte Schnittebene des Körpers wird mit Röntgenbündeln aus vielen Richtungen durchleuchtet und entlang jeder Richtung wird die Schwächung der Intensität gemessen. Die Messung entlang einer Richtung (z. B. der *k*-Richtung) liefert den Summationswert der Intensitätschwächung, der von den Absorptionskoeffizienten μ_i der Voxel (i = 1, 2, 3, ... n) auf dem Weg des Röntgenbündels bestimmt ist

$$J_k = J_0 e^{-(\Sigma\mu_{ik})\Delta x}, \qquad \lg\frac{J_0}{J_k} = \lg e \cdot \Delta x \cdot \sum_{i=1}^{n}\mu_{\mathrm{ik}}, \qquad \text{(VIII.7)}$$

wo Δx die „Schichtdicke" eines einzigen Voxels ist, (dieser Parameter steht in Beziehung zur Auflösung des aktuellen Gerätes). Die Messung in je einer Richtung führt zu je einer Angabe von J_k und jede entspricht „n" unbekannten Absorptionskoeffizienten.

Um die Elemente der Schnittebene mit dem aktuellen Koeffizientenwert μ_{ik} charakterisieren zu können, müssen in ausreichend vielen Richtungen Messungen durchgeführt werden und aus dem Gleichungssystem mit vielen J_k Beziehungen die im Allgemeinen n·m unbekannten μ_{ik} Werte ausgedrückt werden. Diese Aufgabe ist dann mathematisch lösbar, wenn jeder Voxel mindestens entlang von zwei, einander schneidenden Richtungen Teil der Messungen der Intensitätsschwächung ist. In den ersten Geräten wurde diese Bedingung durch das parallele schrittweise Bewegen einer Röntgenröhre mit kleiner Kollimatoröffnung als Strahlenquelle (Nadelquelle) und eines kleinen Detektors erfüllt. Nachdem die schrittweise Bewegung den Durchmesser des Körpers abgedeckt hatte, wurde die Messrichtung abgeschwenkt und die Schicht nochmals mit parallelen Nadelbündeln abgetastet. Das erste von Hounsfield konstruierte Gerät (erste Generation) wurde später weiter entwickelt. Während der Entwicklung wurde das umständliche schrittweise präzise Bewegen durch ausschließliches Drehen ersetzt. Um die Datenaufnahme zu beschleunigen, wurden aus einer Position der Röntgenröhre fächerartige

Der englische Physiker G.H. Hounsfield (1919-2004) und der aus Südafrika stammende amerikanische Physiker A.M. Cormack (1924-) erhielten für die Entwicklung der Computertomographie 1979 den Nobelpreis für Medizin

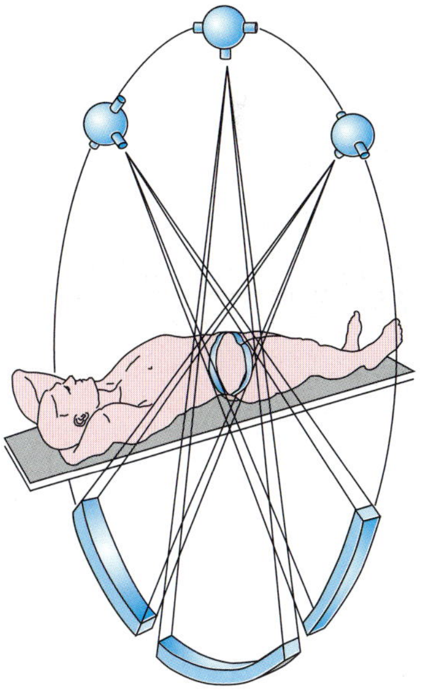

Abb. VIII.44. Die Computertomographie (CT) erstellt ein Bild einer bestimmten Schicht in der zur Längsachse des untersuchten Körpers senkrechten Ebene (transaxial, in der Humananatomie horizontal)

Richtungsserien abgestrahlt und an der anderen Seite des Körpers statt eines kleinen Detektors eine Detektorserie entlang eines Halbkreises platziert.

In Abb. VIII.45 sind die Lösungen modernerer CT-Geräte dargestellt. Die Abb. a, b und c zeigen die Stationen der diskutierten Weiterentwicklung. In den neuesten Geräten wird auch die Strahlenquelle nicht mehr bewegt, sondern die beschleunigten Elektronenbündel aus einer fixierten Röntgenröhre werden mit Spulen in die entsprechende Richtung abgelenkt und durch Stoß in einem Wolframring auf den Körper gerichtet (Abb. 45d und e). Durch mehrere nebeneinander eingebaute Ringe lässt sich erreichen, dass mehrere Körpersegmente ohne Bewegung des Körpers, der Strahlenquelle oder des Detektors abgebildet werden. Diese CT-Geräte erstellen innerhalb von 30 – 50 ms ein Bild und ermöglichen so z. B. die Untersuchung der Herzwandbewegungen.

Ziel der CT-Untersuchung ist in der Regel die Charakterisierung eines makroskopischen Volumens. Alle Elemente eines 3D Volumens können durch die Datensammlung aus den nebeneinander liegenden Schichten bestimmt werden. Handelt es sich dabei um auf die Körperachse aufgereihte Schichten, so wird die Technik als **CAT-SCAN** (Computed Axial Tomography SCAN) bezeichnet. Die schrittweise Bewegung in axialer Richtung (entlang der z-Achse) erfolgt durch die Verschiebung des Patienten.

In eine neue Richtung geht die Entwicklung mit der **Spiral-CT** (Dynamic Volume Scanning, DVS), ein Ergänzungsprogramm für Geräte der Spitzenkategorie. Die Spiral-CT basiert auf einem vollkommen neuen Messprinzip: durch die Kombination der kontinuierlich rotierenden Röntgenröhre mit dem kontinuierlichen Liegenvorschub kann im Endergebnis mit spiralem Verlauf die Strahlenschwächung sämtlicher Voxel eines größeren Körperzylinders mit einer einzigen Exposition von 16-30 Sekunden bestimmt werden. Dieses neue Verfahren ergibt eine dreidimensionale Sekundärrekonstruktion mit sehr hoher Bildqualität. Kombiniert mit kurvenförmiger sekundärer Bildrekonstruktion ermöglicht sie die CT-Angiographie (CTA) mit einer einzigen langsam injizierten Kontrastmittelgabe. Mit Hilfe von speziellen Algorithmen für die sekundäre Bildrekonstruktion lassen sich aus den einmal aufgenommenen und gespeicherten Schichtbildern ohne erneutes Abtasten neue Bilder jedes beliebigen anderen Schichtschnittes (z. B. sagittale, frontale oder schräge Schnitte) erstellen.

In den ungarischen Kliniken kommen die in Abb. VIII.45c dargestellten Apparaturen zur Anwendung. Je kleiner der Winkel ist, nach dem der an den Detektor angeschlossene Computer die Intensität I_k speichert, desto genauer wird das Bild werden, aber um so länger dauert es auch, bis der Computer die Gleichungen berechnet. Deshalb muss bei jeder Untersuchung ein reeller Kompromiss zwischen notwendiger Genauigkeit und Zeitbedarf eingegangen werden.

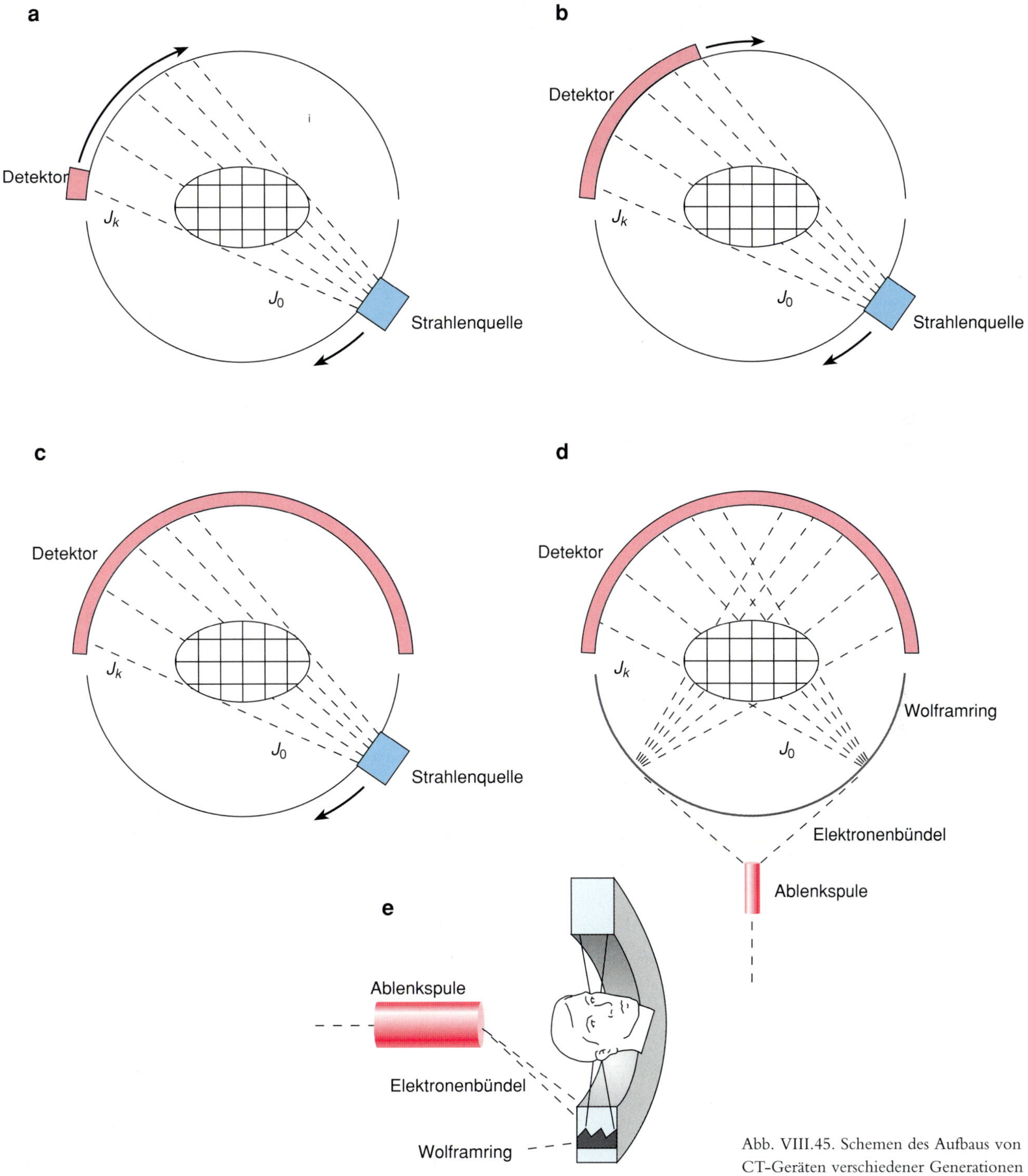

Abb. VIII.45. Schemen des Aufbaus von CT-Geräten verschiedener Generationen

Tabelle VIII.1. Abhängigkeit des Strahlenschwächungskoeffizienten von der Ordnungszahl und der Massenzahl der Materie

Element	Z	A	Z^3	Z/A
H	1	1	1	1
C	6	12	216	0,5
N	7	14	343	0,5
O	8	16	512	0,5
Ca	20	40	8000	0,5
Fe	26	56	17576	0,46
I	53	127	148877	0,42
Ba	56	138	178616	0,41

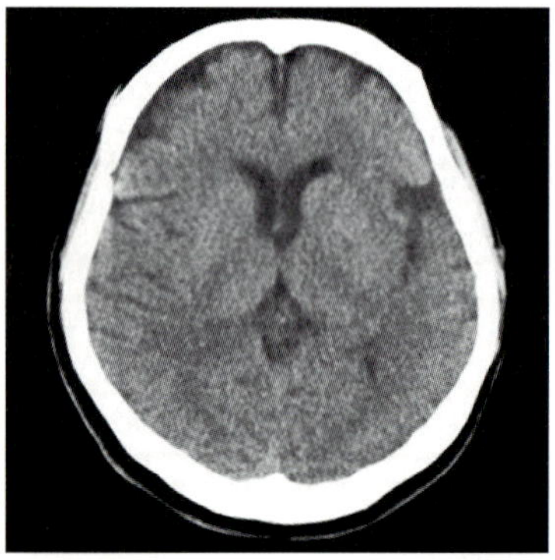

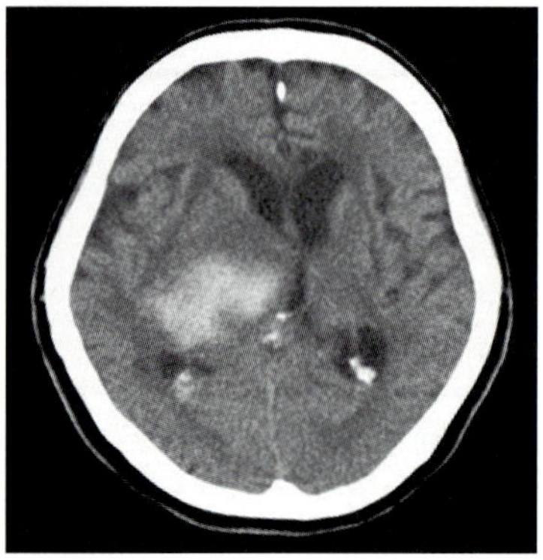

Abb. VIII.46. CT-Aufnahmen eines gesunden menschlichen Gehirns und nach Gehirnblutung

Um den Informationsgehalt des Bildes zu erhöhen, kann auch ein Röntgenkontrastmittel gegeben werden. Die Röntgenstrahlquelle soll bei der CT ein Strahlenfächer sein, deshalb erfordert sie gute Filter und Kollimatoren. Im üblichen Energiebereich der CT (120-140 kV Röhrenspannung) wird die Röntgenstrahlung in den Weichteilgeweben zum größten Teil durch Compton-Streuung, in bedeutend geringerem Maße (ca. 10-15 %) durch den Photoeffekt geschwächt. Eine Paarbildung kann in diesem Energiebereich nicht erfolgen. Der Schwächungskoeffizient eines Voxels ergibt sich aus diesen beiden Massenschwächungskoeffizienten und der Dichte (s. II/3.1.6). Das führt zu der folgenden Formel:

$$\mu = \tau + \sigma = (\tau_m + \sigma_m)\rho, \qquad \text{(VIII.8.)}$$

$$\mu = p\,\rho Z_{eff,\,x}^{\,n} + s\,\rho \left(\frac{Z}{A}\right)_{eff}, \qquad \text{(VIII.9.)}$$

wo ρ die Dichte, Z die Ordnungszahl, $Z_{\text{eff},x}$ die sog. effektive Ordnungszahl, n der Exponent (ca. 3) sind und p und s die Abhängigkeit der Effekte von der Photonenenergie und die Konstanten enthalten, die sich aus der Umrechnung der Einheiten ergeben. A ist die Massenzahl. (Es ist zu sehen, dass die Compton-Streuung mit einer linearen Ordnungszahlabhängigkeit gekennzeichnet wurde.)

In Tab. VIII.1 sind die zur Anwendung der Formel erforderlichen konkreten Angaben für die häufigsten Elemente der Gewebe und die zwei in der klinischen Praxis gebräuchlichen Kontrastmittel erfasst. Infolge der Z^3-Abhängigkeit scheint der Photoeffekt zu dominieren, wegen der $(1/hf)^3$ Abhängigkeit von der Photonenenergie leistet dieses Glied jedoch nur einen ca. 10 %igen Beitrag, die Wahrscheinlichkeit des Compton-Effektes nimmt mit der Zunahme der Photonenenergie nur gering (~ linear) ab. Kontrastmittel (I, Ba) können jedoch über Z den Wert von μ erhöhen, und so nimmt μ in dem mit Kontrasmittel markierten Bereich stark zu. Diese bei der konventionellen Durchleuchtung (s. VIII/3.1.1) benutzte Methode kommt auch bei CT-Aufnahmen zur Anwendung.

Die Einführung der CT bedeutete für die bildgebenden Verfahren in der Medizin einen großen Schritt nach vorn. Zahlreiche pathologische Prozesse (Tumore, Blutungen) modifizieren die Absorptionsrate der Röntgenstrahlung in einem gegebenen Gebiet, was im Gegensatz zur konventionellen Röntgentechnik mit CT-Aufnahmen genau lokalisiert werden kann (Abb. VIII.46). Auf CT-Aufnahmen lassen sich auch ganz geringe, ~ 1 %ige Densitätsunterschiede nachweisen. Die Bilder sind zwar nicht so „scharf" wie bei den konventionellen Röntgentechniken, es besteht aber auch die Möglichkeit einer schnellen Diagnose z. B. bei pathologischen Prozessen innerhalb des Schädels.

Die Schwächungskoeffizienten oder Densitätswerte (lg I_0/I = konst. μ) der CT-Aufnahmen werden in Houndsfield-Einheiten (HU) gemessen.

$$HU = \frac{\mu - \mu_{\text{Wasser}}}{\mu_{\text{Wasser}}} \cdot 1000 \qquad \text{(VIII.10)}$$

Die in HU ausgedrückten Werte vergrößern die sehr geringen Densitätsunterschiede zwischenWeichteilgeweben und Wasser (Tab. VIII.2). Aus dem Bereich von 30-70 HU heben sich nur Luft und Knochengewebe stark hervor.

Bei der Darstellung des CT-Bildes wird ein sog. Fenster eröffnet, was man als Fensterung bezeichnet. Das bedeutet, dass ein Abschnitt des HU-Bereichs ausgewählt und der vollen Grauskala des Sichtgeräts zugeordnet wird. Alle CT-Werte, die außerhalb der Grenzwerte des Fensters liegen, werden entweder homogen weiß oder schwarz dargestellt, innerhalb des markierten Wertbereichs werden dagegen die Differenzen gut wahrnehmbar. Auf den CT-Aufnahmen sind üblicherweise die Gewebe, welche die Röntgenstrahlung stärker absorbieren, weiß oder hellgrau und die schwächer absorbierenden Gewebe dunkelgrau oder schwarz dargestellt.

Da bei der CT ionisierende Strahlenquellen benutzt werden, muss man mit der Strahlenbelastung des Patienten bzw. des Personals rechnen. Die Strahlenbelastung des Personals beträgt bei einer Schädelaufnahme 0,7-1,3 μSv, bei einer Körperaufnahme 2,4-3,0μSv. Die Strahlenbelastung des Patienten ist bedeutend größer. Ganz allgemein kann man sagen, dass die Strahlenbelastung bei einer CT-Aufnahme das 500-600fache der Strahlenbelastung bei einer konventionellen Bildschirmaufnahme betragen kann. Die somatische Strahlenbelastung hängt vom Spektrum der Strahlung, der Strahlenfeldgröße, der Schichtdicke, der Abtastdauer, dem Kollimator, der Bahn der Strahlenquelle und der Intensität des Röntgenstrahls ab. Eine Thoraxaufnahme mit 60 Schichtbildern a 5 mm Dicke bedeutet z. B. eine Dosis von 6 mSv. Die relative Strahlenbelastung der dünnen Schichten ist größer, weil die Intensität des Röntgenstrahls im Interesse eines günstigen Signal-Rausch-Verhältnisses erhöht werden muss. Deshalb muss man beim Erstellen der Aufnahmen bemüht sein, die untersuchte Region möglichst genau einzugrenzen bzw. eine optimale Schichtdicke zu wählen.

Tabelle VIII.2 Standard Densitätswerte einiger Gewebe in Hounsfield-Einheiten

Gewebe/Organ	Standard-schwächungs-wert(HU)
Knochen (Kompakta)	250–1000
Knochen (Spongiosa)	130–100
Schilddrüse	70 ±5
Leber	65 ±5
Muskel	45 ±5
Milz	45 ±5
Lymphknoten	45 ±5
Bauchspeicheldrüse	40 ±10
Niere	30 ±10
Koaguliertes Blut	80 ±10
Blut	55 ±5
Plasma	27 ±2
Gewebe mit Fett	50...–80
Fett	–65 ±10
Lunge	–500…–850

VIII/4.4 Nuklearmedizinische Techniken

VIII/4.4.1 Schnittbildverfahren SPECT

Mit der Gammakamera kann ein zweidimensionales Summationsszintigramm der untersuchten Organe erstellt werden, denn die Kamera detektiert nicht, aus welcher Tiefe des untersuchten Körpers das Photon eintrifft. Bewegen wir aber eine Gammakamera auf einer Kreisbahn um den Körper, dann können Aufnahmen der Isotopverteilung im Körper aus mehreren (vielen) Richtungen erstellt werden (Abb. VIII.47). Aus diesen Daten lässt sich mit Hilfe der Algorithmen, die bei den CT-Verfahren zur Anwendung kommen, auch die dritte Dimension (Tiefe) der Isotopverteilung berechnen.

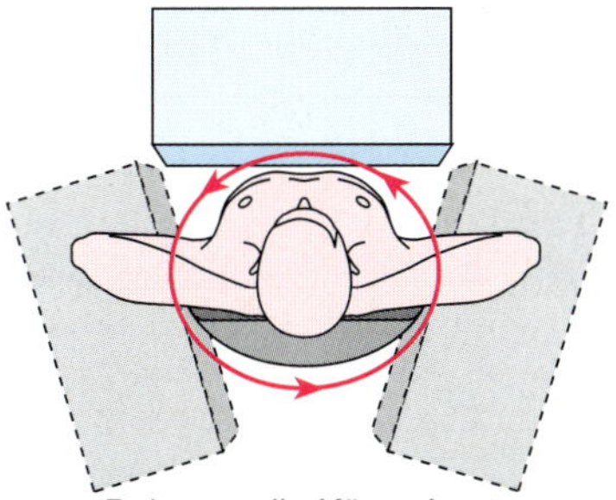

Abb. VIII.47. Erstellung einer SPECT-Aufnahme auf einer Bahn um die Körperkontur

Beim Schnittbildverfahren SPECT (Single Photon Emission Computed Tomography, Einzelphotonen-Emissionstomographie) wird mit Hilfe der in verschiedenen Richtungen platzierten Detektoren ein Verteilungsplan der aus dem Körper stammenden Strahlungsintensität/Aktivität erstellt. In modernen

SPECT-Geräten kann mit zwei oder vier gegenüberstehenden, 50 cm breiten Detektoren für einen gegebenen Körperabschnitt relativ schnell ein Bild von der Isotopverteilung bzw. ihren Änderungen erstellt werden. So eignet sich die SPECT zur Untersuchung der Durchblutung des Gehirns, der Lungenventillation, der Herzfunktion und der Leberfunktion. Beim Nachweis und bei der Differenzierung von Tumoren ist sie von unschätzbarem Wert, so nimmt ihr Einsatz in der Onkologie rapide zu. Die am häufigsten eingesetzten Isotope bei der Gamma-Kamera und SPECT sind ^{99m}Tc, ^{123}I, ^{131}I und ^{133}Xe (s. Bemerkung VIII.5 und Abb. VIII.48).

Bemerkung VIII.5

Beispiele für Anwendungen von Radiopharmaka

^{133}Xe – Untersuchung der Lungenventillation

^{123}I – Schilddrüsenszintigraphie (Natriumjodid); Tumorszintigraphie (markiertes Meta-iodo-benzylguanidin, MIBG)

^{131}I – Schilddrüsenszintigraphie (Natriumjodid)

^{99m}Tc – Herzmuskelperfusion (markiertes Methoxy-isobutyl-isonitril, MIBI); Hirnperfusion, Entzündungsprozesse (markiertes Hexamethylen-propylenamin-oxim, HMPAO)

VIII/4.4.2 Positronenemissionstomographie (PET)

Die Positronenemissionstomographie (PET) ist ein computergestütztes Verfahren, bei dem die Verteilung von mit Positronenstrahlern markierten Tracermolekülen im Organismus bestimmt wird. Eine besondere Eigenschaft der PET ist, dass sie gequantelt werden kann. Theoretisch kann jedes beliebige, am Stoffwechsel beteiligte Molekül mit Positronenstrahlern markiert werden. Diese häufen sich in Abhängigkeit von der Stoffwechselaktivität in den verschiedenen anatomischen Regionen, wodurch die Stoffwechselprozesse des Orgnismus quantitativ gemessen und gleichzeitig gewissen anatomischen Strukturen zugeordnet werden können. Breite Anwendungsgebiete in der klinischen Praxis sind: kardiologische, neurologische, psychiatrische, onkologische usw. Untersuchungen, frühe Diagnose und Differentialdiagnose von Tumoren, Beurteilung der Tumorprogression, der Rezidive bzw. Metastasen, Therapiemanagment, Lokalisierung von Epilepsieherden usw.

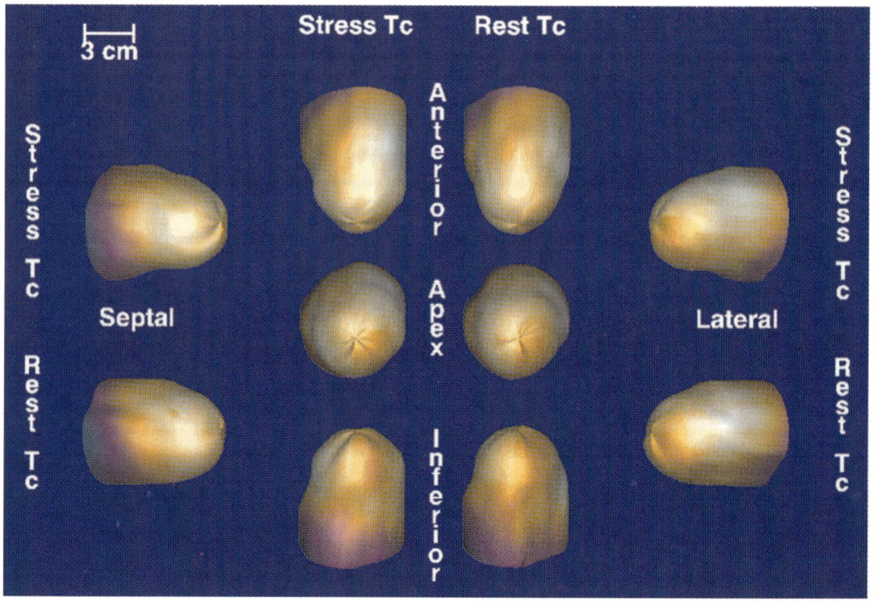

Abb. VIII.48. Perfusionsszintigraphie des Herzmuskels mit ^{99m}Tc MIBI. Die Tomographie wurde mit einem Cardio-C (Mediso) Doppelkopf-SPECT-Gerät erstellt. Es ist eine 3 D Rekonstruktionsaufnahme mit normaler Aktivitätsverteilung zu sehen. (Nuklearmedizinischer Lehrstuhl der DEOEC, Aufnahme von Prof. László Galuska)

In der Grundlagenforschung hat die PET neue Dimensionen eröffnet. Mit ihrer Hilfe können zahlreiche biochemische und physiologische Prozesse, z. B. Gewebestoffwechsel, Kreislauf, Blutvolumen, Stoffwechsel und Transport von Sauerstoff, Glukose, Aminosäuren und Fettsäuren, Membranpermeabilität, Eiweißsynthese, Lokalisation und Funktion der Rezeptorsysteme, Gewebekinetik von Arzneimitteln, molekulare Diffusion usw. studiert werden. Die PET hat einen außerordentlichen Beitrag bei der humanen Gehirnforschung geleistet, weil mit ihrer Hilfe die Funktion des menschlichen Gehirns mit relativ geringer Strahlenbelastung erforscht werden kann. In Ungarn befindet sich das erste PET-Zentrum an der Medizinischen Universität Debrecen.

Bei der PET wird ein mit radioaktivem Isotop markierter Tracer appliziert, der beim Zerfall Positronen (β^+-Teilchen) emittiert. Diese Teilchen treffen nach dem Zurücklegen einer relativ kurzen Distanz, nach 1-2 mm, auf ein Elektron und die beiden Teilchen annihilieren (s. II/3.2.1), d. h. sie zerstrahlen ihre Energie in Form von zwei γ-Photonen mit entgegengesetzter Richtung und gleicher Energie (511 keV). Diese Strahlung wird mit einem die untersuchte Person umgebenden Ring von Szintillationsdetektoren gemessen. Bei der ersten Generation der PET-Kameras wurden mit Tallium aktivierte Natriumkristalle eingesetzt, die heute im Handel erhältlichen, in Serienproduktion hergestellten Geräte sind mit Cäsiumfluorid- (CsF), Bariumfluorid- (BaF_2) oder Wismutgermanat- ($Bi_4Ge_3O_{12}$) Kristallen ausgerüstet. Die Kristalle sind optisch an einen Photoelektronenvervielfacher gekoppelt. Die Strahlung generiert im Kristall Lichtblitze, welche der Photoelektronenvervielfacher in messbare elektrische Impulse umwandelt.

Die fast gleichzeitig registrierenden Detektoren (Koinzidenzmessung innerhalb von 20 ns) kennzeichnen je eine Gerade, was bedeutet, dass in dem Volumen um die Verbindungslinie eine Positronenemission erfolgt ist (Abb. VIII.49). Ein Detektor steht in der Regel mit der Hälfte-einem Drittel der Detektoren in einer Verbindung, welche die Koinzidenzmessung ermöglicht. Die Signale werden in einem Computer gespeichert, so kann nach der Untersuchung die Projektionsverteilung der Annihilationen in dem vom Detektorring bestimmten Volumen dargestellt werden. Aus den digital gespeicherten Daten lassen sich praktisch in von uns bestimmten Ebenen zweidimensionale Verteilungsbilder rekonstruieren.

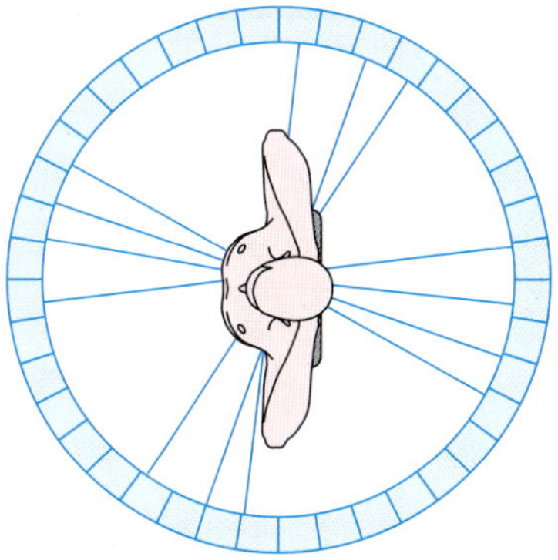

Abb. VIII.49. Die ringförmig angeordneten Detektoren der PET-Kamera. Die in Koinzidenz ansprechenden Detektoren markieren Geraden, deren Schnittpunkt die Stelle der Radiopharmakonanhäufung bestimmt.

Die PET-Kameras enthalten in der Regel zahlreiche Ringe (4-35), die Dicke eines Ringes beträgt ca. 6,5 mm. Die untersuchte Region ist aber nicht nur von den Ringen bestimmt, denn durch automatische Bewegung der Liege kann die Länge des Bildfeldes in Achsenrichtung vervielfältigt werden. Praktisch ist so eine Ganzkörperuntersuchung möglich (Abb. VIII.50). Mit den Detektoren der derzeitigen PET-Kameras lässt sich ein sehr hoher Wirkungsgrad erreichen (80% der Koinzidenzen), die zeitliche Auflösung der Detektoren liegt um 220 ns.

Die bei der PET am häufigsten benutzten Isotope sind in Tab. VIII.3 erfasst. Es ist zu sehen, dass diese Isotope eine sehr kurze Halbwertszeit haben (2 bis 110 min), deshalb ist es zweckmäßig, sie am Ort des Tomographen zu erzeugen und an die ausgewählten Tracermoleküle zu binden. Tab. VIII.4 zeigt

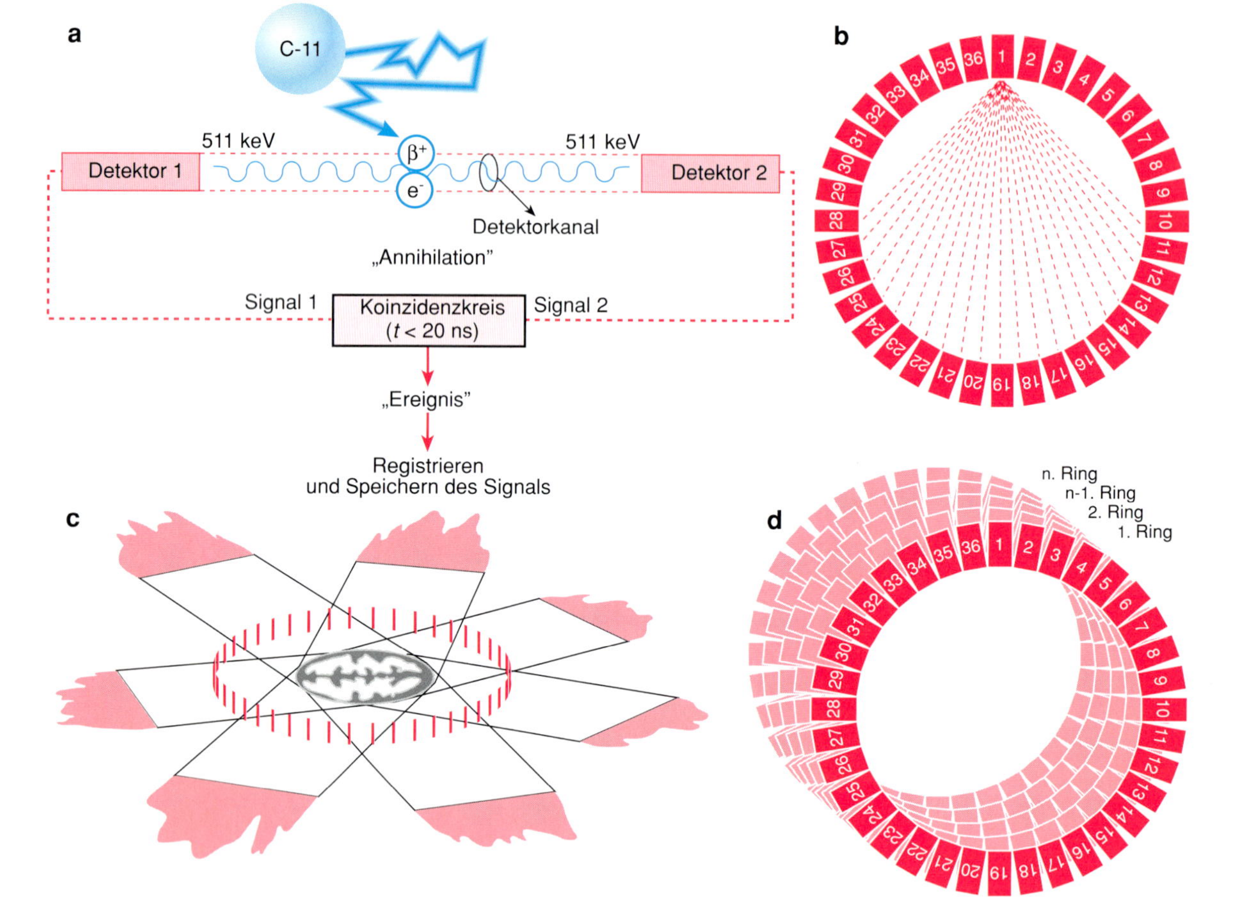

Abb. VIII.50. Grundlagen des PET-Verfahrens und Funktionsprinzip der PET-Kamera. **a.** Detektierungsprinzip der nach der β^+-Emission entstehenden γ-Photonen, **b.** Schema eines Detektorringes des PET, **c.** Schema der Retroprojektion in der Detektorringebene, **d.** Detektorringsystem der PET-Kamera

einige, nicht konventionelle β-Strahler und ihr Anwendungsgebiet. Die Grundelemente eines PET-Laboratoriums und ihre Funktion sind in Abb. VIII.51 dargestellt.

Von den zahlreichen Positronenstrahlern eignen sich diejenigen zur Markierung von biologisch aktiven Molekülen, die zu den häufigen Elementen des lebenden Organismus gehören, relativ einfach, mit großer Sicherheit und in großer Reinheit erzeugt werden können bzw. eine kurze Halbwertszeit haben, weil dadurch die Strahlenbelastung der untersuchten Person bei hervorragendem Signal-Rausch-Verhältnis gering gehalten werden kann. Die kurze Halbwertszeit hat auch einige Nachteile. Es kommt nur die Markierung solcher Tracermoleküle in Frage, in die das Isotop mit einer schnellen Reaktion – während einer kurzen radiochemischen Synthese – eingebaut werden kann. Als allgemeine Regel gilt, dass Synthese, Reinigung und Kontrolle zusammen nicht länger dauern dürfen, als die dreifache Halbwertszeit des Isotops, damit für die Untersuchung ausreichend Isotop zur Verfügung

Tabele VIII.3. Einige β^+-Strahler und ihre Haupteigenschaften bei PET-Untersuchungen

Isotop	^{11}C	^{13}N	^{15}O	^{18}F
Halbwertszeit (min)	20,3	9,98	2,05	110
Kernphysikalische Reaktion	$^{14}N(p,\alpha)\ ^{11}C$	$^{16}O(p,\alpha)\ ^{13}N$	$^{14}N(d,n)\ ^{15}O$	$^{18}O(p,n)\ ^{18}F$

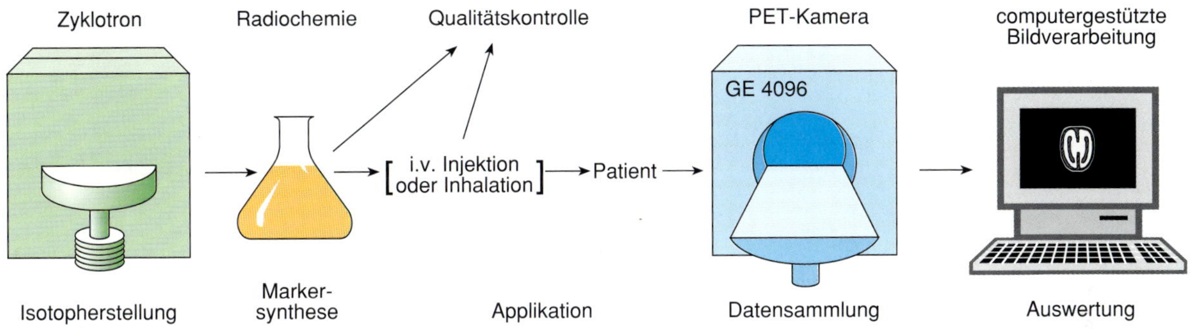

Abb. VIII.51. Untereinheiten eines PET-Labors und ihre Funktion

Tabelle VIII.4. Nicht konventionelle β^+-emittierende Isotope und einige ihrer Eigenschaften

Isotop	Halbwertszeit	β^+ (%)	Kernreaktion	Anwendungsgebiet
^{55}Co	0,73 Tage	76	p, α	Markierung mit Chelaten
^{61}Cu	0,14 Tage	61	d, n	Kupfermetabolismus
^{63}Zn	38 Minuten	93	p, n	Zinkmetabolismus
^{66}Ga	0,39 Tage	57	p, n	Markierung mit Chelaten
^{68}Ga	68 Minuten	89	p, n	Markierung mit Chelaten
^{70}As	53 Minuten	90	p, n	Phosphoranalog
^{71}As	2,70 Tage	30	d, n	Phosphoranalog
^{72}As	1,08 Tage	88	p, n	Phosphoranalog
^{74}As	17,78 Tage	29	p, n	Phosphoranalog
^{76}Br	0,68 Tage	54	p, n	direkte–indirekte Markierung
^{110}In	69 Minuten	62	p, n	Markierung mit Chelaten
^{124}I	4,15 Tage	23	p, n	direkte–indirekte Markierung

steht. Einige Iostope – ^{11}C oder ^{15}O - können auch direkt als Tracer eingesetzt werden, z. B. durch Inhalation (Abb. VIII.52 und Tab. VIII.5).

Die für die PET benutzten Isotope werden in der Regel in einem Zyklotron erzeugt. Das Zielobjekt wird mit hochenergetischen Protonen oder Deuteronen beschossen und während der in Tab. VIII.3 und VIII.4 aufgeführten Kernreaktionen entstehen Positronenstrahler.

Die wichtigste Eigenschaft der PET gegenüber anderen Schnittbildgebern ist, dass sie Informationen über die Funktion, die Stoffwechselprozesse der le-

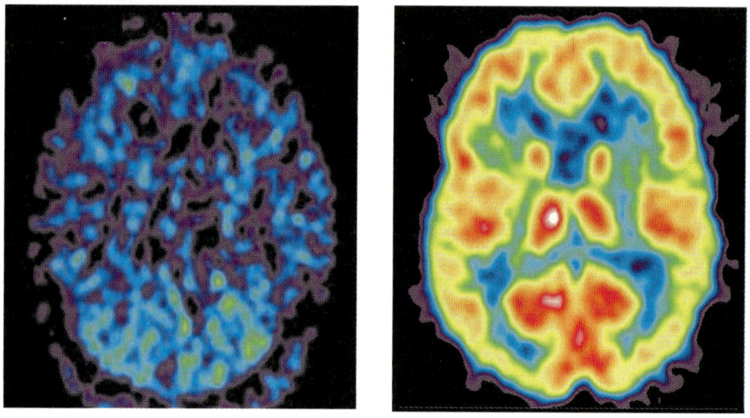

Abb. VIII.52. Mit ^{18}F-FDG und ^{11}C-Methionin erstellte PET-Durchschnittsbilder (Aufnahme aus dem PET-Zentrum der DEOEC, mit Genehmigung von Prof. Lajos Trón)

benden Organismen liefert. Die Auflösung ist zwar nicht allzu gut – in der transaxialen Ebene 5 mm, in axialer Richtung 6 mm –, dieser Nachteil kann jedoch mit den sog. Bildfusionsverfahren beseitigt werden. Von einer Bildfusion spricht man, wenn die NMR- oder CT-Aufnahme desselben Patienten mit einem Computerprogramm auf die PET-Aufnahme superponiert wird.

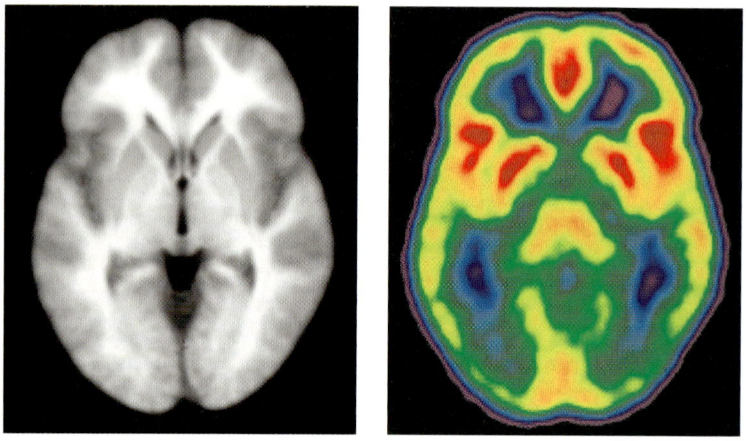

Abb. VIII.53. T_1-gewichtete MRT-Durchschnittsaufnahme und mit ^{15}O-Butanol erstellte PET-Durchschnittsaufnahme (Aufnahme aus dem PET-Zentrum der DEOEC, mit Genehmigung von Prof. Lajos Trón)

Tabelle VIII.5. Einige Markermoleküle und ihre klinische Bedeutung bei PET-Untersuchungen

Isotop	Markermolekül	Was wird nachgewiesen	Klinische Bedeutung
^{18}F	Desoxyglukose	Glukosestoffwechsel	Stoffwechselveränderungen, Tumoren
^{18}F	^{18}F-Ion	Knochenstoffwechsel	Veränderungen des Knochensystems
^{11}C	Aminosäuren	Aminosäurenstoffwechsel	Stoffwechselveränderungen, Tumoren
^{11}C	Raclopride	Dopamin (D_2-) Rezeptor	Parkinson-Krankheiten
^{15}O	^{15}O-markierte Gase	Oxygenstoffwechsel	Messung des Oxygenstoffwechsels
^{15}O	Butanol	Blutzirkulation, Blutvolumen	Messung des Oxygenstoffwechsels
^{15}O	Wasser	Blutzirkulation, Blutvolumen	z.B. Untersuchung eines Stroke-betroffen Gebietes
^{13}N	Ammonium	Blutzirkulation	Messung der Herzmuskelvitalität

Dann lassen sich die anatomischen Strukturen auf den hochaufgelösten Bildern der ersten beiden Verfahren gut identifizieren, man erhält aber auch gleichzeitig Informationen über ihren Funktionszustand (Abb. VIII.53).

Ein weiterer großer Vorteil der PET gegenüber anderen bildgebenden Verfahren besteht darin, dass das Untersuchungsergebnis in absoluten Einheiten skalierbar ist, weil sich zu jeder Projektion die sog. Schwächungskoeffizienten bestimmen lassen. Dieser Koeffizient gibt an, in wieweit die Absorption der Gewebe die γ-Strahlung aus der Annihilation von Positron-Elektron schwächt, d. h. die messbare Koinzidenzzahl mindert. Eine bewährte Methode zur Bestimmung dieser Korrektionsfaktoren ist es, mit einer äußeren Strahlenquelle Transmissionsbilder zu erstellen. Es ist der Vorteil der hier benutzten Strahlenquelle, des ^{68}Ga Isotops, dass es gleichfalls ein Positronenstrahler ist, also bei der Annihilation des Positrons zwei entgegengerichtete Photonen mit der Energie von 511 keV entstehen. Es kann aber langzeitig benutzt werden, denn seine Halbwertszeit beträgt rund 2 Jahre.

Die Strahlenbelastung der untersuchten Person ist bei PET (2-10 mSv) nicht höher als bei CT (CT des Gehirns: 1,8 mSv, CT des Abdomens: 9,9 mSv) oder SPECT (6-7 mSv). (Zur Information: die jährliche biologische Äquivalentdosis durch die natürliche Strahlenbelastung der Bevölkerung beträgt 1-2 mSv). Abb. VIII.54 zeigt PET-Geräte, Abb. VIII.55 PET-Aufnahmen.

Wie beschrieben ist die PET ein solches bildgebendes Verfahren, bei dem die Verteilung eines mit Positronenstrahler markierten Tracers im Organismus gemessen wird, woraus sich Schlussfolgerungen auf die Stoffwechselintensität des Zielgewebes, d. h. seine normale oder pathologische Funktion ziehen lassen. Die Auflösung des Verfahrens ist aber nicht allzu gut. Die relativ schwache Auflösung kann mit den gleichfalls diskutierten Bildfusionsverfahren verbessert werden. Dieses Verfahren ist aber erschwert, wenn die Aufnahmen mit verschiedenen Geräten, in verschiedenen Positionen und zu verschiedenen Zeitpunkten erstellt werden. So mussten spezielle Normierungen zur Anwendung kommen, die eine Bildfusion ermöglichen. Mit der Neukonstruktion eines PET-CT Gerätes lassen sich gleichzeitig mit der PET-Aufnahme hochaufgelöste anatomische CT-Aufnahmen erstellen, und die Bildfusion kann sofort und einfach durchgeführt werden.

Abb. VIII.54. Biograph PET-CT-Gerät (CTI Inc.)

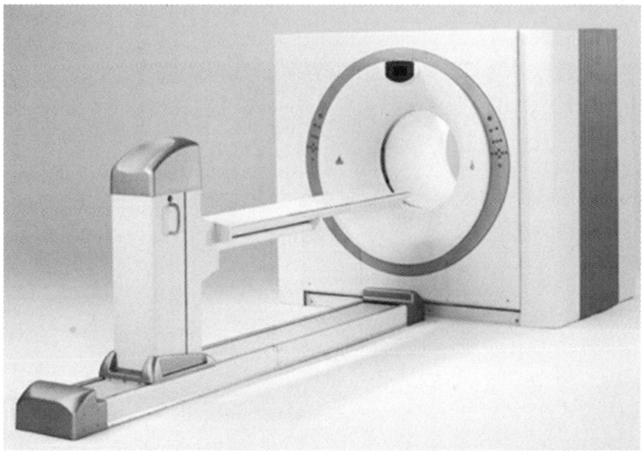

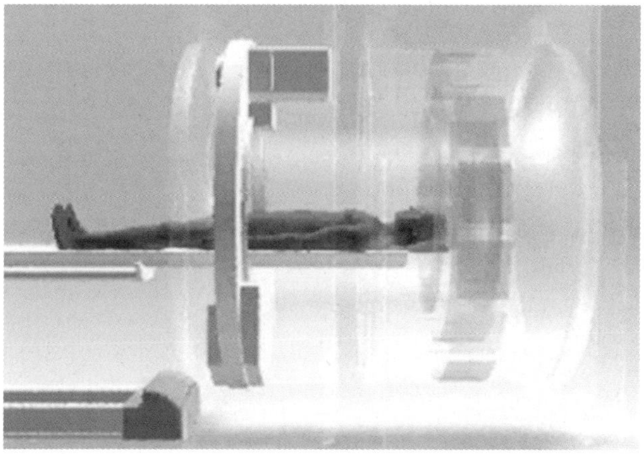

Abb. VIII.55. PET Aufnahmen
Hirntumor. PET Aufnahmen mit den Radiopharmaka ^{18}F-FDG und ^{11}C-Methionin (Aufnahme aus dem PET-Zentrum der DEOEC, mit Genehmigung von Prof. Lajos Trón)

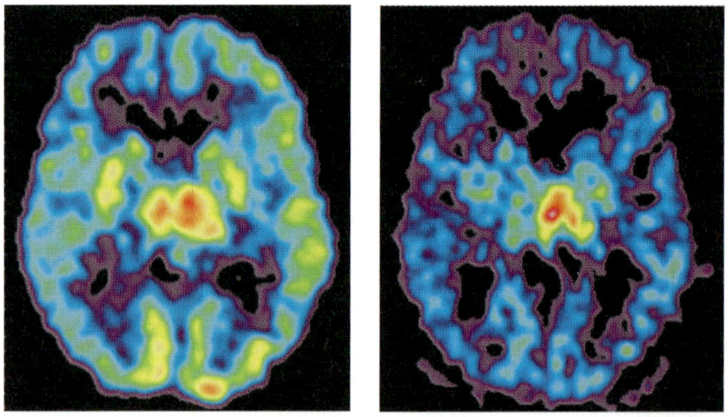

Hirntumor. PET Aufnahmen mit den Radiopharmaka ^{18}F-FDG und ^{11}C-Methionin (Aufnahme aus dem PET-Zentrum der DEOEC, mit Genehmigung von Prof. Lajos Trón)

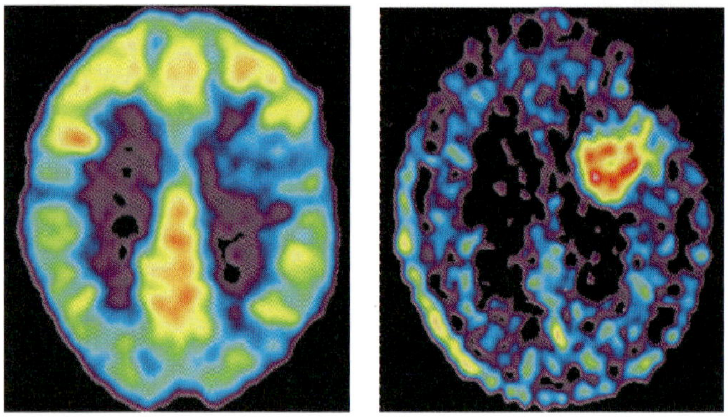

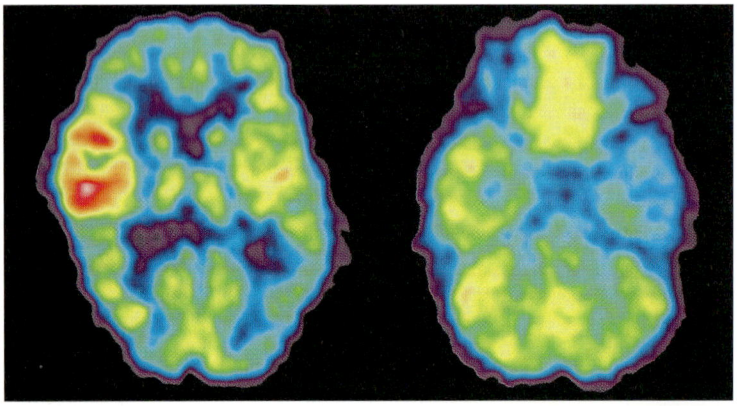

^{18}F-FDG PET Aufnahme des menschlichen Gehirns während eines Epilepsieanfalls (links) und in der anfallfreien Phase (rechts) (Aufnahme aus dem PET-Zentrum der DEOEC, mit Genehmigung von Prof. Lajos Trón)

Primärtumor-Suche. Mestastatische Lymphknoten an der rechten Halsseite (Aufnahme aus dem PET-Zentrum der DEOEC, mit Genehmigung von Prof. Lajos Trón).

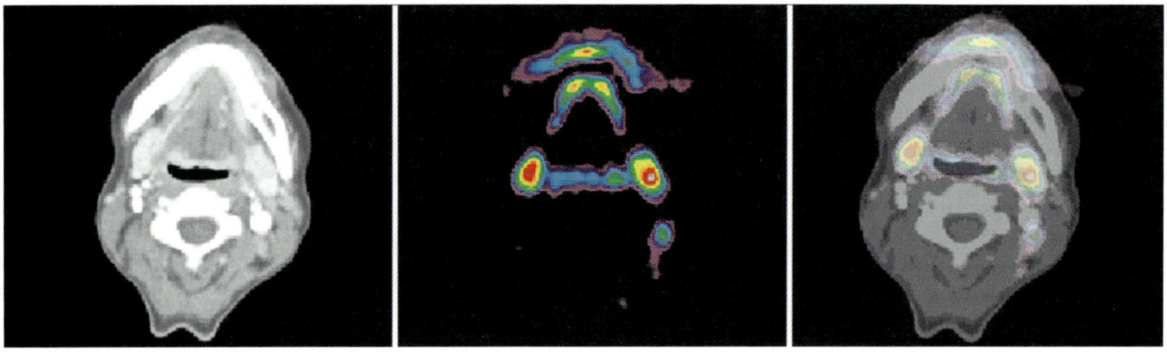

CT | 11C-METIONIN-PET | CT-PET Fusion

IX. Therapiemethoden auf physikalischer Grundlage

Die Ergebnisse der physikalischen Wissenschaften finden ihre Anwendung auf allen Gebieten des täglichen Lebens. Dabei hat sich der medizinische Anwendungsbereich (Diagnostik und Therapie) der physikalischen Forschungsergebnisse in den letzten Jahrzehnten rapide erweitert und ein immer größerer Anteil der physikalischen Forschungen hatte und hat die medizinische Anwendung als Zielsetzung. Es ist offenkundig, dass es in naher Zukunft viele neue Therapiemöglichkeiten auf der Grundlage der Ergebnisse neuer Forschungsgebiete mit tiefgreifendem physikalischem Hintergrund, der Biotechnik und der Nano-Biotechnik, geben wird. In diesem Kapitel werden die neuesten Ergebnisse noch nicht diskutiert. Wir sind aber bestrebt alle die Gebiete aufzuzählen, die entscheidend auf physikalischen Phänomenen beruhen und die derzeit zu den Routinemethoden der Therapie gehören.

IX/1 Therapeutische Anwendung der Laser

Die therapeutische Nutzbarkeit der Laser beruht auf mehreren ihrer Eigenschaften. Das Laserlicht ist **monochromatisch,** d. h. es hat nur einen sehr schmalen Wellenlängenbereich. Das hat den Vorteil, dass sich leicht eine solche Wellenlänge wählen lässt, die von den Zielgeweben mit gutem Wirkungsgrad absorbiert wird, während die anderen Gewebe für den Strahl leicht durchgängig sind. So wird die Strahlung zu einem hohen Prozentsatz das zu behandelnde Gewebe erreichen und dort seine Wirkung ausüben.

Das Laserlicht lässt sich gut fokussieren. Man kann also auf einem kleinen Gebiet eine hohe Leistungsdichte erzielen, was lokal zu sehr beträchtlicher Erwärmung führen kann. Dieser Effekt kann zum Schneiden bzw. zur Verdampfung von Geweben genutzt werden. In diesem Fall sind Laser im Impulsbetrieb vorteilhaft, weil durch die kurze Impulsperiode bzw. die zugehörige lange Wartezeit die stärkere Erwärmung der benachbarten Gewebe vermieden wird.

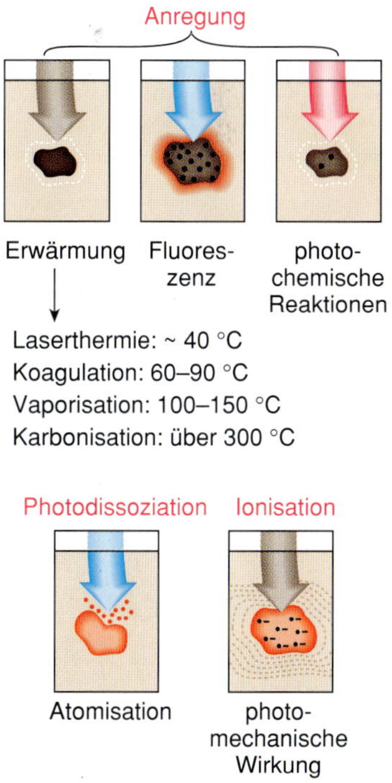

Abb. IX.1. Die Wechselwirkung der absorbierten Laserstrahlung mit den Geweben

IX/1.1 Wechselwirkung der Laserstrahlung mit den Geweben

Die in die Gewebe einfallenden Photonen können diese durchlaufen oder während der Wechselwirkung mit der Materie gestreut (s. II/2.3) bzw. absorbiert werden. Abb. IX.1 klassifiziert die möglichen Wirkungen der absorbierten Photonen aus Sicht der Lasertherapie.

Infolge der Absorption gelangt die absorbierende Materie in angeregten Zustand. Dem folgt die **Relaxation**, wobei sich Wärme entwickeln kann. In Abhängigkeit von der im Zielvolumen erreichten Temperatur werden verschiedene Wirkungen ausgelöst.

Eine leichte Erwärmung auf ungefähr 40° C bezeichnet man als **Laserthermie**. Bei dieser Temperatur treten kurzzeitig keine Gewebeschäden auf, die Diffusion und der Stoffwechsel werden beschleunigt, die Permeabilität nimmt zu. Das bezeichnet man zusammenfassend als Biostimulation und diese wird in der Regel zur Beschleunigung von Heilprozessen nach Verletzungen genutzt. So wurden gute Ergebnisse bei der Behandlung von Ulcus cruris und anderen offenen Wunden, bei Muskelverrenkungen und Quetschungen, bei der Behandlung von Sehnen- und Nervenverletzungen sowie bei der Linderung von chronischen Schmerzen der Skelettmuskulatur erreicht. Der genaue Wirkungsmechanismus ist nicht bekannt, aber die Mitochondrienaktivität und die Steigerung der ATP-Synthese spielen wahrscheinlich eine wichtige Rolle.

Wird das Volumenelement auf eine Temperatur von 60-90° C erwärmt, so werden die Eiweiße ausgefällt, **koaguliert**. Das bedeutet die Zerstörung der betroffenen Zellen. Betrifft die Koagulation auch Kapillaren oder größere Blutgefäße, dann ist in dem gegebenen Gebiet der Kreislauf unterbrochen, was der Blutstillung oder der Eindämmung der pathologischen Wirkung von hypertrophen Blutgefäßen dienen kann. In den koagulierten Gebieten bildet sich später Narbengewebe.

Die Erwärmung über 100° C verursacht das Sieden des Wassers in den Geweben, wodurch das Volumen in kurzer Zeit auf ein Vielfaches anwächst. Das betroffene Volumenelement explodiert praktisch durch die plötzliche Erweiterung. Das bezeichnet man als ***Vaporisation*** oder Verdampfung. Diese Methode ist geeignet, einen umschriebenen Gewebedefekt, einen Schnitt zu erzeugen. Sie ist aber nicht das beste Verfahren, um Tumoren zu vernichten, da sie mit der unerwünschten Streuung von Biomolekülen (z. B. DNA) einhergehen kann. Die sehr schnelle Vaporisation eignet sich auch zur Erzeugung der sog. photothermischen Wirkung (ausführlicher s. Laserlithotripter).

Über 300° C verkohlen die Gewebe, dieses Phänomen wird als ***Karbonisation*** bezeichnet. Das ist eine der häufigsten Methoden für chirurgische Schnitte oder zur Entfernung von unerwünschten Geweben. Sie kann auch bei blutreichen Geweben benutzt werden, da um das karbonisierte Gebiet ein koagulierter Hof – in von der Einwirkungsdauer abhängiger Ausdehnung – entsteht, der die Blutung verhindert.

Die zweite Möglichkeit nach der erwähnten Relaxation ist – sofern Fluorophor angeregt wurde – die Lichtemission, die **Fluoreszenz**. Das vom Laser angeregte Fluorophor kann endogenen Ursprungs, ein im Organismus erzeugtes Molekül (z. B. Porphyrin) oder ein von außen, z. B. mit einer i. v. Injektion eingebrachter Stoff sein, der sich in gewissen Organen oder Tumorgeweben selektiv anhäuft. Das Phänomen kann für die sog. **photodynamische Diagnostik** genutzt werden. Die angeregten Moleküle können auch in photochemische Reaktionen treten, bei denen freie Radikale entstehen und das Fluorophor meist umgewandelt wird. Die zellschädigende Wirkung der freien Radikalen nutzt die **photodynamische Therapie** (s. IX/2.2).

Sofern das Photon über ausreichend Energie zum Aufbrechen der Molekularbindungen verfügt, wie z. B. bei den im UV-Bereich strahlenden Excimerlasern, kann man das Phänomen der **Photodissoziation** beobachten.

Hierbei handelt es sich um eine **Atomisierung**, d. h. das Volumenelement wird in sehr kurzer Zeit in seine Atome zerlegt. Bei der Atomisierung entsteht ein sehr genau umschriebener Gewebedefekt. Die derzeit verfügbaren präzisen Laserskalpelle basieren auf dieser Wirkung. Da die UV-Photonen von allen Geweben stark absorbiert werden, eignet sich diese Strahlung ausschließlich zur oberflächlichen oder oberflächennahen Behandlung. Es ist weiterhin zu bedenken, dass die von der UV-Strahlung verursachten DNS-Brüche der benachbarten, nicht atomisierten Zellen und die konsekutiven Mutationen bis zum heutigen Tage nicht bis zur zufriedenstellenden Tiefe analysiert sind.

In den für ein Licht mit gegebener Wellenlänge optisch durchsichtigen, schwach absorbierenden Medien erfolgt keine beachtenswerte Absorption. Deshalb können z. B. die Photonen des roten oder nahen infraroten Bereichs in die meisten menschlichen Gewebe relativ tief eindringen. Erreicht aber die Photonendichte und dementsprechend die Leistungsdichte einen kritischen Wert (~ 1 TW/cm^2), was sich mit sehr kurzen Impulslängen, hoher Impulsenergie und Fokussieren des Laserbündels auf einen sehr geringen Durchmesser in der Femtoliter (10^{-15} l) weiten Umgebung des Fokuspunktes erzeugen lässt, dann treten sog. nichtlineare Multiphotonen- und Kaskadenionisationen auf. Erreicht die Dichte der freien Elektronen bei der Ionisation den Wert $10^{18}/cm^3$, so spricht man von Plasma. Das entstandene Plasma weitet sich sehr schnell aus und erzeugt dabei eine **mechanische Stoßwelle** (shock wave) mit einer Amplitude der Größenordnung von GPa. Die sich vom Zentrum mit großer Geschwindigkeit entfernenden Teilchen erzeugen Kavitationen, die sich zyklisch weitende und zusammenfallende Blasen ergeben. Am Ende des Prozesses bleibt an der Stelle des Zielvolumens eine mikroskopische Gasblase, die in einigen zehn Minuten resorbiert wird. Diese Ionisationswirkung kann zur Erzeugung von Gewebedefekten in genau umschriebenen minimalen Volumen unter der Oberfläche genutzt werden. Mit der von ihr angeregten Stoßwelle und Kavitation lassen sich härtere Gewebe bzw. Steine zerstören.

IX/1.2 Chirurgische Anwendungen der Laser

Die einzelnen Lasertypen werden in der Therapie in Abhängigkeit von ihrer Gewebewirkung eingesetzt. Mit Hinsicht darauf, dass sie – abgesehen von der Laserthermie – eine Art der Gewebezerstörung oder einen Gewebedefekt verursachen, spricht man im Allgemeinen von Laserchirurgie. Im Folgenden demonstrieren wir ohne Anspruch auf Vollständigkeit Anwendungsbeispiele für die einzelnen Laserwirkungen.

IX/1.2.1 Koagulation

Die auf reiner Koagulation basierenden Eingriffe sind in der Regel dann zweckmäßig, wenn es nicht erlaubt oder möglich ist, das Zielgewebe endgültig zu entfernen, sondern an seiner Stelle Narbengewebe erwünscht ist. Hämangiome mit lilaroter Hautverfärbung durch Wucherung der Kapillaren kann man mit der Koagulation der Kapillarknötchen an mehreren Stellen entfernen. Die Koagulation unterbricht den Kreislauf und behebt so auch die Rotfärbung. Benutzt man ausreichend kurze Impulse, dann erzeugen sie nur in sehr kleinen Volumen Vernarbungen, was langfristig ohne Verunstaltung bleibt. Die Folgen der früheren Therapie nach dem gleichen Prinzip aber mit kontinuierlicher Bestrahlung waren fast immer ausgedehnte, entstellende Narben.

Die Koagulationswirkung kann **allein zur Blutstillung**, z. B. bei der klassischen Operation an der Leber oder einem anderen – während der Operation stark blutenden – (sog. parenchymatösen) Organ, oder als **nützliche Nebenwirkung des** (vaporisierenden oder karbonisierenden) **Laserskalpells** zum Verschluss der kleineren durchtrennten Gefäße zur Anwendung kommen. Über ein Endoskop mit Faseroptik lassen sich auch blutende Magengeschwüre behandeln. Einen Spezialfall der Koagulation bildet die sog. interstitielle Laserphotokoagulation (ILPC), bei der mit einer Faseroptik das Laserlicht direkt in parenchymatöse Organe, z. B. Lebertumoren geleitet wird. Hier erzeugen dann die aus der Faseroptik austretenden, entsprechend defokussierten Photonen die Wärmewirkung.

Das **Auge** ist, als in mehreren Bausteinen transparentes Organ, Ziel zahlreicher laserchirurgischer Eingriffe. Mehrere von ihnen basieren gleichfalls auf der Koagulation. Die bei **Diabetes** auftretenden **Mikroaneurysmen der Retina** führen zu Blutungen, Netzhautablösung, Bildung von opaleszenten Membranen. Es ist zweckmäßig, die hypertrophen Gefäße und das zwischen ihnen befindliche, Gefäßwucherung stimulierende Faktoren produzierende, hypoxische Gewebe prophylaktisch zu koagulieren. Dabei werden Flecken mit einem Durchmesser von mehreren hundert Mikron (fallweise größer) in die Netzhaut gebrannt. Die Koagulationstechnik kann auch bei **Netzhautablösung** benutzt werden: die erzeugten Narben verhindern eine weitere Ablösung bzw. fixieren die mit anderen Methoden replatzierte Retina. Auch bei der Behandlung des **grünen Stars** (Glaukom, erhöhter Augeninnendruck) wird die Photokoagulation genutzt. Die Koagulation an einigen Punkten des Trabekularwerkes im Kammerwinkel unterstützt langfristig die Ableitung des Kammerwassers, wodurch der Augeninnendruck gemindert wird.

Zur Koagulation werden in erster Linie Argon- oder Argon-Krypton-Laser benutzt, die im grünen Spektralbereich emittieren, weil ihre Photonen vom Hämoglobin der Erythrozyten bzw. der Epithelschicht der Retina (dem Pigmentepithel) gut absorbiert werden. Die Photorezeptoren der Retina können jedoch durch das gleichfalls absorbierte hochintensive grüne Licht geschädigt werden. Um das zu vermeiden, wird neuerdings die Photokoagulation der Retina mit im Spektralbereich von 800 nm emittierenden Diodenlasern durchgeführt.

IX/1.2.2 Vaporisation, Karbonisation

Der sehr kleine Durchmesser des Laserbündels und seine sehr hohe Leistungsdichte machen ihn zu einem idealen Skalpell. Mit dem Fokussieren des fast parallelen scharfen Bündels kann die bestrahlte Fläche bis zum Durchmesser in Mikrometergröße verkleinert werden, wodurch die Leistungsdichte weiter zunimmt. Heutzutage wird die auf der Vaporisation oder Karbonisation basierende Schneidewirkung des Lasers zur Inzision oder Exzision bei zahlreichen Operationen, seien das einfache Eingriffe oder komplizierte Operationen an inneren Organen, blutreichen Geweben, mit großen Freilegungen oder in Körperhöhlen (Mund, Rachen, Enddarm, Ohr) genutzt (s. Abb. IX/2). Für diese Zwecke sind die Kohlenstoffdioxidlaser (CO_2-Laser) und die Neodym-YAG-Laser (Nd:YAG-Laser) am verbreitesten (s. II/2.2.8). Diese emittieren im fernen bzw. nahen Infrarotbereich, ihre Eindringtiefe beträgt 0,03 bis 4 mm (s. Tabelle IX/1).

Bei Operationen an den inneren Organen, im Bauchraum, im Rachen usw. ist die Einführung des Strahlenbündels in das Zielgebiet und das genaue Zielen auf das Operationsobjekt ein wichtiger Faktor. Dazu stehen uns heute schon hochentwickelte technische Geräte zur Verfügung, wie die starren Spiegel oder flexible komplexe Endoskope mit Faseroptik (s. VIII/2.1), mit denen die Laserstrahlen in das gewünschte Gebiet geleitet werden können. Fallweise, wenn das Laserbündel mit freiem Auge nicht zu sehen ist (z. B. bei CO_2- und Nd:YAG-Lasern) kann zum Zielen noch ein „Laserleitlicht" (z. B. das rote Licht der He-Ne-Laser) benutzt werden, das auf demselben optischen Weg wie das als Laserskalpell benutzte Infrarotlicht abgebildet wird. Es ist eine sehr wichtige Aufgabe, das fokussierte Laserbündel mit hoher Leistungsdichte genau einzustellen. Das wird heute schon von computergesteuerten Mikromanipulatoren durch sehr präzise Bewegungen des einführenden Spiegels oder Endoskopkopfes durchgeführt, welche der Operateur über das Mikroskop oder die Videokamera verfolgt und aufgrund des Auftreffens des Laserleitbündels lenkt.

Die wesentlichsten Vorteile der chirurgischen Laser können wie folgt zusammengefasst werden: mit der Optik und den Mikromanipulatoren kann das Laserskalpell mit sehr großer Genauigkeit gelenkt und in jedem Augenblick kontrolliert werden. Mit dem scharf fokussierten Laserbündel ist ein fast zellgenaues Zielen und Zerstören ohne die Schädigung der umliegenden Zellen möglich. Das ergibt gleichzeitig sehr scharfe Wundränder, die leicht, schnell, ästhetisch akzeptabel und schmerzfrei vernarben, heilen. Während der Operation gibt es erheblich weniger Blutungen, weil das Infrarotlicht der chirurgischen Laser in die Umgebung der Schneide streut, sie erwärmt und die Gefäße koaguliert. So erfolgen gleichzeitig mit der Inzision der Gefäßverschluss und die Blutstillung. Die Gefahr der postoperativen Komplikationen (z. B. Ödeme, Infektionen) ist auch bedeutend geringer, weil die lokale Wärmewirkung des Laserbündels gleichzeitig sterilisierend wirkt und durch die scharfe Schnittführung die Gewebezerstörung, durch welche Ödeme und Infektionen verursachende aktive Verbindungen freigesetzt werden, bedeutend geringer ist. Bei Tumoroperationen ist die Karbo-

Tabelle IX.1 CO_2-Laser und Nd:YAG-Laser im Vergleich

	CO_2	Nd:YAG
λ (μm)	10,6	1,064
P_{max} (W)	200	$5 \cdot 10^7$*
Betriebsart	Dauerstrichbetrieb	Pulsbetrieb
μ_{Muskel} (cm^{-1})	800	5,7
90%-ige Absorption im Muskel (μm)	30	4000

* während eines Impulses

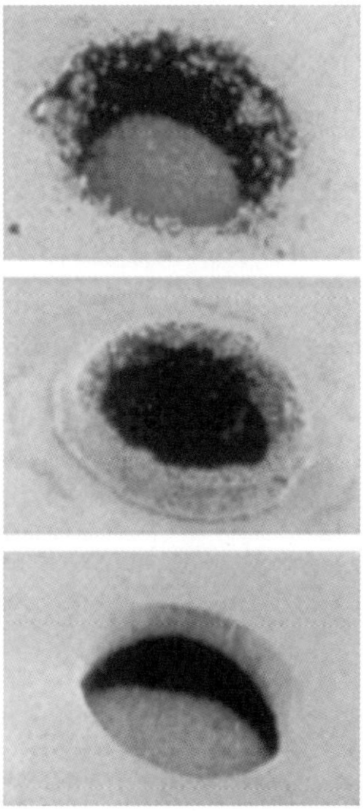
a b c

Abb. IX.2. Die „Schnittwunden" des Laserskalpells **a**. Vaporisation, **b**. Karbonisation, **c**. Atomisation nisation deshalb günstig, weil die Vernichtung des Zielvolumens und der Schluss der Umgebung durch Koagulation das eventuelle Streuen von Tumorzellen verhindert. Man sollte aber außer den – in erster Linie fachlichen – Vorteilen auch die Nachteile erwähnen. Diese bestehen in erster Linie aus den technischen Schwierigkeiten und den damit zusammenhängenden Kosten: die Sterilisierung der Endoskoparme, der Faseroptik ist relativ schwierig; bei tiefer liegenden Objekten können sich Schwierigkeiten beim Einführen ergeben; jede einzelne Operation erfordert eine sorgfältige laserphysikalische und sicherheitstechnische Planung; im allgemeinen ist die Anschaffung und Wartung der Geräte äußerst kostspielig.

Außer für klassische chirurgische Eingriffe wird die Laservaporisation auch auf anderen Gebieten benutzt. Eine häufige Erkrankung des Verdauungs- und Ausscheidungssystems ist die Steinbildung. Sowohl die Nieren- als auch die Gallensteine können minimalinvasiv durch Stoßwellen zertrümmert und entfernt werden. Es wird ein Endoskop mit Faseroptik für das Laserlicht eingeführt und über eine zweite Faseroptik werden die Laserimpulse beobachtet, kontrolliert auf den Stein gelenkt und dieser in kleinen Schritten zertrümmert. Die Impulse der neuerdings benutzten Holmium-YAG- (Ho:YAG) Laser werden sowohl in den Steinen als auch in den sie umgebenden Wassermolekülen gut absorbiert, so ist ihre Wirkung unabhängig von der Farbe der Steine. Aus diesem Grund erzeugen sie eine sehr schnelle Vaporisation. Das Ergebnis ist die sog. photothermale Wirkung: während der schnellen Vaporisation bilden die verdampfenden Wassermoleküle Kavitationsblasen, die sich asymmetrisch ausweiten und dann zusammenfallen, wobei sie eine Stoßwelle sowie einen heißen Dampfstreifen entlang des Strahls erzeugen, der die Laserenergie wirksam auf die Fläche des Zielobjektes (Steins) leitet. Den Stein trifft so außer der Stoßwelle auch eine erhöhte Wärmewirkung und auch die Spannkraft der schnellen Wasserverdampfung aus dem Stein sprengt ihn.

Neuerdings weitete sich das Anwendungsgebiet der Laser auch auf den Bandscheibenvorfall aus. Bei der sog. perkutanen Diskusdekompression wird das Licht von Nd:YAG-, Dioden- oder Ho:YAG-Lasern im Impulsbetrieb durch eine zwischen die Wirbel eingeführte dicke Kanüle per Faseroptik in den weichen Kern der Bandscheibe geleitet, wo die Lichtimpulse in einem kleinen Volumen eine schnelle Vaporisation erzeugen. Die hochenergetischen Moleküle diffundieren schnell auseinander und an ihrer Stelle bleiben ein Gewebedefekt sowie ein geringes Vakuum zurück, das den vorgefallenen Teil der Bandscheibe retrahiert.

IX/1.2.3 Atomisierung

Ein Spezialgebiet ist die Anwendung der Laser in der refraktiven Chirurgie – also bei Eingriffen zur Änderung der Brechkraft des Auges. Es ist bekannt, dass die Brechkraft des Auges zu 2/3 von der Hornhaut gegeben wird (s. IV/2.2.1). Bei Kurzsichtigkeit (Myopie) ist die Brechkraft des Auges größer als erforderlich. Dem kann außer mit konkav geschliffenen Brillengläsern auch so abgeholfen werden, dass man die Krümmung der Hornhaut mit Verdünnung des mittleren Teils mindert. Bei Weitsichtigkeit (Hypermetropie) muss dagegen die Brechkraft erhöht werden, was man mit Umformung der Hornhaut dadurch erreichen kann, dass man um den mittleren Teil eine nach außen tiefer werdende Furche bildet, wodurch die Krümmung des mittleren Teils zunimmt. Natürlich lassen sich auch viel kompliziertere Krümmungsänderungen planen und ausführen, um die Brechfehler der Hornhaut zu korrigieren. So lässt sich z. B. auch der Astigmatismus (s. VI/2.1) in ziemlich weiten Grenzen korrigieren.

Zum Formen der Hornhaut wurden anfangs CO_2-Laser, später Nd:YAG-Laser benutzt, die den gewünschten Gewebedefekt in den oberen Schichten der Hornhaut, wo das Laserlicht absorbiert wurde, in Abhängigkeit von ihrer Energie durch Vaporisation oder Karbonisation erzeugten. Mit der Entwicklung der Excimerlaser eröffneten sich aber neue Möglichkeiten zur Erzeugung von bedeutend schärfer umgrenzten, präzise umschriebenen Gewebe-

Die Bearbeitung der Hornhaut mit Laserstrahlen

Vergleicht man die Struktur des Auges mit einem Apfel, so stellt sich das wie unten abgebildet dar: die Apfelschale wäre die Analogie zur oberflächlichen Hornhautschicht, das Fruchtfleisch verkörpert das sog. Stroma. Bei der photorefraktiven Keratektomie (PRK) wird die Apfelschale, also die Epithelzellen, abgekratzt und die Behandlung an der gereinigten Fläche durchgeführt. Danach wartet man, bis die Epithelzellen in 2 – 3 Tagen nachwachsen. Diese Methode hat den Vorteil, dass sie vollkommen sicher ist. Ihr Nachteil ist, dass bis zur Epithelisierung die Apfelschale fehlt, was mit vorübergehenden Beschwerden, Lichtempfindlichkeit, Fremdkörpergefühl einhergeht. Bei der LASIK-Methode (laser assisted in situ keratomileusis) soll dieser Nachteil so umgangen werden, dass man parallel zur Oberfläche einen dünnen gestielten Hornhautlappen präpariert, diesen zur Seite klappt und die Behandlung an der Schnittfläche durchführt. Danach wird der Lappen zurückgeklappt. Bei dieser Methode treten nicht einmal temporäre Beschwerden auf. Der Nachteil ist, dass der Lappen nie vollkommen anwächst und sich bei einem Autounfall oder einer Sportverletzung ablösen kann. Außerdem lässt sich das Endergebnis, die Oberflächenkrümmung, auch weniger genau voraussagen als bei der PRK-Methode. Die Vorteile beider Methoden soll die epitheliale Keratomileusis (LASEK) vereinen. Beim Apfelvergleich bleibend wird aus der Schale, also aus dem Hornhautepithel ein Schutzlappen präpariert. Dieser Lappen wird zur Seite geklappt, die Behandlung durchgeführt und dann der Lappen zurückgelegt. Mit dieser Methode werden die Beschwerden deutlich gemindert und dabei ist der gefährliche Schnitt überflüssig. Über die Nebenwirkungen der Lappenbildung (Auflockerung mit Alkohol) gibt es jedoch derzeit keine Erfahrungen.

PRK

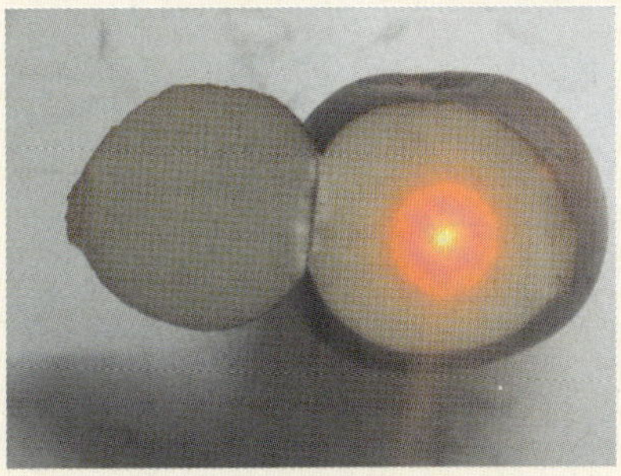

LASIK

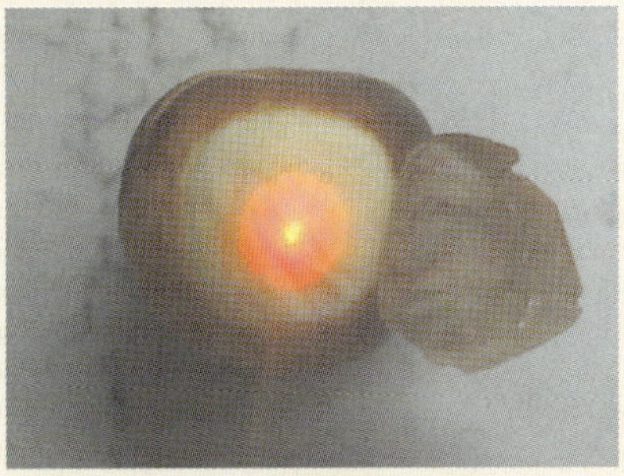

LASEK

defekten über die Atomisierung, d. h. über die Photodissoziation durch die UV-Photonen des Lasers. Aufgrund der Entwicklungsstadien bzw. der Annäherungsmethode werden derzeit drei Methoden benutzt (s. „*Die Bearbeitung der Hornhaut mit Laserstrahlen*").

Die faseroptische Weiterleitung der UV-Emission von Excimerlasern ist – besonders bei hochenergetischen Impulsen – eine echte technische Herausforderung. Die Entwicklung von Monomodefaseroptiken ermöglicht heute schon, in Glasfasern von weniger als 1 mm Durchmesser Impulse von 1 MW mit geringem Verlust weiterzuleiten. Mit ihrer Hilfe erfolgt die Atomisierung atherosklerotischer Ablagerungen, die der Ballondilatation widerstehen oder sich in dafür ungeeigneten dünnen Gefäßen befinden. Diese sog. Laserangioplastik gewinnt derzeit Eingang in die Therapie sowohl bei Verschlüssen der Herzkranzgefäße als auch bei der Arteriosklerose anderer Organe.

IX/1.2.4 Ionisation

Nach der Operation des grauen Stars (Katarakt) kann sich ein sekundärer Star bilden, wenn ein Teil des Linsenepithels an der hinteren Linsenkapsel verbleibt. In diesem Fall wird mit einem Nd:YAG-Laser im Impulsbetrieb hinter die implantierte Kunstlinse auf die Kapsel fokussiert dem Umfang der implantierten Linse entsprechend auf viele kleine, kreisförmig platzierte Flecken eine Stoßwelle generiert. So wird ein Loch in die hintere Kapsel geschnitten und der Weg zur Retina ist für das Licht wieder frei.

Das Licht der im sichtbaren Bereich emittierenden Laser, z. B. der früher benutzten Impulsfarbstofflaser, kann bei Nieren- und Gallensteinen, die das Licht absorbieren, Ionisation und Stoßwellen auslösen, wodurch sie zur Steinzertrümmerung geeignet sind. Wegen der geringeren Wartungskosten werden auch hierfür heute eher die erwähnten Ho:YAG-Laser benutzt.

Auf der Anregung von Ionisationsstoßwellen basieren noch zwei Anwendungsgebiete des Er:YAG-Lasers. Einerseits gibt es erfolgreiche Versuche, die schmerzhaften Knochenauswüchse arthrotischer Gelenke so zu entfernen; diese Eingriffe waren besonders erfolgreich bei den kleinen Gelenken der Wirbelsäule. Andererseits verbreitet sich das schmerzfreie Bohren in der Zahnmedizin, weil der Laserimpuls keine mechanischen Schwingungen des ganzen Zahnes mit großer Amplitude verursacht, die durch ihre Ausbreitung auf die Zahnpulpa das klassische Bohren schmerzhaft machen.

IX/2 Die therapeutische Anwendung des Lichtes – Phototherapie, Photochemotherapie

Seit Jahrtausenden benutzt die Menschheit die natürliche Sonnenstrahlung als therapeutisches Mittel bei der Behandlung der verschiedensten Krankheiten. Die Entwicklung der Wissenschaft im 20. Jahrhundert ermöglichte es, den Mechanismus der früheren Verfahren zu verstehen und sie dann im Besitz dieser Kenntnisse zu vervollkommnen und neue therapeutische Verfahren zu konzipieren. Man begann, das Licht auf die endogenen Chromophoren abgezielt (Phototherapie) oder in Kombination mit photoaktiven Pharmaka (Photochemotherapie) anzuwenden. Weil die Eindringtiefe des ultravioletten und des sichtbaren Lichtes bedeutend geringer ist als die der ionisierenden Strahlung, scheint seine Anwendung in erster Linie bei der Behandlung von oberflächlichen Hauterkrankungen zweckmäßig. Die Wirkung der Lichttherapie ist als ein Spezialgebiet der biologischen Wirkungen zu betrachten, deshalb gelten hier dieselben Gesetzmäßigkeiten, die wir in II/2.3.3 bei der Diskussion der biologischen Wirkungen des Lichtes zusammengefasst haben.

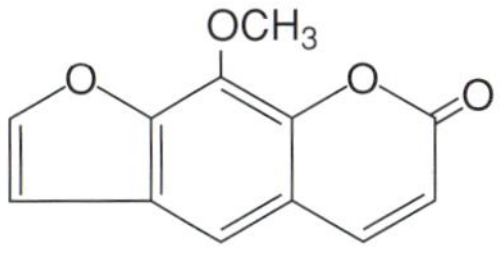

8-Metoxypsoralene

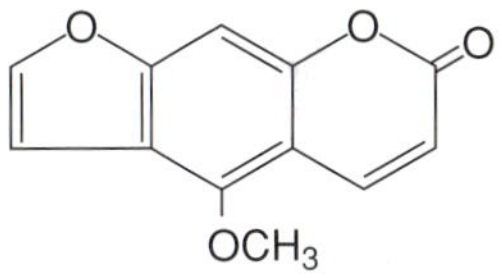

5-Metoxypsoralene

Abb. IX.3. Strukturformel der Psoralene für die PUVA-Therapie

IX/2.1 PUVA-Therapie

Der Atharvaveda, das um 1400-2000 v. Chr. entstandene heilige Buch der Inder, beschreibt eingehend ein geeignetes ärztliches Verfahren zur Heilung von Vitiligo (Pigmentdefektkrankheit der Haut). Danach wird die mit dem Saft der Pflanze Psoralea coryfolia eingeriebene Haut nach dem Sonnenbad der gesunden Haut ähnlich pigmentiert werden. Von Psoralea coryfolia wissen wir heute schon, dass sie in großer Menge Psoralene (Abb. IX.3) enthält. Der deutsche Forscher H. Kuske (1938) war der Erste, der eine Beziehung zwischen der photosensibilisierenden Wirkung der Pflanzensäfte und dem Psoralenegehalt gesucht hat. Er isolierte und identifizierte als photoaktives Molekül Bergapten, d. h. 5-Metoxypsoralene (5-MOP), dann 8-Metoxypsoralene (8-MOP). In den 40er und 50er Jahren des vorigen Jahrhunderts begann dann eine intensive Forschung zur Identifikation der Psoraleneabkömmlinge, um die Beziehung zwischen ihrer Struktur und ihrer Photoreaktivität aufzudecken.

Das grundlegende photophysikalische Merkmal eines Photopharmakons ist sein Absorptionsspektrum. Das breite Absorptionsband der Psoralene hat ein charakteristisches Maximum um 300 nm (Abb. IX.4) und eine verzögerte Schulter im UV-A-Bereich. Bei der Wahl der Wellenlänge des anregenden Lichtes zur in vivo Anwendung sind außer den Absorptionseigenschaften der Moleküle auch ihre Lokalisation in der Haut und die Eindringtiefe der verschiedenen Wellenlängenbereiche zu berücksichtigen. Danach

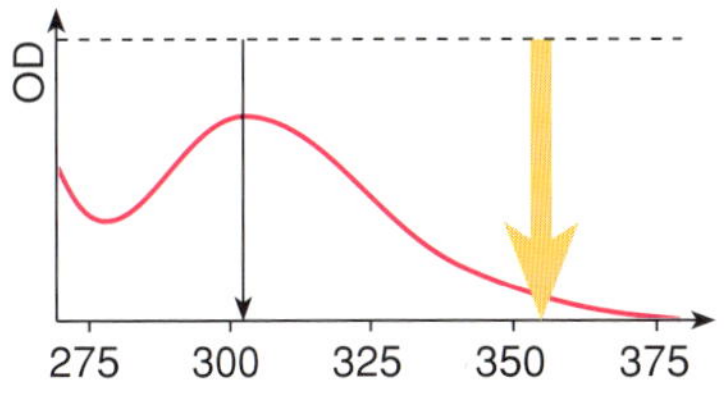

Abb. IX.4. Das typische Absorptionsspektrum der Psoralene. Absorptionsmaximum ~ 300 nm (schwarzer Pfeil), Wellenlängenbereich bei der Bestrahlung ~ 350 nm (gelber Pfeil)

erwies sich bei der Photoaktivierung der Psoralene der UV-A-Bereich als der wirksamste.

Die erste Publikation über die photochemotherapeutische Anwendung der Psoralene erschien 1974. Darin wird von der gemeinsamen Anwendung von 8-MOP und UV-A-Licht (320-400 nm) zur Behandlung von Psoriasis (Schuppenflechte) berichtet. Das Therapieverfahren wurde unter dem Namen ***PUVA-Therapie*** (**P**soralene + **UV-A**) bekannt und in die klinische Praxis übernommen.

IX/2.2 Photodynamische Therapie

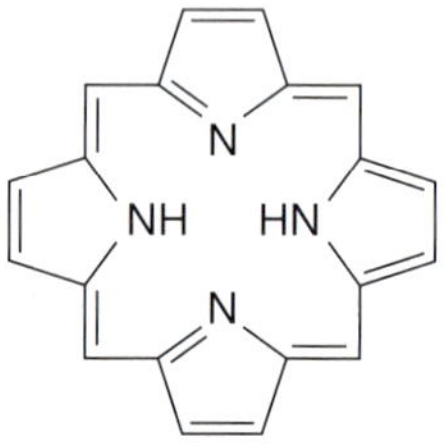

Abb. IX.5. Strukturformel des Porphyrinskeletts

Die photodynamische Therapie (PDT) ist ein photochemisches Verfahren zur Destruktion von Tumoren. Sie basiert auf der Erkenntnis, dass mit gewissen Farbstoffen (z. B. Methylenblau, Akridin usw.) markierte Zellen bei Einwirkung von sichtbarem Licht desintegriert werden. Dahinter stehen von den Farbmolekülen ausgelöste indirekte photochemische Reaktionen (s. II/2.3.3). Über die angeregten Farbstoffe entstehende reaktive Radikale können zur oxydativen Verletzung von Makromolekülen und Phospholipiden und damit zur Zellnekrose führen.

Die Farbstoffe für die PDT sind Porphyrinabkömmlinge (Abb. IX.5). In der Tumortherapie wird ihre Eigenschaft genutzt, sich in Tumorzellen selektiv anzuhäufen bzw. aus den Tumorzellen langsam ausgeschieden zu werden. So lässt sich mit den Farbstoffen und lokalisierter Bestrahlung die selektive Nekrose von Zellen erreichen. Die Hauptschritte der photodynamischen Behandlung sind in Abb. IX.6 zusammengefasst.

Abb. IX.6. Die Hauptschritte der photodynamischen Therapie

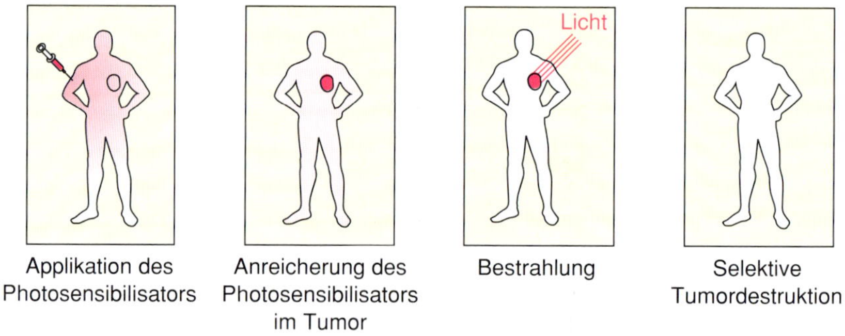

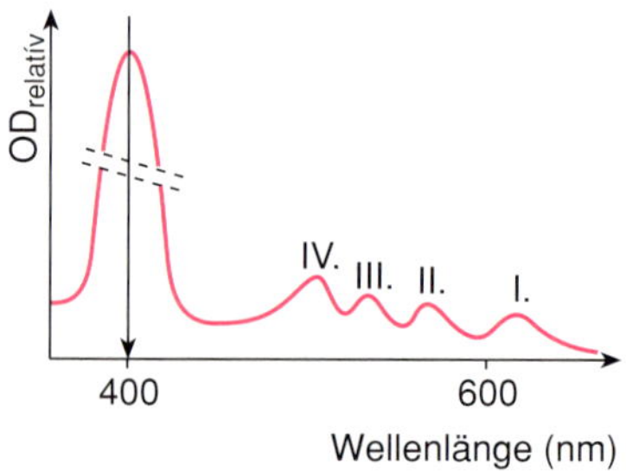

Abb. IX.7. Das typische Absorptionsspektrum der Porphyrine.

Das typische Absorptionsspektrum der Porphyrinabkömmlinge ist in Abb. IX.7 dargestellt. Die höchste Extinktionskonstante haben sie im Bereich um 400 nm, aber ihr aus mehreren Linien zusammengesetztes Spektrum deckt den gesamten sichtbaren Bereich des Lichtes. Obwohl ihre Absorption im roten Bereich am geringsten ist, wird in der Therapie Rotlicht zur Anregung der Porphyrine benutzt. Der Grund ist in diesem Fall das Erreichen einer maximalen Eindringtiefe. Der Einsatz monochromatischen Lichts ist des

Weiteren deshalb begründet, weil so die Weiterleitung über die Faseroptik mit dem geringsten Energieverlust verbunden ist und sich auch die notwendige Bestrahlungsdosis besser abschätzen lässt. Das monochromatische Licht von entsprechender Intensität garantiert eine Laserlichtquelle, meistens ein Ar^{+}Farbstofflaser.

IX/2.3 Blaulichttherapie

Auf der photochemischen Reaktion endogener Chromophore basiert die Behandlung der Gelbsucht von Neugeborenen, die Blaulichttherapie.

Alle Neugeborenen verfügen über eine hohe Zahl von (für den embryonalen Gasaustausch optimierten) Erythrozyten, die kurzlebiger sind als die Erythrozyten des Erwachsenen und schneller zerfallen. Das Zerfallsprodukt ist der Gallenfarbstoff Bilirubin. Bilirubin wird von der Leber aus dem Organismus ausgeschieden, aber in den ersten Lebenstagen sind die Leberenzyme noch nicht aktiviert. Deshalb häuft sich das Bilirubin an und färbt Haut und Sklera gelb.

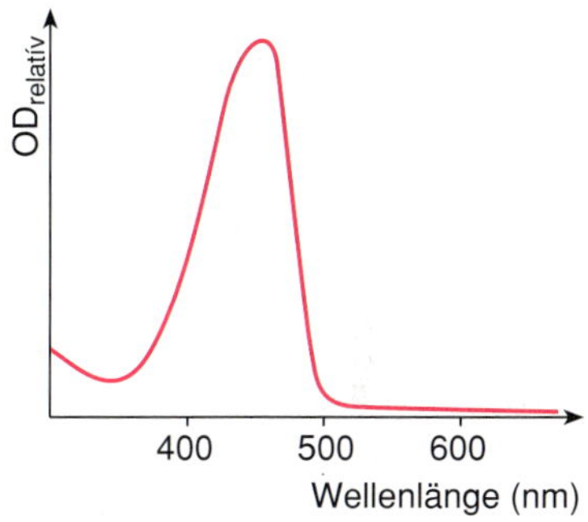

Abb. IX.8. Das Absorptionsspektrum von Bilirubin

Erreicht die Gelbsucht einen mittleren Grad, so behandelt man mit Blaulicht. (Ist die Gelbsucht gering, so ist eine Behandlung überflüssig, ist sie dagegen zu stark, so wirkt diese Therapie nicht.) Bilirubin absorbiert im blauen Bereich (Abb. IX.8). Das absorbierte Licht bewirkt die cis-trans-Isomerisierung der Moleküle, die in der Haut umgewandelten Moleküle können dann auch ohne Leberarbeit aus dem Organismus ausgeschieden werden. Während der Lichtbehandlung werden die Augen des Säuglings abgedeckt, um Retinaverletzungen durch die hohe Lichtintensität zu vermeiden.

Bemerkung IX.1. *Eine „Ausnahme": Steinzertrümmerung mit Stoßwellen*

Bei der sog. ESWL (Extracorporeal Shockwave Lithotripsy, extrakorporale Stoßwellenlithotripsie) zur Zertrümmerung von Nierensteinen wird der Patient auf ein Wasserkissen oder im Wasserbad gelagert. Mit elektrischer Entladung wird eine Stoßwelle generiert, die auf den Stein fokussiert ist. Durch Interferenz sind die Wellen verstärkt und führen zur Zerstückelung des Steines, der dann aus der Niere auf natürlichem Wege ausgespült wird. Das Verfahren kann auch bei Gallensteinen und endoskopisch zur Anwendung kommen.

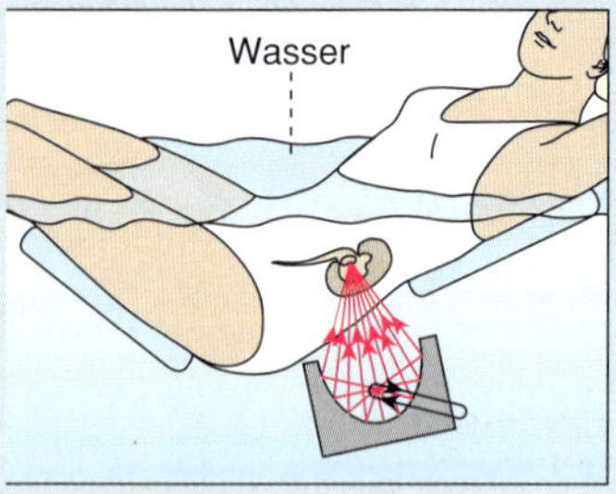

IX/3 Strahlentherapie

Die Strahlentherapie ist ein ärztlicher Eingriff, bei dem die pathologischen Gewebe mit ionisierenden Strahlen zerstört werden (s. Bemerkung IX.1). Sie kommt fast ausschließlich bei Tumoren zur Anwendung. Dabei wird ausgenutzt, dass die Tumorgewebe (als sich schnell vermehrende Gewebe) der schädlichen Wirkung ionisierender Strahlen gegenüber empfindlicher sind. Während wir uns im Kapitel über den Strahlenschutz damit befasst haben, wie sich diese schädliche Wirkung vermeiden lässt, ist unser Hauptziel bei der Strahlentherapie die Konzentration dieser Strahlenschäden auf einen gut umgrenzten Körperteil. Die Hauptfrage ist also, wie die Strahlung in die zu zerstörenden Gewebe kommen soll, ohne die umgebenden Gewebe zu schädigen. In der Praxis lässt sich die schädliche Wirkung nicht ausschließlich auf den Bestrahlungsherd konzentrieren, man muss aber immer bemüht sein, die Schädigung der übrigen Körperteile zu minimalisieren. Da sich das zu bestrahlende Gebiet in der Regel im Körperinnern befindet, ist aus Sicht der Therapiewirksamkeit von entscheidender Bedeutung, welcher Strahlungstyp benutzt wird bzw. wie diese Strahlung absorbiert wird und ihre schädliche Wirkung umsetzt.

Da hier das Ziel die Zerstörung der Gewebe ist, muss die Dosis weit über der Schwellendosis der deterministischen Wirkung liegen. Die praktisch benutzten Dosen sind um 50 Gy, was sich erschreckend anhört, wenn man sich vor Augen hält, dass bei der Ganzkörperbestrahlung die Letaldosis um 6 Gy liegt. Vergessen wir aber nicht, dass diese Dosis nur in dem zu zerstörenden Herd auftritt, außerhalb dessen aber bedeutend geringer ist! Auch wird bei der Bestrahlungsplanung immer berücksichtigt, dass die strahlenempfindlichen Gewebe (wie Knochenmark) eine möglichst geringe Dosis treffe.

IX/3.1 Die Wahl der Bestrahlungsart

Betrachten wir die bekannten und relativ leicht zu erzeugenden ionisierenden Strahlungen: α-, β-, e^--, γ-, Röntgen- und Protonenstrahlung.

IX/3.1.1 α-Strahlung

In II/3.2 haben wir gesehen, dass das Ionisierungsvermögen der α-Strahlung und damit auch ihre biologisch schädliche Wirkung sehr groß ist (w_R Faktor, s. II/4.1.2). Die Reichweite der α-Strahlung in den Geweben ist sehr kurz, 10-100 Mikrometer, also nur ein geringes Vielfaches der Zelldimensionen. Die α-Strahlung eines außerhalb des Körpers befindlichen Isotops erreicht also nur die Körperoberfläche. Es besteht nur eine Möglichkeit, die Strahlung in das zu bestrahlende Gebiet einzubringen, indem wir das Isotop selbst in das Zielvolumen applizieren. Bei einer solchen Methode wird das

Isotop mittels eines Trägermoleküls (z. B. Antikörper), welches sich an die Tumorzellen koppelt, an den Wirkungsort gebracht. Natürlich kommt die schädliche Wirkung des α-strahlenden Isotops auch schon auf dem Weg zu den Tumorzellen zur Geltung, deshalb ist es wichtig, dass die Antikörper auf dem schnellsten Weg und möglichst spezifisch an die Zielzellen gelangen. Eine andere Möglichkeit ist die chirurgische Implantation der Strahlungsquelle in die Nähe des Tumors. (Diese Methode wird aber in erster Linie für β-Strahler genutzt.)

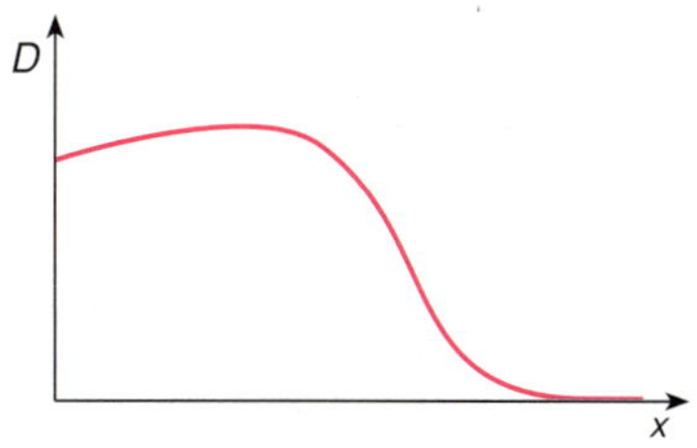

Abb. IX.9. Die aus der in die Körpergewebe eindringenden Elektronenstrahlung absorbierte Dosis als Funktion des Abstandes von der Hautfläche

IX/3.1.2 β-Strahlung und Elektronenstrahlung

Die β-Strahlung bedeutet eigentlich Elektronen mit hoher kinetischer Energie, deshalb behandeln wir die β-Strahlung und die Bestrahlung mit beschleunigten Elektronen gemeinsam (s. II/3.2). Unter β-Strahlung verstehen wir hier nur die β^--Strahlung, denn die β^+-Strahlung kommt (wegen der Instabilität der β^+-Teilchen) in der Therapie nicht zum Einsatz. Zwischen der β^--Strahlung und den beschleunigten Elektronen bestehen zwei Hauptunterschiede: während die Energie der beschleunigten Elektronen von uns eingestellt werden kann, ist die Energie der β-Strahlung vom Isotop bzw. seinem Zerfall bestimmt. Jedes beschleunigte Elektron verfügt über die gleiche Energie (Linienspektrum), das Energiespektrum der β-Teilchen ist dagegen kontinuierlich.

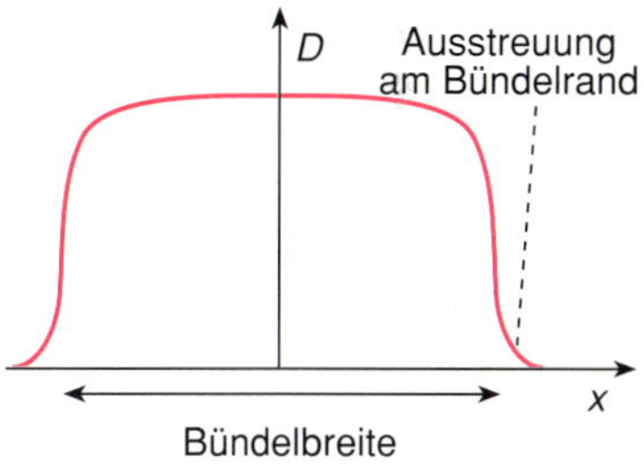

Abb. IX.10. Die Dosisänderung in gegebener Tiefe senkrecht zum Bündel

Die beschleunigten Elektronen haben eine bestimmte Reichweite, so wie die α-Teilchen. Die Reichweite der Elektronen in dem aus therapeutischer Sicht interessanten Bereich von einigen zehn MeV kann als proportional zur Energie des Elektrons betrachtet werden. Für die Reichweite von 1 cm ist eine Energie von rund 3 MeV erforderlich. Daraus ist auch ersichtlich, dass die β-Strahlung mit ihrer typischen Energie um 1-5 MeV nicht in der Lage ist, tief in den Organismus einzudringen. Ein weiterer Nachteil ist das kontinuierliche Spektrum. Seinetwegen hat ein Teil der Elektronen nur unterdurchschnittliche Energie, wird deshalb auf kurzer Strecke absorbiert, während die übrigen Teilchen mit überdurchschnittlicher Energie tiefer eindringen. Auf jeden Fall ist es also vorteilhafter, statt der β-Strahlung mit einem Teilchenbeschleuniger beschleunige Elektronen anzuwenden (s. II/3.2.6). Diese Geräte haben noch einen sehr wichtigen praktischen Nutzen. Sie können nämlich (im Gegensatz zu den Isotopen) abgeschaltet werden und werden dann sowohl für den Patienten als auch für das Bedienungspersonal vollkommen ungefährlich. Dieser Aspekt ist auch nicht zu vernachlässigen, weil die in der Therapie zum Einsatz kommenden Isotope eine hohe Aktivität haben, denn wir wollen ja gerade ihre schädigende Wirkung ausnutzen.

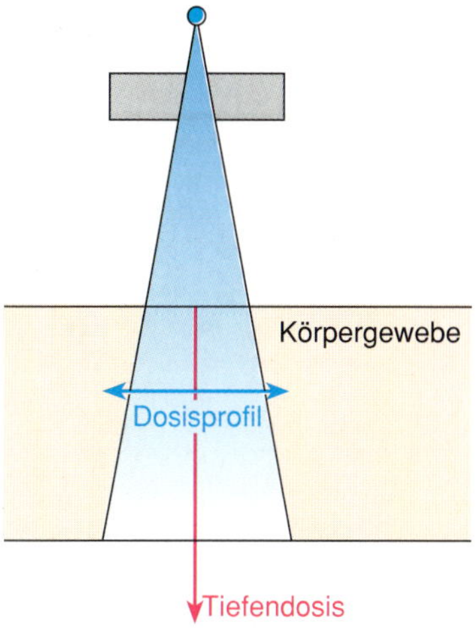

Abb. IX.11. Die Tiefendosis gibt die zur Strahlungsrichtung parallele Dosisverteilung, das Dosisprofil die zur Strahlungsrichtung senkrechte Dosisverteilung an

Die in der Praxis benutzten linearen Beschleuniger können die Elektronen auf rund 20 MeV Energie beschleunigen, was nach dem oben Ausgeführten einer maximalen Eindringtiefe von 7 cm entspricht. Deshalb eignet sich die Elektronenbestrahlung für die Behandlung von oberflächennahen Tumoren. Die Energieabgabe der Ionen, die von ihnen verursachte Ionisation bzw.

Bemerkung IX.2

Die Energie, die in einer Schicht der Dicke Δx während der Zeit t aus der auf die Fläche A einfallenden Intensität J_0 absorbiert wird, ist: $\Delta E = (J_0 - J)At = -\Delta JAt$. Die absorbierte Dosis ist (unter Nutzung, dass $m = V\rho$):

$$D = \frac{\Delta E}{\Delta m} = -\frac{\Delta JAt}{\Delta xA\rho},$$

was proportional zu $\Delta J/\Delta x$ ist. Wir wissen auch, dass $\Delta J/\Delta x = -\mu J$ ist (s. II/1.1.3 Gl. (II.10)), also ändert sich der Quotient $\Delta J/\Delta x$ genauso wie J selbst.

Schädigung ändert sich beim Eindringen in den Körper bis zu einer gewissen Tiefe kaum. Das demonstriert die Abb. IX.9, auf der die absorbierte Dosis als Funktion der Eindringtiefe dargestellt ist. Der Weg der Elektronen innerhalb der Gewebe verläuft aber nicht gerade, denn das Elektron ändert infolge seiner geringen Masse bei Zusammenstößen sehr leicht seine Richtung. Deshalb wird ein Teil der Elektronen beim Eintritt in das Gewebe (in die Luft zurück) gestreut und das ergibt die etwas geminderte Dosis zu Beginn der Kurve. Die Elektronen werden auch seitlich gestreut, deshalb breitet sich die Elektronenstrahlung bzw. ihre Wirkung auch etwas zur Seite aus (Abb. IX.10). Die auf die Ausbreitungsrichtung der Strahlung senkrechte Verteilung der absorbierten Dosis bezeichnet man als Dosisprofil, die Verteilung in der Ausbreitungsrichtung als Tiefendosis (Abb. IX.11).

IX/3.1.3 γ- und Röntgenstrahlung, zusammengefasst als Photonenstrahlung

Auch diese Strahlungen behandeln wir gemeinsam, obwohl die Photonen über unterschiedliche Prozesse entstehen. Demzufolge unterscheiden sich die Spektren der beiden Strahlungen. Die γ-Photonen haben ein Linienspektrum, während die Röntgenstrahlung ein kontinuierliches Spektrum hat. Im Gegensatz zu den Elektronen können wir hier die kontinuierliche Strahlungsenergie nach Belieben ändern, die Energie der γ-Strahlung mit Linienspektrum ist jedoch in Abhängigkeit vom Isotopentyp gegeben.

Die Frage ist wieder, wie sich die absorbierte Energie der Photonenstrahlung beim Eindringen in die Gewebe mit der Eindringtiefe ändert. Die Intensitätsänderungen der Photonenstrahlung können wir mit dem nun schon wohlbekannten exponentiellen Schwächungsgesetz beschreiben:

$$J = J_0 e^{-\mu x}, \tag{II.11}$$

wobei J_0 die einfallende, J die durch die Schicht x geschwächte Strahlungsintensität und μ der Schwächungskoeffizient sind. Uns interessiert jedoch nicht die Intensität sondern die Dosis, also die von der Einheitsmasse absorbierte Energie. Es ist einzusehen, dass sich auch diese Größe nach einer exponentiellen Funktion ändert (s. Bemerkung IX/2). Die Photonenstrahlung übt ihre ionisierende Wirkung aber nicht direkt sondern indirekt aus, deshalb erscheint die schädigende Wirkung nicht an dem Punkt, wo das Photon absorbiert wird. Das Photon übergibt seine Energie am häufigsten einem Elektron (Photo- oder Compton-Effekt). Bei Paarbildung entstehen ein Elektron und ein Positron. Aus Sicht der Ionisation verhält sich das Positron ähnlich wie das Elektron. Zur Annihilation neigen nämlich nur die langsamen Positronen, dazu müssen sie aber zuerst ihre Energie (durch Ionisation) verlieren. Aus Sicht der Therapie mit γ- und Röntgenstrahlung ist es wesentlich, dass ein durch Photonenabsorption freigesetztes, geladenes Teilchen seine schädliche Wirkung entlang einer Zickzackbahn ausübt (Abb. IX.12).

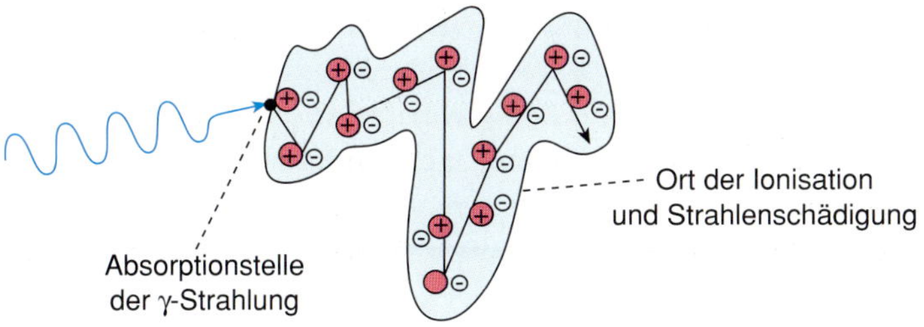

Abb. IX.12. Nach der Absorption eines Photons ionisiert das ausgelöste hochenergetische Elektron entlang einer Zickzackbahn. Die Stelle der Photonenabsorption ist nicht identisch mit dem Ort der Strahlenschädigung.

Markieren wir in Gedanken ein Gewebevolumen in der Nähe der Körperoberfläche und eins im Körperinnern (Abb. IX.13). Die aus dem markierten Volumen im Körperinnern austretenden und die einfallenden Elektronen befinden sich im Gleichgewicht, so stimmt die bei der Ionisation an die Gewebe abgegebene Energie mit der im Gewebe absorbierten Energie der Photonenstrahlung überein. In den oberflächennahen Gewebeteil werden aus der Luft bedeutend weniger Elektronen eingestreut, als aus dem Gewebe ausgestreut werden (es besteht kein Elektronengleichgewicht). In der Luft werden nämlich bedeutend weniger Photonen absorbiert als im Gewebe, deshalb entstehen in der Luft ab ovo bedeutend weniger Elektronen. Deshalb wird ein Teil der aus der Photonenstrahlung absorbierten (und den Elektronen übergebenen) Energie ohne Kompensation ausgestreut. Die Dosis wird deshalb unmittelbar unter der Körperoberfläche geringer sein, was man wirksam zum Schutz der Haut nutzen kann. Bis zu welcher Tiefe diese dosismindernde Wirkung besteht, hängt von der mittleren Weglänge der Elektronen ab, also von ihrer Energie bzw. letztendlich von der Energie der Photonenstrahlung. Je höher die Energie der Photonenstrahlung ist, desto tiefer kommt die Ausstreuung der Elektronen zur Geltung. Die Dosisverteilungskurve in der Ausbreitungsrichtung der Strahlung bezeichnet man als relative Tiefendosis (relativ, weil die Dosis an der Körperoberfläche als 100% genommen wird). Solche Kurven sind in Abb. IX.14 dargestellt. Aus der Abbildung ist offensichtlich, dass zur Bestrahlung von tiefer liegenden Herden solche hohen Energien erforderlich sind, die mit γ-Strahlung nicht garantiert werden können und die gewöhnlichen γ-Photonenenergien weit überschreiten. Deshalb wird häufiger hochenergetische Röntgenstrahlung angewendet (s. II/3.1.2). Das Energiespektrum der so erzeugten Strahlung ist aber kontinuierlich, was

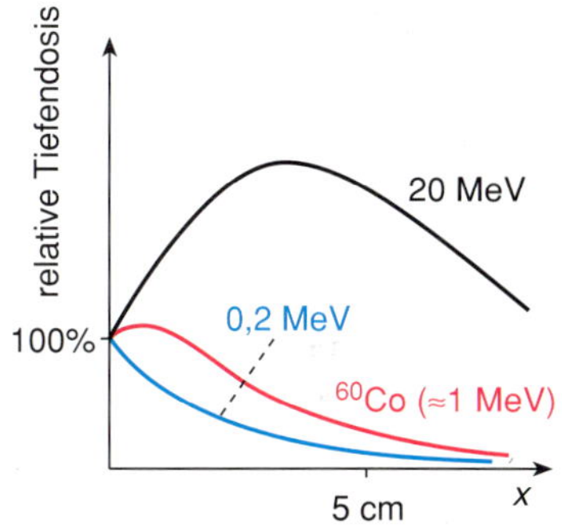

Abb. IX.14. Kurven der relativen Tiefendosis bei unterschiedlichen Photonenenergien. (Bei geringerer Energie erhalten wir die Kurve der Tiefendosis, die sich aus der exponentiellen Abschwächung der Strahlungsintensität ergibt.)

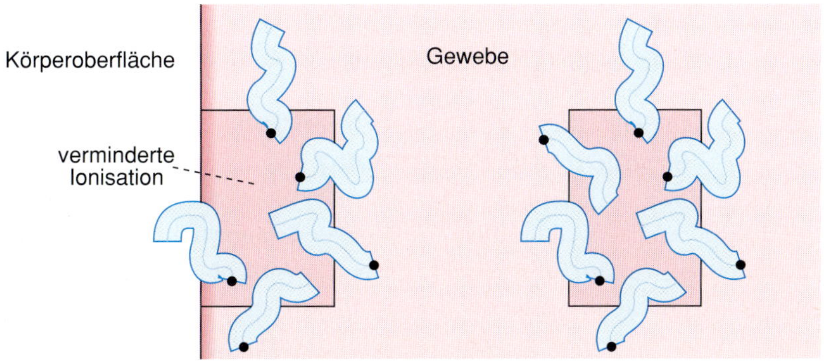

Abb. IX.13. In der Nähe der Körperoberfläche nimmt die Ionisation und damit auch die Dosis ab, weil aus der Luft kaum Elektronen eingestreut werden

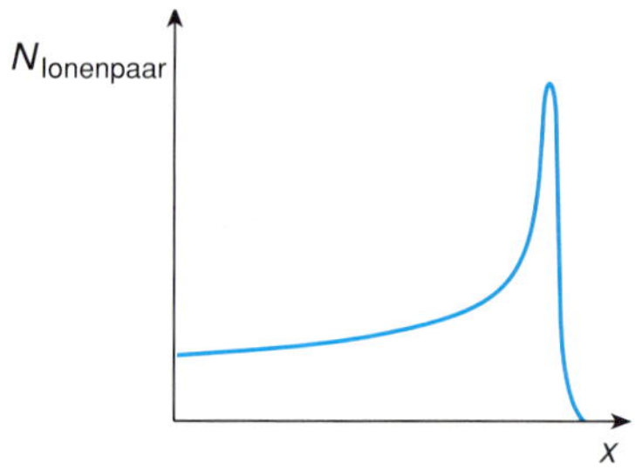

Abb. IX.15. Ionisation der Protonenstrahlung als Funktion der Eindringtiefe (Bragg-Spitze)

bedeutet, dass auch Photonen mit geringer Energie enthalten sind, welche in den oberen Gewebeschichten absorbiert werden. Das lässt sich mit dem Passieren des Strahlenbündels von Filtern korrigieren. (Bei Röntgenstrahlung ist es üblich, auf den polychromatischen (nicht monochromatischen) Charakter der Strahlung so hinzuweisen, dass man z. B. von einer 1 MV Photonenstrahlung spricht, was bedeutet, dass die auf die Anode einschlagenden Elektronen mit 1 MV Spannung beschleunigt wurden (die Energie der Elektronen beträgt 1 MeV). Dabei beträgt aber nur die maximale Energie der erzeugten Photonen 1 MeV, die mittlere Photonenenergie ist geringer).

IX/3.1.4 Protonenstrahlung

Unter Protonenstrahlung versteht man ein mit einem beliebigen Beschleuniger beschleunigtes Protonenbündel. Die Absorption der Protonen ähnelt in gewisser Weise der Absorption der α-Strahlung. Die Energie der Protonenstrahlung lässt sich aber mit der Wahl des Beschleunigers frei variieren und so können bedeutend höhere Energien als die typische Energie der α-Teilchen erzielt werden. Da das Ionisierungsvermögen der Protonen von ihrer Geschwindigkeit abhängt, ionisieren sie längs ihrer Bahn unterschiedlich. Die Energieübergabe der Protonen (LET, linearer Energietransfer, s. II/3.2.3) und damit ihr Ionisierungsvermögen nehmen mit abnehmender Geschwindigkeit zu, ein Teil der Ionisierung konzentriert sich auf das Bahnende, wo die Protonen schon ausreichend langsam sind. Die Zahl der angeregten Ionenpaare gibt also am Ende der Protonenbahn eine Spitze (die sog. Bragg-Spitze), die 4-5mal höher ist, als die zu Beginn der Bahn messbare Ionendichte (Abb. IX.15). Da die Ionisierung der erste Schritt der Strahlenschädigung ist, konzentriert sich die Dosis auf das Ende der Protonenbahn. Deshalb ist die Protonenstrahlung ideal für die Bestrahlung von Tumoren in der Tiefe des Körpers, wobei die Gewebe vor dem Tumor nach Möglichkeit geschont werden.

Der Nachteil der Therapie sind die hohen Kosten. Zum Erreichen der ausreichenden Eindringtiefe (10-20 cm) müssen die Protonen auf eine Energie von mehreren hundert MeV beschleunigt werden, was gigantische Beschleuniger erfordert. Solche Beschleuniger gibt es weltweit nur einige Dutzend.

IX/3.2 Der Transport der Strahlung zum Bestrahlungsherd

IX/3.2.1 Kombination von bildgebenden Verfahren und Bestrahlung

Zur erfolgreichen Bestrahlung ist ein genaues Umgrenzen des Zielvolumens Vorbedingung. Das erfolgt meistens mit einem bildgebenden Verfahren (CT, NMR, PET usw.). Wichtig ist, den an Hand der Aufnahmen gefundenen Tumor bei der Bestrahlung nicht aus dem Blickfeld zu verlieren. Dazu sind

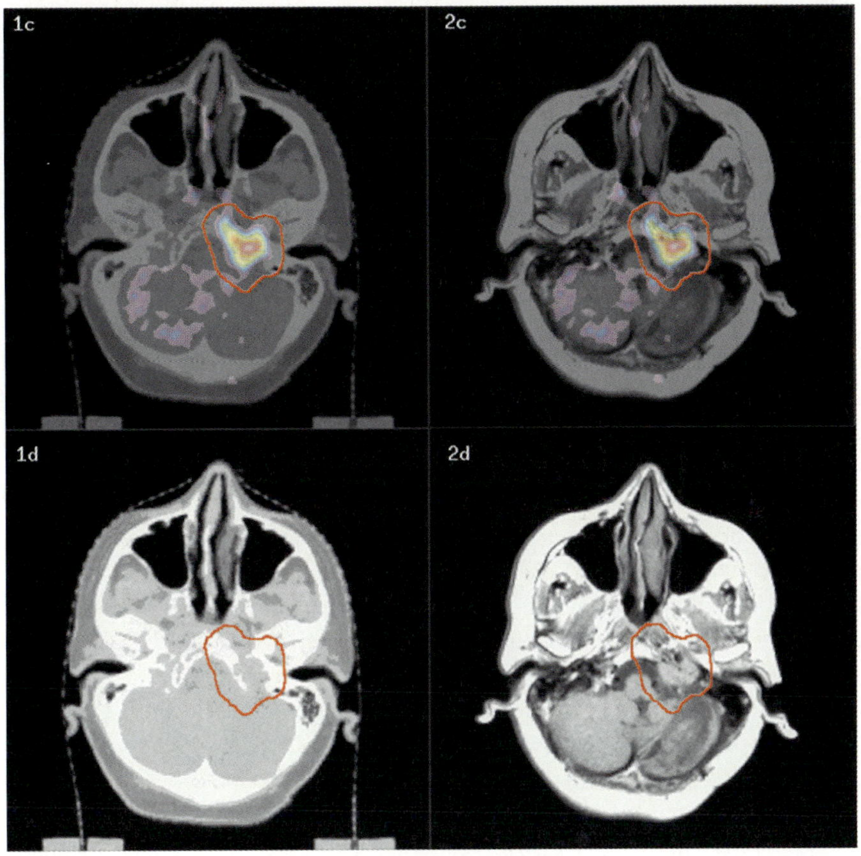

Abb. IX.16. Schädelbasistumor, Planung der 3D-Bestrahlung mit Hilfe von CT und MET-PET bzw. NMR und MET-PET Fusion (Die Methionin-PET zeigt die Ausdehnung des Tumors genauer = kleineres Zielvolumen) (Aufnahme des DEOEC PET Zentrums mit Genehmigung von Prof. Lajos Trón)

Bezugspunkte notwendig, die sowohl bei der Bildgebung, als auch bei der Bestrahlung gut identifizierbar sind. Bei der Bestrahlung des Kopfes wird dazu oft ein sog. stereotaktischer Rahmen benutzt, der am Kopf fixiert wird. Mit Hilfe des Rahmens kann der Kopf des Patienten sowohl bei der diagnostischen Untersuchung als auch bei den aufeinander folgenden Bestrahlungen reproduzierbar fixiert werden (Abb. IX.16).

IX/3.2.2 Kollimatoren

Einige Methoden zum Schutz der Gewebe um den zu bestrahlenden Herd haben wir im vorhergehenden Teil schon demonstriert: sehr wichtig ist die Wahl der entsprechenden Strahlung bzw. ihrer Energie zur Minimalisierung der absorbierten Dosis in den Geweben vor und hinter dem Herd. Zum Gewebeschutz neben dem Herd ist die entsprechende Formgebung des Strahlenbündels, d. h. die Kollimation lebenswichtig. Der Kollimator besteht aus Blöcken mit hohem Absorptionsvermögen (Blei oder Wolfram). Die von ihm umschlossene Blende kann so eingestellt werden, dass den Patienten keine überflüssige Strahlung trifft (Abb. IX.17). Mit den klassischen Kollimatorblöcken (Abb. IX.18) ließ sich nur ein Strahlenbündel mit viereckigem

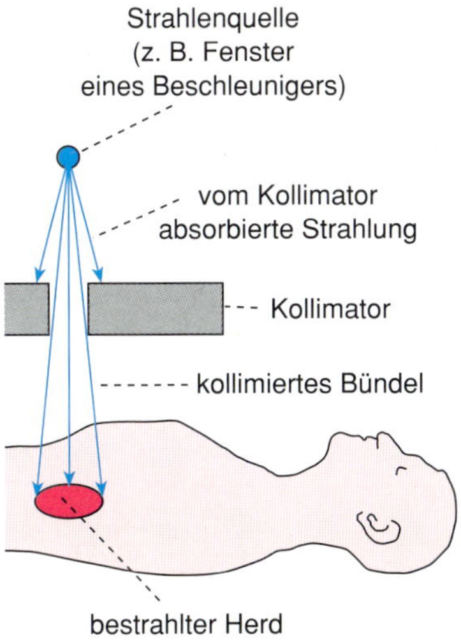

Abb. IX.17. Das Prinzip des Kollimators

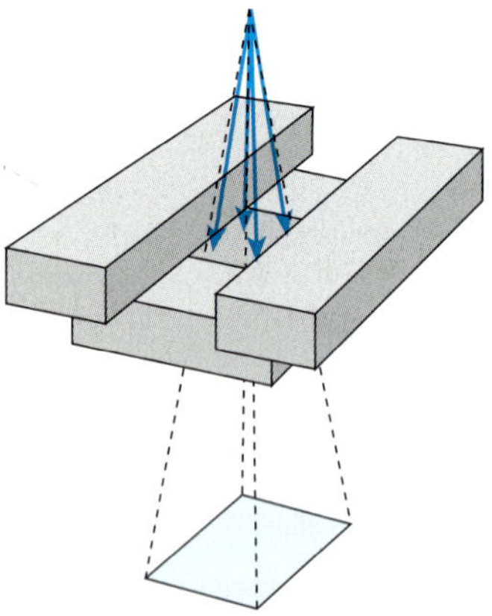

Abb. IX.18. Mit den klassischen Kollimatorblöcken kann nur ein rechteckiger Querschnitt des Strahlenbündels geformt werden

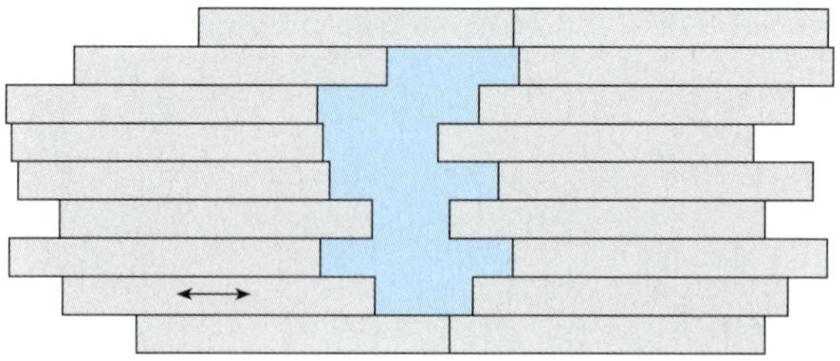

Abb. IX.19. Lamellenkollimator (Aufsicht). Die Form des Strahlenbündels kann der Form des zu bestrahlenden Herdes angepasst werden. (Der Pfeil zeigt die Verschiebungsrichtung der Lamellen, das blaue Gebiet ist der Querschnitt des Strahlenbündels.)

Querschnitt bilden. Der zu bestrahlende Herd ist aber in den seltensten Fällen viereckig. In modernen Geräten sind deshalb Lamellenkollimatoren eingebaut (Abb. IX.19), bei denen mit dem Verstellen der Lamellen fast jede beliebige Form des Strahlenbündels erzeugt werden kann. In der weiter entwickelten Variante können die Lamellen während der Bestrahlung bewegt und damit auch die Strahlungsintensität geändert werden. Deckt man z. B. einen Teil des Herdes in der Hälfte der Bestrahlungsdauer mit Kollimatorlamellen ab, dann wird die ihn treffende Dosis nur die Hälfte der Dosis ausmachen, welche die Gewebe trifft, die während der Gesamtzeit bestrahlt wurden. Das wird als IMRT (intensity modulated radiotherapy) bezeichnet.

IX/3.2.3 Rotationsbestrahlung

Ein weiteres Verfahren zum Gewebeschutz der Umgebung ist die Drehung der Strahlenquelle (Abb. IX.20). Das Wesen besteht darin, dass die Strahlenquelle um eine Achse rotiert, die durch den Bestrahlungsherd geht. Aus welcher Richtung die Strahlung auch erfolgt, der Herd wird in jedem Fall getroffen, die gesunden Gewebe werden dagegen nur für kürzere Zeitdauer bestrahlt, nur solange sie sich in der Strahlenbahn befinden. Ein typisches Bestrahlungsgerät ist dementsprechend konstruiert: einerseits kann die Lage

Abb. IX.20. Prinzip der Rotationsbestrahlung Unten: die gesunden Gewebe trifft die Strahlung nur kurze Zeit Rechts: Typische Einrichtung zur Rotationsbestrahlung

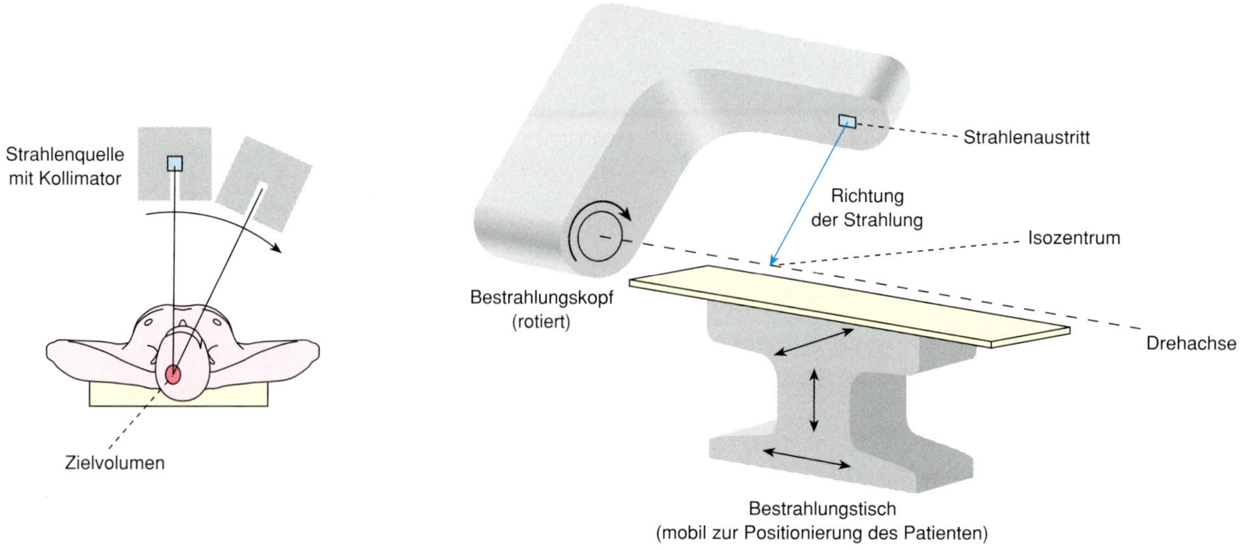

des Patienten verändert werden, damit wird der Herd in den Schnittpunkt von Drehachse und Achse des Strahlenbündels (das sog. Isozentrum) positioniert, andererseits rotiert der Strahlkopf (der auch einen kompletten Linearbeschleuniger enthalten kann) um dieses Zentrum.

Abb. IX.21. Die Funktion des Gamma-Messers

IX/3.2.4 Ein Spezialgerät der Strahlentherapie, das Gammamesser

Der Grundgedanke des Gammamessers liegt darin, dass man statt mit einer rotierenden Strahlenquelle mit vielen Strahlenquellen aus verschiedenen Richtungen gleichzeitig bestrahlt (Abb. IX.21). Auf einer Halbkugel werden rund 200 radioaktive Quellen (in der Regel ^{60}Co) platziert. Die Gesamtaktivität der Isotope liegt in der Größenordnung von 100 TBq. Die Strahlenbündel der Quellen werden auf einen gemeinsamen Punkt, den Kugelmittelpunkt gerichtet. Jetzt muss nur noch der zu bestrahlende Herd in diesem Zentrum platziert werden. Dabei hilft der schon erwähnte stereotaktische Rahmen, der am Patienten fixiert ist. Der Patient wird während der Bestrahlung mit diesem Rahmen und mit dem Behandlungstisch mit Fernsteuerung bewegt. Durch seine Konstruktion eignet sich das Gammamesser zur Behandlung von Hirntumoren.

IX/3.2.5 Ausführung der Isotopentherapie

Ein gutes Beispiel für die **offene** Isotopentherapie ist die Radiojodtherapie, bei welcher dem Patienten zur Minderung der Schilddrüsenüberfunktion ^{131}I mit kurzer Halbwertszeit in Form von NaI appliziert wird. Das radioaktive Jod nimmt ähnlich dem inaktiven Element an der Synthese der Schilddrüsenhormone teil. So wird es sich im Körper in dem überfunktionierenden Organ spezifisch anreichern und es lokal zerstören.

Die therapeutische Wirkung ist der Bestrahlung durch das ^{131}I Isotop zu verdanken, da es – infolge seiner kurzen Reichweite – in der Schilddrüse absorbiert wird. ^{131}I emittiert aber auch γ-Strahlung, die zum Großteil aus dem Organismus des Patienten in die Umwelt gelangt und die Personen in seiner Umgebung trifft. Das ist zu berücksichtigen und der behandelte Patient hat strenge Vorschriften betreffs seiner Lebensführung einzuhalten, um niemanden in seiner Umgebung zu gefährden. Behandlungen mit Aktivitäten über 550 MBq dürfen nur stationär durchgeführt werden.

Für die lokale Behandlung eignen sich in erster Linie Tumoren in Körperhöhlen, in der Urologie und Gynäkologie. Das Isotop kann in einer **geschlossenen** Kapsel in eine tumornahe präformierte Höhle oder über Nadeln durch die Gewebe appliziert werden. Das ist die Grundlage der Brachytherapie und der Joliot-Therapie. Bei der sog. After-Loading-Technik (Nachladetechnik) wird das Isotop mit einem ferngesteuerten Gerät aus einem äußeren, abgeschirmten Lager durch Schläuche in den Tumor und zurück geschoben. So wird die Strahlenbelastung des Personals minimalisiert.

IX/4 Elektrotherapie

IX/4.1 Therapie mit Gleichstrom

Die sog. **Galvantherapie** nutzt die schmerzstillende, den Stoffwechsel anregende Wirkung des Gleichstroms. Der Gleichstrom kann an einzelne Gliedmaßen oder an den ganzen Körper angelegt werden. Eine Kombination von Gleichstrom und Arzneimitteln ist die **Iontophorese**. Dabei werden Medikamente im Ionenzustand (Analgetika, Antiphlogistika usw.) auf die Elektrode gleicher Polarität aufgebracht. Wird der Strom eingeschaltet, so wandern die Ionen durch den zwischen den Elektroden befindlichen Körperteil in Richtung der entgegengesetzten Polarität. So kann das Arzneimittel einfach in das Zielvolumen appliziert werden.

IX/4.2 Reizstromtherapie

Die Reizwirkung des Stromes lässt sich an einem sog. Nerven-Muskel-Präparat einfach demonstrieren. Es werden ein Muskel und der ihn innervierende Nerv präpariert. Wird der Nerv mit elektrischen Impulsen erregt, so kann man beobachten, ob eine Muskelkontraktion eintritt oder nicht. (Die Elektroden sind in der Regel mit physiologischer Kochsalzlösung gefüllte Kapillaren, die einen hohen Widerstand haben, deshalb ist es zweckmäßig, statt Spannungsimpulsen Stromimpulse anzuwenden.) Jedem Rechteckimpuls

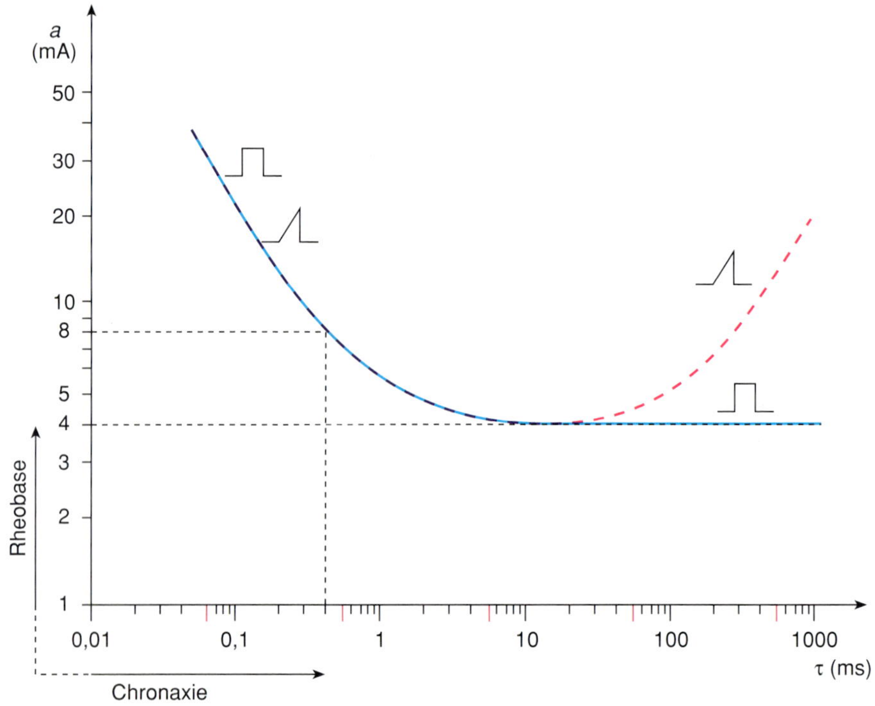

Abb. IX.22. Reizcharakteristik

wird ein Punkt des Koordinatensystems zugeordnet (Abb. IX.22). Die horizontale Koordinate des Punktes ist die Impulsdauer τ, die vertikale Koordinate ist die Amplitude a des Impulses.

Damit die Stromimpulse eine Muskelkontraktion generieren, ist eine gewisse Schwellenamplitude notwendig. Die Kurve, welche die Schwellenamplitude als Funktion der Impulsdauer darstellt, ist die **Reizcharakteristik**. Eine Approximation dieser Kurve ist die folgende Funktion (vergessen wir nicht, dass beide Achsen logarithmisch sind):

$$a_{\text{Schwelle}} = \frac{q}{\tau} + r\,.$$

Aus der Abbildung geht auch hervor, dass zu einer Muskelkontraktion ein minimaler Strom, die sog. Rheobase r erforderlich ist. Der zweite Parameter q mit der Dimension einer Ladung kann folgendermaßen beschrieben werden. Man benutze als Amplitude die doppelte Rheobase ($a = 2r$) gerade solange, dass eine Muskelkontraktion eintritt. Diese Zeitspanne wird als Chronaxie C bezeichnet. Nach der obigen Beziehung ist:

$$2r = \frac{q}{C} + r\,,$$

also $q = rC$. Bei der Reiztherapie werden Stromimpulse benutzt, welche die Rheobase etwas überschreiten.

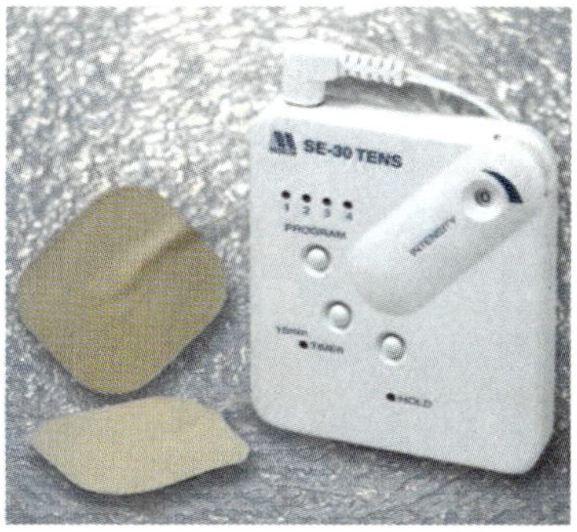

Abb. IX.23. TENS-Gerät

Der Reizstrom wird zum Erzeugen von Muskelkontraktionen (z. B. bei vorübergehenden Innervationsstörungen zur Prophylaxe der (Denervations-) Atrophie) oder als symptomatische Behandlung zur Steigerung des Stoffwechsels und zur Schmerzlinderung eingesetzt. Auf dieser Grundlage funktioniert die immer häufiger, in erster Linie zur Schmerzbekämpfung benutzte sog. TENS (transkutane elektrische Nervenstimulation) (Abb. IX.23).

Die ununterbrochene Kurve der Abb. IX.22 zeigt die Antwort auf die Rechteckimpulse. In diesen Fällen ist der Anstieg der Spannung ein momentaner (s. Abb. IX.24). Anders ist es bei Sägezahnimpulsen oder exponentiellen Impulsen (gestrichelte Kurve). Dann ist der Anstieg der Spannung verzögert (Abb. IX.24). Bei ausreichend langer Impulsdauer (einige 10 ms oder länger) ist die Zelle fähig, sich anzupassen (Akkomodation), d. h. es beginnen Ionenströme, die gegen die Reizung wirken. Demzufolge kann eine Muskelkontraktion nur durch Impulse mit höherer Amplitude ausgelöst werden, als sie bei Rechteckimpulsen von gleicher Impulsdauer erforderlich wäre. Die Differenz wird bei zunehmender Impulsdauer immer größer. Dieses Phänomen kann bei der sog. **selektiven Reizstromtherapie** ausgenutzt werden. Bei pathologischen Prozessen verliert der Muskel nämlich seine Anpassungsfähigkeit und die Wirkung der Impulse mit allmählich zunehmender Amplitude wird dieselbe, wie bei plötzlich steigender Amplitude. Benutzt man also Sägezahnimpulse oder exponentielle Impulse, die für den gesunden Muskel unterschwellig sind, für den geschädigten Muskel aber über dem Schwellenwert liegen, kann man die geschädigten Muskel selektiv behandeln.

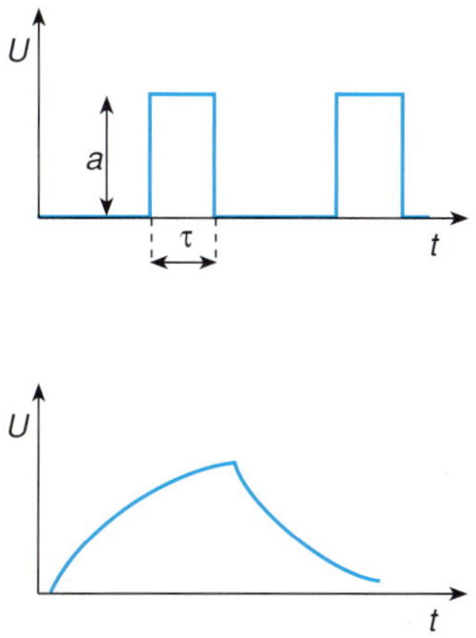

Abb. IX.24. Rechteckimpuls und exponentieller Impuls

Gleichfalls eine Möglichkeit der selektiven Therapie ist die sog. **Interferenzstromtherapie**. Bei dieser Therapie werden zwei Elektrodenpaare so an

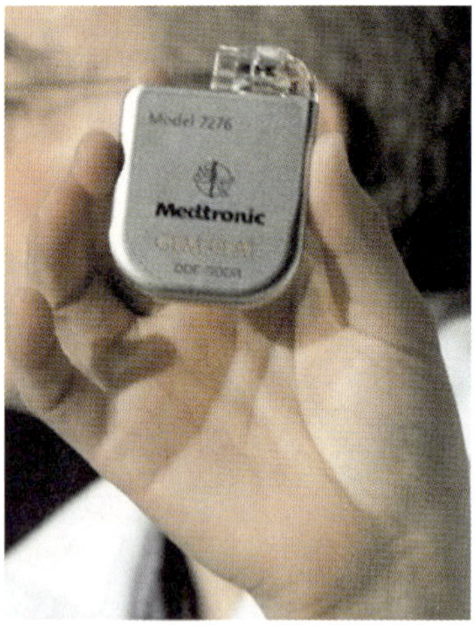

Abb. IX.25. Implantierbarer Herzschrittmacher

den Körper des Patienten gelegt, dass sich die durchfließenden Ströme im Körper treffen. Durch beide Elektrodenpaare leiten wir einen Strom mit mittlerer Frequenz (ca. 4000 Hz) in den Körper. Die Frequenzdifferenz zwischen den beiden Strömen beträgt ca. 100 Hz. Bei der Frequenz von 4000 Hz ist die benutzte Stromstärke unterschwellig, sie löst also keine Reaktion aus. In dem Gebiet jedoch, wo sich die beiden Ströme treffen, erscheint infolge der Interferenz auch die Frequenzdifferenz. Bei dieser Frequenz ist jedoch der Schwellenwert ziemlich niedrig (Abb. IX.22), deshalb wird eine Erregung ausgelöst. Mit der entsprechenden Einstellung der beiden Elektrodenpaare kann das erregte Gebiet ausgewählt werden.

IX/4.3 Herzschrittmacher

Elektrische Impulse können auch zur Erregung des Herzmuskels benutzt werden. Funktioniert das eigene Erregungsbildungssystem des Herzens nicht normal und treten deshalb Herzrhythmusstörungen auf, so ist eine äußere elektrische Erregung notwendig. Diese realisieren **Herzschrittmacher** (Pacemaker). Sie geben in der Regel 70 – 90 Rechteckimpulse pro Minute, deren Impulsdauer ca. 1 ms und deren Amplitude einige V betragen. Die modernen Herzschrittmacher detektieren nicht nur die eigene Erregungsbildung des Herzens und setzen bei ihrem Ausbleiben ein (Demand-Betriebsart), sondern sie sind auch in der Lage, die Impulsfrequenz dem Bedarf entsprechend einzustellen. Diese sog. „rate-responsiven" Herzschrittmacher detektieren einen Parameter, der für Änderungen der physischen Tätigkeit charakteristisch ist (Vibration durch Muskelarbeit, Atemzahl, Bluttemperatur usw.), und regulieren dementsprechend die Frequenz (Abb. IX.25).

IX/4.4 Defibrillator

Infolge eines elektrischen oder anderen Unfalls bzw. eines pathologischen Herzzustandes kann es zum Kammerflimmern kommen. Der Herzmuskel beginnt zu zittern (300-400 Schläge/min) und ist nicht mehr in der Lage, das Blut wirksam zu transportieren. Dieser lebensbedrohliche Zustand kann mit einem **Defibrillator** behoben werden. In diesem Fall wird über Elektroden, die an die Brustwand gelegt werden, ein hochenergetischer (200-300 J) elektrischer Impuls gegeben. Dieser erzeugt eine synchronisierte Kontraktion der Herzmuskelfasern, wonach die Chance der Wiederherstellung des normalen Herzrhythmus besteht. In den letzten Jahren wurde Patienten, die zum Kammerflimmern neigen, ein Defibrillator implantiert. Dabei werden die Elektroden direkt ins Herz geleitet. Natürlich ist bei diesem Typ die Energie des defibrillierenden Impulses um Größenordnungen niedriger, als bei Anwendung auf der Körperoberfläche. Es gibt auch Beispiele für die Implantation von Geräten, die je nach Bedarf als Herzschrittmacher oder Defibrillator funktionieren (Abb. IX.26).

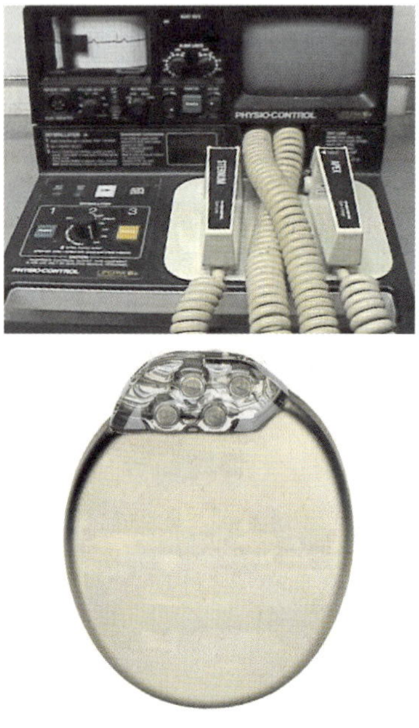

Abb. IX.26. Defibrillator; implantierbarer Defibrillator

IX/5 Wärmetherapie

Ein Teil der Wärmetherapieverfahren wird in der medizinischen Praxis eingesetzt, um die Temperatur des Körpers, eines Körperteils, eines Organs oder eines Gewebebereichs gering zu erhöhen und damit spezifische Wirkungen, in erster Linie die Steigerung des Stoffwechsels zu erreichen. Sie bildet meistens eine Hilfe bei der Heilung von Verletzungen oder Entzündungsprozessen bzw. bei der Schmerzstillung. Die Wärmeübertragung kann mit sehr einfachen physikalischen Methoden erfolgen, z. B. Umschläge oder warme Bäder. Weil man aber mit diesen Mitteln umschriebene Volumenelemente im Körperinnern nicht spezifisch erwärmen kann, wurden auch für diesen Bedarf nicht invasive Methoden entwickelt. Diese basieren hauptsächlich auf Ultraschall, IR-Strahlung oder hochfrequentem elektromagnetischem Feld. Es muss erwähnt werden, dass es auch eine Methode im Grenzgebiet zur Alternativmedizin gibt, die mit leichter Erwärmung des ganzen Körpers die Zerstörung tiefer Tumoren bezweckt. Der Wirkungsmechanismus ist aber noch wenig bekannt, ein Erfolg ist wissenschaftlich noch nicht bewiesen.

Demgegenüber wird die selektive Gewebezerstörung durch die Wärmewirkung verschiedener physikalischer Phänomene verbreitet benutzt: die andere Kategorie der Wärmetherapie ist also bestrebt, eine beträchtliche Temperaturerhöhung in dem zu entfernenden Gewebe zu erzielen. Das Ergebnis kann Koagulation oder Karbonisation sein. Die Koagulation wird zur Zerstörung von Herden innerhalb des Körpers benutzt, während bei offenen chirurgischen Eingriffen beide Methoden zur Anwendung kommen. Die Wärmequelle kann Laserlicht (s. IX/1.2.1, ILPC), Ultraschall oder ein elektromagnetisches Feld sein. Bei nicht zu tief liegenden Geweben kann die Temperaturbehandlung auch Gefrieren sein.

Die Mechanismen der koagulierenden Wärmewirkung sind ziemlich komplex. Direkt wird eine Denaturation der Eiweiße und Blutgerinnung verursacht, deren pathologische Folge die Koagulationsnekrose ist. In den weniger betroffenen Zellen werden Hitzeschockeiweiße produziert, die einen Versuch zur Reparatur der ausgefällten, konformationslosen Eiweiße unternehmen. Wenn dieser Versuch erfolglos ist, dann tritt der programmierte Zelltod ein. Durch den Gefäßverschluss kommt es zum Sauerstoffmangel, es tritt eine relative Kreislaufinsuffizienz auf, was zu Störungen des Zellstoffwechsels, Membranschäden und konsekutiver Zellnekrose führt. Als indirekte Wirkung muss man mit der Aktivierung des sog. Komplementärsystems rechnen, das eine sterile Entzündung verursacht, was die schützende bzw. zerstörende Wirkung des Immunsystems weiter steigert.

Der französischer Psysiologe Jaques-Arsène d'Arsonval (1851–1940) wandte 1895 als Erster hochfrequente Wärmetherapie an. Man nennt ihn auch den Vater der Elektrotherapie.

IX/5.1 Ultraschalltherapie

Bei den in der Sonographie üblichen Intensitäten und Frequenzen muss man nicht mit schädlichen biologischen Wirkungen rechnen. Deshalb können Ultraschalluntersuchungen - im Gegensatz zu den auf ionisierenden Strahlungen basierenden Verfahren – beliebig oft wiederholt werden, auch z. B. bei Schwangeren. Ein Ultraschall mit bedeutend höherer Energie kann jedoch beim Durchdringen eines Mediums auch physische, chemische und biologische Veränderungen erzeugen. Die wichtigsten der primären Ultraschallwirkungen sind der Schallwechseldruck, der Strahldruck, die Kavitation, die mechanische Reibung und die Absorption.

Der Ultraschall bringt die Teilchen des Mediums in Schwingung. In einem Ultraschallfeld, in dem die Größe der Teilchen keinen wesentlichen Unterschied zeigt, bewegen sich die Teilchen zusammen und folgen der durch den Ultraschall bestimmten Auslenkung, d. h. es tritt eine gemeinsame Schwingung auf. Sind die Ausmaße der Teilchen unterschiedlich, dann werden die größeren Teilchen infolge ihrer Trägheit im Vergleich zu den kleineren Teilchen zurückbleiben, eventuell unbeweglich bleiben. Zwischen den unterschiedlich großen Teilchen tritt so eine Geschwindigkeitsdifferenz und dementsprechend Reibung auf, die wie eine **Vibrationsmassage** wirkt. Die mechanische Wirkung und die Absorption lösen zusammen auch eine Wärmewirkung aus. Auf diesen Wirkungen basiert die therapeutische Nutzung des Ultraschalls.

Es sei nochmals nachdrücklich betont, dass bei den Frequenzen und Intensitäten der Ultraschalldiagnostik mit der Kavitation praktisch nicht gerechnet werden muss (s. „*Das Phänomen der Kavitation*"). Mit dem Fokussieren des Ultraschalls können aber so hohe Intensitäten erzeugt werden, bei denen Kavitation und örtliche Erwärmung schon auftreten. Das Fokussieren kann mit einem konkaven Transducer oder einer Polystyrollinse erfolgen. Die Kavitation im Fokuspunkt und die starke Temperaturerhöhung kann man z. B. zum Zerstören von Tumorzellen nutzen. Dabei können an einer einzigen Stelle die Bündel aus mehreren Quellen vereint werden, so tritt die denaturierende Intensität nur an dieser einen Stelle auf (ähnlich dem γ-Messer, s. IX/3.2.4). Die Methode (HIFU- high intensity focussed ultrasound) wird derzeit in der

Das Phänomen der Kavitation

Die Kohäsion der Flüssigkeitsteilchen kann durch die abwechselnden Druck- und Zugspannungen gespalten werden und es entstehen mikroskopische flüssigkeitsfreie Hohlräume. Dieses Phänomen bezeichnet man als **Kavitation.** Die Grenzintensität, die zur Kavitation führt, hängt von der Frequenz des Ultraschalls und der Viskosität der Flüssigkeit ab. Bei der Kavitation entstehen Blasen mit einem Durchmesser von ca. 100 µm. Diese Blasen fallen sehr rapide, schneller als in Tausendstelsekunden zusammen und ihre Temperatur kann dabei sogar auf 5000 °C steigen. Die hohe Temperatur ist auf eine sehr dünne Schicht ausgedehnt, deshalb kann die Erwärmungs- bzw. Abkühlungsgeschwindigkeit beim Zusammenfallen bzw. bei der Bildung der Blasen eine Milliarde °C pro Sekunde erreichen. (Eine ähnliche Abkühlungsgeschwindigkeit sieht man, wenn man geschmolzenes Metall in einer Einatomschicht auf eine Fläche mit einer Temperatur um den absoluten Nullpunkt aufträgt.) Der Spitzenwert des Druckes kann auf rund 500 bar geschätzt werden, was ungefähr der Hälfte des Druckes im Marianengraben entspricht. Die hohen Spannungen um die Blasen führen zu enormen lokalen Energiefreisetzungen, welche die Flüssigkeit explosionsartig zum Sieden bringen können. Dieses Phänomen bietet ein interessantes Anwendungsgebiet beim Studium chemischer Reaktionen. Mit Ultraschall lassen sich solche chemischen Reaktionen auslösen, die bisher mit keiner anderen Methode realisiert werden konnten.

Tumortherapie eingeführt (Abb. IX.27). Ein großer Vorteil ist, dass sie ohne einen mechanischen Eingriff in den Körper angewendet werden kann und im Zielvolumen eine gut lokalisierte Wärmedenaturierung auslöst. Zur genauen Lokalisierung trägt bei, dass sich die Methode mit bildgebenden Verfahren, und innerhalb dieser mit der Sonographie, gut kombinieren lässt. Sie eignet sich in erster Linie zur Behandlung von Organen, die nicht im Schatten von Luft oder Knochen liegen, z. B. wurde sie bisher bei der Therapie von primären Tumoren und Mestastasen in Prostata, Brust, Nieren, Leber und Pankreas erfolgreich eingesetzt.

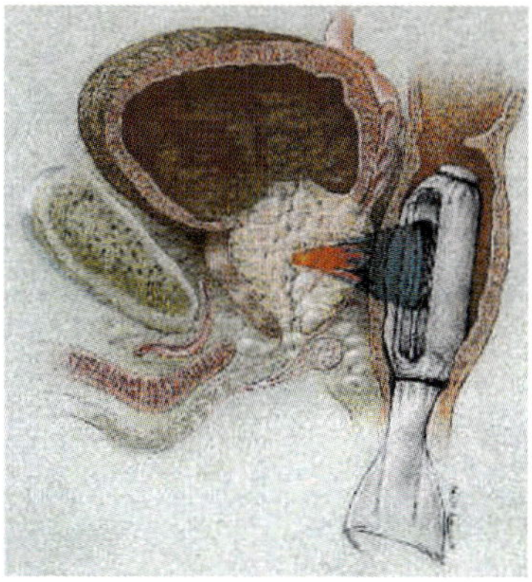

Abb. IX.27. HIFU-Therapie bei Prostatatumor, die hochenergetische fokussierte Ultraschallquelle ist im Enddarm platziert

IX/5.2 Hochfrequente Wärmetherapie (Diathermie)

Die Bedeutung von hochfrequenten elektrischen Impulsen besteht darin, dass bei Anwendung hoher Frequenzen (sehr kurzer Impulsdauer) die Reizschwelle steil ansteigt, d. h. die Impulse mit gewöhnlicher Amplitude keine Erregung sondern nur Wärme bewirken. Bei der Wärmetherapie benutzt man tatsächlich keine Rechteckimpulse, sondern leichter herstellbare, hochfrequente Sinuswechselspannung. Zum sicheren Ausschließen der Erregung werden Frequenzen über 100 kHz benutzt. Sinuswechselspannungen mit dieser Frequenz können mit einem Sinusoszillator generiert werden (s. VII/1.6).

Diese Energie gelangt mit induktiver Kopplung durch Zwischenschaltung eines anderen *LC*-Gliedes (**Kopplungskreis** oder **Patientenkreis**) an die behandelte Stelle. Die Spule des Patientenkreises befindet sich gleichfalls im magnetischen Feld der Spule des ursprünglichen Schwingkreises. Die Übertragung ist dann optimal, wenn die Eigenfrequenz der beiden *LC*-Glieder übereinstimmt, d. h. zwischen ihnen eine Resonanz besteht. Durch die induktive Kopplung kann vermieden werden, dass auch Energie eines von der Resonanzfrequenz stark abweichenden Frequenzbereiches – hier ist in erster Linie an die Netzfrequenz gedacht – auf den Patienten einwirkt.

Die elektrische Energie, die bei der Diathermie in die Körpergewebe eingebracht wird, wandelt sich in den Geweben in Wärme, wodurch sie den Stoffwechsel der Gewebe erhöht. Bei diesen Verfahren werden streng definierte, international festgelegte Frequenzen bzw. Wellenlängen benutzt. Dementsprechend spricht man von **Kurzwellen-, Dezimeterwellen- und Mikrowellentherapie** (s. Tabelle IX.2).

Bemerkung IX.3.

Die entstehende Joule-Wärme kann folgendermaßen geschätzt werden:

$$Q = \frac{U^2}{R}t = \frac{U^2}{\rho\, l/A}t = \frac{U^2}{l^2}\sigma l A t = E^2 \sigma V t,$$

wo Q die Wärme ist, die im Volumen V in der Zeit t entsteht. R ist der Widerstand des Gewebeabschnitts mit der Länge l, dem Querschnitt A und dem spezifischen Widerstand ρ. U ist die an diesem Gewebe liegende Spannung, $E = U/l$ die elektrische Feldstärke, $V = lA$ das Volumen des Gewebes, $\sigma = 1/\rho$ die spezifische Leitfähigkeit des Gewebes.

Tabelle IX.2. Übliche Diathermieverfahren

Behandlungstyp	Frequenz (MHz)	Wellenlänge (m)
Kurzwellentherapie	27,12 (±0,6%)	11,06 (±0,6%)
Dezimeterwellen- oder Ultrahochfrequenztherapie	433 (±0,2%)	0,69 (±0,2%)
Mikrowellentherapie	2400 ± 50	0,125 ± 0,006

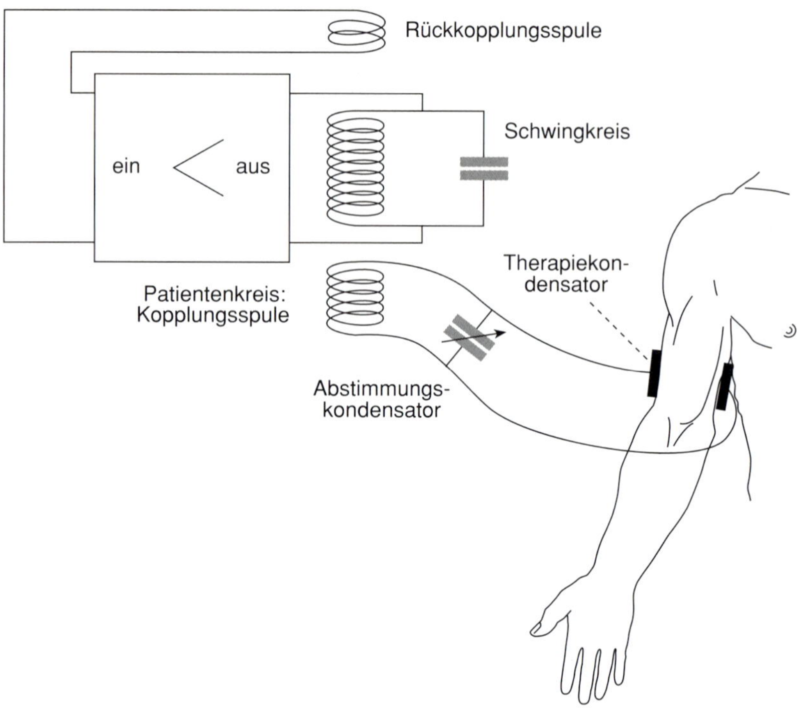

Abb. IX.28. Diathermie, schematische Darstellung der Kondensatorfeldmethode

Bei der Kurzwellentherapie sind zwei Behandlungsmethoden möglich. Bei der **Kondensatorfeldmethode** (Abb. IX.28) wird der zu behandelnde Körperteil zwischen zwei Kondensatorplatten platziert. Zwischen den Kondensatorplatten entsteht ein elektrisches Feld mit steter Richtungsänderung. Weil eine Halbperiode nur sehr kurz ist, können sich die Ladungen im Körper nicht wesentlich bewegen. In der folgenden Halbperiode kehrt sich die Feldstärke um und die Ladungen beginnen in der entgegengesetzten Richtung zu wandern. Die so „in Schwingung gebrachten" Ladungen geben ihre kinetische Energie an die Moleküle ihrer Umgebung ab und es entsteht Wärme (s. Bemerkung IX.3).

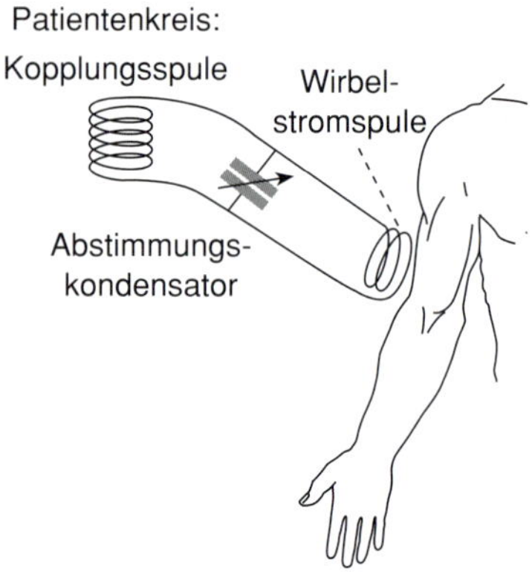

Abb. IX.29. Spulenfeldmethode, schematische Darstellung des Patientenkreises (Oszillatorkreis s. Abb. IX.28)

Bei der **Spulenfeldmethode** (Abb. IX.29) wird der zu behandelnde Körperteil im magnetischen Feld einer Behandlungsspule mit wenigen Windungen platziert. Befindet sich die Spule neben dem Körper, so entstehen im Körper Wirbelströme. Laut Induktionsgesetz ist die induzierte Spannung entlang einer gedachten geschlossenen Kurve gleich. Zieht man diese gedachte Kurve in einem gut leitenden Gewebe (z. B. Muskel), dann wird der erzeugte Strom groß sein, in einem schlechten Leiter dagegen wird dieselbe induzierte Spannung einen geringeren Wirbelstrom erzeugen. Die Spulenfeldmethode erwärmt daher die Muskelgewebe besser.

Eine wichtige technische Frage der Therapiewirksamkeit ist die Abstimmung von Patientenkreis und Oszillator. Bei der Kondensatorfeldtherapie ist der Patientenkreis eigentlich auch ein Schwingkreis aus Auskoppelspule und Behandlungskondensator. Diesem Schwingkreis „zwingt" der Oszillator seine eigene elektrische Schwingung auf. Die erzwungene Schwingung wird dann die größte Amplitude haben, wenn eine Resonanz besteht, d. h. die Eigenfrequenz des Patientenkreises mit der Frequenz des Oszillators übereinstimmt. Die Oszillatorfrequenz lässt sich nicht ändern, denn die Geräte emittieren als unerwünschte „Nebenprodukte" elektromagnetische Wellen. Die Frequenz der emittierten Wellen ist mit strengen Vorschriften geregelt, damit die Geräte z. B. die Radiosendungen nicht stören. Die Abstimmung der beiden Schwingkreise ist also nur durch Einstellen der Resonanzfrequenz des Patientenkreises möglich. Diese Funktion erfüllt der Abstimmkondensator des Patientenkreises, der mit dem Behandlungskondensator parallel geschaltet die Resonanzfrequenz des Patientenkreises auf die Frequenz des Oszillators einstellt. Damit erhält man die optimale Wärmewirkung. Ein ähnlicher Abstimmkondensator wird auch in den Patientenkreis des Spulenfeldes geschaltet, um die ausgekoppelte Leistung zu maximalisieren.

Abb. IX.30. Mikrowellentherapiegerät

Die Eindringtiefe der Strahlung nimmt mit zunehmender Frequenz ab, mit der Kurzwellentherapie kann man also am tiefsten in den Körper eindringen, mit der Dezimeterwellen- bzw. Mikrowellentherapie erreicht man nur bedeutend geringere Tiefen. Bei der Dezimeterwellen- bzw. Mikrowellentherapie wird aber ein spezieller Strahlerkopf aus Antenne und fokussierendem Reflektor benutzt. Mit dieser **Strahlenfeldmethode** lässt sich in einem kleineren Gebiet eine höhere Erwärmung erzielen, als mit den zuvor erwähnten Methoden (Abb. IX.30).

Die Eindringtiefe der Strahlung hängt auch stark vom Wassergehalt der Gewebe ab. Bei den Geweben mit geringem Wassergehalt (Fett, Knochen) ist die Eindringtiefe bei jeder Frequenz ungefähr eine Größenordnung höher, als bei Geweben mit hohem Wassergehalt (Muskel, Haut, Gehirn).

Die Diathermie wurde früher nur zur Behandlung von Entzündungsprozessen in den Bewegungsorganen und den inneren Organen bzw. zur Schmerzlinderung eingesetzt. In den letzten Jahren hat sich das Anwendungsgebiet erweitert. Die Methode wird heute auch zur Hyperthermietherapie von Tumoren benutzt. Dabei werden die Tumorzellen (und nicht der ganze Körper) auf eine Temperatur von 42 – 43,5 °C erwärmt, was zur Zellnekrose führt. (Eine Temperatur unter 42 °C ist nicht hinreichend wirksam, höhere Temperaturen schädigen dagegen auch das benachbarte gesunde Gewebe.) Die Hyperthermietherapie wird oft mit Chemotherapie oder ionisierender Bestrahlung kombiniert. Die Hyperthermie kommt gleichfalls bei der Behandlung der benignen Prostatahypertrophie zur Anwendung.

Die Mikrowellen können zur Erweiterung von verengten Herzkranzgefäßen benutzt werden. Die gleichzeitige Wärmebehandlung mindert die Komplikationen der mechanischen Therapie. Einige Arten der Herzrhythmusstörungen lassen sich gleichfalls mit der lokalisierten Wärmedenaturation der pathologischen Erregungsleitung oder der Fokuspunkte behandeln.

IX/5.3 Elektrochirurgie

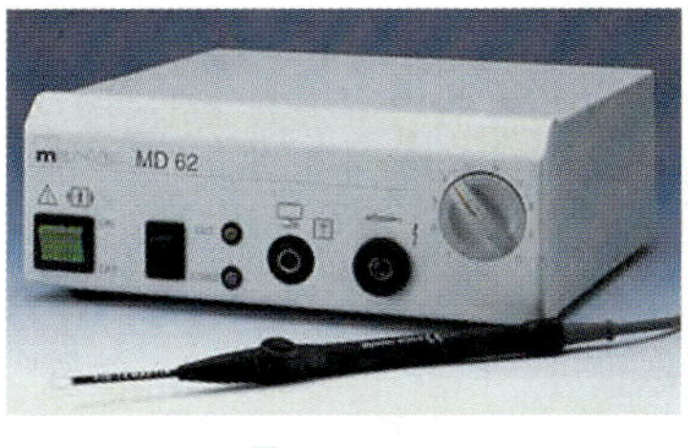

Abb. IX.31. Elektroskalpell

Die klassische chirurgische Anwendung der elektrischen Energie erfolgt auch nach der schon erwähnten Kondensatorfeldmethode. Hier unterscheiden sich

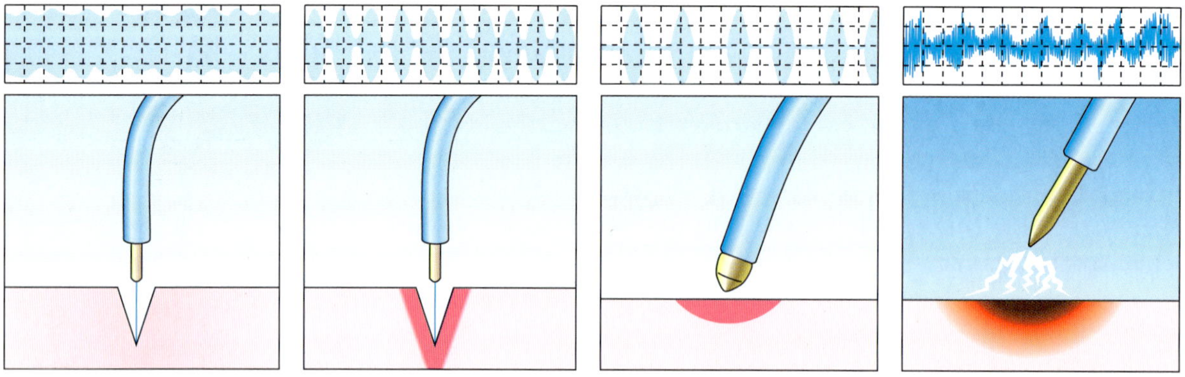

Abb. IX.32. Die Gewebewirkung zeigt eine starke Abhängigkeit von der Form der elektromagnetischen Wellen, von der Elektrodenform und von der abgegebenen Leistung (die mehrere Hundert Watt sein kann)

aber – in der sog. unipolaren Anordnung – die beiden Platten des Kondensators stark voneinander. Auf die Haut des Patienten wird eine großflächige neutrale Elektrode geklebt, das Schneiden erfolgt mit der anderen, sehr kleinflächigen Schneideelektrode (Elektroskalpell) (Abb. IX.31). Wegen der kleinen Elektrodenfläche ist die Stromdichte (die Stromstärke auf den Einheitsquerschnitt bezogen) in ihrer Umgebung sehr hoch und erzeugt lokal eine sehr starke Wärmeentwicklung, welche das Schneiden ermöglicht. Die starke Erwärmung koaguliert auch die benachbarten Gewebe, was die Blutung verhindert. Ein großer Vorteil der Methode ist es, dass die kleinen Gefäße bei der Blutstillung nicht einzeln ligiert werden müssen. Die angewandte elektromagnetische Wellenform, die Ausbildung der Schneideelektrode, ihre Entfernung vom Gewebe und die abgegebene Leistung (die mehrere Hundert W sein kann) sind von starkem Einfluss auf die Gewebewirkung (s. Abb. IX.32). In letzter Zeit werden Elektroskalpelle verbreitet auch bei endoskopischen chirurgischen Eingriffen benutzt. Mit der durch das Endoskop eingeführten Elektrode können kleinere Veränderungen koaguliert oder auch z. B. gestielte Polypen abgetragen werden.

Neuestens werden elektromagnetische Felder im Ultrahochfrequenzbereich zur Koagulation von Herden (primären Tumoren und Metastasen) im Körperinnern erfolgreich angewendet. Dazu wird oft auch eine unipolare Anordnung benutzt, aber die Therapieelektrode, die aus einem dünnen, gut leitenden Zylinder am Ende eines isolierten Stiels besteht, wird mit minimal invasiven Methoden (Endoskop, Faseroptik) in das Zielvolumen eingeführt, um dort – mit relativ geringer Leistungsabgabe (50-200W) – in einem symmetrischen Gewebezylinder eine lokale Erwärmung zu erzielen. Bei dieser Technik kann der Radius des behandelten Gewebezylinders wegen der Absorption ca. 16 mm betragen. Die Kühlung des Gewebezylinders und seiner Umgebung durch den Blutstrom muss dabei berücksichtigt werden. Diese tritt in Form von Konvektion und Konduktion auf: ein schlecht durchbluteter Tumor oder z. B. Metastasen bei Leberzirrhose werden besser erwärmt. Bei Überhitzung von Sondenkopf und Umgebung bildet sich über 95 °C eine verbrannte Gewebemasse, die gegen Hitze und Strom isoliert. Um das zu vermeiden, hat es sich in der Praxis bewährt, den Sondenkopf mit Eiswasser zu kühlen und die kalte, sterile Pufferlösung aus der Elektrode

Abb. IX.33.
Die zwei Methoden der Mikrowellentherapie: in die Gewebe eingeführte strahlende Antenne oder Kombination von Dipolantenne und Parabolspiegel

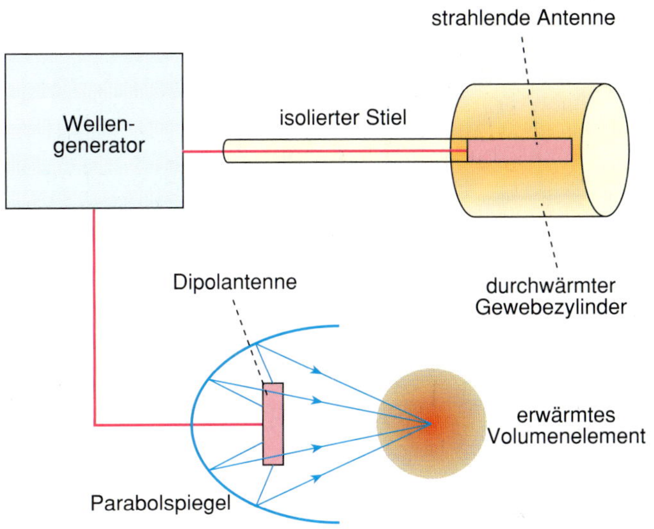

auch in die Gewebe fließen zu lassen. Das fördert zwar gleichzeitig die Stromleitung, macht aber die Grenzen des behandelten Gebietes unsicher. Mit pulsierenden Wellenformen und bipolaren oder multiplexen Elektroden kann das Zielvolumen bis zu einem Tumordurchmesser von ca. 4-5 cm gesteigert werden. Zur Verfolgung der Behandlung sind Sonographie oder CT vorteilhafter, NMR wird durch die Radiofrequenz gestört.

Zu einer ähnlichen Gewebeerwärmung und Koagulation kann auch die Mikrowellenstrahlung benutzt werden. Diese wird in erster Linie von den Wassermolekülen der Gewebe absorbiert. Zum Einbringen in das Zielvolumen gibt es zwei Methoden. Ähnlich wie bei der Radiofrequenztherapie (RF-Therapie) wird eine strahlende Antenne in die Gewebe geleitet, aber Herde in geringer Tiefe können auch mit einer äußerlichen strahlenden Dipolantenne erreicht werden, bei der die Wellen mit einem speziellen Parabolspiegel auf das Zielvolumen fokussiert werden (Abb. IX.33). Im letzteren Fall ist das erwärmte Volumenelement kein Zylinder, sondern ein Rotationsellipsoid. Der Nachteil im Vergleich zur RF-Therapie ist, dass nur ein kleineres Zielvolumen bestrahlt werden kann, der Vorteil ist die kürzere Behandlungsdauer.

X. Physikalische Methoden der biologischen Forschungsarbeit

In Kapitel VI wurden physikalische Methoden diskutiert, die in der klinischen Diagnostik schon zur Anwendung kommen. In diesem Abschnitt behandeln wir Methoden, die derzeit noch in erster Linie in Forschungslaboratorien zu finden sind, aber die beiden Anwendungsgebiete lassen sich natürlich nicht scharf trennen. Es ist ein klares Ziel, dass die technischen Möglichkeiten, die in der Forschung erprobt und für besonders nützlich erachtet wurden, baldmöglichst auch ihren Eingang in die klinische Routinediagnostik finden. Die Forschungsergebnisse auf dem Gebiet der Biologie haben die Aufmerksamkeit auf die Bedeutung der Molekülstruktur (DNS-, Eiweiß-, Membranstruktur) bei pathologischen Prozessen gelenkt. Auch die folgenden Methoden dienen hauptsächlich der Erforschung der Struktur von Molekülen, Makromolekülen und makromolekularen Komplexen.

X/1 Optische Spektroskopiemethoden

X/1.1 Verfahren auf der Basis der Lumineszenzspektroskopie

X/1.1.1 Förster-Resonanzenergietransfer

Der Förster-Mechanismus des Resonanzenergietransfers (FRET) bedeutet einen Energietransfer ohne Strahlung durch Dipol-Dipol-Wechselwirkung zwischen einem fluoreszierenden Molekül in angeregtem Zustand (Donatormolekül) und einem Molekül mit den entsprechenden spektroskopischen Parametern (Akzeptormolekül). Bedingung des Energietransfers ist, dass der Abstand zwischen Donator- und Akzeptormolekül ungefähr 2-10 nm beträgt und Emissionsspektrum des Donatormoleküls und Absorptionsspektrum des Akzeptormoleküls sich überlappen (Abb. X.1). Die Überlappung bedeutet, dass es in beiden Jablonski-Diagrammen Übergänge mit gleicher Energiedifferenz gibt (Abb. X.2). Der Energietransfer realisiert sich durch die Wechselwirkung zwischen den temporären Dipolmomenten dieser Übergänge (Resonanz) (s. VI/3.3.2). Infolge des Phänomens kommt es nach der Anregung des Donatormoleküls durch die Emission des Akzeptormoleküls zur Relaxation des Donatormoleküls.

Die charakteristische Größe des Energietransfers ist die Geschwindigkeitskonstante des Übergangs k_t, eine Funktion mehrerer Parameter:

$$k_t = \text{konst.} \cdot J(\lambda) n^{-4} k_f R^{-6} \kappa^2 \quad \text{(X.1)}$$

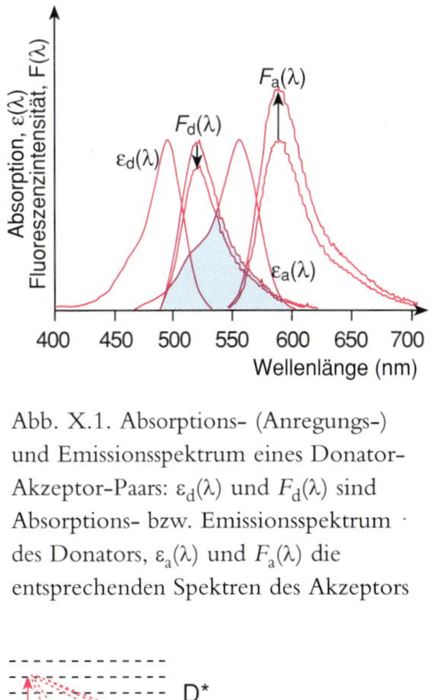

Abb. X.1. Absorptions- (Anregungs-) und Emissionsspektrum eines Donator-Akzeptor-Paars: $\varepsilon_d(\lambda)$ und $F_d(\lambda)$ sind Absorptions- bzw. Emissionsspektrum des Donators, $\varepsilon_a(\lambda)$ und $F_a(\lambda)$ die entsprechenden Spektren des Akzeptors

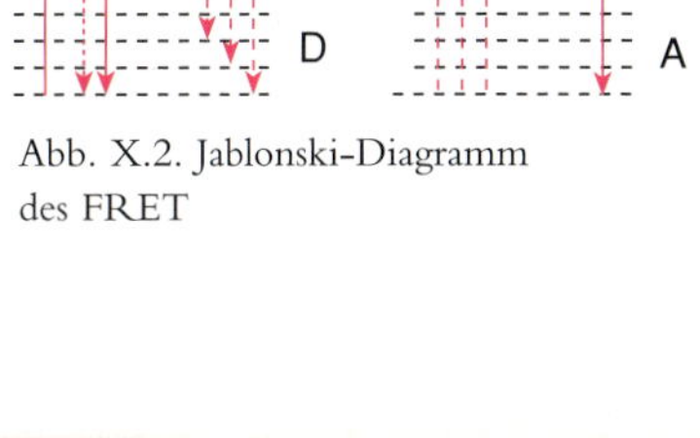

Abb. X.2. Jablonski-Diagramm des FRET

Hier ist n die Brechzahl des Mediums zwischen Donator- und Akzeptormolekül, k_f die Geschwindigkeitskonstante des Fluoreszenzübergangs, R der Abstand zwischen Donator- und Akzeptormolekül, $J(\lambda)$ die Größe, welche die Überlappung des Emissionsspektrums des Donatormoleküls und des Absorptionsspektrums des Akzeptormoleküls kennzeichnet (Überlappungsfläche s. Abb. X.1), und κ^2 der sog. Orientierungsfaktor, eine Funktion der relativen Orientierung von Donator- und Akzeptormolekül.

Der Förster-Mechanismus des Energietransfers modifiziert auch die Lebensdauer der Fluoreszenz τ und die Quantenausbeute Q. k_t wird sinngemäß zum Nenner der bestimmenden Beziehung addiert, so werden Gl. (VI.40) bzw. Gl. (VI.36) folgendermaßen modifiziert:

$$\tau_{DA} = \frac{1}{k_f + k_{nr} + k_t}\,, \qquad \text{(X.2)}$$

$$Q_{DA} = \frac{k_f}{k_f + k_{nr} + k_t}\,, \qquad \text{(X.3)}$$

wo der Index DA auf die Anwesenheit des Donator-Akzeptor Paares hinweist.

Zur Charakterisierung der Energieübertragung nach Förster können wir die Effizienz E einführen, die wir analog zur Definition der Quantenausbeute so definieren können, dass wir den Quotienten aus der Zahl der mit diesem Übergang relaxierenden (in den Grundzustand zurückkehrenden) angeregten Zustände und der Gesamtzahl der angeregten Zustände nehmen, d. h. die Wahrscheinlichkeit eines solchen Übergangs ist:

$$E = \frac{k_t}{k_f + k_{nr} + k_t} = k_t \cdot \tau_{DA}. \qquad \text{(X.4)}$$

Ein Merkmal der Energieübergabe nach Förster ist, dass k_t umgekehrt proportional zur sechsten Potenz des Donator-Akzeptor Abstandes ist (s. Gl.(X.1)), was die Bestimmung der molekularen Abstände ermöglicht.

Zur Bestimmung des Donator-Akzeptor Abstandes R untersuchen wir Gl. (X.1) und Gl. (X.4). Bei ihrem Vergleich ist zu sehen, dass ein spezieller Donator-Akzeptor Abstand definiert werden kann, bei dem die Effizienz E exakt 0,5 ist. Nach Gl. (X.4) ist zu sehen, dass der zu diesem Abstand gehörende k_t Wert ($k_t(0)$) gleich dem Wert $k_f + k_{nr}$ sein muss, was nichts anderes ist, als der Kehrwert der in Abwesenheit von Donator-Akzeptor gemessenen Lebensdauer τ_D. Danach ist unter Nutzung von Gl. (X.1) und dem Obigen:

$$\frac{1}{\tau_D} = \text{konst.} \cdot J(\lambda) n^{-4} k_f R_0^{-6} \kappa^2. \qquad \text{(X.5)}$$

Hieraus ergibt sich für k_t die folgende Beziehung:

$$k_t = \frac{1}{\tau_D}\,\frac{R_0^6}{R^6}\,. \qquad \text{(X.6)}$$

Das bedeutet, dass sich die Effizienz E als Funktion des Donator-Akzeptor Abstandes in dem Intervall zwischen 0,5 R_0 und 1,5 R_0 sehr empfindlich ändert (Abb. X.3).

Aus Gl. (X.6) ergibt sich, dass der Wert R_0 von den spektralen Merkmalen des Donator-Akzeptor Systems und der relativen Orientierung von Do-

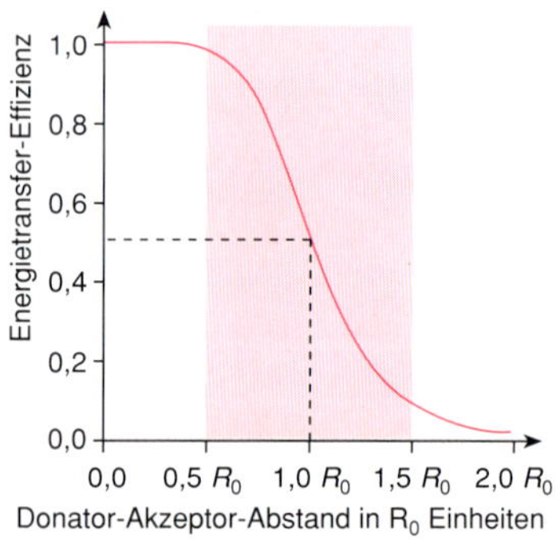

Abb. X.3. Abstandsabhängigkeit der FRET-Effizienz

nator-Akzeptor abhängt. Der Wert n ist in biochemischen Systemen in der Regel konstant, den Wert von κ^2 kann man bei mobilem Donator und Akzeptor – infolge der Mittelung wegen der „schnellen" Bewegung – in der Regel als 2/3 annehmen. Das bedeutet, dass bei dem gleichen Donator-Akzeptor Paar kein großer Fehler auftritt, wenn man den Wert von R_0 als annähernd konstant betrachtet.

Im Weiteren kann also mit Bestimmung von E der Wert R bestimmt werden, was topologische, stöchiometrische und andere Informationen von makromolekularen und supramolekularen Systemen liefern kann.

Den Wert E kann man bestimmen, indem man die Lebensdauer der Fluorenszenz des Donators in Anwesenheit τ_{DA} bzw. Abwesenheit τ_D des Akzeptors bestimmt. Der Quotient der zwei Lebensdauerwerte ist entsprechend dem Vorherigen:

$$\frac{\tau_{DA}}{\tau_D} = \frac{k_f + k_{nr}}{k_f + k_{nr} + k_t} = \frac{k_f + k_{nr} + k_t - k_t}{k_f + k_{nr} + k_t} = 1 - E, \qquad \text{(X.7)}$$

d.h.

$$E = 1 - \frac{\tau_{DA}}{\tau_D}. \qquad \text{(X.8)}$$

Da nach VI/3.3.2 die Intensität der Fluoreszenz direkt proportional zur Lebensdauer ist, kann auch die Bestimmung von E darauf basieren:

$$E = 1 - \frac{F_{DA}}{F_D} \qquad \text{(X.9)}$$

wo F_{DA} bzw. F_D die Fluoreszenzintensität in Anwesenheit bzw. Abwesenheit des Akzeptors ist.

X/1.1.2 Fluoreszenzlöschung

Befinden sich in einer fluorophorhaltigen Lösung Moleküle oder Ionen, die eine entsprechende Elektronenstruktur haben, so dass sie beim „Zusammenstoß" mit einem angeregten Fluorophor dessen Anregungszustand übernehmen und diesen in irgend einer Form (z. B. als Wärme) dissipieren, so stellt sich das als Abnahme der Fluoreszenzintensität dar, wenn man es mit der Intensität einer Lösung vergleicht, die nur Fluorophore enthält. In diesem Fall spricht man von Fluoreszenzlöschung.

Studiert man ein flüssiges Medium, so versteht man unter Zusammenstoß, dass Fluorophor und Löscher („Quencher" q) durch Diffusionsprozesse einander nahekommen, in dieser Position Vibrations- und Rotationsbewegungen ausführen und ca. 10^3-10^4 Male zusammenstoßen, bevor sie sich voneinander entfernen („cage effect"). Diese Zusammentreffen werden in der englischen Literatur als „encounter pair formation" (Stoßkomplex) bezeichnet, was bedeutet, dass man zwar von einem transienten Komplex sprechen kann, dieser aber im chemischen Sinne kein Komplex ist. Im Fall eines solchen Stoßkomplexes aus einem angeregten Fluorophor $A^\star$ und einem Löscher q kann es zur Energieübertragung kommen. Die Wahrscheinlichkeit dieser Energieübertragung ist bei sog. starken Löschern 1, bei sog. schwachen Löschern geringer. Im Weiteren befassen wir uns nur mit den starken Löschern. In diesem Fall kann das folgende Reaktionsschema aufgeschrieben werden:

$$A^{\star} + q \underset{k'}{\overset{k_+[q]}{\rightleftharpoons}} A^{\star} : q \xrightarrow{k''} A : q. \tag{X.10}$$

Die Bildung des Stoßkomplexes $A^{\star}{:}q$ kann als bimolekulare Reaktion behandelt werden, die durch den relativen Transport (im einfachen Fall durch Diffusion) von $A^{\star}$ und q entsteht. Bei starken Löschern ist $k'' >> k'$, deshalb führt die Bildung eines solchen Komplexes sicher zur Löschung, zur „sofortigen" Rückkehr des Fluorophors in den Grundzustand. Weil diese Möglichkeit für den Übergang $A^{\star} \rightarrow A$ im Vergleich zu den Prozessen nach Gl. (VI.40) und Gl. (VI.36) einen neuen Reaktionsweg bedeutet, nehmen in diesem Fall mit dem Erscheinen einer neuen Geschwindigkeitskonstante ($k_+[q]$) im Nenner (ähnlich der Energieübertragung nach Förster) sowohl die Lebensdauer als auch die Quantenausbeute ab:

$$\tau_q = \frac{1}{k_f + k_{nr} + k_+[q]}, \tag{X.11}$$

$$Q_q = \frac{k_f}{k_f + k_{nr} + k_+[q]}. \tag{X.12}$$

Aus Gl. (X.11) folgt, dass man bei der Untersuchung der Lebensdauer eines Fluorophors im Fall unterschiedlicher Löscherkonzentrationen $[q]$, den Fall $[q] = 0$ inbegriffen, eine lineare Beziehung erhält:

$$\frac{\tau_0}{\tau_q} = 1 + k_+\tau_0[q] = 1 + K_{SV}[q], \tag{X.13}$$

wo τ_0 die Lebensdauer ohne Löscher und τ_q die Lebensdauer bei der Löscherkonzentration von $[q]$ ist. k_+ ist eine Konstante, die sowohl den relativen Transport (z. B. Summe der Diffusionskoeffizienten) der beiden Reaktanten (Fluorophor und Löscher) als auch die Zugänglichkeit (Erreichbarkeit) des Fluorophors einschließt. So erhält man bei der Darstellung des Wertes τ_0/τ_q als Funktion von $[q]$ eine von 1 ausgehende Gerade, deren Steigung die sog. Stern-Volmer-Konstante K_{SV} ist:

$$K_{SV} = k_+\tau_0. \tag{X.14}$$

Die Werte K_{SV} bzw. k können Informationen liefern, ob z. B. die Tryptophangruppe eines Eiweißes (bei wasserlöslichen Löschern) für das Lösungsmittel zugänglich ist, oder Informationen über ihre Änderungen sowie über Ladungsänderungen (bei Ionenlöschern) bieten. So kann man z. B. auf Konformationsänderungen der Eiweiße schließen.

Infolge der direkten Proportionalität zwischen Intensität und Lebensdauer der Fluoreszenz kann analog zu Gl. (X.13) auch eine Gleichung zur Bestimmung von K_{SV} unter „steady-state" Bedingungen gegeben werden:

$$\frac{F_0}{F} = 1 + k_+\tau_0[q] = 1 + K_{SV}[q]. \tag{X.15}$$

Da die „steady-state” Messungen eine bedeutend geringere instrumentelle Ausrüstung erfordern, kommt öfter Gl. (X.15) zur Anwendung. In diesem Fall muss aber mit weiteren Problemen gerechnet werden.

Bei inhomogener Fluorophorpopulation, wie z. B. im Fall mehrerer tryptophanhaltiger Eiweiße, kann die Löschung der Tryptophanfluoreszenz mit einem Ionenlöscher zur Folge haben, dass ein Fluoreszenzanteil von im Innern des Eiweißes verborgenem Tryptophan bleibt, der für den Löscher nicht zugänglich ist. Dann folgen die Messergebnisse Gl. (X.15) nicht, sie weichen vom linearen Verlauf ab (Abb. X.4).

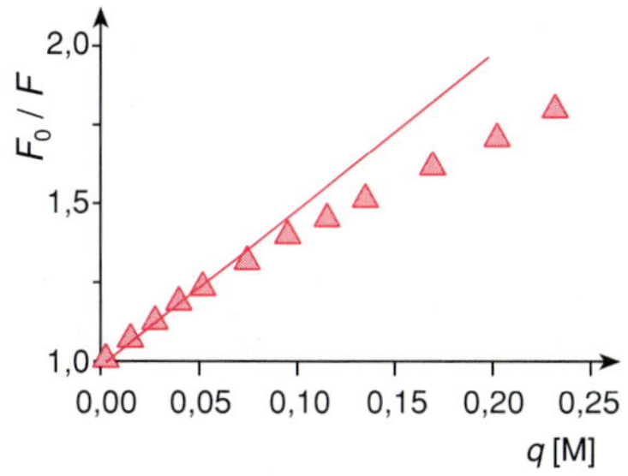

Abb. X.4. Auslöschung der von den Tryptophan-Gruppen des Enzyms Lipase A emittierten Fluoreszenz durch Jodidionen in der Darstellung nach Stern-Volmer

Bisher haben wir die sog. „dynamische” Löschung diskutiert. Das bedeutete, dass das in Anwesenheit des Löschers angeregte Fluorophor auf verschiedenen Wegen in den Grundzustand zurückkehren konnte, und nur einer davon ist der Weg, bei dem das Fluorophor noch vor der Rückkehr in den Grundzustand mit dem Löscher zusammenstößt. Man kann aber auch ein anderes Phänomen beobachten, die „statische” Löschung. Wie schon diskutiert, verfügt der Stoßkomplex über eine mittlere Lebensdauer, die unabhängig davon ist, ob sich das Fluorophor im Grundzustand oder im angeregten Zustand befindet. Dementsprechend existiert auch der Stoßkomplex A : q, der ein Stoßkomplex des Fluorophors im Grundzustand und des Löschers ist. Dieser Komplex wird gewöhnlich als „dunkler” Komplex bezeichnet. Wird nämlich das Fluorophor in diesem Zustand angeregt, so wird die Energie (bei einem starken Löscher) „sofort” vom Löscher übernommen, und es besteht keine Möglichkeit für die weiteren Reaktionen, so z. B. für die Inanspruchnahme des Fluoreszenzüberganges. Das bedeutet, dass Gl. (X.15) nur für die Fluorophore gilt, die im Moment der Anregung keinen Komplex bilden (keinen Kontakt mit einem der Löschermoleküle haben). Es gibt zahlreiche Beispiele dafür, dass der Mechanismus des Lö-

Überlegungen bei Chromophoren, die für den Löscher nicht gleich zugänglich sind

Im Folgenden diskutieren wir den einfachsten Fall. Wir nehmen an, dass sich die Chromophoren in zwei Gruppen teilen lassen: in erreichbare und nicht erreichbare Chromophoren. In diesem Fall kann geschrieben werden, dass von der Gesamtintensität F_0 der Teil $(1-\alpha)F_0$ – $(0<\alpha<1)$ – nicht gelöscht werden kann (nicht zugänglich ist), während der löschbare Intensitätsanteil αF_0 Gl. (X.15) folgt. Dementsprechend ist bei einer $[q]$ Konzentration der Löscher die Abnahme der Fluoreszenzintensität:

$$\Delta F = F_0 - F = \alpha F_0 + (1-\alpha)F_0 - \alpha F_0 \frac{1}{1+K_{SV}[q]} - (1-\alpha)F_0 =$$

$$= \alpha F_0 \frac{K_{SV}[q]}{1+K_{SV}[q]}.$$

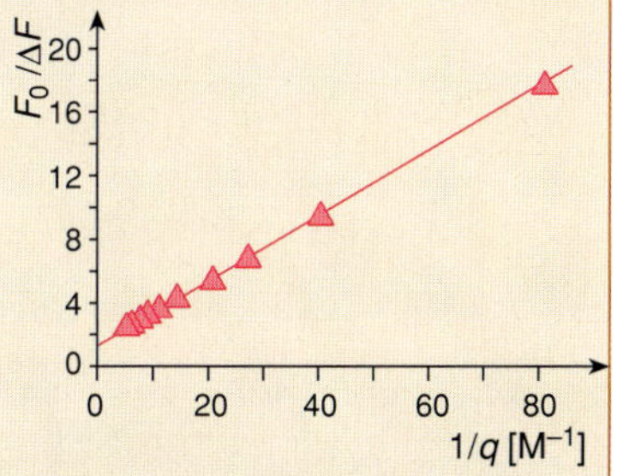

Abb. 1. Modifizierte Darstellung nach Stern-Volmer: Löschung der von der Tryptophangruppe des Enzyms Lipase A emittierten Fluoreszenz durch Jodidionen

Das ist die sog. modifizierte Stern-Volmer-Beziehung oder Lehrer-Beziehung. Wenn diese Näherung das System gut beschreibt, dann gibt die Größe $F_0/\Delta F$ als Funktion von $1/[q]$ eine Gerade (Abb. 1). Aus dem Achsen-

▶

abschnitt und der Steigung der Geraden können sowohl der löschbare Anteil der Fluoreszenzintensität α als auch der Wert des zugehörigen Löschungskoeffizienten K_{SV} bestimmt werden.

Gemeinsame Berücksichtigung der statischen und dynamischen Löschung

Sei P die Wahrscheinlichkeit, dass ein Fluorophor keinen Kontakt mit einem Löschermolekül hat, dann ist die gültige Form von Gl. (X.15):

$$P\frac{F_0}{F} = 1 + k_+\tau_0[q] = 1 + K_{SV}[q]\ . \qquad (1)$$

Eine Möglichkeit zur Bestimmung von P ist die Anwendung der Poisson-Verteilung. Danach kann man P so definieren, dass sich in einem gegebenen Volumen V exakt 0 Löschermoleküle befinden. V ist hier das (mit dem Durchmesser von Fluorophor und Löscher beschreibbare) Volumen, innerhalb dessen der Löscher mit dem Fluorophor in Kontakt kommt. Der Wert von P als Funktion von $[q]$ kann dann in der Form

$$P = e^{-V[q]} \qquad (2)$$

gegeben werden, und dann ist die umgeordnete Form von Gl. (1): $\frac{F_0}{F} = e^{V[q]}(1 + K_{SV}[q])\ .$ (3)

Mit Hinsicht darauf, dass $V[Q]$ in der Regel bedeutend kleiner ist als 1, kann unter Nutzung der Reihenentwicklung e^x das Glied höherer Ordnung vernachlässigt werden ($e^x \approx 1 + x$, wenn $x << 1$), und wir kommen zu der folgenden Form:

$$\frac{F_0}{F} = 1 + (K_{SV} + V)[q]\ . \qquad (4)$$

Diese Form bedeutet, dass sich der alleinige Wert von K_{SV} – obwohl der Wert von V in der Regel nur einen geringen Teil (ca. 10%) des Wertes von K_{SV} ausmacht – unter „steady-state" Bedingungen nicht oder nur sehr ungenau bestimmen lässt. Weil K_{SV} und V von verschiedenen physikalischen und physikochemischen Parametern (z. B. Temperatur, Viskosität usw.) auf unterschiedliche Weise abhängen, mindert die Bestimmung der Summe $V + K_{SV}$ die Informationsmenge, die sich mit dieser Methode erreichen lässt. (Ein weiteres Problem kann sich aus der Existenz der „statischen" Löschung ergeben, wenn V größer ist und die Reihenentwicklung, die zu Gl. (4) führte, nicht erlaubt ist. In diesem Fall folgt die Löschungskurve der Form von Gl. (3), d. h. sie zeigt eine Abweichung von der Geraden $(1 + K_{SV}[q])$ nach oben.)

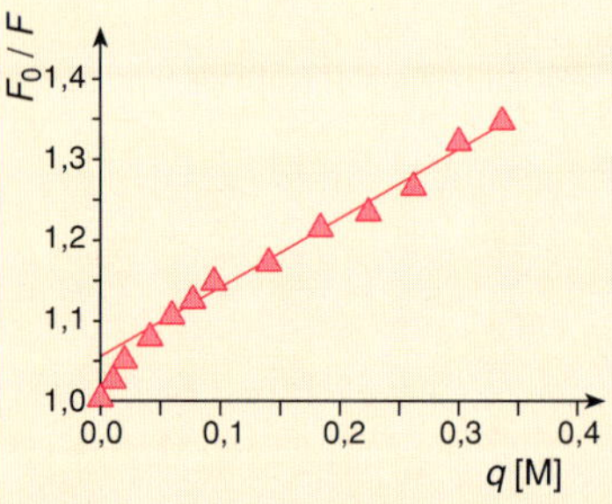

Abb. 2. Löschung der Fluoreszenz des an Phosphorylase b gebundenen Koenzyms, des Pyridoxalphosphats durch Jodidionen (q Konzentration des Löschers)

Im Folgenden stellt sich heraus, dass bei zeitabhängigen Messungen (z. B. bei der Bestimmung von τ) die Zeitabhängigkeit der emittierten Fluoreszenz auf irgend eine Weise bestimmt wird. Dementsprechend beeinflusst die Existenz eines „dunklen Komplexes", der zur statischen Löschung führt, die messbare Lebensdauer nicht – weil die Anregung des Fluorophors in einem solchen Komplex nicht mit Photonenemission einhergeht. Deshalb verzerrt die Existenz der statischen Löschung nicht die Ergebnisse der auf der Bestimmung der Lebensdauer basierenden Untersuchungen der Löschung, d. h., Gl. (X.13) kann auch bei Anwesenheit des dunklen Komplexes in unveränderter Form für die dynamische Löschung genutzt werden. Hier sei bemerkt, dass sich dementsprechend (bei homogener Fluorophorpopulation) die Werte V und K_{SV} mit parallel ausgeführten „steady-state" und zeitabhängigen Löschungsversuchen separat bestimmen lassen, weil die bestimmenden Parameter der Wert K_{SV} aus Gl. (X.13) und der Wert $V + K_{SV}$ aus Gl. (4) sind.

Ein komplizierteres Bild und dementsprechend eine kompliziertere Beschreibung erhält man, wenn man z. B. die Wirkung der statischen Komponente bei einer inhomogenen – nicht ganz löschbaren – Population untersucht. Ein anderes Beispiel ist die Löschung der vom Koenzym der Phosphorylase b, dem Pyridoxalphosphat (PLP), emittierten Fluoreszenz durch Jodidionen (Abb. 2). In diesem Fall kann der Verlauf der Kurve durch die Annahme von zwei parallelen Löschungsvorgängen beschrieben werden: ein Weg wäre die Löschung durch Ionen, die sich an PLP-nahe Stellen binden, der andere die Löschung der nicht gebundenen (freien) Ionen. Bei höherer Löscher- (Ionen-) Konzentration sind die Bindungsstellen gesättigt und so kommt nur die freie Löscherwirkung zur Geltung, während im darunterliegenden Bereich beide Wirkungen gemeinsam erscheinen.

schens nicht so einfach ist. In diesen Fällen können die entsprechenden, mit den Messdaten kompatiblen, ergänzenden experimentellen Daten zur Lösung führen.

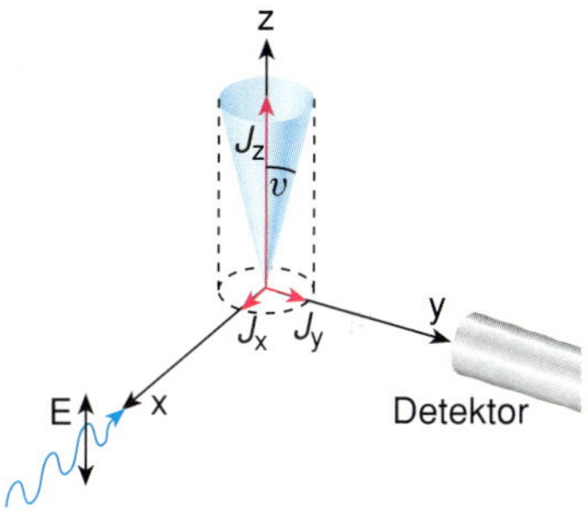

Abb. X.5. Verteilung des Absorptionsvektors der vertikal (in der x-z-Ebene) polarisiertes Licht absorbierenden Moleküle innerhalb des Kegels mit dem halben Öffnungswinkel v

X/1.1.3 Messung und Anwendungen der Fluoreszenzpolarisation

Ergänzt man das Fluorimeter aus Abb. VI.26 mit zwei Polarisatoren, wobei einer zwischen Monochromator M_1 und Präparat S, der andere zwischen Monochromator M_2 und Präparat S platziert wird, so kann man mit polarisierter Beleuchtung (durch Einstellen des Polarisators) jede in beliebiger Ebene polarisierte Komponente der Fluoreszenz detektieren.

Nutzt man bei der Beleuchtung vertikal polarisiertes Licht, so werden im Präparat primär die Fluorophore mit einem zur z-Achse parallelen vertikalen Absorptionsvektor in Anregungszustand kommen (das Anregungslicht hat die Richtung x und ist in der Ebene x-z polarisiert, detektiert wird in Richtung der y-Achse) (Abb. X.5). Die angeregten Fluorophore befinden sich der Photoselektion entsprechend innerhalb eines um die z-Achse gezogenen Kreiskegels mit sehr kleinem Öffnungswinkel. Durch die Einstellung des auf der Emissionsseite befindlichen Polarisators in die vertikale bzw. horizontale Position kann man z. B. die Komponenten J_{VV} bzw. J_{VH} aus der Emission auswählen. Untersucht man ein „eingefrorenes" System (T = 0° K), dann würde man erwarten, dass das emittierte Licht (Fluoreszenz) stark polarisiert ist, d. h. der mit Gl. (VI.43) definierte Polarisationsgrad p groß ist ($J_{VV} > J_{VH}$).

Ein ähnlicher Parameter wie der Polarisationsgrad ist die Fluoreszenzanisotropie r:

$$r = \frac{J_{VV} - J_{VH}}{J_{VV} + 2J_{VH}} . \tag{X.16}$$

Aus Abb. X.5 geht hervor, dass bei gegebener (vertikal polarisierter) Beleuchtung:

$$J_x = J_y \quad , \tag{X.17}$$

und danach ist im Falle von Anisotropie der Nenner (der Normierungsfaktor) die Summe der drei Intensitätskomponenten, d. h. die Gesamintensität. Das ist der Grund dafür, dass die Polarisation nicht additiv, die Anisotropie dage-

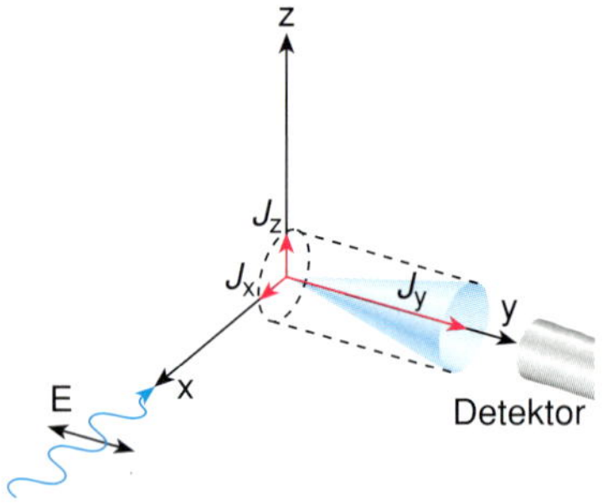

Abb. X.6. Verteilung des Absorptionsvektors der horizontal (in der x-y-Ebene) polarisiertes Licht absorbierenden Moleküle

gen additiv ist, d.h. bei Existenz von Fluorophoren mit der Fluoreszenzintensität J_1 bzw. J_2 ist die messbare Anisotropie r:

$$r = \frac{J_1}{J_1 + J_2} r_1 + \frac{J_2}{J_1 + J_2} r_2, \tag{X.18}$$

wo r_1 und r_2 die Anisotropie der einzelnen Fluorophoren ist.

Bisher haben wir ein „eingefrorenes" System diskutiert, d. h. den Fall der bewegungslosen Fluorophore. Bei T ≠ 0 können die Fluorophore jedoch rotieren, die Richtung der Emissionsvektoren ändert sich zufällig, was zur „Verbreiterung" des Kreiskegels aus Abb. X.5 und X.6 führt (υ wird größer). Dadurch nimmt die Differenz zwischen J_z und J_x ab, und damit werden auch die Werte der Polarisation und der Anisotropie geringer. Das Ausmaß hängt davon ab, wie stark die Rotation der Fluorophore während des angeregten Zustands (der Lebensdauer τ) ist, was die Rotationsdiffusion bestimmt. Danach ist die mittlere Rotation umso größer, je höher die Temperatur und je geringer die Viskosität der Umgebung sind. Das drückt die Perrin-Gleichung aus, wonach

$$\frac{1}{r} = \frac{1}{r_0}\left(1 + \frac{kT}{V\eta}\tau\right), \tag{X.19}$$

wo r die Anisotropie, T die absolute Temperatur, k die Boltzmann-Konstante, V das Volumen des rotierenden Objektes, η die Viskosität und τ die Lebensdauer des Fluorophors sind. Man sieht, dass r_0 die für den Wert $T/\eta = 0$ charakteristische sog. Grenzanisotropie ist, die bewegungslose Fluorophore kennzeichnet. Fallen Absorptions- und Emissionsvektor des Fluorophors zusammen, so ist der Wert $r_0 = 0{,}4$. Stellt man also den Wert $1/r$ als Funktion von T/η dar, so erhält man eine von 0,4 ausgehende Gerade, aus deren Steigung sich bei Kenntnis von τ das Volumen der mit brownscher Bewegung rotierenden Einheit bestimmen lässt.

Korrektionsfaktor

Bei der Bestimmung der Polarisation bzw. Anisotropie ist zu beachten, dass das Gerät (Monochromator, Detektor) nicht gleich empfindlich für vertikal und horizontal polarisiertes Licht ist. Das führt dazu, dass die gemessenen Werte J_{VV} und J_{VH} nicht vergleichbar sind. Für diesen Fall muss ein Korrektionsfaktor G eingeführt werden:

$$G = \frac{J_{HV}}{J_{HH}}.$$

Der Korrektionsfaktor lässt sich mit Abb. X.6 gut charakterisieren. Bei Anregung mit horizontal polarisiertem Licht befinden sich nämlich die angeregten Fluorophore innerhalb eines geraden Kreiskegels um die y-Achse, so sind die Werte J_z und J_x identisch ($J_z = J_{HV}$, $J_x = J_{HH}$). Deshalb ist eine gemessene Abweichung ihres Quotienten von 1 die Verzerrung des Gerätes, nach ihrer Korrektion sind die richtigen (korrigierten) Werte der Polarisation bzw. Anisotropie:

$$p = \frac{J_{VV} - GJ_{VH}}{J_{VV} + GJ_{VH}} \quad \text{bzw.} \quad r = \frac{J_{VV} - GJ_{VH}}{J_{VV} + 2GJ_{VH}}.$$

X/1.1.4 Bestimmung der zeitabhängigen Fluoreszenzparameter

Die Zeitabhängigkeit von Fluoreszenzlebensdauer und Fluoreszenzanisotropie (s. VI/3.2.2) enthält im Vergleich zu den „steady-state" Messergebnissen neue Informationen.

Mit Hinsicht darauf, dass sich die Fluoreszenz innerhalb von Nanosekunden abspielt, macht die Verfolgung der zeitlichen Kinetik Spezialverfahren notwendig, die wir kurz beschreiben wollen. Jede der folgenden drei Methoden eignet sich zur Bestimmung des Abklingens der Fluoreszenz (Lebensdauer) und mit entsprechenden Polarisatoren auch zum Verfolgen des Abklingens der Anisotropie ($r(t)$).

Zeitkorrelierte Einzelphotonenzählung (time correlated single photon counting)

Benutzt man zur Anregung der fluorophorhaltigen Probe einen kurzen Lichtimpuls (ps), und misst man die Zeitspanne zwischen der Anregung und dem Einfall des ersten Photons auf den Detektor, dann kann die Häufigkeit der Einfallszeiten in einem Diagramm dargestellt werden. Dieses Diagramm stimmt mit der Zeitabhängigkeit des Abklingens der Fluoreszenz überein. Das Blockdiagramm eines solchen Gerätes ist in Abb. X.7 dargestellt.

Abb. X.8 veranschaulicht, in welcher Zeitverteilung die ersten Photonen den Detektor nach dem Anregen erreichen, wenn die Probe einen lichtstreuenden Stoff (z. B. Glykogen) enthält. Diese Verteilung ist eigentlich die zeit-

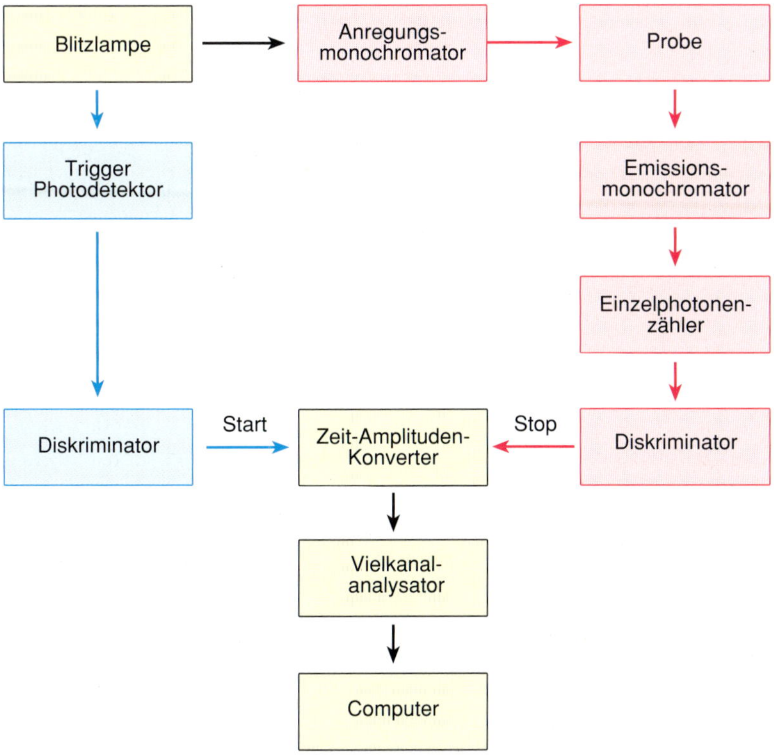

Abb. X.7. Zeitkorrelierte Einzelphotonenzählung
Aus einer Lampe kommen kurze Lichtimpulse. Der Lichtimpuls – mit der vom Monochromator ausgewählten Wellenlänge – regt die Fluorophore an und gibt auf einem gesonderten Weg (Trigger Photodetektor) Signale an den Zeit-Amplituden-Konverter. Der Zeit-Amplituden-Konverter erhöht auf dieses (Start-) Signal die Ausgangsspannung in der Zeit linear solange, bis er ein Stopsignal erhält. Aus der Abbildung geht hervor, dass das Stopsignal vom Einzelphotonenzähler geliefert wird, der auf das erste von der Probe einfallende Photon reagiert. Nach dem Stopsignal „liest" eine Elektronik den Spannungswert des Zeit-Amplituden-Konverters ab und addiert eine Einheit zu dem Inhalt des entsprechenden Faches, in dem die vom sog. Amplitudenanalysator nach der Spannung geordneten Spannungsmesswerte sind.

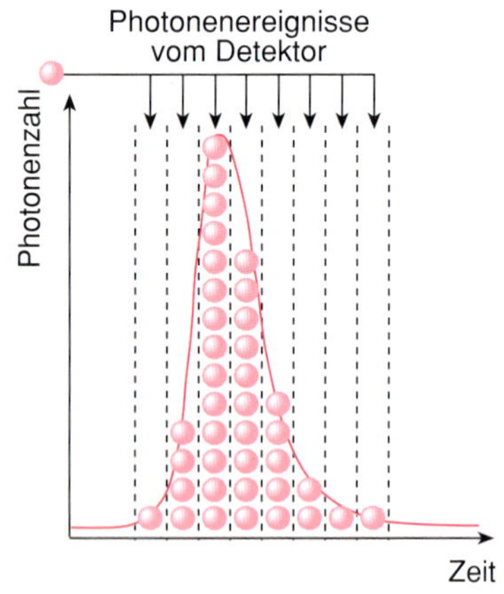

Abb. X.8. Zeitliche Verteilung der ersten Photonen nach der Anregung (die Abszisse repräsentiert die „Zeitkanäle")

liche Verteilung der Lampenintensität, weil es bei der Lichtstreuung keine zeitliche Differenz zwischen einfallenden und austretenden (gestreuten) Photonen gibt. Bei einer solchen Impulslampe beträgt die Halbwertsbreite eines einzigen Impulses (die bei der Hälfte der maximalen Intensität gemessene Breite) typisch 1-2 ns. Daraus folgt auch, dass es im Falle eines Fluorophors nicht eindeutig ist, zu welchem Zeitpunkt das Fluorophor angeregt wurde, von dem das Photon stammt (die gemessene Zeitabhängigkeit der Fluoreszenz ist eine Faltung (Konvolution) der Fluoreszenzemission mit der Apparatefunktion, wo die Apparatefunktion eine mit einem lichtstreuenden Material gemessene Funktion ist). Sind die beiden Funktionen bekannt, so lässt sich das Abklingen der Fluoreszenz mit geeigneter Anpassung ermitteln. Ein typisches Messergebnis zeigt Abb. X.9. Die beiden Grafiken (Abb. X.9b) zeigen die Differenz zwischen den Messwerten und der angepassten Kurve bzw. die Autokorrelationskurve (letztere gibt an, wie richtig das erwartete Abklingschema war).

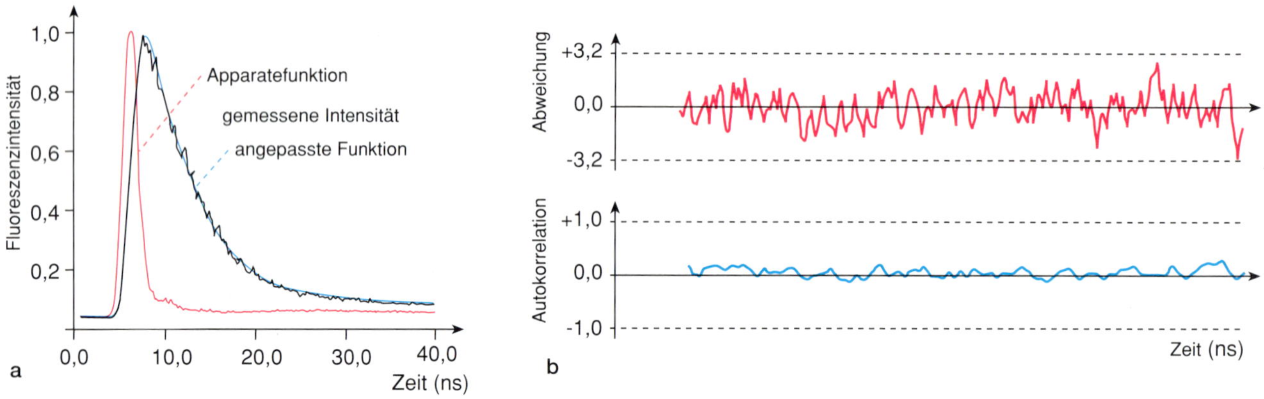

Abb. X.9. **a**. Ein typisches Messergebnis, **b.** Differenz zwischen Messergebnis und angepasster Funktion; Autokorrelationsfunktion der Differenz

Stroboskopie

Die Stroboskopie nutzt eine ähnliche Anlage wie der Einzelphotonenzähler, nur wird hier nicht das erste Photon detektiert, sondern es werden – durch Einstellen einer höheren Photonendichte der Emission – alle in je einer Zeitspanne Δt einfallenden Photonen gemessen, wobei Δt in unterschiedlichen Abständen zur Anregung beginnt (Abb. X.10). Im Vergleich zur vorherigen Methode ist die Messzeit bedeutend kürzer, aber durch diesen Vorteil kann fallweise die Unsicherheit der Auswertung zunehmen.

Phasenfluorimetrie

Mit Hinsicht darauf, dass die Emission im Falle der Fluoreszenz der Anregung mit Verzögerung – im Nanosekundenbereich – folgt, wird die emittierte Fluoreszenzintensität bei einem Anregungslicht mit sinusmodulierter Inten-

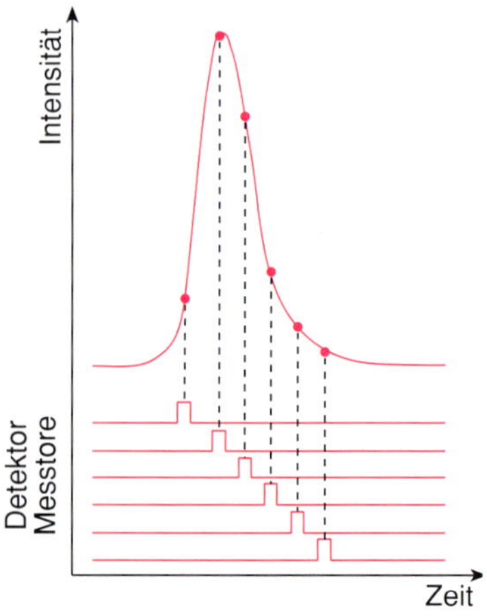

Abb. X.10. Schema der Stroboskoptechnik zur Bestimmung der Apparatefunktion. Die Abszisse veranschaulicht die zu verschiedenen Zeitpunkten geöffneten Messtore, die Ordinate die Zahl der Photonen während der Öffnung der Messtore.

Abb. X.11. Relation von modulierter Anregung und gleichfalls modulierter Fluoreszenzemission

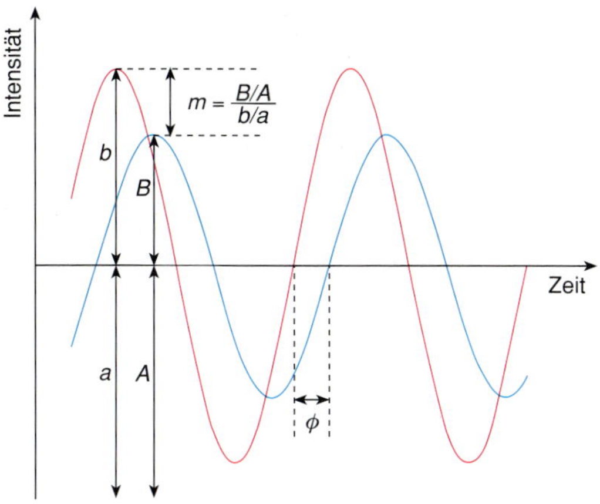

sität auch sinusmoduliert sein, aber die Emission folgt der Anregung mit einer gewissen Phasenverschiebung. Die Tatsache, dass die Emission der Anregung nicht in einem bestimmten Zeitintervall folgt (in der Zeit exponentiell abnimmt), hat zur Folge, dass die Emission eine relativ geringere Amplitude hat als die Anregung, d. h. der Modulationsgrad B/A in Abb. X.11 wird geringer sein als der für das Anregungslicht charakteristische Wert b/a.

In Abb. X.12 ist das Blockdiagramm eines Phasenfluorimeters dargestellt (die zwei Detektoren weisen darauf hin, dass einerseits mit einem Monochromator, andererseits – auf der anderen Seite – mit einem Emissionsfilter detektiert werden kann).

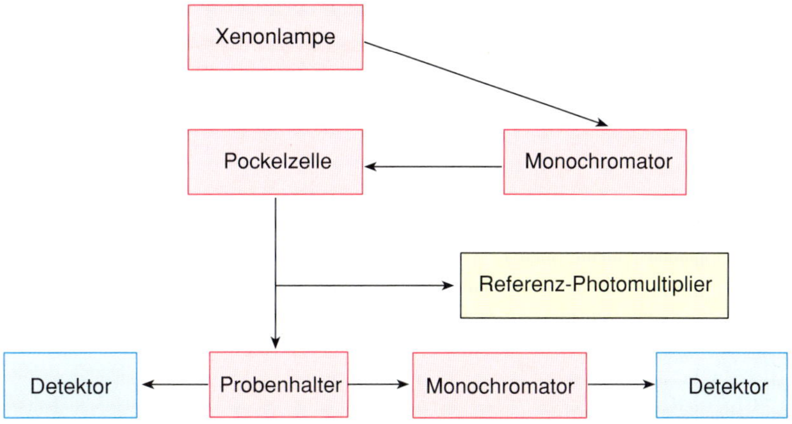

Abb. X.12. Blockschema des Phasenfluorimeters

Mittels der Phasenverschiebung Φ (Abb. X.11) und des Modulationsgrades m kann man die Fluoreszenzlebensdauer bestimmen:

$$\mathrm{tg}\Phi = \omega\tau, \tag{X.20}$$

$$m = \frac{B/A}{b/a} = (1 + \omega^2\tau^2)^{-1/2}, \tag{X.21}$$

wo ω die Modulationsfrequenz der anregenden Lichtintensität ist. Um kompliziertere Abklingschemen der Fluoreszenz zu studieren (z. B. multiexponentielles Abklingen, kontinuierliche Verteilung der Lebensdauer), sind Messungen (Bestimmung von m und Φ) mit mehreren (10-15 oder mehr) Modulationsfrequenzen erforderlich (Abb. X.13).

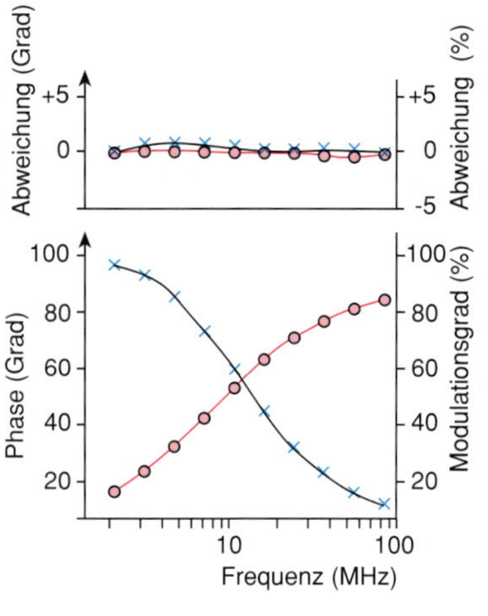

Abb. X.13. Frequenzabhängigkeit der Phasenverschiebung (o) und des Modulationsgrades (x) der Fluoreszenzintensität bei markiertem Ca-G-Aktin. Die mit kontinuierlicher Linie gekennzeichnete Anpassung setzt die Gauß-Verteilung der Lebensdauer voraus.

Jede der drei Methoden hat ihre Vor- und Nachteile im Vergleich zu den anderen beiden. Die Wahl der optimalen Technik richtet sich nach den Eigenschaften des Zielsystems (z. B. ist die Stroboskopie bei in der Zeit variablen Systemen gut zu nutzen, bei Studien von Rotationskorrelationszeiten, die im Verhältnis zur Fluoreszenzlebensdauer lang sind, ist die zeitkorrelierte Einzelphotonenzählung vorteilhafter als die Phasenfluorimetrie).

Trennung der lokalen Bewegung des Chromophors von der Bewegung des Moleküls als Ganzem

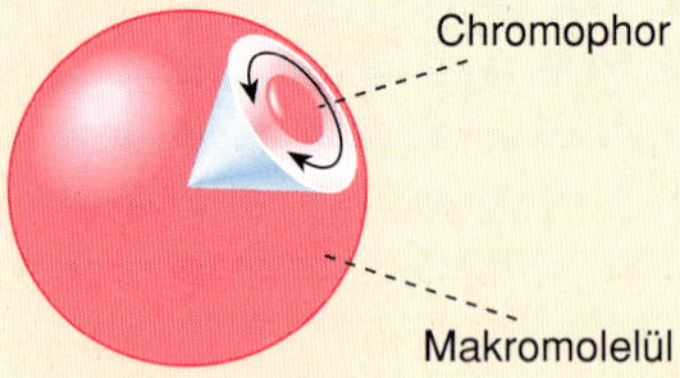

Abb. 1

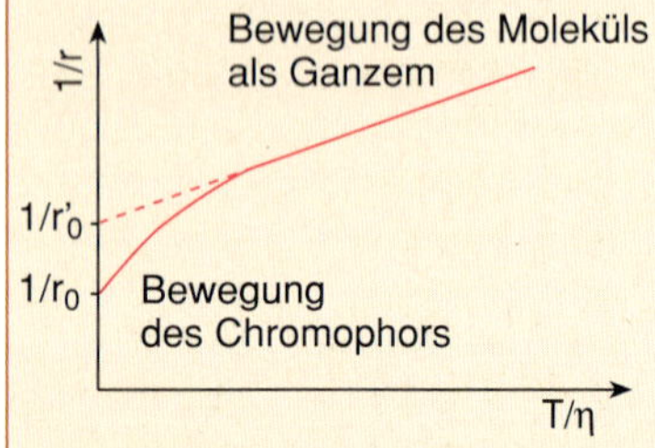

Abb. 2

Nehmen wir ein Makromolekül, z. B. ein Eiweiß, dann kann das untersuchte Fluorophor ein natürliches sein (z. B. Tryptophan, Thyrosin oder Phenylalanin, die Teile des Moleküls sind, oder an Eiweiß gekoppeltes Koenzym, wie z. B. NAD, PLP usw.), oder ein an eine Eiweißgruppe gekoppelter künstlicher Farbstoff (Chromophor). In diesem Fall ist das Problem komplizierter (Abb. 1). In Abb. 2 ist $1/r$ als Funktion von T/η bei einem solchen System dargestellt.

Die beiden Abbildungen veranschaulichen, dass bei niedrigen T/η Werten die Bewegung des Fluorophors mit bedeutend geringerem „Volumen" dominiert, indem es den T/η Wert erhöht, den zur Verfügung stehenden Raum immer mehr „ausfüllt", während die Bewegung des großvolumigen Eiweißes hier vernachlässigt werden kann. Nach einem Übergangsbereich von T/η dominiert nur noch die Bewegung des Eiweißes (in diesem Bereich ist die Verteilung der Fluorophorgruppe im verfügbaren Volumen homogen).

Abb. 2 zeigt sinngemäß das Messergebnis mit einem „steady-state" Fluorimeter (kontinuierliche Beleuchtung, s. Abb. VI.26). Die „steady-state" Messungen ergeben in der Zeit gemittelte Werte. Wenn aber die Anregung aufhört, wird nicht nur die Emissionsintensität, sondern auch der Polarisationsgrad der Emission in der Zeit abklingen. Bei dem System aus Abb. 1 kann der zeitabhängige Anisotropiewert $r(t)$ als Summe zweier exponentieller Glieder angegeben werden

$$r(t) = r_1 e^{-t/\theta_1} + r_2 e^{-t/\theta_2}, \quad (1)$$

wo r_1 und r_2 die im Zeitpunkt 0 gemessenen Anisotropiewerte und θ_1 bzw. θ_2 die für die Rotationsdiffusion des Fluorophors bzw. des Makromoleküls charakteristischen Korrelationszeiten sind. Es sei bemerkt, dass wir den „Bewegungsraum" des Fluorophors zwar auch mit „steady-state" Messungen charakterisieren können, mittels Gl. (1) bekommen wir aber doch ein genaueres Bild. Nehmen wir an, dass sich das Fluorophor innerhalb eines Kreiskegels bewegen kann, dann kann das Verhältnis des halben Öffnungswinkels des Kreiskegels ω und der Amplituden r_1 und r_2 mit der Beziehung:

$$\frac{r_2}{r_1 + r_2} = \frac{1}{4}(\cos^2\alpha)\,(1 + \cos\alpha)^2 \quad (2)$$

beschrieben werden, wo die Amplitude r_1 zur kurzen und die Amplitude r_2 zur langen Korrelationszeit gehören.

X/1.2 Infrarotspektroskopie

Das Prinzip der Messmethode wurde in VI.3. dargelegt. Hier möchten wir die IR-Spektroskopie an einem Beispiel demonstrieren.

X/1.2.1 Anwendung in der Molekularbiophysik: Bestimmung der Eiweißkonformation

Die Eiweiße haben als Makromoleküle natürlich sehr viele Eigenschwingungen, von denen die sog. Amidschwingungen am ehesten durch die Sekundärstruktur beeinflusst sind. An diesen Schwingungen nehmen die Atome teil, die zum Amidteil der Aminosäure gehören, also das Proteinrückgrat bilden. Auf die Eiweißstruktur reagiert am empfindlichsten die sog. Amid I-Schwingung, die im Wesentlichen eine C=O-Valenzschwingung ist (Abb. X.14). Sowohl bei der α-Helix als auch bei der β-Faltblatt-Struktur bildet das Sauerstoffatom eine Wasserstoffbrückenbindung mit dem Wasserstoff einer anderen Aminosäure der Polypeptidkette. Diese Bindung ist bei der α-Helix und bei der β-Struktur unterschiedlich stark. Bei denaturierten Eiweißen ist der Partner der Wasserstoffbrücke nicht das Wasserstoffatom des Eiweißes, sondern ein Wasserstoffatom des Lösungsmittels. Die Wasserstoffbrückenbindung schwächt die C=O Bindung, und so nimmt auch die Frequenz der Amid I-Schwingung ab. Zu den verschiedenen Sekundärstrukturen gehören deshalb leicht unterschiedliche Schwingungsfrequenzen bzw. Wellenzahlen. Der Bereich der Amid I-Schwingung ist 1600-1700 cm^{-1}. In Abb. X.15 sind die Spektren von Myoglobin mit α-Helix-Struktur bzw. von α-Kristallin dargestellt, bei letzterem dominiert die β-Form. Das denaturierte Eiweiß zeigt eine breite Amid-I-Bande, wie das am Spektrum des denaturierten Myoglobins zu beobachten ist (Abb. X.15c). Hier wird das breite Spektrum noch von zwei Seitenbanden (bei 1616 bzw. 1685 cm^{-1}) überlappt, welche für die intermolekularen Bindungen im hitzedenaturierten Eiweiß charakteristisch sind. Diese Bindungen stabilisieren das entstandene Gel.

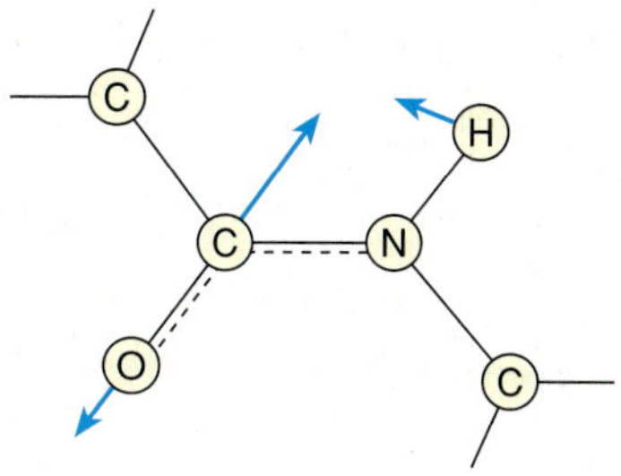

Abb. X.14. Die Amid-I-Schwingung der Eiweiße. Die Frequenz dieser Schwingung ist empfindlich auf die Sekundärstruktur.

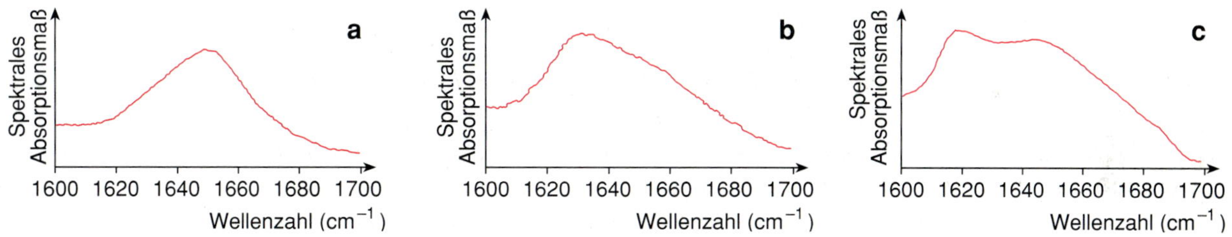

Abb. X.15. Infrarotspektren von Eiweißen: **a.** Myoglobin mit hauptsächlich α-Helix-Struktur; **b.** α-Kristallin mit β-Faltblattstruktur; **c.** breites Spektrum und für die Aggregation charakteristisch zwei Seitenbande des hitzedenaturierten Myoglobins

X/1.2.2 Nahe Infrarotspektroskopie (NIR-Spektroskopie)

Die Wellenlänge der nahen IR-Photonen (800 nm-2,5 μm) ist kürzer als die Wellenlänge der Molekularschwingungen anregenden Photonen, deshalb sind ihre Frequenz und Energie höher. Nach der klassischen Mechanik kann also diese Strahlung die Obertöne der Molekülschwingungen anregen, die mit dem ganzzahligen Vielfachen der Grundfrequenz schwingen. Natürlich sind diese Obertöne schwächer, deshalb sind die Absorptionslinien des NIR schwächer. Gerade darin liegt der Vorteil dieser Technik, denn im NIR-Bereich ist das molare Absorptionsmaß relativ hoch, weswegen sehr dünne (einige Zehntelmillimeter dicke) Präparate benutzt werden müssen. Ist das Präparat nicht ausreichend dünn, so kann die Nutzung der NIR-Linien mit geringerem molarem Absorptionsmaß vorteilhaft sein. Im NIR-Bereich können auch einzelne Körperteile, ja sogar der ganze Körper durchleuchtet werden. Derzeit befinden sich schon solche optischen Tomographiemethoden im Entwicklungsstadium, welche die nahe Infrarotstrahlung nutzen.

X/1.3 Messung der Lichtstreuung

Bei den klinischen Methoden haben wir die Messung der Lichtstreuung als mögliches Verfahren der Konzentrationsbestimmung schon erwähnt (s. VI/3.4). In diesem Fall haben wir nur den Intensitätsabfall des durchgehenden Lichtes oder die Intensität des Streulichtes bestimmt und genutzt. Aber auch in der Durchflusszytometrie spielt das Streulichtsignal eine wichtige Rolle (s. VI/4).

In der klinischen Praxis seltener, eher in Forschungslaboratorien genutzte Methoden, die hohe Anforderungen an die apparative Ausrüstung stellen, sind die statische und die dynamische Messung des Streulichtes. In beiden Fällen werden weitere Eigenschaften des Streulichts untersucht, wodurch wir detaillierte Informationen über die gegebenen Teilchen erhalten.

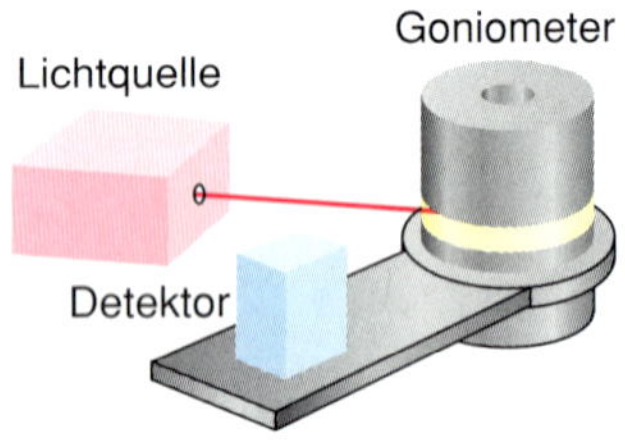

Abb. X.16. Schema des Streulichtmessers

Bei diesen Verfahren kommt nur eine streng monochromatische Lichtquelle, Laserlicht in Frage. Der Objektträger ist ein sog. Goniometer, das eine sehr exakte Platzierung des Detektors ermöglicht. Die optischen Achsen des Laserlichtes und des Detektors müssen nämlich in einer Ebene liegen, und das Präparat muss sich im Schnittpunkt der zwei Geraden befinden (Abb. X.16)

X/1.3.1 Statische Messung der Lichtstreuung

Das von der untersuchten Lösung gestreute Licht wird bei verschiedenen Konzentrationen und unter verschiedenen Messwinkeln bestimmt. Aus diesen Messungen kann mit Hilfe der folgenden Beziehung der Wert bei der Konzentration von 0 mol/l und 0° extrapoliert werden:

$$\frac{Hc}{R_{ex}} = \frac{1}{MP(q)} + A_2 c, \qquad \text{(X.22)}$$

wo H eine Konstante aus mehreren physikalischen Konstanten, M die Molmasse der Teilchen, $P(q)$ der sog. Formfaktor, A_2 eine weitere Konstante, c die Konzentration und R_{ex} der aus der Intensität des Streulichtes berechnete Wert:

$$R_{ex} = \frac{J_{\text{Lösung}} - J_{\text{Lösungsmittel}}}{J_0 R^2} \qquad \text{(X.23)}$$

sind. $J_{\text{Lösung}}$ und $J_{\text{Lösungsmittel}}$ sind die entsprechenden Intensitätswerte, J_0 die Intensität des einfallenden Lichtes und R der Abstand des Detektors vom streuenden Volumen.

Bei kleinen Teilchen (bedeutend kleinere Dimensionen als die Wellenlänge des Lichtes) können wir auf die Molmasse des Teilchens folgern. Bei größeren Teilchen können außer der Bestimmung der Molmasse auch weitere Informationen gewonnen werden. In diesem Fall ist nicht das ganze Objekt als punktförmig anzusehen, sondern es kann in Bereiche geteilt, also als Einheit mit einer Struktur betrachtet werden. Die Verteilung der Lichtintensität, die von dem ganzen Teilchen abgestrahlt wird, kann aus der resultierenden

Amplitude nach der Superposition der Amplituden des von den einzelnen Bereichen des Teilchens emittierten Lichtes abgeleitet werden, unter Berücksichtigung der sich aus den einzelnen Positionen ergebenden Phasenunterschiede. Das beinhaltet der Formfaktor $P(q)$.

Bei den größeren Teilchen lässt sich die Form aus der Winkelverteilung der Intensität der Lichtstreuung bestimmen. Das basiert darauf, dass das Streuprofil von Teilchen bekannter Form aufgenommen und mit dem gemessenen Streuprofil verglichen werden kann. Die Form wird als charakteristisch für das Teilchen anerkannt, welche die größte Übereinstimmung zeigt. Natürlich ist die Bestimmung bedeutend einfacher, wenn wir bezüglich der Teilchenform schon über Teilinformationen verfügen.

X/1.3.2 Dynamische Messung der Lichtstreuung

In diesem Fall wird in der Regel die zeitliche Schwankung der Streulichtintensität unter einem gegebenen Winkel gemessen. Man kann nämlich erst aus dem Durchschnitt einer längeren Beobachtungszeit (z. B. Zehntelsekunden) sagen, ob die Intensität des Streulichts konstant ist und der Gl. (VI.44) entspricht. Bei kurzzeitigen Beobachtungen (Mikrosekunden) stellt man fest, dass zufällige Schwankungen auftreten können. Die Ursache sind die ungeordneten Bewegungen der Teilchen

Die Intensität wird eine bestimmte Zeit (einige Sekunden) lang in kurzen Intervallen (in Mikrosekunden oder noch kürzeren Intervallen) gemessen. (Praktisch ist die Intensität so gering, dass oft die Photonen gezählt werden und statt der Intensität die in der Zeit Δt gemessene Photonenzahl genutzt wird.) Aus der gemessenen Zeitfunktion wird die sog. Autokorrelationsfunktion abgeleitet (s. „*Die Autokorrelationsfunktion*“). Im einfachen Fall (monodisperses System: alle Teilchen haben die gleiche Form und Größe) ist die Autokorrelationsfunktion eine Exponentialfunktion, im Exponenten steht der Translationsdiffusionskoeffizient D_T, die charakteristische Größe der Teilchenbewegung. Bei kugelförmigen Teilchen lässt sich mit der Einstein-Stokes-Beziehung auch die Größe der Teilchen angeben:

$$D = \frac{kT}{6\pi\eta r}, \tag{X.24}$$

wo η die Viskosität des Mediums und r der Radius des Teilchens sind.

Bei nicht kugelförmigen Teilchen ist die Berechnung komplizierter, aber wir können sagen, dass sich das Teilchen im Mittel wie eine Kugel dieser Größe bewegt.

In der Regel enthalten die Lösungen sehr unterschiedlich große Teilchen, d. h. sie sind polydispers, auch dann, wenn es sich um gleiche Teilchen handelt. In diesem Fall ist der auf die obige Weise bestimmte Diffusionskoeffizient nur ein Mittelwert, der relativ wenig aussagt. In diesem Fall ist statt eines bestimmten Wertes die Größenverteilung der Teilchen charakteristisch. Zu der gemessenen Autokorrelationsfunktion können sehr viele Ver-

Die Autokorrelationsfunktion

Die Autokorrelationsfunktion $G(\tau)$ gibt an, wie sehr eine Funktion $f(t)$ in einem späteren Zeitbereich τ sich selbst ähnelt. Bei zufälligen Fluktuationen und homogener Probe (die Teilchen sind vollkommen gleich) ist das eine einfache exponentielle Funktion. Die obere Abbildung zeigt die Zeitfunktion eines zufällig variierenden Signals, die untere Abbildung ist die Autokorrelationsfunktion eines solchen Signals.

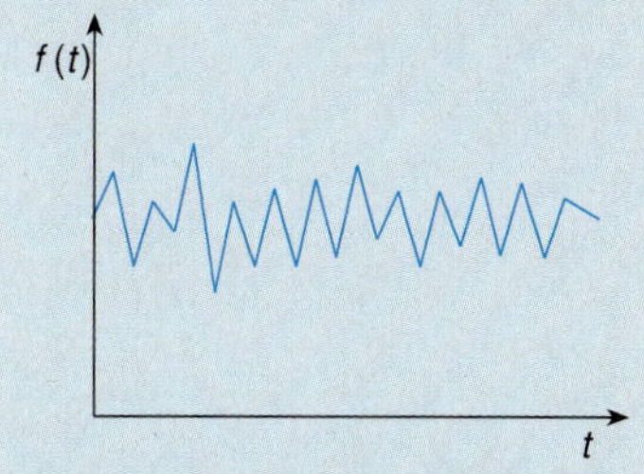

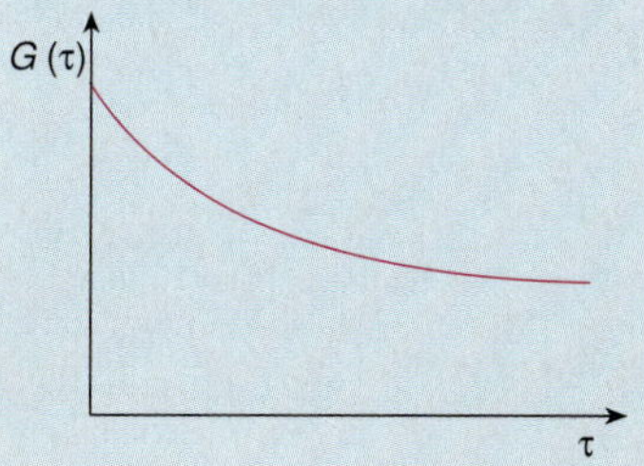

teilungen gehören. Mit Hilfe der entsprechenden mathematischen Verfahren lässt sich aber bestimmen, welche der Verteilungen die wahrscheinlichste ist, und diese nehmen wir dann als charakteristische Verteilung der Probe an. Mit Hilfe von Modellteilchen lässt sich jedoch nachweisen, dass es eine reale Überlegung ist, die wahrscheinlichste Verteilung als mögliche Verteilung anzunehmen.

X/1.4 Circulardichroismus (CD) – Spektroskopie

Diese Messtechnik basiert auf der Untersuchung der optischen Aktivität

X/1.4.1 Optische Aktivität

Die Molekülstrukturen, die in zwei spiegelbildlichen Formen existieren und sich nicht miteinander zur Deckung bringen lassen, bezeichnet man als **chirale Moleküle**. Beleuchtet man diese Moleküle mit polarisiertem Licht (s. II/2.1.7), so kann man feststellen, dass die durch den elektrischen Feldstärkevektor des beleuchtenden Lichts in Schwingung gebrachten Elektronen die Polarisationseigenschaften des weitergeleiteten (abgestrahlten) Lichtes modifizieren. Diese Eigenschaft der chiralen Moleküle bezeichnet man als **optische Aktivität**.

X/1.4.2 Zirkular und elliptisch polarisiertes Licht

Zum Verstehen der Messmethoden der optischen Aktivität müssen wir uns neben der linearen Polarisation auch mit der zirkularen Polarisation befassen (s. II/2.1.7).

Ganz allgemein bedeutet die Polarisation des Lichtes, dass die Richtung des elektromagnetischen Feldstärkevektors im Lichtstrahl durch eine Regel bestimmt ist. Bei linearer Polarisation zeigt der Vektor an jeder Stelle des Lichtstrahls in die gleiche Richtung, was mit einem Vektor in einer Längeneinheit, dem „Lichtvektor" charakterisiert wird. Der Lichtvektor zeigt in die Richtung der elektrischen Feldstärke, die magnetische Feldstärke steht dazu senkrecht.

In einem gegebenen Moment ändert sich die Größe der in eine Richtung zeigenden Vektoren entlang einer an den Lichtstrahl angelegten Geraden, der x-Achse, in der x-Funktion wie eine periodische Sinus- (oder Cosinus-) Funktion.

Würde man bei zirkularer Polarisation in einem gegebenen Moment entlang des Lichtstrahls auf die Position der Vektoren „schauen", so könnte man „sehen", dass jeder einem Ort zugeordnete Vektor die gleiche Größe hat, sich die Richtung der Vektoren jedoch so darstellt, dass die Vektorenden einen Kreis beschreiben. Wir könnten das auch so formulieren, dass der Vektor an einem gegebenen Punkt des Lichtstrahls eine zeitabhängige, gleichmäßige

Kreisbewegung ausführt. Diese Kreisbewegung kann nach rechts oder links erfolgen. Es ist leicht einzusehen, dass der resultierende Vektor bei der Addition von zwei mit gleicher Amplitude und gleicher Geschwindigkeit rechts- und links-zirkular polarisierten Lichtstrahlen immer in der gleichen Richtung zeigt und Schwingungen ausführt. Das entspricht dem linear polarisierten Licht, das also als Resultierende von zwei zirkular polarisierten Komponenten aufgefasst werden kann. Die optisch aktiven Moleküle drehen die Polarisationsebene des linear polarisierten Lichtes. Das kann man sich so vorstellen, dass die Moleküle mit asymmetrischer Struktur mit dem Licht in Wechselwirkung treten und die Ausbreitungs/Rotationsgeschwindigkeit der rechts- und links-zirkular polarisierten Komponenten nicht gleich beeinflussen, d. h. die Brechzahl bezüglich der zwei Komponenten wird unterschiedlich sein.

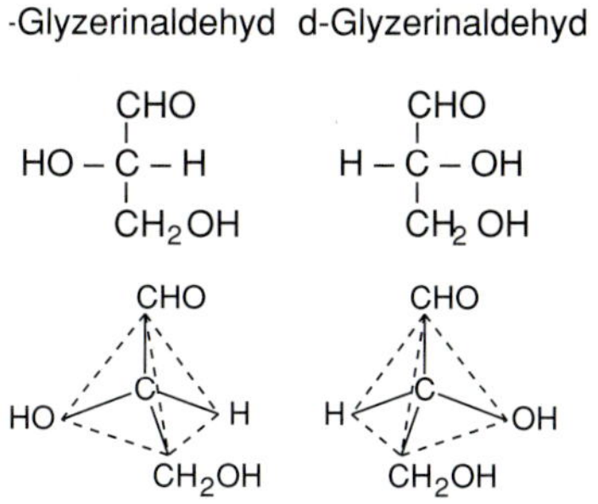

Abb. X.17. Die enantiomorphen Varianten des Glyzerinaldehyds

So tritt nach dem Austritt ein Phasenunterschied zwischen den Rotationsbewegungen der beiden Komponenten auf, weshalb der resultierende Vektor in eine andere Richtung zeigt. Richtung und Ausmaß der Ablenkung sind charakteristisch für die Raumstruktur und Konzentration des Moleküls sowie für die Weglänge innerhalb des Mediums. Bei vielen Molekülen lassen sich eine rechts-zirkular polarisierende und eine links-zirkular polarisierende Variante der Raumstruktur herstellen. Die Strukturen bezeichnet man als enantiomorphe Paare (Abb. X.17). Bei den natürlichen organischen Makromolekülen kommt in der Regel nur die eine Variante vor.

Sofern das optisch aktive Präparat im Wellenlängenbereich des Beleuchtungslichtes absorbiert, wird es beim Austritt der zirkulären Komponenten des eintretenden linear polarisierten Lichtes nicht nur eine Phasenverschiebung, sondern auch unterschiedliche Amplituden geben. Dadurch wird die Resultierende **elliptisch polarisiert**, d. h. der Endpunkt des Feldstärkevektors bewegt sich während der Schwingung um den Lichtstrahl entlang einer Ellipse mit bestimmter Richtung (charakterisiert mit der Haupt- und der Nebenachse) (s. Abb. II.25). Dieses Phänomen bezeichnet man als **Circulardichroismus** (CD). Der Ausmaß des Effektes ist durch die Differenz der molaren Extinktionskoeffizienten der beiden zirkulären Komponenten ($\varepsilon_{\text{links}}$-$\varepsilon_{\text{rechts}}$) charakterisiert, und es wird auch die Absorption bei beiden zirkulär polarisierten Lichtkomponenten gemessen. Das CD-Spektrum entsteht als Differenz der beiden Spektren.

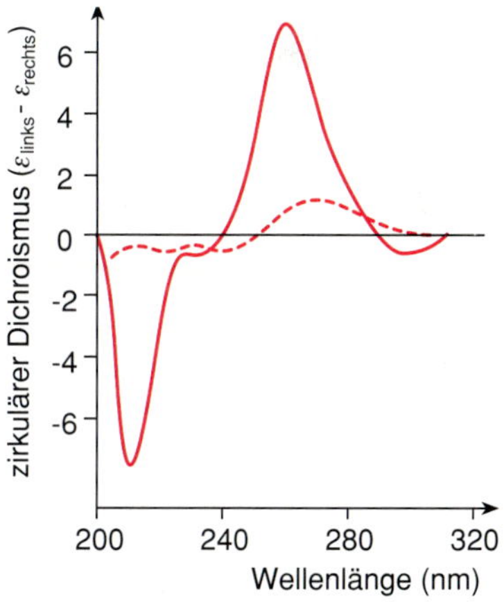

Abb. X.18. CD-Spektren. $\varepsilon_{\text{links}}$ und $\varepsilon_{\text{rechts}}$ bezeichnen die molare Extinktion der zirkulären Komponenten. Die kontinunierliche Kurve bezieht sich auf die RNA eines Pflanzenvirus, die unterbrochene auf die Nukleotidbasen der RNA (Samejima et al., J.Mol. Biol. 34, 39, 1968; Cantor et al., Biololymers, 9, 1059, 1970)

X/1.4.3 Anwendung der CD-Spektroskopie zur Strukturanalyse von Makromolekülen

Abb. X.18 zeigt das CD-Spektrum einer RNA-Lösung (kontinuierliche Kurve) im Vergleich zum CD-Spektrum der Lösung der Nukleotidmonomere, welche die Bausteine des Makromoleküls sind (unterbrochene Kurve). Man sieht, dass die optische Aktivität der RNA zum größten Teil von der Sekundärstruktur stammt.

Die Raumstruktur der Nukleinsäuren und damit auch ihre optische Aktivität können auch durch Wechselwirkungen mit dem Eiweiß modifiziert

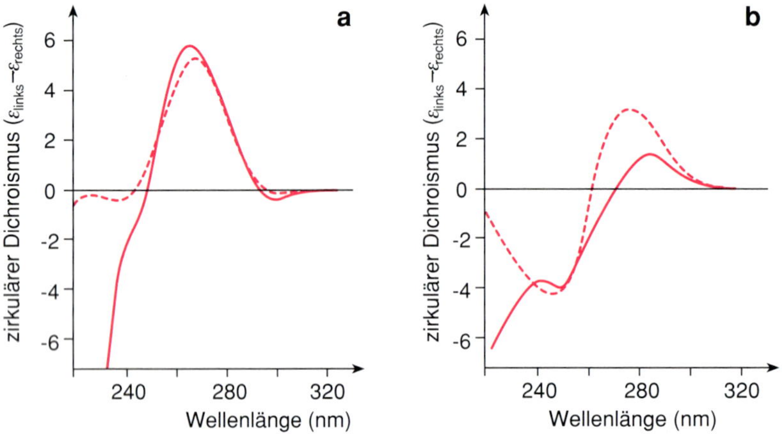

Abb. X.19. CD-Spektren von Nukleoproteiden und isolierten Nukleinsäuren (unterbrochene Kurven) in gleichem Lösungsmittel. $\varepsilon_{\text{links}}$ und $\varepsilon_{\text{rechts}}$ bezeichnen die molare Extinktion der zirkulären Komponenten. **a.** RNA-haltiges Nukleoproteid (MS2-Phag) und seine Nukleinsäure; **b.** DNA-haltiges Nukleoproteid (T7-Phag) und seine Nukleinsäure.

sein, und zwar in Abhängigkeit von der Wechselwirkung in unterschiedlicher Stärke. Vergleichen wir Abb. X.19a und X.19b! In Abb. X.19a sind die CD-Spektren eines RNA-haltigen MS 2-Bakteriophagen und seiner isolierten Nukleinsäuren, in Abb. X.19b sind die CD-Spektren eines DNA-haltigen T 7-Phagen und seiner Nukleinsäuren dargestellt. Die Spektren der isolierten Nukleinsäuren (unterbrochene Kurven) haben ein Maximum um 270 nm (vgl. Abb. X.18, RNA Spektrum), das charakteristisch ist für die Chiralität infolge der Raumstruktur der Nukleinsäuren in Lösung. Dieselbe Chiralität besteht im Wesentlichen beim Komplex aus RNA und Phageiweiß (kontinuierliche Kurve in Abb. X.19a). Ein wesentlicher Unterschied zeigt sich aber zwischen den CD-Spektren des DNA-haltigen T 7-Phagen und seiner Nukleinsäure. Das weist darauf hin, dass die Chiralität der DNA-Konformation innerhalb des Phagkopfes geringer ist als in der isolierten DNA.

Von der Wellenlänge hängt nicht nur das Ausmaß des Circulardichroismus, sondern auch die Rotation der Ebene des linear polarisierten Lichtes (die optische Rotation) ab. Die Messtechniken, welche den Rotationswinkel als Funktion der Wellenlänge bestimmen, bezeichnet man als *optische Rotationsdispersion* (optical rotatory dispersion, ORD). Mit der ORD- und der CD-Spektroskopie wird dieselbe Erscheinung aus zwei verschiedenen Aspekten untersucht.

X/2 Rastermikroskope

Bei der Entwicklung von Biologie und Medizin spielt die Mikroskopie traditionell eine tragende Rolle. Bei einem großen Teil der Krankheiten können Aufstellen bzw. Bestärkung von Diagnose und exaktem Therapieplan gleichermaßen licht- oder elektronenmikroskopische Untersuchung erforderlich machen. Mit der histologischen Untersuchung kann schon während einer Operation oder im Laufe der Behandlung die Diagnose gestellt werden, und es bleibt nur bei wenigen Fällen eine Unsicherheit zurück. Die biologischen Forschungen auf Zellebene hängen stark von der Auflösung der morphologischen Details und ihrer Zuverlässigkeit ab. Die Mikroskopie basiert auf dem jeweiligen Stand der technischen Entwicklung, besonders wenn wir an die revolutionären Ergebnisse der modernen Mikroskopie inklusive der mikroskopischen Spektroskopie denken.

In den achtziger Jahren gab es eine revolutionäre Entwicklung auf dem Gebiet der Mikroskopie. Für die Sichtbarmachung der einzelnen Atome erhielten Binnig und Rohrer (zusammen mit Ruska, dessen bedeutend frühere Verdienste damit anerkannt wurden) 1986 den Nobelpreis für Physik. Ihre Methode, die auf dem Tunneleffekt basierende Entwicklung des Rastertunnelmikroskops (RTM, englisch STM von scanning tunnel microscope) führte zur Erschließung der atomaren Anordnung von elektrisch leitenden Flächen. Die ersten so sichtbar gemachten Atome waren Kohlenstoffatome auf einer Graphitoberfläche. Eine Voraussetzung dafür war die über fast alle Grenzen hinausgehende Verbesserung der Rasterauflösung. Diese Feststellung zeigt, dass die Genauigkeit des Abtastens heute theoretisch weniger als ein Zehntel des Durchmessers eines Wasserstoffatoms (0,5 Å) erreichen kann.

Den echten Durchbruch brachte die Erfindung und der fast sofortige Aufbau des Atomkraftmikroskops (atomic force microscope AFM, Binnig, Quate und Gerber, 1986), mit dem hauptsächlich, aber nicht ausschließlich, die atomare, ja sogar subatomare Ebene von Oberflächenstrukturen unter natürlichen Kautelen sichtbar gemacht werden können. Das Prinzip des Abtastens hielt mit Erscheinen der Laser seinen Einzug auch in die optische Mikroskopie, diese Verfahren diskutieren wir dort.

Die in den achtziger Jahren begonnene moderne mikroskopische Revolution erzeugte der Reihe nach weitere Mikroskopieverfahren (scanning capacitance, s. thermal, s. acoustic, s. thermal wave imaging, scanning X-ray, phase measuring interferometric usw.), deren Verbreitung zwar im Vergleich zu den Ersteren noch eingeschränkt ist, aber ihre Zahl (derzeit ca. 30) kann noch steigen. Zusammenfassend bezeichnet man sie als Rastermikroskope (Rastersondenmikroskope), wobei sich die sehr variablen englischen Bezeichnungen oft schwer übersetzen lassen. Dabei wird durch Abtasten die Wechselwirkung zwischen der Objektoberfläche (oder mit gewissen Manipulationen der Schicht unter der Oberfläche) und messbaren physikalischen Parametern zur atomaren Abbildung des Oberflächenreliefs genutzt.

Es ist ganz natürlich, dass bei jeder dieser Mikroskopiemethoden das Problem auftaucht, dass das so gewonnene „Bild" nicht gleich dem Bild ist, das wir mit dem Auge „sehen könnten" (obwohl es ihm oft nahekommt). Es gilt unverändert das Gesetz, dass die bildhafte Darstellung der atomaren Welt und der makroskopischen Welt nicht zu vermischen ist, denn das machen die physikalischen Gesetze nicht möglich. Aber dieses Problem könnte man bei fast allen heutigen bildgebenden Verfahren aufwerfen, wenn z. B. Analysatoren, welche Differenzen der Ionenkonzentration als Farbdifferenzen abbilden, langsam nicht nur in der Forschung sondern auch in der alltäglichen Labordiagnostik ihren Platz gefunden haben.

X/2.1 Das Rasterprinzip

Um von irgendeinem Objekt ein Bild mit Auflösung in atomaren Dimensionen zu erhalten, müssen zwei Probleme gelöst werden. Das Zielsystem muss von den Bewegungen, Schwingungen der Umgebung unabhängig gemacht werden, und zur Ausdehnung des Bildes mit atomarer Auflösung auf eine wenigstens etwas größere Fläche muss das entsprechend feine Abtasten, das Rastern, gelöst werden. Die Dämpfung der Schwingungen lässt sich sehr vielfältig lösen. Die häufigste Methode ist das elastische, schwingungsfreie Aufhängen oder Abstützen des gesamten messenden und gemessenen Systems.

Das hochauflösende Abtasten mit der Genauigkeit von zehntel oder hundertstel Angström basiert auf dem im 19. Jahrhundert entdeckten piezoelektrischen Effekt (s. VII/4.2.1). Das ist am ehesten allen modernen optischen und nicht optischen Mikroskopieverfahren gemein. Die mechanische Dehnung der piezoelektrischen Kristalle erfolgt sehr schnell, und sie kann hundertstel Angström genau sein. Mittels der im Wesentlichen auf dem umgekehrten pie-

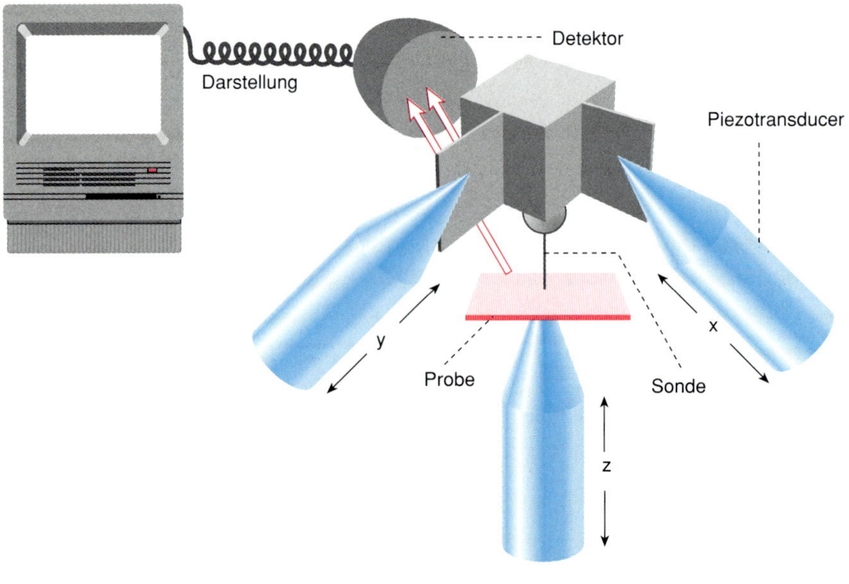

Abb. X.20. Die Verwirklichung des Rasterns

zoelektrischen Effekt beruhenden Transducer kann der Objekttisch des Mikroskops oder der das Objekt mit physikalischer Wechselwirkung abtastende „Kopf" in jede Richtung bewegt werden. Die mäanderförmige Bewegung entlang der *x*-Achse kann das Objekt oder den Rasterkopf auch entlang der *y*-Achse bewegen. Dazu sind zwei piezoelektrische Transducer erforderlich. Die Bewegung des dritten Transducers löst die Wechselwirkungen in der *z* Richtung auf. Aus den Daten der drei Richtungen wird mit dem Computer oder mit bildgebender Elektronik ein dreidimensionales Bild erstellt.

In Abb. X.20 ist die Anordnung der Transducer dargestellt, die das Wesen des piezoelektrischen Abtastens ausmachen. Bei längeren piezoelektrischen Transducern ist auch die Dehnung länger, so ist ein größeres Rasterfeld mit längeren Transducern zu erreichen. Mit dem üblichen einmaligen Rastern können derzeit im Allgemeinen Flächen von der Größe 20x20, 40x40 und 128x128 mm^2 abgetastet werden, die Spannungen überschreiten kaum 400 V.

X.2.2 Das Atomkraftmikroskop (AFM)

Das Atomkraftmikroskop (atomic force microscope, AFM) eignet sich ausgezeichnet zur Untersuchung aller, also auch nicht leitender Stoffe, im Gegensatz zur ersten Methode dieser Art, dem hier nicht eingehend diskutierten Rastertunnelmikroskop (RTM, engl. STM), das auch heute noch hauptsächlich zur Untersuchung von leitenden Materialien genutzt wird.

Die Atomkraftmikroskopie war die Idee von Gerd Binnig. Er stellte die Frage, inwieweit die Bewegung einer auf atomare Dimensionen zugespitzten Nadel die – atomare oder molekulare – Topographie einer Oberfläche abbilden kann, wenn sie mit Hilfe von Rastertransducern in sehr geringem Abstand von der Oberfläche von Atomen, Molekülen oder größeren Objekten bewegt wird und die Aufhängung der Nadel so erfolgt, dass sie die Atome nicht von-

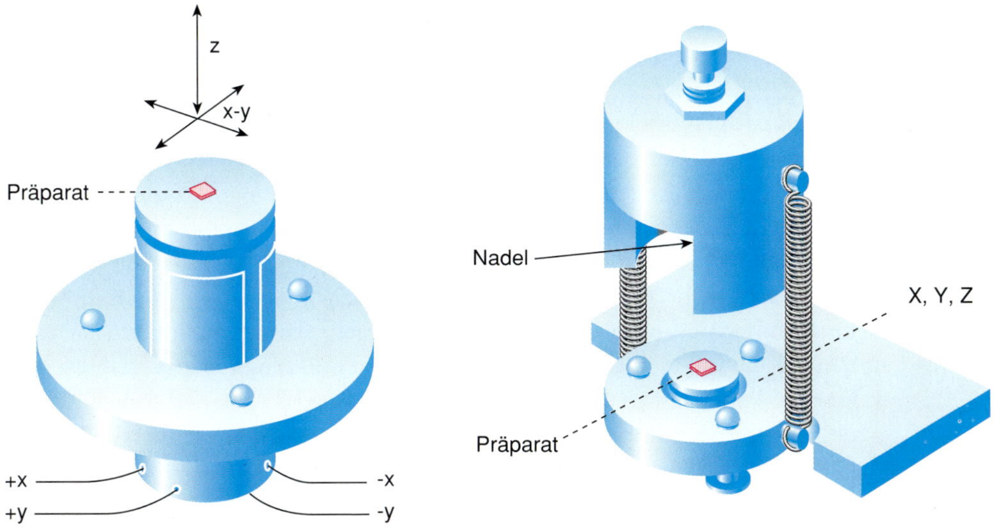

Abb. X.21. Aufbau des AFM

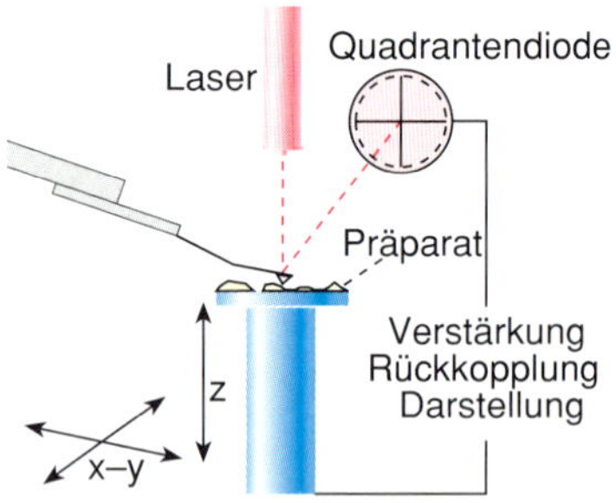

Abb. X.22. Funktionsprinzip des AFM

einander trennen kann, weil die Federkonstante der Aufhängung zu schwach ist. Die Berechnungen, die er gemeinsam mit den Professoren Quate und Gerber durchführte, zeigten, dass sich seine Vorstellungen verwirklichen lassen. Da ihnen zu dieser Zeit schon die Rastertunnelmikroskopie zur Verfügung stand, nutzten sie ihre Rasterapparatur und klebten „Nadeln" aus Diamantpulver auf dünne Stanniolfolien, damit die untersuchte Fläche durch die Wechselwirkung von Abtastsonde und Oberfläche nicht zerissen werde. Das Experiment war von Erfolg gekrönt und schuf die Grundlage für die Atomkraftmikroskopie. In einem modernen Gerät wird die Bewegung der Sonde bzw. des Stanniolplättchens durch die Bewegung eines auf die Spitze des V-förmigen sondenhaltenden Stanniolplättchens projizierten und von dort reflektierten Laserstrahls abgebildet. Als Detektor dient eine sog. Quadranten-Diode oder sogar auch der CCD-Sensor einer Videokamera für den Hausgebrauch. Das Prinzip ist sowohl für die Bewegung des Objekttisches als auch der Sonde dasselbe. Die Sonde kann auf eine beliebig große Fläche aufgebracht werden. Abb. X.21 zeigt den schematischen Aufbau eines AFM-Gerätes.

Vom Erfolg der ersten Experimente 1986 fasziniert stellen heute schon zahlreiche Firmen AFM-Geräte her. Ihr Nutzen in der Industrie ist die hochauflösende Analyse verschiedenster Oberflächenstrukturen, die relativ billig ist und sich ohne die beschwerliche Auswertung der elektronenmikroskopischen Bilder durchführen lässt (z. B. Untersuchung von mikroelektronischen Chips, leitenden und nicht leitenden Materialflächen usw.). Die Geräte, deren Sonde die Rastereinheit ist und die sich praktisch auf jede Fläche platzieren lassen, bezeichnet man als stand-alone-Geräte.

Die Methode kam in der Biologie außerordentlich schnell zur Anwendung. Es stellte sich bald heraus, dass sie sich auch für die Untersuchung der Strukturen unter der Plasmamembran nutzen lässt. Abb. X.22 zeigt das Funktionsprinzip dieser Geräte. Die theoretischen physikalischen Grundlagen der Messung sind äußerst kompliziert. Die einfachste und (vielleicht) verständlichste Näherung ist, dass nach dem paulischen Ausschließungsprinzip die Abstoßkraft der Elektronenwolken der Sonde und des Zielobjektes bei schwacher Federkonstante nicht gestattet, dass die Sonde in die Probe eindringt. Dabei ist die Federkonstante der Stanniolfolie stark genug, die Sonde an die Oberfläche anzudrücken. Die mit Laserlicht abgebildeten, der Oberflächentopographie folgenden Ablenkungen des Laserstrahls können elektronisch auf die Bewegung der piezoelektrischen Transducer rückgekoppelt werden, was zahlreiche Messvarianten ermöglicht. Außer der oberflächlichen atomaren, molekularen Struktur lassen sich nach entsprechender Vorbehandlung auch die Strukturen des Zytoskeleton und sogar des Zellkerns messen. Untersucht man „reine" Molekülsuspensionen, so lassen sich auch die Konformationsänderungen der Moleküle verfolgen. An der Zelloberfläche können die Verteilung und das Muster von mit immunologischen Verfahren markierten Antigenen und Rezeptoren sichtbar gemacht werden. Über Antigene, die mit der Immunogoldmethode mit verschieden großen kolloidalen Goldkügelchen markiert wurden, können auch einzelne Moleküle identifiziert werden.

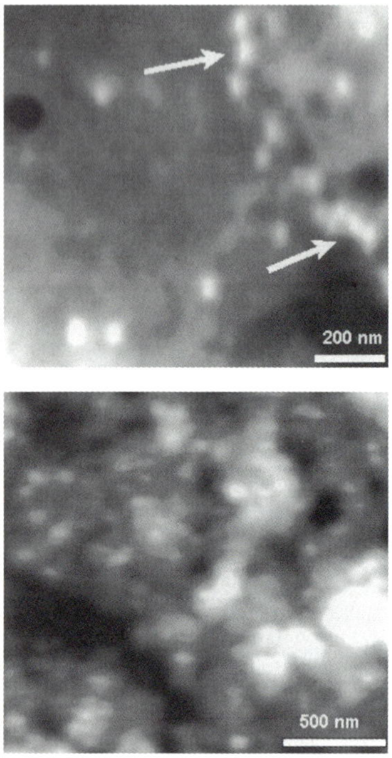

Abb. X.23. AFM-Bild der Topographie eines Zelloberflächenrezeptors, die mit Immungoldmarkierung sichtbar gemacht ist

Es kann auch die Adhäsionskraft von molekularen und atomaren Strukturen gemessen werden. Der große Vorteile der AFM-Methode gegenüber dem Elektronenmikroskop liegt darin, dass sie Messungen unter (fast) physiologischen Bedingungen ermöglicht. Es macht aber nicht wenig Schwierigkeiten, dass man die Zielstrukturen ohne spezifische Markierungen selten identifizieren kann. Die Bilder in Abb. X.23 zeigen, dass die mit Goldkügelchen markierten Oberflächenantigene der Zellen nicht gleichmäßig verteilt sind, sondern verschiedene Muster bilden, die bei der Kommunikation unter den Zellen eine Rolle spielen können. Ein Haupthindernis der AFM-Analyse von Zellen ist diese sehr variable Topographie der Zellen. Der Slogan der AFM-Analysen lautet: „the flatter the better", d. h. je flacher eine Struktur ist, desto besser lässt sie sich untersuchen. Gerade deshalb besteht die paradoxe Tatsache, dass es einfacher ist, die Änderung einer individuellen Molekülkonformation in einer Molekülsuspension auf der Angströmebene zu identifizieren, als z. B. eine (bedeutend größere) kolloidale Goldmarkierung mit dem Durchmesser von 30 nm auf der Oberfläche einer nicht sehr flachen Zelle zu finden. Trotzdem wurde die Untersuchung zahlreicher Zelleigenschaften möglich, die im Elektronenmikroskop zwar analysierbar wären, aber bei denen es schwierig ist, das Erscheinen von Artefakten durch Präparieren und Messbedingungen zu vermeiden.

Die Herstellung der Rastersonde ist selbst eine technische Errungenschaft, denn ihre Spitze ist eine „Kugel" mit einem Durchmesser von einigen nm, eventuell Angström. Dazu besteht sie aus einem sehr harten Siliziumnitrid oder Siliziumkristall. Natürlich ist das mit dem Rastern erstellte „Bild" nicht ganz ideal, denn es kann auch von der Form der Sonde beeinflusst sein. Das Rastern selbst kann in verschiedenen Betriebsarten erfolgen, so z. B. als Kontakt oder als Kraftwechselwirkung. Für zellbiologische Experimente scheint die Oszillation (tapping-Modus) und die im wässrigen Medium messende Sonde mit einem Spitzendurchmesser von einigen (1-10) nm besonders geeignet. Der auffälligste Unterschied zwischen elektronenmikroskopischen und AFM-Messungen ergibt sich klar aus dieser Feststellung, weil man so mit dem AFM auch in wässrigem Milieu arbeiten kann, was bei elektronenmikroskopischen Untersuchungen unmöglich ist.

X/3 Moderne lichtmikroskopische Verfahren

X/3.1 Konfokale Laser Rastermikroskopie, CLSM

Thematisch rechnet die konfokale Laser Rastermikroskopie (Confocal Laser Scanning Microscopy, CLSM) durch die Einführung des Rasterns und das dramatisch erweiterte Auflösungsvermögen der klassischen Mikroskope zu den heutigen modernen Mikroskopiemethoden, obwohl es sich eigentlich um eine klassische optische Mikroskopie handelt. Das System erstellt mittels Rastern ein Bild einer Schicht in der eingestellten Tiefe unserer Wahl. Bei der Untersuchung dickerer biologischer Präparate, Gewebe oder Gewebegruppen kann mit der CLSM erreicht werden, dass sich die übereinander liegenden Schichten nicht aufeinander projizieren, sondern man ohne physikalisches Bearbeiten des Präparates optisch scharf getrennte Bilder dünner Schichten erhält. So können wir in das Innere der Zelle „schauen", ohne diese aufzuschneiden. Obwohl die Auflösung in der x-y Ebene durch das Abbe-Prinzip bestimmt ist, brachte die konfokale Optik die Leistungsfähigkeit der Lichtmikroskope einen großen Schritt nach vorn, teils durch die Verbesserung der Auflösung in der z-Ebene (entlang der optischen Achse), teils durch die elektronische Speicherung der einzelnen optischen Schnittbilder, aus denen nachträglich zweidimensionale Schnitte in beliebiger räumlicher Orientierung oder sogar dreidimensionale Bilder erstellt werden können.

Das Funktionsprinzip der CLSM ist in Abb. X.24 dargestellt. Die Photonen aus dem Präparat fallen durch die enge Apertur in der hinteren Brennebene des optischen Systems auf den Detektor. Die hintere Brennebene steht mit der Brennebene des Objektivs in **konjugiertem** Verhältnis (daher die Bezeichnung **konjugierte Fokalität**), wodurch die aus der vorderen Brennebene eintreffenden Photonen das Objektiv als paralleles Bündel verlassen,

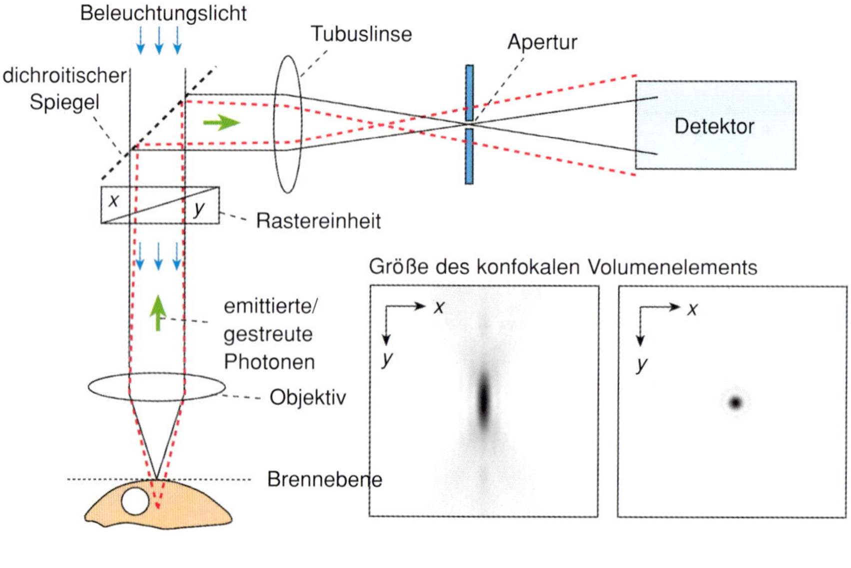

Abb. X.24. Aufbau des konfokalen Laser Rastermikroskops und Größe des abgebildeten konfokalen Volumenelements Die von der Brennebene des Objektivs eintreffenden Photonen (schwarze Linien) durchlaufen die in der hinteren Brennebene platzierte Apertur und nehmen an der Bilderzeugung teil. Die Photonen, die nicht aus der Brennebene kommen, werden vor oder hinter der Apertur fokussiert, so wird ihr Großteil von der Bilderzeugung ausgeschlossen. Das Ergebnis ist die Auflösung in der z-Richtung (der optischen Achse) (und damit die Möglichkeit der optischen Tomographie), die aber noch immer bedeutend schlechter ist, als die Auflösung in der vom Abbe-Prinzip bestimmten x-y Richtung. Zu sehen sind die Signalquellen der einzelnen abgebildeten Raumpunkte, das x-z und das x-y Schnittbild des konfokalen Volumenelements: das x-y Schnittbild ist symmetrisch, das x-z Schnittbild ist in Übereinstimmung mit der schwächeren z-Auflösung gestreckt. Dementsprechend ist es üblich, das konfokale Volumenelement mit einem Rotationsellipsoid zu vergleichen.

durch die Tubuslinse auf die Aperturöffnung fokussiert werden und ohne Verlust zum Detektor gelangen. Photonen, die aus den Ebenen unter und über der vorderen Brennebene kommen, verlassen das Objektiv als gesammelte oder gestreute Bündel und fallen auch so auf die Tubuslinse, weshalb sie vor oder hinter die hintere Brennebene (und die Apertur) fokussiert werden. In beiden Fällen haben diese Bündel in der hinteren Fokusebene einen größeren Durchmesser als die Apertur und so wird ein Teil ihrer Photonen nicht durch die Öffnung gelangen. Je entfernter sich die Photonenquelle von der vorderen Brennebene befindet, desto weniger Photonen gelangen durch die Apertur. Durch das progressive Ausblenden der Photonen, die von außerhalb der Brennebene kommen, erhält man ein scharfes Bild aus einer im Vergleich zum klassischen Mikroskopbild schmalen, gut definierten Schicht. Die Auflösung längs der z-Achse kann erhöht (und damit die Schichtdicke verringert) werden, wenn die Aperturblende verkleinert wird. In der Praxis beträgt die Schichtdicke einige Mikrometer, die Auflösung in der z-Richtung ist also bedeutend schlechter als in der x-y-Richtung. Die Unverzichtbarkeit einer Laserlichtquelle ergibt sich daraus, dass die Intensität des Lichtstrahls, der durch die schmale Apertur (ein Loch von weniger als 1 mm) gelangt, im Vergleich zu der totalen Anregungsintensität sehr gering ist. Die Intensität des Laserlichts reicht aber auch in diesem Fall noch aus, um von elektrooptischen Sensoren detektiert zu werden.

Die Erstellung des zweidimensionalen Bildes erfolgt durch Rastern. In den modernen Systemen wird das kollimierte beleuchtende Laserbündel über ein optisches System (z. B. einen bewegten Spiegel) nacheinander auf die Zielpunkte des Präparates gerichtet. Es gibt aber auch Geräte, in denen das Präparat in kleinen Schritten vom motorisierten Objektträger bewegt wird. Die von den beleuchteten Punkten emittierten oder reflektierten Photonen gelangen nach entsprechender Filterung in den Detektor, der meist ein Photoelektronenvervielfacher, seltener eine Diodenreihe oder Lawinenphotodiode ist. Der gemessene Photonenstrom wird von der Elektronik (A/D Wandler, s. VII/1.5.1) in proportionale Zahlenwerte umgewandelt, und diese Zahl wird dem gerade beleuchteten Volumenelement (bzw. dem entsprechenden Punkt im zweidimensionalen Bild) zugeordnet. Die erstellten Bilder werden elektronisch gespeichert. Zur Erstellung von dreidimensionalen Bildern wird in Abhängigkeit vom Mikroskoptyp die Position des Objektivs oder des Objektträgers schrittweise verändert und in jeder Position das zweidimensionale Bild der Brennebene aufgenommen. Die Größe der z-Schritte reicht in der Regel von einigen Hundert nm bis zu einigen Mikrometern. Bei engerer Apertur ist die optische Schichtdicke geringer, so gewinnen auch die kleineren z-Schritte einen Sinn, aber das Signal-Rausch-Verhältnis nimmt ab.

Die Bildgebung ist, wenn auch aus einer schmalen Schicht in einer schärferen Brennebene, so doch eine klassische optische Bilderzeugung, so gelten die Ausflösungsbeschränkungen nach Abbe. Die Auflösung in der x-y-Ebene bleibt dementsprechend auf einige Hundert nm limitiert (in Abhängigkeit von der emittierten bzw. reflektierten Wellenlänge). In der konfokalen Mikroskopie, bei der gleichzeitig ein sehr kleines Volumenelement mit einem kollimierten Laserstrahl beleuchtet und das davon stammende Signal detektiert werden, kann man das auch so formulieren, dass das Auflösungsvermögen davon abhängt, wie klein, wie punktförmig dieses kleine Volumenelement ist. Das Bild ist offensichtlich umso schärfer, je geringer die Ausdehnung des Lichtpunktes ist, d. h. je geringer die Ausdehnung der sog. „point spread function" ist. Die Kenntnis dieser Funktion ermöglicht es, die „Ausbreitung" der Objektpunkte durch die Optik mathematisch zu beschreiben und das als Korrektion bei der Verarbeitung des Bildes zu berücksichtigen. Laut Abb. X.24 entspricht das vom fokussierten Laserbündel mit der größten Photonendichte beleuchtete Volumenelement einem Rotationsellipsoid, dessen Ausdehnung in der x-y Ebene diffraktionslimitiert ist. In der z-Richtung ist die Photonendichte in der Brennebene maximal, also von dort stammen die meisten Signale, aber entlang der optischen Achse durchläuft das Licht die ganze Objektdicke. Die konfokale Apertur hat den Zweck, mit der Entfernung von der Brennebene einen immer größeren Anteil der emittierten oder reflektierten Photonen von der Bilderzeugung auszuschließen. Daraus kann man schließen, dass die konfokale Auflösung von zwei Faktoren abhängt: der Größe des beleuchteten Volumenelements (in was für ein kleines Volumen lässt sich die Mehrheit der Photonen „einzwängen") und von der Größe des detektierten Volumens (wieweit können die für das Bild uninteressanten Photonen ausgeblendet werden). Die Manipulation der beiden Volumenelemente ermöglicht die weitere Erhöhung des Auflösungsvermögens des konfokalen Mikroskops. Hier sind drei prinzipielle Methoden zu erwähnen, die in die alltägliche Forschungsarbeit Eingang gefunden haben: die Zweiphotonenanregung, die Theta-Mikroskopie und die 4-π-Mikroskopie. Darüber hinaus wird auch derzeit an der Entwicklung zahlreicher anderer, die nichtlinearen optischen Phänome nutzender Methoden gearbeitet.

Die modernen Hochleistungscomputer haben gleichfalls dazu beigetragen, dass sich das 1969 von Davidovitz und Mitarbeitern konstruierte CLSM verbreitet hat und wirklich zu einem sehr brauchbaren Instrument wurde. Als Ausgangspunkt ist in gewissem Sinne das optische Differenzialinterferenzmikroskop von Nomarski anzusehen, das sich als geeignet erwies, optische Schichten darzustellen, und damit das klassische Phasenkontrastmikroskop von Zernike weit überflügelte. Das CLSM-Funktionsprinzip ist zwar anders, aber wie Abb. X.24 zeigt, ist es kaum komplizierter, als das klassische optische Mikroskop, hat aber trotzdem die Möglichkeiten, biologische Kenntnisse zu gewinnen, revolutioniert. Abb. X.25 zeigt den Durchschnitt einer Zelle, die noch fast vollkommen intakt ist, abgesehen davon, dass sie gerade im

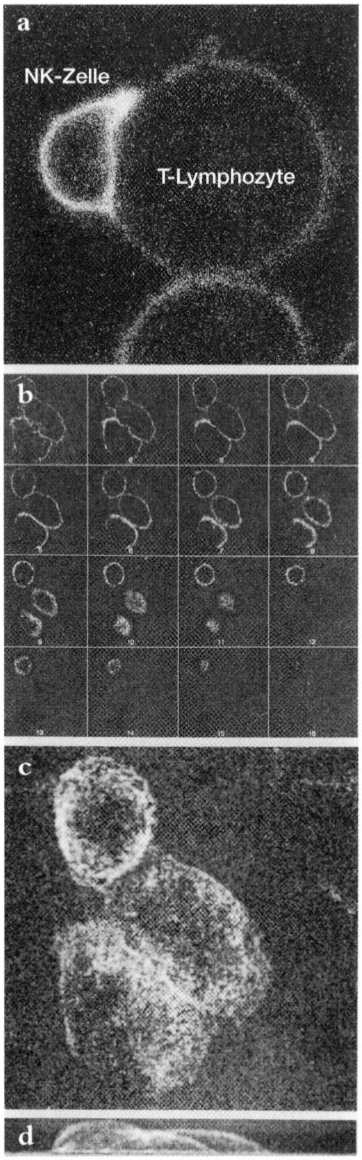

Abb. X.25. **a.** Konfokalmikroskopisches „optisches Schnittbild" einer mit Immunfluoreszenz sichtbar gemachten natürlichen Killerzelle (NK) und der von ihr angegriffenen T-Lymphozyte

b, c, d: Konfokalmikroskopische Bilder von mit Immunfluoreszenz markierten EGF-Rezeptoren in Tumorzellen der Brust

b. „Optische Schnitte" in verschiedenen Tiefen des Objektes

c. Projektion der optischen Schnitte aufeinander

d. Seitenbild des Objektes. Aus diesem Blickwinkel wurde kein Bild aufgenommen, es handelt sich um eine Computerrekonstruktion aufgrund der Schichtbilder.

Möglichkeiten zur Auflösungsverbesserung des konfokalen Mikroskops

Mehrphotonenanregung

Die von Goeppert-Mayer schon um 1930 theoretisch vorausgesagte Zwei-oder Mehrphotonenanregung hat die CLSM-Möglichkeiten stark erweitert. Es kann mit sehr geringer Wahrscheinlichkeit vorkommen, dass ein Elektronensystem eines Moleküls die zur Anregung eines Elektrons notwendige Photonenenergie nicht durch Absorption eines Photons aufnimmt, sondern durch die gleichzeitige Absorption z.B. von zwei Photonen, deren gemeinsame Energie der Anregungsenergie entspricht. Bei einer fluoreszenmikroskopischen Untersuchung bedeutet das soviel, dass ein Farbstoff mit der Anregungsenergie im sichtbaren Bereich, z.B. mit Photonen des IR-Bereichs, mit halb so hoher Energie angeregt werden kann, wenn die Intensität des anregenden IR-Bündels ausreichend groß ist. Da die Wahrscheinlichkeit der Absorption eines Photons proportional zur Photonendichte ist, wird die Wahrscheinlichkeit der gleichzeitigen Absorption von zwei Photonen proportional zum Quadrat der Photonendichte sein. Abb. 1 zeigt die Photonendichte sowie die Verteilung ihres Quadrates entlang der x- und z-Achse. Es ist offensichtlich, dass die Funktion des Dichtequadrats sowohl in x- als auch in z-Richtung eine bedeutend schmalere Verteilung zeigt, also das mit Zweiphotonenanregung ausgewählte Volumenelement in jeder Dimension kleiner ist als das mit einem Photon angeregte Volumenelement.

So kann man allein durch Fokussieren des hochintensiven Laserlichtes die Tiefenelemente (beim Rastern die Schicht) des Präparates auswählen, von wo die Fluoreszenz durch Anregung zu erwarten ist. Dieses Phänomen löst also das Problem der Tiefenauflösung auch ohne konfokale Optik, es gibt eine fast gleiche Auflösung wie das konfokale Mikroskop. Benutzt man es mit konfokaler Optik zusammen, wird die Auflösung noch besser. Der zweite große Vorteil der Methode besteht darin, dass die Eindringtiefe des anregenden IR-Lichtes bedeutend größer ist als die des sichtbaren Lichtes (s. II/2.3.3), es können also auch tiefer liegende Schichten, Zellen dickerer Gewebe gut untersucht werden. Der dritte Vorteil ist, dass bei der Zweiphotonenanregung das Ausbrennen der Fluoreszenzfarbstoffe (Photonenbleichung) nur in der konfokalen Ebene erfolgt, denn nur hier werden die Farbstoffmoleküle angeregt. Beim klassischen konfokalen Mikroskop werden die Fluoreszenzmoleküle bis zu einem gewissen Grad auch unter und über der Brennebene angeregt, so kann es - besonders bei Photonenbleichen gegenüber empfindlichen Farbstoffen (z. B. Fluorescein) - vorkommen, dass bei den Aufnahmen der letzten Schichten des fluoreszenzmarkierten Objektes das Fluoreszenzsignal fast gleich dem Hintergrundsignal ist, wodurch die reale Rekonstruktion eines dreidimensionalen Bildes unmöglich wird.

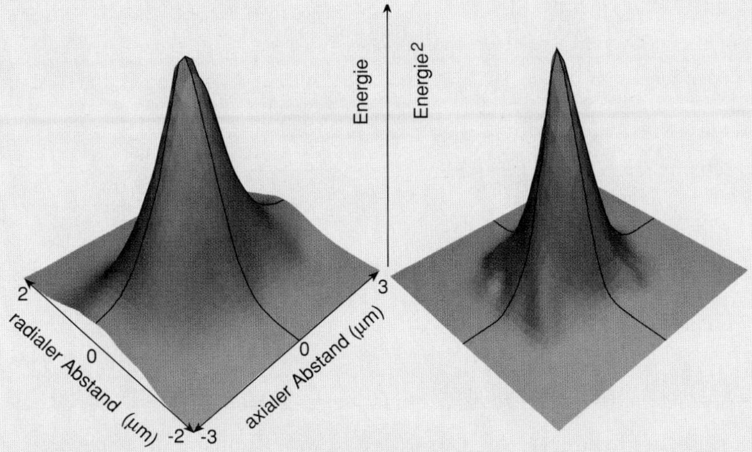

Abb. 1. Die räumliche Verteilung der Energie im Laserbündel

4-π-Mikroskopie

Bei der Diskussion des Auflösungsvermögens der Lichtmikroskope (s. VI/2.2.2) haben wir gesehen, dass beleuchtendes und detektierendes optisches System (Kondensor und Objektiv) proportional zur numerischen Apertur sind. Es stellte sich auch heraus, dass der NA-Wert eines guten Objektivs (bei einem Medium mit der Brechzahl n = 1,5) den Wert von 1,5 nicht überschreiten darf, denn der Sehwinkel des Objektivs kann nur ▶

kleiner als 180° sein. Richtet man aber zwei Objektive mit hohem NA-Wert einander gegenüber so auf ein dünnes Objekt, dass ihre vorderen Brennebenen zusammenfallen, und benutzt man beide gleichermaßen zum Beleuchten und Detektieren, dann addiert sich der NA-Wert der beiden Objektive. In diesem Fall ist das Photonensammelvermögen verdoppelt, denn die emittierten Photonen werden unter einem maximalen Sehwinkel, der dem Raumwinkel 4 π nahe kommt, gesammelt – daher die Bezeichnung dieser Methode. Abb. 2 zeigt, dass das 4 π konfokale Volumenelement in der z-Richtung bedeutend kürzer ist als beim klassischen konfokalen Mikroskop, aber es entstehen auch zwei potenziell störende Nebenprodukte. Das von den Nebenprodukten stammende Signal kann in Kenntnis der point-spread-Funktion mathematisch korrigiert, subtrahiert werden. Die Methode bessert in erster Linie die Auflösung in z-Richtung, aber auch in der x-y-Ebene wird eine geringe Besserung erreicht.

Theta-Mikroskopie

Wie schon bei der Diskussion der konfokalen Mikroskopie erwähnt, bestimmen die beleuchteten und detektierten Volumenelemente gemeinsam die Auflösung. Bei der Theta-Mikroskopie ist das so genutzt, dass die beleuchtenden und detektierenden Objektive senkrecht (oder annähernd senkrecht) zueinander platziert sind. Die angeregten und die detektierten Rotationsellipsoide stehen so senkrecht zueinander (s. Abb. 2) und ihr Schnittbild ist ein bedeutend kleineres, etwas gestrecktes kugeliges Volumenelement. Mit dieser Methode ist die Auflösung des konfokalen Mikroskops sowohl in der z-Richtung, als auch in der x-y-Richtung besser. Die Theta-Mikroskopie lässt sich auch mit der 4 π Methode kombinieren, was die Auflösung noch weiter verbessert (s. Abb.2). Weil die Probe dabei aber in den gemeinsamen Brennpunkt von drei Objektiven mit großer Apertur platziert werden muss, ist diese Näherung in der Praxis nicht sehr praktisch.

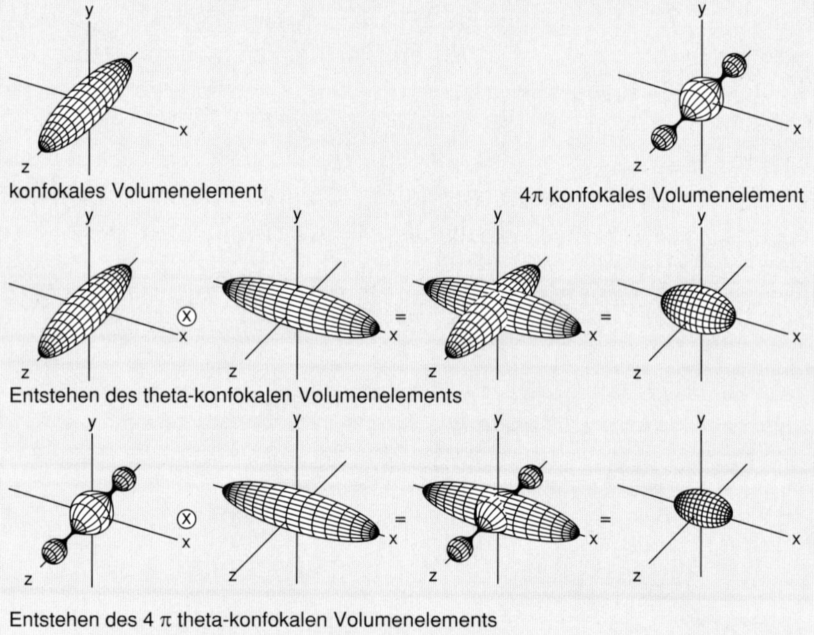

Abb. 2. Die Form des Volumenelementes bei den verschiedenen konfokalen Mikroskopen

Fluoreszenzkorrelationsspektroskopie: spezielle Nutzbarmachung des konfokalen Volumenelements

Die Winzigkeit des konfokalen Volumens, die Femtoliter-Größenordnung, kann auch genutzt werden, mit korrelationsspektroskopischen Messungen die individuelle Empfindlichkeit von Molekülen zu bestimmen. Die Messung beruht auf der vom untersuchten Molekül emittierten Fluoreszenz, deshalb wird sie als Fluoreszenzkorrelationsspektroskopie (fluorescence correlation spectroscopy, FCS) bezeichnet. Die Grundlage bildet, dass die fluoreszierenden Moleküle während der Diffusion in das beleuchtete konfokale Volumen „schwimmen“, dort Fluoreszenzsignale ausstrahlen, die mit einer empfindlichen Lawinenphotodiode detektiert werden. Verlassen die Moleküle das Volumen, so hört das Signal auf (s. Abb.). Sofern das beobachtete Volumen ausreichend klein und die Lösung bezüglich der Fluorophore ausreichend dünn ist, halten sich in dem gegebenen Beobachtungsintervall im konfokalen Volumen nur einige Moleküle auf. Weil dann die Molekülzahl im Volumen eine statistische (Poisson) Schwankung zeigt, wird auch die im Zeitintervall registrierte Fluoreszenzfunktion $F(t)$ eine Fluktuation zeigen. Aus der Fluktuation lässt sich laut dem in X/1.3 Diskutierten eine Autokorrelationsfunktion berechnen. Die Form der Autokorrelationsfunktion $G(\tau)$ wird von der Form und Größe des konfokalen Volumens sowie der absoluten Konzentration und dem Diffusionskoeffizienten der fluoreszierenden Moleküle bestimmt sein. In dem Beispiel der Abbildung sollen Informationen über einen durch die Zellmembran diffundierenden fluoreszenzmarkierten Rezeptor gesammelt werden. In diesem Fall kann die Autokorrelationsfunktion mit der Gleichung

$$G(\tau) = \frac{1}{N} \cdot \frac{1}{1+\frac{\tau}{\tau_D}} \cdot \frac{1}{\sqrt{1+\frac{\tau}{S^2 \cdot \tau_D}}}$$

angepasst werden, wo N die mittlere Zahl der im Volumenelement befindlichen fluoreszierenden Teilchen, $\tau_D = \frac{\omega_{xy}^2}{4D}$ die sog. Diffusionskorrelationszeit, die wegen der zweidimensionalen Diffusion durch die Membran vom Radius ω_{xy} des Schnittes der Membran durch das konfokale Volumen und vom Diffusionskoeffizienten D abhängt, und $S = \frac{\omega_z}{\omega_{xy}}$ das Verhältnis des axialen (längeren) Radius ω_z zum horizontalen Radius ω_{xy} des Volumenelements sind. Aus der angepassten Funktion können in Kenntnis der Radien ω_{xy} und ω_z der Diffusionskoeffizient D, das konfokale Volumenelement und die darin befindliche mittlere Molekülzahl ($N = 1/G(0)$, wo $G(0)$ der auf den Wert $\tau = 0$ extrapolierte Wert von $G(\tau)$ ist) mit einer einzigen Messung bestimmt werden. In Kenntnis des Volumens und der Zahl N kann man auch die absolute Konzentration der Moleküle berechnen.

Ein Spezialfall der Messung mit der FCS-Methode ist es, wenn die gemeinsame Diffusion von Molekülen, die mit zwei verschiedenen Fluorophoren markiert wurden, untersucht wird. Dann ist die Gleichung aus X/1.3 insofern modifiziert, dass das Fluoreszenzsignal der einen Molekülart im Zeitpunkt t mit dem Signal des *anders-*

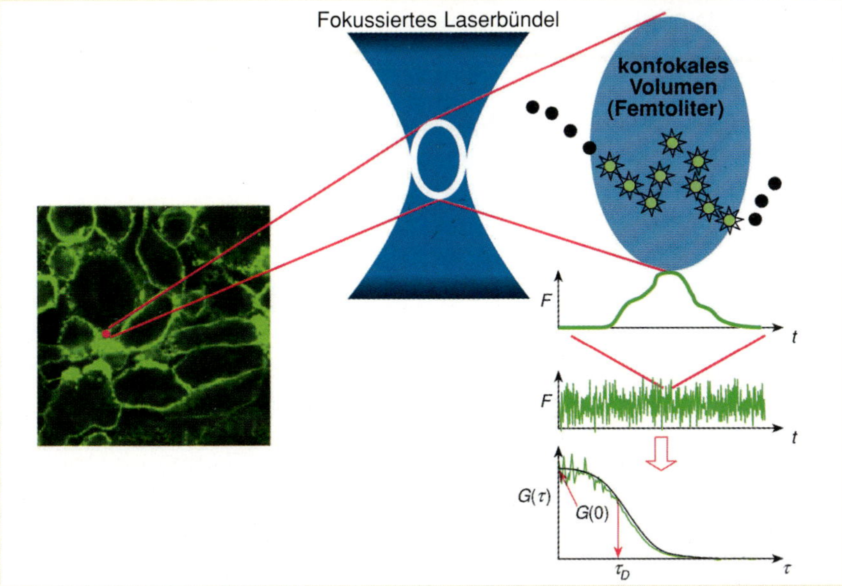

Messung der Diffusion von fluoreszenzmarkierten Rezeptoren in der Membran lebender Zellen. Die fluoreszierenden Moleküle, die in das vom fokussierten Laserbündel beleuchtete, Femtoliter große Volumen eintreten und aus ihm austreten, verursachen in der hochempfindlich detektierten zeitlichen Fluoreszenzfunktion $F(t)$ eine Fluktuation. Mit Hilfe der aus der Funktion $F(t)$ generierbaren Autokorrelationsfunktion $G(\tau)$ können die mittlere Zahl der Moleküle $N = 1/G(0)$ und die Diffusionskonstante $D = \frac{\omega_{xy}^2}{4\tau_D}$ mit einer Messung bestimmt werden.

artigen Moleküls nach verschiedenen Zeitintervallen τ verglichen wird. Das ist die Kreuzkorrelationsspektroskopie (fluorescence crosscorrelation spectroscopy, FCCS). Sofern die beiden Signale auch eine Korrelation zeigen, wird die gemeinsame Diffusionskorrelationszeit die Diffusionszeit des Komplexes aus den beiden Molekülen sein. Dass in diesem Fall eine sog. Kreuzkorrelationsfunktion überhaupt entsteht, ist ein untrügliches Zeichen, dass es in der Population der beiden verschiedenen markierten Moleküle solche Individuen gibt, die wenigstens für den Zeitraum einen stabilen Komplex bilden, der für das gemeinsame Diffundieren durch das konfokale Volumenelement erforderlich ist. Das wird als Phänomen der „gemeinsamen Bewegung" bezeichnet, was auf eine in der Zeit konstante (statische) Assoziation hinweist, die mit einer dynamischen Methode aufgedeckt wurde, im Gegensatz z. B. zum „momentanen Zusammenstehen", das mit der in X/1.1.1 beschriebenen Methode des Fluoreszenzresonanzenergietransfers demonstriert werden kann.

Die Methode eignet sich natürlich nicht nur für die Analyse der Fluktuationen bei der Diffusion; mit ihrer Hilfe können auch verschiedene chemische Reaktionen, die Geschwindigkeitskonstanten der Tripletzustände, die während der Fluorophoranregung entstehen, bestimmt werden. Am verbreitesten ist die Methode in der Arzneimittelindustrie, weil sich die molekularen Wechselwirkungen sehr einfach und schnell untersuchen lassen, wenn das eine untersuchte Molekül an eine feste Phase oder langsam diffundierende große Teilchen gebunden wird, wonach man aus dem Stagnieren oder der Verlangsamung der Diffusion des zugemischten Moleküls auf die Wechselwirkung schließen kann. Die Anwendung bei der Untersuchung von Zellen gehört heute noch nicht zu den Routinemessungen, aber aufgrund der bisherigen Ergebnisse scheint sich die Methode zur Untersuchung der molekularen Wechselwirkungen an der Zellmembran oder im Zellinnern (z. B. Ligand und Rezeptor, DNA und Transkriptionsfaktor) gut zu eigenen. Die Eigenschaft, dass sie auf der Fluktuationsmessung relativ geringer Konzentrationen basiert, macht die Methode besonders nutzbar bei der Untersuchung von seltenen Molekülen mit geringer Expression.

Moment der Untersuchung von einer natürlichen Killerzelle (einer speziellen Lymphozyte), die sie als Tumorzelle erkannt hat, getötet wurde.

Die Rasterkraft und die laserkonfokale Mikroskopie haben nicht nur die angewandte Biophysik der Oberflächen, sondern auch die Zellbiologie und aus vielen Aspekten auch die Biochemie revolutioniert. Die Einführung dieser Methoden in die alltägliche Labordiagnostik ist wahrscheinlich nur eine Frage der Zeit. Auf die Nutzung und Anwendung in breiten Kreisen wird sich wahrscheinlich positiv auswirken, dass diese Methoden bzw. die Geräte derzeit zwar noch teuer sind, aber sie sind wesentlich billiger als Elektronenmikroskope und können auch für Objekte im natürlichen, nativen Zustand eingesetzt werden.

X/3.2. Nahfeld-Mikroskopie, NSOM

Die Nahfeld-Mikroskopie (nearfield scanning optical microscopy, NSOM) ist eine echte optische Methode, die sowohl bei der Rastermikroskopie als auch bei der hochauflösenden optischen Mikroskopie diskutiert werden kann. Die Grundlage bildet das Umgehen der beugungsbegrenzten Bilderzeugung. Zur Beleuchtung eines möglichst kleinen Punktes des Untersuchungsobjektes bedienen sich die konfokalen und anderen, im vorhergehenden Abschnitt diskutierten Mikroskope einer Optik, die dem Abbe-Prinzip folgt, also bei der die Größe des beleuchteten Volumenelements von der Beugung begrenzt ist. Wird diese Beleuchtungsoptik, die parallele kohärente Lichtstrahlen in einem kleinen Punkt fokussiert, weggelassen und an ihrer Stelle nur eine winzige Öffnung benutzt, durch die eine Fläche in der Größe der Öffnung beleuchtet wird, so ist die Auflösung nicht von der Beugung, sondern von der Größe der Apertur bestimmt. Das kann aber nur dann zur Geltung kommen, wenn keine Beugung auftritt, wozu die Apertur der beleuchteten Fläche bis zu einem Bruchteil der Wellenlänge (einige 10 nm) genähert werden muss. Dann tritt das an der Apertur entstehende sog. Nahfeld (nearfield) mit den Fluorophoren in Wechselwirkung, daher auch die Bezeichnung der Methode. Es ist klar, dass sich das von Lewis, Fischer, Pohl und Mitarbeitern entwickelte Nahfeldmikroskop in erster Linie zur Untersuchung von Oberflächen in Aperturnähe eignet (obwohl das Nahfeld – in Abhängigkeit von der physikalischen Struktur, Geometrie der Belichtungsapertur – bei transparenten Materialien bis zu einer gewissen Tiefe unter die Oberfläche eindringen kann).

Zur Beleuchtung dient meist eine Faseroptik, die ausreichend biegsam ist, um die Photonen aus der Laserlichtquelle über die Oberfläche zu leiten und auch noch das Rastern über der Oberfläche erlaubt. Das Ende der Faseroptik wird gewöhnlich mit einem ähnlichen Verfahren verdünnt, wie das Ziehen der patch-clamp-Pipetten. Die äußere Umhüllung der Faser muss zum Verdünnen vom gezogenen Teil entfernt werden, so ist dort die Totalreflexion durch die fehlende Hülle nicht erfüllt. Wenn verhindert werden soll, dass an dem gezogenen Teil seitlich Photonen austreten, wird auf diesen Teil eine dünne Metallschicht aufgedampft.

Nach Beleuchtung des Flächenelementes können die Photonen gestreut werden oder Fluorophore anregen. Die gestreuten oder emittierten Photonen können auf zwei Weisen detektiert werden. Man kann ein Objektiv mit großer NA in einem entfernten Feld platzieren (Abb. X.26a) oder auch die in die Belichtungsapertur eintretenden Photonen detektieren (Abb. X.26b). Im zweiten Fall wird ähnlich wie beim Epifluoreszenzmikroskop zum Trennen der anregenden und der emittierten Photonen ein dichroitischer Spiegel eingesetzt.

Zum korrekten Messen, Abbilden ist es unerlässlich, die Apertur in gleichmäßiger Höhe über der Fläche zu halten. Dazu eignet sich am besten eine

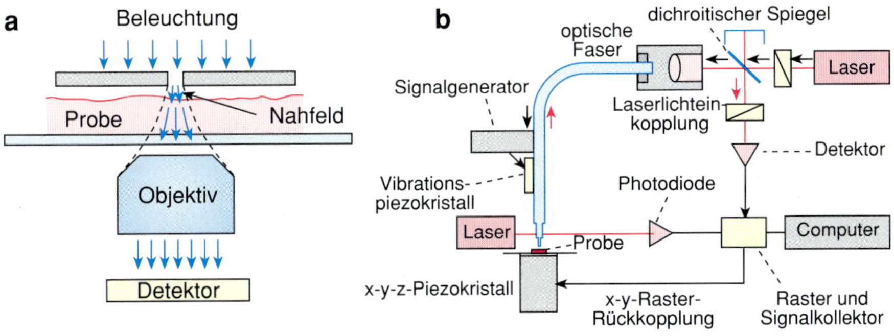

Abb. X.26. Aufbau eines Nahfeldmikroskops: **a.** Nahfeldanregung und Detektieren im entfernten Feld, **b.** Anregen und Detektieren im Nahfeld. Das Fluoreszenzsignal wird hier von derselben optischen Faser gesammelt, die das Anregungslaserlicht zur Probe leitet.

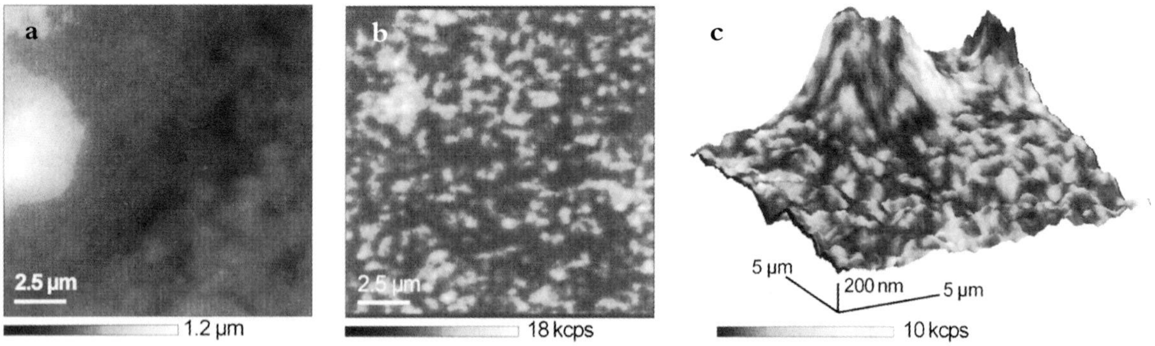

Abb. X.27. NSOM-Aufnahme fluoreszenzmarkierter Tumorzellen aus der Brust. **a.** Topographisches Bild, die Grauabstufungen kennzeichnen die Höhenverhältnisse, **b.** Verteilung der Fluoreszenzintensität, die Grauabstufungen kennzeichnen die Dichte der mit fluoreszierenden monoklonalen Antikörpern markierten Rezeptoren der Zelloberfläche, **c.** kombiniertes Bild, auf dem die Topographie durch die räumliche Darstellung und die Fluoreszenzintensität durch Grautöne veranschaulicht sind.

auch beim AFM genutzte Einrichtung zum Rastern und zur Höhenrückkopplung, die nicht nur ein zweidimensionales Fluoreszenz- (oder Reflexions-) Bild erstellt, sondern auch die Topographie der Oberfläche beschreiben kann. Die NSOM zeigt im Vergleich zur AFM eine schwächere topographische und seitliche Auflösung (letztere ist ca. 30-100 nm), ihr großer Vorteil ist jedoch, dass spezifische Fluoreszens- (z. B. Immunfluoreszenz-) Signale detektiert werden können, und sie sich auch mit anderen spektroskopischen Methoden kombinieren lässt. Auch eignet sie sich zur empfindlichen Beobachtung von einzelnen Molekülen.

Abb. X.27 zeigt eine Aggregation von Rezeptoren an der Zelloberfläche mittels der Lichtemission, die von dem an die Rezeptoren gebundenen Fluoreszenzmarker induziert wurde. Während die Lichtemission mit dem Atomkraftmikroskop nicht detektiert werden kann und so die Identifikation der Oberflächenstrukturen schwieriger ist, verfügt die Nahfeldspektroskopie über alle Vorteile der Identifizierung mittels Fluoreszenz.

X/3.3 Evaneszenzfluoreszenz

Die biologischen Vorgänge während der Lebensprozesse der Zellen und während des Informationsaustausches unter den Zellen werden von molekularen Wechselwirkungen gesteuert und reguliert. Zum tiefen Verständnis dieser Wechselwirkungen ist es notwendig, die physikalische Natur der Wechselwirkung an einem einzigen Molekülpaar zu untersuchen. Das Studium der Wechselwirkung zwischen Eiweiß-Eiweiß, Eiweiß und DNA oder RNA oder einem beliebigen anderen (Makro-) Molekül wurde dadurch möglich, dass Untersuchungssysteme erfunden wurden, in denen während der Wechselwirkung zweier Moleküle optische oder elektrische Signale gesendet werden. Die Analyse dieser Signale ermöglichte das Studium der intermolekularen Wechselwirkungen an einem einzigen Molekülpaar.

Eine dieser Methoden basiert auf einer besonderen Form der Fluoreszenz. Nimmt man eine so dünne optische reflektierende Fläche, die bei einer gegebenen Lichtwelle die Totalreflexion ermöglicht, so ist laut der klassischen

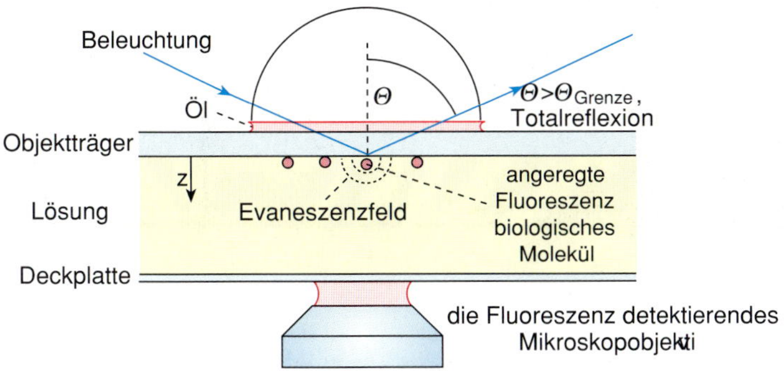

Abb. X.28. Die Untersuchung der Evaneszenzfluoreszenz

physikalischen Interpretation der Totalreflexion die Wahrscheinlichkeit, dass der Lichtstrahl (oder eine andere elektromagnetische Strahlung) während der Totalreflexion auch andere Wirkungen ausübt, praktisch gleich Null. Platziert man aber ausreichend nah (in molekülgroßer Nähe) zum Ort der Totalreflexion ein Molekül, das die gegebene Lichtwelle absorbieren kann, so ist dieses in der Lage, aus dem entstandenen elektromagnetischen Feld ein Quantum praktisch zu „stehlen". Das kann zur Anregung des Moleküls und zum Auslösen der Fluoreszenz – d. h. einer wahrnehmbaren Lichterscheinung – ausreichen. Die „molekulare Nähe" setzt voraus, dass sich das nahe Molekül im elektromagnetischen Feld des totalreflektierten Lichtstrahls befindet. Das Phänomen wird als von totaler innerer Reflexion ausgelöste Fluoreszenz (total internal reflection fluorescence, TIRF) bezeichnet.

Um diese Phänomene zu verstehen, untersuchen wir zuerst die Fluoreszenzerscheinung der Totalreflexion. Wie aus der Optik bekannt ist, wird ein Lichtstrahl, der auf die Grenzfläche zwischen einem Medium mit höherer Brechzahl und einem Medium mit niedriger Brechzahl fällt, über einem kritischen Einfallwinkel Θ_{kritisch} total reflektiert, wo $\Theta_{\text{kritisch}} = \arcsin (n_2/n_1)$ und n_1 und n_2 die Brechzahlen des ersten und zweiten Mediums sind (Abb. X.28).

Die Intensität des sog. evaneszenten elektrischen Kraftfeldes nimmt senkrecht zur Grenzfläche zwischen den beiden Brechmedien exponentiell ab, d. h. :

$$J(z) = J_0 e^{-z/d} \tag{X.25}$$

wo z der Abstand von der Grenzfläche und d die Eindringtiefe bei Wellen sind, die unter einem größeren als dem kritischen Winkel einfallen. Befindet sich der Fluoreszenzfarbstoff ausreichend nah zu diesem elektromagnetischen Feld, so kann er ein Photon „stehlen" und in angeregten Zustand gelangen.

Auf diese Weise kann ohne jegliche Hintergrundfluoreszenz ein einziges Molekül angeregt und die ausgelöste Fluoreszenz detektiert werden, weil die Wahrscheinlichkeit der Anwesenheit von Molekülen mit gleichen Eigenschaften und gleichem Absorptionsvermögen in gleicher Nähe sehr gering ist. So lässt sich also das Detektieren der Fluoreszenz eines einzigen Moleküls realisieren. Solche Experimente ermöglichten die Bestimmung der molekularen Wechselwirkungen in der bisher besten Auflösung. Es wurden die Wechselwirkung zwischen dem Myosin und dem Aktin, die Kraftverhältnisse bei der Kontraktion eines Aktinfadens, die von der freigesetzten Energie beim Abbau eines einzigen ATP-Moleküls erzeugt wurde, usw. gemessen.

X/3.4 Die optische Pinzette

Die sog. optische Pinzette ist eine neue Waffe der zellbiologischen Manipulationen. Die reine Beobachtung der Zellen wurde schon früh durch eine ganze Reihe von außerordentlich hochauflösenden und feinen Manipulationen an den Zellen abgelöst oder ergänzt. Die biochemischen Präparationsmethoden sind sehr oft nichts anderes, als Verfahren an einer großen Zellmasse, deren Endprodukte nach Aufbrechen und Homogenisieren der Zelle, d. h. um den Preis der Zellzerstörung gewonnene, reine Zellbausteine sind. Aus diesen Präparaten gewinnt die molekularbiologische Analyse fast einem Wunder gleich sehr wertvolle Informationen. Aber weder diese Verfahren, noch die Einführung der modernen Zellzüchtung und der Durchflusszytometrie, die eine individuelle Zellanalyse einer großen Anzahl von Zellen in kurzer Zeit ermöglicht, versetzen in die Lage, die Wechselwirkung zwischen Einzelzellen reproduzierbar zu beobachten.

Die Einführung der optischen Pinzette (optical tweezer, auch optische Fallen, optical traps) bietet der zellbiologischen Forschung ungeahnte Möglichkeiten. Eine einzige Zelle kann nach mikroskopischer Identifizierung und Behandlung nach dem entsprechenden Protokoll angehoben werden, ohne sie wahrnehmbar zu verletzen, und zu einem fast beliebigen Ort (in ein anderes Medium, neben eine andere Zelle usw.) transponiert werden, während sie mit den zur Verfügung stehenden optischen und spektroskopischen Instrumenten beobachtet wird. Mit dem kombinierten Einsatz optischer Pinzetten kann die Kraft einzelner chemischer Bindungen gemessen werden. Teilchen können fast beliebige Zeit in ihrer Strömung innerhalb der Zelle aufgehalten werden. An Moleküle können Knoten gelegt werden, um ihre „Biegsamkeit" zu prüfen.

Arthur Ashkin erfand 1970 das als Laserpinzette bekannte Instrument, das sich in zwei Jahrzehnten zu einem sehr wichtigen Hilfsmittel sowohl der Atomphysik, als auch der Biologie und der Biophysik entwickelt hat. Das Phänomen an sich ist sehr einfach. Ashkin hatte bei seinen mikroskopischen Untersuchungen des Lichtdrucks beobachtet, dass sich die Plastikkügelchen auf Wirkung der Laserstrahlung in eine gewisse Höhe anhoben und dort bis zum Ausschalten des Lasers schwebten. Das Phänomen (Abb. X.29) ist geeignet, ungeladene Teilchen praktisch in einer optischen Falle zu fangen, dort festzuhalten bzw. sie aus ihrer Umgebung zu lösen und in eine andere Umgebung zu transportieren.

Ein im Mikroskop fokussierter Laserstrahl ist in der Lage, Teilchen im Brennpunkt in der Falle zu fangen und sie in Abhängigkeit von der Intensität der Strahlung festzuhalten. Tritt ein Lichtstrahl in ein optisch dichteres

Medium ein und aus einem optisch dünneren Medium aus, so entstehen durch die Brechung des Lichtstrahls solche Kraftkomponenten, welche das dort befindliche Teilchen in den Brennpunkt zwingen (Abb. X.29b). Beim Ausschalten der Strahlung werden die Teilchen freigelassen und platzieren sich z. B. auf einer abstützenden Glasplatte. Das Phänomen tritt sowohl in Luft als auch in wässrigem Medium auf. Sofern die Lichtbrechung der Teilchen kleiner ist, als die des Mediums, werden die Teilchen nicht gefasst sondern vom Lichtdruck abgestoßen, was Ashkin ursprünglich an Luftblasen von µm Durchmesser in Glyzerin beobachtete.

Konzentriert man sich auf das Gebiet der biologischen und biophysikalischen Anwendungen, dann ist leicht vorstellbar, welche zell- und molekularbiologischen experimentellen Möglichkeiten das Phänomen bietet. Zellen (und Moleküle) können angehoben, bewegt oder fixiert werden, ohne ihre Struktur zu verletzen. Es wurden Experimente möglich, die früher in das Reich der Phantasie gehörten, es wurden nm-Bewegungen und pN-Kräfte messbar. Die Wechselwirkung von zwei Molekülen wurde auf einem Niveau messbar und sogar abbildbar, von dem man früher nicht einmal Vorstellungen hatte.

Wie Abb. X.29 zeigt, hängt die Manipulationsmöglichkeit mit dem in das Teilchen eindringenden Laserstrahl von der Kraft des Strahlendrucks ab. Diese Kräfte beruhen auf dem Impuls der Strahlung. Die Anwendung dieser Kräfte konnte mit inkohärenter Strahlung auf der Erde gar nicht infrage kommen, obwohl die Astronomie seit langem weiß, dass der Strahlendruck in der Lage ist, beträchtliche Stoffmengen zu bewegen. Die Laser (deren Strahlungsintensität sie zum Schmelzen und Verdampfen aller bisher bekannter Stoffe geeignet macht) haben durch ihre hochintensive Strahlung eine neue Lage geschaffen.

Die Bedeutung der neuen Manipulationsmöglichkeiten zeigt sich darin, dass in Abhängigkeit von der Wellenlänge und Intensität der Laserstrahlung eine Vielzahl von physikalischen und biologischen Systemen, vom atomaren Teilchen über die Moleküle bis ganz zu den Zellen, einzeln beforscht werden kann, und dem Aufstellen von Forschungsprojekten nur unsere Phantasie Grenzen setzt.

Der japanische Forscher Yanagida war in der Lage, die Wechselwirkungskräfte zwischen Myosin und Aktin direkt zu messen und auch zu bestimmen, dass das Myosinmolekül am Aktin in 5,3 nm-Schritten vorrückt. Diese Messungen führte er an Molekülen durch, die an zwei winzige Plastikkügelchen gebunden waren.

Das Messen von solchen Abständen in nm und Kräften in pN hat dazu geführt, dass wir heute schon von „Nanobiologie" sprechen können. Die Atomphysik ist in der Lage, mittels „kalter Atome" (Geschwindigkeit 1 cm/s) und optischer Fallen Atomuhren zu konstruieren, und es ist gelungen, dem absoluten Nullpunkt in bisher unvorstellbarem Maße (bis auf Bruchteile von Mikrokelvin) nahezukommen. Die Biophysik hat ein solches Instrument gewonnen, mit dem sie intermolekulare Kräfte in Experi-

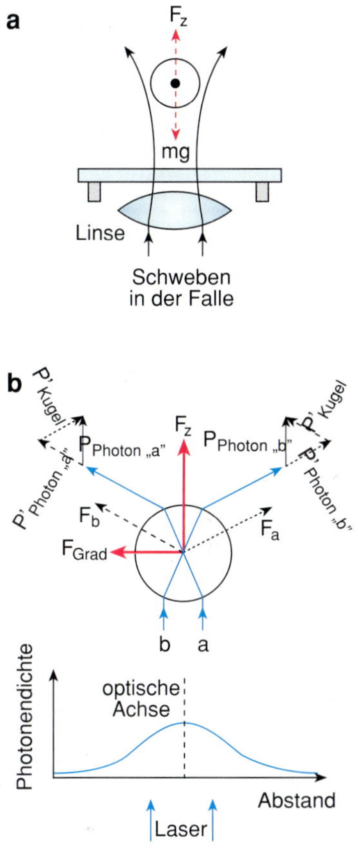

Abb. X.29. **a.** Optische Falle. Die Kraft F_z aus dem Lichtdruck und die Gravitationskraft halten sich das Gleichgewicht.

b. Die fokussierende Wirkung der aus dem Lichtdruck resultierenden Kraft

Kraftwirkungen der Laserpinzette

Ashkin untersuchte die Bewegung von durchsichtigen Partikeln im Srahlungsraum. Die Bewegungsparameter der Partikel bewiesen die erwarteten Strahlendruckeffekte, es trat aber auch ein unerwartetes Phänomen auf. Eine nicht erwartete Kraftwirkung trieb die für das angewandte Lichtbündel durchsichtigen Partikel von den Randgebieten des Laserstrahls in Richtung der mittleren Schichten mit höherer Intensität, und die Partikel blieben dann dort und folgten den Bewegungen des Strahlenbündels, wenn dieses bewegt wurde. Abb. X.29b ist eine vereinfachte Variante der Originalabbildung von Ashkin. Betrachten wir zwei sich parallel fortpflanzende Photonen (*a* und *b*), die an den beiden Seiten der Symmetrieachse der Kugel symmetrisch in das Innere der Kugel eindringen und diese in Richtung des Kugelmittelpunktes gebrochen durchlaufen. Beim Austritt aus der Kugel werden die beiden Photonen in entgegengesetzter Richtung gebrochen. Die ursprünglichen Photonenimpulse P_{Photon} waren parallel zur optischen Achse, die austretenden Photonen umschließen jedoch einen Winkel mit ihr (P'_{Photon}). Laut Impulserhaltungssatz geben die Photonen die Impulse P'_{Kugel} an die Kugel ab. Die zugehörigen Kraftwirkungen auf die Photonen an den Seiten *a* und *b* beschreiben die resultierenden Kräfte F_a bzw. F_b. Befindet sich die Kugel im Laserbündel nicht symmetrisch zur optischen Achse, dann werden die Kugel näher zur optischen Achse (in der Zeichnung die Kugelseite *b*) mehr Photonen durchlaufen, und so wird die Kraft F_b stärker sein als die Kraft F_a. Deshalb wird die zur optischen Achse senkrecht stehende Komponente der Resultierenden der beiden Kräfte ein zur Mitte des Strahlenbündels weisender, von Null verschiedener Kraftgradient F_{Grad} sein, der das Partikel bis zum Ausgleich der Kräfte F_a und F_b zur Mitte des Strahlenbündels treibt. Die Summe der Projektionen der Kräfte F_a und F_b in der Richtung der z-Achse ergibt die Kraft F_z, die das Teilchen der Gravitationskraft gegenüber im Schweben hält.

menten an einem einzigen Molekülpaar messen, ein ausgewähltes einziges Spermium in eine Eizelle platzieren kann, weil die Laserstrahlen einer nur sehr gering absorbierten Wellenlänge (z. B. IR-Bereich, 1,06 μm) die Zellen bewegen können, ohne sie zu verletzten (Abb. X.30). Mit hochenergetischen Lasern können sogar Löcher in die Zellmembran gebrannt und durch diese auch der Stofftransport studiert werden. Die besser absorbierten Strahlen des Argonlasers (Wellenlänge 514,5 nm) sind in der Lage, ein einziges Bakterium auszuwählen und zu töten. Das Phänomen wird als Optokution, Tod durch Licht bezeichnet.

Das beschriebene Phänomen versetzt uns in die Lage, permanente optische Fallen zu erzeugen, die sich zur isolierten Untersuchung fast jeden beliebigen Objektes eignen. Zu den ersten Objekten, die in einer optischen Falle studiert wurden, gehören Tabakmosaikvirus und E. coli. Bei Studien an Erythrozyten zeigte die Deformierung der Zellform, dass die Kraft der optischen Pinzette leicht die Größe der elastischen Kräfte der Membran übertrifft.

Neuere interessante Experimente haben bewiesen, dass die Laserpinzette in der Lage ist, z. B. einen Aktinfaden zu verknoten. Das Anziehen des Fadens kann am „Knoten", d. h. der Außenfläche des Moleküls eine solche Krümmung verursachen, dass ein „Bruch" entsteht. Demgegenüber kann ein Knoten am DNA-Molekül dieses nicht brechen.

Die optische Falle ist auch ein beliebtes Instrument der Mikrochemie. Die Experimente lassen sich mit der Fluoreszenz, der Absorptionsspektroskopie, der Photo- und Elektrochemie kombinieren.

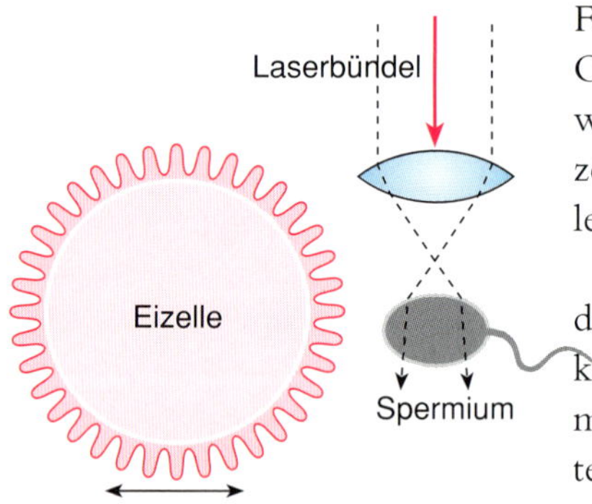

Abb. X.30. Zellmanipulationen mit der optischen Pinzette, Anwendung zur künstlichen Befruchtung

Für biologische und biophysikalische Messungen benutzte Greulich eine Kombination von UV- und IR-Lasern, wobei er z. B. mit dem UV-Laser Chromosen zerteilte und Gene isolierte. Er konnte Zellfusionen herstellen, indem er zwei nebeneinander platzierte Zellen mit der Laserpinzette fasste und dann mit dem UV-Laser die Membran an der Kontaktstelle der Zellen verletzte.

Den Zellbiologen bietet dieses gar nicht mehr so sehr neue Instrument zahlreiche andere zellbiologische Manipulationsmöglichkeiten. Man kann schon jetzt feststellen, dass die optische Pinzette oder optische Falle eine tragende Rolle bei der Aufdeckung der Funktion der molekularen Motoren (Aktin, Myosin) und der Größe der Wechselwirkungskräfte gespielt hat.

X/4 Radiospektroskopische Methoden: Kernspinresonanzspektroskopie (NMR) und Elektronenspin-Resonanz-Spektroskopie (ESR)

Die magnetischen Merkmale des Atomkerns und der Elektronenhülle führten zu physikalischen Untersuchungsmethoden mit größter Bedeutung für die biologischen Strukturanalysen und die medizinische diagnostische Bildgebung. Das Phänomen, das die magnetische Untersuchung der Elektronenhülle ermöglicht, wird als paramagnetische Resonanz oder Elektronenspin-Resonanz (Electron Spin Resonance, ESR) bezeichnet, die auf den magnetischen Eigenschaften des Atomkerns basierende ähnliche Erscheinung ist die Kernspinresonanz (Nuclear Magnetic Resonance, NMR). Die Grundlage beider Phänomene ist die Absorption der elektromagnetischen Energie mit dem Charakter einer Resonanzabsorption durch die in das magnetische Feld platzierte Probe. Um das Phänomen auszulösen, bedarf es einer elektromagnetischen Strahlung im Radiofrequenzbereich, deshalb werden die diesbezüglichen physikalischen Untersuchungsmethoden zusammenfassend auch als radiospektroskopische Methoden bezeichnet. Der Anwendungsbereich von NMR- und ESR-Verfahren ist heutzutage sehr breit, beide Methoden werden z. B. zum Messen der Mobilität der Membrankomponenten, zum Aufdecken der Struktureigenschaften von Makromalekülen, unter anderem von Enzymen eingesetzt. Wegen ihrer auch heute noch grundlegenden Rolle bei den chemischen und biologischen Anwendungen hat sich die NMR als um Größenordnungen bedeutender erwiesen als die ESR. Unter den diagnostischen Verfahren hat die Kernspintomographie, die auf den Grundprinzipien der NMR-Spektroskopie basiert und eine für die Gewebe unschädliche Bildgebung ist, besondere Bedeutung gewonnen (s. VIII/4.1). Aus diesen Gründen werden wir nach der Diskussion der physikalischen Grundlagen der beiden Methoden mehr Betonung auf die Kernspinresonanz legen.

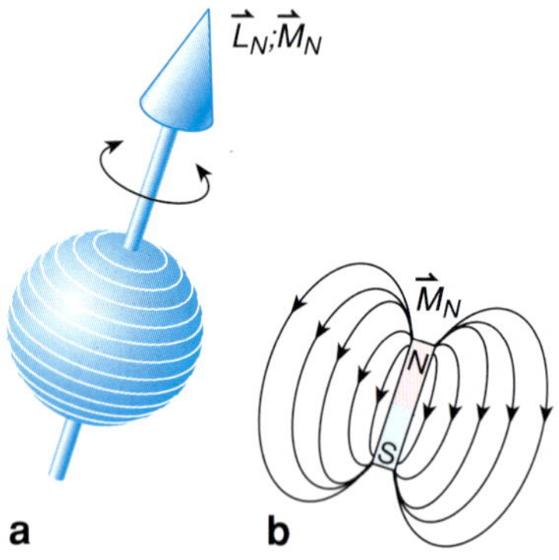

Abb. X.31. **a.** Die den Wasserstoffkern repräsentierende Kugel rotiert um die eigene Achse und besitzt dementsprechend einen Eigendrehimpuls (Spin). **b.** Das Proton hat auch ein eigenes magnetisches Moment, das mit einem kleinen Stabmagneten veranschaulicht ist.

X/4.1 Die physikalischen Grundlagen von NMR und ESR

Die physikalischen Grundprinzipien der NMR- und ESR-Methode sind ähnlich, es ergeben sich aber doch Unterschiede in der Stärke der magnetischen Wechselwirkungen und der Richtungsabweichungen, die schließlich zu unterschiedlichen Versuchstechniken führen. Die Protonen und Neutronen des Atomkerns und ähnlich auch die Elektronen sind Teilchen mit halbzahligem Spin. Der Spin ist nichts anderes, als der Eigendrehimpuls des Elementarteilchens, und ähnlich seinen anderen charakteristischen physikalischen Größen (z. B. Masse, Ladung, Dimensionen) eine der prinzipiellen physikalischen Eigenschaften des Teilchens. Um den Spin anschaulich zu charakterisieren und gleichzeitig viele Einzelheiten des Phänomens bezüglich NMR und ESR zu verstehen, ist es zweckmäßig, das sog. Kreiselmodell einzuführen, wobei wir die Existenz des Eigendrehimpulses des Elementarteilchens bzw. des Atomkerns mit der Eigenrotation des Teilchens in Verbindung bringen (Abb. X.31a).

Die Diskussion der NMR wird sehr erleichtert und gleichzeitig auf eine gemeinsame Basis mit der ESR gebracht, wenn wir uns auf die Untersuchung von Kernen mit halbzahligem Spin (wie z. B. den Kern des Wasserstoffatoms) beschränken. Im letzteren Fall spricht man von protonenmagnetischer Resonanz (PMR). Der Spin von Kernen mit komplizierterem Aufbau lässt sich relativ einfach bestimmen, denn auch innerhalb des Atomkerns gilt eine dem Pauli-Prinzip ähnliche Regel, welche die Zahl der Nukleonen bestimmt, die sich in den verschiedenen Energiezuständen mit unterschiedlichem Spin (parallel oder antiparallel) befinden. Dementsprechend hat jeder Kern mit ungerader Massenzahl einen Kernspin, unter dem man den Drehimpuls der Elementarteilchen bzw. ihrer Gesamtheit versteht. Das Spinmoment (=Eigendrehimpuls, bezeichnet mit L) ist eine vektorielle Größe:

$$L = \sqrt{I(I+1)}\hbar, \qquad (X.26)$$

wo $\hbar = h/2\pi$ und h die Planck-Konstante, I die resultierende Spinquantenzahl sind. Bei einem Kern mit ungerader Massenzahl ist der Spinwert ein ungerades Vielfaches von 1/2. Kerne mit gerader Massenzahl haben entweder keinen Spin, wenn die Kernladung eine gerade Zahl ist, oder die Spinquantenzahl nimmt einen ganzen Wert an, wenn die Kernladung eine ungerade Zahl ist. Bezüglich der biologischen Systeme steht eher die Untersuchung von Kernen mit halbzahligem Spin im Vordergrund, die wichtigsten von ihnen sind ^{1}H, ^{13}C, ^{15}N, ^{19}F und ^{31}P.

Die **gemeinsame** Existenz von **Ladung und Spin der Kerne** führt durch die rotierende Ladung zum Erscheinen eines eigenen magnetischen Moments (M_N), das von der Spingröße abhängt:

$$M_N = g_N \frac{e}{2m} L = g_N \frac{e}{2m} \sqrt{I(I+1)}\hbar, \qquad (X.27)$$

bzw.

$$M_N = \gamma_N L = g_N \mu_N \sqrt{I(I+1)}, \qquad (X.28)$$

wo $\gamma_N = g_N e(2m)$ das gyromagnetische Verhältnis des Kerns, g_N der sog. g-Faktor des Kerns, e und m die Ladung und Masse des Protons und $\mu_N = \hbar e(2m)$ das Kernmagneton sind. Die Werte von I und g_N ändern sich von Kern zu Kern. Außer den Protonen mit Ladung haben auch die neutralen Neutronen ein eigenes magnetisches Moment, das ca. 2/3 des magnetischen Moments der Protonen beträgt. Dieses lässt sich mit der ungleichmäßigen räumlichen Verteilung der Ladung ihrer Bauteile (Quarks) zur Drehachse erklären. Das magnetische Moment der Elementarteilchen und der Atomkerne sowie das erzeugte magnetische Kraftfeld lassen sich mit einem winzigen Stabmagneten sowie seinem Kraftfeld gut modellieren (Abb. X.31b).

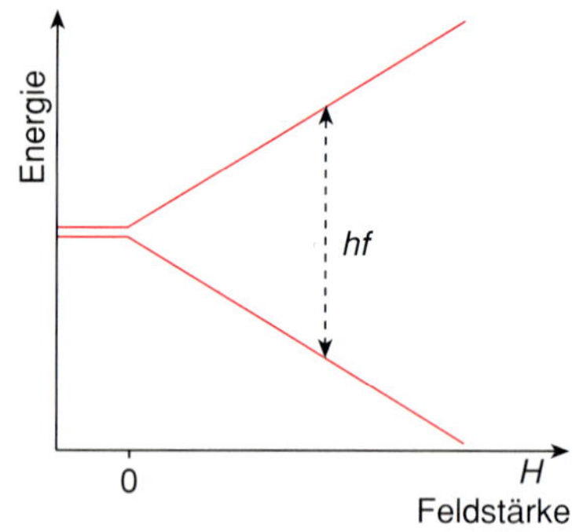

Abb. X.32. Die Spaltung der Energiezustände des Protons in einem äußeren Magnetfeld

Für das **magnetische Moment des Elektronenspins** erhält man einen ähnlichen Ausdruck, in dem der Faktor g des Elektrons, die Spinquantenzahl S und das Bohr-Magneton μ_B stehen:

$$M_e = -g\mu_\beta \sqrt{S(S+1)}\,. \qquad \text{(X.29)}$$

Das negative Vorzeichen der Gleichung ergibt sich aus der negativen Ladung des Elektrons.

Laut Quantentheorie sind die erlaubten Spinzustände gequantelt, und die Projektion L_z des Kernspinvektors auf eine ausgezeichnete z-Richtung – die auch die Richtung des äußeren magnetischen Feldes ist – kann nur diskrete Werte annehmen. Im Falle des Protons (des einfachsten Kerns) ist $I_z = \pm 1/2\hbar$, wo $+1/2$ und $-1/2$ die möglichen Werte der Spinquantenzahlen des Kerns sind. Ein ähnliches Quanteln gilt auch für den Eigendrehimpuls (Spin) des Elektrons.

In einem äußeren Magnetfeld (H_0) spaltet sich der Energiezustand des Protons (und ähnlich des Elektrons) als Ergebnis der Wechselwirkung des magnetischen Moments in zwei Energiezustände, von denen der niedrige dem Grundzustand des Teilchens, der höhere dem angeregten Zustand entspricht (Abb. X.32). Die Größe der Aufspaltung hängt von der magnetischen Feldstärke ab:

$$\Delta E = hf_0 = g_N \mu_N H_0. \qquad \text{(X.30)}$$

Das erklärt sich folgendermaßen: Bei einer gegebenen Feldstärke H_0 gehört zur Komponente M_z des magnetischen Momentes M_N in Richtung H_0 die Energie $E_z = H_0 M_z$. Laut Gl. (X.30) ist $M_z = \gamma_N I_z$, also ist $M_z = (g_N e/(2m))I_z$. Durch Ersetzen von $I_z = \pm 1/2\hbar$ und Einsetzen des Kernmagnetons μ_N für $\hbar$ $e(2m)$ erhält man $E_z = \pm 1/2\ g_N \mu_N H_0$, und so ist die Differenz zwischen den beiden möglichen Zuständen von E_z genau mit Gl. (X.30) beschrieben.

Mit elektromagnetischer Strahlung in der Frequenz von f_0 kann ein **Übergang** zwischen den besetzbaren Energiezuständen des Protons (Kernspins) **induziert** werden. Die vorherige Gleichung wird oft als **Resonanzbedingung** bezeichnet. Sofern die Frequenz stabil ist, zeigen die verschiedenen Kerne wegen der unterschiedlichen Faktoren g und Spins bei unterschiedlichen magnetischen Feldstärken H_0 eine Resonanz. So ist z. B. die Resonanzfrequenz der Protonen bei der Feldstärke 1 T (Tesla) gleich 42,58 MHz.

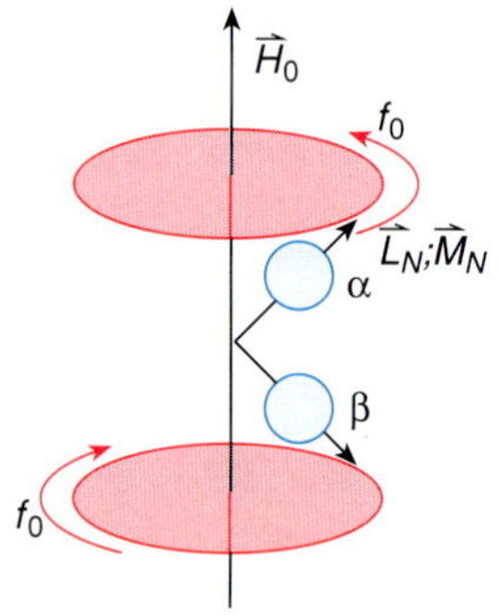

Abb. X.33. Zwei mögliche Orientierungen eines Kerns mit halbzahligem Spin, z. B. eines Protons, im Vergleich zum Magnetfeld. Die Kernspins präzedieren mit der Resonanzfrequenz f_0 um die Richtung des äußeren Magnetfeldes.

Protonen (Atomkerne) unterscheiden sich im magnetischen Feld im Grund- und Anregungszustand nicht nur energetisch. Die Vektoren des Protonenspins (Eigendrehimpuls der Protonen) bzw. des magnetischen Moments stellen sich im Grundzustand parallel zum äußeren magnetischen Feld, gekennzeichnet mit α, im Anregungszustand antiparallel, gekennzeichnet mit β, ein. Der Vektor der beiden magnetischen Momente führt dabei entlang des Kegelmantels um die magnetischen Kraftlinien der Resonanzbedingung entsprechende Präzessionsbewegungen aus (Abb. X.33).

In einer Probe mit hoher Protonenzahl (Atomkernen) (bei der NMR-Tomographie dem Gewebe) haben die Kernspins mangels eines äußeren Mag-

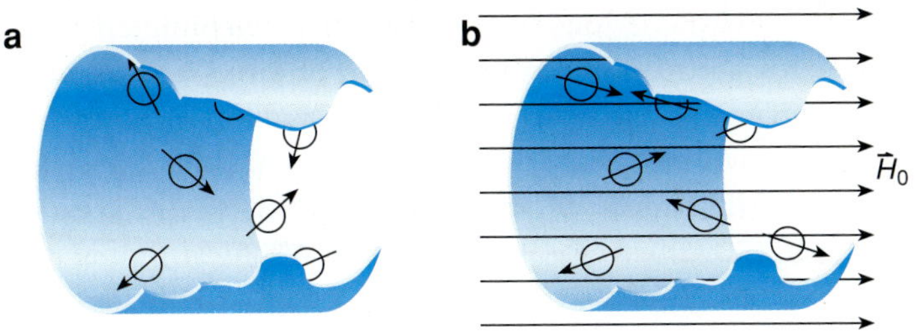

Abb. X.34. **a.** Ohne äußeres Magnetfeld orientieren sich die kernmagnetischen Dipole gleichmäßig zur Richtung des Raumes. **b.** Nach Einschalten eines äußeren Magnetfeldes orientieren sich die kernmagnetischen Dipole nach den Gesetzen der Quantenmechanik in zwei Hauptrichtungen – parallel und antiparallel – und präzedieren um die Feldrichtung wie um eine Achse.

netfeldes eine zufällige, gleichmäßige Orientierung Abb. X.34a). Beim Einschalten des zum NMR-Experiment notwendigen äußeren Magnetfeldes hört die ungeordnete Orientierung auf und die Kernspins orientieren sich zur Feldrichtung. Einige Protonen nehmen den parallelen α, andere den antiparallelen β Spinzustand ein und führen entsprechend ihrer Orientierung Präzessionsbewegungen um H_0 aus (Abb. X.34b). Bei gegebener Temperatur kann die Verteilung zwischen den Spins mit der Boltzmann-Verteilung beschrieben werden, dementsprechend kann die Spinzahl mit dem Ausdruck

$$\frac{N_\beta}{N_\alpha} = e^{-\frac{\Delta E}{kT}} \tag{X.31}$$

angegeben werden. Das bedeutet, dass in einer Probe, die sich im thermischen Gleichgewicht mit ihrer Umgebung befindet, mehr Protonen im α Zustand als im β Zustand sein werden.

Während der NMR-Experimente werden die Proben in einem homogenen Magnetfeld platziert, und mit Regulierung der Frequenz der elektromagnetischen Strahlung wird bei den Parametern von Gl. (X.30) die Absorption eines Teils der eingestrahlten Energie bewirkt. Die Frequenzabhängigkeit der absorbierten elektromagnetischen Strahlungsintensität ist das **NMR-Spektrum**. Stehen die Protonen nicht in Wechselwirkung miteinander, so ist ihr NMR-Spektrum eine solche Spektrallinie, die sich einer Gauss-Kurve gut anpassen lässt. Unter idealen Bedingungen ist die endliche Breite Γ der NMR-Linie ausschließlich der endlichen Lebensdauer τ des Anregungszustandes zu verdanken und kann nach der heisenbergschen Unschärferelation berechnet werden: $\Gamma \cong h/\tau$. Die Fläche unter der NMR-Kurve ist proportional zur Zahl der absorbierenden Atomkerne (Protonen) in der Probe. Gehören die Kerne (Protonen) zu verschiedenen chemischen Gruppen eines Moleküls, wird das NMR-Spektrum komplizierter. Die Elektronenwolke um die Kerne wirkt sich auf den Einfluss des äußeren Magnetfeldes H_0 aus, so werden an der Stelle der Kerne auch von H_0 etwas abweichende lokale Feldstärken zu beobachten sein. Diese Änderung berücksichtigt die sog. Abschirmkostante δ, die nach der folgenden Beziehung berechnet wird:

$$H = H_0(1-\delta). \tag{X.32}$$

Diese Wirkung ist die auf den gegebenen Kern bezogene Resonanzfrequenz, so geht sie mit einer Verschiebung der NMR-Linie einher. Die Linien-

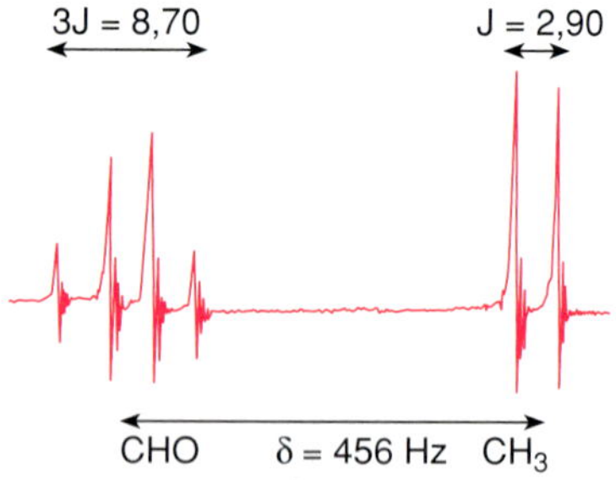

Abb. X.35. Protonenmagnetisches Resonanzspektrum des Azetylaldehydmoleküls

verschiebung ist eine Funktion der chemischen Umgebung des untersuchten Kerns, deshalb spricht man in diesem Fall von **chemischer Verschiebung**.

In Abb. X.35 ist das „einfache" PMR-Spektrum eines Azetaldehydmoleküls dargestellt. Die einzelnen Liniengruppen entsprechen den –CHO und –CH_3 Gruppen. Die Signale der einzelnen chemischen Gruppen sind keine einfachen Absorptionslinien, weil sie durch die Wechselwirkung mit den benachbarten Spins in Duplett- bzw. Quadruplettstrukturen modifiziert sind. Die chemische Verschiebung der NMR-Linien wird in der Regel mit einem Signal bei einer gut bestimmten Frequenz verglichen (z. B. Tetramethylsilan) und aus praktischen Gründen in Teile pro Million (parts per million = ppm) Einheiten ausgedrückt:

$$\delta = \frac{f_s - f_0}{f_0} 10^6 \qquad \text{(X.33)}$$

wo f_s die Resonanzfrequenz der Probe und f_0 die Resonanzfrequenz der Referenzverbindung sind. Die Aufspaltung der NMR-Linien wird mit der Kopplungskonstanten J charakterisiert, welche der Abstand zwischen den zu einem Kern gehörenden Spektrallinien in Hz ist. Bei PMR-Experimenten darf das Lösungsmittel keine Protonen enthalten, so werden die Experimente hauptsächlich in schwerem Wasser (D_2O) bzw. anderen deuterierten Lösungsmitteln durchgeführt.

Abb. X.36 zeigt das Blockdiagramm eines typischen NMR-Spektrometers. Die Probe kommt im Spektrometer in ein hochintensives homogenes Magnetfeld, das mit einem Elektromagneten erzeugt wird. Der Oszillator liefert die elektromagnetische Strahlung in der gewünschten Frequenz, die nach entsprechender Verstärkung über eine Kopplungsspule an die Probe geleitet wird. Sofern die Resonanzbedingung erfüllt ist, wird die elektromagnetische Strahlung durch die Wechselwirkung mit der Probe zum Teil absorbiert. Das NMR-Signal aus der Probe wird mit einer Detektorspule detektiert, die an einen hochempfindlichen und selektiven Radioempfänger angeschlossen ist. Diese Anordnung entspricht dem Grundprinzip der frühen (CW, continuous wave: kontinuierliche Radiofrequenz-Einstrahlung) Spektrometer, bei denen zur Erfüllung der Resonanzbedingung in der Regel die magnetische Feldstärke langsam geändert wurde.

Die modernen NMR-Spektrometer unserer Tage arbeiten in der sog. **Fourier-Transform- (FT) Betriebsart**. Um die Methode zu verstehen, müssen wir untersuchen, was mit dem magnetischen Moment der sog. NMR-Kerne mit Spin in der Probe geschieht, wenn wir sie eine bestimmte Zeit einer elektromagnetischen Strahlung mit der Resonanzfrequenz aussetzen. Die magnetischen Momente der NMR-Kerne in der Probe orientieren sich parallel bzw. antiparallel zum Magnetfeld H_z und erzeugen vektorial addiert die als makroskopische Magnetisierung der Probe bezeichnete physikalische Größe M (Abb. X.37). In Verbindung mit dem Phänomen ist es wichtig zu bemerken, dass die an der Magnetisierung teilhabenden Spins, die sich längs der beiden entgegengesetzten Kegelmäntel orientieren, mit einer der

Abb. X.36. Blockdiagramm eines typischen NMR-Spektrometers

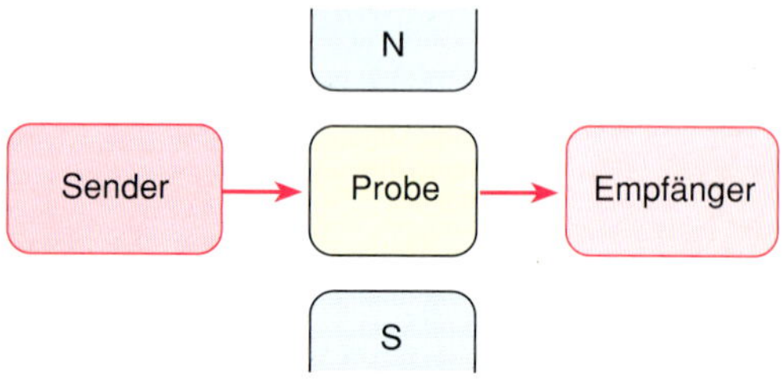

Resonanzkreisfrequenz ($\omega_0=2\pi f_0$) entsprechenden Geschwindigkeit in einem stehenden kartesischen (*x, y, z*) Koordinatensystem in der mit Pfeilen markierten Richtung präzedieren. Die magnetischen Momente verteilen sich zufällig, gleichmäßig entlang des Kegelmantels, in der *x,y* Ebene kann man nicht von einer ausgezeichneten Richtung der Spins sprechen. Der resultierende makroskopische Magnetisierungsvektor ist aber in dem vorherigen Koordinatensystem als stehend anzusehen, weil die Präzessionsachse der mit der Resonanzkreisfrequenz präzedierenden Spins mit der *z*-Achse des Koordinatensystems zusammenfällt.

Um diese Erscheinung zu beschreiben, führen wir ein neues rotierendes kartesisches Koordinatensystem ein, dessen *z′*-Drehachse mit der *z*-Achse des früheren stehenden Koordinatensystems übereinstimmt, dessen *x′*- und *y′*-Achsen jedoch zusammen mit den parallel orientierten Spins der Resonanzkreisfrequenz entsprechend rotieren. Wir verlegen nun unseren Beobachtungspunkt in das rotierende Koordinatensystem, wir setzen uns in Gedanken in ein sich mit den Spins gemeinsam drehendes Karussel und betrachten das Geschehen von hier.

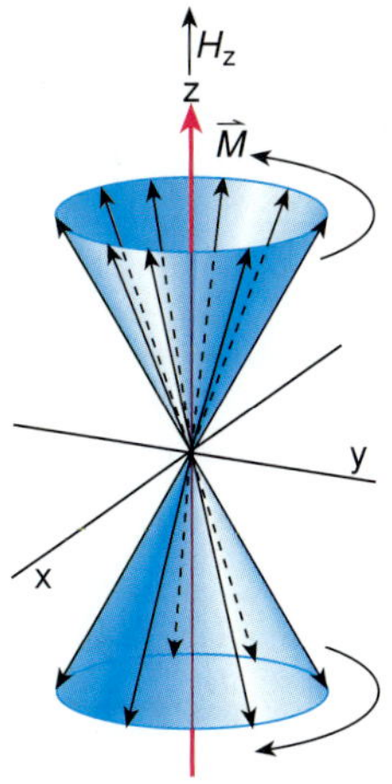

Abb. X.37. Die makroskopische Magnetisierung *M* ist die vektoriale Summe der zum äußeren Feld parallel bzw. antiparallel orientierten kernmagnetischen Momente. Die längs der zwei entgegengesetzten Kegel verdichteten Spins präzedieren im kartesischen Koordinatensystem (*x, y, z*) in Pfeilrichtung mit einer der Resonanzkreisfrequenz ($\omega_0 = 2\pi f_0$) entsprechenden Geschwindigkeit.

Sofern wir die Probe über ein endliches Zeitintervall mit einem der Resonanzfrequenz entsprechenden Radiofrequenzimpuls anregen, tritt die makroskopische Magnetisierung des Präparates mit der in Richtung der *x′*-Achse zeigenden, (als Hilfsfeld bezeichneten) magnetischen Komponente H_{rf}, die zusammen mit dem Karussel des Radiofrequenzfeldes rotiert – und auf diesem als konstant sitzend erscheint –, in Wechselwirkung (Abb.X.38). Infolge dieser Wechselwirkung präzediert die Magnetisierung des Präparates um die Richtung der magnetischen Komponente des Radiofrequenzfeldes (*x′*-Achse) während der Dauer des Radiofrequenzfeldes im Rotationskoordinatensystem und kippt in Abhängigkeit von der Dauer in der *y′z′*-Ebene. Die Länge der Radiofrequenzimpulse wird mit der Änderung des Kippwinkels ω der makroskopischen Magnetisierung während des Bestehens des Impulses charakterisiert. So gibt es 90°, 180° und natürlich beliebig lange Radiofrequenzimpulse (s. Abb. X.37).

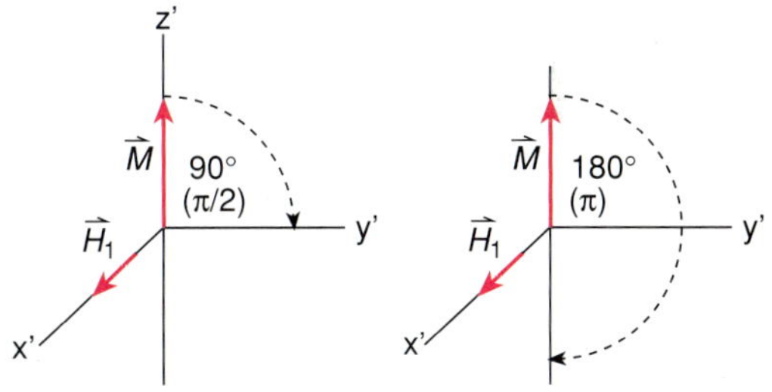

Abb. X.38. Betrachtet man die Prozesse aus dem kartesischen Koordinatensystem, das mit den präzedierenden Spins rotiert, so drängt das mit seiner *x′*-Achse in eine Richtung weisende magnetische Hilfsfeld H_1 die makroskopische Magnetisierung der Probe zu einer Präzession um die *x′*-Achse. Solange das Feld H_1 besteht, kippt der Vektor entsprechend der Zeitdauer in der Ebene *y′z′*. Nach dem Kippwinkel spricht man von 90°, 180° usw. NMR-Impulsen.

Die **90°-Impulse** spielen bei den NMR-Versuchen eine ausgezeichnete Rolle, weil mit ihnen die makroskopische Magnetisierung gerade in die *x′y′*-Ebene gedreht wird (Abb. X.39). Nach dem 90° Impuls, beim Aufhören des Radiofrequenzfeldes, induziert der Vektor der um das Präparat in der *x′y′*-Ebene gedrehten Magnetisierung in der gleichfalls in dieser Ebene platzierten (stehenden) Empfängerspule eine in der Zeit veränderliche elektrische Spannung.

Nach Abschalten des 90°-Impulses werden alle Spins in Richtung der *y′*-Achse des Rotationskoordinatensystems zeigen und auch ihre Rotationen mit gleichem Phasenwinkel durchführen (Abb. X.39c). Dieser Zustand bedeutet für die an die Spins gekoppelten magnetischen Momente eine künstlich erzeugte Zwangsstellung. Die Spins sind bestrebt, sich aus der gleichphasigen Stellung zu befreien und nehmen entlang der *x′y′*-Ebene eine gleichmäßige Ver-

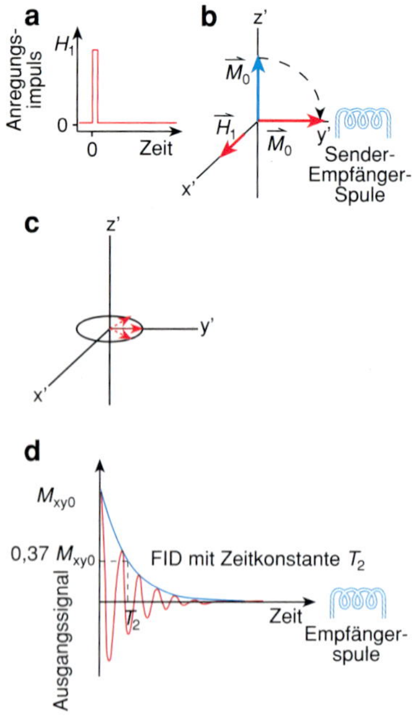

Abb. X.39. Mit dem 90° Impuls (**a.**) wird die makroskopische Magnetisierung in die $x'y'$-Ebene gedreht (**b.**). Nach Aufhören des Impulses induziert wegen der Spin-Spin-Relaxation in der stehenden Empfängerspule (**c.**) der exponentiell abnehmende Magnetisierungsvektor eine gleichfalls exponentiell abnehmende Spannung (**d.**) Das so detektierbare Signal ist die freie Antwort des Spinsystems.

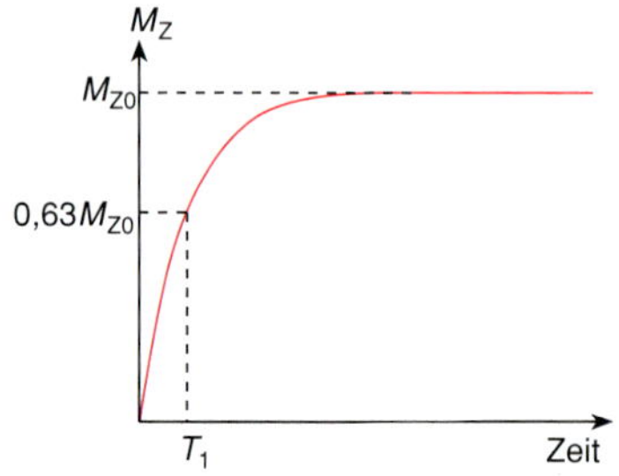

Abb. X.40. Das Aufbauen der Magnetisierung nach einem 90° Impuls. Der zeitliche Verlauf ist durch die Spin-Gitter-Relaxation bestimmt.

teilung ein, indem sie sich mit Phasenverlust voneinander entfernen (Abb. X.39). Das Phänomen ist durch eine exponentiell abklingende Magnetisierung und induzierte Spannung charakterisiert (Abb. X.39d). Die Zeitkonstante des Prozesses wird als **Spin-Spin-Relaxationszeit** T_2 bezeichnet. Das detektierte Signal ist nichts anderes, als die zeitliche freie Antwort des Spinsystems, der sog. freie Induktionsabfall (**FID, free induction decay**).

Unmittelbar zu Beginn der Spin-Spin-Relaxation ist der Wert der makroskopischen Magnetisierung in der x,y-Ebene Null, die magnetischen Dipole des Präparates befinden sich mit zufälliger gleichmäßiger Orientierung in der auf die Feldstärkenkomponente H_z senkrechten $x'y'$-Ebene, und so haben sie in z-Richtung keine resultierende magnetische Komponente.

Nach Abschalten der zur Anregung benutzten äußeren elektromagnetischen Strahlung ist das Spinsystem bestrebt, sich von dem aufgenommenen „Energieüberschuss" (von der Energie des die Orientierungsumkehrung bedeutenden Energieübergangs) zu befreien, indem es die Energie an das „Gitter" der Umgebung abgibt. Während dieses Prozesses kehrt die makroskopische Magnetisierung längs der z-Achse mit zunehmender Amplitude in den anfänglichen Gleichgewichtszustand zurück. Der Prozess verläuft nach einer Exponentialfunktion, welche die präparatabhängige Zeitkonstante T_1, die sog. **Spin-Gitter-Relaxationszeit**, charakterisiert. Am Ende des Prozesses haben sich die einzelnen magnetischen Dipole der Kernspins wieder parallel oder antiparallel zum Feld H_z eingestellt, entsprechend dem Gleichgewichtszustand nach Abb. X.37. Der zeitliche Verlauf der makroskopischen Magnetisierung nach einem 90°-Impuls, und damit der durch die Exponentialfunktion der Spin-Gitter-Relaxation charakterisierte Prozess, ist in Abb. X.40 dargestellt. Bei den NMR-Experimenten geht man in der Regel von dem Gleichgewichtszustand der Abb. X.37 aus, in den das untersuchte System nach einer vorherigen NMR-Impulssequenz – infolge des exponentiellen Charakters der Funktion – nach Ablauf der fünffachen Spin-Gitter-Relaxationsdauer T_1 zurückkehrt. Dieses Zeitintervall muss bei den NMR-Experimenten zwischen zwei aufeinander folgenden Impulssequenzen in der Regel eingehalten werden, um die Messergebnisse nicht dadurch zu verzerren, dass man zu Beginn des Experiments nicht von dem Ruhezustand des thermischen Gleichgewichts ausgegangen ist.

Durch mathematische Umformung der so erstellten und elektronisch gespeicherten FID-Signale, und zwar mit Fourier-Transformation (FT), erhält man unmittelbar das mit früheren CW-Spektrometern erstellte konventionelle NMR-Spektrum. Der Vorteil der auf diesem Prinzip beruhenden FT-NMR Methode liegt darin, dass sie bedeutend kürzere Zeiten erfordert als die konventionelle Messung, dabei können wegen der inhärenten Stabilität die Ergebnisse mehrerer nacheinander durchgeführter Messungen computergestützt summiert werden, wodurch sich das Signal-Rausch-Verhältnis bessert. Das Signal-Rausch-Verhältnis lässt sich mit der Mittelung von n nacheinander folgenden Messergebnissen auf das $\sqrt{n}$-fache erhöhen.

X/4.2 Einige biologische Aspekte der ESR-Spektroskopie

Das in der Einleitung in Bezug auf die NMR-Theorie Diskutierte gilt mit geringen Einschränkungen auch für die ESR-Spektroskopie. Wegen des fast 2000fachen Unterschiedes zwischen dem Kernmagneton und dem Bohr-Magneton sind die ESR-Frequenzen bedeutend höher als die NMR-Frequenzen. Die Resonanzfrequenz des freien Elektrons beträgt bei 1 T 28,03 GHz. Diese Frequenzen fallen schon in den Bereich der Mikrowellen, dementsprechend zeigt auch der Aufbau der ESR-Spektrometer technische Unterschiede im Vergleich zu den NMR-Spektrometern. Es ist zu bemerken, dass in der ESR-Spektroskopie wegen der negativen Ladung des Elektrons $I_z = -1/2$ der niedrigere Energiezustand und $I_z = +1/2$ der höhere Energiezustand sind, ansonsten kann die Abb. X.33 auch für diesen Fall fehlerfrei genutzt werden. Ein weiterer Unterschied zwischen NMR und ESR ist in der Größe der Energiedifferenz ΔE zu suchen, die beim ESR ca. 2000mal größer ist. Der Boltzmann-Verteilung entsprechend befinden sich bedeutend mehr Elektronen in einem niedrigenergetischen Spinzustand, so gibt es mehr anregbare Elektronen. Dementsprechend wird das Signal nach der Anregung um Größenordnungen höher sein, deshalb ist zur Messung eine bedeutend geringere Stoffmenge erforderlich, als bei der NMR-Spektroskopie, das ESR-Verfahren ist also bedeutend empfindlicher als das NMR-Verfahren.

Die Anwendung der ESR-Spektroskopie beschränkt sich auf die Systeme, bei denen das resultierende magnetische Moment der Elektronen von Null verschieden ist, d. h. die Atome oder Moleküle paramagnetisch sind. Der Paramagnetismus ist einerseits durch die Bahnform, andererseits durch den Eigendrehimpuls des Elektrons (Elektronenspin) beeinflusst. Eine weitere Modifizierung kann durch die von Null verschiedenen magnetischen Momente der Atomkerne, durch die Wechselwirkung von Kernspin und Elektronenspin erfolgen.

Wie wir bei der NMR festgestellt haben, reagiert das paramagnetische Molekül empfindlich auf seine Umgebung, ihre Veränderungen. Das gilt in erhöhtem Maße für die ESR-Spektroskopie, denn die Elektronen befinden sich in näherer Wechselwirkung mit ihrer Umgebung als die Atomkerne. Die Anwendung der von der NMR abweichenden, hochfrequenten elektromagnetischen Strahlung (1-250 GHz) bedeutet auch, dass die Dynamik der molekularen Bewegungen (z. B. die Rotationsdiffusion) in einem breiteren Zeitintervall beobachtet werden können. Danach können die molekularen Bewegungen mit speziellen Messverfahren in einem Zeitintervall von $10^{-4} - 10^{-12}$ s untersucht werden, das bedeutet die Bewegungen sowohl der kleineren Moleküle als auch der Makromoleküle sowie die intramolekularen Bewegungen der Makromoleküle.

Infolge der Wechselwirkungen zwischen Elektronenspin und Kernspin entsteht im Spektrum eine Hyperfeinstruktur, die weitere Informationen über die Wechselwirkungen liefert. Dabei ist die molekulare Orientierung hervorzuheben, die einerseits auf mikroskopischer Ebene, andererseits auf makroskopischer Ebene auftreten kann. Die mikroskopische Orientierung bedeutet, wie eingeschränkt die Bewegung eines gegebenen Moleküls auf einen Winkelbereich des Raumes ist: denken wir z. B. an die räumliche Bewegung eines Eiweißsegmentes oder der Lipidmoleküle in der Membran.

Ein typisches Beispiel der makroskopischen Orientierung ist die räumliche Orientierung bei der Kopplung der Myosinmoleküle an die Aktinfilamente. Die Enzymeiweiße nehmen während ihrer Funktion oft verschiedene Konformationen an. Dabei können einzelne Teile der Eiweißmoleküle aus der Tiefe an die Oberfläche oder umgekehrt aus der wässrigen Phase in eine weniger polare Umgebung innerhalb des Eiweißes gelangen. In diesem Fall gibt es für die ESR-Spektroskopie zwei Möglichkeiten:

1. die Hyperfeinstruktur des Spektrums ist empfindlich auf die Polarität des Mediums und die Veränderung lässt sich dadurch nachweisen
2. die Bewegung der untersuchten Eiweißkomponente hat in den beiden unterschiedlichen Konformationen unterschiedliche mikroskopische Orientierungen, eventuell ist das Zeitintervall der Molekularbewegungen unterschiedlich, und das führt zu Veränderungen des Spektrums.

Eine ganz andere Methode ist die zeitliche Verfolgung der Amplitude des paramagnetischen Signals. Wie wir schon festgestellt haben, kann ein ESR-Signal nur dann gemessen werden, wenn es in dem untersuchten System ein paramagnetisches Zentrum gibt: z. B. eine freie Radikale. Entstehen und Verschwinden der Radikalen infolge von biologischen (Redox-) Vorgängen können mit kinetischen Messungen verfolgt werden. Als typisches Beispiel dienen die reaktiven Sauerstoffradikale, z. B. die Hydroxilradikale, Superoxydradikale usw., aber auch das Sauerstoffmolekül selbst verfügt über paramagnetische Eigenschaften.

Bei modernen biologischen Forschungen wurde die ESR-Spektroskopie erfolgreich zum Nachweis der freien Radikalen und mit Hilfe von sog. spinmarkierten Verbindungen zum Messen der für die Komponenten verschiedener biologischer Systeme (aktive Enzymzentren, Zellmembran usw.) charakteristischen Mobilitätsparameter eingesetzt.

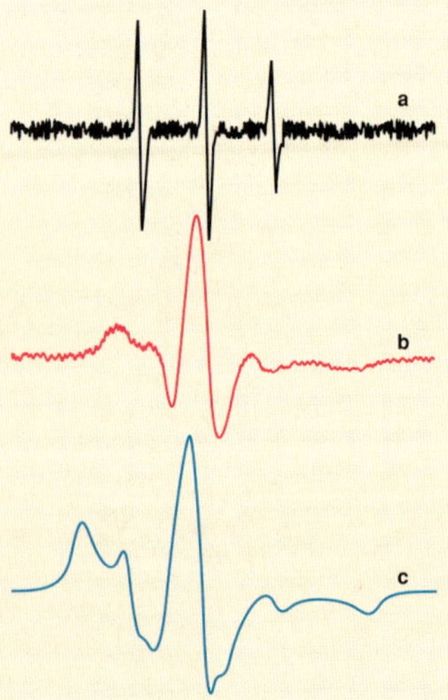

Zeitskala der ESR-Spektren

Die Abbildung zeigt die ESR-Spektren eines Systems, das zu den Molekularbewegungen und der Orientierung von drei verschiedenen Zeitintervallen gehört. **a.** ESR-Spektrum einer paramagnetischen Monitorgruppe, die Stearinsäureabkömmlinge enthält. In diesem Fall ist die für die Rotationsdiffusion charakteristische Korrelationszeit 10^{-10} s, die Rotation der Fettsäuremoleküle im Raum ist ungeordnet. **b.** Die erwähnten Fettsäureabkömmlinge sind in Liposomen inkorporiert. Die Lipide befinden sich geordnet in den Liposomen, was die Rotationsdiffusion der Moleküle im Raum einschränkt, und auch ihre Rotationsgeschwindigkeit nimmt ab: die Korrelationszeit beträgt ~ 10^{-8} s. **c.** ESR-Spektrum von Aktinfilamenten im spinmarkierten Gelzustand. In diesem Fall nimmt die Korrelationszeit weiter zu: ~ 10^{-7} s. Die Rotationsdiffusion ist auf einen noch kleineren Winkelbereich beschränkt als bei den Liposomen.

X/5 Elektronenmikroskopie

Die Idee des Elektronenmikroskops reifte in den ersten Jahrzehnten des 20. Jahrhunderts heran, als offensichtlich wurde, dass die Auflösung der Lichtmikroskope limitiert, die Abbildung von Details unter 0,2 μm nicht lösbar ist. Es besteht also keine Hoffnung, mit Vervollkommnung des Lichtmikroskops die Auflösung so weit zu verbessern, dass auch Informationen über die Einzelheiten des Zellinnern zu erlangen sind. Gleichzeitig formulierte de Broglie den sehr wichtigen Gedanken, dass zu jeder Stoffmasse eine durch den Impuls bestimmte Wellenlänge und so Wellennatur gehört. Die Richtigkeit dieses Gedankens wurde 1927-1928 durch Erzeugung von Interferenzbildern des Elektronenbündels experimentell bewiesen (s. I/1.1.3). Knapp einige Jahre nach dieser Entdeckung konstruierten Max Knoll und Ernst Ruska 1931 das erste Elektronenmikroskop, in voller Analogie zum Lichtmikroskop.

X/5.1 Die Auflösung des Elektronenmikroskops

Die Verbesserung der mikroskopischen Auflösung basiert auf der Wellennatur des Elektronenbündels. Die in diesem Fall anzuwendende Formel ist die Beziehung, welche die Wellenlänge der sog. Materiewelle angibt (s. I/1.1.3): $\lambda = h/mv$. Die Beschleunigungsspannung zur Erzeugung des Elektronenbündels fällt in die Größenordnung von 10 – 100 kV, daraus lässt sich die für das Elektronenbündel charakteristische Wellenlänge berechnen. (Die Geschwindigkeit der Elektronen wird sehr hoch sein, vergleichbar der Lichtgeschwindigkeit, deshalb muss man bei den Berechnungen auch die Massenzunahme berücksichtigen.) Leitet man den bei der Abbildung geringsten auflösbaren Abstand aus dem Abbe-Prinzip ab, so ist dieser $d = \lambda/\mathrm{NA}$, wobei die numerische Apertur NA im Lichtmikroskop ~ 2 ist. So ergibt sich für das Lichtmikroskop für diesen Parameter d die Hälfte der kürzesten Wellenlänge des sichtbaren Lichts, also ~ 200 nm. Könnte man für das Elektronenbündel mit demselben Aperturwert rechnen, so würde sich für d bei Abbildung mit dem Elektronenbündel ein Wert in der Größenordnung von 0,01 nm ergeben. Beim Elektronenmikroskop wird aber NA mit ~10^{-3} angegeben, und so wird der **kleinste auflösbare Abstand ~ 0,5 nm** betragen. Das ist auch so noch eine sehr beträchtliche Besserung der Auflösung und eröffnet die Möglichkeit, intrazellulare Details darzustellen.

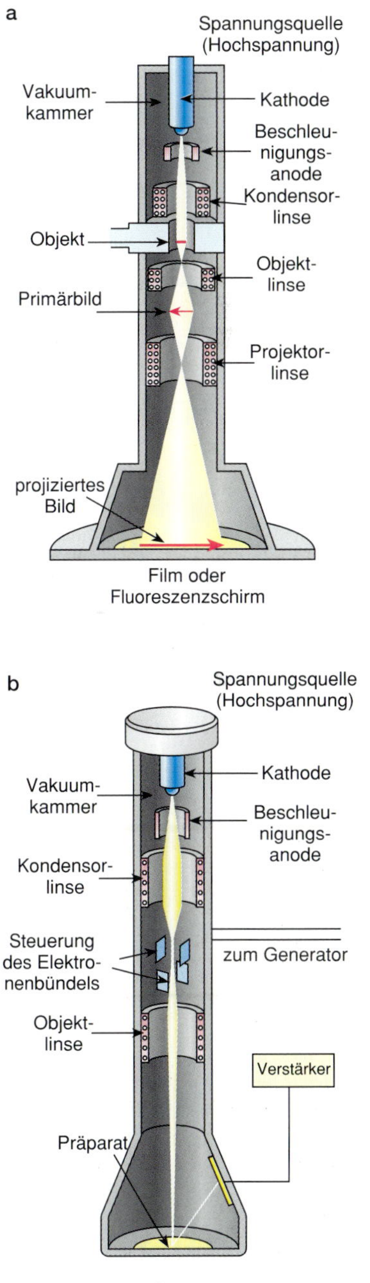

Abb. X.41. Der Aufbau des Elektronenmikroskops: **a.** TEM, **b.** REM

X/5.2 Der Aufbau des Elektronenmikroskops

Der Aufbau des Elektronenmikroskops wurde vollkommen analog zum optischen Mikroskop konstruiert (Abb. X.41). Zum Erzeugen des Elektronenbündels musste das System in einer Vakuumröhre platziert werden, aber mit dem Ersatz der optischen Linsen durch elektrische und magnetische Felder generieren-

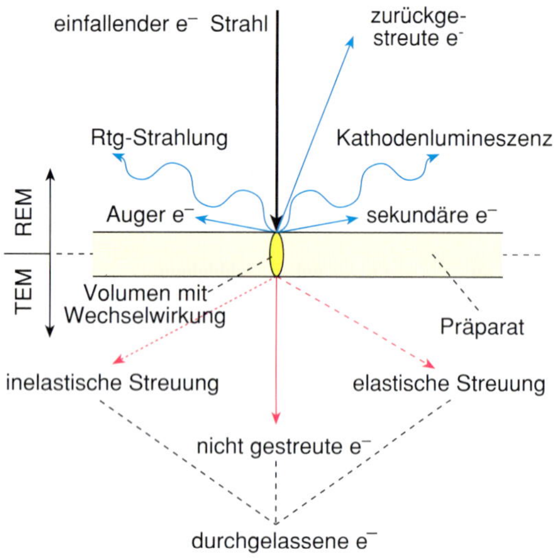

Abb. X.42. Die Wechselwirkungen des Elektronenbündels mit dem Präparat

de „Linsen" kann die Bilderzeugung mit dem Elektronenbündel ähnlich erfolgen wie mit Lichtstrahlen, und die Bilderzeugung geschieht auch wie beim Licht durch die Interferenz der am Objekt gebeugten Teilbündel. Die Vorbereitung der Probe im Vakuum geht aber mit vielen Schwierigkeiten einher, die Untersuchung erfordert meist Präparierverfahren und Bedingungen, die von den natürlichen Umständen weit entfernt sind (z. B. wasserfreie Präparate im Vakuum). Die Nachteile treten bei der Untersuchung von biologischen Systemen, z. B. Zellsystemen, gehäuft auf, deshalb ist bei der Interpretation von elektronenmikroskopischen Bildern große Umsichtigkeit angebracht. Die Elektronenmikroskopie hat aber trotzdem zu vielen neuen Erkenntnissen auf dem Gebiet der Biologie und Medizin geführt. Es ist interessant, dass diese Ergebnisse eher eine wissenschaftliche Anerkennung fanden (1974 Nobelpreis für Medizin) als die Erfindung der Methode (Ruska, 1986 Nobelpreis für Physik).

X/5.3 Die Wechselwirkung des Elektronenbündels mit dem Präparat, Messmöglichkeiten

Die Wechselwirkung des Elektronenbündels mit dem Präparat ist in Abb. X.42 dargestellt. Man sieht, dass ein Ereignis einen sehr vielfältigen Ausgang nehmen kann. Die Messtechnik unterscheidet sich prinzipiell danach, ob sie die Effekte auf der Seite des Präparates misst, die der Elektronenquelle zugekehrt ist, oder ob sie auf den Effekten basiert, die nach dem Durchdringen des Präparates auf der entgegengesetzten Seite gemessen werden können.

> Bemerkung X.1
>
> *Elektronendiffraktion*
>
> Auf der Transmissionsseite besteht auch die Möglichkeit, das Diffraktionsbild aus den Interferenzmaxima zu verarbeiten. Das ist bei einem Präparat aus periodischen Elementen von Bedeutung (s. Rötgendiffraktion, X/6). Die Auflösung der Elektronendiffraktion ist schwächer als die der Röntgendiffraktion, sie hilft aber z. B. auch bei der Strukturanalyse von Makromolekülkomplexen aus großen Untereinheiten, wenn es nicht gelingt, aus ihnen Einkristalle zur Röntgendiffraktionsanalyse herzustellen, denn in diesem Fall kann man aufgrund der Elektronendiffraktionsaufnahmen wenigstens die Orientierung der Untereinheiten feststellen und die sekundären Struktureinheiten differenzieren.

X/5.3.1 Transmissionselektronenmikroskopie (TEM)

Das Elektronenmikroskop funktioniert in der Transmissionsbetriebsart wie ein Lichtmikroskop. Auf das 10-100nm dünne Präparat fällt ein Bündel paralleler Strahlen. An den Elektronenwolken der Atomverbände des Objekts werden die auftreffenden Elektronen gebeugt (gestreut) und treten auf der Gegenseite des Präparates aus. Mit der Objektivlinse wird das reelle Zwischenbild des Präparates erzeugt, dass hier nicht durch die Okularlinse betrachtet wird, sondern mit einer anderen Linse auf einen Lumineszenzschirm projiziert wird. Für diese Bilderzeugung gilt der vom Abbe-Prinzip ausgehende obige Gedankengang, der die technische Auflösung angibt

X/5.3.2 Rasterelektronenmikroskop (REM)

Das REM-Verfahren (scanning electron microscopy SEM) hat mit der Lichtmikroskopie, dem Auflösungsprinzip nach Abbe nichts gemein. Das technische Prinzip stimmt mit den anderen Verfahren überein, welche die Oberfläche eines Objektes abtasten. Es werden Punkt für Punkt Daten eines physikalischen Parameters von der Oberfläche gesammelt und diese als Pixel bildlich dargestellt. In Abb. X.42 sind die verschiedenen Parameter dargestellt, deren Informationsgehalt sich auch dementsprechend unterscheidet. Nach der Streuung der Elektronen können Unterschiede der Ordnungszahl erfasst werden, z. B. Gruppen von schweren Atomen. Die Sekundärelektronen können mit einem Beschleunigungsfeld gesammelt werden. Ihre Verteilung charakterisiert die Topographie der Oberfläche. In der Biologie kommt besonders diese Technik zur Anwendung, denn aus der Natur dieses Phänomens ergibt sich eine große Empfindlichkeit des gestreuten Bildes auf die Feinheiten der Oberfläche z. B. in einer Dicke von 10 nm. Das bedeutet gegenüber dem streng zweidimensionalen (Summations-) Schnittbild des Transmissionsverfahrens eine plastische, räumliche Repräsentation der Oberfläche des Objektes (z. B. Zelle, Virus). Abb. X.43 zeigt eine TEM- und eine REM-Aufnahme. Mit Messung der Energie der Auger-Elektronen (s. II/3.1.4) lässt sich die chemische Zusammensetzung der Oberfläche bestimmen. Dazu eignet sich gleichfalls die punktweise Messung des Spektrums der charakteristischen Röntgenstrahlung. (Die von den Elektronen angeregte Lumineszenz wird seltener genutzt.)

Die Auflösung der Rasterverfahren hängt von der Messempfindlichkeit der physikalischen Parameter ab, denn diese schreibt vor, wie groß das Oberflächenelement ist, von dem man in der gegebenen Position ein bewertbar starkes Signal erhalten kann. In der Regel lässt sich sagen, dass die Auflösung mindestens eine Größenordnung besser ist, als die der Lichtmikroskope.

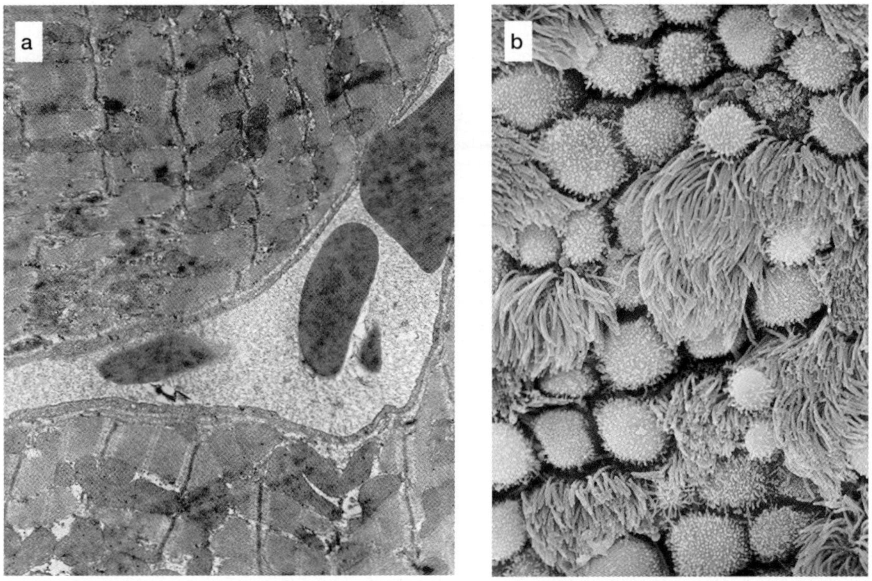

Abb. X.43. **a.** TEM-Aufnahme vom Herzmuskel, **b.** REM-Aufnahme vom Tracheaepithel

X/6 Röntgendiffraktion

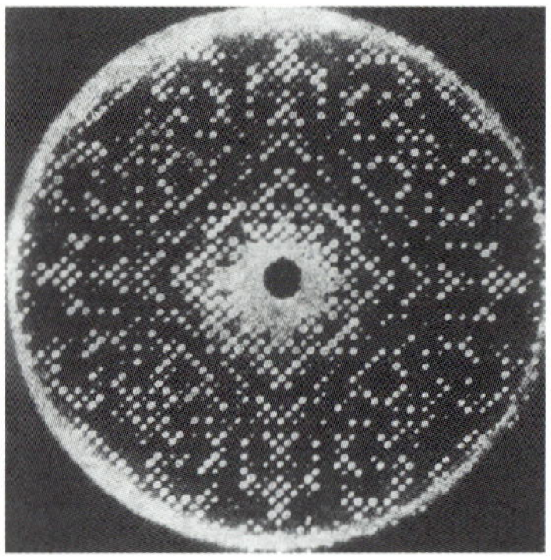

Abb. X.44. Röntgendiffraktionsaufnahme des kristallisierten Enzyms Lysozim

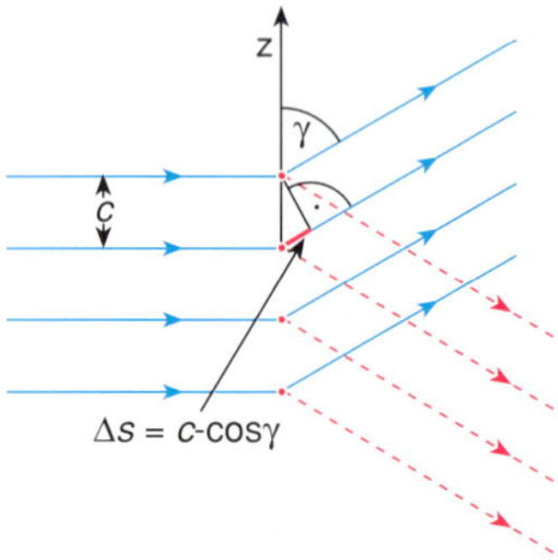

Abb. X.45. Diffraktion der Röntgenstrahlung durch einen eindimensionalen Kristall

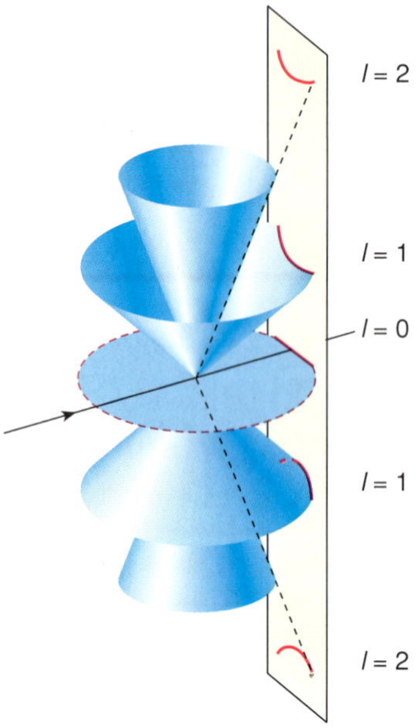

Abb. X.46. Röntgendiffraktionsbild eines linearen Kristalls

Die Lichtstreuung durch kleine Objekte ist eine bekannte Erscheinung. Sofern man in den Lichtweg ein Diffraktionsgitter platziert, dessen Gitterkonstante mit der Wellenlänge des Lichtes vergleichbar ist, so erfolgt die Interferenz des gestreuten Lichtes. Diffraktionsgitter im Bereich des sichtbaren Lichtes sind in der Regel aus Glas gefertigt und werden mit einem Diamanten parallel eingeritzt, z. B. mit einer Dichte von 200-1000 Linien/mm.

In der Natur finden sich zahlreiche, dem Diffraktionsgitter ähnliche, regelmäßige Anordnungen, mit dem Unterschied, dass die einzelnen Gitterpunkte aus Atomen bzw. Ionen bestehen und ihr Abstand bedeutend geringer ist, als beim optischen Gitter. Als Beispiel sind die Atome in einem Kristallgitter zu erwähnen, oder die Lipidmoleküle in der Plasmamembran der lebenden Zellen. Fallen auf so eine Anordnung Röntgenstrahlen, so erfolgt durch die Wechselwirkung mit dem Gitter die Diffraktion der Röntgenstrahlen. Das Phänomen ist komplexer als beim optischen Gitter, denn die Streuzentren bilden hier im Gegensatz zu dem eindimensionalen optischen Gittermuster eine regelmäßige dreidimensionale Struktur.

Die ersten RTG-Diffraktionsexperimente an ZnS-Kristallen publizierte Laue 1912. Laue erhielt ein Diffraktionsbild mit hellen Flecken in konzentrischer Anordnung um den einfallenden Röntgenstrahl. Abb. X.44 zeigt das Röntgendiffraktionsbild des Enzyms Lysozim.

Um das Diffraktionsbild der dreidimensionalen Kristallstruktur zu verstehen, gehen wir zuerst vom Verhalten einer einfacheren Anordnung aus. In Abb. X.45 ist das Entstehen des Diffraktionsbildes eines eindimensionalen Kristalls dargestellt.

Das paralelle Röntgenbündel fällt parallel zur x-Achse senkrecht auf die Linie der streuenden Atome, die sich entlang der z-Achse in gleichem Abstand c voneinander befinden. Die von den benachbarten Atomen gestreuten Strahlen interferieren und als Ergebnis sieht man Verstärkungen in den von der folgenden Gleichung bestimmten Richtungen:

$$c \cos\gamma = l\lambda. \qquad \text{(X.34)}$$

Die der obigen Bedingung entsprechenden Strahlen befinden sich längs des Kegelmantels mit dem halben Öffnungswinkel γ um die z-Achse. Platziert man eine lichtempfindliche Platte in den Weg der gestreuten Röntgenstrahlen, so erscheinen die Verstärkungsrichtungen als Schnittpunkte der Kegel und der Photoplatte. Ihre Form ist für $l = 0$ eine Gerade und für die Verstärkungen $l = 1, 2, 3, 4$ ... usw. eine Hyperbel (Abb. X.46).

Fallen die Röntgenstrahlen nicht senkrecht zur z-Achse ein, sondern erreichen sie den linearen Kristall im Winkel von γ_0, so setzt sich die Weglängendifferenz zwischen zwei benachbarten Streubündeln aus zwei Komponenten zusammen (Abb. X.47).

Die Gleichung, welche die Richtung der Intensitätsmaxima bestimmt, hat dann die Form:

$$c(\cos\gamma - \cos\gamma_0) = l\lambda. \qquad \text{(X.35)}$$

Wiederholt man die obige Anordnung entlang von zwei zueinander senkrecht stehenden Achsen, so erhält man das Modell des zweidimensionalen Kristalls. In diesem Fall ist das Problem durch zwei unabhängige Gleichungen ähnlich der Gl. (X.35) charakterisiert:

$$b(\cos\beta - \cos\beta_0) = k\lambda \tag{X.36}$$

wo die Bedeutung von β und β_0 ähnlich der Bedeutung von γ und γ_0 in Gl. (X.35) ist. Mathematisch ist die gleichzeitige Erfüllung der beiden Gleichungen kein Problem, die Intensitätsmaxima erscheinen als Schnittpunkte der zwei senkrecht zueinander stehenden Kegelketten, als vom Koordinaten-Anfangspunkt ausgehende auseinanderstrebende Geraden.

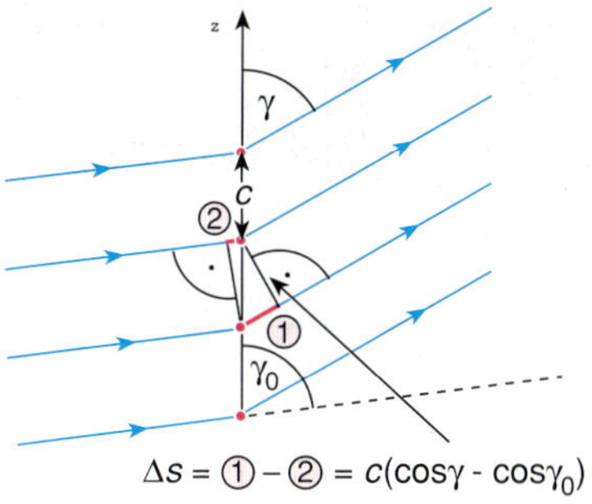

Abb. X.47. Schema zu den Laue-Gleichungen

Zur Beschreibung der Röntgendiffraktion der dreidimensionalen Kristallstruktur muss eine weitere Koordinatenachse entlang der x-Richtung eingeführt werden. Das erhöht die Zahl der nebeneinander bestehenden Gleichungen aber nicht auf drei, sondern auf vier, weil zwischen den Winkeln α, β und γ, welche die Richtung der Geraden durch den Anfangspunkt des kartesischen Koordinatensystems bestimmen, immer eine trigonometrische Beziehung besteht.

So ist das vollkommene Gleichungssystem für den dreidimensionalen Fall:

$$\begin{aligned} a(\cos\alpha - \cos\alpha_0) &= h\lambda \\ b(\cos\beta - \cos\beta_0) &= k\lambda \\ c(\cos\gamma - \cos\gamma_0) &= l\,\lambda \\ \cos^2\alpha + \cos^2\beta + \cos^2\gamma &= 1 \end{aligned} \tag{X.37}$$

Die ersten drei Gleichungen sind unter dem Namen Laue-Gleichungen bekannt. Die vier Gleichungen sind in der obigen Form (mit 3 Variablen) überbestimmt und dienen nur bei gewissen Werten von α, β und γ als Lösung.

In der Praxis lässt sich dieses Problem auf zwei Weisen überbrücken. Eine Weise ist das Modell des sog. Drehkristalls (Bragg-Methode). Ein Einkristallpräparat wird vor dem Bündel aus parallelen Röntgenstrahlen um die verschiedenen Achsen gedreht, und während des Drehens kommt der Kristall in die Positionen α_0, β_0 und γ_0, welche die Lösung der Laue-Gleichungen voranbringen.

Die zweite Methode untersucht Kristallpulver (Debye-Scherrer-Verfahren). Das Ziel ist dasselbe wie bei der Drehkristallmethode, aber die praktische Ausführung ist anders. Enthält das Präparat eine Vielzahl von regellos angeordneten Kristallkörnern, so werden diese vom einfallenden Röntgenbündel unter verschiedenen Winkeln erreicht. So werden sich unter den vielen Kristallkörnern auch solche befinden, bei denen die Einfallswinkel die Lösung der Laue-Gleichungen ermöglichen. Die Prinzipien der beiden Methoden sind in Abb. X.48 dargestellt.

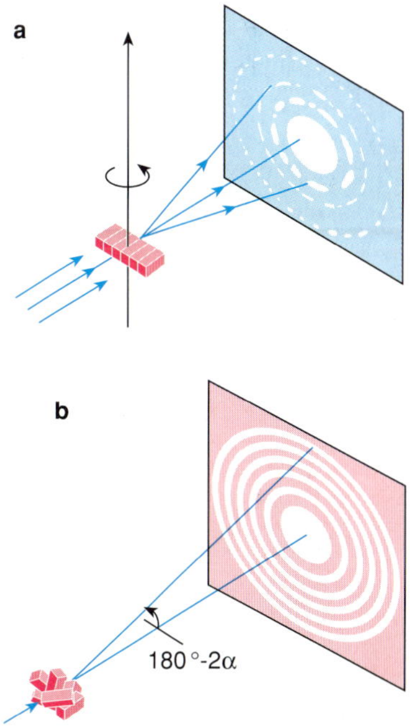

Abb. X.48. Prinzip der Drehkristall- und der Kristallpulvermethode

Die Ergebnisse der Röntgendiffraktion lassen sich darüber hinaus auch so interpretieren, dass die Röntgenstrahlen von den Kristallatomen nicht nur gestreut, sondern auch reflektiert werden können. Nach Abb. X.49 verstär-

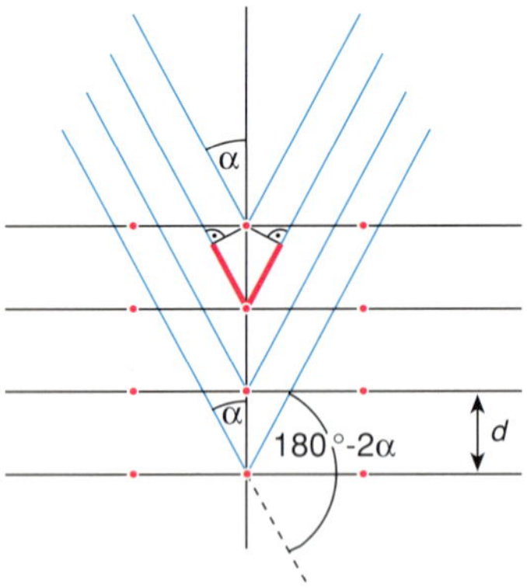

Abb. X.49. Reflexion der Röntgenstrahlen am Kristallgitter

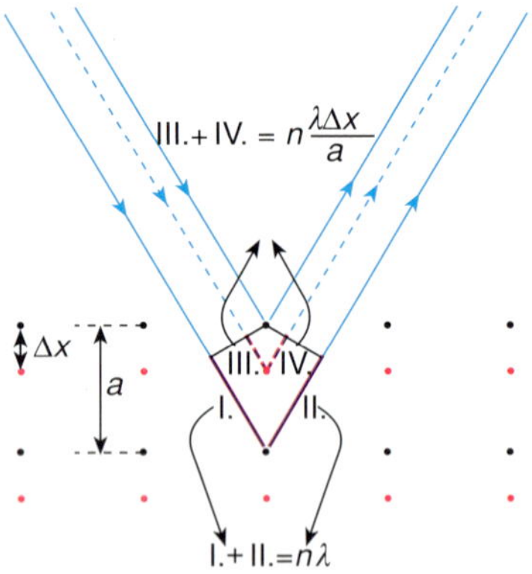

Abb. X.50. Reflexion der Röntgenstrahlen am Kristallgitter von Zweiatommolekülen

ken sich auch die reflektierten Strahlen, die Bedingung beschreibt die Bragg-Gleichung für eine Dimension:

$$2d \cos\alpha = n\lambda \tag{X.38}$$

wo d der Abstand der Atomschichten, α der Einfallswinkel und n eine positive ganze Zahl sind.

Das biologische Anwendungsgebiet der Röntgendiffraktion ist hauptsächlich die Strukturanalyse biologischer Makromoleküle mit komplizierten Strukturen, wie z. B. Eiweiße, Nukleinsäuren usw., deshalb gehen wir hier kurz auf die diesbezüglichen wesentlichen Probleme ein. Wiederholt sich z. B. im Kristallgitter eines Moleküls mehr als eine Atomart, dann gibt es auch Wechselwirkungen zwischen von benachbarten Atomen gestreuten Strahlen. Abb. X.50 zeigt dafür ein einfaches Beispiel, in dem das Molekül nur zwei in eine zweidimensionale Kristallstruktur eingebettete Atome enthält. Die Abbildung entspricht der Lage, wenn sich die von den „schwarzen" Atomen ausgehenden Strahlen mit einem Phasenunterschied von $n\lambda$ verstärken. Beträgt der Abstand zwischen den Molekülen a und der Abstand zwischen den „schwarzen" und „roten" Atomen Δx, dann wird man zwischen den von den zwei verschiedenen Atomen des Moleküls gestreuten Bündeln einen Phasenunterschied von $n\lambda\, \Delta x/a$ beobachten (s. Abb. X.49, Satz ähnlicher Dreiecke). Die innermolekularen Abstände erscheinen also als Phasenunterschiede, welche die Intensitätsverteilung in Richtung der Maxima der gestreuten Strahlen beeinflussen.

Die Intensität der vom Kristall gestreuten Strahlen ist gleich N^2F^2, wo N die Zahl der Einheitszellen in dem bestrahlten Volumen und F die Amplitude der gestreuten Wellen in der ausgewählten Richtung sind, die natürlich eine Funktion der Elektronendichte innerhalb der Einheitszelle ist. Im Weiteren diskutieren wir Einheitszellen, weil bei einigen Stoffen mehr als ein Molekül in der kleinsten wiederholten Einheit des Kristalls ist.

Die Röntgendiffraktionsanalyse von größeren Molekülen, wie z. B. Eiweißen, erfordert sehr viel Zeit und Berechnungen. Zuerst muß aus dem Eiweiß ein Einkristall erzeugt werden, was eventuell Jahre dauern kann. Um die Position der unzähligen Atome in der Einheitszelle vergleichen zu können, wird in der Regel ein schweres Atom als Referenz in den Kristall eingebaut. Das von diesem Atom reflektierte Bündel ist im Vergleich zu den anderen sehr stark, so ist es leicht zu erkennen. Das bezeichnet man als isomorphe Substitution. Als Beispiel: an die Stelle eines Wasserstoffatoms in der SH-Gruppe des Eiweißes wird ein Quecksilberatom platziert. Im folgenden Schritt wird die Molekülstruktur grob geschätzt, wonach die Elektronenverteilung berechnet wird. Aus dem gemessenen Röntgendiffraktionsbild kann die Elektronenverteilung des Stoffes mit der Fourier-Analyse bestimmt werden. Mit dem Vergleich der gemessenen und der berechneten Verteilung kann das Anfangsmodell des Moleküls verbessert werden, dann wird der gesamte Prozess des Rechnens und Vergleichs so lange wiederholt, bis die Abweichungen minimal sind und man ein endgültiges Molekülmodell festlegt.

X/7 Massenspektrometrie

Das Massenspektrometer ist ein Instrument, mit dem sich die Masse von Ionen in Gasphase sehr genau messen lässt. Mit ihm lassen sich selbst Makromoleküle von 300 kDa mit einer Empfindlichkeit von Pikomol messen, Moleküle unter 0,5 kDa können sogar schon in einer Menge von Attomol analysiert werden, deshalb gelangt die Massenspektrometrie sowohl in der Grundlagenforschung als auch in der Diagnostik zu immer größerer Bedeutung. Bei verschiedenen Krankheiten oder Stoffwechselstörungen ändert sich die Zusammensetzung des Blutes und des Urins. Die modernen Massenspektrometer eignen sich zur Erstellung schneller molekularer Fingerabdrücke, so finden sie in breiten Kreisen Anwendung zur Identifizierung von genetischen Krankheiten und zum Nachweis von Verschmutzungen, Giften oder Dopingmitteln. Der Durchbruch in den Jahren 2002 und 2003 ermöglicht heute auch schon eine frühe Diagnose von Prostata- und Ovariumkarzinom.

Jedes Massenspektrometer besteht aus den folgenden drei Teilen: Ionenquelle (bringt die Moleküle der Probe in die Gasphase und ionisiert sie), Analysator (beschleunigt die Ionen und trennt sie mit Hilfe eines elektrischen oder magnetischen Feldes nach ihrem Quotienten Masse/Ladung (m/z)) und Detektor (detektiert die Ionen).

Bei biologischen Makromolekülen gibt es zwei wirksame Methoden zur Erzeugung von Ionen in Gasphase: die Elektrosprayionisation (Electro Spray Ionisation, ESI) und die matrixassistierte Laserdesorption/Ionisation (Matrix Assisted Laser Desorption/Ionisation, MALDI). Die benutzte Ionisierungsmethode bestimmt auch die anwendbare Analysetechnik. Dementsprechend wird zur Analyse biologischer Makromoleküle am häufigten die Quadrupol- und die Flugzeitmethode (time of flight, TOF) benutzt.

Im Massenspektrometer muss ein Vakuum erzeugt werden, damit die untersuchten Ionen von der Quelle bis zum Detektor nicht mit Gasatomen zusammenstoßen. Bei der Elektrospraymethode (ESI) wird die Probe in dieses Vakuum in Form von winzigen geladenen Tropfen gesprüht. Das Lösungsmittel verdampft im Vakuum schnell und je kleiner die Tropfen werden, desto mehr nimmt ihre Ladungsdichte zu. Die große elektrische Abstoßkraft reißt den Tropfen endlich in kleinere Tropfen auseinander. Dieser Prozess wiederholt sich solange, bis das Lösungsmittel vollkommen verdampft ist und nur die geladenen Makromoleküle bleiben. Weil das Injizieren der Probe kontinuierlich verläuft, wird der Analysator mit einem kontinuierlichen Ionenstrom versorgt.

Bei der MALDI-Methode wird ein kurzer Laserimpuls zum Einbringen der Probe in die Gasphase genutzt. Die zu untersuchende Probe ist in eine solche Trägersubstanz (Matrix) mit geringer Molekülmasse eingebettet, welche das Laserlicht gut absorbiert und auch winzige Kationen enthält. Durch den Laserimpuls reißen die Moleküle der Probe und die Kationen zusammen mit der Matrix von der Oberfläche ab. Die Makromoleküle bleiben nach dem Verdampfen der Matrix zurück. Das Verfahren erzeugt die Ionen der Probe in Form von kurzen Impulsen.

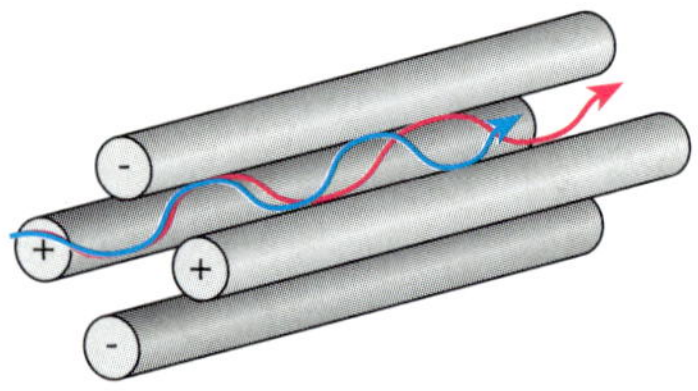

Abb. X.51. Schema der Quadrupol-Massenanalyse mit dem Weg eines Ions des ausgezeichneten m/z Quotienten (rot) und dem eines davon abweichenden Ions (blau)

Der Quadrupolanalysator aus vier parallelen leitenden Stäben (Abb. X.51) nutzt nur ein elektrisches Feld zur Trennung von Ionen mit unterschiedlichem m/z Quotienten. Die Ionen müssen die Strecke zwischen den Stäben zurücklegen. An die Stäbe wird in solchen Zeitintervallen eine Wechselspannung geschaltet, dass sie nur von den Ionen mit einem gegebenen m/z Quotienten passiert werden können, und die Ionen mit anderen m/z Quotienten an die Stäbe stoßen. Diese Methode erfordert einen kontinuierlichen Ionenstrom, deshalb wird sie mit der ESI-Methode kombiniert.

Die Flugzeitmethode (TOF) erfordert kurze Ionenimpulse, deshalb wird sie mit der MALDI-Methode benutzt. Die TOF-Methode basiert darauf, dass die Ionen mit größerem n/z Quotienten bei gleicher Beschleunigungsspannung eine niedrigere Geschwindigkeit erreichen. Die Ionengeschwindigkeit wird aus der Zeit bestimmt, die zum Durchlaufen einer geraden Strecke ohne elektrisches Feld notwendig ist (Abb. X.52). In Kenntnis der Geschwindigkeit kann m/z berechnet werden.

Die Bedeutung des Detektoraufbaus kann neben der Bedeutung der Ionenquelle und des Analysators vernachlässigt werden. Die einschlagenden Ionen werden mit einem Elektronenvervielfacher oder mit einem Szintillationszähler detektiert.

Bei der Entscheidung, welche massenspektrometrische Methode anzuwenden sei, ist zu beachten, dass man Ionisierung und Analysetechnik nicht unabhängig voneinander wählen kann. In Kenntnis der Masse der zu untersuchenden Moleküle, dem eventuellen Vorhandensein von Salzen, der notwendigen Genauigkeit und Empfindlichkeit sind die Vor- und Nachteile der einzelnen Methoden gegeneinander abzuwägen. Eine Hilfe ist dabei Tabelle X.1.

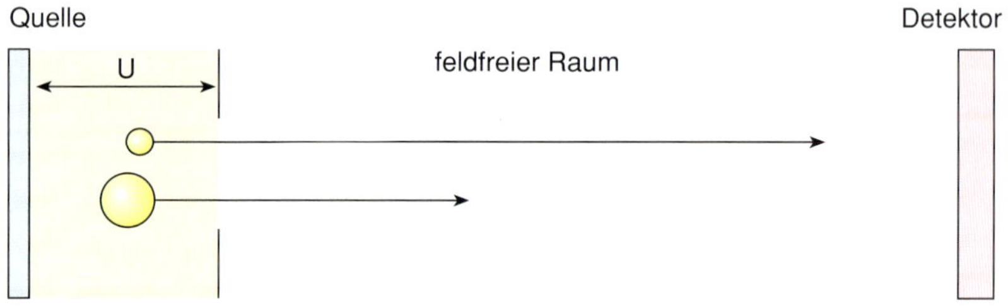

Abb. X.52. Funktionsschema des Massenanalysators nach der Flugzeit (TOF). Die Ionen mit unterschiedlichen Massen sind durch unterschiedliche Kreise markiert. Die Pfeile geben die Geschwindigkeiten an, mit denen die Ionen den feldfreien Raum durchlaufen.

Tabelle X.1. Vergleich der ESI- und MALDI-Methode beim Massenspektrometer

	ESI	MALDI
obere Massengrenze	100 kDa	300 kDa
Genauigkeit der Massenmessung*	0,005%–0,05%	0,05%–0,1%
Anwesenheit von Salzen	nicht erlaubt	kleine Menge
Empfindlichkeit*	0,5 pmol	0,1 pmol

* bei Eiweiß in der Größe von 20-30 kDa

Mößbauer-Spektroskopie

Es scheint natürlich, dass die radioaktive γ-Strahlung eines atomaren Systems (z. B. die γ-Strahlen von ^{208}Pb-Kernen mit der Energie 4,2 10^{-13} J) von einem gleichen atomaren System (^{208}Pb-Kernen) mit hoher Wahrscheinlichkeit absorbiert wird, denn die Absorption und Emission verläuft zwischen gleichen Zuständen, die Energien sind also gleich. Die Wahrscheinlichkeit dieser sog. Resonanzabsorption lässt sich berechnen. Es war aber überraschend, dass die ersten diesbezüglichen Experimente negative Ergebnisse aufwiesen. Die sog. rückstoßfreie Resonanzabsorption der γ-Strahlung wurde Ende der Fünfziger Jahre von Rudolf Mößbauer entdeckt. Die biologische Bedeutung seiner Methode liegt darin, dass sich mit dieser spektroskopischen Methode die Konformationsänderungen von Molekülen mit Eisenatomen (Enzyme, Hämoglobin) gut verfolgen lassen.

Die atomaren Systeme befinden sich in der Regel in ihrem Grundzustand, der den niedrigsten Energiezustand bedeutet. Nach der Theorie von Bohr wird ein Atomsystem, das von dem Grundzustand E_1 in den Anregungszustand E_2 gekommen ist, mit einer gewissen Wahrscheinlichkeit λ_{21} unter Emission eines Quants der Energie $hf_{21} = E_2 - E_1$ in den Grundzustand zurückkehren. Der angeregte Zustand ist also in der Regel kein stabiler Zustand, und solche Systeme verlieren nach der mittleren Zeit $\tau = 1/\lambda$ ihren Anregungszustand.

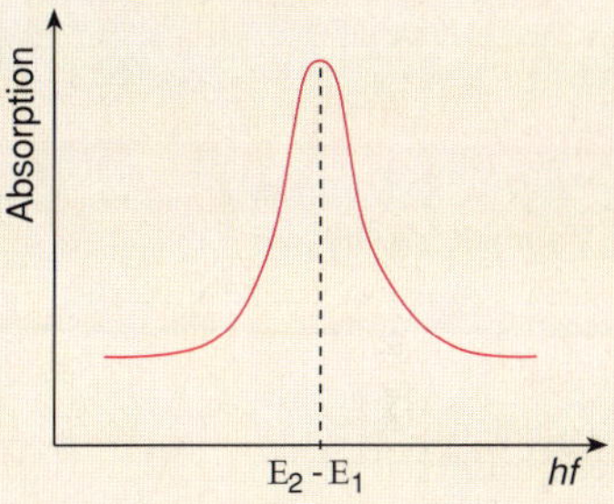

Abb. 1. Photonenresonanzabsorption

Während der Anregung der Atomsysteme gehen die im Grundzustand befindlichen Systeme in einen Anregungszustand mit höherer Energie über. Solche Übergänge spielen sich bei der Absorption einer elektromagnetischen Strahlung bestimmter Energie ab. Abb. 1 zeigt, wie eine beliebige Probe die elektromagnetische Strahlung als Funktion der Photonenenergie absorbiert. Es ist gut zu sehen, dass die Absorption nur bei bestimmten Photonenenergien beträchtlich ist. Die Absorption der Photonen mit der Energie $E_2 - E_1 = E_\gamma$ bezeichnet man als Resonanzabsorption.

Man sieht, dass die Absorption nicht nur bei einer einzigen Photonenenergie erfolgt, sondern in einem ziemlich breiten Frequenz- (und so Photonenenergie-) Bereich. Das bedeutet eine Energieunschärfe des Anregungszustandes, die in der Verbreiterung der Absorptionskurve zum Ausdruck kommt.

Bei der heisenbergschen Unschärferelation haben wir erwähnt, dass in der Mikrowelt die Beziehung zwischen der Unschärfe des Impulses und der entsprechenden Ortskoordinate $\Delta x \Delta p_x \approx h$ nicht einzigartig ist. Eine ähnliche Beziehung besteht zwischen den Unschärfen der Energie der Anregungszustände und der Dauer dieses Zustands. Letzteres wird mit der mittleren Lebensdauer des Anregungszustandes charakterisiert und mit τ bezeichnet. Danach ist der Anregungszustand kein Zustand mit gut bestimmter Energie, sondern er hat eine sog. natürliche Breite, Verwaschenheit, Unschärfe, die in der Größenordnung

$$\Gamma = \frac{h}{\tau}$$

liegt. Je länger also die Lebensdauer eines Anregungszustandes ist, desto geringer ist seine natürliche Verbreiterung. Diese Gesetzmäßigkeiten gelten sowohl für die Vorgänge in der Elektronenhülle als auch im Atomkern.

Weil die Energieunschärfe der Anregungszustände zwangsläufig die Frequenzverteilung der emittierten Strahlung beeinflusst, liegt es auf der Hand, dass die Strahlung der radioaktiven Kerne nicht monochromatisch ist, sondern ein endlich breites Spektrum hat.

Dieses Spektrum ist in der Wirklichkeit wegen der Wärmebewegung der einzelnen atomaren, emittierenden Systeme breiter als die natürliche Breite Γ. Das hängt damit zusammen, dass die Geschwindigkeit der betroffenen atomaren Systeme in einem Teil der Fälle wegen der regellosen Wärmebewegung mit der ▶

Emissionsrichtung übereinstimmt. Dann nimmt wegen des Doppler-Effektes die Energie (Frequenz) der emittierten Strahlung zu. In anderen Fällen ist die Geschwindigkeit entgegengesetzter Richtung, und so können auch geringere Energien als die emittierten Photonenenergien vorkommen (Abb. 2). Aus ähnlichen Gründen ist auch das Absorptionsspektrum des Absorbenten verbreitert, wie aus der Abbildung ersichtlich.

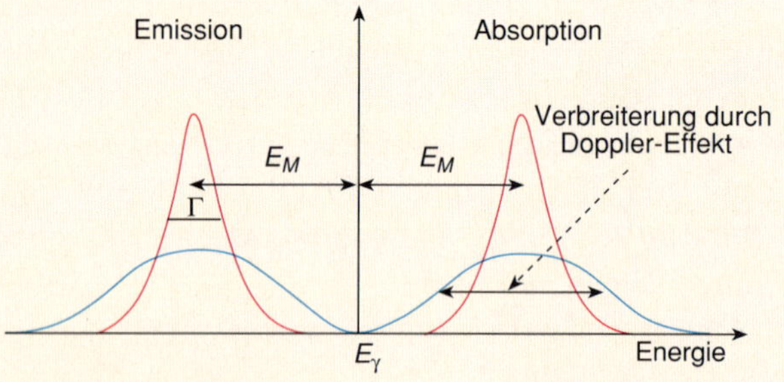

Abb. 2. Spektren der γ-Photonenabsorption und –emission des Atomkerns

Die erwähnten Wechselwirkungen mindern die Wahrscheinlichkeit der Resonanzabsorption, weil sich Emissions- und Absorptionsspektrum aus verschiedenen Gründen verbreitern und sich deshalb die beiden Spektren doch überlappen. So weist auch das negative Ergebnis für die Resonanzabsorption der γ-Strahlung darauf hin, dass nicht alle bedeutenden Faktoren berücksichtigt wurden.

Es ist bekannt, dass das sich aus dem Kern entfernende Photon mit der Energie hf den Impuls $p_\gamma = hf/c$ mitnimmt. Das ergibt nach dem Impulserhaltungssatz, dass der zurückbleibende Atomkern mit der Masse M mit dem gleichen Impuls „zurückgestoßen wird". Die kinetische (Rückstoß-) Energie E_M kann nur aus der Energie E_γ des Übergangs gedeckt werden, deshalb nimmt die Energie des emittierten Photons ab.

Aus ähnlichen Gründen ist zur Absorption ein Photon mit höherer Energie notwendig, als die Energie des anzuregenden Übergangs, um auch noch die vom Impulserhaltungssatz geforderte kinetische Energie des Kerns zu decken.

So verbreitern sich die Emissions- und Absorptionsspektren nicht nur, sondern verschieben sich auch um die Energie $2E_\mathrm{M}$ zueinander, was die Wahrscheinlichkeit der Resonanzabsorption unter die experimentelle Nachweisgrenze mindern kann (s. Abb. 2).

$$E_M = \frac{1}{2}Mv^2 = \frac{(Mv)^2}{2M} = \frac{p_\gamma^2}{2M} = \frac{E_\gamma^2}{2Mc^2}.$$

^{57}Fe ist das am häufigsten benutzte Mößbauer-Isotop. Der Mutterkern ist das Isotop ^{57}Co, aus dem durch *K*-Einfang das angeregte Isotop ^{57}Fe wird. Von den angeregten Kernen gehen ca. 10 % mit einem einzigen Übergang in den Grundzustand über, während 90% den Grundzustand in zwei Schritten erreichen (Abb. 3). Im ersten Schritt emittieren die Atome mit einer Halbwertszeit von 10^{-7} s γ-Photonen mit der Energie 123 keV und gelangen in einen Zwischenzustand mit der Energie von 14,4 keV. Der Übergang aus diesem Zustand in den Grundzustand ist der Mößbauer-Übergang. Die natürliche Verbreiterung des Übergangs (I) ist 4 10^{-8} eV. Die kinetische Energie des zurückgestoßenen Kerns ist 2 10^{-3} eV, was den Wert der natürlichen Verbreiterungen um Größenordnungen überschreitet, so ist die Wahrscheinlichkeit der Resonanzabsorption fast Null.

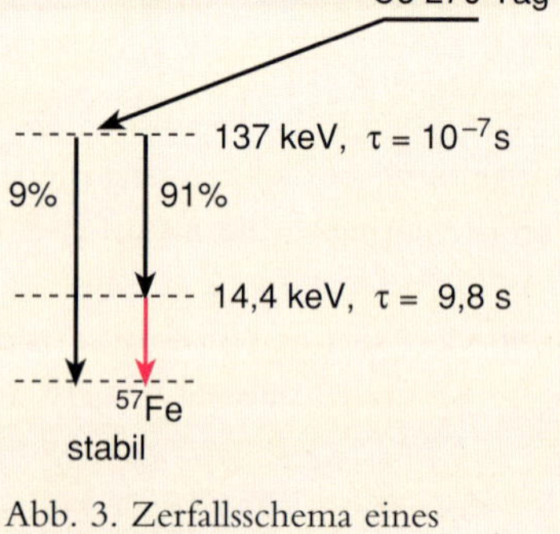

Abb. 3. Zerfallsschema eines Mößbauer-Isotops

Nach der Gleichung ist die Energie des zurückgestoßenen Kerns umgekehrt proportional zur Masse M des Kerns. Mit Steigerung von M kann also E_M gemindert werden. Das lässt sich so erreichen, dass das Isotop ^{57}Fe in einen makroskopischen Kristall eingebaut wird, und so im Nenner die Masse des ganzen Kristalls steht, die um Größenordnungen größer ist als die Masse des einzelnen Atoms. Die Verbreiterung durch die Doppler-Wirkung ist das Ergebnis der Wärmebewegung, deshalb kann sie mit Kühlen der Probe gemindert werden. Unter Berücksichtigung der aufgezählten Faktoren (in einen Kristall eingebaute ^{57}Co-Strahlenquelle, ^{57}Fe-Absorberatome, niedrige Temperatur) gelang es, die Resonanzabsorption der 14 keV γ-Strahlung experimentell überzeugend nachzuweisen (Abb. 4).

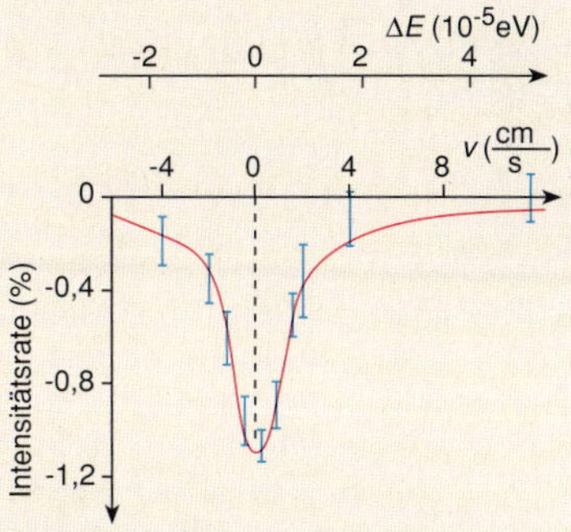

Abb. 4. Resonanzabsorption der γ-Strahlung in ^{57}Fe Atomkernen. In dem hinter dem Absorber platzierten γ-Zähler nimmt die Impulszahl infolge der Resonanzabsorption ab.

Es sei bemerkt, dass die Resonanzabsorption der γ-Strahlung, die von den Atomkernen in Gas- oder Flüssigkeitsphase emittiert wird, wegen der großen Energieverschiebung ($2E_M$) mit einem in derselben Phase befindlichen Absorbenten nicht nachgewiesen werden kann.

Stimmt die Energiedifferenz zwischen Grund- und Anregungszustand von Quelle und Absorber nicht genau überein, so kann eine Resonanzabsorption nur dann erreicht werden, wenn sich die Quelle dem Absorber mit der Geschwindigkeit v nähert bzw. von ihm entfernt, womit der Doppler-Effekt genutzt wird ($E' = E\,[1 \pm v/c]$). Dann wird das Absorptionsmaximum auf der Geschwindigkeitsachse der Abb. 4 nicht bei der relativen Geschwindigkeit Null sein. Das Messen des zum Maximum der Resonanzabsorption gehörenden v ermöglicht die sehr genaue Bestimmung der Energieverschiebung. Werden Strahlenquelle oder Absorber in ein Magnetfeld platziert, dann hört die Resonanzabsorption wegen der geringen Verschiebungen des Kernenergiezustands auf. Werden dann die zwei Kristalle sehr langsam (einige cm/s) gegeneinander bewegt, so kann die Resonanzabsorption wiederhergestellt werden.

Eine ähnliche Veränderung in den Energiezuständen des Atomkerns kann auch eine veränderte chemische Umgebung hervorrufen. Wird z. B. in Hämoglobin ein ^{57}Fe Isotop eingebaut, so kann mit der Mößbauer-Spektroskopie untersucht werden, in welchem Maße die verschiedenen Prozesse (Oxydation, Reduktion) mit Strukturveränderungen verbunden sind. Die Methode bietet auch große Möglichkeiten beim Studium der Bindungszustände anderer biologisch wichtiger Moleküle.

Mit der Mößbauer-Spektroskopie lassen sich sehr geringe Änderungen in den Energiedifferenzen von Grund- und Anregungszuständen atomarer Systeme nachweisen, und so wurde sie eine empfindliche Methode der Strukturanalyse.

Weiterführende Lehrbücher

W. Edward Gettys, Frederick J. Keller, Malcolm J. Skove: **Physics: Classical and Modern,** Mc Graw-Hill Book Company, 1989

Hugh D. Young: **Physics,** 8th edition, Addison-Wesley Publishing Company, 1992

John D. Cutnell, Kenneth W. Johnson: **Physics,** 2nd edition, John Wiley & Sons, 1992

Bagshaw, C. R.: **Muscle Contraction,** 2nd edition. Chapman & Hall, London, 1993

Perry, S. V.: **Molecular Mechanisms in Striated Muscle,** Lezione Lincee, Cambridge University Press, 1996

Oxford Handbook of Nucleic Acid Structure, Edited by Stephen Neidle, Oxford University Press, 1999

Kreis, T. and Vale, R. (editors): **Guidbook to the Cytoskeletal and Motor Proteins,** 2nd edition, Oxford University Press, 1999

Carraway, K. L. and Carraway, C. A. C. (editors): **Cytoskeleton: Singalling and Cell Regulation in The Practical Approach Series** (Ed.: Hames, B. D.), Oxford University Press, 2000

Howard, J.: **Mechanics of Motor Proteins and the Cytoskeleton,** Sinauer Associates, Inc. Sunderland, MA, 2001

Alberts, B., Johnson, A., Lewis, J., Raff, M., Roberts, K. and Walter, P.: **Molecular Bioiogy of the Cell,** 4th edition, Garland Publishing, Inc., New York and London, 2002

Sachverzeichnis

A

B

C

D

F

G

H

I

J

K

L

M

N

O, Ö

P

Q

R

T

U, Ü

V

W

Y

Z